図説 地球環境の事典

DVD付

吉﨑正憲・野田　彰

秋元　肇・阿部彩子・大畑哲夫・金谷有剛
才野敏郎・佐久間弘文・鈴木力英・時岡達志
深澤理郎・村田昌彦・安成哲三・渡邉修一

[編集]

朝倉書店

序

　地球環境はさまざまな時間・空間スケールで変動・変化している．地球環境の変動・変化を規定する要因として，気象，海洋，雪氷，生物，火山，地殻変動などの自然的要因が大きい．しかし，人間活動によっても地球環境は変化しうるのである（人為的要因）．

　その例として，メソポタミアからシリアにかけての長期的変動があげられる．人類が初めて農業を始めた紀元前数千年頃，当地は「肥沃の三日月地域」と呼ばれ，適度の降水があり林は広がり緑に覆われていた．しかし，過度の灌漑や牧畜および都市化の進行により土地は塩害と乾燥に襲われ，現在では乾燥した砂漠地帯となっている．近年では，石油・石炭・天然ガスの化石燃料の消費により二酸化炭素の増加による地球温暖化，オゾン層の破壊，地球規模の水循環のひずみによる砂漠化や水問題，海洋酸性化，生物多様性の減少など，地球環境に関する問題は多岐にわたり，人間活動の寄与がより大きくなっている．地球環境を理解するには，大気，海洋，陸域，雪氷，生物，人間活動など個別の要因を知るだけではなく，相互に関係しあう一つの複合系として捉えることが必要となっている．

　本書『図説 地球環境の事典』は，地球環境に関心のある高校生から大学生・若い社会人の初学者を対象に，複雑な地球環境を体系的にやさしく解説したものである．そこでは「なぜ」「どうして」という科学的な疑問に対して回答している．本書のジャンルは事典であるが，ほかの事典にはない特徴を持っている．

（1）本書は中項目形式の事典であり，1項目2ページ単独の読み切りである．
（2）図や写真はフルカラー，重要用語はカラーとして，視覚的に訴える形である．
（3）本書に含みきれない詳細なことは，多容量のDVDを付けて解説してある．DVDには動画や付加的な図も入っている．
（4）本書に書かれた内容をより深く理解するために，物理，化学，生物に関して数式も含む基礎論が入っている．

　したがって，本書では，本文のほかに，基礎論，DVD，目次，索引を利用して，いろいろな角度から調べることができる．

　地球環境に関心を持つ初学者が，たくさんの図書の中から本書に巡り合い，本書がその人の一生の記憶に残るようなインパクトを与え，将来のガイドブック，参考書，事典の役割を果たすことを期待したい．

2013年8月

編集委員を代表して
吉﨑正憲・野田　彰

■編集者

吉﨑 正憲	立正大学地球環境科学部	
野田 彰	海洋研究開発機構地球環境変動領域	
秋元 肇	アジア大気汚染研究センター	
阿部 彩子	東京大学大気海洋研究所	
大畑 哲夫	海洋研究開発機構地球環境変動領域	
金谷 有剛	海洋研究開発機構地球環境変動領域	
才野 敏郎	海洋研究開発機構地球環境変動領域	
佐久間 弘文	海洋研究開発機構地球環境変動領域	
鈴木 力英	海洋研究開発機構地球環境変動領域	
時岡 達志	海洋研究開発機構地球環境変動領域	
深澤 理郎	海洋研究開発機構地球環境変動領域	
村田 昌彦	海洋研究開発機構地球環境変動領域	
安成 哲三	総合地球環境学研究所	
渡邉 修一	海洋研究開発機構むつ研究所	

■執筆者

相木 秀則	海洋研究開発機構
秋元 肇	アジア大気汚染研究センター
浅野 正二	東北大学名誉教授
阿部 彩子	東京大学
阿部 豊	東京大学
石井 雅男	気象庁気象研究所
石井 正好	気象庁気象研究所
石井 励一郎	海洋研究開発機構
石川 守	北海道大学
石島 健太郎	海洋研究開発機構
石田 明生	常葉大学
市川 洋	海洋研究開発機構
伊藤 昭彦	国立環境研究所
伊藤 孝士	国立天文台
猪上 淳	国立極地研究所
今村 隆史	国立環境研究所
入江 仁士	千葉大学
岩渕 弘信	東北大学
上野 洋路	北海道大学
榎本 浩之	国立極地研究所
及川 武久	筑波大学名誉教授
大内 和良	海洋研究開発機構
大河内 直彦	海洋研究開発機構
大畑 哲夫	海洋研究開発機構
大沖 大幹	東京大学
勝又 勝郎	海洋研究開発機構
加藤 輝之	気象庁気象研究所
金谷 有剛	海洋研究開発機構
川合 義美	海洋研究開発機構
河谷 芳雄	海洋研究開発機構
河野 健	海洋研究開発機構
川幡 穂高	東京大学
河宮 未知生	海洋研究開発機構
菊地 隆	海洋研究開発機構
岸 道郎	北海道大学
鬼頭 昭雄	筑波大学
木村 龍治	放送大学
楠 昌司	気象庁気象研究所
倉本 圭	北海道大学
小池 真	東京大学
小縣 慎也	海洋研究開発機構
小西 達男	元津地方気象台
小林 文明	防衛大学校
近藤 洋輝	リモート・センシング技術センター
斉藤 和之	海洋研究開発機構
齋藤 冬樹	海洋研究開発機構
坂本 竜彦	三重大学
笹井 義一	海洋研究開発機構
笹岡 晃征	海洋研究開発機構
佐藤 永人	名古屋大学
篠田 雅人	鳥取大学
徐 健青	海洋研究開発機構
須賀 利雄	東北大学
杉 正人	海洋研究開発機構
杉浦 幸之助	富山大学
杉田 精司	東京大学
杉本 敦子	北海道大学
鈴木 淳	産業技術総合研究所

編集者・執筆者

鈴木 英悟	海洋研究開発機構	
須藤 健悟	名古屋大学	
住 明正	国立環境研究所	
関根 康人	東京大学	
高島 久洋	福岡大学	
髙田 久美子	国立極地研究所	
高橋 洋	首都大学東京	
滝川 雅之	海洋研究開発機構	
竹川 暢之	東京大学	
田近 英一	東京大学	
田所 和明	水産総合研究センター	
田中 克典	海洋研究開発機構	
谷本 浩志	国立環境研究所	
千葉 早苗	海洋研究開発機構	
張 勁	富山大学	
東海林 明雄	北海道教育大学名誉教授	
時岡 達志	海洋研究開発機構	
冨田 智彦	熊本大学	
中井 専人	防災科学技術研究所	
中川 毅	ニューカッスル大学（英）	
中静 透	東北大学	
中塚 武	名古屋大学	
中西 幹郎	防衛大学校	
永野 憲	海洋研究開発機構	
中村 晃三	海洋研究開発機構	
中村 尚	東京大学	
西川 雅高	東京理科大学	
西村 浩一	名古屋大学	
野沢 徹	岡山大学	
野田 彰	海洋研究開発機構	
朴 昊澤	海洋研究開発機構	
橋岡 豪人	海洋研究開発機構	
橋本 明弘	気象庁気象研究所	
はしもとじょーじ	岡山大学	
林 陽生	前筑波大学	
原 登志彦	北海道大学	
原 宏	東京農工大学名誉教授	
原澤 英夫	国立環境研究所	
原田 尚美	海洋研究開発機構	
深澤 理郎	海洋研究開発機構	
福富 慶樹	海洋研究開発機構	
藤倉 克則	海洋研究開発機構	
藤田 耕史	名古屋大学	
藤部 文昭	気象庁気象研究所	
古谷 研	東京大学	
本多 牧生	海洋研究開発機構	
馬 燮銚	海洋研究開発機構	
増田 耕一	海洋研究開発機構	
升本 順夫	海洋研究開発機構	
松野 太郎	海洋研究開発機構	
松本 克美	ミネソタ大学	
松本 淳	首都大学東京	
水野 恵介	前海洋研究開発機構	
宮原 ひろ子	武蔵野美術大学	
美山 透	海洋研究開発機構	
村田 昌彦	海洋研究開発機構	
山田 広幸	琉球大学	
安成 哲三	総合地球環境学研究所	
矢吹 裕伯	海洋研究開発機構	
山地 憲治	地球環境産業技術研究機構	
山地 一代	神戸大学	
山本 啓之	海洋研究開発機構	
横畠 徳太	国立環境研究所	
横山 祐典	東京大学	
吉兼 隆生	海洋研究開発機構	
吉﨑 正憲	立正大学	
吉森 正和	東京大学	
米田 穰	東京大学	
米山 邦夫	海洋研究開発機構	
和田 英太郎	海洋研究開発機構	

（五十音順）

目次
― CONTENTS ―

第1章 古気候
編集担当：阿部彩子

- **1.1** 大気と海洋の起源 …………………………… 2
  〔倉本 圭・阿部 豊〕
- **1.2** 比較惑星的視点による惑星表層環境 …… 4
  〔はしもとじょーじ・阿部 豊〕
- **1.3** 地球の歴史と大気の進化，酸素の出現，全球凍結 …… 6
  〔田近英一〕
- **1.4** 地球テクトニクスと環境変化 …………… 8
  〔川幡穂高〕
- **1.5** 天体衝突と環境変動（K/Pg 絶滅事件）…… 10
  〔杉田精司・関根康人〕
- **1.6** 温室地球から氷室地球へ 新生代の環境変動 …………………… 12
  〔坂本竜彦〕
- **1.7** 第四紀の古環境復元 (1) 氷床と海水準の変動の復元 …… 14
  〔横山祐典〕
- **1.8** 第四紀の古環境復元 (2) 有孔虫や海洋化学からわかる海面水温と海洋循環 …… 16
  〔原田尚美〕
- **1.9** 第四紀の古環境復元 (3) 花粉や湖底堆積物からわかる古環境 …… 18
  〔中川 毅〕
- **1.10** 第四紀の古環境復元 (4) サンゴから復元される海水温や気候の変化 …… 20
  〔鈴木 淳〕
- **1.11** 環境の天文要因，地球軌道要素 …… 22
  〔伊藤孝士〕
- **1.12** 氷期サイクル CO_2 の変動メカニズム …… 24
  〔松本克美〕
- **1.13** モンスーン，熱帯の古環境モデリング …… 26
  〔鬼頭昭雄〕
- **1.14** 最近千年間の気候と環境の変化 …… 28
  〔中塚 武・宮原ひろ子〕
- **1.15** 古気候から見た気候感度の推定と気候フィードバック …… 30
  〔吉森正和・阿部彩子〕
- **1.16** 環境変動と人類の進化 …………… 32
  〔米田 穣・阿部彩子・横山祐典〕

第2章 グローバルな大気
編集担当：時岡達志

- **2.1** システムを構成するサブシステム …… 34
  〔河宮未知生〕
- **2.2** 大気-海洋相互作用 ………………… 36
  〔美山 透〕
- **2.3** フィードバック機構 ………………… 38
  〔横畠徳太〕
- **2.4** 雲と気候，雲の全球分布 ………… 40
  〔横畠徳太〕
- **2.5** エネルギーと水の循環 …………… 42
  〔杉 正人〕
- **2.6** 炭素循環 …………………………… 44
  〔河宮未知生〕
- **2.7** 大気組成と放射 …………………… 46
  〔浅野正二〕
- **2.8** 大気のエネルギー収支と気温の鉛直分布 …… 48
  〔時岡達志〕
- **2.9** 大気の東西平均場の特徴 ………… 50
  〔時岡達志〕
- **2.10** 上空の流れ ………………………… 52
  〔時岡達志〕
- **2.11** 海面気圧分布，地上気温，ブロッキング …… 54
  〔時岡達志〕
- **2.12** 傾圧不安定 ………………………… 56
  〔時岡達志〕
- **2.13** 波動の伝播 ………………………… 58
  〔河谷芳雄〕
- **2.14** 地表面付近の大気の役割 ………… 60
  〔中西幹郎〕
- **2.15** 水蒸気と降水の分布 ……………… 62
  〔杉 正人〕
- **2.16** 熱帯域の循環とモンスーン ……… 64
  〔杉 正人〕
- **2.17** エルニーニョ・南方振動 インド洋ダイポール現象 …… 66
  〔美山 透〕
- **2.18** 低緯度の振動 ……………………… 68
  〔河谷芳雄〕
- **2.19** 成層圏突然昇温 …………………… 70
  〔松野太郎〕

目次

| 2.20 その他の大規模な変動 ……… 72 〔中村 尚〕 | 2.21 長期の気候変動 ……… 74 〔中村 尚〕 |

第3章 ローカルな大気
編集担当：吉崎正憲

3.1 雲の分類 ……… 76 〔木村龍治〕	3.6 大規模雲システム ……… 86 〔山田広幸・米山邦夫〕
3.2 雲物理過程 ……… 78 〔橋本明弘〕	3.7 シビアウェザー ……… 88 〔小林文明〕
3.3 積乱雲 ……… 80 〔吉崎正憲〕	3.8 層状雲 ……… 90 〔中村晃三〕
3.4 メソ対流系 ……… 82 〔加藤輝之〕	3.9 局地循環 ……… 92 〔藤部文昭〕
3.5 台風 ……… 84 〔大内和良〕	3.10 大気境界層 ……… 94 〔中西幹郎〕

第4章 大気化学
編集担当：金谷有剛・秋元 肇

4.1 大気化学基礎論 ……… 96 〔金谷有剛〕	4.10 短寿命大気汚染ガス ……… 114 〔谷本浩志〕
4.2 成層圏光化学とオゾン層 ……… 98 〔今村隆史〕	4.11 エーロゾルの物理と化学 ……… 116 〔竹川暢之〕
4.3 オゾン層破壊 ……… 100 〔今村隆史〕	4.12 エーロゾルの計測 ……… 118 〔竹川暢之〕
4.4 成層圏・対流圏交換 ……… 102 〔高島久洋〕	4.13 黄砂 ……… 120 〔西川雅高〕
4.5 対流圏光化学 ……… 104 〔金谷有剛〕	4.14 エミッション・インベントリ ……… 122 〔山地一代〕
4.6 対流圏オゾンと光化学大気汚染 ……… 106 〔谷本浩志〕	4.15 大気汚染－気候変動相互作用 ……… 124 〔須藤健悟〕
4.7 グローバル大気汚染と大陸間輸送 ……… 108 〔秋元 肇〕	4.16 化学天気予報 ……… 126 〔滝川雅之〕
4.8 酸性雨 ……… 110 〔原 宏〕	4.17 成層圏化学衛星 ……… 128 〔小池 真〕
4.9 長寿命温室効果ガス ……… 112 〔石島健太郎〕	4.18 対流圏化学衛星 ……… 130 〔入江仁士〕

第5章 水循環
編集担当：安成哲三

5.1 海陸分布と大規模山岳がつくりだす気候 ……… 132 〔安成哲三〕	5.5 地表面の熱・水収支とその変動 ……… 140 〔徐 健青〕
5.2 アジアモンスーンの水循環 ……… 134 〔松本 淳・高橋 洋〕	5.6 大気－陸面間の水収支とその変動 ……… 142 〔福富慶樹〕
5.3 梅雨の気候と経年変動 ……… 136 〔冨田智彦〕	5.7 地球のエネルギー収支・水収支とその変化 ……… 144 〔増田耕一〕
5.4 植生・土地利用改変と気候変化 ……… 138 〔髙田久美子〕	5.8 熱帯季節林の気候・水循環 ……… 146 〔田中克典〕

| 5.9 | 大陸スケールの河川と水循環 148
〔馬　燮銚〕
| 5.10 | 砂漠化 150
〔篠田雅人〕
| 5.11 | 積雪−気候相互作用 152
〔斉藤和之〕

| 5.12 | 地域スケールの地表面改変が気候に及ぼす影響 154
〔高橋　洋〕
| 5.13 | 雲・放射の3次元モデリング 156
〔岩渕弘信〕

第6章 生態系

編集担当：鈴木力英

| 6.1 | 陸域生態系の概要
（1）全球陸域の植生の分布 158
〔原　登志彦〕
| 6.2 | 陸域生態系の概要
（2）人工衛星から見た陸域植生 160
〔鈴木力英〕
| 6.3 | 陸域生態系の数値モデル
（1）陸域炭素・窒素循環モデル 162
〔伊藤昭彦〕
| 6.4 | 陸域生態系の数値モデル
（2）動的全球植生モデル 164
〔佐藤　永〕
| 6.5 | 環境変動と陸域植生
（1）陸域の生物多様性 166
〔中静　透〕
| 6.6 | 環境変動と陸域植生
（2）生態系遷移と砂漠化，人間活動の影響 168
〔石井励一郎〕
| 6.7 | 海洋生態系の概要
（1）太平洋の海洋環境とプランクトン 170
〔田所和明〕
| 6.8 | 海洋生態系の概要
（2）深海生態系 172
〔山本啓之〕

| 6.9 | 海洋生態系の概要
（3）海洋生態系と海洋循環 174
〔笹井義一〕
| 6.10 | 海洋生態系の数値モデル
（1）低次生態系モデル 176
〔橋岡豪人〕
| 6.11 | 海洋生態系の数値モデル
（2）海洋生態系と食料資源 178
〔岸　道郎〕
| 6.12 | 環境変動と海洋生態系
（1）海洋の生物多様性 180
〔藤倉克則〕
| 6.13 | 環境変動と海洋生態系
（2）海洋の酸性化と生態系 182
〔石田明生〕
| 6.14 | 地球温暖化と生態系の応答 184
〔及川武久〕
| 6.15 | 大気中の酸素と二酸化炭素の量を決める仕組み 186
〔大河内直彦〕
| 6.16 | 海洋と陸域の生態系の生産力 188
〔笹岡晃征・伊藤昭彦〕
| 6.17 | エコロジカル・フットプリントとアジア 190
〔和田英太郎・鈴木力英〕

第7章 海洋

編集担当：深澤理郎・村田昌彦

| 7.1 | 海洋の構造 192
〔深澤理郎〕
| 7.2 | 海面境界過程
大気・海洋との相互作用 194
〔川合義美〕
| 7.3 | 水塊 196
〔須賀利雄・深澤理郎〕
| 7.4 | 表層循環系 198
〔須賀利雄〕
| 7.5 | 深層循環系とその変動 200
〔深澤理郎・纐纈慎也〕
| 7.6 | 全球海洋循環と熱・水輸送 202
〔河野　健・纐纈慎也〕
| 7.7 | 海水の鉛直混合 204
〔勝又勝郎〕

| 7.8 | エルニーニョとダイポールモード現象 206
〔水野恵介・升本順夫〕
| 7.9 | 黒潮 208
〔市川　洋・永野　憲〕
| 7.10 | 北太平洋亜寒帯循環 210
〔上野洋路〕
| 7.11 | 北極海 212
〔菊地　隆・猪上　淳〕
| 7.12 | 南極環海 214
〔勝又勝郎〕
| 7.13 | 北太平洋モード水 216
〔須賀利雄〕
| 7.14 | 太平洋中層水 218
〔纐纈慎也〕

| 7.15 | 北太平洋深層水 ……………………… 220
〔勝又勝郎〕
| 7.16 | 海洋の化学 …………………………… 222
〔村田昌彦・張　勁〕
| 7.17 | 溶存物質の移動 ……………………… 224
〔村田昌彦〕
| 7.18 | 粒子の移動 …………………………… 226
〔本多牧生〕
| 7.19 | 海洋生物とのかかわり ……………… 228
〔古谷　研〕
| 7.20 | 炭素循環 ……………………………… 230
〔石井雅男〕

第8章　雪氷圏
編集担当：大畑哲夫

| 8.1 | 雪氷圏と地球環境変動 ……………… 232
〔大畑哲夫〕
| 8.2 | 降雪 …………………………………… 234
〔中井専人〕
| 8.3 | 季節積雪 ……………………………… 236
〔杉浦幸之助〕
| 8.4 | 氷河 …………………………………… 238
〔矢吹裕伯〕
| 8.5 | 氷床 …………………………………… 240
〔齋藤冬樹・阿部彩子〕
| 8.6 | 凍土 …………………………………… 242
〔石川　守〕
| 8.7 | 海氷 …………………………………… 244
〔榎本浩之〕
| 8.8 | 近年の雪氷変動 ……………………… 246
〔大畑哲夫〕
| 8.9 | 永久凍土の融解とメタン放出 ……… 248
〔杉本敦子〕
| 8.10 | 北方河川流量増加の謎 ……………… 250
〔朴　昊澤〕
| 8.11 | 氷河湖決壊洪水 ……………………… 252
〔藤田耕史〕
| 8.12 | 湖沼の氷 ……………………………… 254
〔東海林明雄〕
| 8.13 | 地吹雪と雪崩 ………………………… 256
〔西村浩一〕

第9章　地球温暖化
編集担当：野田　彰

| 9.1 | 地球温暖化のメカニズム …………… 258
〔松野太郎〕
| 9.2 | 地球温暖化の予測手段（モデル） … 260
〔住　明正〕
| 9.3 | 観測された気候変化
（1）地球規模 ………………………… 262
〔石井正好〕
| 9.4 | 観測された気候変化
（2）日本 ……………………………… 264
〔藤部文昭〕
| 9.5 | 地球温暖化の検出と原因特定 ……… 266
〔野沢　徹〕
| 9.6 | IPCC および国際機関の活動 ……… 268
〔近藤洋輝〕
| 9.7 | 予測される気候変化
（1）大規模場 ………………………… 270
〔野田　彰〕
| 9.8 | 予測される気候変化
（2）水循環 …………………………… 272
〔鬼頭昭雄〕
| 9.9 | 予測される気候変化
（3）海面水位・海洋深層循環 ……… 274
〔小西達男〕
| 9.10 | 予測される気候変化
（4）異常気象・極端現象 …………… 276
〔楠　昌司〕
| 9.11 | 予測される気候変化
（5）不確実性の評価 ………………… 278
〔河宮未知生〕
| 9.12 | 予測される気候変化
（6）日本への影響 …………………… 280
〔吉兼隆生〕
| 9.13 | 生態系・人間社会への影響
（1）農業への影響 …………………… 282
〔林　陽生〕
| 9.14 | 生態系・人間社会への影響
（2）水資源・国土保全 ……………… 284
〔沖　大幹〕
| 9.15 | 生態系・人間社会への影響
（3）人の健康・社会生活 …………… 286
〔原澤英夫〕
| 9.16 | 抑制・適応政策 ……………………… 288
〔山地憲治〕

基礎論

A 大気物理

A.1 大気放射 ……… 291
〔浅野正二〕

放射の基本量／黒体放射の法則／太陽放射と地球放射／放射の素過程／放射伝達過程の定式化

A.2 大気力学の基礎 ……… 298
〔吉崎正憲〕

ニュートンの法則（質点の力学）／流体粒子の概念／流体の運動に則した記述：オイラー的見方および偏微分の導入／大気の特性／連続の式／コリオリ力／乾燥大気の運動や状態を支配する方程式／対流現象：重力不安定による成層の転倒現象／地衡風・温度風の関係と傾圧不安定波

A.3 大気波動・中立波動 ……… 305
〔河谷芳雄〕

音波／重力波／慣性振動／慣性重力波／ロスビー波／赤道波／大気潮汐

B 海洋物理

海洋物理 ……… 314
〔相木秀則〕

基礎方程式／内部重力波の伝搬／地球規模の海洋循環とエクマン流の役割／熱塩循環の多重平衡解

C 海洋化学

C.1 海洋化学の基礎論 ……… 320
〔村田昌彦〕

海洋化学と化学海洋学／溶液としての海水／溶存物質の保存方程式による記述

C.2 二酸化炭素の溶液化学 ……… 324
〔石井雅男〕

二酸化炭素は，空気と水の間を行き来する／水に溶けた炭酸はイオンに解離する／塩 35 g と二酸化炭素 2000 μmol を含む水溶液 1 kg の pH は／海水には塩基性成分がどれほど溶けているか／炭素循環と炭酸系

D 陸域生態系

植物・植生に関する生態学の基礎 ……… 330
〔原 登志彦〕

植物群落の一次生産とバイオマス／さまざまな陸域生態系（バイオーム）の一次生産力／群落光合成モデル／植物の生長モデル／植物群落の生長と制御機構／人間活動と森林の一次生産

E 海洋生態系

海洋生態系の基礎 ……… 336
〔千葉早苗〕

海洋生態系の構造：陸上生態系との比較／海洋生物の生活型／グレージングチェーンとマイクロビアルループ／生態系の鉛直分布／海洋低次生産の季節変化／海洋低次生産の海域による違い／ボトムアップ，トップダウン，ワスプウェスト／物質循環との関係：地球環境とのかかわり

文　献 ……… 343
索　引 ……… 366

付属 DVD-ROM のご使用にあたって

　本DVD-ROMには,本書に含みきれなかった写真・図,シミュレーション,動画等を章・節ごとのフォルダに分けて収録しています.本文中に記載の☀マークを参考にして,ご覧ください.なお,ご使用のPC環境によってはファイル（例えば動画）を開くことができない場合があります.この場合は,ビューア等の必要なソフトウェアを適宜インストールしてご使用ください.小社では対応しかねますのでご了承ください.

　ファイルはPDF, PPT, GIF, AVI, MPEG, MOV, WMVの形式で収録されています.

　製造上の原因によるトラブルにより使用不能の場合,具体的な状態を明記のうえ,朝倉書店営業部まで直接ご郵送ください.新しい製品と交換いたします.それ以外については製品の交換には応じかねます.またDVD-ROMの使用により万一障害が発生したとしても,小社,著者は一切責任を負いませんので,あらかじめご了承のうえご使用ください.

　本DVD-ROMの内容は著作権の保護を受けています.無断で複製・改変および第三者への譲渡等の行為は法律で禁じられています.

【館外貸出可能】
※本書に付属のCD-ROMは、図書館およびそれに準ずる施設において、館外へ貸し出しを行うことができます。

図説 地球環境の事典

第1章 古気候
第2章 グローバルな大気
第3章 ローカルな大気
第4章 大気化学
第5章 水循環
第6章 生態系
第7章 海洋
第8章 雪氷圏
第9章 地球温暖化
基礎論

1.1 大気と海洋の起源

●太陽系の起源

　大気と海洋の起源は，地球形成の一連の過程と密接に結び付いている．そして，地球は太陽系の一員として他の惑星とともに生まれた．そこで，太陽系の形成過程から見ていくことにしよう．

　今から45億6700万年前に，星間ガス塊の重力収縮により原始太陽が生まれた．運動に回転成分があるため，ガスは直接中心に落ち込まず原始太陽を取り巻くガス円盤が形成された．これが原始太陽系星雲である．このガス円盤には質量にして1％ほど塵が含まれており，地球をはじめとする太陽系の8つの惑星の材料物質となった．

　塵の主成分はケイ酸塩と金属鉄であり，太陽から遠い低温領域では，これに氷と有機物が加わる．塵は分子間力によって互いに付着合体し，やがて，自己重力でまとまった数kmサイズの微惑星に成長した．微惑星は，原始太陽を公転しながらお互いの重力によって引きつけ合い，衝突合体を繰り返して惑星へ成長した．この過程を惑星集積という（図1）．

　原始太陽から遠方の軌道領域では，塵の成分に氷が加わり，しかも軌道の周も大きいことから，惑星材料物質を大量に獲得できた．そのため，地球の10倍程度の質量を持つ巨大な原始惑星が成長し，その強大な重力によって周囲の円盤ガスを取り込んで巨大ガス惑星や巨大氷惑星となった．内側の軌道領域では，ケイ酸塩と鉄を主な材料物質とした相対的に小さな惑星が形成された．これらの形成には数千万年かかり，その後半段階では円盤ガスは散逸していた．

●地球の分化

　地球は中心から核・マントル・地殻・海洋・大気の各物質圏に分かれた成層構造を持っている．これらが分離し，成層構造を形成する過程を分化という．

　分化は惑星集積と同時に進んだ（図2）．微惑星は原始惑星に対してその脱出速度（現在の地球では11.2km/s）以上の高速度で衝突する．この時集積エネルギーの解放，つまり，運動エネルギーの熱への転換が起こる．熱が逃げないものとしてこれを岩石の温度上昇に換算すると数万度となる．そのため，原始惑星に集積する惑星物質は融解し，一部は蒸発する．これに伴って密度の高い金属成分は地球の中心に沈み核を形成する一方，水分をはじめとする揮発性成分は地表へ脱ガスし原始大気を形成した．

　ちなみに，原始惑星ははじめ円盤ガスをまとっていた．このような大気を一次大気と呼ぶ．しかし，現在

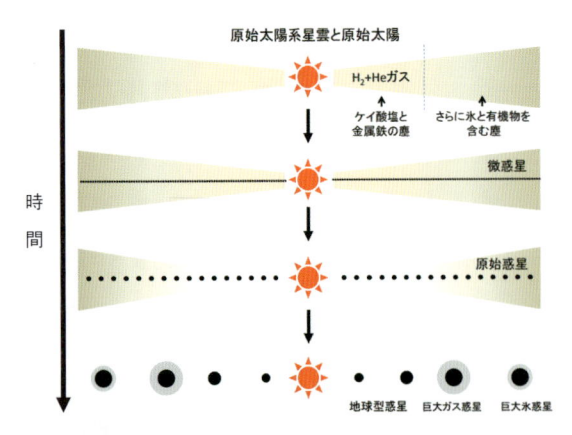

図1　太陽系の形成過程の模式図．塵から微惑星が形成され，微惑星は互いに衝突合体を繰り返し惑星へ成長した．

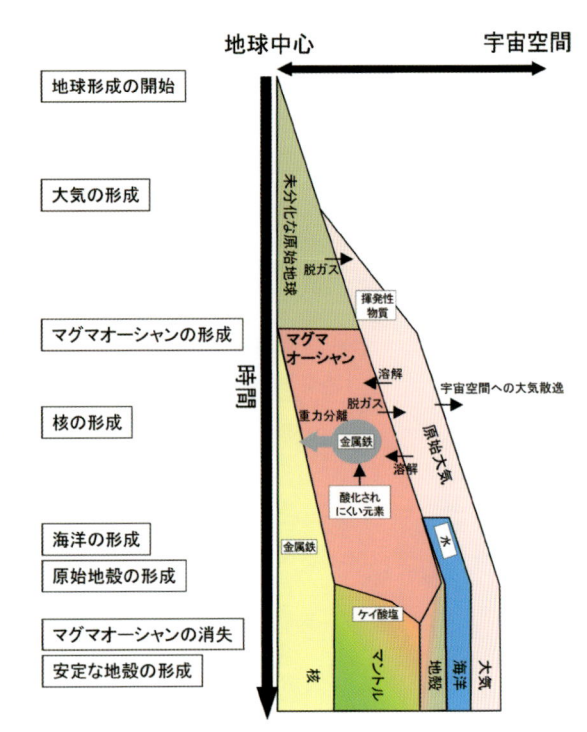

図2　地球の分化過程．惑星集積に伴う脱ガスとマグマオーシャンの形成により成層構造へ分化していった．マグマオーシャンに溶解した揮発性物質のかなりの割合は金属鉄に分配され，核に運ばれたと考えられる．文献1を改変．

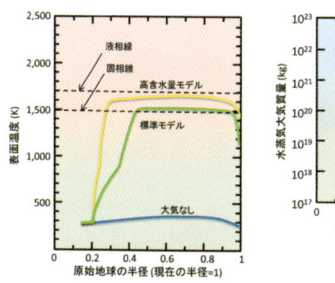

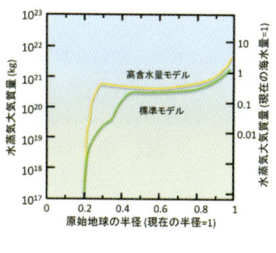

図3 集積期の地球の地表面温度(左)と水蒸気大気質量(右)の進化.標準モデルでは微惑星中の含水量を0.1重量%,高含水量モデルでは1重量%としている.固相線は岩石の融解し始める温度,液相線は岩石が融解しきる温度を示す.最終的な水蒸気大気質量は,含水量を変えてもあまり変化せず,ほぼ現在の海洋質量程度となる.文献2を改変.

の地球大気では円盤ガスに豊富に含まれている希ガスが枯渇しており,一次大気は原始惑星の形成の途中で円盤ガスとともに散逸したと見られる.

●原始水蒸気大気の保温効果と原始海洋の誕生

脱ガス気体は水蒸気を主成分とする.水蒸気には赤外線を効率よく吸収する性質があるため,原始水蒸気大気は原始地球表層の熱収支に大きな影響を及ぼす.原始地球表層へのエネルギー供給には日射に加え,集積エネルギーの解放も寄与する.地表面の温度は,これらのエネルギー供給と原始水蒸気大気から宇宙空間への熱放出のバランスにより決まる.

水分は微惑星に,含水鉱物や有機物の形で含まれていた.原始地球が月程度の大きさまで成長すると,衝突速度が十分上昇して,これらの成分から脱ガスが起こるようになり,原始水蒸気大気の形成が始まる(図3).

原始水蒸気大気が厚くなるにつれて,その保温効果が増し,表面温度が上昇する.やがて大気量が現在の海洋質量程度に達すると,地表の岩石が融け,マグマオーシャンが形成される.水蒸気はマグマに溶解する性質があるため,過剰な水蒸気がマグマオーシャンに吸収され,大気量はほぼ一定に保たれるようになる.

地球が現在の大きさに達すると,集積エネルギーの供給が途絶え,原始水蒸気大気が冷える.地球軌道における太陽放射の強さは,水蒸気が液体の水として凝結する条件を満たしていた.そのため大気中の水蒸気が雨となって地表に降り,原始海洋が誕生した.原始水蒸気大気が完全に冷えるまでの時間は数百〜1000年である(図4).地球史の最初の数億年は直径100km超の残存微惑星が時折衝突し,そのたびに,海洋の蒸発と再形成が繰り返された.

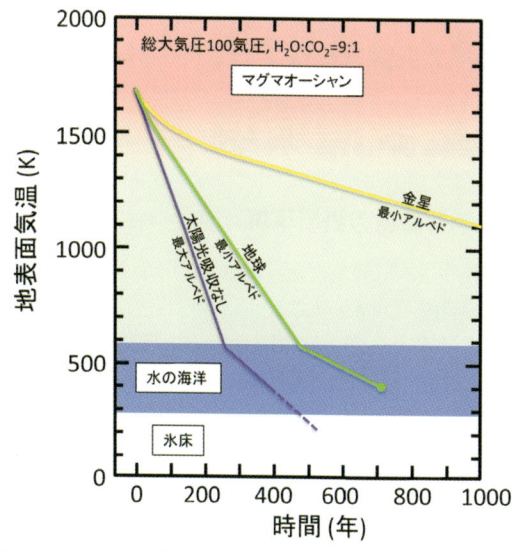

図4 H_2O-CO_2大気の冷却過程.このモデルでは初期に100気圧の大気があり,CO_2の混合比は10%とした.地球軌道と金星軌道でのそれぞれの平均日射量を与えている.雲によるアルベドの効果は無視している.文献1を改変.

太陽放射がより強い金星では,対流圏界面が水蒸気が十分に凝結するほど低温にならず,大量の水蒸気が上層大気に残留する.上層大気では水蒸気が太陽紫外線で分解され,水の大部分が失われた.

●大気と海洋の初期組成

生まれたての海水は,原始大気に含まれていた塩酸などが溶け込み強酸性だったが,岩石との化学反応によって速やかに中和され,現在の組成に近づいた.ただし,初期には酸素濃度が低く,第二鉄イオンが大量に溶解していた.後に生物活動により酸素濃度が上昇し,これらは鉄酸化物として海底に沈殿した.

微惑星からの脱ガス成分を熱力学的に計算すると,初期の大気は,水素やメタンなどの還元的な化学種を豊富に含んでいた可能性が高い.還元的組成の大気中では,太陽紫外線などの作用により,メタンや窒素を出発物質として複雑な有機物が生じる.これが地球上での生命の発生につながった可能性がある.

水素分子は質量が小さいため,やがて宇宙空間へ散逸する.同時にメタンは紫外線により分解し,分解生成物のうち,水素は宇宙空間へ逃げ,炭素化合物ラジカルは水酸基ラジカルとの反応を経て,最終的に二酸化炭素に変化する.このような大気組成の変化は地球史の最初の数億年の間に起きたと考えられる.

〔倉本 圭・阿部 豊〕

1.2 比較惑星的視点による惑星表層環境

地球型惑星の表層環境

比較惑星的に見たとき，地球環境の最も顕著な特徴は惑星表面で液体の水が安定に存在し生命を育んでいることである．表1は太陽系内の地球型惑星の表層環境を比較したものであるが，地球の両隣にある金星と火星はそれぞれ温度が高すぎたり低すぎたりして液体の水が存在できる環境ではない（図1，図2）．

惑星表面の温度は，太陽光による加熱と，惑星が纏っている大気の温室効果の強さによって決まる．太陽光による加熱は，太陽からの距離と惑星のアルベドによって決まる．惑星に降り注ぐ太陽光の強さは太陽からの距離の2乗に反比例し，太陽からの距離が遠くなると太陽光による加熱は弱くなる．一方のアルベドは惑星が太陽光を反射する割合である．惑星に降り注いだ太陽光の一部は反射して惑星を加熱することなく失われる．各惑星のアルベドの値は表1にあるように，惑星毎に大きく異なっている．これは惑星を覆う雲の量が惑星によって違っているためで，雲の多い惑星でアルベドが大きく雲の少ない惑星でアルベドが小さくなっている．アルベドは惑星環境を考えるうえで非常に重要である．たとえば，地球と金星が太陽から同じ距離にあったとした場合，アルベドの違いによって地球は金星の3倍以上の加熱を受けることになる．アルベドは太陽光の加熱の強さを決める非常に重要な要素の1つであるが，それがどのようにして決まっているのかについてはいまだ解明されていない．

温室効果は惑星大気の組成と量によって決まる．惑星の出す熱放射（惑星放射，地球ぐらいの温度の惑星であれば赤外線）を吸収する物質が大気に多く存在するほど，温室効果は強くなり惑星表面の温度は高くなる．惑星表層環境を考えるうえで特に重要と考えられている温室効果ガスは，水蒸気と二酸化炭素である．どちらの気体も量が多く，大気中で安定に存在することができ，惑星放射をよく吸収する．メタンも惑星放射をよく吸収するが，大気中で長時間安定に存在することができないので，大気中のメタン濃度を維持するためには大気にメタンを供給する過程が必要とされる．また，雲も惑星放射をよく吸収する性質があり，雲の温室効果は惑星表面の温度に大きな影響を与える．

金星と火星

金星の地表は高温灼熱の環境となっている．この灼熱の表層環境を作り出しているのは分厚い大気の温室効果である．金星大気の主成分は温室効果を持つ二酸化炭素であり，かつその大気量は地球の約100倍であることから，金星大気の二酸化炭素量は地球大気のそれの20万倍以上にも達している．一方で太陽光加熱の強さを見ると，金星は地球よりも弱い加熱しかされていない．これは，金星のアルベドが地球のそれよりもかなり大きいためである．

火星は二酸化炭素も凍り付く酷寒の惑星である．太陽から遠い位置にある火星に降り注ぐ太陽光の強さは，

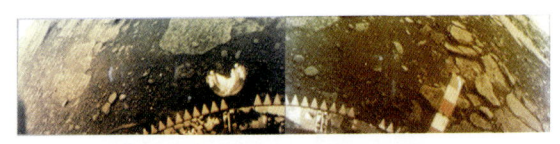

図1　金星の地表の写真（NASA提供）．

図2　火星の地表の写真（NASA提供）．

表1　地球・金星・火星の比較．

	軌道半径 [AU]	太陽定数 [地球=1]	アルベド	雲量 [%]	有効放射温度 [K]	全球平均温度 [K]	地表気圧 [10⁵Pa]	大気主成分 (体積%)	惑星表層の水の主な存在形態
金星	0.72	1.93	0.77	100	227	735	92	CO_2 (98.1), N_2 (1.8)	水
地球	1.00	1.00	0.30	約50	255	288	1	N_2 (78.1), O_2 (20.9)	水蒸気
火星	1.52	0.43	0.15	少量	217	243	0.006	CO_2 (95.3), N_2 (2.7)	氷

地球のそれの約半分でしかない．アルベドは地球に比べると小さく太陽光をよく吸収するのだが，それでも太陽から遠いことによる太陽光の弱さを補うことはできていない．また，火星の大気量は地球の約1/200程度でしかなく，大気量が少ないため温室効果はほとんど効いていない．

● 海洋形成条件とハビタブルゾーン

惑星の表面で液体の水が安定に存在できるかどうかは，惑星表面にある水の量と惑星表面の温度で決まる．惑星表面にある水の量がどのようにして決まるのかはわかっていないが，物質としての水（H_2O）を構成する水素と酸素は宇宙に大量に存在しており，H_2O自体は宇宙に大量に存在している．惑星表面に十分な量の水があるならば，その水が液体の状態で安定に存在できるかどうかは惑星表面の温度で決まる．

水が惑星表面に十分な量存在する惑星において，海洋（惑星表面で安定に存在する液体の水）が形成される条件を示したものが図3である．この条件は温室効果ガスとして水蒸気と二酸化炭素だけを考慮した場合のものである．太陽光加熱が強すぎる場合には，水蒸気の温室効果によって惑星表面の温度が高くなり液体の水は安定に存在できない（惑星表面の水は全て蒸発する）．このような状態は暴走温室と呼ばれる．暴走温室になるかどうかは太陽光加熱の強さだけによって決まり，二酸化炭素量にはよらない．一方で，太陽光加熱が弱すぎる場合には，惑星表面の温度が十分に高くならず液体の水は安定に存在できない（惑星表面の水は凍り付く）．凍結するかどうかの境目は温室効果の強さ，この場合には大気二酸化炭素量によって変わる．大気二酸化炭素量が増えていくと，海洋を形成するために必要とされる太陽光加熱の下限は下がっていく．しかし，ある程度以上に太陽光加熱が弱くなると二酸化炭素自身が凝結するようになるため，二酸化炭素の温室効果によっては暖めることができなくなる．

海洋形成条件（図3）から，海洋が形成されるためには太陽光加熱がある範囲内に収まっていなければならないことがわかる．太陽光加熱の強さは太陽からの距離と惑星のアルベドによって決まるが，海洋を持つ惑星はおおよそ地球と同じような気候状態の惑星となり，そのアルベドは現在の地球と同じようなものになると予想される．そうすると太陽光加熱の強さは太陽からの距離によって決まることになり，海洋を持った惑星が存在できる領域（太陽からの距離の範囲）が決まることになる（図4）．この領域はハビタブルゾー

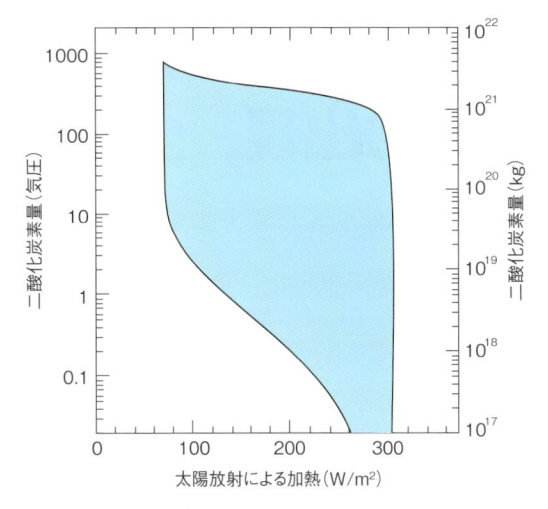

図3　海洋形成条件[1]．横軸と縦軸はそれぞれ太陽放射による加熱の強さと惑星大気中の二酸化炭素量で，水色の領域にあるときに海洋は形成される．

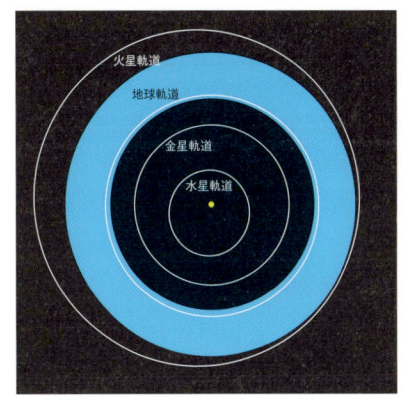

図4　ハビタブルゾーン．青色は太陽系におけるハビタブルゾーンを表す．白線は各惑星の軌道を表す．

ンと呼ばれる．

現在の太陽系では地球だけがハビタブルゾーンの中にあり，他の惑星は外にある．このことは地球だけに海洋があることと整合的である．ただしメタンなどの温室効果ガスも考慮するとハビタブルゾーンはこれよりも広がる可能性があり，その場合には火星もハビタブルゾーンに入る可能性がある．近年は太陽系外にも惑星の存在が確認されており，ハビタブルゾーンの中にある惑星も発見されている．ハビタブルゾーンの中にあることは地球のような惑星となるための必要条件を満たしているということで，それらのうちのいくつかは地球と同様に表面を海で覆われた惑星であるかもしれない．

〔はしもとじょーじ・阿部　豊〕

1.3 地球の歴史と大気の進化，酸素の出現，全球凍結

●地球大気の進化

地球大気の大きな特徴は，①金星や火星の大気では主成分を構成している二酸化炭素が微量成分（約0.03%）であることと，②金星や火星の大気中にはほとんど含まれていない酸素が主成分（約21%）であることだといえる．これらの特徴が，地球史を通じていつ，どのように獲得されたのかということが，地球大気の進化における本質である．

地球形成直後の大気中には，酸素はほとんど存在せず，窒素に加えて大量の一酸化炭素および二酸化炭素が含まれていたものと考えられている．ただし，一酸化炭素は大気上空での光化学反応によって二酸化炭素に変わるため，地球史初期には窒素と二酸化炭素を主体とした大気へと変化したものと考えられる．そのような大気が，どのように進化して現在へと至ったのかについて，詳細は必ずしもよくわかっているわけではないが，その大枠は以下に述べるようなものだと考えられている．

●二酸化炭素濃度の低下

太陽は，誕生時には現在の70%程度の明るさで，時間とともに徐々にその光度を増して現在に至ったと考えられている．地球環境は太陽からの放射エネルギーによって成立しているため，もし，地球が受け取る日射量が現在よりもずっと少なく，大気組成が現在と同じであるならば，今から約20億年前より以前の地球の平均気温は氷点下となり，地球形成以来ずっと全球凍結していたことになる．しかしながら，そのような地質学的証拠は存在しない（暗い太陽のパラドックス）．日射量が低いにもかかわらず地球が凍結していなかったとすれば，過去の大気中には現在よりもずっと多量の温室効果ガスが含まれていたことが期待される．その最有力候補が，二酸化炭素である．

太陽進化と大気中の二酸化炭素濃度の変遷との間には密接な関係があり，二酸化炭素による温室効果は地球の気候を温暖に保つ役割を果たしてきた，と考えられている．すなわち，大気中の二酸化炭素は，長期的な炭素循環によって温暖な気候状態が維持されるように，その濃度が調節されてきたと考えられている[1]．

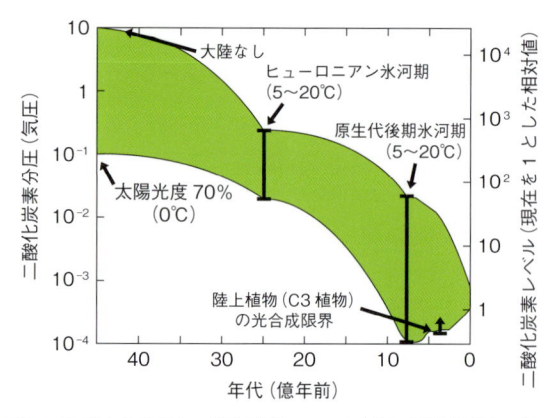

図1 地球史を通じた二酸化炭素レベルの変遷．理論的推定に地質学的情報を加味したもの．灰色の領域は推定の上限と下限．文献2より改変．

太陽光度の時間的増大の影響を相殺するように，大気中の二酸化炭素濃度は低下してきたことになる．その結果，地球史初期には大気の主成分であった二酸化炭素は，地球史を通じてその濃度を時間的に低下させてきたと考えられる[2]（図1）．

ただし，地球史前半においてはメタンによる温室効果も重要であったのではないかとする考えもある．その場合，地球史前半における二酸化炭素濃度は，図1の推定より低かった可能性も考えられる．

●酸素濃度の上昇

酸素は，光合成を行う生物の活動によって有機物が生合成される際の副産物として生産される．地球史上最初の酸素発生型光合成生物は，シアノバクテリア（ラン藻）だと考えられている．ただし，シアノバクテリアの出現時期については，多くの議論があるものの，現時点ではまだよくわかっていない．酸素発生型光合成生物の出現以前における大気中の酸素濃度は，極めて低いレベル（現在の10兆分の1レベル）だったと考えられる．

大気中の酸素濃度は，22億年前ごろに急増したと考えられている[2]．最近になって，約24億5000万年前よりも以前の大気中には酸素がほとんど含まれておらず，約24億5000万年前を境に大気中の酸素レベルが現在の約10万分の1以上になったことを示唆

古気候

6

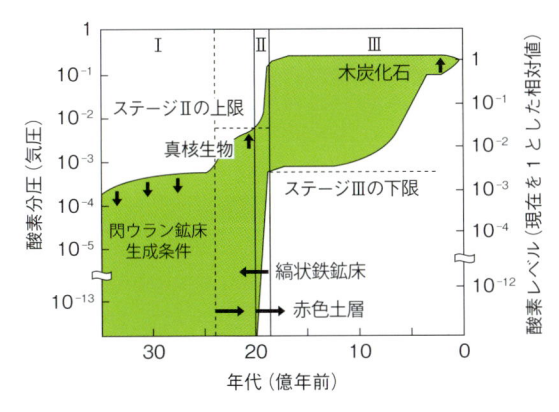

図2 地球史を通じた酸素レベルの変遷.地質学的証拠に基づく推定.灰色の領域は推定の上限と下限.文献2より改変.

する新しい証拠（硫黄の同位体異常）が得られた．また，約22億〜20億年前には大量の有機物が堆積岩中に固定されたこと，すなわち，大量の酸素が大気中に放出されたこと（大酸化イベント）を示唆する証拠（炭素同位体比の変動）も知られるようになった．これらのことは，酸化還元環境を反映して生成された鉱物の鉱床（たとえば，縞状鉄鉱床と呼ばれる酸化鉄の鉱床など）の年代分布から得られる結論[2]とも調和的であり，この時期に大気中の酸素濃度が急増したとする考えを強く支持する（図2）．酸素濃度は，約6億年前ごろにも急増して現在へ至ったと考えられている．

大気中の酸素濃度は常に変動しており，過去数億年間においても，約13〜35％の範囲で大きく変動していたものと推定されている．

● 全球凍結イベント

地球史においては，気候変動が繰り返し生じてきたことが知られている．とりわけ，原生代（25億〜5億4200万年前）の前期と後期には大規模な氷河時代が訪れた．最近，これらの氷河時代においては地球全体が凍結していたのではないか，と考えられるようになってきた．これはスノーボールアース（全球凍結）仮説[3]と呼ばれている．

これらの時代には，低緯度氷床が存在していたことが知られている．すなわち，当時の赤道域の大陸上には大規模な氷床が存在していたことが示唆される．また，これらの時代の氷河性堆積物は縞状鉄鉱床の沈殿を伴っているほか，熱帯性の堆積物（キャップカーボネート）に覆われており，さらには，生物の光合成活動が完全に停止しているように見えるなど，他の氷河時代には見られない不思議な特徴がいくつも知られている．これらの特徴は，スノーボールアース仮説によって説明可能であるとされる．

全球凍結した地球は，平均気温が－30℃以下となり，赤道でも氷点下であるため，地球表面の水は全て凍結してしまう．この結果，光合成を行う生物は生存することができない．ただ，地球内部から放出されている熱（地殻熱流量）のために，海水は表層1000m程度が凍結するだけで，深層領域は液体状態のままであると考えられる．したがって，海底熱水系では化学合成細菌を中心とした生態系が維持されていた可能性はある．ただし，原生代後期においては，すでに真核生物である光合成藻類が出現していたため，それらがどこでどうやって生き延びたのかが大きな問題になっている．陸地で囲まれた内海のような場所や火山地域などでは液体の水が存在していた可能性もあり，藻類などの生物はそうした場所で細々と生き延びていたのかも知れない．

一方，原生代前期のスノーボールアース（全球凍結）イベント（約22億2200万年前）のすぐ後で最古の真核生物の化石が産出する．また，原生代後期のスノーボールアースイベント（約6億3500万年前）のすぐ後には最古の多細胞動物の化石が産出する．これらのことから，スノーボールアースイベントは生物進化と密接な関係にあったのではないかとも考えられている．これらの時期は酸素濃度が急増した時期ともほぼ一致していることから，スノーボールアースイベントが前述の酸素濃度の増加をもたらした結果，生物の大進化を促したのではないか，とする可能性も議論されている．

〔田近英一〕

1.4 地球テクトニクスと環境変化

地球誕生以来，地球は内部のエネルギーを放出することで構造運動などを起こしてきた．テクトニクスは，この地球の変動や歴史を明らかにする分野である．これは，スーパープルームに代表されるマントル活動を含むものから，プレートテクトニクスで扱われるプレート運動に伴う大陸配置変化や造山運動なども含むので，非常に広範囲の固体地球の活動を含んでいる．

ここでは代表例として，①スーパープルーム活動に関係した白亜紀中期，②大陸配置変化に関係した新生代中期，③ヒマラヤ山脈造山運動の新生代後期について言及する．

● 白亜紀中期のプレートテクトニクス

白亜紀中期（1億2500万〜8000万年前）には，マントル／核境界付近からホットプルームが活発に上昇してきてオントンジャワ，ケルゲレン，マニヒキ海台などの巨大火成岩区を形成し，火山島形成なども活発化した[1]（図1）．海洋地殻の形成も通常の1.5〜2倍に増加して，海底の平均年齢も若くなったため平均海底深度は浅くなった．結果として海水準が250m上昇し，海進が起こり，海面上に露出した陸地面積は地球全表面積の20%以下となり，地球全体のアルベドは下がった．また，地球内部から多量の二酸化炭素などの揮発性物質が地球表層環境システムに供給され，モデリングの結果も含めると大気中二酸化炭素濃度は高く（1500〜4000 ppm 程度）なり，温室効果も促進された．有孔虫の炭酸塩殻の精密分析により全球の気温は現在より6〜14℃も高く，南北温度勾配が17〜26℃（現在は41℃）と小さく，極域には季節的な氷河も形成されないほど極めて温暖な表層環境が形成されたと推定されている[2]．また，マントルから地球表層環境システムに供給された炭素は，光合成を経由し，黒色頁岩の堆積が顕著で，一部はさらに続成作用を受けて，熟成して石油となった．

全世界の石油の60%以上がジュラ紀から白亜紀チューロニアンにかけて断続的に形成されたとの推定もあり，エネルギー資源として注目されている[3]．大気中の二酸化炭素の増加が海洋酸性化をもたらしたと考えられるかもしれないが，実際には多量の炭酸塩が沈積しており，非常にゆっくりしたスピードであるが，化学風化などにより中和されたのではないかと考えられている[4]．なお，地球表層環境システムとは一見無関係と思われるかもしれないが，1億2000万〜8000万年前の期間には地球磁場の反転がなく，地球内部でも大きな変化があったらしい．

● 新生代中期のプレートテクトニクス

新生代は寒冷化の時代としばしばいわれるが，最初の2000万年間は温暖であった．実際，南極大陸はこの9000万年間極域にあったが，顕著な氷河化は始新世の後期（約3700万年前）まで起こっていなかったらしい．段階的な顕著な寒冷化は始新世／漸新世境界（約3400万年前）に起こった．これは，南極大陸とオー

図1　スーパープルームの模式図．

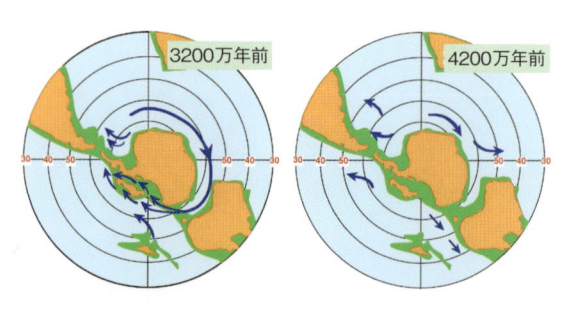

図2　南極大陸，オーストラリア大陸，南米大陸の配置の変遷．

ストラリアの間に位置するタスマン海峡の開通が主要な原因として挙げられている[5] (図2). 両大陸の分離は白亜紀後期に開始されたが, 分離が最終的に完了したのがこの時期で, 太平洋とインド洋の海水の交換が開始され, 南極大陸の熱的孤立化が促進され, 南極大陸などで雪や氷が増加することでアルベドが高くなり, 強い正のフィードバックが働いたと考えられる.

● 新生代後期のプレートテクトニクス

新生代後期にはヒマラヤ山脈やチベット高原が発達した. **インド亜大陸**がユーラシア大陸と約 5000 万年前に衝突を開始した後, その衝突帯の前縁に生じた大規模な褶曲・衝上断層帯がヒマラヤ山脈である. 衝突は現在のパキスタンに近い所で, インドがほぼ赤道上を通過した辺りで始新世初期に開始された. 3000万年前ごろまでに, **ヒマラヤ山脈**の平均的な高さは約3000 m に, 中新世に上昇スピードは加速し, 1500万年前あるいは 1000 万年前までには標高は 5000 m に達したと示唆されている[6]. 造山運動による非常に高い山脈の形成は, 大気循環, 水循環を介して, 気候に多大な影響を与え, このヒマラヤ山脈やチベット高原の発達によりインドモンスーンは約 800 万〜700 万年前に強くなったと示唆されている. さらに, ヒマラヤ・チベット地域の隆起は河川による削剥を招き, **アジアモンスーン**の強化による降雨の増大ともあいまって**化学風化**が促進されたと考えられる. 大陸のアルミノケイ酸塩との反応過程では大気中の二酸化炭素が鉱物と反応して重炭酸イオン (HCO_3^-) となり二酸化炭素が消費されるので, 大気中二酸化炭素濃度の低下をもたらし, 温室効果が減少し, 結果として気候の寒冷化を促すことになる.

地球表層は 10 数枚のプレートに覆われており, その相対運動により海洋底の拡大と沈み込み, 大陸の分裂と形成なども支配されることになるが, これらの一連の作用は, ウィルソンサイクルと呼ばれている. たとえば, 約 2 億年前にはそれらが集合した超大陸パンゲアが存在していたが, 南米北米大陸がヨーロッパおよびアフリカ大陸と分裂し, インドは南極, オーストラリアと分離し, オーストラリアは南極と分離し, 南米大陸が南極と分離するなどして, 地球表層は現在の 7 大陸に至っている (図3). 超大陸は 3 億〜4 億年の周期で離合集散を繰り返しているとされている. 超大陸と地球表層環境システムとの関係では, 超大陸では内陸域で乾燥した大陸性気候が卓越するとともに,

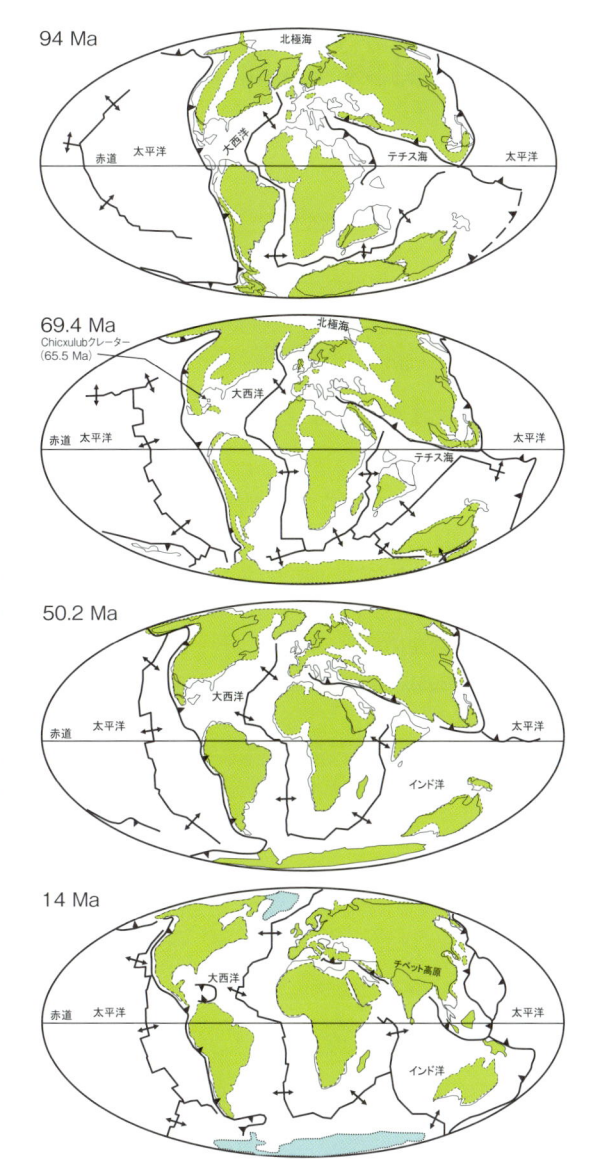

図3 中生代から新生代にかけての大陸の移動と海盆の変化[7]. 図は上から 9400 万年前 (白亜紀中期), 6940 万年前 (白亜紀後期), 5020 万年前 (始新世), 1400 万年前 (中新世) を表す. 白亜紀後期の図のユカタン半島沖に書かれた矢印は, 6550 万年前 (中生代 / 新生代境界) に隕石が衝突した地点を表す.

風化量の変化, 海岸線の減少, 大陸棚の相対的減少などを通じて, 地球表層環境を大局的に変化させるとともに, 生態系にも大きな影響を及ぼしてきたことが知られている.

〔川幡穂高〕

1.5
天体衝突と環境変動（K/Pg 絶滅事件）

古気候

1980年，アルヴァレッズらによって発表された隕石衝突による生物大量絶滅説[1]は，地球外の要因が環境や生命史に本質的な影響を与えるという新しい考え方を科学研究として実証したものであり，地質学の基礎である斉一説に対する大きな挑戦であった．

● K/Pg 絶滅事件とは

K/Pg 絶滅事件とは，約6600万年前の中生代と新生代の境目（K/Pg 境界）に起きた恐竜を含む多くの生物種が絶滅した地球史上の事件をさす．K/Pg 絶滅事件で表層環境や生物に何が起きていたのか，これまでの研究によって以下のような証拠が得られてきた．

◎ K/Pg 境界層の特徴

K/Pg 境界の黒色粘土層には，地殻やマントルにはほとんど含まれないイリジウム（Ir）などの白金族元素や濃度の低い親鉄性元素が濃集している．Ir 濃集以外にもススの濃集，直径数百 µm のケイ酸塩の小球が存在するなどの特徴がある（図1）．

◎ 海洋一次生産の低下

K/Pg 絶滅事件の後，数十万年間にわたり海洋中の無機炭素同位体比 $\delta^{13}C$ が表層と深層で差がなくなっている．通常の海洋では，表層において光合成により ^{12}C に富む有機炭素がつくられている．この有機炭素は海洋中を沈降していく間で分解され深層に供給されるため，深層のほうが表層よりも溶存無機炭素の炭素同位体が軽くなる（生物ポンプ）[2]．したがって，$\delta^{13}C$ の差の消失は，海洋表層での光合成による一次生産が非常に弱まったことを意味する．

◎ 選択的絶滅

恐竜などの大型爬虫類だけでなく，海中では海洋プランクトンの絶滅が顕著である．特に，炭酸塩の殻を持つ浮遊性有孔虫の絶滅は著しい．これに対し，底生有孔虫やケイ酸塩の殻を持つ放散虫の絶滅率は比較的軽微である．

● K/Pg 隕石衝突説

K/Pg 境界層における Ir の濃集は，この絶滅事件が巨大隕石の衝突によって引き起こされたことを示す大きな根拠である．白金族元素は，地殻にはほとんど含まれず，隕石中に多く含まれるため宇宙物質の指標とされる．世界各地の K/Pg 境界の Ir 濃度から，衝突した隕石は直径10km 程度であると推測されている[1]．1991年には，K/Pg 絶滅事件と同時期に形成された巨大衝突クレーター（直径約180km：チクチュルーブクレーター）がメキシコのユカタン半島に埋没していることがわかった（図2）[3]．数値シミュレーションによると，直径10kmの隕石が衝突した場合，形成されるクレーターの大きさはチクチュルーブクレーターと同程度となる．これらのことから，現在では大多数の研究者が K/Pg 絶滅の直接の原因として隕石衝突説を支持している．

● 隕石衝突の物理過程

隕石が地表面と衝突すると，隕石および地殻内で急激な加熱が起きる．特にユカタン半島には，堆積層に大量の石油や炭酸塩・硫酸塩岩が蓄えられているので，それらの燃焼や衝撃脱ガスによって炭酸ガス（CO_x）や硫酸ガス（SO_x），ススが放出される．また，隕石や地殻の主成分であるケイ酸塩岩も蒸発し衝突蒸気雲を形成する（図3）．この衝突蒸気雲には，直径数百 µm の溶解したケイ酸塩の液滴が多く含まれており，

図1 イタリアの K/Pg 境界の地層．白亜紀と古第三紀の石灰岩層の間に挟まれた厚さ1～2cm程度の黒色粘土層（K/Pg 境界層）に，イリジウム（Ir）が濃集している[1]．

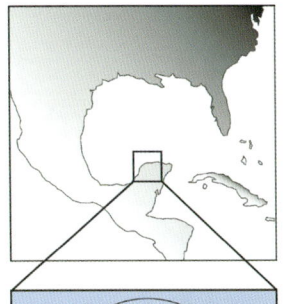

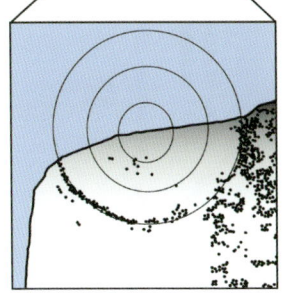

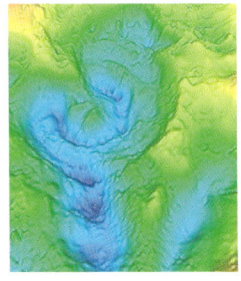

図2 （左）チクチュルーブクレーターの地図上での位置[3]．クレーターは多重リング構造をしており，外側リングにそってセノーテと呼ばれる泉が分布している（左下図の黒点）．（右）重力データによって明らかになった，堆積物層に埋もれていたクレーターの姿．

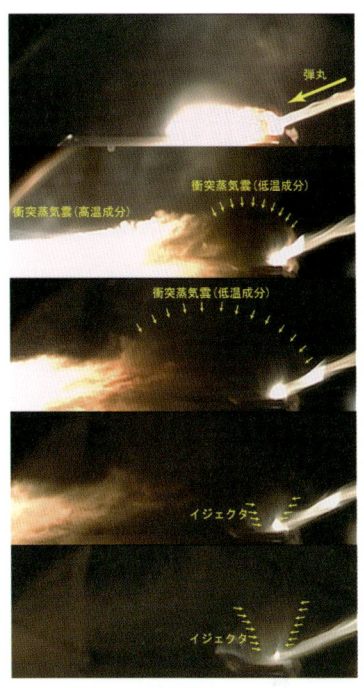

図3 衝突実験で生じた衝突蒸気雲とイジェクタの形成の様子（高速カメラにて撮影）．図のような斜め衝突においては，主に衝突天体物質からなる高温の衝突蒸気雲と，主に地球物質からなる比較的低温の衝突蒸気雲の2つが形成される．蒸気雲の膨張がかなり進行した後，イジェクタが現れる．

これらは宇宙空間に放出され，世界中に飛散する．

衝突蒸気雲の発生と並行して起きるのが，地中での衝撃波の伝播である．衝撃波の通過により，衝突地点付近の岩石は粉々に破壊され高速に加速される．この放出された物質はイジェクタと呼ばれ，イジェクタ放出の痕跡としてできる穴がクレーターとなる（図3）．

● 天体衝突がもたらす環境変動

◎ 衝突の冬

最初に唱えられた生物大量絶滅のシナリオは，細粒のイジェクタ粒子が日射を遮断して衝突の冬を引き起こすという仮説であった[1]．しかし，その後，十分な量の細粒のイジェクタ粒子は生成されない可能性が高いことや，この機構による衝突の冬は短い（3ヵ月程度）ことなどの問題点が判明してきた．

こうした状況で登場したのが，硫酸エーロゾルによる衝突の冬仮説である．硫酸塩岩の衝撃脱ガスで生じたSO_xの主成分が二酸化硫黄（SO_2）だった場合には，大気中に硫酸エーロゾルが滞留して日射の遮断をし，数年間にわたって地表温度は10℃近く低下する可能性がある．

◎ 気候温暖化

炭酸塩岩の衝撃脱ガスからは二酸化炭素（CO_2）や一酸化炭素（CO）が大量に生じる．理論計算や実験によると，炭酸塩岩からのCO_2やCOの放出による温室効果により，気温は2〜8℃上昇する可能性がある．CO_2の放出による温室効果は，これが大気から除去されるまで10万年近く長期にわたって継続する．

◎ 酸性雨

硫酸塩岩の衝撃脱ガスでは，SO_xは三酸化硫黄（SO_3）として放出された可能性もある．これらは大気中の水分と結合して硫酸となり，酸性雨として降ることになる．このことは，酸に弱い炭酸塩鉱物の殻を持つ有孔虫がケイ酸塩の殻を持つ放散虫に比べて絶滅率が高いという地質記録とも整合的である．

このように隕石衝突の物理過程の解明に伴い，さまざまな環境変動の可能性が列挙されてきた．だが，いずれの環境変動がK/Pg絶滅事件の主因であるかはいまだ不明であり，これらの環境変動の物理的予測と地質記録にある絶滅の証拠との間にあるギャップはまだ大きい．今後は，これらのギャップを埋めて地質記録を整合的に説明することが，K/Pg絶滅事件の真相解明に迫る鍵となるだろう． 〔杉田精司・関根康人〕

1.6
温室地球から氷室地球へ 新生代の環境変動

古気候

● 深海底からいかにして堆積物を採取するか

恐竜が生きていた温暖な中生代（温室地球）から，氷期と間氷期を繰り返す寒冷な新生代（氷室地球）へ，地球はどのような変化を経てきたのだろうか．深海の海底堆積物を直径10cm程度の円柱状に採取し，これを連続的に解析することで，長い時間スケールの環境変動を復元することができる（図1）．

● 海底堆積物コアからどのようにして気候変動を復元するか

海底堆積物中の有孔虫という動物プランクトンの殻（炭酸カルシウム，$CaCO_3$）には，^{18}Oと^{16}Oの酸素同位体が含まれる．この酸素同位体比（$δ^{18}O$）を測定することで過去の環境指標となる．海洋観察および室内実験などから，水温と酸素同位体分別の関係式が求められている[1]ので，海底堆積物中の有孔虫化石殻の$δ^{18}O$から過去の水温を推定することができる．また，氷床量の変動も有孔虫殻の$δ^{18}O$に影響を与える．海水の平均$δ^{18}O$（0.0‰）に比べて極域氷床に固定される氷の$δ^{18}O$は−15〜−40‰と顕著に低いので，極域氷床の発達は相対的に海洋$δ^{18}O$を増加させる．海洋$δ^{18}O$は氷期最盛期には相対的に約2.4‰も増加する．したがって，有孔虫殻の$δ^{18}O$は主に温度，氷床量の2つの環境情報を与える．

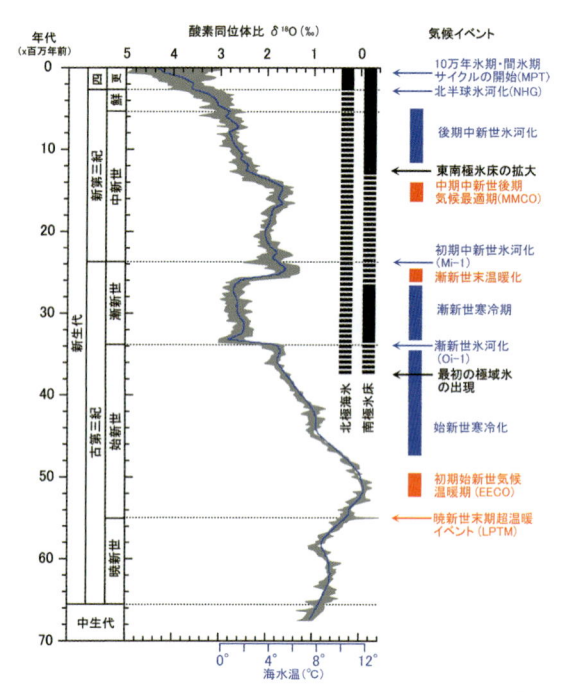

図2 新生代（過去6500万年間）の環境変動．同位体比データ[2]を改変．バーは両極における氷床体積量（現在の50％以上），破線バーは約50％以下．四＝第四紀，鮮＝鮮新世，完＝完新世．海水温スケールは氷床が全く存在しないと仮定した換算水温．

● 過去6500万年間（新生代）の環境変動

図2は，これまでに太平洋，大西洋，インド洋などの水深1000m以上の約40地点から得られた海底堆積物コア中の底生有孔虫の$δ^{18}O$のデータを統合した記録である[2]．このグローバルな深海$δ^{18}O$変動は新生代を通しての温暖化・寒冷化，氷床の拡大・縮小を表す．底生有孔虫の$δ^{18}O$は新生代全体を通じて5.4‰の幅で変化する．このうち，南極大陸に大規模な氷河化が始まる漸新世初期（約34Ma；1Ma＝100万年前）以前は氷床はないと考えられているので，新生代で最も温暖であった始新世（52Ma）から漸新世初期（34Ma）までの$δ^{18}O$で約3.1‰の増加は約12℃の深海の寒冷化による効果である．約34Maから現在までの$δ^{18}O$変化は，最初に南極氷床の発達（約1.2‰の増加），続いて北半球氷床の発達（約1.1‰の増加），合計約2.3‰の両極氷床の発達で説明される．

● 初期始新世気候温暖期（EECO）と暁新世末期超温暖イベント（LPTM）

最も顕著な温暖化（$δ^{18}O$で1.5‰減少）は，新生代

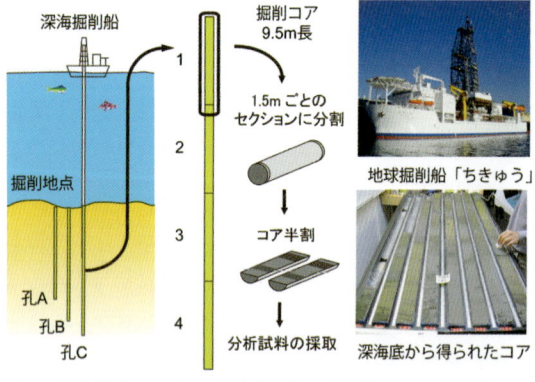

図1 深海掘削のしくみ．深海掘削船は掘削地点から堆積物コア（9.5m長）を連続的に採取する．採取コアはセクション（1.5m長）に分割・半割され研究用試料が採取される．写真は，（上）地球掘削船「ちきゅう」（海洋研究開発機構），（下）ベーリング海で得られた掘削コア．

の初期 (59〜52 Ma) に発生し, 52〜50 Ma に新生代で最も温暖となる. これを初期始新世気候温暖期 (EECO) と呼ぶ. この温暖化の途中, 暁新世と始新世の境界付近 (約55 Ma) で急激な同位体比異常が見られるが, これを暁新世末期超温暖イベント (LPTM) と呼ぶ. これは約1万年で深層水温度が5〜6℃上昇 (δ^{18}O で 1.0‰減少), 表層水温が高緯度域で8℃近く上昇した, 急激な温暖化イベントである. このイベントは北太平洋における地殻隆起・火山活動, および, インド亜大陸のユーラシア大陸への接触と時期を同じくし, 海洋・大気・陸域を含む炭素循環系・生態系の大変化と認識されている. LPTM の原因は諸説あるが, 大規模なガスハイドレートの崩壊による温暖化説が有力である.

● 中期〜後期始新世の寒冷化

EECO の後, 初期始新世末 (50〜48 Ma), 後期始新世 (40〜36 Ma), 初期漸新世 (35〜34 Ma) を経て, δ^{18}O で 1.8‰の増加, 深層水温にして7℃の減少, 約1700万年続く寒冷化が発生する. この寒冷化は, 白亜紀〜新生代初期までの活発なプレート運動および海洋底拡大率の低下と関連づけられている.

● 漸新世初期の急激な寒冷化〜両極寒冷化の始まり

漸新世の始まり (約34 Ma) は, 急激な δ^{18}O の増加 (約1.0‰) で特徴づけられ, 漸新世氷河化 (Oi-1) と呼ばれる. この急激な寒冷化は, 底生有孔虫の Mg/Ca 比による深層水温変化の推定[3),4)] に基づけば, 深層水温の低下だけではなく, 明確な海氷形成 (北極域) や氷床発達 (南極) が始まった結果 (約0.6‰) である[5)-7)]. その後, 漸新世初期にタスマニア・南極間の海峡やドレーク海峡が開いて南極周回流が成立, 南極大陸氷床が発達し, 連続的に存在するようになり, 寒冷化が続く (δ^{18}O で約2.5‰). 南極大陸氷床は現在の約50％程度の体積[8)], 深層水温は約4℃[9)] と推定されている.

● 後期漸新世〜中期中新世の温暖化

漸新世後期 (27〜26 Ma) には急激な温暖化 (漸新世末温暖化) が発生し, 南極氷床の拡大は一時中断する. 漸新世末温暖化から中期中新世 (15 Ma) まで, 氷床量は少なく, 深層水温はわずかに高かった[9),10)] が, この温暖化は, 中期中新世後期気候最適期

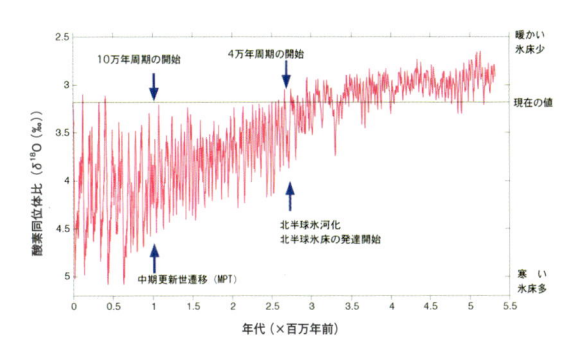

図3 北半球氷河化および氷期-間氷期サイクルの始まり. δ^{18}O データは文献16より.

(MMCO, 17〜15 Ma) を経て終焉する. 初期〜中期中新世には, 間欠的に寒冷化・氷河化が発生し, これを Mi イベントという. 漸新世・中新世境界 (約33.5 Ma) には特に顕著な氷河化 (初期中新世氷河化: Mi-1) が発生した[11)].

● 後期中新世の氷河化〜南極氷床の拡大

MMCO 以降, 地球の氷河化は徐々に進行する. これは 15〜10 Ma にかけての東南極氷床を含む主要な南極氷床の構築による[12),13)]. 後期中新世 (10〜6 Ma) を通して, δ^{18}O は緩やかに増加し続け, 寒冷化が継続し, 西南極[14)] や北極域1‰[15)] で小規模な氷床が発達する.

● 鮮新世の北半球の氷河化 (NHG)

初期鮮新世には, 3.2 Ma 前後に温暖期 (鮮新世気候温暖期: PCO) が認められるが, 全体的に寒冷化は進行し, 2.7〜2.5 Ma ごろに北半球氷河化 (NHG) が開始される (図3). この時期, 主要な北半球の氷河が形成を開始した. NHG の原因として, パナマ地峡が成立し, 太平洋と大西洋の海洋循環が制限されたことで, 特に北大西洋の海洋が冷却されたことが提案されている. NHG を通して, 鮮新世では, δ^{18}O 変動には約4万年周期が顕著である.

● 中期更新世：10万年周期の氷期-間氷期サイクルの始まり

約100万年前 (1 Ma), δ^{18}O の卓越周期成分が4万年から10万年にシフト, 顕著な氷期-間氷期サイクルが発生し, 現在に至る (図3). このシフトを中期更新世遷移 (MPT) と呼ぶ. 〔坂本竜彦〕

1.7 第四紀の古環境復元
(1) 氷床と海水準の変動の復元

気候システムの理解を行うために，過去の気候変動を高精度で復元し，モデルとの比較検討を行うことは重要である．海水準変動の情報は，過去の気候および表層環境の全球的な平均状態を表す有効な指標である．第四紀の氷期–間氷期変動などに代表されるように，10万年スケールもしくはそれより短い時間規模で起こってきた高緯度氷床の消長に伴う海水準変動として，そのタイミングと規模が決定される．しかし，それらの復元方法は後述のように複数存在し，それぞれに異なる特徴が挙げられる．

● 直接観測値を用いた海水準変動の復元

高緯度または高高度に存在する氷床の融解が起こると，海水量が増加し，"全球的な"海水準が上昇する．しかし，それに伴って起こる表層荷重の再分配（この場合氷床荷重と海水荷重）により，固体地球が変形するため，世界各地で観測される海水準変動はさまざまである（図1）．直近の氷期の最盛期はおよそ2万年前に起こり，海水準は130m下がり，北米および北欧に厚さ3000mにも及ぶ氷床が存在していた．氷床荷重によりおよそ1000m押し下げられていた当時の地殻は，現在の間氷期への移行に伴う氷床融解により，現在もなお隆起を続けている．また，増加した海水量の荷重により海洋底は沈降するため，ネットとしては，低緯度から高緯度へのマントルの流れが生じる．これにより旧氷床域からの距離に伴い観測される海水準は異なる意味を持つ．したがって，気候変動研究において重要な，海水量（または氷床量）変動を精度よく復元するためには，氷床荷重の増減の影響をほとんど受けない，旧氷床域から十分に離れた地域の観測値を用いることが必須である[2]．低・中緯度地域のうち，テクトニックな影響が無視できるような箇所はこれに適している．しかし，それでも，アイソスタシーの効果は最大10〜15%の変化をもたらすため，地球物理学的なモデルによる補正が必要である[2]-[4]．

過去の海水準決定法には2種類存在する．それらは，汽水域の堆積物を異なる深度（高度）の海底（陸上）から採取する方法と，生息深度のわかっているサンゴの深度と年代を用いて相対的海水準変動を求める方法である．前者の例として，大陸棚の堆積物中に含まれるマングローブ堆積物を，異なる水深から掘削し，直近の氷期から現在にかけての相対的な海水準変動曲線を復元した研究例や北西オーストラリアの堆積物中の微化石を用いた研究例がある．マングローブは潮間帯に生息するため，マングローブ堆積物の深度分布を解析することで，過去の相対的海面変動曲線を描くことができる．さらに，放射性炭素の年代決定により生息年代が明らかになる[5],[6]．一方，貝や有孔虫，ケイ藻といった生物は，塩分によって生息する種が異なることや，その殻に保存された化学情報が異なることを利用し，過去の海水準高度を決定することができる[2],[7]．

また，浅海域の物理・化学条件の相違から，生息種が異なることを利用した海水準復元法も存在する．その代表的なものは，造礁サンゴを用いた方法である．たとえば，最も信頼度の高い直近の融氷期の海水準変動曲線の1つは，この方法によってもたらされた．大西洋のカリブ海には，太平洋に比べてサンゴの生息種が圧倒的に少なく，バルバドス沖にはシカツノミドリイシという，水深5m以浅に生息する種が分布する．このサンゴの生息深度と年代を決定することにより海水準変動曲線が得られる[8]．海洋生物でサンゴは唯一，ウラン系列核種について閉鎖系を保っているため[9]，ウラン系列年代決定法も適用することが可能で，気候変動に伴う炭素循環とは独立した高精度の年代決定を

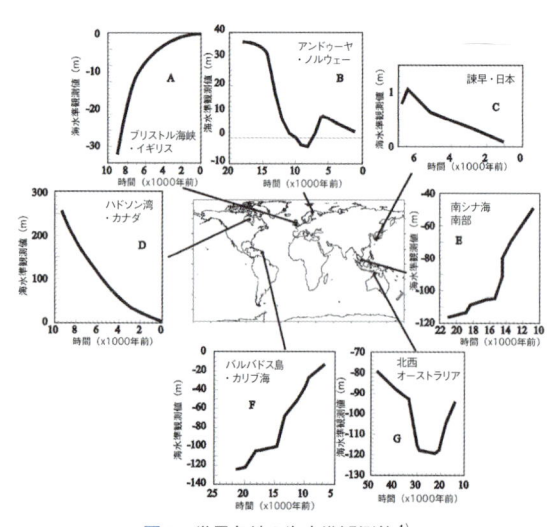

図1 世界各地の海水準観測値[1]．

古気候

行うことができる[10]（図1）．

●間接的な指標を用いた氷床量（海水準）変動復元

前述のように，氷期には海水準が低下し陸上に存在する氷床量が増大する一方，間氷期にはその逆のプロセスが起こる．それに伴い，海水の同位体組成が変化することを用いた全球氷床量のプロキシー（代替指標）が存在する．古くは底生有孔虫の酸素同位体比（$\delta^{18}O_{bf}$）を使う方法がある[11]．低・中緯度から高緯度への水循環過程における同位体分別プロセスから，大陸氷床は海水に比べて，およそ30〜40‰軽い酸素同位体比を持つ[12]．つまり，それらが融解し海洋にもたらされる間氷期には，海水の酸素同位体比の平均組成は，全海洋で1‰軽くなる[13]．$\delta^{18}O_{bf}$は，変化幅の大きい表層水温と異なり，間氷期でも結氷点に近く，海水温の変動が比較的小さい底層水の同位体比組成，すなわちグローバルな氷床量変動の長期傾向を捉えることができるため，氷床コアなどの気候変動指標と対比する際に広く用いられている[14]．これらのデータにはおよそ3000〜4000年の年代誤差が付随するとされており，海水準の見積もりにも10〜15mの誤差がある[15]．

間接指標を用いた海水準変動の連続記録復元法は，縁海の海洋堆積物を用いるものである．外洋との海峡の水深がおよそ150mであるような海域は，海水準の変動に伴い，外海との海水の交換により，内部の塩分変化をもたらすため，降水と蒸発のバランスや河川流入量や海水温などを与えることができれば，海水準変動を復元することが可能となる[16]（図2）．この方法での海水準の復元値にはおよそ10mの誤差が付随する[17]．

上述のように，間接的な方法による復元では，連続的ではあるが決定精度が落ちるという問題が存在する．そのため，直接的な方法と間接的な方法を組み合わせて高精度復元を行う重要性が，近年主張されている[18]-[20]．また，海水準変動からは，全球的な氷床量変動は復元できるが，個々の氷床の変動タイミングや規模を復元できない．そのため，氷床域に近いところでの観測も併用することが重要である．

●氷床変動復元

過去に存在した氷床の規模は，氷床の流動に伴い運搬されてきた土砂（モレーン）や巨礫（迷子石）などを用いることにより復元できる（図2）．また，氷床縁辺部には，底面から供給された融解水により，氷床縁湖が形成されるが，かつては，その堆積物を用いた年代を使った融解史が復元されてきた．近年，加速器質量分析装置の導入により微量の放射性核種の定量を正確に行うことが可能となったため，氷床融解後に迷子石や基盤岩が，わずかな二次宇宙線に被曝することで生成される核種の測定により，過去の氷床の消長をより詳細に明らかにすることが可能となってきた[21]．このようにして得られた年代と，拡大／縮小規模をマッピングした結果と氷床モデル[22]などとのカップリングにより，氷床の変動史を復元することが可能となる．

また，前述の氷床荷重の変化に伴うローカルな海水準変動を用いることで，氷床量変動を復元することもできる．つまり，氷床融解に伴い，表層荷重の減少により海水指標である二枚貝などが陸上に隆起するが，固体地球の粘弾性モデルを用いることで，融解した氷床量を復元することができる[23]．

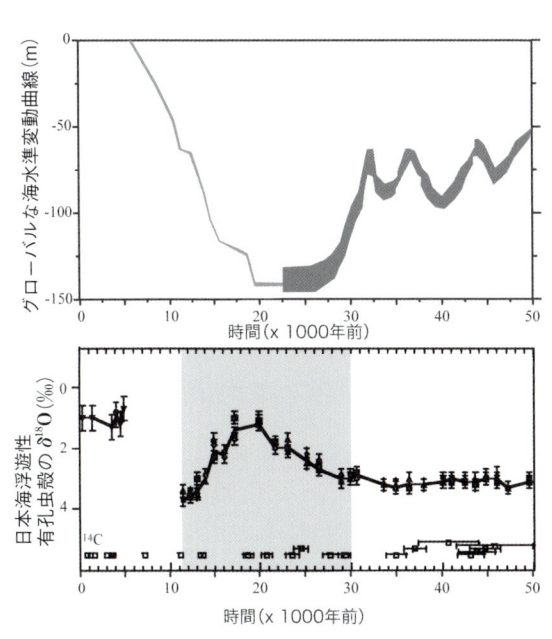

〔横山祐典〕

図2 日本海の塩分から求めた海水準変動曲線[16]．影をつけた部分は，海水準の低下により，日本海表層水の塩分低下減少が起こった時期．実線上のポイントは浮遊性有孔虫測定値．

1.8 第四紀の古環境復元
(2)有孔虫や海洋化学からわかる海面水温と海洋循環

● 古水温や海洋循環を復元する代替指標の歴史

海洋表層は，大気や海洋中–深層との相互作用を介して熱を放出・吸収する役割を持つうえ，塩分の要素が加わると海洋循環を変化させる出発点となる．したがって，海洋表層水温（SST）や塩分は気候変動を敏感に読み取るバロメーターとなる．過去のSSTを推測する代替指標（プロキシー）として，堆積物に埋没した有殻プランクトンの微化石群集組成，浮遊性有孔虫の炭酸カルシウム殻（図1）の酸素同位体比，生物源オパールの酸素同位体比がある．これらの手法の歴史は古く，1970年代にCLIMAPプロジェクト[1]が世界で初めて報告した最終氷期最盛期（LGM：2.3万〜1.9万年前）のSSTグローバルマッピングも有殻プランクトンの微化石群集組成と浮遊性有孔虫の炭酸カルシウム殻の酸素同位体比の結果である．その後，1980年代に植物プランクトンのハプト藻由来の有機化合物アルケノン，1990年代に浮遊性有孔虫殻のMg/Ca，2000年代に微生物由来の有機化合物TEX$_{86}$など新しい手法が開発されてきている．従来なかった高い精度での復元や，困難であった極域の復元も可能になるなど，過去のSSTの蓄積とその精度向上は，新プロキシーの開発と密接に関連している．

一方，深層循環については，同層準の堆積物から得られた浮遊性有孔虫と底生有孔虫の炭酸カルシウム殻の放射性炭素年代や炭素安定同位体比の差，底生有孔虫のCd/Ca比，放射性核種 ^{231}Pa/^{230}Th の比などをプロキシーとして，当時の深層循環の活発さの議論に用いられてきた．

● プロキシーの原理

◎ **アルケノン**[2]

古水温計．植物プランクトンのハプト藻のみが合成する特異的なバイオマーカー．炭素数37で不飽和度が2と3のアルケノンの合計濃度に対する不飽和度2のアルケノンの濃度比を U^K_{37} で表す．

$$U^K_{37} = [C_{37:2}]/([C_{37:2}]+[C_{37:3}]) \quad (1)$$

メカニズムは明確にされていないが，$C_{37:2}$ と $C_{37:3}$ の生化学合成には温度依存性があることを利用して水温に換算する．精度は±0.5℃．確度は式(2)に依存するが±1〜1.5℃．

$$T(℃) = (U^K_{37} + a)/b \quad (2)$$

メリットは他のプロキシーに比べて精度が高い点であるが，デメリットはメカニズムが不明，ハプト藻の種類によって水温応答が少し異なる，気候変動に伴う生息する季節や水深の変化の可能性などが挙げられる．a, b は培養実験，全球表層堆積物に記録された U^K_{37} と SST の経験式などから求められており，複数の式(2)が存在する．算出される T (℃) の違いは〜1.5℃程度．

◎ **Mg/Ca**[3,4]

古水温計．浮遊性有孔虫や底生有孔虫が炭酸カルシウム殻を合成する際，Caに対するMgの取り込み比が温度に依存することを利用した手法．

$$T(℃) = a*10^{b*[Mg]/[Ca]} \quad (3)$$

精度は±30ppm Mgで，水温に換算すると±1.2℃程度．確度は±1〜1.6℃．メリットは表層水温のみならず底層水温の算出も可能であること，デメリットは有孔虫の生理状態によって炭酸塩殻合成時のMg取り込みが変わる可能性があること，殻の溶解や炭酸塩の二次沈着によるMg/Ca比の変質などが挙げられる．

◎ **浮遊性有孔虫と底生有孔虫の放射性核種年代差**[5]

深層水ベンチレーション年代．放射性炭素（^{14}C）は宇宙線生成核種であり，二酸化炭素として表層で溶解することによって海に供給される．浮遊性有孔虫と底生有孔虫が炭酸塩殻を合成する際，それぞれが生息する水塊が持つ平均的な ^{14}C/^{12}C を取り込む（図2）．年に換算した ^{14}C/^{12}C 比の表層と深層との差が小さ

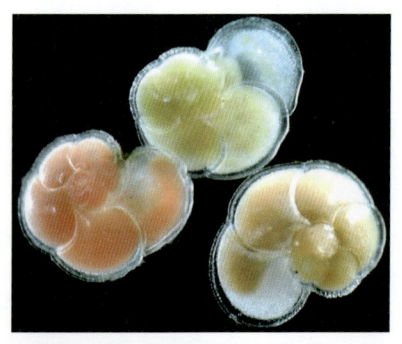

図1 浮遊性有孔虫（*Globorotalia menardii*）の生態写真．木元克典氏撮影．

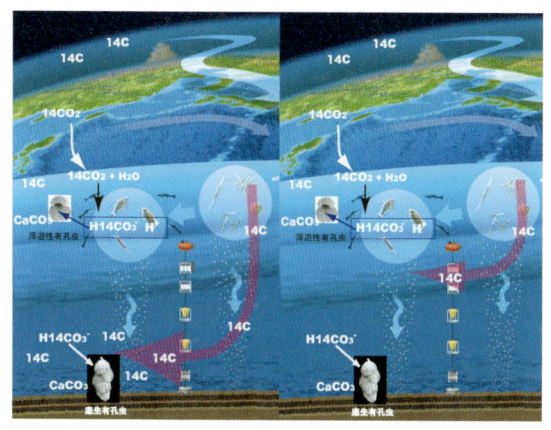

図2 浮遊性有孔虫と底生有孔虫殻の^{14}C年代と深層循環．（左）循環が活発な場合：速やかに深層へ^{14}Cが輸送されるため底生有孔虫が示す^{14}C年代は若い．（右）循環が不活発な場合：^{14}Cが深層へ輸送されにくくなるため，底生有孔虫の殻への^{14}Cの取り込みが減り，見かけの^{14}C年代は左図に比べて古くなる．背景：© ミュール．

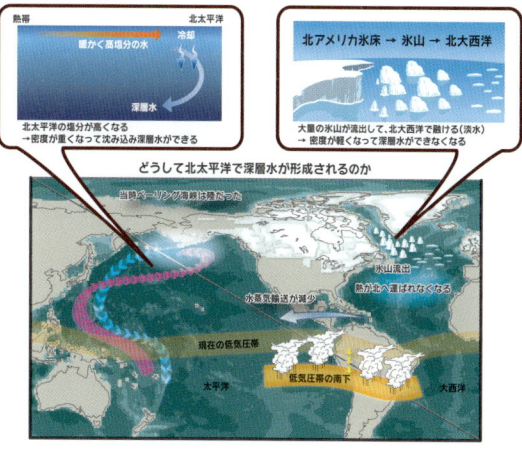

図3 北太平洋深層水形成のメカニズム．約1.7万年前の海洋-大気の作用を単純化した概念で表現したもの．北大西洋では北米大陸氷床から崩壊して流れて来た氷山が淡水供給源となり，密度の低下を促して深層水形成が弱化し熱輸送が急減．北大西洋の寒冷化は低緯度域へ伝播し，熱帯収束帯の卓越する位置（および降雨位置）を南半球側へ押し下げると同時に太平洋へ伝播する水蒸気量が減少．また，海水準低下によりベーリング海峡は閉じており，結果，北太平洋では高塩化が促進，深層水が形成されやすい環境が生まれたと推測．

い場合，活発な深層循環を意味し，差が大きいと深層循環の停滞を意味する．

$$\Delta t_{b-p} = \{1/\lambda \times \ln[1/(1+\Delta^{14}C/1000)]\}_{底生} - \{1/\lambda \times \ln[1/(1+\Delta^{14}C/1000)]\}_{浮遊性} \quad (4)$$

ここで，λは放射性炭素の壊変定数(1/8267)/年である．Δ^{14}Cは，$r = (^{14}C/^{13}C)_{サンプル}/(^{14}C/^{13}C)_{標準物質}$（最近は加速器質量分析計による測定が主流であるため，^{12}Cではなく単位時間あたりの^{13}Cカウント数との比をとる），海水に溶解する際や植物の炭素同化作用などの反応過程で，炭素の質量数の違いによる同位体分別効果を^{13}Cで補正した値

$$\delta^{13}C_{PDB}(‰) = [(^{13}C/^{12}C)_{サンプル}/(^{13}C/^{12}C)_{標準物質}] \times 1000$$

$$\delta^{14}C(‰) = (r-1) \times 1000$$

を用いて以下のように算出する．

$$\Delta^{14}C(‰) = \delta^{14}C - (\delta^{13}C_{PDB} + 25) \times r \quad (5)$$

式(4)は，単純な底生有孔虫と浮遊性有孔虫の放射年代差を深層水が持つベンチレーション年代としているが，宇宙線生成核種である^{14}Cの生成量は一定ではないため，当時の大気中の^{14}C生成量で補正したプロジェクション年代差を使う手法もある[6]．

● 過去のグローバルなSST復元

CLIMAPによるLGMのグローバルなSST復元から30年を経て，MARGOプロジェクトが，浮遊性有孔虫，ケイ藻，ケイ質鞭毛藻，放散虫等微化石群集解析，アルケノン，浮遊性有孔虫のMg/Caに基づくLGMのグローバルSSTの最新結果を報告している[7]．全ての海洋で経度（東西）方向の水温勾配が大きくなっていること，必ずしも地球全域で現在より冷えているわけではないことがわかった．この結果は強制している気候感度の理解や古気候モデルによる数値シミュレーションの評価に役立つ．

● 1つではない海洋深層循環パターン

現在の海洋深層の流れをごく単純化した場合，北大西洋グリーンランド沖や南極ウェッデル海で沈み込み，インド洋を経て南太平洋から北太平洋へ流れ，北太平洋亜寒帯域で表層へ湧昇し，インドネシア多島海を通って北大西洋へ戻る一連の循環が存在する．気候変動に伴ってこの循環はどう変わるのだろうか．浮遊性有孔虫殻と底生有孔虫殻の^{14}C年代差（図2）と古気候モデルシミュレーションによる研究によると，約1.7万〜1.5万年前の融氷期に北大西洋グリーンランド沖に氷床崩壊による大量の淡水が供給されたことにより同海域の沈み込みが停滞し，北太平洋で強い沈み込みが起きていたことがわかった[8]．気候変動に伴って深層循環が大きく変わり，現在とは全く違った循環パターンが存在したことを示すと同時に，深層循環の出発点になるという北太平洋の新たな役割を示した（図3）．

〔原田尚美〕

1.9 第四紀の古環境復元
(3)花粉や湖底堆積物からわかる古環境

● 人間にとっての古環境指標としての花粉

急激な地球温暖化など、人間にとって脅威となる可能性のある環境変動が現代的な問題としてクローズアップされている。正確な将来予想のためには気候システム全体の理解が不可欠であるが、人間の生活環境は主として低・中緯度の陸上であるため、これらの地域で起こる変動について理解することには特別の意義がある。低・中緯度の陸上の環境変動を復元するための試料としては、湖の堆積物が有効である。ここでは特に、湖底の堆積物中に含まれる化石花粉に注目する。

図1は、ヨーロッパアルプスの泥炭堆積物から抽出した化石花粉の顕微鏡写真である。花粉を構成する膜は、スポロポレニンと呼ばれる非常に安定した物質でできている。そのため花粉は、堆積物中に化石として保存される確率が極めて高い。堆積物の科学的な性質や集水域の環境などにもよるが、たとえば、日本など温帯の湖から採取された細粒の堆積物であれば、1ccの中に数千ないし数十万粒もの化石花粉を含んでいることもまれではない。なお、花粉は堆積物粒子として見た場合には、概ねシルトとして挙動する。このため、砂や礫など粗粒の堆積物は化石花粉を含んでいないことが多い。

異なった植物の花粉は、原則として異なった形状を持っている。すなわち、化石花粉を化学処理によって抽出し、顕微鏡下で観察することにより、その花粉を生産した植物の分類群を同定することが可能である。分類群にもよるが、樹木であれば概ね属レベル、草本であれば科のレベルで同定可能である場合が多い。顕微鏡を用いてそれぞれの分類群の花粉の産出個体数を数える作業のことを、通常花粉分析と呼称する。花粉分析のデータは、過去の陸上における植生の直接証拠であると見なされる。また、植生は気候を反映して変動することから、花粉データは過去の気候復元にも用いることができる。

● 花粉データの解釈

花粉をはじめとする微化石データの特徴として、産出する個体数が多いために統計的な扱いが可能であるという点は重要である。このことは古くから認識されており、花粉分析のデータも個体数ではなく出現頻度で表現されるのが普通である。すなわち、化石花粉の分類群毎の出現頻度を百分率で表現し、堆積物の深度に沿ってプロットする。このような図は花粉ダイアグラムと呼ばれ、植生と気候の変化を定性的に理解するのに適している。

図2は、福井県の三方湖から採取された湖成堆積物の花粉ダイアグラムを簡略化したものである。4万年前ごろは落葉広葉樹の花粉が優占する冷涼な時代、

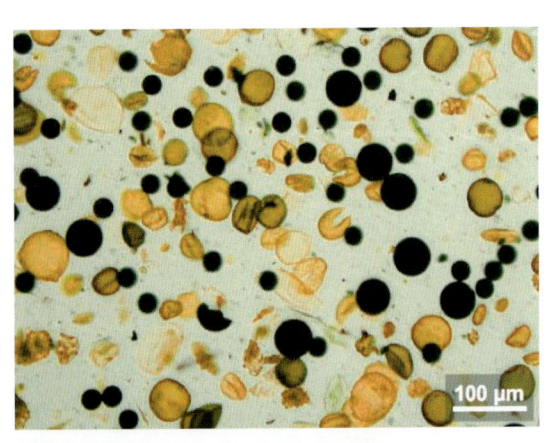

図1 堆積物中の化石花粉.

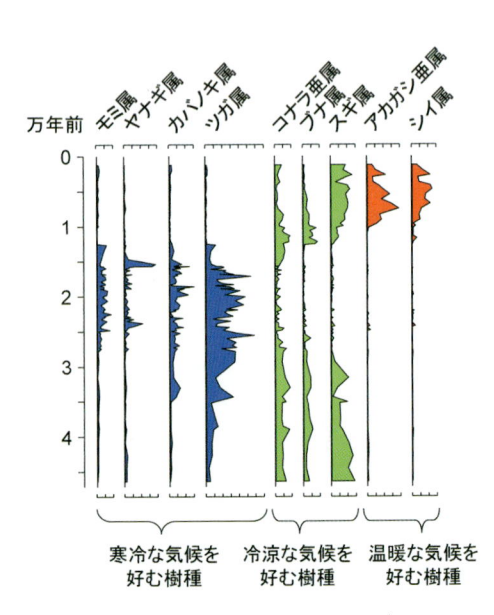

図2 典型的な花粉ダイアグラム[1].

2万年前ごろは針葉樹が優占する寒冷な時代，その後移行期を経て，およそ1万年前以降は常緑広葉樹が優占する時代といった具合に，周辺植生と気候が時代とともに変動していく様子を見ることができる．なお，植生の多様性が高い日本のような地域で堆積物試料を採取して花粉分析を実施した場合，100を超えるほどの分類群が同定されることも珍しくない．その中には栽培植物など，数は多くないが当時の人間の暮らしを知るうえで重要な分類群が含まれている場合もあり，考古学にとって価値の高い情報を提供する．

● 定量的な気候復元

従来型の花粉ダイアグラムからも，過去の植生と気候の変動を定性的に知ることは可能である．だが，たとえば一口に寒冷といっても，それが現代の気温と比較した場合に何度低いのかといった定量的な情報は，花粉ダイアグラムからは読み取りにくい．近年，コンピュータが急速に発達したことと連動して，化石花粉データを用いて過去の気候を定量的に復元する試みが活発に行われるようになってきた．定量的に復元された気候は，気候モデルの検証に利用することができるなど，古環境学全般にとって極めて利用価値が高い．

定量的な気候復元にはさまざまな方法が提案されているが，最も普及しているのはモダンアナログ法と呼ばれる手法である．モダンアナログ法を実施するためには，現在の地表，あるいは湖底に降り積もりつつある表層花粉組成のデータセット，ならびに気象台で観測された現在の気候のデータセットが整備されている必要があるが，日本は先進国であるためいずれの条件も満たしている（図3）．

化石花粉群集に対してモダンアナログ法を適用する場合の基本的なプロセスは，その化石データに対して統計的に最も類似度の高い表層花粉データを，データ

図3 表層花粉と現代の気候のデータセット[2]．世界でも有数の地点密度を誇る．

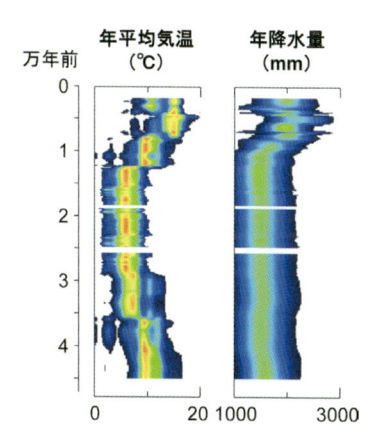

図4 福井県三方湖の化石花粉データを用いて定量的に復元された，過去4万5000年の気候変動[2]．

セットの中から探し出すことである．その表層花粉データが採取された地点における現代の気候こそが，化石花粉群集が堆積した地点における，当時の古気候であると推定することができる．たとえば，氷河期の福井県で堆積した化石花粉群集が，現在の北海道の表層のものと近ければ，氷期の福井県は現在の北海道程度の気候であったとの推定が成り立つ．

図4は，そのようにして復元した，過去およそ4万5000年の気候変動である．復元に用いた化石花粉データは，図2と同じく福井県三方湖のものである．ここでは，気候を示す代表的な指標として，年平均気温と年間降水量を示した．なお，復元結果は確率分布によって表現されており，より赤く見えるところほど真の値である確率が高いことを示す．

この図からは，最終氷期最盛期（およそ2万年前）における三方湖地方の気候は，現在よりおよそ10℃ほども低く，また年降水量は500mmほど少なかったことがわかる．日本で花粉を用いて復元を行う場合，一般的にいって，温度指標のほうが降水量よりも復元誤差が少ない．降水量を高い精度で復元するには，ケイ藻化石やバイオマーカー，鉱物組成など，他の古環境指標と組み合わせることが望ましい．

なお，実際のデータにモダンアナログ法を適用するには，専用のソフトウェアを利用するのが便利である．日本ではPolygonというソフトが広く用いられ，日本語によるマニュアルも整備されている（専用のサイトからダウンロード可．また付属のDVDにインストーラーを収録）．　〔中川　毅〕

1.10 第四紀の古環境復元
(4)サンゴから復元される海水温や気候の変化

● サンゴ骨格気候学

　熱帯から亜熱帯の浅海域に広く分布するハマサンゴ (*Porites*) 属などの塊状群体には, 炭酸カルシウムを主成分とする骨格を1年間に厚さ1～2cmずつ分泌しながら, 過去数百年にわたり成長を続けていたものがある (図1). 骨格は密度の高い部分と低い部分が交互に重なり, 通常これで1年の年輪を形成している. 群体表面が生きているサンゴから柱状試料を採取すれば, 年輪を数えることにより, 骨格の形成年代を正確に知ることができる. そこで, サンゴ骨格を用いた長期間の水温や降水量, 塩分の復元が重要となる. 骨格の成長軸に沿って数百 μm 間隔で微小試料を切削して分析することにより, 月単位あるいはそれよりも高い分解能で古気候を復元できる.

● サンゴ骨格の酸素同位体比

　サンゴ骨格の化学組成の中でも, 酸素同位体比 ($\delta^{18}O$: ^{16}O と ^{18}O の存在比の標準試料に対する千分偏差) は研究例が多い. 炭酸カルシウムの酸素同位体比は, 生成したときの水温と海水の酸素同位体比に依存する (図2).

　骨格の酸素同位体比と水温の関係式の係数は, その群体上部の酸素同位体比と水温観測記録を比較して得られる関係式を用いることが望ましい. また, 骨格成長速度が化学組成に与える影響を避けるために, 成長速度が 5mm/年以上の群体の最大成長軸に沿った分析を行う.

　年間を通じて塩分の変化が小さい海域では, サンゴの酸素同位体比は水温のよい指標となる. 琉球列島石垣島のサンゴの酸素同位体比は, 水温とよく対応している[1] (図3).

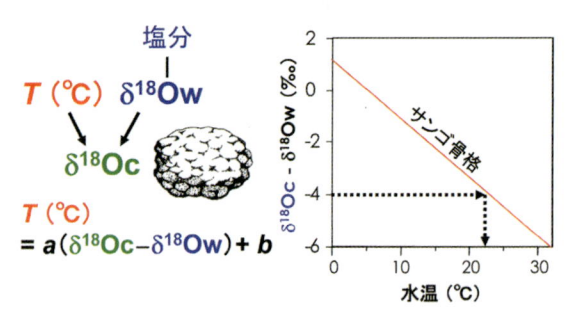

図2 サンゴ骨格の酸素同位体比 ($\delta^{18}Oc$) と水温 (T) および海水の酸素同位体比 ($\delta^{18}Ow$) との関係.

$T(℃) = a(\delta^{18}Oc - \delta^{18}Ow) + b$

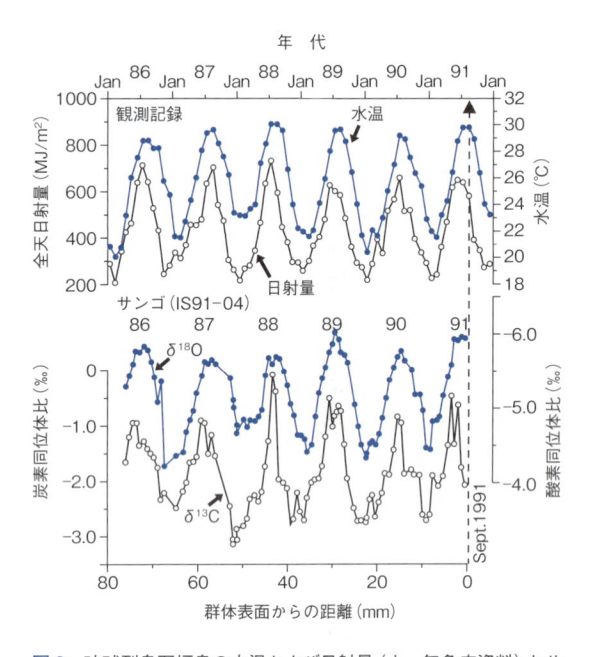

図3 琉球列島石垣島の水温および日射量 (上, 気象庁資料) とサンゴの酸素・炭素同位体比 (下). 1986～91年までの記録を示した. サンゴの炭素同位体比は, 日射量や光合成量の指標とされる.

図1 琉球列島石垣島のサンゴ礁で見られるハマサンゴ属の塊状群体 (左, 岩瀬晃啓撮影) と柱状試料のX線ポジ写真 (右). X線写真では, 濃色のバンドが高密度部に, 淡色のバンドが低密度部に対応する.

古気候

●水温塩分の変動分離法

サンゴ骨格の酸素同位体比（$\delta^{18}O$）は水温と塩分（海水の酸素同位体比に相関する）の双方に依存し（図2），Sr/Ca比は水温のみに依存する．したがって，骨格のSr/Ca比から水温を推定し（図4），骨格の$\delta^{18}O$の変動から水温による変化分を差し引けば，その残差として海水の$\delta^{18}O$組成の変化あるいは塩分の変化を知ることができる．これがサンゴ骨格の$\delta^{18}O$-Sr/Ca比複合指標法である（図5）．Sr/Ca比の代わりに，U/Ca比を使うこともできる．

父島のサンゴについて複合指標法を用いたところ，20世紀初頭に急激な塩分低下現象が起きていたことが明らかになった（図6）．当時の偏西風の減衰による，小笠原高気圧の弱化に伴う蒸発量の減少などが想定されるが，詳細の解明は今後の課題である．

●最終間氷期の気候復元

サンゴ骨格気候学は，サンゴ化石にも適用できる．化石サンゴを用いる場合には，粉末X線解析法による結晶形の確認のほか，薄片の光学顕微鏡や電子顕微鏡による観察を行って，アラレ石からなる骨格に変質がないことを確認する必要がある．

琉球列島与那国島の最終間氷期段丘から採取されたサンゴ化石（U-Th年代127±6千年）の$\delta^{18}O$の変動範囲は現生のサンゴに比べて約1‰大きく，これは当時の水温が現在よりも4℃ほど低かったか，あるいは，海水の$\delta^{18}O$が大きかったことを示唆する（●図1）[3]．しかし，現在の最低水温はサンゴの成長限界水温

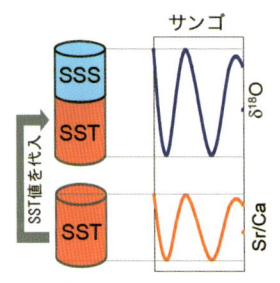

図5　サンゴ骨格の$\delta^{18}O$-Sr/Ca比複合指標法の概念図．水温（SST）と塩分（SSS）の年較差を求める場合について示した．

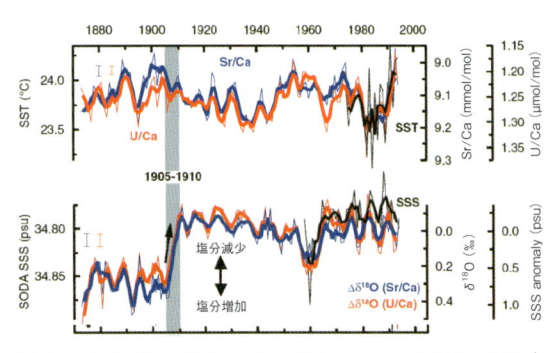

図6　小笠原諸島父島サンゴから復元された水温と塩分の変動[2]．$\delta^{18}O$-Sr/Ca比（青線）と$\delta^{18}O$-U/Ca比（赤線）の2通りの組合せによる結果．観測水温および塩分を併せて示した（黒線）．急激な塩分低下が見られる1905～10年にハッチを施した．

18℃に近く，これを下回る水温でサンゴが成育していたとは考えにくい．最終間氷期は現在に比べて日射量の季節性が大きいために，海面からの蒸発が活発で，海水の酸素同位体が増加していた可能性がある．また北太平洋還流系の強化による黒潮の流路の変化の影響も考えられる．

●海洋酸性化指標としてのサンゴ骨格

人間活動により大気に放出された二酸化炭素が海洋に移行して，海水のpHと炭酸塩の飽和度を低下させ，海洋生物の発生や石灰化に悪影響を与えると懸念されている．海洋酸性化問題である．グレートバリアリーフから採取された塊状ハマサンゴ骨格の年輪解析によると，過去400年間安定していた石灰化速度に1990年以降に約14％の急激な減少が見られ，海洋酸性化との関連が示唆される[4]．サンゴ骨格中のホウ素同位体比（^{11}Bと^{10}Bの存在比）は海水のpHのよい指標であり，過去の海水pHの変遷を復元することができる[5]．

〔鈴木　淳〕

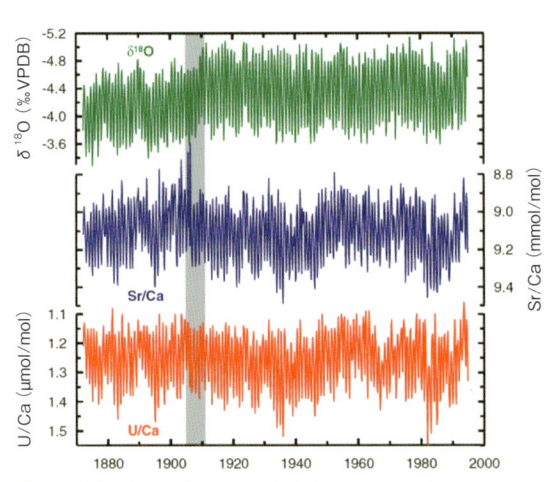

図4　小笠原諸島父島のサンゴ試料についての$\delta^{18}O$，Sr/Ca比，U/Ca比の変動[2]．

1.11
環境の天文要因，地球軌道要素

● ミランコビッチ・サイクル

地球の表層では数万〜数十万年の周期で氷期と間氷期が繰り返す<u>氷期サイクル</u>が発生している[1), 2)]．氷期サイクルの要因については19世紀後半から議論が始まり，地球軌道の変化と自転軸の歳差による日射量変動の関与が定説になっている[3)〜5)]．こうした日射量の周期変動は20世紀前半に一連の議論を定量化した科学者の名前にちなみ<u>ミランコビッチ・サイクル</u>と呼ばれている．

ミランコビッチは，地球へ入射する日射量の緯度分布と季節変化を計算し，また，軌道要素変動論を用いて日射量の長期変動を計算した[6)]．その計算は高精度であったが，彼の研究の真価が理解されたのは1970年代，海洋底や氷床の掘削試料が豊富に採取されるようになってからである．このころになると，地質試料に記録された気候変動指標の変化とミランコビッチの理論的な日射量変化の周期性の類似が理解され始めた．

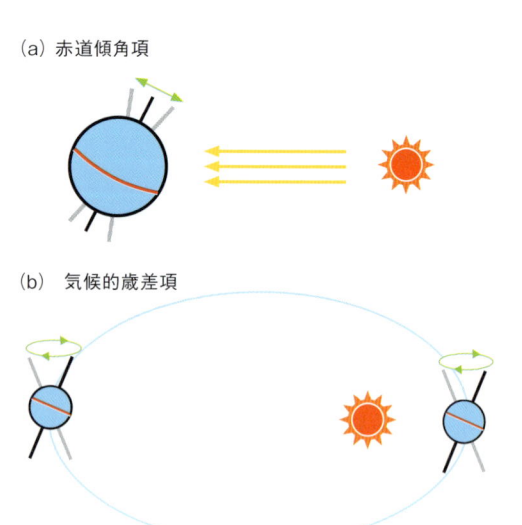

図2 日射量変動に関する赤道傾角項と気候的歳差項の効果の模式図．

図1aはSPECMAP計画から得られた酸素同位体比異常 $\delta^{18}O$ の過去約80万年の時系列だが，ここにはミランコビッチの計算した1万9000年や2万3000年といった日射量変動の特徴的周期が卓越している（図1b）．これは，第四紀の氷期サイクルがミランコビッチ・サイクルに沿っていることを示唆するものである．

ミランコビッチ・サイクルは惑星間重力による地球の軌道要素と自転軸の変動によって発生する．したがって，このサイクルを定量的に検証するには，地球の軌道と自転軸の運動を詳細に計算すればよい．惑星の軌道運動については，一般的にその時間スケールにより短周期の変動（狭義の公転運動）と長周期の変動（軌道要素変動）に分類される．ミランコビッチ・サイクルのような長い時間スケールの現象を議論する際には，前者（公転運動）を無視して後者の長期軌道要素変動のみ抽出して計算するのが普通である．自転運動も同様で，自転運動の方程式において短周期の変動を取り除くと，地球の自転軸が公転軌道面の法線の周りを2万6000年で周回する<u>歳差運動</u>が得られ，それが長期の自転軸変動の基本因子となる．このような因子を組み合わせて地球の軌道運動と自転運動の変化を追うことで，過去や未来の特定の時刻での地球軌道の形状と方向，および自転軸の傾きと向きを知ることが可能になる．後は，太陽との幾何学的な位置関係から地球上の任意の地点での日射量とその時間変化を計算すれば，それがミランコビッチ・サイクルとなる．

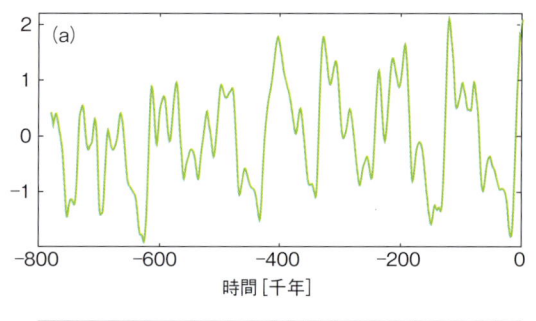

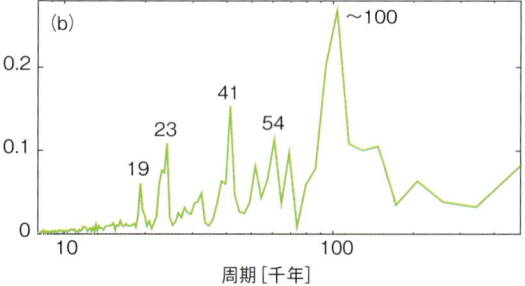

図1 （a）氷床変動の代表的指標となる酸素同位体比異常 $\delta^{18}O$ の時系列例．1970年代のSPECMAP計画で得られたデータをもとにしており，縦軸の単位は‰．（値の小さい時期ほど氷床が発達）．（b）時系列データをフーリエ変換で周波数分解したもの．主要なピーク上にある数値の単位は千年．

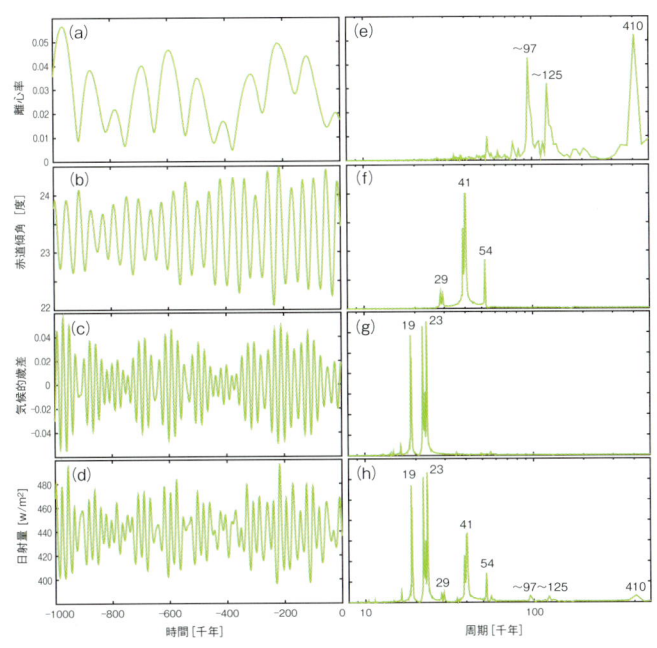

図3 左側は定式化を用いた地球の (a) 離心率, (b) 赤道傾角 (度), (c) 気候的歳差, (d) 北緯65度における夏至の日平均日射量 (W/m²)[7]. 右側はその周波数解析 (フーリエ変換) 結果で, (e) 離心率, (f) 赤道傾角, (g) 気候的歳差, (h) 日射量. 主要なピーク上にある数値の単位は千年.

● 氷期サイクルと日射変動

氷期サイクルを駆動する日射量変動には次の2種類がある. 第一は自転軸の傾きを表す角度 (赤道傾角) の変化によるもので, 赤道傾角項と呼ばれる (図2a). 第二は自転軸の方向を表す角度 (歳差角) と近日点の方向を表す角度 (近日点経度) および離心率の変化による日射量変動で, 気候的歳差項と呼ばれる (図2b). 地球の赤道傾角が大きい場合には高緯度の夏の日射量が相対的に大きくなり, 低緯度の夏の日射量は小さくなる. つまり, 赤道傾角項は緯度帯毎の日射量のコントラストを変える効果を持つ. 一方で, 気候的歳差項は季節のコントラストに影響を与える. 地球が最も太陽に近くなる地点 (近日点) での自転軸の方向は歳差運動によって刻々と移り変わる. ある年に北半球の夏の時点で地球が近日点にあれば, 北半球での夏の日射量は非常に大きくなる. 一方, その年の冬は地球は遠日点にあり, 北半球が受ける日射は少なくなる. 地球の軌道が楕円であることと, 自転軸が歳差運動することにより, 季節毎の日射量のコントラストが長い時間スケールで変動するのである.

日射量変動に関連する変数の実際の時系列を見ると, 地球の離心率は10万年と40万年の特徴的周期を持って振動する (図3a, e). 赤道傾角は4万1000年と5万4000年の周期で振動する (図3b, f). 気候的歳差は1万9000年と2万3000年に強い周期性を持つ (図3c, g). こうした変数の時間変化から計算される日射量の長期変動が図3dである. 日射量変動はもっぱら赤道傾角と気候的歳差に依存し, それらの典型的周期が日射量変動の周期性 (図3h) に反映されている. これらは, 氷期サイクルの周期として図1bの気候変動指標データにも見られるものである. なお, 離心率の10万年周期変動は第四紀の氷期サイクルの10万年周期の直接の原因であると単純に解釈されやすい. しかし, 日射量変動における10万年の周期成分は大変弱いので (図3h), 離心率の変動周期が氷期サイクルの周期に直接反映されているとはいえない.

日射量変動を支配する惑星の公転運動と自転運動の研究は長い歴史を持ち, 今や数理科学の中でも最も精緻な理論体系を持つ分野の1つとなっている. 解の精度を上げる努力は現在も続いているが, 第四紀の氷期サイクルを議論するために必要な精度という意味では, この分野はすでに完成の域にあるといってもよい. この方面の研究の最前線は現在, 生命の存在が取り沙汰される火星の日射量変動や, 太陽系外惑星系に存在するであろうまだ見ぬ「第二の地球」での気候予測などに移りつつある.

〔伊藤孝士〕

1.12 氷期サイクル CO₂ の変動メカニズム

● 氷期サイクル CO₂ 変動の謎

図1に見られるように，氷期-間氷期のサイクルにおいて，大気中 CO_2 濃度は，南極の表面温度と全球海水準に密接に連動している．CO_2 の濃度は，氷床が小さく，海水準が高かった間氷期は約280 ppm，氷床が大きく，海水準が低かった氷期最盛期は約180 ppm であった．この100 ppm の変動幅は，人為起源 CO_2 放出により増加した幅とほぼ同じである．産業革命前に大気中 CO_2 がこれだけ変動したことは大きな謎である．

● 炭素循環の基礎

自然状態での大気中の CO_2 はいくつかのフラックスによって制御されている（図2）．たとえば，海洋中央海嶺を含む火山活動により CO_2 は放出されるが，これはもともと海底に堆積した炭酸カルシウム（$CaCO_3$）が，プレートテクトニクスによって地上に循環したものである．時間スケールが氷期サイクルよりはるかに長いうえ，年間フラックスが小さいため，火山活動と氷期 CO_2 変動は無関係であろう．また，岩石（$CaCO_3$, $CaSiO_3$）の化学風化は，大気から CO_2 を取り除く効果があるが，やはり時間スケールが長い．一方，陸域生物圏（植物・土壌）の生産・呼吸は，比較的大きく速い CO_2 変動の引き金になり得るが，氷期においては，逆に陸域生物圏は縮小していたと考えられている．

残るフラックスは，大気-海洋間のガス交換で，これが氷期 CO_2 の謎解明の鍵であろう．ガス分子は，常に両方向へ動いているが，正味の輸送量とその方向は，海面と大気の分圧勾配によって決まる．つまり，氷期 CO_2 が低かったのは，海洋が大気から炭素を吸収したためであり，そのためには，海面の CO_2 分圧が大気のそれより低かったことが必要である．では，どのようなメカニズムが存在するか．

まず，海洋に移行した CO_2 は，炭酸イオン（CO_3^{2-}）により中和され，重炭酸イオン（HCO_3^-）となる（図2）．つまり，炭酸イオン濃度が高いほど，海面の CO_2 分圧は下がるため，単純なメカニズムとして，炭酸イオン供給の増加が挙げられる．また，植物による光合成は，海水中 CO_2 を取り込むため，海面の CO_2 分圧を低下させる．逆に，サンゴや円石藻などによる $CaCO_3$ 形成は，海水中 CO_2 を増加させるため，海面の CO_2 分圧は上がる．さらに，ガス溶解は温度に依存しており，氷期のように海面がより冷たくなると海洋の CO_2 吸収量は増加する．

● 海洋における炭素ポンプ

このように，海面における炭酸イオン濃度，光合成，$CaCO_3$ 形成，温度は，大気-海洋間の CO_2 交換を左右するが，それだけでは，気体交換の影響は海洋表層に限定される．産業革命前の大気の炭素貯蔵量を1とすると，海洋表層も約1あるが，海洋深層は60もある．氷期 CO_2 変動は，その影響が表層だけには収まらず，深層なくして語れない．

深層の炭素貯蔵量が多い理由は，全海洋の体積の大

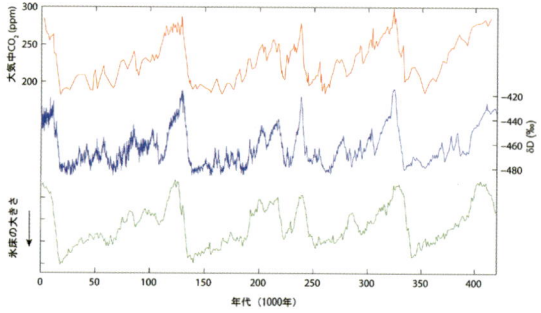

図1 ボストークアイスコアから得られた大気中 CO_2 濃度（赤）と水素同位体比（青）[1]と氷床のプロキシである底生有孔虫の酸素同位体比（緑）[2].

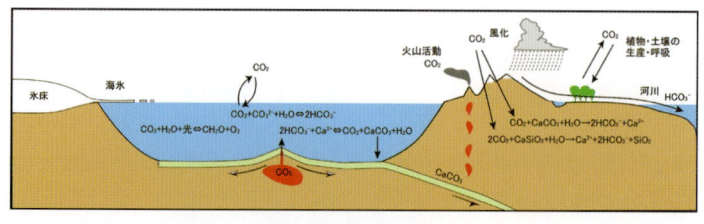

図2 炭素循環の略図.

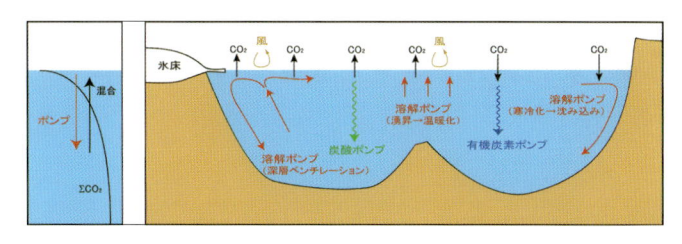

図3 海洋炭素ポンプの略図．ΣCO$_2$＝溶存無機炭素濃度．ポンプはΣCO$_2$の鉛直勾配を維持するべく炭素を表層から深層へ輸送する．

部分が深層にあることと，溶存無機炭素濃度（ΣCO$_2$）が水深とともに高くなるためである（図3左）．通常，このような濃度勾配があると，水柱の混合や拡散は勾配を解消するように，炭素を上へ輸送する．このため，勾配を維持するためには，それに逆らう「ポンプ」が必要であり，実際には，溶解ポンプ，有機炭素ポンプ，炭酸ポンプの3つがある（図3右）．溶解ポンプとは，CO$_2$が多く溶け込んだ極域の冷たい海水が，海洋内部へ沈み込むときに伴う炭素輸送を主にさすが，深層ベンチレーションや湧昇による炭素輸送も含まれる．残りの2つは生物学的ポンプで，沈降する粒子状の有機炭素とCaCO$_3$が，炭素を鉛直輸送し，深層で分解しΣCO$_2$を増加させる過程をさす．

●謎の解明：ポンプのトリガーと組合せ

氷期CO$_2$の直接的メカニズムは，基本的にこの3つ（溶解ポンプの増大，有機炭素ポンプの増大，炭酸ポンプの減少）に限定されるが，問題はこれらポンプの変動要因（トリガー）である．また，どのポンプをとっても，それだけで100ppmの変動幅を説明することは困難であるため，3つのポンプの組合せも鍵となる．

溶解ポンプのトリガーには大まかに，温度と海流がある．たとえば，氷期の海面温度を境界条件とすると，簡単なモデルでは大気中CO$_2$が約30ppm減少する．また，極域表層の成層を強め，深層のベンチレーションを減少させることで，海洋を大気から隔離し，深層に炭素を閉じ込めることができる．成層を強める方法は，海氷の拡大[3]のほか，南半球の偏西風の位置を若干北へずらす[4]などがある．

有機炭素ポンプのトリガーには，植物に必要な栄養塩（リン酸，硝酸，鉄）の供給変化がある．たとえば，間氷期に大陸棚に堆積した有機物が，海水準が低くなる氷期に露出・風化すると，リン酸の供給が増える[5]．また，ダストが多かった氷期では，海洋への鉄分供給が増加することで一次生産が増加したかもしれない[6]．

鉄は，窒素固定にも必要であり，鉄供給の増加は，海洋の硝酸インベントリの増加をもたらした可能性がある[7]．硝酸増加は，脱窒を減少させることでも可能である．

有機炭素ポンプのトリガーには，有機物の生産ではなく，分解に注目したものもある．氷期のように水温が下がると，分解速度が下がり，有機炭素粒子の沈降効率が上昇するため有機炭素ポンプは強くなる[8]．

炭酸ポンプのトリガーには，サンゴによるものと外洋のCaCO$_3$粒子の沈降によるものがある．まず，氷期の海水準低下は，サンゴを大気に露出させ，死に至らせると同時に，浅海の面積は減少し，沿岸におけるCaCO$_3$生産は低下する．これは，炭酸ポンプの減少と大気中CO$_2$の低下を意味する．この間，河川から流入するアルカリ度フラックスが変わらないとすると，炭酸塩補償（この場合，海水準低下によって海底でのCaCO$_3$堆積が増える）も効いて，さらにCO$_2$は低下する．また，外洋における植物プランクトンの生態系，特にケイ藻とCaCO$_3$の殻を持つ円石藻のバランスの変化が，炭酸ポンプのトリガーになり得る．たとえば，ケイ藻は必要とするケイ酸が十分あれば卓越種となるため，ケイ酸の海洋インベントリを増加させる[9]，あるいはケイ酸の海洋分布を変える[10]ことで，炭酸ポンプを弱め，大気中CO$_2$を低下させることができる．

●謎の解明の展望

上述したトリガーにはそれぞれ難点や制約がある．たとえば，大陸棚からリン酸が流れ込む有機炭素ポンプの仮説は，海水準変動がCO$_2$変動に先行する必要があるが，そのようなタイミングを示唆するデータはない．また，有機炭素ポンプを増大させると，深層の酸素が大きく低下すると思われるが，そのような研究結果は得られていない．同様に，炭酸ポンプ変動に伴うCaCO$_3$堆積の全容は明らかでない．ポンプの組合せについてはまだまだ研究が必要で，氷期CO$_2$の謎解明にはまだ時間を要するであろう．　〔松本克美〕

1.13 モンスーン，熱帯の古環境モデリング

●古環境モデリング

　地球の気候は，大気，海洋，陸面，雪氷，生物圏などの各システムおよびそれら相互の関係のもとに形成されているため，古環境の変化を議論するためには，それら各システムの変動および相互作用の物理法則を記述した気候モデルを用いる必要がある．世界の主な気候モデルグループが同一境界条件（ただし，現在とは大きく異なる境界条件）下での感度実験を行い，気候モデル間の相互比較および地質データ解析などとの比較を行うことで，気候変動メカニズムの理解と古気候再現の精度向上を目指しての古気候モデリング相互比較実験（PMIP）が行われている．当初は，他の時期と比べて古気候データが豊富に収集されている6000年前の完新世中期（6ka実験；1ka＝1000年前）と2万1000年前の最終氷期最盛期（21ka実験）をターゲットとし，気候モデルによる気候再現を定量的に評価するうえで，大気・海洋・植生の3圏間の相互作用が重要であることなどが示されてきた[1]．最近では，6ka実験・21ka実験に加え，最終間氷期（約13万年前），鮮新世中期（約300万年前），過去千年紀（850〜1850AD）を追加対象とした第3期PMIP実験が開始されている[2]．

●最終氷期最盛期

　最終氷期最盛期（LGM）の特徴は，大陸氷床の存在（図1），海面水位低下による海陸分布の変化，大気中二酸化炭素濃度の減少，現在と異なる植生分布である．北米北部にローレンタイド氷床，ヨーロッパ北部にはフェノスカンジア氷床が広がっていた．ローレンタイド氷床の標高は2000〜3000mを超えていた．グリーンランドや南極氷床も現在より高かった．大陸氷床の存在は，標高が高く山岳としての役割に加えて，雪氷が覆っているために地面アルベドが高いことである．氷床に水が移動していた分，海水準は現在より100数十m低い（PMIP3実験では116mと設定）．大陸棚の多くは海面上に顔を出しており，インドネシア海洋大陸部においては，ロンボク海峡などの深いところは開いていたものの，ジャワ海などは陸地化していた．大気中二酸化炭素濃度は約185ppmとされて

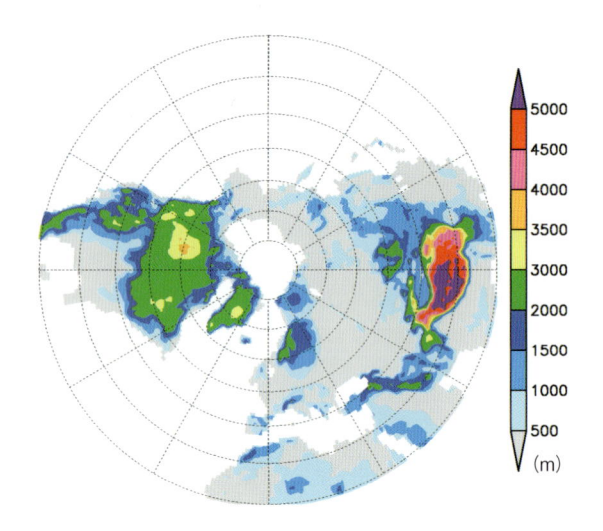

図1　最終氷期最盛期（21ka）の標高分布．

いる（ちなみに，間氷期の代表的な値は産業革命前の値は約280ppmである）．最終氷期最盛期の気候は低温・乾燥であるために，現在と比べて乾燥地が広く分布していた．陸氷床の存在や大気中二酸化炭素濃度の減少に比べると気候への影響は小さいものの，地球軌道要素の変化もある．図1は大気頂での太陽入射量の季節・緯度分布である．現在に比べると，北半球夏季高緯度で数W/m²少なく，北半球中緯度と南半球中緯度のそれぞれの秋季に数W/m²多いが，後述する完新世中期と比べると変化は小さい．なお，年平均では両極域で約4W/m²少なく，熱帯で約1W/m²多かった．

　多数の気候モデルによる第2期PMIP実験から，LGMの海面水温変化として，熱帯での若干の温度低下，中高緯度での大きい温度低下を示していた[3]．気候モデルは熱帯海洋で1.7〜2.4℃の水温低下を示しており（図2），この熱帯の温度低下は温室効果ガスの減少で説明できる．地域的には気候モデルによる水温低下は氷河期海洋表面復元のための複数代替指標アプローチ（MARGO）プロジェクトによる観測プロキシーと比較すると小さく，モデルの解像度が粗いために沿岸湧昇や東岸沿岸流の強さをうまく表現できていないためかもしれないとされている．インド洋の水温

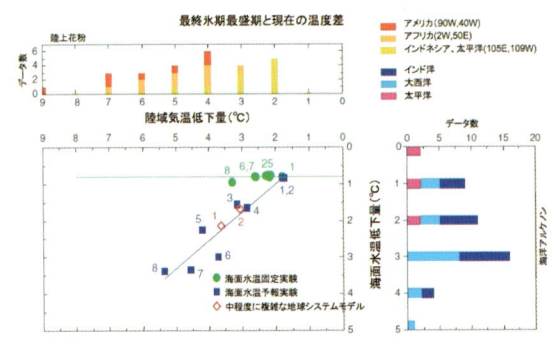

図2 最終氷期最盛期の熱帯（南緯30度〜北緯30度）の年平均温度低下の気候モデルと古観測記録の比較[4]．（左下）PMIPシミュレーションによる陸上地上気温低下度と海面水温低下量の散布図．○はCLIMAPによる海面水温を固定した実験，□は大気・海洋混合層結合モデルによる実験，◇は力学的海洋モデルを含む中程度に複雑な地球システムモデルの結果．数字は異なるモデルを表す．（左上）標高1500m以下の地点における花粉データから見積もった地上気温低下量．（右）熱帯でのアルケノンから見積もった海面水温低下量．モデルデータは全熱帯域での平均であるが，古観測プロキシデータは限られた地点での観測によるので，比較には注意が必要．

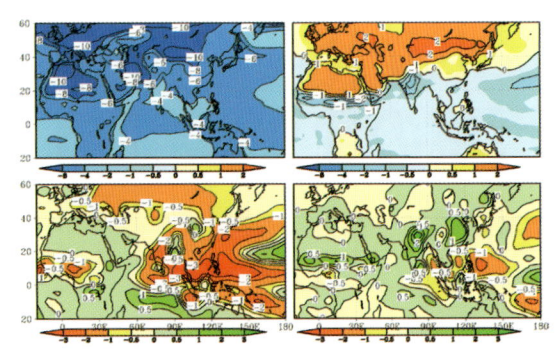

図3 気象研究所気候モデルによる（左）最終氷期最盛期，（右）完新世中期の北半球夏季（6〜8月）平均の（上）地上気温（℃）と（下）降水量（mm/日）の，産業革命前に対する変化．

低下は観測プロキシーと対応していた．

図3左に気象研究所気候モデルによる北半球夏季のLGMの気温・降水量変化を示す．冬季の図は図2を参照．熱帯では4℃程度の地上気温低下が見られ，陸上での低温化はさらに大きい．地理的な気温変化分布は複雑なパターンをしており，夏季のほうが冬季よりも気温低下が大きい場所も見られる．低緯度の気温低下は大気中の水蒸気量減少をもたらし，アジアモンスーン域での乾燥化につながる．気候モデルでは，夏季の北太平洋高気圧の弱まりと東アジアでの降水量減少も特徴である．降水量の減少量の大きい場所は現在気候でのモンスーン降水域にあたる．北アフリカでの夏季モンスーン域の降水量の減少も顕著である．これらのアジアアフリカモンスーン強度の減少は多くの気候モデル結果に共通な特徴である．

● 完新世中期

完新世中期は，地球軌道要素の変化により，北半球の夏季に近日点がくるため，北半球の夏季に日射量がより多く，冬季により少なくなる（図3）．現在に比べると北半球の夏季から秋季に20〜30W/m²以上多い（年平均では最終氷期最盛期とは逆に，両極域で約4W/m²多く，熱帯で約1W/m²少ない）．そのため，北半球の夏がより暖かく，冬がより寒くなり，季節変化の振幅が大きくなる．夏季の海陸の温度差が大きくなり，アジアアフリカ夏季モンスーンは強化される．完新世の初期から中期での湖水位および植生変化は北アフリカでの降水量増加を示している．

図3右に気候モデル結果の一例を示す．ユーラシア大陸の夏季の高温が顕著である．インドおよびアフリカ・サヘル域では気温低下が見られるが，これは，降水量増加による雲量増加と土壌水分増加による潜熱増加のためである．冬季（図4）はユーラシア大陸で1℃程度の地上気温低下が見られるが，これは太陽入射量の季節変化（図3）を反映している．降水量偏差を見ると，完新世中期にはアジアアフリカモンスーンの強化と北へのシフトが明瞭であり，内陸部での降水量の増加は，その南側での降水量減少域と対になっている．この特徴は温暖化予測実験では見られず，完新世中期独特の特徴である．北アフリカでの降水シフトは，古気候プロキシーから推定されるものに比べると過小評価となっており，感度実験により植生と地面アルベドのフィードバックがアフリカモンスーン強化に大きな役割を担っていることが指摘されている[5]．

● エルニーニョ・南方振動

各種古気候指標によると，エルニーニョ・南方振動（ENSO）は完新世初期から中期にかけては振幅が弱く，現在に近くなったのは過去数千年のこととされている．気候モデルの実験結果も完新世初期から現在にかけてのENSO強化を支持している[6]．変動度とは別に，完新世中期の熱帯太平洋の海面水温分布は，西部太平洋と東部太平洋の海面水温勾配が現在よりも大きかったようである．LGMについては，モデル間での相違が大きい．

〔鬼頭昭雄〕

1.14 最近千年間の気候と環境の変化

●気候復元

数十〜数百年後の気候を予測するためには，過去の気候変動とその変動要因を正確に理解しなければならない．気候変動の時間スケールは数年〜数千年と非常に幅広いため，少なくとも過去数千年間の気候変動について理解を深める必要がある．加えて，太陽活動や火山活動などのさまざまなフォーシングの歴史を明らかにし，それらが世界各地の気候の変化に果たす役割を理解する必要がある．その際，観測記録だけでは情報が限られてしまうため，気候を反映する間接的な指標（プロキシー）を用いて過去の気候を復元する．ここでは，主に過去千年間の気候復元に用いられるプロキシーとその特徴について見てみる．

◎年輪幅解析による古気候復元

樹木は，中・高緯度では春から夏にかけて色の薄い早材，夏から秋にかけて密度の濃い晩材を形成し，1年に1層の年輪を形成する（図1）．各年輪の幅は，樹木の局所的生育環境のほか，気温，降水量，日照量などの気候因子によって決定される．地域によって成長を促進させる主たる気候因子が異なるため，まずは，その主因子の特定が必要となる．たとえば，北半球の高緯度地域に生息する針葉樹の成長率は，主に気温の増減によって決まることが知られている．

個々の樹木の局所的生育環境など，気候変動以外の要因の影響を取り除くため，各年代につき数十以上の個体の年輪幅データを取得し，統計処理によって平均的な気候の変化を推定する．年輪幅は比較的容易にデータを取得できる一方，気温が高くなりすぎると，成長率と気温の関係性が崩れるなどの問題点があることが知られている．また，成長に伴って樹径が大きくなるにつれ年輪幅が狭くなる傾向を補正する際に，長期的トレンドが除去されてしまうという問題点もある．幅の解析だけでなく，年輪毎の密度の変化などを指標とすることもある．

◎ボーリング孔による気温復元

地表付近のボーリング孔（地中を掘り抜いた穴）の温度勾配は，地熱と地表面からの熱の流入によって決まる．地表面における温度が時間とともに変化すると，その情報は熱伝導により深さ方向に徐々に拡散する．

図1 成長錐によって採取された樹木年輪のコア．早材と晩材の1組が1つの年層に対応する．

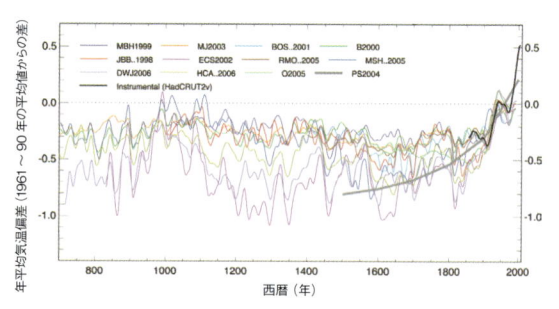

図2 過去1300年間における北半球気温の変動[2]．色線は年輪幅などによる復元値．黒線は実測値．灰色線はボーリング孔による気温の復元値である．

したがって，ボーリング孔中の深さ方向の温度勾配は，過去の地表面温度，すなわち，地表付近の気温の時間変化を反映したものとなる．定常的な地熱のみの影響を仮定したときの温度勾配からの温度偏差としてデータを取得する．過去数百年間の気温変化は，おおよそ数百mのボーリング孔中の温度勾配の計測により復元できる（図2，灰色線）．時間分解能は低いが，直接的な温度の情報が得られるため，値の信頼性は高い．

◎樹木年輪中の同位体比変動による気候の復元

樹木年輪のセルロース中の安定同位体（^{18}O，^{13}C，重水素など）の濃度も気候の変化に伴い増減することが知られている．気温，降水量，相対湿度などが変動要因となり得る．光合成と蒸散により葉中でそれぞれ濃縮される炭素（CO_2）と酸素（H_2O）の同位体比が，相対湿度に応じて，外気によって希釈されることや，その光合成の速度が気温などの影響を受けることから，合成される糖の炭素・酸素同位体比が，気温や湿度を反映することが背景にある．そして，最終的に年輪中のセルロースの同位体比が変化する[1]．年々スケールだけでなく，長周期の気候変動の復元にも適している．

図2は，過去1300年間の気候についての，年輪幅データとボーリング孔データからの北半球気温の復元値である．10〜11世紀に比較的温暖な時期があり（中世温暖期），その後徐々に寒冷化している（小氷期）．19世紀初頭からはいずれのデータも温暖化傾向を示している．

●フォーシングと年代

地球の気候は主に太陽からの総放射量によって決まっている．しかし，太陽活動の変動に伴い総放射量自体も変化するほか，その他のさまざまなフォーシングも時間とともに変化する．フォーシングには自然起源のものと人為起源のものがある．太陽総放射以外の自然起源フォーシングとしては，太陽紫外線や太陽風起源の粒子の降り込みなどが考えられる．紫外線は，成層圏オゾンの生成と加熱を通して気候を左右する．太陽風粒子は主に極域においてNO_xを生成し，それがオゾンの乖離を促進し気候に影響する．太陽磁場の変化に伴う宇宙線照射量の変化も気候変動の1つの要因となっている可能性がある．それ以外に，火山噴火も数年スケールの気候変動に重要な役割を果たす．太陽総放射と火山噴火以外の要因が気候に果たす役割については，まだ十分には解明されていない．そのため，気候変動に関する政府間パネル（IPCC）においても，太陽総放射量と火山噴火の影響に主眼が置かれている．人為起源のフォーシングとしては，主に温室効果ガスの放出によるものがある．ここでは，太陽活動，火山噴火，温室効果ガスの復元について見てみる．

◎太陽活動の復元

太陽活動の変動は，宇宙線生成核種をプロキシーとして復元する．樹木年輪中の^{14}Cや氷床コア中の^{10}Beなどが用いられる．いずれも，宇宙線の照射によって大気中で生成される．100 AU（1 AUは太陽地球間の距離）の遠方まで広がる太陽の磁場は，宇宙空間を飛び交う高エネルギーの宇宙線を遮蔽する役割を果たしている．太陽活動の変動に伴って太陽磁場の強度は増減するため，地球に到来する宇宙線の量は太陽活動を反映して減増する．太陽磁場と太陽総放射の関係性を^{14}Cや^{10}Beの変化量に当てはめることで，太陽総放射量の変動は推定される．

図3中は，過去1100年間の太陽総放射量の推移を示したものである．約1000～800年前に中世の太陽活動活発期と呼ばれる時期があり，その後13世紀ごろから太陽活動の低下が度々起こっている．オールト極小期，ウォルフ極小期，シュペーラー極小期，マウンダー極小期，ダルトン極小期と呼ばれている．これらの時期における太陽総放射量の減少量は厳密には理解されていないため，気候モデルなどには適宜スケーリングしたものが用いられる．

復元に用いる樹木年輪の年代の決定には，年輪幅の

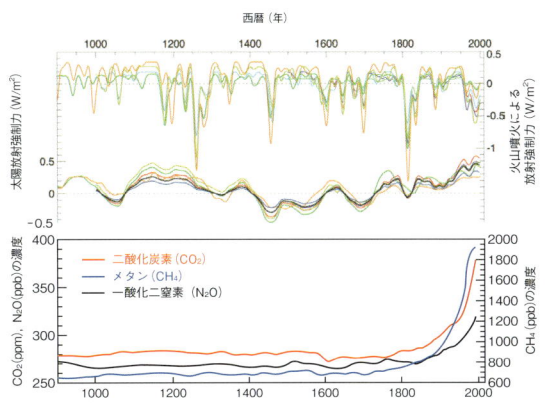

図3　火山噴火によるフォーシング（上），太陽放射によるフォーシング（中），温室効果ガスの濃度変化（下）[2].

変動パターンの対比による年輪年代学を用いる．氷床コアのデータの年代の決定には，以下に述べる火山噴火をマーカーとして用いることが多い．その他，年代の決定が容易な樹木年輪から得られる^{14}Cデータと氷床コア中の^{10}Beデータの変動の比較により，氷床コアの年代を決定することもできる．

◎火山噴火の復元

火山噴火により巻き上げられたエーロゾルは，大気中を拡散し気候を寒冷化させる．特に，成層圏にまで達した場合は，全球の気候に影響を及ぼし，その影響は数年間持続する．火山噴火の頻度が時代とともに変化することで，より長期的な気候変動の一端を担っている可能性もある．火山噴火の履歴は，主に氷床コアに含まれる硫酸イオンの濃度に基づき復元する．南北両極のアイスコアの分析の対比により，噴火の規模やエーロゾルの伝播の範囲を推定する．図3上は，過去1100年間についての復元値を示したものである．過去1000年間については，大規模な火山噴火の年代についての文献資料が残っており，氷床中に検出される硫酸イオンのピークの年代決定が可能である．

◎温室効果ガス

産業革命後，人間活動により大量に大気中に放出された温室効果ガスも気候変動に影響を与えている．主には二酸化炭素，メタン，一酸化二窒素などがある．温室効果ガスの増加による温暖化によって，さらに正のフィードバックがかかることも考えられる．

温室効果ガスの濃度については，過去約50年間については観測記録がある．それより以前についてはアイスコア中の気泡の分析により復元する．

〔中塚　武・宮原ひろ子〕

1.15 古気候から見た気候感度の推定と気候フィードバック

●気候フィードバック

気候システムは，日射や大気中二酸化炭素濃度などの変化により大気上端でのエネルギー収支に過不足が生じると，気温を上下させて宇宙空間に捨てられる赤外放射量を調節し，系全体としてのエネルギーの過不足を解消しようとする．実際には，この気温変化によって大気中の水蒸気量，気温の鉛直構造（温度減率），雲の分布や組成，雪氷や植生分布に伴う日射反射率（アルベド）なども変化し，これが放射収支にさらなる変化をもたらす[1),2)]．このため，最終的に落ち着く（平衡）温度はこれら全ての影響を含めたうえでエネルギー収支が保たれるように決まる（図1）．これは，最初の放射収支の摂動（放射強制力）に気候変化がフィードバックしてさらなる変化をもたらすという意味で，気候フィードバックまたは放射フィードバックと呼ばれる．気候フィードバックはしばしば速いフィードバックと遅いフィードバックに分けて考えられ，大雑把に前者は海洋表層が熱的平衡状態に達する数年から数十年のスケール，後者は数十年から100年以上のスケールに対応する．また，炭素循環を通したフィードバックとしての二酸化炭素やメタンの濃度変化も気温に影響を与える．

●チャーニーの気候感度と地球システム感度

気候感度は，大気中の二酸化炭素濃度を2倍にしたまま一定に保ち，気候システムが平衡状態に達した際の地上気温の変化量で定義される．速いフィードバックのみを考慮する場合をチャーニーの気候感度（以降，チャーニー感度）[3),4)]，遅いフィードバックも含める場合を地球システム感度（または地球システム気候感度）[5)]と区別することがあるが，通常「気候感度」というときにはチャーニー感度をさすことが多い．チャーニー感度は他のさまざまな気候変動の大きさの目安になることや気温変化量が政策決定の場において目標としてよく参照されることから重要な指標であり[6)]，地球システム感度は最終的に行き着く先として，そしてそこへの道筋を理解するうえで目安となり得る比較的新しい指標である．二酸化炭素以外の放射強制要素の影響も受けた過去の気温変化は，気温変化を放射強制力で規格化した気候感度パラメータ（K/（W/m^2））や，地上気温1Kあたりの変化が大気上端の放射フラックスにもたらす効果として気候フィードバックの強さを表す，気候フィードバックパラメータ（（W/m^2）/K）を通して将来の気温変化と関連づけられる．

●古気候から見たチャーニー感度の推定

チャーニー感度の推定には過去のいろいろな時代が利用されてきた[6)-8)]．その中でも，最終氷期最盛期（LGM）を含む氷期サイクルは，気候の変動幅が大きいことと復元データが豊富なことから重要である．氷期サイクルを利用したチャーニー感度の推定には主に3つの方法がある[9),10)]．この際，植生と氷床はフィードバック要素ではなく，放射強制要素と見なされる．

1つめは，海底コアや氷床コアなどから得られる代替指標のみを用いて過去の気温を復元し，気候感度パラメータを求める方法である．この方法は，放射強制

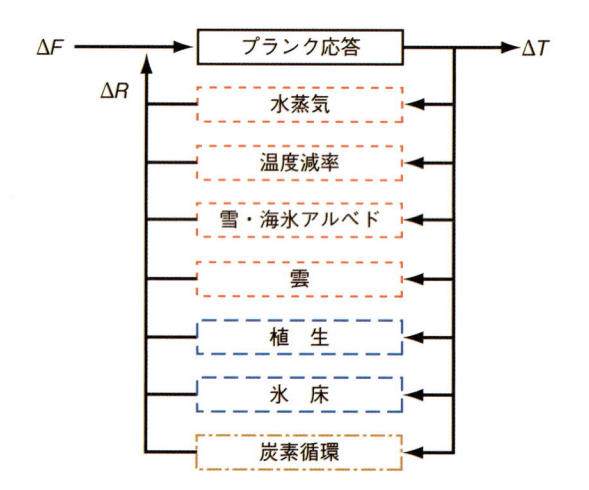

図1 フィードバックの概念．Δ*F*：放射強制力，Δ*T*：地上気温変化，Δ*R*：フィードバックによってもたらされる大気上端放射フラックスの変化．赤枠はチャーニーの気候感度に関係する速いフィードバックを表し，青枠は地球システム感度に特に関係する遅いフィードバックを表す．

力計算を除いて，モデルと独立な推定が得られるという利点がある．しかし，復元自体の不確実性に加えて，空間サンプル数の限られたデータから全球平均気温を推定する際に，また氷床コアの場合には過去における氷床の高度変化の影響を考慮する際にも不確実性が生じる．こうした不確実性をある程度考慮した最近の研究では，チャーニー感度は1.4～5.2℃（90％の信頼区間，最尤推定値2.4℃）と推定されており[11]，IPCC第4次評価報告書の統合的推定である2～4.5℃（66％の信頼区間，最尤推定値3℃）[4]と整合的である．

2つめは，実験によりチャーニー感度が既知である気候モデルを用いて古気候シミュレーションを行い，その再現性からモデルの持つ感度の妥当性を検証するという方法である．気温に限らず，さまざまな復元データとの比較が行われてきたが，チャーニー感度という点では，特にLGMにおける熱帯と南極の温度についてシミュレーションと復元データが整合的であったことから，将来予測に対する信頼性が高まった[12]．

3つめは，気候モデルにおいて高い不確実性を持つパラメータを複数選び，現実的な範囲内で変化させて行ったシミュレーションと復元データとの比較からパラメータ群の確率分布を制約する方法である．制約されたパラメータを用いて二酸化炭素倍増（2×CO_2）実験を行い，チャーニー感度が推定される．これらの結果は上述のIPCCの値とおおよそ整合的ではあるものの，使用されたモデルや復元データによってばらつきがあり，今後の発展が期待される[13]．いずれの3つの方法でも，氷期の植生やダストの放射強制力の見積もりには不確実性が大きいことに注意が必要である．

●古気候から見た速いフィードバック

古気候からチャーニー感度を推定し不確実性を低減する場合には，過去と将来の気温変化の決まり方，つまり気候フィードバックの効き方が類似しているほうがより効果的である．過去の寒冷な負の放射強制力と将来の温暖な正の放射強制力に対する気候フィードバックの対称性については，いくつかの研究で触れられてきたが，個々のフィードバック過程にまで踏み込んで定量的に示されたのは最近である[14,15]．図2は1つのモデルによる結果に過ぎないが，産業革命前を標準実験とした2×CO_2実験とLGM実験における気候フィードバックの全球平均での効き方を定量的に比較している．ここでは直観的理解を助けるために，

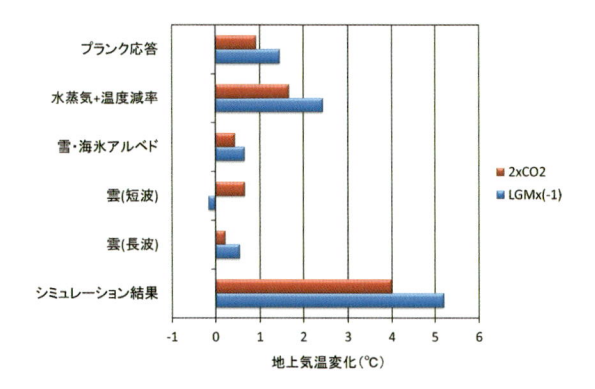

図2 産業革命前標準実験をもとにした2×CO_2実験とLGM実験における速いフィードバックの強さ[14]．地上気温変化への寄与で表示．LGM実験の結果は，符号を反転していることに注意．

地上気温変化への寄与として表示している．まず，どちらの実験でもフィードバックを考慮しないプランク応答では全くシミュレーション結果を説明できないことから，フィードバックの重要性が改めて認識される．水蒸気と温度減率フィードバックの合計が最も強い正のフィードバックであり，アルベドフィードバックとともに，全球気温変化への寄与の割合は実験によって大きく変わっていない．一方，雲のフィードバックは，特に短波領域において，その応答が異なっている．これらの結果にはモデル依存性もあるが，このような研究により，過去の気候情報を将来に利用する際の有効性や限界，注意点などが明らかになりつつある．

●地球システム感度の推定

地球システム感度の推定は古気候を中心に行われており，その際，植生と氷床は放射強制要素ではなく，フィードバック要素と見なされる．二酸化炭素増加実験では，植生分布の変化により気温上昇が増幅されることが示されている[16,17]．氷期サイクルにおける氷床は二酸化炭素濃度の変化によってのみ強制されているわけではなく，根源的には地球の軌道要素によって日射の緯度・季節分布を通して駆動されているため[18]，第四紀の気候変動だけをもとに地球システム感度を推定することは難しい[8]．他方，第四紀以前では，二酸化炭素濃度の推定に不確実性が大きい．現在，古気候をもとにした地球システム感度の見積もりには3.8～9.6℃と大きな幅があり[8]，この範囲を狭めることと信頼度を定量的に示すことが今後の課題である．

〔吉森正和・阿部彩子〕

1.16 環境変動と人類の進化

● 直立二足歩行と環境変動

およそ700万年前に現れた人類は，他の霊長類とは異なる特殊な特徴をいくつか有している．大きな脳や直立二足歩行，道具の使用や地上で生活するという特徴が，独自の進化のきっかけとして注目されてきた．1924年に南アフリカでアウストラロピテクス・アフリカヌスが発見され，初期人類の大脳はチンパンジーと同程度であるが，下肢や骨盤は直立二足歩行に適していることが明らかになった．紆余曲折はあったが生物学的な特徴としては，直立二足歩行が人類の系統に特有の特徴（派生形質）と考えられるようになった．

なぜ，人類直前の祖先にとって直立二足歩行が有利だったのかについては，詳細は明らかになっていない．エチオピアで発見されたおよそ340万年前のアウストラロピテクス・アファレンシスの全身骨格「ルーシー」（図1）の詳細な研究から，直立二足歩行の起源には環境変動が関係しているという仮説が提唱された（サバンナ仮説）[1]．最初の二足歩行者と考えられたルーシーは，サバンナに住む動物とともに発見されたので，東アフリカの乾燥化が直立二足歩行に有利な新しい環境を生み出したと考えられたのである．アフリカ中央部の大地溝帯で起こった造山運動が東アフリカに乾燥化をもたらし，それまで森林に住んでいた共通祖先が，サバンナという新しい環境に適応する過程で二足歩行という特殊な行動を獲得したというのである．

図1 アウストラロピテクス・アファレンシスの全身骨格「ルーシー」の生体復元模型．国立科学博物館の展示より．

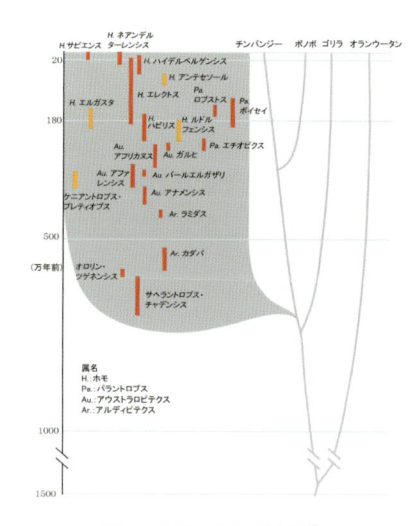

図2 人類の進化系統樹[2]．

● 新しい人骨化石の発見

しかし，近年発見された700〜600万年前の人類化石は，サバンナ仮説を支持しない（図2）．これまでに見つかった最初期の人類（チャドのサヘラントロプス・チャデンシス，エチオピアのアルディピテクス・カダバ，ケニアのオロリン・ツゲネンシス）は，いずれもサルやアンテロープなど森林に住む動物と供伴しており，人類がサバンナではなく森林で直立二足歩行を開始したことを示唆する．

2009年に報告されたアルディピテクス・ラミダスの全身骨格「アルディ」は，直立二足歩行の開始について詳細な情報を我々に示してくれた[3]．アルディの骨には，直立二足歩行のために特殊化した特徴が見られる一方で，樹上での生活に適応した特徴も数多く見られた．たとえば，アウストラロピテクスの足の親指（拇指）は，我々と同じようにまっすぐ前を向いているのに対し，アルディでは，類人猿のように内側を向き，他の指と少し離れており，最初期の人類は森林の中で樹上生活と並行して地上での二足歩行を進化させたようである．

● ホモ属の登場

ホモ属は，自由になった手で石器を使い，サバンナに本格的に適応するようになった（図1）．石器によって大型動物の肉や骨髄を利用できるようになったと考えられている[4]．直立二足歩行は四足歩行に比べて，直射日光を受ける面積が小さく，風を受け放熱する効率がよい点や，長距離を効率的に移動できる点も，

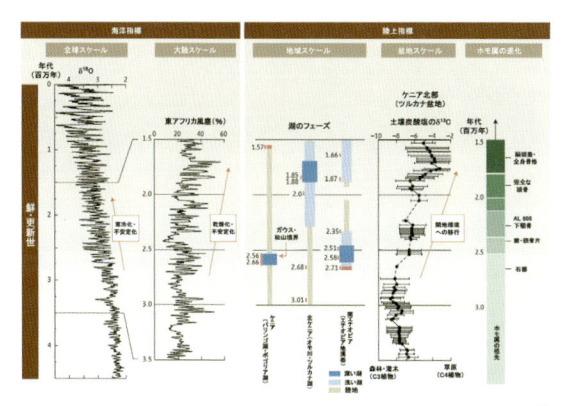

図3 アフリカにおける人類進化と異なるスケールでの環境変動[5].

サバンナでは有利に働く.

　ホモ属の出現について，アフリカで起こった寒冷化・乾燥化が関係しているという意見がある．深海堆積物に含まれる有孔虫から推測された全球的な気候変動では，300万年前ごろから寒冷化・乾燥化とともにサバンナが拡大し，ホモ属により有利な環境を作り出したのだというのである．しかし，全球的な気候変動が各地の気候環境に与えた影響はさまざまで慎重に議論する必要がある．ホモ・エレクトスの化石や最古の石器が見つかっている東アフリカのエチオピアやケニアの湖底堆積物の記録では，ホモ属の誕生と関係する270万〜250万年前に深い湖が発達しており，湿潤化が種分化に関係するという指摘がある（図3, 図2）．しかし，ホモ属の進化を考えるうえでは地球規模の気候トレンドでは乾燥化・寒冷化が進み，環境変動が大きくなることが，重要だったようである．海底コアの全球的データと各地域での生態系の変化について慎重な対比を行うことが必要である．

● ネアンデルタール人の絶滅

　ユーラシアに拡散したホモ属は各地で独自に進化したが，その詳細については化石記録が少なく，不明な点が多い．アフリカで20万年前に現れたホモ・サピエンスを除いて，最も多くの遺跡が見つかり研究が進んでいるのは，ヨーロッパをはじめとして，西アジアなど地中海周辺に分布したホモ・ネアンデルターレンシス（いわゆるネアンデルタール人）である（図3）．彼らはおよそ20万年前ごろからヨーロッパに住んでいたホモ属から分岐したようである．4万〜3万年前に，アフリカから拡散してきたホモ・サピエンス（いわゆるクロマニオン人）と入れ替わるように絶滅した．この交替劇でも気候変動が果たした役割は大きい．

ヨーロッパでクロマニオン人とネアンデルタール人の遺跡分布と，気候モデルを使って復元した古植生分布を比較したところ，ネアンデルタール人の遺跡は主に森林地帯に分布したのに対し，クロマニオン人は草原に近い環境に適応していたのである．寒冷化が進んだことによって，森林環境が縮小し，草原に適応したクロマニオン人が優勢になった可能性がある．

　しかし，ネアンデルタール人とクロマニオン人の交替劇についても，気候要因が全てを説明する原因ではない．新しい石器文化（後期旧石器）を持ったクロマニオン人の拡散以前，10万年前ごろにホモ・サピエンスがアフリカからユーラシアに進出したことは，イスラエルのカフゼー洞窟やスフール洞窟で見つかっているいわゆる解剖学的現代人が示している．解剖学的現代人の使っていた石器（中期旧石器）は，ネアンデルタール人の石器と区別がつかないもので，ネアンデルタール人と同じ地域で，同じような資源を利用して暮らしていたのである．

　10万年前の拡散では解剖学的現代人は分布を拡大することができなかった．しかし，4万年前ごろに新しい石器文化を持ってユーラシアに現れたクロマニオン人は，ネアンデルタール人と交替するように西アジアからヨーロッパに拡散した．クロマニオン人の石器文化には，特定の用途を持つ石器が現れるだけでなく，骨と石器を組み合わせた道具をつくり，さらに，抽象的なシンボルを示すと考えられる装飾品や，楽器と考えられる骨角器が多く出土するようになる（図4）．これらは，クロマニオン人がネアンデルタール人よりも高度な認知能力を持っていたことを示唆すると考える研究者も多い．

● ホモ・サピエンスの進化と環境変動

　ホモ・サピエンスが，いつ，どのような，進化・適応によって，優れた認知能力を獲得したかについては，意見が分かれるところである．洞窟壁画などの優れた芸術が花開いた4万年前ごろのヨーロッパで，何らかの突然変異があったのではないかという推定もあるし，もっと長い時間をかけてアフリカで進化したという意見もある．ホモ・サピエンスの大規模な拡散に伴って，さまざまな環境変動の中で新しい技術を発明する能力が獲得されたという仮説が提唱されている（学習仮説）．我々は，現在，この仮説を検証するために，高精度な気候分布を復元し，研究を行っている．

〔米田　穣・阿部彩子・横山祐典〕

2.1 システムを構成するサブシステム

●システムとして地球環境をとらえる

学術用語としてのシステムの定義は「複数の構成要素で形成され，それらが互いに影響を及ぼし合って形成する全体」である．この時の構成要素をサブシステムと呼ぶ．我々を取り巻く地球表層環境も，大気や海洋，陸面，生物圏といったサブシステムによって形成される1つのシステムであるという認識が，地球科学の分野で定着しつつある．これらのサブシステムは従来，気象学や海洋学，生態学といった別々の学問分野での研究対象となってきたが，これらの分野で得られた知見をバランスよく取り込んだ形で地球環境をシステムとして理解する「地球システム科学」の構築が必要となってきている．

●サブシステムの概要

◎大気圏

我々がふだん生活しながら直接接触している大気圏は，地球環境システムの構成要素の中でも最も重要なサブシステムといえる．大気圏の上端の高度については明確な定義はないが，通常地球環境を論ずる際に考慮されるのは高々高度80〜100km程度までである．この高度まで，鉛直方向の温度構造に基づき，大気圏は対流圏，成層圏，中間圏，熱圏に区分される．大気の組成は，容積比で78%が窒素（N_2），21%が酸素（O_2）であり，残りの1%をアルゴン（Ar），二酸化炭素（CO_2）などが占める（表1）．なお大気には水蒸気が含まれているが，その存在比率は場所や時間により大きく変動する．水蒸気を除いた乾燥大気の組成は，高度80km程度まで表1のものと大きく変わらない．また高度10〜50kmの成層圏には数ppm程度の濃度のオゾン（O_3）が存在し，太陽紫外線を吸収することにより地球上の生命を保護する役割を果たしている．

◎海洋圏

大気の1000倍の熱容量を持ち，炭素換算で大気中のCO_2の60倍の無機炭素を保持している海洋圏は，特に数年以上の時間スケールにわたる気候変動を考える際に鍵となるサブシステムである．風により駆動される風成循環や水温・塩分の地理的な差異により駆動される熱塩循環は，海洋中の熱や物質の輸送に重要な役割を果たしている（図1）．また海洋圏にはさまざまな生物が生息しており，生存のためのさまざまな活動を通じて，海洋の循環場とともに海洋中の物質循環の担い手となっている．特に太陽光が到達する表層100m前後の深度までは植物プランクトンによる光合成が盛んであり，有機物の沈降とその後の再無機化を通して溶存無機炭素や栄養塩の鉛直勾配（図1）を特徴づける生物ポンプを駆動している（図2）．

◎陸面

太陽光などのエネルギーが地表に達した後のエネルギーの分配や水の循環，地表付近の風速は，陸面が砂漠であるか森林であるかといった状態に左右される（図3）．大気圏や海洋圏と異なり，陸面は鉛直方向への広がりが小さく2次元的な構造しか持たないが，地球環境システムの中で主要なサブシステムの1つとして認識されている．また，植生による光合成を起点とする生物活動を通じ，陸面は炭素をはじめとす

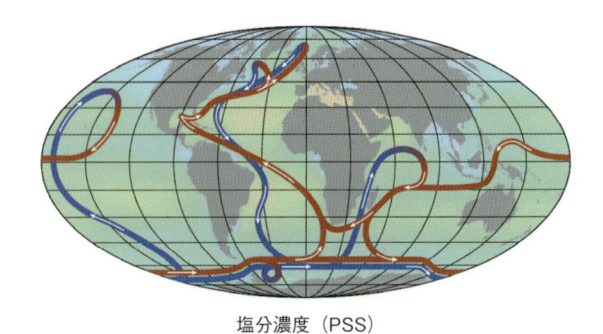

図1 地球規模の海洋循環の模式図．表層の暖かい流れ（赤）と深層の冷たい流れ（青）の方向を矢印で示す．背景の色は実用塩分で表した塩分濃度分布である．NASA (2005)[2] による画像を UNEP (2009)[3] が修正．

表1 地表付近の大気組成[1]．

成分	分子式	分子量	存在比率 (%) 容積比	存在比率 (%) 重量比
窒素分子	N_2	28.02	78.088	75.527
酸素分子	O_2	32.01	20.949	23.143
アルゴン	Ar	39.95	0.93	1.282
炭酸ガス	CO_2	44.02	0.03	0.0456
一酸化炭素	CO	28.01	1.00×10^{-5}	1.00×10^{-5}
ネオン	Ne	20.18	1.80×10^{-3}	1.25×10^{-3}
ヘリウム	He	4.00	5.24×10^{-4}	7.24×10^{-5}
メタン	CH_4	16.05	1.40×10^{-4}	7.25×10^{-5}
クリプトン	Kr	83.7	1.14×10^{-4}	3.30×10^{-4}
一酸化二窒素	N_2O	44.02	5.00×10^{-5}	7.60×10^{-5}
水素分子	H_2	2.02	5.00×10^{-5}	3.48×10^{-6}
オゾン	O_3	48.0	2.00×10^{-6}	3.00×10^{-6}
水蒸気	H_2O	18.02	不定	不定

るさまざまな元素の循環に深くかかわっている．ひいてはCO$_2$などの温室効果ガスの濃度を決めるのに大きな役割を果たしており，こうした観点からも重要なサブシステムといえる．

◎雪氷圏

地球表面のうち固相の水で覆われた部分を総称して雪氷圏と呼び，海氷や積雪，氷河，氷帽，氷床などを含む．特に海氷と積雪については，季節変動や地球温暖化による面積の変動が大きく，アルベドの変化を通じて気候に影響を与える．また海氷が生成される際に高塩分水を放出する現象は深層流の形成に重要な役割を果たすなど，他のサブシステムに及ぼす影響も大きい．

◎人間活動圏

人工衛星による夜間光の観測（図4）に見られるように，人間活動の影響は地球規模で視覚的に識別が可能である．また地球規模での物質循環やエネルギーの収支を変化させる要因ともなってきている．こうした状況に呼応して，人間活動圏を地球環境システムのサブシステムの1つと見なし[4]，人間活動圏の成立をもって人新世という地質年代が始まっているという考え方がある[5]．

サブシステムとしてどのような構成要素を考慮すべきか，という点について，研究者の間で明確な合意があるわけではない．たとえば陸面や海洋圏で生物活動がかかわる部分については生物圏として分けて考える場合もある．また人間活動圏については，サブシステムとして扱う考え方が定着しているわけではない．

● サブシステム間の相互作用の例

2007年のIPCC第4次評価報告書では，炭素循環過程を直接取り扱いモデル内部でCO$_2$濃度を予測するタイプのモデルで行った温暖化実験の結果が報告されている[6],[7]．それらの結果により，海洋圏，陸面，大気圏という3つのサブシステム間の相互作用により有意なフィードバックが存在することが示唆された．図2における赤の実線は，日本のグループを含むいくつかの研究グループが，炭素循環過程を直接取り扱うモデルにより，CO$_2$「排出」シナリオに基づいてCO$_2$濃度も予測しながら行った実験の結果を示したものである[8]．一方，同図の黒の実線は，CO$_2$の「濃度」シナリオを外部から与えて予測を行った結果である．ここで，黒実線の結果を得るために用いられたCO$_2$「濃度」シナリオは，黒実線の結果を得るために

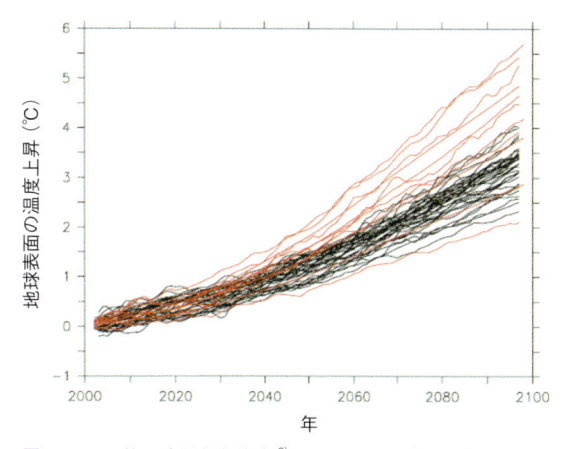

図2 IPCC第4次評価報告書[6]における予測結果．炭素循環過程を含まない標準的なモデルによるもの（黒）と，炭素循環過程を含むモデルの予測結果（赤）．

用いたCO$_2$「排出」シナリオを簡易炭素循環モデルにより濃度に変換したものである．それにもかかわらず，図2の結果は炭素循環を直接取り扱ったモデルの多くがより高い昇温を予測していることがわかる．この重要な原因の1つが，上記の3者間のフィードバックである．モデル内でフィードバック機構を構成する具体的な過程としては，昇温に伴う微生物による土壌有機物の分解の促進が主であり，また海水温上昇による溶解度低下や成層強化による吸収量減少も無視できない寄与を持つ．このほかにも，大気と海洋（2.2参照），大気と陸面，大気と雪氷圏など，サブシステム同士のさまざまな組合せの間に相互作用が存在し，盛んに研究が行われている．

● 地球システムモデリング

サブシステム間の相互作用を定量化しようとする場合，観測データのみに基づいて議論を行うことは難しい．現実の自然で観測される量は相互作用が起こった結果として決まっているためである．図2の例で示したように，相互作用がないとした仮想的な場合と，相互作用が存在する現実的な場合とを比較できる数値モデルは，サブシステム間の相互作用を議論するために極めて有効な手段といえる．実際，従来の大気海洋結合大循環モデルに生物・化学過程も導入した「地球システムモデル（ESM）」や，ESMの簡略版ともいえるEMICs（Earth System Model with Intermediate Complexity）の開発が各国で盛んになってきている[9]（図5）．

〔河宮未知生〕

2.2 大気-海洋相互作用

グローバルな大気

●大気と海洋のやりとり

地球を構成する2つの流体である大気と海洋は，海面を通じていろいろな形で相互作用を行っている（図1）．

太陽によって暖められた海洋は放射・顕熱・潜熱の形で，大気と熱エネルギーを分配・交換する．海面から温度分布に応じた熱エネルギーを受け取った大気には気圧差が発生し，大気の流れが生じる．特に海面水温温度の高い熱帯領域は重要である．高い海面温度は大気を暖め上昇流を生み出す．また蒸発も盛んで水蒸気を大気に供給する．これらの条件により大気には大規模な積乱雲群が発達し，大気大循環の駆動源となる（3.3 参照）．

大気循環によって生じた風は海に運動量を与え，海流を生み出す（風は海に運動量を渡すから，反作用により大気にとって海はブレーキになる）．大気との熱のやりとりによって生じた温度変化や，降雨による塩分変化は，海中で密度変化をつくり，これによっても海流が駆動される．海流によって温度分布は再配分され，さらにそれに応じて大気に影響を与えることになる．

このように，大気と海洋は互いに影響を与えながら，変化を続けていくのである．

●大気海洋結合モデル

このようにさまざまに影響を与え合う大気と海洋の

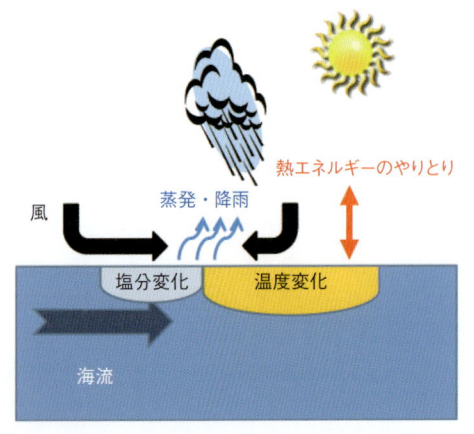

図1　大気と海洋の相互作用の概念図．

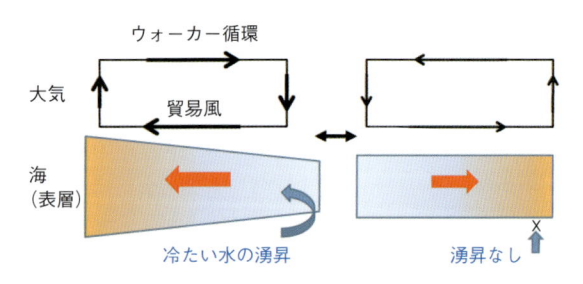

図2　ビヤルクネスフィードバックの概念図．

現象であるが，気象研究者が大気研究のためにシミュレーションを行うときは，海水面温度は観測で与えられたものとして，大気モデルで計算を行うことが，しばしばである．短期の予測である日々の天気予報もこのタイプの計算で行われている．海洋研究者も風や熱のやりとりは気象観測で与えられたものとして海洋モデルでの計算を行う．しかし，これらの計算では，大気と海洋が互いに影響を与えながら変化していくことが本質的な気候現象を対象とする場合には不都合がある．そこで，大気と海洋とやりとりさせながら，その両方をシミュレーションする大気海洋結合モデルが用いられることになる．大気海洋結合モデルでは，観測値が与えられなくても，大気と海洋の自由な時間発展を追うことができる．数ヵ月先の気候状態のシミュレーションである季節予測や，将来の地球温暖化予測はこのタイプの計算である．一方で，大気海洋結合モデルでは，観測データで支えられる部分がないことから，シミュレーションが観測から次第に離れていってしまう気候ドリフトという現象を引き起こしやすく，現実的な結果を得るためには慎重な取り扱いが必要である．

●熱帯の大気-海洋相互作用

熱帯は海面水温が高いため，大気・海洋相互作用現象が発生しやすい．その例として，発案者の名をとりビヤルクネスフィードバックと呼ばれる[1]，太平洋赤道上の東西分布に起因する大気・海洋相互作用を見てみよう（図2）．

太平洋熱帯は貿易風の影響下にあたるため東風である．それにより海面表層の水は西に吹き寄せられる．代わりに東太平洋側深層から冷たい水が表層に運ばれる（これを湧昇という）．海水面の東西差に対応して，大気は西部で上昇気流，東部で下降気流となり，東西の大気循環（ウォーカー循環）が生まれる．かくして，西向きの風は強化され，ますます西太平洋に暖水が蓄

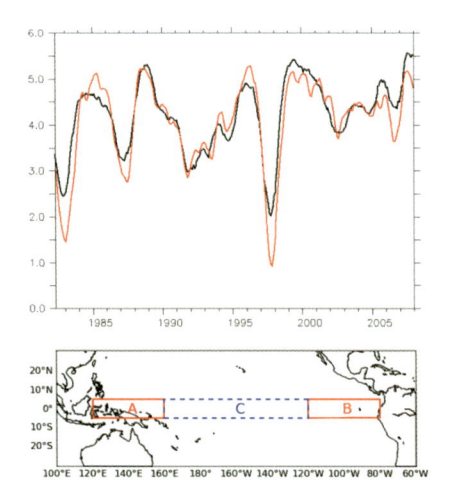

図3 ボックスA平均とボックスB平均の海面水温東西差（赤線）と，ボックスC平均の東西海面風速（黒線，西向きを正とする）の1982〜2007年時系列．海面水温データは月平均OISST V2[2]）で単位は℃，海上風データはNCEP/NCAR[3]）月平均データで単位はm/s．季節変動を除くため13ヵ月の移動平均を行っている．

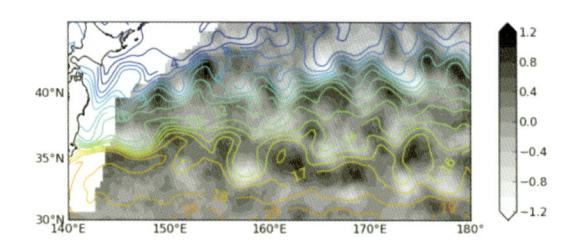

図4 人工衛星で得られた高分解の海面水温（1/4 daily OISST[5]）と海上風速（QuikSCAT[6]）の2004年1〜3月平均．等値線が海面水温（℃）で，シェードが風速（m/s）．風速に関しては20×20グリッド（1グリッド0.25°）の移動平均場を差し引いて（ハイパスフィルター），海洋渦スケールに対応する現象を強調した．

積することになる（図2左）．

これらの関係は熱帯擾乱などをきっかけに逆転することがある．すなわち，あるきっかけで貿易風が弱まれば（相対的に東向きの風が強まれば），暖水の西太平洋への吹き寄せが弱くなり，東では湧昇が止まる．相対的に東側では海水が暖かくなり，西側で冷たくなる．風もこの変化に対応し，逆向きのウォーカー循環を相対的に強化することになり，ますます東太平洋は暖まる（図2右）．エルニーニョの発生メカニズムはこのフィードバックの現れだと理解されている（7.8参照）．

ビヤルクネスフィードバックの関係を観測データで見てみよう（図3）．東西海面水温差（赤線）が大きいときは西向きの風（黒線）が大きく，水温差が小さいときは風が弱くなるという関係が現実世界で明確に見られる．

ビヤルクネスフィードバックのように互いを一方向に強め合うような関係を正のフィードバックという．逆に，互いを弱めるような関係である負のフィードバックも存在する．たとえば，台風の発生・維持・強化には高い海水面温度が必要であるが，表層の暖水層が薄い海域に台風がさしかかったとしよう．暖水は台風を強めようとするが，台風の風が強まると強い風によって海水の表層が下層の冷たい水にかき混ぜられ（あるいは下層の水が持ち上げられ），海表面が冷え，それにより台風が弱まる．海洋が一定であると考えた場合に比べて，大気–海洋相互作用を考慮に入れると台風が弱まるので，これは負のフィードバックである[4]）．

● 中緯度の大気–海洋相互作用

一方，中緯度では熱帯ほど大気–海洋相互作用が明らかではない．大気から海洋への影響は容易に見られるが，大規模対流活動を引き起こすほど海水面温が高くないために海洋から大気の影響がはっきりしないからである．そのため，中緯度の変動現象では大気の活動が支配的だと考えられてきた．しかし，人工衛星による高い時空間分解による詳細な観測と，計算資源の充実に支えられた精緻な数値シミュレーションによる検証は，このような描像を変えつつある．

図4は太平洋日本近海の黒潮・親潮の影響領域において人工衛星観測で得られた海面水温と風速の関係を見たものである．海面水温は黒潮・親潮の渦活動の影響により波打っている．図4で海面水温が相対的に高い場所（等値線の峰）で風速が大きく（暗色），海面水温が低いところ（等値線の谷）で風速が小さい（明色）ことがわかる．風速が大きいところでは蒸発による冷却が大きくなるため，もし大気が海面水温の変化に支配的であれば，これとは逆の関係になるはずである．したがって図4はむしろ海面水温が風速に影響を与えていることを示している[7),8)]．このように海洋が大気に与えている例は，中緯度西風ジェット気流変動の海洋前線への補足[9)]，対馬暖流の変化による日本海側の降雪の年々変動[10)]，メキシコ湾流の対流圏全層にわたる影響[11)]など次々に見つかりつつある．大気–海洋相互作用という視点から中緯度気候を理解する新しいパラダイムは今まさに生まれつつあるところである．

〔美山　透〕

2.3 フィードバック機構

グローバルな大気

　大気中温室効果ガス濃度や太陽定数の変化など（気候システムに対する「外的強制」と呼ぶ）によって，地球気候は全球的に変化する．気候システムは非常に複雑であるため，システムを構成する要素（雲・水蒸気・雪氷・海洋・生態系など）の間でさまざまな相互作用が生じる．これにより，外的強制に対する気候変化は強められたり，弱められたりする．このように，外的強制に対する気候システムの変化を促進・抑制するフィードバック機構を気候フィードバック過程と呼ぶ．気候フィードバック過程のうち，気候変化を促進する過程を正のフィードバック，逆に抑制する過程を負のフィードバックと呼ぶ．たとえば大気中の温室効果ガス濃度が増加した場合，正のフィードバックが働くならば，これによりさらなる加熱がもたらされ，温度上昇が強化される．逆に負のフィードバックが働くならば，過熱は抑制され，温度上昇は抑制される．

　全球的な気候変化を決めるうえで重要な気候フィードバック過程を以下で説明する．これまでの研究では，モデルを用いて気候フィードバック過程の強度の推定が精力的になされている（図1）．しかしながら，最先端の気候モデルをもってしても，得られる推定値は用いるモデルによって結果が大きく異なる．この一方で，観測データを用いて気候フィードバック強度を推定する取り組みもなされているが，観測データの測定精度の問題などから，その見積もりには大きな不確実性が含まれる．将来の地球温暖化を精度よく予測するためには，気候フィードバック過程の強度を正確に知ることが必要不可欠である．今後の研究の進展によって気候フィードバックに関する知見を増やすことができれば，地球温暖化予測の信頼性を向上させ，温暖化の影響評価や適応策の立案に役立てることができるだろう．

●水蒸気フィードバックと温度減率フィードバック

　水蒸気は強力な温室効果ガスであるため，気候フィードバック強度を決めるうえで非常に重要な役割を果たす．水蒸気フィードバックは，大気中二酸化炭素の増加などによって大気温度が上昇する→大気中の水蒸気量が増加するために温室効果が働く→地表気温

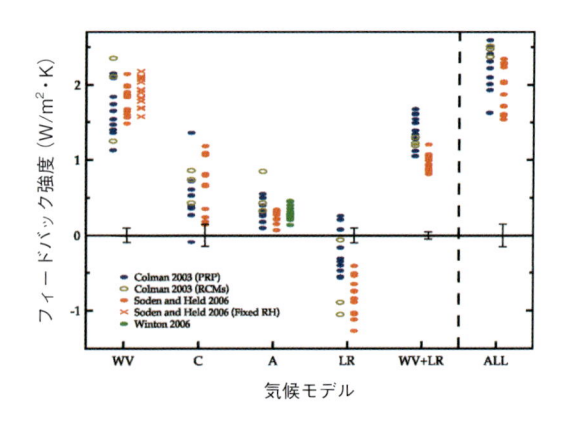

図1　世界の研究機関の気候モデルによる気候フィードバック強度の比較[1]．水蒸気（WV），雲（C），雪氷アルベド（A），温度減率（LR），水蒸気と温度減率の和（WV＋LR）のフィードバック強度を示す．単位はW/m^2・K．「ALL」は全てのフィードバックの総和を示す．1つの○および×が1つのモデルの結果を表し，青・白・赤・緑の結果は文献によるフィードバック推定方法の違いを表す．気候モデルは非常に複雑なため，計算結果から気候フィードバックを推定するのは簡単ではない．このため推定方法の違いによっても異なる結果が得られる．

がさらに上昇する，という正のフィードバックとなると考えられている（図1）．これは，大気中に含まれ得る水蒸気量（飽和水蒸気量）は大気温度によって決まり，大気温度が高くなるほど飽和水蒸気量が大きくなることと関係する．気候モデルの見積もりによると，気候フィードバック過程のうち，水蒸気フィードバックの強度が最も大きいと考えられている．観測による見積もりからも，図1の結果に近い値が得られている．
　一方，気候変化に伴う大気の鉛直温度構造の変化によって生じるのが温度減率フィードバックである．大気は主として地表面からの赤外放射によって加熱されるため，上層に比べ下層の温度が高くなる．暖められた下層の大気は浮力によって上昇し，この鉛直運動が大気の鉛直温度勾配を決める．上層ほど大気温度が低いため，大気の鉛直温度勾配は温度減率とも呼ばれる．大気中に水蒸気が含まれていると，大気が上昇する際に水蒸気が凝結することにより，大気が加熱される．これにより，水蒸気が存在しない場合に比べて，大気の温度減率は小さくなる．

大気中二酸化炭素の増加などによって大気温度が上昇すると，前述のように大気中の水蒸気量が増加する．大気中の水蒸気量が増えると，鉛直運動に伴う水蒸気の凝結量も増えるため，大気の温度減率はさらに小さくなる．このため，二酸化炭素の増加による温度上昇は，下層に比べて上層で大きくなる（図2）．これにより大気上端からの赤外放射量が増えるため，地球はより効率的に冷却され，温度上昇が緩和される（負のフィードバック）．

水蒸気フィードバックと温度減率フィードバックの強度はともに，本質的に大気中の水蒸気量変化によって決まる．図1に示すように，気候フィードバックの強度は気候モデルによって異なるが，水蒸気フィードバック（正）の絶対値が大きいものほど，温度減率フィードバック（負）の絶対値も大きくなる．このため，両者のフィードバックの和をとれば，モデル間の違いが小さくなる．

●雲フィードバック

気候状態の変化に伴い雲の分布が変化することで，気候変化を促進・抑制する過程が，雲フィードバックである．一般に下層の雲は太陽放射を遮ることにより地表を冷却する効果を持ち，上層の雲は赤外放射による冷却効率を低下させることにより地表を暖める効果を持つ．このため，大気中二酸化炭素の増加などによる温度上昇に伴い，下層の雲が減る（増える）場合には，地表に届く日射が増える（減る）ことで温暖化が促進（抑制）される．一方で上層の雲が減る（増える）場合には，赤外放射による冷却効率が下がる（上がる）ことで温暖化が抑制（促進）される．雲の生成・消滅過程が非常に複雑であることや，人工衛星データの観測精度の問題などから，気候変化に伴い下層・上層の雲がどのように変化するかはこれまで解明されていない．このため，気候モデルによる雲フィードバック強度の推定値は，モデルによる結果の違いが非常に大きい（図1）．

●氷アルベドフィードバック

地球表面に存在する雪氷は日射の反射率（アルベドと呼ぶ）が高いため，これらの被覆域が変化することで気候状態に影響を及ぼす．氷アルベドフィードバックは，大気中二酸化炭素の増加などによって大気温度が上昇する→高緯度域の雪氷が融解することにより日射の反射率が低下する→地表気温上昇が強化されるという正のフィードバックである（図1）．全球平均値としてみると他のフィードバックよりは絶対値が小さいが，特に高緯度域では地表気温変化の強化は顕著である．気候モデルによる将来予測によると，氷アルベドフィードバックのために，高緯度域の地表気温上昇は低緯度に比べて非常に大きくなる．

●気候-炭素循環フィードバック

気候状態の変化に対して気候システムおよび生態系が応答し，炭素循環の状態が変化することで，気候変化を促進・抑制する過程が気候-炭素循環フィードバックである．大気中の二酸化炭素が増加すると，陸域植物による光合成効率がよくなり，二酸化炭素固定量が増加する（施肥効果）とともに，海洋による二酸化炭素吸収量が増加する．これにより大気中の二酸化炭素の増加が抑制される（負のフィードバック）．この一方で，二酸化炭素の増加によって大気温度が上昇すると，陸域の微生物の呼吸が活発となることや陸域植生が変化することなどにより，大気中の二酸化炭素濃度がさらに変化する．このように海洋や陸域生態系が気候状態に応答することで大気中二酸化炭素濃度が変化し，気候変化に大きな影響を与える．

〔横畠徳太〕

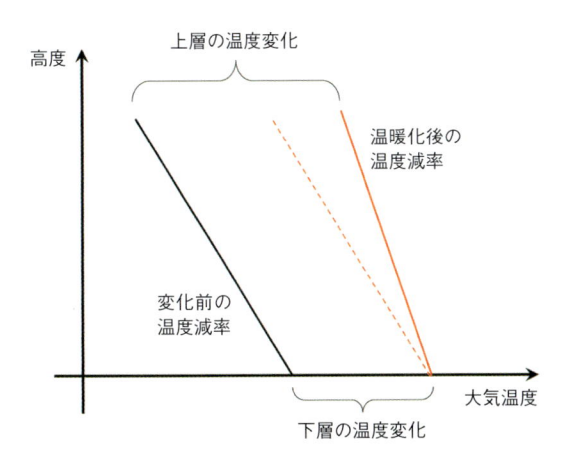

図2 大気中二酸化炭素などの増加による温暖化前後の大気温度減率（大気温度の鉛直勾配）の変化．大気中に水蒸気が含まれる場合，温暖化に伴い温度減率の絶対値が小さくなるために，下層の温度変化に比べて上昇の温度変化が大きくなる．

2.4
雲と気候，雲の全球分布

グローバルな大気

　大気中の水蒸気の凝結によって，大気中のさまざまな場所で雲が形成される．地表気温や降水量などの気候状態は，大気や地表における熱収支によって決まっているが，雲の存在はこれらの熱収支に影響を与えることを通して，気候状態に重要な影響を及ぼす．一般に，下層の雲は地表に届く太陽放射（短波放射とも呼ばれる）に影響を与え，短波放射を効果的に遮ることにより，地表を冷却する効果を持つ．一方で上層の雲は，太陽放射をよく透過させる場合，地球放射（赤外放射あるいは長波放射とも呼ばれる）に影響を与え，大気上端から射出される長波放射を減少させることにより，地表を温める効果を持つ．

　人工衛星によって観測された上層雲・中層雲・下層雲の雲量（単位面積あたりの雲の被覆率）を図1に示す．ここでは雲頂（雲の上端）の高さに応じて，雲を上層・中層・下層の雲として分類した結果を示している．

　図1aに示す上層雲は雲頂の高度が6km程度以上の雲である．上層雲は，熱帯の赤道域，特にインド洋・インドネシア付近に多く分布している．この付近は海面水温が高く，大気の鉛直対流（強く暖められた大気の鉛直方向の運動）が活発な領域である．南半球からの南東貿易風と北半球からの北東貿易風がぶつかり，下層で収束した空気が上昇することで，雲頂の高い積乱雲が発生する．この領域を熱帯収束帯（intertropical convergence zone：ITCZ）と呼び，年降水量も非常に多い．インドネシア付近から南東に延びる領域が南太平洋収束帯（South Pacific convergence zone：SPCZ）であり，この領域でも上層雲が多く分布し，年降水量も多くなる．上層雲はアフリカ・南米の赤道域や，ヒマラヤ・ロッキー山脈付近にも分布する．上層雲には，強い鉛直対流によって形成される積乱雲のほか，巻雲，巻層雲などが含まれる．

　図1bに示す中層雲は雲頂の高度が2～6km程度の雲である．中層雲は南半球の中高緯度，特に南極周辺の海域（南極海）や，北半球の中高緯度に多く分布する．この領域では低気圧が通過し，前線の形成に伴い雲が発生する．緯度方向の温度勾配が高い中高緯度では大気が不安定化し（傾圧不安定），低気圧・高気圧が形成され，偏西風によって西から東へ移動する．中層雲には，高積雲，高層雲，乱層雲などが含まれる．

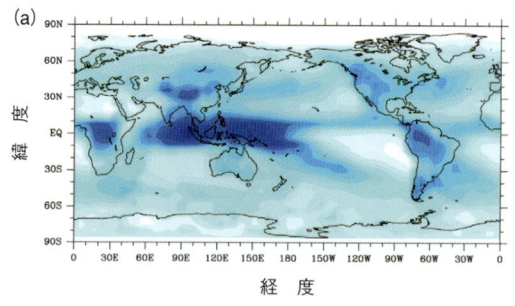

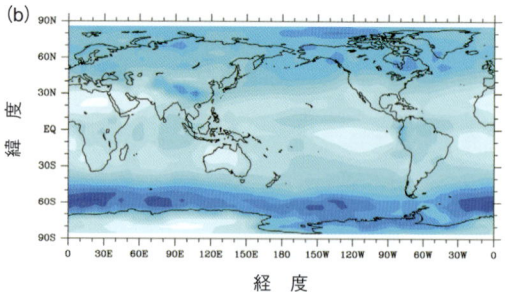

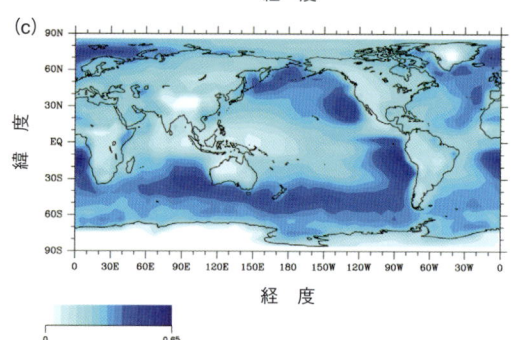

図1　人工衛星によって観測された(a)上層雲（雲頂気圧440hPa以下，高度6km程度以上），(b)中層雲（雲頂気圧440～680hPa，高度2～6km程度），(c)下層雲（雲頂気圧680～1000hPa，高度2km程度以下）の雲量（単位面積あたり被覆率）の年平均値．文献1によるデータを利用し，1985～90年の6年間のデータを利用した．

　図1cに示す下層雲は，雲頂の高度が2km程度以下の雲である．下層雲は，亜熱帯の海洋東岸および中緯度に分布する．亜熱帯の海洋東岸域は，海流の上昇域に相当し，海面水温が周囲に比べて低い．またこの領域は，亜熱帯の海洋西岸で上昇した大気が下降する場所である（この循環をウォーカー循環と呼ぶ．2.16参照）．ウォーカー循環の下降域において形成された逆転層（通常の大気温度構造とは異なり，上層に比べて下層の大気温度が低い層）の下に，雲頂高度の低い層積雲が形成される．中緯度の下層雲は，低気圧の通過と前線形成に伴って発生する雲である．下層雲はそのほとんどが海洋上に分布し，陸上には存在しないの

も特徴である．下層雲には，層積雲のほかに，積雲，層雲が含まれる．

雲が短波・長波放射に与える影響の強さを図2に示す．これは雲放射強制力と呼ばれる量で，雲がなかった場合と比べ，大気上端における放射エネルギーフラックス（単位はW/m^2）がどれだけ異なるかを人工衛星観測によって測定したものである．これにより，雲によってどれだけの加熱・冷却がもたらされるかを知ることができる．

図2aに示す短波放射に対する雲放射強制力（短波雲放射強制力）は負となる．これは雲が短波放射を遮ることにより（遮蔽効果），地表を冷却する効果を持つことを示す．短波放射に対する雲の冷却効果が大きい領域は，図1で上層雲・中層雲・下層雲が分布する領域に対応している．雲の分布が少ないサハラ砂漠域，オーストラリアでは短波雲放射強制力が小さい．また上層雲の存在するヒマラヤ山脈・ロッキー山脈では短波雲放射強制力が小さいことから，この領域での上層雲は短波放射の遮蔽効果が小さいことがわかる．

図2bに示す長波放射に対する雲放射強制力（長波雲放射強制力）は正となる．これは雲によって大気上端から射出される長波放射が減少することにより，地表を加熱する効果があることを示す．短波放射の場合とは異なり，長波雲放射強制力の大きい領域は，図1で上層雲が分布する領域に対応する．これは中層・下層の雲の存在が大気上端から逃げる長波放射に影響を与えないためである．

一般に短波雲放射強制力に比べて，長波雲強制力の値は小さい（図2aと図2bの値の範囲の違いに注意）．このため，短波と長波の雲放射強制力の和（正味雲放射強制力）の値は負となり，雲によって地表の冷却がもたらされることがわかる．正味雲放射強制力の大きい領域は，図1で中層雲・下層雲が分布する領域にほぼ一致する．これは上層雲の短波雲放射強制力による冷却効果が，その長波雲放射強制力による加熱効果によって打ち消されているためである．このため，中層雲および下層雲が，短波＋長波の正味の放射収支に大きな影響を与え，気候の形成に重要な役割を果たす．

このように，雲は非常に複雑な過程を経て形成され，地球の気候状態に大きな影響を及ぼす．このことが，気候モデルによる将来気候予測を難しくしている最も大きな要因である．将来の二酸化炭素の増加に伴い，大気中の温度が上昇すると，雲の形成過程や全球分布も変化すると考えられる．正味雲放射強制力が増加（あ

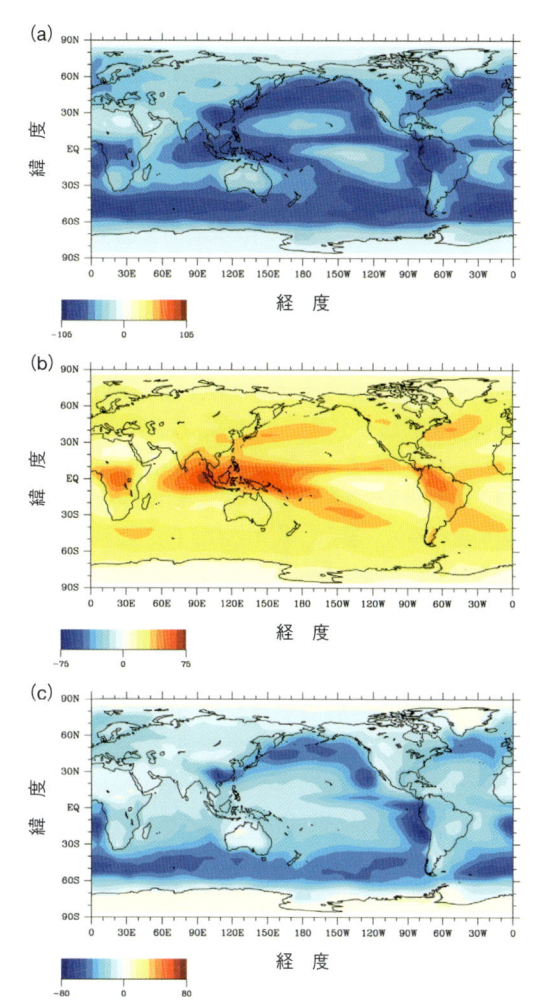

図2 人工衛星観測によって得られた雲放射強制力．単位はW/m^2．雲があった場合となかった場合の放射フラックスの差，雲による加熱（正値）・冷却（負値）の効果を示す．（a）短波雲放射強制力，（b）長波雲放射強制力，（c）正味雲放射強制力（短波＋長波）．（a），（b），（c）で値の範囲が異なることに注意．

るいは減少）すると，地表気温の上昇は促進（あるいは抑制）されることになる．このような雲フィードバックは，気候モデルによって表現することが非常に難しいため，最新の気候モデルをもってしても，得られる推定値は用いるモデルによって結果が大きく異なる．このため，地表気温や降水量などの将来予測が，モデルによって大きくばらつくことになる．雲に関する理解を深め，気候モデルにおいて雲を表現する性能を向上させることが，より信頼のおける将来気候予測につながるだろう．

〔横畠徳太〕

2.5 エネルギーと水の循環

グローバルな大気

●地球全体のエネルギー収支

地球表面の大気，海洋，陸面，雪氷によって構成される気候システムのエネルギー源は，太陽放射（日射，短波放射）エネルギーである．地球表面（大気上端）における，太陽放射のエネルギーは，太陽放射に垂直な単位面積あたり 1365 W/m² （この値は太陽定数と呼ばれる）であるが[1]，太陽高度（入射角）は，時刻，季節，場所によって変化するので，地球表面に入射する放射量も時刻，季節，場所によって変化する．全地球表面で平均した単位面積あたりの年平均放射量は，太陽放射に垂直な地球の断面が受ける放射を全地球の表面積で割ったものとなるので 341 W/m² （1365 W/m² の 1/4）となる．

図1は，宇宙空間と大気（雲・エーロゾルを含む）と地表面（陸面と海面）の間のエネルギー収支を示したものである．宇宙空間から大気へ入射する平均太陽放射エネルギーは 341 W/m² であるが，そのうち 102 W/m² は，大気および地表面により反射されて宇宙空間に戻ってしまうので，正味の入射太陽放射エネルギーは 239 W/m² となる．これは，大気から宇宙空間に向かって射出される地球放射（赤外放射，長波放射）239 W/m² とバランスしている．大気と地表面とのエネルギーの収支では，地表面に吸収される太陽放射エネルギー 161 W/m² と，地表面から大気に向かう正味の地球放射エネルギー 63 W/m²，顕熱 17 W/m²，潜熱 80 W/m² の合計 161 W/m² がバランスしている．大気のエネルギー収支では，太陽放射の吸収 78 W/m²，地表面から大気へ流れる顕熱 17 W/m²，潜熱 80 W/m² の合計 175 W/m² による加熱と，大気から宇宙空間と地表面に射出される正味の地球放射 175 W/m² による冷却とがバランスしている．

●エネルギーの南北の流れ

地球に入射する正味の太陽放射エネルギーと，地球から射出される地球放射のエネルギーは地球全体ではバランスしているが，両者とも時間的・空間的に変動しており，特定の季節，場所ではバランスしていない．たとえば，中高緯度の夏と冬を比べると，太陽放射，地球放射とも夏のほうが大きい．

図2は緯度別に年平均の地球に入射する太陽放射エネルギーSと地球から射出される地球放射エネルギーLを示したものである．熱帯では，入射する太陽放射エネルギーのほうが射出される地球放射エネルギーより大きいのに対し，南北35度付近より高緯度では，射出される地球放射エネルギーのほうが，入射

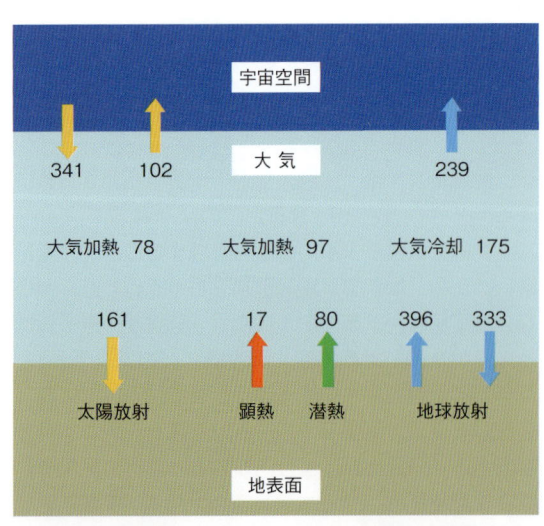

図1 地球全体のエネルギー収支[1]．単位は W/m²．

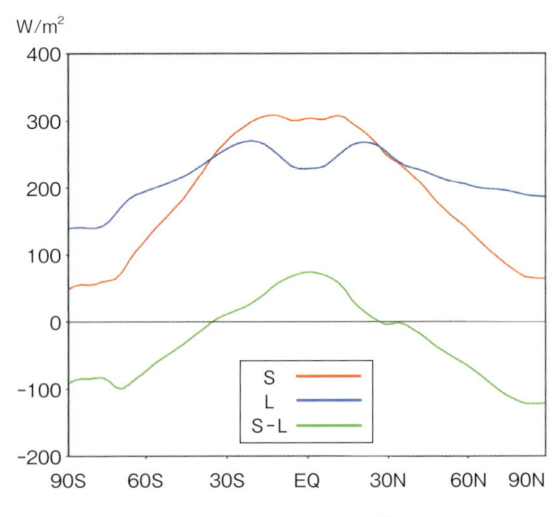

図2 緯度別の年平均放射エネルギー収支[2]．太陽放射エネルギーSと地球放射エネルギーLおよびそれらの差．単位は W/m²．

する太陽放射エネルギーより大きくなっている．宇宙空間と地球との放射エネルギーの収支では，熱帯は入力超過，高緯度は出力過剰になっていてバランスしていない．熱帯大気が受け取った過剰なエネルギーは，大気と海洋の流れによって高緯度に輸送され，その結果エネルギー収支のバランスが保たれている．熱帯から高緯度に向かうエネルギーフラックスは，南北35度付近で最大になり，その大きさは大体 6×10^{15} W くらいである[3),4)]．地球放射 L は季節変化が比較的小さいが，太陽放射 S は季節により大きく変化する（図1）．このため正味の入射エネルギー S－L は，夏半球で正，冬半球で負となり，夏半球から冬半球に向かうエネルギーの流れがある[3)]．

●地球全体の水収支

地球表面（気候システム）の水は，大気と海洋と陸面に，気体（水蒸気），液体（海水，淡水），固体（雪，氷）として存在し，その総量は，およそ 1.41×10^{21} kg である．図3は，大気と地表面（陸面と海面）に存在する水量と水収支を示したものである．地球表面の水の 97% (1.37×10^{21} kg) は海水，2% (2.8×10^{19} kg) が雪氷（その90%が南極の氷），1% (1.6×10^{19} kg) が陸域の淡水（そのうち98%は地下水）である．大気中の水（主に水蒸気）は，およそ 1.2×10^{16} kg で，地球表面に存在する水の総量の 0.001% であり，これは，大気の総量 5×10^{18} kg の 0.2% に相当する．地表面から大気へは蒸発によって水が供給されるが，その量は年間に 515×10^{15} kg で，これは，降水として大気から地表面に供給される水の量とバランスしている．この量は年間 1007 mm（2.76 mm/日）の全球平均降水量に相当する．蒸発と降水を海上

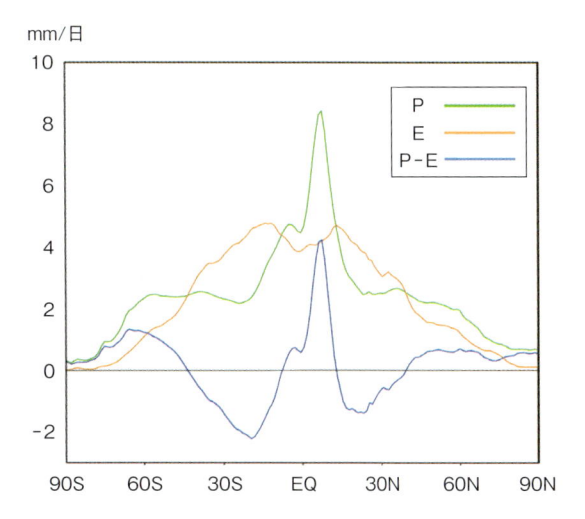

図4 緯度別の年平均水収支[8)]．降水 P と蒸発 E およびそれらの差．単位は mm/日．

と陸上に分けてみると，海上では蒸発量が降水量より 40×10^{15} kg 多いのに対し，陸上では，逆に降水量のほうが，蒸発より 40×10^{15} kg 多い．この分は，大気中で海上から陸上へ水蒸気輸送があり，陸の表面では，河川などにより陸から海への水の流れがあり，水の収支がバランスしている．

●水の南北の流れ

図4は緯度別の年平均の大気と地表面の間の水の収支を示す．降水 P（大気から地表面への水のフラックス）は，赤道付近と中高緯度で極大となり，亜熱帯域で極小となる分布となっている．一方，蒸発 E（地表面から大気への水のフラックス）は，赤道付近で極小になっているが，基本的には，熱帯で大きく両極に向かって小さくなる分布をしている．このため両者の差 P－E は，赤道付近と両半球の中高緯度で正，亜熱帯で負の値となる．すなわち，亜熱帯では地表面から大気へ正味の水のフラックスがあることになるが，この分の水は亜熱帯から赤道と両極に向かう水蒸気フラックスによりバランスしている[3)]．蒸発 E は，比較的季節変化が少ないが，降水 P は季節により大きく変化する（図2）．このため P－E は，降水の多い夏半球側では正または小さな負の値となるが，降水の少ない冬半球側では大きな負の値となり，冬半球から夏半球に向けて赤道を越える水のフラックスがある[3)]．

〔杉 正人〕

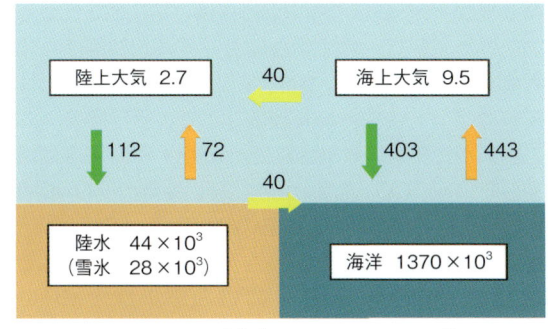

図3 地球全体の水収支[1),5)-7)]．存在量の単位は 10^{15} kg．フラックスの単位は 10^{15} kg/年．

2.6 炭素循環

炭素循環の理解は，地球環境形成の仕組みを知るうえで重要である．本項では，時間スケールを大きく2つに分け，関与するプロセスについて説明する．

● 速いプロセス

1980年代以降現在までの温暖化傾向に対しては，人間活動の影響が大きいといわれる．人間活動はさまざまな過程を通じ気候に影響を与えるが，中でも最も寄与が大きいのが二酸化炭素（CO_2）の排出による大気中CO_2濃度の上昇であり，現在までの温暖化の6割がこれによるものと考えられている．このCO_2濃度の予測を行うためには，100年より小さな時間スケールでの「速いプロセス」による地球規模炭素循環についての理解が不可欠である[1]．

図1は，この時間スケールにおける地球規模の炭素の循環や各リザーバーにおける炭素貯留量について現在までの知見をまとめたものである．実線の矢印や数字が，人間活動による擾乱が加わり始める1750年ごろ以前のもの，破線のものがそれ以後加わった擾乱を示す．1750年以前には，陸域生態系と大気の間，海洋と大気の間それぞれで年間総計約120 PgC，70 PgC（1 PgC = 1×10^{15} g炭素）の炭素を交換していた様子がわかる．

● 速いプロセスの素過程

陸域の生態系への大気中のCO_2の取り込みは光合成を通じて行われ，その結果有機物が形成される．取り込まれた炭素は，動植物による呼吸や微生物による分解を通じて大気中へCO_2として戻される．また森林火災によってもCO_2が大気中に放出される．森林火災による放出は，10年規模の時間スケールで見た場合には森林の再成長による炭素の取り込みとほぼつり合っている．

海洋大気間のCO_2交換量は，大気と海洋それぞれにおけるCO_2分圧の差に比例する形で決まる．大気中のCO_2分圧のほうが高ければ正味で海洋への吸収となり，逆の場合は海洋からの放出となる．海洋に吸収されたCO_2は水と反応し，重炭酸イオン（HCO_3^-），炭酸イオン（CO_3^{2-}）を形成する．海洋中のCO_2，HCO_3^-，CO_3^{2-}を合わせて溶存無機炭素（dissolved inorganic carbon：DIC）と呼ぶことが多い．海洋中のDIC鉛直分布は，1000〜2000 m以深でほぼ一定，それ以浅では表層に向かうにつれ薄くなる形をしている．これは1つには，海洋中の植物プランクトンが光合成などによってDICを取り込んだ後，生物の死骸などが深層に沈降することによる．この過程は生物ポンプと呼ばれる．また，高緯度の低温の海水が多くのDICを溶かし込みながら沈み込むため，深層水を形成する過程によってもDICの鉛直勾配はつくられ，これは物理ポンプと呼ばれる．これらの過程は，表層付近の海洋中CO_2濃度を低く抑え，大気海洋のCO_2交換を通じ大気中のCO_2濃度を下げる効果を持っている．

上述のような陸域−大気間や海洋−大気間のCO_2交換過程は，1750年ごろ以前はほぼ定常状態を保っていたと考えられ，大気中のCO_2平均滞留時間は4年程度と見積もられる．1990年代では，化石燃料の使用やセメント生成，森林伐採などで合計年間8 PgCの炭素が大気中に放出されて，大気中CO_2濃度は増加している．CO_2濃度の増加に伴い海陸のCO_2吸収量も増大しているが，これらの効果によっても人間活動によって放出されるCO_2を全て吸収することはできない．1800年ごろ以前の800年ほどの間，280 ppm前後で安定していた大気中CO_2濃度（図1）は，最近50年ほどの期間では1〜2 ppm/年の速さで上昇している（図2）．アイスコアの解析から，現在のCO_2濃度は過去40万年以上の期間の

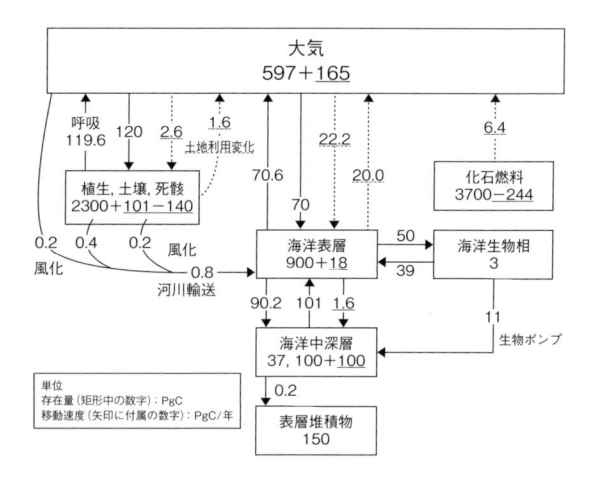

図1 地球規模炭素循環の模式図（1990年代に対応）．実線の矢印と下線の付いていない数字は産業革命以前の収支を，破線の矢印と下線付きの数字は人間活動による擾乱を示す．文献2に基づく．

中でも見られないほど高いものであることがわかっている (図3).

● 遅いプロセス

表1に, 地球システムを構成する各サブシステムにおける炭素の存在量を記す. 大気, 海洋, 生物圏 (合わせて「地球表層圏」と呼ぶことにする) それぞれの炭素量の合計が図1に示した速いプロセスで循環している炭素の総量にあたる. この総量は, 表1を見てわかるとおり, 地殻やマントル・コアといった固体地球圏に含まれる炭素量に比べ圧倒的に小さい. したがって地球表層圏の炭素量は, 地球表層圏と固体地球圏との炭素交換の大きさによって規定されることになる. この炭素交換は, 数十万年以上の時間スケールで働いており, 上述の速いプロセスに対して「遅いプロセス」と呼ぶことができる.

図2に, 遅いプロセスによる炭素循環の概要が描かれている. 遅いプロセスにおいては, CO_2 は有機物の海底への堆積やケイ酸塩鉱物の風化によって地球表層圏から除去される. ここで, ケイ酸塩鉱物の風化は次の反応式によって表される.

$$CaSiO_3 + 2CO_2 + H_2O \longrightarrow Ca^{2+} + 2HCO_3^- + SiO_2 \quad (1)$$

この反応で生じたカルシウムイオンからは, 主に海洋中の生物活動により炭酸塩 ($CaCO_3$) が形成され, 一部が海底に堆積する.

$$Ca^{2+} + 2HCO_3^- \longrightarrow CaCO_3 + CO_2 + H_2O \quad (2)$$

式(1), (2)より, $CaSiO_3$ が 1 mol 風化作用を受ける毎に CO_2 が正味で 1 mol 地球表層系から除去されることがわかる.

こうして海底に埋没した有機物や炭酸塩は, プレート運動によって運ばれ一部は変成作用を受けて CO_2 に分解され, 火山活動によって地球表層系へ戻される. また変成作用を受けずに大陸に付加された炭素は, 地殻の隆起によって陸上に運ばれ, 炭酸塩の風化作用や

表1 地球の各圏における炭素の存在量[3].

リザーバー	主な存在形態	存在量 (mol)
大気	CO_2	6.2×10^{16}
海洋	HCO_3^-, CO_3^{2-}	3.0×10^{18}
生物圏 (生存)	CH_2O	4.7×10^{16}
(死骸)	CH_2O	3.3×10^{17}
地殻 (有機炭素)	CH_2O	1.8×10^{21}
(炭酸塩)	$CaCO_3$, $CaMg(CO_3)_2$	9.3×10^{21}
マントル・コア	(炭酸塩, グラファイトなど)	5.6×10^{23} (?)

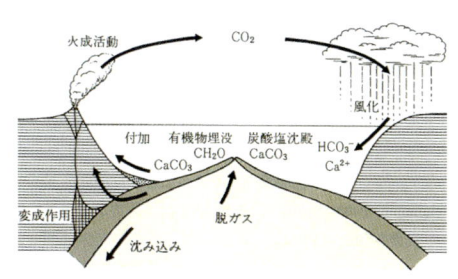

図2 数十万〜数百万年スケールで見た場合の炭素循環システム[4].

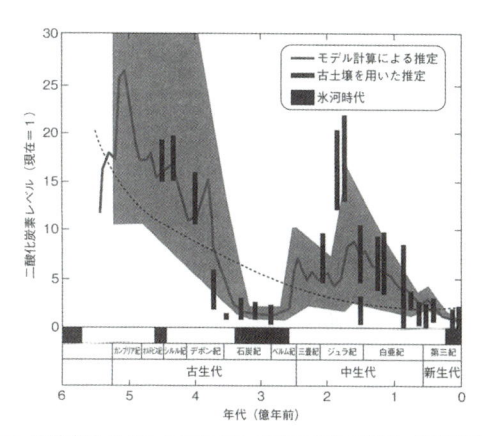

図3 顕生代を通じた大気中 CO_2 濃度の変動の推定. 破線は長期的な CO_2 濃度の低下傾向, 実線は CO_2 濃度変動の推定結果, 縦のバーは古土壌と呼ばれる昔の地層の分析による古 CO_2 濃度の推定値. Berner and Kothavala (2001)[5] に基づき田近 (2009)[6] が作成.

有機物の分解によって再び地球表層系の炭素循環 (速いプロセス) に加わることとなる.

このように, 数十万年以上の時間スケールにおいては, プレート運動に伴う海洋底拡大など固体地球の動態も大気中 CO_2 濃度の決定に重要な役割を果たす. こうした遅いプロセスをモデル化し, 過去数億年にわたる大気中 CO_2 濃度の変遷を推定する試みも行われている. 図3は, 5億6000万年以降現在までの顕生代と呼ばれる地質時代について, 大気中 CO_2 濃度の変遷をモデルにより計算した結果である. また図中の縦棒は, 現在とは異なる条件のもとで形成された古土壌と呼ばれる地層の分析からの推定値 (および誤差) である. さまざまな地質記録から, 古生代後半と新生代後半は寒冷期と考えられているが, これらの時期は大気中 CO_2 濃度が低かったと推定される時期と一致している.

〔河宮未知生〕

2.7 大気組成と放射

●大気組成

　水蒸気を除いた現在の乾燥空気は，主成分である窒素分子（N_2：体積比率で 78.08%），酸素分子（O_2：同 20.95%）およびアルゴン（Ar：同 0.93%）の 3 成分によって全体積の約 99.96% が占められている．これら主成分はよく混じり合っており，その混合比は少なくとも 50 km の高度まで一定である[1]．残りの約 0.04% の体積に二酸化炭素（CO_2：2005 年で同 0.038%），オゾン（O_3），メタン（CH_4），一酸化二窒素（N_2O）などの微量気体が含まれる．このうち大気中で化学的に安定な CO_2 などは，主成分と比較的よく混合しており，ほぼ一定の混合比で分布する．紫外線の光化学反応によって O_2 から生成される O_3 は，対流圏にも少量存在するが，主に成層圏の高度 15〜30 km を中心とするオゾン層と呼ばれる領域に分布する．一方，水蒸気（H_2O）は地表面近くの対流圏下部に多く含まれるが，その濃度は場所や時間で変動が大きい．図 1 は，全球平均した大気を代表する米国標準大気モデルによる空気分子，H_2O，O_3 の密度の高度分布を表す．清澄な大気中におけるエーロゾルの数密度の高度分布も示されている．エーロゾルは対流圏下層で多い．

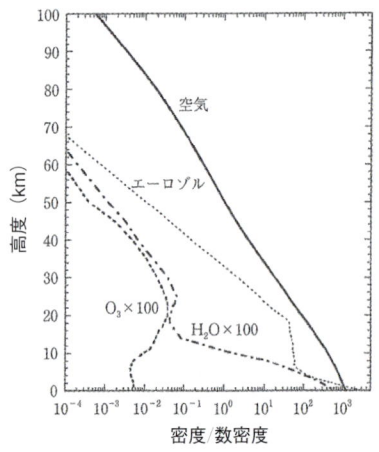

図 1　米国標準大気モデルによる空気分子，水蒸気（H_2O），オゾン（O_3）の密度（単位：g/m³）および清澄大気モデル（視程 23 km）のエーロゾル数密度（単位：/cm³）の高度分布[2]．ただし，H_2O と O_3 の密度は 100 倍した値．

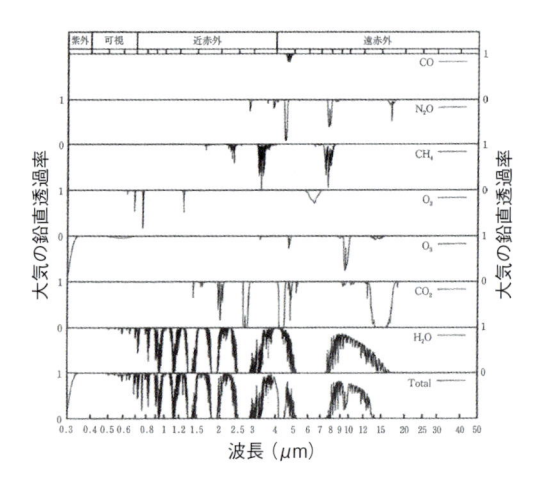

図 2　紫外〜可視〜赤外領域における各気体成分および大気全体による晴天分子大気の鉛直透過率[2,3]．ただし，空気分子による散乱効果は含まない．下から奇数（偶数）番目のパネルのスケールは左（右）縦軸．

●分子大気の放射特性

　地球大気の主成分である N_2 および Ar は，放射に対して不活性である．N_2 に次いで多い O_2 も紫外線域や近赤外域，マイクロ波域の限られた波長帯を除いてほぼ不活性である．他方，H_2O および CO_2 や O_3，CH_4，N_2O などの微量気体は，含有量はごくわずかであるが，近赤外〜遠赤外域の放射の吸収・射出に主要な働きをしており，地球の「温室効果」を担っている．そこで，これらの微量気体は温室効果ガスとも呼ばれる．図 2 は，晴天時の標準的な分子大気の透過率に対する種々の気体成分の寄与を示す．ここで透過率は，地表から発した光線が大気を垂直に透過する割合を表す．ただし，空気分子による散乱（レイリー散乱）の効果は入っていない．各気体成分の透過率曲線の値が小さくなっている波長域を吸収帯と呼ぶ．吸収帯は，気体分子毎に固有の特定の位置に現れ，強弱さまざまな多数の吸収線の群として構成されている．可視光線域では，大気全体の透過率（最下部パネル）の値はほぼ 1 であり，分子大気はほとんど吸収がなく透明である．一方，波長が 0.3 μm より短い紫外線領域は，O_3 によりほぼ完全に吸収される．また，近赤外から遠赤外域にかけては，H_2O などの微量気体成分による吸収が卓越していることが示されている．したがって，分子大気は第一近似として，太陽放射に対して概ね透明であるが，地球放射に対しては「大気の窓」と呼ばれる波長 8〜12 μm の領域を除いてほとんど不透明であるといえる．

●太陽放射の吸収

図3は，晴天時に地表で太陽を直接見たときの直達太陽光の波長分布（スペクトル）を表し，大気上端に入射した太陽放射スペクトルが大気の吸収・散乱により変化する様相を示す．最下部の線が，地表面でのスペクトルであり，複雑な様相を呈している．それに至るまでに，まず，紫外線から可視光線，近赤外線域にかけて，空気分子によるレイリー散乱を受けて短い波長ほど強く減衰する．散乱された太陽光は，あらゆる方向に拡散して青空をつくる．さらに，可視光域から近赤外線域の飛び飛びの波長帯において H_2O，CO_2，O_3 などの気体成分によって吸収される（黒く塗りつぶした部分）．成層圏オゾンによる強い吸収の結果，$0.29\mu m$ より短い波長の紫外線は地表にはほとんど達しない．これらの気体成分により吸収された太陽放射は，熱エネルギーに変わり，大気を直接加熱する．なお，曇天大気やエーロゾルの多い混濁大気の場合の太陽放射のスペクトルや輝度の空間分布は，晴天大気の場合と大きく異なる．

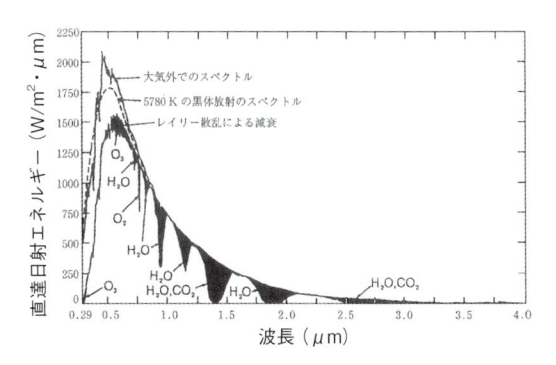

図3 晴天時の大気外および地表面における直達太陽放射のスペクトル[2]．影を付した部分は鉛直大気柱に含まれる気体成分による吸収を表す．太陽が真上にあるときの可降水量2cm，オゾン量350DU（ドブソン単位）の場合．

●地球放射の射出・吸収

大気-地表面系が射出する放射を地球放射と呼ぶ．地球放射のエネルギーの大部分は赤外線領域にあり，気体による吸収と射出は気体成分に固有の波長帯で起こる．一方，地表面や雲は黒体あるいは灰色体と見なすことができ，その吸収・射出は連続スペクトルで表せる．図4は，サハラ砂漠の大気上端から宇宙へ出ていく地球放射スペクトルの例を示す．吸収の弱い「大気の窓」領域では高温の地表面からの放射が卓越しており，また，H_2O や CO_2，O_3 などの吸収帯の存在する波長域では，吸収の強さに応じて，波数（波長）により異なる温度（有効放射高度）からの大気放射が放出されている様子が示されている．「大気の窓」領域を除いて，地球大気は赤外放射に対してかなり不透明である．逆に，この波長域の地表面放射は，大部分がこの窓を通して宇宙空間へ逃げていく．

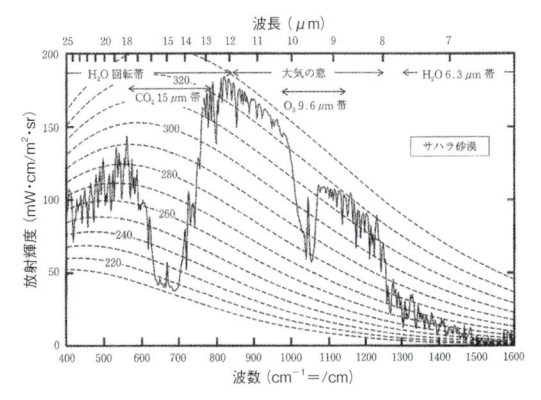

図4 サハラ砂漠上空でNimbus-4衛星搭載の赤外干渉分光放射計IRISで測定された地球放射の中分解能スペクトル[2,3]．破線は，いろいろな温度の黒体放射スペクトルを表す．

●放射平衡温度

ある物体が吸収するのと等量の放射エネルギーを射出して，正味の損得がない状態にあることを，その物体は放射平衡にあるという．宇宙から見た惑星地球は，気候系が定常であるならば，十分に長い時間で平均した場合に放射平衡にある．すなわち地球が吸収する太陽放射エネルギーと宇宙へ放出している地球放射エネルギーとはつり合う．一般に惑星の放射平衡状態は，惑星を絶対温度 T_e の黒体球と見なした場合にステファン・ボルツマンの法則を用いて，$\pi R^2(1-\hat{r}_p)S_0 = 4\pi R^2 \sigma T_e^4$ と書き表すことができる．左辺は惑星が吸収する太陽放射エネルギーを，右辺は惑星表面から放出される黒体放射エネルギーを表す．ここで，R は惑星の半径，S_0 は太陽からの平均距離において単位面積に入射する太陽放射エネルギー（すなわち太陽定数）を表す．$\hat{r}_p$ は惑星アルベドであり，入射する太陽放射エネルギーのうち宇宙へ反射される割合を表す．右辺の σ はステファン・ボルツマン定数と呼ばれる変換係数で，$\sigma = 5.67 \times 10^{-8} W/m^2 \cdot K^4$ である．この関係式で決まる温度 T_e を惑星の放射平衡温度などと呼ぶ．地球の $\hat{r}_p$ と S_0 の年平均値は，衛星観測によって $\hat{r}_p = 0.30$ および $S_0 = 1366 W/m^2$ と見積もられている．これらの値を代入すると，地球の放射平衡温度は255K（-18℃）となる． 〔浅野正二〕

2.8 大気のエネルギー収支と気温の鉛直分布

● 大気のエネルギー収支

図1は地球大気中のエネルギーの流れを模式的に示したものである．大気上端で大気に入射する平均太陽放射は太陽定数（1365W/m²）の1/4であり（2.5参照），341W/m²である．このほぼ半分（47%）の161W/m²が地表面で吸収されており，これは大気中における直接吸収量78W/m²の約2倍である．残りの102W/m²は，大気中（79W/m²）と地表面（23W/m²）での反射で宇宙に返っている．この反射の割合0.30のことを地球の惑星アルベドと呼ぶ．この反射分を除けば，吸収される太陽放射の2/3強が地表面で吸収されている，すなわち大気は主として下から暖められている．

大気中内のそれぞれの場所では図1で見たエネルギー（太陽放射，地球放射，乱流輸送による顕熱加熱，潜熱加熱）だけでバランスは成り立っていない．特に対流圏ではさまざまな時間・空間スケールを持つ流れ（諸現象）が存在し，これらが水平方向および鉛直方向に熱輸送を行っていて，これらによる加熱（冷却）と合わせることによってそれぞれの場所における長期間平均したエネルギーのバランスが保たれている．

地球を宇宙から見た場合，地球は太陽放射の30%を反射し，残りの70%を吸収している．一方，地球はその70%に見合うエネルギーを地球放射として宇宙に放出（40W/m²が地表面からの直接放出，199W/m²が大気中からの放出，図1参照）していて，地球全体としてエネルギーのバランスを保っている．このようなバランスから決まる温度 T_e のことを放射平衡温度と呼び（2.7参照），地球の場合その値は255K（−18℃）となる．ところが地球の地上気温を全球平均すると約15℃となり，両者には約33℃の違いがあるが，これは地球大気に含まれる水蒸気，二酸化炭素，メタンなどが地球放射を吸収・放出することと関係している．このような気体が大気中に存在すると，宇宙に向かって温度 T_e の黒体放射をすると同時に，地面に向かっても放射を放出する（図1参照）ために地上気温が放射平衡温度より高く保たれている．これらの気体が地上気温を高くさせる働きを温室効果と呼び，それらの気体を温室効果ガスと呼んでいる．

2.6の図1, 2に示しているように，大気中の二酸化炭素濃度は化石燃料の使用などの原因で産業革命以後増加の一途をたどっている．その気体が温室効果を及ぼすために，地球全体で見たエネルギーは出入りが完全にバランスをしておらず，0.9W/m² 程度の正味の蓄積が生じており（図1），地球温暖化が進行している．

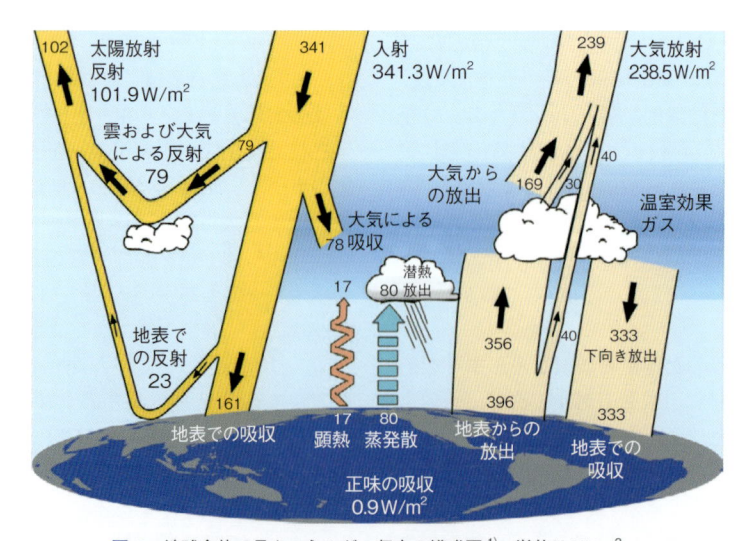

図1 地球全体で見たエネルギー収支の模式図[1]．単位は W/m².

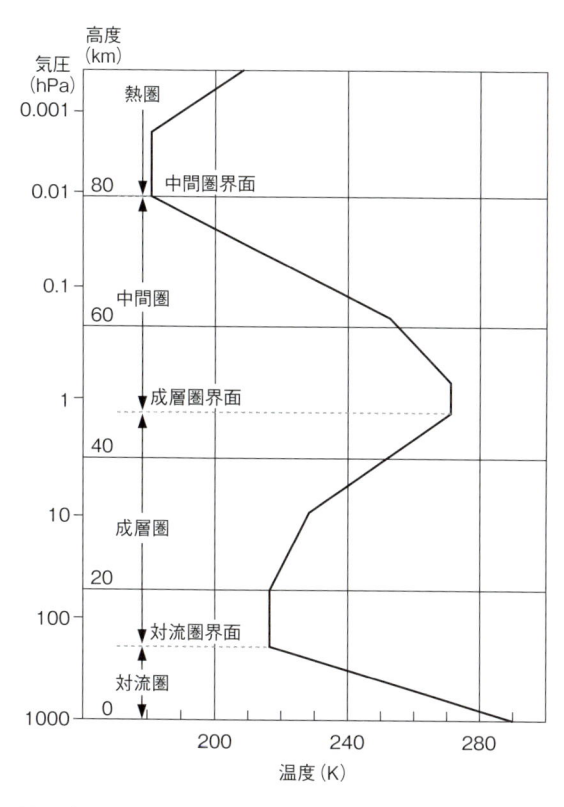

図2 気温の高度変化と大気の区分. 気温分布は1962年の米国標準大気.

●気温の鉛直分布

大気のエネルギーバランスを見たところで，次に気温の鉛直分布の特徴を見ることにする．図2は標準大気気温の鉛直分布である．地表面から上空に行くに従い，6.5℃/km程度の割合で気温が下がっていく．このような低下はおよそ11km程度の高さまで続く．この高さは低緯度では17km程度，高緯度では8km程度で，この高さより下の部分を対流圏，この高さを対流圏界面と呼んでいる．対流圏の気温減率は約6.5℃/kmであるが，これは凝結を伴わない断熱的な上下のかき混ぜの時に実現する乾燥断熱減率と，凝結を伴う場合の減率（湿潤断熱減率）との中間的な減率となっており（このため条件付不安定ということもあり），凝結が部分的に起きていることと整合的である．

ところが，この高度を超えてさらに上空に行くと気温はほぼ一定になり，さらに上空に行くと高度とともに気温は上昇に転じる．この上昇はおよそ50km程度まで続く．それを超えると今度は再び高度とともに気温が低下し始め，80km程度で極小になり，それ以上では再び気温が上昇に転じている．対流圏の上の気温が高度とともに一定ないし上昇する大気層を成層圏，50km付近の気温が極大になっている高度を成層圏界面，その上の高度とともに気温が低下する層を中間圏，80km程度の気温の極小になっているところを中間圏界面，それより上を熱圏と呼んでいる．成層圏と中間圏は，その成因から考えてこれらを一括して中層大気と呼ぶことも多い．

2.7の図2を見ると，約300nm（1nm = $10^{-3}\mu$m）以下の波長の光（X線，紫外線）は地上に達するまでに吸収されている．このうちでさらに175nm以下のX線，紫外線は熱圏中の酸素や窒素により吸収され，分子を電離や解離させていて，高温の大気が形成されている．175～300nmの間の太陽放射は中層大気に存在するオゾンによって吸収され，このためにその大気層は加熱され，50km付近にピークを持つ気温の極大層が形成されている．

対流圏界面の上にほぼ等温な温度の層がある．この層は中・高緯度では厚く，低緯度では薄い．この高度付近では，気温変化に及ぼす太陽放射の吸収加熱や流れによる温度輸送効果に比べて大気放射の吸収と放出効果が相対的に大きい．そのため下層大気から上向きに放出される大気放射の吸収と，その高度の温度で上下に放出する大気放射とのつり合いで決まる放射平衡に近い等温状態がこの高度で実現していると考えられている．

地球には酸素が約20％含まれているためにオゾン層ができ，オゾンによる太陽放射の吸収加熱によって中層大気は形成されている．オゾンのほとんど存在しない惑星では中層大気に対応する層は存在しないと考えられている．

中間圏界面では気温は180Kまで下がる．中間圏では気温が高度とともに低下するので，対流圏と同様に上下運動に対して不安定と思うかもしれないが，減率は対流圏より緩やかで，また水蒸気の凝結もないので安定になっている．しかし，成層圏と比較すると上下の混合は大きく，それも上層ほど著しい．これは対流による混合ではなく，下層から伝わる内部重力波によっている．

〔時岡達志〕

2.9 大気の東西平均場の特徴

　地球は西から東に向かって自転しており，自転軸の周りの角運動量は一定に保たれている．そのため，ここでは自転する東西方向に平均した流れや気温場の特徴を見ることにする．

　地球上の風は1ヵ月あるいはそれ以上の期間で平均すると月あるいは季節の特徴を明瞭に示しており，それはほぼ一定している．大気中の流れの構造は，鉛直，水平のスケールで比べると1：100～1000となることから，鉛直方向の流れは小さく，流れは水平的であり，全体的に見て東西風が卓越している．また，時間平均した風は低緯度域を除いて運動方程式の気圧傾度力とコリオリ力とのバランス（地衡風バランス）から決まる地衡風に近い．

●東西風，気温

　図1は12，1，2月と6，7，8月平均の東西平均した東西風と気温の子午面分布である．気圧10hPa（高度約33km）までを含んでいる．下部熱圏までの図は図1～4を参照されたい．

　対流圏では12，1，2月と6，7，8月との間で季節による違いはあるものの，中緯度ではどちらの季節も西風，そして低緯度では東風となっている．対流圏の西風の極大は対流圏界面付近に存在する．季節による違いは，冬半球のほうが中緯度の西風が強いということである．地球上では水平スケールが数十km程度以上の現象では静力学平衡がよく成り立っており，これと地衡風バランスの式から温度風バランスの式

$$\frac{f\partial u}{\partial z} = -\frac{g\partial \ln T}{\partial y}$$

を導くことができる．ただし，fはコリオリパラメータ，uは東西風，Tは気温，gは重力加速度，y，zはそれぞれ北向き，上向き座標である．中緯度で上空に行くほど西風が強くなっていることは，気温が極に行くほど低くなっていることと等値である．冬半球において西風が上空でより強いが，これは中緯度での気温の南北傾度は冬のほうが大きいということである．中緯度では地表面付近でも西風になっている．地表面付近で南北半球を比較すると，同じ中緯度でも南半球のほうが西風は強い．この違いの背景には，両半球の海陸分布の違いがあり，海洋部分が多い南半球のほうが地表

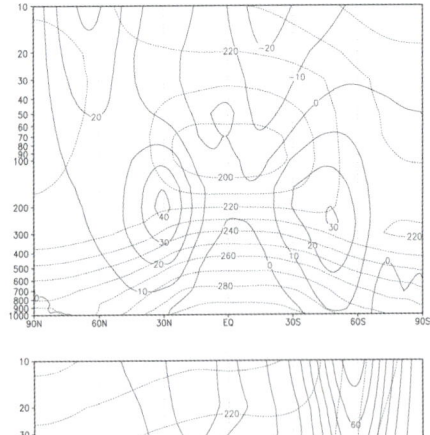

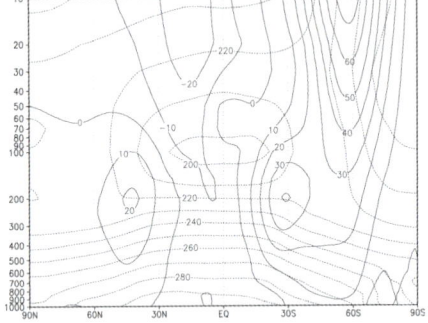

図1　東西平均した東西風（実線）と気温（破線）．（上）12，1，2月平均，（下）6，7，8月平均．JRA-25データより．

面によるブレーキ作用が効きにくいためである．

　対流圏の上の成層圏では基本的に季節により西風と東風が入れ替わっている．したがって気温場は，対流圏では基本的に年間を通じて低緯度のほうが高いが，成層圏では北極と南極間で夏の極のほうが常に高温になり，季節とともに気温の南北傾度が変化している．詳しくは図1，2の下部熱圏までの気温場を見てほしい．夏極の成層圏界面付近にオゾンによる太陽放射吸収加熱のピークに対応して気温の極大域が存在する．

　地表面で見ると，低緯度域では東風，中緯度域では西風となっている．地軸を中心とした角運動量で考えると，大気の角運動量と固体地球の角運動量との間で，それぞれの緯度でやりとりがなされており，低（中）緯度では固体地球の自転を減速（加速）させる方向に働くことになる．これを全球で積分しさらに時間的に平均すると，大気の運動が固体地球の自転に及ぼす影響は打ち消され，固体地球の角運動量は一定に保たれるようになっている．

　対流圏はその下面で地表面と接していて，その7割を占める海洋の比熱は大気に比べて大きい．海面水温の季節変化は気温に比べて小さく，低緯度で高温という状態が年を通して維持されている．このために年を

通じて低緯度のほうが高緯度より気温が高く保たれていて，東西風で見ると，赤道に関して南北対称で季節変化しない風が存在している．一方，海洋のような熱溜と直接接触していない成層圏ではオゾンによる加熱が大きく季節変化し，気温の南北傾度が変わり，そして東西風も基本的に東風と西風の交替が生じている．

成層圏・中間圏の大気の流れのもう1つの特徴は，大気下層から伝播してくる波動と強く相互作用している点である．また，成層圏の上下成層は対流圏に比べて非常に安定していて傾圧不安定波は生じない．上方伝播する波動は単位体積あたりの運動エネルギーをほぼ保存するように伝わってくるため，大気のスケールハイトのオーダーで上方に伝わってくる波動の振幅はほぼ気圧の平方根に逆比例するように増大し，中層大気の東西風の形成に大きく関与している．そのような現象として有名なものに，冬季成層圏で生ずる成層圏突然昇温 (2.19 参照) がある．また，赤道域では赤道準2年振動 (QBO) と呼ばれる東西風が交替する現象がある．27ヵ月程度で西風，東風が交替するためにこのような呼び名がついている．詳しくは 2.18 を参照されたい．赤道域では成層圏界面付近と中間圏界面付近に半年周期変動が存在し，半年周期で西風と東風が交替している．前者は赤道を南北によぎる平均子午面循環の季節変化に加えて，下層から伝播する波動による影響が関与していると考えられているが，後者についてはいまだ明確になっていない．

中間圏界面より高いところでは，対流圏と似て季節変化をあまりしない東西風になっているが，このような風の成因には大気潮汐の上方伝播が深くかかわっている．

●子午面循環

東西方向に平均した南北風は東西風に比べると1桁小さい．これは，風が完全に地衡風であれば東西平均した南北風は0になることから予想されることである．東西方向に平均した鉛直流とこの南北風とで子午面循環が形成されている．データ解析から求められたものを図2に示す．対流圏低緯度では上昇域の中心が夏半球側にあり，そこから冬半球側に向かう強い循環が見られ，30度付近で下降している．夏半球側にも同様の循環が見られるが，相対的に弱い．この循環は気温の高いところで上昇し，低いところで下降しているので，直接循環であり，このような循環を最初に称えたハドレーにちなみ，ハドレー循環と呼んでいる．

ハドレー循環のほかに，60度付近の高緯度側で上

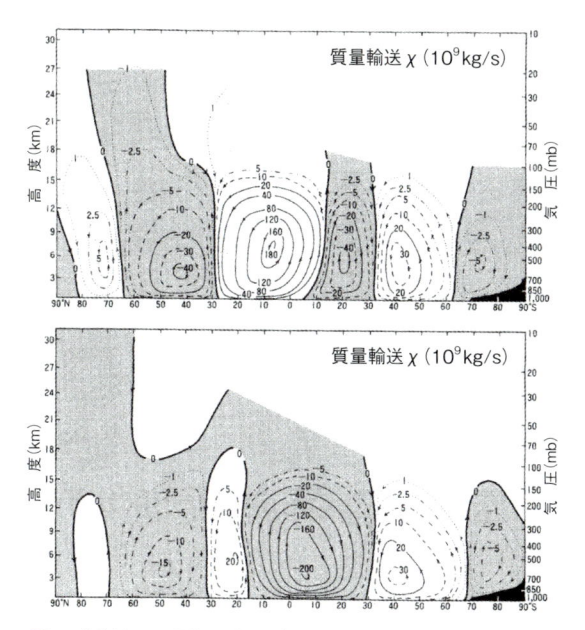

図2 解析された子午面循環．（上）12, 1, 2月平均，（下）6, 7, 8月平均．

昇し30度付近の低緯度側で下降する間接循環が見られる．この循環のことを，そのような循環を最初に称えたフェレルにちなみフェレル循環とも呼ぶ．そのさらに高緯度側に弱い循環が解析されている．

東西平均したときに得られる低緯度域下層の東風（偏東風）は，東西平均して得られる低緯度のハドレー循環と対応していて，その主たる成因は，亜熱帯域の大気が低緯度に向かうに従ってコリオリ力により東風成分が強められることによる（あるいは地軸の周りの絶対角運動量を保存するためともいえる．低緯度に行くに従い地軸からの距離が増加するため，地球に対して相対的に吹く風は東風にならなければならない）．ただし地表面から受けるストレスにより減速されるため風の強さは弱くなっている．一方，ハドレー循環の上部では亜熱帯域に向かう流れになっており，逆に西風が強められるようになっている．地表面からの摩擦の影響の少ない上空では下層の風速よりも強めになっている．しかし，絶対角運動量を保存した場合に比べるとはるかに弱い．

中緯度域では日々の天気の変化に関係する高・低気圧のような擾乱によって引き起こされる間接循環が西風運動量を上空から地表面のほうに輸送するうえで貢献しており，地表面の西風を維持させている (2.12 の図4c 参照)．

〔時岡達志〕

2.10 上空の流れ

　上空の流れの水平分布の特徴について3ヵ月平均場で見てみよう．対流圏，成層圏の代表として，それぞれ500hPaと30hPaの高度場を取り上げる．850hPa，200hPa，100hPaについては◉図3, 4, 7～10を参照されたい．中・高緯度では風はほぼ地衡風的であるので，風はほぼ等高度線に沿って吹いており，線の混んでいるところは風速が強いことを表している．

　図1（◉図5, 6）の500hPaを見よう．極域が低圧，亜熱帯域が高圧になっている．夏半球と冬半球を比較すると，冬半球のほうが中緯度で線が混んでいて風速が強い．南北半球を比較すると，南半球のほうで等高度線がより同心円的である．これは両半球の地形・海陸分布の違いを反映している．12, 1, 2月の北半球を見ると，日本付近，カナダ東部，カスピ海のほうに低圧部が張り出していて，日本上空は西風が強い地域であることがわかる．

　図2（◉図1, 2）の30hPaを見よう．夏（冬）半球で極域は高圧（低圧）になっていて，冬半球では高緯度で強い西風が吹いているのに対し，夏半球側では弱

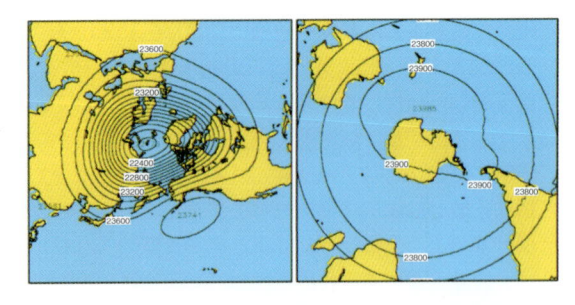

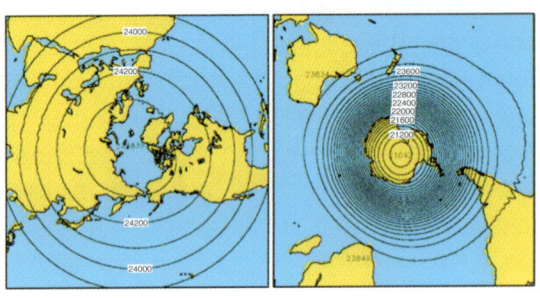

図2　（上）12, 1, 2月と（下）6, 7, 8月平均の30hPaのジオポテンシャル高度．JRA-25データより．

い東風である．もう1つ気づく点は，北半球の夏は高度場が同心円的であることである．これは，東風の中では停滞ロスビー波が鉛直伝播できない結果，海陸分布や地形によってつくられる停滞ロスビー波が上層で見られないためである．一方，冬には日本の西とカナダ中部のほうに低圧部が極域から張り出している．

　北半球の冬について30hPaと500hPaの高度場とを比較してみると，低圧部の張り出す位置が下部成層圏では西にずれており，500hPaに比べ30hPaでは東ヨーロッパのほうへの低圧部の張り出しが弱くなっている．12, 1, 2月平均で見た北緯60, 45, 25度におけるジオポテンシャル高度偏差の東西鉛直断面（図3）でこの様子を見ることができる（2.13参照）．

　赤道域の様子に関しては2.16, 2.18の解説を参照されたい．

● 停滞性の流れをつくる要因

　図1, 2に見られるジオポテンシャル高度の同心円からのずれが生ずる原因として考えられるのが海陸分布と山岳である．海は陸に比べて熱容量が大きく，

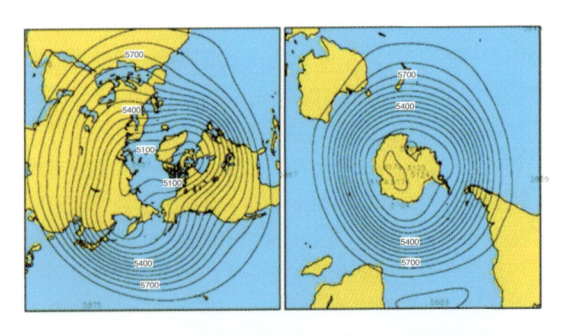

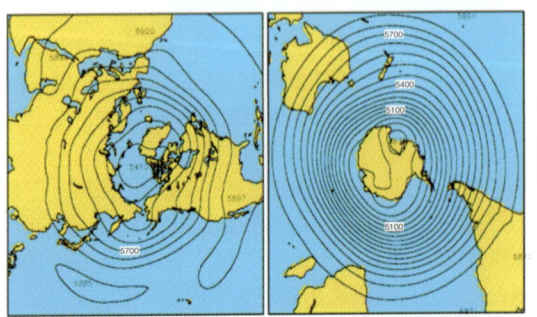

図1　（上）12, 1, 2月と（下）6, 7, 8月平均の500hPaのジオポテンシャル高度．JRA-25データより．

2.11の図3に見られるように地上気温の年変化に大きな違いをつくっている．一方，大気下層の風に対するブレーキ効果の点でも海陸で差があり，海は陸に比べてその効果が小さい．さらに陸域にはチベット高原，ロッキー山脈，グリーンランドや南極の氷床などの地形が存在し，これは流れに対して大きな影響を及ぼしている．風を遮る障害物として，またその表面で太陽放射を吸収し大気放射を放出することによる高い高度での熱・冷源として影響を及ぼしている．このような効果が実際に大気の流れにどのような影響を及ぼしているかを理解するには，大気大循環モデルや，場合によっては大気・海洋大循環結合モデルを用いた数値実験が有効である．円柱状の山岳があるとしたとき，それによりどのような擾乱（ロスビー波）が形成されるかを図11に示している．

北半球が冬の場合のチベット高原の及ぼす影響について，山岳の有無の実験[2)-4)]より，チベット高原は障害物として冬の偏西風を極側に迂回させることによってそこで高気圧性の循環を強めること，またこれによりチベット高原北西部に乾燥地帯をつくること，このような風の蛇行がさらに下流側に停滞ロスビー波として伝わり，冬の北太平洋上のアリューシャン低気圧を強めていること，が示された．海陸分布の影響についても数値実験的[4)]に評価がなされている．

北半球が夏の場合のチベット高原の影響に関しても数値実験[5)]から，チベット高原が対流圏中・上層において熱源として大きく作用し，図3に示したように上層の高気圧，下層の低気圧を強化していることを明らかにしている．またチベット高原の南側では，高原に近い高緯度よりのほうで（チベット高原による熱的影響で）気温が高くなっていて，この気温の南北傾度の逆転に対応して上部対流圏に強い東風が維持されている．

上で紹介した実験では，海面水温に関しては観測された値を用いていたが，その海面水温自体も当然山岳による影響を受けてそうなっているはず，気候に及ぼす山岳効果を議論するには大気・海洋大循環結合モデルを使うべきである．Kitoh (2002)[6)]は，これまでは計算機の事情もあってできなかった結合モデルによる山岳効果の実験を初めて行った．特にアジアモンスーンに対する影響を調べ，南アジアや東アジアにおける夏季の降水量を多くし，一方で地上気温の上昇を抑え，大陸内部では乾燥化をもたらし地上気温を上昇

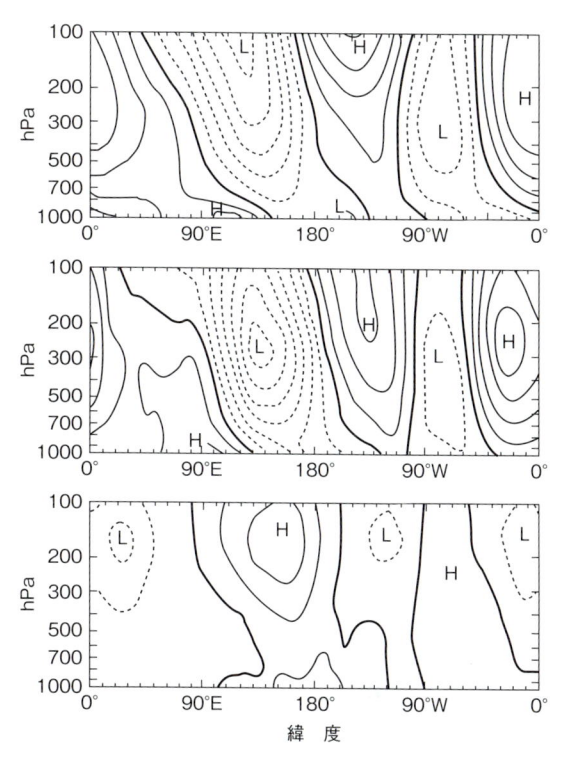

図3 北緯60（上），45（中），25度（下）における12,1,2月平均ジオポテンシャル高度偏差の東西鉛直断面図[1)]．

させていることを示した．

停滞性の波を形成するその他の要因として，海面水温の異常の長期持続や，積雪域の異常などが考えられる．海面水温異常が比較的長期に持続する例としてエルニーニョが有名である．エルニーニョは赤道東太平洋域の海面水温が上昇する現象で，2〜6年程度の間隔で発生し，その異常が長期間持続するため，3ヵ月平均場自体の年々変動に対して大きく貢献していることが示されている．エルニーニョの影響は単に赤道域にとどまらない．赤道太平洋域の海面水温異常は積雲対流活動に大きな影響を及ぼし，その影響が全球的に広がっていることが，データ解析，数値実験の両面で明らかにされている．2.17, 2.21も参照されたい．また，図12には赤道日付変更線上の上部対流圏を加熱した際に励起される停滞性の流れの様子を示している．これからわかるように，赤道域に熱的な強制が長期間持続すると，それは全球的に異常な流れを引き起こす． 〔時岡達志〕

2.11
海面気圧分布，地上気温，ブロッキング

気圧や気温などの3ヵ月平均場には季節特有の天候を支配する特徴が明瞭に見られる．このような平均場の上に日々変動する場が加わり，中・高緯度では日々の天気の変化をもたらす高低気圧が通常西から東に移動している．低緯度ではメソ擾乱，熱帯低気圧，MJOなどの変動擾乱が存在する．ここではまず海面気圧分布と地上気温を見る．

●海面気圧分布

図1(図1)は12, 1, 2月, および6, 7, 8月の3ヵ月平均の海面気圧分布である．地軸の傾きから生じる太陽放射の季節変化によって両者の違いが生じている．また，緯度による違いと同程度に，海陸分布や地形の影響を受けて東西方向に明瞭な高圧部・低圧部が存在している．

熱帯域では全体的に低気圧，亜熱帯域で高気圧になっている．それより高緯度域では東西方向に気圧が大きく変動している．北半球が冬の場合ユーラシア大陸上にシベリア高気圧，北太平洋にアリューシャン低気圧，北大西洋にアイスランド低気圧がある．一方北半球が夏の場合，ユーラシア大陸上には低気圧，北太平洋および北大西洋上には東寄りにそれぞれ高気圧が存在する．この高気圧は冬にもやや低緯度寄りに存在するが，夏は中心が高緯度に寄っていて優勢である．陸の面積の少ない南半球では，海陸のコントラストは北半球ほど明瞭ではないが，同様の傾向が見てとれる．南半球の大きな特徴は，夏冬を通じて南極大陸の周囲に存在する低圧帯である．

●地上気温分布

図2(図2)は同じく12, 1, 2月, および6, 7, 8月の3ヵ月平均の地上気温分布を示している．太陽放射の季節変化に対して中高緯度では地上気温の応答の

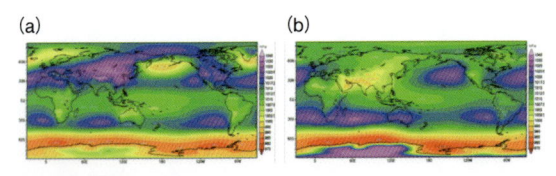

図1 海面気圧分布．(a) 12, 1, 2月平均，(b) 6, 7, 8月平均．JRA-25データより．

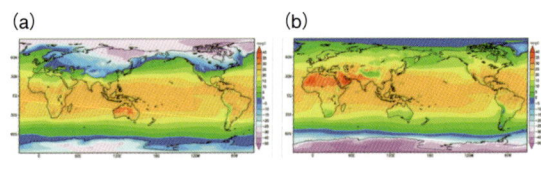

図2 地上気温分布．(a) 12, 1, 2月平均，(b) 6, 7, 8月平均．JRA-25データより．

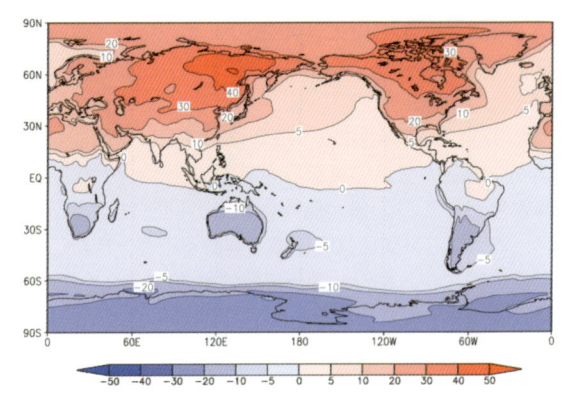

図3 6, 7, 8月平均地上気温から12, 1, 2月平均地上気温を差し引いたもの．JRA-25データより．

違いが海洋と大陸間で明瞭に存在（夏季（冬季）の大陸で相対的に高温（低温））し，これが海面気圧に反映されている．図3は6, 7, 8月平均から12, 1, 2月平均を引いたものである．これは地上気温の年変化の幅に近いものである．北半球の中・高緯度では，海洋と大陸の比熱の違いを反映して，海洋上では5℃前後であるのに対して，大陸上では30℃以上のところが広範囲に広がっている．

ここで，2つの同じ質量の気柱a, bを考えてみる（図4）．aのみ円内で加熱したとすると，aは加熱を受けた層でbより高温となり，膨張によりaのほうの気柱が押し上げられる．すなわち加熱層より上の部分では，同じ高度でaのほうがbより気圧は高くなり，aからbに向かって力が働き気体が移動する．そうすると，気柱の下層ではbがaより気圧が高くなり，bからaに向って気体は移動する．こうしてa(b)の下層で低(高)気圧，上層で高(低)気圧になる．本質的にこれと同様なことが地球大気でも生じていて，図1のような海面気圧の季節変化が生じている．地球大

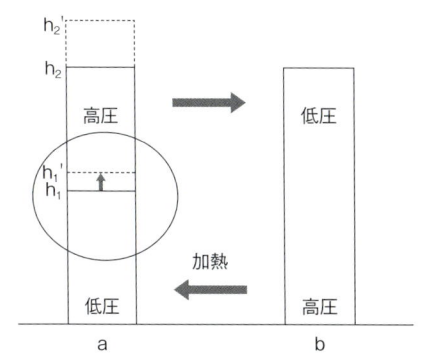

グローバルな大気

図4 2つの同じ状態にある気柱a, bを考える．aに対し円内で加熱すると，気柱は膨張しh_1はh_1'に，h_2はh_2'に押し上げられる．気圧の差により，加熱層より上の部分ではaからbに，加熱層より下の部分ではbからaに気体が移動する．

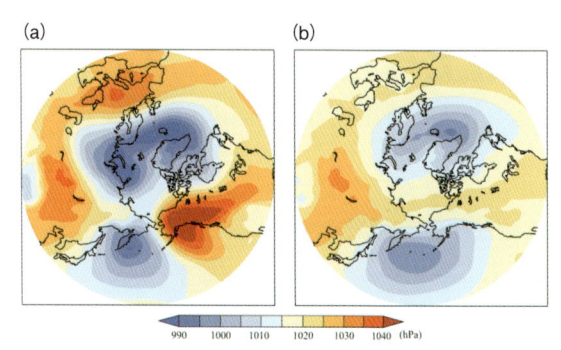

図5 (a) 1989年2月1〜10日平均の海面気圧分布と，(b) 同じ期間の気候値．1989年のこの時期に強いブロッキングが発達し，アラスカからその南にかけて，例年は低気圧であるところが強い高気圧となり，南寄りの風が北極海のほうまで入っている．

気では，地球が自転しているために大きいスケールの風は気圧に対して地衡風バランスをとった流れになっている．

● ブロッキング

中緯度の地上天気図は，大きく見ればその季節特有の図1に示すような気圧配置で決まる天気に支配されていて，その上に対流圏中層の西風で東に移動する高低気圧によって日々の天気の変化がもたらされる．しかし，時により1週間，あるいはそれ以上の期間，似たような天気が持続する場合がある．そのような時，対流圏下層から上層まで全体が高気圧になり，対流圏の西風の強い部分が大きく南北に蛇行していることがある．そのような現象をブロッキングといい，強い気流が極側に蛇行する下流にブロッキング高気圧が発達する．図5はその一例を示している．アラスカ域に高気圧場が形成されており，上空まで延びている．

ブロッキングには発生しやすい場所，季節がある．図6は北半球で発生するブロッキングの出現頻度の経度，月変化を示している．大西洋東部と太平洋中部から東部域の北緯50〜60度にかけて発生しやすく，8, 9月ごろは少ない．大西洋では1〜6月ごろにかけて多く，春に極大となっている．太平洋では1〜3月と6〜7月に多い．このような観測事実はブロッキングが地形や海陸分布と無関係でないことを示唆している．南半球では北半球に比べて発生頻度は少なく持続期間も短いが，ニュージーランド付近，南米の南東部，インド洋で見られる．

対流圏でこのようなブロッキングが冬季に発生し持続する場合，その影響が成層圏に停滞ロスビー波として

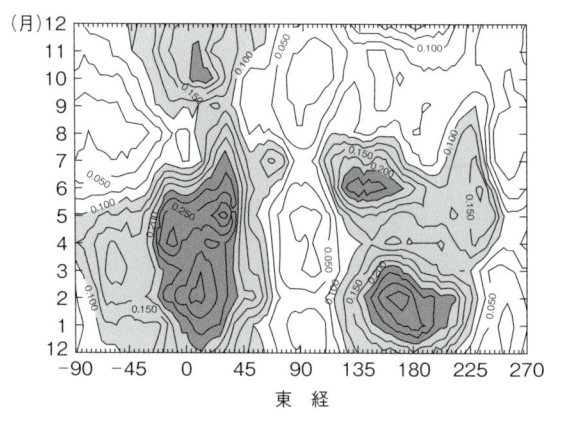

図6 1949〜94年のデータに基づく北半球のブロッキング出現頻度の経度分布の季節変化[1]．

伝播し，極域成層圏に成層圏突然昇温（2.19参照）を引き起こすことがある．図6で東経145度付近の6〜7月に見られるピークは，オホーツク海域上空での高気圧の発達に伴うもので，この時，大気下層のオホーツク海高気圧が強化される傾向が示されている．

偏西風ジェットがなぜ大きく蛇行し，そのような状態が比較的長く持続するかについて明快な説明は確立していない．地形が存在する場合，南北に蛇行する流れと，蛇行しない流れの両方が安定な定常解として存在することが簡単化したモデルで示されており[2]，モドンと呼ばれる孤立ロスビー波によって説明しようとする研究もある．また，2.13で述べるテレコネクションとの関係も指摘されている．偏西風ジェットの大きな蛇行の形成は数日で形成されることが多く，この正確な予測には力学プロセスの高精度予測が重要であると考えられている．

〔時岡達志〕

2.12 傾圧不安定

●傾圧不安定波動

　回転する流体で地衡流（風）バランスと静力学平衡が基本的に成り立っている（温度風平衡）場合を考える．地球大気の対流圏中・高緯度では，太陽放射加熱の南北差からつくられる南北の温度差と，これに対応して東西風には鉛直シアがあり，上空に行くほど西風が強くなっている（2.9またはA.2参照）．大気中には海陸分布や地形と密接に関係した季節特有の停滞性の流れがあるが，それ以外に西から東に移動する数千kmスケールの高・低気圧が存在する．この波の東西鉛直断面構造は図3に示す傾圧不安定波のそれと似通っていて，このような高・低気圧の存在に大気の傾圧不安定性が深くかかわっている．

●線形不安定と回転円筒水槽実験

　Bjerknes and Holmboe (1944)[1] は傾圧不安定波について述べており，後に Charney (1947)[2] と Eady (1949)[3] はそれぞれ独立に傾圧大気モデルの不安定波動を議論し，このような高・低気圧が傾圧不安定波として説明できることを示した．同様のことを室内実験で Hide (1969)[4] が行った．Hide は内外壁を持つ円筒容器の外壁を加熱し内壁を冷却させ，これを回転させて実験を行い，回転の速さと内外壁の加熱差を変化させることにより，回転方向に色々な波数の波動が生ずることを示した．図1aに円筒容器内で生じる波動の一例を示している．図1bには，北半球に比べ，海陸分布や地形の影響の少ない南半球の対流圏上部の流れを南極から見た図で示している．これらの

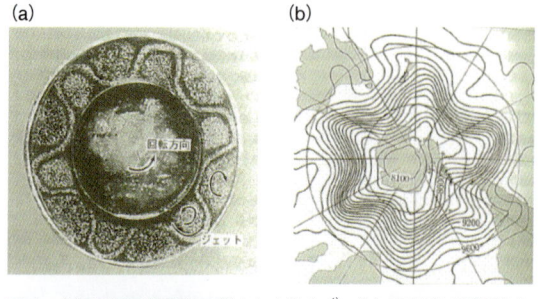

図1　(a) 回転円筒実験で得られた流れ[4]，(b) 南半球で観測された等圧面高度分布の例．

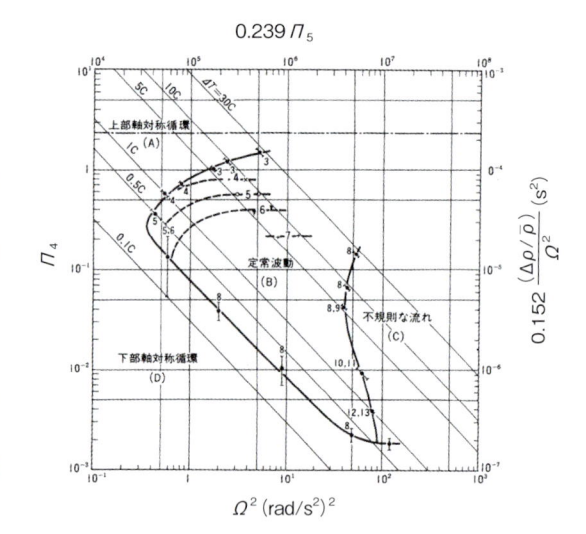

図2　回転円筒実験結果[4]．横軸は回転角速度Ωの2乗，縦軸は熱ロスビー数．実線の右側で波動が出現し，それ以外では軸対称な流れとなる．図中の数字は図1aに見られるような波の数．

波動は本質的に傾圧不安定によって説明される．図2は Hide の実験結果を角速度の2乗と内外壁の温度差に関係した熱ロスビー数 $\Pi_4 (= gH(\Delta\rho/\rho)/(\Omega L)^2)$ でまとめたもので，図中の数字は観測された回転方向の波の数である．このように回転数や内外壁の温度差（密度差）の違いにより軸対称の流れとなる場合と波動となる場合とに分かれる．ここで，g は重力加速度，H は流体の深さ，ρ は流体の密度，$\Delta\rho$ は内外壁での流体の密度差，Ω は回転角速度，L は容器の幅（外径−内径），a は比容（$= 1/\rho$）である．

　傾圧不安定の大気モデルとして，ここでは Eady のモデルを紹介する．ブジネスク流体が南北，上下の壁で仕切られているとして，南北，上下方向に一様な温度傾度を持ち，それにバランスするように東西方向に一様な鉛直シアーを持つ流れを考える．鉛直軸の周りの回転は一定で，流れは準地衡風的であり，内部重力波や音波が生じない数式（準地衡風の式）を用いる．この状態で発達する（不安定な）波が存在する条件は，安定度 $s(= -ad\ln\theta/dp$，p は気圧，θ は温位（$= T(p/p_0)^{-R/c_p}$）），コリオリパラメータ f，東西波数 k，南北波数 l を用いて

グローバルな大気

$$\frac{H\{s(k^2+l^2)\}^{1/2}}{f}<2.399$$

と表される.この条件は図2のΠ_4で表すことができ,図中の一点鎖線より下の領域で波動が現れることを示している.中緯度の対流圏大気についてΠ_4を見積もってみると0.08程度となり,図2の波動領域にあたっていて,図1の波動は本質的に傾圧不安定に関係している.この波動の回転方向の速度は,基本場の東西風の平均的速度に等しい.現実の大気ではコリオリパラメータが一定ではないために,一定であるとしたときに比べて東向きの移動速度が抑えられている(β効果).

● 傾圧不安定波の構造

図3には東西鉛直断面で見た波動の構造を,気圧,気温,鉛直流について示す.波動は地衡流的であるので斜線部分では(北半球で考えると)南風でかつ上昇流,そして高温域になっている.すなわち,この波動は熱を極向きに,そして上方に輸送する.現実の大気では緯度約38度より低緯度側では太陽放射が地球放射を上回って加熱,一方高緯度側では逆に冷却となっている.また,上下方向に見ると地表面で加熱され,大気中で冷却されていて,大気を平衡状態に保つには低緯度域から高緯度域に,また地表面から上方に向かって熱が輸送されなければならないが,この傾圧不安定波動はその役割を果たしている.

中・高緯度域にこのような波動が存在すると,波動自身が基本場を変える働きを持つ.先ほど紹介した傾圧モデルを用いて傾圧不安定波動が基本場を変えようとする作用を求めることができる.その結果を図4に示す.図4aを見ると,この波動は高緯度側で上昇し低緯度側で下降する子午面循環を中緯度域につくることがわかる.東西平均温度場で見ると相対的に低温のところで上昇し,高温のところで下降するので,低緯度の直接循環に対してこれを間接循環と呼ぶ.観測解析データからもこのような循環が解析され,そのような存在を考えたフェレルにちなみこの間接循環をフェレル循環と呼ぶこともある.運動量で見ると,波動が作り出す子午面循環により上空の西風を弱め,下層の西風を強め(図4b),運動量を上空から地表面に運ぶ役割を果たしている.大気全体で考えた角運動量をバランスさせるために中・高緯度域では下向きの角運動量輸送が必要であるが,傾圧不安定波動が作り出す子午面循環によってこれが達成されている.熱で見れば,

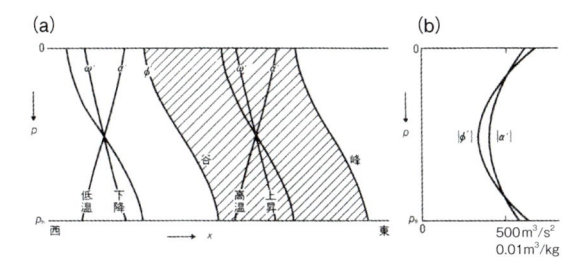

図3 東西鉛直断面で見た傾圧不安定波の構造(a)と波動の振幅の鉛直分布(b).気圧(ϕ),鉛直流(w),気温(T)の極大,極小の場所を実線で示している.斜線域は北半球で考えると南風のところで,上に行くに従って西に傾いている.斜線域はほぼ上昇域で,気温も高い構造を持っている.

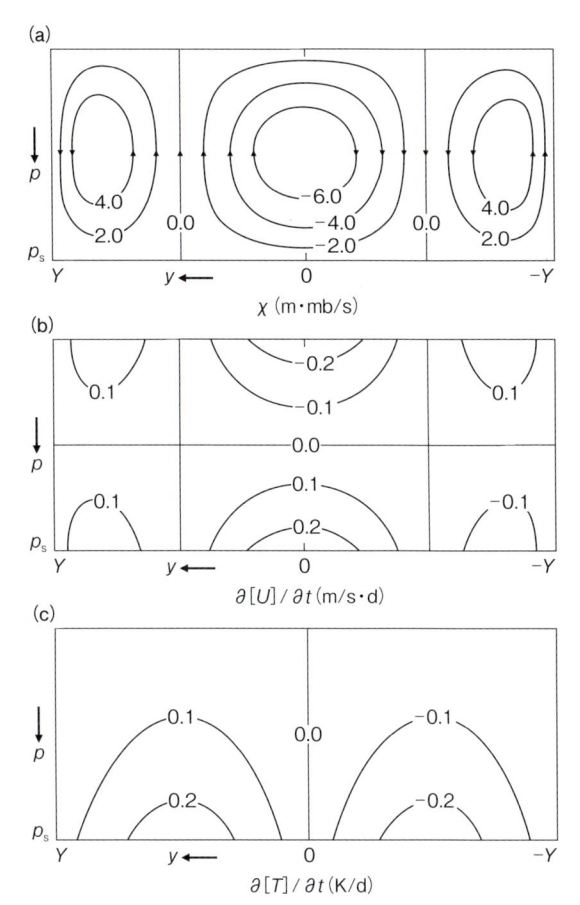

図4 傾圧不安定波によって引き起こされる子午面循環(a),東西風の変化(b),および気温の変化(c)の例.

図4cに見られるように,極向き熱輸送により南北の温度差を緩和する働きを有している.

〔時岡達志〕

2.13
波動の伝播

●ロスビー波

　地球規模の現象になると，コリオリ力の緯度変化（β 効果）が無視できなくなる．ロスビー波とは，β 効果が復元力となって存在する波動で西向きの位相速度を持つ（A.3 参照）．東西波数が 1～3 のロスビー波は，規模が惑星スケールであるので，プラネタリー波とも呼ばれる．

　西風中を伝播するロスビー波の位相速度（西向き）と西風（東向き）の風速が同じになった場合，ロスビー波は地面に対して止まってしまう．このようなロスビー波は定常ロスビー波または停滞ロスビー波と呼ばれる．定常ロスビー波は，ロッキーやヒマラヤなどの大規模山岳や，熱源の大規模な東西非均一性などによって励起される．南半球では北半球ほど大規模な山岳がないために，定常ロスビー波の振幅は北半球に比べて小さい．

　定常ロスビー波の群速度は常に東向きであり，波の励起された場所から東側に定常ロスビー波の応答が見られる．対流圏では定常ロスビー波の水平伝播に伴い，高低気圧のパターンが交互に見られるテレコネクションパターンが存在し，遠く離れた場所に影響を与えている．代表的なものとして北大西洋振動（North Atlantic Oscillation：NAO），太平洋・北米（Pacific/North America：PNA）パターン，PJ（Pacific-Japan）パターン，上部対流圏のアジアジェット上に沿って定常ロスビー波がチベット高原を横切るパターンなどがある．図 1 に PJ パターンの模式図を示す．フィリピン沖で対流加熱によって誘引された低気圧性循環が，波列パターンとして北東へ伝播していき，北太平洋を横切っている．PJ パターンにより，フィリピン沖で対流が活発になると，日本付近では高気圧性循環が強化される．

　対流圏で生成されたロスビー波の中には成層圏へ鉛直伝播するものがある．ロスビー波はその位相速度に対して相対的に西風が吹いて，かつ西風が強すぎない場合のみ，鉛直伝播可能な特性を持つ[2]．この特性により成層圏での高度場分布パターンは夏と冬で大きく異なる．図 2 は北半球 30 hPa における 1 月の等圧面高度の気候値分布図と，その帯状平均からのずれである．冬季北半球成層圏では北極域が低気圧の中心になな

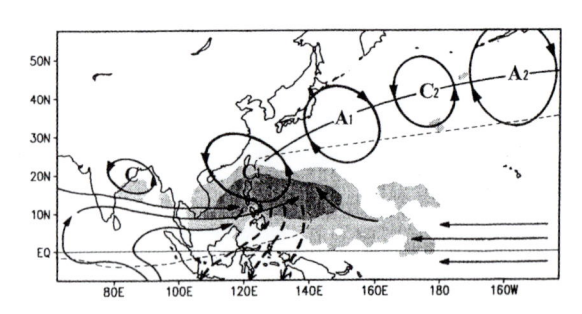

図 1　北半球夏季における PJ パターンの模式図[1]．C は低気圧性，A は高気圧性循環を示す．フィリピン付近の対流活動（陰影部）によって誘引された低気圧性循環（C_1）がロスビー波として $C_1 \to A_1 \to C_2 \to A_2$ と伝播していく様子を示している．

り，周りに西風が形成されている．したがって成層圏へ鉛直伝播してくるロスビー波の影響を受けて等高線は同心円からのずれが目立つ（図 2a, 図 1a）．東西平均場を取り除くと，波数 1 が卓越していることがわかる（図 2b, 図 1b）．この波が定常ロスビー波である．水平波長の短いロスビー波は鉛直伝播し難い特性があるため，一般的に成層圏では波数 1～3 のロスビー波（プラネタリー波）のみ存在する．一方で夏季北半球成層圏では北極を中心とした高気圧の周りに東風が形成されているため，ロスビー波が成層圏中を鉛直伝播できず，等高線は円形に近い形をしている．

　次にロスビー波による運動量輸送について説明する．鉛直伝播するロスビー波に伴って東風運動量が上方に運ばれる．したがってロスビー波がそれ以上鉛直に伝播できない高度に達して砕波した場合，持っていた東風運動量を背景風に引き渡し，西風を減速させる働きをする．対流圏から特に振幅の大きなロスビー波が伝播してきて砕波した場合，西風を激しく弱まらせ，ついには東風に変えてしまう場合がある．西風から東風へ変わると，温度風の関係により南北温度勾配の符号が変わり，極側で温度が高くなる．これが成層圏突然昇温と呼ばれる現象である．突然昇温に伴って，冬の極域の成層圏温度が数十度以上も上昇することもある．このようにロスビー波は成層圏の温度構造や大規模循環場にも重要な役割を果たすことが知られている．

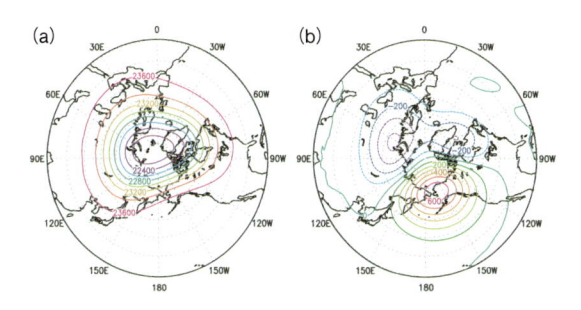

図2 北半球30hPaにおける1月の等圧面高度場の(a)気候値分布と(b)東西平均からのずれ成分．単位はm．

図3 (a) 12～2月の高度20～30kmにおける重力波の全球位置エネルギー分布[3]と(b)同期間の外向き長波放射(OLR)．

●重力波

重力波は浮力を復元力とする波である．池に石を投げ込んでみると，石が落ちた場所から波形が同心円状に広がっていく．この振動を引き起こすのは重力であり，このような波動は外部重力波と呼ばれる．一方で大気は連続した密度成層構造を持っている．大気が安定に成層している（温位が上空ほど高い）場合に空気塊が上下に変位すると，空気塊をもとの位置に戻そうとする力（重力による復元力）が働き振動を引き起こす．その振動が波の形として3次元に伝播していく．このような波動は内部重力波と呼ばれる．

内部重力波の水平スケールはおおよそ数十kmから数千kmであるが，赤道域では10000kmスケールの重力波も存在する．水平波長が鉛直波長に比べて非常に大きい場合は，振動数がコリオリ力と重力の両方で規定され，慣性重力波と呼ばれる．鉛直伝播可能な重力波の固有周期（背景風が0の場合の地面に対する周期）は理論的に決まっており，ブラントバイサラ振動数に対応する周期（成層圏で約5分）から慣性周期（$=2\pi/f$．fはコリオリパラメータ）の間である．たとえば緯度30度では，固有周期24時間以内の重力波のみ鉛直伝播する．慣性振動数が0となる赤道上では，上方伝播可能な固有周期は無限大になる．故に赤道域ではさまざまな周期帯を持つ重力波が存在している．

重力波の振幅は発生源近くでは小さく，鉛直伝播の際にエネルギーを保存（$\rho V'^2=$一定．ρは密度，V'は波の振幅）するように伝播する．このため，高度とともに大気密度が指数関数的に減少すると振幅が増大し，中層大気中では振幅が大きくなる．重力波の振幅が，粘性などの散逸効果により減衰すると，重力波の位相速度方向に加速する力が平均風に対して働く．重力波は一般的に3次元に伝播可能であるため，西風・東風・北風・南風運動量を上方に運んでいる．故に重力波の運動量の鉛直輸送の収束は，中層大気の大規模な温度場・循環場の決定に重要である．たとえば重力波は赤道準2年振動（QBO）や半年振動（SAO）の駆動や，上部中間圏に存在する弱風層の維持に重要な役割を果たしている．重力波の励起源としては山岳以外にも中緯度ジェット気流，前線，台風，熱帯地方などの強い積雲対流などがある．

近年の中層大気の観測手段の多様化と質的向上により，重力波の特徴・伝播方向などが随分とわかるようになった．ゾンデ，レーダ，ロケットなどの局所地点観測により波の運動量を定量的に見積もれ，衛星観測により重力波の全球分布がわかるようになった．図3（図2）に衛星で観測された北半球冬季の成層圏重力波の全球分布（より正確には鉛直波長10km以下の温度擾乱から計算された位置エネルギー分布であるが，重力波および赤道波の分布を見ていると思ってよい）と外向き長波放射（OLR）分布を示す．低いOLRは雲頂が高いことを示し，活発な積雲対流に対応する．熱帯域では，重力波活動の大きな場所と積雲対流活動が活発である場所との対応がよく，積雲対流活動が大気波動の主要な起源であることがわかる．

重力波の時空間スケールは幅広く，重力波の熱・運動量輸送を広範囲にわたって調べることは，現段階では十分に行われていない．特に非定常な重力波のふるまいは未知な部分が多く残されており，気候モデルに組み込むべき重力波パラメタリゼーションを考える際に，多くの仮定をせざるを得ない状況になっている．今後の観測技術の発達に加え，数値モデルを組み合わせた全球的な重力波特性の解明は，今後の重要な研究課題である．

〔河谷芳雄〕

2.14
地表面付近の大気の役割

グローバルな大気

●地表面付近の大気

陸面や海面などの地表面に接する大気は，地表面の力学的・熱的な影響を直接受ける．この地表面付近の大気を大気境界層という．その厚さは地表面の加熱・冷却に応じて変化するが，1km前後である．成層圏界面の高さが50km程度，対流圏界面の高さが10km程度であるのと比較すると，薄い層であることがわかる．このような薄い層でも地球の気候に及ぼす影響は著しい．

地球のエネルギーの源である太陽（短波）放射の半分は大気を透過し地表面に吸収される（161 W/m^2）．そのうちの約60％は顕熱（17 W/m^2），潜熱（80 W/m^2）の形で地表面から大気境界層内，さらには自由大気に輸送され，さまざまな大気現象のもととなる（2.8 図1参照）．この輸送をつかさどるのが大気境界層の乱流である．

潜熱の輸送は熱の立場で見た水蒸気の輸送である．水蒸気は，地表面から蒸発（水から相変化）するときに内部に熱を蓄えるからである．大気境界層の輸送過程により，特にその層の上端のエントレインメントゾーンでは温度が降下すると同時に水蒸気量が多くなるので雲が発生しやすい（3.10参照）．このような雲は積雲や層積雲の形で現れ，境界層雲ということがある．

層積雲は，亜熱帯海洋上の大陸西岸沖で恒常的に発生することが知られている（図1）．その発生の水平スケールは1000kmに及ぶこともあり，大気境界層の厚さに比して桁違いに大きい．図2はカリフォルニア沖に発生した層積雲である．この地域は亜熱帯高気圧の下降流域に位置し，大気下層には強い逆転層が形成される．また，この海域は寒流と沿岸湧昇の影響で年間を通じて海水温が低い．逆転層と冷たい海面に挟まれた大気境界層は冷たく湿った空気に覆われ，層状の雲が発生しやすい環境にある．層積雲は太陽放射に対する高いアルベドにより地表面の加熱の減少に寄与し，その広大な広がりにより地球の放射バランスにも大きな影響を与えている．

●大気境界層の役割

大気境界層は，乱流により熱や水蒸気を鉛直方向に

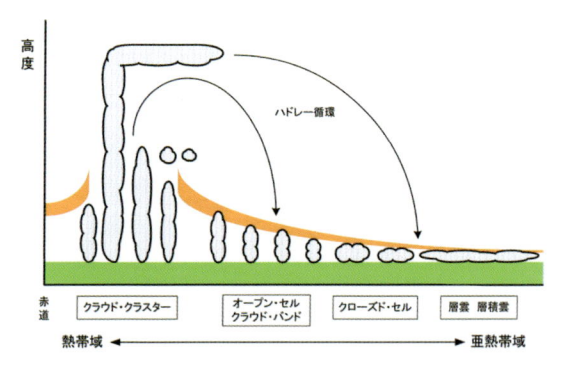

図1 熱帯域から亜熱帯域に形成される雲の形態．文献1をもとに作成．緑色の領域は大気境界層．柿色の領域は貿易風逆転層．亜熱帯域では，大気境界層上端と逆転層の高度がほぼ一致．

図2 カリフォルニア沖に発生した層積雲．NASA地球観測衛星Aquaに搭載されたセンサーMODISにより観測．http://earthobservatory.nasa.gov/IOTD/view.php?id=7007 より引用．

輸送する．エントレインメントゾーンなどで水蒸気が凝結して雲が発生するとき，水への相変化に伴い潜熱が放出される．この熱は気塊に浮力を与えるため，対流（積雲対流）を引き起こすことになる．

◎乱流運動エネルギーの収支

図3は数十～数百mの規模の対流運動を再現することができるラージ・エディ・シミュレーション（Large Eddy Simulation：LES）[2]を用いて計算した雲なし・雲ありの条件での乱流運動エネルギーの収支である．雲なしは，オーストラリア南東部の平坦地で実施された観測[3]に基づく結果で，雲ありは，その観測結果の比湿を試みに2g/kg増加させて計算した結果である．B（浮力生成項）に着目する．雲なし

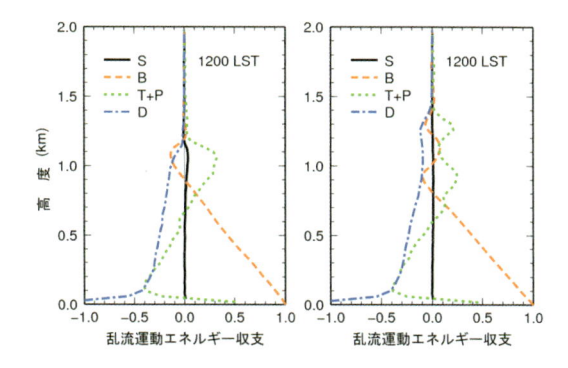

図3 雲なし（左）と雲あり（右）のLESによる乱流運動エネルギー収支の鉛直分布．Sはシア生成項，Bは浮力生成項，T＋Pは乱流・圧力輸送項，Dは散逸項．時刻は地方時．

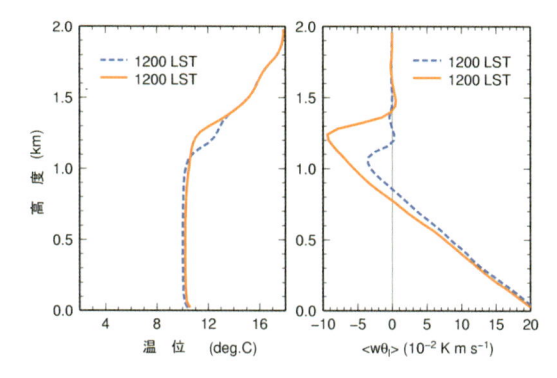

図4 温位（左）と温位鉛直輸送量（右）の鉛直分布．破線は雲なし，実線は雲ありの結果．時刻は地方時．

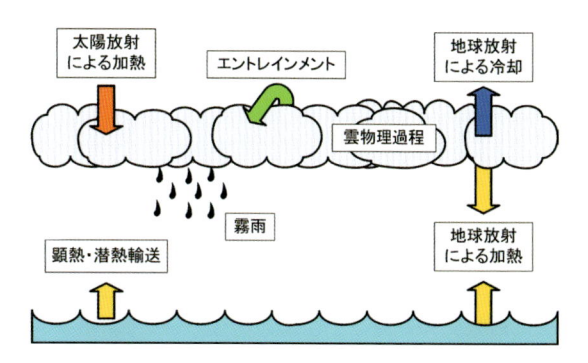

図5 層積雲に伴う物理過程の相互作用．文献4をもとに作成．層積雲は大気境界層の上端付近に存在し，地表面からの潜熱（水蒸気）供給により維持．

では，Bは地上で最大，高度1.1 kmで最小，その間は高度とともに単調に減少している．Bが最小の高度が大気境界層の上端，Bが負の値（下向きの浮力）を持つ層がエントレインメントゾーンに対応する．雲ありの結果を見ると，高度1.1 km付近のBが正の値に転じており，エントレインメントゾーンのBが大きく変化しているのがわかる．これは，雲が発生したことによる潜熱の放出で，気塊が浮力を得て新たな対流が起こったためである．

そのほかの項も説明しておこう．この観測時の風は弱かったためにS（シア生成項）はほとんどゼロである．風が十分強いときや地表面の加熱が小さいときはBよりも大きな値になる．T＋P（乱流・圧力輸送項）は最下層を除く高度0.6 km以下は負の値，それ以上は正の値になっている．これは，大気境界層下部で生成が大きい乱流運動エネルギーが上部に輸送されていることを表している．D（散逸項）は乱流運動エネルギーが内部エネルギーに変換される割合で，常に負の値である．

◎温位，温位鉛直輸送の鉛直分布

図4は雲なし・雲ありの条件での温位と温位鉛直輸送量の鉛直分布である．図4右の温位鉛直輸送量を見ると，雲ありの時，エントレインメントゾーンにおける下向き（負）の輸送量が大きくなり，その絶対値は地上の値の半分程度になっている．雲なしの結果が示すように，晴天時のその比率は0.2程度といわれており，雲による対流の発生は大気境界層上端でのエントレインメント，すなわち自由大気の気塊の取り込みを大きく促進させることがわかる．この結果，図4左の等温位層の高さは，雲ありでより高くなり，大気境界層の発達をより大きくしている．

● 境界層雲の役割

境界層雲は高いアルベドのために，太陽放射による地表面の加熱を減少させる日傘効果が大きい．一方，境界層雲は地表面近くに発生する雲であるため地表面温度との差が小さく，宇宙空間に放出される地球（長波）放射への影響は小さいと考えられている．ところが，境界層雲が長期的に存在すると，雲頂での地球放射による冷却（放射冷却）とそれに伴う対流が大気境界層を冷却する．あるいは逆に，境界層雲は地表面からの地球放射を吸収し，一部を地表面に返す温室効果もある．図5は境界層雲（層積雲）が存在するときの物理過程を模式化したものである．全球的な層積雲の雲量，空間分布を含め，これらの相互作用の定量的理解は，いまだ十分とはいえない． 〔中西幹郎〕

2.15 水蒸気と降水の分布

●年平均の水蒸気の分布

大気中の水蒸気の総量はおよそ 1.2×10^{16} kg で，これは大気の総量 5.1×10^{18} kg の 0.24% に相当する[1]．水蒸気以外の大気の成分は，高さ 80km くらいまでほぼ一様な混合比（濃度）であるのに対し，水蒸気の混合比は地表付近で大きく，高さとともに指数関数的に減少する．高さ 2km 以下に 60% 以上，5km 以下に 90% 以上の水蒸気が存在する．水蒸気がこのような特異な鉛直分布をするのは，飽和水蒸気圧が温度の指数関数となっていて，大気の上層の気温では水が気体（水蒸気）として存在できる量が指数関数的に減少するためである．鉛直気柱に含まれる水蒸気量を可降水量で表すことが多い．可降水量は，気柱に含まれる水蒸気が全て凝結して降水となったときに何 mm の降水量となるかという量である．全球平均の可降水量はおよそ 24mm である[1]．

図1は，年平均の可降水量（水蒸気量）の分布である．可降水量は気温の高い熱帯で大きく高緯度で小さい．図2の年平均海面水温分布と比べると，可降水量の分布は，海面水温の分布とよく対応していることがわかる（図1）．一般的に陸上では，海上よりも可降水量が小さいが，大気の流れによって水蒸気が輸送されるために，サハラ砂漠のように地表面が乾燥したところでも，大気中の水蒸気量（可降水量）はそれほど小さくない．

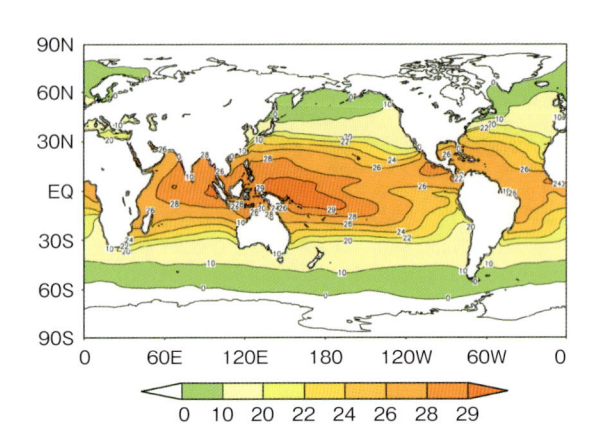

図2 年平均海面水温（℃）．再解析 JRA-25 データ[1] の 1979〜2004 年の平均．

●年降水量の分布

図3は，年降水量の分布である．この図は，陸上の雨量計による降水量観測データと，衛星観測から推算した降水量を合成したデータ（GPCP データ[2]）からつくられている．GPCP データでは，全球平均の年降水量は 953mm（2.61mm/日）で，ほかのデータよりやや小さめである[3]．図2と比べると，熱帯域では降水量の分布も，水蒸気量（可降水量）の分布と同じように海面水温分布と対応していることがわかる．ただし，降水量の分布は水蒸気量の分布より海面水温の高い所に集中している（図1）．これは，熱帯の積乱雲群が海面水温の高いところでより多く発生する傾向があり，積乱雲が発生すると，そこへ下層の風が収束して積乱雲群の活動を強化するというフィードバックが働くためである．このようにして下層の風が収束して積乱雲群が発達するところは熱帯収束帯（intertropical convergence zone：ITCZ）と呼ばれる降水の集中帯となる．

熱帯域では，太平洋の西部からインド洋の東部にかけて，海面水温が最も高く 28℃ を超える暖水域があり，降水の最も多い領域と対応している．亜熱帯域は一般に降水が少ないが，サハラやアラビアの砂漠地帯だけでなく，海上でも太平洋や大西洋の東部のように亜熱帯高気圧の勢力下にあるところでは特に降水量が

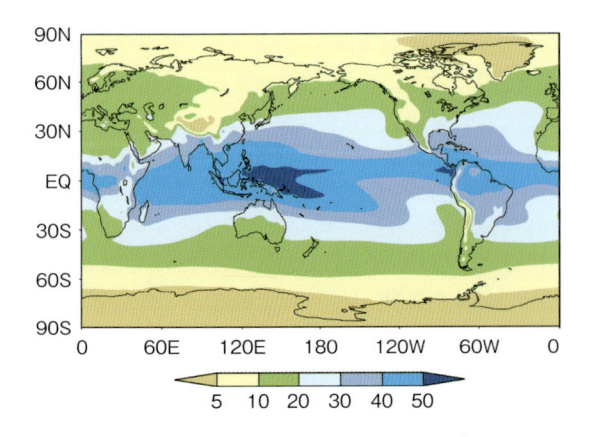

図1 年平均可降水量（mm）．再解析 JRA-25 データ[1] の 1979〜2004 年の平均．

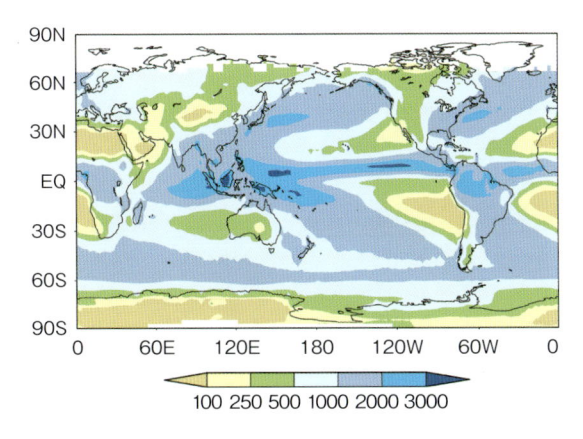

図3　年降水量 (mm). GPCP データ[2)] の 1979 〜 2003 年の平均.

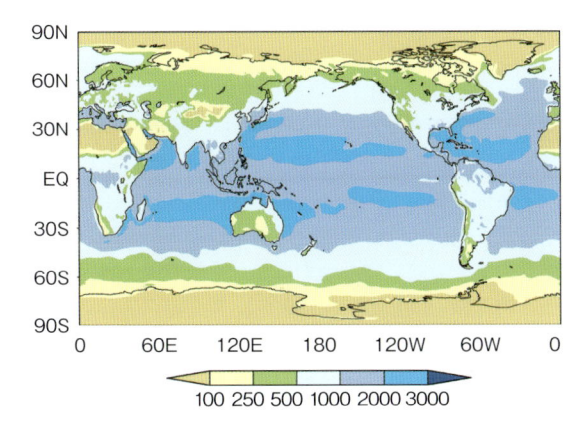

図4　年蒸発量 (mm). 再解析 JRA-25 データ[1)] の 1979 〜 2004 年の平均.

少ない．降水分布は海面水温の分布に大きく影響を受けるが，一方，海面水温分布も，降水分布（積乱雲群の活動）や海陸分布の影響を受けて形成される大気の循環やそれによる海流の分布の影響を受ける．

● 年平均蒸発量の分布

図4は，年平均蒸発量の分布である．この図は，再解析 JRA-25 データ[1)] からつくられている．JRA-25 データでは，全球平均年降水量と蒸発量はどちらも 1100 mm (3.0 mm/日) であるが，これは図3の GPCP データ[2)] の降水量より 15% 程度大きい．図3と図4を比べると，蒸発量は降水量と異なり海上では東西の差が小さいことがわかる．陸上では，一般に海上より蒸発量は小さい．亜熱帯では，陸上の砂漠地帯では蒸発量が非常に小さいが，海上では熱帯よりも蒸発量が大きくなっている（図1）．

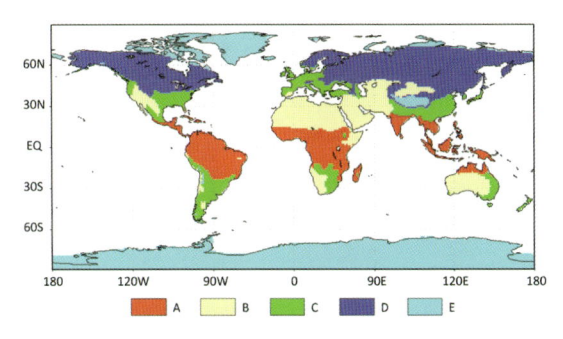

図5　気候帯．再解析 JRA-25 地表気温データ[1)] と GPCP 降水量データ[2)] から作成．A：熱帯，B：亜熱帯（乾燥帯），C：温帯，D：亜寒帯（冷帯），E：寒帯．

● 水蒸気分布と降水分布の季節変化

水蒸気量（可降水量）と降水量の分布は，海面水温の分布とよい対応があるので，海面水温が季節変化をするのに伴って季節変化をする（図2, 3）．季節の進行に伴って海面水温の最も高い緯度が南北に移動すると，降水帯も南北に移動する．さらに，モンスーン地域では海陸分布の影響を強く受ける．一般に，モンスーン地域では，夏は海から陸に向かう湿潤な気流により陸上で多量の降水があるが，冬は反対に，乾燥した陸から海へ向かう風が卓越するので，陸上の降水量は少なくなる．

● 降水分布と気候区分，植生分布

気温と降水量およびその季節変化のパターンに基づいて，同じ特徴を持つ地域をまとめることにより気候区分図ができる．代表的なものとして，ケッペンの気候区分図[4)] がよく知られている．まず，気温と降水量によって大雑把に赤道から極に向かって，熱帯，亜熱帯（乾燥帯），温帯，亜寒帯（冷帯），寒帯の気候帯に区分される（図5）．さらに，気温と降水量とそれらの季節変化のパターンによって，各気候帯がいくつかの気候区分に分類される．たとえば，熱帯は，熱帯雨林気候（多雨，乾季なし），熱帯モンスーン気候（多雨，乾季あり），サバナ気候（乾季あり，モンスーン気候よりは少雨）に区分される（図4）．ある地域に卓越する植物の種類は，気温と降水量とその季節変化のパターンによって強く影響される．したがって，植生分布[5)] は気候区分の特徴を示すよい指標となる．

〔杉　正人〕

2.16 熱帯域の循環とモンスーン

●地表風

熱帯域の循環のエネルギー源は，積乱雲群の中で起きる多量の水蒸気の凝結によって生ずる熱である．この熱により積乱雲群の中では強い上昇気流が発生し，下層では積乱雲群に向かって収束する気流が，上層では積乱雲群から発散する気流が形成される．図1は，7月の平均の地表風と降水分布である．熱帯域では積乱雲群に対応する降水帯に向かって収束する風が見られる．降水帯は季節の進行とともに南北に移動するので，降水帯の移動に伴って地表風系も大きく季節変化をする（図1, 2）．

●鉛直流

図2は，7月の平均の500 hPa面での鉛直流の水平分布である．熱帯域の上昇流は積乱雲群に伴うものなので，上昇流域と降水域はよく対応している．図2では，上昇流の強さも下降流の強さも1 cm/sのオーダーであるが，積乱雲の中の瞬間的な上昇流の強さは，強いところでは10 m/sを超える．このような強い上昇流は，直径数km程度の狭い領域に集中しており，個々の積乱雲の寿命も1時間程度と短いため，広い領域での長期間の平均の上昇流の強さは1 cm/sのオーダーになる．熱帯域の鉛直流の分布も，降水域の季節変化に伴い大きく季節変化をする（図3, 4）．

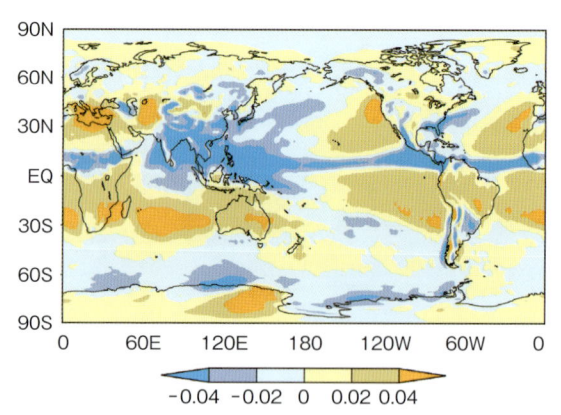

図2 7月の平均500 hPa面鉛直流 (Pa/s)．値が負の場合は上昇流．再解析JRA-25データ[1]の1979〜2004年の平均．

●ハドレー循環

図3は，東西方向に平均した7月の平均鉛直流の南北鉛直断面図である[1]．7月には，東西方向に平均した降水帯に対応する上昇流が北緯10度付近に，また下降流が南緯20度付近にある．これらの上昇流と下降流に対応して，下層では南半球の下降流域から北半球の上昇流域に向かう南風が，上層では上昇流域から下降流域に向かう北風が吹き，南北鉛直断面内で閉じた循環（ハドレー循環）が形成される．ハドレー循環は上昇流域の北側と南側に形成されるが，7月の場合，北側のハドレー循環は弱い．ハドレー循環の上昇流域は降水帯に対応しているので，降水帯が季節進行とともに南北に移動するのに伴い，ハドレー循環の上昇流域も移動する．1月には上昇流域が南半球側に，下降流域が北半球側にあり，7月とは逆向きのハドレー循環が形成される（図3, 4）．

春と秋には，赤道付近に上昇流の中心があり，両半球で下降流域が形成される．この場合は，同じくらいの強さの2つのハドレー循環が形成されることになる．年平均の鉛直流の南北鉛直断面図（図5）は，春と秋の鉛直流の南北鉛直断面図と似たものとなる．図3は，全ての経度について東西平均をとっているが，ある特定の経度帯について東西平均をとることにより同様の図をつくることができる．そのような図で表される南北鉛直断面内の閉じた循環は，局所的なハドレー循環と呼ばれる．

●ウォーカー循環

図4は，南北30度までの熱帯域で平均した7月の平均鉛直流の東西鉛直断面図である[1]．海面水温の高

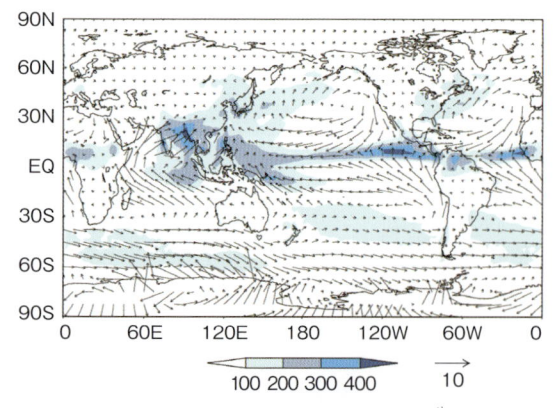

図1 7月の平均地表風（再解析JRA-25データ[1]の1979〜2004年の平均）と平均降水（GPCPデータ[2]の1979〜2003年の平均）．

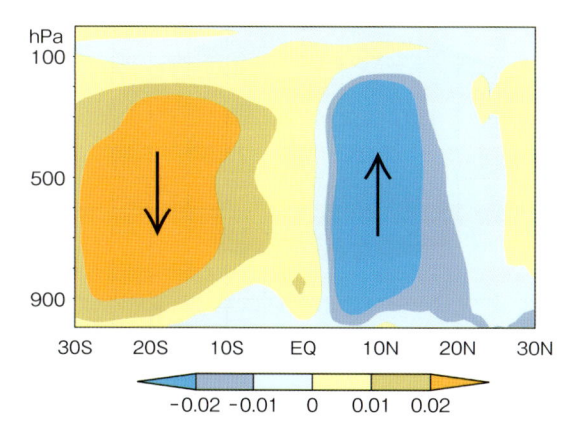

図3 7月の平均鉛直流の南北鉛直断面（Pa/s）．再解析 JRA-25 データ[1] の 1979～2004 年の平均．

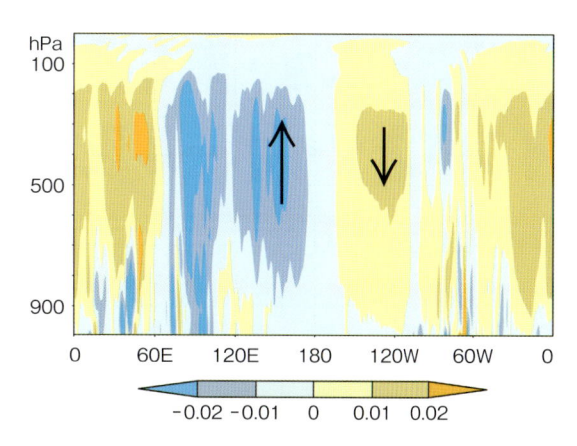

図4 7月の平均鉛直流の東西鉛直断面（Pa/s）．再解析 JRA-25 データ[1] の 1979～2004 年の平均．

いインド洋から太平洋西部（東経60～180度）が上昇域となっており，そのほかの領域は下降流が卓越している．図2からわかるように，インド洋から太平洋西部以外の地域では，降水帯とそれに伴う上昇流域が北緯10度付近に集中しており，その南北では下降流域となっている．このため，南北30度までの熱帯域で平均すると下降流が卓越することになる．これらの上昇流と下降流に対応して，上層で上昇流域から下降流域に向かう流れ，下層で下降流域から上昇流域に向かう流れがあり，東西鉛直断面内に2つの閉じた循環（ウォーカー循環）が形成される．

ウォーカー循環は，ハドレー循環ほど大きな季節変化をしない（図3, 4, 5）．それは，季節進行に伴う降水帯の南北変動が南北30度の熱帯域内にとどまっているため，南北30度で平均をすると大きな季節変化をしないからである．ウォーカー循環という言葉は，もともと，ENSO（エルニーニョ・南方振動）に関連して，太平洋の赤道上の東西鉛直循環をさすものであった．図1からわかるように，赤道上では太平洋西部では上昇流が，太平洋東部では下降流が卓越している．太平洋東部では，年間を通して降水帯が北半球側にあり赤道上では下降流が卓越している．このため，太平洋赤道上の東西鉛直循環（ウォーカー循環）の季節変化は小さい．

● モンスーン

熱帯の循環は積乱雲群の活動によって決まるといってよい．地表の風は降水帯に向かって収束するように吹く．季節進行に伴って降水帯が南北に移動すると，地表の風系も変化する．地球表面に陸がなくて海だけだとすると，降水帯は東西に一様になり，季節とともにそれが南北に移動するだけである．実際の地球では，大陸があるため，降水の分布は東西に一様ではない．また，大陸の分布が南北半球で大きく異なるので，年平均の降水分布でも，南北に非対称な特有の分布をする．降水分布の季節変化も，海陸分布の影響を受ける．夏は海より陸のほうが高温になり，海から水蒸気を多量に含む風が陸に向かって吹くので，陸上で多量の降水がある．一方，冬は陸のほうが低温になり，陸から海に向かって乾燥した風が吹くので，陸上では降水は少ない．このように，海陸分布の影響を強く受けて夏と冬で風向がほぼ反転し，夏に多くの降水がある地域をモンスーン地域という．モンスーンはアラビア語で季節を意味する言葉であり，もともとは，卓越風向が季節によってほぼ逆転する地域をモンスーン地域と呼んでいたが，近年では，降水の季節変化が顕著な地域をモンスーン地域ということが多い[3]．

アジア大陸の南部から東南部は代表的なモンスーン地域（アジアモンスーン）である．図1に示されているように，この地域の地表では夏には南西の気流が卓越し，インドの西岸や，ベンガル湾北部，インド北東部，インドシナ半島西部など，南西気流が海から陸に吹き込むところで特に多くの降水がある．この地域に夏に降水をもたらす降水帯は，季節とともに南北に移動する．北半球の冬（南半球の夏）になると，降水帯は，オーストラリアの北部まで南下する（オーストラリアモンスーン）．これは，1つの降水帯の季節進行に伴う南北移動と考えることもできるので，ひとまとめにして，アジア・オーストラリアモンスーンと呼ぶこともある．

〔杉 正人〕

2.17 エルニーニョ・南方振動 インド洋ダイポール現象

● 経年変動と ENSO

人類は農業などを通して季節の進行をうまく利用し文明を築いてきた．しかし，季節は必ずしも例年どおりやってくるわけではない．長雨による冷夏や，干ばつになる年もある．年によって気候状態が変化することを経年変動と呼ぶが，その予測のつかない「異常」としか思えない気候の変動に，昔の人はほんろうされ，神のきまぐれのようにも思えたかもしれない．近年の気候研究は，経年変動を支配する主要な要因が，エルニーニョをはじめとする熱帯の変動にあることを明らかにしている．

ペルー沖で海洋深層からの冷たい栄養塩に富んだ湧昇域に伴う水の供給が止まって海水面温度が高くなり漁が休みになるなどの現象が 12 月ごろ起こりやすいことが現地で知られていたことから，エルニーニョ（スペイン語で，男の子・神の子）はクリスマスにちなんで呼ばれていたものである．現在では，太平洋中央部からペルー沖の広い海域の温度上昇が 1 年ほど続く海洋現象に対してエルニーニョという言葉が用いられている．図 1 は最大規模のエルニーニョの発生した 1997 年の海面水温の平年からの差（偏差）である．中央太平洋から東太平洋にかけて海面水温が高くなっており，逆に西太平洋では，温度が低めになっている．エルニーニョとは逆に太平洋東部の海面水温が例年より低い年もあり，これはエルニーニョの反対ということでラニーニャ（女の子）と呼ばれている．

一方で，20 世紀のはじめごろから，赤道での気圧変動と世界各地の気象に相関があることが知られるようになった[2]．この大気の現象は南方振動と呼ばれている．現在では，この大気の現象とエルニーニョとは，ビヤルクネスフィードバックが効いた大気・海洋相互作用による一体の現象であると認識されている[3]（2.2 参照）．図 2 は図 1 と同時期の海面気圧の偏差である．海水温度がもともと高かった西太平洋では温度の低下により大気の上昇気流が弱まり気圧が高くなる一方，海面温度の上昇する東太平洋では気圧が低くなる．特に，タヒチ（図 2 の赤星印）とダーウィン（青星印）の気圧差の変動は南方振動指数と呼ばれており，図 2 の状況のように強い負の値をとるとエルニーニョが発生していることが示唆される．実際，南方振動指数とエルニーニョの指標である海面水温変動の時系列を見ると（図 3），両者に強い関係があることがわかる．

エルニーニョとラニーニャのサイクルは，海洋・大気の一体の現象としてとらえる立場からはエルニーニョ・南方振動（El Niño and Southern Oscillation：ENSO）と呼ぶことが好まれる．エルニーニョは ENSO の「暖かい」フェーズ，ラニーニャは ENSO の「冷たい」フェーズに対応する．ENSO の周期は平均で 3〜4 年である[6]．

● ENSO の影響

熱帯の高い海面水温は，大気の上昇気流を引き起こす大気大循環の駆動源であるから，ENSO で海洋の高い水温の位置が移動することは，図 2 の気圧偏差からも示唆されるように，世界の気象に大きな影響を与える[7]．日本では夏に太平洋高気圧の発達が弱まり降雨が多く冷夏の傾向がある．一方，冬は西高東低の気圧配置が弱まり，暖冬となる傾向がある．

● エルニーニョもどき

エルニーニョと似て非なる「エルニーニョもどき」と呼ばれる現象が近年発生するようになってきている[8]．エルニーニョのようには暖水域が東太平洋に広がらず，

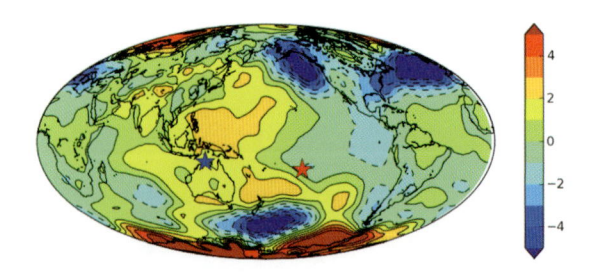

図 2 図 1 と同時期の海面気圧の偏差．コンター間隔は 1hPa．星印はダーウィン（青）とタヒチ（赤）の位置．データは NCEP/NCAR 再解析[4]から．

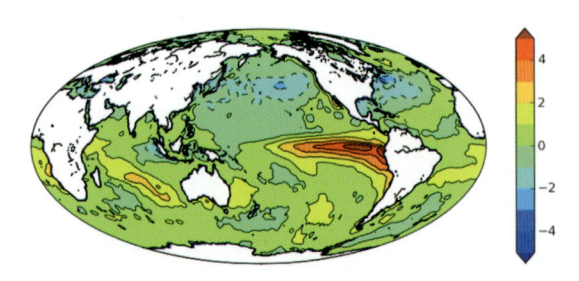

図 1 1997 年 10〜12 月平均の平年（1971〜2000 年）からの差（偏差）．コンター間隔は 1℃．データは OISST V2[1]より．

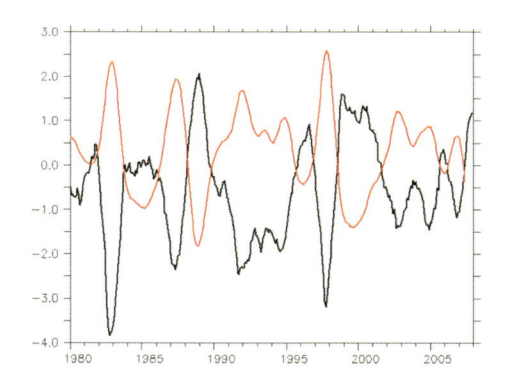

図3 南方振動指数（黒線）と西経120〜170度・南緯5度〜北緯5度の平均海面水温（赤線）の時系列（1980〜2007年）．データはUCAR[5]から入手し，13ヵ月の移動平均を行った．

2004年（図1）のように中央太平洋だけで暖かくなる現象である．エルニーニョもどきは，エルニーニョとは海面温度が高くなる位置が違うため，その世界の気候に与える影響も異なるものになる[9]．2004年の日本の夏の猛暑はエルニーニョもどきの影響があったと考えられる[7]．

●インド洋ダイポール現象

図1を再び見ると，インド洋熱帯には，東部で温度が低く，西に温度が高い状態が現れていることがわかる．これは東西が逆であるが，エルニーニョのインド洋版ともいえる現象である．東西の海面温度が正負の双極（ダイポール）構造を持つことからインド洋ダイポール現象（Indian Ocean Dipole：IOD）と呼ばれている[10]（西インド洋の温度が相対的に高（低）いときが正（負）のフェーズである．図4）．

IODもENSOと同じくビヤルクネスフィードバックが働く大気海洋相互作用現象だと考えられる．図1のようにエルニーニョとインド洋ダイポールの正のフェーズが同時に発生することも多いが，片方だけが発生する年もある．正のダイポールの発生する年は東アフリカが豪雨になりやすい一方，インドネシアからオーストラリアに干ばつをもたらすなど世界の気象に影響を与える[12]．日本は暑い夏になりやすい．シグナルのより強いENSOからIODへの影響は早くから指摘されていたが，最近の研究によればIODもENSOに影響を与えているようである[13]．

●観測と予測

熱帯海洋の変化が世界の気象に影響を与えているということは，熱帯の情報をいち早く知ることができれば，

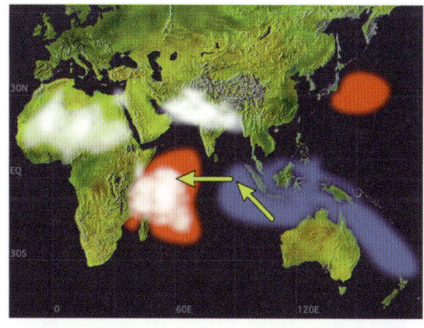

図4 インド洋ダイポール現象の概念図．上（下）が正（負）のダイポール．陰影は海面水温偏差を表す（赤色は平年より暖かく，青色は平年よりも冷たいことを示す）．白色のパッチは対流活動が強化していることを表し，矢印は海上風向の偏差を表す．JAMSTEC提供[11]．

気候変動の先が見通せるということである．そのため熱帯の観測の充実化が図られている．人工衛星は海面温度・海面高度・海上風といった広い海表面の情報を捉えることができるし，海面下の情報はブイ網が整備され，リアルタイムに情報が送られてきている．また，観測データをもとに大気海洋結合モデルを用いたシミュレーションによる予測も行われているようになっている．2年近い先の統計的に意味のあるENSOの予測が可能な例も出てきている[14]．観測や予測の情報はインターネットを通じて容易に入手できる．付録にいくつかリンクを収録したので参考にされたい．

かくして，人類は「異常」としか思えなかった気候変動を，熱帯の変動を通じて理解しつつある．一方で，IODが2006〜08年の3年連続で発生したり，エルニーニョもどきの発生頻度が増えるなど，熱帯の変動は様相を変えつつあり[15]-[18]，地球温暖化による気候変化の影響が現れつつあるのかもしれない．熱帯変動の研究はまた新たな課題を突きつけられているのである．

〔美山　透〕

2.18 低緯度の振動

● MJO

　熱帯域対流圏には30～60日程度の周期を持つMJO（Madden-Julian Oscillation）と呼ばれる現象がある．図1にMJOの模式図を示す．矢印を伴うコンターは東西循環セルを示す．一般的にMJOシグナルは最初にインド洋で現れ，発達しながら東進し，それに伴い東西循環セルと気圧偏差も東進する．MJOシグナルは海面水温の高い西部～中部赤道太平

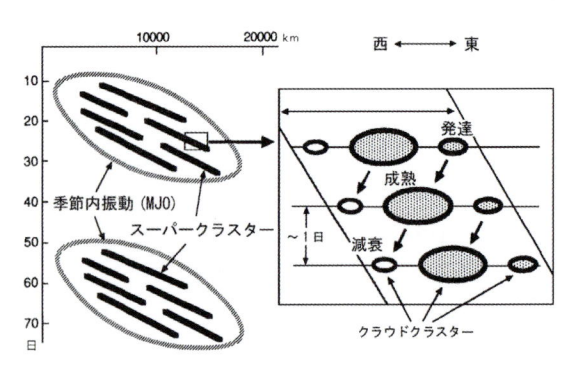

図2　赤道季節内振動の階層構造の模式図[2]．左は縦軸が時間，横軸が東西スケールを示し，MJOの中にスーパークラスターが東進している様子を描いている．右はクラウドクラスターがスーパークラスターの中を発達・成熟・減衰しながら西進する様子を示している．

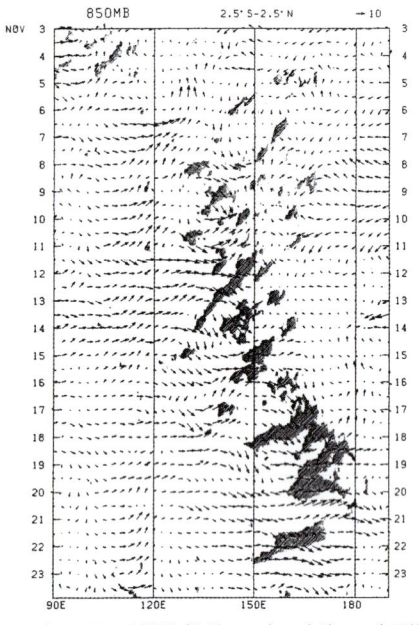

図3　1986年11月の赤道域（北緯2.5度～南緯2.5度平均）における，熱帯対流活動の時間-経度断面図[2]．ベクトルは850hPaの風を表す．東進するスーパークラスターの中に西進するクラウドクラスターが存在している．

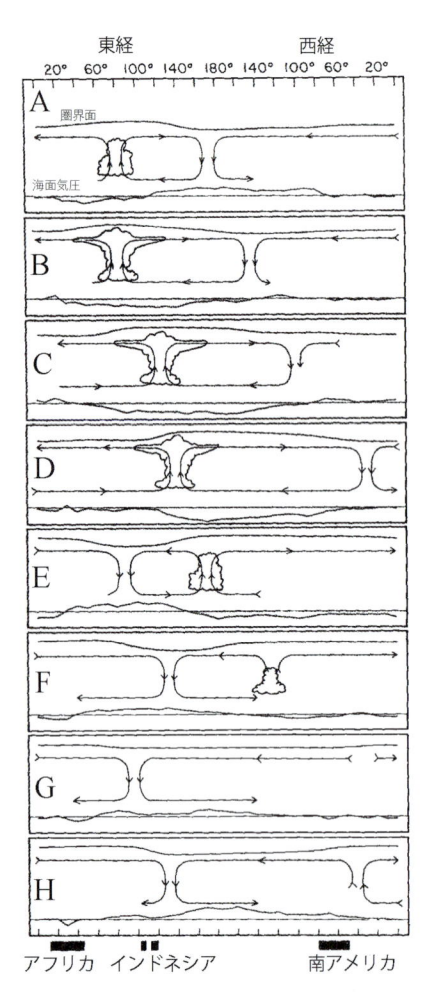

図1　MJOの模式図[1]．東西循環セルとそれに伴う積雲対流が東進していく様相を示している．A～E各図の上側に対流圏界面，下側に海面気圧の変動が示されている．

洋を平均5m/sの速度で東進し，海面水温の低い東部太平洋付近でシグナルが弱くなる．東部太平洋上での東進する速さはインド洋から西部太平洋域より速い．
　東西風に見られるMJOシグナルは，対流圏上層と下層では位相が逆になっており（図1の矢印の向きが上と下で逆向きになっている），鉛直スケールは対流圏の厚さ程度である．MJOの中には，スケールが数千km程度の積雲対流の活発な領域（スーパークラスター）が東進し，さらにスーパークラスターの中には

西進するメソスケールの積雲の集団（クラウドクラスター）が埋め込まれている（図2右）．観測された熱帯対流活動の時間-経度断面図を図3に示す．個々のクラウドクラスターは発達，成熟，減衰をしながら西進する．成熟期のクラウドクラスターの東に新しいクラウドクラスターが次々に生成され，スーパークラウドクラスターが東進している様子がわかる．このように熱帯対流活動は階層性を持つことが知られている．

MJOのメカニズムについては，さまざまな理論が出されているが，現在までに統一した見解はまだない．観測，数値モデル，理論を組み合わせて，MJOのメカニズムを解明することが期待されている．

● QBO

QBO（Quasi-Biennial Oscillation：赤道準2年振動）とは，熱帯下部成層圏の東風と西風が約2年周期で交代している現象である．周期は短いときで約22ヵ月，長いときで34ヵ月あり，平均すると約28ヵ月である．図4（ 図1）に月平均東西風の時間-高度断面図を示す．西風も東風も，まず成層圏上部に現れ，時間とともに下方へ降りてくる．東風（西風）が下方まで降りたときには，西風（東風）が上方に形成されている．西風と東風の振幅はそれぞれ15m/sと30m/s程度であり，東風の振幅のほうが大きい．

QBOは大気波動によって駆動されている．1960年代後半に，東進するケルビン波と西進する混合ロスビー重力波が発見され，QBOはこの2種類の波によって駆動されていると長らく考えられてきた．しかし，1990年代半ばの観測データ解析や数値モデル実験結果から，重力波による運動量輸送がQBOの駆動により重要であることが明らかになった．最新の観測および数値実験の研究によると，QBOの駆動に対して東進する赤道波は25〜50%，西進する赤道波は10%程度の貢献であり，残りの大部分が慣性内部重力波によるものであることが指摘されている[3],[4]．

QBOは緯度約15度以下の赤道域のみに見られる現象であるが，その影響は広範囲に及ぶ．たとえばQBO位相の違いは，中緯度プラネタリー波の伝播特性の変化をもたらす．そのことで成層圏の極渦強度を変え，中高緯度の地表面の気圧配置も変えている．またQBOに伴う子午面循環場の変化により，オゾン・水蒸気・メタンなどの化学組成にも影響を与えている．

● SAO

QBOよりさらに上空の成層圏界面（高度約50km）

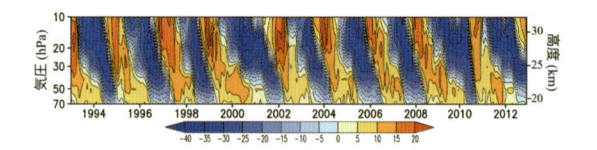

図4　シンガポールにおける月平均東西風の時間-高度断面図．コンター間隔は10m/s．赤色が西風，青色が東風領域．

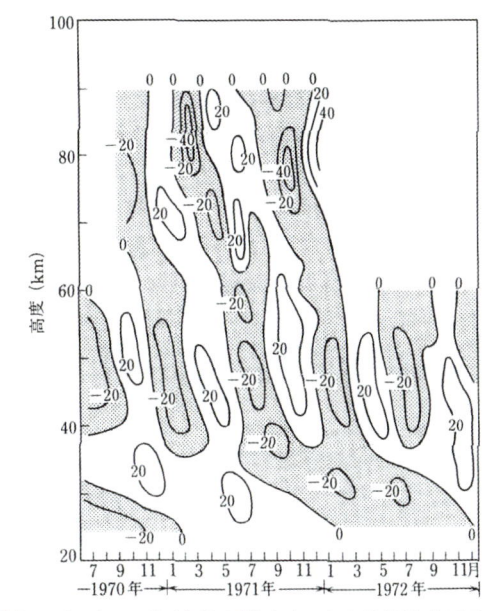

図5　アセンション島（南緯8度）上空における月平均東西風の時間-高度断面図[5],[6]．東風部分に影．

と中間圏界面（約80km）を中心として，6ヵ月周期の東西風の振動（SAO：Semi-Annual Oscillation）が見られる．成層圏界面の振動をSSAO（Stratopause SAO），中間圏界面の振動をMSAO（Mesopause SAO）と区別して呼ぶことがある．図5はアセンション島（南緯8度）上空の月平均東西風の高度-時間断面図である．高度35kmくらいまでは明瞭なQBOが見られ，その上空では東風と西風が半年周期で交替している．これがSSAOである．高度60kmより上ではSSAOと位相が逆転した振動がやはり半年周期で見られ，MSAOに相当する．SAOの振幅はQBOより大きく，30m/s程度である．QBOと同様に東風と西風が交互に現れ，時間とともに位相が下に降りていく．SAOの周期は地球の公転と直接関係しているため，QBOのように周期がばらつかない．SSAOは中層大気の子午面循環と大気波動が駆動源と考えられているが，MSAOのメカニズムについては，まだ不明なところが多い．　〔河谷芳雄〕

2.19 成層圏突然昇温

●成層圏の夏と冬

　高度約 20 km を境として大気の上下で気温の緯度・季節分布の特色が大きく違っている．大まかにいえば 20 km 以下は地表面における日射の吸収によって温度が決まり，また大気の大循環が駆動される．地表面の大部分は海洋であり，その熱的慣性（熱容量）が大きいため 1 年周期の日射量の変化にそのまま追随せず，変化をならした年平均の日射量に対応した温度分布，すなわち熱帯で高温，両極で低温という形になる．この温度分布は，対流によって地表面と結び付いた対流圏全体に及んでいる．

　一方，高度 20 km 以上では，対流の影響は受けず気温はその領域で高い濃度を持つオゾンが日射中の紫外線を吸収することによって決まる．我々は対流圏にいるため勘違いしているが，夏に日射の入射量が最も大きいのは夏側の極である．極域では太陽高度は低いが昼間の時間が長いため，単位面積あたりの日射入射量は夏至の前後 1 ヵ月くらいの間は極点で最大となる．成層圏中・上部では，この日平均入射量に応じてオゾンが紫外線を吸収して大気を加熱するが，大気は熱容量が小さいため吸収量に応じた気温分布が実現し，夏側半球の極で最高となる．

　成層圏中・上層の大気の流れとその季節変化は，気温分布に対応して，地表・対流圏における「常識」と大変異なっている．図 1 に北半球の夏と冬における 5 hPa（高度約 35 km）の代表的天気図を示す．等圧面の高度は一定高度での気圧と同等の役割をし，したがって高度の高・低は高気圧，低気圧に相当する．図 1 より明らかなように夏は北極上空に高気圧の中心があり，等圧線に相当する等高線は北極を中心としたほとんど完全な円形で，風はこの等高線沿いに東風が吹いている．等温線もほとんど円形で北極で最高温となっている．図 1 の冬の場合は，大局的に見れば北極付近に最低気温と最低高度の中心がある．しかし夏の場合と異なり等温線，等高線とも円形からはかなり外れ，中心も北極上から少し離れたところにある．冬半球の高緯度では日射がないので低温が著しくなり，等圧面高度も極周辺で勾配が急になって等高線に沿い強い西風の極渦ができているが，その中心は北極から

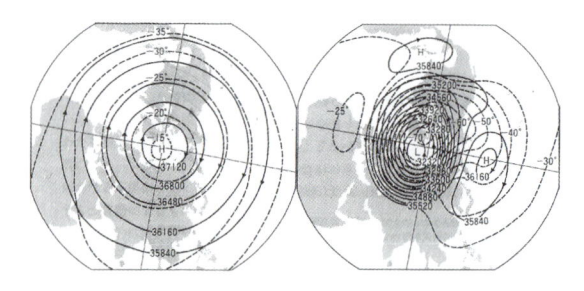

図 1　5 hPa 面天気図で見る成層圏の夏（左）と冬（右）．実線は等高線（流線と同等）で単位は m．破線は等温線で単位は℃．NASA Reference Publication 1023 より．

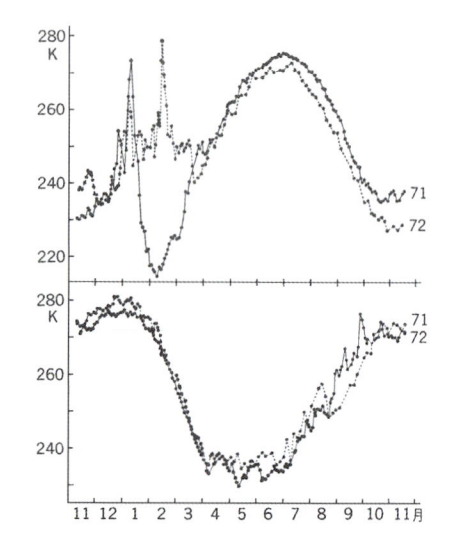

図 2　人工衛星から測った北緯 80 度（上）および南緯 80 度（下）における上部成層圏（35～55 km）の気層の平均気温の年変化[1]．1971 年と 72 年の分が重ねて記入してある．

少しずれ，形も円形ではなく，楕円形になっている．このように，気温，高度（気圧）が極中心の円形分布でなくなる原因は，下層からの力学的強制によるものである．対流圏では夏・冬とも海陸分布によって気圧と流れの不均一が生じているが，その効果は冬の西風の時には成層圏上層にまで力学的効果を及ぼしている．これが成層圏突然昇温の生じる根本原因である．

●成層圏突然昇温

　冬季，高緯度地域で成層圏の気温が 1 週間程度の短期間に 30～40℃も急速に上昇する現象で，1952 年ベルリンでの高層気象観測で発見された．当初は，原因は太陽面爆発のような大気圏外にあるのではないか，と想像されたこともあったが，その後の観測の充実により北半球全域の大気循環の変動であることが明

らかとなった．また，南半球の成層圏では冬季の西風渦は北半球ほど変形してはおらず，同時に北半球におけるような突然昇温も見られないことがわかった．図2は人工衛星によって観測された南北の緯度それぞれ80度における成層圏上端部（高度35～55 km）の平均気温の変化を1971年と1972年について示したものである．12～2月という厳冬期に起こりながら高温のピークは真夏の最高気温を超えるほど高いといった特色がわかる．

●成層圏突然昇温の姿とそのメカニズム

1963（昭和38）年の1月は世界各地で厳しい寒さとなり，日本でも北陸を中心に記録的な豪雪（三八豪雪と呼ばれる）が観測された．強い北極寒気の吹き出しが継続するブロッキング現象によってもたらされたもので，この時期に成層圏では顕著な突然昇温が起こった．図3は1963年1月の10hPa面（高度約30 km）の天気図で，変化を示す4日を選んである．

図に見られる突然昇温のメカニズムは，対流圏におけるブロッキング型の流れの成層圏への力学的影響の結果として以下のように説明される[2]．

(i) 対流圏で西風が大きく蛇行し，それが長期間（2週間以上程度）継続する．この状態は極を中心とした平均的西風（低気圧）に北極を取り巻く波数2（経度方向に高低気圧が各2ヵ所ある）のプラネタリー波の重ね合わせとなっている．このような大規模な波はロスビーのβ効果によって西向きに進む性質を持っているので，平均的西風の中で地形にほぼ固定している．

(ii) 波数が1か2の長波長ロスビー波は西風の中では鉛直上方に伝播可能という性質を持つ[3]．したがって対流圏の地形やブロッキングによって生じたプラネタリー波は成層圏に及び図3a, bのような流れの場をつくる．波数2のプラネタリー波により等高線も等温線も蛇行している．波の振幅は高度が高く，空気の密度が小さい成層圏では大きくなる性質を持つ．

(iii) ロスビー波は西向きに進む波であるが，水面の波が単に往復運動だけでなく波の進行方向に一方的に動く成分を持っている（ストークス・ドリフト）のと同じように平均西向き（東風）成分を持つ．この効果は振幅の2乗に比例するので，振幅が大きくなるにつれ，西向きの流れは顕著になり極渦は弱くなる（図3b）．対流圏での蛇行（ブロッキング）が強いと，もともとの極渦の西風を打ち消してし

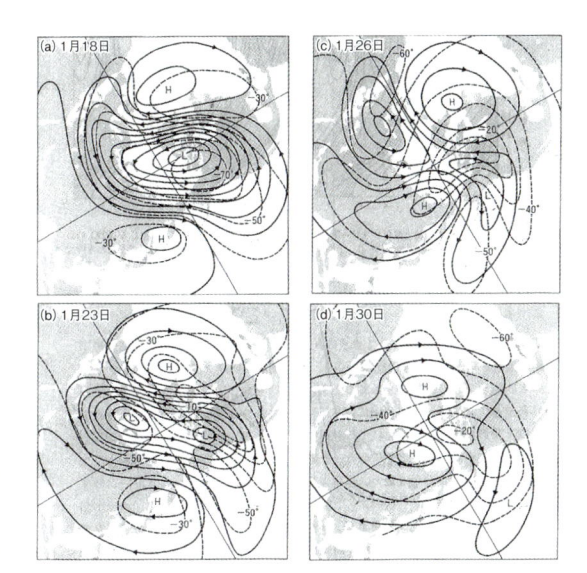

図3 1963年1月末に起こった記録的突然昇温時の10hPa天気図．実線は等高線（流線と同等）で320 m間隔，破線は等温線で10℃間隔．Meteorologische Abhandlungen, Bd. XL より．

まい（図3c），さらには平均的に東風をつくり，同時に北極の上に高気圧をつくる（図3d）．これに対応して波に伴う下降流で断熱昇温した空気が北極に運ばれ，極側のほうが低緯度より高温となる．

(iv) 東風になるとロスビー波の性質より対流圏からの伝播が止まる（図2）．その後は力学的加熱が働かない中で放射による冷却が進み，冬型に戻る．

●北半球と南半球の差

成層圏突然昇温を引き起こす波数1または2のプラネタリー波は，そのスケールでの海陸分布や山岳の直接・間接の効果によって生じ，時にブロッキングとなって強まり持続する．大規模な海陸分布や山岳は北半球には存在するが，南半球では偏西風の吹く中・高緯度はほぼ全体が海であり，さらに南極大陸も円形に近い．このため，波数1, 2のプラネタリー波は弱くブロッキングはないといってよい．冬の成層圏では，南極を中心とした円形に近い強い西風の極渦が安定に存在し，突然昇温は生じない（図2）．この南北半球の差が，オゾンホールが南極上空のみに生じる原因である．円形の極渦の内側は極夜状態にあるため冷却し，−90℃にも達する．そのため水蒸気が凝結して極域成層圏雲（PSC）を生じ，オゾン破壊反応の場を提供する．北半球では図3に見られる流れの蛇行のため北極域上空には南からの空気が流れ込んで−70℃台の低温にしかならない．

〔松野太郎〕

2.20 その他の大規模な変動

●北大西洋振動とは

北大西洋振動 (North Atlantic Oscillation：NAO) は，北大西洋・欧州域で最も卓越する対流圏循環変動である．この地域の寒候期の海面気圧場は，亜寒帯のアイスランド低気圧とポルトガル沖の亜熱帯のアゾレス高気圧という，海盆規模の停滞性高低気圧に特徴づけられる．これらに伴う南北気圧傾度は，中緯度北大西洋上に定常的な偏西風をもたらす．NAO は，アイスランド低気圧とアゾレス高気圧とが同期して，ともに強まったり弱まったりする変動として現れる[1]（図1, 図1）．同時に，中緯度の海上偏西風も，またアゾレス高気圧南側の北東貿易風の強さも変動する．平年場の高気圧・低気圧が同時に強弱を繰り返すということは，気圧偏差（平年からのずれ）としては南北双極子状の気圧シーソーとして NAO が現れることを意味する（図2a）．この気圧偏差の極大（作用中心）は，アイスランド低気圧とアゾレス高気圧の平年の中心付近に位置する．

このように，北大西洋の大気循環をつかさどる停滞性高低気圧の強弱を伴う NAO は，広い範囲の寒候期の天候に影響する．その正の位相では，アゾレス高気圧・アイスランド低気圧ともに強く，海上から南西風が吹き込む欧州は平年より温和になる．中緯度の偏西風も強く，活発な移動性の総観規模低気圧が，欧州に多量の降水をもたらす．逆に，アゾレス高気圧・アイスランド低気圧ともに弱まる負の位相の場合には，上空では偏西風が弱まって蛇行し，グリーンランド付近にはブロッキング高気圧が出現しやすく，不順な天候になりやすい．欧州では寒冷高気圧の影響を受け，南

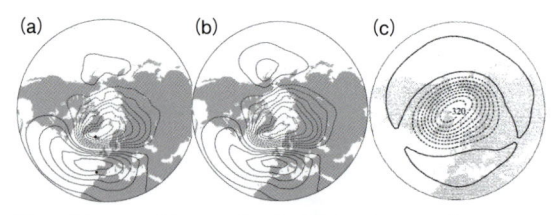

図2 (a) NAO，(b) AO に伴う典型的海面気圧偏差[1]．(c) NAM (AO) に伴う典型的 50 hPa 面高度偏差[3]．いずれも正位相における実線は正偏差，破線は負偏差．

西風が弱まり，平年より寒冷な天候となり，降水量も少なめになる．ただし，地中海沿岸域では低気圧活動の活発化で降水量が増える．

●北大西洋振動（NAO）と北極振動（AO）

NAO の発見は，1930 年代はじめの英国 Walker 卿による研究にまで遡る．驚くべきことに，北大西洋から北極海に至る広範な領域での気圧変動パターンを，さらにその 20 年も前にオーストリアの Exner が発見していた[2]．この変動は NAO を包含するが，より東西一様性が高く，高緯度・中緯度間の気圧の振動を表すものである．20 世紀末になって，この変動パターンが北半球中高緯度で最も卓越する海面気圧変動として統計的に再定義され，北極振動 (Arctic Oscillation：AO) と名づけられたが[4]（図2b），NAO との区別が議論となった．特に，AO の抽出に用いた統計手法（経験直交関数解析）が，広範に広がる変動を選択的に抽出する傾向を持つことから，AO には NAO のシグナルだけでなく，特定の統計手法に由来する人為的な変動が含まれるのではとの疑義が出された．現在では，南半球中高緯度に同定された東西一様性の高い変動パターン（南極振動）とともに，環状モードと呼ばれ，AO は北半球環状モード (Northern Annular Mode：NAM；南極振動は Southern Annular Mode：SAM) と呼ばれることが多い[5]．

環状モードとは，偏西風とそれに重畳する波動擾乱との相互作用で駆動される変動パターンを意味する．広く海洋に覆われ地表面の東西一様性の高い南半球では，SAM の変動には移動性高低気圧が主に関与する．これに対し，海陸分布が複雑な北半球に現れる NAM (AO) は東西一様性がやや低く，偏西風の変動には惑星規模波動の寄与が大きい．ただし，包含する NAO の変動には大西洋上の移動性高低気圧からの寄与が大きい．なお，以前から index cycle として認識されてきた中緯度偏西風の強弱は，現在では環状変動に伴うものと解釈されている．偏西風が強く移動性高低気

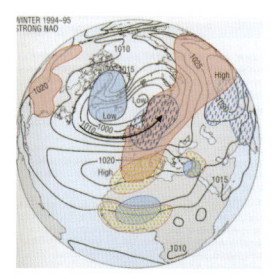

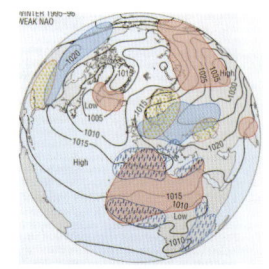

図1 NAO の正（左）・負（右）の位相における典型的海面気圧分布（実線）[2]．桃色は暖気偏差，水色は寒気偏差，青ハッチは湿潤偏差，黄色は乾燥偏差．

圧活動が活発な高指数状態（NAOの正位相に相当）と，偏西風が弱まって蛇行し，移動性高低気圧活動が弱まる低指数状態（NAOの負位相に相当）との間を循環状態が揺らぐことになる．

● AO（NAM）・NAOと成層圏循環変動

環状モード変動の1つの特徴は，寒候期に成層圏循環変動と結び付くことである．寒候期の高緯度成層圏では，オゾンによる日射紫外線吸収がほとんど起こらず，極低温の巨大低気圧（極渦）が形成される．この極渦とその縁辺を巡る強い偏西風（極夜ジェット）の強弱こそが，寒候期の成層圏循環に最も卓越する変動となる[5]（図2c）．この変動は東西一様性が高く，成層圏環状モード変動と呼ばれ，対流圏から伝播してくる惑星規模波動（ロスビー波）の強弱により駆動されている．ロスビー波は西向き運動量を運ぶため，伝播してきた波動がふだんより強まれば極夜ジェットが大きな減速を被る．ある高度に波動強制がもたらした偏西風偏差の影響は，温度風調節を通じて徐々に低い高度に及んでいき，対流圏のAO（NAM）変動を励起する[6]．特に，対流圏からの波動伝播が強化され，成層圏の極渦が崩壊して極域成層圏の気温が急上昇する現象（成層圏突然昇温）の影響は顕著で，成層圏に形成された高気圧性偏差の影響が負のNAO（AO）の位相として対流圏循環にまで及び，中高緯度の広い範囲に寒波をもたらすことがある．逆に，成層圏極渦の異常強化の影響が正のNAO（AO）の位相として対流圏循環に及ぶこともある．

このような成層圏から対流圏への循環偏差の時間発展は比較的緩慢なため，ここに予測可能性が見出される．なお，シベリア上空に現れる対流圏の停滞性波状擾乱により気温・南北風の東西分布が変化し，成層圏への惑星規模波動の伝播が変調を被る過程が，1～2ヵ月先の成層圏極渦変動を介した対流圏AO偏差の前兆となることも指摘されている[7]．

●北太平洋の卓越変動とNAO

寒候期には，北太平洋上にも卓越する対流圏循環変動が存在し，太平洋・北米（Pacific/North American：PNA）パターンと呼ばれる．NAO同様，PNAパターンも大洋上の南北の気圧シーソーに特徴づけられるが，北米大陸上空へと連なる波状の偏差も顕著である[8]．PNAパターンに伴う変動は，上空では太平洋上空の偏西風の強弱として現れ，それとともに移動性高低気圧活動も変調を受ける．地表の停滞性アリューシャン低気圧の変動を伴うPNAパターンは，北太平洋・極東・北

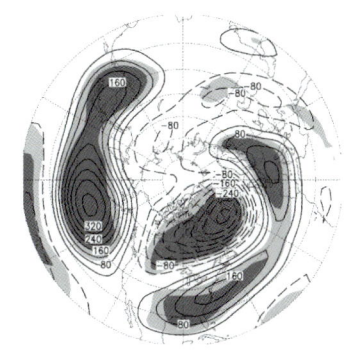

図3 地表のアリューシャン低気圧の弱化とアイスランド低気圧の強化に伴う250hPa面高度の偏差分布[10]．破線は負偏差．単位はm．

米に至る広範な地域の天候に大きな影響をもたらす．

興味深いことに，真冬から晩冬にかけて，PNAパターンの影響が大西洋に及び，NAOを励起する傾向がある[9]（図3）．これは，PNAパターンに伴い北太平洋上空に蓄積された波動エネルギーが，ロスビー波として北米上空を越えて北大西洋へ至ることに起因するが，移動性高低気圧からのフィードバック強制によって北太平洋上の停滞性循環偏差が持続することが重要である．地表では，アリューシャン低気圧とアイスランド低気圧の強度間のシーソー関係として観測される．たとえば，前者が弱いときには後者が強い傾向にあり，こうした冬には極東も欧州も暖冬となるなど，北半球の広い範囲に異常天候をもたらす．なお，PNAパターンの影響によるNAOの励起は，成層圏変動と結合したNAMとして現れるNAOの励起とは区別されるべきものである．また，統計的に定義されるAOに伴う北太平洋上の気圧偏差は（図2b），PNAによるNAOの励起の現れと考えられている．

● NAOやPNAパターンの駆動源

PNAパターンに似た大気循環変動が，熱帯太平洋の経年変動であるエルニーニョ・南方振動（El Niño-Southern Oscillation：ENSO）やより長周期の変動の遠隔影響によって励起されやすい．また，熱帯大気の季節内変動（Madden-Julian Oscillation：MJO）の遠隔影響によっても，PNAパターンが励起される．しかし，PNAパターンは熱帯からの遠隔影響なしでも成長・維持できるのである．熱帯からの影響が弱い北大西洋においても同様で，PNAパターンやNAOの成長・維持にはジェット気流出口における移動性擾乱からのフィードバック強制が重要である．

〔中村　尚〕

2.21 長期の気候変動

● 熱帯太平洋域の気候変動と中緯度への影響

地球の気候系において最も卓越する自然変動は，赤道太平洋の大気海洋結合変動であるエルニーニョ・南方振動 (El Niño and Southern Oscillation：ENSO) である．その周期は 2～6 年で，熱帯太平洋域のみならず，他の熱帯域に加え，南北太平洋や北米・南米に至る広い地域に異常天候をもたらす．これは，赤道太平洋域における積雲対流活動の異常が上昇流を変え，それに駆動された大規模大気循環偏差に伴う遠隔影響を介するものである．北太平洋上では，太平洋・北米 (Pacific/North American：PNA) パターンに似た対流圏循環偏差が現れやすく，地表ではアリューシャン低気圧の変動を伴う．赤道太平洋の水温が上がるエルニーニョの位相では，アリューシャン低気圧が強まり南東に偏倚する傾向にある．この場合，中緯度北太平洋で海上偏西風が強化され，海面での蒸発冷却や顕熱放出が増加し，海洋混合層の攪拌も活発化することにより海面水温が平年より低下する．反対に，赤道太平洋の水温が下がるラニーニャの位相では，アリューシャン低気圧と海上偏西風が弱化し，北太平洋中緯度で海面水温が平年より高くなる．このように，熱帯の大気海洋変動の影響が大気循環変動を介して中緯度海面での熱交換を変化させ，水温偏差を駆動する過程を大気の架け橋と呼ぶ[1]．これにかかわる停滞性大気循環偏差は圏界面の変位を伴い，元来上空ほど振幅が大きい構造を有する．こうした偏差が明瞭な海上偏西風の偏差を伴うのは，移動性高低気圧に伴う極向き熱輸送も変化し，温度風平衡の制約から上空の西風運動量偏差が下方へと輸送されるからである．

熱帯太平洋には ENSO よりも長周期の大気海洋結合変動が存在する．変動がより持続的なため，太平洋 10 年規模変動 (Pacific Decadal Oscillation：PDO) と呼ばれる[2]．ENSO と同様，熱帯の海面水温偏差は積雲対流活動の持続的な偏差を伴い，その影響は大気循環偏差を通じて広く南北太平洋中緯度へ及ぶ[1]．10 年規模の熱帯と中緯度の水温偏差に見られる負の相関関係は ENSO と同一の傾向である (図 1)．たとえば，熱帯太平洋の水温は 1970 年代後半に，従来の低温傾向から高温傾向へ転じたのに対応し，アリューシャン低気

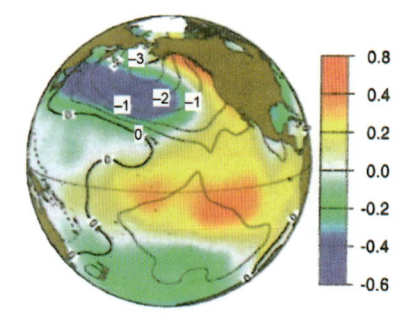

図 1　PDO に伴い熱帯太平洋が温暖な時期の典型的な海面水温偏差 (℃) と海面気圧偏差 (hPa)[2]．破線は負偏差．

圧と海上偏西風が強化されたため，中緯度北太平洋では低温傾向が 1980 年代後半まで続いていた．

熱帯太平洋の 10 年規模変動は経年変動の ENSO との類似点も多く decadal ENSO とも呼ばれる．だが，経年変動に伴う水温偏差が海盆中部から東部にかけて赤道域に集中するのに対し，10 年規模変動では赤道域に偏差が集中するのは海盆中部だけで，東部では赤道域からやや離れて顕著な偏差が現れる．

● PDO と中緯度海洋

PDO に伴う中緯度・亜熱帯の水温偏差は，沿岸域や狭い海洋前線帯に集中する特徴がある[1,3,4] (図 2)．海洋前線帯は水温が南北方向に急激に変化する領域である．北太平洋で最も顕著な海洋前線帯は三陸沖を東西に伸び，黒潮系の亜熱帯循環系と親潮系の亜寒帯循環系との境界をなす．PDO に伴う水温偏差はこの亜寒帯前線帯に沿って最も顕著で，冬季の水温変動には長期変動が卓越する[4]．また，冬季には，中緯度北東太平洋から小笠原諸島の北に至る亜熱帯前線帯に沿っても持続的な水温偏差が顕著である．すなわち，PDO に伴う持続的な水温偏差の形成には，海洋循環系の変動を反映した海洋前線帯の南北変位も寄与しているのである．実際，三陸沖の亜寒帯前線帯が著しい低温だった 1980 年代半ばには，温暖だった 1970 年ごろに比べ，前線帯の軸は 300 km ほど南下していた[4]．対照的に，ENSO に伴う北太平洋の水温偏差は，大気の架け橋にかかわる大気循環偏差の空間規模を反映して，海盆全体に広く広がる．

さて，図 1 に示した典型的な PDO の偏差は，全ての周期帯を含め最も多くの変動を説明できる偏差の空間分布を統計的に抽出したものである．このうち，熱帯太平洋の持続的水温偏差との相関が高いのは，海盆の中部から東部にかけての亜熱帯海洋前線と北米沿岸

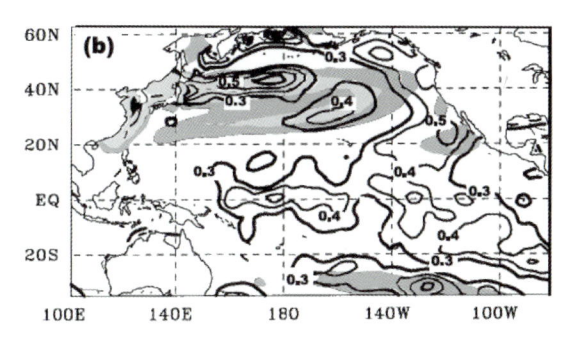

図2 周期7年以上の海面水温変動標準偏差（℃）の分布[4]．陰影は，水温の南北勾配が100kmあたり0.5℃以上の海洋前線帯．

域に現れる水温偏差で，こうした変動はmeridional modeとも呼ばれる．一方，最近の研究によれば，図1の水温偏差分布には統計手法による人為的な影響が少なからず含まれており，中緯度海洋前線帯の水温偏差は熱帯太平洋からの遠隔影響だけでは説明できず，中緯度海洋変動の重要性が示唆されている[5]．海洋前線帯に南北変位をもたらすのは，海上風トルクの偏差により励起される海洋のロスビー波で，温度躍層深度の変位を伴う．この波動は海盆中東部で励起された後，日本東方沖の前線帯に達するのに数年かかる．ここに10年規模変動の予測可能性を見出せると考えられている[6]．このロスビー波の励起にかかわる海上風偏差には，熱帯太平洋からの遠隔影響も含まれる．

興味深いことに，三陸沖の海洋亜寒帯前線帯の水温偏差と同時に観測されるのは，アリューシャン低気圧の強弱と上空のPNAパターンである．前線帯の水温が高い傾向の時には，アリューシャン低気圧が弱く，前線帯上の偏西風も弱い．この時，水温が高い海域で平年より海洋から大気への熱放出が増大する[7]．これは大気の架け橋が機能する他の中緯度海域とは逆の傾向で，海洋前線域では海洋循環変動が大気に熱的強制を与え得ることを示すものである[1]．すなわち，海洋前線域での大気海洋間の熱交換は，中緯度北太平洋の大気海洋系に正のフィードバック系が存在することを示唆するものであるが，その具体的メカニズムと有意性についてはまだ解明されていない．

● 北大西洋における長期気候変動

北大西洋においても10年以上の時間規模を有する長期気候変動が存在する．たとえば，北大西洋上で最も卓越する大気循環変動である北大西洋振動（North Atlantic Oscillation：NAO）にも，経年変動に重畳して10年以上の持続的な変動が明瞭である．たとえば，1960年代から1970年代にかけては，NAOが負の位相を取りやすく，中緯度偏西風が弱まり蛇行することが多く，欧州の冬季気温も低かった．その後，1980年代後半から1990年代半ばにかけては正の位相に転じ，中緯度偏西風が強まり，移動性高低気圧も活発化し，欧州の冬季気温も上昇した．

風成循環が支配する太平洋の海洋循環系とは異なり，大西洋の循環には熱塩循環の寄与も重要である．そのため，北大西洋では海盆中央部においても海洋表層（深さ約1kmまで）では北に向かう流れが明瞭である．この流れは，海洋中層（深さ2～3km）における南向きの運動とともに，子午面循環（meridional overturning circulation：MOC）を形成する．表層の流れは亜熱帯での強い蒸発の影響で高塩分であり，これが亜寒帯北大西洋で冷却されて沈み込むことで循環が維持されると考えられている．ただし，この冷却の強さはNAOなどに伴う海上風や海上気温の変動に依存し，MOCの強さも変化する．特に，大西洋数十年規模振動（Atlantic Multidecadal Oscillation：AMO）は，北大西洋全域に及ぶMOCの変動と海面水温の偏差を伴うものと考えられている[8],[9]．たとえば，NAOが負の位相を取りがちで海上偏西風が弱かった1960年代には沈み込みが弱まり，MOCの弱化につながった．この時期，北大西洋の海面水温は低下傾向にあり，1970～80年代に最も低かった．その後NAOが正の位相に転ずるとMOCが強化され，海面水温も上昇傾向に転じた．ただし，NAOのような大気循環偏差とMOCがどの程度相互作用し合っているかについては未解明のままである．こうした長期変動に伴う海面水温偏差は北西大西洋域で特に強いが，これがNAOの特定の位相を維持・強化する作用があるのか，あるいはNAOが包含するさまざまな周期帯の変動成分のうち，長周期成分にのみにMOCの強度が敏感なだけなのか，今後の研究が待たれるところである．また，1970年代に，亜寒帯北大西洋にて異常な低塩分の領域が緩やかに移動しつつ持続したことが知られている[10]．このGreat Salinity Anomalyとの関連も未解明である．

なお，北大西洋の海面水温の変動には，数年～10年周期の変動パターンも存在するが，これは北米東岸沖の水温が亜寒帯や熱帯の水温と負相関を持って変動するものである．この水温偏差の3極構造は，NAOに伴う海上風偏差による海面での蒸発冷却や顕熱放出，さらには混合層の攪拌強度の変動による局所的な水温偏差の形成と解釈できる．

〔中村　尚〕

3.1 雲の分類

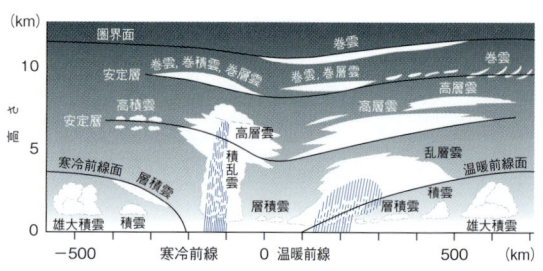

図1 温帯低気圧と，それに伴って発生する雲の位置関係[1].

●雲とは

　大気中に含まれる水蒸気が上空で凝結して発生した微細な水滴または氷晶の集合を雲という．地表面に接した空気の中でも同じような現象が生じるが，その場合は霧という．山の斜面に雲が発生する場合は，遠くから見ると雲であるが，その中にいる人には霧として認識される．水蒸気から水滴（氷晶）ができる過程は，水分子の物性が深く関係している．その過程を雲物理過程という．雲物理学過程の詳細は3.2参照．

　雲は，発生するメカニズムの違いによって，対流性の雲と，非対流性の雲に分類される．対流性の雲は，水蒸気が凝結するときに発生する潜熱によって空気が加熱され，その浮力によってできる上昇流がさらに水蒸気の凝結を引き起こすことにより雲が自励的に発達する現象である．その代表は積乱雲である．積乱雲の詳細は3.3参照．非対流性の雲とは，たとえば，前線面に沿って広い範囲にわたって空気が滑昇するとき，断熱冷却によって空気の温度が下がり，雲が発生する現象である．多くの場合，層状の雲になるので，層状雲という．非対流性雲の詳細は3.8参照．

　雲は，降水（雨，雪，霰, 雹など，上空から降ってくる水の総称）と深く関係している．降水をもたらさないで，再び蒸発してしまう雲を非降水雲という．雲粒が成長・合体して，大きな水滴になり，空気から分離して地上に落ちてくる雲を降水雲といい，雨雲（雪雲）ともいう．降水は，多くの場合，対流性の雲によって生じる．降水過程の詳細は3.2〜3.4を参照．また，降水の地理的分布は，気候の特徴をつくる重要な要素である．

●雲の発生する高度

　ほとんどの雲は対流圏の内部で発生する．しかし，高緯度の成層圏，中間圏で発生する雲もある．前者は真珠雲（真珠母雲），後者は夜光雲という．真珠雲は高度20km，夜光雲は高度80km付近で発生する．高緯度地方の夜明け前に日射を受けて輝いて見えるので，このような名前がついている．オゾン層の破壊に伴って，南極大陸上空の成層圏に発生する雲が重要な役割を果たしていることが近年わかってきた．一般には真珠雲と呼ばれるが，この現象に対しては，極成層雲（polar stratified cloud：PSC）と呼ばれることが多い．

●十種雲形

　対流圏に発生する雲は，地上から見たときのマクロな雲の形をもとにして，10種類に分類される．この分類を十種雲形または十種雲級という（表1）．

　対流圏に発生する雲は，上層雲，中層雲，下層雲に分類される．下層雲は，高度1〜2kmに発生するもので，層雲，積雲，層積雲に分類される．層雲は，多くの場合，地表面付近に発生した霧がもとになっており，日射によって地面が加熱されるとき，地面付近の霧が消えて，上空に層雲が残る．したがって，朝に発生することが多い．積雲は，晴れた日に青空を背景に綿菓子のような形の雲が浮かぶ晴天積雲（動画1）から，夏の昼間にもくもくと湧き上がる雄大積雲（動画2）がある．高度1〜2kmまで上昇した空気塊の中で水蒸気の凝結が起こることが多く，そこで積雲が発生する．水蒸気量が多い場合は，空全体が積雲で覆われてしまう．そのような場合を層積雲という．登山をするとき，下界が一面雲に覆われた雲海を見ることがあるが，それが層積雲である．同じ雲を，その真下から見ると，隙間があることが多い．

　中層雲は，高積雲，高層雲，乱層雲に分類される．高層雲と高積雲はともに非降水雲で，晴または曇の日に，高度5km程度に，前線面に沿って，空気が広い範囲に滑昇するときに発生する．高層雲は，層のように広がっているが，高積雲は，層の中に斑点状または縞状の模様が発生したものである（動画3）．高層雲が厚くなって，ほとんど対流圏全体が雲で埋まってしまうような状態になる．しかし，雲の間に隙間があることもあり，上空から見ると，広い雲層のところどころに，積乱雲が生じている．その下では激しい降水がある．乱層雲は雨雲の代表であり，地雨性の降水や

ローカルな大気

前線の近くで発生する.

上層雲は，巻層雲，巻積雲，巻雲に分類される．巻層雲と巻積雲は，それぞれ発生高度の違いがあり，高層雲，高積雲と似ていて，対流圏上部に前線面が存在することを示す．巻雲は，晴れた日の上空に刷毛で描いたようなフィラメント状の雲である．フィラメント状になるのは，上空の風（日本であれば偏西風）が高さによって風速や風向を変えるために，落下する氷晶の群が刷毛で掃いたような形になるためである．

雲の発生は，大気の状態と密接に関係している．特に，温帯低気圧の周辺には，低気圧の中心からの距離によって異なる雲が発生する．図1は，それを模式的に示したものである．

●雲の動態

気体の相変化は，温度と圧力に依存する．大気中に含まれる水蒸気の相変化は，主に温度に支配されている．しかし，温度変化は，空気塊が上昇（下降）して，膨張（収縮）するときの断熱冷却（断熱昇温）によるので，圧力の変化が重要である．大気では，雲は発生・消滅を繰り返し，地球全体の雲の分布を見ると，いつでも半分が雲に覆われ，半分が快晴である（図1）．十種雲形は，あるスケール，ある時間間隔で見た雲の一側面を分類したというべきであろう．

容器の中に半分だけ水を入れ，容器を密閉すると，水面上にある空気が含む水蒸気量は増加し，ついには飽和して定常になる．飽和蒸気圧は温度に依存するので，容器の壁が内部の温度より低い場合は，壁に接した水蒸気は過飽和になり，水滴または霜になって壁に凝結する（結露）．

大気中には壁はないが，壁に相当するものとして，空気中に浮かぶ塵がある．塵の周りに水蒸気が凝結して小さな水滴または氷晶になったものが雲であり，塵は水蒸気が凝結するときの核となることから，凝結核と呼ばれる．塵は大気中に多量に浮遊しているが，過飽和になる空気は部分的であるので，雲の発生は大気の一部分に限られる．

雲の発生は，大気の上昇流・下降流の分布と密接に関係している．雲粒を含む空気塊が下降すると，断熱昇温によって温度が上昇し，飽和蒸気圧が高くなる．このため，雲粒の周りの空気は未飽和になり雲粒は蒸発して，雲は消えてしまう．したがって，下降気流の内部では雲は発生しにくく，高気圧圏内で天気がよいのは下降気流があることと関係している．

昼間，地表面は日射で加熱され，上昇気流が発生する．この層を対流混合層という．その高度は1～2km程度である．対流混合層の上部は自由大気と呼ばれ，そこでは大気は安定に成層している．そのような大気層には，大気が上下に振動する波がしばしば発生する．その波を内部重力波という．その例を動画4に示す．また晴れた日に空気が上側に波打った位置に雲が発生することがある．このような雲をレンズ雲といい，富士山の傘雲やつるし雲は有名である．動画5は，東京都心に発生したレンズ雲である．また内部重力波は，気流が山に当たるときに，山の風下に強制的に発生する．このような波を山岳波，または風下波という．人工衛星による雲画像でも，山の風下に縞状の雲が見られることがある．

●雲の地理的分布

気象衛星の実用化によって，グローバルスケールで雲の動態を観察できるようになった．日本の静止気象衛星「ひまわり」は，常に太平洋域の雲の分布を観測しているが，米国のGOES・EAST，GOES・WEST，ヨーロッパのMETEOSAT，インドのINSATが地球を取り囲んで，全球の雲の分布がモニターされている．図2は，「ひまわり6号」による2009年12月16日の雲の分布である．赤外画像は，宇宙に放射される赤外線の強さを表していて，白い部分は上層雲，グレーの部分は下層雲を表す．日本列島の近くにある雲は温帯低気圧に伴う雲，赤道の近くの雲は熱帯収束帯に伴う雲である．一方，亜熱帯域は北半球も南半球も雲が発生していない．

●雲の気候学的な役割

地球の太陽放射に対する反射率（アルベド）は約0.3であるが，その大部分は，雲による反射である．もしも雲がなくなると，地球の反射率は水星（0.12）または火星（0.15）と同じ程度になるであろう．すると，地球が吸収する太陽放射エネルギーが増加し，気温が上昇することが予想される．

大気循環による熱の南北輸送の中には，潜熱による輸送がかなりの割合を占める．大気中の水蒸気の凝結がなくなれば，その分の熱輸送がなくなるので，南北の温度差は現在の温度差よりも大きくなるであろう．南北の温度差が大きくなると，南北の気圧傾度が大きくなり，偏西風の強度が増す．こうして地球は強風の吹く惑星になると思われる．現在の地球環境を考えると，雲の存在が地球環境の維持に大きな意味を持つことが理解できるであろう．

〔木村龍治〕

3.2 雲物理過程

私たちの目に映る雲や降水は，さまざまな形態の水粒子の集合である．水粒子は，条件に応じて，凝結・蒸発，凍結・融解など相変化によって姿を変えるが，このことは，多様な雲・降水現象を生み出す原因の1つであり，大気中での水や熱の輸送に大きな影響を与えている．

ここでは，雲内部で起きている水粒子の成長やその役割にかかわる雲物理過程について見ていく．

● 雲・降水粒子

地球大気中で水は気体・液体・固体の三態を比較的容易に取り得る．相変化には潜熱を伴うが，これが大気を加熱したり冷却したりする．たとえば，水蒸気が凝結して液体の水になる際には 2.50×10^6 J/kg の熱を放出し，液体の水が凍結するときは 3.34×10^5 J/kg の熱を放出する．逆に，蒸発したり融解したりする際には，同じだけの熱を吸収する．雲の一生は，そのような相変化と密接に関連している．

雲を構成する水粒子は，その形態によって，数種類に分類される（図1）．液体の水粒子は，粒径が数μm～数十μmの雲粒，数mmの雨粒に分けられる．固体の水粒子は数十μm～数mmの氷晶（200μm程度以上のものを雪結晶と呼ぶこともある），それらが凝集して形成される雪片，氷晶や凍結水滴に雲粒が付着して形成される霰などに分けられる．氷晶は，生成・成長する際の温度・湿度の条件によってさまざまな形を取り得る．氷晶や雪片にも，いろいろな度合いで雲粒が付着しているものがある．霰や凍結水滴への雲粒の付着が非常に大きいと，数cmから，時には，10cm以上の雹が形成されることもある．

● 雲・降水粒子の成長過程

図2は雲・降水粒子の成長過程を模式的に示している．エーロゾルの一部が雲核として働き，雲粒を生成する．雲粒は，初期には凝結成長によって大きくなる．このときに生じる凝結熱は大気を暖め，より強い上昇流を作り出す駆動力となる．雲粒がある程度大きくなると，衝突併合過程によって成長が加速され，ついには雨粒が形成される．雨粒は秒速数 m で落下し，これによって地上に降雨がもたらされる．また，雲が 0℃よりも低い温度域に到達すると，氷晶核をもとに氷晶が生成される．雲粒でできた雲の中に氷晶が生成されると，氷晶の昇華成長が急速に進む．氷晶がある程度大きくなると氷晶同士が衝突・付着することで雪片を形成する．雲粒が豊富に存在する場合は，雲粒捕捉成長が卓越し，霰を形成する．雪片や霰は秒速数十cm～数 m の落下速度を持ち，大気下層の気温が十分に低ければ，そのまま地上に到達して降雪となり，そうでない場合は，途中で融解し，雨として落ちてくる．氷晶の昇華成長や水滴が凍結する際に生じる熱も上昇流の動力源である．また，落下中の雨粒や雪片・霰の蒸発によって大気が冷やされ，大気下層に冷気塊を形成し，新たな雲の発生・発達に影響を与えることもある．落下速度が小さく大気中の滞留時間が長い粒子は，長時間，広い領域にわたって光をさえぎり，大気の放射収支にも影響を与える．

● 雲の数値実験

次に，雲・降水粒子が具体的にどのように振る舞う

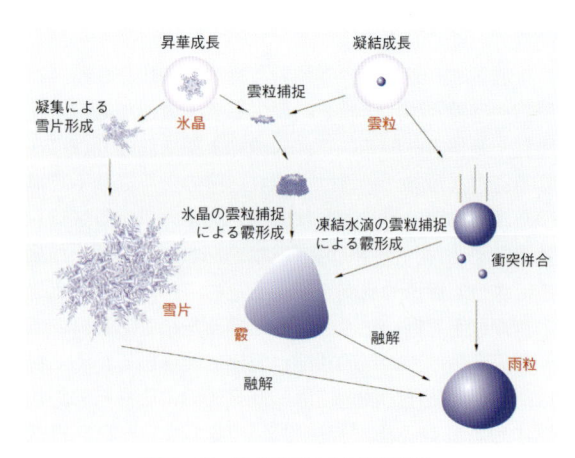

図2 雲・降水粒子の主な成長過程．

図1 いろいろな水粒子の代表的なサイズ．

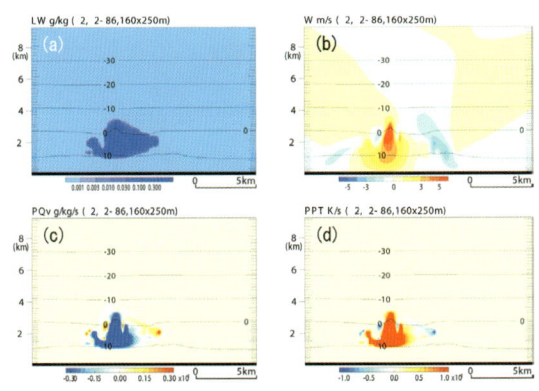

図3 雲の初期段階の(a)液体の水粒子の分布，(b)鉛直流速度，(c)水蒸気変化率（負値：青は水粒子の凝結または昇華成長を表す），(d)水の相変化による加熱率（赤は加熱，青は冷却）．実線は気温．

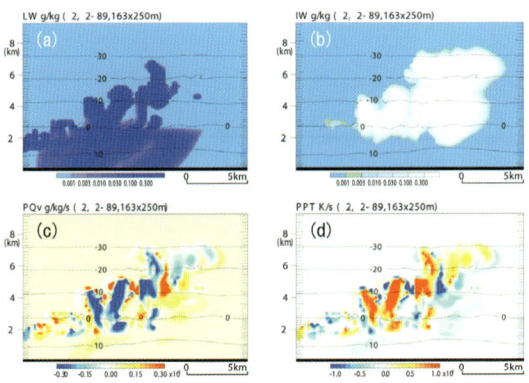

図4 雲の成熟期の(a)液体の水粒子の分布，(b)固体の水粒子の分布，(c)水蒸気変化率（負値：青は水粒子の凝結または昇華成長を表す），(d)水の相変化による加熱率（赤は加熱，青は冷却）．実線は気温．

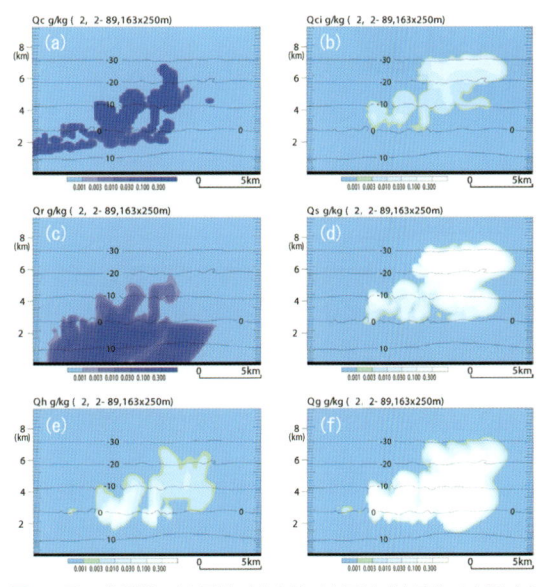

図5 雲の成熟期の(a)雲粒，(b)氷晶，(c)雨粒，(d)雪片，(e)雹，(f)霰の質量（単位質量空気あたり）．

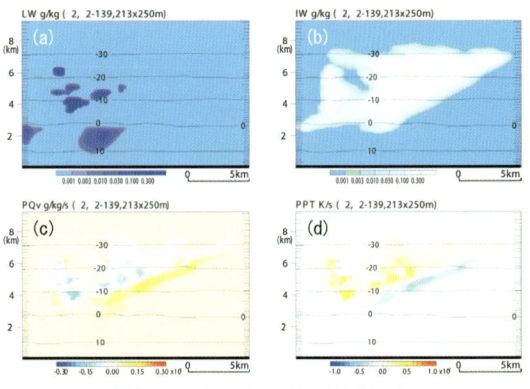

図6 図4と同じ．ただし雲の衰退期．

かを，水平分解能250mの雲解像数値モデルの結果から見てみる．

雲の初期段階（図3）では，強い上昇流と凝結による水蒸気の消費，凝結熱による大気の加熱が見られる．雲の成熟期（図4）では，水滴や氷粒子が生成・成長すると同時に，降水が地上に達している．水滴や氷粒子が凝結・昇華によって成長する領域（上昇流域に対応）では加熱，下層では降水粒子の蒸発による冷却，0℃高度直下では上空から落下してきた氷粒子の融解による冷却も起きている．水粒子の種類別の分布（図5）を見ると，雲の右半分では，上空から落ちてきた霰が融解して雨をつくっているが，左半分では雲粒から雨への成長も見られる．落下速度の小さい氷晶は雲の頂上付近に分布している．雲の衰退期（図6）では，上昇流が弱まり，降水は地上まで到達していない．上空には落下速度の小さい氷粒子が残っている．

実際の大気では，この例に限らず多様な雲が存在する．

●雲・降水粒子の働き

雲・降水粒子の成長過程とそれらが大気に与える影響を上で述べたが，雲・降水粒子の働きを特徴づけるのは，それらが粒子という形態をとることと，相変化を伴うことであることがわかる．水蒸気は空気の流れに沿って移動するが，水滴や氷粒子は重力を受けて落下するので空気の流れとは異なる動きをする．また，ある場所では相変化によって大気を加熱したり冷却したりして，大気の流れを変化させる．雲・降水粒子は，これらの組合せによって，大気中の水や熱の輸送に対して独特の働きをしているのである． 〔橋本明弘〕

3.3 積乱雲

●積乱雲とは

図1のような孤立した水平スケール数 km の入道雲がしばしば見られる．その時間変化を見ると，発生するともくもくと高く成長し，やがて対流圏界面に達して水平にかなとこ（アンビル）状に広がり，その下では雨が降り，やがて減衰してしまう．この間の時間は1時間足らずである．このような入道雲は対流性の雲である積乱雲として分類される．ここでは積乱雲の発生要因，構造と寿命，大気大循環における熱エンジンの役割を見てみる．

図2は，1999年6月29日に北九州を襲った豪雨の気象庁レーダー図[1]である．当日早朝，豪雨が福岡市を襲い，市内を流れる川が氾濫してJR博多駅周辺の地下街が浸水した．福岡市では1時間あたりで50mm以上の雨が降った．このときの動画1を見ると，寒冷前線と呼ばれる南西から北東に連なる大規模な線状降水系（レーダーでは強い反射域）があり，それが徐々に東進していた．また降水域では，前線全面で降っているのではなく，その中で10kmスケールの小さな領域で降っているのがわかる．

水平分解能2kmの雲解像数値モデルを用いて，この豪雨の降水強度や降水のタイミングなどが再現された[1]．図3は再現された豪雨の雲域を九州の南西方向から眺めた鳥瞰図である．鉛直方向に伸びた針状の雲

図2 1999年6月29日に北九州を襲った豪雨のレーダー図[1]．▼▼は寒冷前線を表す．

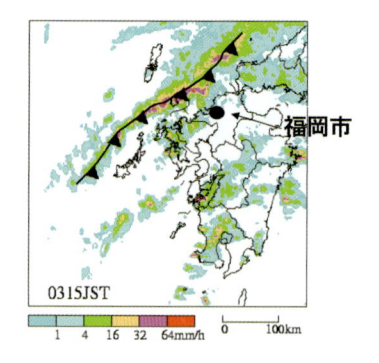

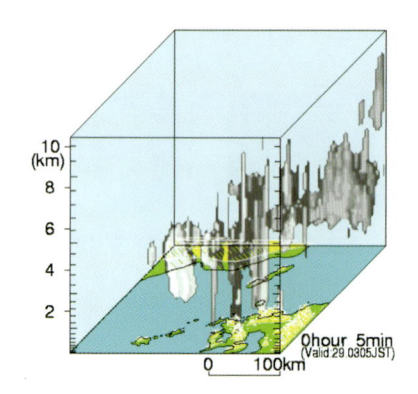

図3 雲解像数値モデルで再現された雲の様子[1]．

域が目立つ．動画2を詳しく見ると，その針状のものは前線付近で入れ替わりながら発生・発達・減衰を繰り返し，この時間変動に応じて地表では降雨が見られた．この針状のものが積乱雲である．このように積乱雲は最大時間降水量を決めるなどして集中豪雨雪では鍵となる．

●積乱雲の発生要因

地球大気の運動は太陽エネルギーによって駆動される．衛星を使った地球全体の放射収支を見ると，太陽（短波）放射の半分は地表面に吸収され，地球（長波）放射および乱流による顕熱や潜熱として大気に影響を及ぼす．つまり，大気は基本的に下部境界の地表面から常に暖められることになる．こういう状態が続くと，大気は鉛直方向に重力不安定となり，上下に大気が転倒する運動が起きる．鉛直方向の密度差のアンバランスを解消するために起こる運動を対流と呼び，一般にその水平の大きさは高さとほぼ同じである．

地球大気の対流を考えると，地球大気の大部分を占

図1 入道雲の発達の様子．

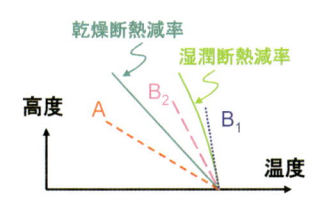

図4 温度−高度から見た大気の成層. 破線は考えられる温度減率であり, A (絶対不安定), B_1 (絶対安定), B_2 (条件付不安定) のような3つのレジームに分かれる. 湿潤断熱減率の傾きは温度によって変わり得る.

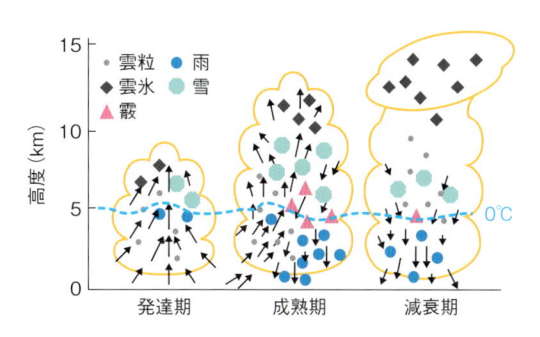

図5 積乱雲の一生と内部の水物質の分布[2].

める窒素や酸素など相変化がない気体による対流 (乾燥対流) と, 水蒸気が凝結・蒸発して相変化が効く雲がかかわる対流 (湿潤対流) がある. 一般に大気は高さとともに温度は低くなる (その割合を温度減率という) が, 外との熱のやりとりのない場合 (断熱) の温度減率は大気の持つ性質により一意的に決まってくる (臨界温度減率). 大気の温度減率が臨界温度減率より大きいときはその成層は不安定であり, 一方それより小さい場合には安定成層として対流が発生しないことになる. 理論計算から, 乾燥大気の臨界温度減率は約10℃/km (乾燥断熱減率), 湿潤大気の場合は対流圏下層で約5〜6℃/km (湿潤断熱減率) である (図4). ところが, 代表的な地球大気の温度減率は, 2つの臨界温度減率の中間の温度減率を持ち, 一般に地球大気は条件付不安定な成層であるといわれる. このような成層では, 雲がないときは安定であるが, 雲があると不安定となり対流が起こることになる.

条件付不安定な成層では, 雲を起こさないように, 下 (上) 層だけを暖める (冷やす) ことにより乾燥断熱減率まで温度減率を大きくすることができる. ところが, 雲がいったんできると, 温度減率は湿潤断熱減率まで変わり, それまで溜め込まれていた静的エネルギーが一気に解放される. この大きな静的エネルギーを運動エネルギーに転化した現れが積乱雲である. もくもくと発達する積乱雲は, いわば水の相変化に伴う静的エネルギーを利用した爆発現象といえる. またその大きな静的エネルギーは, 大雨, 竜巻, 雷, ダウンバーストなどさまざまなシビアウェザーを起こすもととなる. それに対して, 乾燥対流では湿潤大気のように静的エネルギーの大きな溜めがないので, シビアウェザーのような現象は発生しにくいと予想される.

● **積乱雲の構造と寿命**

典型的な積乱雲の一生を図5に示す. ここでは, 水物質として, 簡単化のため, 氷は無視して同じ水滴であるが粒径が異なる雲粒と雨粒だけを考える. 雲粒は水蒸気が凝結するときにできる大きさ数十μmぐらいの小さな水滴であり, 周りの空気の流れと一緒に動き得る. 一方, 雨粒は雲粒の衝突併合過程などにより大きくなった水滴であり, 重力による落下のために空気の流れとは異なる運動をする.

雲が発生すると, 水蒸気の凝結により発生する凝結熱で上向きの力が生じ, 積乱雲内全てで上昇流となる. 強い上昇流域では最初は雲粒であったものが徐々に大きな粒径の雨粒へと成長する. そして, 大きな粒径の雨粒まで成長すると, 積乱雲内の上昇流に逆らって落下を始め, 周囲の空気を一緒に引きずり下ろし下降流をつくる. 成熟期には強い上昇流と下降流が共存する状態が見られ, 大きな雨粒は地上まで達し下降流とともに強い降水が見られるようになる. 図2の気象レーダーで捉えられる強降水域は, 通常積乱雲の成熟期に見られる. その後, 減衰期になると, 積乱雲内で下降流が卓越し始め, 下層からの水蒸気の供給は遮断されいずれ消滅することになる. このように, 積乱雲内における鉛直流と雲から雨への成長は同期している. 積乱雲は大気の不安定を解消しようと対流を起こすが, そのたびに雲内でつくられる水物質の成長により自らをつぶすことから, 積乱雲は自己破滅型ともいわれる.

● **積乱雲群の熱エンジンとしての役割**

地球大気の積乱雲は, 第一に鉛直方向の重力不安定な状態を解消する役割を果たす. 第二に, 雲内で気相の水蒸気を凝結させて雨 (あるいは雪など) を系外 (たとえば海面) に落とすことにより, 大気中に凝結熱だけを残す, つまり大気における熱源という役割を果たす. 中緯度帯や熱帯では積乱雲が群をなす積乱雲群が多く見られるが, 積乱雲群が作り出す熱源は大気大循環の駆動力となっている.

〔吉崎正憲〕

3.4 メソ対流系

●メソ対流系とは

集中豪雨の多くは図1で示したように，長さが100～200km程度で，幅が10～30kmの線状降水帯が数時間停滞することによってもたらされる．その線状降水帯を作り出しているのが積乱雲であり，複数の積乱雲が次々と発生して積乱雲群をなし，同じ場所に降雨をもたらすことで豪雨になる．そのような積乱雲群をメソ対流系と呼ぶ．また，熱雷などの局地的大雨をもたらす水平スケール20～30kmの降水システムもメソ対流系に属する．

気象擾乱の空間スケールと時間スケールの関係（図2）の中で，メソ対流系がどの位置に存在するか見てみる．総観スケールで代表的な移動性低気圧では，時間スケールが数日～1週間程度であり，梅雨前線上に発生する若干スケールが小さな低気圧の場合は1～数日程度である．豪雨をもたらす線状降水帯がほぼ

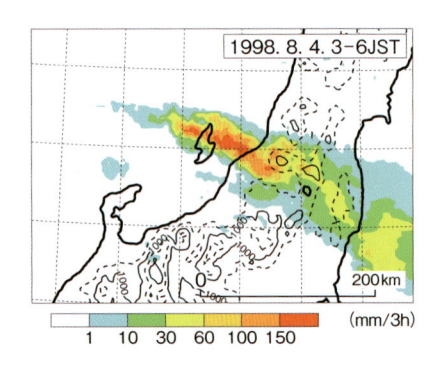

図1 1998年新潟豪雨をもたらした線状降水帯[1]．

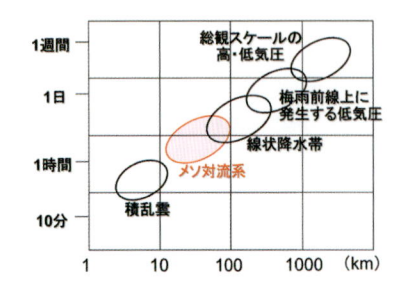

図2 降水に関する気象擾乱における空間スケールに対する時間スケールの関係[1]．

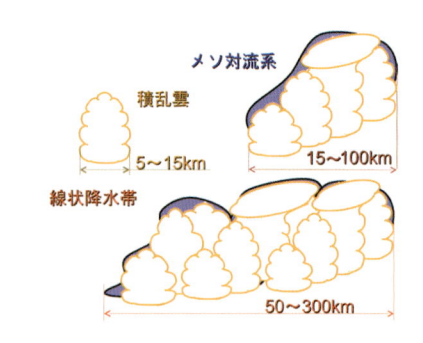

図3 積乱雲，メソ対流系，線状降水帯の模式図[1]．

停滞している時間は数時間～1日程度であり，局地的大雨は1時間程度の現象である．このことからメソ対流系の時間スケールは1時間～1日程度となる．また，そのメソ対流系を構成している積乱雲の寿命は1時間程度である．このように気象擾乱の空間スケールが小さくなると時間スケールも小さくなる．時間スケールに対する空間スケールの比は気象擾乱の空間スケールによらず0.1～0.3s/m程度である．

●メソ対流系の構造

大雨をもたらす積乱雲，メソ対流系および線状降水帯の模式図を図3に示す．積乱雲は大気の不安定な状態を解消するために発生する対流の仲間で，その水平・鉛直スケールはともに5～15km程度とほぼ同じ大きさである．圏界面高度が高い暖候期にはそのスケールは大きくなり，冬季には小さくなる．メソ対流系は複数の積乱雲が組織化したもので，その水平スケールは15～100km程度になる．また，線状降水帯は複数のメソ対流系により構成されたもので，その水平スケールは50～300km程度になる．

●メソ対流系の組織化に対する鉛直シアの役割

メソ対流系の組織化に対する水平風の鉛直シアの役割について雲解像数値モデルの結果[2]から見てみる．図1は長崎半島から延びた線状降水帯がほぼ1日停滞し，数値モデルで再現されたことを示している．図2は鉛直シアを半分にした場合で，線状降水帯の長さが半分程度になり，局地的大雨に見られるような散在した降水域が予想されている．図3は鉛直シアをなくした場合で，線状降水帯が予想されていない．このように，ある程度の鉛直シアがなければ，積乱雲群はメソ対流系に組織化しない．

鉛直シアがある場合の新しい積乱雲の発生例を図4に示す．積乱雲は水蒸気の流入方向に相対的に進むの

ローカルな大気

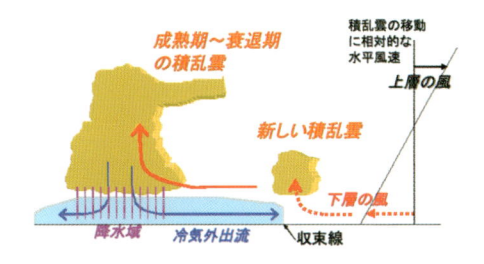

図4 水平風の鉛直シア（右側の分布）がある場合の新しい積乱雲の発生の一例 [1].

で，下層風により水蒸気が積乱雲へ大量に流入し，大量の降水が作り出される．この降水の一部が下層で蒸発して大気を冷やして冷気外出流をつくる．そして，冷気外出流が水蒸気の流入方向に進行すると，積乱雲から見て下層の風上方向に収束線が形成される．収束線上では上昇流がつくられ，その上昇流により新たな積乱雲が形成される．この一連の繰り返しによりメソ対流系は維持される．一方，鉛直シアのない場合では，積乱雲に相対的な流れは弱くなり，積乱雲に大量の水蒸気が供給されず，積乱雲は主にその周辺の水蒸気を使って発達することになる．この場合，冷気外出流と下層風との収束が弱く，積乱雲が次々に発生できない．

● **積乱雲のバックビルディング型形成**

日本周辺で観測される線状降水帯の多くは，メソ対流系の先端で積乱雲が次々と新たに発生して次第に線状に長くなることで作り出されている．このような形成・維持メカニズムをバックビルディング型形成と呼ぶ．図1で示した線状降水帯について，バックビルディング型による積乱雲の繰り返し発生を示したのが図5である．この例では，下層の暖湿な空気塊は線状降水帯の南西側から流入し，上空は強い西風が吹いていた．線状降水帯の西端を見ると，新しい積乱雲が少なくとも30分間隔で発生し，東北東進していることがわかる．

図3で示したメソ対流系の水平スケールは，1つの積乱雲の移動距離で決まり，線状降水帯のスケールは複数のメソ対流系の構成により決まる．たとえば，積乱雲の移動速度が10m/sならば，積乱雲が1時間で移動できる距離が36kmなので，長さ100kmを超えるような線状降水帯の構造を，ある場所で発生する積乱雲だけでは説明できない．すなわち，図3のように積乱雲が線状降水帯の複数の場所で発生し，メソ対流系を組織化しなければ，線状降水帯の構造を説明できない．図5でも線状降水帯は複数のメソ対流系によって構成され，それぞれのメソ対流系の西端でも

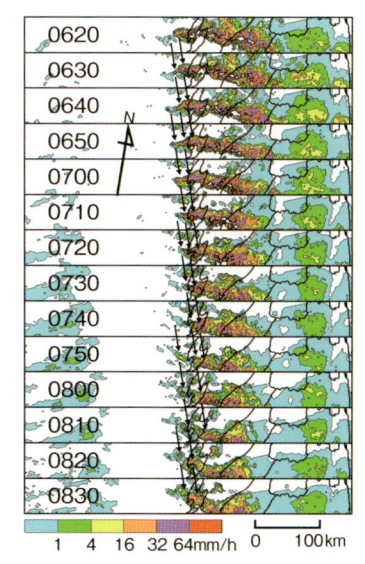

図5 10分間隔の気象レーダーによる観測から見たバックビルディング型形成による積乱雲の繰り返し発生の例 [3].

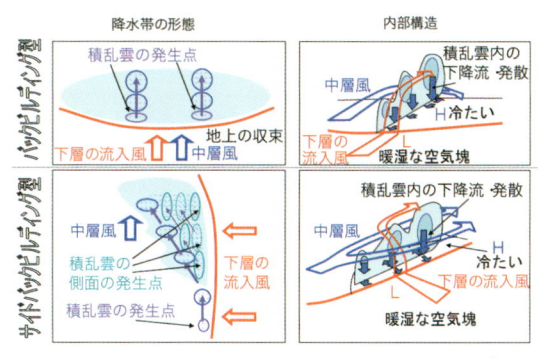

図6 バックビルディング型形成の形態と内部気流構造 [4].

積乱雲が発生していると考えられるが，メソ対流系が重なり合ってその発生は明確には見えない．

線状降水帯内での積乱雲の発生位置から，バックビルディング型形成の形態を図5のように分類することができる．環境場の2次元性が強い（下層の流入風と中層の風向が同方向）場合，図6上のように異なる位置で繰り返し発生する積乱雲は重なることがなく，メソ対流系は互いに独立することになる．しかし，図5のケースのように下層の流入風と中層風の風向が異なると，図6下のように異なる位置で発生した積乱雲は重なりながら，その一部が併合することで線状降水帯を形成することになる．そのような積乱雲の発生形態は，バックビルディング型の中でも，特にサイドバックビルディング型と呼ばれる． 〔加藤輝之〕

3.5 台風

ローカルな大気

台風とは，熱帯低気圧のうち北西太平洋で発生するものの呼称である．赤道の北側で東経100〜180度の間の海域で，最大風速が17m/sあるいは34ノット以上に達したものをさす．熱帯低気圧は，熱帯および亜熱帯の海洋上で発生する低気圧であり，発達したものは，各海域により呼称が異なる．台風のほか，北米周辺の海域ではハリケーン，北インド洋ではサイクロン，などと呼ばれる．以下では，状況に応じて台風あるいは海域毎の呼称，熱帯低気圧などと呼ぶ．熱帯低気圧は世界全体で年間に約80個発生する．

●台風の雲，構造と維持機構，メソスケール対流

台風を構成しているのは積乱雲である．熱帯域に頻繁に見られる積乱雲は，水蒸気の凝結に伴う熱放出を通じて大気大循環を駆動する役割を果たす．その一方で，群をなす（組織化する）ことで，台風をはじめとするさまざまな大気擾乱を発達，維持させる役割も果たしている．台風の発生と発達を理解するためには，台風を構成する積乱雲の組織化がどのように起こり，維持されるかという問題を明らかにする必要がある．観測からこれらのメカニズムを明らかにするのは容易でない．台風の発生に関する先駆的な研究[1]の後も，断片的あるいは集中観測のデータ解析などを通じて情報が蓄積された．

台風は，中心付近に雲の少ない領域，眼が存在する．その周囲では，背の高い活発な積乱雲が取り巻き，さらにその外側にはスパイラル状のレインバンドが見られる．眼の形成には，大気と地表面の間の摩擦が重要で，摩擦の効果により，中心への吹き込みが維持されている（摩擦収束）．結果として，水平方向には，コリオリ力，気圧傾度力，遠心力がつり合った傾度風平衡を保っている．台風は，中心付近ほど地上気圧が低いことからわかるように，中心付近で密度が周囲と比べて小さく，温度が高くなっている．この温暖核構造は古くから知られている．中心付近では，上に述べた吹き込みに起因する上昇運動が活発に起こり，周囲では下降運動が起こっている．したがって，台風の発達と維持をエネルギー的な観点から見ると，暖かいところで上昇，冷たいところで下降する直接循環となって

おり，位置エネルギーと内部エネルギーの和（ポテンシャルエネルギー）から運動エネルギーへの変換が起こっている．ポテンシャルエネルギーは，台風内部の温暖核と周囲の温度差が維持しており，温暖核を形成するうえで積乱雲の組織化の起こり方が鍵となっている．熱帯域において積乱雲の働きが重要なのは，中緯度の温帯低気圧のポテンシャルエネルギーが太陽放射の南北分布に起因する南北温度傾度の存在によっているのと対照的である．

台風の発達を考えるうえで鍵となるもう1つの要因は，台風内の対流の階層構造で，特に台風の発達を論ずる場合に重要な構造は，山岬の一連の研究から提案された，メソスケール対流系（以下メソ対流系）の存在[2]である．大気下層での収束と熱力学的な不安定（特に潜在不安定）が存在する場で，発生から弱い発達段階では，空間スケールが10kmのオーダー，時間スケールが数時間〜10時間程度を持つ対流が見られ，発達に影響を与える．これが，メソ対流系に相当する．メソ対流系は積雲対流の集団であり，レーダー観測などでは，その存在が古くから知られていたものの，この研究[2]以前は，それを数値モデルで再現し，かつ台風の発達における重要な対流モードとして認識されたことがなかった．メソ対流系をつくり，さらなる集団化が起こる際に，降水の蒸発に伴って雲底下で形成されるコールドプールと，周囲の暖かく湿潤な吹き込みとの相互作用が重要な役割を果たしている．何らかのきっかけで台風のもとになる雲群が形成されると，上記のメカニズムが働き，雲群の組織化が促進される．スパイラルレインバンドは，基本的にはこのメカニズムにより発達，維持されていると考えられる[2]．風速がある程度の強さに達すると，大気と海洋との間に働く地表摩擦が発達と維持に重要な役割を果たす第2種条件付不安定（conditional instability of second kind：CISK）[3]．これにより眼の壁雲などの対流系が維持される．

●熱帯低気圧の将来予測と新しいモデリング

気候の将来変化の定量的な評価のためには，気候システムが持つ諸過程をモデル化して変化を表現できる気候モデルは有用であり，欠かせないものである

(🌀補足説明).

海洋研究開発機構および東京大学は，全球を準一様格子で覆い，積雲の集団やクラウドクラスターを解像できるモデルを開発した[4),5)]（🌀図4）．正二十面体の格子系を基本としていることから，NICAM（nonhydrostatic icosahedral atmospheric model）と呼ばれている．このモデルは，熱帯域に存在するクラウドクラスターや擾乱との相互作用を表現できる利点を持ち（🌀動画1），従来の気候モデルでは再現が難しかった，熱帯の擾乱，たとえばマッデン・ジュリアン振動（3.6 参照）に伴う対流系を再現することにも成功している[6)]．

このモデルは全球での台風の発生過程を調べるためにも適したモデルであり，将来，このモデルを用いた気候研究や予測のための研究への利用も期待される．北西太平洋の夏季の台風発生の予測は簡単ではないが，このモデルでは，積分開始 20 日後に，熱帯域のマッデン・ジュリアン振動の伝播に伴って励起された低気圧性擾乱が台風の発生をもたらす事例の再現に成功している[7)]．これについては 3.6 にも説明がある．

以下，NICAM を用いて行った 2004 年 6〜8 月の季節実験でシミュレートされた，マッデン・ジュリアン振動に伴う台風の発生例[7)]を示す．図1左は，シミュレートされた対流圏上層の水平風の東西成分（彩色）と地上降水強度（黒），図1右は，観測による同じ物理量を示しており，赤道域の経度-時間断面図である．観測では，風の東西成分が東進し，30〜40 日で赤道域を 1 周している．この東進がマッデン・ジュリ

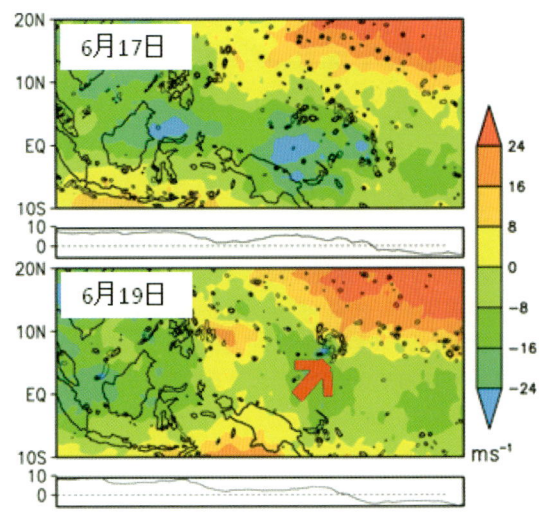

図2 主パネル：東西風の鉛直シア（上層 200 hPa と下層 850 hPa の差：陰影）と地上降水量（黒線）のスナップショット．6月17, 19日．台風は赤い矢印で示している．副パネル：下層 850 hPa の東西風（南緯 5 度〜北緯 8 度の平均）．

アン振動に対応し，モデルでも再現されている．地上降水はランダムに存在するのではなく，東進するシグナルに影響されて，集団を形成したり分裂したりしている．6月10〜16日付近で発生した集団（白で囲んだ部分）はスーパークラウドクラスター（超積雲集団：SCC）[8)]と呼ばれている．東西方向に数千 km のスケールを持ち，内部には西進する降水を伴うなど階層構造を持つ特徴があり[9),10)]，マッデン・ジュリアン振動に伴って赤道付近にしばしば見られる．ここで注目する台風は，この SCC 発生の後に見られたものである．図2と🌀図1, 2は，SCC の通過後の西〜中部太平洋の対流圏下層の東西風速と地上降水強度（黒）のスナップショットを示している．6月17日には組織的な雲群は見られないが，19日には矢印の先端に，らせん状の降水域が出現し，台風が発生している．NICAM で再現されたマッデン・ジュリアン振動に伴う別の台風発生の例として，🌀図3に，2008年のサイクロン Nargis に関する結果[11)]も示す．ほかにも同事例の実験例[12)]がある．マッデン・ジュリアン振動と台風の関係の理解を深めることは，台風予報の改善のためにも重要である． 〔大内和良〕

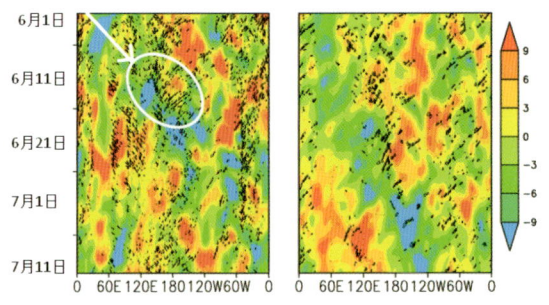

図1 赤道近辺の上層の東西風（陰影：m/s）と地上降水量（ある程度の強さ：黒線）（南緯2度〜北緯8度の平均）．2004年6月1日〜7月11日まで．（左）NICAM の計算結果，（右）NCEP-NCAR 再解析データの東西風と，熱帯降雨観測衛星（TRMM）プロダクト（3B42）の降水．

3.6 大規模雲システム

地球上にはさまざまなスケールの雲が存在する．その中で，人工衛星によって初めて観測されるような水平スケールが数千 km に及び，地球の自転の影響を無視できない雲を"大規模な雲"と呼ぶ．この雲は，数日以上持続する．実際には1つの雲の塊ではなく，数百 km 規模の雲群がいくつも集まって構成されており，赤道付近の暖かい海上で観測されるケースが多い．ここではその代表的な例として，マッデン・ジュリアン振動 (Madden-Julian Oscillation：MJO) に伴う雲と，台風に代表される西部熱帯太平洋に見られる北進する雲群を取り上げる．図1のように，この両者はしばしば互いが関係し合っていることが知られている．

●マッデン・ジュリアン振動 (MJO)

1971 年に米国の研究者マッデンとジュリアンが熱帯太平洋のカントン島の気圧と風のデータに 40～50 日の周期性があることを発見した[1]．翌 1972 年の論文[2]では赤道付近の全球に解析範囲を広げることで，その変動がインド洋から太平洋にかけての赤道上を東進する巨大雲群により引き起こされている循環場であることを示した．

一般に周期が 20～80 日程度の変動現象を季節 (90日) よりも短いという意味で季節内変動と呼び，大気対流 (雲) 活動においてしばしばこの季節内の周期性を持つ現象が確認されている (たとえばベンガル湾や西部熱帯太平洋では主に 4～7 月に北進する雲活動の存在が知られている[3],[4])．このため最近では，熱帯で最も振幅の大きい"赤道に沿って東に伝搬する雲活動に伴う 30～60 日の変動"を他の季節内変動と区別する意味で発見者にちなみ MJO と呼ぶケースが多く[5]，ここでもこの定義を適用する (図2)．

MJO の主な特徴は以下のとおりである[6],[7]．①30～60 日の周期性を持つ，②主にインド洋で対流活動が活発化した後，赤道に沿って東進し，多くは日付変更線付近の太平洋上で雲群は消滅する，③東進速度は東半球では 5m/s 程度，西半球で確認される場合は 10m/s 以上，④東西波数は 1～6 程度だが，雲域は東西数千 km のオーダーで，通常同時に2つの事象は現れない，⑤インドネシア海洋大陸の上空を通過するときに対流活動が弱まる，⑥対流活動の中心域に対して対流圏下層では西側で西風，東側で東風が卓越する，⑦対流域の初期 (東側) では浅い積雲対流が多く，発達・成熟期 (西側) には対流圏上空に層状性雲が卓越する，⑧水蒸気量，収束・発散場など各種物理量の鉛直分布は鉛直上向きに西側傾斜の性質がある，⑨雲群は階層性を持ち，大規模 (1000km～) のスケールでは東進するが，その中には西進するメソスケール (数百 km) の雲群が観測される，⑩主に夏半球側で発達する季節性があり，赤道付近で顕著になるのは 11～3 月の時期で 8～9 月は観測事例が少ない，などである．また，海面水温分布も初期 (東側) は高温で，成熟期 (西側) で低温になる季節内変動を示す．一般に，1つのサイクルを 60 日とした場合，発達期は約 15 日，成熟期が約 15 日，対流活動抑制期が 30 日程度の割合で観測される．

MJO は熱帯域の気象・気候を規定する重要な因子であるが，その影響はさまざまな現象を介して中・高緯度にも及ぶ．①対流域に吹き込む強い西風 (西風バースト) がエルニーニョ現象発生の引き金となる[8]，②熱帯低気圧の発生を促進する[9]，③インドやオーストラリアモンスーンを開始させる[10]，④テレコネクション (MJO が作り出す高・低気圧の波列) により北米西海岸での豪雨など各地に異常をもたらす[11]，などがあり，さらには大規模循環場が地球の自転にも影響し，1日の長さも変えている[12]．

以上のように，MJO は全球の気候変動に影響を与える現象であるが，その発生や東進のメカニズムはいまだ解明されていない．現在までに，①中緯度のロス

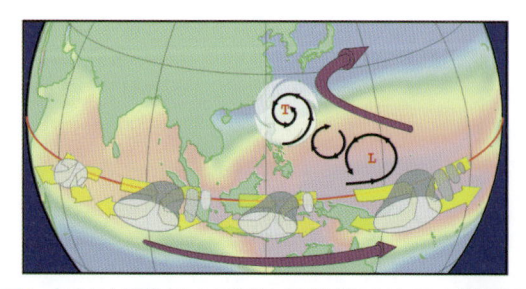

図1 日本にも影響を与える熱帯から亜熱帯にかけての大規模雲の模式図．MJO に伴う雲群の多くはインド洋で発生し西部太平洋へと東進する．一方，西部熱帯太平洋では北進する雲群が形成され，熱帯低気圧から台風へとしばしば発達する．

ローカルな大気

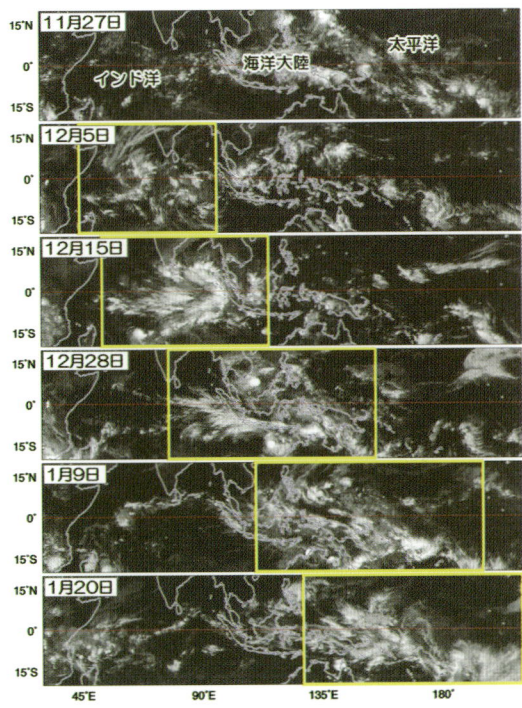

図2 2007年11月27日〜2008年1月20日に観測されたMJOに伴う雲.

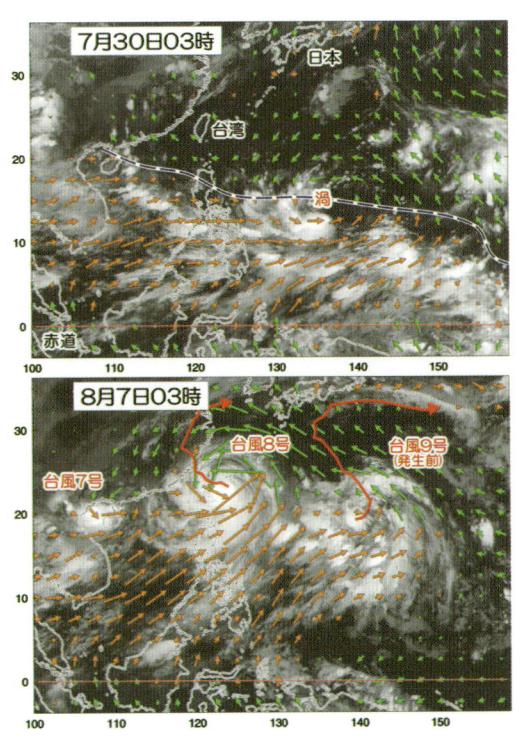

図3 2009年7月30日と8月7日における雲と風の分布．風は925hPa（高度約750m）のもので，西風域をオレンジで，東風域を緑色で示す．西風と東風の境界線を青い点線で，台風の経路を赤い矢印で示す．

ビー波による影響[13]，②赤道上の対流圏上層を周回する力学的な場（風）がインド洋で下層の対流活動と結合[14]，③海面フラックス-対流-放射の間に成り立つ鉛直1次元的な季節内スケールの変動[15]，などが発生メカニズムの要因として提唱されているが結論は出ていない．

● 北進する雲群と熱帯低気圧

前述したとおり，季節内変動に伴う雲活動は，赤道上を東に伝播するだけでなく，北半球の夏季にはインド洋や西部太平洋の暖かい海洋上で北進する成分を伴う．雲域の南側では対流圏の下層で西風，北側では東風（貿易風）が卓越し，その境界では反時計回り（低気圧性）の渦を伴う．この境界線上では，熱帯低気圧が次々と発生することがある[16]．熱帯低気圧の出現によって大規模な大気の流れが変化し，その影響は中緯度まで及ぶ．

一例として2009年夏の雲と風の分布を図3に示す．季節内変動に伴う雲域が西部太平洋に到達し，7月30日には赤道近くで西風が卓越している．雲域は北緯10度付近で東南東から西北西へ約5000kmにわたって延び，西風と東風との境界（モンスーントラフ）には大規模な渦が形成されている．8月7日までの間に，この渦から2つの台風（7号と8号）が発生し，その東では台風9号が発生しようとしている．この時点で活発な雲域は北緯20度まで北上し，台風の出現に伴って南寄りの風が日本まで到達しているのが見える．この後，台風8号は台湾に上陸して壊滅的な被害をもたらし[17]，台風9号に伴う南寄りの湿った風は，8月9〜11日に起きた西日本の大雨被害（兵庫県佐用町の災害など）をもたらす要因となった[18]．

雲群の北進には，熱帯波動や，アジアモンスーン循環，大気-海洋相互作用が関係していると考えられているが，そのメカニズムは未解明である．今のところ数値モデルによる再現性は不十分で[19]，長期の予報も難しい[20]．このため，雲群の詳細なふるまいを表現できる高解像の全球数値モデルを用いた実験[21]や，熱帯での観測研究が行われている．雲群の東進と北進を正確に予報できるようになると，数ヵ月先までの天気予報の精度が格段に向上するものと期待される．

〔山田広幸・米山邦夫〕

3.7 シビアウェザー

●雷雨と集中豪雨

積乱雲はしばしば発達し，積乱雲の群や1個の巨大な積乱雲になり長続きすることがある．このような組織化された積乱雲は，1個の積乱雲（シングルセル：単一セル）に対して，マルチセル（多重セル），スーパーセル（単一巨大セル）という構造を示す．米国ではこのような積乱雲を総称してサンダーストームと呼ぶ．発達した積乱雲や積乱雲群は，局地的な豪雨や降雹，竜巻やダウンバースト，落雷など顕著な現象（シビアウェザー）を伴うことが多い．

積乱雲の集合体である積乱雲群はさまざまな形態で観測されるが，特に100kmスケールの雲群をメソ対流系と呼ぶ．集中豪雨・豪雪はメソ対流系内の複数の積乱雲が同じ場所で降水をもたらすことで生じる．

図1は，1つの積乱雲が局地的な豪雨をもたらした事例（練馬豪雨）である．1999年7月21日15時過ぎに東京上空で急速に発達を始めた積乱雲は，10分足らずで圏界面にまで達し，かなとこ雲（アンビル）が広がっている様子がわかる．このとき，東京都の雨量計では練馬区で1時間に131mmの雨量を記録した．最も発達した時刻の練馬上空におけるレーダーエコー断面図から，最大反射強度が50dBZを超え，エコー頂は17kmに達し，全体の形状がきのこ状を呈し，1つの巨大な積乱雲が形成されたことがわかる（図2）．この積乱雲に伴う雷活動は活発で1時間あたり2000回に達した．

●竜巻

竜巻は積乱雲の雲底から延びる鉛直渦であり，凝結した雲（漏斗雲）により可視化される．上空に雲を伴わない，つむじ風（塵旋風）や火災旋風とは区別される．米国では，スーパーセルに伴う竜巻をトルネードと呼ぶのに対して，積雲系の雲に伴う陸上竜巻や海上竜巻をスパウトと呼ぶことがある．スーパーセル型の竜巻は雲内に存在する直径約10kmのメソサイクロンに伴い形成される．一方，非スーパーセル型の竜巻は地表面あるいは海面付近の風の水平シアで形成された渦が積雲の上昇流により引き延ばされ形成されると考えられている．

図3はタッチダウン直前の漏斗雲であり，積乱雲のメソサイクロン内に形成された，直径約1kmの親渦（マイソサイクロン）から漏斗雲が地表面付近に向けて凝結していく様子がわかる．さらに地表面付近には埃で可視化された渦が既に形成されていた．このような，スーパーセル型の竜巻は日本でもしばしば観測される．

竜巻に伴う風速は，時として100m/sを超えることもあり，想像を絶する被害が生じる．竜巻に伴う漏斗雲の直径は数十～数百mであり，地上の被害幅は数百m～数kmに及ぶこともある．竜巻の風速は被害調査から推定することが多く，F（フジタ）スケールが

図3 竜巻に伴う漏斗雲と親渦[2]．

図1 練馬豪雨をもたらした積乱雲[1]．

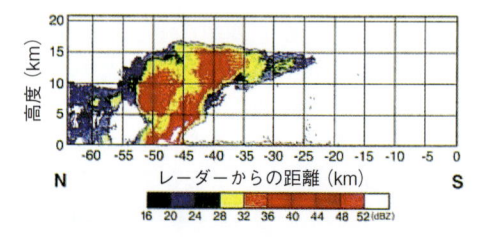

図2 練馬豪雨をもたらした積乱雲のレーダーエコー断面図[1]．

ローカルな大気

用いられる．日本で発生した最も強い竜巻は，1990年12月11日に千葉県茂原市で発生した竜巻や，2006年11月7日に北海道佐呂間町で発生した竜巻のF3（風速70〜92m/sに相当）である．日本で発生する竜巻の数は年平均20個程度とされているが，最近は観測の充実，社会的関心の高さなどの理由から報告される竜巻の数は増加している．竜巻を観測的に捉えることは難しいが，雲内のメソサイクロンはドップラーレーダーにより観測することが可能である．ただし，メソサイクロンからどのように竜巻が形成されるのか，あるいは竜巻が発生する場合としない場合の違いなど十分に解明されていない点も残されている．

● ダウンバースト

積乱雲からの強い下降気流はダウンバーストと呼ばれる．ダウンバーストは地上付近の発散風であり，水平スケールが4km以上のものをマクロバースト，4km以下をマイクロバーストと呼ぶ．地上で降水を伴うものをウェットマイクロバースト，降水を伴わないものをドライマイクロバーストと区別する．また，降雪雲に伴うものをスノーバーストと呼ぶこともある．ダウンバーストの成因の1つは，降水粒子が落下中に蒸発し，蒸発冷却のため空気塊が冷やされ密度が高くなる効果である．もう1つは，雹などの固体粒子が空気を引きずる力により下降流が強められる効果である．日本では雲底が低く，雲底下の空気が湿っているため，ダウンバーストのほとんどはウェットマイクロバーストである．また，大きな被害をもたらしたダウンバーストは降雹を伴うことが多い．ダウンバーストは降水や埃などで可視化されることもある（図4）．ダウンバーストは地表面付近でウィンドシアを生じ，航空機の離着陸に影響を及ぼす．

ダウンバーストが地上付近で発散する際，その先端は周囲の暖湿気との間に前線を形成する．この前線はガストフロント（突風前線）と呼ばれ，突風，風向の急変，気温の急降下，気圧の急上昇を伴い，ミニチュアの寒冷前線的な様相を示す．ガストフロント上では新たな雲が発生するとともに，2次的な竜巻（ガストネードということがある）が発生する場合もある．ガストフロントは通常目には見えないが，アーククラウドと呼ばれるアーチ状に形成された積雲により可視化されることがある（図5）．

● 落雷

落雷は雲内で霰や雪片など降水粒子の電荷分離の結

図4 降雪で可視化されたダウンバースト[3]．

図5 ガストフロント上に形成されたアーククラウド[4]．

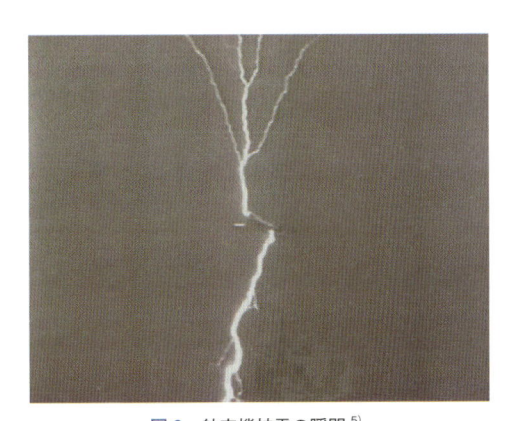

図6 航空機被雷の瞬間[5]．

果生じる，地面との放電である．雲内の正電荷を中和する落雷を正極性落雷，負電荷を中和する場合を負極性落雷という．放電路（リーダ）の進展方向は上向き，下向きの2通りがある．夏季の積乱雲からの約9割は負極性の下向き放電であるのに対して，雪雲は雲頂と雲底高度ともに低いので，正極性の上向き放電の割合が高くなる．図6は航空機被雷の瞬間であり，上向きと下向きの放電が同時に観測された珍しい事例である．

〔小林文明〕

3.8 層状雲

●層状雲とは

層状雲とは，3.1で紹介されているように，広い意味では，「積雲，積乱雲」などの鉛直方向に発達する雲に対して，水平に広範囲に広がる雲をさす言葉で，十種雲形のうち，前述の2種を除く8種「巻雲，巻積雲，巻層雲，高積雲，高層雲，乱層雲，層積雲，層雲」の全体を意味する．狭い意味では，多くの雲の塊が集まった形の巻積雲，高積雲，層積雲のうち，雲と雲の隙間が狭くなり，空全体を覆うようになった状態の雲種をさす言葉として使われる．雲種とは，1つ1つの雲形をさらに細かく分類するときに用いられ，層状巻積雲，層状高積雲，層状層積雲のように使われる．層雲などそもそも空全体を覆うような雲形に関しては雲種としては使われない．

●層状雲の発生過程

層状雲ができる典型的な場合の1つは，図1に示すような，温帯低気圧に伴う温暖前線の前線面に沿った（対流雲をつくる上昇流に比べて）緩やかな斜めの上昇流によってできる場合である．成層が安定なまま雲が生成するため，広範囲に広がった層状雲となる．このとき，低気圧の接近に伴って巻層雲，高層雲，乱層雲と次第に雲の高さが低くなり天候が悪化することが多いといわれている．

前述の層状雲は平均的な上昇流に伴うものであるが，

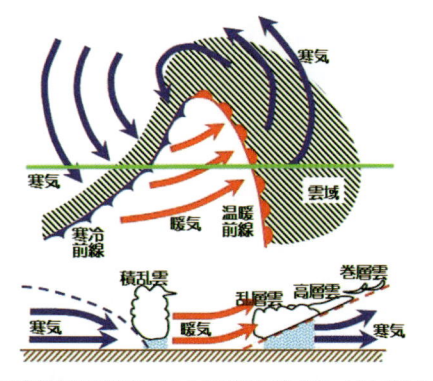

図1 温帯低気圧周辺にできる層状雲の模式図．（上）低気圧の平面図．（下）上図の緑の線上の鉛直断面図で，中央の暖気が温暖前線面に沿って上昇するときに層状雲ができる様子を示す．

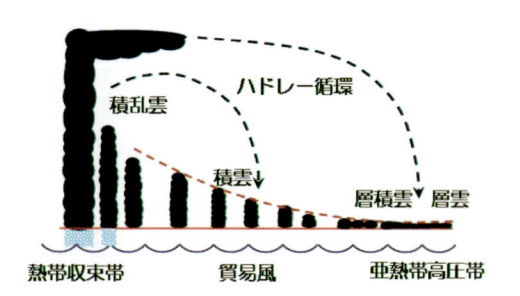

図2 ハドレー循環に伴ってできる亜熱帯高圧帯から熱帯収束帯へ変化していく雲の概念図[1]．亜熱帯高圧帯では，大気下層に層状雲ができるが，ハドレー循環の下層の流れ（貿易風に相当する流れ）とともに，積雲へ変わり，だんだん深さを増していき，熱帯収束帯の積乱雲へと変化していく．

大気下層では，異なった過程でできる層状雲がある．それは，大気境界層上部にできる層状雲で，暖かく水蒸気を多量に含んだ空気が比較的冷たい地表面と接する場合がその典型である．夏の北極海にできる層雲や，カリフォルニア沖やペルー沖の比較的冷たい海上の大気境界層内部にできる層状雲（層雲，層状層積雲）などがこれに当たる．この後者の雲は，図2のように，ハドレー循環の下降流の部分にできたもので，大気下層を下流に行くにしたがって次第に発達していくと考えることができる．これらの層状雲は，平均的には下降流の下で地表面の影響による境界層内の湿潤対流によって生成するものである．

また，熱帯など，十分発達した対流雲の周辺に広く広がってできるものもある．

●層状雲と放射，気候との関係

層状雲から雨が降る場合は鉛直に発達する雲からの降水に比べ，広範囲に及び，比較的弱く持続的に降るという特徴を持つ．

層状雲は豪雨をもたらすわけではないが，放射過程を通じてさまざまな影響をもたらす．現在，人為起源の温室効果ガスの影響により地球温暖化が進んでいるといわれているが，層状雲のでき方が将来どのように変化するかは，大変重要な問題であり，注目を集めている．

図3は国際衛星雲気候計画（International Satellite

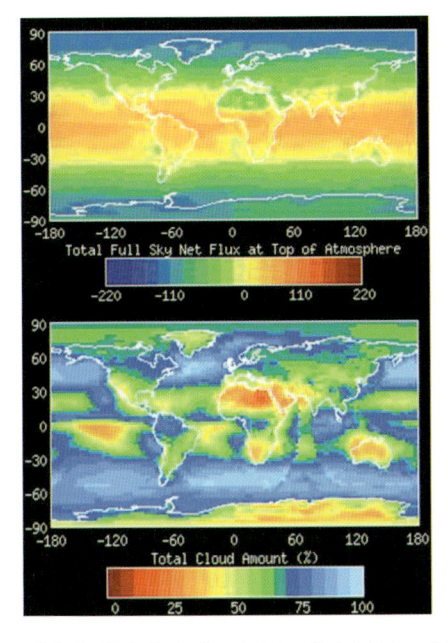

図3 国際衛星雲気候計画で得られた年平均の大気トップでの正味下向き放射フラックス（上）と雲量（下）の分布. http://isccp.giss.nasa.gov/products/onlineData.html

Clouds Climatology Projects）と呼ばれるプロジェクトで得られた年平均の正味下向き放射フラックスと，雲量の全球分布を示している．地球は平均的には放射過程によって低緯度で加熱（正味下向きフラックスが正），高緯度で冷却（負）され，それらの値は基本的に緯度で決まっているが，緯度30度付近のカリフォルニア沖やペルー沖のような雲量の大きな（下層雲量の効果が大きい）ところでは，緯度平均に比べて強い冷却（負）になっていること，つまり，雲の存在が，平均的な放射収支にも影響を与えるほど大きなものである（雲量が大きく，領域が広く，持続時間が長い）ことを示している．

● **層状雲の成長，維持，衰弱，消滅過程**

前述のように気候に大きな影響を与える下層の層状雲の雲量や寿命がどのように決まっているかを考えるために，このような雲ができる過程を見てみよう．図4は雲の生成を伴う境界層の主な物理過程を示している．まず，地表面（海面もしくは地面）から，熱や水蒸気が与えられる．それらは活発な対流によって境界層上部へ運ばれ，十分な水蒸気量の場合，雲が生成する．雲粒の大きさや個数分布はエーロゾルの分布と上昇速度によって決まるが，さまざまな大きさの雲粒が

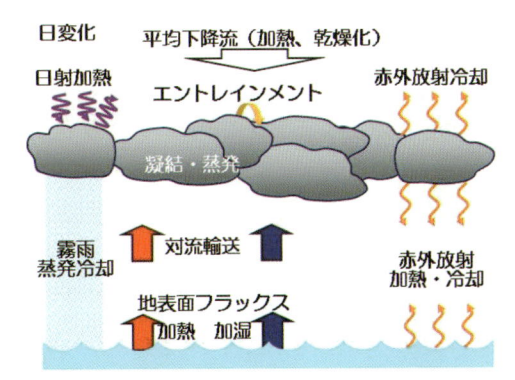

図4 下層の層状雲ができるときの物理過程[2].

存在すると，それらの衝突によって雨粒の生成，成長が起こり，十分な大きさになると，降水として地上へ落下する．このとき，雨粒の一部は雲底より下で蒸発し，成層を安定化し，対流を弱める効果がある．一方，雲の上部では，昼間の日射による加熱は対流を弱める効果があるが，夜間の赤外放射による冷却は対流を活発にする効果がある．また，境界層内は対流が活発なため，雲頂部では，エントレインメントと呼ばれる上層の暖かく乾いた空気の取り込みが起こり，これらの過程によって，雲層の成長，維持，衰弱，消滅が決まる．

カリフォルニア沖のような地表面（海面）の温度が低く平均的な下降流が大きな領域（図2の右側）では，対流はあまり活発でなく，境界層頂部に安定層ができ，水蒸気が下層に溜まるため，層状雲ができやすい．下流（図2の左側）へ移動するにしたがって起こる地表面（海面）温度の上昇による成層の不安定化，下降流の弱まりなどによって，安定層は弱まり，上層の空気の取り込みが活発になる．取り込まれた空気が十分に乾燥していると，周りの空気との混合で，雲粒の蒸発が起こり，その冷却が十分大きく，取り込まれた空気が周囲よりも重くなるときはその運動が活発化する．その結果，層状雲が安定的に存在できなくなり，雲量の減少，積雲への変化が起こると考えられている．

層状雲の寿命はこのような複雑な過程によって決まるので，いまだ十分に解明されているとはいえず，地球温暖化によって下層雲がどのように変化するかもわかっていない．気候予測モデルでも，下層雲量が増えるとするモデルと減るとするモデルがあり，しかも，その結果が放射収支を通じて温暖化の程度に大きな影響を与えており[3]，今後の解明が待たれている．

〔中村晃三〕

3.9 局地循環

ローカルな大気

局地循環とは，地形の影響を受けて大気下層にできる流れであり，温度変化によるもの（熱的局地循環）と，力学的効果によるもの（山越え気流）に大別される．狭義では前者をさす．

日本で熱的局地循環の研究が盛んになったのは，1960～70年代に深刻化した大都市圏の大気汚染（当時の言葉で「公害問題」）が大きなきっかけであった．はじめは海陸風が主な対象だったが，光化学大気汚染の広域化に伴い，内陸部の山谷風にも目が向けられるようになった．最近は，地球規模の気候研究の中で，海陸風や山谷風が地域の気候に果たす役割，特に熱帯地方の降水活動に与える影響が注目されている．

●熱的局地循環

◎海陸風

海風は熱的局地循環の代表格である．昼間，日射によって地面が加熱され，陸上の空気が暖まると，その密度が小さくなって気圧が下がる．この気圧変化により，海から陸へ向かって海風が吹く．上空には逆向きの流れ（反流，補償流）が起き，全体として閉じた循環（海風循環）ができる（図1）．

海風循環は海岸線から始まり，時間とともに風速や範囲，厚さを増す．最盛期の海風の風速は数m/sで，厚さは数百m～1km，反流を含めると2～3kmになり，水平方向の範囲は数十～100kmに達する．ただし，これは高・低気圧などによって地域一帯を吹く風（一般風）のない理想的な場合のものであり，実際の海風循環の形態は気象条件に応じて変化する．また，日本では一般風を含め，海から吹いてくる風を総称して「海風」ということがあり，こうした用法と局地循環としての海風とのギャップに留意すべきである．

夜間は陸地が冷えて陸上空気の密度が増し，気圧が高くなって，陸から海へ向かう陸風が吹く．その構造は海風をほぼ逆にした形だが，夜間は昼間に比べて大気が安定であるため，陸風の高さや風速は海風よりも小さい．ただし，冬は海水温が相対的に高いため，海面からの加熱によって海陸間の気圧差が大きくなり，陸風が発達する傾向がある．

◎山谷風

山地，すなわち地面が起伏した場所でも，地表面温

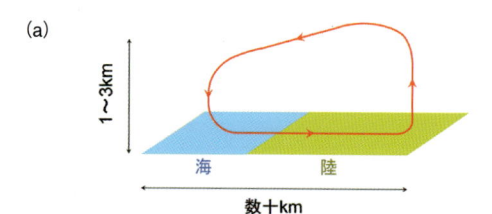

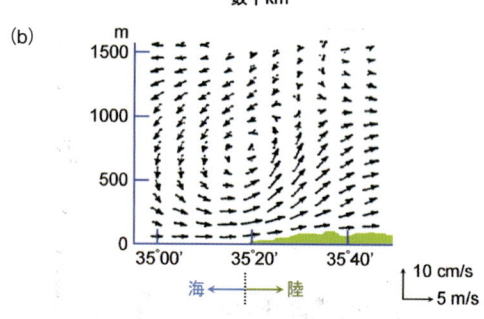

図1 (a) 海風循環の模式図，(b) 相模湾沿岸の海風循環の観測例[1]．1981年8月10日13時の南北断面上の気流を，海岸周辺の16地点のゾンデ観測結果に基づいて解析したもの．

度の変化に伴う局地循環ができる．昼間に斜面が暖まると，斜面に接する空気の密度が小さくなり，気圧のバランスがくずれて斜面を昇る風が生じる（図2a）．また，谷の上空や山麓には，この風を補う形で下降流ができ，それによる断熱昇温によって平野部よりも高温・低圧になって，平野から風が吹き込む（図2b, c）．斜面を昇る風と，平地から山地に向かう風が，谷風である．夜は，斜面を吹き下り，谷から平野へ向かう山風が吹く．

山谷風は海陸風に比べて早く吹き始めること，山風が比較的強い（陸風ほど弱くはない）ことが特徴である．日本の平野の多くはすぐ背後に山を控えており，昼間は海風と谷風がつながって吹き，夜間は山風の存在によって見かけ上陸風が顕著に現れる傾向がある．また，関東地方のような広い平野では，春～夏の午後には発達した海風と谷風が「広域海風」を形成し，平野全体を覆う．

広域海風によって，臨海部の都市や工業地帯から排出された汚染物質は，夕方にかけて内陸部へ輸送される．一方，ドイツのシュトゥットガルトなどで行われている「風の道」は，山風を大気汚染の軽減に利用する試みである．これは，山風が市街地を通りやすいように建物や道路を配置するものであるが，その成功は，層が薄く風向の変動が小さいという山風の性質によるところが大きい．

谷風によって，山地の上空には水蒸気が運ばれ，蓄積していく．この水蒸気は，夏の午後に山地で積雲が

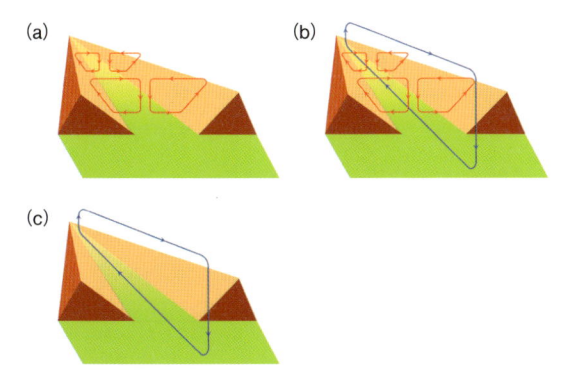

図2 谷風発達の模式図．まず，斜面を昇る風と，それに伴う小規模の循環が起き（(a) 正午ごろの状態），それに伴う下降流によって谷の中が加熱されて，平地から谷に向かう規模の大きい循環ができる（(b) 正午過ぎの状態）．この循環は，斜面風循環が弱まった後もしばらく続く（(c) 夕方の状態）．

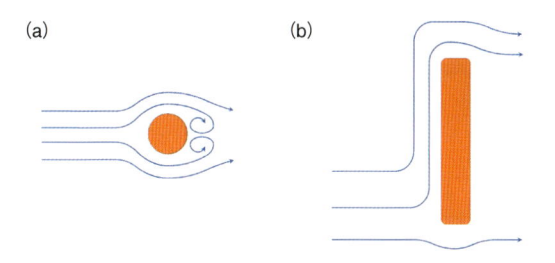

図3 $Fr \ll 1$ の場合の気流の概念図（上から見た図）．(a) 孤立峰（大きさ数十 km 以下の山地），(b) 山脈の場合．

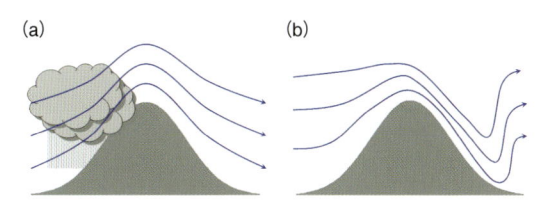

図4 フェーンによる高温の2つのメカニズム．(a) 湿ったフェーン（1型フェーン），(b) 乾いたフェーン（2型フェーン）．

発達しやすい原因になる．海風循環による上昇流も同様の効果を持ち，熱帯域ではこれが降水活動を制御する大きな要因になる．一方，冬の日本海沿岸では東～南寄りの陸風が沖合で北西季節風と収束し，ここに積雲（雪雲）ができることがある．

◎ヒートアイランド循環

都市のヒートアイランド（9.4 参照）により，海風と同様の原理で局地循環（ヒートアイランド循環）が生じ，周囲から都市へ向かう風が起こる．この風は一般的には微弱（1 m/s 以下）であるが，夏の午後の大都市圏では，広域の都市化によって広い範囲が昇温し，それに伴うヒートアイランド循環が地域の風系に大きな変化をもたらす．

一方，都市の中の緑地は周囲の市街地に比べて気温が低い傾向がある（クールアイランド）．夜になって周囲の風が弱まったとき，緑地内の冷気がごく弱い風（数十 cm/s 以下）になって外へ吹き出すのが観測される．

● 山越え気流

◎山越え気流の原理

山が風に及ぼす影響は，風速や大気安定度に左右される．山の高さを H，風速を U，浮力振動数を N とすると，$Fr = U/NH$ は，空気の持つ運動エネルギーと，空気が山を昇るのに要する位置エネルギーの比の平方根を与える．$Fr \gg 1$ ならば山は風にとって大きな障壁にならないのに対し，$Fr \ll 1$ の場合は山が障壁となり，孤立峰ならばその両脇を迂回し，山脈ならばその手前を左に（南半球では右に）曲がる流れが生じる（図3）．左への風向変化は，風が山脈にさえぎられ，気圧傾度力とコリオリ力のバランスが変化することによるものである．

なお，Fr は普通「フルード数」と呼ばれる．これはこの言葉の本来の意味とは異なり，不適切だという意見もあるが，これに代わる適当な用語がないこともあって，広く慣用されている．

◎おろしとフェーン

山の風下では局地的な強風が吹くことがあり，「おろし」と総称される．岡山県北東部の「広戸風」や愛媛県東部の「やまじ」はその代表例である．このような局地的強風は，大気が安定で風速も大きい場合（$Fr \approx 1$）に生じる．一方，「伊吹おろし」や関東の空っ風などは，特定の山が原因というよりも，広範囲に強風が吹く状態（$Fr \gg 1$）に対応する．

おろしは高温と乾燥を伴う傾向がある．高温・乾燥を伴うおろしは「フェーン」と呼ばれる．高温の理由としては，①山の風上で降水があり，雲ができるときの凝結熱が空気に与えられること（図4a），②山を吹き下りる際に上空の高位の空気が地上にもたらされること（図4b），の2つが挙げられる．ただし，山を吹き越えてくる空気がもともと非常に冷たいときは，①や②による昇温効果が働いてもなお，風が吹く前よりも気温が下がる場合がある．このような低温のおろしは「ボラ」と呼ばれる．

なお，「フェーン」とは本来は強風を表す言葉であるが，日本では山の影響を受けた高温状態を，強風の有無にかかわらず「フェーン現象」と呼ぶ傾向がある．

〔藤部文昭〕

3.10 大気境界層

●大気境界層とは

大気境界層は，陸面や海面などの地表面に接し，その力学的・熱的な影響を直接受ける下部の大気層である．地表面の影響を直接受けない上部の大気である自由大気から見ると，大気境界層は地表面の影響を自由大気に伝える仲介の役割を果たす．

陸面上の大気境界層の構造や厚さは，地表面の加熱・冷却に応じて顕著に日変化する．図1はそれを模式化したものである．大気境界層の最下層には，熱（顕熱）や水蒸気（潜熱）などの鉛直輸送が高さによらず一定と見なすことができ，大気境界層の1/10程度の厚さを持つ接地層がある．太陽（短波）放射により地表面が加熱される昼間は上向きの顕熱が増加し，大気が不安定になって対流が起こり，上下にかき混ぜられて各気象要素の分布が鉛直方向にほぼ一様となる対流混合層が形成される．その厚さは通常1〜2km程度である．自由大気との境界は熱や水蒸気などの交換が盛んなエントレインメントゾーンといい，雲層が形成されやすい．日が傾いて地球（長波）放射による地表面の冷却，すなわち放射冷却が優勢になると，大気は安定化して下層から安定境界層（夜間境界層，接地逆転層ともいう）が形成される．その厚さは高々数百mである．安定境界層の上には，対流混合層の名残で安定度はほぼ中立の残留層（外部境界層ということもある）がある．対流の衰弱により自由大気との交換が小さくなったエントレインメントゾーンは，温度分布の特徴から逆転層という．日の出後に太陽放射が戻ってくると再び対流混合層が発達する．晴天が続けば，概ねこのような日変化が繰り返される．

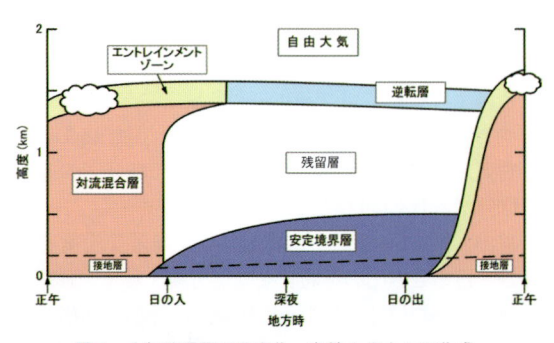

図1 大気境界層の日変化．文献1をもとに作成．

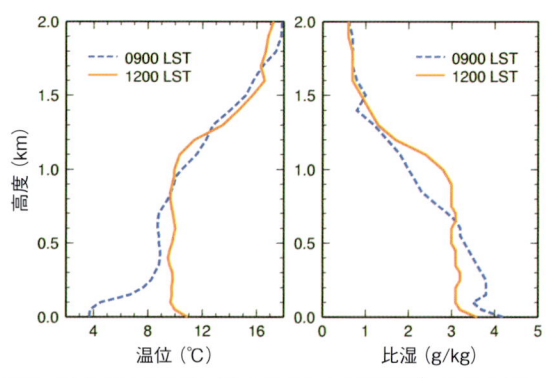

図2 温位（左）と比湿（右）の鉛直分布の観測例[2]．破線は9時，実線は12時の結果．時刻は地方時．

●昼間の大気境界層内の運動

安定境界層では鉛直運動が抑えられ，かわりに重力波が発生しやすいため，安定境界層内の運動は測定が難しく未解明の部分が多い．ここでは，比較的理解が進んでいる対流混合層内の運動を示す．

◎温位，比湿の鉛直分布

図2はオーストラリア南東部の平坦地で1967年の冬に実施された観測[2]で得た温位と比湿の鉛直分布である．乾燥大気における安定度は，温位の分布が右に傾く層は安定，直立する層は中立，左に傾く層は不安定である．図1と照らし合わせてみる．9時にはすでに日が昇っているので100m以下は接地逆転が解消されているが，300m付近まで安定境界層，700m付近まで残留層が確認できる．ただし，その上の逆転層は明瞭ではない．12時になると，最下層に強い不安定な状態の接地層があり，1kmに達する対流混合層が発達している．1.1km前後にある9時の温位よりも低くなった層がエントレインメントゾーンに対応する．比湿は通常上空のほうが小さいので，比湿の分布は温位の分布を左右反転したような分布になっている．エントレインメントゾーン付近は温位が低くなって比湿が大きくなるので，十分な湿度があれば雲層ができやすいことがわかる．

◎鉛直断面内の運動

観測では対流混合層内の詳細な運動が捉えられないので，この観測をもとに水平・鉛直ともに40mの分解能のラージ・エディ・シミュレーション（Large Eddy Simulation：LES）[3]を用いて計算した結果を示す．地表面は一様に加熱されるものとして計算しているが，少しの乱れにより最下層の気塊に高温部と低温部が生じ

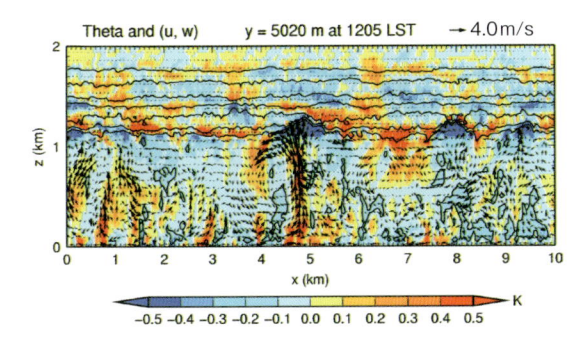

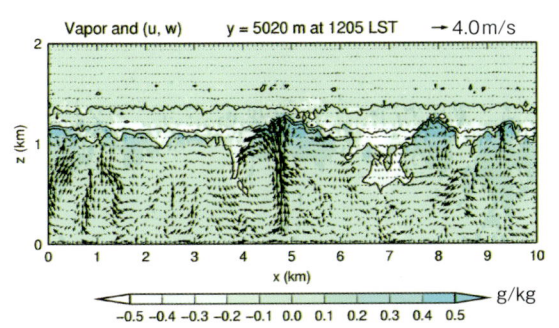

図3 温位（上）および比湿（下）と流れの鉛直断面図．実線は温位または比湿，カラーは水平平均を除いた温位または比湿の変動，矢印は水平平均を除いた断面内の流れの分布．

て対流が起こる．高温部の気塊は浮力を得てプルームとなり，図3（動画1, 2）の横軸5km付近に見られるようにエントレインメントゾーンに達するものもある．このプルームは対流混合層内の低温位・高比湿の気塊を輸送し，その先端は周囲よりも温位が低く，比湿が大きい．逆に，エントレインメントゾーンに達して浮力を失い下降する流れは，上層の高温位・低比湿の気塊を対流混合層内に引き込んでいる．対流混合層ではこのような対流が絶えず起こり，図2の鉛直分布に示されるような鉛直方向にほぼ一様な分布が実現される．

◎水平断面内の運動

図4（動画3）は高度220mにおける水平断面である．この観測時の風は平均風速2～3m/sの弱い風であった．温位分布にセル状の模様が見え，セルの縁に向かって水平流が収束している．後の図5で示すように，鉛直流の分布にも同様の模様が見える．風速が増して鉛直シアが大きくなるとロール状の模様が現れることはよく知られている[4]．セル状やロール状というと，冬季の日本海上などに現れる中規模細胞状対流雲や筋状雲を思い出すかもしれない．しかし，ここで現れている対流は水平スケール（セルの大きさ）が大気境界層の厚さの数倍程度で，中規模細胞状対流に比べて1桁小さい．中規模細胞状対流のスケール

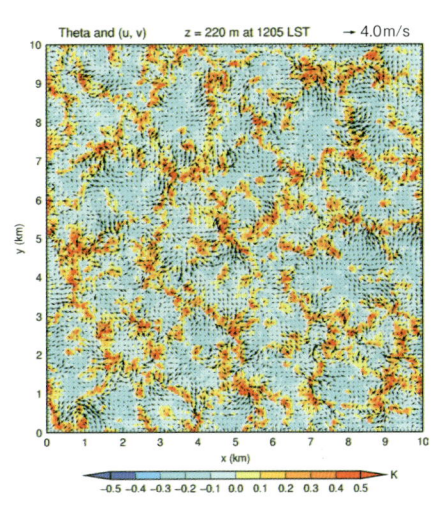

図4 温位と流れの水平断面図．カラーは水平平均を除いた温位の変動，矢印は水平平均を除いた断面内の流れの分布．

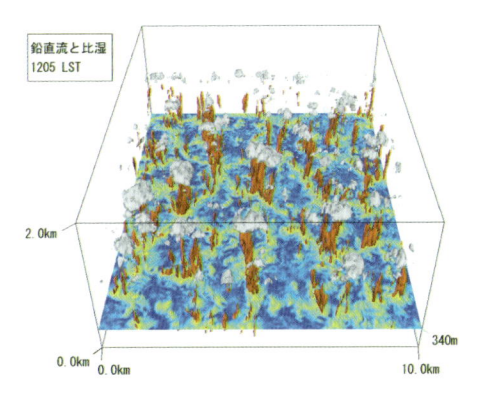

図5 鉛直流と比湿の透視図．鉛直流は高度340mにおける等値線（カラー）と3.2m/sの等値面（オレンジ），比湿は水平平均を除いた変動0.7g/kgの等値面（グレー）の分布．

を決めるメカニズムは未解明の興味ある問題である．

地表面の加熱で生じる対流混合層内の運動は，狭い高温位の領域に強い上昇流，広い低温位の領域に弱い下降流が生じる偏った構造をしている．

◎3次元的に見た運動

図5に透視図を示す．セルの縁がスポーク状に集中するセルの頂点における上昇流がエントレインメントゾーンに達しやすいことがわかる．そこに現れる高比湿の等値面はあたかも雲のように見える．しかし，この観測時は湿度が低く，ほとんど雲は発生していない．雲が発生する，すなわち水蒸気が凝結して水に変わるときは，潜熱が放出される．この熱により気塊は再び浮力を得るため，新たな対流（積雲対流）を引き起こし，条件がそろえば，大気境界層内の対流が積乱雲の発生につながることになる．〔中西幹郎〕

4.1 大気化学基礎論

●大気化学とは

大気中には数多くの化学成分が存在し，濃度は微量であっても，その増減が地球温暖化・寒冷化や酸性物質の生成を促進したり，毒性によって植生や健康被害などの直接原因となったり，これらのさまざまな環境変動に間接的に影響をもたらしたりするものがある．これらの物質がどのように大気中に現れ，どのように大気中で変化し，どのように循環するのか，また，どのように取り除かれるのかを取り扱うのが大気化学である（図1）．個々の物質と現象との関係については，次項以降で詳細に紹介することにし，本項ではまず一般に，大気中の微量成分の濃度に変化をもたらす要因を列挙してみたい．そのうえで，大気中の寿命という概念を定義し，個別の物質の空間的な分布の規模との関係について概観する．

●大気微量成分の濃度変動要因

ここでは単純化のためまずガス成分を念頭に置こう．大気を1つの箱として考えると，ある微量成分の濃度変動の要因としては，①地表・海表面からの放出，②大気中での化学反応などによる生成や消失，③地表・海表面への沈着・吸収・分解などが挙げられる（図2a）．①地表・海表面からの放出過程としては，人間活動に由来するもの，土壌や植物・海表面といった自然起源に由来するものの両方が挙げられる．たとえば窒素酸化物（NO_x）は，工場や発電所・自動車の排ガスなどといった人間活動に由来する強い発生源を持つガスである．メタンガスは湿地や水田，家畜および天然ガスの生産やバイオマス燃焼など多様な地表面放出源を持つ．②大気中での化学反応による生成・消失過程の例としては，光化学スモッグの主原因物質である対流圏オゾンが都市大気中でラジカル連鎖反応によって生成する過程，メタンや一酸化炭素がOHラジカルと反応し大気中から除去される過程などが挙げられる．塩素サイクルによる成層圏オゾン層の触媒的な破壊も化学的な消滅過程の例である．③地表・海表面への沈着・吸収・分解過程としては，二酸化炭素の植生への吸収，硝酸（HNO_3）ガスの湿性または乾性沈着が挙げられる．生成源として，地表面からの放出や雷放電などに由来せず，大気中での反応のみが支配的な物質は，二次生成物と呼ばれ，直接的な発生源の寄与が支配的な一次物質と区別されることがある．

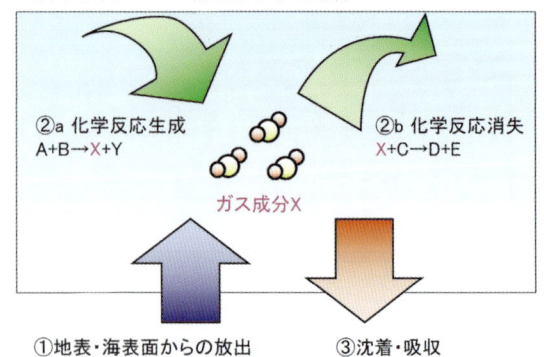

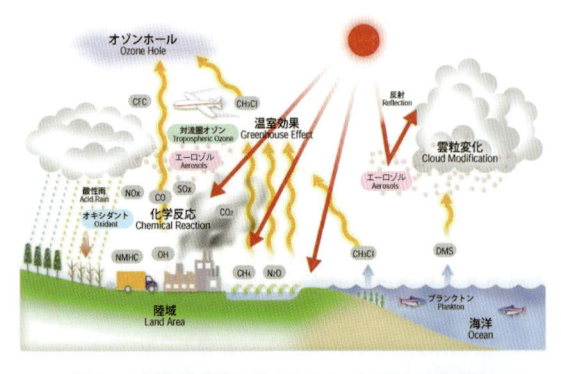

ここまで見てきたように，大気微量成分の濃度変動を理解するうえでは，大気中での化学反応に加えて，大気が接している陸や海，人間圏・生態系との間の物質移動・相互作用を考慮することが欠かせない．

●大気微量成分の寿命

ここで，消失過程の部分に着目して見ると，その速

図1 大気微量成分とそのふるまいに関する模式図．

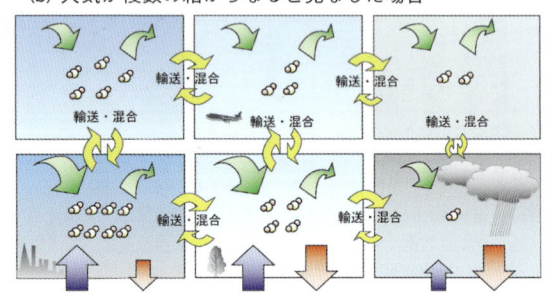

図2 大気微量成分の濃度に影響を及ぼす生成・消失過程の模式図．

度は，②で挙げた反応の場合でも，③で挙げた地表面などにおける消失の場合でも，一般にその物質の濃度に対して一次である（比例する）場合が多く（ただし自己反応の場合は異なる），それ故その消失過程は濃度に対して指数関数的な減衰の速度定数を与えることとなる．1つの消失過程が主である場合，その速度定数の逆数（時間の次元を持つ）をその物質の大気中の滞留時間（または大気中寿命）と定義することができる．複数の過程がある場合にも，それらの速度定数の総和の逆数で大気中寿命を定義することができる．

たとえば，一酸化炭素やメタンは，対流圏ではOHとの反応が主な消失過程であり，大気中の寿命はそれぞれ約2ヵ月，約9年である．炭化水素のプロパンもOHとの反応が主な消失過程であり，寿命は約10日である．逆に反応性が高いOHラジカルの立場から見ると，あらゆる有機ガス，窒素酸化物との反応が寄与するOHの寿命は1秒以下である．このように対流圏に存在する物質の寿命は，9桁もの広い範囲（1秒～100年）にわたっている．

● **大気微量成分の時空間分布**

次に，大気を1つの塊としてではなく，いくつかの箱に区切って考えることにしよう．すると，隣り合う箱同士の間での物質の輸送・混合も，ある1つの箱の中の濃度に変動を与える要因として加わることがわかる（図2b）．また，大気の流れのスピードと寿命との兼ねあいによって，物質がどこまで遠くに運ばれるかが決まることになる．

対流圏中緯度では，西風に乗って空気が経度方向に地球を一周する時間はおよそ3週間，北半球と南半球の間で物質が交換するのに要する時間は約1年である．高さ方向については，地上から高度2kmの接地境界層内まで，地上から対流圏界面まで混ざるのに必要な時間は，それぞれ1～2日，約1ヵ月である．また，対流圏と成層圏との間で物質が交換するのに必要な時間は約1～10年である．このことを考慮すると，ある物質の寿命がそれぞれの空間規模の輸送に要する時間スケールより十分に長い場合には，その空間規模で物質が十分に混ざり合うことになり，濃度が均一化する．一方，寿命が短い場合は，発生源の分布や生成源強度の時空間変動の影響を受けやすく，濃度が不均一になることが多い．たとえば，メタンは対流圏の北半球と南半球との間では十分な混合が起こるが，プロパンの場合は中緯度の対流圏を一周するほど寿命が長くなく，発生源分布の不均一さの影響を受けて，

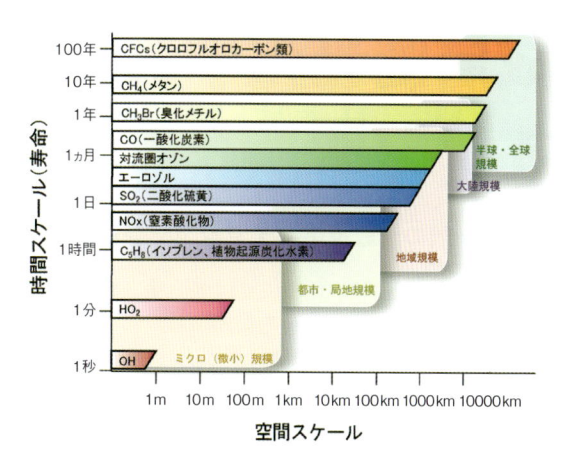

図3 各種大気微量成分の寿命（縦軸）と空間的な広がりとの関係．

濃度分布は不均一になる．図3には大気中での寿命と混ざり合う空間スケールの関係を示す．

ここまで，ガス成分を念頭に話を進めたが，大気中にはガス成分以外に液滴状または固体状の浮遊粒子（エーロゾル粒子）が存在する．このようなエーロゾル粒子にも寿命の概念は適用できる．エーロゾル粒子は一般に雲への取り込みや沈着の影響を受けやすいため，最長でも大気中の寿命は数日程度と比較的短い．したがって，エーロゾル粒子も発生源の分布の影響を強く受け，全球での濃度分布は一様にはならない傾向を持つ．

● **大気微量成分の濃度の単位**

以下で，大気中のガス成分の濃度は体積混合比または数密度で議論されるので簡単にまとめておきたい．体積混合比の単位には，ppmv（百万分率），ppbv（十億分率），pptv（一兆分率）が使われる．2009年現在，CO_2の体積混合比は約385ppmv，メタンは約1850ppbv，対流圏オゾンは約20～70ppbv，プロパンは夏季の清浄な大気中で約300pptvである．1気圧（地上付近），20℃の条件における1cm^{3}あたりの気体のモル数を気体の状態方程式から算出すると，約$4×10^{-5}$molである．これにアボガドロ数を乗じると，気体の分子数は1cm^{3}あたり約$2.5×10^{19}$個となる．これを用いると，地上付近での体積混合比1ppmvは，数密度$2.5×10^{13}$個/cm^{3}に，1ppbvは$2.5×10^{10}$/cm^{3}に，1pptvは$2.5×10^{7}$/cm^{3}に相当することを覚えておくと便利である．エーロゾル粒子の場合は，質量濃度として$μg/m^3$などの単位で記述されることが多い．　　　　〔金谷有剛〕

4.2 成層圏光化学とオゾン層

●オゾン層の形成反応：チャップマン機構

成層圏におけるオゾン（O_3）の生成と消失の基本は次に示す4つの化学反応からなるチャップマン機構（純酸素機構）によって説明される．

$$O_2 + h\nu \longrightarrow O + O \quad (1)$$
$$O + O_2 + M \longrightarrow O_3 + M \quad (2)$$
$$O_3 + h\nu \longrightarrow O + O_2 \quad (3)$$
$$O + O_3 \longrightarrow 2O_2 \quad (4)$$

ここで $h\nu$ は太陽光を表す．また M は O 原子と O_2 が結合してオゾンが生成する際に生じる余分なエネルギーを取り去る役割を果たす第三体で，大気中では窒素（N_2）や酸素（O_2）がこれに相当する．チャップマン機構を構成する反応の役割を図1にまとめた．チャップマン機構によると，成層圏のオゾン量は反応(1)の O_2 の光分解と反応(4)のオゾンの分解反応のバランスで決まる．

●成層圏の加熱と冷却

図2左からもわかるように，成層圏には多くのオゾンが存在している（オゾン層の存在）．成層圏に存在するオゾンは，反応(3)と反応(2)による光分解と再生を繰り返している．その結果，オゾンが吸収した太陽光エネルギーは $O-O_2$ 結合の切断と $O+O_2$ の再結合の際に熱として大気に放出される．すなわち成層圏を加熱する役割を果たしている．

一方，二酸化炭素（CO_2）などの温室効果ガスは，

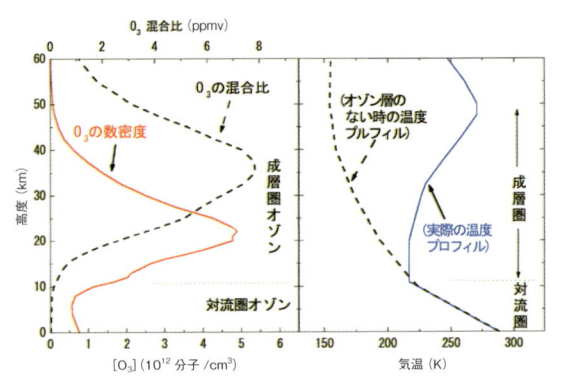

図2 オゾン（左）と気温（右）の鉛直構造．

赤外放射によって成層圏を冷却する働きがある．成層圏で冷却効果の大きな物質は CO_2 である．

図2右に示した成層圏での気温の鉛直構造は，オゾンの光化学反応を介した加熱と CO_2 などによる放射冷却のバランスによって生み出されている（放射平衡モデル）．

●チャップマン機構に見る化学：放射間の相互作用

図1からもわかるように，オゾンの存在量は反応(1)の O_2 の光分解速度と反応(4)によるオゾンの分解速度のバランスで決まる（光化学平衡）．反応(4)は大きな活性化エネルギーを有する反応であり，気温が高くなるとその速度係数は大きくなる．一方，オゾン濃度の変化はオゾンの光化学反応を介して成層圏の気温に影響する．

たとえば，何らかの理由でオゾン生成速度が低下した場合を考える．オゾン生成速度の低下はオゾン濃度の減少につながる．一方，オゾン濃度の減少はオゾンの光化学反応による大気の加熱量の減少につながり，結果として成層圏気温の低下をもたらす．気温の低下は反応(4)の効率を低下させるため，オゾン濃度を増加する方向に作用する．このように，化学と放射間に存在する相互作用によって成層圏でのオゾン濃度の減少を抑制する（緩衝効果の存在）．

●成層圏でのオゾンの空間分布と季節変化

緯度平均されたオゾン全量の季節変化を図1に示す．オゾンの生成速度が最も大きい低緯度域では，オゾン全量に明瞭な季節変化は認められない．また，低緯度域のオゾン全量は，オゾン生成速度が小さい南北両半球の中・高緯度域に比べて低い．次に中・高緯度域でのオゾン全量の分布を南北半球間で比較すると，その分布は両半球で対称ではない．特に春季（北半球

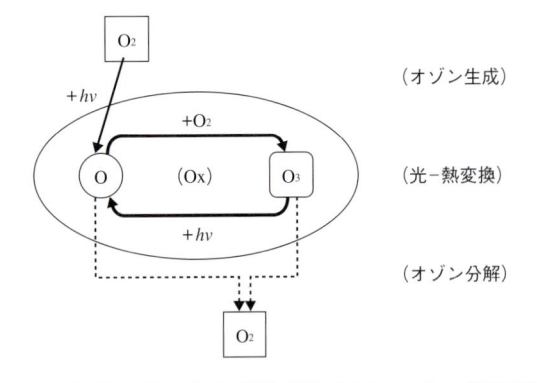

図1 成層圏オゾンの生成・消滅に関与するチャップマン機構を構成する反応の役割．

の4月と南半球の10月の比較）で比べると，北半球では高緯度ほどオゾン全量が高いのに比べ，南半球では南緯60度以南ではむしろオゾン全量が低下している．これらの分布の特徴は，化学的なオゾン生成・消失と成層圏から中間圏の中層大気における大気循環（子午面循環）によるオゾンの輸送によって説明される．

● 成層圏でのオゾン濃度の高度分布

チャップマン機構によって予想される赤道域の成層圏でのオゾン濃度の高度分布を実測の高度分布と比較する（図3）．チャップマン機構が成り立つと予想される上部成層圏においても，観測されたオゾン全量は明らかにモデルから予想されるオゾン濃度に比べ低いことがわかる．モデルによるオゾン濃度の過大評価は先に示したオゾンの輸送の効果を考慮しても説明できない．このことは，チャップマン機構で考えている反応(4)以外にオゾンを消失させる過程（オゾン分解反応）が存在することを意味する．

● オゾン分解連鎖反応

成層圏ではオゾンを分解するいくつかの連鎖反応系が存在する．例として，窒素酸化物（NOとNO₂．NOₓと総称）によるオゾン分解サイクルを説明する．NOₓサイクルを構成する反応は，

$$NO + O_3 \longrightarrow NO_2 + O_2 \quad (5)$$
$$NO_2 + O \longrightarrow NO + O_2 \quad (6)$$
正味の変化：$O + O_3 \longrightarrow 2O_2$

である．反応(5)で消費されたNOは反応(6)で再生され，全体として連鎖反応になっている．反応(5)と

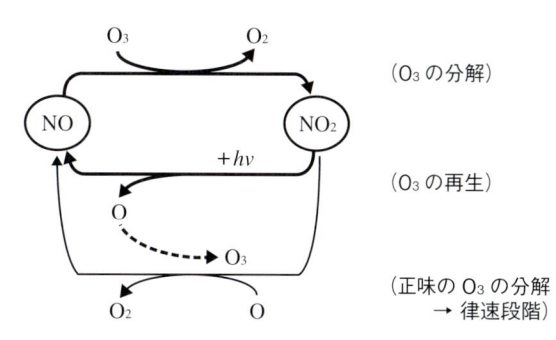

図4 NOₓ（＝NO, NO₂）を介したオゾン分解連鎖サイクル．

(6)で表されるNOₓサイクルの正味の化学変化は，反応(4)と同じになる．

なお，反応(5)によって生成されるNO₂の大部分は，光分解によってNOに戻る．

$$NO_2 + h\nu \longrightarrow NO + O \quad (7)$$

光分解反応(7)で生成するO原子は，反応(2)によってオゾンを再生するため，反応(5)と(7)ではオゾン分解にならない．すなわち，NOₓオゾン分解サイクルの効率を決めている反応（律速段階）は反応(6)である．NOₓサイクルにかかわる化学反応の役割を図4にまとめた．

NOₓサイクル（NO, NO₂が関与）と同様のオゾン分解サイクルとしては，HOₓサイクル（H, OH, HO₂が関与），ClOₓサイクル（Cl, ClOが関与），BrOサイクル（Br, BrOが関与）などがある．たとえばOHとHO₂が関与するHOₓサイクルは，次の反応で構成される．

$$OH + O_3 \longrightarrow HO_2 + O_2 \quad (8)$$
$$HO_2 + O \longrightarrow OH + O_2 \quad (9)$$
正味の反応：$O + O_3 \longrightarrow 2O_2$

● 成層圏への物質の輸送

成層圏の微量成分は，対流圏からの物質輸送によって成層圏に供給される．たとえばオゾン層破壊でなじみの深いCFC（クロロフルオロカーボン）は，いったん大気に放出されると，対流圏では分解されることがないため，対流圏内に蓄積され，対流圏から成層圏に輸送される．成層圏に輸送されたCFCは太陽紫外光による光分解などによりCl原子を放出する．

その他，成層圏でのNOₓは，対流圏から輸送されるN₂Oの反応を通して生成される．また，対流圏からの水蒸気の輸送は成層圏での重要なHOₓの供給源になっている．

〔今村隆史〕

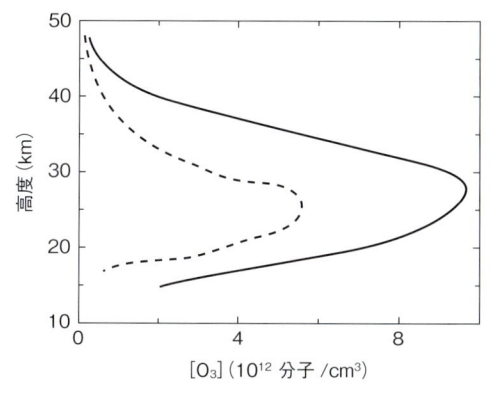

図3 チャップマン機構から予想されるオゾンの高度分布（実線）と北緯9度で観測されたオゾンの高度分布（破線）[1]．成層圏の全ての高度域でチャップマン機構はオゾン濃度を過大評価している．

4.3 オゾン層破壊

オゾン層の存在はチャップマン機構によってほぼ説明できるものの，成層圏のオゾン濃度はチャップマン機構から予想されるオゾン濃度に比べて低い．これは，チャップマン機構を構成する反応

$$O + O_3 \longrightarrow 2O_2 \quad (1)$$

以外にもオゾンの消失にかかわる化学反応が存在していることを物語っている．人間活動に伴い，反応(1)以外でオゾンの分解にかかわる化学反応の寄与が増大することでオゾン濃度の減少が引き起こされるのが，オゾン層破壊の問題である．

● オゾン分解触媒サイクル

CFC（クロロフルオロカーボン）によるオゾン層破壊の説明で取り上げられる ClO_x サイクルと呼ばれるオゾン分解反応は，活性な塩素酸化物（Cl と ClO．ClO_x と総称）の関与するオゾン分解反応である．

$$Cl + O_3 \longrightarrow ClO + O_2 \quad (2)$$
$$ClO + O \longrightarrow Cl + O_2 \quad (3)$$

正味の変化： $O + O_3 \longrightarrow 2O_2$

上記のオゾン分解サイクルの正味の変化はチャップマン機構を構成する反応(1)と同じであるが，オゾン分解の速度の観点からは明確な違いが存在している．反応(1)は反応障壁のある反応（活性化エネルギーの存在する反応）であるため，オゾン分解速度（反応(1)の速度）は温度の変化に敏感であり，温度が低いとオゾン分解速度は低下する．一方，ClO_x サイクルによるオゾン分解では，図1に示すとおり，律速反応である反応(3)には反応障壁が存在しない（そのため上記のオゾン分解反応は「触媒反応」と呼ばれることもある）．ClO_x サイクルのようなオゾン分解反応がオゾン層の消失に大きく寄与すると，チャップマン機構では作用した「オゾンの減少→成層圏気温の低下→反応(1)によるオゾン分解速度の減少」というフィードバック機構が働かなくなる恐れがある．

● オゾンホール

オゾンホールは春先から南極大陸を覆うように大規模なオゾン濃度の減少域が出現する現象である．オゾンホールが形成される時期には，オゾン濃度の低下と同時に「高い濃度の ClO が存在している」「窒素系

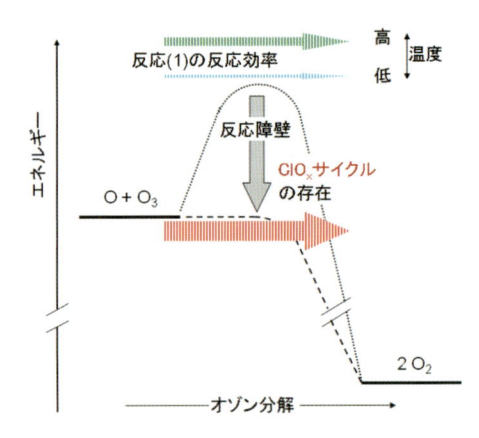

図1 $O + O_3$ 反応に対する ClO_x サイクルの触媒作用．反応障壁の低下の結果，反応効率は温度にほとんど依存しなくなる．

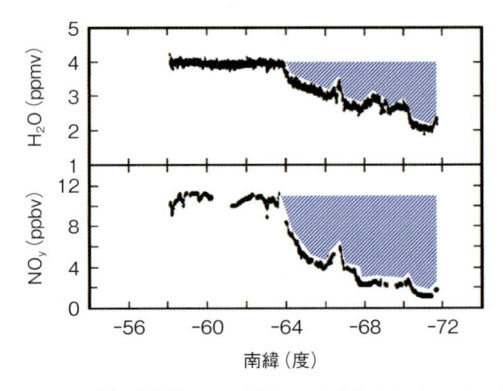

図2 9月の南極成層圏 20km 付近での水蒸気ならびに NO_y の緯度分布．南緯64度より高緯度側がオゾンホール域．青の斜線で示したように，オゾンホール内では，H_2O や NO_y の混合比が著しく低下している[1]．

酸化物（NO_y）の濃度が著しく低い」「水蒸気濃度が低下している」などの特徴的な現象も観測されている（図2）．オゾンホールの形成には，極渦や極域成層圏雲の存在，オゾンホール特有の化学反応が関与している．

◎極渦の存在

南極成層圏の冬季～春季には極を取り巻く強い西風（極渦）が存在し，極渦内の大気は極渦外の大気から孤立している．南極の春季には極渦内ではオゾン生成反応や極渦内へのオゾンの輸送が抑えられているため，極渦内でのオゾン分解は積分的に起こり，結果として大きなオゾン減少をもたらし得る．

◎極域成層圏雲

冬季の極域の成層圏では，チャップマン機構で説明される熱源が存在しないため，急激に冷え込む．さらに極渦の存在は極渦内への物質の輸送ばかりでなく熱

図3 ノルウェー上空で撮影されたPSC．写真中央部に見えるのがPSC．下層に見えるのは対流圏の雲．中島英彰氏撮影．

量の輸送も抑えられるため，極渦内は190 K以下の温度まで冷え込む．その結果，極域成層圏雲（polar stratospheric cloud：PSC）と呼ばれる微粒子からなる雲が生成される（図3）．PSCは過冷却状態の硫酸エーロゾル，硫酸-硝酸-水三成分系エーロゾル，硝酸水和物，氷などの状態が複雑に混在した状態で存在している．また，組成の違いなどに対応して，液滴および固体PSCとして存在している．

◎ PSC上での不均一反応

PSC上では気相中では進行しない反応が進行し得る（PSCの表面あるいは内部での反応は，気-液，気-固界面の物質輸送を伴う反応であるため，不均一反応と称されている）．PSC上での不均一反応の例としては

$$ClONO_2 + HCl \longrightarrow Cl_2 + HNO_3 \quad (4)$$
$$N_2O_5 + H_2O \longrightarrow 2HNO_3 \quad (5)$$

などがある．

反応(4)は，光化学的な活性が低いHClやClONO₂といった塩素のリザーバー物質を，光化学的に活性な物質（Cl₂）に変換する反応である．また，反応(4)や(5)は窒素酸化物（ClONO₂やN₂O₅）を硝酸（HNO₃）に変換（窒素酸化物の一時的な除去）し，PSCの重力

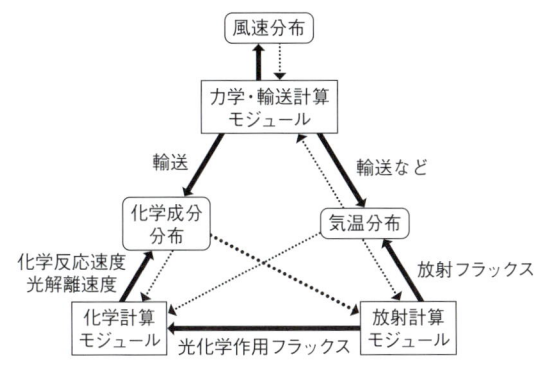

図4 化学気候モデルの概念図．永島達也氏提供．

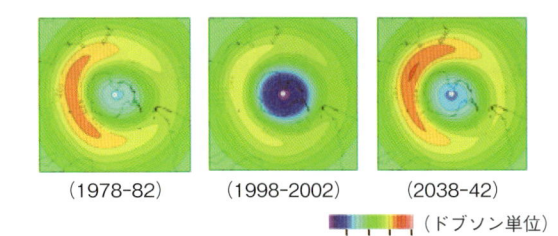

（1978-82）　（1998-2002）　（2038-42）
（ドブソン単位）
200 300 400 500

図5 CCSR/NIES化学気候モデルを用いて計算された南極オゾンホールの推移．1980，2000，2040年を中心とする5年間について，それぞれ10月のオゾンホールの状況を平均して作成したもの．220ドブソン単位（ドブソン単位：地表から大気上端までの気柱に含まれるオゾンを全て1気圧，0℃の条件でオゾンのみからなる層をつくった際の層の厚みに相当する単位．3 mmの厚みに相当するオゾン量が300ドブソン単位に相当）以下の領域がオゾンホールに対応．秋吉英治氏提供．

落下を伴うことで着目している高度領域からのNO$_y$の不可逆的除去を引き起こす．

◎ オゾンホール内でのオゾン分解反応

南極の極渦内では，PSC上での不均一反応による塩素の活性化が進み，高い濃度のClO$_x$が存在することになり，他の領域には見られないオゾン分解反応が機能している．その1つが以下に示すClO二量体の光分解を介するオゾン分解反応である．

$$2(Cl + O_3 \longrightarrow ClO + O_2) \quad (2)$$
$$ClO + ClO + M \longrightarrow ClOOCl + M \quad (6)$$
$$ClOOCl + h\nu \longrightarrow Cl + ClOO \quad (7)$$
$$ClOO + M \longrightarrow Cl + O_2 \quad (8)$$

正味の変化：$2O_3 \longrightarrow 3O_2$

● オゾン層の長期変化予測

成層圏ではオゾンの生成・消滅速度の変化やオゾン分布の変化を通して化学過程と放射過程と力学過程が相互に結合している．そのため，これまでのオゾン層の長期変化の理解や今後のオゾン層の変動予測のためには，化学-放射-力学の3つの過程の相互作用を取り込んだ数値モデル（化学気候モデル．図4に概念図を示す）の利用が不可欠である．

現在国内外で化学気候モデルの開発とオゾン層の長期的な変化の数値実験が行われている．例として図5に数値モデルで計算された南極域の10月の平均オゾン全量の分布の推移を示す．数値モデル実験の結果によると，2020年以降には大気中のフロン濃度の減少に対応してオゾンホール面積が縮小すると予想される．

〔今村隆史〕

4.4 成層圏・対流圏交換

● 成層圏と対流圏の物質交換

本項では成層圏と対流圏の物質のやりとり，成層圏・対流圏交換 (stratosphere-troposphere exchange) について説明する．たとえば人為起源の物質が成層圏へ輸送されると，成層圏光化学と放射を通して地球の気候に作用し，逆に成層圏の物質（たとえばオゾン）が対流圏へ輸送されると対流圏光化学に作用する．成層圏・対流圏内の輸送・光化学については，成層圏光化学，対流圏光化学，衛星観測などの項を参照されたい．

成層圏での大気の流れは，熱帯域で上昇，極域で下降し，熱帯から極域へ向かう緯度方向（子午面内）の循環が知られており，成層圏の子午面循環という（図1）．この循環では熱帯が対流圏から成層圏への物質の「入口」であり，極域が「出口」に相当する（熱帯での対流圏から成層圏への輸送過程については後述）．

一方，温位およそ400K以下において，等温位面上で対流圏界面をまたぐ緯度方向の交換が知られている（図1）．この交換についてロスビー波の砕波という現象が広く知られており，夏半球の亜熱帯性高気圧の東側で多い．低緯度（熱帯・亜熱帯）では北半球の冬に多く，熱帯上部対流圏と中緯度下部成層圏の交換に寄与する．また成層圏から対流圏への輸送過程において対流圏界面の貫入 (tropopause folding) という現象が知られており，たとえば成層圏のオゾン濃度の高い空気を対流圏へ輸送する．

● 熱帯域における対流圏から成層圏への輸送

熱帯での成層圏・対流圏交換は，"水蒸気の脱水 (dehydration)" 過程に着目して研究が進められてきた．Brewer (1949)[2] は中緯度下部成層圏の水蒸気量を観測し，濃度が極めて低いことから，観測した大気が地球上で最も冷たい熱帯の対流圏界面を通った大気と考え，熱帯から高緯度へ向かう成層圏内の循環を予想した．図2に気温の緯度と高度の断面図を示す．北半球夏の南極域を除けば，熱帯対流圏界面（高度～16～18km，～100hPa付近）が地球上で最も気温が低い．同時にDobsonはオゾンの観測からBrewerと同様の子午面循環を予想しており，成層圏

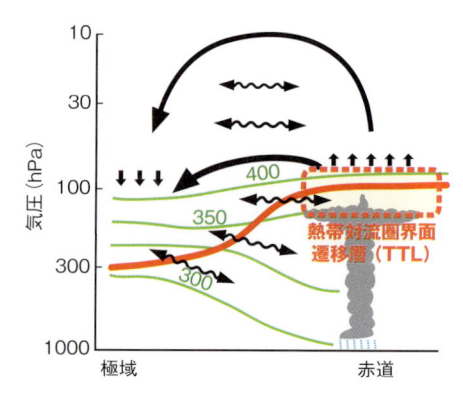

図1 大気の子午面循環（緯度方向の循環）の概念図（文献1を改変）．対流圏界面および等温位面（度）をそれぞれ赤実線・緑線で示す．成層圏では熱帯から極域方向の循環場が知られており，熱帯の対流圏界面（高度～16～18km，～100hPa）が成層圏への「入口」に相当する．

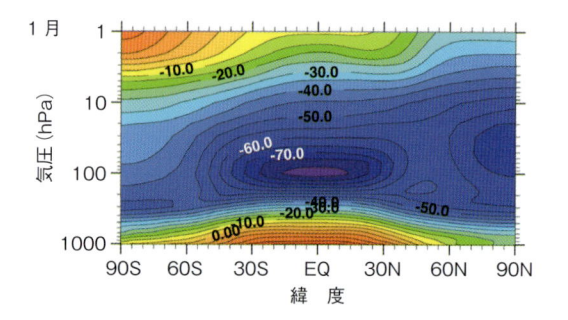

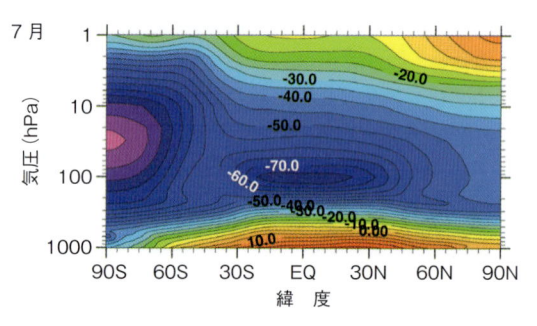

図2 気温の緯度（横軸）と気圧（縦軸）の断面図（1月および7月の気候値）．ECMWF Interim 客観再解析データ（2004～09年）を用いて作成．

の子午面の物質循環をブリューワー・ドブソン循環と呼び，一般的に広く成層圏の子午面循環をいう（図1）．

図3に水蒸気混合比の時間と高度（気圧）の断面図を示す．図2からわかるように，熱帯対流圏界面は北半球の冬に最も冷たく，夏に温かい1年周期の変動が知られている．そのため冬の水蒸気濃度が最も低く，夏の濃度は高い．同時に熱帯では1年を通して

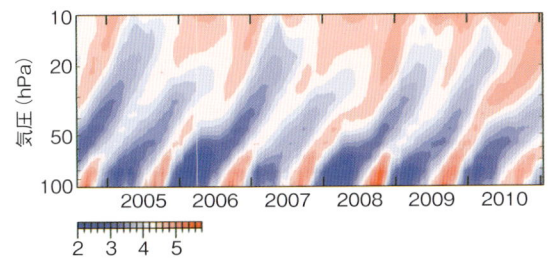

図3 米国の衛星AURAに搭載の測器MLSで得られた熱帯の水蒸気混合比（ppmv）の時間（横軸）と気圧（縦軸）の断面図 Level 2, ver3 データを利用．

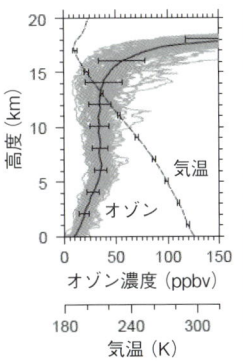

図4 サンクリストバル（ガラパゴス）における北半球冬季のオゾン（ppbv）と気温（K）の鉛直分布．平均値（太い実線）と標準偏差について示す（データはSHADOZ計画による）．右は熱帯（キリバス共和国）でのオゾンゾンデ・水蒸気ゾンデを用いた気球よる高層大気観測時の写真（SOWER計画による）．

対流圏から成層圏へ大気が輸送され，また，低緯度の成層圏で大気は常に上昇しているため，低濃度（または高濃度）の空気が時間とともに上昇する様子が見られる．これは熱帯対流圏界面付近の気温の情報が水蒸気濃度として大気に記憶されて上昇しており，大気のテープレコーダーと呼ばれている．なおテープレコーダーから見積もられる上昇速度は下部・中部成層圏で0.2 mm/s 程度であるが，平均的な子午面循環の速度は，一般的にそれよりも遅い．これは平均的な子午面循環の速度は成層圏へ流入してからの平均的な経過時間に対する値として考えることができるが，成層圏へ流入した大気が拡散・混合などにより，さまざまな経過時間の大気と混ざるためである．

成層圏に流入した大気の経過時間は，成層圏内の拡散や混合により，ある程度の幅を持ち，"成層圏の年代スペクトル (age spectrum)" として理解される．ここでの平均的な成層圏の循環は，残差子午面循環とも呼ばれ，大気の波動の運動量輸送により駆動される．成層圏の子午面循環の直接観測は難しいが，二酸化炭素や水蒸気等の大気微量成分の観測により，年代スペクトルの一部を観測することができ，気候モデルの検証に用いられている．

熱帯対流圏界面遷移層とは

熱帯において「対流圏界面とは何か？」と考えたとき，着目する要素によりさまざまな対流圏界面が存在する（たとえば温度，対流，放射，オゾンや水蒸気などの物質分布）．そこで熱帯の対流圏界面を"面"ではなく，対流圏から成層圏へ遷移する"層"として捉え，熱帯対流圏界面遷移層 (tropical tropopause layer：TTL) と呼び，TTLは熱帯の高度およそ12〜19 kmに位置する（図1）．

最低温度で定義される熱帯の対流圏界面は高度17 km（〜100 hPa）付近に位置するが，ブリューワー・ドブソン循環として成層圏のゆっくりとした上昇が始まる高度はおよそ19 kmである（図1）．一方，深い積雲対流は高度14 km（〜150 hPa）付近までしか到達できず，温度で決まる対流圏界面より高度は低い．また，晴天下で放射加熱が0になるのもこの高度域である．TTLは，成層圏への「入口」として成層圏の大気質を制御しているため，これらの要素を総合的に捉えて物質交換を理解しなければならない．

一方，オゾンや水蒸気，同位体などの大気微量成分の観測から，成層圏・対流圏物質交換過程を理解することができる．たとえば，熱帯の対流圏内のオゾンはバイオマス燃焼等により生成されるものの，一般的に成層圏よりも濃度が低いことが知られている．特に海洋上の境界層では極めて低濃度である．逆に成層圏では対流圏に比べて圧倒的にオゾン濃度は高い．図4は熱帯での気球観測によるオゾン・水蒸気の直接観測風景とこのような気球観測により得られた熱帯でのオゾン濃度の鉛直分布である．地表付近で濃度が極めて低く，上空では温度構造で定義する対流圏界面より数km低い高度から徐々に増大する．この増大が始まる高度が対流圏界面遷移領域の下端部分に相当する．

20世紀後半，成層圏の水蒸気濃度が半世紀の間におよそ5割増大していることが観測から明らかになったが，その過程が未解決であるなど，TTL内での成層圏・対流圏交換過程に関する研究は現在も進められている．最近の研究から，時間スケールの短い赤道波や数週間程度の現象が成層圏-対流圏交換に重要な役割を果たすことが明らかになった． 〔高島久洋〕

4.5 対流圏光化学

● 対流圏化学反応を駆動する物質：OHラジカル

対流圏化学と関連のある地球大気環境問題といえば、都市での大気汚染、酸性雨、地球温暖化・寒冷化といった気候変動を思い浮かべるであろう。これらの現象を説明するメカニズムにほぼ必ず登場し、対流圏での化学反応を駆動する中心となっているのは、OHラジカルである。OHは電気的には中性のフリーラジカルで、不対電子を持っているため反応性が高い。

OHの立場から見て、その生成・消失過程をまとめたのが図1である。主要な生成過程は、オゾンが太陽の紫外線によって光分解して励起状態の酸素原子（O(^{1}D)）がまず生成し、その後水蒸気と反応して2分子のOHができる過程である。生成したOHは、一酸化炭素（CO）、メタン、非メタン炭化水素、二酸化窒素（NO_2）などと反応する。その際のOHの寿命は短く、都市大気では数十ミリ秒、清浄大気でも1秒である。OHと一酸化炭素、メタン・非メタン炭化水素との反応ではHO_2、RO_2といった過酸化ラジカルが生成する。過酸化ラジカルは一酸化窒素（NO）と反応し、結果としてOHを再生する。したがって、OHが最初に1個できると、この再生によって連鎖的に反応が進み、複数個の微量成分分子（一酸化炭素、メタン、非メタン炭化水素、二酸化窒素など）が酸化反応を受けることになる。

ここで注意したいのは、反応性が高いばかりでは、電子励起状態の酸素原子（O(^{1}D)）のように、連鎖反応によって濃度が十分に高く維持されなかったり、また特定の分子とばかり反応してしまうことで、対流圏での重要度が必ずしも高くない物質もあることである。それと対比すると、OHの場合は、HO_2を通した連鎖反応によって再生されるために濃度が比較的高く維持され、また、あらゆる物質に対する反応性が似通っている特徴があるため、結果として、対流圏に存在する多くの微量成分に対する主要な酸化剤というユニークな役割を果たしている。

● OHラジカルの反応と地球大気環境問題

これらの反応過程を地球大気環境問題と関連付けて見てみよう。OHとの酸化反応によって、炭化水素類は過酸化物やアルデヒドなどへ、NO_2は硝酸（HNO_3）へと、より親水性の高い物質に変換され、最終的には乾性・湿性沈着で大気中から除去されるかCOやCO_2まで酸化・分解されることになる。したがって、OHラジカルは自然の大気浄化作用に本質的にかかわっており、「大気中の洗剤」と呼ばれることもある。

この図には示されないが、大気汚染物質である二酸化硫黄（SO_2）もOHによる酸化を受け、硫酸が生成する。このように大気中で二次的に生成する硝酸、硫酸は酸性雨の原因物質となる。HO_2やRO_2によってNOは酸化されてNO_2となり、その光分解によって、オゾンが生じる。OHの初期的な発生には1分子のオゾンが使われている（光分解）と述べたが、NO_xが比較的高い濃度（およそ100 pptv以上）で存在すると、この連鎖反応過程では複数のオゾン分子が生成す

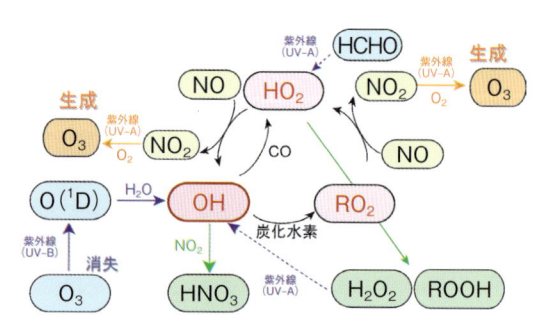

図1 OHラジカルを中心とする対流圏化学反応メカニズムの模式図。ラジカルの初期生成過程（青矢印）、ラジカル連鎖反応（黒矢印）、ラジカルの最終消失過程（緑矢印）、連鎖反応によるオゾン（O_3）の生成過程（橙矢印）。

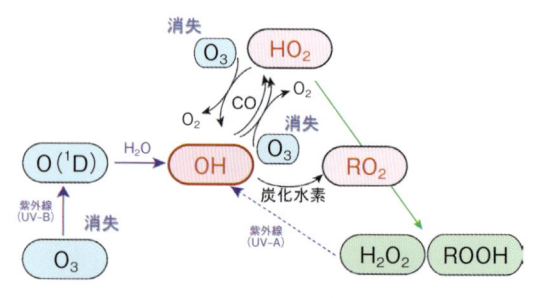

図2 窒素酸化物（NO_x）濃度が低い場合の対流圏化学反応模式図。連鎖反応によりオゾン（O_3）が消失する。

るので，正味のオゾン光化学的生成が起こる．オゾン生成は都市〜地域規模での大気汚染（光化学スモッグ）を引き起こし，健康・植物被害をもたらす．地球温暖化に関係するメタンの主な除去過程もこのOHとの反応である．有機ガスの酸化で生じる低揮発性有機物や硫酸は，蒸気圧が低いため大気中でエーロゾル粒子に移行し，太陽光を反射する効果などを通じて地球の放射収支に影響する（寒冷化へ寄与する）．オゾン層を破壊する原因物質となったフロン類の代替物として，水素原子が分子中に含まれる代替フロン類が使用されるようになったが，これは対流圏でOHとの反応によって壊れるように設計された物質である．

対流圏オゾンは窒素酸化物濃度が高い環境では連鎖的に生成すると述べたが，海洋性大気のように，窒素酸化物濃度が数十pptv以下のような環境では，逆に図2のようなメカニズムによって連鎖的な消失が起こる．この際にもOH, HO_2 が主な役割を果たしている．

● OHラジカルの濃度

OHの寿命は短いこと，また，主に大気中での生成に紫外線・オゾン・水蒸気が必要であることを反映して，その濃度には強い時空間変動が見られる．一般に，高濃度となるのは，低緯度地方では通年，中緯度地方では夏季，時刻では日中においてである．近年，OH濃度の短期間実測が行われるようになり，地表付近の大気では日中に数密度として $(1〜10) \times 10^6/cm^3$ の範囲の極大となり，夜間にはほぼ0となる日変化を示すことが明らかになった（図3）．また，全球における24時間・通年の平均濃度は，およそ $1 \times 10^6/cm^3$ と推定されている．

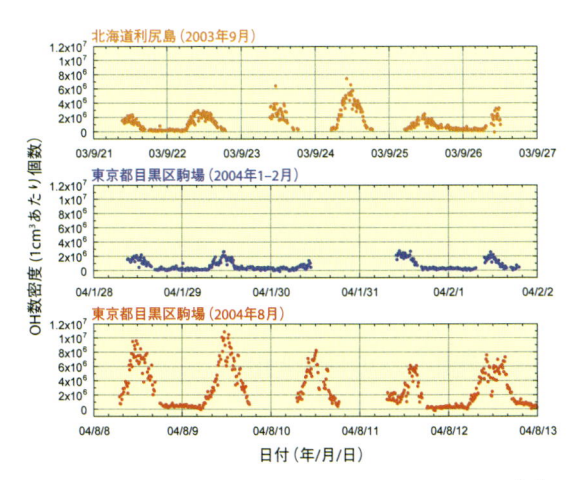

図3 地表付近大気でのOHラジカル濃度直接測定結果の例[1), 2)]．

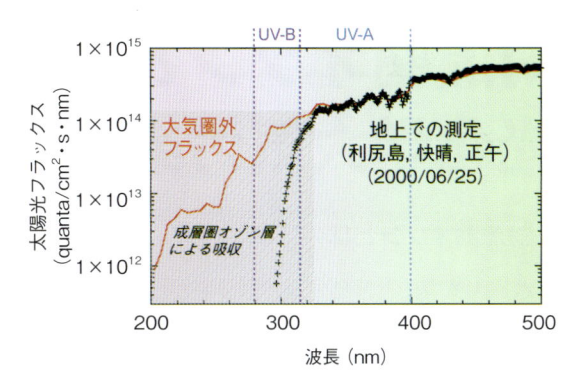

図4 太陽光の放射フラックスを地上で波長の関数として測定した結果（黒）．大気圏外でのフラックス（赤）と比較すると，成層圏オゾン層による有害紫外線の吸収が明らかである．UV-Bの波長領域の光は若干対流圏にも届き，それが対流圏化学を駆動する．

上記のようにOHは対流圏化学において重要な役割を果たしており，その濃度がたとえば現在の数分の1に減少してしまうようなことがあると，大気中の自然浄化作用が脅かされ，また，メタンなどの地球温暖化物質の寿命が延びてしまうなど，大きな問題となる．しかしながら，実際には HO_2 による緩衝作用が非常によく機能することもあり，近年25年間では，全球平均値に有意な変化は見られていないと推測されている．

● 対流圏光化学に重要な紫外線

これまで見てきたように，対流圏化学には太陽紫外線が欠かせない役割を果たしている．図4には，地上で測定された太陽光の放射フラックスを波長の関数として示す．波長290 nm以下の有害紫外線は成層圏のオゾン層により十分に吸収され，地表にはほぼ届かないが，最初に述べたような対流圏オゾンの光分解による励起酸素原子の生成（引き続いてOHの生成）は，315 nm以下のUV-Bと呼ばれる波長領域で起こる．315〜400 nmの波長領域（UV-A）ではホルムアルデヒドの光分解によるラジカルの生成や，NO_2 の光分解による基底状態酸素原子（$O(^3P)$）の生成（引き続いて対流圏オゾンの生成）が起きる．

● OHラジカル以外の酸化剤

大気中にはOH以外の酸化剤も存在する．夜間に NO_3 ラジカルが炭化水素を酸化すること，北極付近では白夜が明けた時期にハロゲン原子（Cl, Br）が主に炭化水素を酸化することが報告されている．しかしながら，地球全体で見たときにはその役割の重要度はOHよりも低いと考えられている．　〔金谷有剛〕

4.6 対流圏オゾンと光化学大気汚染

● 対流圏オゾンとは

　地球大気中におけるオゾンは9割が成層圏に存在し，1割が対流圏に存在する．その1割のオゾンが対流圏オゾンである．フロン類による成層圏のオゾン層破壊が問題となっている一方，対流圏におけるオゾンは赤外線を吸収することで地表面から放射される輻射熱が宇宙へ散逸するのを妨げている．そのため，対流圏オゾンは地球の放射収支に強く影響する温室効果ガスの1つとして重要な役割を果たしている．対流圏オゾン濃度は産業革命以降急激に増加しており，地球温暖化に大きく寄与している．このように，同じオゾンでも成層圏と対流圏で役割や環境影響が対照的であることから，成層圏オゾンは「善玉オゾン」，対流圏オゾンは「悪玉オゾン」と呼ばれてきた（図1）．

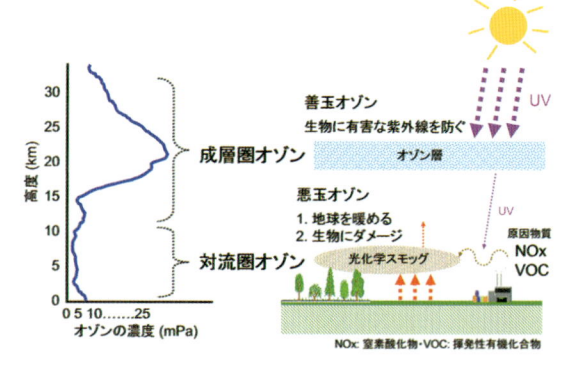

図1　対流圏オゾンの高度分布（左）と地球大気における役割（右）.

● 対流圏オゾンの生成

　対流圏オゾンは，窒素酸化物と一酸化炭素，メタン，揮発性有機化合物が太陽からの紫外線を受けて光化学的に生成する．自動車や工場などの人間活動が盛んな大都市周辺ではこれらの物質が大量に大気中に放出されていることからオゾンの生成が盛んである．そのため，排出規制が厳しくない発展途上国の大都市では大気中オゾン濃度が100〜200 ppbvにも及ぶことがあり光化学スモッグとして社会問題になることもある．一方，離島や陸域から離れた海洋上など清浄地域における対流圏オゾン濃度は10〜50 ppbv程度である．

● 対流圏オゾンの季節変化と地域分布

　対流圏オゾンは二酸化炭素やメタンなどの長寿命温室効果ガスと異なり反応性に富むため，大気中寿命も数日から数週間程度と比較的短い．それ故，観測される対流圏オゾン濃度の分布や変化には地域差が大きいことが知られている．図2に領域化学輸送モデルによって再現された，東アジアにおける境界層内の対流圏オゾンの分布と風のベクトルを季節別に示す．春や夏といった暖候期はオゾン濃度が概して高いことがわかる．特に夏季は，アジア大陸でオゾンの濃度が非常に高くなることがわかる．一方，風の場を見てみると，冬季の強いユーラシア大陸からの西風，夏季の弱い太

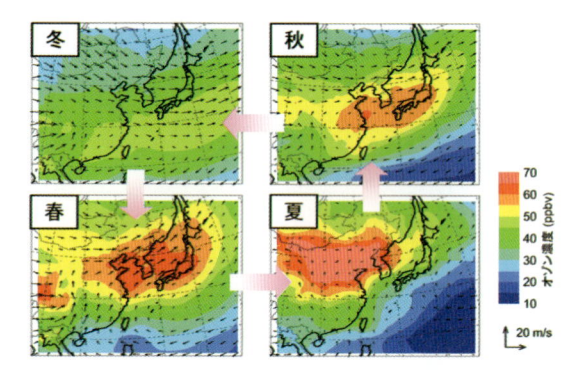

図2　東アジアにおける境界層内の対流圏オゾンの分布と風のベクトル.

平洋からの南風が明瞭である．春季と秋季は，冬季と夏季の中間の季節に当たり，風の強さは若干弱まるが依然として西風が卓越していることがわかる．

　日本付近を見てみると，冬から春にかけて日本列島全体を覆うように北海道から九州まで濃度が急激に上昇している．一方，夏は南からの風が卓越し，太平洋からオゾン濃度が非常に低い気団が日本にも影響を及ぼしていることがわかる．このため，日本上空の平均的なオゾン濃度は比較的低く抑えられており，この傾向は低緯度帯ほど顕著である．東アジアにおける対流圏オゾンは，光化学的なオゾンの生成とアジアモンスーンによって支配される地域規模の物質輸送の結果，このような一連の季節変化を有している．

● 対流圏オゾンの長期変化

　「悪玉オゾン」である対流圏オゾンが，人間社会の工業化とともに地球規模で増加しているのではないか，という懸念が持たれている．図3は20世紀における

ヨーロッパで得られた観測データをまとめたものである．過去100年間のうちにオゾン濃度が約10 ppbvから約40 ppbvにも増加している様子が見てとれる．産業革命以降における対流圏オゾン濃度増加の主な原因は，人類による化石燃料の燃焼などによって放出されるオゾン前駆物質である窒素酸化物および揮発性有機化合物の増加であると考えられている．

対流圏オゾンを生成する前駆物質の放出量・分布や光化学反応に関する現在の知識を組み込んだモデル計算によると産業革命以前の対流圏オゾン濃度は20 ppbvと推定され，観測データと不一致があることが知られている．したがって，過去の測定データが不正確であるか，もしくはモデルに組み込んでいる産業革命以前のオゾン前駆物質の放出量が不正確であることが要因として考えられているが，大きく増加していることは確からしいと考えられている．このような長期変化は近年においても同様であり，たとえば日本でも増加傾向が見られている（図1）．

● 対流圏オゾンの越境汚染

最近の日本では，1970年代の光化学スモッグ以降減少してきた高濃度オゾン日が顕在化するようになった．この20〜30年間で北米や欧州からのオゾン前駆物質の排出量が漸減している一方，人口増加著しい東アジア・南アジアからの排出が急増しており，地域規模・半球規模における対流圏オゾン濃度増加や越境汚染への影響が懸念されている．アジア大陸からのオゾン前駆物質の排出が日本など風下の地域に及ぼす影響を図4に示す．春季の地表オゾン（図2）のうちアジア大陸からの前駆物質を起源とするオゾンは5〜

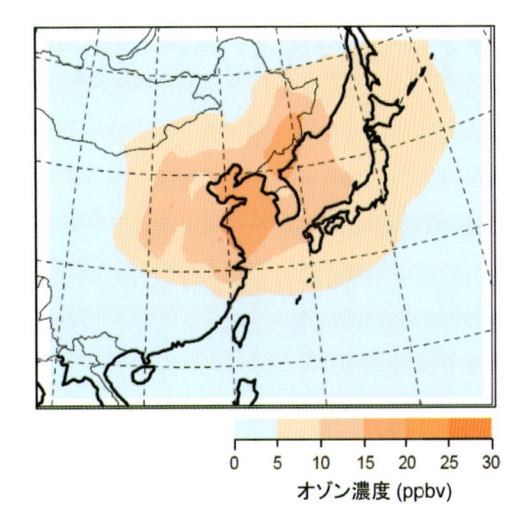

図4 春季におけるアジア大陸起源のオゾン濃度[2]．

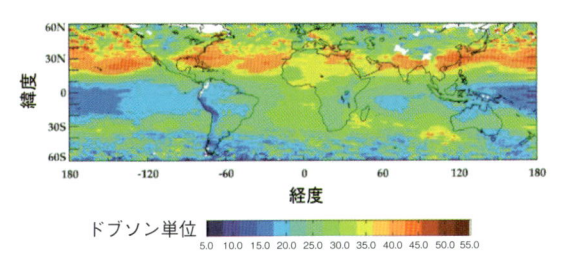

図5 宇宙から観測された2005年4月の対流圏オゾンの分布[3]．

10 ppbv程度の寄与を占め，特に本州以南でオゾンの越境輸送の寄与は大きい．本州付近のオゾン濃度が約50〜60 ppbvであることを考慮すると，平均で約1/10〜1/6が東アジア起源であり，これは日本において特に都市以外での高濃度現象や環境基準超過に寄与していることが考えられる．

近年では宇宙空間から対流圏の化学成分を測定する衛星センサーの技術的進歩が著しく，越境汚染について詳細な様子がわかってきた．図5は，米国航空宇宙局（NASA）が打ち上げた人工衛星に搭載されたOMI（Ozone Monitoring Instrument）センサーとMLS（Microwave Limb Sounder）センサーとから得られた観測データを組み合わせて導出された2005年4月の対流圏オゾンカラムの分布である．北半球中緯度帯の大陸間でオゾンが一様に高濃度となっており，北米・欧州・アジアで生成したオゾンが強い偏西風に乗って大陸間を西から東へ運ばれている様子が見られる．

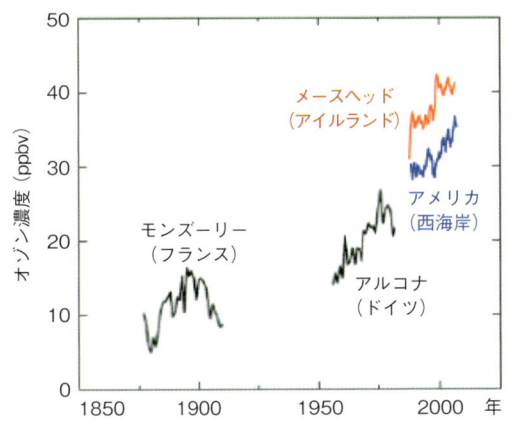

〔谷本浩志〕

図3 欧米における過去100年間の対流圏オゾン濃度の長期変化[1]．

4.7 グローバル大気汚染と大陸間輸送

● 地球環境問題としての大気汚染

21世紀に入って大気汚染は「グローバル大気汚染」の視点から地球環境問題として大きく取り上げられるようになった．その理由としては，1つは大陸間輸送を含む半球大気汚染の視点であり，もう1つは大気汚染の地球温暖化・気候変化に与える大きな影響である．後者については4.15に取り上げられているので，本項では前者の視点について概説する．

● グローバル大気汚染とメガシティ

グローバル大気汚染という言葉には，大気汚染物質が大陸を越えて半球規模で，また，場合によっては赤道を越えて他の半球にまで輸送され，グローバルな広がりを持っているという意味と，大気汚染が先進国・途上国の多くの地域で普遍的な共通の問題となっており，グローバルな視点からの国際的な取り組みが必要であるということの2つの意味が込められている．グローバル大気汚染という言葉が実感を持って認識されるようになった背景には，衛星観測の果たした役割が大きい（4.17，4.18参照）．図1は最近の衛星観測によるNO_2の対流圏カラム濃度の全球分布である．北東アジア，北米東部，ヨーロッパ中心部が世界の三大広域大気汚染地域であること，これらに次ぐ汚染地域が各大陸内に広域に広がっており，その中にホットスポット的に大都市規模の大気汚染地域が点在していることがわかる．

これらの大都市はメガシティと呼ばれる巨大都市に対応している場合が多い．国連統計によると人口1000万人以上の大都市域の数は増え続けており，2000年は18都市域であったものが，2005年には20都市域に，2015年には22都市域に増加するものと予測されている[1]．世界最大のメガシティは東京首都圏であり，これにメキシコシティ，ニューヨーク，サンパウロ，ムンバイ，デリーなどが次いでいる．我が国では東京首都圏以外に大阪・神戸地域がこの定義のメガシティに含まれている．メガシティは，大気汚染が悪化しやすく，これにさらされる人口が多いことから人間の健康影響の観点から関心が持たれるとともに，メガシティからの汚染物質が広域大気汚染や気候変化に大きな影響を及ぼす観点から注目されている．

● 大陸間輸送と半球規模大気汚染

大気中に放出された大気汚染物質が地球上のどの程度の範囲に広がるかは，それぞれの物質の大気中での滞留時間（大気中寿命）によって左右される．二酸化炭素やメタンなど数年以上の大気寿命を持つ物質は，地球上どこで放出されても全球的に輸送され地球上どこでもほぼ同じ濃度で分布する．一方，二酸化窒素や二酸化硫黄などの大気汚染物質は大気寿命が数日以内なのでそのほとんどは放出地域の周辺に分布する．その中間に位置するのが対流圏オゾンやエーロゾル（粒子状物質）などの，大気寿命数日〜1ヵ月程度の大気汚染物質である．大気中の物質が1つの大陸から隣

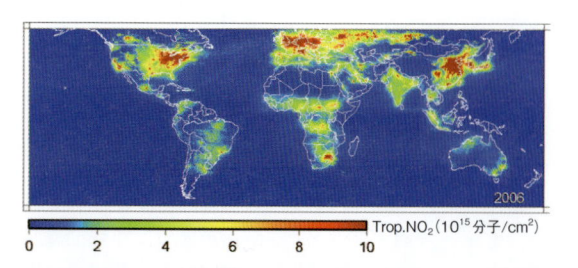

図1 衛星（SCIAMACHY）から観測された全球におけるNO_2対流圏カラム密度の年平均分布（2006年）．図は入江仁士氏提供．

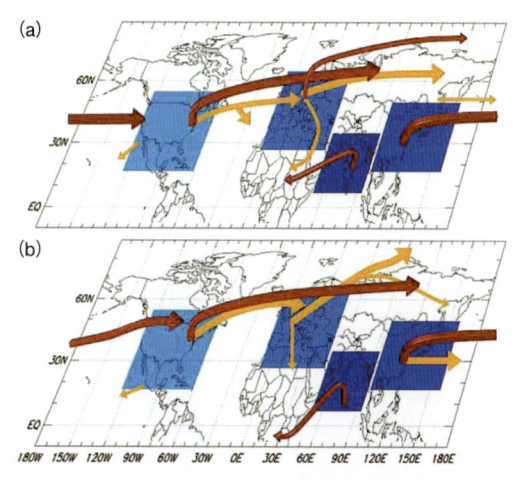

図2 (a) 夏期，(b) 冬期における大陸間輸送経路の概念図[2]．

の大陸へ輸送されるのに要する時間は数日～1週間程度であるので，これらの物質は大陸間に輸送され，典型的な半球規模大気汚染をもたらす物質であるといえる．

図2はこうした物質が大陸間を輸送される夏・冬のルートを模式的に表している．図のオレンジ色の矢印は地上から3km以内の主に境界層内の輸送を表し，赤色は3km以上の自由対流圏での輸送経路を表している．大陸間輸送としては，ヨーロッパ大陸からアジア大陸へ，アジア大陸から北米大陸へ，北米大陸からヨーロッパ大陸へ輸送される北半球での現象が典型的であるが，自由対流圏に垂直輸送された物質は自由対流圏内を偏西風に乗って，効率よく長距離を輸送されるので，北米からアジアへ，アジアからヨーロッパへと1つ大陸をまたいだ大陸間輸送も同程度に重要であることがわかっている．

● 大陸間輸送と越境大気汚染

越境大気汚染はグローバル大気汚染の一局面であり，東アジアにおいてもオゾンや黄砂の越境大気汚染はよく知られている．我が国でもオゾン汚染についてはオゾンの環境基準がほとんど達成されない，オキシダント注意報の発令日数が増加しているなどの問題にからめて越境大気汚染の寄与が議論されることが多い．特に我が国は，21世紀に入って著しい経済発展を遂げつつある中国の風下側に位置することから必然的に中国からの越境大気汚染の影響から免れ得ない．しかしたとえばオゾンの越境大気汚染問題の議論にあたっては，我が国自身の窒素酸化物や揮発性有機化合物に起因するオゾン，近隣アジア諸国から流入するオゾン，さらにヨーロッパ，北米，中央アジアその他のリモート地域からの大陸間輸送によってもたらされる寄与分，成層圏からの寄与分などを定量的に評価し，合理的な議論をすることが非常に重要である．

図3は，全球化学輸送モデルによって計算された春期および夏期における，日本（本州，四国，九州を合わせた東部・西部）や朝鮮半島，中国（北東部，華北平原，揚子江デルタ，南東部）を受容地域とした場合の，それぞれのソース領域で発生したオゾンの寄与率を示している．季節平均で見た場合，日本に対する中国からの直接的影響は春期・夏期を通じて10～12%，日本国内で発生するオゾンの寄与は春期22%，

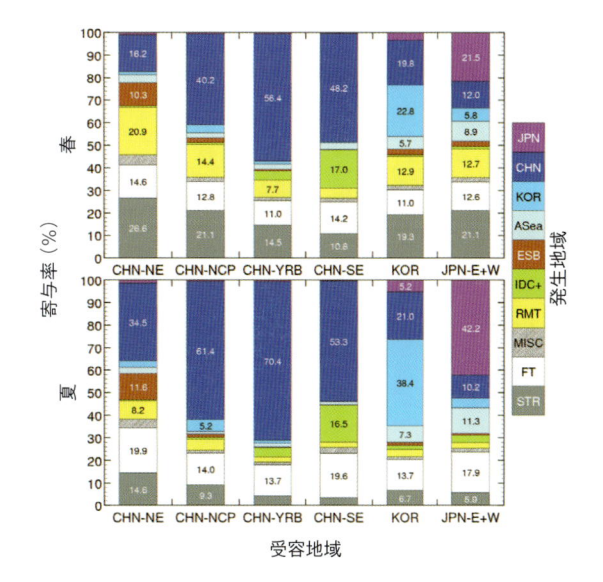

図3 全球化学輸送モデルによる中国北東部（CHN-NE），中国華北平原（CHN-NCP），中国揚子江デルタ（CHN-YRB），中国南東部（CHN-SE），朝鮮半島（KOR），日本東部・西部（JPN-E+W）における地表付近オゾンのそれぞれの発生地域からの寄与率[3]．上は春（3～5月），下は夏（6～8月）．発生地域は，日本（JPN），中国（CHN），朝鮮半島（KOR），アジア周辺海域（ASea），東シベリア（ESB），東南アジア（IDC+），欧州・北米・中央アジア・中東・北大西洋（RMT），その他（MSC），自由対流圏（FT），成層圏（STR）．

夏期42%，リモート地域，および成層圏からの影響は春期にそれぞれ13，21%と大きく，夏期には数%以下である．一方，中国北東部に対しては東シベリアからの，南東部に対しては東南アジアからの越境輸送の影響が春期，夏期を通じてそれぞれ10～12%，17%と大きいことがわかる．

このように，我が国のオゾンの発生地域は春期には日本，アジア（周辺海域を含む），成層圏・自由対流圏を含むリモート域からの寄与がそれぞれ，22，30，48%，夏期にはそれぞれ42，30，28%となっている．この計算では，その地域で発生したオゾンの寄与を対象としており，その地域で発生した窒素酸化物や揮発性有機化合物の寄与率ではないことに注意する必要があるが，大陸間輸送を含む越境大気汚染の抑止対策の議論においては，図3に見られるようなグローバルな視点からの取り組みが重要と思われる．

〔秋元　肇〕

4.8 酸性雨

● 酸性雨は大気汚染の1つ

酸性雨という現象は大気中の硫酸や硝酸などが地表へ沈着する大気沈着である．これらの硫酸や硝酸は大気に直接放出されるわけではない．石油や石炭の燃焼に伴う二酸化硫黄や窒素酸化物が大気中で酸化されて生成する（図1）．二酸化硫黄や窒素酸化物は水に溶けただけではこれらの酸にならない．酸になるには反応性の高い酸化性物質による酸化が必要で，気相ではOHラジカル，液相では過酸化水素やオゾンが酸に変える．これらの酸化性物質は大気中の光化学反応で生成される．酸性雨は気候変動，光化学オキシダントなど，化石燃料の燃焼が引き起こす大気汚染の一側面である．

● 酸性雨という現象

生成した硫酸（エーロゾル）や硝酸（ガス）は大気から地表に沈着する（図2）．この沈着過程は2つある．1つはエーロゾルやガスの状態のまま風に乗り地表に沈着する乾性沈着である．この過程は晴れた日でも起こり「酸性雨」の語から連想するのは難しそうだが，地表に沈着する酸の半分程度はこの乾性沈着による．もう1つはこれらのエーロゾルやガスが雨などの水に溶けて沈着する湿性沈着である．この水溶液は強い酸性を示すことがあるので，酸性雨という言葉がここから生まれた．

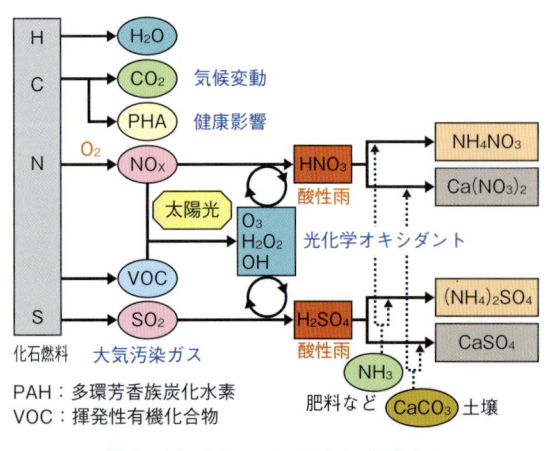

図1 大気汚染における酸性雨の位置づけ．

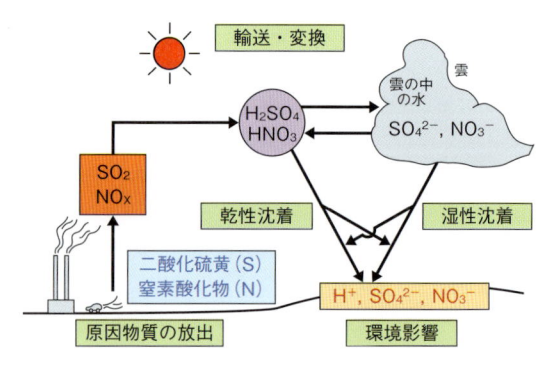

図2 大気からの地表への物質沈着過程．

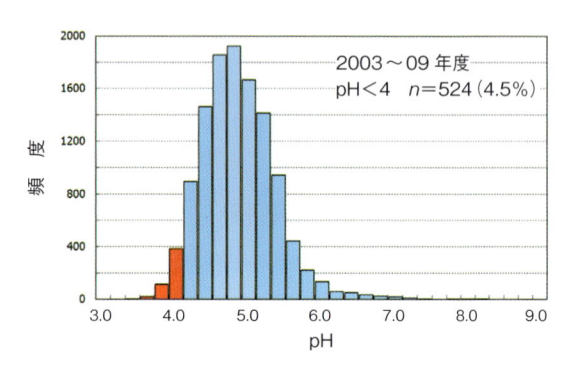

図3 日本の雨のpHの度数分布（2003〜09年度）．

● 湿性沈着（1）日本の雨のpH

日本の雨のpHを環境省の全国ネットワークからのデータで見てみよう[1]．14の遠隔地点で1日毎に捕集された11703試料に対するpHの度数分布を示す（図3）．pH4.6〜4.8のクラスが最も出現し，全体の単純平均はpH4.75，範囲はpH3.35〜8.19であった．pH4.0未満の値は524試料で認められ全体の4.5%を占めた．これらの56%は越前岬（福井県），樽原（高知県），えびの（大分県），潮岬（和歌山県）の4地点で観測され，小笠原（東京都）でも4試料が認められた．またpH4.0未満の値は季節によらず出現した（冬（12〜2月）：38.5%，春：23.5%，秋：19.1%，夏：18.9%）．

● 湿性沈着（2）酸と塩基のバランスで決まるpH

雨に溶けている酸の濃度が高いほど，pHは低くなる．これに大気中にあるアンモニアや炭酸カルシウムなどの塩基（アルカリ）が溶け込むと，その量に応じてもとの酸は中和され，pHはその分高くなる．そもそもpHは酸と塩基のバランスで決まる．

大気化学

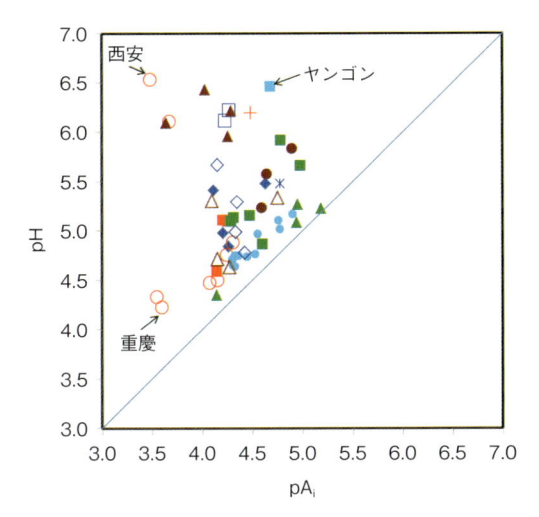

図4 アジアにおける2009年の年平均pHとpA$_i$. ◆：ロシア，□：モンゴル，○：中国，■：韓国，●：日本，△：インドネシア，○：フィリピン，◇：ベトナム，■：タイ，▲：マレーシア，＋：カンボジア，＊：ラオス，■：ミャンマー，▲：インド．

図5 東アジアの硫黄化合物の乾性沈着量と湿性沈着量（2000～08年の平均値）．黒：SO_2の乾性沈着量，灰：SO_4^{2-}の乾性沈着量，白：SO_4^{2-}の湿性沈着量．

この理論を使うとpHを科学的に解釈することができる．H_2SO_4とHNO_3は解離し，H^+とSO_4^{2-}とNO_3^-を放出する（式(1)～(2)）．次にNH_3や$CaCO_3$が溶けるとOH^-を放出する（式(3)～(6)）．このOH^-が酸からのH^+を中和して水を生成する（式(7)）．

$$H_2SO_4 \longrightarrow 2H^+ + SO_4^{2-} \quad (1)$$
$$HNO_3 \longrightarrow H^+ + NO_3^- \quad (2)$$
$$NH_3 + H_2O \rightleftarrows NH_3 \cdot H_2O \quad (3)$$
$$NH_3 \cdot H_2O \rightleftarrows NH_4^+ + OH^- \quad (4)$$
$$CaCO_3 \longrightarrow Ca^{2+} + CO_3^{2-} \quad (5)$$
$$CO_3^{2-} + H_2O \rightleftarrows HCO_3^- + OH^- \quad (6)$$
$$H^+ + OH^- \rightleftarrows H_2O \quad (7)$$

このときのH^+の濃度が捕集した雨のpHに対応し，中和された後の値になる：$pH = -\log[H^+]$．最初にあったH^+は式(4), (6)からのOH^-との反応で減少しpHは増加する．

SO_4^{2-}とNO_3^-はこれらの反応にはかかわらないので，SO_4^{2-}とNO_3^-の量は最初のH_2SO_4とHNO_3のそれを保存している．これから，塩基が全くないときのpHが推定でき，$-\log\{[SO_4^{2-}]+[NO_3^-]\}$で求まる（[ ]は当量濃度eq/Lを示す）．これをpA$_i$と書く．

湿性沈着（3）pA$_i$とセットで解釈するpH

上の説明を使って，2009年の東アジア[2]とインド[3]の雨の年平均pHをpA$_i$で解釈してみよう．pA$_i$は3.48～5.18であるが，pHは4.22～6.53とそれよりも高い（図4）．西安と重慶（中国）で観測されるpHはそれぞれ6.53，4.69であり，西安の値はヤンゴン（ミャンマー）のpH6.46に匹敵する高い値である．これらの地点でのpA$_i$はそれぞれ3.48, 3.60, 4.68で，西安と重慶ではもともとの酸の濃度が高いことがわかる．しかし，西安では重慶よりも塩基の濃度が高く，中和が大きく進み，pHはヤンゴンなみに高くなったと解釈できる．

乾性沈着と湿性沈着

硫黄酸化物について東アジア27地点での乾性と湿性の沈着量が見積もられた（図5）．全体の平均を見ると，SO_2，SO_4^{2-}それぞれの乾性沈着量が50 meq/m^2・年，14 meq/m^2・年，SO_4^{2-}の湿性沈着量が62 meq/m^2・年である[4]．これからも乾性沈着過程が重要であることがわかる．

アジアの大気環境を守る：EANET

北東および東南アジアをカバーする東アジア酸性雨モニタリングネットワーク（EANET）が2001年に始まり，湿性と乾性の大気系モニタリングと生態系のそれが13ヵ国で実施されている（ロシア，モンゴル，中国，韓国，日本，インドネシア，フィリピン，ベトナム，タイ，マレーシア，カンボジア，ラオス，ミャンマー）．EANETはWMOや欧米のネットワークと連携し環境を守ろうと努めている．

〔原　宏〕

4.9 長寿命温室効果ガス

●長寿命温室効果ガスとは

本項では，大気寿命が10年程度以上の長寿命温室効果ガスについて解説する．水蒸気や対流圏オゾンも温室効果ガスであるが，それらについては水蒸気や対流圏オゾンについての項を参照されたい．ここでは，京都議定書において地球温暖化の原因物質として排出量の削減が定められている，二酸化炭素（CO_2），メタン（CH_4），一酸化二窒素（N_2O），ハイドロフルオロカーボン類（HFCs），パーフルオロカーボン類（PFCs），六フッ化硫黄（SF_6）と，また，モントリオール議定書によりオゾン層破壊の原因物質として削減対象となっているクロロフルオロカーボン類（フロン：CFCs），ハイドロクロロフルオロカーボン類（HCFCs）も強力な長寿命温室効果ガスであるため扱う．

長寿命温室効果ガスはその生物化学的な性質あるいは歴史的背景により大きく2つに分けられる．産業化以前から自然界に存在していたCO_2，CH_4，N_2Oの3種と，20世紀に入ってから産業における冷媒や噴霧器，絶縁ガスなどの用途のために開発され，ほぼ人為的要因によってのみ排出されるCFCs，HCFCs，HFCs，PFCs，SF_6などである．後者をフッ素，塩素，臭素，ヨウ素を含んだ炭素化合物の総称としてハロカーボン類（ここでは便宜上SF_6も含める）と呼ぶ．

●長寿命温室効果ガスの過去と現在

図1から産業化以後CO_2，CH_4，N_2Oが大きく増加してきたことがわかる．特にCH_4は1750～2000年の250年間で濃度が倍以上となっている．ハロカーボン類は1950年以前は大気中にほとんど存在しておらず，現在の濃度も全てpptオーダーと極めて微量である．しかし，それらの地球温暖化係数（global warming potential：GWP）は数十～数万と非常に大きいため，ハロカーボン類全てを合算すると，温室効果への寄与は無視できない．1750年と比較した2005年における長寿命温室効果ガスのみの放射強制力（+2.63 W/m²）のうち，それぞれのガスの寄与率は，CO_2：63％，CH_4：18％，N_2O：6％，CFCs：10％，その他：3％となっている（IPCC第4次評価報告書（AR4））．

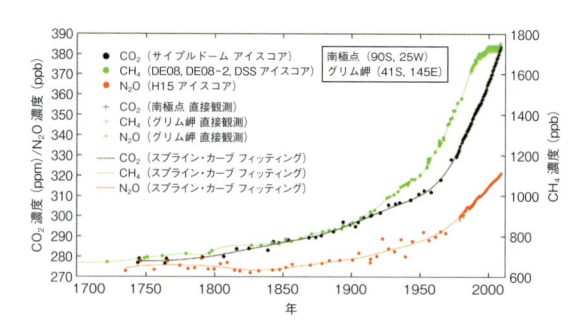

図1 南極でされた氷床コアの分析から再現された17世紀以降のCO_2[1), 2)]，CH_4[3)]，N_2O[4)]の濃度変化．近年の値は大気直接観測値（CO_2・CH_4：NOAA/ESRL/GMD[5)]，N_2O：AGAGE[6)]）．氷床コアの詳細は8.5参照．

●温室効果ガスの人為放出源と消滅源

図2に温室効果ガスの循環の概要を示す．CO_2放出の大部分は化石燃料消費に起因し，森林破壊等の土地利用の変化やセメント生産も原因となっている．N_2Oは農業における窒素肥料使用が主な原因で増加してきたと考えられている．CH_4は突出した人為放出源を持たないが，畜産，水田，埋め立てなどのさまざまな人間活動により放出される．CO_2は大気中に放出された後，化学的変化をほとんど受けずに陸域および海洋の両方で吸収される．陸域では森林などにおいて植物が光合成により吸収し，海洋では炭酸イオンとの中和反応により起きる化学的解離（アルカリポンプ）が主な吸収源である．しかし，海洋では実際は生物や海水循環などもかかわっており複雑である（第7章参照）．一方，CH_4やN_2O，ハロカーボン類は全て大気中の化学反応が消滅源となっている．CH_4やHCFCs，HFCsは主に対流圏においてOHとの反応

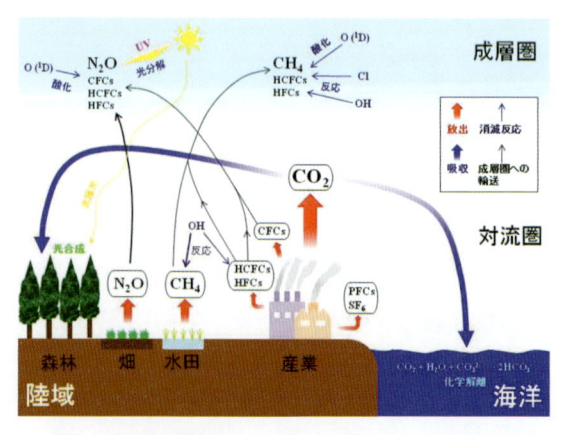

図2 長寿命温室効果ガスの主な人為放出源と循環経路．

により壊され，一部は成層圏まで運ばれ O (^{1}D)，Cl との反応や紫外線による光分解で消滅する．N_2O や CFCs は対流圏では安定だが，成層圏において光分解や，O (^{1}D) との酸化反応により壊される．しかし，PFCs や SF_6 のように中間圏でいくらか消滅するものの，成層圏・対流圏においては化学的に非常に安定で，数千年単位で大気中に残留するものもある．いずれのガスも大部分は地表から大気中へと放出され，一部は生物や化学の作用により取り除かれるが，残りは大気中に留まる．その過程で，長寿命温室効果ガスの大気寿命（>10年）は大気輸送による全球混合の時間スケール（～1年）と比べて長いため，一度大気中に放出されると全球に広がる．そのようにして全球的に広がった温室効果ガスの余剰分が温室効果を強める方向に作用する．

● 温室効果ガスの時空間変動とモデル計算

ここでは現代の大気中における温室効果ガスの時空間変動の観測およびモデル計算について示す．図3において CO_2 濃度は 1.6 ppm/年程度の経年増加に加え，北半球のバローでは冬に上がり夏に下がるという規則的な変動を毎年繰り返している．これは，陸上生物圏では植物の呼吸や土壌有機物の分解などにより CO_2 を放出し，植物の光合成により吸収するが，夏には日射量が増加して光合成による吸収量が放出量を大きく上回るためである．その影響は南半球の南極点では非常に小さい（図3）．その違いは，北半球は陸上面積が大きく植物が多いことに起因する．そのような過程をより定量的に，さらに大気輸送の効果も考慮して理解するために大気輸送モデルを用いた CO_2 などの数値計算が行われている．モデル内では一般には地表におけるガスの放出・吸収量が境界条件として与えられ，大気中における化学反応と輸送過程が計算される．普通，化石燃料燃焼などの人為的放出量は統計量に基づいているが，たとえば，陸上植物や海洋による CO_2 の放出・吸収量の見積もりには観測値や陸域生態系モデル，海洋大循環モデルなどが用いられることも多い（第6章参照）．こうして行われたモデル計算はバローでの大きな季節変動や南極点ではそれが小さいことまで観測値をよく再現している（図3）．また，OH による CH_4 消滅の季節変動や N_2O の経年変化などもよく再現されている．図4では，観測だけでは把握しきれない，陸上植物の光合成による CO_2 吸収が夏に広域にわたって濃度を低下させる状況が，モデル計算によって定量的かつ視覚的に捉えられている．

ほかにも 2009 年に打ち上げられた「いぶき」のように衛星による宇宙からの全球的な CO_2 や CH_4 濃度の常時観測[10]や，観測値と大気輸送モデルを組み合わせた「逆計算」や「データ同化」などによる地域毎の温室効果ガス放出量の見積もりなど，温室効果ガス循環の解明へ向けてさまざまな研究開発が進められている．

〔石島健太郎〕

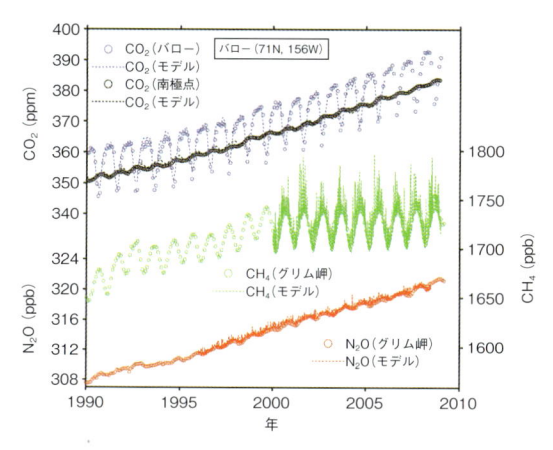

図3 現代の CO_2, CH_4, N_2O 濃度の直接観測値（CO_2・CH_4：NOAA/ESRL/GMD[5]，N_2O：AGAGE[6]）とモデル計算値（CO_2[7]，CH_4[8]，N_2O[9]）．

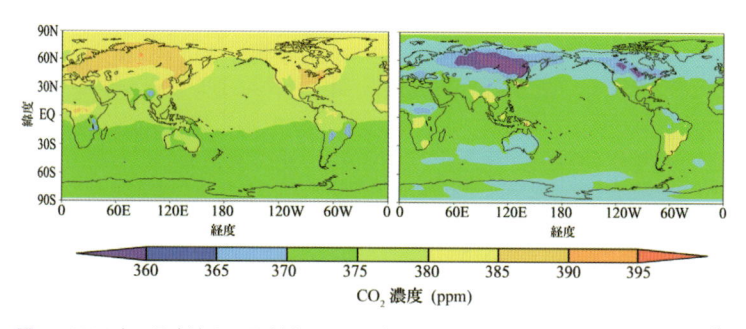

図4 2006年1月（左）と7月（右）における全球地表 CO_2 濃度分布のモデル計算結果[7]．

4.10
短寿命大気汚染ガス

● 短寿命大気汚染ガスの種類と排出源

短寿命大気汚染ガスの代表的なものには，窒素酸化物（$NO_x = NO, NO_2$），揮発性有機化合物（volatile organic compounds：VOC），一酸化炭素（CO），二酸化硫黄（SO_2）が挙げられる．これらは大気中においてさまざまな化学反応に関与することで，光化学スモッグや酸性雨など多くの大気環境問題に密接にかかわっている．

上記の短寿命物質は全て，一次排出源から大気中に放出される大気汚染ガスである．一次排出源には，自動車や工場など人間活動に起因する人為起源のほか，植物，海洋，森林火災，雷，火山といった自然起源のものも含まれる．そのため，どこからどれだけ大気中に放出されているかといったエミッション・インベントリに関する理解が重要であり，近年の対流圏化学衛星センサーと化学輸送モデルの進歩のおかげで，短寿命大気汚染ガスの排出源に関する理解が深まっている．

● 窒素酸化物の排出源と大気中挙動

NO_x は対流圏オゾンの前駆物質として中心的な役割をする物質である．NO_x の 90% 以上は一酸化窒素（NO）として放出される．その約 60〜70% が地表面における化石燃料およびバイオマスの燃焼によるものであり，土壌からの放出と合わせて大部分が地表面からの放出である．図1に見られるように，化石燃料による NO_x の放出は産業活動が活発な北半球中緯度で最も大きい．バイオマス燃焼は熱帯で乾季に最も盛んであり，雷による NO_x 生成は熱帯の雨季に最も大きい．その他，欧州-北米-東アジアなど大陸間を行き来する航空機や船舶による NO_x 排出も無視できない．図2は GOME（Global Ozone Monitoring Experiment）衛星センサーで宇宙から観測された二酸化窒素（NO_2）の分布である．北半球の主要な排出源地域で NO_2 濃度も高くなっているほか，南半球では南米，南アフリカ，オーストラリアの都市で増大している様子がよくわかる．NO_x の大気中寿命は非常に短く，地表面から放出された NO_x は硝酸（HNO_3）やパーオキシアセチルナイトレート（PAN，$CH_3C(O)OONO_2$）に酸化され，大気中を輸送され，最終的には地表や海洋に沈着する．

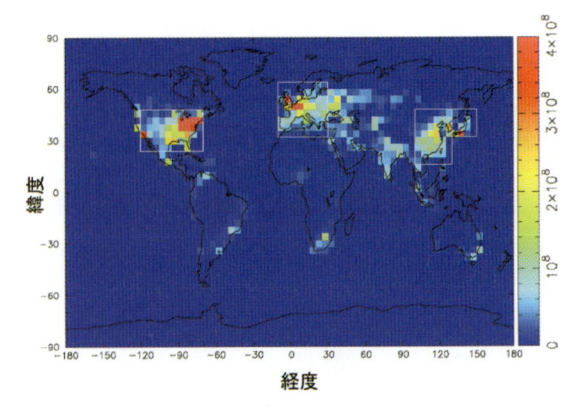

図1 人為起源の NO_x 排出マップ．EDGAR v2.0 による．http://themasites.pbl.nl/en/themasites/edgar/emission_data/edgar2-1990/index.html

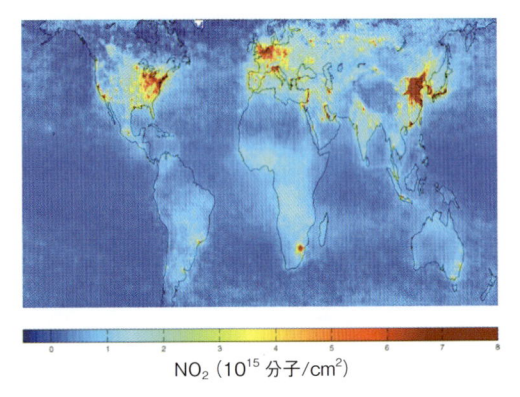

図2 GOME 衛星センサーによって観測された対流圏二酸化窒素の分布[1]．

● 揮発性有機化合物の排出源と大気中挙動

VOCs は常温常圧で容易に揮発する有機化合物の総称である．非メタンの炭化水素であるアルカン，アルケン，アルキン，芳香族炭化水素など主に人為起源のものと，イソプレンやテルペン類など主に自然起源のものがあり，いずれの分類にも多種多様な化合物が存在している．たとえば，都市域において放出される VOC は数百種類存在するともいわれている．その大気中寿命は主に OH ラジカルやオゾンとの反応速度によって決まり，イソプレンの数時間からエタンの 1.5 ヵ月まで広範囲にわたる．図3は GOME 衛星センサーで宇宙から観測されたホルムアルデヒド濃度と排出インベントリを組み込んだ GEOS-Chem 化学輸送モデルによる計算結果である．ホルムアルデヒドは VOCs が酸化されて生成するため，その濃度は季節によって大きく変わる．観測とモデルの両者とも夏

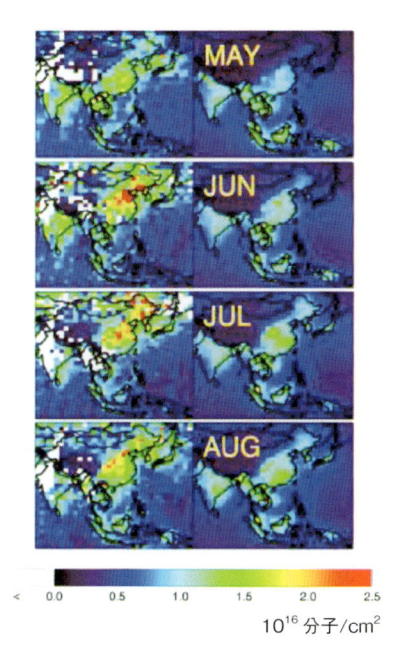

図3 GOME衛星センサーによる観測（左）と化学輸送モデルによる計算（右）の対流圏ホルムアルデヒドの分布[2].

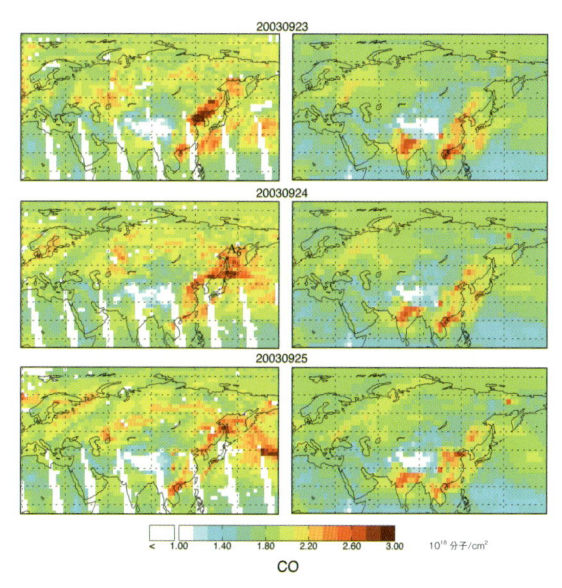

図4 AIRSセンサーによる観測で捉えられた一酸化炭素のアジア大陸からの長距離輸送の様子（左）と化学輸送モデルによる計算結果（右）[3].

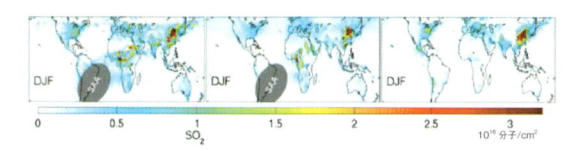

図5 SCIAMACHY（左）とOMI（中）センサーの観測とGEOS-Chem化学輸送モデル（右）で計算された二酸化硫黄の分布（12～2月平均）[4].

季に多く冬に少ない特徴を示しているが，モデルは観測よりも大幅に小さく，アジアにおけるVOCs排出量がこれまで過小評価されてきたことがわかる．

● 一酸化炭素の排出源と大気中挙動

COは化石燃料燃焼やバイオマス燃焼，森林火災が大きな発生源であり，メタンの酸化も主要な発生源である．COの主な消失源はOHラジカルによる酸化反応であり，COはメタンや代替フロン類の大気中寿命に影響を及ぼすOHラジカルの濃度をコントロールする．COの大気中寿命は平均的に2ヵ月程度である．地上付近におけるCOは，1990年代には全球的に濃度が減少してきたが，1997～98年にかけては東南アジアやシベリアで起こった大規模な森林火災のために南北両半球の低緯度帯および北半球高緯度帯で濃度が急増し，火災が終息した後の数年間は緩やかに増加する傾向となった（図1）．

COは越境大気汚染など物質輸送のよい指標にもなり得る．図4はAIRS（Atmospheric Infrared Sounder）センサーとMATCH-MPIC化学輸送モデルによるCOの分布を3日間について示したものである．AIRSの観測には，アジア大陸における人間活動で排出されたCOが東へ輸送されている様子が見られる．この様子は基本的に化学輸送モデルでも再現されているが定量的に見れば小さく，現在のCO排出量が過小評価されていることを示している．

● 二酸化硫黄の排出源と大気中挙動

二酸化硫黄（SO_2）は硫黄分を含む石炭や石油の燃焼で発生し，大気中に放出される．また，火山も重要な自然発生源で，多量のSO_2を大気中に放出している．SO_2は大気中で酸化されて硫酸となり，硫酸が雨に取り込まれて酸性雨の原因となる．図5はSCIAMACHY（Scanning Imaging Absorption Spectrometer for Atmospheric Chartography）センサーとOMI（Ozone Monitoring Instrument）センサーで観測されたSO_2の分布と，GEOS-Chem化学輸送モデルで再現されたSO_2の分布である．石炭の使用が多い中国で特に高濃度となっている様子が衛星センサーと化学輸送モデルの両方に見られる．そのほか，モデルには見られない増大がアフリカに見られるが，これは火山によるものである．　　　〔谷本浩志〕

4.11 エーロゾルの物理と化学

● エーロゾルの重要性

「エーロゾル」とは「空気中に微粒子が浮遊している分散系」である．微粒子そのものを明示するときは「エーロゾル粒子」と呼ぶ．ただし，慣例的には後者をさすときもエーロゾルと呼ぶことが多い．ここでは，両者は特に区別せずに用いる．粒径（直径）は数 nm（$1\,\text{nm} = 10^{-9}\,\text{m}$）から $100\,\mu\text{m}$ 程度（$1\,\mu\text{m} = 10^{-6}\,\text{m}$）に及ぶ．エーロゾルのうち粒径 $1\,\mu\text{m}$ 程度以下の粒子は呼吸器の深部に沈着する可能性があるため，その健康影響が問題視されている．また，エーロゾルは太陽の可視光線を効率的に散乱または吸収する作用があるため，視程の悪化を引き起こす主要因となる．いわゆる光化学スモッグのひどい場合も，著しい視程悪化が見られる（図1）．

エーロゾルが太陽光線を散乱・吸収するということは，視程の悪化だけでなく，地表に到達するエネルギー量を変化させることになる．さらに，エーロゾルは雲を生成するときの凝結核として働くため，エーロゾル濃度の大小は雲の生成量さらには降水量にも影響を与え得る．したがって，エーロゾルは二酸化炭素（CO_2）などと並んで（ただし CO_2 とは異なる物理過程により）気候変動の問題においても重要な役割を果たす．

● エーロゾルの粒径と組成

エーロゾルの粒径と組成には密接な関係があり，発生源や生成過程を強く反映している．図2はエーロゾルの典型的な粒径分布を模式的に表したものである．この図は，同一の粒子集団の数濃度分布と質量濃度分布を表している．これらの曲線の下側の領域をある粒径範囲で積分すれば，その範囲に含まれるエーロゾル数濃度（個 /cm^3）または質量濃度（g/cm^3）を与える．この例に関していえば，$0.1\,\mu\text{m}$ 以下の粒子は数濃度のほとんどを占めるが，質量濃度に対してはごく小さな一部しか寄与していない．このことは，粒径が10倍違うと体積（質量）は1000倍違うことから理解できよう．

エーロゾルには粒径別に分類した慣例的な呼称がある．粒径 $2.5\,\mu\text{m}$ 以下を微小粒子（$PM_{2.5}$），それ以上を粗大粒子という．粒径 $0.1\,\mu\text{m}$ 以下の粒子を特に極微小粒子またはナノ粒子ということがある．なお，これらの分類はあくまで定義上のものであって，エーロゾルの性質が境界の粒径で急に変化するわけではない．

また，エーロゾルにはその生成過程に応じて分類した呼称もある．発生源から直接粒子の形で放出されるものを一次粒子といい，大気中において気体成分の化学反応を経て生成されるものを二次粒子という．成分にもよるが，二次粒子の生成には数時間〜数日を要するため，発生源近傍では一次粒子の濃度が高い．しかしながら，広域に輸送されるに従って，二次粒子の寄与率は大きく増大し，一次粒子をはるかに上回る場合

図1 エーロゾルは可視光線を効率的に散乱・吸収するため，主に都市域などで視程悪化の主要因となる．

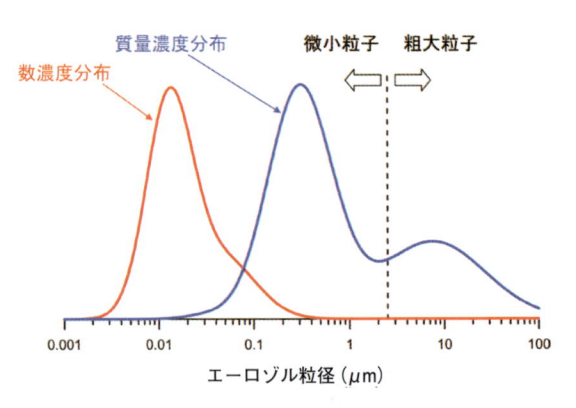

図2 エーロゾルの典型的な粒径分布の模式図．同一の粒子集団を，数濃度分布（赤）と質量濃度分布（青）で表している．縦軸スケールは任意．

もある．

以下，微小粒子と粗大粒子の典型的な組成などについて解説する．

◎微小粒子

化石燃料やバイオマスの燃焼などに起源を持つ一次または二次粒子は，主に微小粒子側に存在する．都市域においては，煤，有機物，無機物（硫酸塩 SO_4^{2-}，硝酸塩 NO_3^- など）が主要成分である．煤はディーゼルなど燃焼発生源から直接排出される一次粒子である．有機エーロゾルの一部は煤と同様に直接排出されるものもあるが，広域で見ると気体の有機化合物から二次的に生成するものの方が多い．硫酸塩や硝酸塩はそれぞれ二酸化硫黄（SO_2）および窒素酸化物（NO_X）から二次的に生成される．

◎粗大粒子

風などの作用により砂塵が巻き上がるなど，力学的な機構により発生する一次粒子は，主に粗大粒子側に存在する．砂漠など乾燥した土壌からは，鉱物粒子（ダスト）が多く発生する．鉱物粒子は，ケイ素（Si）やカルシウム（Ca）の化合物を主成分とする．中国内陸部の砂漠に由来する黄砂が有名である．また，海洋からは塩化ナトリウム（NaCl）を主成分とする海塩粒子が発生する．さらに，植物からは花粉や胞子などの粗大粒子も発生する．

● **エーロゾルの生成・変質過程**

ここでは，エーロゾルの生成・変質過程について述べる（図3）．粒子の重要な物理化学プロセスには，凝集，凝縮・気化，新粒子生成，不均一反応がある．

◎凝集

既存の粒子が衝突し合体する現象．数濃度は変化するが質量濃度は変化しない．

◎凝縮・気化

ある物質が気相と既存粒子の間を行き来する現象．数濃度は変化せず質量濃度が変化する．

◎新粒子生成

気相の物質から新たに粒子が生まれる現象．小さい粒子が多く生成するので，数濃度が大きく変化するが，質量濃度はほとんど変化しない．

◎不均一反応

気相，液相，固相が関連する反応．後に示すように，気体物質が雲粒に溶解して反応し，雲粒が蒸発して

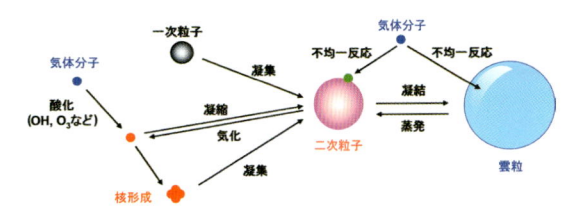

図3 エーロゾルの重要な物理化学プロセスを表す模式図．

エーロゾルになる場合もある．

以下において，代表的なエーロゾル成分である硫酸塩の生成過程を解説する．硫酸塩エーロゾルは SO_2 が酸化されることによって生成する．硫黄の酸化数でいうと，4 から 6 へ変化する反応である．これが大気中ではどのように起きるのであろうか．

SO_2 の酸化には気相反応と液相反応がある．気相反応は次式のように OH ラジカルとの反応による．

$$SO_2 + OH + M \longrightarrow HSO_3 + M \quad (1)$$
$$HSO_3 + O_2 \longrightarrow SO_3 + HO_2 \quad (2)$$
$$SO_3 + H_2O + M \longrightarrow H_2SO_4 + M \quad (3)$$

生成した H_2SO_4 はそのまま粒子に凝縮することもあるが，多くの場合アンモニア（NH_3）と反応して硫酸アンモニウム（$(NH_4)_2SO_4$）の形態となる．この反応のうち，反応(1)は遅い反応，反応(2)と反応(3)は速い反応であり，反応(1)がいわゆる律速反応となる．その時定数は数日～2週間程度と長い．したがって，この反応だけではなかなか硫酸塩は生成せず，観測される硫酸塩の量を説明できない．

そこで，以下のような液相反応が重要となる．この一連の反応は，気相の SO_2 が雲粒や霧粒などの液滴に溶けることから始まる．

$$SO_2(気) + H_2O \Longleftrightarrow SO_2 \cdot H_2O \quad (4)$$
$$SO_2 \cdot H_2O \Longleftrightarrow HSO_3^- + H^+ \quad (5)$$

反応(5)で生成した亜硫酸水素イオン（HSO_3^-）は，同じく液滴に溶け込んだ酸化剤によって硫酸イオン（SO_4^{2-}）へ酸化される．この時，酸化剤として働くのは過酸化水素（H_2O_2）やオゾン（O_3）などであるが，多くの場合 H_2O_2 が効率的な酸化剤として働く．雲粒や霧粒などの液滴は湿度が下がると蒸発する．この時，液滴に溶存している陽イオン（NH_4^+ や金属イオンなど）と結び付いて粒子化する．　　〔竹川暢之〕

4.12 エーロゾルの計測

エーロゾルの計測方法には，その場の空気を採取して測る直接計測と，レーザーなどを利用した遠隔計測がある．これらを効果的に組み合わせることでさまざまな情報が得られる．

◎直接計測

エーロゾルを直接計測する代表的な方法は，ポンプにより空気を吸引してろ紙（フィルター）に捕集し，実験室において化学分析する方法である．この方法ではさまざまな化学成分を高精度で定量できる反面，捕集に数時間〜数日を要するために連続的な計測ができない．また，捕集の際に蒸発や化学変化で失われる成分もある．これを改善するためにリアルタイムでエーロゾルを計測する新しい方法も開発されている．

リアルタイム計測法の一例として，米国エアロダイン社が開発したエーロゾル質量分析計（AMS）と呼ばれる装置を示す（図1）．この装置では，エアロダイナミックレンズと呼ばれる特殊な管を用いて，粒子をビーム状に整流して真空チェンバー内に導入する．導入した粒子の組成を質量分析計により測定する．このAMSをはじめとして，リアルタイムでエーロゾルを計測する装置の開発はここ10年ほどの間に大きく進展し，現在も盛んに研究開発が進められている．

◎遠隔計測

エーロゾルの遠隔計測には，日射光度計やレーザーレーダー（ライダー）がある．前者は太陽光強度がエーロゾルにより減衰することを利用した受動的な方法である．後者は，大気にレーザー光線を照射して，エーロゾルの散乱光を検出する能動的な方法である．これらを人工衛星に搭載したものもあり，グローバルに長期データを取るためには非常に有効な手段である．

遠隔計測法の一例として，国立環境研究所が開発したライダー装置を示す（図2）．この装置は，レーザー光線を上空に向かって照射し，大気分子やエーロゾル粒子によって散乱される光を望遠鏡で検出する．高い高度から来る信号のほうがより遅れて検出されるので，エーロゾルの高度分布が測定できる．ライダーは高分解能の鉛直分布が測れるのが特徴であるが，測っているのは光散乱信号であり，濃度と結び付けるには他の方法との組合せが必要となる．

図1　直接計測に使われるエーロゾル質量分析計．

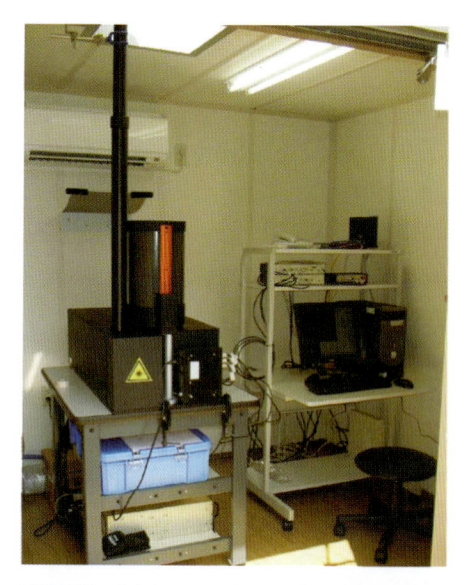

図2　遠隔計測に使われるライダー．国立環境研究所杉本伸夫氏提供．

●エーロゾルの広域分布

エーロゾルは乾性沈着または湿性沈着により大気中から除去される．乾性沈着とは，大気の運動や重力の影響によりエーロゾルが直接地表面に沈着する現象である．湿性沈着はエーロゾルが雲粒や雨滴に取り込まれ降水として地表面に沈着する現象である．粒径が大きいほど乾性沈着の寄与は大きくなるが，エーロゾルの除去過程としては湿性沈着が概ね支配的である．特

図3　NASAの人工衛星センサーSeaWiFS．NASAゴダード宇宙飛行センター提供．http://oceancolor.gsfc.nasa.gov/SeaWiFS/

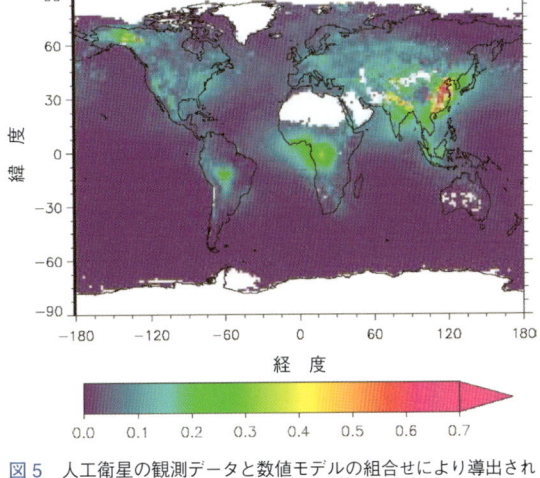

図5　人工衛星の観測データと数値モデルの組合せにより導出された人為起源エーロゾルの光学的厚さ[1]．

図4　SeaWiFSにより得られた観測データ．中国から黄海・韓国方面を臨む画像．明瞭な白の部分は雲，ぼんやりとした「もや」の部分がエーロゾル．NASAゴダード宇宙飛行センター提供．http://modis.gsfc.nasa.gov/index.php

に，水に溶けやすい物質を多く含み，かつ対流活動が盛んな場合には，湿性沈着が起こりやすい．エーロゾルが沈着により消失するまでの時間は変動幅が大きいが，概ね数日〜1週間程度とあまり長くはない．したがって，エーロゾルは発生源近傍の境界層（地表に近い高度）で高濃度となることが予想される．

このような過程を経て，エーロゾルの広域分布がどのようになっているか知るためには，先述のとおり人工衛星による観測が非常に有用である．図3は，NASAの人工衛星に搭載された観測センサーSeaWiFSである．このセンサーは，地表面から反射または大気により散乱・吸収される太陽光を，複数の波長帯の光検出器で測る仕組みになっている．エーロゾルが高濃度になるほど光の減衰量が大きいことから，エーロゾルの光学的な分布（光学的厚さ）を測ることができる．図4は，アジア上空における観測データの例である．中国から黄海・韓国方面を臨む画像であり，明瞭な白の部分は雲，ぼんやりとした「もや」の部分がエーロゾルである．大陸の発生源近傍でエーロゾルが非常に高濃度になっていることがわかる．

● 数値モデルによるエーロゾル分布の理解

観測データは現象として現れている「事実」を捉えるものであるが，なぜそうなっているか理解するためには数値モデルによる解析が必要となる．数値モデルに，気象場を表す方程式に加えて，エーロゾルの放出，生成，変質過程を表す方程式を組み込むことで，エーロゾルなどの物質分布が再現できるようになる．このモデル計算を観測値と比較することにより，計算が正しく行われているか検証することができる．

図5に数値モデルの組合せにより計算された人為起源エーロゾルの分布（光学的厚さ）を示す．アジア，北米・南米，ヨーロッパ，アフリカなどの発生源近傍で高濃度となっている．この計算結果は，人工衛星データとよく一致していることが確認されている．さらに詳細を解析することで，エーロゾルの分布を支配するメカニズム，あるいはエーロゾルが大気汚染や気候変動の問題に与える影響などを調べることが可能となる．

〔竹川暢之〕

4.13 黄砂

● 黄砂とは

黄砂は北東アジア地域の乾燥・半乾燥地帯から発生する土壌系ダストである．鉱物学的には5～15％程度の炭酸塩鉱物（カルサイトなど）を含む塩基性の半粘土鉱物で，その粒径範囲は0.1～数十μmにある．土壌系ダストのうち，長距離輸送される微小なダスト群を黄砂エーロゾルあるいはアジアンダストといい，全体の総称として黄砂と呼ぶ．土壌系ダストは北東アジア以外にアフリカ，北米および南米大陸およびオーストラリアの砂漠・乾燥地帯でも発生し地球全体で年間約20億t，そのうち黄砂は数億tと推定されているが，正確な年間発生量はまだわかっていない．

2007年のIPCC第4次評価報告書[1])には黄砂の発生地域毎の発生量・率が報告されている（図1）．発生割合はS2，S6，S8で56％，S4，S5で26％，S7が4％を占め，この3区分はゴビ砂漠を中心とする砂漠・乾燥地帯，タクラマカン砂漠を中心とする砂漠・乾燥地帯，黄土地帯にそれぞれ対応する．ただし，発生した土壌系ダストの大半は発生地域に再沈着するので，図1の発生率がそのまま日本に飛来する黄砂の発生源別飛来割合とはならない．日本への飛来量に最も大きく寄与しているのはゴビ砂漠由来の黄砂で，

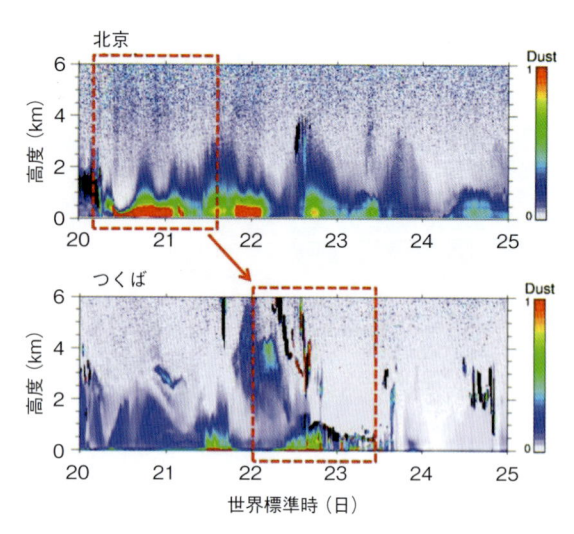

図2　NIES型ライダー観測結果例．2002年3月20日に北京で観測した大黄砂は，約2日後に日本各地に飛来した．赤色（現象強度が大レベル）～緑（弱レベル）の色帯が黄砂を表す．

ゴビ砂漠領域におけるダスト発生量は約2000～10000万t/年，そのうちの約4割が九州にあたる東経130度を通過すると見積もられている[2)]．塩基性鉱物粒子である黄砂は，無機酸や有機酸イオン種を粒子表面に反応固定しているほか，耐塩基性の微生物種が表面付着していることも観察され，その社会生活や自然環境への影響について関心が高まっている．

● 輸送高さとどこまで届くのか

ライダー観測によって黄砂の輸送高度や大気動態変

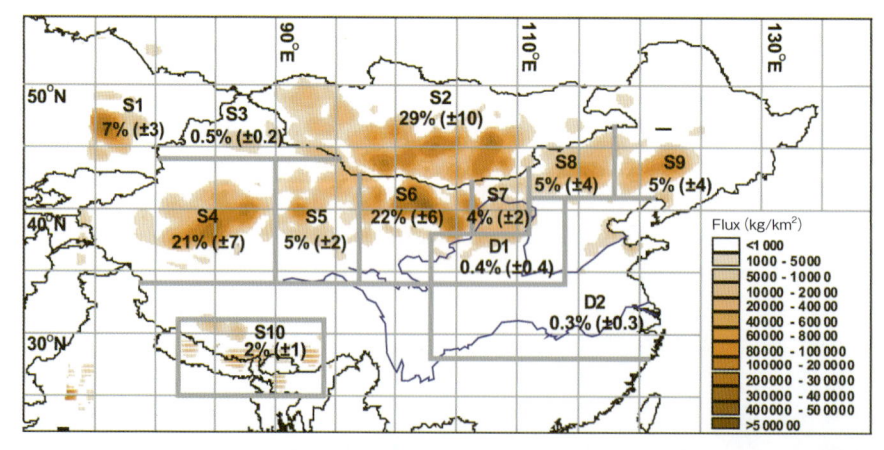

図1　東アジアにおけるアジアンダスト（黄砂）の春季月間発生量と発生率（1960～2002年平均）[1)]．S1～S10は発生源域をD1, D2は沈着域を表す．色別度数単位はkg/km²・月，数字は全発生量に対する各ブロック毎の毎年発生率の43年間平均値，括弧内はその標準偏差である．S2, S4, S6が主要発生源域であり，S7, S8, S9の寄与は小さい．

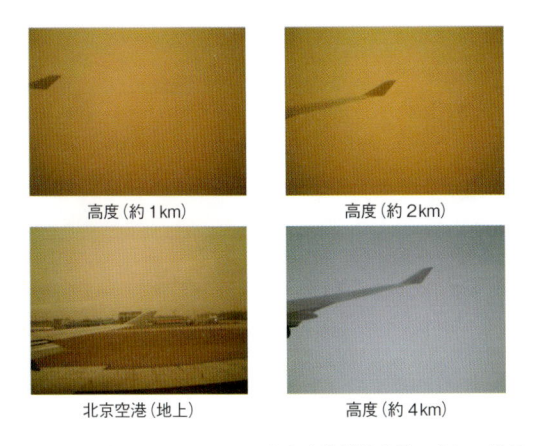

図3 2002年3月20日昼頃．北京空港離陸前後の大気の様子．久我典克氏撮影．

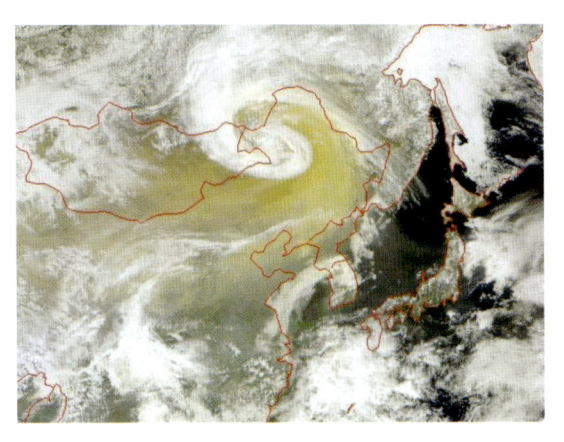

図4 2001年4月7日のアジアンダスト（黄砂）のカラー合成画像．古今書院『黄砂』表紙から転載．

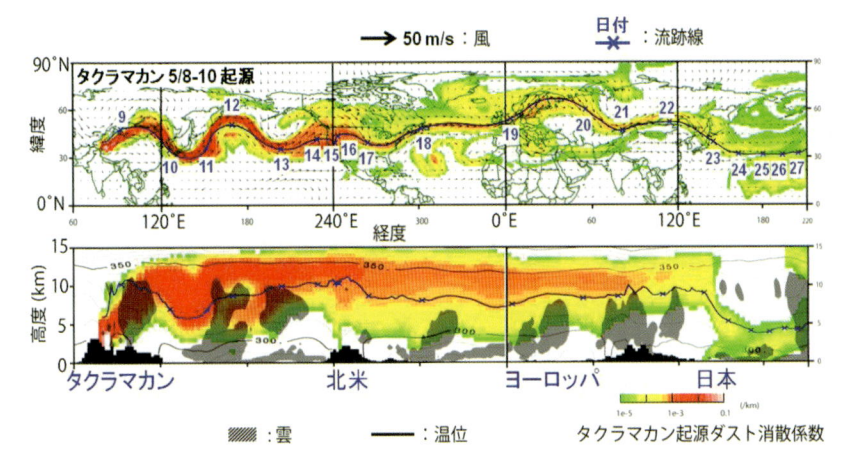

図5 2007年5月8〜9日にタクラマカン砂漠領域で発生したアジアンダスト（黄砂）が地球を1周する様子．毎日のダスト輸送位置を流跡線（実線）上に示し，そこでのダスト濃度をカラーで表示．輸送時速はおおよそ100km/h程度で，速いところでは200km/hに達する．約100万tのダストが発生し，その約6割が周回輸送され，うち1割が1周後の大気中に存在したと推定された．九州大学鵜野伊津志氏提供．

化を把握することができる．北東アジア地域に展開するライダー観測網（NIES型ライダー）から，北京で観測する黄砂の層頂は高度1km以下のケースが最も多いのに対し，日本に飛来する黄砂では高度2〜6kmのケースが最も多いことがわかってきた[3]．北京に飛来した大黄砂現象のライダー観測結果例（図2）を，地上写真と飛行機から見た黄砂層の写真（図3）と併せて紹介する．

黄砂が北米大陸にまで輸送されることは早くから指摘されてきた．2001年4月7日にタクラマカン砂漠からゴビ砂漠にかけて広域発生したダストは，パーフェクトダストストームと名づけられている（図4）．

この黄砂は，1週間後にアメリカに到達し，アメリカ中部域における地上PM_{10}濃度を30〜40μg/m^{3}上昇させたと推定されている[4]．輸送経路やどこまで輸送されるかなどの詳細については不明であったが，最近，NASAの衛星搭載ライダー（CALIPSO/CALIOP）による観測結果と，先端的なダスト輸送モデルシミュレーションを複合的に用いて，黄砂の長距離輸送の実態の把握に初めて成功した事例が報告[5]された（図5）．タクラマカン砂漠地帯で発生した黄砂が，高度8km以上まで押し上げられた後，偏西風に乗り，北半球中〜高緯度域を蛇行しながら13日間で世界を1周することを明らかにした．

〔西川雅高〕

4.14 エミッション・インベントリ

●エミッション・インベントリとは

ある物質が,「いつ,どこから,どれだけ」大気中へ排出されているのかについての数値情報を一覧として示したものが,「エミッション・インベントリ(emission inventory)」である.全球や大陸規模,国や行政区レベルのエミッション・インベントリは,各国の政府機関や研究者により開発され,ホームページで公開されている(表1).エミッション・インベントリは,行政利用目的のものと研究利用目的のものがあり,目的によって,含まれている対象物質,時間(対象年および時間分解能)や空間(対象地域および空間分解能)などの情報はさまざまである.

対象となる主要な大気物質は,二酸化炭素(CO_2)やメタン(CH_4)などの温室効果関連物質と二酸化硫黄(SO_2)や窒素酸化物(NO_x)などの大気汚染関連物質があり,各々は,別のエミッション・インベントリの枠組みの中で扱われてきたが,近年では,この垣根もなくなりつつある.これらの物質の発生源は,大きく分けて,人為起源(エネルギー消費,工業過程,農業,廃棄物など)と自然起源(海洋,雷,火山など),および,両者の中間的なバイオマス燃焼起源(森林火災,草地火災,野焼きなど)がある.本項では,人為起源のエミッション・インベントリを紹介する.

●国が公開するエミッション・インベントリ

温室効果関連物質に関して,「気候変動に関する国際連合枠組条約(United Nations Framework Convention on Climate Change:UNFCCC)」の締約国は,自国の人為的な排出と吸収に関するインベントリの作成および報告の義務が課されている.我が国では,環境省が,排出源別の年間国内排出総量について温室効果ガス排出量・吸収量データベース[1]を作成している.また,有害性化学物質に関しては,「環境汚染物質排出移動登録(Pollutant Release and Transfer Register:PRTR)」制度により得られた都道府県・業種別の年間排出量を公表する,PRTRデータ集計・公表システム[2]が稼働している.

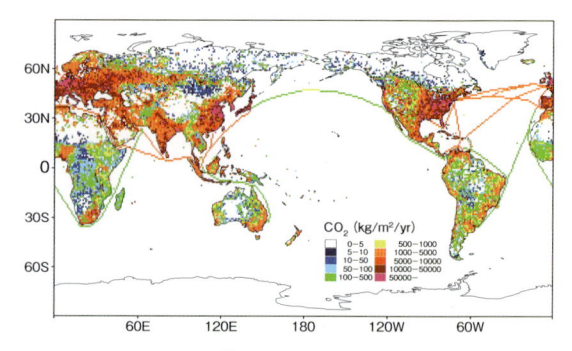

図1 EDGAR[3]の2000年CO_2排出量分布.

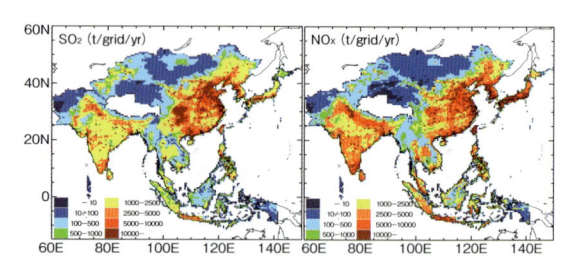

図2 REAS[4]の2000年のSO_2(左)とNO_x(右)排出量分布.

●研究利用目的のエミッション・インベントリ

空間的にグリッドへ分配されたエミッション・インベントリは,大気物質輸送モデルの入力データとして重要である.グリッド化されたエミッション・インベントリは,たとえば,「オランダ環境アセスメント機関(Netherlands Environmental Assessment Agency)」などが開発した,「Emission Database for Global Atmospheric Research:EDGAR」[3]や海洋研究開発機構などが開発した,「Regional Emission Inventory in Asia:REAS」[4]があり,大気物質輸送モデル研究の分野で広く利用されている.EDGARは,主として温室効果関連物質を対象とした,全球規模のエミッション・インベントリを作成している.図1は,2000年の人為起源のCO_2排出量分布を示す.REASは,主として大気汚染関連物質のアジア規模のエミッション・インベントリを作成している.図2は,2000年の人為起源のSO_2とNO_x排出量分布を示す.

●人為起源の排出量算出とグリッドデータの作成

気候変動や大気汚染に関する国際条約(たとえば,UNFCCCや「長距離越境大気汚染条約(Convention

on Long-range Transboundary Air Pollution：CLRTAP）」の締約国には，それぞれ共通のガイドライン（表2）に基づいた，人為起源のエミッション・インベントリの作成と公表の義務が課されている．また，大気環境問題に関する，このほかのさまざまなプロジェクトも，エミッション・インベントリ作成のためのガイドラインやマニュアルが整備されている（表2）．これらのガイドラインは公表されており，排出量推計に用いる「排出係数（emission factor：EF）」の標準的な値（デフォルト値）も掲載されているので，この値を利用し，新たにエミッション・インベントリを作成することが可能である．

人為起源のエミッション・インベントリは，まず，排出源区分（たとえば，発生源種類別，燃料種類別，地域別）毎に，基本式

$$排出量 = 排出係数 \times 活動量$$

を用いて，算出される．

排出係数とは，ある排出源区分における単位活動量あたりの物質の平均排出量である．ガイドラインやマニュアル（表2）のデフォルト値も利用可能であるが，正確な排出量を得るためには，対象とする地域の状況に合った排出係数を用いることが望ましいとされている．

活動量とは，排出をもたらす活動量の大きさであり，既存の統計から得られるデータもあるが，実際に調査しデータを収集する場合もある．

たとえば，ある燃料の燃焼による SO_2 排出量を算出する場合，

SO_2 排出量＝
燃料使用量あたりの SO_2 排出量 × 燃料使用量

となる．ここで，ある燃料使用量あたりの SO_2 排出量は，燃料中硫黄分，焼却灰に残留する硫黄分，SO_2 排出削減技術による削減率などの情報をもとに算出される．

排出源区分毎に算出された排出量を，分配指標を用いてグリッドへ分配する．分配指標は，排出源区分によって異なるが，たとえば，土地利用，人口分布，建物・道路・鉄道などの地理情報，航路情報などが利用されている．

● 将来予測

社会経済指標（たとえば，人口増加，経済成長，エネルギー消費量変化，食料需給変化）の将来予測，燃料転換予測，将来の環境対策技術導入による排出量低減効果などの予測情報は，排出量の将来予測を行うための基礎データとなる．これらのデータとしては，国

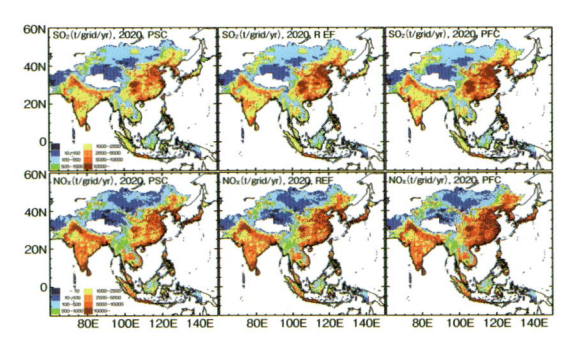

図3 REAS[4] の2020年の SO_2（上）と NO_x（下）将来予測排出量分布．中国の排出シナリオは，PSC（対策強化型）（左），REF（持続可能性追求型）（中），PFC（現状推移型）（右）を利用．

際機関（たとえば，「国連統計部（United Nations Statistics Division：UNSD）」，「国際連合食糧農業機関（Food and Agricultural Organization of UN：FAO）」，「国際エネルギー機関（International Energy Agency：IEA）」の将来予測値が利用できる．また，各国より公表されている，社会および経済・エネルギーの将来動向や将来見通し，五ヵ年計画も将来予測のための基礎資料となり得る．

REASでは，アジア地域における将来の社会経済レベルやエネルギー消費，エネルギー・環境対策などを考慮した，将来の排出シナリオを設定し，2010年と2020年の将来排出量予測を実施した．図3は，2020年の SO_2 と NO_x の予測排出量分布を示す．中国については，将来のエネルギー消費と環境対策の動向を考慮して，現状推移型（燃料消費や環境対策が現状のまま推移し排出量が最も増加するシナリオ），持続可能性追求型（エネルギー対策や環境対策を適度に進めたシナリオ．排出量は3種類のシナリオの中位），対策強化型（エネルギー対策や環境対策を強力に進めることにより，排出量が最も少ないシナリオ）の3種類のシナリオを設定した．図3の中のPSC（対策強化型），REF（持続可能性追求型），PFC（現状推移型）に対応する．また，その他の国については，IEAのエネルギー需要予測の基準シナリオに基づく排出シナリオを設定した．

この種の排出量の将来予測データを用いた大気物質輸送シミュレーションを実施することで，将来の大気物質濃度の予測が可能になる．また，この結果は，将来導入される（もしくは導入を予定している）環境対策による削減効果の予測につながる． 〔山地一代〕

4.15 大気汚染－気候変動相互作用

● 大気汚染と気候変動の関係

気候変動に関与する物質としては，二酸化炭素（CO_2）やメタン（CH_4）などの長寿命の温室効果ガス（GHGs）が取り上げられることが多い．しかしながら，地球温暖化に象徴されるような近年の気候変動には，オゾン（O_3）や浮遊粒子（エーロゾル）などの大気汚染物質も深く関与していることが最近の研究により明らかになりつつある．一方で，気候変動に伴う大気循環や水蒸気量などの変動は，大気汚染物質の濃度分布を少なからず変化させることも示唆されている．本項では，このような大気汚染物質と気候との間の双方向の影響（相互作用）について概説する．

● 大気汚染が気候に与える影響

対流圏のオゾンやエーロゾルは，大気汚染の主要な成分であり，太陽放射および地球放射を吸収・散乱し，気候に重要な影響を与える（図1）．

地表付近および対流圏のオゾンは，部分的には成層圏オゾンが沈降したものが含まれるが，大部分は産業や森林火災などに伴って排出される窒素酸化物（NO_x），一酸化炭素（CO），および揮発性有機化合物（VOC）から光化学反応により生成される光化学オゾンであり，大気汚染により全球規模で増加が確認されている．対流圏オゾンは地球放射だけでなく太陽放射も吸収する重要な温室効果ガスである．同時に，エーロゾルも，産業，森林火災，および土地利用変化などの人間活動により，全球的な増加を見せている．黒色炭素（black carbon：BC）は，石炭燃焼やバイオマス燃焼（森林火災，野焼き，木炭燃焼）などから大気に直接放出され，太陽光を吸収し大気を加熱する効果を持つ．一方で，同様に大気に放出される有機炭素，および二酸化硫黄（SO_2）やNO_xなどから大気中で生成される硫酸塩（SO_4^{2-}）や硝酸塩（NO_3^-）などのエーロゾル成分は太陽光を散乱・反射させ，地球に対して冷却効果を及ぼしている（直接効果）．また，エーロゾルは雲核として機能し得るため，汚染によるエーロゾルの増加は，雲量の増加，雲粒径の減少，および雲の長寿命化を起こし，雲の地球規模での反射率（アルベド）を増加させ，さらなる地球冷却効果を与えて

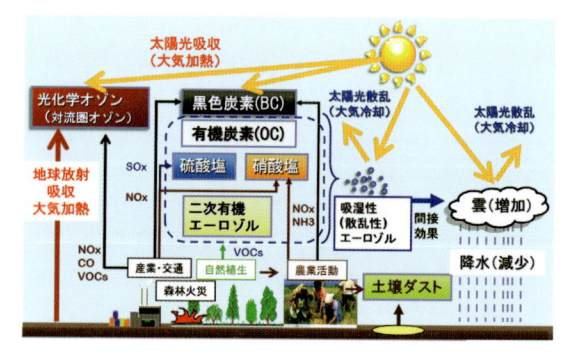

図1 光化学オゾンやエーロゾルなどの大気汚染物質の発生と気候への影響．

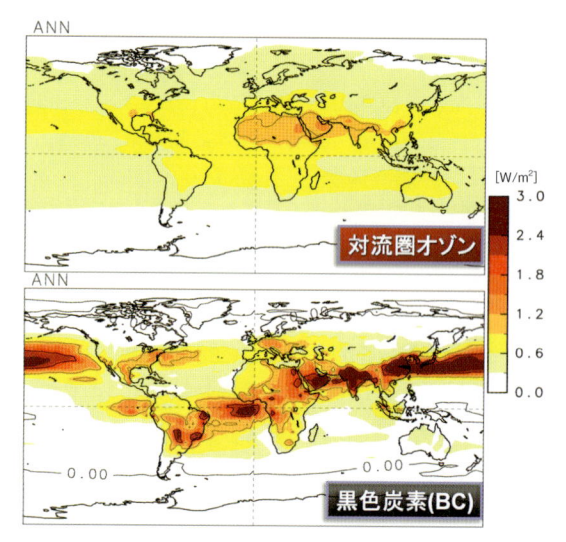

図2 対流圏オゾン（上）および黒色炭素（下）の増加（1850～2000年）が及ぼす放射強制力分布（年平均）の計算例．

いる可能性がある（間接効果）．

以上のように，大気汚染の気候影響には，オゾン・黒色炭素による加熱効果と，その他エーロゾルなどによる冷却効果の両側面がある．次に，このような気候影響についての定量的な評価について述べる．大気汚染物質の大気中での寿命（存在時間）は，数日～数ヵ月と短く，その時・空間的な分布には極めて大きな不均一性が存在する．このため，各汚染物質の全球分布の変動とその気候への影響は，各種気体成分やエーロゾルの輸送・化学反応・沈着過程の計算を含む化学・エーロゾル気候モデルによる数値シミュレーションにより主に評価される．図2は対流圏オゾンと黒色炭素の過去から現在までの増加が及ぼす放射強制力（正値は瞬時的な大気加熱を示す）について，化学・エーロゾル気候モデル[1]により推定・評価した例である．オゾン，黒

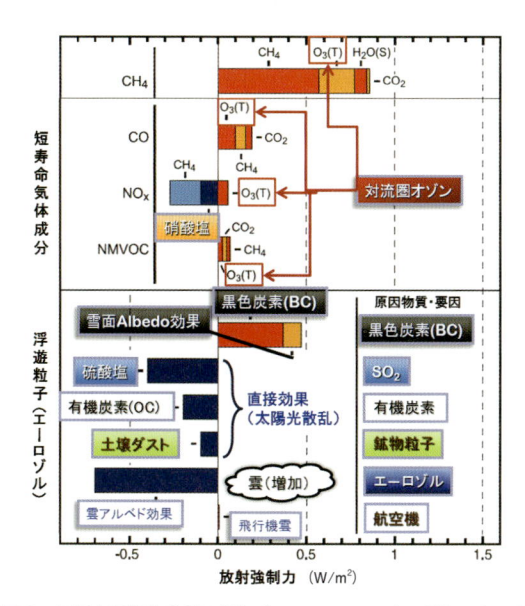

図3 各種大気汚染物質の増加（1750〜2000年の間）による全球平均の放射強制力（W/m²）[2]．対流圏オゾンについては、各前駆気体（CH_4, NO_x, CO, VOC）それぞれの効果に分離して表示してある．

色炭素ともに，北米やアジアなどの汚染源付近で大きな大気加熱を生じている．特に黒色炭素によるアジア域〜北太平洋および大西洋上での大気加熱（>3W/m²）が顕著であり，対流圏オゾン増加による北アフリカ〜中東・インド付近の加熱（>1W/m²）も重要である．

このような加熱効果を持つ物質も含め，大気汚染物質それぞれの増加が及ぼす全球平均の放射強制力について，これまでの推定結果をまとめたものが図3である．対流圏オゾンの放射強制力には，各前駆気体の増加がそれぞれ寄与しており，合計では約0.35 W/m²である．大気中の黒色炭素エーロゾルの増加による加熱は約0.4 W/m²であり，全球平均では，対流圏オゾンの強制力と同程度である．また，黒色炭素は雪面上に沈着すると，雪面の反射率（アルベド）を減少させ，さらなる正の放射強制力（約0.1 W/m²）を与えることにも注意が必要である．一方，直接効果により冷却を及ぼすエーロゾルは，硫酸塩（約−0.4 W/m²）および有機炭素（約−0.2 W/m²）が大きく，硝酸塩や土地利用変化に伴う土壌ダストの増加も無視できない（約−0.1 W/m²）．エーロゾル・雲間接効果は，0.5 W/m²以上の強い冷却を引き起こしていると推定されている．

● 気候変動が大気汚染に与える影響

気候振動や地球温暖化などの短期・長期的な気候変

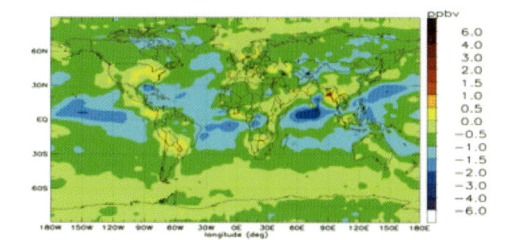

図4 気候変動の地表オゾン濃度への影響[3]．2030年の予測実験について，気候変動を考慮する場合としない場合の差を表し，複数モデルのアンサンブル平均を示す．気候変動は，IPCC SRES A2シナリオに基づき予測されたものである．

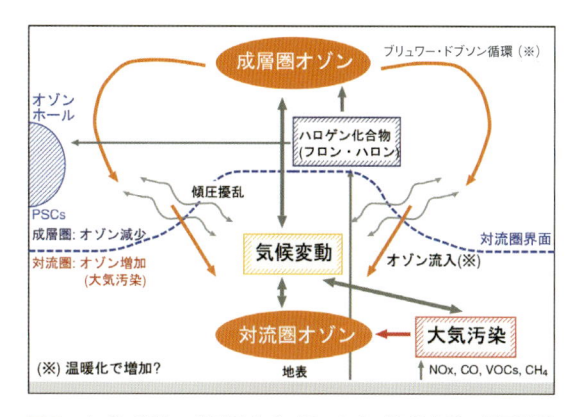

図5 オゾン汚染，成層圏オゾン層，および気候変動の相互関係．

動は，大気大循環や気象場の変化，およびこれらに伴うバイオマス燃焼や自然起源のエミッションの変動を引き起こし，大気汚染物質の分布にも影響を与える．図4は将来の気候変動が地表のオゾン濃度分布にどのような影響を及ぼすかをモデル予測した例である[3]．海洋上では，水蒸気増加によるオゾンの光化学的な破壊反応が強化され，主にオゾン濃度の減少が見られる一方で，陸地上では，気温上昇，水蒸気変動，および大気安定度変化などに伴うオゾン生成反応の変化の影響が予測されている．

その他，将来の対流圏のオゾン濃度に対しては，気候変動による大気循環の強化による成層圏・対流圏間交換の増加も重要であり[4]，対流圏・成層圏，および気候変動の一体化した議論が求められる（図5）．さらに，対流圏のオゾン化学はOHラジカルの生成を通じて大気の酸化能力を支配しており，気候変動による対流圏オゾン化学場の変動は，メタンなどの温室効果気体の濃度にも重要なフィードバックを与えることにも注意が必要である．〔須藤健悟〕

4.16 化学天気予報

● 化学天気予報とは

　天気予報が数日～数ヵ月先の大気場の状態を予測し伝えるのと同じように，大気中の化学物質の分布を短期間予測し広報するための科学技術のことを化学天気予報あるいは大気質予測と呼ぶことがある．化学天気予報を用いた予測結果は，化学物質の航空機観測の際に汚染気塊の動きを予測して航路決定の支援を行うなどの研究的な側面から利用されることもあるが，地表面における大気汚染物質濃度の早期警戒情報を広く周知する，といった公衆衛生的な側面からの利用のほうが近年は多くなりつつある．大気中の化学物質の濃度を予測する際の主な予測方法としては，①過去の気象条件および汚染物質濃度の観測値と拡散モデルを用いた統計的手法，②天気予報に使われる気象モデルによって得られた予測気象場を用いて全球もしくは特定の地域を対象とした化学輸送モデルを走らせ，モデル予測値を用いる手法，の2つに大別される．このうち後者は，汚染物質の初期分布を作成する際に気象場もしくは汚染物質の地表観測あるいは衛星観測の結果をモデル内に取り込む，データ同化プロセスを内包する場合もある．また，エーロゾルの分布が雲の生成・消滅に大きな影響を与えることから，予測計算の際に気象場と化学物質の分布を同時に計算する場合もある．

● 統計的手法を用いた予測

　光化学オキシダントや二酸化硫黄など，1時間平均濃度や日平均濃度について環境基準が定められている汚染物質の場合について，比較的予測精度の高い年平均値を拡散モデルを用いてまず計算したうえで，環境基準に定められた時間の平均濃度と年平均濃度との関係を統計的に関連づける方法[1]が主流である．これは，米国の都市域における汚染物質濃度の観測値から，どのような時間の平均値をとっても濃度分布は対数正規分布に従い，濃度の平均化時間が長くなるほど幾何標準偏差が小さくなる，という解析結果が得られたことをもとにしている．この手法の利点としては，後述の化学輸送モデルを用いた手法に比べて計算負荷が小さいことが挙げられる．逆に欠点としては複数の化学物質の間の相互作用などの非線形的な影響を考慮し得な

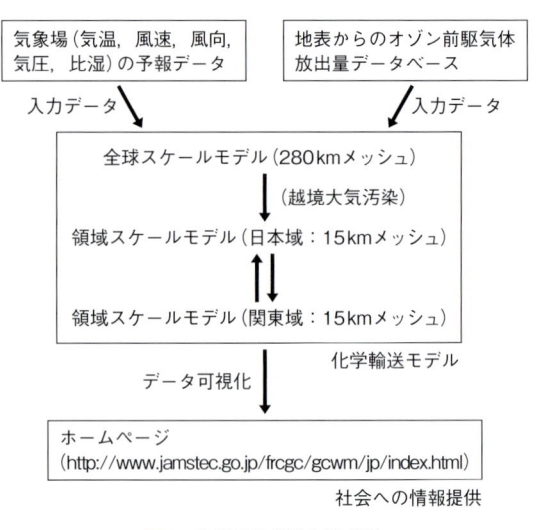

図1　化学天気予報の構成例．

いこと，広域の予測を行う場合には拡散モデルの計算負荷が大きくなることなどがある．

● 化学輸送モデルを用いた予測

　1990年代半ばに航空機観測支援のために用いられて以来，気象モデルによって得られた予測気象場と化学輸送モデルとを組み合わせた化学物質分布予測はさまざまな研究機関で開発されており，日本でも2009年時点で4機関が大気汚染物質の予測情報を提供している[2]．この手法の利点としては気象場の3次元分布およびその時間変化を考慮しているため，移流や拡散による汚染物質の輸送をより正確に計算できること，および複数の化学物質の相互作用や，化学物質と気象場の相互作用などを考慮し得ることなどが挙げられる．逆に欠点としては，エーロゾルや化学物質の組成分布や時・空間変動を詳細に評価しようとすると，予測計算のような現業的用途に対して計算負荷が高くなりすぎることが挙げられる．

　以下ではそのうちの一例として海洋研究開発機構で開発された化学天気予報における計算手法[3]を紹介する．概要としては，全球化学輸送モデルを用いて地球規模の化学汚染物質の動きを大まか（水平スケール280km程度）に計算しつつ，日本全体を細かく（水平スケール15km），関東域をより細かく（水平スケール5km）計算するという，「ネスティング（入れ子）」という手法を用いている（図1）．地表面からの窒素酸化物や非メタン炭化水素といったオゾン前駆物質の放出源データと，気象庁や米国環境予測センターなど

によって提供された気象場（気温，風速，地表面気圧配置，湿度）の予測情報をもとに，化学輸送モデルを用いて，越境大気汚染とローカルな大気汚染の双方を詳細に評価しつつ，汚染物質の動きや大気中での化学変化を予測する．

ここで地球規模の汚染物質の動きをまず予測するのは，たとえば中国やヨーロッパ，米国などから運ばれてくるオゾン前駆物質（窒素化合物などの，大気中の化学反応によってオゾン濃度を増加させる原因となる物質）の濃度を評価するためである．たとえば冬季から春季にかけては紫外線強度が弱いためオゾン前駆物質からのオゾン生成速度が夏季よりも弱く，大陸や海を越えて渡ってくるオゾン前駆物質の量は，日本自身の排出している量よりもかなり多くなっている．

ここで正確な大気汚染物質の濃度予測のために重要となるのは，オゾン前駆物質の地表からの放出量を正確に評価することである．日本域については排出源統計データやエミッション・インベントリが整備されており，水平分解能1kmのものを使用している．

● 化学天気予報による計算例

計算結果の一例として，東京都小平市および埼玉県羽生市での2006年8月における1ヵ月間の地表オゾン濃度計算値を，大気汚染常時監視システムによる観測値と比較した結果について示す（図2）．

一般的に関東域の夏季においては，都心域で放出されたオゾン前駆物質は海陸風の海風に運ばれつつ，光化学反応によってオゾンに変化するため，到達するオゾン濃度最大値は，都心からやや離れたところで高くなる傾向があるが，これら2点もそういった都心からの下流域に当たる．2006年8月は上旬に移動性高気圧に覆われて晴天が続いたため，3日に羽生市で162ppbv，6日に小平市で191ppbvと，光化学オキシダント濃度の注意報レベル（120ppbv）を大きく超えた値が観測されている．化学天気予報でも概ねよく再現され，3～6日にかけて埼玉方面から東京都西部にオゾン濃度の高い領域がシフトしていく様子も観測とよく一致している．モデルでは8日のオゾン濃度を過大評価しているが，この期間は台風7号が日本に上陸し，また南海上には8号，9号も存在しており，これらの影響によって気象場の予報精度が低下していたことに起因していると考えられる．6日午後2時における汚染気体の分布と気圧配置を図3に示す．この図で雲のように見える領域は光化学オキシダント環境基準（60ppbv）を超える汚染気体が存在する部

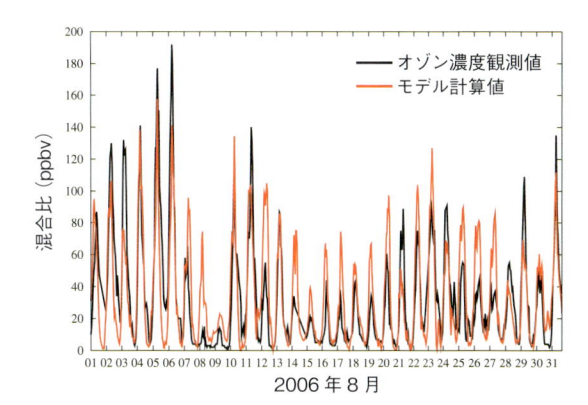

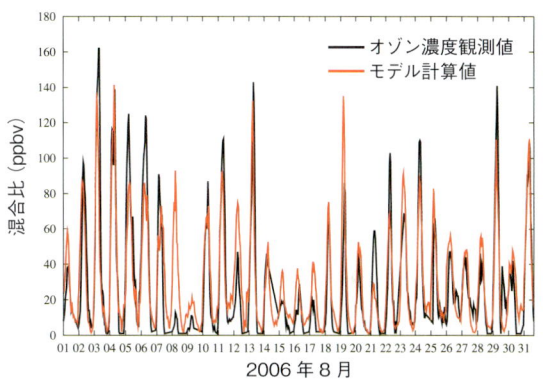

図2　2006年8月における東京都小平市（上），および埼玉県羽生市（下）におけるオゾン濃度観測値（黒線）およびモデル計算値（赤線）．

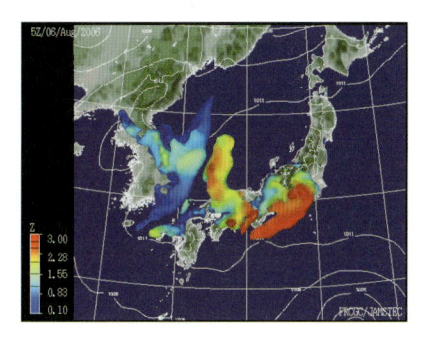

図3　2006年8月6日午後2時のオゾン等濃度（60ppbv）面の分布．色は高度を示し，暖色系ほど高い高度まで高濃度オゾンが広がっていることを示す．

分を示している．この日まで移動性高気圧が日本上空にあったため，太平洋岸では快晴で地表気温が上昇し，結果として高濃度オゾン領域が高度3km近くまで広がっている様子が見られる．また韓国釜山付近から運ばれてきたと思われる高濃度オゾン領域が日本海上に現れている．

〔滝川雅之〕

4.17
成層圏化学衛星

● 成層圏化学衛星とは

　高度約12〜50kmに広がる成層圏には，太陽紫外線を吸収するオゾンをはじめとして，多くの大気成分が存在している．1970年代から，地球を周回する人工衛星からの成層圏大気成分観測が開始された．現在では20種類程度の気体成分が観測可能となり，またグローバルな成層圏オゾンの分布などを準リアルタイムで知ることができる．さらに南極のオゾンホールの形成（成層圏オゾン破壊）で重要な役割を果たしている雲（極域成層圏雲）や，グローバルに広く分布している微粒子（エーロゾル）も観測されている．衛星に搭載された1つのセンサーにより，複数の大気化学成分のグローバルな分布とその変動を継続的に観測することは，地球環境の監視とともに，その変動メカニズムの理解のためにも，きわめて強力な手法となっている．

● 成層圏大気成分観測の原理

　地球を約90分で周回する人工衛星は，高度数百kmの軌道から大気成分を観測する．観測方式としては，図1に示したような太陽放射およびその散乱光や，大気自身の熱放射などを受動的に観測するもの（パッシブ方式）がほとんどである．衛星から直下方向（地球の中心方向）の大気を観測する直下視観測と，地球の周縁方向の大気を観測するリム観測の2つの方式による観測が実施されている．
　大気中の各種化学成分の存在量は，各化学成分固有の波長での光吸収量や熱放射の射出量から定量する．リム観測では，各大気成分の高度分布が観測可能である一方，直下視観測では一般に，大気成分の地表面から大気上端までの鉛直積算量（気柱全量）の観測が行われる．

● 世界の成層圏化学衛星

　成層圏化学成分の衛星観測は，1970年に打ち上げられたNimbus 4のBUVによるグローバルなオゾンの高度分布観測により幕を開けた．1991年に打ち上げられたUARSには，CLAES，HALOE，MLSをはじめとする複数のセンサーが搭載され，オゾンの

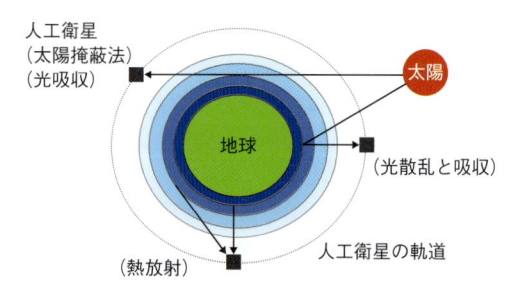

図1　人工衛星からの地球大気観測の模式図．

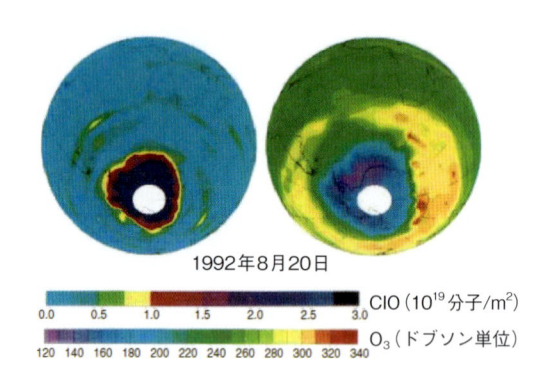

図2　UARSのMLSにより観測された，一酸化塩素（ClO）とオゾン（O_3）の気柱全量[1]．オゾンホール形成時期において，低濃度オゾンとオゾン破壊物質である一酸化塩素の空間分布が対応している．なおオゾンの単位はドブソン単位というオゾンの気中全量を表す特別な単位で，1ドブソン単位は1m^{2}あたり2.69×10^{20}分子に対応する．Waters et al.,1993；Reprinted with permission from Macmillian Publishers Ltd., copyright 1993.

化学反応に関与する多くの大気成分や，大気輸送の指標（トレーサー）成分の観測が実現した．これらの人工衛星観測により，南北極域の冬から春先でのオゾン減少（いわゆるオゾンホール）の様相や，グローバルスケールでの成層圏大気の輸送過程の研究が進展した．
　図2は，人工衛星観測により得られた低濃度オゾン領域が，オゾン破壊物質である一酸化塩素の高濃度領域とよく対応していることを示している．オゾンと一酸化塩素の濃度対応は航空機による直接観測でも示されていたが，このような人工衛星観測により初めて南極域（極渦内）全体で明瞭な関係があることが明らかとなった．これらのデータは，南極オゾンホール形成のメカニズムを解明するための数値モデル計算を検証するデータとしても重要である．
　図3は赤道上空の水蒸気濃度を示している．成層圏下層（たとえば気圧100hPa程度）の水蒸気濃度は下層の対流圏から侵入してくる水蒸気量により1年

大気化学

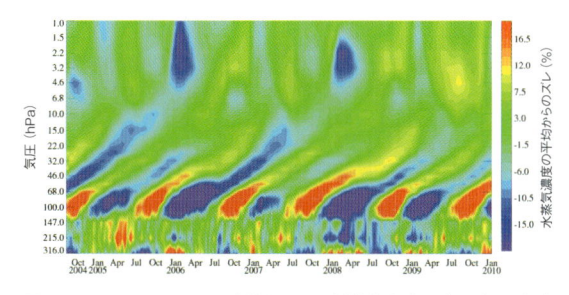

図3 AuraのMLSにより観測された赤道上空（北緯5度〜南緯15度）の水蒸気濃度（平均値からのズレをパーセントで表示）の高度分布とその時間変動．縦軸は気圧高度で高度約9〜31kmの範囲を示している．一定濃度の大気が時間とともに上方へと輸送されている．NASA Jonathan Jiang 作成．

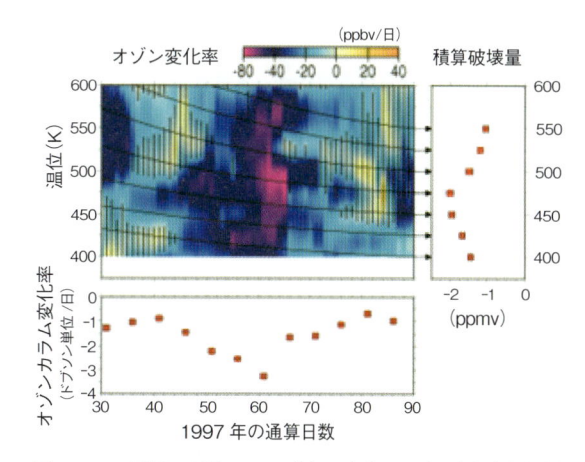

図5 ILAS観測から得られた，北極の春先のオゾン減少（減少率）．上図の縦軸の温位は高度の指標で，約15〜24kmに相当する．国立環境研究所提供．

の周期で増減している様子がはっきりとわかる．さらにこの図で見られるような，高濃度や低濃度の水蒸気を含んだ空気が赤道上空を時間とともにゆっくりと上昇していく様相も衛星観測から発見された．水蒸気はオゾン破壊にも関係する大気成分であるが，成層圏下層での寿命が比較的長いため，このように大気輸送の指標（トレーサー）としても有用であり，他のトレーサー成分とともに成層圏の大気輸送過程の研究に利用されてきている．

近年では図4のように同一の衛星軌道に複数の衛星を配置するプロジェクトA-TRAINにより，同じ場所の大気を複数の衛星により短い時間（30分程度以内）のうちに観測することも実現している．この結果，異なった衛星のデータを同時観測のデータとして組み合わせて使用することが可能となり，対流圏の衛星観測とともに新たな衛星データ利用研究が進んでいる．

日本の成層圏化学衛星

日本の成層圏大気成分観測は1984年に打ち上げられたEXOS-Cに搭載されたBUVなどによって始まった．1996年および2002年に打ち上げられたADEOS-Ⅰ とⅡに搭載されたILASⅠおよびⅡ（改良型大気周縁赤外分光計）では，太陽掩蔽法により，オゾンや関連物質の観測が実施され，北極冬季のオゾン化学について多くの新しい知見が得られた．

図5はILASの衛星観測から推定されたオゾン破壊反応による北極オゾンの減少量を示している．北極では南極と比較して，大気の輸送過程が複雑であるため，オゾン破壊量の推定が容易ではない．ILASは北極域を高頻度で観測したため，輸送されている空気を時間間隔を開けて2回観測したケースが数多くあった．これらのケースのオゾン濃度の差異は，輸送効果ではなくオゾン破壊反応によるものと考えられる．図5は2月下旬〜3月上旬（通算日数50〜65日），すなわち北極に太陽光が戻った時期にオゾンが減少していることを明瞭に示している．

2009年には，国際宇宙ステーションにSMILES（超伝導サブミリ波リム放射サウンダ）が取りつけられ，地球の周縁（リム）からの熱放射を測定することにより，オゾンをはじめとした数多くの成層圏大気化学成分が観測された．SMILESは4Kという極低温の超伝導受信機を使った高感度観測を実現し，オゾンなどについては従来の衛星観測と比較して最高レベルの観測を行った．A-TRAINなどの衛星が13：30などの一定の地方時の大気を観測するのに対し，SMILESはさまざまな地方時の大気を観測するため，大気成分の日変化の様子などが捉えられている．特にSMILESは太陽を光源としない熱放射観測であるため，夜間でも観測が可能となっている．　　　　　〔小池　真〕

図4 複数の衛星を同一軌道に配置したA-Train．NASA作成．

4.18 対流圏化学衛星

●対流圏化学衛星とは

　対流圏中に存在するオゾンなどの微量気体やエーロゾルは，自然のみならず人為的な産業活動にも端を発し，大気汚染や気候変動という形で私たちの生活に大きな影響を与えている．こういった影響をきちんと理解し大気環境保護に向けた適切な対策を講じるうえで，対流圏中の化学組成がいつ・どこで・どのぐらいの大きさで変化しているのかを地球規模で知ることが不可欠である．本項では，そういった観測が唯一可能である対流圏化学衛星について解説する．

●対流圏観測の原理

　対流圏化学衛星の観測原理は，衛星-地球大気-光源の幾何学的位置関係から，リム観測と直下視観測に大別できる．リム観測は光源として太陽を用い，衛星-地球大気-光源（太陽）がほぼ一直線に並ぶ（図1a）．衛星は太陽を見て，大気を通過した後の太陽スペクトルを測定し，化学物質の濃度を高度別に同定する．太陽光の屈折や雲の影響が比較的小さい成層圏の観測が得意であるが，最近は対流圏上部（>約8km）も観測できるようになってきている．

　直下視観測では，文字どおり，衛星はその直下にある地球大気を観測する．光源としてレーザーを使う場合，衛星はレーザーを地表に向けて射出し，地球大気で跳ね返ってきたレーザーを測定する（図1b）．レーザー光の減衰や跳ね返ってきた時間から，エーロゾルの微細な高度分布構造を知ることができる．

　光源として太陽を使う場合，衛星は地球大気で散乱した太陽スペクトルを主に測定する（図1c）．赤外線を測定する衛星センサーの場合は，地表や大気自体から射出される赤外線も測定されることになる．我が国が2009年に打ち上げた「いぶき」もこのタイプに分類される．測定する太陽光の一部は地表で反射され，地表から大気上端の高度範囲を通過するので，その高度範囲で積分された濃度（カラム濃度）やエーロゾルの情報を知ることができる．オゾンや二酸化窒素（NO_2）など，成層圏に多く存在している化学物質では，リム観測などを組み合わせることで成層圏のカラム濃度を差し引き，対流圏カラム濃度を厳密に導出する試みがなされている．

●さまざまな空間スケールでの観測

　全球で比較的均質なデータが得られているNO_2の対流圏カラム濃度とエーロゾル光学的厚さ（AOD）の全球分布を図2に示す．北半球中緯度において大気汚染レベルが高いことが一目瞭然である．特に，NO_2については，北米，欧州，東アジアにおいて濃度が著しく高い．アフリカ沖の大西洋上でエーロゾルが増大しているのは，サハラ砂漠からの砂塵（ダスト）の影響である．

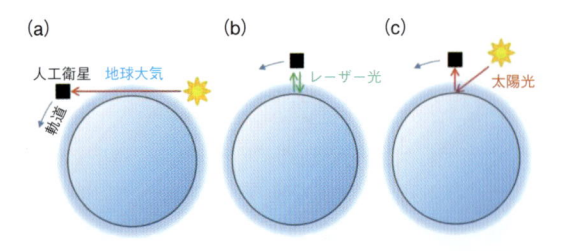

図1　対流圏化学衛星からの地球大気観測の模式図．衛星は低軌道（高度およそ700km）を周回しながら地球規模で観測を行う．

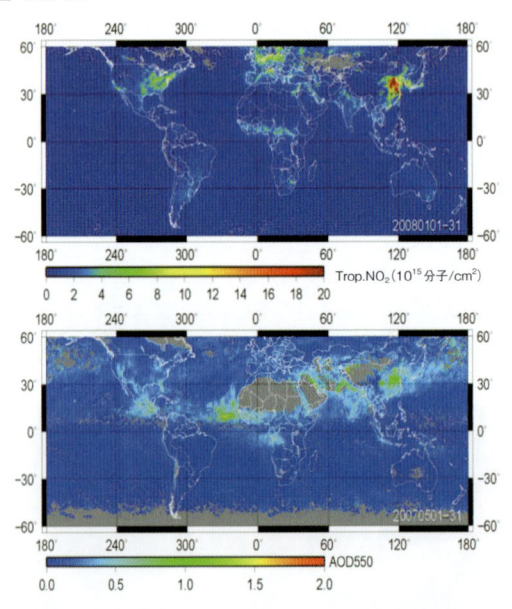

図2　（上）人工衛星センサーOMIが観測した二酸化窒素（NO_2）の対流圏カラム濃度の全球分布．2008年1月の月平均値．（下）人工衛星センサーMODISが観測したエーロゾル光学的厚さ（AOD）の全球分布．2007年5月の月平均値．

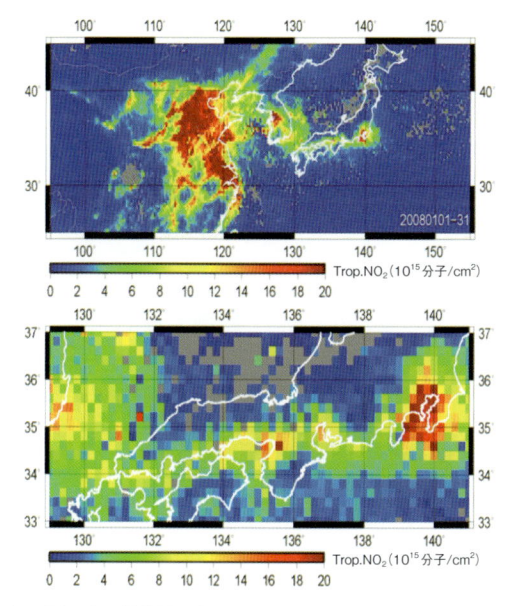

図3 図2上の拡大図. 空間分解能 0.2 度 (約 20 km) 毎に NO₂ の対流圏カラム濃度のデータが示されている.

このように，衛星を使って対流圏を全球にわたって観測できるようになってきたが，対流圏化学衛星の強みはほかにもある．図3には中国を中心とした東アジアにおける汚染地域と日本の拡大図が示されている．中国中東部の汚染レベルは日本や韓国よりも高く，また汚染領域も広がっており，産業活動による大気汚染が顕在化していることが容易に理解できる．また，日本に焦点を当てると，東京，名古屋，大阪などを中心とした都市圏がそれぞれ区別できるなど，近年，空間分解能も改良されてきており，領域〜都市レベルでの大気汚染の現状を監視できるようになってきている．

長期変化検出のための観測

人工衛星からの観測はさらに，同一の測器で観測を行っていることから，長期変化の解析にも適している．近年，中国中東部では，NO₂ 濃度が著しく増加していることが衛星観測からわかっている[1,2]（図4）．また，同期間，我が国では光化学オキシダントの全国的な上昇が注目されてきた[2]．その主原因物質であるNO₂ 濃度は我が国ではむしろ横ばいもしくは減少する傾向を示していることから，越境大気汚染の影響が懸念されており，国内での対策だけでは不十分であることが示唆されている．

静止軌道からの対流圏観測への期待

これまでは，周回軌道 (LEO) に乗せられた衛星か

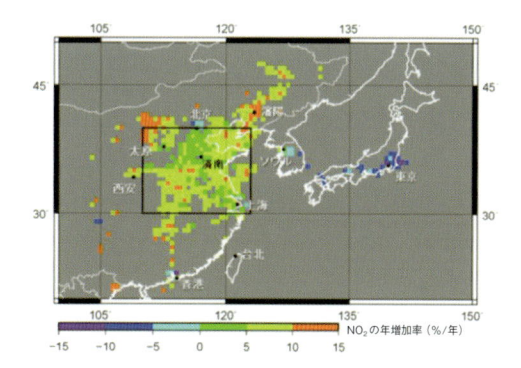

図4 2005〜08 年の NO₂ の対流圏カラム濃度の年増加率の地理的分布．空間分解能 0.5 度 (約 50 km) で増加率が示されている．中国中東部 (四角で囲まれた領域) の NO₂ 濃度は平均で年 5% の速度で増加していた．

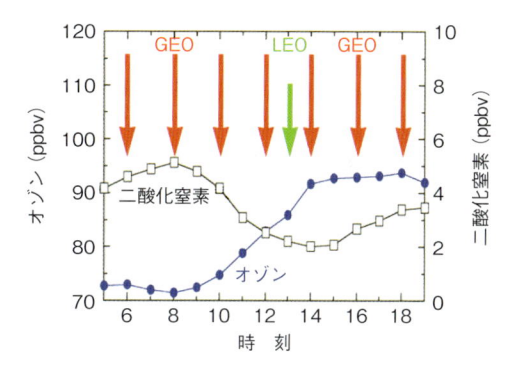

図5 ある1地点でのオゾンと NO₂ 濃度の日変化の例．従来の周回低軌道 (LEO) からは観測できない詳細な変化を静止軌道 (GEO) からは観測できると期待されている．

ら対流圏観測が行われてきた（図1）．この場合，一般には，ある1地点での観測は衛星が上空を通過する時刻に限られてしまうため，対流圏の化学組成の詳細な変化（たとえば，汚染源から流れてくる様子や濃度の日変化）の観測は非常に困難であった．

最近では，静止軌道 (GEO) からの観測が計画されている．お馴染みの気象衛星「ひまわり」の対流圏化学版である．静止軌道衛星からの対流圏化学観測は，大気汚染物質を高空間分解能（約 2〜10 km）・高時間分解能（1〜2 時間）で連続測定できると考えられている．これにより汚染物質が流れてくる様子や日変化も高い精度で観測できるようになると期待されている（図5）．このような特徴を静止衛星から観測できるようになることで，これまで不可能であった汚染源の寄与の特定も可能となり，ひいては，効率的・効果的な大気汚染規制の策定に向けた客観的な科学的基盤を与えるものと期待されている． 〔入江仁士〕

5.1 海陸分布と大規模山岳がつくりだす気候

● 偏西風波動と東西の気候分布

　地球表層には，海陸分布の上に，陸上はさらにチベット高原・ヒマラヤ山脈，ロッキー山脈，アンデス山脈などの大規模な山岳がある．これらの山脈や山塊は，その数千mに及ぶ高さと数千〜1万kmに及ぶ水平スケールにより，大気大循環と気候に大きな影響を与える．これらの大規模山岳が大気循環に与える影響は，障害物として大気循環を変形する力学的効果と，高い地表面や斜面地形が地表面と大気の熱エネルギー過程を変える熱力学的効果を通して行われる[1]．

　偏西風が卓越する中・高緯度では，東西幅が数千km，南北スケールも1000km以上のヒマラヤ山脈（チベット高原）やロッキー山脈などは，偏西風に対する力学的効果により，定常ロスビー波を引き起こす重要な励起源となる．たとえば，図1に示すように，北半球冬季の対流圏の高度場は，チベット高原やロッキー山脈の上空で定常的な気圧の峰，風下側で顕著な気圧の谷を形成している．すなわち，山岳の凸凹の存在により，大気柱が（非圧縮的に）伸縮して大気層の厚さhが変化すると，ポテンシャル渦度保存（補足説明）により，偏西風が山岳斜面を越える．その場合，風上斜面では$\Delta h < 0$で，$\Delta(f+\zeta) < 0$と緯度変化（fの変化）が小さければ，$\Delta\zeta < 0$となって高気圧性循環が強まる．山岳を越えた風下側斜面では，$\Delta h > 0$，$\Delta(f+\zeta) > 0$となって南下に伴うfの減少を上回る相対渦度$\Delta\zeta > 0$の増加により，尾根の風下側には低気圧性循環（気圧の谷）が形成される（図1）．これが山岳に励起された地形性定常ロスビー波であり，山岳のスケールと偏西風の強さにより，その波長と振幅が変化して形成される．図1に示される北半球中緯度の偏西風帯の定常波パターンは，チベット高原やロッキー山脈に励起された定常ロスビー波として理解できる．

　偏西風が強まる冬季の中緯度において，同じ緯度でありながら，大陸の東岸で寒く西岸で暖かいという大きな気候の差が生じているのは，この偏西風に対する大規模山岳の力学効果が，第一義的な役割を果たしているからである．この東西の気候のコントラストは，高いチベット高原が存在するユーラシア大陸で特に顕著であり，この大陸の東岸に位置する日本の冬は，シベリアからの強い寒気団が南下しやすく，北半球の同緯度のどの地域よりも気温が低い．

● 海陸分布によるモンスーン気候と亜熱帯高気圧の形成

　大陸と海洋の間の季節的な温度分布の違いは，その上の大気層の温度分布を引き起こす．北半球夏季には，大陸上の大気は海洋上の大気よりも強く暖められ，大陸上の気柱は膨張する．静水圧平衡の関係から，膨張した気柱では等圧面高度が周囲の海洋よりも高くなる．静水圧平衡からある高度で温度が上がれば，気柱は上下に伸びる．それにより上層では気圧が上がり，下層では気圧が下がる．すなわち，加熱された大気柱では，大気下層が低気圧，上層が高気圧となり，下層では収束，上層では発散が維持され，気柱内では質量保存のため，上昇気流が卓越する．下層の低気圧の周りには，南・東側で南西風が卓越する．これが夏季の南・東アジア地域のモンスーン（季節風）である．海洋から大陸に向かう南西風は湿潤な気流であり，大陸周辺で収束して雲を形成し，降水をもたらすため，さらに潜熱が放出され大気の加熱はさらに強化される．これらの

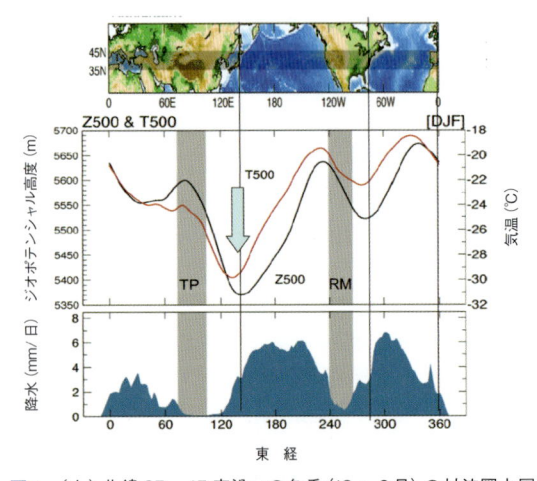

図1　（上）北緯35〜45度沿いの冬季（12〜2月）の対流圏中層（500hPa）における高度Z500と気温T500の東西分布．チベット高原（TP）とロッキー山脈（RM）の位置がハッチで示されている．（下）同じ緯度帯における降水量分布．チベット高原（TP）は偏西風の大規模な波動を励起し，寒い東アジアの冬をもたらすことがわかる．

プロセスにより，大陸南東部には，モンスーン気候が形成される（図2）．同時に海陸に伴う加熱差により，周りの海洋上は高気圧になり，下降流が卓越する．冬季には反対に，大陸上が海洋よりも強く冷却されて地表面付近は高気圧に，海洋上は低気圧になる．

さらに，このような大陸（海洋）スケールでの加熱・冷却に伴う下層の低気圧（高気圧）と対流圏上層の高気圧（低気圧）は，亜熱帯を中心に南北の幅も大きいため，コリオリ力が緯度によって変わるβ効果により変形し，たとえば下層の低気圧に伴う上昇気流は低気圧の東側でより強化され，西側では弱められる（あるいは下降流が強まる）という効果（これはスベルドラップバランスと呼ばれている）によっている[2]．この効果は，大陸での東・南側での上昇流とモンスーン降水の強化と西・北側での乾燥（砂漠）気候の強化を伴っている．

ハドレー循環は南北の加熱の差による傾圧大気に伴って形成されているが，大陸・海洋間の季節的な加熱（冷却）の差による大規模な傾圧大気に伴う東西に非対称な大気循環系も存在することになる．それがモンスーン（季節風）循環と亜熱帯高気圧である．亜熱帯高気圧は，季節平均，東西平均した南北分布では，ハドレー循環の下降流域で形成される地上付近の高気圧であるが，実際には，夏季と冬季で大きく異なり，夏冬のモンスーンと対になった現象として，夏季には海洋上に，冬季には大陸上にその中心がある．

●チベット高原によるアジアモンスーンと砂漠気候の強化

巨大なアジアモンスーン循環の形成には，さらにチベット・ヒマラヤ山塊の存在が重要である．高度数千mの高原と山脈は，その上の大気を効率的に暖めるという熱力学的効果により，アジアモンスーンに伴う地表の低気圧を強め，インド洋からの水蒸気の流入を増やし，対流・降水活動を強化する．降水により，解放された潜熱にはさらに大気を暖めて低気圧を強化するという，正のフィードバック効果がある．これらのプロセスは，観測やいくつかのGCMの数値実験で示唆されている[3),4)]．しかし，この山岳の効果をより詳しく定量的に評価するためには，山岳の有無による大気循環系の変化が海洋表層の水温などの変化を含む大気・海洋相互作用に与える影響も考慮する必要がある．図3は，気象研究所の大気海洋結合大循環モデル（MRI-CGCM）で再現された北半球の夏季と冬季に，チベット・ヒマラヤ山塊（＋ロッキー山脈）が現在のようにある場合（M）とない場合（M0）の，地上気圧分布である[5)-7)]．M0では，ユーラシア大陸の東半部を中心に広く，しかし浅い低圧部が広がり，北太平洋と北大西洋には，弱いながら亜熱帯高気圧が存在しており，上述したように，海陸分布に対応した低気圧・高気圧の分布が再現されている．Mでは，チベット高原の位置を中心に深い低気圧が現れ，同時に，北太平洋高気圧が非常に強くなり，現在の実際のモンスーン低気圧，北太平洋高気圧にほぼ対応した強さを示している．北太平洋高気圧も山岳の上昇とともに特に強化されている．これは，北太平洋の東側（北米大陸西岸側）では北風成分により西岸沿いに冷水の移流と湧昇流が強化され，海面水温が低くなることにより，大気をより冷却し，下降流が強化される一方，西側では南からの暖流による海面水温の上昇により，対流活動がより活発化し，上昇流が強化されるという，正のフィードバックが働いているからである．

山岳の平均的な高さを現在の20％，40％，60％，80％と次第に高くしていった場合，チベット付近の低気圧は次第に低く大きくなり，北太平洋高気圧は次第に高くなっていくことがわかる（動画1）．降水量分布（動画2）も，M0では，大陸の低圧部の縁に沿うように，大陸と海洋の境目沿いに降水量の多い地域が分布しているが，Mでは，南アジアから東アジアにかけての内陸まで，多降水量地域が広がり，現実の降水分布にほぼ似た分布となっている．チベット高原の存在は，特に高原の東側の亜熱帯・温帯地域の降水量を増加させ，高原の西側の降水量を減少させ，砂漠気候の形成を強化している．高原上よりも，高原を縁取るヒマラヤ山脈南面やベンガル湾頭からミャンマー付近の海岸山脈などに対流活動と降水が集中していることについては，これらの高くて長大な山脈の障壁がインド洋からの湿潤な気流が対流を引き起こすきっかけとなって，効率よく対流活動が励起されるという，ヒマラヤ・チベット山塊の「障壁効果」も重要であるという指摘もある[8),9)]．いずれにせよ，大陸の南東側に位置したチベット・ヒマラヤ山塊の地形により大気加熱が強化されており，このような効果も含めて大規模山岳の熱力学効果がアジアモンスーンを強大なモンスーンにしている．

〔安成哲三〕

5.2 アジアモンスーンの水循環

●モンスーンと雨季・乾季

モンスーンとは，冬と夏とで卓越風向が反対となる「季節風」のことである．1月と7月の間での地上風の卓越風向の変化から世界のモンスーン地域を定義すると[1]，モンスーンはアフリカからアジアにかけての熱帯地域にのみ分布する．

一方，モンスーンという言葉を，雨季と乾季の季節的交替に対して使う場合も多い．夏の強い対流活動に伴う潜熱の放出は，モンスーン循環の成立にとって不可欠で，近年は，降雨の季節変化が顕著で夏に降雨が集中するところを，モンスーン地域と見なすことが多い．気象衛星の資料によって[2]，また風と降水量，両方を使って[3]，全球でのモンスーン地域が示された．これら降水量をもとにした定義では，モンスーン地域は南北アメリカ大陸や西部北太平洋などの海洋上を含めた世界中に分布する．ただし緯度が30度よりも高い地域にモンスーンが及ぶのはアジアだけで，アジアモンスーンは世界最大の広がりを持ち，そこでの降水量の変化は，地球全体の気候にも影響を及ぼす．降雨が夏に多いアジアのモンスーン気候は，高温を必要とする稲など，多くの作物の栽培を可能にし，世界の6割以上もの人口を支えている．他方，ひとたびモンスーンに変調が起きると，洪水や干ばつなどで多くの被害が出る．季節によって大きく変化する大気循環およびそれによって運ばれ，雲をつくり，雨をもたらすモンスーンの水循環は，アジアの環境を支える重要な構成要素である．

●冬と夏のアジアにおける水循環

アジアモンスーンに伴う水循環を，対流圏全体の大気が輸送する水蒸気の流れ（フラックス）と，その収束・発散によって示す（図1）．図中の赤い領域は，水蒸気が周りに広がっていく（発散する）地域を示し，雨が少ない．海上では盛んに蒸発が起こっている．逆に青い領域は，水蒸気が集まってくる（収束する）地域を示し，雨が多い．

北半球の冬の1月（図1a）には，日本の日本海側やフィリピン付近を除く北緯10度以北の地域は，ほとんどが水蒸気の発散域で，乾季になっている．北緯20度以南の地域には，北東からの流れが広く認められる．赤道以南の南半球では，水蒸気が収束している帯状の地域が，南インド洋からインドネシアにかけての南緯10度付近を中心に見られる．収束域は，オーストラリア大陸北部では南下し，夏のオーストラリアモンスーンを示す．

北半球の夏の7月（図1b）には様相が一変し，水蒸気の発散域は南半球の南緯10度以南に広がり，ソマリージェットと呼ばれるアフリカ東方の時計回りで北半球に向かう強い流れに沿って，アラビア海の西部に

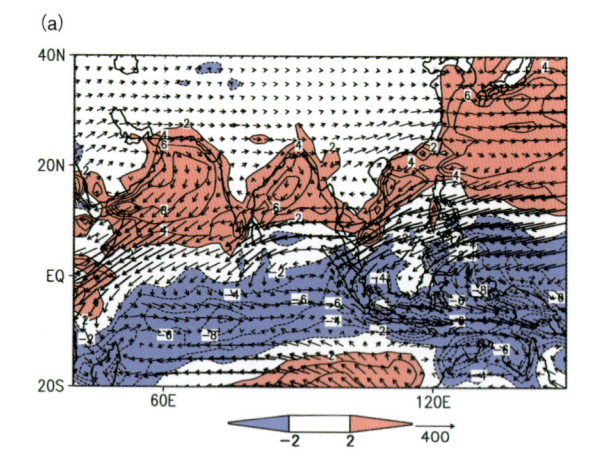

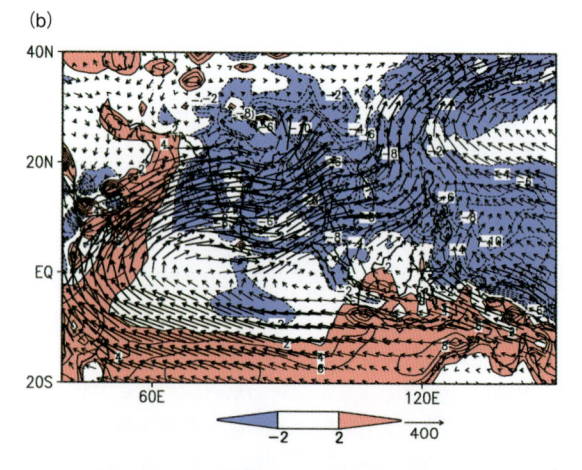

図1 アジアモンスーン地域における1月（a）と7月（b）の大気全体の水蒸気フラックスとその収束・発散（1979～2004年の平均）．青色は強い収束域，赤色は強い発散域を示す．

まで分布する．北半球ではアラビア海の東部から，インド・インドシナ半島，西太平洋にかけてと，チベット高原東部を含む中国東部から日本に至る広大な地域に収束域が見られ，アジアモンスーンの夏の降雨域を示す．西～南西からの水蒸気の流れは，アラビア海からインド・インドシナ半島，南シナ海を経て西太平洋のフィリピン付近まで達しており，広大な南西モンスーンを形成する．フィリピン以東の西太平洋では，東からの水蒸気の流れになっており，西部北太平洋モンスーン（WNPM）地域となる[4]．WNPMの北側の北緯20～30度付近では，夏の太平洋高気圧に伴う水蒸気の発散域が見られ，その西北端では，南シナ海での南～南西からの流れと合流して中国東部から日本付近で梅雨前線に伴う収束域を形成し，中国の揚子江流域で梅雨（メイユ），朝鮮半島で長霖（チャンマ），日本列島で梅雨（バイウまたはツユ）と呼ばれる雨季をもたらす東アジアモンスーンとなる．

● **アジアモンスーンの季節変化**

図1～3に示した各月の図によって，冬と夏のアジアモンスーンの季節変化を見てみる．2月は1月とあまり変わりがない．3月になると，北半球のインドシナ半島内陸部から中国大陸南東部にかけての陸上に水蒸気の収束域が出現し始める．前者は中緯度偏西風の影響も受けた降雨で，毎日雨が降るわけではない[5]．中国南部の収束域は，春雨に相当する降雨で，中国では連陰雨と呼ばれる[6,7]．4月には，3月に見られたインドシナ半島内陸部から中国大陸南東部にかけて水蒸気収束域がさらに顕著になり，日本列島上にも収束域が出現し，菜種梅雨と呼ばれる春の雨季になる[7]．インド洋のアラビア海では引き続き北東からの流れになっているものの，ベンガル湾での流れは南東からに変化し，弱いながら南半球から水蒸気が流れ込む様子も見られる．

5月には，アラビア海の南部における水蒸気の流れは南西に変化し，ソマリア沖で南半球から北半球に向かう流れが強まり始める．ただしインド亜大陸上での流れは北西からで陸上での収束も大きくなく，インドではモンスーンに入る前の酷暑の季節になる．一方，ベンガル湾からインドシナ半島・南シナ海にかけては，水蒸気の収束域が広がり始め，夏のモンスーンが始まったことを示す[8,9]．中国の華南から南シナ海北部，台湾から琉球列島，日本列島南方海上にかけても水蒸気の収束域が拡大し，台湾での梅雨（メイユ），沖縄での梅雨（バイウ）に対応する．ただし，中国大陸の華南地方ではこの時期の雨季を梅雨（メイユ）とは呼ばない．

6月にはインドでの水蒸気の流れが南西～西に変化し，インドモンスーンが始まる．東アジアの雨季も北上し，西部北太平洋のモンスーンも始まって7月に近い状態になる．8月はアジアモンスーンが最も北上する時期で，日本列島の梅雨（ツユ）が明け，中国大陸でも揚子江流域での梅雨（メイユ）が終わり，降雨域は華北地方へと移る．他方，華南の南シナ海沿岸域では，台風などの熱帯低気圧の影響下に入り，再び雨量が増加する．西太平洋のWNPMは最盛期を迎え，西からの水蒸気の流れは東経140度付近まで達する[4,10]．

9月になると，インドモンスーンの後退が始まり，インドでの水蒸気の流れは北東寄りに変化し始める．一方，インドシナ半島では西太平洋からの台風などの熱帯低気圧の影響も受けて降雨が1年で最も多くなる[11]．東アジアでは，日本列島付近に秋雨（秋霖）に伴う南西からの水蒸気流入と収束域が見られ[12]，また中国の華南地方や南西部に収束域が見られるほかは，顕著な収束域がなくなっている．10月には，アラビア海北部の水蒸気の流れは北東からの流れに変化し，夏にソマリア沖にあった南半球から北半球に向かう流れは弱まって，インドでの夏のモンスーンの終了を示している．他方，ベンガル湾では南からの水蒸気の流れが残っている．インドシナ半島やフィリピンでも東よりの水蒸気流へと変化し，北東モンスーンが始まっている．東アジアでも北緯20度以北の大部分が発散域になり，夏の雨季が終了したことを示している．

11月には，ベンガル湾での水蒸気流も東からの流れに変化し，モンスーンアジア全域で夏のモンスーンは終わりを迎える．図には収束域としては現れていないが，この時期にはベトナム中部で雨季となっており，北の中国大陸からの寒期を伴うコールドサージと南方にある熱帯擾乱に伴う南風が収束すると，しばしば豪雨をもたらし，洪水災害をもたらす原因となる[13]．12月になるとオーストラリア北部での収束域が見られるようになり，概ね1月と同様の状況となる．

〔松本　淳・髙橋　洋〕

5.3 梅雨の気候と経年変動

●梅雨とは

日本には春季と夏季の間に曇天が続き降水の多くなる雨季（梅雨季）があり，この季節の雨を特に梅雨（バイウ，ツユ）という．広義には，梅雨季，梅雨，そして梅雨にかかわる大気現象全般を梅雨あるいは梅雨現象と呼ぶ．梅雨は日本のみならず中国・韓国にもあり，中国では梅雨（メイユ），韓国では長霖（チャンマ）と呼ばれる．これは梅雨を特徴づける梅雨前線が数千kmスケールで東アジアを東西に横切るためで（図1），梅雨は東アジア全体の雨季を特徴づける現象である．ここでは大規模の観点から梅雨をとらえ，この経年変動特性を見ていく．

●梅雨を取り巻く大気環境

梅雨前線は小笠原（海洋性亜熱帯）気団，オホーツク海（海洋性寒帯）気団，揚子江（大陸性亜熱帯）気団，の3気団にはさまれ中国南東部から北太平洋中央部まで延びる降水帯によって特徴づけられる（図2）．この降水帯はさらに西方インド西部まで追跡できるが，梅雨降水帯としては中国南東部以東がこれにあたり，以西はインドモンスーンの降水域と見なされる．

さらに梅雨前線は一見，東西一様のように見える（図1）が東シナ海上，東経125度付近を境にその東西で

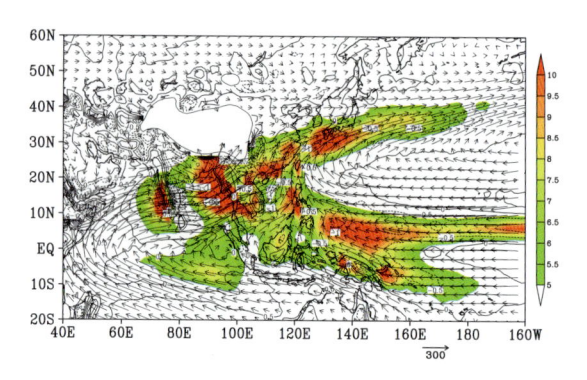

図2 長期平均した6月の降水率（mm/日：色），鉛直（1000～300hPa）積算した水蒸気フラックス（kg/m/s：ベクトル），そして水蒸気フラックスの水平発散（×10^{-4} kg/m²/s：等値線）．

特性が異なる．西部では，湿潤な南西季節風と乾燥した大陸性気団の境界に形成され，南北温度勾配は小さく南北湿度勾配が大きいという亜熱帯前線的特徴を示す．一方，東部では，海洋性寒帯気団と海洋性熱帯気団の境に形成され，南北温度勾配が大きく南北湿度勾配は小さいという寒帯前線的特徴を示す．

梅雨を維持する水蒸気の起源は，①インドモンスーンに続き北東進する水蒸気，②貿易風に続き太平洋高気圧の西端を回り北～北東進する水蒸気，③オーストラリア北東部を経て北進する水蒸気で，3者は南シナ海北部付近で合流し梅雨降水帯に流入，梅雨の長雨を支える（図2）．

●梅雨入り梅雨明け

日本本島付近での梅雨入り梅雨明けは6月上旬ごろと7月中旬ごろで，梅雨季は約45日である．梅雨前線は5月から7月にかけて西太平洋をゆっくり北進するので，南西諸島では梅雨入り梅雨明けは早く，東北地方では梅雨入り梅雨明けともに遅い．なお北海道では梅雨季を特定できない．

また梅雨入りとインドモンスーンの開始はほぼ同時期にあり，梅雨明けは北緯20度緯線にそってフィリピン東方沖に発達する西部北太平洋夏季モンスーン（図1）とほぼ同時期にある．西部北太平洋夏季モンスーンの開始は，西太平洋の南北大気循環に急激な

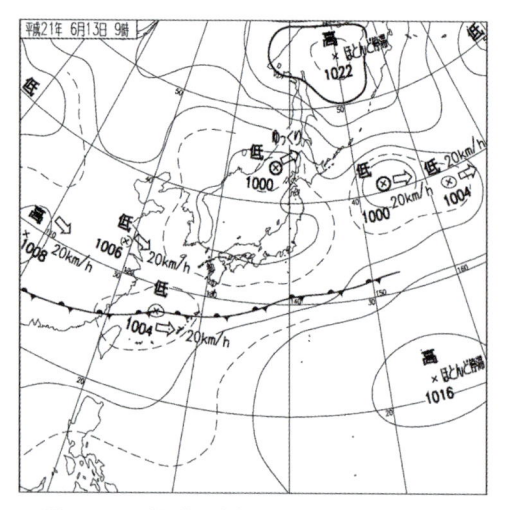

図1 2009（平成21）年6月13日9時の天気図．

北へのずれをもたらし，時にジャンプ的な梅雨前線の北進すなわち梅雨明けを起こす．以後，日本列島は太平洋高気圧に広く覆われ盛夏季に入る．

●梅雨の経年変動

梅雨の状態は，インドモンスーン，太平洋高気圧，オホーツク海高気圧，ユーラシア大陸の暖まり方など，周辺環境の時空間変動に伴って変化する．インドモンスーンには1年毎に強弱を繰り返す2年周期的変動が卓越しており[1]，太平洋高気圧の変動は3～4年周期のエルニーニョと連動，オホーツク海高気圧やユーラシア大陸上の大気循環には，6年周期が卓越する北大西洋振動が遠隔的に影響を及ぼす（図3）．梅雨の経年変動にはこれらの変動が重なっており，図4

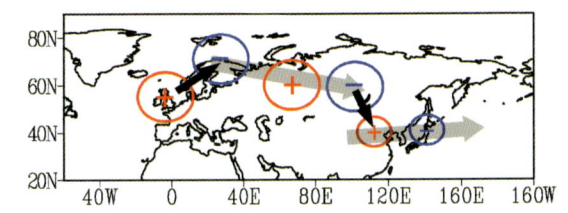

図3 6月の6年周期北大西洋振動の遠隔応答．＋とーは対流圏上層の等圧面高度偏差．矢印は波のエネルギーの伝播方向を示す．

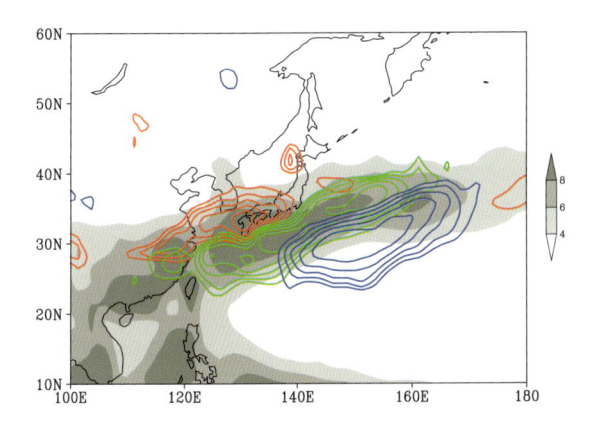

図4 6月梅雨降水の経年変動．赤：2年周期変動，緑：4年周期変動，青：6年周期変動の卓越領域．背景陰影は，6月の平均梅雨降水率（mm/日）．

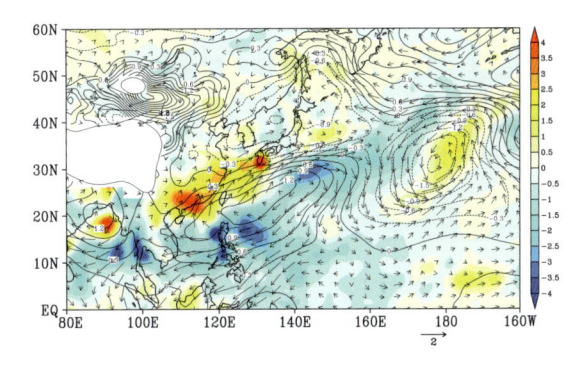

図5 6月梅雨降水の数十年規模変動（1990年代－1980年代）．梅雨降水率（mm/日：色）と関連する表面気圧偏差（hPa：等値線），表層風偏差（m/s：ベクトル）．

はその重なり具合を示す．西日本から揚子江流域にかけての梅雨降水には2年周期変動が卓越（赤），梅雨降水帯の中央付近では約4年の周期変動が卓越（緑），梅雨降水帯の東部付近では約6年の周期変動が卓越する（青）．これらの領域での変動は，水蒸気の流れをはじめとする大規模な大気循環（図2）を通し，各々インドモンスーン，エルニーニョ，そして北大西洋振動と連動していることが知られている[2]-[4]．

●梅雨の数十年規模変動

6月，日本付近での梅雨前線の位置は黒潮の位置と重なる．黒潮および黒潮続流には数十年規模の変動があり[5]，この数十年規模変動は海面での熱のやりとりを通し梅雨前線に影響を及ぼす[6]．図5は，1990年代と1980年代の梅雨降水の差（1990年代平均－1980年代平均）を示す．1990年代，梅雨降水は中国南東部から九州にかけて1980年代より多く，この東方では逆に少なかった．この時，日本の北海道／東北を中心とする領域（低気圧偏差）とその南西域（高気圧偏差）には特有の南北ダイポールの気圧偏差パターンが形成され，多降水域では南西季節風の強化，水蒸気供給量が増す．一方，この東方では北東風の強化により太平洋高気圧の西端を回り流入する水蒸気量が減少する．梅雨の変動にはこのような1990年ごろを境とする数十年規模変動が重なっている．

〔冨田智彦〕

5.4 植生・土地利用改変と気候変化

● 土地利用変化

人間活動が気候に及ぼす影響の1つとして，植生・土地利用改変があり，その主なものは農業活動や都市化である．特に，耕地化は産業革命以前から大規模に進められてきた．過去300年間の歴史的な資料や，近年の衛星データを集めて，全球の陸上における耕地面積率の推移を推定したデータセット[1]によると，1700年にはインドの北部などでわずかに耕地化していたものが，1850年までにはインド亜大陸，中国東部，欧州で耕地化が進み，さらに1992年までにロシア南部，北米，インドシナ半島，アルゼンチン，オーストラリア南東部で耕地化したことが明らかになった（図1）．

このような大規模な土地利用変化は，温室効果ガスやエーロゾルなどの増大と同様に，数十〜数百年スケールの地球規模での気候に影響を及ぼしてきたと考えられる．IPCCによる第5次評価報告書に向けた地球温暖化予測実験では，過去から将来予測まで，二酸化炭素やエーロゾルの排出量とともに，土地利用変化の共通データ（Land Use Harmonization[3]）が配布され，土地利用変化が及ぼす影響を考慮することができるようになっている．

● 植生と大気の相互作用

陸面は，大気の流れに対する地表面摩擦，および地表面における熱・水収支（5.5参照）を通して気候に影響を及ぼしている．地表面摩擦は，地形の凹凸や植生の高さ・密度によって変化し，一般に森林よりも草地や農耕地のほうが小さな値となる．そのため，草地や農耕地のほうが風速の大きくなる傾向がある．

地表面での熱収支では，正味の放射量（R），潜熱フラックス（lE），顕熱フラックス（H），地中への熱伝導（G）がバランスしており，

$$R = lE + H + G$$

と表される．ここで，lは水の蒸発潜熱，Eは蒸発散量であり，RとGは下向きを正，EとHは上向きを正としている．Rは地表面の熱収支を駆動するエネルギー源となっており，短波放射と長波放射の和で表すことができる．短波放射は日射や雲量などの大気状態のほか，地表面の反射率（アルベド）によって変化す

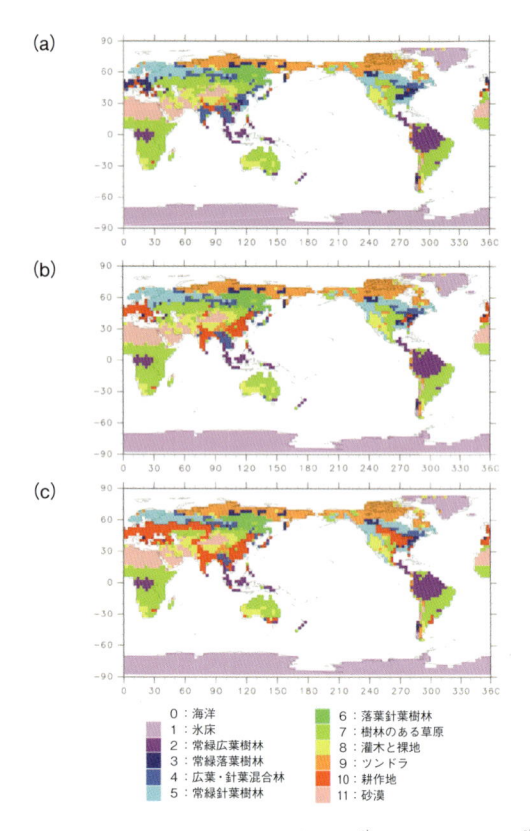

図1 Ramankutty and Foley (1999)[1]に基づく植生分布[2]．
(a) 1700年，(b) 1850年，(c) 1992年．

る．草地や農耕地では一般に森林に比べてアルベドが高く[4]，Rは小さくなる．

lEとHは乱流輸送フラックスとも呼ばれ，大気中の小さな渦（乱流）によって，陸面の水分や熱が大気に運ばれている．乱流輸送の大きさは風速が大きいほど，また地表面摩擦が大きいほど大きくなる．Eは土壌からの蒸発（土壌面蒸発），植生からの蒸散，葉の上に溜まった降水（降水遮断）からの蒸発（遮断蒸発）の和で表され，土壌水分量による蒸発抵抗や，葉の気孔の開閉による気孔抵抗によっても変化する．植生が変化すると葉の量が変化し，Eに占める土壌面蒸発・蒸散・遮断蒸発の割合は変化するが，Eの値は植生が変化しただけではあまり変わらず，日射，風速などの大気状態や土壌の湿潤度に応じて変化しやすい．

また，地表面での熱・水収支の変化は，大気水収支（5.7参照）によるフィードバックを介して，より大規模な気候影響を及ぼす．大気水収支では，降水量（P），大気中の水蒸気収束量（$-D$），大気中の可降水量（W）の時間変化量（dW/dt），Eがバランスしており，

$$dW/dt = -D - (P - E)$$

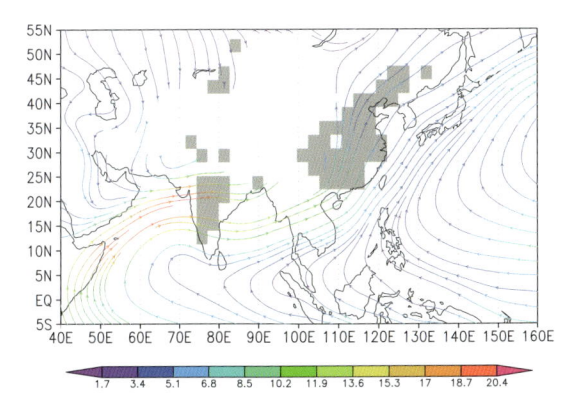

図2 1850年の植生分布を与えたときの6〜8月の850hPaでの風速場（流線，色は風速）と，1700〜1850年に耕地化した地域（ハッチ）[5]．カラーバーの単位はm/s．

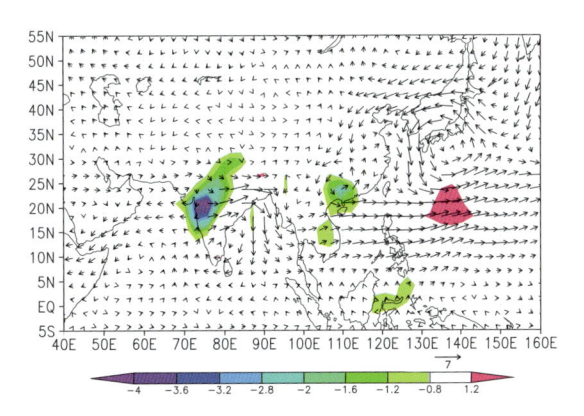

図3 6〜8月の降水量（色）と大気上端から地表面まで積算した水蒸気フラックス（矢印）の1850年と1700年の差[5]．降水量の単位はmm/日，積算水蒸気フラックスの凡例の単位は×10kg/m·s．

と表される．可降水量の時間変化が小さい場合には $(dW/dt \sim 0)$，$P = -D + E$ となり，水蒸気収束量 $(-D)$ と E が小さくなると P も小さくなる．

● 植生・土地利用改変のアジアモンスーンへの影響

全地球の50％を超える人口が居住するアジアでは，季節性の風系（モンスーン）と降水が卓越しており，水資源を始めとして人々の生活に大きな影響を与えている．夏季は，インド洋西部からインド亜大陸を経て，インドシナ半島，中国，日本に達するモンスーン（図2の流線）とそれに伴う降水が顕著に見られる．アジアモンスーン域では，1700年に40〜50％あった森林が，1850年には5〜10％まで減少して耕地化しており（図2のハッチ），このような大規模な土地利用変化（耕地化）がアジアモンスーンに与えた影響は大きいと考えられる．

このような土地利用変化の影響は，全球気候モデルによる数値実験を行って調べることができる．そこで，全球気候モデルに1700年と1850年の植生分布（図1a, b）を与えて，各々1700年前後と1850年前後の平均的な気候を再現し，その両者を比較したところ，インド亜大陸西部で約30％，中国南東部で約10％，降水量が減少した可能性のあることがわかった（図3）[5]．これは，耕地化によって，アルベドの増加と地表面摩擦の減少が起こった結果，地表面からの蒸発散量と大気中での海洋域からの水蒸気輸送による水蒸気収束量が減少して，降水量の減少が引き起こされたと考えられる（図4）．その結果，チベット高気圧や太平洋高気圧が弱まって，夏季のアジアモンスーンが弱まって

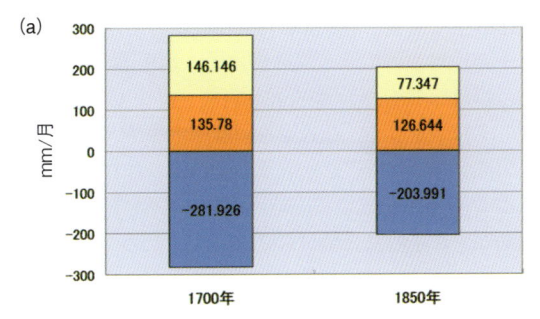

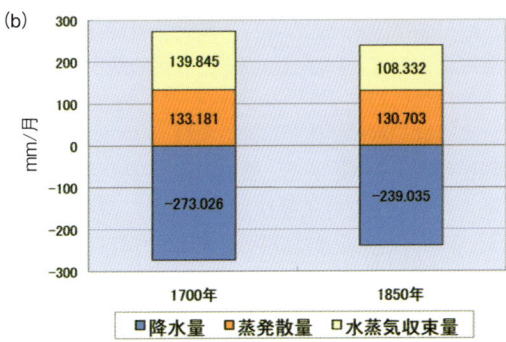

図4 1700年の実験と1850年の実験の6〜8月平均の大気水収支項（mm/月）．(a) インド亜大陸西部（東経72〜80度，北緯17〜25度），(b) 中国南東部（東経105〜115度，北緯20〜27度）．

いたことがわかった．

植生・土地利用改変は，地域や季節によって，また変動の時間スケールによって，地球規模の気候に対してさまざまな影響を及ぼすと考えられる．気候モデルの今後の発展により，他の気候変動要因との複合効果も含めて，それらのメカニズム解明が進むことが期待される．
〔髙田久美子〕

5.5 地表面の熱・水収支とその変動

水循環

●地表面の熱・水収支とは

地表面の熱収支とは太陽（日射）と大気（大気放射）から地表面に届いた放射エネルギーが，地表面の蒸発（潜熱），大気の加熱（顕熱），地面の加熱（地球伝導熱）などに分配されることである（図1）．この顕熱と潜熱の分配比は地表面の種類や状態によって変化する．地球上には，さまざまな地表面が存在している．大きく陸と海に分けられるが，陸にはさらに森林，草原，砂漠，水面，積雪面などの状態がある．顕熱と潜熱の分配比は主に気温と地表面の湿潤度によって決められる．

一方，地表面の水収支は降水量，地表面の蒸発量，および外部へ（から）地表面を流れて行く（来る）流出量により決定する．ここで注目すべき点は，地表面からの蒸発量は熱収支と水収支の両方にかかわっていることである．すなわち，地表面からの蒸発量（潜熱）は熱収支と水収支を結び付けているのである．

●地表面からの蒸発量

水は，温度の変化とともに，蒸発，凝結などさまざまな形に姿を変えながら地表面と大気の間を循環している．

地表面は，雨が降ると湿潤になり，晴れると水分が蒸発して，大気へと戻る．晴れの日が続けば，地表面は乾くため，気温は上昇しやすくなる．湿潤域では，雨天と雨天の間の日数は短く，地表面が乾く前に次の雨が降るため，地表面は常に湿潤である．一方，砂漠では雨がほとんど降らないため，地表面は常に乾燥している．したがって，湿潤域と砂漠域の両方に同じ量の放射エネルギーが注がれたとしても，砂漠では蒸発に費やされる潜熱が少ないので，ほとんどの熱が顕熱となる．また，夜になると砂漠の地表面は大気よりも温度が低くなる．すると大気に含まれている水分は砂漠の表面に凝結する．この現象は，冷たい水の入ったコップ（温度の低い地表面に相当する）をしばらく室内に置いておくと，コップの周りに空気中の水蒸気が凝結し，コップが濡れるのと同じ現象である．

砂漠では，蒸発させる水がないため，温度が高ければ，大気の持つ蒸発する能力が強くなる．逆に，蒸し暑い地域では，空気が常に湿潤なため，大気の持つ蒸発の能力はそれほど高くない．

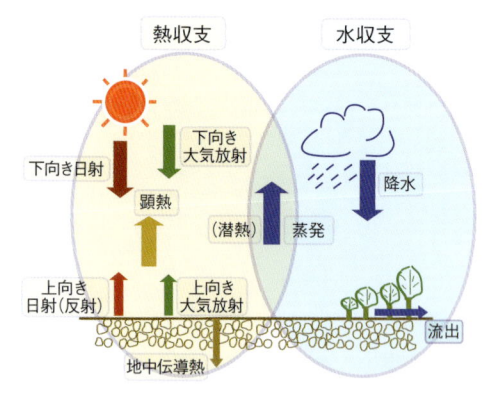

図1　熱・水収支の概念図．

このように，蒸発量は地表面の状態と地表面を取り巻く大気の温度，湿度，風速などによって決められる．したがって，さまざまな地表面からの蒸発量を正しく評価するためには，地表面に注ぐ放射エネルギーのほか，温度，湿度，風速なども正しく観測し，シミュレーションしなければならない．

●熱・水収支日変化

図2は年降水量14mmの中国北西部のトルファンという砂漠の熱・水収支の日変化である（東京の年降水量は1467mm）．1981年7月20日（201日目），トルファンでは1.6mmの降水があった．そして，トルファンの潜熱（図2c）はこの日のみ244W/m^{2}に達した．また，土壌表層の含水率も0.06m^3/m^{3}となった（図2d）．蒸発にエネルギーが費やされたため，地表面（砂の表面）最高温度は少々低めの58℃だったが（図2e），翌日から69℃，72℃，75℃と高温が続いた．これと同時に，潜熱は昼間30W/m^2，夜間－10W/m^{2}で，日平均は0だった．つまり，昼間は砂から水分が蒸発し，夜間には空気中の水蒸気が砂の表面に凝結していたということを意味する．また，昼間の日射量は1000W/m^{2}にも達していた（図2a）．この時，顕熱は昼間最大300W/m^{2}を記録し，夜は最小－50W/m^{2}前後であった（図2b）．これは昼間は地面から大気へ顕熱を輸送し，夜間にはこの関係が逆転しているということを意味している[1]．

●季節変動

図3はつくばにある火山灰土の圃場の熱・水収支の季節変化である．大気放射量（図3a）は8～9月（240日目前後）が最大で，この時期，降水量（図3b）も最大

140

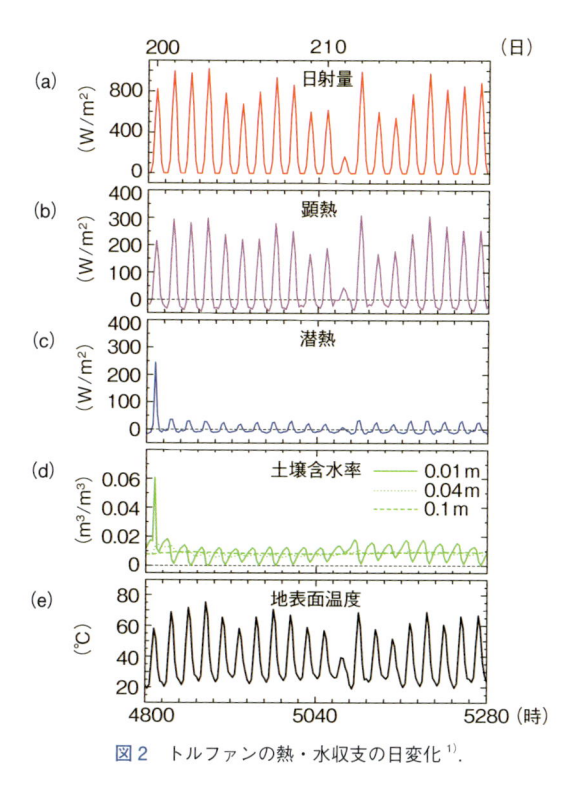

図2 トルファンの熱・水収支の日変化[1].

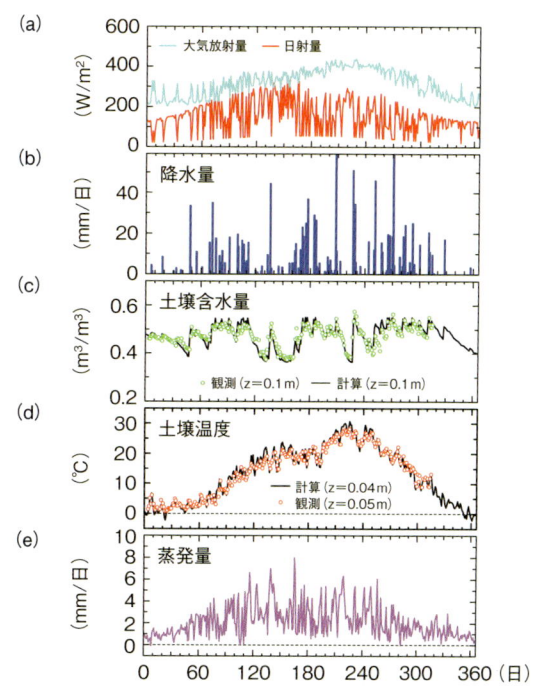

図3 火山灰土壌圃場の熱・水収支の季節変化の観測と計算の比較[1].

となった．5〜6月（120〜180日目）には日射量が大きく，この時期には降水量が小さい．これは梅雨入り前の晴天日が多かったため，地表面に届く日射量が大きかったからである．砂漠のトルファンと比べ，降水量が豊富で，土壌は湿潤，含水率（図3c）は0.45m³/m³前後であった．土壌表層の温度（図3d）は冬には0℃近くまで下がり，梅雨明け（230日目，8月18日）には30℃となった．蒸発量は冬が小さく，相対的に乾燥している春と初夏が大きかった．土壌含水率も地温も，それぞれの観測値と計算値はよく合っていた．これは季節変化に関する観測の精度が高く，計算モデルもうまく構成されていることを証明している．

このように，熱・水収支を正しく理解するためには，精度の高い観測データが重要である（世界の気象観測所の写真を図1〜8に示す）．

●年々変動

気温上昇によって，陸上では温暖化＋湿潤化，温暖化＋乾燥化，温暖化＋変化なしという地域（あるいは季節，時期）がそれぞれ生じる．

チベット高原は最も気候変化に敏感な地域といわれている．そこで，チベット高原ヤムドック湖流域の熱・水収支の長期変動を観測と解析によって解明を試みた[2]．この湖の面積拡大が報告されているが，いわゆる地球温暖化による氷河の融解であるのか，単に降水量の増加が原因なのかを明らかにしようと試みた．

ヤムドック湖流域は半乾燥域に属している．1961〜2005年の間に，この流域（標高4440m）の気温は1.1℃上昇し（図9a），年間日照時間は5.7％減少した（図9b）．気温上昇によって，水蒸気圧も上昇（図9c），大気からの長波放射も上昇傾向であった（図9e）．反対に，日射量は減少傾向であった（図9d）．また，降水量（図9i）は有意な減少・増加傾向は見られない．したがって，算出した湖の周辺の陸地の蒸発量（図9h）にも有意な変化は見られず，蒸発量への影響を最も与えているのは降水量であることがわかる．湖からの蒸発量は大気の湿度（図9c）と風速（図9j）の減少によって7％減少した．大気の蒸発能力も同じ傾向であった．降水量はあまり変化していないことから，気候湿潤度は大きくなる傾向にあることがわかった．この解析結果によって，この流域は温暖化＋湿潤傾向にあるが，湿潤になった原因は流域内ではなく，流域外からの水蒸気流入の可能性が高いことが明らかになりつつある．

このように，熱・水収支の解析によって，気温変化に伴う大気・地表面の水収支の変化を把握することができる．

〔徐　健青〕

5.6 大気−陸面間の水収支とその変動

●陸域の水循環と気候

陸域の水循環は異なる時空間スケールの現象が関係し合いながら，熱エネルギーの輸送と再配分を担うことにより，地域の気候の形成とその変動に影響を与えている．降水により大気から陸面に供給された水はさまざまな形態や過程を経て大気や海洋に戻る循環を繰り返している．そして陸面の水の滞留時間や循環速度は形態により大きく異なっている．たとえば浅い土壌に蓄えられた水は早ければ数日以内に蒸発する．大陸の大河川に流入した水の大部分は数ヵ月以内に海洋へ流出する．冬季の積雪は融解し河川へ流入するまでに数ヵ月から半年近くを要する．地下水や氷河は数十年から数百年あるいは数千年以上の長期間滞留する．グローバルな気候の長期変動は水循環の速度を変化させ，さらにそれが地域の気候変動に影響するであろう．このため，特定地域の水循環をそれぞれの形態，過程間での水の出入りを結合した水収支という形で評価しその長期変動傾向を調べることは，気候変動のメカニズムの解明に役立つと考えられる．

●大気−陸面水収支の考え方

特定領域の大気（一般的には地表面から対流圏上端までの大気柱を想定する）水収支の評価を行うために次のような式を考える．

$$dW/dt = F_{in} - F_{out} + E - P \quad (1)$$

ここで W は可降水量と呼ばれるその領域の大気柱全体の鉛直積算水蒸気量で dW/dt はその時間変化率を表す．F_{in} (F_{out}) は領域へ（から）水平方向に流入（流出）する水蒸気フラックスの大気柱鉛直積算絶対値で，風の場による水蒸気の水平輸送量を表す．E は地表面から大気への蒸発散量で土壌面や水面からの蒸発および植物からの蒸散で構成される．P は降水（降雨と降雪）量である．つまり F_{in} と E は特定領域大気への水の入力，F_{out} と P は特定領域大気からの水の出力を表す．このうち式(1)の右辺において $F_{in} - F_{out} = -D$ とすると D は特定領域の水蒸気フラックス水平発散量として定義され，式(1)は

$$dW/dt = -D - (P-E) \quad (2)$$

と表せる．D は大気中の水平輸送による特定領域へ

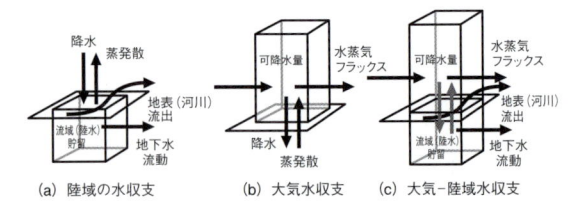

図1　大気−陸面水収支の概念図[1]．

の正味の水蒸気入出力量であり，D の値が負（正）の場合は水蒸気フラックスの収束（発散）を表し，特定領域の W を増加（減少）させる方向に作用する．

一方，陸面での水収支は以下の式(3)のように表される．

$$dS/dt = P - E - R \quad (3)$$

ここで S は特定領域内の陸水貯留量で河川，湖沼，雪氷などの地表水，土壌水，地下水などの地中水を含み dS/dt はその時間変化率を表す．R（正の値の場合）は特定領域からの正味の水の流出量（流出水フラックスの発散）で河川流出量と地下水流出量から構成されるが，ここではその大部分は河川流出量が占めると仮定する．大気−陸面間の正味の入出力は $P-E$ である．なお，大気−陸面水収支の基本概念は図1のように示される．

●観測データを用いた広域大気−陸面水収支解析の実際

◎観測データの適用による水収支解析

現在では，グローバルな気象・水文観測網が展開・整備されているため，そこから日々取得・編集された気象・水文観測量諸要素を用いて，上記各式から水収支の算定が可能である．たとえば，降水量は地上観測や人工衛星観測からデータが得られ，米国海洋大気庁（NOAA）などで公開されている．大気水蒸気や風のデータについては，高層気象観測をはじめさまざまな観測データを気象機関（日本の場合は気象庁）で大気大循環モデルに入力し，スーパーコンピューターで数値天気予報を実行する際の4次元データ同化過程で出力される大気客観解析データを用いることができる．また，河川流量は各国で計測されたデータが世界流量データセンター（GRDC）などの機関で収集されている．

大気水収支式(2)において，風と水蒸気量データから計算された W と D，観測値の P を入力すると残差として E が算定される．また式(2)で得られる $P-E$ と特定領域からの河川流出量 R を式(3)に入力するとその領域の dS/dt や S の算定が理論上可能である．

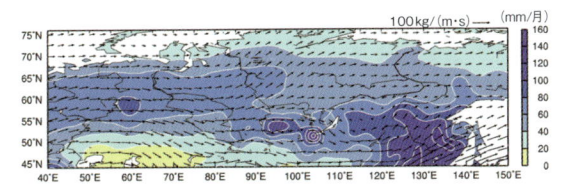

図2 北ユーラシア域の夏季（6〜8月）の平均（1979〜2008年）降水量と鉛直積算水蒸気フラックスの分布.

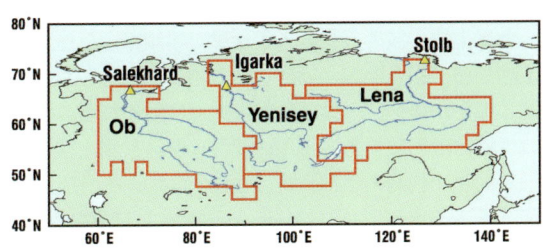

図3 水収支算定に用いたシベリア大河川（オビ，エニセイ，レナ）の流域の設定と河口流量観測点[3].

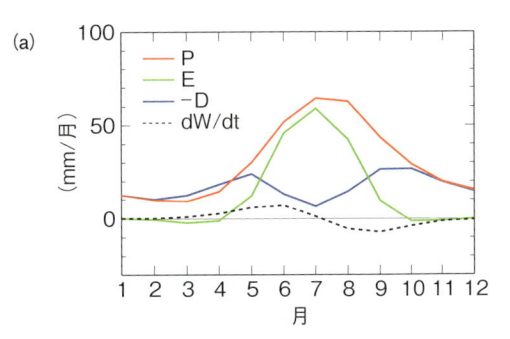

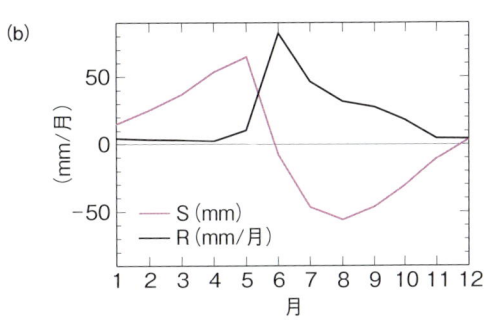

図4 レナ川の水収支の気候学的季節変化.（a）は大気水収支諸要素（1979〜2008年の平均），（b）は河口流出量（R）と陸水貯留量（S）（1979〜2007年の平均）．Sは年平均値を0とした相対値で示す.

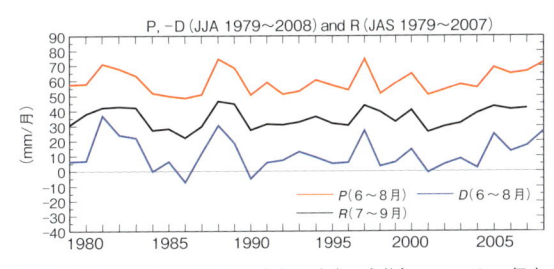

図5 レナ川における夏季の降水量（P），水蒸気フラックス収束量（$-D$），および河口流出量（R）の経年変動の比較.

E や dS/dt は収支式からの残差推定量であり，W, D, P, R 中の観測，計算誤差により推定精度に問題があるため，これらの利用には注意が必要である．E についてはさまざまな水文気象学的推定方法が考案されている．また，最近は重力観測衛星（GRACE）のデータから dS/dt の直接推定が可能となった[2]．

◎広域大気-陸面水収支の変動：シベリア大河川流域の例

ここで，実際に特定地域の水収支の変動についてシベリア大河川流域を対象に調べてみる．まず北ユーラシア域の大気水蒸気輸送量と降水の分布について夏季（6〜8月）平均の例を図2に示す．この地域はいわゆる偏西風帯であるため東向き輸送が卓越し，北緯50〜70度のシベリア域を中心に降水帯が形成されている．一般的にこの地域の日々の降水は主に移動性高低気圧に伴う前線活動によってもたらされている．図3は水収支解析に用いた河川流域の定義（オビ，エニセイ，レナ）[3]を示す．レナ川流域について1979〜2008年の30年間の月単位で水収支式各項の気候学的平均季節変化を算定した結果が図4である．降水量（P）と蒸発散量（E）の最大のピークは夏季に見られ，正味として降水量の大部分は蒸発散量による．一方，水蒸気フラックス収束量（$-D$）は夏季には極小となる．河口流出量（R）は6月に最大となる．これは積雪起源の融解水の流入のためである．積雪による陸水貯留量（S）の増加は秋から春にかけて見られる．次に夏季の水収支要素の経年変動の一部を図5に示す．降水量と水蒸気フラックス収束量の経年変動の傾向は類似し相関が高いため，水蒸気フラックス収束量の変動が降水量の変動を直接支配しているといえる．また，河川流域の上中流域の降水を起源とする水の河口への到達時間を考慮して1ヵ月遅らせた7〜9月の河口流出量変動は6〜8月の降水量変動をよく反映していることがわかる．

〔福富慶樹〕

5.7 地球のエネルギー収支・水収支とその変化

地球の気候システムがもつエネルギーは，近似的には一定値を保っている．これは，エネルギーの収入と支出がつり合っていることでもある．（現在の大気と地表面の全球平均のエネルギー収支については2.5参照）．

大気中の水蒸気はほとんどが対流圏にあり，その鉛直積算量の全球平均は約25 kg/m^{2}であるが，地球全体としては降水量と蒸発量がつり合うことによって近似的に一定値を保っている．全球平均の年降水量は約1000 mm/年と見積もられており，蒸発の潜熱エネルギーフラックス約80 W/m^{2}に対応する．水蒸気の大気中平均滞在時間は約9日である．

地表面から下のエネルギーの流れは，陸でも海でも季節変化に伴って，夏には下向き，冬には上向きであることが多い．ただし，陸では熱伝導だけであり，海では乱流・対流が働くため，季節変化に関与する層の厚さが，陸では1 mの桁，海では100 mの桁である．このため季節変化するエネルギーの流れの大きさは海上で大きく陸上では小さい．気候の定常状態では，このエネルギーの流れの全球平均は0になるはずである．

◉最近の全球平均エネルギー収支の変化

1970年代以後全球規模の温暖化が進行していることは確かになってきたが，これは気候システムのエネルギー総量の増加を伴っているはずである．しかしエネルギーの収支の変化を観測値で確認することはまだ難しい[1]-[3]．

◉エネルギーの出入り

太陽から来る放射エネルギーを，太陽・地球間の平均距離で太陽に正面を向けた面に単位時間・単位面積あたりに届くエネルギーの形で表現した量を，慣例として「太陽定数」と呼んでいる．これには1978年11月以来引き継がれた人工衛星による観測がある．複数の衛星による観測を比較すると，相互に数W/m^{2}の乖離があるが，変動は対応しており，いずれの観測も相対精度は高いが絶対量の較正に問題が残っていると考えられる．Fröhlich (2007)[4]が機器間の差を補正してつなぎ合わせた結果では，約11年の太陽活動周期に伴って±1 W/m^{2}程度の変動があるが，明確な長期変化傾向は見られない．なおFröhlich (2007)[4]の示した値は約1366 W/m^2, 2003年以後のSORCE観測による値は約1361 W/m^{2}を中心として変動しているが，後者のほうが誤差が小さいと思われる．

大気上端の放射収支は人工衛星で観測可能だが，残念ながら，相互比較ができる形で観測が継続しておらず，較正が難しい．太陽放射・地球放射それぞれの全波長域合計の放射エネルギーフラックスを測定する地球放射収支観測のうち，特に地球上の地理的分布まで議論できる走査型センサーによる観測は，Nimbus 7 ERB (1978年11月〜1980年6月), ERBE (1985年2月〜1989年5月), TerraおよびAquaのCERES (2000年3月〜) である．

2000年3月〜2004年5月のCERESの観測値を集計すると，正味で6.4 W/m^{2}の収入となるが，次に述べるエネルギー貯蔵量の考察から見て，これは大きすぎる．系統的誤差は，主に，地球放射収支観測および太陽定数観測のそれぞれのセンサーの絶対量の較正上の問題からきていると考えられる[5]．

◉エネルギー貯蔵量の変化

気候システムのエネルギー貯蔵量の変化の主要な部分は，海洋の温度変化に伴う内部エネルギーの変化と，雪氷の融解（相変化）に伴う潜熱である．この2つは，海水準変化をもたらす主要な要因でもあるが，エネルギー貯蔵量に対しては海水準に対してとで各項の重みが異なる．海水準の観測値は，1992年から衛星高度計によって全球を覆うようになったので，これを合わせて考えることによってエネルギー収支の不確かさをいくらか減らすことができる[2],[3]．

海洋のエネルギー貯蔵量は，海洋の温度（および塩分）の観測データをもとに集計することができる．2000年から日本を含む多数の国の共同で行われているアルゴ (Argo) フロート観測によって深さ2000 mまでの質のそろったデータが得られるようになった．それ以前の観測値は，主にXBT（投下式水温計）によるものであり，最近，深さを求めるために仮定された落下速度の見直しが行われた．補正されたXBTとアルゴのデータが合わせて解析され，海洋の深さ700 mまでのエネルギー貯蔵量の増加は，1993〜2008年の16年間の平均で，地球の全表面積あたり

に換算して 0.64±0.11 W/m² と見積もられた[6]．

雪氷に伴うエネルギー貯蔵量の変化は，主に氷床・氷河の融解の相変化に伴うものである．グリーンランドの氷床・氷河の正味の減少は氷の面積あたり液体水換算で 74 mm/ 年と見積もられている[7]．この質量が海に行くと（温度変化を考えないで）0.35 mm/ 年の海面上昇をもたらす．エネルギー貯蔵量変化としては 0.0027 W/m² となる．また，南極・グリーンランド以外の山岳氷河・氷冠の 1960～2000 年の正味の減少は氷の面積あたり 250 mm/ 年と見積もられている[7]．これは 0.37 mm/ 年の海面上昇，0.0028 W/m² のエネルギー貯蔵量増加に対応する．ただし 1990 年以後の減少はこれよりも強まっている．南極大陸の氷床・氷河の質量収支を現地観測に基づいて述べることは難しい．他方，衛星からは，GRACE による地球の重力分布の観測により，2004 年以後の質量分布の変化が求められている．それらを総合して 2006 年の時点での融解量は，南極氷床が 0.17 mm/ 年，グリーンランド氷床が 0.5 mm/ 年，山岳氷河と氷冠が 1.1 mm/ 年，合計 1.8 mm/ 年の海面上昇に相当すると見積もられる[8]．エネルギー貯蔵量増加としては約 0.014 W/m² となる．

陸のエネルギー貯蔵量変化はボーリング孔の温度測定などによって知ることができる[9]．1950～2000 年の 50 年間の貯蔵増加量を地球の表面積（海陸こみ）あたりにすると 0.012 W/m² となる[10]．大気の温度上昇・水蒸気増加，海氷の融解に伴うエネルギー貯蔵量変化も，それぞれ 0.01 W/m² 程度である．

◎エネルギーの貯蔵量と出入りとの対応

Trenberth and Fasullo（2010）は気候システムのエネルギー増加に関する知識の現状を図1のようにまとめた[2]．2000～04 年の期間について出入りと貯蔵量変化がほぼ等しくなるように大気上端の観測値を調整したのだが，2005 年以後には，乖離が大きくなってしまった．ただし，ここで採用された海洋のエネルギー貯留量[11]は深さ 700 m までのものなので，深いところのエネルギーが変化している可能性もある．

● 温暖化に伴う全球平均水循環の変化

全球規模の温暖化が進行すれば，温度上昇とともに飽和水蒸気量が増加する．実際の水蒸気量もほぼそれに比例して（つまり平均相対湿度を保って）増加すると予想される．また，全球平均の降水量・蒸発量も増加すると予想されるが，蒸発には地表面エネルギー収支の制約があるため，増加の仕方は大気中の水蒸気総量ほど速くはない．したがって，大気中の水蒸気の平均滞在時間は延びる．この特徴は，気候モデル（大気海洋結合大循環モデル）による温暖化シナリオ実験では，NCAR PCM モデルについて示されており[14]，また，CMIP3[15] に参加した 23 のモデルの SRES (IPCC Sperical Report on Emission Scenarios) A1B シナリオ実験の結果を筆者が解析したところ，どのモデルにも共通に見られた．ただし，そのような変化が現実にすでに起きているかは，降水量の年々変動が大きいこと，観測データが均質でないことなどの制約があり，明確にはまだいえない． 〔増田耕一〕

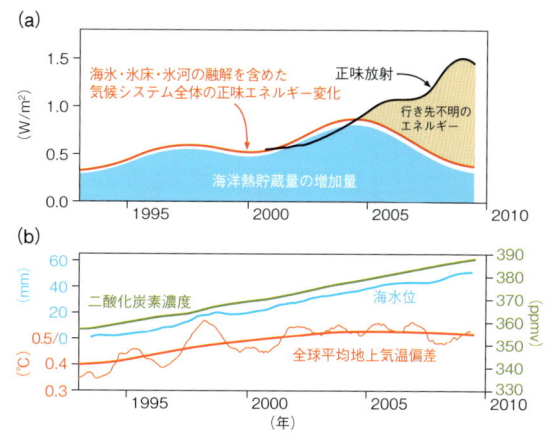

図1 エネルギーはどこへ行くのか[2]．(a) 全地球のエネルギーの時間変化の見積もり．曲線は非常になめらかにしてあり，いくらか簡略化されている．青い部分は海洋の熱貯蔵量の増加量（10 年規模の変化）[11]．赤線はそれに，氷河や氷床の融解，海氷の融解，陸と大気の温度上昇のさらに小さな寄与を含めたもの[3]．1992～2003 年について，地球全体として 0.6±0.2 W/m²（95％ の誤差棒つき）の温暖化が示唆される．黒線は 2000 年以後の大気上端での観測値[12]を 2000 年の値を基準として示したもので，赤線のエネルギー貯蔵量増加との乖離は次第に大きくなっている．(b) 観測された次の量の変遷の 12 ヵ月移動平均．赤は全球平均地上気温の 1901～2000 年の平均に対する偏差（細線）とその 10 年周期以上の長期成分（太線）．アメリカ海洋大気庁による．単位は ℃，目盛りは左下．緑は二酸化炭素濃度．アメリカ海洋大気庁による．単位は ppmv，目盛りは右．青はアイソスタシー反発の補正ずみの海水位の 1993 年を基準とした値．AVISO (Archiving, Validation and Interpretation of Satellite Oceanographic Data) による．単位は mm，目盛は左上．10 年周期以上の長期成分を抽出したフィルターは IPCC 第 4 次評価報告書[13]による．

5.8
熱帯季節林の気候・水循環

● 森林の水循環

森林に降った雨の一部は土壌内部に浸透し，残りは植物体を濡らし，やがて大気へと蒸発する．この蒸発成分を遮断蒸発と呼ぶ．土壌内部に浸透した雨の一部は土壌面蒸発と根系で吸収される成分に分かれ，残りはやがて流出する（図1）．根系に吸収された水分は，樹液として幹内部を流れ（樹液流），葉の気孔を通じて大気に戻る．これを蒸散と呼び，そのほかの蒸発成分とまとめて蒸発散と呼ぶ．

熱帯域であるタイ北部では雨季と乾季の季節帯がある．この季節帯のもと，海抜1000mを超える丘陵地では，もっぱら常緑性の樹木が生育する．それより低い地点では，高度の低下に伴い，常緑性の樹木が減少する一方，落葉性の樹木が多く生育するのが確認される[1]（図2）．本項では，この常緑性と落葉性の森林植生が生育する気候と水循環の違いを示す．また，根系の発達が，森林の水循環にどのように影響するかを示す．

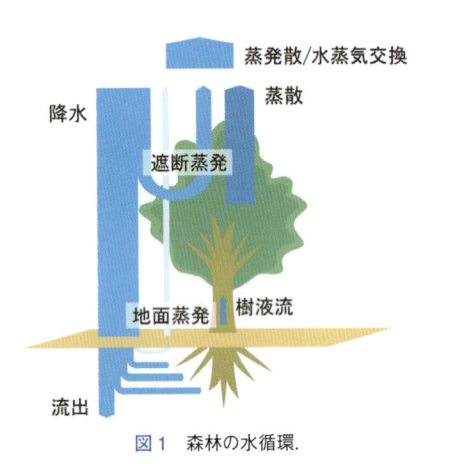

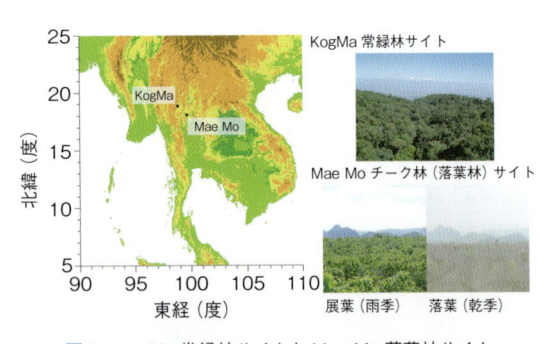

図1 森林の水循環．

図2 KogMa常緑林サイトとMae Mo落葉林サイト．

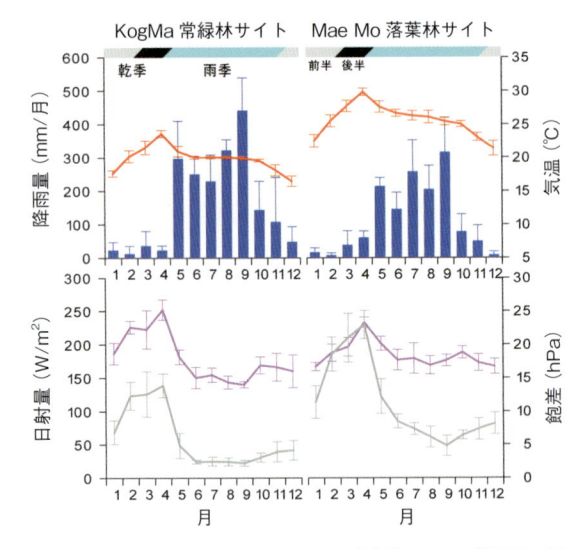

図3 KogMa常緑林サイトとMae Mo落葉林サイトの降雨量，気温，日射量（紫）と飽差（灰）の月平均±標準偏差．2001年～05年の5年間で集計．

● 常緑林と落葉林サイトと気候

タイ北部にKogMa常緑林とMae Mo落葉林の観測サイトがある．標高は，それぞれ1265～1420mと380m，互いに約100km離れた場所に位置する（図2）．両サイトとも，その降水の季節変化から，およそ5～11月までの雨季と12～4月までの乾季に大別される．さらに，乾季は気温の比較的低い前半と高い後半に分けられる．丘陵地にある常緑林サイトでは，落葉林サイトに比べ，その高低差によって気温が常に低い（図3）．雨季では，常緑林サイトの日射量が落葉林サイトに比べて低く，日中の雲の出現頻度がより多いことが伺える．これにより，常緑林サイトの年間降水量が，落葉林サイトより多くなると見られる．飽差は，大気側からの蒸発要求度の指標であり，気温がより高い落葉林サイトで大きく，乾季後半でその差が大きい．

図4に，両サイトにおける簡易貫入試験機による

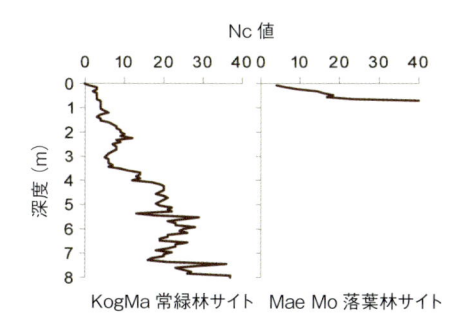

図4 KogMa常緑林サイトとMae Mo落葉林サイトの貫入抵抗の観測結果.

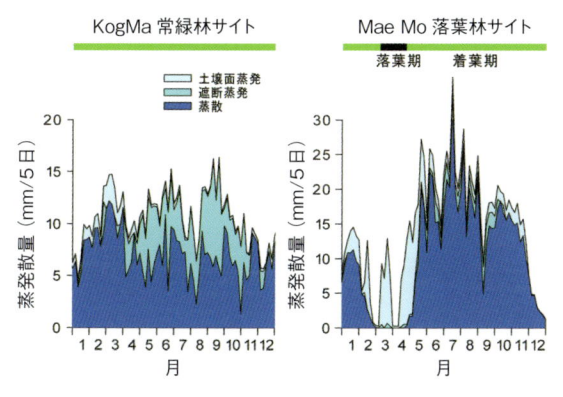

図5 常緑林サイトと落葉林サイトの蒸発散量の季節変化. それぞれ1999年と2002年の数値シミュレーションの結果.

地中の貫入抵抗の観測結果を示す．貫入抵抗の測定は，重さ5kgの重りが50cmの高さから落下するときの運動エネルギーにより試験機の先端にあるコーンを地中に貫入することで行う．貫入抵抗は，コーンを10cm貫入させるのに要する打撃回数Nc値で表される．Nc値20で土壌層と基岩を分けると，常緑林サイトでは約5mで，落葉林サイトでは約0.7〜0.8mで基岩に達していたと考えられる．また，根系の深さもこの硬い基岩部で制限されると見られる．

●常緑林と落葉林サイトの蒸発散の季節変化

図5は両サイトの蒸発散量の季節変化を示す．これらの蒸発散量は植生モデルによる数値シミュレーションの結果である．計算の際，それぞれの土壌層の深さや葉量の季節変化を考慮した．ただし，常緑林サイトでは葉量の季節変化がほとんどなかった．落葉林サイトでは，遮断蒸発量と蒸散活動の指標となる樹液流の観測結果を用いて，計算結果の検証がなされた[2]．一方，常緑林サイトでも，同様の検証がなされたほか，3年間の降水量と流出量の差で求まる蒸発散量を用いた検証がなされた[3]．

蒸発要求度が常に大きい落葉林サイトでは，常緑林サイトに比べ，蒸発散量が全体的に大きくなる．落葉林サイトでは，落葉期間中に蒸散活動は行われず，この期間中の降雨の大半が，土壌面蒸発として消費される．展葉当初でも土壌面蒸発量が多く，葉量の増加とともに減少し，蒸散量が増加していく．葉量の増加は，林床の日射量を減少させ，林内の風通しを悪くする．この林内環境の変化が地面蒸発量を抑制する．完全に展葉した後，降水の約9割が地面に浸透し，その大半が根に吸収され，蒸散として消費される．

常緑林サイトの蒸発散の季節変化は，落葉林サイトと大きく異なる．常緑林サイトでは，落葉林サイトの落葉期間にあたる乾季後半の3月に，蒸散量が最大となり，蒸発散量もより大きい．図4で示したように，常緑林サイトでは，落葉林サイトに比べ土壌層が深く，前年の雨季の降水が乾季後半にも土壌層内に滞留しており，樹木が十分利用することができる．乾季後半の蒸発散量は，雨季の6月や9月の蒸発散量に匹敵する．ところが，乾季に遮断蒸発量がほとんどないのに対し，雨季では，遮断蒸発量が蒸発散全体の約4割を占める[4]．これにより，雨季の蒸散量が占める割合は減少する．

●根系の深さが蒸発散に及ぼす影響

動画1に，常緑林サイトにおいて，土壌と根系の深さを1から12mに設定した場合の土壌面蒸発，遮断蒸発と蒸散の季節変化の数値シミュレーションの結果を示す．蒸散の数値結果の検証として，樹液流速の測定結果も示される．根系の深さが1mの場合，樹液流速の季節変化が示すような乾季後半の蒸散ピークは再現されない．およそ4mの根系深から，そのピークが再現される．また，4〜5mの根系深で，3年の計算期間における降水量と流出量の観測から算定される蒸発散量と計算値とが一致する[3]．これは図4の示す基岩の深さと一致する．さらに根系を深くした場合，雨季の蒸発散への影響はあまりなく，乾季の蒸散のみ増加する．

落葉林サイトは，降水量が比較的少なく，大気側からの蒸発要求も高く，乾季には土壌層に蓄えられる水分も極めて少ない．そのうえ，土壌層と根系の深さが浅く，乾季に，常緑林サイトと異なり，樹木が水分を十分利用できず，このため落葉すると考えられる[2]．

〔田中克典〕

5.9 大陸スケールの河川と水循環

● 大陸スケールの河川とは

日本の河川よりはるかに長い，大陸に存在する河川をさす．大陸河川では，気候変動の陸面水文過程へ及ぼす影響を調べるため，GCMs（全球大循環モデル）の出力を用いて土壌水分量や河川流出量など水文量変化の評価が行われる．一般的なGCMsの水平解像度は，100～数百kmであるため，GCMsによる解析は，10数万平方km以上の河川流域が対象となる．表1に各大陸における代表的な河川と日本の河川を示す．

● 大陸スケールの河川の特徴と課題

大陸河川は，流域が広いため，異なる気候帯と多様な土地利用形態が混在することが特徴であるが，一番の特徴は，長い河川延長の影響である．数千kmの流路を有する大陸河川では，水源域から河口までの水の移動には相当な時間が必要となる．気候学の分野では全球地域総量を重視するため，低解像度のGCMsを用いる研究の場合，今でも河川の影響が考慮されないことが多い[1]．しかし，一方で，河川の効果を考慮することにより，河川流出過程の年々変動および季節変動の再現性が向上することが明らかになっている[2]．

水循環の解析では，1つの流域をユニット単位で細かく分割し，ユニット毎の水・エネルギーのフラックスを算出し，各ユニットからの流出量を，あらかじめ決められた流路に沿って流下させる[3]という方法が一般的である．その際，地形標高データ（DEM）を利用して河川網を抽出する方法がよく用いられるため，経緯度に合わせたグリッド格子がユニットとして広く使われている．図1は解像度30秒の標高データを0.1度単位で平均化して抽出されたレナ川の河川網を示している．

大陸河川の流況は地域によって大きく異なる．図2は冬のレナ川の様子を示している．数kmの川幅があるレナ川が一面の厚い氷に覆われていることがわかる．レナ川は，北に向かって流れるため，春になると

表1 世界の河川と日本の河川

(a) 代表的な大陸河川

大陸名	河川名	長さ (km)	流域面積 (km²)
アジア	エニセイ	5550	2700000
アジア	長江	6380	1175000
北アメリカ	ミシシッピ-ミズーリ	6019	3250000
南アメリカ	アマゾン	6516	7050000
ヨーロッパ	ボルガ	3688	1380000
アフリカ	コンゴ	4667	3700000
アフリカ	ナイル	6695	3349000
オセアニア	マーレー-ダーリング	3750	910000

大陸の分類は Watersheds of the World (http://earthtrends.wri.org/maps_spatial/watersheds/index.php) より．河川の延長と流域の面積は総務省統計局・政策統括官（統計基準担当）・統計研修所の「世界の統計 2009」(http://www.stat.go.jp/data/sekai/index.htm) より．

(b) 日本の代表的な河川

河川名	長さ (km)	流域面積 (km²)
利根川	322	16842
石狩川	268	14330
信濃川	367	11900
北上川	249	10150
木曽川	229	9100
十勝川	156	9010
淀川	75	8240
阿賀野川	210	7710

河川の延長と流域の面積は総務省統計局・政策統括官（統計基準担当）・統計研修所の「日本の統計 2009」(http://www.stat.go.jp/data/nihon/index.htm) より．

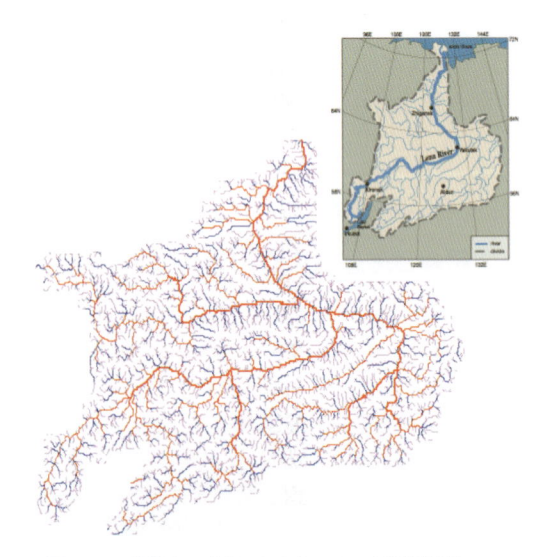

図1 0.1 解像度の北緯72度までのレナ川河川網．

図2 冬季のレナ川．1m以上の厚さまで凍結するため，河川上に横断道路ができる．一柳錦平氏撮影．

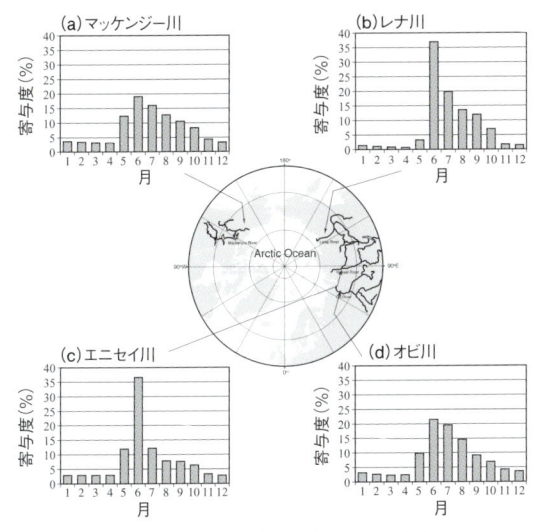

図3 年間流出量に対する各月毎の寄与度．

図4 黄河の水は人工水路によって灌漑に使われる．

暖かい上流域から先に融解し始める．その大量の融雪水が流氷とともに下流へ向かう途中，氷塊の集まり（アイスジャム）ができ，水位が急上昇して大洪水になってしまうこともある．特に，寒冷な北方大陸河川の流出過程においては河川氷の影響が大きいことがわかっている[4),5)]．

また，同じ気候帯に位置する河川であっても，流域内の自然条件によって流出過程が異なる．図3は北極圏にある四大河川（エニセイ，オビ，レナとマッケンジー）の年平均各月流出の寄与度を示している．そのうち，ピークの6月の流出寄与度はレナ川とエニセイ川では35％超になるが，マッケンジー川では20％を下回る．マッケンジー川流域は，大量な湖沼が分布し，河川の流れを湖沼群に自然に調整されていると考えられる．

一方，乾燥した地域を流れる大陸河川では，河川表流水が人為的な影響により河口まで流れなくなる場合もある．図4は黄河流域にある大規模灌漑地域，河套灌区の様子を示している．この付近は，年降水量が200mm程しかない乾燥地域だが，黄河の水を利用して水稲も栽培している．このような地域の水資源および水利用変動の実態を把握するためには，衛星データや農作物生育期情報などによる総合的な解析が必要となる[6),7)]．

水文学的な解析には地上観測気象データを用いるのが一般的である．しかし，解析精度は地上観測点の密度に左右され，将来予測研究にも，適用できないという問題点がある．そのため，ダウンスケールという方法で，解像度の低い再解析データあるいはGCMsの結果を用いてより詳細な大気側の情報を再作成し，水文解析に用いる[8)-11)]．

● 今後の課題

将来の気候変動による大陸スケールでの水文環境の変化を予測するためには，気候予測データの利用が不可欠である．近年，GCMsの高解像化と，データ同化技術の向上により，より精度の高い地域気候データの作成が可能となりつつある．過去の水文環境をより忠実に再現し，将来予測の不確実性を考慮した，より信憑性の高い将来予測手法の構築が今後の課題といえる．

〔馬　燮銚〕

5.10 砂漠化

●砂漠化の定義

1992年の地球サミット（国連環境開発会議）で採択された「アジェンダ21」がきっかけとなり，「砂漠化対処条約」は1994年6月に採択，1996年12月に発効となった．砂漠化対処条約によると，「砂漠化」は「乾燥，半乾燥および乾燥半湿潤地域における気候変動および人間活動を含むさまざまな要因に起因する土地の劣化」と定義されている．

ここでいう「土地」とは，土壌，植物，水などをさす．「土地の劣化」とは，①風または水による土壌侵食，②土壌の物理的，化学的および生物学的特質の悪化，③自然植生の長期間にわたる消失である．①と②は，広い意味での土壌の劣化で，③は植生の劣化である．実際の砂漠化は，砂漠の拡大という砂漠縁辺に限った現象ではなく，砂漠から離れた場所でも，人間活動により局所的にも生じることから，条約では，「砂漠化」に加えて「土地の劣化」という包括的な語句が併記されている．

砂漠化対処条約には，砂漠化の原因として，気候的要因と人為的要因が挙げられている（図1）．気候的要因とは，干ばつを引き起こす大気循環の変動などである．人為的要因とは，過放牧，過耕作，樹木の過剰採取など生態系の許容範囲を超えた人間活動で，その背景には貧困，人口増加といった社会経済的な要因がある．

●砂漠化の分布

砂漠化対処条約にある「乾燥，半乾燥および乾燥半湿潤地域」とは，広い意味での「乾燥地」である．これらの地域は，年間の降水量を可能蒸発散量で割った値を「乾燥度指数」と定義し，これによって決める（表1）．乾燥度指数が小さいほど乾燥の程度が高い．つまり，乾燥が強くなると，降水量に比べて可能蒸発散量が大きくなる．可能蒸発散量とは水が十分に供給されたときの蒸発散量であり，実際の蒸発散量（実蒸発散量）の上限値を与える仮想的なものである．

乾燥度指数による定義では，寒冷地を除いた乾燥地の合計は，全陸地面積の41.3%である（表1，図2）．このうちで，極乾燥から乾燥の地域が，一般的にいう砂漠（沙漠）であり，全陸地面積の17.2%を占める．この中でも極乾燥地域は，もともと砂漠であるので砂

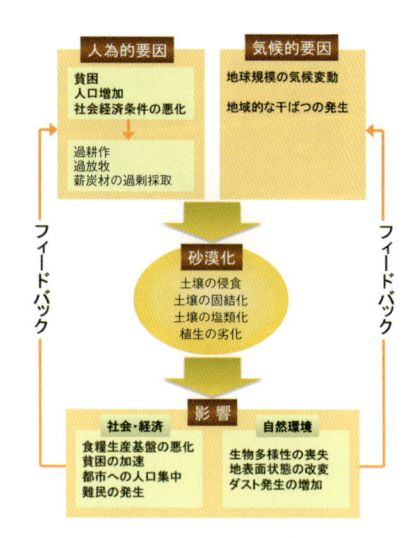

図1 砂漠化の構図[1]．

表1 乾燥地の区分[2]．

区　分	乾燥度指数	面積 （×10^6 km²）	陸地面積に対する占有割合（%）
極乾燥地域	< 0.05	9.8	6.6
乾燥地域	0.05～0.20	15.7	10.6
半乾燥地域	0.20～0.50	22.6	15.2
乾燥半湿潤地域	0.50～0.65	12.8	8.7
計		60.9	41.3

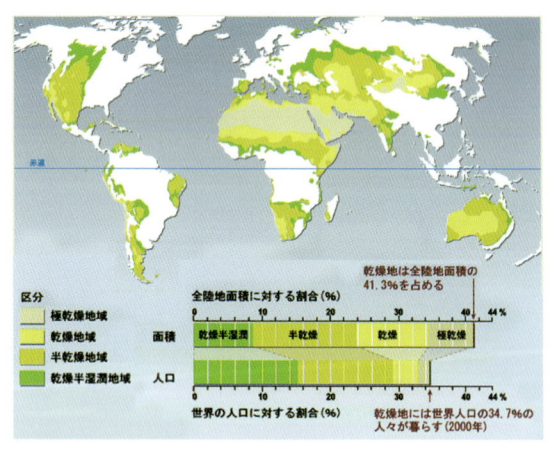

図2 乾燥地の分布[3]．

漠化の被害を被ることはない．砂漠化の進行している地域は，乾燥地のうちでも極乾燥地域周辺に位置し，やや湿潤で植生がわずかにある地域である．

世界的に見ると，土壌劣化を受けている土地（植生劣化している地域も含む）の面積は約10億ha（地球の全陸地の約7%）である[4]．最近のミレニアム生態系評価[3]では，専門家の意見に加えて，リモートセ

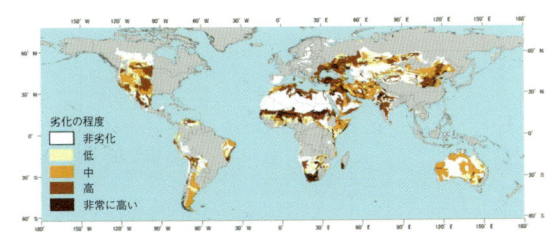

図3 土壌劣化データ（GLASOD）による乾燥地における土壌劣化地図[5]．乾燥地は年平均降水量の年平均蒸発散量に対する比が0.65未満の地域（寒冷地を除く）．灰色は乾燥地以外の地域．

ンシングデータとセンサスをもとに，1981～2000年の土地被覆の変化が評価された．ここで，砂漠化（土壌劣化と植生劣化を含む）の面積は，乾燥地（極乾燥地域を含む）の10～20％，全陸地の4.1～8.3％と再評価され，土壌劣化の評価によるもの（7％）と同程度となった．これによると，アジアには急速な土地被覆変化，特に砂漠化の地域が最も集中している．

図3（図1）は，乾燥地の土壌劣化地図であり，土壌劣化という視点から見た砂漠化地図といえる．東北アジアでは，中国・内モンゴル地域において，強度・極強度の砂漠化が見られるのに対して，モンゴル国では砂漠化の程度が比較的小さい．内モンゴルにおける砂漠化のプロセスとして，水と風による土壌侵食（水食と風食）がともに重要であるが，その地域内でも降水の多い地域は水食のほうが重要度を増す．また，黄河に沿った地域では塩類化が認められる．このように，地域の気候・水文・地形条件などによって砂漠化のプロセスも異なってくる．

● 砂漠化の事例

◎ 中国北部

中国における砂漠化地域は，風食の影響を受ける地域と水食の影響を受ける地域に大きく分けられる．さらに，主として風食が卓越する地域は，東経105度付近を境にして，北西部の降水量が少ない地域（年降水量250mm以下）と北東部のやや湿潤な地域（年降水量250～500mm）に分けられる．北西部では，内陸河川上中流域での過度の水資源利用によって，下流域で河川水が枯渇し固定・半固定砂丘の再活動が引き起こされている．また，オアシス周辺での過度の樹木伐採によって，同様に固定・半固定砂丘の再活動が起きる．これらの砂漠化地域は，タクラマカン砂漠周辺にある山岳氷河を源とする河川の分布に対応してパッチ状に見られる．これに対して，北東部は年降水量から見ると，温帯草原が成立可能な地域であるが，ここでは「砂地」と呼ばれる地域で草原の退行が問題となっている（図2）．砂地では表層に砂質堆積物があるため，過放牧などの不適切な人間活動によって植生が破壊されると，3～5月を中心に卓越する強い北西季節風により，固定されていた砂丘が再活動を始める．

◎ 黄土高原

中国北部の黄河中流域に広がる黄土高原は，標高1800m，総面積67.8km^{2}にわたる広大な高原地帯で，北緯33～42度，東経101～119度の範囲に位置している．黄土はその名の示すとおり，黄色ないし灰色かかった黄色の土で，0.01～0.05mmの粒のそろった堆積物（シルト）である．黄土高原の黄土は，タクラマカン砂漠やジュンガル砂漠など中国西北部の砂漠からシルトが北東風に舞い上げられて，この地域に堆積したものである．その歴史は約300万～120万年前にもさかのぼり，堆積の厚さは平均40～50m，最大で400mにも達する．シルトが風に飛ばされて堆積した地域は，ヨーロッパや北アフリカなどにも分布しているが，黄土高原はその面積が格段に大きく，世界最大規模である．

黄土高原の多くで水食が進行している（図3）．図3によると，土壌荒廃の程度は強～極強度となっている．黄土高原の年降水量は300～660mmで，その60～70％が7～9月に集中する．黄土は垂直方向に大きな孔隙を発達させ，土壌小動物の穴などが多いため，水食に対してもろい．短期間に集中して降雨があると，雨水が垂直方向に流れて土壌を崩壊させ侵食が生じる．黄土は農耕には容易な土壌であるが，クラスト化（地表面に薄く硬い土の皮膜ができること）しやすいので，傾斜地では雨水が土壌表面を流れ出し，1ヵ所に集中して侵食を生じやすい．

歴史的に見ると，かつての黄土高原は緑豊かな土地であったが，清の時代（1616～1912年）に入ると急激に人口が増加し，漢族による大規模な森林伐採と草地開墾が行われた．これが引き金となって，黄土高原では至るところに深いガリー（侵食谷）が形成された．　〔篠田雅人〕

5.11 積雪−気候相互作用

●積雪分布とその変動

雪は比較的身近な存在である．この項では主に季節積雪（冬積もるが夏解ける雪）を扱うが，季節積雪は全陸地の半分近くの地域で見られるので，寒冷圏の現象としては最大級の空間規模を持つ（図1）．それ以外には南極やグリーンランドにある氷床や氷河があり，面積は小さいが気候との（長期の）関連を考えるときには重要である．

積雪は多くの地域で重要な水資源である．また雪国で経験するように積雪は人間社会に大きく影響する．一方その物理的性質（高アルベド，高断熱効果，融雪に伴う潜熱吸収など）から大気−陸面間の重要な媒介であり，自然および人間環境にとって重要な要素である．ここでは，その積雪が広域（大陸から半球規模とする）の気候の変化・変動とどのような相互作用を持っているかを陸地の多い北半球を中心に見てみよう．

まず積雪の変動，あるいは積雪と気候の相互作用を考える場合，積雪の2つの側面を別に考えるのが便利である．1つはその量（積雪深あるいは積雪水当量）で，もう1つはその広がり（積雪被覆面積）である．水資源を考えるときには前者が，大気との相互作用については後者がより重要となる．全球規模での状態を知るには衛星観測が有用で，積雪被覆には40年近い観測と解析の積み重ねがある．積雪量も課題はあるものの，30年近いデータが蓄積されている．なお，積

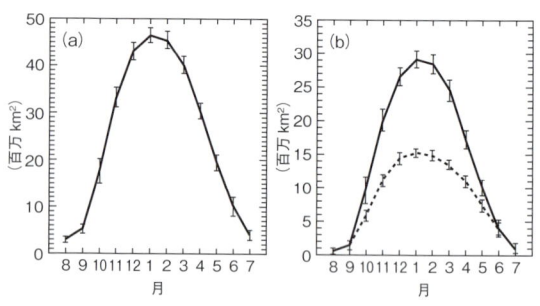

図2 積雪被覆面積の月別平均値とその分散（1972〜2009年）．8月始まりで図示している．(a) 北半球陸域，(b) ユーラシア大陸（実線）とグリーンランドを除く北米大陸（破線）．

雪を含めた寒冷圏全般のここ数十年での長期変動については文献1，2などが詳しい．

北半球陸域（主にユーラシアと北米）の積雪はほとんど季節積雪で，夏にはほとんど解けてなくなる（図2）．月毎の積雪面積で年々変動が一番大きいのは北半球全体で10月（北米のみに注目すれば11月）で，これは年毎の季節進行（雪の積もり始め）の遅速に起因している．ここで1つ面白い点は，積雪開始期（秋）の年々変動のほうが，融雪期（春）のそれよりも大きいことである．これらの年々変動が大気・気候相互作用の1つの現れである．南半球に関しては，陸域面積が北半球に比べて少ないこともあって全般的に研究が遅れている．

●広域の積雪−気候相互作用

積雪と気候との相互作用で最もよく知られているものは積雪−アルベドフィードバックであろう．積雪の多寡が放射を通して大気側の熱収支に正の影響をもたらす熱力学的機構はよく理解され，研究されている[3]．これは大気に対する積雪の局所的あるいは近接的な作用といえるが，一方で力学を通した遠隔的な作用も考えられる．

降雪をもたらす擾乱は大気の運動であるが，それは総観規模かそれ以上（数百〜1000 km程度）の空間的広がりを持っているから，その程度以下の空間規模の積雪が大気・気候側に制御されている面は直感的にも把握しやすい．ところが逆に積雪が大気の循環ひいては気候にどの程度の影響を与えているかはそれほど自明な問題ではない．

地表に近い大気下層での擾乱の時間規模は数日から数旬と短い．一方，積雪変動は季節内から年々規模，10年規模，さらには氷河・氷床も含めると氷期−間氷期サイクルにまでわたっており，積雪は大気に対し

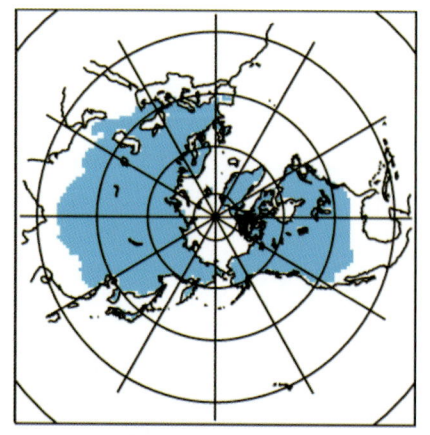

図1 現在気候で積雪の見られる地域．

て長期のメモリーを持った下部境界条件（外部強制力）として働いている.

広域の積雪が大気循環場に対して影響を与えるという仮説は，少なくとも100年以上前から提唱されてきた．冬のユーラシアの積雪が多ければ，その次の夏のインドモンスーンの雨が少なくなるという負の関係[4),5)]が有名だが，現在に至るまで決定的な証拠（あるいはその力学的機構）や結論は得られていない．

そもそも，広域での相互作用を評価するには空間的にも時間的にもその規模に見合った，それなりに均質な観測値が必要である．広域の積雪-気候相互作用を観測面から実証的に評価する以下のような研究が行われるようになったのも，衛星観測・地上観測網・広域気象データが充実してきた1970年代以降である．他方，大気大循環モデル（全球気候モデル）の発展に伴って数値的方法で積雪偏差の大気・気候への影響を調べる研究も併行して行われてきた．

大陸規模の積雪面積と，冬季北半球大気循環場での北大西洋振動（North Atlantic Oscillation：NAO）や太平洋-北米（Pacific-North America：PNA）パターンなどのテレコネクションとの同時相関を調べてみると，各大陸での積雪面積の変動が上記のような長周期循環場変動と有意な相関を持つことがわかる[6)]．これは広域循環場変動と大陸規模積雪が何らかの形で関連していることを示唆する．ただし，これだけではどちらがどちらの原因あるいは結果になっているということを証拠立てるものではないし，両者を結び付ける具体的な物理的な機構も提供しない．

1990年代末ごろ，秋にシベリアの積雪が多いと続く冬のNAOや北極振動（Arctic Oscillation：AO）が負（南北間の気圧の差が小さくなる）となるという北半球全体の気候にもかかわる関連が統計的に示された[7),8)]．季節予報上の重要性も指摘され，両者を結び付ける物理・力学的機構に関する知見が積まれてきた．その一仮説を図3に示す．ここで詳しく解説する紙幅はないが，データ解析[9)]および大気循環場モデル[10)]による仮説の検証が行われている．また，このような積雪と循環場との相互作用が正のフィードバックを持ち，より長周期の共変動をもたらしていることも示唆されている．

とはいえ中・高緯度での大気変動が積雪被覆のみで規定されているわけではない．海氷や中・高緯度の海面水温や，低緯度の大規模変動（たとえばENSOなど）の影響も受けていることも多く示唆されている．これからもそれら各要因の寄与の程度やその条件など

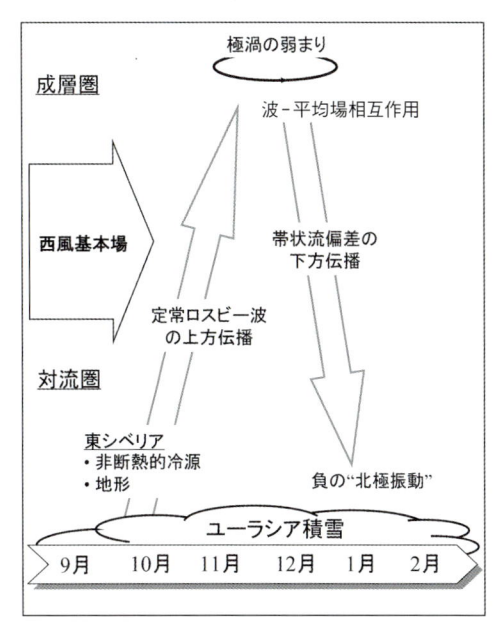

図3 秋のユーラシア積雪と冬季対流圏循環場変動とをつなぐ物理・力学的機構の模式図．秋のユーラシア積雪被覆偏差が正の場合．

が詳しく調べられていくであろう．

● 今後の研究の方向性

これまでの積雪-気候相互作用は大気にかかわる現象（気温や降水など）に着目されていた．この項の解説もそれを反映している．しかし今後このテーマに関連して重要なことは，気候として大気現象（天気，天候）といった力学・物理的側面だけでなく，より広く生態系や人間社会も含めた生態-気候系という視野で考えていくことだろう．実際に積雪-気候相互作用として物理・化学・生物学的な過程がかかわっていることが提示されている[11)]．数値モデルも開発されているが，現地・現場での実態の把握から進めないとわからないことも多い．

そこで問われることは，気候の変化・変動に伴って起きる積雪や融雪の時期や量の変化によって，地表面あるいは地下の熱・水状況がどう変化するのか，それが植生や微生物活動，また水利用の可能性というような環境全体に対してどのような影響をもたらすのか，そしてその環境の変化が翻って気候にどのようなフィードバックを与えるかということの評価である．これらは今まさに寒冷圏で起きている変化と直結した，我々が直面している重要な問題にほかならない．

〔斉藤和之〕

5.12
地域スケールの地表面改変が気候に及ぼす影響

水循環

最近約50年間において，東南アジアモンスーン域では，大規模な森林伐採が行われ，現在も進行中である．森林伐採に代表される地球の地表面状態の改変は，地表での水・エネルギー収支や分配が変わることにより，地表面改変域とその周辺，さらには地球規模の気候を変化させる可能性がある．温室効果ガスの増加による，気候変化とは異なる過程により，気候変化を引き起こす．

●地表面改変による水・エネルギー循環の変化

一般に，地表面改変を行うと，植生などを含む地表面からの水を蒸発させる能力に関係する水・エネルギー収支の変化，粗度に関係する地上付近の風，水・エネルギー収支の変化，地表面アルベドに関係するエネルギー収支の変化により，気候に影響を与える（水・エネルギー収支に関しては，5.5参照）．地域スケールの地表面改変では，この項の研究結果のように，蒸発に関連する効果を考えれば（それに対応して，地表面での熱エネルギーの分配が変わる），改変による気候の影響の大筋を説明できるため，水を蒸発させる能力に関連する効果が，他の効果に比べて卓越していると考えられる．そこで，本項では，水を蒸発させる能力に関係する効果のみに着目する．その他の効果については，5.4で言及されている．

森林伐採域では，地表面で受け取る放射エネルギー（太陽放射と地球大気の放射）の，蒸発散に使われるエネルギー（潜熱），地表面付近の大気の加熱のエネルギー（顕熱），および土壌への熱エネルギーの配分が変わる．地表面が受け取る放射エネルギーが同じで，地中への熱エネルギーも同じであると仮定すれば，乾燥した地表面では，改変前の地表面状態に比べて，潜熱が少なく，顕熱が多くなる．気候モデルを用いた多くの研究で，森林伐採によって，伐採域における植生を含む地表面からの蒸発が減少し，その分のエネルギーが顕熱として使われることで，地上気温が高温化するという，共通の結果を示している．森林伐採による地表気温の上昇など水・エネルギー収支の変化により，伐採域とその周辺で降水分布が変化することが指摘されている．降水分布が大きく変わると，地球の水循環が変化するので，我々人類にとっても非常に重要

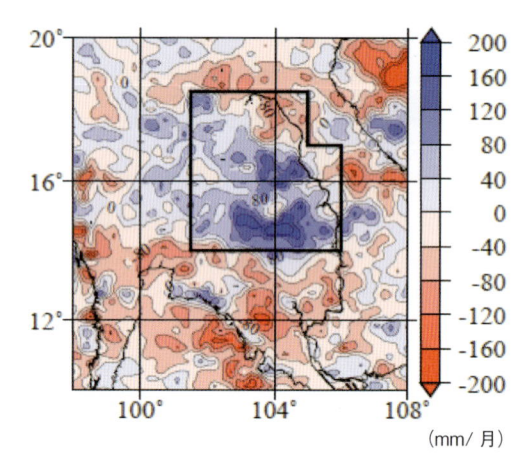

図1 インドシナ半島での森林がある場合と，乾燥した場合との降水量の違い．青色（赤色）は，乾燥しているほうが降水量の多い（少ない）地域である[1]．

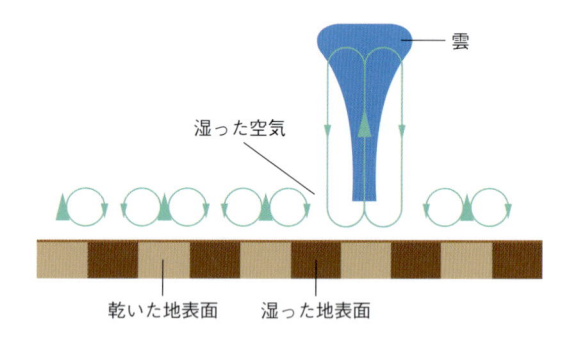

図2 地表面の熱的な不均一に起因する対流現象[2]．

な問題である．本項では，これまでの気候モデルの研究を中心に，現実に森林伐採が行われているような，地域スケールでの地表面改変による降水量分布の変化について考察する．

●地域スケールの降水への影響

地表面改変による降水への影響としては，伐採領域の地表からの蒸発の減少による下層の水蒸気量の減少，伐採領域外との水蒸気の交換による下層の水蒸気量の変化，下層の大気安定度の変化，伐採域とその周辺との熱的な不均一による局地循環の形成，などが考えられる．ここでは，森林伐採域の特徴は土壌が乾燥しているという状態で表現されると想定して数値実験を

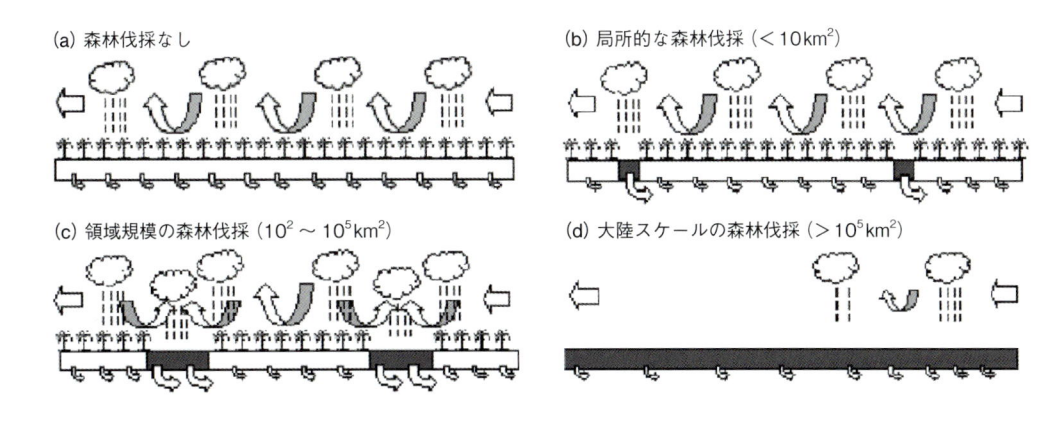

(a) 森林伐採なし　(b) 局所的な森林伐採（<10km²）
(c) 領域規模の森林伐採（10²〜10⁵km²）　(d) 大陸スケールの森林伐採（>10⁵km²）

図3　地表面改変の空間スケールによる雲降水活動への影響の違い．

行った[1]．ただし，森林伐採により，土壌が乾燥するかどうかは，伐採域の気候，水の供給プロセスなどに関係すると考えられる．ここでは，インドシナ半島の内陸部について（図1の太線内）森林がほとんど存在せず，地表面が乾季並みに乾燥した土壌状態と森林が密に存在し，土壌は湿っている状態とを想定し，2つの実験を行った．数値実験には，局地循環を再現できる，5kmの空間解像度の気候モデルを用いて，降水量分布の違いを調べた．この研究では，領域モデルといわれるものを用いている．計算範囲は，図1よりも一回り大きい範囲である．気候モデルの仮想的な世界で，異なった地表面状態（他の条件は全て同じ）を与えて計算し，その2つの結果を比較することで，地表面状態の変化による気候への影響を評価できる．

図1の降水量分布を見ると，伐採域内で降水量が増え，その周辺で降水量が減少していることがわかる．たとえば，伐採の影響について，伐採域内の植生も含めた地表面からの水蒸気供給の減少により，下層水蒸気量が減少し，降水が減少するというプロセスが考えられるが，インドシナ半島を対象とした実験では，伐採で降水量は増加した．これは，伐採域の乾いた地表面と，その周囲の湿った地表面との間で，熱的な不均一が生じ，空気が伐採域で上昇し，その周辺で下降する局地循環が形成されていたことによると考えられる．また，その熱的に駆動された循環に伴い，水蒸気（潜熱）が水平方向に輸送され，湿った地表面の状態よりも，乾いた地表面状態のほうが，伐採域で水蒸気量が増えていた．土壌の湿り具合の違いから乾燥域で上昇し湿潤域で下降する局地循環が，数値実験で調べられている（図2）[2]．上昇流域で雲が発生し，一部から降水がもたらされる．数値実験の結果から，地域ス

ケールの森林伐採では，降水量の増加および減少の両方の可能性があると考えられる．

図3は，森林伐採の空間スケールによって，雲降水活動への影響が異なることを示した図である．10〜100km程度の水平スケールの森林伐採では，局所的に降水量が増える可能性があり，一方，大陸スケールの森林伐採では，地表面からの水蒸気の供給が減ることにより，降水量が減少することが考えられる．しかしながら，これは，森林伐採域の気候や水蒸気の供給プロセスなどに依存する可能性が高く，一般的にはいえない．

植生の効果なども含めた地表面改変による気候への影響については，いまだ，十分に理解されていない点が多い．特に，現実的な地域スケールの地表面改変による降水への影響については，観測から実証することが極めて難しい．本項での森林伐採の影響は，気候モデルの世界の話なので，実際に森林伐採を行った場合に，全く同じ影響があることを保証するものではないが，現段階での最新鋭の気候モデルを用いた結果である．今後も，さまざまな観点や手法から，影響を調査する必要がある．現在，アマゾン域では，大規模な森林伐採が知られているが，アマゾン全体で見て，森林伐採に対応して降水量が減少したという観測的な証拠は今のところ示されていない．この観測事実は，現在の規模の地表面改変では，10kmスケールの降水分布は変化するものの，より広いスケール，たとえば，アマゾン域全体，東南アジア域全体での総降水量の変化は，認められないことを示していると考えられる．ただし，降水観測自体の難しさ，不十分さ，および他の要因による降水量変化の影響も考えられるので，今後のさらなる研究が期待される．

〔高橋 洋〕

5.13
雲・放射の3次元モデリング

● 雲と放射の役割

雲は地球の放射収支を決めるうえで重要な役割を担っている．日射を遮ることによる冷却効果とともに地表面からの赤外放射を吸収しまた雲自身から射出することによる温室効果を持っている．その放射効果は雲の高さや厚さ，雲粒の物理的な特性などによって変わってくる．

気候変動や気象現象を予測する数値モデルでは，これまで単純な平行平板状の大気を仮定した鉛直1次元の放射伝達モデルが使われている．現実の雲は複雑で，その非一様性が放射特性に大きく影響することが観測や理論計算によって示されている．特に雲を解像する程度の空間スケールでは，3次元的な雲の配置によって太陽放射と地球放射の分布が大きく左右され，結果的に雲の放射強制力も影響を受けることがわかってきた．

図1 3次元放射伝達モデルを用いて再現した積雲群の映像．(a) 日中，(b) 夕暮れ時を想定して作成したもの．

● 3次元放射伝達のモデリング

◎ 放射モデルの概要

現実の3次元的な雲やエーロゾルの配置を考慮した放射収支の評価のため，3次元的な放射伝達を扱うモデルが開発された[1,2]．放射の収支を計算するには紫外域から遠赤外の波長域をいくつかの波長帯に分けて，それぞれの波長帯で異なる雲やエーロゾル，気体分子の光学特性を与えて放射伝達を計算する．太陽放射の波長帯では特に，雲やエーロゾル，気体分子それぞれが放射収支に重要な役割を果たす．

◎ 雲粒とエーロゾルによる光の散乱

雲粒の光学特性は水滴の大きさと粒子数，氷晶の場合はさらに形状によって決まる．エーロゾルは一般に複数種の粒子が混合した状態となっており，それぞれの化学的な組成，粒径分布，相対湿度によって変わる含水量によって光学特性が決まる．

図1と動画1はこのモデルを使って計算した光の分布を映像にしたものである．雲の分布は水平解像度100 mの数値モデルによって再現された．個々の雲は縦横ともに600 m程度の積雲である．雲の中の水滴や，大気中の塵や分子などによる光の散乱と吸収，また水面や陸面が光を反射する様子を物理法則に基づいて計算しており，雲や大気の状態によって時々刻々変化する空の表情が再現されている（動画1）．水面や陸面はそれぞれの双方向反射特性が考慮されている．雲の隙間の映像が若干ぼんやりして見えるのはエーロゾルによる光の散乱の結果である．夕暮れ時の空の色もエーロゾルの量と特性に大きく影響される．雲の下の地表面には雲の影が映っており，直達日射が遮られた結果である．

● 不均質雲場における3次元放射効果

雲を含む大気における3次元放射効果について，そのメカニズムや定量的な重要性が近年の研究からわかってきた．図2は積雲下の地上における下向き太陽放射フラックスを3次元と1次元の放射伝達計算で比較したものである．太陽天頂角60度で斜め右側から太陽光が照射している．1次元の計算結果では雲の直下に影ができている（下向きフラックスが減少）が，3次元では左にずれた位置に影ができる．また，雲の側面からの照射によって下向きフラックスが増大する場所が見られる．積雲下におけるこのような大きな下向き日射は1次元の放射伝達では説明できない．3次元放射の特徴である．

図2のケースでは，3次元の場合と1次元の場合の放射フラックスは大きく異なっており，差の標準偏差は 50〜200 W/m^2 と非常に大きい．しかし，領域全体で平均すると，フラックスの差は小さく，3次元放

水循環

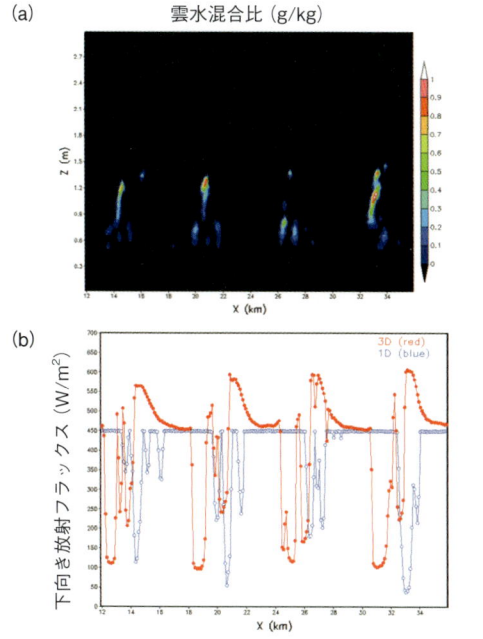

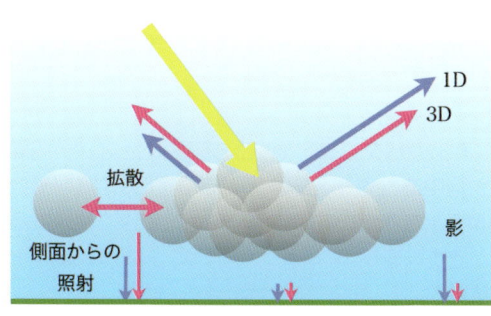

図2 (a) 積雲の雲水混合比の鉛直断面図, (b) 地上における下向き太陽放射フラックス.

図3 3次元放射効果の模式図.

図4 (a) 積乱雲の雲水混合比の鉛直断面図, (b) 3次元放射伝達計算により求めた放射加熱率の分布, (c) 3次元と1次元の計算結果の差.

射効果は大規模なスケールでの放射フラックスの平均にはあまり影響しないが,局所的には非常に顕著といえる.

3次元放射効果が顕著になる水平スケールは当然ながら雲の空間スケールと密接に結び付いており,特に雲を解像する程度の1～5km程度の水平スケールで重要となる.また太陽の角度にも左右される.図3は代表的な3次元放射効果を示している.雲の影や,積雲側面からの光の照射,雲間の多重散乱の効果(拡散効果)などが例として挙げられる.これらは衛星観測データを用いたリモートセンシングにおいても重要となる.

図4bは積乱雲に太陽天頂角60度で斜め右から日射が照射している場合の放射加熱率の鉛直断面図である.日射が直接当たる雲の側面で強い加熱があり,雲から斜め下に影が伸びるため影の領域では加熱率がほぼ0となっている.3次元と1次元の計算結果の差をとったものが図4cである.このケースでは差は最大1K/時である.大気や地表面の放射加熱の違いは結果的に雲の分布や降水過程に影響する可能性があり今後の研究が期待される.

〔岩渕弘信〕

6.1
陸域生態系の概要
(1)全球陸域の植生の分布

●バイオームとは

　全球陸域の植生の分布は，バイオーム（生物群系）に基づいて記述される．バイオームとは，植物群落の相観が似ており，主な環境および動物群集なども似ている，ある大陸での陸上生態系の集まりのことである[1]．たとえば，日本中北部の温帯のブナ林などのさまざまな落葉広葉樹林は1つのバイオームであり，米国中西部の温帯で乾燥した気候帯の高茎プレーリーなどさまざまなイネ科草原も1つのバイオームである．温帯性気候下の似たような落葉広葉樹林は，北米，ヨーロッパ，東アジアにも分布している．温帯イネ科草原は，北米，ユーラシア，南米，オーストラリアなどの似たような気候の地域にも分布している．このように異なった大陸における似たバイオームをまとめたものをバイオーム型という．

●陸上植物のバイオーム型の地理的分布

　全球陸域における陸上植物の主なバイオーム型[1]およびその地理的分布について以下に述べる（図1）．

◎砂漠

　主に中緯度地域にあり，乾燥は非常に厳しく，年間降水量20 mm以下の地域には植物群落はほとんどない．年間降水量20～50 mmの地域では植物群落は非常にまばらである．動物も植物も乏しく，景観は植物群落ではなく主として露出した地表面である．このような景観は，アフリカ北部のモーリタニアからエジプトやアラビア半島に至る広大なサハラ砂漠，南米西海岸のチリのアタカマ砂漠，中央アジアのタクラマカン砂漠などに見られる．

◎ツンドラ

　北米とユーラシアの高緯度地域の主に北極海に面する平原で，高木を欠き，矮小化した低木，スゲ類，イネ科草本，コケ類，地衣類などが優占する．多くのツンドラでは，土壌の深層は永続的に凍結しており（永久凍土），暖候季に表層だけが解ける．

◎疎林／低木林

　熱帯広葉疎林（ブラジル中央のセラードなど），温帯疎低木林（地中海地域のマッキー，米国・カリフォルニア州のチャパラルなど），高山低木林，寒冷半砂

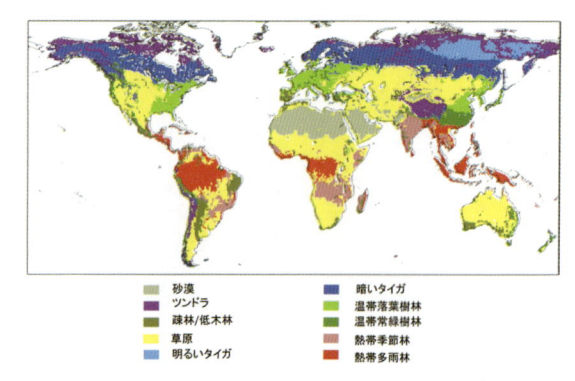

図1　世界の主なバイオーム型の地理的分布[2),3)]．

図2　落葉針葉樹カラマツが優占する亜寒帯針葉樹林（明るいタイガ，ロシア・カムチャツカ）．

漠（南米のパタゴニアやアンデスなど）など，乾燥気候や地中海性気候（冬は温暖で一定の降雨があるが，夏は高温で非常に乾燥する）のもとでよく発達する植生が含まれる．

◎草原

　熱帯イネ科草原のサバナは，アフリカで最もよく発達して広く分布している．樹木がまばらに混じることもある．森林が成立するには乾燥しすぎる気候帯で発達する．温帯イネ科草原は，北米のプレーリーとユーラシアのステップの適度に乾燥する大陸性気候の広い地域に分布する．南アフリカ，南米（パンパス）やオーストラリアにも見られる．これらの草原はほぼ単一の階層からなる垂直構造を持つが，多くの階層（低木層～高木層）からなる森林に比べても植物の種多様性はかなり高い．高山草原は，高山帯で高木の樹木限界よりも上に分布する主要な植物群集である．スゲ類が優占する高山草原は北半球温帯の高山帯に広く分布している．

◎タイガあるいは亜寒帯-亜高山帯針葉樹林（図2）

　森林が成立できる気候帯の中では最も低温な地域に分布している．樹種の数が少なく，常緑針葉樹のトウヒ，

モミ，マツ類が優占する「暗いタイガ」と落葉針葉樹のカラマツ類が優占する「明るいタイガ」がある．北米やユーラシアの北部に広く分布し，南部でも高山に見られる．

◎温帯落葉樹林

夏に降雨があり冬が低温な厳しい大陸性温帯気候の地域に分布している．ブナ，ナラ，カエデ類などの落葉広葉樹が優占し，北米東部，ヨーロッパ，東アジアなどに分布している．

◎温帯常緑樹林

さまざまな温帯条件下に分布し，カシ，シイ類などの常緑樹が優占している．地中海地域，米国・カリフォルニア州，オーストラリア南部の地中海性気候の地域では，常緑で，硬く比較的小さな広葉を持つ樹木が優占する硬葉樹林が発達している．北米西部の大陸性気候の地域には常緑針葉樹林が発達している．東アジア，米国東部，ヨーロッパ西部，チリ，ニュージーランド，オーストラリアにも広葉樹などのさまざまな常緑樹林が発達している．夏に雨が多く冬は乾燥する東アジアでは特に照葉樹林と呼ばれる．北米の太平洋岸に沿ってカリフォルニア州とオレゴン州のセコイア林からワシントン州の針葉樹の森林まで帯状に分布する世界で最も巨大な森林やオーストラリアのユーカリ類の森林などは，温帯多雨林とも呼ばれる．

◎熱帯季節林

はっきりした乾季を伴う湿った熱帯に分布し，乾季には多くの樹木が落葉する．落葉性のフタバガキ科樹木などが優占する．主にインドや東南アジアに分布しているが，アフリカ，中南米，オーストラリア北部にも見られる．

◎熱帯多雨林（図3）

東南アジア，中南米，アフリカなどの降水量が多い湿潤な熱帯に分布する．フタバガキ科（東南アジア），

図3 多数の常緑広葉樹種からなる熱帯多雨林（半島マレーシア）．飯田佳子氏撮影．

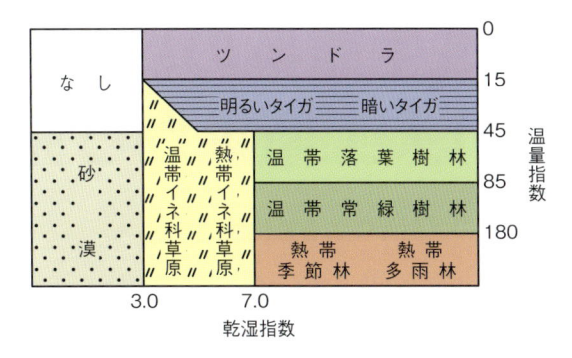

図4 温量指数および乾湿指数と世界のバイオーム型との関係[4),5)]．温量指数とは，月平均気温が5℃以上の月のみについてそれらの平均気温から5℃を引いた値を1年分積算した温度のことである．乾湿指数Kは，温量指数をT，年降水量をPとすると，Tが0〜100℃の時は$K = P/(T+20)$，100〜200℃の時は$K = 2P/(T+140)$で与えられる．

図5 温帯落葉樹林とタイガ（亜寒帯−亜高山帯針葉樹林）の移行帯にある針広混交林（北海道・層雲峡）の秋（10月）の様子．

マメ科（アフリカ）などの常緑性の高木が優占する．樹高は非常に高く，樹種も非常に多い．

● 陸上植物のバイオーム型と環境

以上に述べた主なバイオーム型と気温や降水量といった環境条件との対応関係を表したのが図4である．図に示したバイオーム型の境界線は概略を示す大まかなものである．多くのバイオームは連続的に変化するので，図4に示したような明瞭な境界線が自然界に存在するわけではない．たとえば，北半球の温帯落葉樹林とタイガ（亜寒帯−亜高山帯針葉樹林）の境界付近の移行帯にはそれぞれのバイオームで優占する樹木，すなわち落葉広葉樹と常緑針葉樹が混交したいわゆる針広混交林が見られる（図5）．〔原　登志彦〕

6.2
陸域生態系の概要
(2) 人工衛星から見た陸域植生

●太陽の反射光による植生観測

植物の葉緑素が持つ光に対する特徴的な反射特性を利用することで，人工衛星から陸域植生の分布や変化を観測することができる．図1に示したように，目視で緑に見える葉は近赤外線フィルターを通すと明るく写る．これは，葉緑素が近赤外域において高い反射率を持つためである．図2に各種地表面の波長毎の反射率を例示した．草地の反射率は可視光域に比べると近赤外域で極端に大きく，雪，砂，水とは大きく異なることがわかる．これは葉緑素に由来する植物以外の物体にはない光の反射特性である．

この特徴を使い，植生の人工衛星からの観測が行われる．太陽光に対する近赤外域と可視光域との反射率の差から，「植生指数」という地表の植物による緑の度合いを代表する数値が計算される．植生指数は最大

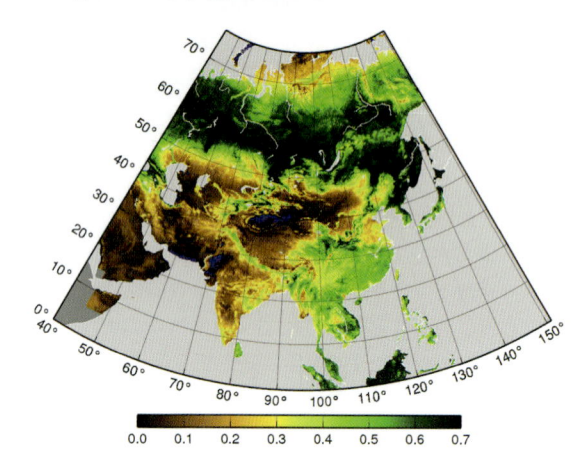

図3 衛星 NOAA のセンサー AVHRR の観測による7月1日の植生指数の分布（1982～2000年の平均値）．動画1参照．

図1 近赤外線フィルターを通した写真（左）と通常の写真（右）．海洋研究開発機構横浜研究所にて．

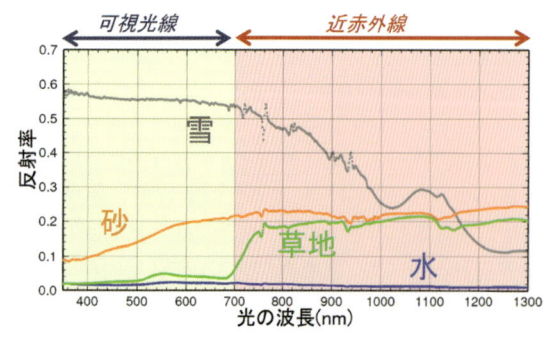

図2 航空機から観測した雪，砂，草地，水の分光反射率．雪に関しては積雪季末期の汚れた雪面を対象としたので，反射率が小さめになっている．

が1で，0に近づくほど植物が少ないことを意味する．

図3にアジアにおける7月1日（1982～2000年の平均）の植生指数の分布を示した．北緯60度を中心とする東西に延びる植生指数が0.7に達する大きな帯はタイガと呼ばれる亜寒帯針葉樹林に対応している．東南アジアでも熱帯多雨林の分布する地域で植生指数が大きい．日本や中国東部などでは植生指数は中程度（0.4～0.6）である．それに対して，砂漠が卓越するアラビア半島，アラル海周辺，中国西部，ツンドラの広がる北緯60度以北では植生指数が小さくなる．

植生指数の年間の変化から，植生の季節変化を推定できる．植生指数が年間で初めて0.2を超えた日を緑化日と定義し，その分布を図4に示した．これは，いわば春から夏に植物が活動を開始する緑化前線の地図である．日本を含むアジア東部では緑化日は50日目（2月19日）より早いか，あるいは年間を通して0.2を下回らず，緑化日を定義できない．主に常緑樹が分布する北緯60度に沿った地域でも同様のケースが見られる．シベリアの東部などでは緑化日は140日目（5月20日）前後，北緯70度以北ではおおかた170日目（6月19日）以降になる．

植生指数の主要なデータは1981年のものから利用可能である．その経年変化を分析することによって，各地の植生変化を推測することができる．図5にシ

生 態 系

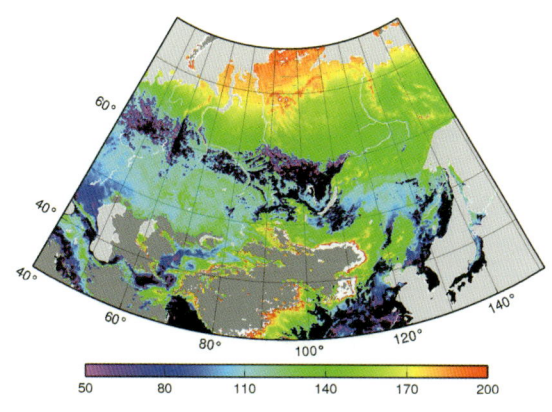

図4 衛星 NOAA のセンサー AVHRR の観測から求められた地表の緑化日（1982〜2000年の平均値）．植生指数が年間で0.2を初めて超えた日を緑化日とし，1月1日からの通算日数で表している．灰色は植生指数が年間を通して0.2を超えなかったことを意味する．黒は50日目よりも早期に0.2を超えること，白は0.2を超える日が200日目よりも遅いことを意味する．

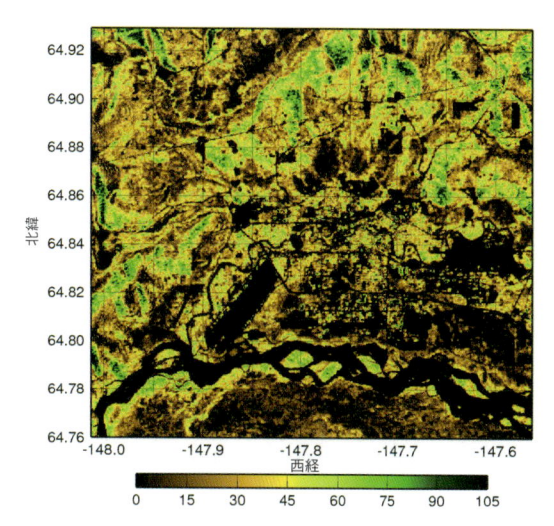

図6 衛星「だいち」のマイクロ波レーダー PALSAR によって観測されたアラスカのフェアバンクス周辺の森林地上部バイオマス（乾重）．単位は Mg/ha．

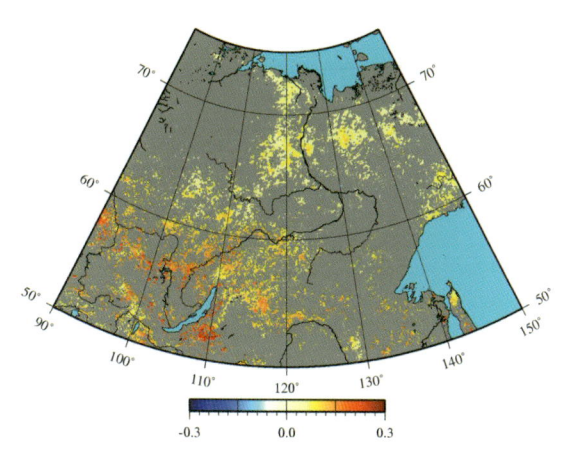

図5 衛星 NOAA のセンサー AVHRR から観測された1982〜2000年の植生指数（年間全36旬の値の積算値）の変化量の分布[1]．灰色の地域は統計的に有意な変化量が得られなかったことを示す．

ベリア東部における，1982〜2000年（19年間）の植生指数の変化量を示した．図示された地域の南西部などで植生指数の増加の傾向が読み取れる．植物の活動できる季節が延びたことや，各地に分布する植生種の変化が起こったためと考えられている．なお，図5の対象地域では，植生指数が減少傾向を示す地域はほとんど見られない．

● マイクロ波レーダーによる植生観測

陸域植生は衛星搭載マイクロ波レーダーによっても観測されている．マイクロ波とは波長が0.1〜100 cm程度の電磁波のことで，植生の観測には10 cm程度が利用される．森林の場合，図1に示したようにレーダーから発せられたマイクロ波は森林内の地面，幹，樹冠によって散乱され，その一部が衛星へと戻ってくる．その過程で森林の地上部バイオマス（単位面積に生えている樹木の地上部の重さ）に関する情報を捉える．

図6にアラスカのフェアバンクス市周辺において推定された森林バイオマスの分布を示す[2]．図の中心から南西方向に斜めの長方形として見えるフェアバンクス国際空港や，南部を東西に流れるタナナ川では森林バイオマスが0である．一方，図の西部，北から北東部や，タナナ川河岸の一部には緑で表示されている地域があり，大きな森林バイオマスが分布していることがわかる．

〔鈴木力英〕

6.3 陸域生態系の数値モデル
(1) 陸域炭素・窒素循環モデル

●陸域生態系のモデル

　森林や草原に代表される陸域生態系では、植物・動物・微生物、そして、それらを取り巻く水域や大気との間でさまざまな物質の交換が行われている。そこで交換される物質は、水や炭水化物などバイオマスであり、それらの動きに着目することで生態系の複雑な機能やダイナミクスを解きほぐすことができる。バイオマスのほぼ半分は炭素でできており、残りは酸素・水素・窒素・リンなどで構成される。炭素の動きに注目することで、生態系のおおよその生産量やバイオマスの貯留能力が明らかになる。また、窒素は生物活動に深く関与するタンパク質などの物質を構成しているため、窒素の動きに注目することで、生態系が持つ機能の特徴を知ることができる。炭素循環と窒素循環は別々に行われているわけではなく、相互に影響を及ぼしあっている。たとえば、葉の窒素濃度は光合成による二酸化炭素固定能力の決定要因の1つであり、また枯死したバイオマスの炭素／窒素の比率は微生物による分解速度に影響する。

　数値モデルでは生態系で営まれる複雑多様なプロセスを、簡単かつ定量的に扱うことが求められているため、炭素循環や窒素循環(図1)に注目したモデルが数多く開発されている。そこでは、生物や土壌に存在する炭素・窒素をその性質(機能や回転速度)によっていくつかのプール(コンパートメント)に分類し、その間の移動を計算することによって成長や正味収支を表現する。そこでは、移動速度の環境条件への応答が考慮されており、たとえば、気候変動への生態系の応答をシミュレートすることが可能になるといったように、地球環境問題に関係した陸域生態系研究を行ううえで不可欠なツールとなっている。

●炭素の循環

　炭素循環モデル(図1)は、光合成や分解などの炭素の動きを生物要因や環境要因の関数として計算し、各コンパートメントの炭素貯留量の変化や全体の炭素収支を推定する。

　陸域生態系に存在する炭素には、大きく分けると、岩石などに含まれる無機炭素と生物起源の有機炭素があるが、生態系モデルでは主に有機炭素に注目する。存在する量で見ると、大部分は植物のバイオマスと土壌中の有機物に分布しており、動物や微生物に含まれる炭素は相対的には微々たるものである。そのため、多くの炭素循環モデルでは植物と土壌の有機炭素の収支を扱っている。植物は、機能的に異なるいくつかの器官から構成されているので、それらを別個に扱うのが一般的である。つまり、光合成を行う葉、植物の体を支える幹や枝、地下で水や栄養塩を吸収する根、などに分かれる。土壌中の有機物は、枯死したばかりでまだ微生物に分解されていないもの(リターという)から、分解が進んで腐植になったものまでが混在している。そのため、モデルでは、分解速度が異なるいくつかのコンパートメントに分けて土壌有機物を扱う。

　炭素の循環は植物の葉で行われる光合成による大気二酸化炭素の固定から始まる。そこで生産された炭水化物は、植物の幹や根に分配され、そこで成長や呼吸に使用される。光合成によりどれだけのバイオマスが生産されたかは、生態系機能を表す重要な指標であり、純一次生産量(NPP)と呼ばれる。その一部は草食動物、そして、肉食動物へと、食物連鎖を通じて利用される。バイオマスはいずれ枯死して土壌に落ち、微生物による分解を受けて最終的には二酸化炭素となって大気に戻る。そのため、植物の光合成による固定量と、動物・微生物からの放出量の差が、生態系の正味の炭素収支を表し、純生態系生産量(NEP)と呼ばれる。

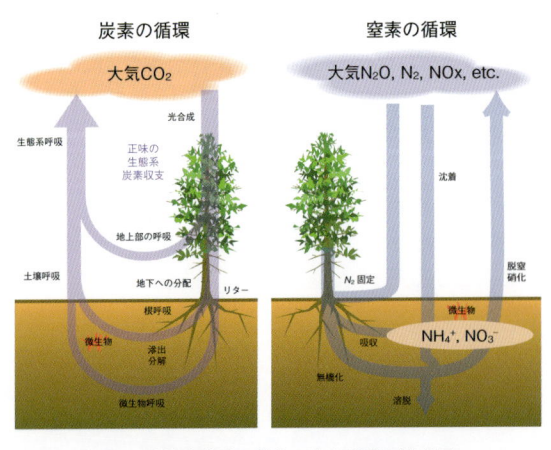

図1 陸域生態系の炭素・窒素循環の模式図.

一般に成長途上にある若い生態系は炭素を正味で吸収しており，十分に成熟した生態系では分解量が増えて光合成固定量とつり合い，収支がほぼ0になる．現実の多くの生態系では，火災や人間による伐採といった攪乱を受けているため，収支が大きく放出側（攪乱直後）や，吸収側（ある程度時間が経って成長の途中）になる場合が多い．また，後述するように気候変動によっても炭素収支は大きく変化し得る．特殊な例として，湿地ではメタンによる炭素の移動も重要である．

●窒素の循環

陸域の窒素循環モデル（図2）は，窒素の主要なコンパートメントを設定し，その間の窒素の動きを生物要因や環境要因から計算することで，窒素貯留の変化や窒素を含むガスの放出量を推定する．

陸域生態系に存在する窒素も，炭素と同様に，有機態のものと無機態のものがある．炭素循環との違いは，窒素は生態系の内部での循環に比べて外部との交換が少なく，半閉鎖的な循環をしている点である．無機態の窒素は土壌の中で硝酸塩やアンモニア塩の形で存在するが，通常，その量は有機物に含まれる窒素と比べて圧倒的に少ない．バイオマス（有機物）の中で，窒素はアミノ酸やタンパク質としてさまざまな形態をとっており，生物活動に不可欠な役割を果たしている．植物は，無機窒素を土壌から根で吸収するだけでなく，根に共生する微生物を介して大気中の窒素から直接固定して利用している．特に，マメ科など一部の植物では，根粒菌との共生により効率的に窒素固定を行っている．土壌には，大気から降水や微粒子として無機窒素が入ってくる（沈着という）が，生物の遺体とその分解によっても窒素がもたらされる．また，農地では肥料として大量の窒素が投入される場合が多い．土壌中の有機物に含まれる窒素は，微生物による分解を受けてアンモニア塩，そして硝酸塩へと変化していく．その過程で，硝化と脱窒により一部の窒素は大気にガス（温室効果ガスである亜酸化窒素を含む）として戻っていく．また，別の一部の窒素はアンモニアとして揮散したり，硝酸塩として水とともに流出したりする．

多くの生態系では，窒素のインプットが少ないために植物の生産力には窒素不足による制限が働いている．しかし，人間活動によって大気に放出された窒素の沈着や農地で大量に投入される肥料の影響で，生態系にはこれまでよりも多くの窒素がもたらされるようになっていると考えられる．このような窒素循環の変化は，それ自体が生態系に影響を与え得る環境問題であるが，さらには亜酸化窒素の放出や生態系の炭素収支への影響を介して，グローバルな気候変動との関係においても着目されている．

●地球環境問題への応用

陸域の炭素・窒素循環モデルは，地球環境問題に関する研究の中で重要なツールとなっている．過去の環境変化が生態系にどのような影響を与えてきたかを解析し，また，将来の地球環境変化がどのような影響を及ぼすかを予測するのが主要な使い道である．たとえば，大気二酸化炭素濃度が徐々に増加することで，植物の光合成にとって施肥効果が働いているが，それが土壌を含めた生態系全体の炭素収支に与える影響をシミュレートすることができる．また，過去から将来にかけての窒素沈着量の変化が，植物の窒素不足を緩和し，生産力や炭素貯留量に与える影響といった間接的な作用を含む複雑なシミュレーションにも適している．もちろん，信頼性の高い推定を行うには，現地のデータに基づいた精密なモデルを構築する必要があり，そのための研究が精力的に行われている．

現在，陸域の炭素・窒素循環モデルは，観測サイトだけではなく，気候・植生・土壌のメッシュデータや人工衛星の観測データを用いることで広域にスケールアップし（動画1），グローバルスケールの研究も盛んに行われるようになっている．特に，大気海洋の気候モデルと陸域の炭素・窒素循環モデルをリンクさせて（地球システムモデル），温室効果ガスの交換を介した相互作用を計算しつつ気候変動のシミュレーションを行うことが最近の動向となっている．また，地球温暖化への対策の面でも，森林吸収源の評価などに使用されている．

〔伊藤昭彦〕

6.4 陸域生態系の数値モデル (2) 動的全球植生モデル

●動的全球植生モデル (DGVM) とは

動的全球植生モデル (DGVM) とは，気候変化に伴った，植生帯の分布と機能の変化を予測するシミュレーションモデルのことである．DGVM は，気象・土壌データを入力に用いて，植生の短期的応答（光合成速度や呼吸速度など）と長期的応答（数十～数千年スケールにおける植生帯や生物量の分布変化など）の両者を出力する（図 1）．これまで世界で 10 前後の DGVM が開発されており，長期気候変動を扱うための気候モデルには，このような DGVM を結合することが一般的になりつつある．

●なぜ DGVM が必要なのか

植物生態系の分布や構造は，陸面の太陽光反射率（アルベド），葉面からの蒸散量，生物量（バイオマス）や土壌有機物としての固定炭素量，などを変化させる

図 2 熱帯域において，大規模な森林伐採が水収支・境界層フラックス・気象へ与える影響（文献 1 より改変）．青・赤・黄の矢印は，それぞれ潜熱・顕熱・短波放射のフラックスを表し，太い矢印ほどフラックス量が大きいことを示している．入射される太陽光の強度が同じであっても，地表面の植生の状態に応じて，地表から大気への働きかけが変化し，それに伴って地表面温度や降水量にも変化が生じる．

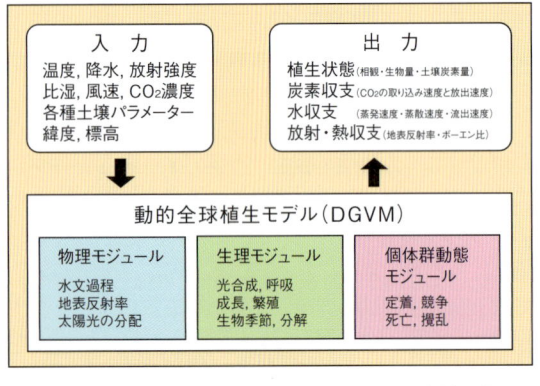

図 1 DGVM の入出力および基本構成（文献 1 より改変）．物理モジュールは水・炭素・放射収支といった植生機能を，生理モジュールは葉面積指数やバイオマスといった植生構造を，それぞれ与えられた環境条件に応じて算出する．個体群動態モジュールは，与えられた環境条件のもとで，どのような植物種が定着し，いかに競争し，そして死亡するのかを計算する．なお，個体群動態モジュールは，一般に，山火事などの攪乱を扱うサブモデルを含む．これらモジュールの間には，互いに密な情報のやりとりがある．たとえば，生理モジュールで算出される純一次生産量が，個体群動態モジュールで扱われる競争に影響を与えることで個体群構成を変化させ，それによって物理モジュールで扱われる各種植生機能が変化する，といった要領である．

ことで，気候環境と密接に相互作用している．そして現在の気候環境は，このような相互作用によって作り出されていると考えられている[2]．

一例として，熱帯域において大規模な森林伐採がもたらす変化を見てみよう（図 2）．森林に覆われている地域では（図 2 左），アルベドの低い葉群層が，より多くの放射エネルギーを吸収し，光合成と蒸散とが活発に行われる．その際，大量の気化熱が奪われるため，地表面温度は下がる．また，より多くの水を大気に戻すことで，降雨量は増す．他方，大規模な森林伐採を行った地域では（図 2 右），地表面反射率の高い裸地が，地表面で吸収される放射エネルギー量を下げる．しかし，蒸散は不活発であり，奪われる気化熱の量が低下し，後者の影響が前者を上回るため，地表温度は上昇する．また，陸面－大気間の水循環が不活発となるため，降雨量は減少する．

さらに，温暖化の主要因とされる大気中の二酸化炭素濃度の増加速度は，植生が保持する炭素総量の変化に大きく影響される．これらの理由から，植生－気候間の相互作用を的確に予測することは，地球温暖化などといった長い時間スケールで生じる気候変化を予測するうえで，ことさらに重要である．

生 態 系

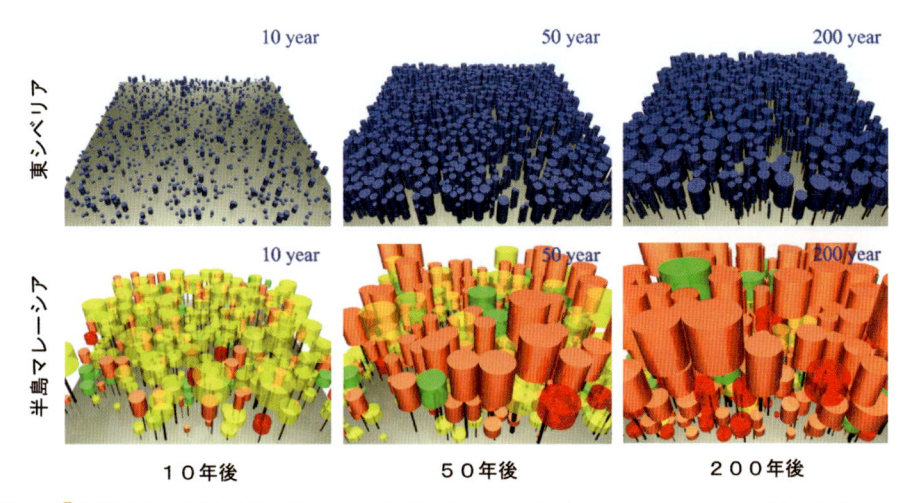

図3 ●動画1と●動画2の一部を切り出した図で，SEIB-DGVMによってシミュレートされた森林生態系の発達（いずれも大きさは100m×100m）．上段は東シベリア，下段は半島マレーシアの環境条件を与え，森林破壊後の植生回復をシミュレートした．個々の木本の樹冠と幹は円柱で表現されている．なお，木本層の下には草本層があるが，この動画では草本層は可視化していない．

● DGVMにおける植物の分布変化予測の方法

　気候変化が起きても，その新しい気候に適応した植物生態系が生じるまでには大きな時間の遅れが発生する場合がある．なぜならば，植生が置き換わるまでには，新しい気候環境に適応した植物が侵入し，それが既存植生と競争を行いながら，徐々に優占度を高めていくといった，一連の過程が必要だからである．DGVMでは，この時間遅れの長さを決める植物個体群動態プロセス（定着・光や水を巡る競争・死亡・攪乱）を扱うための，個体群動態モジュールが結合されている．そして，植物を3〜12種類程度の植物機能型（PFT）に分類し，与えられた気候環境条件のもとで，各PFTが光や水を巡る競争を行う結果として，植生が徐々に変化していく様子をシミュレートする．

　植物個体群動態プロセスの具体的な扱い方はさまざまである．初期のDGVMでは，1つのグリッドセルに複数のPFTをモザイク状に（互いに排他的に）分布させ，そして各PFTの単位面積あたりの植物生産速度に応じて，それぞれのPFTの相対被度を徐々に変化させるという単純な方法が用いられた．しかし最近では，植物個体間の光と空間とを巡る局所的な競争を詳細に扱うモデルも開発されてきている．本項の動画にて紹介するSEIB-DGVM[3]は，その代表例である（図3）．SEIB-DGVMでは，木本を個体ベースで扱い，三次元空間を明示的に扱った仮想林分において，木々が光と空間を巡って競争を行う．

● 動画についての詳細な解説

◎ ●動画1

　日本において開発されたDGVMであるSEIB-DGVMを使用してシミュレートした東シベリアにおけるカラマツ林の発達で，単一の樹種から構成される疎林がゆっくりと発達する様子が再現されている．

◎ ●動画2

　同じくSEIB-DGVMで計算された半島マレーシアにおける熱帯多雨林の発達で，先駆的な樹種（黄色の木本）が優占する森林が急速に発達し，その後，極相的な樹種（赤色と緑色の木本）が優占する森林へと徐々に遷移していく様子が再現されている．また極相林において鉛直方向に複数の木本が重なって分布する複層構造などが再現されている．

◎ ●動画3

　●動画1，2のように，DGVMは入力された環境条件に対応した植生動態を出力するが，その植生動態は物質・放射収支と連動して計算されているため，気候環境に応じた炭素・水・放射収支も同時に出力する．

　●動画3では，その一例として，純一次生産量（NPP）の全球分布を月毎に出力させている．純一次生産量が，北半球と南半球とで半年程度ずれながら，1年毎にピークを迎える様子がわかる．なお，この出力例においては，気候モデルと陸面モデルとを結合し，大気-陸面の間の相互作用を実際に扱いながらのシミュレーションを行っている．　〔佐藤　永〕

6.5 環境変動と陸域植生
(1) 陸域の生物多様性

●生物多様性とは

生物多様性は，種の多様性だけでなく，遺伝子の多様性，生態系の多様性を含んでいる．多様な生物と環境，あるいは生物間の相互作用の結果として生態系が機能する．したがって，生態系を構成する種の組合せによって，生態系の機能やサービス（生態系が人間にもたらす恵み，利益）が異なり，多様性はその指標として使われる．一方，生物多様性においては地域の固有性や歴史が重要視される．そのため，固有種，希少種，絶滅危惧種などの保全が重要な論点となる．

●陸域における生物多様性の減少・劣化

近年，人間活動によって急速な生物の絶滅が起こっており，そのスピードは，地球の地質学的歴史の中で自然に起こった絶滅のスピードを大きく上回っている．このままの傾向が続けば，種の絶滅スピードは現在より10倍以上速くなると予測されている（図1）．

生態系によって，多様性の減少スピードは異なっており，河川・湖沼などの陸水生態系で最も減少スピードが速い（図2）．また，地域によっても異なっており，熱帯林の減少スピードの速いアジアでは，種の減少も速いと推測されている．

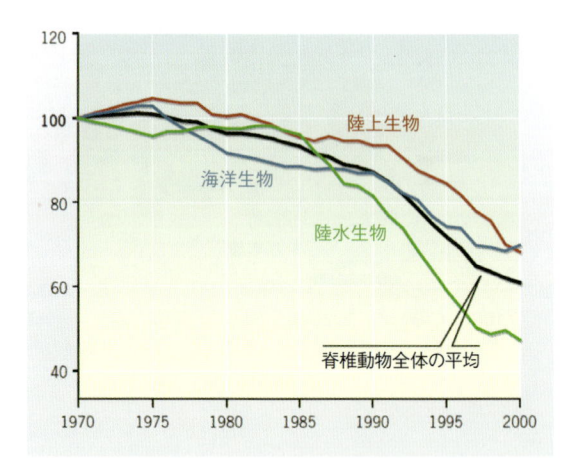

図2 Living Planet Index（LPI）による生物多様性減少の現状把握．LPIは多数の生物種の増減を示す指数で，1970年の状態を100として示してある[2]．

もともと生物多様性の高い場所で，かつ，生物多様性の減少スピードの速い場所をホットスポットという（図3）．ホットスポットを特定することで，保全のための対策の優先度を判断することができる．

●生物多様性劣化の要因

生物多様性の劣化の要因には間接的要因と直接的要因があり，間接要因には全球的な経済，人口，社会政治，文化宗教，科学技術などがある．直接要因としては，①生息環境の消失・減少，②乱獲や過度の資源利用，③富栄養化と汚染，④侵略的外来生物，⑤気候変動が主要なものと考えられている（図4）．日本では，里山のように，人間による生態系の利用が，むしろ減退してきたことによる生物多様性の劣化を直接要因として加えることが多い[4]．陸域生態系では，生息環境の消失の影響が最も大きく，乱獲や過度の資源利用がそれに次ぐ．近年では，侵略的外来生物の影響が急速に増している（図5）．気候変動は，現在までの影響は少ないものの，今後重大な影響を及ぼすと考えられている．

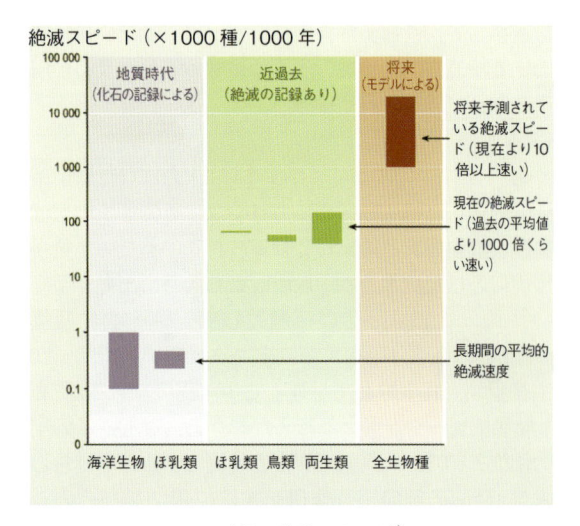

図1 生物の絶滅スピード[1]．

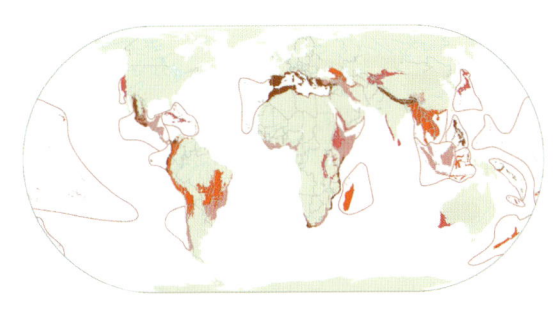

図3 植物のホットスポット[3].

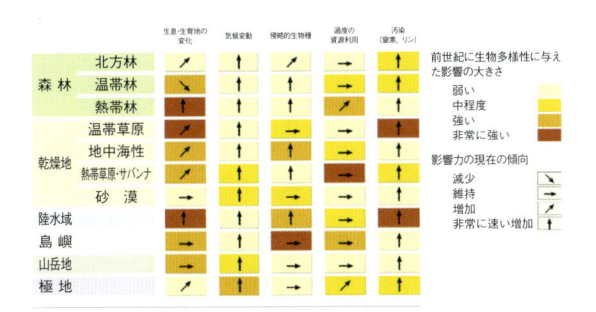

図4 生物多様性と生態系を改変する主な直接的要因[1]. セルの色の濃さは, 過去50〜100年間における生物多様性への影響の強さ, 矢印は要因のトレンドを表している. 水平の矢印は, 影響の強さが変化していないことを, 右上がりの矢印と垂直の矢印は, 影響が強くなる傾向にあることを示している. 右下がりの矢印は, 影響が弱くなる傾向にあることを示している.

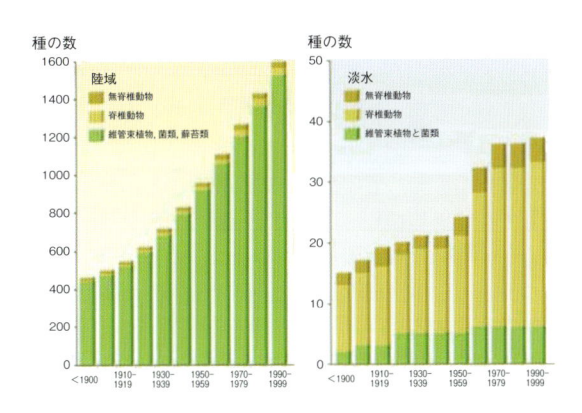

図5 北欧諸国において記録された, 陸域および淡水環境への外来種の数[2),5)].

●生物多様性のモニタリングと変化予測

生物多様性のモニタリングや予測は, これらの直接要因とそれに対する生物や生態系の反応を基本として行われる. ただし, 気象観測のように世界標準の観測項目や手法を確立することが難しいため, 標準化された観測データは非常に限られている. これは, 生物群そのものの分布に地域固有性があるうえ, 研究者や生態系によって観測手法も異なるため, 標準化が難しいということが一因である.

全球的に得られるデータとして, 最も信頼性が高いものは, その地域の生物相リストである. こうしたデータを電子化し共有する試みが地球規模生物多様性情報機構 (GBIF) で, 過去および現在の標本や観察データを地理情報とともに格納したデータベースの共有化が進んでいる. この種のデータを時系列で再構成することで, 絶滅危惧種や侵略的外来種などに関する情報が得られる.

これらの分布情報は, 地理的・時間的にデータの密度や精度にばらつきがあり, それを各種の方法で補完しながら地球規模での生物多様性に関する情報を得る手法も発達してきた (図1). さらに, 地理情報が得られれば, その場所の気候条件とともに解析することで, それぞれの種の分布環境を明らかにできる. これをもとに, 温暖化シナリオを用いた生物の分布変化予測モデルも構築されている. ヨーロッパでは, 約1400種の高等植物の分布予測を行い, それぞれの脆弱性を判断している[6]. 気候変動に関する政府間パネル (IPCC) の第4次評価報告書では, 平均気温が2〜3℃上昇した場合には, 20〜30%の種で絶滅リスクが高まると予測されている. 日本でも, いくつかの樹木などについて, 同様の予測が行われており, ブナ林や亜高山帯林の気候的適域が著しく減少すると予測されている[7),8)].

開発などによって生息環境が分断化されると, 生物の移動が制限される. そのことによって, 植物の花粉移動制限が起こり, 集団の中の遺伝的多様性が減少するほか, 集団サイズが小さくなることによって, 絶滅確率が増す. また, 温暖化に伴って生物の分布が移動する場合にも障壁になり得る. このような, 温暖化とそれ以外の要因の複合的効果により, 生物多様性の劣化が促進されることも懸念されている. さらに, 移動速度は生物によって異なるため, 従来の共生パートナーを失う場合もあり, 分断化や気候変化により, 新しい組合せの生物群集が形成される可能性がある. それによって生態系の持つ機能やサービスも異なってくると考えられている.

〔中静 透〕

6.6
環境変動と陸域植生
(2) 生態系遷移と砂漠化，人間活動の影響

●植生と気候

植生とは，ある地域の植物の群集をさし，大陸規模の空間スケールでは，気温と降水量で特徴づけられる気候区分に応じてバイオームを形成する．これはそれぞれ地域の気候により適した生理的な形質や体のサイズを持つ植物が優占するようになるからである．日本を含む東アジア地域では降水量が高く比較的湿潤であるため，南北にわたって広く森林植生が発達している．緯度に伴う気温の低下に沿って，常緑広葉樹，落葉広葉樹，針葉樹へと植生を構成する樹種が代わり，さらに高緯度では高木の育たないツンドラへと変わる．一方，同じアジアでも内陸部では降水量が少なく，気温よりも降水量の変化が植生を大きく決定し，降水量の減少に伴い森林，草原，砂漠と植生は変化する．しかしより小さい空間スケールで見ると，植生は，気候だけでなく土壌基質や，地形などに依存して変化していることがわかる．

●植生の遷移と安定定常状態

植生は時間的にも変化する．これを植生の遷移というが，人間活動の無視できる条件下では，気候や地形，土壌の母岩などの非生物環境に対して最も安定な植生が成立するまで，植物種の置き換わりが起こる．遷移の初期条件が，火山の溶岩流跡や土石流跡など，土壌も含め植物の全くない状態から始まるものを一次遷移，森林伐採や森林火災など土壌および植物が残る状態のものを二次遷移と呼ぶ．いずれも遷移の過程では，植物バイオマスの増加と，土壌の蓄積などに伴う植生内の物理環境改変が，相互に促進しながら（正のフィードバック），極相と呼ばれる安定した定常状態まで進む（自己組織化）．自然環境が数百年以上の長期的なスケールで安定していれば，植生もそれに対応した極相まで自然に遷移，その結果として気候帯に対応した植生帯を形成するのである．各植生の内部では，落雷，強風，干ばつなどの撹乱により絶えず優占種の枯死や倒木が起こるため，その小さな空間スケールでは植生は遷移初期，あるいは途中の状態へと戻されている．そのつど周囲から種子が供給され，二次遷移が進むため，大きいスケールで見れば動的な平衡状態として植生分布が観察されるのである．

したがって，長期的な気候条件の変化が起これば，遷移の終点である極相も変化するため植生の空間分布が変化するように見えることがある．温暖化に伴って，植生帯の高緯度方向への移行や，森林限界の上昇が見られるのはその例である．ただし，気候の変化に対する植生の応答は常に連続的とは限らない．環境と植生の間の相互作用により，緩やかな温暖化や乾燥化が非線形で急激な植生の変化をもたらす場合がある．

●複数ある植生の定常状態とレジームシフト

植生の安定な平衡状態は，気候条件でただ1つが決まる場合と，複数存在し得る場合がある．これは前述の植生遷移と物理環境変化の間の正のフィードバックと関連している．植物の生産が水制限を受ける環境では，土壌の蓄積がある場所とない場所では保水能が異なるため，同じ降水量と気温条件下でも植物が利用できる土壌水分量が異なる．そのため，一方では森林が成立し，もう一方は草原が安定して成立することがある（双安定，図1）．一旦森林が成立すれば，落葉落枝の供給や根系による流出阻害により土壌の蓄積は維持されやすいが，森林が失われれば土壌の蓄積も失われやすくなる．このように植生とそれを支える物理環境が，共生といえるような関係を持つ場合には，一方が変化しても，その他方への影響が小さいうちは回復しやすい．しかし，環境変化の規模がある閾値を超え，共生関係が維持できなくなると，それが引き金となって，植生は別の安定平衡状態まで大きく移行してしまうことがある[1]（陸上生態系のレジームシフト，図2）．ここで問題となるのは，異なる安定平衡状態の間の移行には履歴効果が伴うため，環境条件が撹乱前に戻っても植生の状態は回復しないことである．このような共生関係の例は，中央アジアでの乾燥地での

図1　モンゴル北部に見られる斜面方位依存の不連続な森林−草原移行．

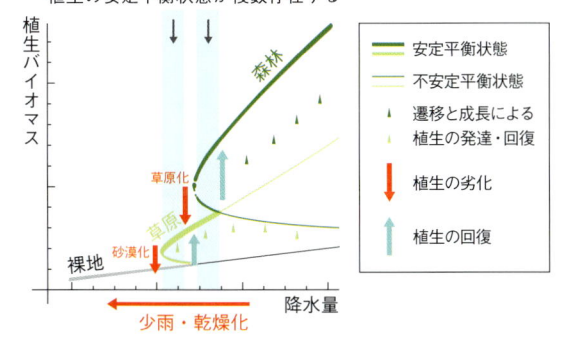

図2 乾燥域での降水量と植生の定常状態の関係（模式図）．

森林と土壌，シベリアでの森林と永久凍土の間など，数多く知られている．大きい空間スケールで見ると，植生は水循環システムとも共生関係をつくっていることが近年の気候システム-生態系を結合した数値実験結果から指摘されている．その一例が，現在から5500年ほど前にアフリカ北部のサハラで起こった急速な砂漠化（図3）である．これは太陽放射の緩やかな減少が降水パターンを変化させることによって乾燥化と森林植生の減少を引き起こし，それがアルベドの上昇と蒸散量の減少によってさらなる降水量の減少を促進するという，正のフィードバックにより引き起こされた可能性が指摘されている[2),3)]．

●人間活動の影響

多くの植生は，人間活動によっても大きな影響を受けている．森林の伐採などの直接的利用，農地開墾，プランテーション開発など土地利用変化だけでなく，過剰な家畜の放牧や農地灌漑，人為的森林火災なども人為的な攪乱として，植生の状態を自然環境下での平衡状態とは大きく異なる状態への改変を引き起こしている．これら人間活動は，その規模がある程度小さければ，それが取り除かれた後に植生も再び遷移により自然環境条件で規定される状態を回復できるため，人間活動も植生も持続的であることができる（例：持続的林業．里山もその例）．しかし，与えられた人為的攪乱が大きくなると徐々に回復に時間がかかるようになり，それがある規模を超えると，人間活動を除去したあとも回復できなくなる植生の劣化を引き起こす．

●砂漠化の問題

砂漠化は，「乾燥，半乾燥，乾燥半湿潤地域における種々の要因（気候変動及び人間の活動を含む．）に起因する土地の劣化」（国連砂漠化対処条約第1条）と定義されているように，乾燥地（乾燥地，半乾燥地，乾燥半湿潤地を含む地域，図3）での植生やその生産機能の減少・劣化をさす．砂漠化は，南極大陸を除くすべての大陸の乾燥地（地球上の陸地の41％（2000年））の10〜20％で起こっているといわれている．砂漠化が特に深刻な問題となるのは，乾燥域における植生の減少・劣化により地域の人間活動に与える生態系サービスの減少，ひいては貧困問題に直結する場合である[4)]．例として，中央アジアの草原やアフリカ中南部のサバンナなど乾燥域での植生と人間活動の相互作用について見てみよう．降水量が少なく農耕が困難なこれらの地域では，時空間的変動の大きい降水後の草原の生産を，家畜の放牧によって利用する生活様式が普遍的に見られる．持続的に飼育できる家畜の密度の上限は，草原の生産に規定される（環境収容力）が，長期的な干ばつや，家畜の増加などでこの関係が崩れると，過放牧状態になり，草原のバイオマスは減少する．これによる土壌の降水の浸透性や保水能の低下，蒸発促進による塩類集積などにより，ますます草原の生産性が低下し，飼育可能な家畜数はさらに減少するというような悪循環が起こる．

このように，気候変動と人間活動はそれぞれ単独でも，複合的にも，植生状態と物理環境の共生関係を崩壊させることにより，植生を不可逆に劣化させる可能性がある．また，このような植生劣化を引き起こす人間活動の負荷の閾値は，気候条件や人間活動の種類によっても大きく変わるため，地域毎での対策が必要となる．環境への負荷を調節減少し，植生劣化の負の連鎖に陥らないようにするためには，地域毎の植生の変動を気候，人間活動のレベルとともにモニタリングすることが重要となる．

〔石井励一郎〕

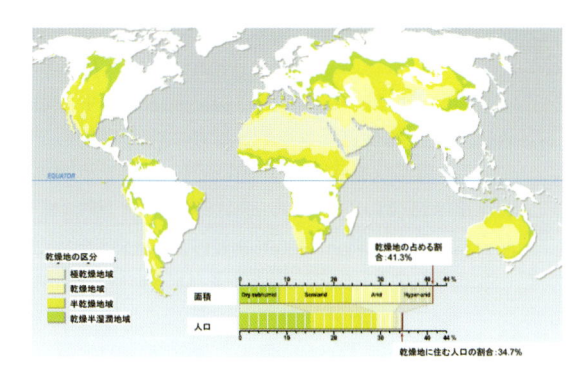

図3 2000年現在の地球上の乾燥地の分布（ミレニアムアセスメント）[2)]．

6.7 海洋生態系の概要
（1）太平洋の海洋環境とプランクトン

●プランクトンの役割

プランクトンは海洋の一次生産を担い，魚類などの高次栄養段階へつなぐ海洋生態系の生物生産の根幹を担う生物群である（図1）．さらに，最近の研究では動物プランクトンは鉛直移動することで，表層から深層へ大量の炭素を輸送していることも明らかになってきており，海洋の物質循環を考えるうえでも不可欠な存在となっている[1]．このように，重要な役割を果たしているプランクトンが，海洋環境の変動に影響を受けていることが近年の研究から明らかになってきた．そこで，ここでは太平洋のプランクトンと海洋環境変動の関係について概観したい．

●海洋環境変動とプランクトンとの関係

地球環境変動は，大きくは自然変動と人間活動を原因とした変動とに区分される．その中で，前者に関して太平洋では数年スケールの変動であるエルニーニョと，数十年スケール変動であるレジームシフトが詳しく調べられている．エルニーニョは3〜7年毎に発生する現象で，特にペルー沖〜北米カリフォルニア沖の海洋環境に大きな影響を与える．海洋のレジームシフトは太平洋10年規模振動（PDO）に関連して数十年に一度発生する気候のジャンプに伴って生じる．また，人間活動を原因とした変動としては，地球温暖化が考えられる．これらはいずれも，海洋環境を変動させることでプランクトンに影響を与えると考えられている．次に，

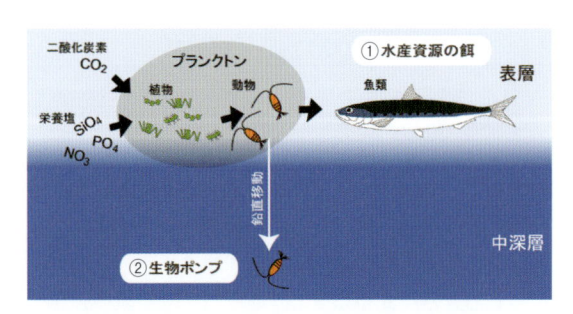

図1 海洋生態系におけるプランクトンの役割．植物プランクトンが光合成によって生態系に取り込んだ物質を，動物プランクトンは魚類などに食べられることで①水産資源を育み，②鉛直移動によって深層へ運び大気と隔離することで生物ポンプとしての役割を果たしている．6.8も参照．

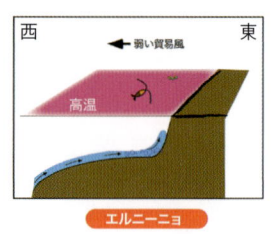

図2 沿岸湧昇に対するエルニーニョの影響．赤道太平洋東部では通常は強い貿易風によって湧昇が促進され中層から表層へ栄養塩が供給されることで高い植物・動物プランクトン生産量が生み出されているが，エルニーニョ時には貿易風が弱まることで湧昇が衰退し，その結果栄養塩の供給量が減少し植物・動物プランクトン生産量も低下する．

これらの環境変動がどのようなプロセスでプランクトンに影響を与えるかについて解説する．

●エルニーニョ

南米ペルー沖〜北米カリフォルニア沖では，沿岸湧昇によって中層から表層へ供給される栄養塩により，高い生物生産量がもたらされている（図2）．ところが，エルニーニョが発生すると，湧昇を駆動する貿易風が弱まるとともに，表層水温が上昇し成層が強化されることで湧昇が弱まり，栄養塩の供給量が減少する．その結果，プランクトンの生産量が大きく低下すると考えられている[2]．さらに，水温の上昇に伴って，プランクトン群集の主体が亜熱帯種から熱帯種へ遷移するといった，生態系構造の変動も引き起こされることが報告されている[3]．

●海洋のレジームシフト

プランクトンとの関係については1976年から1977年にかけて発生したレジームシフトが最もよく調べられている．このレジームシフト以降，東部北太平洋とアラスカ湾では動物プランクトン量が大きく増加した[4]．一方で，西部北太平洋の親潮域では動物プランクトン現存量は減少している[5]．北太平洋の水温は，このレジームシフト以降，東部水域では上昇した一方で西部では低下している．東部北太平洋において，植物プランクトン生産は利用可能な日射量によって制限されていると考えられており（図3），表層水温の上昇に伴って上部混合層深度が浅くなることで，植物プランクトン生産が上昇し，動物プランクトン現存量も増加

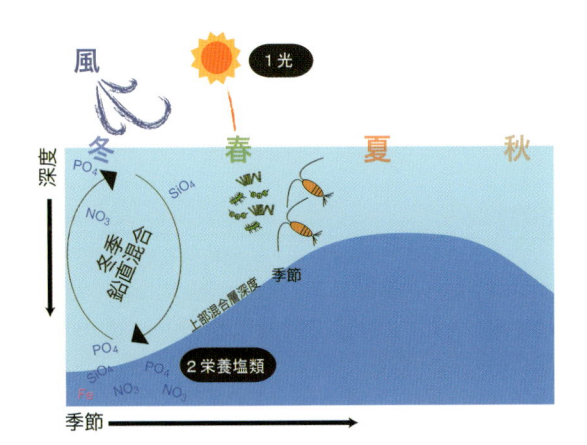

図3 プランクトン生産の制限要因．植物プランクトン増殖は主に①利用可能な光と②栄養塩・鉄などの微量元素の量によって制限されている．

したと考えられている[6]．一方，西部北太平洋では冬季の水温が下降したため，春の開始が遅くなる一方で夏の始まりが早くなった．そのため，植物プランクトンの増殖に最適な期間が短くなり，その結果，植物生産量が減少し，動物プランクトン現存量も低下したと考えられている[7]．しかし，最近の研究では，西部北太平洋の表層への栄養塩の供給量は潮汐強度の周期的な変動に関係して変動しており，その影響で植物プランクトン生産が減少し，動物プランクトン現存量が減少した可能性も考えられている[8]．海洋のレジームシフトがプランクトンに影響を及ぼすプロセスについてはいまだ不明な点も多く，今後も研究を進めていく必要がある．

●地球温暖化

北太平洋では，広い範囲で表層水温が上昇し塩分が低下している．その原因として地球温暖化の影響が推測されており，プランクトンに対するこれら海洋環境の変動の影響についても研究が進められている．北太平洋ではこの約半世紀の間，多くの水域で表層の栄養塩濃度が減少していることが報告されており，それに関連すると考えられる植物・動物プランクトン量の減少も示されている（図4）．この原因として，表層水温の上昇や塩分の低下に伴って成層が強まり，中深層から表層への栄養塩の供給量が減少したことが考えられている（図3）．さらに，人工衛星の海色データを調べた結果，赤道域でも1997年以降表層のクロロフィル濃度が減少していることが示されており，同様のプロセスが原因と考えられている．6.11も参照．

温暖化に伴う海洋環境の変動は，プランクトンの季

図4 温暖化に関連して，植物プランクトン生産・動物プランクトン現存量が低下していると考えられている水域．いずれの水域でも水温上昇や塩分低下によって表層の成層化が進み鉛直混合が弱まることで，中層から表層への栄養塩の供給量が減少したことが原因として考えられている．

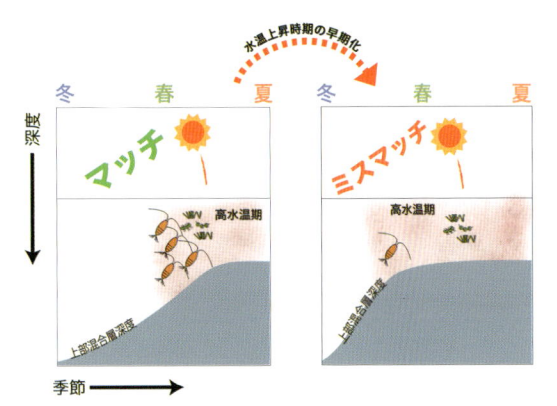

図5 水温上昇による栄養段階間のミスマッチの誘発．種によって水温に対する感受性が異なるため，ある種（この図の場合カイアシ類）の出現時期は早まる一方で，ある種（この図の場合ケイ藻）はほとんど影響されない．そのため，水温上昇によって食う食われるものの間の遭遇率が低下し，上位の栄養段階への物質の転換効率が低下する．その結果上位の栄養段階の生産量は減少する．

節性にも影響を及ぼしていることが示されている．前述したように，親潮では通年で植物プランクトン生産量・動物プランクトン現存量は減少しているが，冬季のみに注目して見るといずれも増加しており，これは水温の上昇に伴って冬季の光条件がよくなったためと考えられている[9]．アラスカ湾でも主要な動物プランクトンであるネオカラヌスの現存量がピークに達するタイミングが早まっており[10]，同様に水温の上昇が関連していると考えられている．

一方で，北大西洋・北海で既に報告されているように，水温の変動に対する感受性は種によって異なるため，水温上昇は将来，栄養段階間でのミスマッチを誘発し，上位の栄養段階への物質の転換効率を低下させることが懸念されている[11]（図5）．今後，北太平洋でもプランクトンの季節性に対する影響について，検討を行っていく必要があろう．

〔田所和明〕

6.8
海洋生態系の概要 (2) 深海生態系

　生物圏において深海は最大の生息環境である．海洋は面積にして地球表面の70%を占有している．海面下では，光合成生産が卓越する水深200mまでの容積が全海洋の3%程度であるのに対して，最も広大な空間を占めているのが水深1000～6000mの深海部分であり，全海洋のおよそ70%の容積を占有している．海水の物理化学条件（水温，圧力，光量），海底地形（海丘，海山，海溝），プレートテクトニクスの作用（海嶺，背弧海盆，付加体）などにより，深海には多様な生息環境が形成されている．

　この広大な深海にも流れがある．表層と深層の海水は，塩分と温度により生じる密度差から沈み込んだり上昇したりする．深海を構成する水深1000m付近の中層水と深層水は，極域で冷却された比重の重い海水が起源である．この密度差がある海水は，容易に混合しないため，深層域を千年単位をかけて緩慢に流れてゆく．鉛直方向での流動では，深海と浅海の海水を時間をかけて連続的に入れ替え，海洋全体の水温や化学組成などの物理化学条件の恒常性を維持している．

　深海の流れは生物分布にも影響している．南極と北極では，有孔虫類などの原生生物をはじめとする多様な海洋動物について，同種と同定される事例が数多く発見され，深海の中層域が生息場所となり両極域をつないでいる可能性が考えられている[1]．物理化学条件から見れば，深海は1つの生息環境として捉えることができる．

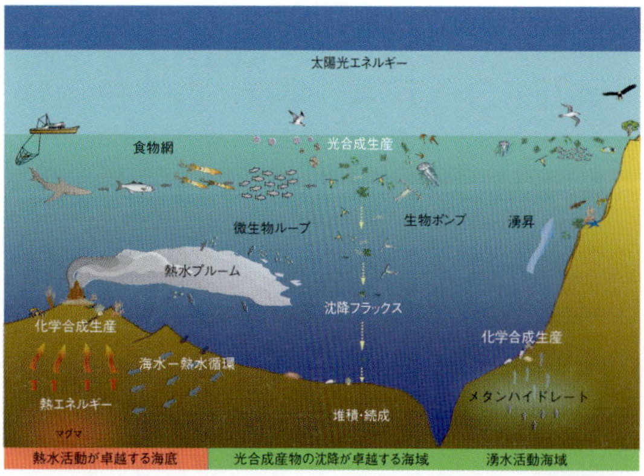

　広大な深海の生態系を強力に制約しているのが食物の供給である．海洋では，水深が増すにつれて太陽光は減衰し，透明度の高い海域でも100～150mの深度において光量は1%にまで減少し，光合成生産の限界（補償深度）に達する．この深度より下に広がる深海では，沈降してくる光合成産物が最大の食物供給源である．その内容には，植物プランクトンや微生物が凝集したマリンスノー，さまざまな動物の遺骸や糞，また，陸域から流入した土や材木などが含まれている．この表層から海底へと移動する物質の流れは沈降フラックスと呼ばれ，深海生態系での物質循環と生物へのエネルギー供給を支えている．また，動物プランクトンの鉛直移動に伴う物質移送は生物ポンプとして大きな役割を果たしている（6.7も参照）．

　光合成により生産された高分子有機物は，沈降する間に分解消費される．係留系による観測事例では，水深500mに到達するのが光合成産物全体の20～50%，水深3000mでは5%以下にまで減少するとされている[2]．光合成生物が産生した高分子有機物は，食物連鎖での捕食，生物ポンプでの能動的な物質移送，微生物ループにおける分解と再生産，という過程において次第に形を変えて無機化されてゆく．この生物作用による過程で海水中へ溶け出した栄養塩類は，湧昇により表層へと移送されて光合成生産に利用される（図1）．したがって，湧昇による深層からの循環が弱くなると，海域表層での光合成生産が低くなるので，沈降フラックスが少なくなり，深海生態系で維持される生物量も多様性も減少する[3]．

　海洋では水深とともに生物量は減少するが，500～1000mの深度には水産資源として利用できる生物群集が生息している．日本列島周辺では水深500m付近において大型のソデイカ類やキンメダイ類が漁獲されている．またマッコウクジラは，水深1000～2000mにまで潜水して餌をとることが知られており，その胃内容物の調査からダイオウイカに代表される大型無脊椎動物を餌としていることが明らかにされている．この事実は，地球上で最大の肉食獣であるマッコウクジラが十分に生活できるバイオマスが，深海生態系には維持されていることを示している．

図1 海洋における生態系の概念モデル．表層からの沈降フラックスと堆積物層内や熱水・メタン湧水からの流入が深海の生物群集の成育を支えている．

海底は，沈降フラックスの終着点であり，堆積物層の表層に多様な底生生物が生息する環境である．粒子として残された物質は海底に降り積もり堆積物層となり，続成作用を受けて深部地下において堆積岩へと姿を変える．深海底では，海綿動物，棘皮動物，刺胞動物，環形動物などが生息しているのが観察されている．一方，冷水性サンゴの大きな集落が発達している深海域が存在する．北大西洋での調査では，水深50〜4000 mの海底において，冷水性サンゴ類の分布が確認され，数 kmの広がりと300 mの高さに成長した海丘も発見されている．この冷水性のサンゴ類は，動物プランクトンや懸濁有機物粒子を栄養源として成長し，炭酸カルシウムを成分とする海丘を形成する．こうした深海底のサンゴ礁は，魚類や甲殻類などの生息場所や産卵場所として利用されている[4]．

　特徴的な地形である海溝は，海洋底プレートが沈み込む大陸の辺縁に形成される深い谷間である．一般に，海溝や海穴状の地形内部では海水が滞留しやすく，周囲から孤立した生息環境が形成されている．水深10000 mの海溝底の堆積物から古い進化系統に属する有孔虫類が発見されたことは，安定した環境条件が長期にわたり維持されている証拠と考えられる[5]．

　深海生態系では，化学合成微生物による生物生産が濃密な生物群集を維持している．化学合成は，水素，イオウ化合物，メタン，鉄などの酸化還元エネルギーを利用して，二酸化炭素から有機物を合成する反応系である．エネルギー源となる物質は，海底下の堆積物層とマグマ活動から供給され，熱水活動域とメタン湧水域として知られている．これらの活動域での水の流れは，化学合成のエネルギー源だけでなく種々の元素を海底下の基盤岩や堆積物層から海洋へと移送している．その様相から，この流れは海底下の海あるいは海底下の大河と形容されている（図1）．

　熱水活動は，プレートテクトニクスにより形成された中央海嶺や背弧海盆などでのマグマ活動から供給される熱エネルギーで駆動する海水と熱水の循環系である．高温熱水の活動中心である海嶺は海洋全体で見ると1％程度の面積であるが，その周辺の低温熱水循環を合わせると，海底下から供給される熱エネルギーが駆動する熱水循環は，陸域河川の総流入量に匹敵する海水を海底下数 kmに引き込み熱水として放出していると試算される．メタン湧水域は，堆積物層が発達している海底に特徴的な生息環境で，付加体が発達している日本列島の太平洋岸において数多く発見されている．メタンは，堆積物層の深部における熱化学反応とメタン産生アーキアにより生成され，大量に発生した堆積物層においてはメタンハイドレート層が形成される．八重山諸島南方の黒島海丘（水深700 m）のように海底からメタンガスを噴出する海域もあるが，多くの海底では堆積物層内において，メタン酸化アーキアと硫酸還元バクテリアが共生する微生物コンソーシアムが嫌気的メタン酸化反応（anoxic methane oxidation：AMO）により，メタンを消費して硫化水素を生成する過程が卓越している．硫化水素やメタンは微生物のエネルギー源であるが，メタン湧水域に生息するシンカイヒバリガイ類やシロウリガイ類などの無脊椎動物は，エラ細胞内に化学合成バクテリアを共生させることで栄養を獲得している．

　物質循環に直結する微生物ループの作用や過程については，1990年中ごろまでブラックボックスとして扱われていたが，微生物については遺伝子検出やメタゲノム解析などの技術が進歩したことにより，炭素や窒素の循環経路での役割が解析可能になり始めている[6]．遺伝子検出による原核生物の分布では，表層にバクテリア，深層にアーキアという傾向がハワイ沖観測点における通年観測から明らかにされている[7]．また，ウイルス粒子が深海においても原核生物と同等あるいはそれ以上に存在することが発見され，その役割について，微生物間の遺伝子伝播や溶菌作用による群集制御などの可能性が議論されている[8]．

　深海生態系には多様な生物が生息していることが発見され[9]，表層での変動が短期間で深海底に到達することが指摘されているが，調査研究に特別な装備が必要なことから長期的な変動傾向などは不明なことが多い．地球システムという視野から見れば，物質の流れに境界はなく，深海生態系は表層の光合成生態系と密接につながり，双方向に物質の移送をしている．しかし，その時系列変化の単位時間には大きな差がある．貧栄養かつ低温条件の深海環境では生物の世代時間は長くなる．また，物質循環では，深海底に蓄積した沈降物質が表層へと回帰するのに長ければ1000年以上が必要になる．海底堆積物では，深部地下において堆積岩となり，海洋プレートともにマントルへと運び込まれると，それは生態系から外れて地球システムの長周期の物質循環の流れに乗る．深海とは，まるで生物時間と地球時間がせめぎ合うような環境であると考えることができる．

〔山本啓之〕

6.9 海洋生態系の概要
(3) 海洋生態系と海洋循環

●海洋生態系に対する海洋循環の影響

　海洋生態系を支える環境として，日射量，水温，塩分，海洋循環などの物理的な環境や，栄養塩，溶存酸素，鉄など化学量の分布がある．海洋表層には，海の一次生産者である植物プランクトンが生息し，光エネルギーを利用して，二酸化炭素を炭素源とし，無機物（栄養塩）から有機物を合成する（この過程を光合成という）．海洋循環は，栄養塩などの物質輸送に大きく関係し，さまざまなスケールの循環（たとえば，表層循環や深層循環，大洋スケールの循環など）が海洋中の物質分布に影響する．海洋表層では，日本列島南岸を流れる黒潮のような強い東向きの海流が存在し，その付近で見られる渦や蛇行などのさまざまなスケールの現象が，生態系に影響を及ぼす．また，太平洋東部赤道海域では，赤道域の湧昇やペルー沖の沿岸湧昇に伴う下層からの栄養塩供給により，高い生物生産が維持されていることが知られている．一方，高緯度海域では，冬季の混合層発達に伴い，下層より高い栄養塩濃度の水を取り込むことで，春先のブルームを起こす環境を作り出している．

●地球観測衛星から見たクロロフィル分布

　プランクトンによる微妙な海表面の色（海色）の変化を人工衛星（海色衛星）で観測し，クロロフィルの濃度を推定することができる．図1は，2000〜07年までの8年間の全球平均海面クロロフィル濃度分布を人工衛星 SeaWiFS による海色の観測から推定したものである．暖色系が，クロロフィル濃度が高く，寒色系が低い値を示す．カリフォルニア沖やペルー沖，モーリタニア沖などの沿岸湧昇域（＞2.0 mg/m^3）や赤道湧昇域（＞0.3 mg/m^3），高緯度海域（＞1.5 mg/m^3）においてクロロフィル濃度が高いことがわかる．沿岸域や湧昇域では，河川流入や湧昇に伴う栄養塩濃度の高い水の供給が，高緯度海域では，冬季混合層の発達に伴う栄養塩濃度の高い水が下層より供給されるため，クロロフィル濃度が高くなる．一方，中・低緯度の外洋域では，クロロフィル濃度が高い海域に比べて，下層からの栄養塩供給が小さく，慢性的に貧栄養塩状態になるため，クロロフィル濃度が低くなる（＜0.2 mg/m^3）．なお，海色については 6.16 も参照してほしい．

　図2は，2004年4月（春）と7月（夏）の黒潮続流域付近の月平均クロロフィル分布を人工衛星で捉えたものである．黒潮続流は，北太平洋西岸を流れる東向きの強い海流の一部で，房総半島銚子沖から東経160度付近まで狭い強流帯を保持している．黒潮続流の蛇行に伴い，南側では低気圧性（反時計回り）の渦が，北側では高気圧性（時計回り）の渦が形成され，表層クロロフィル濃度分布に影響を与える．春のブルーム時期は（図2上），本州から北海道にかけての沿岸域や外洋域で，クロロフィル濃度が高くなることが観測されている．また，黒潮続流に沿って，北側で濃度が高く，南側で濃度が低くなる．北海道沖では，高気圧性の渦が捉えられ，渦の中心で周囲に比べて濃度が低くなる．一方，黒潮続流の南側では（東経155〜160度），黒潮続流の南向きの張り出しに伴い濃度の高い水が広がる．夏になると，春のブルームが収束し，本州東岸の局所的な湧昇に伴う栄養塩供給により，高いクロロフィル濃度が観測される（図2下）．房総半島沖から伸びる高いクロロフィル濃度の水は，黒潮続流に沿って，沖に移送される．北海道沖の高気圧性渦は，東に移動し，クロロフィル濃度は，周囲と同じになる．両月とも，渦や黒潮続流自体の変動，親潮の変動やフィラメント構造がクロロフィル濃度分布に大きく影響す

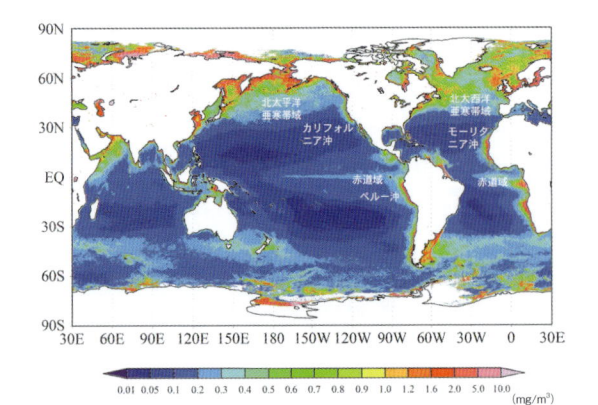

図1　人工衛星で観測された 2000〜07 年までの8年間の全球平均海面クロロフィル濃度分布（mg/m^3）．暖色系の色が，クロロフィル濃度が高く，寒色系が低い値を示す．

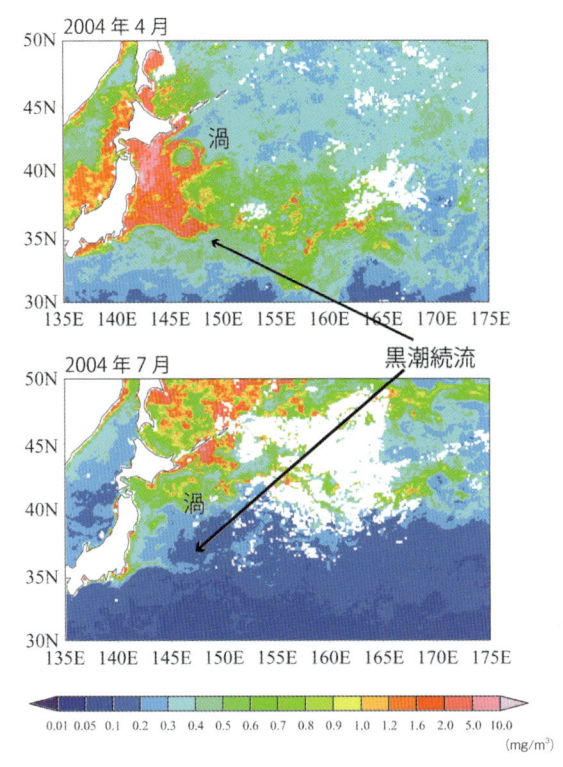

図2 北太平洋北西部における人工衛星で観測された2004年4月（上）と7月（下）の月平均海面クロロフィル濃度分布（mg/m³）.

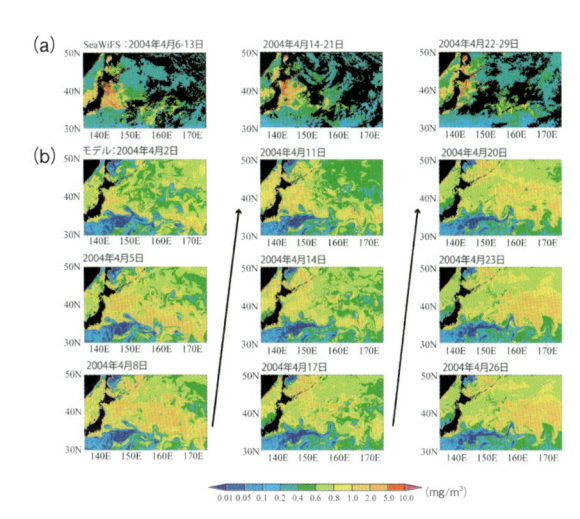

図3 北太平洋北西部における (a) 人工衛星と (b) モデルで計算されたクロロフィル濃度（mg/m³）の比較[1]．衛星の観測期間は，2004年4月6～29日までの1週間おき．モデルは，2004年4月2～26日までの3日おき．

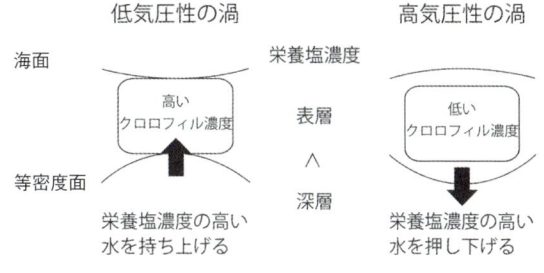

図4 外洋域における表層クロロフィル濃度に対する渦の役割．

ることがわかる．

●数値モデルによる再現

海洋大循環モデルを用いて，黒潮続流付近の海洋循環の変動に伴う，クロロフィル濃度分布が再現された[1]．数値モデルを用いることで，海洋循環に伴う栄養塩供給を3次元的に再現でき，クロロフィル分布にどのような影響を与えるかを知ることができる．図3は，2004年4月6～26日の1週間おきの海色衛星による観測結果と，同期間の3日おきのモデル結果を比較したものである．黒潮続流の蛇行に伴い，南側では低気圧性渦が，北側では高気圧性渦が形成され，クロロフィル分布に影響を与える様子が再現される．黒潮続流の南側で切り離された低気圧性渦は，周囲に比べて高いクロロフィル濃度を維持しながら西向きに移動する．一方，北側で切り離された高気圧性渦のクロロフィル濃度は周囲に比べて低く，周りの影響を受けながら北上する．低気圧性渦は，下層の高い濃度の栄養塩の水が持ち上げられることで，周囲に比べて高いクロロフィル濃度が維持できる．高気圧性渦は，逆に表層の水を下層に押し下げるので，周囲に比べてクロロフィル濃度が低くなる（図4）．

動画1は，モデルで計算した黒潮続流付近の植物プランクトン量の時間変化を3次元化した動画である．期間は，2002～04年の3年間である．この動画では，春のブルームが南から北に移動する様子や黒潮続流の蛇行や渦の挙動に対するクロロフィル濃度の変化などが見られる．

〔笹井義一〕

6.10
海洋生態系の数値モデル
(1) 低次生態系モデル

●海洋生態系と物質循環

　海洋生態系は，一次生産者である植物プランクトンが海洋中の栄養塩を取り込み，光合成により無機物を有機物にする．これを動物プランクトンが捕食し，より高次の生物に物質やエネルギーは転送される．一方で，プランクトンの枯死や死亡，排泄により出された有機物は，バクテリアなどの分解者により無機物へと還元され循環する（図1）．海洋の低次生態系モデルは，これら植物・動物プランクトンの増減とそれに伴う物質やエネルギーの流れを，生物の生理過程や地球化学過程の定式化により計算するものである．

●海洋低次生態系モデルの構造

　複雑な生態系をどう切り取るかにより，モデル化の手法はさまざまである．地球環境科学の分野では，生態系と物質循環変動（特に炭素循環）の理解を目的に，プランクトンの現存量を単位体積あたりの窒素やリン，炭素の量として捉えるモデルが一般によく使われている．モデルの構造は大きく2つに分けて考えることができる．1つは，さまざまなプランクトンや栄養塩類など食物連鎖の構成要素をどう表現するかということ，もう1つは，構成要素となる生物や物質間をどのような生物・地球化学過程で結ぶかということである．

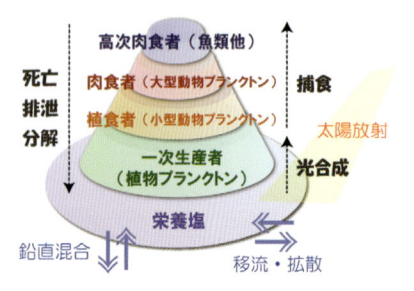

図1　海洋生態系のピラミッド構造と物質循環の概念図．

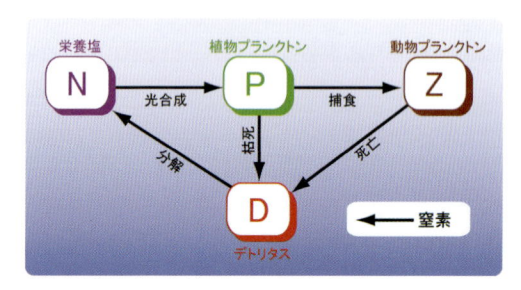

図2　NPZDモデルの概念図．各ボックスが生態系の構成要素を，各矢印は生物・地球化学過程に伴う窒素の流れを示す．

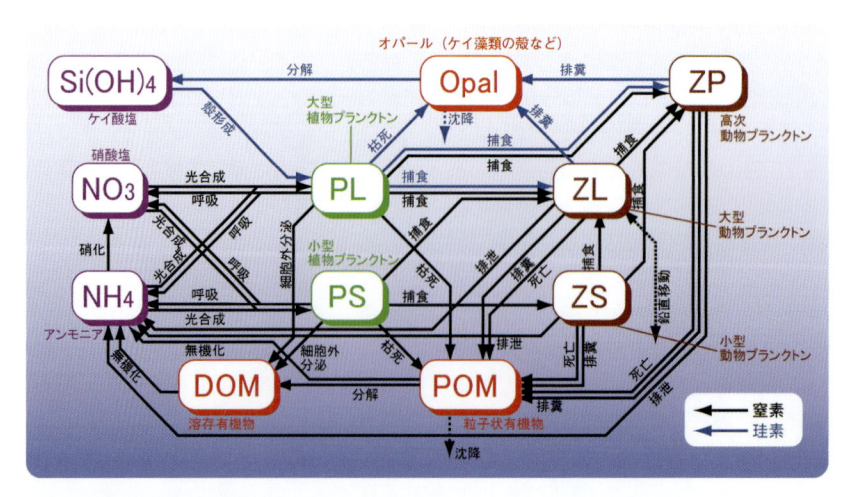

図3　生態系モデルNEMUROの概念図．植物プランクトンが2種，動物プランクトンが3種に分けられ（PLがケイ藻類に，ZLがカイアシ類に相当），さまざまな生物・地球化学過程が明示的に表現されている．また，ケイ藻類のケイ素による光合成の制限を表現するため，ケイ素循環も明示的に表現されている．

●シンプルな生態系モデル

シンプルなモデルの例として，海洋の生態系を栄養塩（N：Nutrient），植物プランクトン（P：Phytoplankton），動物プランクトン（Z：Zooplankton），プランクトンの死骸などの有機物デトリタス（D：Detritus）の4つの要素で表現したNPZDモデルがある（図2）．要素間は，代表的な生物・地球化学過程により結ばれ，たとえば植物プランクトンのバイオマスの変化は，呼吸・枯死および動物プランクトンによる捕食量の差として計算される．各過程は，プランクトンの培養実験や現場観測などから得られた知見をもとに定式化されている．一例として，植物プランクトンの光合成は海洋中の栄養塩濃度や光量，温度などの関数として記述され，図3に示すような関係として表現されている．NPZDモデルはシンプルではあるものの，生物が駆動する物質循環の大局的な描像を捉えており，主に物理環境の変動によりボトムアップ的にコントロールされる物質循環の変動解析に用いられている．

●プランクトンタイプの違いを明示的に表現したモデル

一方で，プランクトンの生理的特性は物理法則とは異なり，生物種毎に異なった特徴を持つ．また，海域や季節に応じて，重要となる生物種や生物・地球化学過程も変わる．そのため，生態系構造の変化やそれに伴う物質循環変動を理解するには，鍵となる生物種や過程をモデル中で明示的に表現することが必要となる．近年は，世界の主要研究機関がプランクトングループの細分化や，生理過程の高度化が活発に取り組んでいる．たとえば，北太平洋海洋科学機構（PICES）では，北太平洋高緯度域で重要な役割を果たすプランクトングループ（ケイ素の殻をつくる大型の植物プランクトン"ケイ藻類"や，季節的にダイナミックな鉛直移動を行う大型の動物プランクトン"カイアシ類"など）を明示的に表現し，生態系を11の構成要素で表現したモデルNEMURO（North Pacific Ecosystem Model for Understanding Regional Oceanography）[1]を開発した（図4）．これら低次生態系モデルを海洋の物理環境を再現できる海洋大循環モデルに結合することで，生態系の時間的・空間的な変動の再現が可能となり（図5），モデルは物理・生物・地球化学の包括的な視点から海洋生態系のメカニズムを理解するため

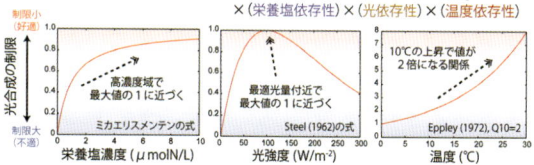

図4 植物プランクトンの光合成速度と制限要因の関係．光合成速度は，海水中の栄養塩濃度や光強度[2]，温度[3]など環境要因に応じた律速を受ける．

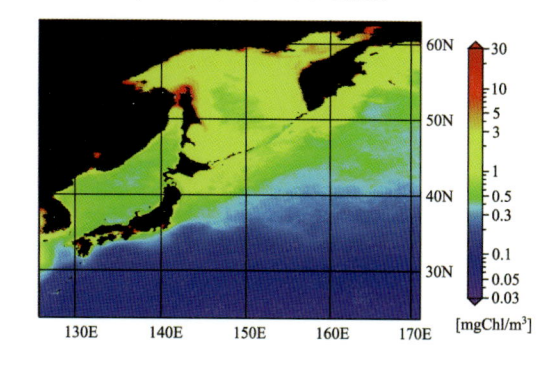

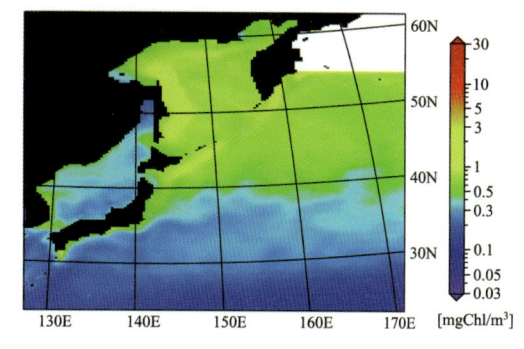

図5 NEMUROを日本近海に適用した例[4]．植物プランクトンの指標となるクロロフィルa（Chl-a）濃度の年平均の水平分布．高緯度域でクロロフィルa濃度が高く，生産性が高い様子が衛星観測と同様にモデルでも再現されている．

の強力なツールとして使われている．一方，低次生態系モデルにおける最上位の動物プランクトンは，包括的な意味での高次捕食者を表しており，水産資源変動などに伴うトップダウン効果（捕食圧の変化など）を調べるには，高次生態系モデルとの連携が必要となる．

〔橋岡豪人〕

6.11 海洋生態系の数値モデル (2)海洋生態系と食料資源

人間活動は二酸化炭素を排出して温暖化を通じて海に影響を与えるだけではなく，直接に海へ与える影響も計り知れない．特に，公害による海洋の汚染，人口の増加による漁業活動の活発化によって，生物多様性が崩れて希少種が絶滅すること，あるいは，サンマやイワシのように個体数が多い魚種でも漁業などによる資源量の減少は無視できない．特に，第二次世界大戦以降の海洋生態系の変化は劇的であり，鯨類，海獣類，マグロなどの大型魚類のような長命な高次生物の激減，マイワシ，ニシンなどの爆発的盛衰，短命な小型魚類・イカ類の増加など，生態系の多様性の減少と単純化，そして，温暖化に伴う寒冷生態系の縮小などが懸念されている．ここでは，北海道で放流しているシロザケ（図1），西日本大陸棚で産卵するスルメイカ（図2）とマダラ（図3）の再生産（産卵された卵が親になること）に適した水温条件や海底地形に着目して，温暖

図3 マダラの写真．北海道立中央水産試験場提供．

図1 シロザケの写真．帰山雅秀氏（北海道大学）提供．

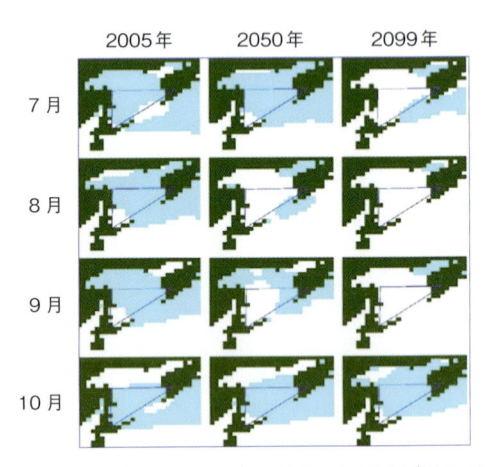

図4 オホーツク海付近でシロザケが生息できる海域[2]．青く色づけた海域は北海道で放流したサケが過ごすのに適した海面水温の場所．

図2 スルメイカの写真．桜井泰憲氏（北海道大学）提供．

化とともにこれらの魚種の生息域，産卵場がどのように変化するかを予測した研究結果を紹介する．現在，50年後（日本付近の海面水温で平均2℃上昇），100年後（同じく平均4℃上昇）の海水温変化に伴って，分布・資源変動の予測を試みた．2005年，2050年，および2099年の水温分布は，Kawamiya (2005)[1]のデータを使用した．

図4はシロザケが生息できる海域を示している．北海道で放流したシロザケは10月までオホーツク海に

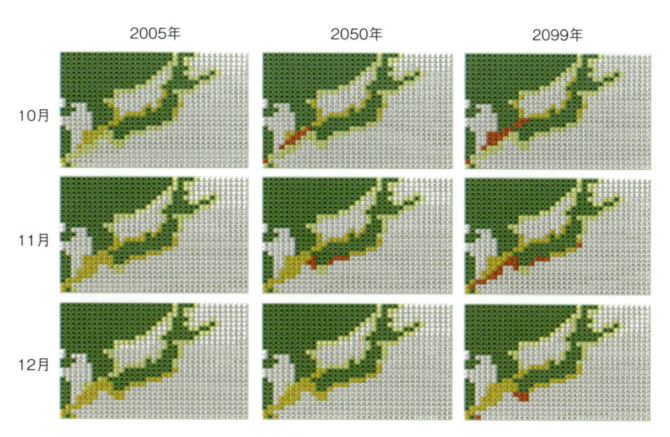

図5 日本周辺でスルメイカが秋季に産卵するのに適した海域[3]．オレンジ色は秋季に産卵するのに適した海域，赤は産卵に適さなくなった海域．

滞在し，北西太平洋で越冬した後にベーリング海へと回遊していく．青く色づけた海域は北海道で放流したサケが過ごすのに適した海面水温の場所である．三角形で囲まれた海域がサケが滞在する海域である．2050年にはすでに北海道オホーツク海沿岸では適水温でなくなることがわかる．

図5でオレンジ色に塗った海域は，スルメイカが秋季に産卵するのに適した水温構造であることを示している．赤く塗った海域は，産卵に適さなくなった海域である．温暖化とともに，九州南部海域が産卵に適さなくなり，かつ，10月が産卵時期でなくなることを示している．そして秋生まれのスルメイカは冬生まれ，春生まれのスルメイカへと移行していくことが予想されている．

図6はマダラの資源がどのように推移するかの予想の図である．サケやイカと異なり，マダラは底生の魚なので，表面水温だけから生息海域や資源変動を予測することはできないが，過去の知見に基づいて予想したのがこの図である．2050年までに本州のマダラは三陸沖を除いて絶滅することが危惧される．特に日本海側の資源は近い将来，枯渇する恐れがある（6.7参照）．

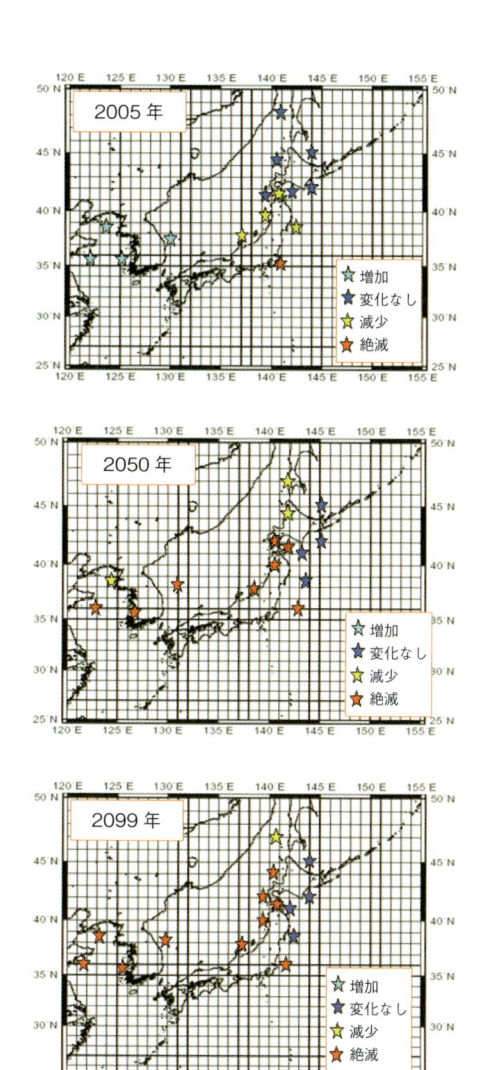

〔岸　道郎〕

図6　マダラの資源の推移予想[4]．

6.12
環境変動と海洋生態系
(1)海洋の生物多様性

●生物多様性とは

生物多様性とは，地球上にはさまざまな機能を有した莫大な数の種が生息し（種多様性），同じ種でも個体間や個体群によって異なる遺伝情報を持ち（遺伝的多様性），異なる機能を有した生物群集や生態系を形成していることを意味する．そして，これらが連環しながら地球の生態系を構成し，ヒトも生態系の一員として，他の生物をさまざまに利用しながら種として地球上に生息している．近年，生物多様性の急速な喪失が叫ばれている．これは，地球上では1つの種でしかないヒトの活動があまりにも突出し，他種が適応する時間を与えずに，約40億年かけて培われてきた生態系のバランスを攪乱しているためである．連環のバランスを壊すことにより，ヒトも影響を受けることが大きな問題となっている．本項では，主に海の種多様性について述べる．

●海の生物多様性の特徴

海洋は，地球表面の約70%を占める．陸における生物の生息場は，ほとんど表土付近に限られるのに対し，海洋では表層から最大水深の10924mまでが生息場となるため，体積で海は陸の約100倍の生物圏となる[1]．地球上には未知種を含めると約3000万種の生物種が生息し，種として記載されているのは約175万種である．最も多様性に富む分類群は節足動物門昆虫綱の種で，陸上で適応放散した結果80〜100万種に分岐している．種数から見ると，現在の地球は昆虫の星ともいえる．

これまで記載されてきた海洋生物の種数は約242000種で，この中には同物異名（シノニム）も含まれるため，World Register of Marine Species (WoRMS)[2] では分類学研究者により有効種名の確認が進められている（表1）．海洋は大きな生物圏であるが，種数は全地球の12〜14%にとどまっている．しかし，高次生物分類階級の門レベルで見ると，海洋にはほとんど全ての門に属する種が生息している．海は，陸における昆虫のように，特定の分類群が突出した高い多様性を示すのではなく，多系統の高次分類群が平均的に多様化している特徴を持つ（図1）．

表1 WoRMS[2]をもとに作成した海の生物種数．分類群数は種から門までを含む．種数はシノニムを含む．有効種数はWoRMSに登録されている専門研究者が有効種とした種数．

	分類群数	種　数	有効種数
動物	267914	217428	139156
植物	11151	8795	8328
菌類	2387	1365	1054
原生生物	11298	8469	6853
モネラ	1127	733	629
クロミスタ	7459	5213	4119
アーキア	46	0	0
計	301382	242003	160139

図1 プランクトンネットで採集したサンプル．脊索動物，節足動物，刺胞動物といった多種多様な分類群が見られる．喜多村稔撮影．

現在の情報では，海の種多様性が高い門は，魚類を含む脊索動物門，甲殻類を含む節足動物門，二枚貝類や腹足類を含む軟体動物門と，いずれも比較的大型で多くの水産対象種を含むものが上位を占める（表2）．これは，人類に直接利用されない微小な種を多く含む門の種多様性が低いのではなく，それらを対象にした分類学・生態学研究が遅れているためである．また，海は陸上に比べアクセスしにくいため調査が難しい．とりわけ，深海域の調査は大がかりな機器が必要で，水深が深くなるほど海洋生物の情報は少なくなり，2500mを超えると深海は，ほとんど未調査域である（図2）．海における包括的な生物多様性の理解には，このようなマイナーな分類群や深海域の研究が不可欠である．

表2 種数が多い上位10位までの門. WoRMS[2)]をもとに作成. 種数と有効種数は表1に同じ.

順位	門	種数	有効種数
1	脊索動物	55997	21957
2	節足動物	52926	43554
3	軟体動物	29919	20539
4	環形動物	19364	12639
5	海綿動物	16128	8206
6	刺胞動物	12880	11081
7	棘皮動物	11152	5740
8	ビリファイタ	6561	6285
9	線形動物	6022	5668
10	クロモバイオータ	5162	4085

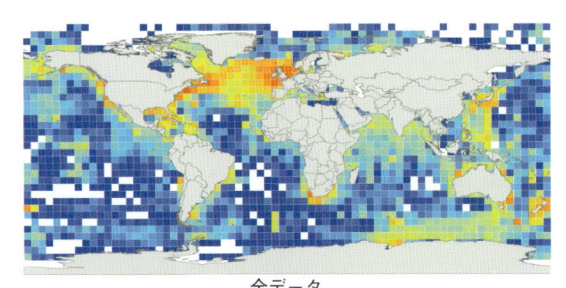

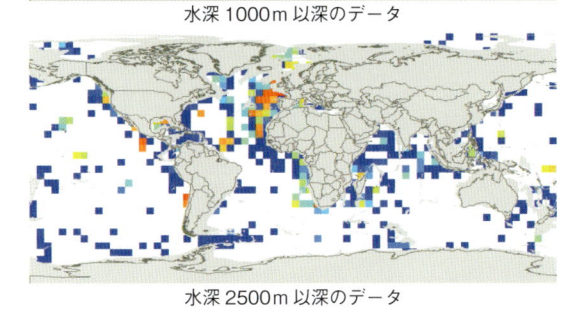

図2 海洋生物の分布データを集めたデータベースOBIS[3)]にあるデータ. 色が青から黄, 赤となるほど多くの分布データがある場所を示し, 白はデータがない場所を示す. 水深2500m以深になると分布データが極めて少ない.

● **海の生物多様性を知るプロジェクト**

海の種多様性を把握するためには, いつ, どこに, 何という種類の生物が出現したか, を記録するかが第一歩である. これらの情報を全海洋規模で集積している国際プロジェクトの1つが, 海洋生物のセンサス (Census of Marine Life: CoML) である. CoMLのもとでつくられた海洋生物地理情報システム (Ocean Biogeographic Information System: OBIS) は, 記載されている約25万種の半数以上となる約14.5万種, 3360万件の種多様性と分布情報が集積され, 巨大なデータベースになっている[3)]. OBISに集積されるデータは急速に増加していることからも, 近い将来, 海の生物多様性を知る強力なツールになることが期待される.

● **外来種問題**

海においても外来種問題が懸念されている. 外来種がもたらす影響は, 在来種を捕食する, 在来種と餌や生息場所をめぐり競合する, 在来種と交雑して繁殖や遺伝的構造を攪乱する外来の寄生生物を持ち込んで在来種に病害をもたらす, 生物相を改変し生態系基盤を攪乱する, ことが挙げられる[4)]. 現在, 日本には76種の外来種が見つかっている[5)]. 一方で, 日本を含む極東アジアから海外へ移出した種は少なくとも40種と見積もられる. 海洋における主な外来種の移入・移出メカニズムは, 船舶のバラスト水や船体付着, 水産的営為, 科学的営為によるものが主である. 日本は船舶による貿易や漁業に大きく依存していることから, 外来種の侵入と国外への侵出の両方を防ぐ対策が求められている.

● **生物多様性条約**

生物多様性条約 (Convention on Biological Diversity: CBD) は, 1992年6月にリオデジャネイロにおいて開催された国連環境開発会議で,「気候変動に関する国際連合枠組み条約」とともに提案された国際条約である. この条約は, 生物多様性の保全を謳っているだけではなく, 構成要素の持続的な利用, 遺伝資源から生み出された利益の公正かつ公平な配分が理念になっている. これまで, CBDは陸域の話題が主であった. 2010年10月には, 日本が議長国となり名古屋でCBD第10回締結国会議 (CBD COP10) が開催された. この会議では, 海の生物多様性についても取り上げられた.

〔藤倉克則〕

6.13
環境変動と海洋生態系
(2)海洋の酸性化と生態系

過去200年以上にわたり人間活動によって二酸化炭素が大気に放出され，大気の二酸化炭素濃度は産業革命以前の約280ppmから2011年には390ppm（ppmは10^{-6}=1/1000000）を超えるまで，100ppm以上上昇している．海洋は大気中に放出された二酸化炭素の約1/3を吸収し，大気の二酸化炭素濃度の上昇を抑える役割を果たしているが，そのために海洋環境は影響を受ける．海水は水素イオン濃度指数（pH）が約8の弱アルカリ性であるが，人為起源二酸化炭素を吸収することによって海水のpHの値が低下し中性に近づいている．これを海洋酸性化という．海水のpHが低下すると炭酸物質のバランスが変わり，炭酸カルシウムが溶けやすい状態が生まれる．その結果，炭酸カルシウムの骨格や殻を持つサンゴやプランクトンに深刻な影響が出てくる可能性がある．

●二酸化炭素の海洋への溶解と海洋酸性化

二酸化炭素は水に溶けると水と反応して炭酸となり，水素イオン(H^+)を放出して炭酸水素イオン(HCO_3^-)や炭酸イオン(CO_3^{2-})に電離し，以下のような化学平衡が成り立っている．

$$CO_2 + H_2O \longleftrightarrow H_2CO_3 \qquad (1)$$
$$H_2CO_3 \longleftrightarrow H^+ + HCO_3^- \qquad (2)$$
$$HCO_3^- \longleftrightarrow H^+ + CO_3^{2-} \qquad (3)$$

海水中でのこれら炭酸物質の割合は水温，塩分，圧力に依存する電離定数によって求められるが，中性に近い弱アルカリ性である海水中では，(2)の反応でできたH^+の一部はCO_3^{2-}と反応しHCO_3^-を形成する．したがって，二酸化炭素が溶け込むことにより，H^+とHCO_3^-は増加し，CO_3^{2-}は減少する．pHが約8の平均的な海水にはCO_2：HCO_3^-：CO_3^{2-}は，およそ1：100：10の割合で存在している．

現在の海洋表層のpHの値は，7.9～8.25と空間的な変化がある[1]が，産業革命以降の二酸化炭素濃度上昇によって，表層海洋の平均pHは，約0.1低下したと見積もられている[2]．$[H^+]=1/10^{pH}$であるので，0.1のpH低下は水素イオン濃度が約25%高くなったことに対応する．今後，気候変動に関する政府間パネル(IPCC)による二酸化炭素排出に関するシナリオ(Special Report on Emissions Scenarios: SRES)に従って二酸化炭素濃度が上昇した場合，今世紀末には，pHがさらに0.14～0.35低下することが予測されている(図1)[2]．

●炭酸カルシウムの形成と海洋生態系への影響

海洋には炭酸カルシウムの殻や骨格を形成するプランクトンやサンゴが生息しているが，海洋酸性化の進行によってそれらの生物への影響が危惧されている．炭酸カルシウムの析出と溶解は，海水中の炭酸カルシウムが飽和しているかどうかに依存するが，炭酸カルシウムの飽和度Ωはその指標であり，

$$\Omega = \frac{[Ca^{2+}][CO_3^{2-}]}{K_{sp}^*}$$

と表される．ここでK_{sp}^*は，見かけの溶解度積で水温や圧力によって決まる定数であり，$[Ca^{2+}]$，$[CO_3^{2-}]$は海水中のカルシウムイオン，炭酸イオンの濃度である．

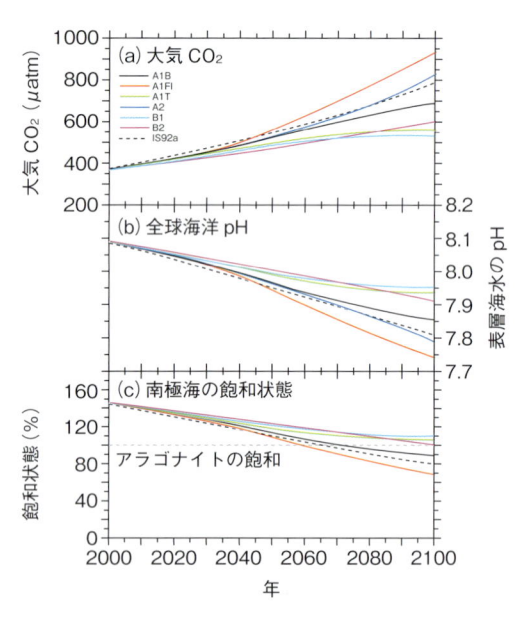

図1 IPCCのシナリオによる(a)大気中二酸化炭素分圧，およびそれらのシナリオに基づいて予測された，(b)全球平均の表層海水のpH，(c)南極海平均の表層海水のアラゴナイトの飽和度[2]．A1B～B2はSRESによるシナリオで，経済発展，環境重視，グローバル化，地域社会などを軸に分類される．IS92aは1992年にIPCCによって定められたシナリオの1つで，二酸化炭素がほぼ年1%ずつ増えるシナリオである．

アラゴナイトをつくる生物

翼足類　サンゴ

撮影：木元克典　　撮影：古島靖夫

カルサイトをつくる生物

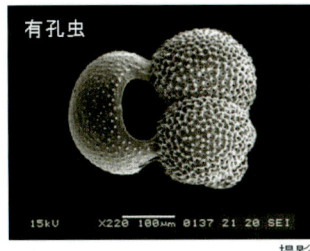

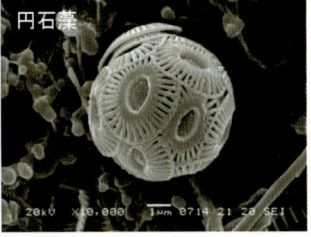

有孔虫　円石藻

撮影：木元克典

図2　海洋酸性化の進行により影響を受けると考えられる，炭酸カルシウムの殻や骨格を形成する生物の写真．上段はアラゴナイト，下段はカルサイトを形成する．

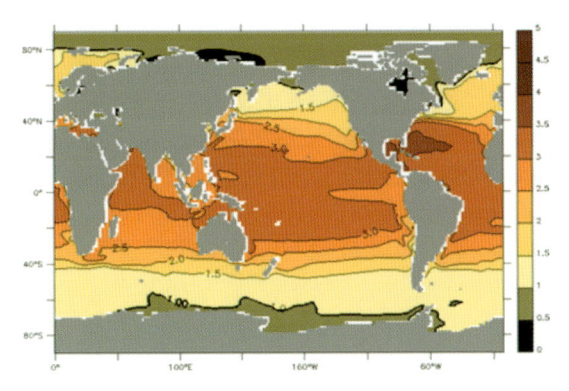

図3　大気の二酸化炭素が550 ppmで安定化するシナリオのもとで予測された23世紀末における海洋表層海水のアラゴナイトの飽和度[4]．

Ωが1より大きい時，海水中の炭酸カルシウムは過飽和であるといい，炭酸カルシウムが析出する．一方，Ωが1より小さいときは未飽和であるといい，炭酸カルシウムは海水中に溶解する．

炭酸カルシウムには，結晶構造の違いによりカルサイト（方解石）とアラゴナイト（霰石）があるが，海洋生物において，円石藻，有孔虫などのプランクトンはカルサイトを形成し，翼足類，サンゴはアラゴナイトを形成する．カルサイトはアラゴナイトよりも溶解度積が小さいため化学的に安定であり，アラゴナイトの方が海水に溶解しやすい（図2）．

海洋酸性化が進行すると炭酸イオン濃度が低下する．海水中のカルシウムイオン濃度はほぼ一定であるため，炭酸イオン濃度の低下に従って飽和度Ωが低下する．現在，海洋表層の炭酸カルシウムは過飽和であるが，北極海や南極海など，低水温のため二酸化炭素が豊富に吸収されている海域や，有機物の分解によって酸性化している深層からの海水が湧昇している海域では，飽和度は小さい．北極海では2008年の観測ですでに一部の海域でアラゴナイトに関して不飽和となっているとの報告がなされている[3]．また，21世紀気候変動予測革新プログラムにおいて進められたモデルによる予測実験[4]では，IPCCのシナリオS550（550 ppmで大気の二酸化炭素濃度が一定となるシナリオ）に従って二酸化炭素濃度が上昇した場合，北極海のほぼ全域，南極海の一部でアラゴナイトが未飽和となる海域が現れ（図3），アラゴナイトを形成する海洋生物への影響が危惧される．

海洋酸性化は，地球温暖化とともに二酸化炭素濃度の上昇によって生ずると考えられ，その現況の把握や将来予測，海洋生態系への影響に関する研究が進められている．

〔石田明生〕

6.14 地球温暖化と生態系の応答

●地球温暖化の背景

　地球温暖化は，文字通り，地球の平均気温が上昇する現象であり，しかも，その原因は自然現象ではなく，我々人類が，産業革命以来200年以上にわたって，石油・石炭・天然ガスといった化石燃料を大量に消費することによって，大気中の二酸化炭素（CO_2）を中心とした温室効果ガスの濃度を上昇させたために引き起こされた人為現象である．温室効果ガスの主役となっている CO_2 濃度の最近の動向を見ると，1990年代には年1.5ppm前後の上昇速度であったが，1993年に京都議定書が批准され，温室効果ガスの濃度上昇を抑える国際的な気運が高まってきたにもかかわらず，2000年代に入って，上昇速度は年2.0ppm前後に加速されているのである[1]．1万年ほど前に最終氷期が終わって以降，200年前の産業革命が始まるまで，大気 CO_2 濃度は280ppm程度で安定していたが，その後増加を続け，2010年の世界平均で389.3ppmになっている．我々の産業活動は大気 CO_2 濃度をすでに自然状態の40％近くを高めており，今後の動向が懸念されている．

●地球温暖化の生態系影響と応答

　植物にとっても動物にとっても，降水量とともに温度状態はその生存と成長に決定的に大きな影響を与えている．日本列島の森林分布に関しては，吉良竜夫によって考案された暖かさの指数（WI）・寒さの指数（CI）といった一種の積算温度で簡潔に説明可能である．たとえば，照葉樹林帯は180＞WI＞85℃月で，しかもCI＜10℃月の地域，落葉広葉樹林帯は85＞WI＞45℃月の地域，亜寒帯針葉樹林帯は45＞WI＞15℃月の地域といったように，温度環境によって森林帯の分布域が規定されている．日本の農業においては，夏の低温と日照の寡少による冷害がイネに深刻な被害をたびたびもたらしてきた．ところが，温暖化の進行に伴って，冷害の発生は減少しつつあり，イネの栽培適地も北上しつつある．一方，動物の分布に関しては，ナガサキアゲハやツバメシジミに代表される南方系の蝶が，最近，日本列島を北上しているという事例が数多く寄せられており[2]，温暖化の具体的な証拠と見られている．

●変動環境の中での陸域生態系の植物生産力

　陸域生態系と温度との関係は，上に紹介したような事例からも，深いかかわりがあることがわかる．これを陸域生態系に対する地球温暖化の影響という観点から統合的に捉えるときに，その生態系の光合成に由来する植物生産力を基本に考えることが有効であろう．植物は光合成で有機物生産を行って，大気 CO_2 を固定しており，その総量を総生産量（GPP）という．しかし，同時に呼吸による CO_2 の放出も行っている．したがって，GPPと呼吸量との差を純一次生産量（NPP）と呼んでおり，森林にしろ草原にしろ，あるいは農作物にしろ，このNPPに基づいて生長量が決まってくる．もしもある期間（たとえば，一生育期間），NPP＜0になれば，その生態系は遅かれ早かれ消滅に向かう．温暖化は呼吸を顕著に加速するので，NPPを減らす方向で作用し，結果としてNPP＜0になり，その生態系が消滅する危険性が増大するからである．ただし，図1に示されているように，温暖化は春の訪れを早め，生育期間を延長する正の効果もあり得るので，問題はそれほど単純ではない．このような観点から，ある特定の生態系を対象に，綿密なフェノロジー（生物季節）観測が続けられている．岐阜県高山市郊外の落葉広葉樹林（高山試験地）の2003年秋から2004年夏までの葉の展開の様子が全天写真で捉えられている．図1の上の列の全天写真は森林の上空から下の林冠を写したものであり，逆に下の列は林床から見上げて林冠を写したものである．秋の紅葉期から冬の落葉期，続いて訪れる積雪期，そして翌年の融雪期から春の展葉期へと移り変わる様子が示されている．ここでは，地上観測に加えて衛星観測も同時に行われて，葉の量の指標となるNDVI（植生指数）も算出されている．この図から，地上観測で得られたNDVIは森林のフェノロジーと見事に一致していることがわかる．しかも，衛星で観測されたNDVIも地上観測で得られたNDVIとよい一致を示している．このことは衛星観測によって，広域のNDVIの季節変化を探知することが可能なことを意味している．6.2も参照．

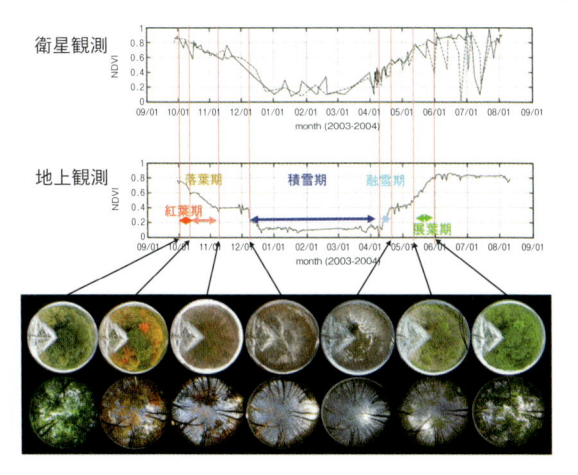

図1 高山試験地におけるフェノロジーの観測と衛星データとの検証．(上)衛星観測で求められたNDVI(植生指数)，(下)地上観測で求められたNDVI(植生指数)．全天写真：(上)林冠上から見下ろした様子，(下)林床から林冠を見上げた様子．奈佐原顕朗氏(筑波大学)提供．

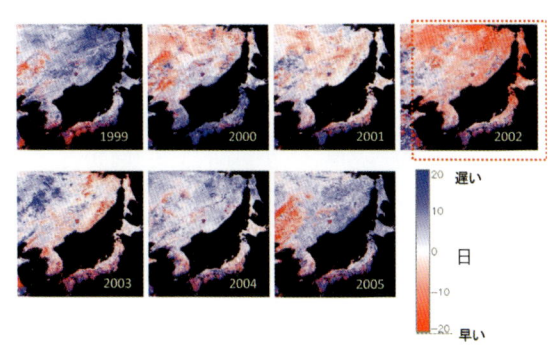

図2 衛星から推定された春の芽吹き時期のアノマリー．東アジア全般に，2002年は春の訪れが早く，逆に1999年と2004年では遅かった．奈佐原顕朗氏(筑波大学)提供．

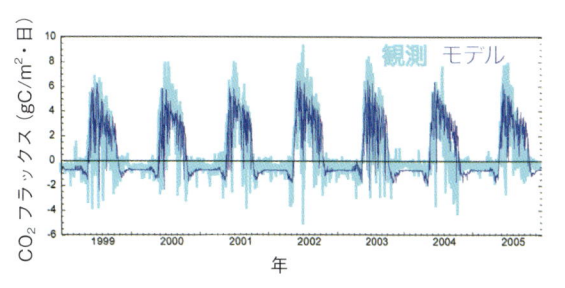

図3 高山試験地におけるCO_2フラックス(NEP)の長期の変動．渦相関法による実測値[3]とモデルによる推定値[4]．フラックスが正であれば，生態系がCO_2を吸収していることを意味する．伊藤昭彦氏(国立環境研究所)提供．

高山試験地を含む東アジア地域を対象に，衛星の情報から1999〜2005年の7年間の春の芽吹き時期を特定し，平均値からのずれをアノマリー(平年を0とし，何日早かったか，あるいは遅かった)として示したのが図2である．この図から，この地域では，2002年は全域で春が早く訪れ，逆に1999年や2004年は遅かったことがわかる．

高山試験地では，10年以上にわたって渦相関法によるCO_2フラックスの観測も続けられている．図3は1999〜2005年の7年間に及ぶ純生態系生産力(NEP)の観測値を示している．ここで，NEPとはNPPから土壌呼吸量を差し引いたものであり，土壌も含めたその生態系の正味の炭素収支量を表している．したがって，年間のNEPが正であれば，その生態系は炭素を蓄積しており，炭素のシンクと評価される．この森林の7年間の平均値(±標準偏差)は，1haあたり2.37±0.92t/年の炭素のシンクになっている[3]．春の芽吹きの遅かった1999年や2004年のNEPは小さく，早かった2002年のNEPは大きかった．

このような年々の気象条件に敏感に応答して，この森林のNEPは変動を示している．今後の温暖化の進行に伴って，NEPがどのような推移を示すか，興味ある課題である．図3には，機能的な生態系モデルを用いたNEPの推定値も併せて示されている[4]．このモデルは森林の樹木の生理・生態特性に現地で観測された微気象環境(日射量，気温など)を順次入力して，森林全体のCO_2収支の年々の推移を求めたものである．モデルによる推定値は実測値をかなりよく再現できていることが見て取れる．したがって，将来の温暖化した気候条件を入力すれば，この森林の将来のNEPもかなりの精度で予測することが可能であろう．

〔及川武久〕

6.15
大気中の酸素と二酸化炭素の量を決める仕組み

●現在の大気

図1は，現在の大気の組成を示したものである．現在の大気中には，酸素が約20.9％，二酸化炭素は約0.04％（400ppm）弱含まれている．

大気中の酸素は，植物が光合成すること（水の分解）によって常に供給されていると同時に，有機物が分解される（生物による呼吸も含む）ことによって主に消費されている．それに対して大気中の二酸化炭素は，有機物が分解されることによって大気中に供給される一方で，光合成によって消費されている（いずれも二酸化炭素量にして年間4400億t）．すなわち，大気中の酸素濃度と二酸化炭素濃度は，基本的に表裏一体の関係にある（図2）．

それ以外に酸素は，水の光分解によって生成されていたり，天然の風化によって露出した鉄（Fe^{2+}）や硫黄（S^{2-}）の酸化に用いられ消費されたりするが，それらの量は上のプロセスに比べ桁違いに小さく，量的には無視し得る．

光合成・呼吸・分解といったプロセスは，陸上（大気中）だけでなく，海洋（海水中）でも起きるため，大気中の酸素や二酸化炭素濃度を決める重要な要因として，大気と海洋間の交換が挙げられる．海水は一般に二酸化炭素に未飽和であるのに対し，酸素に対してはほぼ飽和状態にある．したがって，海洋表層水中で光合成によって生成された酸素の多くは，海洋表面から大気へと放出されるが，海洋表層水中で有機物の分解などによって生成された二酸化炭素はそのまま海水中に溶解する．大気側から見ると，海は酸素のソースであると同時に二酸化炭素のシンクでもある．海洋に溶存した二酸化炭素は，さらに海水中で炭酸塩の沈殿に使われるため，堆積物は大気-海洋系に分布する二酸化炭素のシンクとなっている．

ここ数十年間にわたる大気中の酸素濃度と二酸化炭素濃度の変化を詳しく見ると，二酸化炭素濃度は上昇傾向にあり，酸素濃度は減少傾向にある（図3）．

これは人類が，地中奥深くに眠っていた化石燃料を取り出して燃焼し，大気中の酸素を消費すると同時に，二酸化炭素を大気中に放出しているからである．自然

図1　現在の大気の化学組成．

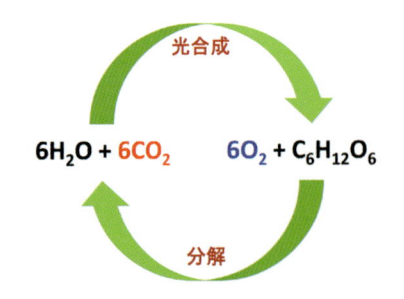

図2　自然界における光合成と分解プロセスによってサイクルしている二酸化炭素（CO_2）と酸素（O_2）．

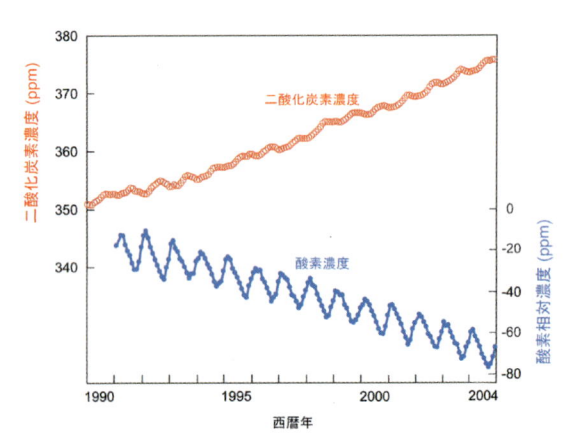

図3　タスマニア（オーストラリア）のグリム岬における大気中の二酸化炭素濃度と酸素濃度の変化（1990～2005年）．酸素濃度は1985年頃を基準とした相対濃度で示されている．大気中の二酸化炭素が年2ppm弱のスピードで増加しているのに対し，酸素濃度は年3ppmほどのスピードで減少している．文献1より改変．

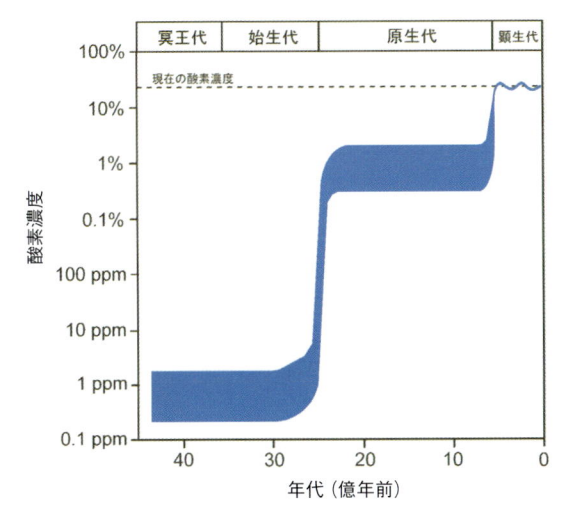

図4 地球史45億年を通した，大気中の酸素濃度の変化（文献2より改変）．

のバランスを保っていたサイクルに，人為的に新しいプロセスを付け加えたことの影響と考えることができる．

●過去の大気

より長い地質学的な時間スケールで大気中の酸素濃度や二酸化炭素濃度について考える場合，異なるプロセスが重要になってくる．原始の地球大気には酸素はほとんど含まれておらず，二酸化炭素濃度は主要成分の1つだったと考えられている．それが現在の大気のように高い酸素濃度と低い二酸化炭素濃度という姿に変化した最大の原因は，酸素発生型光合成生物の進化と，地質プロセスによる有機物の隔離という2つのプロセスが特に重要である．

図2に示したとおり，光合成と有機物の分解反応は全く逆向きの式であるため，両者が作り出すサイクルは酸素や二酸化炭素がかかわってはいるものの，全体として見れば物質の出入りはないことになる．

海洋で生産される有機物は，生物の死後海洋中を沈降し，一部のものは海底にまで到達する．このような有機物のほとんどは海底付近で分解してしまうものの，ごく一部は堆積物中に取り込まれ，酸素などの酸化剤から隔離される．このように，地球表層で起きているサイクルから逃げる炭素は，現在の海洋において全体の0.4％（炭素量に換算すると年間約2億t）というごくわずかに過ぎない[3]．しかし，生命が誕生してから30億年以上にわたって，このプロセスが続いてきたために，有機物の分解に本来使われるはずの酸素が大気-海洋系に取り残されてしまうことになる．その結果，大気や海洋中の酸素濃度が増加してきたのである（図4）．

一方，二酸化炭素は，地球内部からの脱ガス（主として火山活動）によって大気中に供給され続けてきた．しかし，消費量（有機物の堆積物中への埋没速度）が供給量を少しだけ上回っていたため，時代とともに大気中の濃度は徐々に減少し続け，第四紀後半の産業革命以前には200〜300ppmになっている．

〔大河内直彦〕

6.16 海洋と陸域の生態系の生産力

●海洋の生態系の生産力

海洋の植物プランクトンは，大気中から海水へ溶け込んだ二酸化炭素，あるいは深層から供給される二酸化炭素，栄養塩，そして，太陽光を得て光合成し，一次生産と呼ばれる重要な役割を担っている．一次生産力とは，植物プランクトンが窒素・リンといった栄養塩，太陽光を得て光合成し，海水へ溶け込んだ二酸化炭素を取り込み固定する「単位時間単位面積あたりの炭素量」のことをさす．海洋が二酸化炭素をどのくらい吸収，放出していて，海水に溶けた二酸化炭素が植物プランクトンによる一次生産でどれだけ利用されているのか，さらに，気候変動とどのような関係があるのか定量的に理解することは，地球温暖化と物質循環との関係を解明するうえで，非常に重要である．

海洋のバイオマスは約30億tで，陸域（約6000

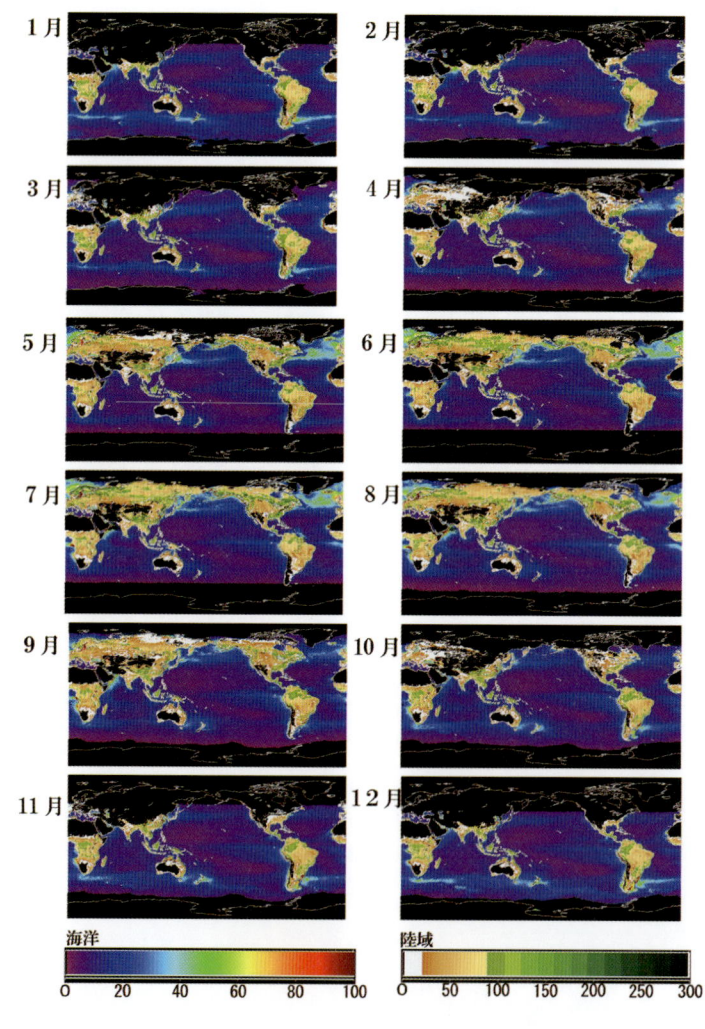

図1 海洋と陸域の月平均一次生産力．単位はgC/m^2·月で，1m^2，1月あたりの炭素換算した質量を意味する．カラースケールは海洋（左）と，陸域（右）で異なることに注意．

億 t）と比較すると非常に小さいが，植物プランクトンの一次生産力は，年間約 500 億 t といわれ，陸域（約 600 億 t）に匹敵するほど大きいことで知られる[1]．海洋の一次生産力は酸素法および無機炭酸塩 ^{14}C や ^{13}C を用いたトレーサー法[2),3)]など，実験室または船舶による現場実験によって測定されてきた．しかしながら，船舶による一次生産力の測定には，多くの観測時間を要し，技術的・時間的にも多くの困難が伴う．そこで，近年，人工衛星の発達により海洋の一次生産力をより広域に瞬時に繰り返し観測することが可能となってきた．図1は海洋と陸域における一次生産力を示す．海洋の部分は，人工衛星によって推定された 1998～2007 年までの月平均値である．人工衛星から海洋の一次生産力を求めるには，まず船舶などによる現場観測データから，植物プランクトンと光，水温，および光合成能力との関係を調べ，これらの関係式に，衛星から観測された海面の植物プランクトン濃度，水温，日射量を入力データとして海洋の生産力を計算する[4)]．

画像を見ると，外洋域で生産力が比較的高いのは，青から緑色の分布が見られる日本周辺を含む中高緯度帯である．これは，熱帯域よりも豊富な栄養塩によって植物プランクトンのバイオマスが高いことに起因するものと考えられる．特に，春季の植物プランクトンの大増殖（春季ブルーム）時に顕著である．通年で生産力が高い地域は沿岸域で見られ，河川水から流入する陸起源の栄養塩や，岸に沿って流れる海流による湧昇（沿岸湧昇）が引き起こす深層からの豊富な栄養塩供給によって，生産力が高められていると考えられる．ペルー沖から赤道沿いでは，周囲よりも生産力が高い青色の帯が東西に細長く伸びている．この海域では，西向きの貿易風によって上昇流（赤道湧昇）が起こることで知られ，深層から豊富な栄養塩が周辺海域よりも多く供給されることによって，生産力が高くなると考えられる．

人工衛星を用いた一次生産力の推定はいまだ精度面で問題が残されているが，精度向上のための船舶観測や新しい測器システムの開発[5)]，モデル研究が現在も進められている．

● 陸域の生態系の生産力

陸域では一次生産のほとんどが緑色植物（樹木や草本）の光合成によって行われており，そこで生産されるバイオマスの総量は年間で約 600 億 t に及んでいる．図1の画像の陸域部分は，1990～99 年までの数値モデルによる推定値を用いて計算した，月平均一次生産力を示す．地域的に見ると，年間を通じて温暖で，豊富な降水量がある熱帯多雨林は非常に高い生産力（年間で 1 ha あたり 10 t 以上）を持っている．一方，温度の低下や降水量の減少に伴って生産力は低下し，生態系の景観も疎林や草原，ツンドラや砂漠へと推移していく．中緯度以上の温帯・寒帯では，生産力は日射量などの環境条件に応じて明らかな季節変化があり，低温な冬の期間にはほとんど生産が行われない．このような陸域の生産力は，バイオマスの変化や枯死物の量から評価することができるが，地下にある根の観測は非常に難しい．海洋と比較すると，一般に陸域では水分による光合成への制限があるため，同じ緯度帯でも内陸部ほど乾燥が激しく，生産力低下が生じているという特徴がある．また，多くの生態系では窒素やリンなどの栄養塩不足による生産力の低下が生じているが，土壌中の有機物に大量のプールがあるため，海洋ほど顕著な制限要因になっていないことが多い．植物の光合成によって生産されたバイオマスは，森林に代表される生態系の大きな構造を支える資源となっている．そして，食物連鎖を通じて動物や土壌の微生物が利用することによって，数百万種以上に及ぶ地上の生物多様性の基礎となっている．

陸域の生産力は人間社会でも重要な意味を持っており，特に農地の生産力は穀物などの食糧供給と直結している．また，生態系が人間社会にもたらすさまざまな便益（生態系サービス）を代表する指標として有用である．陸域の生産力は，地球環境変動の観点でも重要であり，大気二酸化炭素濃度の増加や気候条件の変化は，生産力に複雑な影響を与えると考えられている．たとえば，大気二酸化炭素濃度が倍増すると，施肥効果で生産力は約 30 ％増加すると考えられているが，温度や降水量の変化によっては生産力が逆に減少し，生態系サービスの減退を招くこともあり得る．一方で，光合成生産は大気二酸化炭素の固定を通じて，温室効果ガス濃度や気候の安定化に深く関係している．実際に，植林や森林管理による陸域への二酸化炭素固定が，温暖化対策として国際的な枠組みで議論されている．

〔笹岡晃征・伊藤昭彦〕

6.17 エコロジカル・フットプリントとアジア

●エコロジカル・フットプリントとは

　ある国家や地域が消費している食料と植物工業資源（繊維や衣類）の生産に必要な土地面積をエコロジカル・フットプリント（EF）と呼ぶ．エネルギー消費による二酸化炭素を吸収するための土地面積や住宅などのインフラ・構造物に使用されている面積の合計値であり，人間活動の天然資源消費の負荷を測るわかりやすい指標である．EFは，人間活動により消費される資源量を分析・評価する手法の1つで，人間一人が持続可能な生活を送るために必要な生産可能な土地面積（水産資源の利用を含めて計算する場合は陸水面積となる）として表される．最近，このフットプリントの考え方は水利用やメタン排出量などにも導入され，水フットプリントやメタンフットプリントなどという言葉を聞くようになってきた．
　EFは，①食糧の生産に必要な土地面積，②紙，木材などの生産に必要な土地面積，③化石燃料の消費によって排出される二酸化炭素を吸収するために必要な森林面積，④道路，建築物などに使われる土地面積，を合計した値として計算される．このEFは，各国で差があり，米国では人間一人が必要とする生産可能な土地面積は5.1ha，カナダでは4.3ha，日本2.3ha，インド0.4ha，世界平均1.8haとなり，先進国の資源の過剰消費の実態を示す．これは，人間が地球環境に及ぼす影響の大きさと見ることもできることから，EF，つまり「地球の自然生態系のフットプリント」と呼び，直感的にわかりやすいため，世界中にこの見方が広がっている．
　2001年時点で世界の平均を見ると，地球全体のEFは，135億グローバル・ヘクタール（gha）と試算されている．「グローバル・ヘクタール」とは，全世界の平均値となる自然の生産能力を持つ面積1ha分のことである．一人あたりの資源消費量は2.28haに相当する．地球のバイオキャパシティ（生物資源の再生が可能とされる総面積）は，113億ghaと推定され（地球の面積の25％相当），一人あたり1.90haとなる．よって，人間活動によるフットプリントは，地球の再生可能な容量を約20％超過（1.90haの容量に対し，2.28haの消費）．この超過分をオーバーシュートと呼び，1980年代半ばから発生しており，現在は，毎年「エコロジカル・デット＝生態系借金」が拡大している状況となり省エネルギー，持続的なライフスタイルの開始を至急開始することが全人類に求められている．
　このような指標に対する色々な批判については以下のようになっている．まず，「全ての生態系要素・生態系影響」を計算することが不可能な点である．したがって，主な定量化可能なものだけについてEFを求めており，エネルギー排出量・穀物消費量などよりは総合的な指標として取り扱われている．また，農作物の輸入を水や作付面積（土地）で計ることは可能であるが，対象の輸入作物が，工場内で人工的に栽培されている場合などは，実際のつくられ方までは評価できていない大まかな指標といえる．EF指標は現時点では不完全で大雑把だが直感的にわかりやすいということが評価されている．また，米国が日本や欧州に比べて約2倍の消費があり，低所得国に比べて20倍の消費があるというのは，説得力のある指標であると思われる．

●世界の陸上NPPの需要/供給比の分布

　人が生きるためには最低限食料と衣類そして住居が必要となる．これらの需要は単位面積で比較すると人口密度と正の相関を持つと考えられる．一方，需要に対する供給能力は植物の一次生産に依存する．一次生産は気候区や生態系サブシステムで区分されるように陸上や海洋を問わず地域差がある．陸上では温度と降水量によって生態系サブシステムが区分され，これに光強度を加えた3つの因子によって生産力が規定される．海洋では一次生産者が植物プランクトンであり，その生産は温度や光の強度よりは表層への栄養塩の供給によって支配されている．たとえば，漁獲高で見ると，北部北太平洋や南極海が高くなっている．通常EFは海の生産は考慮しないで計算されているが，我が国のように米と水産物が食料の大部分を占める国では，海洋も組み込んだEFのあり方について，理解を広げる必要がある．
　図1は1990年代の陸上における上記需要とその地域における生産力の比をとって，地図化したものである．自給できない地域が全人口の半分が住むアジアに

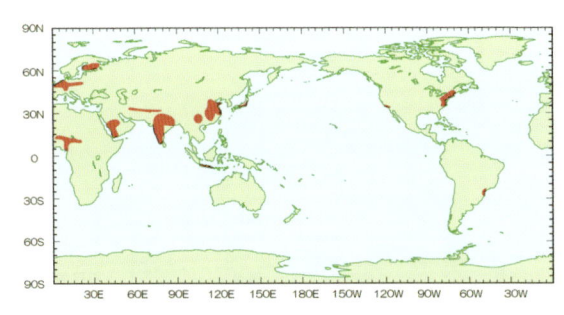

図1 1990年代の陸上の需要/供給比．赤色で示した地域は，食料の自給ができない地域（生産力≪需要）を示している．文献1より改変．

集中している．

●東アジア：その特徴

近未来において，その動向が地球環境問題に大きな影響を及ぼすアジアとは地理学的に見てどのようなところなのであろうか．図2にその特徴をまとめた．列記すると，
①地球の氷期に氷河で覆われなかったバイカル湖，琵琶湖などは凍結しなかったため生物多様性に富む．
②モンスーンアジアで，世界でも雨量が多く稲作が栄えている．
③火山活動が活発（図の赤線）で表層に新しいミネラルが供給され，長い数千年の規模で見ると森林を涵養している．赤道を越えて森林地帯がつながる（図の緑線）唯一の地帯である．
④海面上昇・下降によって南シナ海，東シナ海周辺部は島が離合集散を繰り返し生物の多様化を促進した．
⑤大陸移動によるコンドワナ・ローラシア両大陸が南シナ海で合体しており，両大陸で進化した生物が合わさって多様性を広げている．

●フードマイレージ

もう少し，身近なわかりやすい例で考えてみる．近年中国と日本は言葉の広い意味での工業製品を輸出し，食料を輸入する大国となっている．現代は船による輸送が比較的安価であるため，たとえば昼飯時，洋食も和食もほぼ同じ値段で食べられる．しかし，献立の違いによる耕地面積の大きさを比較してみると，伝統的な食文化である和食は海にいる魚が中心なので耕地面積は0.53 m²と少なくてすむ．一方，洋食の場合には，牛を飼育する牧場や米国などから運搬しなければなら

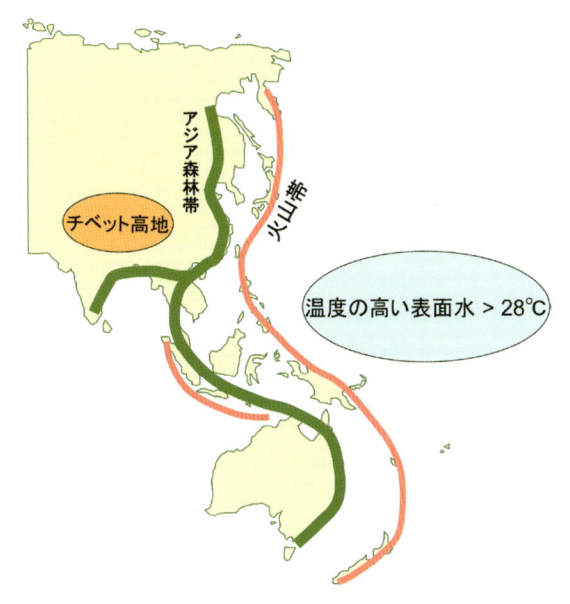

図2 東部太平洋における火山活動の活発なベルト（赤線）と森林が連続するベルト（緑線）[2]．

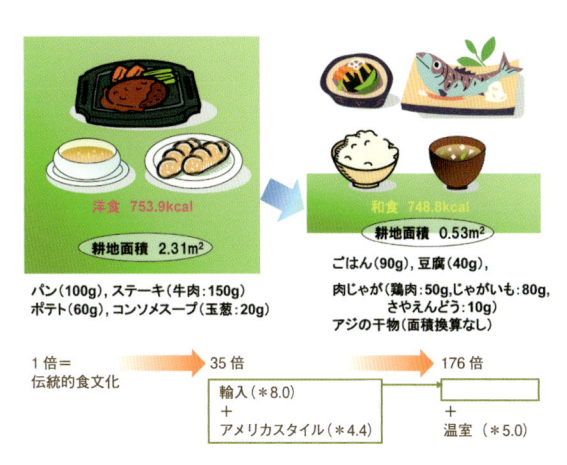

図3 洋食（左）と和食（右）とのエコロジカル・フットプリント（EF）の比較[3]．

ないということで，耕地面積が2.31 m²もかかるうえに，輸入のためのエネルギーが8倍かかってしまう（図3）．このように，EFの評価を取り入れると，日本で生活する日本人にとって，地元で取れた素材を用いた食事をすることが一番のサステイナビリティーへの道になるということを理解できるようになる．

〔和田英太郎・鈴木力英〕

7.1 海洋の構造

●地学的構造

地球上の大規模な海水分布，つまり海洋の大きさとその位置が現在とほぼ同じ形になったのは約1400万年前のこととされている（図1）．海洋の全表面積は約 $360 \times 10^6 \, km^2$ で，全地球表面積 $510 \times 10^6 \, km^2$ の71％を占めている．海洋の地理的分類については，太平洋，大西洋，インド洋の三大洋や，それらに近接する縁辺海との境界も含め，国際水路機関（IHO）が2000年に定義を行っているものの，全世界での批准には至っていない．しかしながら海洋学では，主要な三大洋については，大西洋の北限をデービス海峡－グリーンランド－シェトランド諸島，東限をジブラルタル海峡，南東限をアガラス岬－南極大陸，南西限をフェゴ島から南極半島とし，太平洋については北限をベーリング海峡－千島列島－根室半島，赤道域西限界をマレー半島－インドネシア諸島－ダーウィン，南西限をタスマニア－南極大陸，さらに太平洋の南西限と大西洋の南東限の間をインド洋とすることが多い．さらに，三大洋の北限以北を北極海とし，それに加え，米国CIAの発行する World Fact Book あるいは IHO の提案にならって，南緯60度以南の海洋を南氷洋あるいは南大洋と呼ぶ場合があるが，いずれにせよ境界定義は確定的ではない．また，特定の海域を指し示す場合には，たとえば，南シナ海，ベーリング海，アラフラ海など，歴史的な呼び名が使われている．

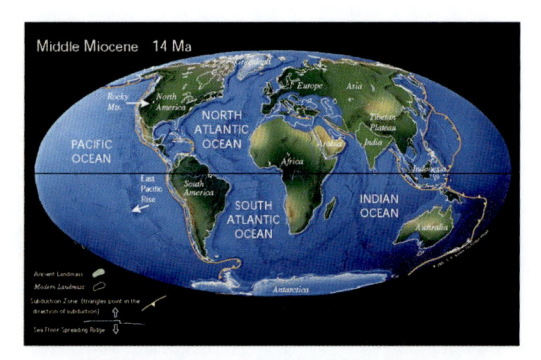

図1 今から1400万年前の海陸分布．1400万年前にはアルプス造山運動に代表されるような大規模な地殻変動が終わり，ほぼ現在と同じ海陸分布ができあがったとされる．PALEOMAP Project：Christophere R. Scotese より．

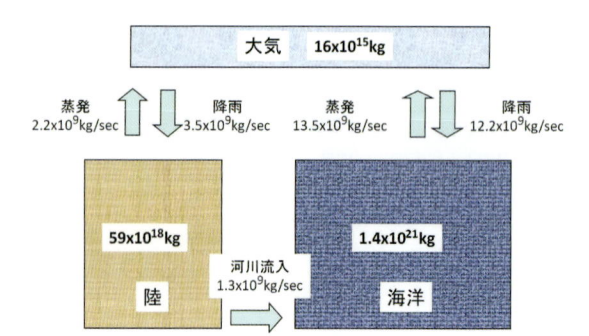

図2 地球上での真水の存在場所と量．UN-Water annual reports, 2007, 2008, 2009, 2010 および NCEP Reanalysis より計算作図．

北極海，太平洋，大西洋，インド洋それぞれの面積は $14 \times 10^6 \, km^2$，$180 \times 10^6 \, km^2$，$88 \times 10^6 \, km^2$，$74 \times 10^6 \, km^2$ であり，その合計は全海洋面積の99％を占めている．体積については，それぞれ $17 \times 10^6 \, km^3$，$720 \times 10^6 \, km^3$，$330 \times 10^6 \, km^3$，$290 \times 10^6 \, km^3$ であり，その合計は全海洋体積の99％以上を占めている．太平洋，大西洋，インド洋での平均水深はそれぞれ約 4280 m，3920 m，3960 m となっており，太平洋が最も深くなっているのは，その西の部分が最も古い海洋底となっているためである．一方，これら三大洋での水深分布については（図1），各大洋で異なっているものの，500 m よりも浅い部分と，3500〜5500 m の水深を持つ部分とがそれぞれ大きな割合を占めている．前者は大陸棚と呼ばれ，後者は大洋底あるいは海盆と呼ばれる．また，両者をつなぐ海底は大陸棚斜面と呼ばれる．

海洋には地球全体に存在する真水の95％以上が存在している（図2）．陸上あるいは大気との間で河川流入と蒸発・降雨を介して真水の交換が行われるが，それによって海洋全体の真水が入れ換わると仮定すると，2500年以上の長い時間が必要になる．河川と降雨によって岩石成分や大気成分が海洋にもたらされるが，真水の長い滞留時間が，多種の元素の濃縮や化学変化，さらには沈殿という海洋独自の過程を支えている．

●平面的な水温・塩分構造

海洋は，全地球表面積の71％を占めていることと

海 洋

図3 2001〜11年における1月の平均気温分布．北半球では北緯40度を境に，それより北では同緯度の東岸で西岸よりも気温が高く，それより南では気温が低くなっている．これは黒潮やメキシコ湾流が低緯度の海水を東岸に運んで広がり，そこに一様な気温の場をつくろうとする結果である．NCEP reanalysis data, National Oceanic and Atmosphere Administration より計算作成．

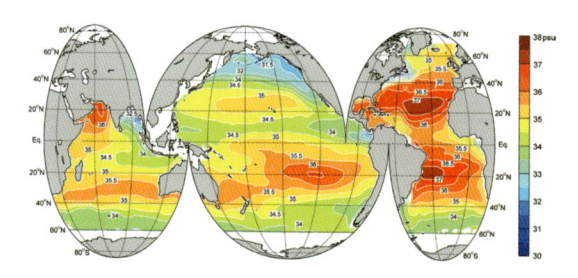

図4 2001〜11年にArgo floatで測定された平均海面塩分の分布．北太平洋で塩分が低く大西洋で塩分が高いことがわかる．インド洋北西部（アラビア海）での高塩分海水は紅海，アラビア湾からの高塩分海水流出によるものである．Argo Data base-Gridded, JAMSTEC より作成．

陸を形成する岩石に比べて比熱が大きいことから，近傍の大気の温度を安定させる働きを持っている．その結果，大陸の内陸部に比べ沿岸部や島嶼，海上での最高気温と最低気温の差は小さくなり，中・高緯度では等値線が大陸の形とよく類似することとなる（図2）．また，各大洋には地球規模の風系（貿易風，偏西風）に対応して浅い部分に卓越する海流が維持される（表層循環系）．たとえば北太平洋と北大西洋の中緯度では，黒潮とメキシコ湾流がそれぞれ低緯度にあった海水を大洋の東端高緯度に輸送し南北に分かれることから，高緯度域では同じ緯度であっても大洋の西端に比べて東端では気温が高く，中緯度域では気温が低くなる（図3）．たとえば北緯52度のロンドンとニューファンドランドの1月の平均気温に20℃近い差が生じている．

海面の塩分については，年間を通じて水温や気温に比べて大きな差がないが，三大洋を比べると，北大西洋中央部が最も塩分が高く，太平洋北部が最も低い（図4）．これは，北大西洋には蒸発が盛んな地中海が付属し塩分を供給していることと，太平洋北部では蒸発に比べて降雨による真水の加入のほうが大きくなっているためと考えられている[1]が，直接的に観測された結果はまだない．冬季でも水温の高い大西洋北部が，夏季でも水温が最も低い南極周辺と同様に深層循環の起点となるのはこの塩分の高さが理由である．

● 深さ方向の水温・塩分構造

海水の密度は，水温と塩分と圧力の関数として表され，水温が高いほど，また塩分が低いほど密度が小さくなる．異なる水温や塩分を持つ海水の密度を比べる場合には，同一圧力下での密度に換算することが必要になる．海水の密度は，水温，塩分，圧力をパラメータとした海水の状態方程式で計算されるが，あらかじめ一定の圧力下で水温，塩分と密度を計算し図としたTSダイアグラムを簡便に利用する場合もある（図3）．海水の密度は，海面から海底に向かうに従って単調に大きくなるが，水温，塩分については必ずしも単調ではない（補足説明を参照）．北大西洋を除く他の海域では水深1000 m付近に両極から塩分の低い海水が赤道方向に続いているし，どの断面でも南極方向からは水温が低く塩分の高い海水が海底から赤道方向に延びている．また，北大西洋では水深1000 m付近に地中海からの影響を強く受けた塩分の高い海水が見られると同時に，水深3000 m付近を中心とした深度にも北大西洋から南大西洋に連なる塩分の高い海水が見られ，大西洋を特徴づけている．これらの海洋鉛直構造は熱塩循環，さらに大気海洋間での熱交換（大気海洋相互作用）と深い関係を持つ重要なものであることから，それぞれ水塊として名称が付されている．さらに3つの大洋の水温，塩分断面に共通して，高緯度では水温，塩分ともにそれらの深さ方向の変化が中緯度に比べて小さくなっている．これらは太陽による表層の加熱が小さいことのみならず，それらの海域での深さ方向の海水の動きや混合が大きいこととも関係している．

〔深澤理郎〕

7.2 海面境界過程 大気・海洋との相互作用

海洋は低緯度（赤道付近）でより多くの日射（短波放射）を吸収して暖められている．逆に中・高緯度では海洋が受ける日射より放出する熱量のほうが大きい．このため，海水は，低緯度の熱量を中・高緯度に輸送するように循環し，南北の温度差を小さくしている．海洋のこの大規模な循環は，地球の気候を規定する重要な意味を持っている．図1は，これを模式的に示したものである．海洋の温度変化が非常に小さいとすれば，水平方向に運ばれる熱量の発散・収束分と海面から出入りする熱量（熱フラックス）はほぼ等しくなる．海面熱フラックスを正確に把握することは海洋循環を理解するうえで重要であり，また，気象・気候予測にとっても不可欠である．

● **熱の形態**

海面を通して出入りする熱の形態には以下の4つがある．これらを全て足し合わせたものが海洋への正味の熱フラックスである．図2は，各要素の平均的な相対的割合を示したものである．

◎ **顕熱**

海洋と大気が接する面，すなわち海面を通して温度の高いほうから低いほうに輸送される熱量のこと．たとえば，海面の水温の方が直上の気温よりも高ければ，熱は海洋側から大気側に移動することになる．風が強く流れの乱れが大きい時ほど顕熱は大きくなる．一般に，顕熱フラックスは次に述べる潜熱フラックスに比べて小さい（図2）．しかし，冬季の中・高緯度では潜熱輸送量に匹敵するほど大きくなることがある．これは両者の比（ボーエン比）に温度依存性があるためである[4]．

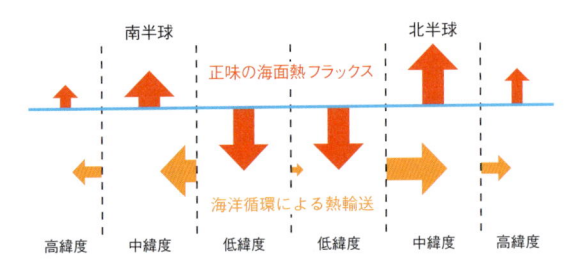

図1 海洋循環による南北熱輸送量と海面から出入りする熱フラックスとの関係．

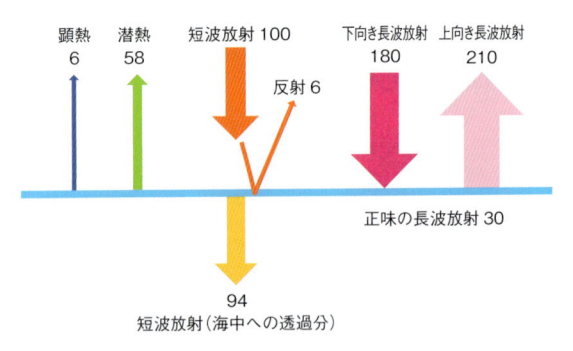

図2 海面付近の下向き短波放射量を100とした場合の各熱輸送量の割合．全球平均の概略値（海氷域を除く）．NCEPおよびECMWFの大気再解析データ[1]-[3]に基づく．

◎ **潜熱**

海面から水が蒸発するときに海から輸送される熱量のこと．潜熱フラックスを水の気化熱（約2.5 MJ/kg）で割ったものが水蒸気フラックスになる．風が強いほど潜熱，すなわち，蒸発量は大きくなる．空気が乾燥しているほど，また，海面水温が高いほど潜熱フラックスは大きい．この潜熱フラックスと前述の顕熱フラックスを合わせて乱流熱フラックスと呼ぶ．

◎ **長波放射**

海面からは海面水温の4乗に比例するエネルギーが電磁波として射出されている．海面から射出される電磁波の大半は赤外線であり，太陽放射と比べて波長が長いことから，この放射は長波放射とも呼ばれる．一方，大気や雲も赤外線を射出しており，そのうち下向きのものを海洋は吸収している．この波長帯における海水の放射率は高く（約0.96），かなり黒体に近い．後述の短波放射が比較的深くまで海中を透過するのに対し，赤外線は海面から数mmの厚さの層内でほとんど吸収される．長波放射に関しては，通常海から出ていくほうが海に入るものより大きく，正味では海洋を冷やしている．雲が多いほど下向きの長波放射量が多くなり，海洋は冷えにくくなる．ちなみに，海から射出される電磁波は波長10μm付近（熱赤外）で最も強く，また，大気はこの波長域の電磁波をよく透過することから，人工衛星による海面水温観測には主にこの波長域のチャンネルが使用される．

◎ **短波放射**

太陽から地球に入射する電磁波は主に可視光であり，赤外線に比べて波長が短いため短波放射とも呼ばれる．海が日射を反射する割合（アルベド）は海面の波の状態や太陽の角度などによって変化するが，太陽が真上付近にある場合にはアルベドは6％程度である．つ

まり，海は日射の大半を吸収している．また，日射を吸収する割合は浅いところほど大きく，海面からわずか1mの層内で日射の約6割が吸収される[5]．短波放射は海を暖めるだけでなく植物プランクトンの光合成にも使用されるため，海洋生態系にとって極めて重要である．

●海面熱フラックスの求め方

大気–海洋間の顕熱フラックスは海面水温と気温の差に風速と係数を掛けたものに比例する．同様に潜熱フラックスは海面の比湿（海面水温の飽和比湿）と大気の比湿との差に風速と係数を掛けたものに比例する（比湿とはある空気塊の質量と，その空気塊に含まれる水蒸気の質量との比である）．係数は経験的に決められておりいくつか提案されているが，どれも不確かさがあり「一番正しい」といい切れるものはない．

風速と海面水温，および海上大気の気温・湿度がわかれば顕熱・潜熱フラックス，および上向き長波放射量を計算することができる．また，下向き長波放射量や短波放射量も人工衛星からの赤外線もしくは可視光による雲の観測から導出することができる．人工衛星による観測が行われる前は船舶による非常に限られた気象データのみからこれらの値を計算していた．そのため，海面熱フラックスの推定値には観測の少なさに起因する大きな不確かさがつきまとっていた．1980年代以降は人工衛星による海洋・気象観測が充実してほぼ毎日，全球の高分解能の観測データが得られるようになっている．これらを海面熱フラックスの推定に利用しようという試みが現在行われている．ただし，海面水温や風速と違って，海洋直上の気温や湿度は人工衛星で観測することはできない．このため，乱流熱フラックス算出の際には上空の水蒸気量から海面付近の湿度を推定する，気温と水温の差を一定と仮定する，大気再解析データで代用する，などの策が提案されている．

このような方法で人工衛星観測を活用して求められた海面熱フラックスの一例を示す[6]．図3は，2005年1月の潜熱フラックスである．日本の東の黒潮続流や暖水渦の上で潜熱輸送が大きくなっている様子が鮮明に捉えられている．このような空間分布を捉えることは人工衛星なくしては不可能である．これらの場所では海洋は局所的に強く冷やされているが，このような局所的な冷却・加熱が海洋あるいは大気の循環に何らかの影響を与える可能性が指摘されている．

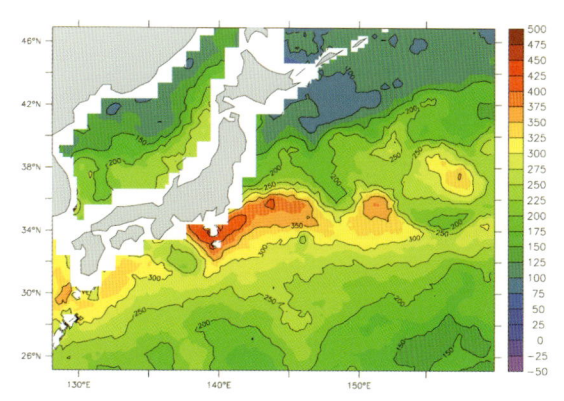

図3 人工衛星データから推定した2005年1月の潜熱フラックス（海洋から大気に輸送される熱が大きいほど値が大きい．単位：W/m^2）[7]．

●大気海洋相互作用

全球に目を向けてみる．図1は，年平均の正味熱輸送量であるが，赤道付近で海が暖められ，中・高緯度では冷やされている．大陸の東側，とくに日本付近や北米の東海岸沖では海から輸送される熱量が非常に大きい．これらの海域では，西岸境界流と呼ばれる強い流れによって低緯度の暖かい水が運ばれるため水温が高いことに加え，冬季には大陸から冷たく乾燥した空気が吹き出す．そのため乱流熱フラックスが大きくなる．冬季の日本海における潜熱・顕熱フラックスは日本の気候にとって重要な役割を果たしている．大陸からの冷たく乾燥した空気を暖め，湿気を加えている．その影響で日本の冬は大陸と比べると温暖で，日本海側の降雪量は世界有数の多さとなっている．

また，海洋から大気への潜熱（水蒸気）輸送は，たとえば台風予測にとっても非常に重要である．水蒸気が凝結するときに放出する潜熱が熱帯低気圧のエネルギー源であるからである．つまり，熱帯低気圧が発生・発達するには海面水温が高いことが必要である．一方，熱帯低気圧が発達して風が強まると，海を攪拌して下から冷たい水が上がってくる効果と，熱を大気側に輸送する効果により，海面水温は低くなる．水温が低くなると水は蒸発しにくくなるので，海面水温の低下は熱帯低気圧の発達を抑える方向に働く．実際，数値モデルで熱帯低気圧の発達を予測する際に，この海面冷却の効果を考慮すると，熱帯低気圧の発達が抑えられる傾向があることが知られている．冷たい水が比較的浅い場所にあれば容易に上昇できるため，海面の冷却は大きくなる．

〔川合義美〕

7.3 水塊

●水塊とは

　海洋はひとつながりの海水であるが，その特性は一様ではない．水温，塩分などの特性がある特定の範囲に入るような海水の一団（かたまり）を他の海水と区別して認識することができるとき，そのような海水のかたまりを水塊と呼ぶ．図1の模式図のように，世界の海洋は，個性を持った水塊によって構成されている．海洋の3次元的な循環や構造に関する知識の多くは，各水塊がその性質を獲得する過程，すなわち水塊の形成過程，および，水塊の分布とそれを維持する輸送・変質過程を調べることにより得られてきた．

　水塊を見分ける際の最も基本的な特性は水温と塩分である．多くの水塊は，特定の水温・塩分の組合せで定義されている．水温と塩分は，主に海面における大気と海洋の熱・淡水の交換，すなわち加熱，冷却，蒸発，降水によって変化する．塩分の変化には，河川水の流出や結氷過程も重要である．水温・塩分を変化させるこれらの過程には，海域毎に特徴があり，その結果，生み出される水温・塩分の組合せも海域毎に異なる．たとえば，冬季の北太平洋の場合（図1），同じ15℃の水でも，塩分は西部で高く，東部で低い．

　海水が海面付近を離れると，他の海水と混合しない限り，水温と塩分は変化しない．つまり，海水は海面付近で獲得した水温・塩分を保ったまま海中を広がる．このため，水温と塩分に着目することで，水塊をその形成域から追跡することができる．

●水塊の形成

　海面付近には，海上を吹く風によるかき混ぜや冷却による鉛直対流のために，水温と塩分が鉛直に一様な混合層が存在する．図2に中緯度における典型的な水温・塩分の鉛直プロファイルの季節変化を示す．海面が加熱される春季から夏季にかけては，混合層の水温は上昇し，冷却される秋季から冬季にかけて下降する．一方，塩分は蒸発と降水の差の分だけ増減する．図2には，夏季に降水が卓越し，冬季に蒸発が卓越する場合の変化を示した．混合層の水温・塩分は，季節の進行に伴い幅広い範囲の値をとることがわかる．さらに，海域による冷却・加熱，および蒸発・降水の

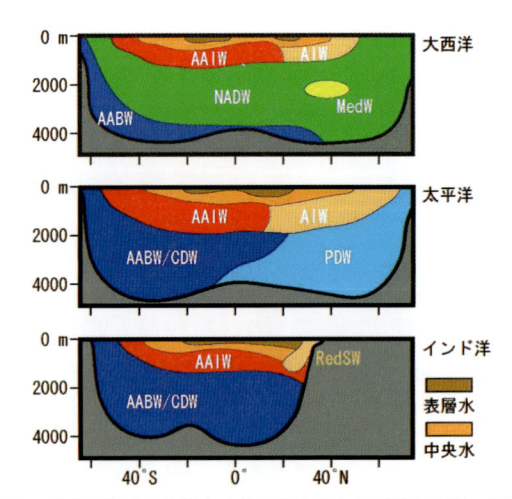

図1 世界の海水を主要な水塊の集まりとして表した例．AIW, MedW, PDW, RedSW は，北半球高緯度起源の中層水，地中海水，太平洋深層水，紅海水をそれぞれ表す．その他の略語は本文参照．

違いを考慮すると，混合層の水温・塩分はさまざまな組合せを取り得ることが想像できるだろう．

　このさまざまな水温・塩分の組合せの水が，混合層を離れ，海洋を構成する水塊となっているのだろうか．実際は，そうではない．夏季には安定な密度成層が形成され，混合が抑えられるため，混合層はせいぜい深さ50m程度までしか及ばない．一方，冬季には冷却による鉛直対流に伴って，混合層が数百m以上，海域によっては1000m以上にも達する．混合層は大気との熱・淡水交換に応じて，その特性を常に変化させているが，冬季以外の混合層の水は，冬季に発達する混合層にのみ込まれてしまう．したがって，海洋の大部分を構成する水塊は，冬季混合層に起源を持つといえる．

　海洋は，密度の大きな海水ほど下になるように成層している．冬季混合層の水はその密度に応じた深さで，混合層を離れて横方向に広がる．海水の密度を決めているのは，水温と塩分である．密度は，水温が低いほど，また，塩分が高いほど大きい．したがって，冬季混合層の水は，その水温と塩分に応じた深さで広がる．ある水塊の起源となる冬季混合層の水平的な広がりは，通常，その水塊の分布域に比べてはるかに狭い．

　海水が混合層を離れる過程には大きく分けて2つある．1つは，深い鉛直対流により高密度の海水が，直接，横方向に広がる深さまで沈み込むものであり，深層水や底層水の形成はこの過程による．この過程は，主に，強い冷却と塩分増加（潜熱放出に伴う蒸発，あるいは結氷に伴うブライン排出による）が見られる高

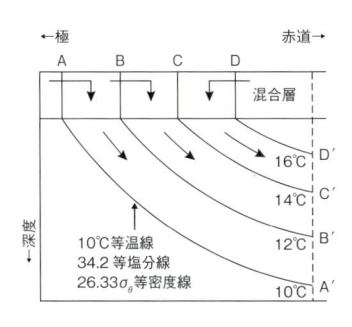

図2 サブダクションの模式図.

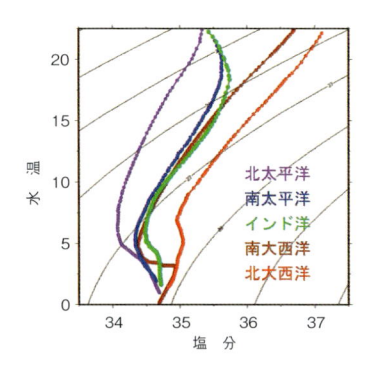

図3 世界の各大洋のTSダイアグラム. 背景の曲線はポテンシャル密度の等値線.

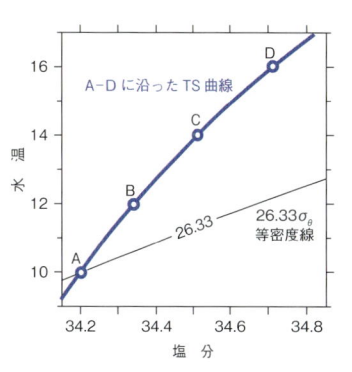

図4 サブダクションの結果現れるTSダイアグラム上の曲線の模式図.

緯度の限られた海域で起こる．もう1つは，図2に示すように，比較的浅い混合層の水が，エクマン輸送の収束によって，等密度面に沿ってゆっくり沈み込むものである．この過程をサブダクションと呼ぶ．亜熱帯循環の永年密度躍層を構成する水塊である中央水の形成はこの過程による．

● 世界の水塊分布の概要

縦軸に水温（temperature），横軸に塩分（salinity）をとって，海水のサンプルの値などをプロットした図を水温塩分図（TSダイアグラム）と呼ぶ．水温と塩分の関数として密度の等値線をTSダイアグラム上に描くと便利である．TSダイアグラムは水塊の同定や異種水塊間の混合を考察するために広く用いられる．

世界の各大洋のTSダイアグラムを図3に示す．最も密度の大きい水は，南極大陸周辺の鉛直対流で形成される南極底層水（Antarctic bottom water：AABW）で，三大洋全ての最深部に広がる（図1）．北大西洋北部の鉛直対流で形成される北大西洋深層水（North Atlantic deep water：NADW）は，AABWの上を南向きに広がる．太平洋とインド洋には，AABWがNADWと混合した周極深層水（circumpolar deep water：CDW）が広がる．南極中層水（Antarctic intermediate water：AAIW）は南米南部の沖の深い鉛直対流で形成され，三大洋全ての中層に広がる．限られた海域の深い鉛直対流で形成されるこれらの水塊は，それぞれ一様な水温・塩分を持っているため，TSダイアグラム上の1点で代表される．

サブダクションによって形成される水塊は，TSダイアグラム上では，点ではなく曲線として現れる．サブダクション過程が，図2で南北方向に並んだA，B，C，Dの混合層の水温・塩分の組合せを，低緯度側で深いほうからA′，B′，C′，D′と鉛直方向に並べるからである．これをTSダイアグラム上にプロットすると，図4のようになる．図3には，大洋毎に，中央水に対応する曲線が現れている．

● 水塊の分布と気候変動

水塊が混合層に取り込まれると，水温・塩分特性がリセットされ，新たな水塊に生まれ変わる．つまり，混合層における海水特性の変換過程は，新たな水塊を生み出す過程であると同時に，古い水塊を消滅させる過程でもある．

世界の水塊の分布は，水塊の生成，消滅，および混合による変質が拮抗した一種の平衡状態といえる．したがって，気候の状態が変化して，大気海洋間の熱交換や降水・蒸発など，水塊の生成・消滅過程が変化すれば，水塊の分布は変化し，水塊の特性そのものも変化する．たとえば，南極周辺域が温暖化した場合，AABWの分布域が狭まり，その水温も上昇するかもしれない．特定の水塊の変化は，特定の海域の大気海洋相互作用の変化やその水塊にかかわる海洋循環の変化と関係づけることができる．すなわち，水塊は気候変動の記憶装置といえる．

一方，水塊の分布は，海洋環境そのものでもあり，それ自体が海洋循環や大気海洋間の熱交換，二酸化炭素などを含む物質交換，生態系などに影響を与える．すなわち，気候変動とそれが引き起こすさまざまな環境変動の積極的な担い手でもあるともいえる．

〔須賀利雄・深澤理郎〕

7.4 表層循環系

● 表層循環の概観

海面から深度約1000mまでの海洋表層では，海上を吹く風が海面に及ぼす摩擦力（風応力）によって大規模な水平循環が引き起こされている．この循環を風成循環と呼ぶ．表層の大規模な流れのほとんどは風応力に駆動されているので，表層循環は基本的に風成循環であると捉えてよい．

世界の大洋の表層循環の模式図（図1, 図1）を示す．表層循環は大洋毎の閉じた循環系で特徴づけられる．北太平洋と北大西洋の北緯10～40度にかけての時計回りの循環，南太平洋，南大西洋，インド洋の南緯10～40度にかけての反時計回りの循環は，いずれも亜熱帯循環と呼ばれる循環である．一方，北太平洋と北大西洋には，北緯40度以北に反時計回りの循環があり，亜寒帯循環と呼ばれている．また，太平洋と大西洋の低緯度には赤道・熱帯循環がある．例外的に，ほぼ緯度円に沿って流れているのが，南極周極海流系である．

それぞれの閉じた循環において，海洋の西岸域に強い流れが存在し，西岸境界流と呼ばれている．各大洋の亜熱帯循環の西岸境界流は，南北太平洋，南北大西洋，インド洋の順に，黒潮，東オーストラリア海流，湾流（ガルフストリーム），ブラジル海流，アガラス海流である．一方，北太平洋亜寒帯循環の西岸境界流が親潮である．

● 風成循環の仕組み

風応力が循環を駆動する仕組みを，亜熱帯循環を例に，エクマン輸送，その収束による圧力分布の形成，地衡流，ロスビー波に着目して説明しよう．

風応力が直接及ぶ深さは高々数十mまでであり，この層をエクマン層と呼んでいる．定常的に吹く海上風の下では，エクマン層内の海水に働く風応力とコリオリ力がバランスして，エクマン層内には定常的な水平流が現れる．この流れの鉛直分布は条件によって異なるが，層内で鉛直に積分した流れに働くコリオリ力が，風応力とつり合っている（図2）．この鉛直に積分した流れをエクマン輸送と呼ぶ．北半球の場合，コリオリ力は流れの向きに対して直角右向きに働くので，

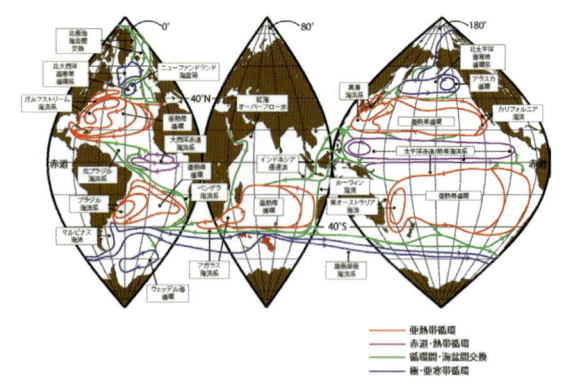

図1 世界の表層循環の模式図．

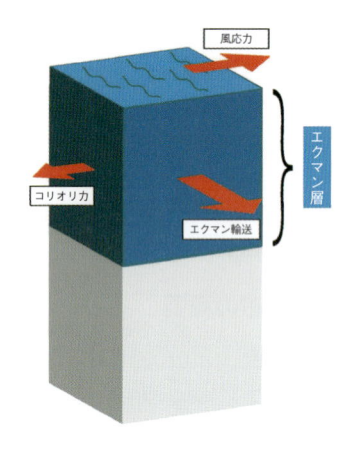

図2 エクマン輸送とエクマン層内の力のつり合い．北半球の場合．

エクマン輸送の向きは，風応力の向きに対して直角右向きになる．風応力の大きさと向きを与えれば，その場所のエクマン輸送の大きさと向きは一意に決まる．

亜熱帯循環の存在する緯度帯の大規模な風系は，その高緯度側の偏西風と低緯度側の貿易風で特徴づけられ，北半球では時計回り，南半球では反時計回りの風系となっている（図3）．エクマン輸送は，偏西風の下では低緯度向きに，貿易風の下では高緯度向きになり，この緯度帯の中央部に海水が収束する．その結果，亜熱帯循環の緯度帯では中心部の海面が盛り上がる．

海面の直下の水平面上の圧力分布を考えると，盛り上がりの中心付近で高く，周囲に向かって低くなっていく（図4）．この圧力分布の下で，圧力傾度力とコリオリ力がつり合うような流れ，つまり地衡流は図4のように風系と同じ向きになり，北半球では時計回りの循環となる．この高気圧性の循環が亜熱帯循環である．

198

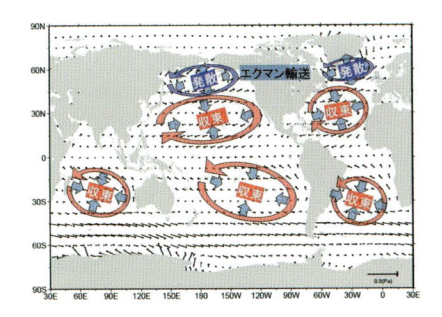

図3 風応力の分布とエクマン輸送の収束・発散．風応力は NCEP/NCAR 再解析データによる年平均気候値[1]．

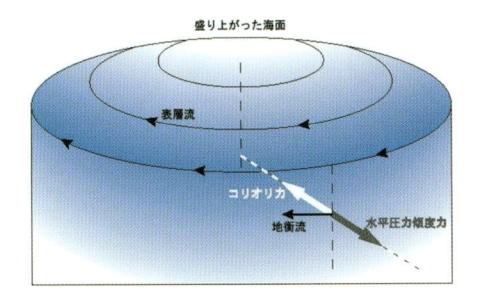

図4 盛り上がった海面に伴う地衡流．北半球の場合．

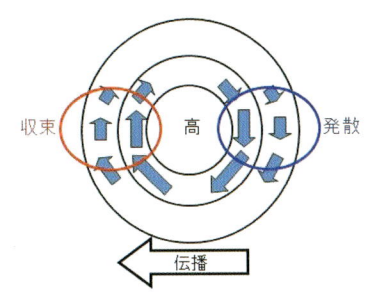

図5 高気圧性循環の西向き伝播の模式図．北半球の場合．

単位質量の海水に働くコリオリ力の大きさは，$2\Omega \sin\phi$（Ω は地球の回転角速度，ϕ は緯度）で表されるコリオリパラメータ（コリオリ因子）と速度の積である．亜熱帯循環の西岸付近で流れが強くなる原因は，コリオリパラメータの緯度変化にある．北半球における高気圧性の循環の例を図5に示す．高気圧性循環の西側の海水には西向きの圧力傾度力が働いている．コリオリパラメータは北ほど大きいため，圧力傾度力とつり合う東向きのコリオリ力を得るために必要な北向きの流速は北に行くほど小さくてよい．つまり，高気圧性循環の西側では流れが収束する．同様に，東側では流れが発散する．その結果，高気圧性循環は西に移動する．これはロスビー波の伝播と呼ばれるものであり，これによって，大洋の広い範囲に生じた海面の

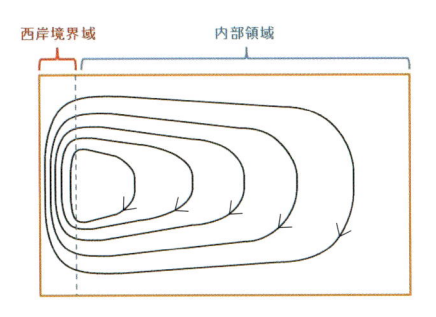

図6 北太平洋の亜熱帯循環の模式図．

変位は西に運ばれ，西岸付近に強い流れ，すなわち西岸境界流をもたらすのである．

● スベルドラップ輸送

亜熱帯循環を，西岸境界域以外の広い範囲で赤道向きに運ばれた海水が西岸境界流によって極向きに戻されるような循環と捉えることができる（図6）．赤道向きの流れの領域における任意の場所に着目すると，高緯度から惑星渦度（地球の自転に伴う海水の回転）の大きな海水が運ばれてくる．一方，風応力はその場所の海水を時計回りに回転させようとしている．この2つの効果がつり合うとき，その場所の海水の回転は強まりも弱まりもしない．風応力の回転と惑星渦度の移流とのつり合いをスベルドラップ平衡と呼ぶ．スベルドラップ平衡が成り立っている領域を内部領域と呼ぶ．現実の風成循環においても，スベルドラップ平衡が概ね成り立っていることが確かめられている．なお，西岸境界域では，低緯度から惑星渦度の小さな海水が運ばれてくる効果を，岸あるいは海底との摩擦が海水を反時計回りに回転させようとする効果が打ち消している．

スベルドラップ平衡が成り立っているとして求めた，風応力の回転の大きさに比例する各地点の南北方向の輸送をスベルドラップ輸送と呼ぶ．スベルドラップ輸送を，緯線に沿って東岸境界から西岸境界まで積分した値が最大となる緯度における輸送量の積分値によって，通常，風成循環の強さを表す．スベルドラップ平衡が成り立っているならば，東西積分したスベルドラップ輸送量は，その緯度における西岸境界流の輸送量と一致する．海上風には年々変動や10年スケール変動，さらに長期の変動があることが知られている．スベルドラップ輸送量と西岸境界流の輸送量を比較するなどして，海上風の変動に対する表層循環の応答が考察されている．

〔須賀利雄〕

7.5 深層循環系とその変動

● 深層水形成

　海水の密度は主に温度と塩分と圧力によって決まる. 水温が低く, 塩分が高いほど密度は大きくなる. 高緯度では気温が低く, 海面付近で海水が冷却されるため海水の密度は大きくなる. また, 冷却によって海氷が形成されることもある. 海氷形成の際には, 海水中の塩分が凍っていない周りの海水に排出され (ブラインリジェクション), 淡水に近い氷が形成されることが知られている. この時, 周りの海水の塩分は濃くなり, 水温の低下だけでなく塩分の増加によっても海水の密度が大きくなる. このように高緯度地域の表層でできた密度の大きい海水は海洋深く沈み込み, さらに水平方向に広がる. このような海水のうち, 両極付近で形成され深海にまで到達するものを, 深層水あるいは底層水と呼ぶ. 現在の海洋ではグリーンランド沖と南極環海が主な形成域となっている.

● 深層水・底層水と子午面循環

　海洋深・底層水は, 沈み込みの後赤道方向へと広がっていく. この過程で鉛直混合によって, 少しずつ上層の海水と混ざり密度が小さくなっていくと同時に, 海洋の深・中層を深層水形成域の方向へ戻る循環を形成する (7.12 図3). このような循環は, 起点となる高緯度での深・底層水の形成に海水の水温・塩分がかかわっていること, また, 水温・塩分の水平・鉛直的な変化が循環を駆動していると考えられてきたことから, 熱塩循環と呼ばれてきた. しかし, 最近の研究から, 実際の海洋での, 沈み込んだ海水が, 鉛直混合により, 上層の軽い水と混ざり, 徐々に軽くなるという過程にとって, 潮汐や風によって生じる深・中層での細かな流れが重要であることがわかった[1]. さらに, 南極周辺で風によって深層の海水が海面まで持ち上げられる効果も重要であることも指摘されてきた. その結果, 深層水・底層水の輸送を含む海水の大規模な南北の循環は, 単純に水温と塩分で決まる海水の密度だけで形成される循環ではないという認識が一般的となった. そこで, 従来の熱塩循環という術語に代わって, その海水の輸送方向を特徴づけた海洋子午面循環 (meridional overturning circulation：MOC) と

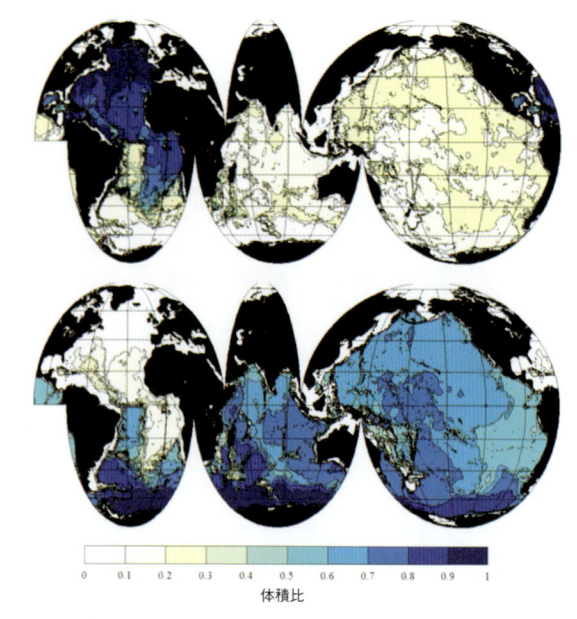

図1 海水の物理化学的性質から推定された NADW と AABW それぞれが, 2000m 以深の海水に占める割合[3]. 両極付近で形成され深・底層水が全球に広がっている. 特に AABW は広大な海域に影響を及ぼしている.

呼ばれることが多くなっている.

● 深層水・底層水の広がり

　海洋子午面循環のうち, 主に高緯度での深層水・底層水の形成, 海洋深層での低緯度への輸送といった海洋深層に存在する循環の部分を深層循環と呼ぶことがある. 深層循環は, 鉛直・水平の両方向での流れからなっており複雑な空間分布となるが, 単純化された理論のもとでは, どの深さでも, 海盆の西側に比較的速い流れがあり, そこから海洋深層全体に海水が広がっていく. この西側の流れを深層西岸境界流と呼ぶ. 実際には海底地形が複雑であることから, 風成循環における西岸境界流のような単純な描像となることはない. また, 最近の研究では, 深層でも渦による輸送が存在することが示されている[2]. このような深層循環によって運ばれた深層水・底層水は, 地球上の全海洋に広がり, 2000m 以深の大部分を占めている (図1).

● 北大西洋深層水

　北半球では, グリーンランド沖に大規模な海水の沈み込み域が存在し, そこを起源として大西洋の 2000〜3000m に北から南へ輸送され南極付近にまで広がる深層水がある (図1上). これを北大西洋深層水 (North

Atlantic deep water：NADW）と呼ぶ．NADW は，最もよく観測されている深層水であり，塩分が高いことおよび溶存酸素量が多いこと，栄養塩が少ないことが特徴となっている．その流量は，場所によって異なるが，約 $10～20×10^6 m^3/s$ と推定されている[4]．

●南極底層水

南半球では，ウェッデル海やアデリー沖の沈み込みで南極底層水（Antarctic bottom water：AABW）と呼ばれる海水が形成されている．この海水は，混合により急速に変質しながらも，大西洋，インド洋，太平洋の各大洋の底層で広く観測されることが知られており（図1下），水温が低いこと，NADW に比べて塩分が低く，栄養塩に富むことが特徴となっている．大西洋では，主にウェッデル海で形成され，南米大陸東方沖にある谷状の地形を通過して北上するとされている．その流量は，$6～7×10^6 m^3/s$ と見積もられている．一方，インド洋，太平洋に輸送される南極起源の底層水は，南極周極流付近で強い混合を受け変質し，周極深層水（circumpolar deep water：CDW）と呼ばれる海水としてより広域に広がる．この流量は，インド洋には $10～25×10^6 m^3/s$，太平洋には約 $20×10^6 m^3/s$ の流入と考えられている[5]．ただし，南極底層水に関する流量計算は，限られた観測で行われているものが多く，その値はまだ正確とはいえない．

●深層水・底層水の変化・変動

深層水・底層水はその体積が大きいため，地球全体の熱や二酸化炭素などの収支を考えるうえで重要な要素となっている．

NADW の形成・輸送の変動については，海底堆積物や氷床に残された記録による過去の地球環境再現の研究から，とくに北半球の気候変動と密接にかかわっている様子が明らかになってきている．たとえば，約1万2000年前には，最終氷期の終了と同時に，徐々に気候が温暖化していくさなか，突如，一時的な寒冷期が訪れたことが知られている（ヤンガードリアス期）．これは，北米氷床（ローレンシア氷床）の崩壊に伴う大量の淡水が北大西洋へ流入し，深層水形成を極端に弱め，子午面循環によって高緯度に輸送される熱を減少させたことによるものと考えられている[6]．このようなことから，NADW については，近年でもよく観測がなされており，その流量が短い時間で大きく振動することもわかってきている[7]．ただし，これまでのところ，長期的なトレンドとしての流量変化は検出されていない．しかし，NADW 形成域での表層海水の水温，塩分は，北大西洋の大気の10年スケール変動（North Atlantic Oscillation：NAO）と関連して，同じ10年程度の時間スケールで変化することが明らかにされ[8]，NADW の形成に及ぼす影響についても研究が始まっている．

一方，南極大陸周辺を起源とする深層循環については，最終氷期最盛期には強勢であり，現在の AABW にあたる海水が，少なくとも大西洋では，現在より浅い層にまで達していたと推測され，結果として海洋の成層が強かったとの報告がある（図2）．このような大規模な海洋の成層構造の変化は，地球の氷期−間氷期サイクルの気候変動と深くかかわっているものと考えられており，近年の南極大陸周辺を起源とする深層循環の変化についても研究が盛んになってきている．たとえば，世界各大洋の深・底層で，10年以上の時間スケールを持った昇温が広く検出されていることを根拠に，南極での沈みの弱化が示唆されている[10),11)]．

〔深澤理郎・纐纈慎也〕

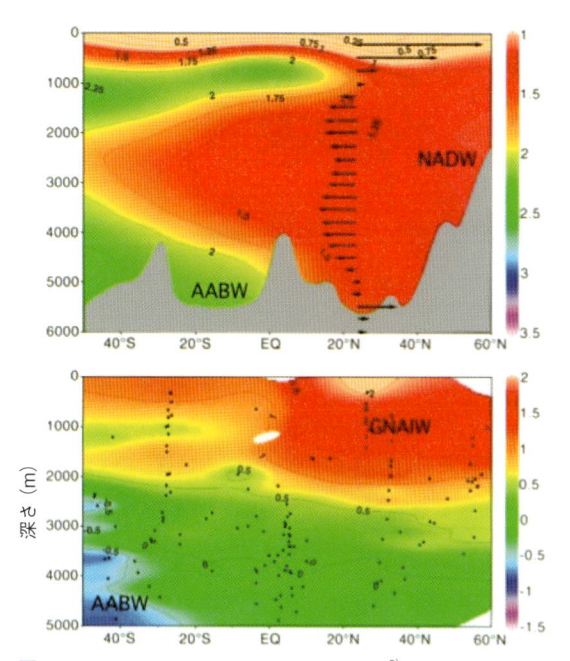

図2 大西洋の南北鉛直断面での海水の分布[9]．上は現代の栄養塩（リン酸塩）の分布から推定した深層水の分布．下は，海底堆積物から復元，推定した最終氷期最盛期（LGM）における海水分布．現在では NADW が北から深層に広がっているが，LGM はそれとは異なり，南極起源の海水が広がっている．また，北では現在の NADW とは性質の異なる海水が形成されていた（図中，GNAIW）．

7.6 全球海洋循環と熱・水輸送

●熱輸送

　水平的な風成循環と鉛直的な子午面循環という大規模な循環および，より小規模で局所的な循環など全てを合わせて海洋循環という．海洋循環は，熱や物質を輸送する役目を担っている．海洋による熱・物質輸送を考える際には，風成循環，子午面循環の役割を切り離して考えることはできない．たとえば，大西洋では表層で主に風によって駆動される大西洋西側の強い北上流（湾流）が，南の暖かい海水を北大西洋北部まで運ぶ．そこで冷却され沈み込み，冷たくなった海水は，海洋深層を南へ輸送されるという子午面循環を形成している．北太平洋でも，同様に風成循環の一部である北太平洋西側の北上流（黒潮）によって高緯度域まで運ばれた暖かい海水が，日本東岸で強い冷却を受け，少しだけ冷たくなってやや深い層を南へと帰っていくという循環をしている．

　このような海洋の風成循環と子午面循環が組み合わさって形成される南北方向の循環は，低緯度地域から高緯度地域へと熱を運び，地表の温度を比較的一様化する役割を果たしている．たとえば，北半球の中緯度北緯25度付近では，約2PW（1PW = 1.0×10^{15} W）にもなると見積もられている（図1）．この値は，大気と海洋の双方が合計で運ぶ南北熱輸送の3～5割にあたり，海洋の熱輸送が地球の高緯度地域での比較的温暖な気候の維持に重要であることがわかっている．

●貯熱量変動

　水の比熱は大気の比熱に比べ大きいため，海洋は長期的な気候システムの変動を考えるうえで大きな熱の貯蔵場所になると考えられている．いまだ多くの不確定性を残すものの，10年以上の時間スケールでの大気上部での熱非平衡（地球に出入りする熱の収支）は，海洋の貯熱量の変動を調べることである程度評価できる．これは，つまり，地球の熱収支においてバランスできなかった部分の熱の多くの部分を一時的に海洋が引き受けている可能性を示している[2]．そのため，海洋の貯熱量の変化は，近年観測されている地上気温の上昇と関係する情報であると考えられ，盛んに研究が行われている．たとえば，この50年の間，海洋表層

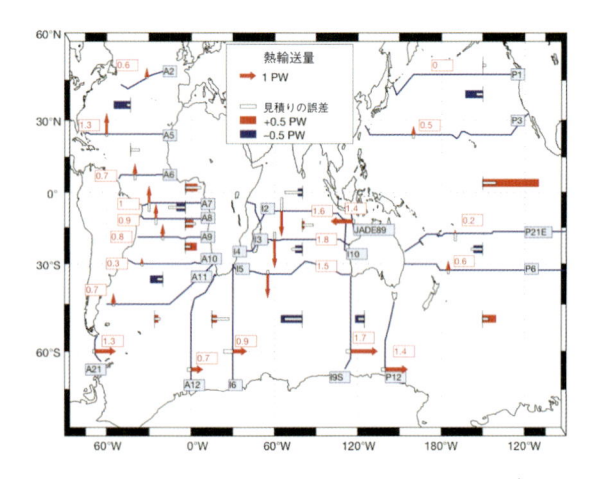

図1　観測から推定された全球熱輸送（赤矢印）の様子[1]．

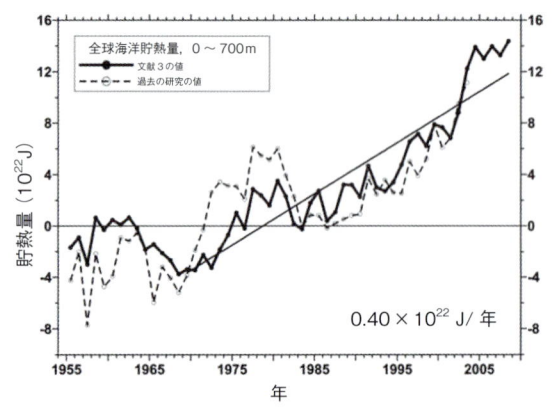

図2　表層700mの海洋貯熱量の変化．1955年から単調に増加していることがわかる[3]．

の水温は，単調に増加している様子が観測されているが（図2）[3]，このような海洋の貯熱量上昇は近年の地上気温の上昇を緩やかにしている可能性があると考えられている．

　この貯熱量変化は，海洋中での熱の輸送過程である子午面循環と密接にかかわると考えられている．たとえば，海洋表層の水温上昇は，両極付近での海面での冷却が弱くなったことを表している可能性があり，その場合，海洋の子午面循環がより緩やかになる可能性が考えられる．実際に近年，大西洋での子午面循環の速度が遅くなっているという報告もある[4]．しかし，このような海洋循環による海水輸送量の長期的変動は，短期間で激しく変動する風成循環によって乱されてしまうため[5]，現在のところ，子午面循環の輸送量の長期的な減少を直接的に検出できたと結論づけることはできない．より長期的な観測が必要と考えられている．

●海洋深層の温度変化

海洋の貯熱量変動の大部分は表層1000m程度で起きている．単純な計算では，海洋全体の熱容量は大気全体のそれの1000倍以上であるため，海洋の貯熱量の変化は大気に比してより精度よく見積もられることが必要である．一般に，海洋深層においては観測が限られているため現時点では定量的な見積もりは非常に困難である．しかし，表層と比較すると，限られたデータではあるが，2000年代と1990年代とのデータ比較から海底付近の海水温度が上昇している様子が広く観測されている[6]．

海底付近での温度上昇の観測結果から熱量変化を見積もると，南極に近づくほど大きくなっていることがわかる（図3）．南極での海洋表層の冷却の弱まりが，海洋の大規模な鉛直循環の弱化を引き起こし，貯熱量変化として現れた可能性がある．このような海洋循環，および，それに伴う熱，物質輸送の変化を定量的に解明するためには，深層に至る海洋循環を維持する混合メカニズムや海洋表層での直接的な駆動力となる熱収支，風による引きずり効果，など考慮すべき課題が多い．何より，海洋深層における直接観測も非常に少なく，長期的で計画的な大規模な研究の枠組みが必要とされている．

●淡水循環

海洋では降雨や河川によって淡水が流入する一方，蒸発によって大気へ放出される．これが海洋を通した淡水循環である．この淡水循環の収支は，たとえば，淡水の蒸発量が降水や河川流入より多ければ，その海域では塩分が高くなるというように海洋の塩分にも反映される．

太平洋は，大西洋・インド洋に比べ塩分が低いことから，歴史的には，「太平洋では蒸発より降水が多く，

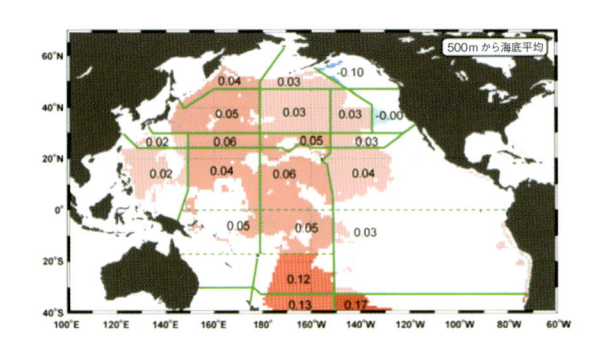

図3 太平洋の海底付近の貯熱量上昇[7]．

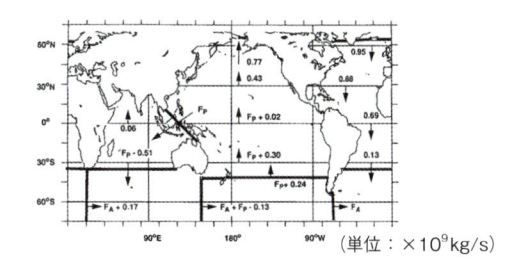

図4 海洋による淡水輸送の見積もり[8]．太平洋では出ていく水が入ってくるより多く，大西洋では逆になっていて太平洋に降った雨が大西洋へ海を通じて流れ込んでいる様子が描かれている．

淡水は，太平洋を起点として，ベーリング海峡，北極を通して大西洋に輸送され，インドネシア多島海を通過する流れと南大西洋を通じた交換によってインド洋に輸送される」という淡水循環像が示されてきた（図4）[8]．

一方，最新の観測結果では，南太平洋南緯30度付近での北向き淡水流入量とベーリング海峡を通過する北向き淡水流出量の差が小さいことから，太平洋で降水が大きく蒸発を上回ってはいない可能性も示唆されている．この場合は，南極の氷の融解による海への淡水流入が大西洋やインド洋での蒸発を補償していると考えられる[9]．

淡水輸送については，主に海上での実際の降水，蒸発に関するデータが少ないことに起因する不確定性が大きく，現在も海洋直接観測や衛星データを用いた海上での降水蒸発の推定などさまざまな方法で定量化への努力が行われている．

●淡水，塩分変動

淡水量の変動を直接見積もるのは難しいため，海水中の塩分の変化を観測，推定することで海洋の淡水変動を評価する場合が多い．海面で降水，蒸発があっても，溶けている塩類の質量が増減することはないので，塩分の変化は，降水や蒸発の時間的履歴を反映しやすい．このため，海洋表層，亜表層の塩分変化を観測，推定することで大気，海洋の長期的な淡水循環の変動を評価できると考えられている．たとえば，Wong et al. (1999)[10] は，1980年代以降の各大洋で，塩分極小層の塩分が低下していることを示し，このことが大気海洋系での長期的な淡水循環の強化を示している可能性について考察している．また，海洋全層の塩分も近年50年間で低下しており[11]，このような変化は，極域などに存在する氷床の融け出しに対応していると考えられている． 〔河野 健・纐纈慎也〕

7.7 海水の鉛直混合

●鉛直混合

海水の密度は同じ圧力のもとではほとんどその温度と塩分で決まる．温度の分子拡散率は 1.4×10^{-7} m²/s で，塩分のそれは 1.5×10^{-9} m²/s である．つまり，温度のほうが塩分より100倍近く拡散しやすいといえる．それにもかかわらず，海洋中の温度と塩分分布を観測すると，温度と塩分の拡散速度はあまり変わらないことがわかる．この理由は乱流である．海洋の流れはさまざまなスケールの乱流運動をしており，この乱流によって，異なる性質の海水が接する面積が急増する(図1)[1]．その面上で分子拡散が働くため，海洋中の見かけの拡散速度は乱流がない場合の分子拡散より速くなる．

重力の影響下にある海水ではこの乱流はもっぱら水平(厳密には中立面)方向に強いが，物質循環や海洋循環を議論するには鉛直(中立面に直交する方向)方向の混合も重要である．

この乱流によるかき混ぜとは別に，温度と塩分の分子拡散の違いから生じる二重拡散現象や，海水の密度が温度と塩分に非線形に依存することによって生じるキャベリング現象も鉛直混合には重要である．この2つはもっぱら高緯度の海洋に見られる．

温度・塩分や溶存物質の濃度を C で表す．乱流による鉛直輸送は，平均した量 $\langle C \rangle$ を用いて

$$\langle wC \rangle = \frac{K d \langle C \rangle}{dz} \quad (1)$$

と近似することが多い．ここで w は鉛直速度，z が鉛直座標，K が鉛直(渦)拡散率と呼ばれる量である．$\langle \ \rangle$ は何らかの平均操作を表す．乱流を，海洋でよく見られる水平スケール数十〜100 km程度のほぼ地衡流バランスした(メソスケール)渦と，それより小さい(乱流)渦に分けて議論することもある．

●鉛直混合の観測

乱流のスケールは数 km〜数 mm に及び，センサー技術が発達した1970年代以降にようやく観測できるようになった[2]．観測できる量は乱流の速度場で，そこから経験式を用いて鉛直拡散係数を推定する．より直接に鉛直拡散係数を観測するには，海中に適当なトレーサーを散布し時間をおいてその広がりを観測する[3]．また，CTD(電気伝導度・温度・圧力プロファイラ)およびADCP(音響ドップラー流向流速計)を用いた海洋観測から得られる密度の鉛直変化(ストレイン)や速度の鉛直変化(シア)を経験式に当てはめて，乱流拡散を推定する試みも行われている[4]．3つの方法の結果はほぼ一致していて(1)式の鉛直拡散率は海底地形から離れた外洋で $K = 0.1 \times 10^{-4}$ m²/s 程度である．

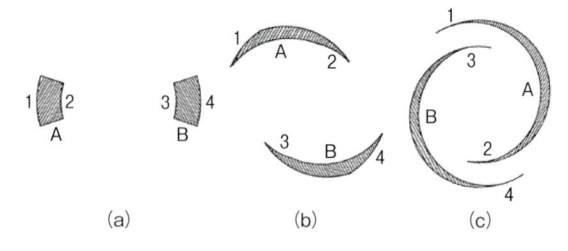

図1 乱流渦によって海水の塊の表面積が急激に増加する様子の概念図[1]．

●鉛直混合の仕組み

重力のもとにある液体は，下のほうが重く上のほうが軽い状態が安定している．これを鉛直に混合すると重い水が上に移動し軽い水が下に移動するから，液体全体の重心は上に上がり，重力によるポテンシャルエネルギーが増加する．すなわち鉛直混合には外力が必要である．

海洋では，この外力は表面の風応力と潮汐が起源と考えられる．表面の温度や淡水によるポテンシャルエネルギー注入や海底の地熱に由来するエネルギーは小さいと考えられている[5]．

風成循環理論で知られているように，風は大規模な海流を引き起こす．この海流は主に西岸で不安定現象を起こし，前述のメソスケール渦を生成する[6]．この渦が鉛直拡散に，どのようにしてどのくらい寄与しているかはほとんどわかっていない．海底での粘性摩擦・海底地形との相互作用・表層でのエクマン層内での散逸という比較的よく知られた現象に加え，近年では表層での前線形成や風との相互作用・内部重力波放出などの可能性も指摘されている．

また，風は慣性周期に近い周期を持った振動流を表層に引き起こす．このエネルギーは慣性重力波として海洋内部に伝播する．

一方，潮汐による流れは，海底地形と相互作用して内部重力波(内部潮汐)を引き起こす．この波もさま

海 洋

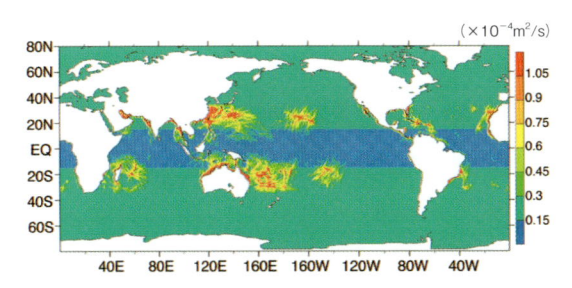

図2 数値シミュレーションによる潮汐エネルギーから経験式で推定した中層（950〜1450m）の鉛直拡散係数[7].

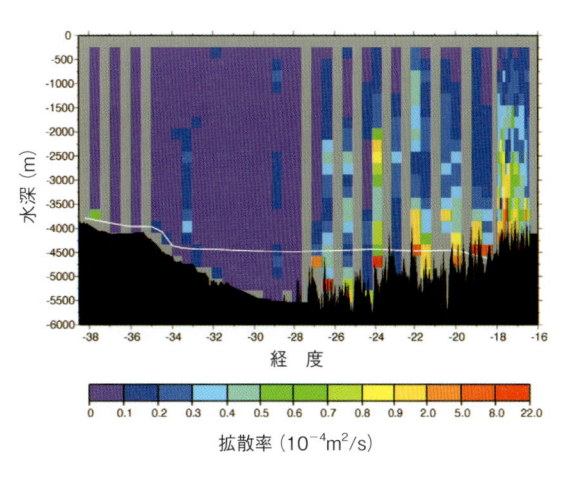

図3 南大西洋のブラジル海盆で観測された鉛直拡散率[13].

ざまな形で鉛直拡散に寄与すると考えられている.

● 鉛直混合の分布

前述のように，風や潮汐といった大きなスケールで海洋に注入されたエネルギーは，一部は波動として伝播し，一部は非線形相互作用を通じて小さな波に変化し，最終的には鉛直混合に至る．近年 Parametric Subharmonic Instability といわれる非線形相互作用が重要であることがわかってきた[7]．この相互作用は緯度が約30度より小さい赤道側で強くなるので，鉛直混合は「内部潮汐が強い急峻な海底地形付近」で，かつ「緯度30度より赤道側」で局所的に強くなると予想されている[7]（図2）.

● 鉛直混合と海洋大循環

海洋は赤道付近で温められ極付近で冷やされている．このまま熱が溜まってしまうと赤道付近の海水温度はどんどん上がり，逆に極海は冷える一方となってしまう．そうならないのは，海流が熱を運ぶからである．冷やされた海水は底に沈み，暖められた海水は表面を流れるから，南北循環は上層で極向き，下層で赤道向きとなるはずである．下層の冷水は鉛直混合によって上層の熱を受け，暖かくすなわち軽くなって上層に戻っていく.

このような流れが生じることは理論的[8]にも水槽実験[9]でも確認されていて，その流れの強さは鉛直拡散で決まることが知られている[10].

実際の海洋では，大陸配置の非対称性などによって[11]太平洋北部では冷たい水の沈み込みが生じないが，それ以外の海洋では風の影響を直接受けにくい1000mから下の深さでは，極で沈み込んでそれ以外の部分で上昇する流れが見られる．熱の鉛直混合と上昇流のバランスを使って，このような海洋循環に必要な全海洋の平均的な鉛直拡散率(1)を見積もると，$K=1\times 10^{-4}\mathrm{m}^2/\mathrm{s}$ 程度になる[12]．これは明らかに，前述の現場観測値である $K=0.1\times 10^{-4}\mathrm{m}^2/\mathrm{s}$ より大きすぎる.

● 鉛直混合と風と大循環

この食い違いは，主に海底地形の荒い斜面近辺での強い混合と南大洋の効果によるものと考えられている.

内部潮汐波をはじめとする内部波は，海底地形とさまざまな相互作用を通じて海底地形付近の拡散を強める（図3）.

南大洋では，上空の強烈な偏西風により多くの等密度面が海面まで露出している（◎図1. 7.12 図2 も参照）．そのため，風による水平のエクマン輸送が等密度面を横切る輸送となり，子午面循環に大きな影響を及ぼす[14]．それに加えて，弱い成層のため深くまで達する強い流れ（南極環海流）や強力な渦が海底地形とぶつかって生じる乱流混合の効果も強いと考えられている[15]．これらとは別に，海中生物が泳ぐことで生じる鉛直混合も無視できないという指摘[16]もある.

海洋大循環の定量的な把握のためには，どこでどのくらいの鉛直混合が生じているか，という微細スケールの現象の観測と同時に，どこでどのくらいの底層水が流れているのか，という大規模な流れの観測の2つがバランスよく行われる必要がある．〔勝又勝郎〕

7.8 エルニーニョとダイポールモード現象

●エルニーニョの観測

エルニーニョは世界中の気候に影響が及ぶため，リアルタイムで監視する係留ブイ観測網が構築され，現在，日米で約70基の係留ブイ網（図1）が設置されている．ブイ浮体部に気象センサーと通信器を搭載し，海底まで延びる係留線に，概ね500 mまでの所定の深さに水温・塩分センサーが装着され，取得したデータが衛星経由でリアルタイムに送信される．これは各国の気象機関にも送信され，予報に利用されている．

この観測網からエルニーニョの状態が常時把握でき，赤道帯の暖水（20℃以上）の蓄積量も把握できる．その変化は，エルニーニョのよい指標となる中部太平洋の海面水温の変化と似ているうえ，明らかに先行しており（🔆図1），エルニーニョ予測の可能性を示している．

●エルニーニョの理解

エルニーニョを理解するため，現象を説明するさまざまなモデルが提案されてきたが，ここでは観測とよく合うリチャージ・ディスチャージモデル[1]を取り上げる（図2）．このモデルは，躍層深度と海面水温，海上風と赤道帯に出入する南北流で構成され，全て平均からの偏差の変動を考える．躍層深度なら西で深く東で浅い平均状態が0である．

エルニーニョ状態（図2a）では，西風偏差のため湧昇は弱く東部で水温が高い．躍層は西部で薄く東部で厚い．この躍層の傾きから赤道帯の南北境界では極向きの流れの偏差となる．これはスベルドラップ輸送の偏差である．暖水は赤道帯から放出されるため，躍層は全体に徐々に浅くなり，東部の高水温は平常に戻り西風偏差も衰える（図2b）．以後，平均的に躍層が浅い東部では水温低下が始まり，その東西水温勾配により東風が強くなり，西部に暖水が蓄積するラニーニャ状態（図2c）に進む．この時，躍層の傾斜は図2aと逆であり，赤道帯には南北境界から赤道向きの流れの偏差により暖水が供給される．このため躍層は全体に徐々に深まり東部の低水温は回復し東風も収まる（図2d）．躍層は全体に深く，暖水供給が完了した状態である．ここでは，東部で躍層が深いため海面水温が上

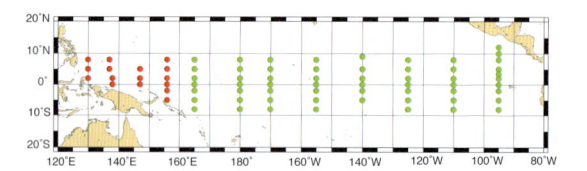

図1 TAO/TRITON 係留ブイ網．赤丸は JAMSTEC の TRITON ブイ．緑丸は NOAA の TAO ブイ．

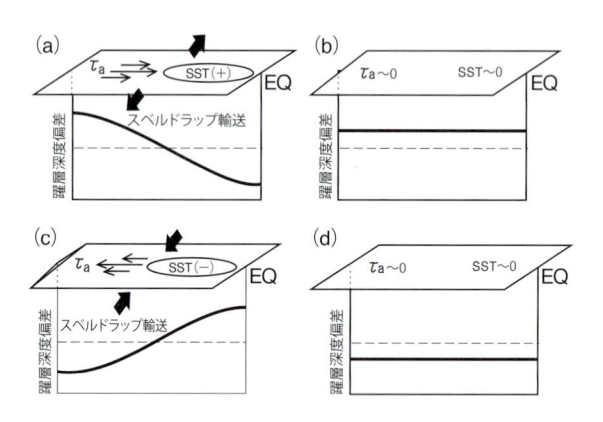

図2 エルニーニョ / ラニーニャのサイクルを説明するリチャージ・ディスチャージモデル[2]．海面の水温（SST），海上風応力（τ_a），上層の南北流は全て偏差．躍層深度（太実線）は破線からの上下のずれが偏差を示す．

昇し，東風が弱まりエルニーニョ（図2a）状態に戻る．このモデルは，エルニーニョが赤道帯に溜まった余分な熱を赤道外に放出する過程であることを示すとともに，暖水量の変化が海面水温変化に先行する観測結果（🔆図1）とよく整合する．

しかしながら，実際のエルニーニョは一定の周期性もあるが不規則で複雑な変動もしばしばで，他のモデルも含め現実の変動を説明できるほど十分な理解に至っていない．

●インド洋ダイポールモード現象の観測

インド洋でも，エルニーニョに相当する顕著な経年変動であるインド洋ダイポールモード現象（IOD）が発見され[3]，広域の気候に影響が及ぶことが知られている．しかし，インド洋は他の大洋に比してはるかに観測が乏しく，現象の把握と物理過程の検出が十分行われていない．このため2000年ごろから国際的な観測が強化され，最近は，科学者が提唱したインド洋熱帯域を覆うブイ網の計画が着実に進展しており（図3），今後，研究が急速に進み，IODのメカニズムや

影響も次第に解明されていくものと期待される.

●エルニーニョとダイポールモード現象の予測

近年，エルニーニョなどの経年的な気候変動もある程度予測できるようになってきている[4]．このような気候変動の予測を行う手法には，大きく分けて2通りある．1つは，現在の状況を理解したうえで，これと似たものを過去の状況から探し，その時の発展の仕方を参考にして予測する「統計的予測」と呼ばれるものである．最近では，ある特定の場所での海面水温や風の変動をモニターし，それらを統計モデルに取り入れて将来の状況を予測することが行われている[5]．

一方，コンピューター性能の向上に伴い，数値モデルを用いて大気や海洋の状態を高精度で予測することが可能となってきた[6]．この物理法則に基づいた数値モデルを用いる「物理的予測」がもう1つの手法である．天気予報の場合と異なり，時間規模の比較的長い気候変動の予測には，大気に比べてゆっくりと変わる海洋の状態が大きく影響を与えるため，大気と海洋の両者の変動を考慮した大気海洋結合モデルを用いて予測を行う．この場合でも，予測を開始するときの大気海洋の状況（初期値）を作成するために精度の高い観測データは不可欠である．しかし，観測網が発達してきた現在でも，さまざまな誤差がこの初期値に含まれている．大気や海洋のような複雑系の場合，初期値に含まれるごくわずかな誤差がその後の気候や海洋，気象の予測結果を大きく変えてしまうのである[7]．これは，カオス理論で知られる気象学者のエドワード・ローレンツが1972年に行った講演題目から「バタフライ効果」とも呼ばれている．この不確定性を最小限にとどめ，より信頼できる予測結果を得るため，わずかに異なる初期状態から複数の予測を行い，それらを

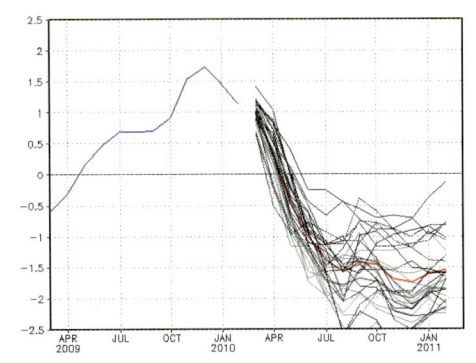

図4 大気海洋結合モデルによる中部熱帯太平洋（東経190～240度，南緯5度～北緯5度）の海面水温偏差の予測結果[9]．2010年3月から1年間の予測を行ったもの．青線は観測データ．わずかに異なる27ケースの初期状態からの予測結果を黒線で，それらの平均（アンサンブル予測）を赤線で示している．

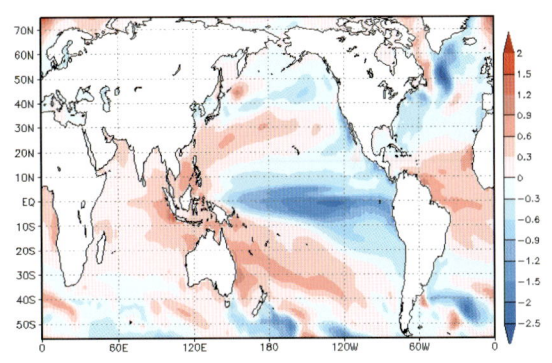

図5 大気海洋結合数値モデルを用いた気候変動現象の季節予測結果の例[9]．2010年3月の状況から27メンバーを使って2010年9～11月の平均的な海面水温分布を予測したもの．

平均して最も確からしい結果を得る方法（アンサンブル予測）が近年多く用いられている[8]（図4）．

エルニーニョやインド洋ダイポールモード現象の予測も，さまざまな統計的手法や数値モデルを用いて行われている．現在，各国の気象局や研究機関から予測結果が出されており，インターネットで閲覧できる[9]（図5）．参考にいくつかのウェブサイトを●付録に示した．

統計的予測では予測を行う際に用いる指標を増やすなどの工夫をすることにより，また物理的予測では観測データをモデルに取り込む際の工夫で初期値の精度を向上させることなどにより，エルニーニョなどの予測精度や予測期間の向上を目指した多くの研究が進められている．今後，観測網からのデータと数値モデルとの融合をさらに進めていくことが求められている．

〔水野恵介・升本順夫〕

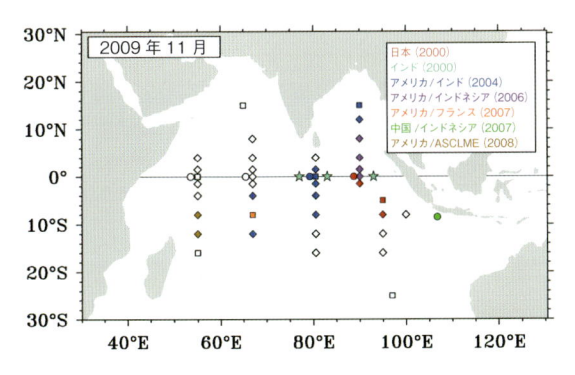

図3 インド洋ブイ網の計画．色つきは配備済み．実施国別に色分け（右上ラベル参照）．白は未整備．

7.9 黒潮

●黒潮とは

黒潮は，北太平洋亜熱帯循環の西岸境界流であり，世界の海流の中で，北大西洋のメキシコ湾流とともに最も強大な海流の1つである．黒潮が運ぶ熱と物質は地球規模の環境に大きな影響を及ぼしている．また，西部北太平洋における漁場形成，魚類の回遊，魚類の卵稚仔の輸送などで大きな役割を果たしている[1]．

黒潮の表層は高温・高塩分な海水で占められている．この海水と東シナ海や日本沿岸の低温・低塩分な海水との境界には黒潮前線と呼ばれる海洋前線が発達し，沿岸から黒潮の表層には栄養塩はほとんど供給されない．その結果，海面に入射した太陽光を反射するプランクトンが黒潮表層では繁殖せず，太陽光線の大部分が海水中で吸収されて，海の色が黒く紺色に見える．黒潮という名前はこのことに由来している．

●黒潮の流れ

黒潮の流れる道筋（流路）の平均像を図1に示す．黒潮の源は，北太平洋の北緯5～15度付近を西向きに流れる北赤道海流が，フィリピンの東岸で北上に転じる海域にある．この源からフィリピン東方，台湾と沖縄県与那国島の間，東シナ海の大陸棚斜面域，屋久島と奄美大島の間のトカラ海峡，九州南東沖，四国南岸，本州南方を通過して，房総半島沖合で本州沿岸を離れるまでの一連の流れを黒潮と呼んでいる．本州沿岸を離れた後，黒潮は黒潮続流と名を変えて，太平洋を東へ向かう．

本州南方での黒潮の流路は大きく2つに分類される．1つは大蛇行流路と呼ばれ，紀伊水道南方から南東に向きを変え，遠州灘の沖合で南に迂回した後に，再度北上して房総沖に達する経路である．もう1つは非大蛇行流路と呼ばれ，紀伊半島南端からほぼ東向きに流れ，房総沖に達する経路である．非大蛇行流路は，さらに，伊豆・小笠原列島の北部を通過する非大蛇行接岸流路と，伊豆・小笠原列島の南部を通過する非大蛇行離岸流路に分類される[2]．このような流路の多重性は他の海流にはまれな黒潮特有の性質である．1975～93年までは黒潮は大蛇行流路と非大蛇行流路との間を数年毎に頻繁に遷移したが，1993年以降は，2004年夏からの約1年間の大蛇行流路を除き，非大蛇行流路が続いている．

黒潮域で表層流速が最大であるところ（流軸）の流速は，時には，2m/s以上に達する．流速が0.5m/s以上である黒潮強流帯の幅は表層で100km程度であり，その厚さは500m程度である．黒潮が運ぶ海水の量は東シナ海では約 $25 \times 10^6 m^3/s$ である．四国沖では，南西諸島の東側に沿って太平洋を北上してきた琉球海流と合流して，約 $40 \times 10^6 m^3/s$ に増加する．この流量は膨大なものであり，幅1km，深さ10mで1m/sの速さで流れる河川の流量（ $0.01 \times 10^6 m^3/s$ ）と比較すると，その4000倍の流量に相当している．

黒潮の流軸位置と流量は，北太平洋亜熱帯循環を駆動している海上風の季節・経年変動，約100日程度の時間規模の中規模渦，黒潮前線に沿って発達する周期が数10日の黒潮前線渦（前線波動）の伝播などの影響を受けて，絶えず変動している．

●黒潮が運ぶ海水

海洋では，特性が異なる種々の海水が深さ方向に層をなした層重構造を持って分布している．黒潮流域における海水の断面分布の例として，2005年9月の海洋研究開発機構所属海洋調査船「かいよう」KY05-09次調査航海中に足摺岬沖黒潮横断観測線（図1）で

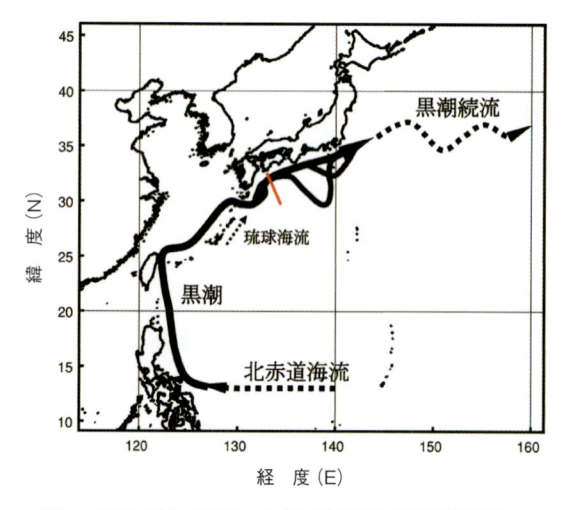

図1 黒潮の流れの道筋．赤線は足摺岬沖黒潮横断観測線．

実施した14点での観測資料から作成した，流速の北東向き成分，水温（正しくはポテンシャル水温，T），塩分（S），の鉛直断面分布と，各観測点における海面から深度1000mまでの水温・塩分関係（TSダイアグラム）を図2に示す．図2d中の赤線と青線は各々，足摺岬に最も近い4点と沖側10点でのTS曲線である．また，黒細線は水温と塩分から求めた密度（正しくはポテンシャル密度）の等値線であり，たとえば25を付した線上でのポテンシャル密度は1025kg/m³である．

図2bでは，主水温躍層と呼ばれる深さ方向に水温が急激に変化する層が表層下の200〜700m深にあり，それを代表する12℃等温線の深度は，東向きの黒潮の流れに対応して，沖合の約600mから岸に向かって急激に浅くなっている．このことを利用して，黒潮流軸位置を200m層指標水温（四国南方で16℃程度）の位置から推定することがある．

黒潮流域沖合のTS曲線は，全て，ほぼ同じ逆S（Z）字型をしている．このことは，夏季の黒潮流域の海水が，4つの水塊とそれらの混合水に大別できることを示している．それぞれの水塊は，①約70m深の季節水温躍層の上方の表層混合層内にあって，水温が26〜28℃で，塩分が34.2〜34.6の高温低塩分水（表層水），②季節水温躍層と主水温躍層の間の塩分極大を含む，水温が18〜22℃，塩分が34.8以上の高塩分水（黒潮系水），③主水温躍層の下方の塩分極小水を含む，水温が6〜10℃，塩分が34.2以下の低塩分水（北太平洋中層水），④塩分極小層以深に広がる，水温が4℃以下，塩分が34.4以上の高塩分水（北太平洋深層水）である．

黒潮系水は北太平洋中央部の回帰線付近での特に冬季に盛んな海面蒸発によって生成した高塩分水（熱帯水または回帰線水）が，北赤道海流によって西方へ運ばれた後，その一部が黒潮に取り込まれたものである．北太平洋中層水は，親潮系水と，黒潮によって運ばれてきた黒潮系水が本州東方において混合して形成されると考えられている．なお，季節水温躍層と主水温躍層の間の100〜400m層で18℃等温線を中心に広がっている密度の鉛直勾配が小さい層内を占める海水は北太平洋亜熱帯モード水と呼ばれている．この水塊は，主に黒潮続流域南部に隣接した海域での，冬季の強い海面冷却による400m深にまで達する鉛直対流によって形成される．春季から秋季には海面加熱により形成された高温水が表層を占め，図2bのように，亜熱帯モード水は表層下にだけ存在する[4]．

●黒潮が運ぶ熱量

黒潮は海洋が熱を大気から吸収する南方海域と，海洋が熱を大気へ放出する北方海域を結ぶ亜熱帯循環の西岸境界流である．黒潮が運ぶ北向きの正味の熱輸送量は，黒潮によって暖かい海水とともに北へ運ばれる熱量（黒潮流量×黒潮の水温）から，亜熱帯循環の内部領域を南下する流れ（南下流）によって冷たい海水とともに南へ運ばれる熱量（南下流量×南下流の水温）を差し引いた量として求められる．黒潮流量と南下流量の差は無視できるほど小さいと近似すると，図2に示した足摺岬沖の北緯30度以北での黒潮の流量と水温の観測値と，北緯30度線太平洋横断海洋観測データから求めた南下流の観測値から，黒潮が運ぶ正味の北向きの熱輸送量は0.2×10^{15}W程度と見積もられる[3]．

〔市川 洋・永野 憲〕

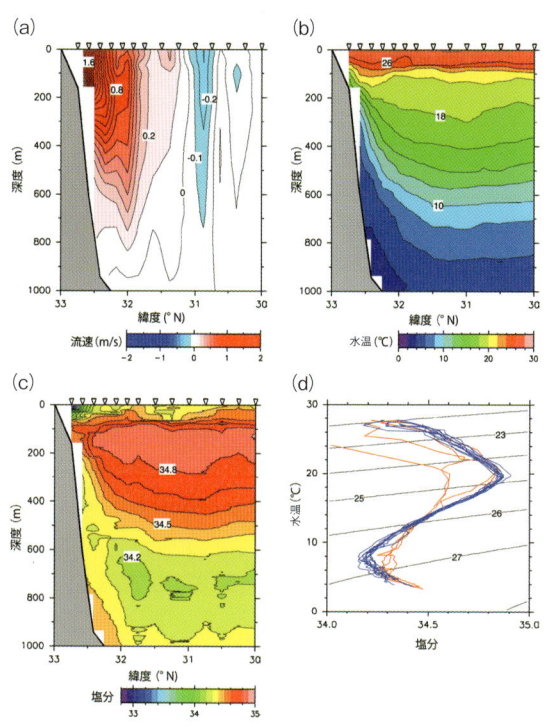

図2 足摺岬沖黒潮横断線における2005年9月12〜15日の北東向き流速(a)，水温(b)，塩分(c)の断面分布とTSダイアグラム(d)．各断面図の左端が足摺岬[3]．

7.10 北太平洋亜寒帯循環

図1 北太平洋亜寒帯循環の模式図.

●北太平洋亜寒帯循環とは

　北太平洋では北緯40度以北に反時計回りの循環が存在し，北太平洋亜寒帯循環と呼ばれている（図1）．南にせり出すアリューシャン列島の影響により，亜寒帯循環は東西2つのサブ循環に分かれ，西側は西部亜寒帯循環，東側はアラスカ循環と呼ばれる．それぞれのサブ循環は西側がとくに強くなっており，東カムチャツカ海流・親潮，アラスカンストリームと呼ばれる西岸境界流をなしている．

　東カムチャツカ海流は，カムチャツカ半島の付け根付近から半島の東岸沿いに南下，千島列島沖でオホーツク海の海水と混合し，親潮と名前を変えて日本東方海域まで到達する．親潮は栄養塩に富んでいるため，日本東方海域は生物生産が高く，好漁場となっている．親潮はその後針路を変えて亜寒帯循環南縁に沿って東進（亜寒帯海流），西部亜寒帯循環およびアラスカ循環として反時計回りに循環を続ける．

　アラスカンストリームは，アラスカ湾最北部からアラスカ半島・アリューシャン列島の南岸を西向きに流れる強流帯のことである．その一部は南東向きに転じてアラスカ循環をめぐり，残りは西部亜寒帯循環およびベーリング海へ輸送される．アラスカンストリームは，アラスカ循環，西部亜寒帯循環，ベーリング海を結び，北太平洋亜寒帯循環の熱，淡水の東西輸送に重要な役割を果たしている．

　西部亜寒帯循環，アラスカ循環ともに循環の強さおよび形状が変動することが知られている．まず，冬季に強化，夏季に弱化という季節変動が見られる[1,2]．この変動は，北太平洋亜寒帯循環上を吹く風の季節変動に起因すると考えられている．また，経年的な変動も存在し，西部亜寒帯循環では10年スケールの周期で循環が東西方向に伸縮する現象が見出されている[3]．アラスカ循環に関しては，循環の強さおよび位置が経年的に変動することが指摘されている[4]．

●塩分構造

　北太平洋亜寒帯域では，海洋表層が低塩分，深層が高塩分となっており，亜表層（水深100m付近）から中層（水深数百m）にかけて塩分が深さとともに急激

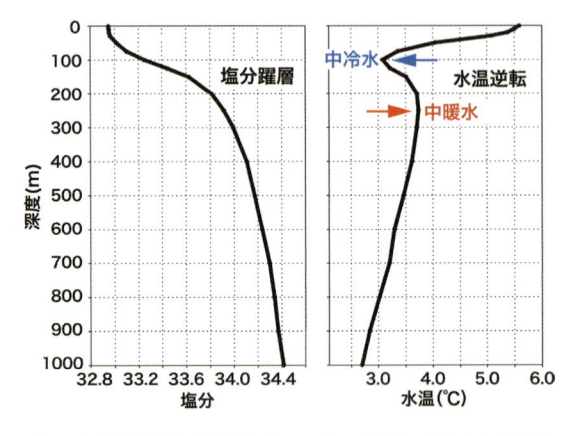

図2 北太平洋亜寒帯域（東経170度，北緯50度）年平均塩分（左）・水温（右）の鉛直分布．使用データは米国NODC提供 World Ocean Atlas 1998.

に増加する（図2左）．この塩分増加層は塩分躍層と呼ばれ，安定な密度成層を形成している．北太平洋亜寒帯域では，密度構造に塩分が支配的な役割を果たしており，水温が密度構造を支配している亜熱帯域とは大きく異なっている．

　北太平洋亜寒帯循環では降水が蒸発に勝り，他海域と比べて海面塩分が低い（◎図1）．このため，冬季に冷却を受けても海面密度は他の高緯度海域ほど高くならない．また，上に記した塩分躍層が水柱を安定化させ，冬季の冷却や混合を受けても海面混合層（海面付近に存在する水温塩分が鉛直方向にほぼ一定の層）が深層まで到達しない．これらが原因となり，北太平洋亜寒帯域で海洋深層水は形成されないと考えられている．

●水温構造

　北太平洋亜寒帯域の水温には亜表層に水温極小が，中層に水温極大が見られ，それらの間で水温が深さとともに上昇している（図2右）．この水温の鉛直構造は水温逆転構造と呼ばれている．水温逆転構造は，水温の極小・極大に注目して中冷構造・中暖構造と呼ば

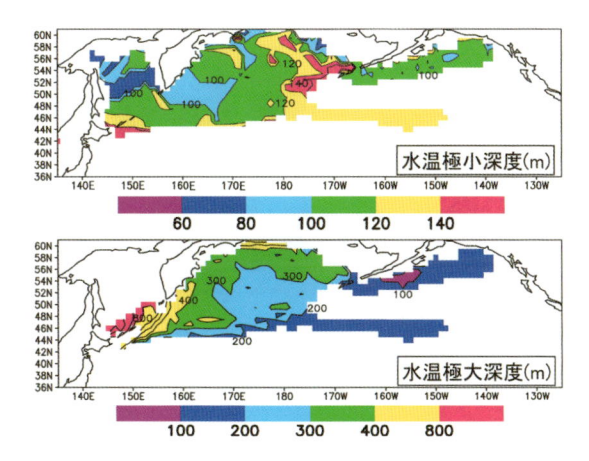

図3 中冷水（上）・中暖水（下）の存在深度 (m)[5].

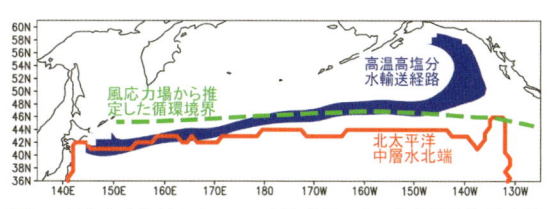

図4 日本東方海域からアラスカ湾北部へ向かう高温高塩分水輸送経路[5].

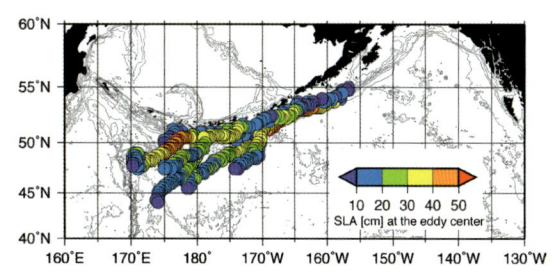

図5 アラスカンストリーム渦の伝播経路[6]. 色は渦中心の海面高度アノマリ (cm) を示す.

れることもあり，水温極小水は中冷水，水温極大水は中暖水とも呼ばれる．一般に海水は水温が高いほど軽いため，塩分が一定ならば，水温逆転層は密度的に不安定になって存在できない．北太平洋亜寒帯域では，塩分躍層の存在により水温逆転が可能になっている．

図3に水温逆転構造の分布を示す．水温逆転はおおよそ北緯40度以北に分布し，東部北緯50度付近には存在しない．また，水温極大は西ほど深い層に存在するのに対し，水温極小はほぼ一様の深度（水深100m付近）に存在していることが見てとれる．

●水温逆転構造の形成

水温極小は主に海面からの加熱と冷却の季節変動によって形成されると考えられている．北太平洋亜寒帯域では冬季に海面が冷却・混合され，海面から亜表層（水深100m付近）まで水温塩分が一様な冬季混合層が形成される．この冬季混合層はその下層より低温であるため，冬季混合層の底から中層にかけて水温逆転層が形成される．春から秋にかけては，海面が加熱されることにより，亜表層に水温極小が形成される．

北太平洋亜寒帯域の大部分は年平均で海洋が大気によって冷やされる海域であることなどから，中層の水温極大を維持するためには何らかの熱供給が必要である．また，水温極大は塩分躍層下部に位置することから，熱と同時に塩分も供給されていると考えられる．その熱および塩分の供給源は日本東方海域からアラスカ湾北部へ向かう中層流であることが指摘されている（図4）．この中層流は風の分布から推定した亜熱帯と亜寒帯の循環境界を横切ることなどからクロスジャイアフロー（循環境界を横切る流れ）とも呼ばれている．

この中層流の源となっている海水は，黒潮・親潮が混合して形成された北太平洋中層水であると指摘されていることから，水温極大層の熱と塩分の供給源は日本南岸を流れる高温高塩の黒潮と考えられる．

●海洋中規模渦

海洋には中規模渦と呼ばれる半径数百 km の渦が数多く存在しており，熱・淡水輸送，生物生産などに重要な役割を果たしている．北太平洋亜寒帯循環においても数多くの中規模渦が観測されており，本書では最近発見されたアラスカンストリーム渦を紹介する．

アラスカンストリーム渦は，アラスカ半島，アリューシャン列島南岸西経160度付近で形成され，アラスカンストリームに沿って西方に伝播，180度付近で離岸し，西部亜寒帯循環に到達する（図5）．渦の形成は，形成域の風の場の変動に伴うアラスカンストリームの離岸と関係しており，伝播速度は海底斜度の影響を強く受けることが指摘されている．このアラスカンストリーム渦は，渦中心に海水を保持して南方に伝播することや渦周辺に南北流を生じることにより，アリューシャン列島南岸域と外洋域の海水交換に重要な役割を果たしている．この海水交換を通じ，アラスカンストリーム渦は，北太平洋亜寒帯中西部外洋域の水温塩分場に影響を与え，さらに，当海域の生物生産に大きく寄与している．

〔上野洋路〕

7.11 北極海

●北極海の地形と水塊構造

　地球の最北に広がる北極海は，ユーラシア大陸，北米大陸とグリーンランド，そしていくつかの島々に囲まれている．ユーラシア大陸側は水深が200m以浅の広い大陸棚が広がっているのに対し，カナダ・グリーンランド側は水深が3000mを超える深い海盆になっている．この海盆は北極点付近を通るロモノソフ海嶺で大きくヨーロッパ側とカナダ・アメリカ側に分けられる．大西洋（グリーンランド海）とは，深いフラム海峡と広いバレンツ海でつながっている．一方，太平洋（ベーリング海）とは浅くて狭いベーリング海峡（水深約40m，幅約85km）でつながっている（図1）．

　北極海を占める水（水塊）は，大西洋・太平洋双方から流入した海水と，シベリアや北米から流入した河川水，降水，海氷融解水などで構成される．ここで，大気からの日射や冷却，海氷の融解と生成などの影響を受けて北極海特有の成層構造をつくる．その際に重要なのは，温度ではなく，塩分の濃淡により水の密度（成層構造）が決まることである（図2）．

　表層は河川水や海氷融解水などの塩分が低い水塊で占められている．その塩分は他の海域と比較しても極めて低く，シベリア沿岸では20psu（実用塩分単位）以下になるところもある．太平洋側北極海では，表層水の下に太平洋起源の水塊が広がる．水深50m付近には太平洋夏季水と呼ばれる暖かい水塊が，その下の150m付近には太平洋冬季水と呼ばれる冷たい水塊

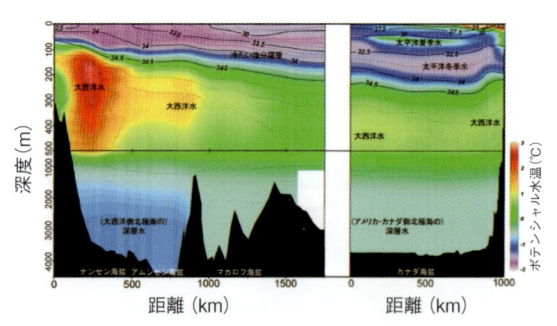

図2　2007年航海で観測された北極海横断面での水温（色）・塩分（等値線）の分布．左はドイツ砕氷船による北極海大西洋側および中央部での，右はカナダ砕氷船による北極海太平洋側での観測結果．

がある．太平洋夏季水が北極海の熱収支に大きく影響を与える可能性がある一方，栄養塩が豊富な太平洋冬季水は北極海の生態系に関連が深いと考えられる．

　北極海の水塊構造の大きな特徴として，表層の下に「冷たい塩分躍層」と呼ばれる強い成層構造を持つことが挙げられる．この成層構造が表層と下層の混合を妨げている．冷たい塩分躍層の形成には冬季の大気からの冷却や，海氷生成に伴うブライン（塩分）排出が密接に関係している．

　北極海の水深200mよりも深い中層から深層にかけては大西洋からの水塊が占めている．中層の大西洋水は表層に比べてとても暖かく塩分が高い．しかしその熱は冷たい塩分躍層に阻まれて，海氷の融解にはあまり影響しない．ロモノソフ海嶺よりも大西洋側の深層水は，フラム海峡を通じてグリーンランド海と水の交換が行われるために冷たく新しい水塊である．一方アメリカ・カナダ側の海盆は水深約2000m以深では他の海から孤立しているため，水塊交換が進まず比較的暖かい古い深層水が占めている．

●北極海の海氷と最近の変化

　北極海の大きな特徴の1つは，夏でも広い海域が海氷に覆われていたことであった．海氷は，太陽放射を反射し，海から大気に熱や水蒸気が放出されるのを妨ぐことで，北極海域を冷たく保つ役割を果たしている（図3）．

　ところが1990年代後半以降，北極海の海氷面積は急激に減少している．特に夏季海氷面積は，2012年9月には20世紀後半に対しておよそ半分（約349万km^2）にまで減少した（図4）．北極海の海氷が減少する理由としては，地球温暖化に伴って夏季に「融ける」

図1　北極海とその周辺域．

海　洋

図3　融解が進む海氷．海氷の表面は白く，太陽放射を反射しやすいのに対して，海氷がない水面は黒っぽく太陽放射を吸収しやすい．

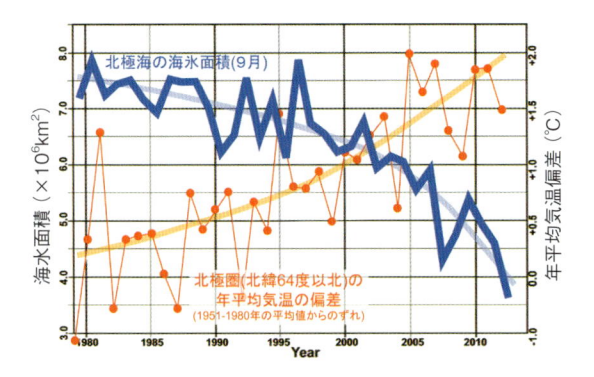

図4　1979～2012年の北極圏の9月の海氷面積（青）と，北極圏（北緯64度以北）の年平均気温の偏差（1951～80年平均からのずれ，赤）の変化．

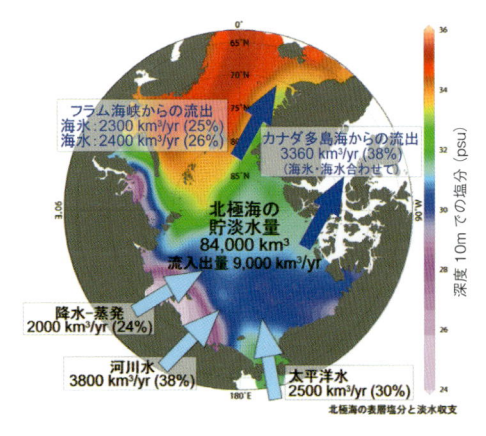

図5　北極海の表層の塩分分布と淡水収支の模式図．河川水や海氷融解水の影響で北極海の表層塩分は他の海域に比べてかなり低い．北極海では毎年約9000 km³の淡水の流入出がある．主な流入源は，降水量と蒸発量の差，河川水，ベーリング海峡からの太平洋水の流入で，流出先はフラム海峡やカナダ多島海を通じた大西洋である．

効果がよく注目される．しかし特に近年の北極海の海氷減少には，海氷がなくなった海が太陽放射で暖められ，そこに蓄えられた熱が冬季の海氷成長を妨げるような「凍らない」効果（図1）や，近年の海氷減少に伴う気圧配置の変化（シベリア側の低圧場とカナダ海盆側の高圧場という双極構造になる）によって北極海から「流出する」効果（図2）が，重要視されている．このままでは北極海は21世紀前半のうちにも夏に海氷が存在しない海になってしまうのではないかと推測されている．

● 北極海の淡水収支とその変化の影響

海氷の融解は塩分の低い水（淡水）を増やす．このほかにも北極海には降水や河川水など多くの淡水が流入している．これらの淡水は他の水塊や海氷とともに最終的には大西洋に流出する．北極海全体では約8万4000 km³の淡水があると見積もられている（図5）．この淡水収支は，北極海の海氷状況だけでなく，北大西洋から始まる海洋熱塩大循環などと密接に関係しており，その現状と変化を理解することは，重要である．

北極海には現在は毎年約9000 km³の淡水が流入出している．その主な流入源は，降水（24%）・河川水（38%）・ベーリング海峡からの流入水（30%）である．一方，この淡水は北極海から大西洋に向けて流出する．その経路としては主にフラム海峡とカナダ多島海の2ヵ所だ．流出する割合としては，フラム海峡からは海水として25%，海氷の形で26%であるのに対して，カナダ多島海からも海水・海氷合わせて35%が流出すると見積もられている．北極海の淡水の滞留時間は約9～10年と計算できるが，これは場所によって違いがある．ボーフォート循環域では長く（11～12年程度），極横断漂流域では短い（6年程度）．

近年の地球温暖化や気候変動の影響を受けて，北極海では海氷の減少が進むとともに，その影響が北極海の淡水収支そして海洋熱塩大循環にも及ぶことが指摘されている．たとえば予測モデルの結果からは，地球温暖化に伴って，北極海への河川水流入量が増え，海氷融解の影響も加わって北極海の貯淡水量が増加するとともに，北極海から北大西洋への淡水流出量が増加することが示唆されている．海氷の減少など，北極海の環境はこれから10～20年の間に大きく変化する可能性が高いだろう．

〔菊地　隆・猪上　淳〕

7.12 南極環海

●南極環海

南極環海（南大洋）は南緯60度以南に広がる海洋である．地理的な特徴として，北極海以外の大洋（大西洋・インド洋・太平洋）と直接つながっていること，陸地にさえぎられることなく東西に1周していること，が挙げられる．水深はいくつかの浅海（南スコシア海嶺，ケルゲレン海台，南東インド洋海嶺，太平洋南極海嶺，ドレーク海峡）を除いて3500mより深い．

●南極周極流

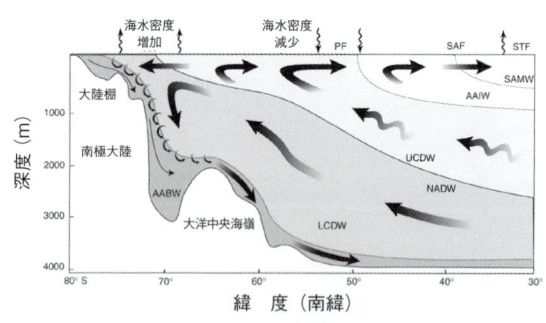

南極環海上には強烈な偏西風が吹く．この強力な風に対応して，南極環海には世界最大の流量を持つ南極周極流（南極環海流）が東向きに流れる（図1）．その流量は，アフリカ南部や南米南部（ドレーク海峡）で[2] $134 \times 10^6 \mathrm{m}^3/\mathrm{s}$，オーストラリア南部で[3] $147 \times 10^6 \mathrm{m}^3/\mathrm{s}$程度である（差はインドネシア通過流によ

図2 南極環海の子午面循環の模式図[5]．中層を南に流れる上部周極深層水（UCDW）と下部周極深層水（LCDW）が一部は偏西風によるエクマン輸送で北上し，南極中層水（AAIW）や亜南極モード水（SAMW）に変質する．一部は大陸棚で沈み込み，南極底層水（AABW）となる．PF：南極前線，SAF：亜寒帯前線，STF：亜熱帯前線．

るもの）．大規模な海流は地衡流バランスしているから等密度面は北から南に向かって浅くなる．とくに流れが強い場所は前線（フロント）として観測される．主な前線[4]は北から南に，亜寒帯前線，南極前線，南周極流前線，南極周極流南端である．これらの前線は前述の浅海の影響を受けて蛇行する．

南極周極流は，風だけでなく大気が強制する表面での密度の南北勾配や流れの不安定によって生じる渦など，さまざまな要因によって駆動されている．風によって注入された運動量は，渦による運動量輸送で海底近くに伝わり，海底摩擦と海底地形の形状抵抗でバランスすると考えられる．

●子午面循環

偏西風によるエクマン輸送は北向きとなる．つまり，地衡流バランスにより浅くなって表面に露出した密度層内の海水は，表層を北向きに輸送される．一方，海氷生成や大陸からの滑降風の影響を受ける南極大陸の大陸棚上では，急激に密度を増した海水が深層水となって海底地形に沿って大陸斜面を流れ落ちる．このように，南極環海の子午面循環は2つの循環を持つ（図2）．地衡流バランスのもとでは南北流は東西の圧力差で説明されるが，ドレーク海峡（約2500m深）より浅い部分に東西に壁の存在しない南極環海の南北流には，渦による運動量輸送が重要であると考えられている[5]．

●水塊

この子午面循環を水塊という視点から見ることもできる．大西洋・インド洋・太平洋の中層を南下してき

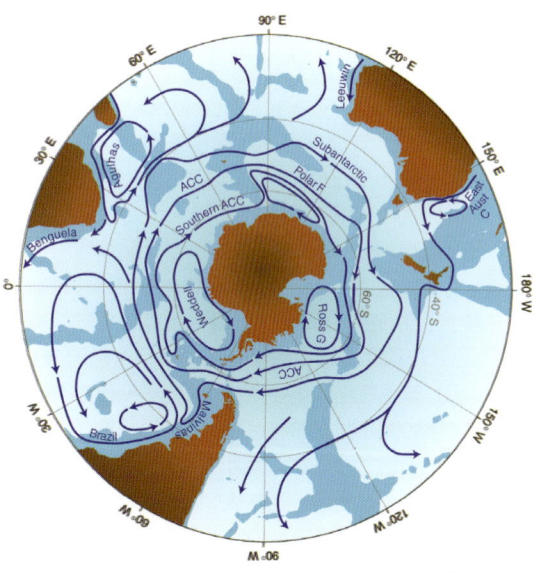

図1 南から見た南極環海と主な前線（強い海流に対応）[1]．水色は水深3500m以浅．ACC：南極環海流，Subantarctic：亜寒帯前線，Polar F：南極前線，Southern ACC：南周極流前線，Leeuwin：ルーウィン海流，East Aust C：東オーストラリア海流，Malvinas：マルヴィナス海流，Brazil：ブラジル海流，Benguela：ベンゲラ海流，Agulhas：アガラス海流，Weddell：ウェッデル海循環，Ross Gyre：ロス海循環．

海洋

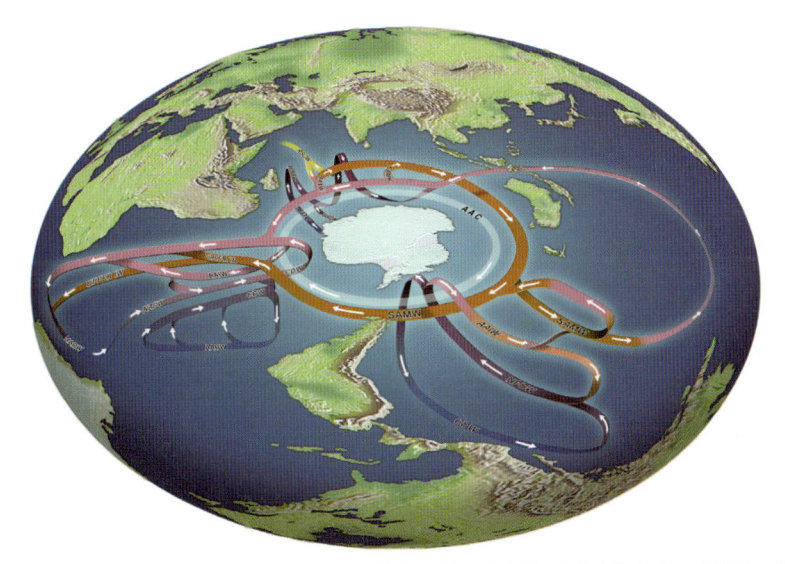

図3 大西洋・インド洋・太平洋をつなぎ，偏西風によるエクマン輸送で異なる密度層の海水交換を司る南極環海の役割を強調して示した世界の海洋循環[9]．中央の水色の流れが南極周極流．SAMW：亜南極モード水，AAIW：南極中層水，RSOW：紅海流出水，AABW：南極底層水，NPDW：北太平洋深層水，ACC：南極環海流，CDW：周極深層水，NADW：北大西洋深層水，UPPER IW：上部中層水，IODW：インド洋深層水．

た海水が周極深層水である．これが南極環海で前述のエクマン輸送を補償する流れとなって海面に露出する．表層を北上して淡水と熱フラックスと多数の渦による拡散・混合の影響を受けて塩分極小として観測されるのが南極中層水，混合層下部の体積極大として観測されるのが亜南極モード水である．露出した周極深層水のうち表層を南下して大陸棚上で密度が増加した海水が南極底層水となる．以上は東西方向に平均化した見方で，実際には水塊形成が非常によく起こる場所は局在している．特に深層水の形成に関しては，ウェッデル海，ロス海，アデリーランド沖，ダンレー岬沖などに局在していると考えられている[6]．

これらの水塊は上述の前線とほぼ対応しており，亜寒帯前線より北で亜南極モード水が，亜寒帯前線と南極前線の間で南極中層水が沈み込んでいく．

以上のように南極環海で形成された水塊は，南半球だけにとどまらず北半球までの広い海洋を覆う[7),8)]（図3）．特に亜南極モード水は，南極環海で深層から表層に戻ってきた栄養塩を世界中に供給する経路として，世界の海洋の一次生産に重要である[10]．

● 変動

上述のように，南極環海は大気から世界の海洋内部への「入り口」であるから，気候変動が海洋に与える影響を監視するには重要な場所である．しかし，陸地から遠く離れ，夏季でも劣悪な海況であるこの海域のデータは圧倒的に不足している．ようやく近年のアルゴフロートに代表される観測網の発達に伴い，その変動が少しずつ明らかになり始めた．

その1つが中層（700〜1000 m深）の温暖化である[11]．これは1930年以降の船舶観測データと1990年代の中層フロート（アルゴの前身のもの）による水温の比較によって明らかになった．また，船舶観測データの比較により，深層水形成海域であるウェッデル海の底層[12]やロス海[13]でも温暖化が観測されている．インド洋太平洋南部の南極環海では塩分の低下が報告されている[14),15)]．これらの変動は，氷床融解や大気の変動が原因と推測されているが，海洋同様，氷床や大気のデータさえも不足しており，結論を出すに至っていない．

人為起源の気候変動に関しては，海洋内部に蓄えられた大量の二酸化炭素が表層に露出して大気と直接交換される南極環海は，大気中の二酸化炭素変動に大きな影響を与えている可能性[16]が指摘されている．現在から約3万〜5万年前に気温が数千年程度の周期で上下したダンスガードオシュガー振動では，南半球の変動が北半球に先行し両半球の変動は海洋の子午面循環で連動していたという説[17]もある．大気の変動に対する海洋の応答を考えるうえで，南極環海は極めて重要な海域といえる．

〔勝又勝郎〕

7.13 北太平洋モード水

● モード水とは

　海水特性が鉛直方向に一様で，かつ水平方向にもある程度の広がりを持った水塊が，世界の海洋のさまざまな海域に見出され，モード水と呼ばれている．モード水は，図1の北緯35～25度付近にかけての深度100～300mに見られるように，永年密度躍層の上端付近あるいは内部に分布する．ここで，モード (mode) とは統計学で使われる「最頻値」のことである．モード水の名は，ある海域の海水について水温・塩分階級毎の体積を調べると，この水塊の水温・塩分階級の体積が最も大きくなることに由来する[1]．
　モード水の一般的な性質として，上に挙げたもののほか，形成が冬季の対流混合によっており，その海水特性や形成率は大気強制の影響を受けていること，水平輸送により形成域を越えて広く分布していることなどが挙げられる．また，密度が鉛直に一様であることから，渦位 (強流域を除いて，密度の鉛直勾配と惑星渦度の積でよく近似できる) の小さな層として特徴づけられる．そのため，モード水は，海面に露出している形成期以外の時期には，渦位の鉛直極小層として検出される (図2)．モード水は，冬季混合層での形成時に獲得した水温の偏差や二酸化炭素，栄養塩などの物質を亜表層に送り込み，輸送する役割を担っている．また，保存量である渦位の輸送を通じて，亜表層の密度成層と流れの場の形成に寄与している．

● 亜熱帯モード水

　亜熱帯モード水は本州南岸から東方，東経170度付近にかけての黒潮・黒潮続流のすぐ南の海域で，深さ300m以上にまで発達する冬季混合層で形成される (図3)．水温，塩分，ポテンシャル密度のおおよその範囲は，それぞれ，16～19℃，34.7～34.9，24.9～25.5kg/m³ である．主な分布域は，亜熱帯循環北西部の黒潮再循環域に一致している．冒頭に言及した図1のモード水が亜熱帯モード水である．冬季混合層の水がエクマンパンピング (エクマン輸送の収束に伴う下降流) と水平移流によって，永年密度躍層に沈み込む速さ，すなわちサブダクション率と亜熱帯モード水の体積から，その更新時間は，その低密

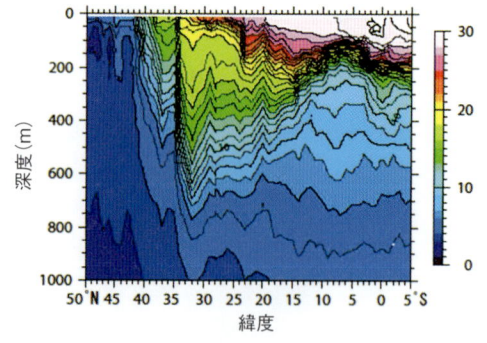

図1　東経165度に沿う水温の鉛直断面図 (2006年6月，気象庁凌風丸)．

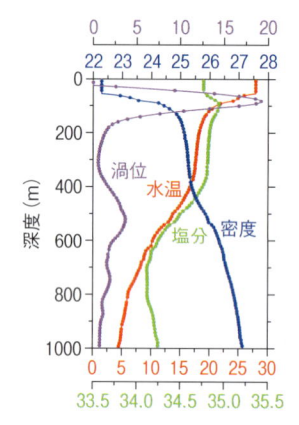

図2　モード水を含む鉛直プロファイルの例．海洋学では，密度の値は1000kg/m³を差し引いて記す．

度部 (ポテンシャル密度が25.3kg/m³以下) で約2年，高密度部で5～9年と見積もられている[2]．
　形成域は海洋から大気への熱放出が北太平洋で最も大きい海域にあたっている．この強い冷却の効果を記憶する水塊として，その特性や厚さの年々から10年スケールの変動が調べられてきた．冬季の北西季節風 (シベリア大陸からの寒気の吹き出し) が強いほど形成率が大きいことなどが示されてきた[3]．
　一方，亜熱帯モード水の形成率の変動要因として，近年，形成域の密度成層の強さの重要性も指摘されている[4]．黒潮続流の中規模擾乱に伴い，黒潮続流の北側の高渦位水が形成域に輸送される効果，夏季の海面加熱の効果，風の強制の変化に伴う永年密度躍層の深度変化の効果などが，形成域の密度成層を変化させ，形成率に影響していることが示されてきた．
　高気圧性の黒潮再循環域は，ボウル状に深くなった永年密度躍層で特徴づけられる (図4左)．冬季混合層は永年密度躍層が深いほど深く発達し得るので，再循環の力学は亜熱帯モード水の形成に適した場を用意し

216

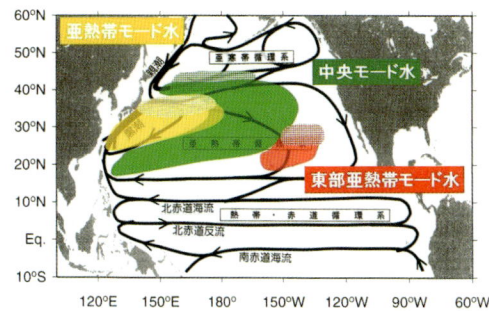

図3 北太平洋のモード水の分布．格子部は形成域．

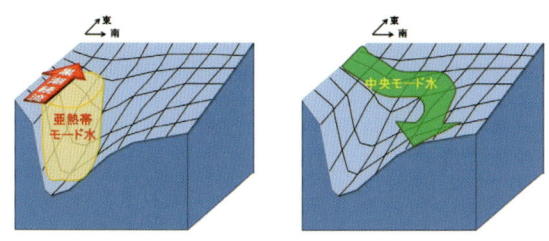

図4 黒潮再循環に伴う永年密度躍層のボウル構造と亜熱帯モード水の模式図（左）と通気温度躍層理論に従って広がる中央モード水の模式図（右）．

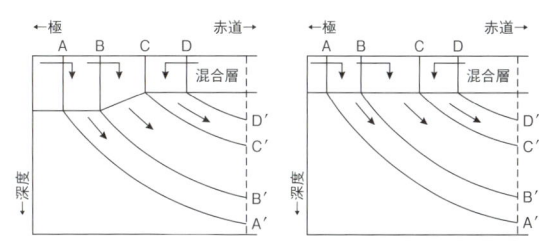

図5 大規模な流れに伴うモード水の沈み込みの2つの様式．混合層前線型（左）と低密度勾配型（右）．AA′などの曲線はポテンシャル密度の等値線である．

ているといえる．一方，亜熱帯モード水の形成は，この海域への低渦位の供給を意味しており，ボウル構造の維持，すなわち再循環の維持に寄与している可能性がある．

● **中央モード水**

中央モード水は黒潮続流の北側，概ね北緯35～40度，東経150～西経170度の範囲に発達する深い冬季混合層で形成される（図3）．水温，塩分，ポテンシャル密度のおおよその範囲は，それぞれ，8～13℃，34.0～34.5，26.0～26.5kg/m^{3}である．中央モード水は，亜熱帯循環の中部から南西部にかけて時計回りの循環に沿って広く分布している．この水のサブダクション率と体積から，更新時間は低密度部（26.3kg/m^{3}以下）で10～30年，高密度部で60年程度かそれ以上と見積もられている[2]．

その分布の様子は，通気温度躍層理論（冬季混合層の水が，渦位の保存とスベルドラップ平衡を満足しつつ，等密度面に沿って運ばれるとして永年密度躍層の密度分布と流れの場を求める理論）とほぼ整合している（図4右）．分布が亜熱帯循環の広範囲に及ぶことから，亜熱帯循環の流速構造と水温・塩分・密度の成層の構造の決定に大きく影響していると考えられる．

● **東部亜熱帯モード水**

東部亜熱帯モード水は亜熱帯循環東部，北緯30度，西経140度付近の比較的深い冬季混合層で形成される（図3）．水温，塩分，ポテンシャル密度のおおよその範囲は，それぞれ，18～21℃，34.7～35.3，24.6～25.2kg/m^{3}である．亜熱帯モード水，中央モード水に比べて薄く，鉛直一様性も弱い．その分布域は，形成域から亜熱帯循環に沿って南西向きに広がっているものの，形成域周辺に比較的限定される．もともとの薄さに加え，季節密度躍層が弱いために上部から，また，ソルトフィンガー型の二重拡散対流により下部から速やかに変質するためと考えられる．

サブダクション率と体積から，その更新時間は2～4年と見積もられており[2]，亜熱帯循環南部の永年密度躍層上部の水温・塩分・密度成層に比較的短い時間スケールで影響を与えている可能性がある．

● **沈み込みの様式**

モード水が低渦位水として沈み込む様式には，大規模な流れに伴うものと，中規模擾乱に伴うものがある．大規模な流れに伴うものはさらに2種類に分けられる．1つめは，冬季混合層深度が急変する混合層前線における沈み込みである（図5左）．この場合，水温・塩分の一様性が強い水が沈み込む．亜熱帯モード水，および中央モード水の高密度部がこれに該当する．もう1つは，冬季混合層の水平密度勾配が小さい海域からの沈み込みである（図5右）．この場合，沈み込みによって重なり合う水の密度差が小さいために低渦位となる．したがって，小さな水平密度勾配が密度変化を補償するような水温と塩分の勾配を伴うとき，低渦位層内に比較的大きな水温・塩分の鉛直勾配が存在することになる．東部亜熱帯モード水はこれに該当する．一方，亜熱帯モード水や中央モード水の沈み込みには，中規模擾乱に伴うものの寄与も大きいと考えられている．

〔須賀利雄〕

7.14 太平洋中層水

●北太平洋中層

　北太平洋亜熱帯循環域（北緯15～42度）の水深300～800mには，鉛直的な塩分極小構造が観測される．これを北太平洋中層水（North Pacific Intermediate Water：NPIW）と呼ぶ（図1上）．塩分極小付近の密度は，1026.8～1026.9kg/m^{3}である．北太平洋のこの密度の海水で最も低塩分な日本北方のオホーツク海が，低塩という性質の源とされ，亜寒帯循環系の海水の性質が亜熱帯へと広がっている様子を表すものと考えられている[1]．この北太平洋中層水は，冬季に海面付近で風と冷却による強い鉛直混合により形成された証拠と考えられている鉛直密度一様層を持たない．また，北太平洋中層水下部は亜寒帯に存在する水質により近いことが知られている．このことから，亜熱帯起源の海水と亜寒帯起源の海水の鉛直的な境目だと考えられている[2]．そのため，その形成の理解には，直接的な輸送だけでなく，水平的な渦輸送や鉛直拡散過程による混合・拡散などさまざまな効果が重要であると考えられている．

●低塩海水のオホーツク海からの流出

　北太平洋中層水の塩分極小の形成には，低塩分な水が亜寒帯域のどこでどのようにつくられるかと，どのようにして亜熱帯に広がっていくかを考える必要がある．
　塩分極小が存在する密度の海水が海面で大気と接するのはオホーツク海に限られており，かつ，オホーツク海にはこの密度の海水で塩分が一番低い水が存在する．このことから，塩分極小付近の海水のうち，比較的近い過去に海面付近にあった部分については，オホーツク海で形成されたものと考えられている．オホーツク海での海水の水質形成には，オホーツク海北西部での海氷形成に伴いつくられる重い海水とオホーツク内部での混合が関係しているとされている．オホーツク海内部で形成された低塩分な水は，千島列島の海峡を通じて太平洋側に至る．この千島列島近辺では急峻な地形により強い混合が起きるため，オホーツク海で形成された水の性質は上下の海水と混合され強く変質を受ける．この時に，同時に鉛直密度勾配が比較的緩やかになる．日本東岸におけるこの密度層でのオホーツク海起源の低塩な海水は，この緩やかな鉛直密度勾配の水平的な分布でも検出できる．親潮に沿って東北沿岸を南下し，黒潮続流の北側に到達する様子が描かれている（図2）．

●亜寒帯海水の変質，広がり

　日本東岸には，南の亜熱帯の高温高塩な海水を隔てる黒潮続流と，亜寒帯の低温・低塩分な海水を北に隔てる親潮・亜寒帯フロントに挟まれた，亜熱帯，亜寒帯の中間的な水温塩分の性質を持つ海水が分布する海域が存在している．この海域は，混合水域と呼ばれる．
　オホーツク海より流出した低温・低塩分な海水は，親潮，亜寒帯フロントを越えて混合水域に到達するときに，表層部分を比較的高温・高塩分な海水によって

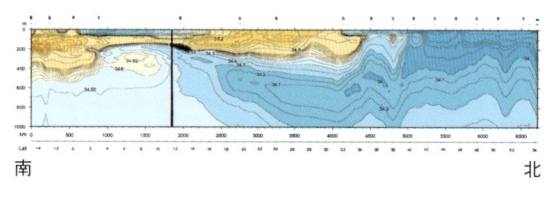

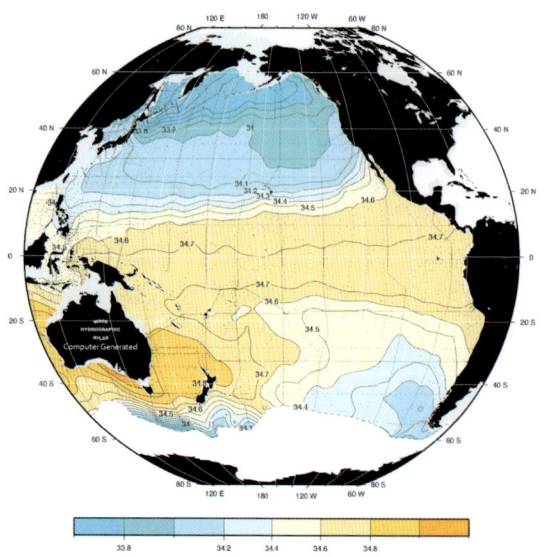

図1　（上）東経160度における鉛直断面塩分分布．低塩な（水色）舌状構造が北より広がっている．（下）中立面密度26.85における塩分分布．オホーツク海の塩分が一番低い様子がわかる．WOCE Atlas Volume2 Pacific Ocean より．http://www-pord.ucsd.edu/whp_atlas/pacific_index.html．

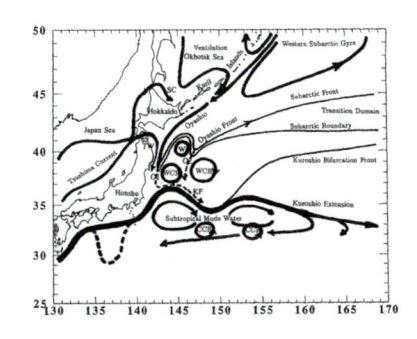

図2 塩分極小の形成と関係する日本近海の流れ[3]．日本南岸から流れる黒潮およびその続流（Kuroshio, Kuroshio Extension）と北海道沖を南下する親潮とその東に続く前線（Oyashio, Oyashio Front, Subarctic Front）に挟まれた海域には，多くの渦（WCR）が観測され複雑な流れとなっている．

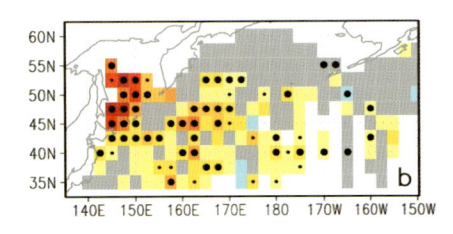

図3 塩分極小下部での1995〜2005年の水温上昇率[9]．暖色が上昇を示し，黒丸が大きいほど上昇が時間の短い変動に乱されずに起きていることを示している．

変質を受ける．このほかに，亜寒帯前線においては，渦などによる混合，拡散によってゆっくりと低温・低塩分な性質が混合水域側へと侵入していくと考えられている．このようにして，混合水域中層に低塩な層ができると考えられている．混合水域では，低塩な海水の上に高温・高塩分な海水が乗り上げ，表層で高塩，下層で低塩となり，大きな塩分の鉛直差を伴う構造が観測される．海水は，塩分が大きいほど重いので，このような構造は塩分分布としては表層が重く不安定になっている（実際には表層の水温が高いので表層のほうが軽い）．このような成層の場では，塩分による不安定を解消するように二重拡散対流が働き，表層と下層で塩分の混合が起きる．この鉛直混合の働きは，低塩な性質を強く変質する可能性があると考えられている[4]．また，混合水域では，水平的に比較的小さな（たとえば200km以下の）渦が度々観測され，このような渦が水平的にも塩分を混合すると考えられている（図2）．

このように，北太平洋亜熱帯300〜800mに広がる塩分極小を伴う亜寒帯の性質を持つ海水の広がりには，水平，鉛直を問わず混合の過程が重要であると考えられている．したがって，1つの性質（塩分）を観測するのみでその度合いを推定するのは難しい．そこで，化学物質を用いたアプローチもなされている．たとえば塩分極小下部では，より下層の海水の取り込みが重要であることが示唆されている[5]．また，近年のシミュレーションモデルの解像度を約10km以下に設定して，よりよく混合そのものが再現されるようになってきており[6]，より複雑な過程についても明らかになってきている．

● 北太平洋中層水広がりに伴う物質輸送

北太平洋中層水に伴う塩分極小は，亜熱帯亜寒帯のそれぞれの性質を持つ海水の含まれる割合が上部と下部で変わる．そのため，海面から沈み込んで広がるのにかかる平均的な時間（滞留時間）も大きく変化するが，上部については数十年ともいわれる[7]．表層の海水と比べ比較的長い時間大気と接しない海水は，地球の気温とのかかわりで注目されているCO_2などの大気中の化学物質を亜寒帯表層で吸収した後，大気から遮断された深い層へと貯留する役割があるのではないかと考えられている．また，生物活動の活発な亜寒帯で形成され，長い時間をかけて亜熱帯表層に入り込んでくる中層水の層は，豊富な栄養塩を含んでいる．この海水の広がりによって亜熱帯亜表層に栄養塩を供給し，鉛直的な拡散過程を通じて亜熱帯表層に緩やかに運ばれることで，北太平洋亜熱帯における生物生産にかかわっている可能性があるという研究もある[8]．

● 北太平洋中層の変動

北太平洋の経年的な水質変化については，近年になって報告がされるようになった．オホーツク海の北太平洋中層水の密度層に1955〜2005年の50年間で有意なトレンドがあり，その傾向は，オホーツク海から東部亜寒帯，混合水域に広がっていることを示している（図3）．この傾向は，1990〜2000年代の同一観測線上での塩分，水温差にも現われており，塩分極小層の密度が軽くなったことによって解釈できる可能性も示唆されている[10]．しかしながら，塩分極小付近の海水は，ここまで述べたように北太平洋の海面で形成される最も重い海水であるとともに，その下層の深層水との混合も大きな割合を占めるため，その長期的な変動についてはより長い時間を対象とした新たな知見を必要とすると考えられる． 〔纐纈慎也〕

7.15 北太平洋深層水

●北太平洋深層水とは

北太平洋深層水は，北太平洋から南太平洋にかけて約1500～3500m深に分布する水塊であり，NPDW（North Pacific deep water）と略記する．水塊として以下のような特徴が知られている．

全海洋で最大の体積を持つ[1]．北部大西洋や南極周辺で沈み込んだ深層水が表面に戻っていく海洋大循環の，表面到達直前に位置するため，全海洋中の水塊の中で最も「古い」．実際，炭素同位体を用いた見積もりでは，南極周辺で沈み込んだ水は平均595年[2]かけてNPDWに変質する．一方，数値モデルによる見積もりでは大西洋北部で沈み込んでからNPDWに至るまで平均1500年かかっている[3]．溶存酸素は，表面で飽和して海中では生物活動により減少していく．

一方，栄養塩濃度や全炭酸は増加する．したがって，NPDWの酸素は少なく，栄養塩や全炭酸は多い．これらの物質の海洋中の貯蔵量を正しく知るためには，NPDWにおける貯蔵量の理解が重要であろう．

図1はシリカの日付変更線付近の南北断面である．紅色で着色された高いシリカ濃度が，NPDWを特徴づける．水塊中心のポテンシャル温度は約1.5℃，実用塩分は約34.66，ポテンシャル密度は約1027.72kg/m^3，中立密度は約1028.0kg/m^{3}となる．溶存酸素は東岸の沿岸湧昇の影響もあって，シリカより浅めに極小を持つ．

●南北循環

図1から期待されるNPDWの南北循環は南向きである．物質循環やインバース法から推定した大まかな

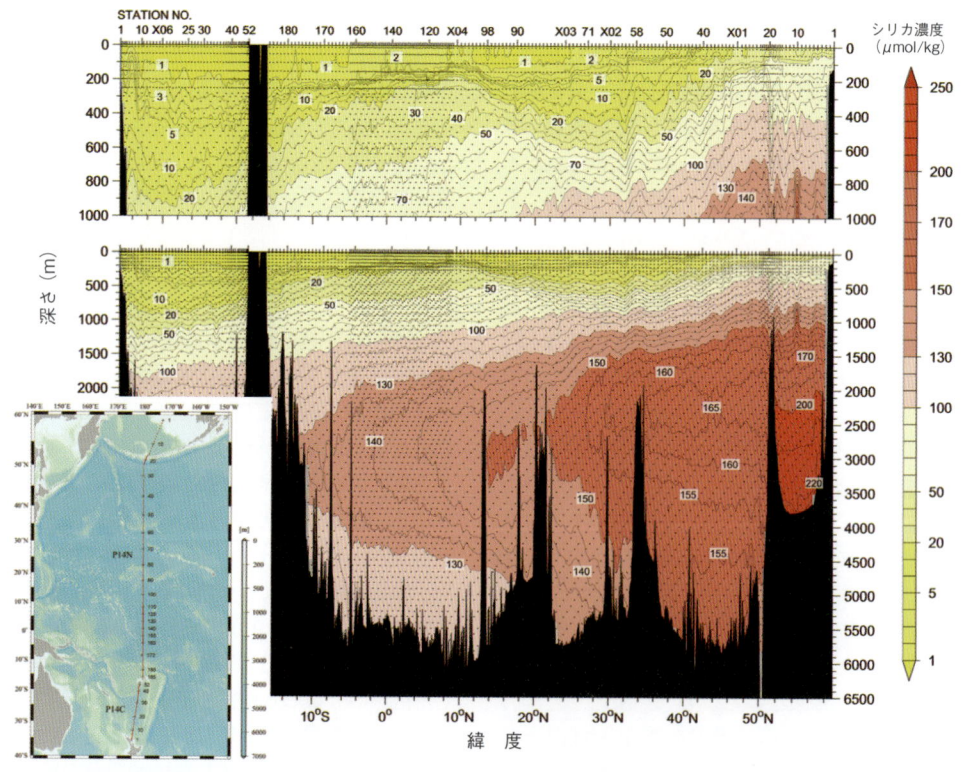

図1 太平洋のほぼ日付変更線に沿った南北断面上でのシリカ濃度（右）と観測地点（左）[4]．2007年の航海で採水したサンプルを実験室で処理して濃度を測定した．採水地点は黒点で表されている．シリカ濃度の単位はμmol/kg．観測点の位置は地図上に赤点で示されている．地図の背景は水深．

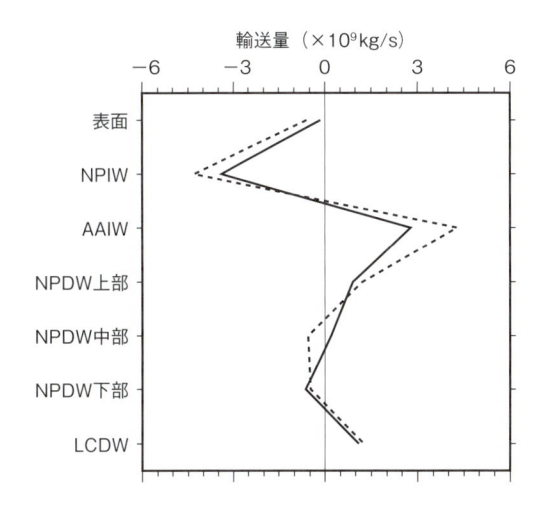

図2 インバース法で推定した北緯24度線を南北に横切る海水輸送[5]. 水塊ごとに推定した. 実線は2005年の観測, 破線は1985年の観測. 横軸正が北向き. 水塊は, 表面から深いほうに, 中立密度1026.0〜1027.3kg/m³が北太平洋中層水（NPIW）, 1027.3〜1027.6kg/m³が南極中層水（AAIW）, 1027.6〜1027.95kg/m³が北太平洋深層水（NPDW）上部, 1027.95〜1028.03kg/m³がNPDW中部, 1028.03〜1028.8kg/m³がNPDW下部, そこより深いのが下部周極深層水（LCDW）.

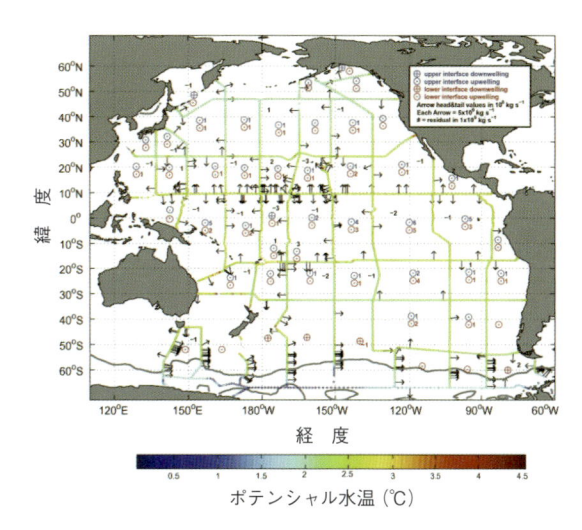

図3 NPDWの水平循環. 南北東西に走る色つきの直線は船舶による1980年代後半〜1990年代に行われた断面観測の航跡. 観測で得られた温度と塩分からインバース法を用いて断面観測で囲まれた箱での体積保存などの条件を満たす地衡流を推定した. 中立密度面1027.6〜1028.0kg/m³の層の結果を示した[6]. 観測線上の色はポテンシャル水温. 観測面に直交する黒の矢印は, その場所で5×10⁹kg/sの輸送があることを表す. 箱の中の青丸は上面（中立密度1027.6kg/m³）を突き抜ける流れ. 数字は丸が上層への流れ, 十字がNPDW層への流れ. 赤丸は下面（中立密度1028.0kg/m³）を突き抜ける流れ. 黒い数字はその箱の中での体積保存の誤差.

南北循環は, 以下のとおりである. 北部大西洋で沈み込んだ北大西洋深層水と南極周辺で沈み込んだ南極底層水が混合しながら太平洋底部を北上する. この水塊は下部周極深層水と呼ばれる. この水塊は太平洋底部を北上する過程で, 鉛直混合により上方からの熱を得て軽くなりNPDWへ変質する. NPDWは平均的には南下している. また, その過程でNPDW上部に位置する塩分の低い中層水とも混合する. 特に深海では平均的な流速が小さいために混合の影響を強く受け, 水塊の境界は, はっきりと定義できるものではない.

● 南北輸送量

NPDWの体積は大きいが, 流速が非常に遅いため熱や物質の南北輸送は上層の水塊に比べると小さい. 図2には, 北緯24度線を横切る太平洋の海水の南北輸送を水塊ごとに示した. NPDWは上部が北向き, 下部が南向きに流れているが, それぞれ表層近くの中層水に比べると小さな値になっている.

● 水平循環

上述のとおり, NPDWの平均流速は非常に小さい. しかし, 表層の風の変動の一部や潮汐の影響は深層に及ぶため深層の乱流は決して弱くなく, 水平循環にはこの乱流による水平混合も重要な役割を果たしている. そのため, 大循環の時間スケールに比べて短い, 数ヵ月〜数年程度の流速観測だけでは平均的な水平循環像を得ることは難しい. 図3は過去の観測から推定されるNPDWの水平循環像である. 南北循環に比べて複雑であることがわかる. 地球回転の効果により, 海水は外力を受けないときは東西に流れようとする傾向があるので, いくつかの東西に伸びた循環（ジャイア）が見られる. また古典的理論[7]の教えるように北上流は海盆の西側で見られる.

● 古海洋

新生代の初期にあたる6500万〜4000万年前には, 海水温度が現在より高く大陸配置も異なっていて, それに伴って, 北太平洋でも海水の沈み込みがあったと考えられている[8]（1.8も参照）. 〔勝又勝郎〕

7.16 海洋の化学

● 化学の対象としての海洋

海洋は地球上に存在する水の約97％を保有している。そこには河川や地下水を通して陸から、降水を通して大気から、また、海底からも物質が供給されている。結果として、海洋はさまざまな不純物を含んだ巨大な水の溜まり場として存在している。水に何が溶けているかを知りたいとき、それは化学の対象となる。海水に何が溶け込んでいるかといった問いは、おそらく化学の分野で古くからなされてきたのであろう。しかしながら、現在「海洋化学」あるいは「化学海洋学」と呼ばれている分野の学問としての歴史はそれほど古くない。イギリスの海洋観測船チャレンジャー号が1872～76年にかけて行った世界一周航海が、海洋化学もしくは化学海洋学、そしておそらくは海洋学のスタートであろう。

古くは海水の組成を決定することから始まり、海洋生物にも関係する窒素や酸素などの物質循環の研究、沿岸域での工場排水による汚染状況や最近話題となった放射性物質の拡散など、海洋の化学が受け持つ分野は多岐にわたる。また、化学物質を染料に見立て、その動きを追跡することで、海水の流れや混合の状態を把握しようとする海洋物理と深く関係する分野もある。

● サンプリング

海水に含まれている物質が化学の対象であることから、まずは海水のサンプリングを考えなくてはならない。しかし、海水試料を採るのは大変な作業である。船を準備し、海に採水器を投入して採水し、デッキ上に採水器を回収した後、船上でサンプルを小分けし、船上で分析または持ち帰るための処理を行う。どのフィールド科学でも同様であるが、ある時点で採ったサンプルは、その後二度と採ることができない。海洋の場合は、同じ場所に行ってサンプリングするにも、大変な費用と時間、労力がかかる。サンプリングを行うときには、周到な計画と準備が必要である。

船を使って海水を採ることは古くから行われている。採水器を投入し、採った試料を船上でもしくは陸に持ち帰って分析を行うことは、使用される機器とその性能に違いはあるが、基本的には今も変わらない（図1）。

図1 海洋地球研究船「みらい」で使われている採水システム。筒状のものが採水器（ニスキンボトル）で、36本取り付けられている。1本あたり12Lの海水を採ることができ、最深6500mまで下ろすことが可能である。この写真は投入直前のもので、筒の上下にある蓋が開いており、船上から指令により任意の深度で蓋を閉じ、船上に海水サンプルを持ち帰ることができるようになっている。なお、採水器の下部に、水温や塩分、深度を測定するためのセンサーが取り付けられている。

図2 ニスキンボトルから海水を採水している様子。床に置かれているかごの中に、分析項目ごとの瓶が入っている。

現在、最も一般的に使われている採水ボトルは、ニスキンボトル（図1, 2）と呼ばれるもので、5L、10L、12Lなど、いくつかのサイズの容量がある。多くの化学成分を分析する場合、その分多くの海水が必要となり、なるべく容量の大きいボトルを選ぶのが望ましい。しかし、大きければ大きいほど大掛かりな設備が必要となる。放射能など、海水中に溶けている濃度が薄く、分析のために大量の海水が必要な場合は、100Lや200Lの採水器を用意したり、海洋の表層であれば、投げ込み式のポンプを利用して採水する。

採水器で採られた海水は、分析項目ごとに用意された容器に小分けされる（図2）。酸素や二酸化炭素など海水中に溶けている気体成分が分析対象の場合、周辺の空気とのガス交換に気をつける必要がある。また、人自体などが汚染源となる成分や微量金属の測定用試

料を採取する場合には，細心の注意が求められる．試料は海水だけではなく，海水中に含まれている粒子の場合もあり，採水器の取水口にフィルターをつけ，ろ過を行うこともある．

●海洋の化学分析

海洋の化学分析といっても，基本は一般の化学分析と同じであるが，特徴を挙げるとすれば，それは船上で分析を行うことである (図3)．特に保存が難しい成分 (たとえば，気体である酸素) の場合は，船上分析が必須である．この場合，陸上で行う分析と最も大きく異なる点は，船上では船の動揺のため，高精度な天秤を使うことができないという点である．試薬を計量し，分析器具や分析機器の校正を行うといった作業は，化学分析の基本中の基本であるが，この作業が船上では困難である．実際には，船上で天秤を使う代わりに，陸上の実験室で固体の試薬を天秤で量り取り，試薬瓶に詰めて船に持ち込み，船上の実験室でメスフラスコなどの計量器具で必要な溶液を作製したりする．この時，不純物を含まない水 (純水) が必要となるが，1980年代前半までは，船で純水をつくることが難しく，陸上の実験室でつくった純水をポリタンクなどに入れて運び込み，溶液を作製していた．純水をつくるためには原水が必要であり，陸上の実験室では水道水を使用している．現在は，船の設備を使って海水から原水をつくることができ，それをもとに陸上と同様の製造装置から純水の製造が可能となり，純水の使用は格段に便利になっている．

そのほか，海洋の化学分析では船の動揺のために測定精度が陸上と比べて落ちることもあり，何らかの工夫が必要である．さらに，動揺に関しては，分析者の船酔いへの対策も重要である．小型の船では，分析のためのスペースを十分に確保できないこともあるため，装置のサイズも考慮しなければならない．また，室温を一定に保つことが難しい場合もあり，温度変化に影響されやすい装置を使うときには注意が必要である．

船上で分析せずに，陸上の実験室に試料を持ち帰って分析することも多い．この場合，採取してから分析するまでの間に，対象となる成分が変化しないように処理を施す必要があり，サンプルを凍らせたり，生物活動を抑えるために毒物を加えたりする．

パソコンを利用した自動分析も行われている．その1つに，ポンプを使い航路に沿って海洋表面の海水を取り込み，連続的に測定を行うものがある．実際に，表面海水中の二酸化炭素分圧やクロロフィル濃度が測

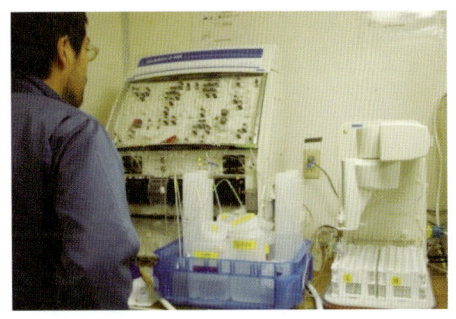

図3 海洋地球研究船「みらい」での化学分析の様子．写真は，海洋観測では基礎的な測定項目である栄養塩を測定するための装置である．この装置はパソコンによる制御化が進んでおり，オートサンプラー (写真の右端) により，サンプルが分析装置に自動で送られるようになっている．

定されている．このほかに，海洋中にセンサーを投入して測定する方法がある．海洋中のあるがままの状態で成分を測定することが可能で，分析に伴う誤差がないことや大量のデータが得られるなどの利点がある反面，センサーの校正を行う必要があり，使用している間に測定値がずれてしまうドリフトが起こりやすいなど，欠点もある．現在，酸素センサーやpHセンサーなど，さまざまなものが実用化されている．

●総合科学としての海洋の化学

現在，海洋の化学は，化学だけにとどまらない総合科学としての性格が強くなっている．海洋は地球の表面積の7割を占めており，もともと，その科学的な理解のためには大規模な観測が必要であった．このため1970年代のGEOSECS (Geochemical Ocean Section Study)，1990年代のJGOFS (Joint Global Ocean Flux Study) のように，海洋物理や化学，生態系に関連した国際研究プロジェクトが実施されてきた．現在でも，国際協力のもと，GEOTRACES (An International Study of the Marine Biogeochemical Cycles of Trace Elements and Their Isotopes) など多くの観測が実施されている．これに加えて地球温暖化や海洋酸性化のように，地球規模での環境問題に対処する必要も出てきている．これらの課題では，現状の把握だけでなく，IPCCで求められているように，いくつかのシナリオに基づいた将来の予測まで期待されている．こういったところでは，分析技術だけでなく数値計算の技術も必須となっている．このような総合科学としての傾向は，今後ますます強くなるであろう．

〔村田昌彦・張 勁〕

7.17 溶存物質の移動

●海水中の溶存物質

無色透明の水であっても，なめてみて味がすると何かが溶けていることを実感する．海水もなめてみると塩辛い味がすることから，何かが含まれていることがわかる．海水には，ナトリウムイオン（Na^+），塩化物イオン（Cl^-），カルシウムイオン（Ca^{2+}），カリウムイオン（K^+），マグネシウムイオン（Mg^{2+}），硫酸イオン（SO_4^{2-}）といったイオンが主要な溶存物質として含まれている．これらの物質だけで，海水中の溶存物質の総量を表す塩分の99％以上を占めている．化学海洋学の分野では，溶存物質の輸送や物質量収支を議論するが，そこでは残り1％弱に含まれる溶存酸素，栄養塩，炭酸系物質，フロンなどが対象となることが多い．

●溶存物質の移動過程

海洋中では，2つの過程によって溶存物質の移動が行われる．1つは水の流れに乗って移動するもので「移流」と呼ばれている．もう1つは，水の流れがない場合であっても，高濃度側から低濃度側へと移動するもので「拡散」と呼ばれている．実際の海洋では，水の流れに乗って移動する移流が支配的である．

●等密度面での溶存物質の移動

水温と塩分，圧力によって海水の密度が決定されるが，一定の密度を示す面を等密度面と呼ぶ．この等密度面に沿って海水が移動（移流，拡散）しやすいことが知られており，結果として海水中の溶存物質もこの等密度面に沿って移動しやすいことになる．これを等密度面輸送という．図1はこの様子を模式的に表したものである．

海水は温度が下がると重く（密度が大きく）なり，海面から海洋の中・深層へと移動する．海面付近の水温は高緯度側でより低くなるので，海面から海洋の中・深層への海水の移動は高緯度海域が出発点となっている．

以下では，溶存物質の分布から等密度面輸送による物質の移動を見ていく．

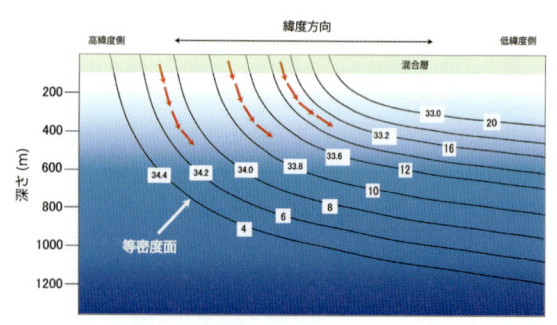

図1 等密度面輸送の模式図．密度がより大きい海水は，水温が低く塩分が高い高緯度海域の表層付近の層（混合層）でできる．等密度面が高緯度側から低緯度側に傾いていると，その面に沿って溶存物質が輸送される．4, 6, 8,…の数字は水温（℃），34.4, 34.2, 34.0,…の数字は塩分を表す．

●溶存物質の分布と移動

もし，溶存物質の海洋内部への移動が主として等密度面輸送で行われているとすれば，溶存物質の分布は密度の分布（図2）に沿ったものになるはずである．この点を実際の溶存物質で確かめてみる．ここでは溶存酸素とフロンを取り上げる．

◎溶存酸素

溶存酸素は，水温と塩分に次いで頻繁に測定されている成分である．溶存酸素（図3）の分布パターン（等値線の走向）は密度のそれと類似している．これは，溶存酸素が基本的に海水の移動に従って輸送されていることを示している．しかし，その濃度は密度のように深さに従って一様に変化しているわけではない．溶存酸素濃度は海面付近で最大となり，1000～1500m深で最小となっている．

溶存酸素は，大気海洋間のガス交換により大気から海水へ溶け込み，海面では，通常水温と塩分で決まる飽和濃度となっている．海面にあった海水が等密度面輸送によって海洋内部に運ばれると，その運搬の途中で，溶存酸素は有機物の分解などで消費され徐々に濃度が下がっていく．つまり，濃度が低ければ低いほど，海面付近で大気との接触があったときからの経過時間が長いことを示している．図3では，海底付近の層（4000～6000m）で底に向かうほど濃度が高くなっているのが見てとれる．これは，この層に相対的に新

海洋

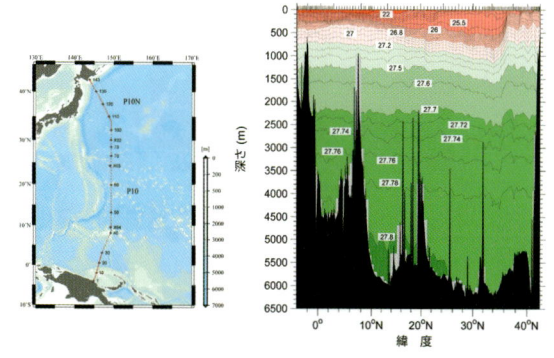

図2 2005年5～7月にかけて、海洋地球研究船「みらい」で行われた観測で得られたデータから計算した密度の分布（右図）[1]．左の図にその時の航路を示す．密度の単位は kg/m³ で、図中には 1000 を引いた値が示してある（例：26.8 = 1026.8 - 1000）．

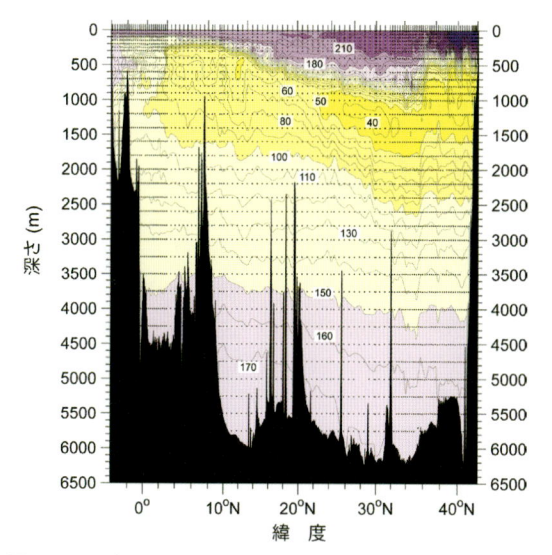

図3 2005年5～7月にかけて、海洋地球研究船「みらい」で観測された溶存酸素濃度（μmol/kg）の分布[1]．

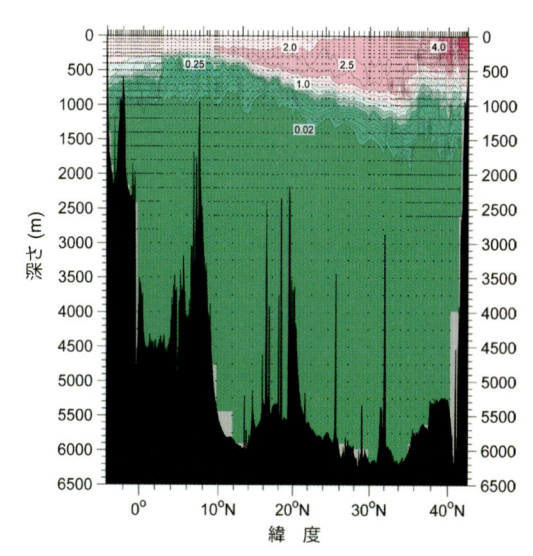

図4 2005年5～7月に、海洋地球研究船「みらい」で観測されたフロン11（pmol/kg）の分布[1]．

しい（海面から離れた後の経過時間が短い）海水が運ばれてきていること表している．

◎ フロン

フロンは自然には存在せず完全に人為起源のもので、冷蔵庫の冷媒などに使用されてきた．オゾン層破壊物質であることから現在は生産が中止されているが、すでに大気中に放出された分の一部が海水に溶け込み、海洋内部に広がりつつある．図4はフロンの一種であるフロン11の分布である．分布パターンは密度のそれと類似していることから、もっぱら等密度面輸送でフロン11が海洋内部に運ばれていることがわかる．濃度は海洋表層で最も高く、下層へ行くに従い徐々に下がっている．さらに、深層（2000m以深）ではフロン11は見られない．溶存酸素と同様、表層付近では飽和濃度となっている．深層でフロン11が見られないのは、フロン11が海洋に侵入し始めたのが1950年代と比較的最近であり、経過時間が短いため深層まで到達していないことによる．

● 化学トレーサーとしての溶存物質

溶存酸素とフロン11で見られたように、溶存物質はもっぱら等密度面に沿って中・深層へ輸送される．しかし、個々の溶存物質の濃度分布は、それぞれ特徴的な分布を示す．これは、溶存物質によっては海洋内部に発生源と吸収源が存在することによる．溶存酸素の場合、大気から溶け込む以外に、植物プランクトンによる光合成によって溶存酸素濃度が海面付近で最大となる．これが溶存酸素の発生源となる．また、海洋内部への輸送に伴い、有機物の分解によって溶存酸素が消費され濃度が下がるが、これが吸収源となる．フロン11の場合、大気から侵入する以外、海洋内部に発生源や吸収源が存在しない．溶存酸素のように海洋内部に発生源や吸収源がある成分を非保存成分、フロン11のように海洋内部に発生源や吸収源がなく、その分布が移流と拡散のみによって決まる成分を保存成分と呼んでいる．保存成分の溶存物質の分布を調べることで、物質の輸送過程や海水の動きそのものを知ることができる．このような目的で溶存物質を利用するとき、それは「化学トレーサー」と呼ばれる． 〔村田昌彦〕

7.18 粒子の移動

●海中の粒子

海洋に存在する化学物質は海水に溶存しているか,粒状物となっている.海洋の粒状物のほとんどのものは数cm以下の生物や破砕物質として存在している.これらの粒子は懸濁粒子と沈降粒子に大別される.懸濁粒子は周囲の海水より密度が同等以下のために沈降せず海水の流れに乗って水平に輸送されやすい.これに対して,沈降粒子は重力沈降する.本項ではこの沈降粒子について記述する.

●沈降粒子の構成成分／化学組成

沈降粒子は動物／植物プランクトンをはじめとする生物の死骸や糞,あるいは河川経由,大気経由,海底から再懸濁した陸起源物質が集った(凝集した)ものである[1].化学的には有機物,生物起源ケイ酸塩(以下オパール),炭酸カルシウム,粘土鉱物で構成されている.構成成分は大きく時空間的にさまざまである.

●沈降粒子の観測

沈降粒子の観測はセジメントトラップと呼ばれる捕集装置により行われる(図1).沈降粒子の化学組成や粒子量は大きく季節変動する(図2).そのため捕集カップが自動的に交換される時系列式セジメントトラップを海中に1年程度係留し,沈降粒子を捕集する.なお,海洋表層混合層直下の沈降粒子を捕集するためには簡易型のセジメントトラップを海面から吊り下げ数日間漂流させたり,あるいは自己降下／浮上し,任意の深さで沈降粒子を数日間捕集する中性浮力型セジメントトラップを使用して行う.

図1 時系列式セジメントトラップ.

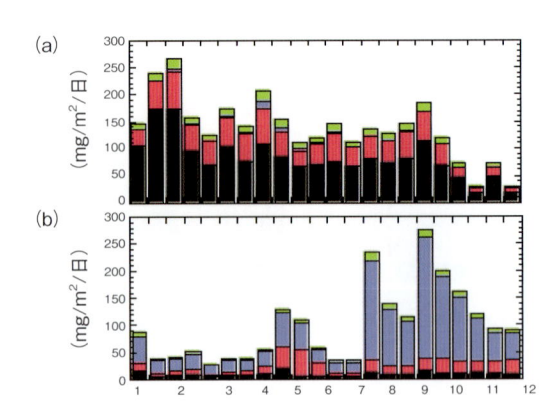

図2 沈降粒子の季節変動.(a)沖縄トラフ(北緯27度,東経127度,水深約1500m,1993年)(b)北部北太平洋(北緯50度,東経165度,水深約5000m,1999年).黄緑,青,赤,黒はそれぞれ有機物,オパール,炭酸カルシウム,陸起源物質[2],[3].

●沈降粒子の沈降速度

近年,沈降粒子の沈降速度は時系列式セジメントトラップで観測された,異なる深度の同一の粒子フラックスピークの出現時間差から推定されることが多い.沈降速度は1日あたり数m～数百mとさまざまな推定値があるが,深度とともに増加する傾向がある.これは,沈降粒子の水深に伴う密度の増加によるところが大きいと考えられている.

●沈降粒子の役割

沈降粒子は大気中の二酸化炭素を海洋内部へ輸送し,地球環境を制御する役割が注目されている.海洋表層に生息する植物プランクトンの光合成により吸収された二酸化炭素は,一連の食物網を経由して沈降粒子として海洋内部へ輸送される.このメカニズムを「生物ポンプ」という[4].数値シミュレーションの結果からは,もしも生物ポンプがなければ産業革命以前の大気中二酸化炭素濃度(約280ppm)は約450ppmとなっていたと試算されている.1990年代の平均では年間110億tの二酸化炭素が海洋内部へ輸送されていると試算された.これは,同時代に人類活動により放出された二酸化炭素64億tの2倍,正味の海洋への吸収量22億tの約5倍に相当する.

●光合成と石灰化

植物プランクトンの光合成により,二酸化炭素が有

機物に変換される.
$$CO_2 \downarrow + H_2O = CH_2O + O_2 \uparrow$$
一方,生物が炭酸カルシウムの殻を形成(石灰化)すると,炭酸系の化学平衡の関係で二酸化炭素が形成される.
$$Ca^{2+} + 2HCO_3^- = CaCO_3 + H_2O + CO_2 \uparrow$$
したがって,代表的な植物プランクトンのケイ藻が増加すると海水中の二酸化炭素濃度は低下するが,炭酸カルシウムの殻を形成する円石藻が増加する場合,光合成と石灰化の割合(有機炭素/無機炭素比)によっては二酸化炭素濃度が増加する場合がある.北部北太平洋の沈降粒子中有機炭素/無機炭素比は高く(図3,図4),生物ポンプ効率が高いといえる.

●輸出生産力

海洋表層(季節,海域によってさまざまであるがここでは約100mと考える)と中深層(100m以深)は成層化しており容易には混ざり合わない.したがって,海洋の二酸化炭素吸収能力にとって海洋表層で一次生産(基礎生産)された有機炭素がどれぐらい海洋中深層へ輸送されるかが重要である.海洋表層から輸送される有機炭素量を輸出生産力という.また,基礎生産力に対する輸出生産力を輸出生産率という.輸出生産率は季節や海域によって変化する.我が国が位置する北西部北太平洋は輸出生産率が高いと見積もられている(図4).

●鉛直変化率

粒子は海中を沈降するうちに化学的,生物学的に分解する.深度に伴う沈降粒子の分解程度(鉛直変化率)は,沈降粒子の化学組成や沈降速度,海域や季節によってさまざまであると推定される.鉛直変化率を定量化するためこれまでさまざまな経験式が提案されてきた

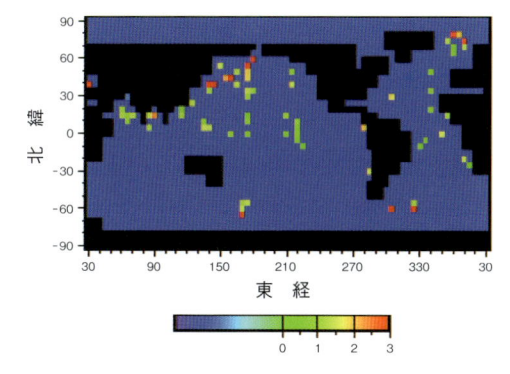

図3 水深1000mにおける沈降粒子中の有機炭素/無機炭素比[3].

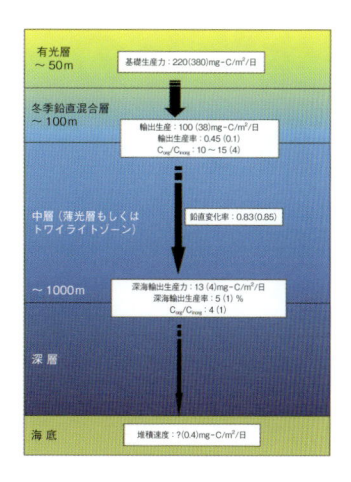

図4 北西部北太平洋の生物ポンプ特性(基礎生産力,輸出生産力,輸出生産率,有機炭素/無機炭素比).カッコ内数字は世界平均[4].

が,以下の式,提唱者の名をとって"マーチンカーブ",が最も頻繁に使用されてきた[5].
$$F_{(z)} = F_{(100)} \times (z/100)^{-b}$$
ここで$F_{(z)}$,$F_{(100)}$は水深zm,100mにおけるある物質のフラックスである.べき乗"b"が大きくなるほど分解程度が大きいことを示す.

●バラスト議論

生物が生成する有機物は,それが単体では海水密度より小さいために沈降しない.そのため,どのような物質が「バラスト」となって沈降するのか,そして輸出生産力,鉛直変化率が何によって決定するのか,を把握することが重要である.バラストとしてはオパール,炭酸カルシウム,および陸起源の粘土鉱物が挙げられる.欧米の研究者は,密度が最大である炭酸カルシウムがバラストとして重要であると主張しているが,ケイ藻が優占種である北西部北太平洋のセジメントトラップの結果からは有機物(有機炭素)のバラストとしてはオパールが重要であると考えられる[6),7)].

●地球環境変化と生物ポンプの変化

現在,海洋の温暖化,成層化,酸性化が検出され始めている.また,地球環境変化に伴う台風の発生頻度,規模の変化による海洋の攪乱,大気塵の海洋へ供給量変化も予想される.これらの結果,海洋の低次生産者がどのように変化し,ひいては基礎生産力,輸出生産力,鉛直変化率などの生物ポンプ過程がどのように変化するのかを把握することが今後の課題である.

〔本多牧生〕

7.19 海洋生物とのかかわり

●水柱の安定性

海に浮かび，また，泳ぐ生物の生態は海洋のさまざまな物理過程と不可分である．遊泳力を持たないプランクトンの水平分布は海流に支配され，鉛直的にも水柱の上下混合に従って分布深度を変える．一方，遊泳力を持つ魚類は海流を巧みに利用している．我が国から大量に放流されるシロザケは親潮やアラスカ海流，アリューシャン海流などに乗って回遊しながら成長する．このほかにもウミガメやマグロ類，ニホンウナギなど海流を利用した生活をする海洋生物は多い．海洋生物の生活に影響を及ぼすさまざまな物理現象の中で最も重要なのは，無機物から有機物の生産過程である基礎生産にかかわるものであろう．基礎生産は海洋に生息する全ての生物の活動を支える有機物の供給源になっているからである．海の生物ばかりでなく，我々が食料にしている漁業生産も，基礎生産から出発する食物連鎖の産物である．

では，物理過程がどのように基礎生産にかかわっているのであろうか．海水の鉛直的な動きが重要な要因であり，それは，基礎生産のエネルギー源である光量と物質源である硝酸塩やリン酸塩などの栄養塩の供給を支配するからである．海洋の表層付近では，海上風による波浪に伴う攪拌や，対流によって，海水が上下に混合し，水温や密度が鉛直的に一様となる表層混合層が存在する．その混合層の深さは，海面での熱交換の影響を受ける．すなわち，太陽光によって加熱されると水温が上昇して海面付近の水は軽くなるので，攪拌を受けても下層と混ざりにくくなり，混合層は浅くなる．一方，秋から冬にかけて太陽からの加熱が弱まると海洋から大気に熱が逃げて，冷却が進み海面付近の水が重くなるので，下層と混ざりやすくなり，風によって海水は鉛直的に混合する．さらに冷却が進むと上層と下層との間に対流が起こる．

中緯度海域の混合層は，秋から冬にかけての冷却と強風により深くなり，春から夏にかけての加熱期には混合層が浅くなる顕著な季節変動を示す（図1）．混合層が深いと，植物プランクトンは上下に移動させられるため，上層にいるときは十分な光量を受けるが，下層に運ばれると光不足を起こし，平均受光量は低下する．

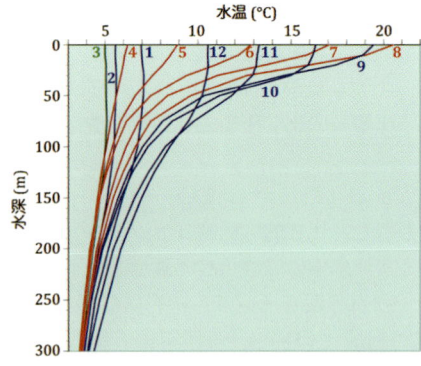

図1 北緯40.5度，東経145.5度における月別成層の形成．海面から水温が一様な層が表層混合層である．成層が形成される時期を赤で，衰退する時期を青で，最も混合層が深い状態を緑で示す．図中の数字は月．World Ocean Atlas 2005より作成．

一方，混合層が浅ければ，表層付近を上下に移動するだけなので十分な光量を受ける．また，栄養塩から見ると海水が上下に混合したほうが表層付近の栄養塩濃度は高くなる．下層に大量に分布する栄養塩が表層付近に供給されるからである．このような季節的な混合層の深さの変化は植物プランクトン量，そして，基礎生産量の季節変化をもたらす（6.16参照）．冬季には，下層からもたらされた高濃度栄養塩が表層付近に存在するが，光不足のため光合成が進まず植物プランクトンに利用されない．春になると，表面付近の水温が上昇し，混合層が浅くなり，好適な光環境のため植物プランクトンは豊富な栄養塩を使って増殖する．その結果，春季ブルームと呼ばれる高クロロフィル水塊が形成される．多くの場合，春季ブルームを構成するのは珪藻類である（図2）．珪藻類は海洋の魚類生産を支える動物プランクトンであるカイアシ類の重要な餌となる．さらに加熱が進み，表層に季節的水温躍層，すなわち水温のギャップが形成されると海水が上下に混ざらなくなる．これにより下層からの栄養塩供給が低下するので，混合層内の栄養塩は消費し尽くされて枯渇し，基礎生産は低下する．このような混合層の深度変化に伴う植物プランクトンの増殖は，より短い時間スケールでも起こり，夏に台風などで水柱が一時的に擾乱を受け，その後水温躍層が復活する過程でも起こる．台風一過，晴天が続くと植物プランクトンは攪拌でもたらされた栄養塩を消費しながら大量に増殖する．

●海洋の基礎生産

海洋では植物プランクトンにより年間約54〜

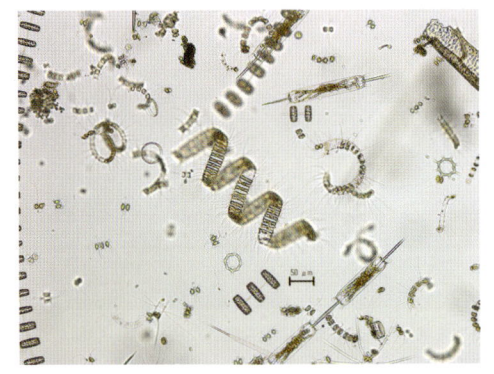

図2 珪藻類の例．ケイ素の殻を持ち，複数の細胞が連鎖した群体をつくる種が多い．大村卓朗氏撮影．

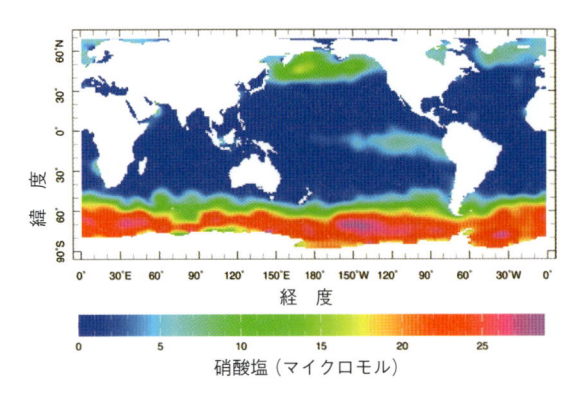

図3 海洋表層における硝酸塩濃度の分布．World Ocean Atlas 2005 より作成．

59 PgC（1 PgC＝1×10^{15} g炭素）の有機物が生産されており，これは陸上の年間全生産量にほぼ匹敵する[1]．海藻・海草については報告によって幅があるが，1～4 PgC と小さい．単位面積・単位時間あたりの基礎生産力は，全般に陸の近くで高く，外洋で低い傾向がある．外洋域では赤道付近を除くと低緯度で低く，中緯度から高緯度で高い（6.16 参照）．このようなグローバルスケールでの年間基礎生産の分布を規定している要因は，基礎生産が行われる表層付近への栄養塩供給である（図3）．岸近くや沿岸域で基礎生産が高いのは，栄養物質が陸上から河川で供給されたり，浅い海底から潮汐などによる撹拌で表層付近にもたらされることに加えて，湧昇が起こるためである（7.7 参照）．亜寒帯から極域では冬季に水柱が上下によく混合して表層に栄養塩が大量に補給されるため基礎生産量は高い．

●海の砂漠

一方，熱帯・亜熱帯海域の表層ではこれらの栄養塩は枯渇している．暖められて軽い表層水が，一年の大半の期間，蓋をするように覆っているため，海水が上下に混合しにくく，栄養塩が下層から補給されにくいからである．こうした海域は「海の砂漠」とも呼ばれる（図3）．海の砂漠では，とくに硝酸塩，アンモニウム塩などの窒素が枯渇している．そのような海域では水中に溶存する窒素ガスからアンモニウムを生成する窒素固定能を持つプランクトンが有利となる．実際，海の砂漠には窒素固定能をもつシアノバクテリア（ラン藻類）が広く分布している（図4）．窒素固定の活発

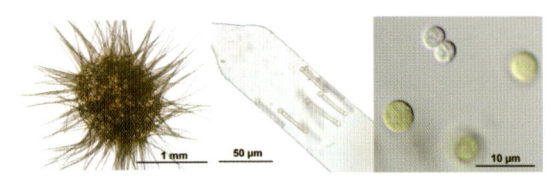

図4 海洋に出現する代表的な窒素固定者．左から大型群体を形成する *Trichodesmium thiebautii*，珪藻 *Rhizosolenia* と共生する *Richelia intracellularis*，単細胞性シアノバクテリア（2株混在）．前2者は比較的陸に近い海域に多く出現する．

な海域では，リン酸塩の濃度が周囲の海域に比べて極端に低下することがある．窒素固定によって窒素が供給されると，その分，リン酸塩が活発に消費されるからである．

しかし，窒素固定活性は，海の砂漠のどこでも高いわけではなく，海域によって顕著な偏りがある．では，どのような海域で窒素固定活性は高くなるのであろうか．これまでの研究から，鉄の供給が鍵として注目されている．海洋の表層付近では全般的に溶存鉄濃度が著しく低いため，鉄要求性が高い反応である窒素固定は，鉄不足のために低い活性に抑えられている．しかし，河川水やエーロゾルとして大気を経由して鉄の供給があると，窒素固定生物は増殖することになる．フィジーやタヒチのような島の周りや，アジア大陸からのダスト降下量が多い海域で窒素固定が高いという観測結果が近年得られている．東アジアでは砂漠化が進行し，我が国では黄砂の被害の拡大が懸念されているが，西部北太平洋亜熱帯域の窒素固定生物にとっては恵みといえるかもしれない． 〔古谷　研〕

7.20 炭素循環

●炭素循環と二酸化炭素

　太陽光がとどく海の表面近くでは，さまざまな植物プランクトン（一次生産者）が，海水中に溶けている二酸化炭素（CO_2）を原料にして光合成を行い，硝酸塩，リン酸塩，ケイ酸といった栄養塩類も使って，糖質，タンパク質，脂質など，自らの体組織やエネルギー源となる有機化合物をつくっている．

　動物プランクトンや魚，ほ乳類などの大型動物からバクテリアのような小さな生物も，植物プランクトンが作り出す有機化合物を体の材料やエネルギー源にしている．海の生態系の体組織やエネルギー源の合成・変遷・消費は，太陽光のエネルギーとそれを物質エネルギーとして蓄えることのできる有機化合物の循環によって支えられているのである．

　また，海には，サンゴや貝から数 μm の小さなプランクトンに至るまで，炭酸カルシウムの殻をつくる生物も多く棲んでいる．円石藻と呼ばれるプランクトンは，大発生して海を白濁させるほどである．

　光合成で有機化合物がつくられれば，海水中の CO_2 が減り，呼吸によって有機化合物が消費されれば海水中の CO_2 が増える．炭酸カルシウムの殻がつくられれば海水中の炭酸イオンが減り，炭酸カルシウムの殻を持つ生物が死ねば，炭酸イオンが海水中に溶け出して増える．炭素化合物の循環と，海水中の炭酸物質の濃度の変化は，切っても切れない関係にある（図1）．

●全炭酸濃度の分布

　海水には炭酸物質が CO_2，炭酸（H_2CO_3），炭酸水素イオン（HCO_3^-）や炭酸イオン（CO_3^{2-}）の形で，互いに化学平衡の状態を保ちながら溶けており，それらを足し合わせて全炭酸と呼んでいる．

　海水 1L には，全炭素がおよそ 2mmol 溶けている．2mmol の全炭酸は，主成分の炭酸水素ナトリウムの重さに換算しておよそ 0.17g に相当するが，とても塩辛い海水にとっては，塩分の 0.5% を占めるに過ぎない．しかし，世界の海水に含まれる全炭酸の量を合計すると，大気中の CO_2 の総量のおよそ 50 倍にもなる．

　全炭酸の濃度は海の表層では低く，深層では高い（図2上）．表面近くでは光合成や炭酸カルシウム殻がつくられることで炭酸物質が消費され，中層や深層では表層から粒子沈降などでもたらされた有機化合物の分解や炭酸カルシウムの溶解によって炭酸物質が増加するからである．栄養塩類も植物プランクトンによる有機化合物の合成や殻の形成で消費され，中層や深層で分解するため，全炭酸と同様の濃度分布のパターンを示している（図1）．

　また，海の表面付近では，水温の高い亜熱帯域より，水温の低い亜寒帯域から極域までのほうが全炭酸濃度は高い．表層の水温が低いほど中層の海水と密度差が小さいため上下に混ざりやすいことに加えて，CO_2 の溶解度が高いためである．中層や深層で全炭酸濃度

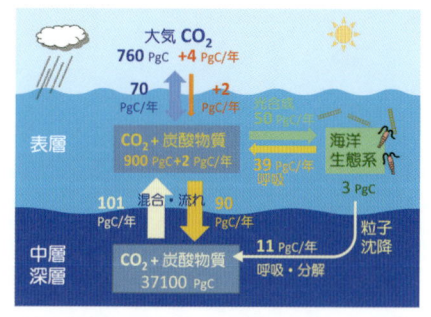

図1　大気と海洋の炭素循環の概念図（$1 PgC = 1 \times 10^{15} g$ 炭素）．

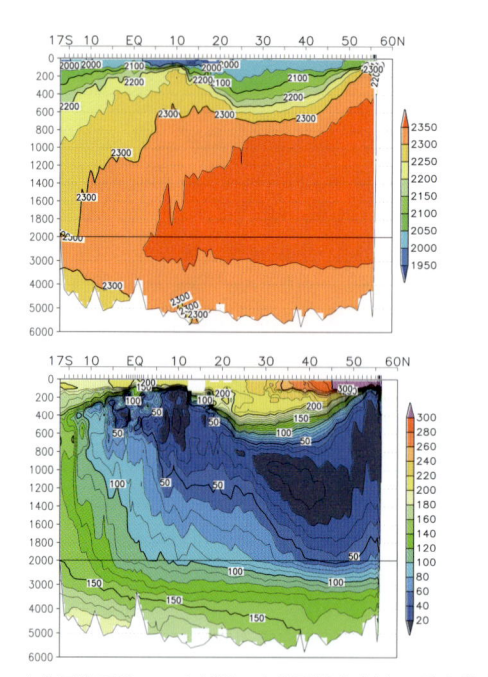

図2　東太平洋西経150度付近の全炭酸濃度（上）と酸素濃度（下）の鉛直断面分布（単位：$\mu mol/kg$）．

が高い理由としては，それらの水深にある低温の水が，CO_2 溶解度の高い亜寒帯域や極域から沈んできた水であることも挙げられる．

海水中に溶けている酸素も，水温が低いほど溶解度が高いので表層では亜寒帯や極域で濃度が高い．しかし，酸素は呼吸によって有機化合物とともに消費されるので，中層や深層では濃度が低い．海の深層循環の終着点である北太平洋の深層は，全炭酸や栄養塩類の濃度が世界で最も高く，酸素濃度が最も低い場所である（図2下）．

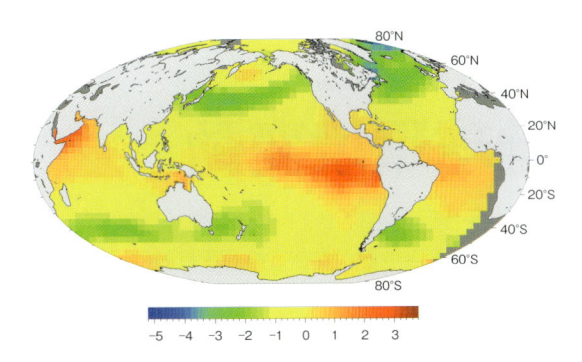

図3 大気・海洋間の CO_2 の年間交換量（単位：$mol/m^2 \cdot$年）[1]．

● 大気・海洋間の CO_2 交換

有機化合物や炭酸カルシウム殻の生成・分解や海水の物理的な流れと混合によって引き起こされる炭酸物質の濃度変化と，水温の変化に伴う海水の CO_2 溶解度の変化は，海水中の CO_2 の飽和状態に大きく影響する．海水が CO_2 過飽和になれば，海から大気へ CO_2 が放出される．海水が CO_2 未飽和になれば，大気から海へ CO_2 が吸収される．また，大気中の CO_2 濃度が増加すれば，表面付近の海水は相対的に CO_2 未飽和の方向に変化するため，海は大気中の CO_2 を吸収するはずである．

これまでの観測データをまとめて，大気と海の間の CO_2 交換量の年平均分布を描いたのが図3である．太平洋の赤道域は CO_2 の強い放出域である．その放出量は，エルニーニョ現象が起きると著しく減少することが知られている[2,3]．一方，深層循環の起点の北大西洋北部は強い吸収域である．亜熱帯域と亜寒帯域の境界域は，太平洋・大西洋・インド洋や北半球・南半球を問わず，やはり CO_2 の吸収域になっている．これらの海域では季節変化も大きく，亜熱帯域では水温が上がる夏に CO_2 を放出し，冬に CO_2 を吸収する．亜寒帯では，光合成の活発な夏に CO_2 を吸収し，鉛直混合の活発な冬に CO_2 を放出する傾向にある（図2）．

海全体では，大気の CO_2 を年におよそ 2PgC 吸収していると推定される[4,5]．これは，石油，石炭，天然ガスの化石燃料燃焼で排出している CO_2 のおよそ 1/4 に相当し，海が大気中の CO_2 濃度の増加を抑制する重要な役割を担っていることがわかる．

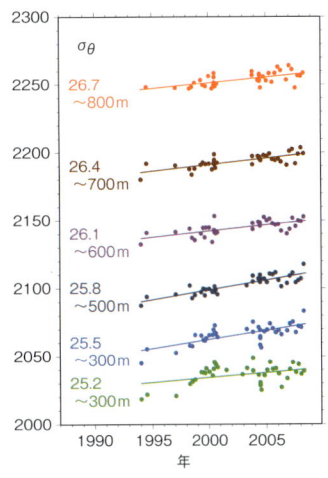

図4 本州南方，東経137度，北緯30度付近の各等密度層における全炭酸濃度（塩分35に規格化補正）の増加傾向．

● 海の CO_2 増加と酸性化

大気中から海への CO_2 吸収を裏づけるように，海では全炭酸濃度の増加が観測されている（図4）．また，海水は弱塩基性で pH はおよそ8だが，海が CO_2 を吸収することは，海水に炭酸を加えることに等しいので，少しずつ酸性方向に変化している．こうした海の酸性化は，生態系に大きな影響を及ぼすかもしれない．もともと全炭酸濃度が高く酸性度も比較的高い北極域や南極域では，その影響が早く現れると考えられる．また，炭酸カルシウム殻の成長を阻害することで，熱帯や亜熱帯域では，サンゴ礁などの生態系に悪影響の出ることが強く危惧されている．

大気 CO_2 濃度の増加による地球温暖化は，海の水温上昇や風の吹き方の変化などを通じて，海の混合状態や循環を変化させるとともに，太陽光や栄養塩供給の変化を通じて植物プランクトンの光合成量をも変化させると考えられる．これらに伴う炭素循環の変化は，生態系に影響を及ぼすほか，大気・海洋間の CO_2 交換の長期的な変化を通じて，大気 CO_2 濃度の増加速度にも影響するはずである．　　　　〔石井雅男〕

8.1 雪氷圏と地球環境変動

ここ数十年，人間活動の影響として地球環境が変化し，特に大きな問題と見なされてきたものには，「地球温暖化」「オゾンホール」「生物種絶滅」や「砂漠化」など9項目がある．中には，「オゾンホール」のように原因が判明し，対策が練られ，制御されつつある課題もある．その中で，社会的影響が大きく政治問題にもなってきている問題として「地球温暖化」があるが，過去・現在に関しても未知の部分が多く，将来予測の結果もばらつきが多いのが現状である．雪や氷が気温上昇の影響を受けやすいため，地球の雪氷圏に向けられている関心はこれに関係している事柄が多い．また雪氷圏は，地球規模レベルの影響のみならず，局所的・地域的な人間活動への影響も多く見られ，それについても本項の最後で触れる．

●雪氷圏

地球上で固形の水である雪氷を有し，それらが存在する地球上の地域を雪氷圏 (cryosphere) という．ここでの変化は今後も地球環境の変化に影響を与えると考えられている．cryosphere とは，cryo が「水が凍結する」，そして，sphere が「領域」を意味し，地球上で，「凍結現象ないしその結果が現れる領域」をさす．地球上の雪氷圏の概念図を図1に示した．雪氷圏を基本的に構成する雪氷要素としては，氷床，氷河，季節積雪，凍土，海氷がある．具体的な領域としては，北極海や南極氷床およびその周辺海域，ユーラシア大陸および北米大陸の北部で積雪と凍土が広範囲に存在する地域，世界各地にある氷河が存在する高山地域などがある．この領域は最寒月（一般的に北半球では1月，南半球では7月）の平均気温が負値である

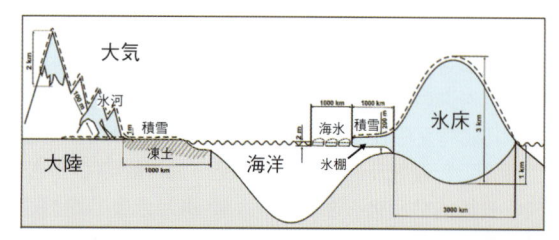

図1 地球上の雪氷圏を示した概念図．雪氷の種類毎に規模が示されている[1]．

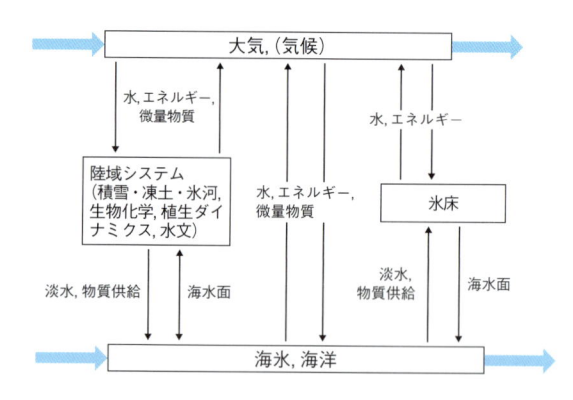

図2 北極域を例として描いた雪氷圏の大気・陸域・海洋における水・エネルギー・物質循環に関する相互作用の概念図．SEARCH 計画[2] を参照した．

領域に対応する．地球上の雪氷圏の面積はおおよそ，全陸域の41%程度（積雪の最大範囲＋氷床の範囲），全海域の10%（海氷の最大範囲）である．場合によっては，氷河・積雪・凍土が存在する地域を陸域雪氷圏，海氷が存在する地域を海域雪氷圏とも表現する．

●雪氷圏での相互作用

図2に1つの例として雪氷が多く存在し，現在温暖化が強く現れている北極域での大気・陸域・海洋における水・エネルギー・物質の循環の過程を示した．この中で，雪や氷は地球上の1つの媒体であり，他の自然システムと相互作用を起こしながら，地球環境変動にかかわりを持つ．

シベリアなどの陸域では積雪・凍土が存在し，土壌・植生など他の地球環境因子と特有な形で影響しあい，1つのシステムを形成している．海域には海氷が表面に存在するため，水・エネルギー・物質の循環様式は他の海域とは異なる．また，北極にはグリーンランド氷床が存在する．陸域・海域・氷床の間および大気との間で相互作用を起こしつつ，地球的規模の変化を受けながら変化し，また地球規模の変化に影響を及ぼす．

●地球環境への影響

雪氷圏の変化が地球環境変動にもたらす影響を表示したダイアグラムを図3に示した．雪氷が変化する際には，他の自然システムと相互作用を起こしつつ変化するため，それらを含めた影響が現れるという意味で，「域」と表現した．雪氷圏での変化が地球環境システムにもたらす重要な事象およびプロセスは以下のとおりである．

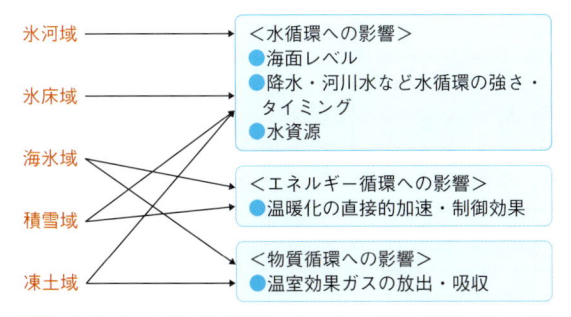

図3 雪氷圏の変化が地球環境にもたらす影響の種類．雪氷の種類により地域を区分している．

◎積雪・海氷変化による温暖化加速・制御

図2の「エネルギー循環」に関係した影響である．現在のところ積雪面積は減少傾向にあり，また，1年のうちの季節サイクルが変化している（8.3参照）．そして，海氷は1990年代から北極海および周辺では激減している（南極海では顕著な変化は見られない）（8.7参照）．一般的には，日射をよく反射する雪氷面が減少することは，地球表面の吸収日射量を増やすことになるため温暖化を加速させると考えられる．ただし，大気の構造や雲の分布，あるいは海洋循環なども反応し同時に変化するため，もたらされる結果は複雑な過程を経たものとなる．

◎炭素循環に与える雪氷圏変化の影響

図2の「物質循環」に関係した影響である．全球的な炭素循環の変化が地球温暖化を引き起こしているが，特に北極域ではその影響が顕著に現れている．その結果，雪氷の衰退が原因で起こるさまざまな現象を通じて，炭素循環自体を変化させること，つまりフィードバックが働くことが懸念されている．いくつかの現象は以下のとおりである．

a. 陸域： 北方の寒冷陸域の表層には蓄積した有機物の分解が遅いため，その存在量が多い．凍土融解・表層温度の変化に伴う分解促進による温室効果ガスの放出が生じる．最も関心を持たれているのは活動層増加など凍土融解増加を通じた蓄積有機物の分解促進によるメタン放出であり，これは温暖化加速をもたらす方向に働くと懸念されている（8.9参照）．また，凍土と共存状態にある植生は，凍土の活動層変化に対応して成長・衰退が起こり，植生の二酸化炭素吸収量に影響が現れる．

b. 海域： 海氷減少による海面拡大およびそれに伴う北極海の酸性化などの影響で，二酸化炭素の吸収・放出量の増減などが起こると考えられている．また，近年着目されているのが，北極海の大陸棚に蓄積した有機物が海洋温暖化により分解し，温室効果ガスとして放出される現象である．特に，北極海の東シベリア大陸棚が注目されている．

◎海面上昇への影響

図2の「水循環」にかかわる比較的わかりやすい現象である．温暖化で陸上に蓄積していた雪氷の融解・崩壊が顕著になり，その水分が海洋に入り，海面が上昇する寄与現象である．海面は事実上昇している[1]．海水温上昇のため海洋が膨張することの寄与も含め，両方が海面上昇に寄与している（8.5，8.8参照）．

◎生態系と人間活動への影響

これは局所的・地域的な影響に該当する．雪氷圏の陸域や海域には多くの植生および動物などの生物が生息している．それらは，海氷，積雪，凍土などと一定の関係を持ちながら，場合によると恩恵を受けながら生育している．シロクマに代表される動物は生活環境である海氷の破壊が急激に起こると，生活のプラットフォームを失うことになる．このように温度・水分環境の変化で多くの生物は同じ場所では生き続けられなくなり，減少したり，移動を余儀なくされる．

人間活動に対しても影響は多々ある．河川の凍結期間が短くなると，それを利用する北方住民の冬季交通に影響が出たり，凍土が融解することで斜面崩壊・地盤浸食が増加したりする．また，中央アジアなど乾燥地域では氷河が縮小することで重要な水資源が枯渇するという現象も懸念される．

● **今後の課題**

雪氷圏が地球上で占める面積はさほど大きくはないが，気温上昇に対して敏感に反応する雪・氷を有しているため，その変化は急激であり，影響が大きく，その影響の種類は広範囲に渡る．このような点を考えると雪氷圏は現在の地球環境変動の中での1つの「ホット・スポット」と表現することができるだろう．

我々は，この雪氷圏の状態がどのように推移するかについて，モデル・シミュレーションを通じて，将来の変動性に関して正確に理解すること重要である．そして，それが人類の利益につながると考える．このような状況の中，地球環境変動における雪氷圏の役割の重要性に鑑み，2011年の段階で，国連のもとにある世界気象機構（WMO）では，全球雪氷圏監視（Global Cryosphere Watch）と呼ばれる計画を立ち上げ，雪氷を気象・河川などと類似した世界的な監視対象にする準備が進められている．　〔大畑哲夫〕

8.2 降雪

●降雪粒子の形成と落下

氷晶（直径0.1mm以下の氷の結晶）が0℃以下の雲の中で成長し，数mm〜数cmの大きさになって地上に降ってくるものが降雪粒子である．極域や高山などを除けば，氷晶が昇華凝結成長してできる美しい雪結晶が地上で見られることは少ない．よく観測されるのは，数十個[1]の雪結晶が併合した雪片か，雪結晶に多量の水滴が凍結，付着してできた霰である（図1）．雪片は約1m/s，霰は大きさによるが代表的なものでは2〜4m/sの落下速度を持つ．

雲底下は未飽和であり，そこを落下する降雪粒子の温度は，昇華蒸発のため気温よりも低くなる．しかし，気温が0℃より高い場合は融解が起こり，霙や雨となる．降雪と降雨の境界となる気温はこの昇華蒸発と融解のかねあいで決まる[2]．簡単な雨雪判別には2℃付近の値が用いられることが多い．

●降雪をもたらす雲

降雪をもたらす雲で代表的なものは，対流性の雲である．この雲は，大陸や海氷上で形成された冷たい空気（寒気）がそれよりも暖かい海上に吹き出したときに，相対的に暖かい海面から熱と水蒸気を供給されて不安定となった（気団変質）対流圏中下層で発達する（図2）．その中でも，対流圏下層の風向に沿って雲が筋状に並ぶものは筋雲と呼ばれ，寒気吹き出しが起こると広い範囲に形成される．寒気内にはポーラーロウと呼ばれる数百〜1000kmスケールの小さな低気圧がしばしば形成されるほか，同様なスケールの収束帯に伴う渦列など，渦状の構造を持つ雲からの降雪もよく観測される．図3は気象衛星による典型的な冬の日の雲画像であり，筋雲や渦列，ポーラーロウが現れている．この時の気温は山形県の酒田から九州までが0℃に近い値であり，鹿児島以北では降雪，それより南では降雨となっていた．このような雲による降雪は，日本付近以外では，グリーンランド，アラスカなど高緯度の陸域周辺の海上に現れる（図4）．

山岳の風上側や寒気吹き出しによる風と局地風との収束域など，特定の場所で停滞する雲から降雪がもたらされることもある（付録1）．また，冬季の低気圧による降水も，気温が低ければ降雪となる．関東地方や北海道東部，海外では北米大陸東岸や南極昭和基地の降雪に，低気圧によってもたらされるものが多い

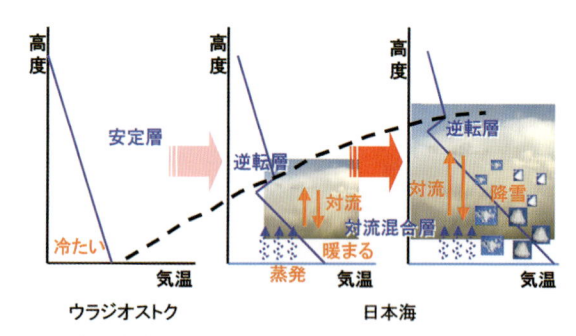

図2 気団変質によって形成される対流混合層とともに発達する雪雲と降雪．

図1 雪片と霰（観察のためプラスチック板で受けたもの）．

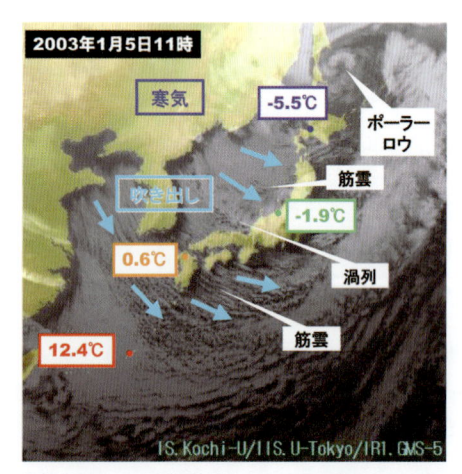

図3 気象衛星による寒気吹き出し時の雲画像とその時刻の札幌（紫），長岡（緑），福岡（オレンジ），那覇（赤）の気温．雲画像は高知大学気象情報頁（http://weather.is.kochi-u.ac.jp/）による．

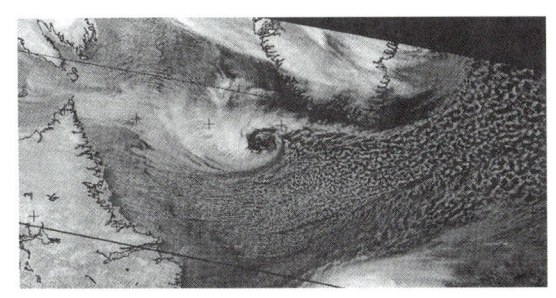

図4 グリーンランド周辺，ラブラドル海のポーラーロウ（図中央）と筋雲の気象衛星画像[3]．

（付録2）．−25℃以下といった非常に低温となる極域，また，日本国内であれば北海道内陸部や標高の高い山地では，雲がなくても氷晶が降水としてもたらされることがある（細氷，ダイヤモンドダスト）．

1980年代以降，北陸平野部の降雪量の減少，北海道東部地方の降雪量の増加，気象条件の変化に伴う雪質の変化[4]など，気候変動に伴うと考えられる現象が目立ってきている．降雪による水資源や雪氷災害の分布は将来変化することが考えられる．しかし，年々の変動も大きく，温暖化する中でも局地的な豪雪に注意が必要である．

●局地的な降雪の特徴

図5は，新潟県でレーダー観測された降雪雲の種類である．Lモードは風向に平行，Tモードは直交（もしくは大きな角度で斜交）する線状の降雪雲で，寒気

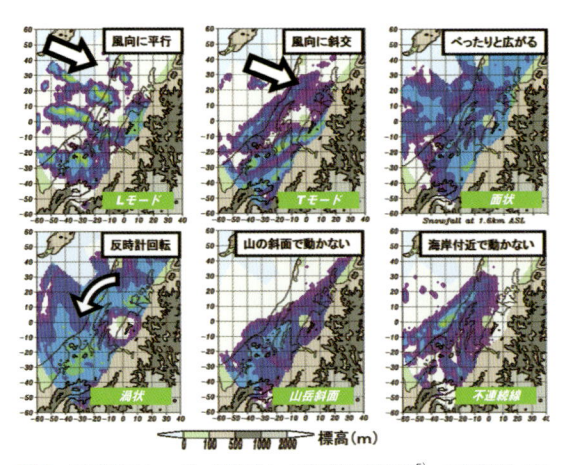

図5 新潟県でレーダー観測された降雪雲の種類[5]．6種類について，ある時刻の降雪分布（高度1500m）を示す．白は降雪なし，紫，青，緑，黄となるにつれて降雪が強いことを表す．標高の色がついているところはデータのない範囲を表し，軸目盛りはレーダーからの距離を示す．

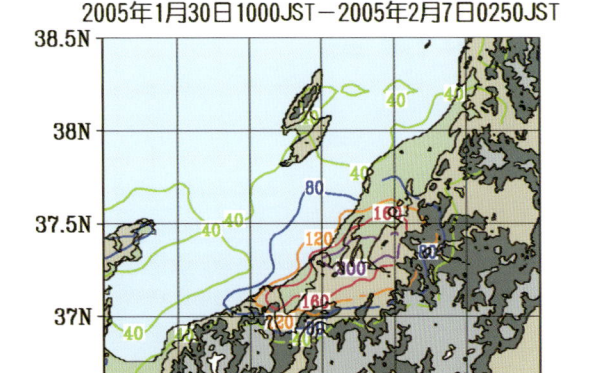

図6 集中してもたらされた降雪．集中降雪域の中心は新潟県中越地震被災地と重なり，倒壊した家屋が多くあった（気象庁合成レーダーデータを使用）．

吹き出しの強い時，山地や内陸部に多くの降雪をもたらしやすい（山雪）．渦状降雪雲は1000kmスケールの収束帯が上陸するときによく現れ，海岸付近で停滞する降雪雲とともに，山沿いから平野部に多くの降雪をもたらしやすい（里雪）．

発達した降雪雲が次々と同じ場所を通過すると，数十km四方の限られた範囲内に降雪が集中することがある（図6）．日本では，降雪量が水に換算して1週間で400mmを超える集中豪雨に匹敵するものとなることがある[6]．

降雪の局地性には地形の影響もある．多くの降雪雲は雲頂までの高さが約1500〜7000mと低い．また，降雪粒子の落下速度は雨に比べて小さく，地上に到達するまでに数十kmも運ばれることがある．そのため，降雪分布は，山を越えたり迂回する気流に影響されやすい．さらに，地形性上昇流（山の風上側で上昇する気流）による降雪粒子の成長は，山地や内陸の降雪量を増加させる．また，地上気温が高い場合には，距離や標高のわずかな違いで降雪か降雨かが分かれる．このような多くの要因によって，降雪量の分布は空間的に大きく変化する．豪雪年であっても特に被害の大きい地域とそれほどでもない地域があり，暖冬であっても局地的に豪雪となることがある[6]．

降雪量は積雪分布に影響し，雪氷圏の水循環，および雪崩など雪氷災害の問題を考える上でまず必要となる基礎的な数値である．その正確な分布を知ることは，難しさもあるが（付録3）重要である．〔中井専人〕

8.3 季節積雪

●季節積雪とは

雪は，大気中の氷の結晶に水蒸気が直接昇華凝結したものであり，その雪が地上に積もると積雪と呼ばれる．このうち，1年以内に消失する積雪を季節積雪と呼ぶ．地球上の積雪の多くは季節積雪であるが，地域によっては消失せずに越年し，氷化して，氷河や氷床を形成することもある（以下，季節積雪を積雪と省略し使用する）．

積雪は，水循環や凍土の消長，植生生育などに影響を与える基本的な気候システム要素の1つである．たとえば，積雪は高いアルベド（入射した日射量に対する反射した日射量の割合）を有するため，その面積の変動は地表のエネルギー収支を変化させる．また，積雪は熱が伝わりにくい性質があることから，冬の土壌温度の低下を緩和させる働きを持っている．さらに，積雪が融解するときには大気から熱を奪い，地面に浸透した融雪水は土壌水分を増加させるために地表面加熱を抑制するなど，積雪は大気の加熱に大きな影響を与えることを通じて，気候状態に影響を及ぼしている．

一方積雪は，雪崩や吹雪などの雪氷災害を引き起こすこともある．また，山岳域にある積雪は，生活・農業・工業用水としても使用されているため，貴重な水資源の供給や農作物の生産管理といった観点からも非常に重要である．このように積雪は社会に広く影響を与えている．

●雪質の分類

積雪を構成する雪粒子は，新雪，こしまり雪，しまり雪，ざらめ雪，こしもざらめ雪，しもざらめ雪，氷板，表面霜およびクラストの9つの雪質に分類される[1]．これらの雪質は，圧密，焼結，昇華蒸発・凝結，融解・凍結といった積雪の変態に関係する物理過程によって決まる．このため，積雪を構成している雪質は地域や季節によって異なるのが一般的である．典型的な新雪，しまり雪，しもざらめ雪，ざらめ雪の顕微鏡写真を図1に示す．

●季節積雪の一生

一般に，積雪は以下のように変化する．まず，雪が

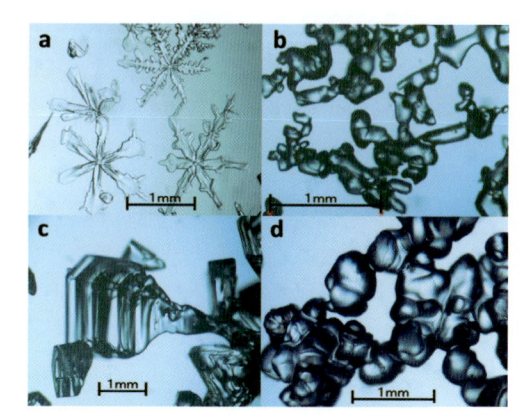

図1 雪粒子の顕微鏡写真．(a) 新雪，(b) しまり雪，(c) しもざらめ雪，(d) ざらめ雪．秋田谷英次氏撮影．

地上に積もり，積雪が形成される（図1a）．時間が経過すると雪の荷重により圧密が進行し，また，焼結という現象が進行して，接触している雪粒子は表面積を最小にするように固結し，接触点は太くなる（図1b）．同時に雪粒子の昇華蒸発・凝結が進行し，一定温度の場合には雪粒子は丸みを持った形態となる（図1b）．一方，大気と地面に温度差がある場合には，暖かい雪粒子は昇華蒸発して冷たい雪粒子へ昇華凝結することにより，平らな板状で成長界面に平行な縞を持った形態となる（図1c）．また，雪温が0℃に上昇すると雪粒子は融けて他の雪粒子に付着し，夜間などに雪温が下降すると融けた水が凍る．この融解・凍結が繰り返されると，雪粒子は丸く大きくなり，粒子が連なるようになる（図1d）．これらの過程を経て積雪は次第に変化し，最後には消失する．

また，積雪は形成から消失に至るまでに，必ずしもその場所にとどまるとは限らない．強風により吹雪が発生して積雪表面から雪粒子が空中を舞う場合や，斜面に積雪がある場合には雪崩が発生して，積雪の再配分が生じることがある．気候への影響評価や災害予測などを行うためには積雪の消長に関する物理モデルが必要不可欠であり，近年国内外ともに開発が進んでいる[2]．

●全球積雪分布

近年は気象衛星により，地球上の積雪分布と面積を

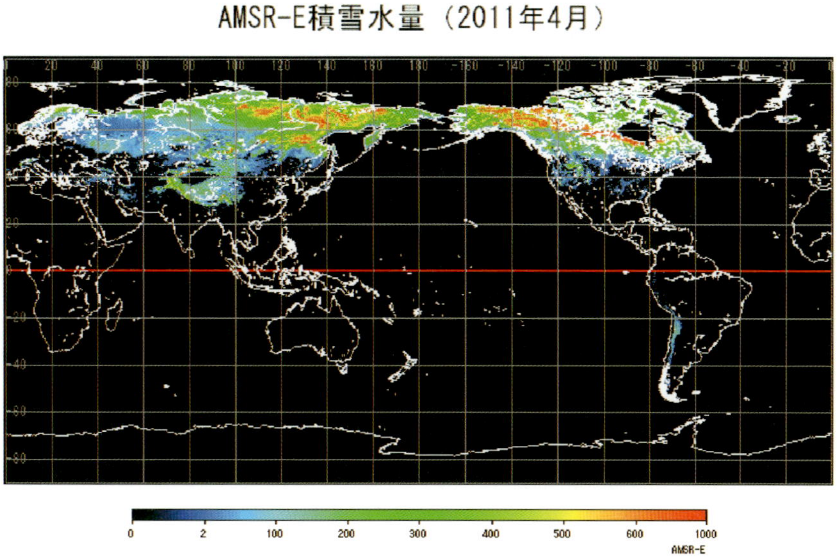

図2 積雪深分布．JAXA提供のAMSR-E標準プロダクト積雪水量を用いて作成．
動画期間：2002年6月～2011年8月．単位：mm（積雪深）．

かなり高い精度で観測することが可能となった．しかし，積雪の深さ（積雪深）やそれを水の深さに換算した積雪水量については，誤差が多いとされていて，積雪推定アルゴリズムの改良が望まれている[3]．

全球の積雪分布の一例として，2011年4月の積雪分布を図2に示す（海洋，グリーンランド，南極大陸を除く）．ユーラシア大陸や北米大陸の広い範囲に積雪が分布しているのに加え，南米大陸やオーストラリア大陸の標高の高い地点でも，積雪が見られることがわかる．これを動画1で見ると，季節の進行とともに積雪の融解が進み，高緯度へ積雪分布の範囲が縮小していくが，特に，チベット高原や中央アジアの高山帯では，より遅い時期まで積雪が残っている様子がよくわかる．

● 近年の変化

真冬には，北半球のおよそ半分の陸地が積雪で覆われ，積雪面積が最大となるのは1月で約 $46 \times 10^6 \mathrm{km}^2$，逆に最小は8月で約 $3 \times 10^6 \mathrm{km}^2$ である．積雪面積の年による違いの割合は冬季に小さく，夏季に大きい．

近年，積雪面積はほとんどの地域で減少している．とりわけ1970年代後半以降，特に春季から夏季にかけての積雪面積が減少している．これは年平均積雪面積が統計的に有意に減少していることと，融雪時期が早まっていることが原因と考えられている．冬季の気温上昇にかかわらず，冬季積雪面積の減少はそれほど大きくはない．一方，南半球については積雪データの量や質が十分ではないが，過去40年以上にわたり，積雪面積は概ね減少しているか，変化がないとされている．これらの変化の原因として注視すべきなのが，積雪が減少している地域ではしばしば気温が支配要因である一方，積雪が増加しているほとんどの地域では降水が支配要因であることである[4]．

一方，日本の積雪について見ると，北日本と東日本の日本海側，および脊梁山脈に多く分布している．1954～2000年までの気象観測所のデータによると，積雪量を決める降雪量は，北日本の年々変動はあまり大きくないのに対し，東日本では変動が顕著である．また，北日本の降雪量は，東日本と比べてやや多い．さらに，北日本の降雪量は長期的に増加傾向にあるのに対し，東日本では，1980年代半ば頃までは緩やかな増加傾向，1990年代はじめにかけては急減，その後はまた緩やかに増加する傾向を示している[5]．

なお，日本の積雪深の最大値（最深積雪）は，滋賀県伊吹山山頂に位置する気象庁測候所の伊吹山（2001年廃止）で1927年2月14日に観測された1182 cmの記録が残っている．一方，海外の最深積雪は，米国・カリフォルニア州タマラックで1911年3月19日に観測された1153 cmであるが，これは伊吹山の記録より29 cm少ない[6]． 〔杉浦幸之助〕

8.4 氷河

●氷河とは

氷河とは，字の示すとおり氷の河である．『雪氷辞典』[1]によれば，氷河とは「重力によって常に流動している陸上の氷雪の集合体」のことである．氷河は長期にわたりほぼ一定の場所でほぼ一定の形状で存在するが，気候変動によって縮小・拡大する．氷河とは氷床や氷帽と区別されることもあるが，これらの総称となることもある．ここでは氷床や氷帽と区別した氷河について述べる．

氷河の模式図を図1に示す．氷河は，高山の谷の上流域（涵養域）で降雪によって涵養され（涵養量：収入），下流域（消耗域）で融解や氷山分離によって消耗する（消耗量：支出）．氷河がほぼ一定の場所でかつほぼ一定の形状で存在するのは，重力による塑性変形や底面すべりを起こし流動することによって，下流域の消耗を上流部の涵養が補うからである．この涵養量と消耗量が等しく，収支が0になる場所を平衡線と呼び，氷河全体の氷の収支を質量収支と呼ぶ．これらの平衡線の高度や質量収支は氷河変動を議論するときに用いられる．気候変動により氷河の質量収支がプラスの時期が続くと氷河の末端は前進し，一方マイナスになると，氷河の末端は後退する．氷河の流動は，氷河の底面で抵抗を受けるために氷河内の表層と下層で流速が異なるが，その氷河内の氷のひずみに大きな差が生じるとクレバスが形成される．氷河周辺には氷河によって運搬された岩屑によってつくられた堤防状もしくは不規則な高まりからなる堆積地形（モレーン）がある（図2）．このモレーンは氷河の前進・後退とともに形成されるので，過去の氷河状態の情報となる．

図2 モンゴル西部に位置するポタニン氷河．氷河末端・側面にモレーンを形成している．

●氷河の分類

氷河は主として形態，および気候区分によって分類される．形態による分類では，氷床や氷帽から流れ出した氷河として「溢流氷河」，谷に形成される「谷氷河」，山腹や稜線付近に形成される比較的小規模な「山腹氷河」などに分ける．また，気候区分による分類方法では，降水の多い海洋性気候の影響を強く受け，涵養・消耗・流動量が大きい氷河として「海洋性氷河」があり，大陸性気候の影響を強く受け，涵養・消耗・流動量が小さい氷河として「大陸性氷河」がある．その他に温度による分類，涵養・消耗の起こる季節の違いによる分類がある[2]．

●氷河の分布

海を含む地球表層に存在する水の約3％弱が淡水であり，その約80％が固体である雪氷として存在する．そしてその雪氷の90％が南極大陸，9％がグリーンランドに氷床として存在する．そして残りの1％が氷河として世界各地に存在し，その数は16万個で体積にして $680 \times 10^3 \mathrm{km}^2$ 程度であるといわれている[3]．氷河は北極や南極地域を中心として分布しており，緯度が低くなるにつれ，その分布は山岳地域へと限定される．赤道直下のアフリカやパプアニューギニアでも標高が5000mを超える高山には氷河が存在する．その氷河は，南極やグリーンランドを除くと約50％が北米大陸の北部，約44％がユーラシア大陸，約5％が南米大陸，残りの約1％がニュージーランドと亜南極の島々とアフリカに分布している[4]．アジア最大の氷河はタジキスタン東部のパミール高原にある

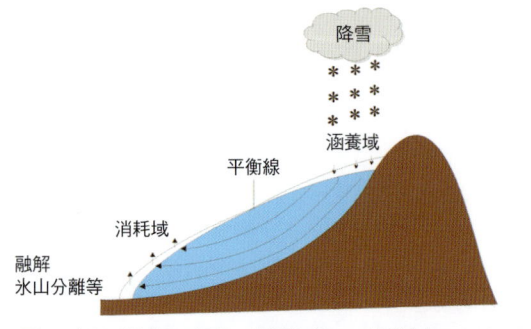

図1 氷河の模式図．涵養・消耗域があり，流動を起こしている．

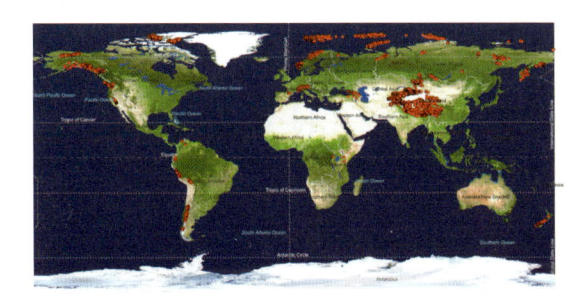

図3 世界氷河インベントリ（WGI）に記載されている氷河の分布（WGIには全氷河数の67％の記載がなされている）．

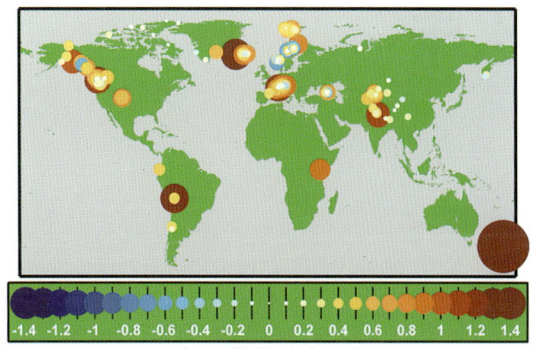

図4 1970年以降の山岳氷河の質量収支の変化．プラスの値が大きいほど氷河の質量損失が大きい．

フェドチェンコ氷河であり全長約77km，幅1700〜3100m，氷の厚さ500m以上で，極域以外では最大規模の氷河である．また，ヒマラヤ山脈の北側に位置するカラコラム山脈にも全長50kmを超える大氷河が存在する．

図3は，World Glacier Monitoring Service（WGMS）がWorld Glacier Inventory（WGI）としてまとめた氷河の台帳に載っている氷河の分布である．このWGIは地形図や衛星画像をもとに各氷河の位置情報，面積，長さ，標高，主方位，氷河形態等を記載したものであり，National Snow and Ice Data Center（NSIDC）よりWeb上で公開されている[5]．WGIは世界中の氷河の全てを記載・登録することを目的としているが，2009年4月現在で，その個数は106852個（うち3200個の氷河で面積データなし）で，面積は$218 \times 10^3 km^2$であり，全氷河数の67％，また，面積率にして32％の氷河地域しかカバーされていない[6]．このように世界の氷河の台帳はいまだ完成していないのが現状である．

日本には氷河が存在しないとされていたが，越年する雪渓が北海道大雪山，北アルプス，月山，鳥海山などに存在すると考えられている．これらの中で，北アルプス内蔵助雪渓は少なくとも化石氷河と考えられている[7]が，現在でも非常にゆっくりと動いている氷河の可能性もある[8]．また，同地域の御前沢，小窓，三ノ窓雪渓では，近年流動していることが観測され，日本でも氷河が存在することが確認された[9]．

● 氷河の変動

近年の温暖化により氷河の縮小傾向が各地で報告されている．気温上昇は，氷河の涵養域でこれまで"雪"として降っていた降水が"雨"として降る変化を起こし，氷河にとっての収入が減少し，また同時に氷河にとっての支出である融解も促進する．氷河は，個々の大きさが小さく，気候変動に対して敏感に応答するため，氷河の変動は温暖化の指標とされる．氷河は氷床などの他の固体の淡水と比較して量的には少ないが，氷河は気候変動に対する応答が氷床と比較して速いために，海水準の変動に早い時期から大きく寄与する．また，氷河の融解水は，アジア地域の乾燥域では貴重な水資源となっており，氷河の消長は人間活動に影響を及ぼす．

氷河変動を記載する指標として，①氷河面積の拡大・縮小，②氷河末端高度の前進・後退，③質量収支の増加・減少がある．そのほかに，雪線や平衡線高度の変化や氷河上のクレバス，セラック，オージャイブなどの構造の変化も起こり得る．

世界中の氷河の規模や質量収支に関する記載を集計したものがWGMSにより報告されている[10]．

これらの集計により，スカンジナビア半島，アラスカ南部，カムチャッカなどの一部の氷河は現在でも拡大している一方，世界中の大部分の氷河の質量が失われていると考えてよいことがわかった（図4）．中でも，グリーンランド南部や北米，南米ボリビア，ヨーロッパアルプスの一部の氷河では年間約1mもの厚さの氷が失われ，図2のモンゴル西部の氷河も近年の観測で同程度であることがわかった．

ただ，近年地球温暖化に伴う氷河変動に関する報告[11]などでは氷河観測データが集中しているヨーロッパや北米地域の主たる9つの山岳域の30の代表的な氷河の平均を用いて論じることが多いことに留意する必要がある．現在の氷河変動の評価はこのように地理的に偏った少数のデータをもとに議論をしているため，世界を対象にした場合には誤差が大きい．

〔矢吹裕伯〕

8.5 氷床

●氷床とは

氷河の中でも特に大規模なものを氷床と呼ぶ．氷床は大陸規模の面積を持つ場合もある．氷床も氷河と同様に流動していて，陸上で流動した氷が海に到達し，浮力によって地面から浮き上がっている領域を棚氷と呼ぶ．狭義では着床しているもののみを氷床と呼ぶが，便宜的に棚氷と（狭義の）氷床を合わせて（広義の）氷床と呼ぶ場合もある．

現在の地球上では南極とグリーンランドに氷床が存在する．氷の厚さは平均2000 m程度であり，グリーンランド氷床の面積は日本の約4倍の170万 km^2，南極氷床は1200万 km^2 にもなる，巨大な氷体である．氷床の流動は，中央部では10 m/年程度で遅く，周辺部の氷流と呼ばれる領域では局所的に1 km/年の大きな速度である．地球上の淡水の80 %は氷床の形で存在する．グリーンランド氷床や南極氷床が仮に全部融解した場合，全球の海水準がそれぞれ7 mおよび65 m程度上昇すると見積もられている．過去の海水準の復元から，現在よりも100 m以上海水準が下がっていた時代があることがわかっている．この海水に相当する水は当時は氷床の形で陸上にあったと考えられる．例えば約2万年前の最終氷期極大期と呼ばれる時代には現在は氷床のない，北米大陸やヨーロッパに広く氷床が広がっていた証拠があり，氷床量が時代とともに大きく変動していたことが知られている．

●氷床変動

氷床の水収支のことを伝統的に質量収支と呼ぶ．単位は質量の時間変化であるが，単位面積あたりの氷の高さの変化の水当量や氷当量で表すこともある．氷床への入力（収入）を涵養，氷床からの出力（支出）を消耗と呼ぶ．涵養はほぼ降雪による．夏でも融解が少ない南極氷床の消耗はほぼ氷山の分離による．一方グリーンランド氷床は融解と氷山分離が同程度と考えられている．

降雪量や融解量は大気や海洋など他の気候システムとの相互作用で決まる．よく知られている作用として，雪と氷が日射をよく反射し，氷床上の気温低下を増幅する効果（アイスアルベドフィードバック）が挙げら

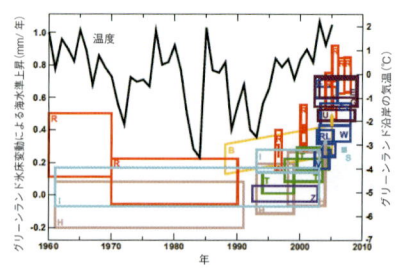

図1 近年の氷床質量変化（1990〜2009）．文献3によるさまざまな観測のまとめ．

れる．あるいは氷床の融解が進むと表面が低くなり，氷の表面がより気温の高い高度に位置することによって，さらに融解が進む効果も考えられる．融解量を決める気温だけでなく，降雪量も氷床分布との相互作用に影響される．このように，氷床変動を考えるうえでは，気候変化だけでなく，それに応じた氷床変化によって引き起こされる気候変化を正しく理解する必要がある．

特に長期間の氷床変動を理解するうえでもう1つ重要な過程は，固体地球（地殻）との相互作用である．氷床はその荷重によって地殻の変形をもたらす．この地殻の変形は，マントルの粘弾性流体としての性質から，氷床の変化に対して平衡状態に達するまで数千年の時間がかかることが知られている．このゆっくりした地殻の変形が，氷期–間氷期サイクルと呼ばれる10万年周期の氷床変動に大きな役割を果たしていると考えられている．氷期–間氷期サイクルの氷床変動の要因を考えるには，氷床力学だけでなく，気候および固体地球との相互作用を正確に理解する必要がある[1]．

●近年の氷床観測

近年は観測による氷床全体の質量変化の推定が進んでいる[2]．人工衛星を用いた標高や重力の観測によって，1990年頃からの氷床の質量変動や，氷厚変動の地域分布などが推定されている．研究によって若干のばらつきがあるが，グリーンランド氷床の質量変動をまとめると，1990年頃の収支がほとんど0（体積変動なし）であることに対し，2007年はそれに比べて大きく減少していることが推定されている（全球の海水準上昇率に換算して0.13〜0.74 mm/年）．また，体積減少の度合いも年とともに大きくなっていると考えられている（図1）．氷床流動や氷の海への流出も増加が見られ，以前の予想よりも変化が大きいことが示唆されている．

図2 2002年のラーセン棚氷（西南極）の急速な消失．衛星写真 MODIS. http://wwwnsidc.colorado.edu/sotc/iceshelves.html

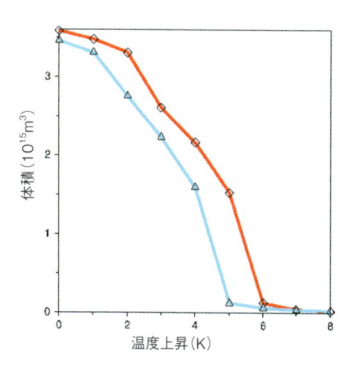

図3 氷床モデルによるグリーンランド氷床の一様温暖化実験の結果．横軸は現在からの温暖化の程度（グリーンランド全体の気温を一様に温暖化），縦軸はその気候下でのグリーンランド氷床の定常解の体積．数値的な手法が異なる氷床モデル2種類の結果を図示した（文献8の図を編集したもの）．

● 棚氷過程

棚氷はその起源が陸上の氷床であり，海水が凍結した海氷とは異なる．棚氷は数百m程度の厚さがあり，質量も小さくはないが，棚氷はほぼ浮力でつり合っているため，その融解が全球の海水準へ直接及ぼす影響はほとんどない．しかし，棚氷が縮小することによって上流である内陸の氷床の流動に影響し，氷床変動，海水準へ影響を及ぼすと考えられている．2002年に南極のラーセン棚氷から急速に大きな氷山が分離したことが観測された（図2）．数ヵ月で3250 km²が消失し，その消失後に背後の流動速度がそれまでの2倍になった．棚氷の融解は海洋との境界でも起こるが，実態や詳細はよくわかっていない．

● 氷床の数値モデル

氷床の過去および将来を再現・予測するために，数値モデルを用いた氷床変動研究が数多くある（氷床モデルに関してはMarshall (2005)[4]に詳しい解説がある）．その手法も気候モデル（大気海洋結合モデル）のみを用いたもの[5],[6]，氷床流動モデルのみを用いたもの，そしてそれらを組み合わせたもの[7]と多岐にわたる．氷床および他のシステムは相互作用をしていることから原理的には全ての要素を可能な限り含むモデルが望ましい．しかしながら計算機資源は限られているので，モデル内の表現を簡単化して全体を構築することが多い．

氷床流動モデル（以下では氷床モデル）は一般的に，与えられた氷床分布を用いて氷床内部および表面の流動速度を求めるものである．計算された流動速度，および，降雪・融解・地形など他のシステムの条件を用いて，氷床分布の時間変動を求めるものも多い．

氷床の中央部，氷流の部分，および棚氷の三領域では重要となる力学的な項がそれぞれ異なる．氷床モデルの黎明期には，氷床全体を計算する多くのモデルがゆっくりした速度の領域のみを対象としていたが，近年の氷床モデルは計算機の発展に応じて，氷床‒氷流‒棚氷を対象とするものも多くなってきた．ただし，現状のモデルでも棚氷状態から氷床状態，あるいはその逆への遷移を高い精度で再現することは難しい．

精度が高い氷床流動の再現のためには，氷流形成にとって重要であると考えられる底面すべり過程，気候など外部条件の取り扱い，氷床流動のモデル内部の数値的表現など，検討すべき課題は多い（図3）．

● 氷床と相互作用

氷床の挙動および他システムとの相互作用に関する以下の研究が特に活発に行われている．

◎ 棚氷／海洋境界での融解とその影響

棚氷の質量収支にとって重要な要素であるため，気候変動に伴い，どれだけ棚氷の融解が増加／減少し，棚氷の流動，ひいては氷床からの流動に影響するかが，特に南極氷床の今後を考えるうえで重要である．

◎ 氷床の非可逆性とその応答時間

地球温暖化で一部あるいは全部氷床が融解した後に気候があるレベルで安定化したら，氷床がどの程度まで復元するか，その場合の応答時間に関する観点である．これは，IPCCなどでも多く議論されるようになってきた．現在，モデルにおける氷床／気候系の扱い方，各モデルの不確定性により，結果は異なっている．氷床が落ち着くまでに1万年程度かかる場合も考えられ，短期間の温暖化の影響が非常に長く影響を残すことになる．

〔齋藤冬樹・阿部彩子〕

8.6 凍土

●凍土・永久凍土とは

日本に住んでいるとなじみは薄いが，年平均気温が0℃を下回るような地域で地面を掘ると，凍った土壌に達することがある（図1）．これが凍土である．厳密には氷を含む土壌や岩石を凍土と呼び，少なくとも2年以上0℃以下の温度を保つ土壌または岩石のことを永久凍土と呼ぶ（図2）．土壌水は0℃で凍るとは限らないので，永久凍土ではあるが凍土ではない場合もある．ここでは凍土・永久凍土の分布や変動動態，および変動に起因するさまざまな陸面環境の変化について概観する．

永久凍土は地球上全陸地の約25％に分布する．主にシベリア，アラスカ，カナダ，モンゴルなどの高緯度帯に分布しているが（図3），アルプス，ロッキー，ヒマラヤなど中低緯度の高山帯にも点在している．日本では北海道大雪山，富士山，北アルプスなどで永久

図1 アラスカ北極海沿岸での永久凍土の露頭．

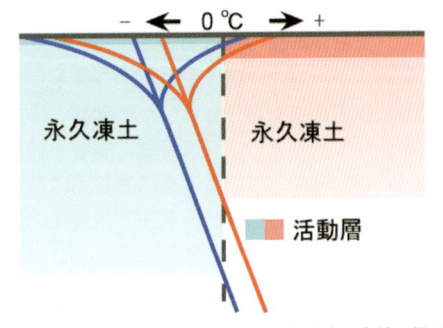

図2 永久凍土地帯での模式的な地温鉛直分布．赤線は温暖化時の予測．

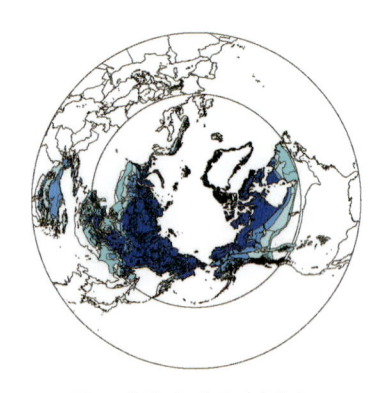

図3 北半球の永久凍土分布．

凍土の存在が指摘されている[1]．

永久凍土の分布，厚さ，温度は現在の気候環境のみならず地質学的な履歴も反映している．シベリアやアラスカ北部では数百mにも達する厚い永久凍土が存在するが，この形成にはここが過去に氷床に覆われなかったことが影響している．氷底では，地表面温度が0℃を大きく下回ることがなく，地盤の冷却が進行しないためである．氷床と永久凍土の消長は逆相関している．

●凍土・永久凍土に依存する諸現象

全陸地の約60％は1年以内の周期で凍結と融解を経験する（季節凍土）．永久凍土帯で大気に接する季節凍土は活動層と呼ばれ，ここは液体土壌水の流動可能領域に相当するため，さまざまな生態・地形学的諸過程を支配している．地球上で最も広大な森林であるシベリアタイガは活動層内に効果的に貯留される土壌水に依存して成り立っている．過飽和活動層は粘性が低く土砂流下が容易であるため，地形の浸食が促進される．土壌水凍結はアイスレンズの形成や体積の膨張を伴い，凍上や岩盤破壊・崩落などの災害を引き起こすこともある．

凍土中で氷は不均質に分布する（図1）．氷に富む個所は融解時に選択的に地盤が沈下する一方，凍結時は隆起する．これに起因して構造土と呼ばれる幾何学的な模様や微地形が形成されることがある（図4）．ある程度以上の体積を持つ地中氷が斜面に存在すると，重力の作用を受け塑性流動し，舌・耳たぶ状の岩石氷河と呼ばれる独特の地形が形成される（図5）．

●凍土変動の実態と予測

地下深くになるに従い，温度の変動幅が指数関数的

雪氷圏

図4 構造土（アラスカ北部）．

図5 岩石氷河（スイス，エンガディン地方）．

に減衰し位相の遅れが大きくなる．そのため，永久凍土温度の変動は極めて緩慢であり，これを捉えるには長期的な観測が求められる．アラスカやカナダでは1980年代以降，連続永久凍土帯と不連続帯を網羅した多地点にて数十m深度までの地温が継続観測されている[2]．これまでに永久凍土温暖化の程度は，寒冷な連続永久凍土帯で大きく，不連続帯ではあまり顕著ではないことが示されている．地温が融点に近い不連続帯では，エネルギーの大部分が氷の融解に費やされ，見かけ上地温の上昇が抑えられるためであろう．これまでに，冬季の地盤凍結を妨げる積雪は経年的に増加していないこと，暖候期の気温上昇は顕著ではないことなどから，観測された永久凍土の温暖化は冬の気温上昇によると考えられている．

気温や降水など，比較的短周期の気象に敏感に反応するのが活動層である．アラスカ，カナダに加え，ロシア，モンゴル，グリーンランド，スバルバールなど周北極域合計125地点では1990年代はじめから年最大融解深，気温，地温などが継続的に観測されている．これまでに年最大融解深は暖候期の気温に依存すること，微地形起伏が大きいところでは凹地にて活動層が厚くなることなどが示されている．土壌水分を多く含む凹地では熱伝導率が高くなるため融解が促進される．

アラスカやカナダでは活動層の深化と永久凍土の温暖化は同期していない．このことは従来考えられてきた模式（図2）とは相違しており，永久凍土の将来像を予測することの難しさを物語っている．この観測結果がどの程度一般的なのか．これには数値計算による検証と，より多地点での観測結果の蓄積が重要になる．現状では数値計算中での数式の表現や仮定条件，土壌物性値などに改良の余地が多く残されている．また，北米大陸以外での観測網の整備拡充は端緒についたばかりである．

● 凍土変動の影響

北極圏では地球規模の水熱物質循環や気候にも影響し得る現象が報告されており，これらの要因として永久凍土の衰退が指摘されている．オビ，エニセイ，レナ，マッケンジーなど北極海に流入する大河川の中で，流域を永久凍土が占める割合が大きいエニセイ川とレナ川で年間流出量が有意に増加しており，その原因として永久凍土の融解が示唆されている[3]．

融解深の増加や凍土分布域の減少が進行すれば，湿潤な融解層に依存して成立するタイガが衰退したり，湿原の分布域が変化したりするかもしれない．氷に富む凍土の融解は，サーモカルストと総称される地形変化を伴い，排水の悪い低平地では融解湖が形成される．1973年と1997年に西シベリア低地を撮影した衛星画像を比較した結果，湖沼面積が連続永久凍土帯では拡張傾向に，不連続永久凍土帯では縮小傾向であることが示された[4]．連続帯では新たなサーモカルスト湖の形成が，不連続帯では永久凍土消失による地下水位の低下や乾燥化が進行していると考えられている．アラスカやカナダのツンドラでは流路沿いの崩壊地形が近年急激に増えてきたことがリモートセンシングで明らかになっている[5],[6]．

永久凍土中に貯蔵されている炭素量は膨大（360 Gt）で，海洋（40000 Gt），土壌（1500 Gt），植生（650 Gt）に次ぐと考えられている[7]．永久凍土の衰退により，これら炭素が流動化し温室効果ガスとして大気に放出されることが懸念されている．東シベリアでの観察から，サーモカルスト湖の拡張に伴う湖岸凍土の融解がメタンガス放出の主要因であることが示されている[8]．

〔石川 守〕

8.7 海氷

北極海の海氷が急激な減少を見せている．この海氷の基礎および両半球で現在起こっている変化について説明する．

● 海氷の成長

海氷の形成は，海面の表層で形成される晶氷から始まり，氷盤へと発達していく．晶氷や晶氷から成長した針状結晶，それらの破片は密度を増しながら浮遊する．これはグリースアイスと呼ばれる．静穏な状態では結晶はすぐに凍結して集合し，連続した薄い氷の膜（ニラス）となる．数cmの厚さまでは透明である（暗いニラス）．成長して厚くなるにつれてニラスは灰色から白くなってゆく（明るいニラス）．1度ニラスが形成されると，凍結が氷の層の下部に進んでいき海氷は厚みを増す．1年氷では厚さ1.5〜2mまで成長する（板状軟氷）．これらの氷は波と風によって密集，衝突を繰り返し直径数mのはす葉氷を形成する（図1，図1）．成長した氷は圧縮によりせり上がり，氷丘を形成したりする．海氷の厚さは圧縮によって複雑に変化する（図2）．

海氷形成からニラスに至る過程で，海氷は急速に海の表面を覆っていく．薄い海氷は成長が速く，大量の海氷生成が可能である．また，このような薄氷域は風により輸送されやすいので再び海水面が広がり，新たな海氷形成が起きることがある．このような海水面や薄氷域をポリニアという（図2）．

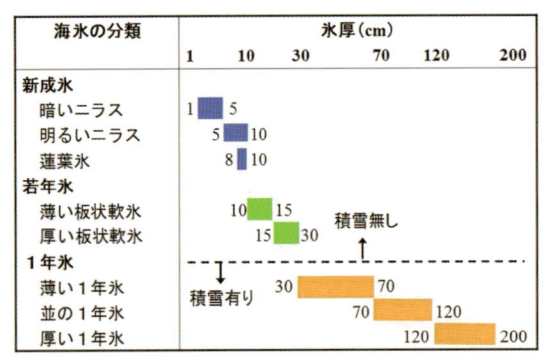

図1 海氷分類．海氷の厚さ，形態により色々な名称がつけられている．

図2 （左）オホーツク海の海氷分布の衛星画像と（右）衛星による氷盤追跡によって得られた平均的な海氷移動経路．北部やサハリンの海岸近くで暗く見えているところは海氷が頻繁に吹き払われて水面が出現する海域であり，氷は薄く，ポリニアと呼ばれる．ここでは海氷生産が活発に行われる．

オホーツク海北部ではシベリアからの寒気の吹き出しにより海氷生成と沿岸薄氷域の発生が繰り返し起きており，大量の海氷生成が行われている．北部の海岸域で生み出された海氷も，途中サハリン沿岸の氷と合流しながら南下し，氷盤の破壊，変形などの力学的影響を受けながら厚みを増していく（図3, 動画1）．

● 地球環境における海氷

海氷は，極域の海洋の熱バランスに重要な影響を与えている．温暖な海域を寒冷な大気から遮断し，海洋の熱損失を減らす役割を果たしている（図4）．特に雪に覆われた海氷はアルベドが高く（およそ80％），日射をほとんど吸収しなくなる．

南極の海氷は大部分が季節的であり夏は非常に少なくなり，冬は大きく拡大し南極の周囲を覆う．夏と冬の海氷面積の差は南極大陸に相当する面積である（図3）．ほとんどの南極の海氷は厚さ1m程度の薄い1年氷である．海氷面積は大きな季節変化をするため大量の海氷生成，その時の大気や海洋との潜熱交換，海洋中での淡水と塩の分離が起きている（図5）．

一方，北極海では海氷の最大面積は周囲の陸地によって制限される．北極海の面積は南極大陸とほぼ等しいが，北極海では数割が越年する多年氷であり，季節的な面積変化は小さい．海氷の厚さは多くの場所で3〜4mを超える．海氷形成は北極海だけでなく，その周辺海のバルト海やベーリング海，オホーツク海でも見られる．これらの海氷は，1年氷であり，冬季から春季にのみ見られる（図4, 図6）．

北極海では夏季になると海氷の上部を覆う雪が融け，融解水が氷の表面に池（メルトポンド）をつくる（図7）．メルトポンドではアルベドが15〜40％であ

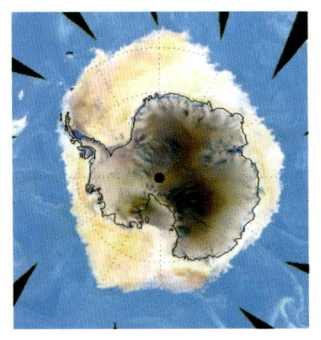

図3 南極大陸周辺の海氷．冬季には大陸と同じサイズにまで拡大するが，夏季にはほとんど消滅する．1年のサイクルの中で大量の結氷，融解の熱交換，淡水，塩の分離が行われている．

図4 北極海およびその周辺海域での海氷分布．白いところほど存在確率が大きいことを示す．中央の黒丸は衛星観測の欠測域．冬季には北極海全域まで結氷する．冬季の変動は，凍結する時期が遅くなったりすることによって生じている．周辺の海域での海氷面積変動も大きい．

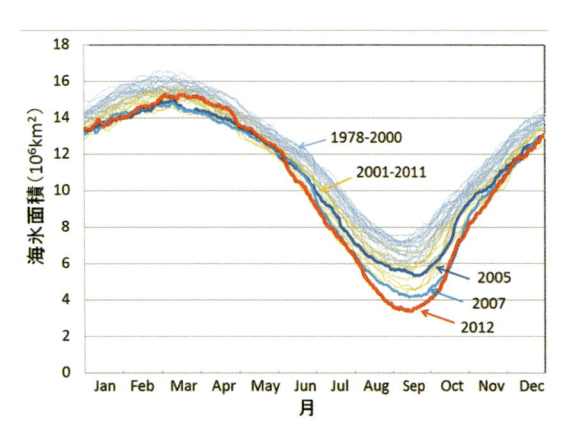

図5 1978～2012年の北極海および周辺海域での海氷面積の季節変化．2012年には夏季の最小面積を示した．冬季においても近年の海氷面積は小さくなっていることがわかる．データはNSIDCより．

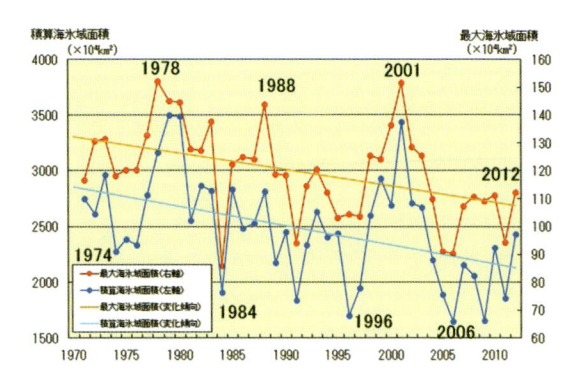

図6 オホーツク海の海氷面積の変動．気象庁資料（http://www.data.kishou.go.jp/kaiyou/shindan/a_1/series_okhotsk/series_okhotsk.html）に加筆．長期減少傾向，10年程度の周期変動，大きな年々変動という特徴がある．

り，氷原のアルベド40～70％と比べて日射を吸収しやすくなっている．気温が上がり海氷が融解すると，日射の吸収が増え，海水から大気への熱輸送も増加して，ますます気温が上昇するというフィードバック効果が起きる．このため，海氷はわずかな気温変化に対しても大きく変動すると考えられている．また，地表の雪氷のうちで，海氷は移動による変化が大きいため大気場と海氷変動との関係は重要な検討課題である．

●海氷変動傾向

南極の海氷面積はほとんど変わらないか，少し増加傾向が見られている．一方，北極海では海氷面積の減少が顕著になっており，2012年には夏季の最小面積が記録された（図5, 図8, 9）．

海氷減少の原因としては，大気循環場の長期変動や短期の異常，長期の海洋循環と海洋中の熱の蓄積・再配分などが挙げられている．これらの変化を増幅する海氷の強度の低下も注目されている．減少が顕著であった2007年には，カナダ側では巨大な氷盤の分離や崩壊，シベリア側では海氷縁辺部が押されて後退していく様子が見える（動画2）．その場での融解だけでなく力学的影響が大きい．海氷減少には，海氷の秋の生成時期の遅れや春の融解時期の早まり，夏季の融解，破壊がかかわる．

北極海では夏季の海氷面積の減少が注目されているが，北半球全体で見た場合，冬季の海氷面積にも減少傾向が見られる（図5, 図8）．冬季の海氷減少を生み出しているのは周辺海域である．その1つであるオホーツク海でも海氷面積の減少傾向が記録されている（図6）．オホーツク海では海氷面積減少の傾向とともに10年程度の周期変動も記録されている．年々変動の振幅も大きくなってきている． 〔榎本浩之〕

8.8 近年の雪氷変動

雪氷圏

地球温暖化とそれに伴う気候変化は進行している．この変化の影響を受け，また，その変化に影響を与えつつ，地球上の雪と氷は変貌を遂げている．北極海の夏季の海氷減少，世界各地の氷河の後退・縮小，そして凍土融解などは，地球温暖化の影響を映像で表現する場合の代表選手になっている感があるように，社会的関心が非常に高い（9章参照）．

●雪氷の種類と広域変化

主要な雪氷要素としては，氷河・氷床・海氷・積雪・凍土がある（8.1参照）．表1に，現在これらの要素が地球上で占める面積を示した．時間的変化が緩慢である氷床としては南極氷床とグリーンランド氷床があり，両方合わせた体積は地球上の全雪氷量の90％を超える．海氷域や積雪などは季節変化し冬季には拡大し夏季には縮小する要素である．凍土の面積は広く，その表層部は季節変化し気候に敏感に反応するが，深部の変化は緩慢である．北方大河川の河川氷や湖氷も社会生活や環境という観点からは重要である．全て気温が上昇すると縮小傾向になるが，その過程はさまざまである．

1960年以降の雪氷要素の変化傾向を図1に示した．これには全球・地域規模での変化とともに，気温情報が示されている．このうち減少傾向を示しているのは凍土面積・氷河質量収支・北半球海氷面積であり，北半球積雪面積は変動を繰り返し現在は微減傾向と見ることができる．また，南半球の海氷面積は増減傾向がないが，それは温暖化が南半球ではいまだ強くは現れていないことによると考えられている．

表1 地球上の主要な雪氷の面積と体積[1]．表中の「−」は一年の内の最小値と最大値を示し，「〜」は推定値の最小と最大を示す．氷河は，グリーンランドおよび南極氷床周辺を除外してある．

雪氷の種類	面積 ($10^6 km^2$)	体積 ($10^6 km^3$)
積雪（北半球）	1.9 − 45.2	0.0005 − 0.005
海氷	19 − 27	0.019 − 0.025
氷河・氷帽	0.51 〜 0.54	0.05 〜 0.13
氷床（南極）	12.3	24.7
（グリーンランド）	1.7	2.9
永久凍土（北半球）	22.8	0.011 〜 0.037

●雪氷変化の特徴と問題点

個々の雪氷要素に関しては該当項目の箇所で詳しい説明があるので，ここでは地球の全球的特徴と雪氷変動把握の現状の問題点について記述する．

◎北半球は南半球に比べ雪氷変化が大きい

北半球の温暖化がより強く現れていることに対応し，北半球の雪氷変化が大きい．グリーンランド氷床の融解面積が，1990年以来年々変動しつつ増加している[2]のに対し，南極氷床はその傾向が指摘されていない．また，海氷については北極海の夏季面積が激減してきたが，南極海は増減の傾向が見られない．北半球の氷河は，多くの地域で大きく後退しているが，南極氷床周辺の氷河後退の指摘は南極半島を除いて少ない．

◎北半球でも雪氷の変化は時・空間的に多様

第一の例として氷河がある．ヨーロッパアルプス・ヒマラヤの氷河などに代表されるように，全体的に氷河末端が後退し氷河面積が縮小していて，キリマンジャロの氷河は数十年のうちには消滅すると推測され

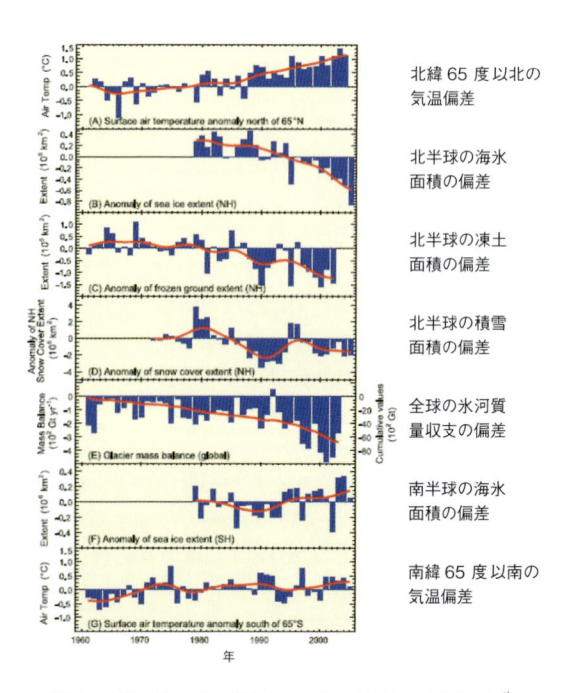

図1 全球の各雪氷因子および気温の偏差値の長期変化[1]．

ている[3]．一方，前進・停滞している氷河もある．たとえば，ノルウェーの氷河のように降雪量増加によって1980〜90年代に前進した氷河がある．このような空間的多様性があるのは，氷河の質量変化が気温のみならず降雪量など他の気候要素の影響を受けることなどが影響している．第二の例は，季節積雪の総面積が年間を通して減少傾向にあるのに対し，10月と11月だけは増加傾向が見られる[1]ことである．温暖化に伴う大気循環・水循環の変化がこの季節にだけ他の季節と異なる傾向をもたらしている．このように雪氷変化は，全体として縮小傾向にあるが，気候特性を反映し，時・空間的に一様に変化しているわけではない．

◎現存量の誤差が大きい，また変化が不明の雪氷

表1を見ると氷河の体積については推定値に2倍以上，永久凍土中の氷の量には3倍の誤差があることがわかる．温暖化で挙動が心配されている雪氷だが，得られている情報の精度は不十分といわざるを得ない．氷河の量に関しては，氷河の数量を記した台帳が整っていない（8.4参照）こと，また氷河の厚さの情報が不足していること，永久凍土については地中の氷の情報が少ないことが影響している．衛星時代において不思議なことと考えられるが，衛星は地球表面の下を測定するのは苦手であり，限られた地上での観測によるために起こる．また図1には，積雪を水の量（水量）に換算した積雪水量の変化，氷河の体積や凍土中の氷の量の変化，そして氷床の質量変化や体積変化に関する記載がない．たとえば積雪の水量の変化は，衛星が使えると考えられやすいが，積雪地域には植生や凍土が混在しているため，マイクロ波で水量を推定することは技術的に現在でも難しい．温暖化の進み方や影響の議論にとって重要となっている雪氷の現況と変化の情報の改善のためには地上観測体制や衛星情報の活用の高度化，データの整備が求められている．

● 雪氷変動と海面上昇

地球上の海面上昇の主原因の1つが雪氷の融解などに基づく質量変化であるといわれている．表2に20世紀の全球での海面上昇量と原因の主要なものを示した．

推定法がいくつかあるが，それを適用できる期間が異なるため2つの期間（期間1：1961〜2003，期間2：1993〜2003）に関する結果が示されている．いずれも近年，海面上昇が見られる．両方の推定で全体の40〜60％が氷河・グリーンランド・南極氷床などの

表2 海水面上昇量（mm/年）の原因別推定量と観測事実の比較．文献1より抜粋．原図に記載のある数値の誤差は省略してある．

海面上昇の原因	1961〜2003	1993〜2003
海洋膨張	0.42	1.6
氷河・氷帽	0.50	0.77
グリーンランド氷床	0.05	0.21
南極氷床	0.14	0.21
合計	1.1	2.8
観測事実	1.8	3.1

陸上雪氷であり，その寄与が大きいことがわかる．凍土中の氷の融解の影響は考えられるが，それは量的にはわずかと考えられている．また，海氷は現象として海水準に影響せず，積雪の変化は長期的な海面上昇に影響を与えることはないと考えられている．

陸上雪氷の寄与中身であるが，期間1，2ともに氷河・氷帽の寄与が半分以上を占めている．「陸上雪氷」の体積の1％以下しか占めていない氷河・氷帽（表1）の寄与が大きいことに注目する必要がある．氷河・氷帽の数は多いがそれぞれが分布する高度幅が狭いため，少しの気温上昇によって全体が融解範囲に入ってしまうからである（8.4参照）．その変化の不確定性が上昇量の推定値の誤差になっている．氷床の変化に関しても不確定性が大きい．

地球にとっては，将来における海面上昇の数値が重要であるが，陸上雪氷の寄与の部分はどうなのか．今後の海面上昇推定では，2090年代半ばには，1990年レベルの0.22〜0.44m増になると考えられていた[1]．これは20世紀の増加率の2倍程度である．海水膨張が半分以上の寄与を示すが，陸上雪氷も急激に減衰し，寄与することも考えられる．依然として氷河・氷帽の減少の寄与は増えると考える．1970年代に心配された西南極の崩壊の可能性は小さくなったが，今後，グリーンランドと南極の氷床がどのように振る舞うか，特に氷床の流域毎の氷流が加速することによる流出の増加が大きな問題である．近年海水準上昇に関する議論が活発であり，ごく最近の推定結果では，2100年には，1m程度上昇するという指摘もある[4]．まだ将来推定に関して不確実性が高いため，研究の早急な進展が求められている．雪氷融解の海面上昇への影響は雪氷を有する国だけでなく，熱帯域の諸島へも及ぶため，モルジブなど熱帯諸国なども強い関心を示している．

〔大畑哲夫〕

8.9 永久凍土の融解とメタン放出

●永久凍土と炭素循環

メタン（CH_4）は強力な温室効果ガスで，地球の下層大気を暖める能力は二酸化炭素（CO_2）の約20倍である．CO_2とCH_4は土壌中の有機物の分解で放出される主要な気体で，永久凍土はこれらの放出源の中で，最も大きな不確定要素の1つである．

高緯度生態系では，土壌中の有機物分解速度が遅いため大量の有機物が蓄積している．北米やヨーロッパは，今から約2万年前に終わった最終氷期には巨大な大陸氷床に覆われていた．そのため，氷河・氷床が運搬した堆積物が地表面を覆い，その上に最終氷期終了後に成立した植生によって固定された炭素（C）が蓄積している．したがって，現在の地表面から1mほどの深度までに，ほとんどのCが存在している．一方，ユーラシア大陸の東半分は，そのような氷床は存在しなかったため，氷期も夏季には地表面は植生に覆われたと考えられる．そして，土壌には連続的に有機物が堆積し，広大な面積が深い永久凍土となった．シベリアの地下氷はエドマ層（図1）と呼ばれ，有機物を含んだ土壌が永久凍土として地中に眠っている．

IPCC第4次評価報告書（AR4）では，陸上生態系の炭素蓄積量は土壌と植物体を合わせて全球で約2300 GtC（GtCは炭素重量10^{15}g）で，うち約1/4が植物体，残りが土壌有機物と見積もられたが，これには上述の土壌深部の有機物は含まれていない．最近の研究で次々と高緯度生態系の土壌深部の有機物蓄積量が報告され，それらを合わせると高緯度生態系の土壌中には約1400～1850 GtCの有機物が蓄積していると見積もられている[1]．現在，土壌深部の有機物は永久凍土によって閉じ込められているため，大気中に放出されることはないが，凍土が融解すれば，分解されてCO_2やCH_4が生成し，大気と生態系間を行き来するCとなる．CH_4はCO_2より強力な温室効果ガスであるため，CH_4として放出される割合は温暖化の予測をする際に重要である．

●土壌と植生がCH_4生成と放出速度を決める

AR4の見積もりでは，地表面から大気へのCH_4放出量は582 TgCH_4/年（Tgは10^{12}g）で，そのうち約

図1 インディギルガ川の浸食で川岸に現れたエドマ層．光沢のある部分は含氷率が高い．夏期は融解が進み，手前の草は現在の地表が崩れ落ちたもの．

図2 湿地土壌から大気へのCH_4輸送経路．湿地に成育する植物は根に酸素を輸送するための通導組織が発達している．CH_4はこれを通して酸素とは逆向きに土壌から大気へと輸送される．

80％は古細菌（地球大気に酸素がなかった時代に出現した微生物）によって生成されたものである．CH_4を生成する古細菌はメタン生成菌と呼ばれ，O_2の存在下では死滅するため，CH_4が生成される環境は，湿地や水田，埋立地など，水に浸かるなどしてO_2の供給が制限される場所に限定される．陸上生態系の土壌が水に浸かると，有機物分解にO_2，MnO_2，NO_3^-，SO_4^{2-}の順に酸化剤が消費され（図1），まずCO_2が生成する．さらに，土壌の還元が進行し，Eh（酸化還元電位）が約-250 mV以下になると，CH_4生成が始まる[2]．

CH_4は，CO_2と水素（H_2）から，または酢酸（CH_3COOH）が分解されて生成する．生成したCH_4は，土壌間隙水が飽和に達するまでは水に溶け，飽和に達すると気泡となる．また，CH_4は粘土鉱物などに吸着された形でも蓄積されるほか，低温高圧下ではメタンハイドレートとなる．湿地土壌中で生成したCH_4は，拡散，気泡の上昇，植物による輸送の3つの経路で大気へと輸送され（図2），このうち最も重要と考えられるのは植物による輸送である[3]．拡散によって輸送されるCH_4は，土壌表層および水中の酸

図3 密閉式チャンバーの模式図．チャンバー下部は土壌中に埋設されており，放出された CH_4 によりチャンバー内の CH_4 濃度は上昇する．通常，ファンなどでチャンバー内の空気を循環させて観測する．

化的な場を通過する間に CH_4 酸化菌によって消費されるため，大気に放出される量は少ない．

地表面から放出される CH_4 は，一般的には図3のような密閉式チャンバーを用いて観測し，チャンバー内の CH_4 濃度の上昇率から放出速度（フラックス）を求める．

● 大気 CH_4 の濃度変化

大気 CH_4 濃度は，西暦1800年以前は過去64万年前まで，約0.3～0.7 ppm の間で氷期-間氷期に対応して変動を繰り返してきたが，1800年ごろから，大気中の CH_4 の濃度は，CO_2 濃度と同様上昇を始めた．大気 CH_4 濃度の上昇率は一定ではなく，1970～90年代のはじめまで，CH_4 は1%を超える急激な上昇率を示したが，2000年以降はほぼ横ばい状態が続き，大気 CH_4 濃度の上昇はいったんほぼ停止していた．しかしながら，2007年から再び上昇に転じている[4]．CH_4 濃度や上昇率変化の原因は特定されていないが，放出量の変化も可能性のある原因の1つと考えられている．

● 高緯度生態系における CH_4 の生成と放出

高緯度帯には，およそ $2.5 \times 10^6 km^2$ の広大な面積に湿地が広がっており，CH_4 の放出源となっている．ツンドラ・湿地からの CH_4 放出量は16～65 $TgCH_4$/年，湖から15～35 $TgCH_4$/年，合わせて31～100 $TgCH_4$/年という見積もりが出されている[1]．図4は1990年代の北極域における CH_4 放出量の推定値[5]で，西シベリアやハドソン湾低地などの湿地が CH_4 放出源となっていることがわかる．一方，永久凍土に覆われている東シベリアからの放出量の見積もりは小さいが，温暖化に伴ない CH_4 放出は大幅に増大する可能性がある．

永久凍土が融解すると次のようなことが起こると考えられる．まず，凍土内に閉じ込められている CH_4 の放出が起こり，凍結していた有機物の分解が始まる．

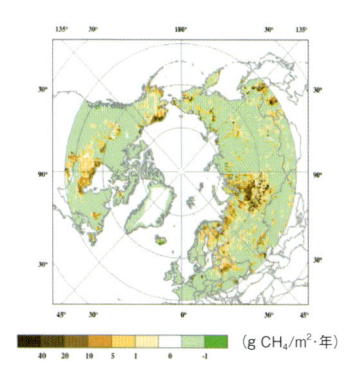

図4 Zhuang et al. (2004) による1990年代の北極域からのメタン放出量の推定値[5]．Copyright 2004 American Geophisical Union Reproduced by pemission of American Geophisical Union.

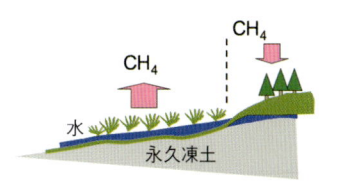

図5 ツンドラと森林における CH_4 の動態比較．湿地では CH_4 が放出されるのに対し，森林土壌中には CH_4 を酸化するバクテリアが存在し，大気 CH_4 を吸収する．

加えて地温の上昇によって微生物の代謝活性が高まり，CH_4 生成速度が大きくなる．温度上昇に伴う CH_4 生成速度の上昇率は通常，低温ほど大きいと考えられている．すなわち，地温が低い高緯度域では，温暖化による気温および地温の上昇が大きいだけでなく，温度上昇に伴う分解速度の上昇率も大きい．このため，単純に温度の上昇だけを考えると，CH_4 生成量と放出量は顕著な増加を示すと予想される．また，高緯度域では気温の上昇により，光合成による CO_2 の固定量も増加し，生態系の植生の生産量も増加すると考えられる．このこと自体は大気 CO_2 から高緯度生態系への炭素の吸収量を増大させるが，その有機物が土壌に入り分解される過程において，土壌が湿潤で還元的であれば CH_4 放出量が増大する．ただし，CH_4 放出量が実際にどの程度増加するかは，生態系の土壌水分に依存する．図5のように，森林生態系では土壌中の微生物が CH_4 を酸化して吸収源となるため，将来の CH_4 放出量の予測には，温度の上昇だけでなく，水分環境の予測が不可欠である．また，メタンハイドレートの分解による CH_4 放出の可能性も指摘されているが，その量はさらに不確定である． 〔杉本敦子〕

8.10
北方河川流量増加の謎

●北方河川流域の水循環

　地球上で水は，大気と陸地との間を絶え間なく循環している（図1）．北方河川のある寒冷地帯では，他の地域と異なり大気中の水は，雨や雪となって地上に降り注ぐ．冬季には，北方流域の土壌水分はほぼ凍結しているうえ，植物による水分利用も極めて少ない．その時，降水は雪として地上に積もるため，冬季の河川流出量は非常に少ない（図2）．

　春季になり積雪が融けると，融雪水は凍結した土壌水分と結合して短期間で土壌を飽和させ，そのあまりの多くが地表を通して川に直接流れて行く．そのため，北方流域では春季に多量の河川流量が発生する（図2，期間A）．たとえば，永久凍土が分布しているシベリアの大河川からの流出量の60％が春の融雪水から発生する．このプロセスの存在が，低緯度の流域と大きく異なる．

　凍結していた土壌水分は春以降徐々に融解して，夏季の雨と一緒に土壌水分を形成する．その土壌水分は直接大気へ，または植物内を通って蒸発・蒸散し，大気中に帰る．北方流域での蒸発散は夏季に集中していて，その量は降水量を上回る場合が多い．そのため，夏季の土壌は相対的に乾燥している．同時に，流出量も多くない（図2，期間B）．一方，夏季の凍土の融解は，土壌の乾燥を緩和する働きをする．また，凍土は地下への水の移動を妨げ，流出への降水の寄与を低減する．北方流域における降水イベントに対する流出量の反応は，低緯度の流域に比べて敏感ではないが，

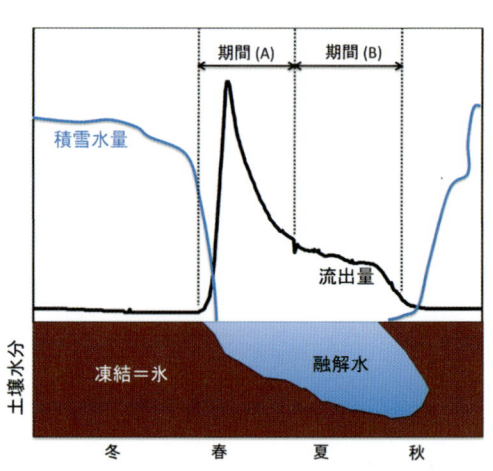

図2　寒冷地域での年間の流出プロセスの概念図．

流出量は降水量と比例関係にあり，降水量が多ければ流出量も多くなるという反応を示す．

●北方大河川の水文学的特性

　ユーラシア大陸や北米大陸の北方大河川は，多くが北極海に流入するという特徴がある．ユーラシア大陸の6河川（ヴォルガ，ペチョラ，オビ，エニセイ，レナ，コリマ）と北米大陸の3河川（ユーコン，マッケンジー，ネルソン）がそれに該当する（図3）．その河川流域および陸域の面積は $24 \times 10^6 \mathrm{km}^2$ であり，多様な地表面状態や気候環境にある．その面積から北極海に流れる

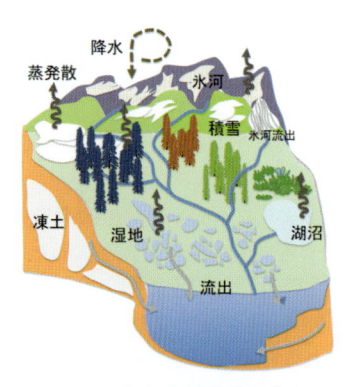

図1　北方流域での水循環の模式図．

図3　北方主要河川の分布．

流出量は，年間5250km³であり，地球上の河川流出量(45500km³)の11.5%と，大きな値を示す．北方大河川流域の年間降水量は，200〜1000mmに分布している．

北方陸域から北極海へ流入する淡水は，河川からの流出，氷河および海氷融解による流水，および地中から流入する水が考えられる．この中で，氷河および海氷融解からの水のほとんどがグリーンランド，バフィン湾，およびアラスカ湾に流れる（図3）．地中水は河川流出量に比べて量的に少ないが，流出が少ない冬季における流出量への寄与が大きい．

● 流出量の過去，現在，未来

図4は1936〜2008年のユーラシア大陸の6つの河川と北米の3つの河川からの長期流出量の変動を示す．両地域からの流出量は明確な増加傾向を示している．1936〜2008年のユーラシア大陸の河川からの流出量は年間2.62km³増加した．2000年以降の流出量の増加は1936〜99年より顕著であり，2007年に最大値(2144.9km³/年)を記録し，1936〜99年の平気値より30%高い．北米大陸の河川からの流出量もユーラシア大陸と同様に2000年以降急増していた[1]．その増加は1973〜99年と比較して6%である．河川流出量の変動は，基本的に気温と降水量などの気候条件の変動の結果であると考えられる．北方主要河川において，1948〜2006年の気温は上昇していた．流出量の増加は西シベリアの河川で顕著に見られた．永久凍土に覆われているシベリアの大河川（エニセイ，レナ）からは，同期間中に降水量が減少していたにもかかわらず流出量は増加していた．一般的には流出量は降水量と比例関係にある現象と考えられるので，増加した流出量の水がどこに由来しているのかはまだ明らかになっていない部分も多い．

多様な気候変化のシナリオを用いた大気大循環モデル（GCM）は，北方河川からの流出量が現在に比べ将来には10〜50%増加することを予測している[2]．特に，冬季の流出量が気温と降水量の増加の影響により現在に比べて50〜80%増加することを予測している．

● 流出量の増加原因

流域スケールでの水の収支は，
$$P_G = ET + Q + \Delta S$$
で表すことができる．ここで，P_Gは降水量，ETは蒸発散量，Qは流出量，ΔSは湖沼・土壌水分・積雪など貯留量の変化を表し，長期間ではほぼ0であると仮定する．流出量は，気候や地表面などの変化によって水文プロセスを通じて変化することを意味する．

ユーラシア大陸の大河川の流出量は，冬と春にその増加トレンドが顕著であった．気温上昇と冬季降水量の増加による積雪水量の増加が融雪時のピーク流量の増加に寄与したためである[3]．気温上昇に伴う融解深の増加による土壌水分の増加はユーラシア大陸の河川流出の増加に1〜20mm寄与していた[4]．気温上昇は凍土融解の期間を延ばし，河川流出への凍土融解水の影響を大きくする．たとえば，シベリアのレナ流域の河川流出量は気温および凍土面積と高い相関を示した[5]．一方，蒸発散量は長期間において顕著なトレンドは見られなかった[6]．蒸発散量にトレンドがないことは降水量の河川流出量への寄与率のアップ（上の式を参照）を示唆する．

そもそも大河川流量の増加が重要なのは，海洋への影響があるためである．河川流量増加が，北極海での栄養物質，水質，微生物などの海洋生態系に影響していることが観測でわかった．また，北大西洋深層水の形成や北大西洋熱塩循環を減少させ，グロバール気候にも影響していることがわかった．

北方大河川流出量の増加に多数の要素やプロセスが複雑に影響している状況が明らかになりつつある．しかし，ここまで言及した諸要素やプロセスが流出量の増加にどのくらい影響しているのか定量化するまでにはまだ至っていない．謎解明のためにデータ解析やモデルを用いた研究が進んでいる． 〔朴　昊澤〕

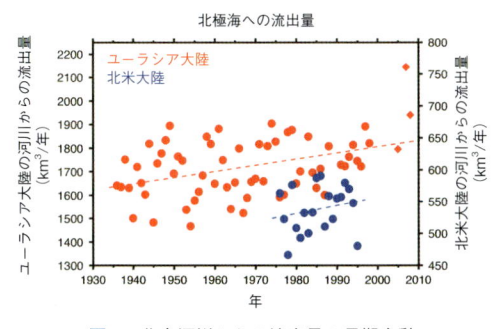

図4　北方河川からの流出量の長期変動．

8.11
氷河湖決壊洪水

●氷河湖決壊洪水の実態

　ブータン，ネパールといった，ヒマラヤ山脈の麓の国々では，氷河の縮退に伴って拡大した氷河湖の決壊洪水 (glacial lake outburst flood：GLOF) が，現在切迫した環境問題となっている．ヒマラヤにおけるGLOFは1960年代から頻発しており，河川沿いに大きな被害が出ている．図1は1998年9月に直近のGLOFが発生した，ネパールにあるサバイ氷河湖の，1974年と2007年に空撮された写真である．両者の比較から，決壊によって水位が低下した様子と，氷河湖の前面が激しく浸食されている様子が見て取れる．もともと人口も少ないため，他の自然災害に比べると人的被害は多くないが，山間の村々をつなぐ橋が流され，重要な資源である水力発電所が大きな被害を受けるなど，GLOFによる地域の生活基盤へのダメージは大きい．

●氷河湖と地球温暖化

　アイスランドなどでは，氷河底で地熱によって融かされた水が引き起こす，ヨークルフロイプ (Jökulhlaup) と呼ばれる洪水が古くから知られている．一方，ヒマラヤのGLOFは湖をせき止める堆積地形（モレーン）が崩壊することによって引き起こされるのが特徴である．同タイプのGLOFは，ヨーロッパや中央アジア

図2　ネパールのイムジャ氷河湖（上）と氷河湖の縦断面図（下）．

図1　1974年と2007年に空撮されたネパール・クンブ地域のサバイ氷河湖．この氷河湖は1998年9月に決壊した．GEN（名古屋大学・日本雪氷学会）提供．

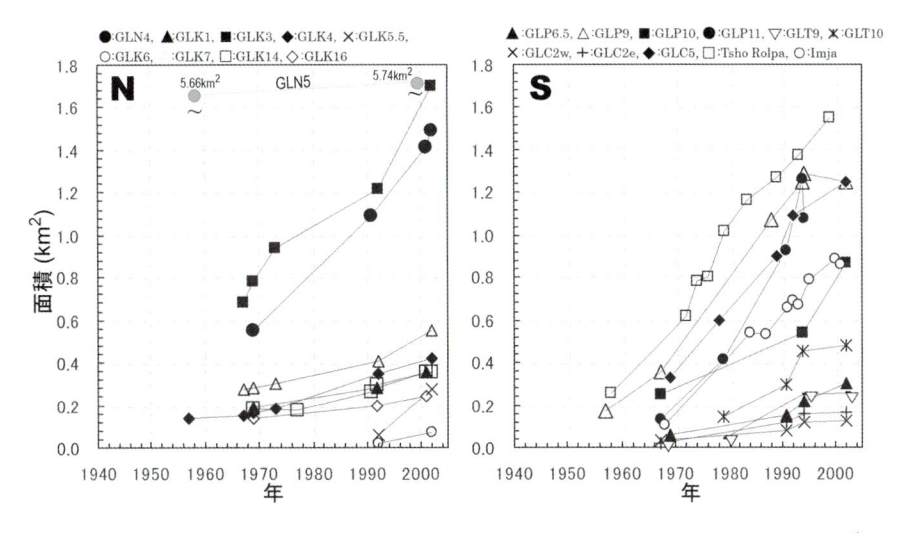

図3 ブータンヒマラヤにおける氷河湖の拡大履歴．(N) 北面チベット側，(S) 南面ブータン側[3]．

でも最近の事例が報告されており[1),2)]，GLOFの問題は氷河を有する地域に共通の環境問題ともいえる．

モレーンは，小氷期と呼ばれる17～19世紀中ごろにかけての寒冷な時期に拡大した氷河によって形成されるが，土砂を供給しやすい急峻な地形のヒマラヤでは，氷河湖の発生は不可避であるともいえる（図2）．氷河湖は，近年の地球温暖化と氷河の後退と関連づけて説明されることが多いが，古い地図や衛星画像の解析によると，多くの氷河湖は1950年代ごろに発生していたことが知られている（図3）[3]．このことは，氷河湖の多くは20世紀初頭の温暖化の影響が，数十年の時間差を経て発生したことを意味しており，近年の温暖化は氷河湖発生の直接の原因とはいえない．また，最近の衛星画像を解析した研究でも，氷河湖の拡大速度が最近の温暖化で加速しているという証拠は得られておらず[4]，近年の温暖化の影響が現れるのはむしろこれからである可能性が高い．

● **氷河湖の拡大メカニズム**

図3からは，氷河湖はそれぞれ固有の拡大速度で拡大しているように見える．この理由について数値実験を行った研究によれば，氷河上の池が100m以下の大きさでは，氷河流動の影響などにより池は発生や消失を繰り返すものの，100m以上の大きさまで成長すると，氷河湖上を氷河に向かって吹く風が，弱まることなく湖面で暖められた水を氷河へと押しやり，氷河湖に接する氷河を効率よく融かすことで，氷河湖が拡大していく[5]．このことは，氷河湖の拡大が，必ずしも温暖化の影響を直接的に反映しているわけではないことを意味している．

● **GLOFへの対策**

衛星データの解析によって，ネパール，ブータンには約5000の氷河湖があることがわかっている[6),7]．このうち，44の氷河湖に決壊の危険が差し迫っていると指摘されているが[6),7]，決壊の危険度が客観的な基準に基づいて評価されておらず，大きな問題となっている．ヒマラヤの全ての氷河湖で現地調査を行うことは不可能なため，衛星データによって判別可能な氷河湖危険度評価のための基準づくりが求められている．

氷河湖は人々の生活圏から離れているために，決壊洪水のきっかけについての詳細は明らかでないものの，GLOF後の周辺地形の観察などによって，主に岸壁ないし氷河の，氷河湖への崩落がきっかけとなったことが指摘されている[8]．このことから，衛星データから得られるデジタル標高データを利用し，氷河湖に隣接する急傾斜領域の有無から危険度を評価する試みなどが行われている[9]．GLOFのリスクを軽減するには，氷河湖の「水抜き」が最も確実だが，遠隔地かつ高標高という条件から実際に対策が施された氷河湖は極めて限られている[10]．次善の策として，1990年代にはネパールの氷河湖に，決壊洪水を下流住民へ伝達するための早期警戒システムが導入されたが，継続的な資金の不足や，政情不安などにより現在は稼働していない．このため，先進国による継続的な支援が期待されている．

〔藤田耕史〕

8.12
湖沼の氷

雪氷圏

　冬季，湖の岸辺では，しぶき氷[1]（図1）が発生し発達を続ける．また，結氷表面には，氷紋[2),3)]や御神渡り現象[4),5)]が発生する．透明湖氷の内部にも真空の泡[6),7)]の発生があり，その変化を観測することができる．
　しかし，このような現象が存在し，見えていても，湖の氷原という自然の中では，人々の意識に残らない場合が多いように思われる．わずかな変化を見い出し，疑問の観察眼を持つことが，湖氷の観測では特に肝要と考えられる．

●泡

　透明な湖沼氷の中には，数cm～数十cmの大きさの，メタンや空気，それに，温泉水とともに浮上す

図1　屈斜路湖のしぶき氷．発達したしぶき氷の回廊が，ガラス細工のようなステージとして続いている．結氷後は，成長は止むが，氷上を移動しながらの観測が可能になる．

図2　メタンの泡．穿孔するとメタンガスが噴出し，ライターの炎で着火すると燃え上がる．しかし，浅い湖沼では，メタン濃度40～70％と高いので，爆発の危険は少ない．

図3　湖氷断面．流れ星のように，微細な真空の破片を撒き散らしながら，右上方から，斜め左下方に，移動を続ける真空の泡．本体は尾の下部先端で，大きく白く光っている．移動量（尾の長さ）は約30mm．

る火山性ガスなどの入った泡が閉じ込められている（図2）．この泡は，はじめ透明であるが，やがて「島宇宙」という言葉で形容される，透明な湖氷空間の中に点在して，美しく輝くようになる．これは，泡の内面に，無数に次第に成長する，繊細な結晶面を持つ，霜の結晶の光の反射によるものである．
　ところで，メタンの泡の美しさとは裏腹に，メタンは，二酸化炭素に比べ，数十倍の温室効果能力を持つため，人類が，これをいかに制御できるか，将来の課題となっているものである．

●真空の泡

　透明な湖沼氷の中には，真空の泡（空像）が発生する．これは，氷体内部に点在する空洞で，周りを8枚の平滑な，氷の結晶面で囲まれていて，六角板型をしている．内部は，平衡蒸気圧の水蒸気のみで満たされている．直径2mm位のものから，大きなものは30～40mm位のものまで，無数に散在する形で発生する[6),7)]ので，氷上渡渉中に，足下の湖氷内部を肉眼で覗き込むことで直接観察できる．そして，氷上から直接写真撮影もできる．また，サンプルを切り出して持ち帰り，0℃以下にて保存し，実験室で，熱的，物理的性質を調べることができる（図3）．
　前項で述べたメタンや空気などの入った球形の泡は，冬中，取り込まれて固定された位置から動かない．この点は，家庭用の冷蔵庫でつくった氷の中の気泡が，

図4 クモヒトデのような放射状氷紋と，その上におけるアイスフィールドゼミナール．このような氷紋が，足下の結氷氷面に凛として存在し見えていても，湖の氷原という自然の中では，人々の意識に残らないでしまう場合が多い．

動かないことと同じである．しかし，六角形状の「真空の泡」のほうは，大きさ，姿，形を変化させながら，また，分裂や併合を繰り返しながら，透明な湖氷空間の中を"移動"して行くという性質を持っている．

この泡は，透明湖氷内部に日光が入り内部融解を受け，これが再凍結するときに生まれる．

●氷紋

結氷の上に降り積もる雪と結氷下の湖水によって，放射状氷紋（図4）が出現する．これは，氷の穴からの噴出水が氷面上の積雪を融かして，水路をつくりながら広がることでできる．寺田寅彦[8]も三四郎池で観察し，人工製作実験を試みようとした．しかし，実現することはできなかった．その後も，形成原理解明の研究は，世界中で続けられ，1974年に，ついに，人工製作実験に成功して，形成の基本原理が解明された[3),7)]．つまり，それまでの1世紀以上にわたって，世界中で続いていた論争に終止符が打たれた[9)]のである．その後，放射状氷紋に同心円が付随する同心円氷紋[2),3)]も発見されたが，これも，人工製作実験の成功でその形成原理が解明された．

●御神渡り現象

御神渡り現象とは，湖氷板が気温の変化に伴う熱収縮と熱膨張を繰り返す過程で，湖氷板の表面積が余分になり，湖に張った氷板同士が押しあって，轟音[4),10),11)]とともに壊れて盛り上がり，立ち上がって氷の峰を形成し，これが，こちら岸から向こう岸に向かって延々と続く現象のことをいう．広い湖の氷原に1本，または，多くても2，3本しかできず．全く何もないはずの平らな氷原に，1本の条線として，忽然と現れるという印象を与えるため，周囲に住む人々や観光客の注目を誘うことが多い．

●湖氷の役割と利用

諏訪湖では，結氷年にはワカサギが豊漁になり，春採湖では，晴天時透明湖氷の下層水中の溶存酸素が，200％を超える飽和度に達するなど，断片的な報告はあるが，結氷が生態系に与える影響については，未解明の課題といえよう．

湖氷は湖底ボーリング調査などには好都合である．かつて，北海道では，馬ぞりによる輸送路としての利用が盛んであった．塘路湖やシラルトロ湖には，タイヤ性能の大規模試験場が最近まで設置されていた．フブスグル湖やラドガ湖での馬ぞりや大型トラックの編隊による輸送は有名な話である．バイカル湖には，鉄道線路が敷設されていたこともある．

しかし，湖氷面は，前述した，御神渡り現象の発生環境でもあり，絶え間なく振動し，動き，亀裂が発生しているなど不安定なので，通行には常時十分な確認作業を欠くことができない．

●結氷期間の短縮

寒冷な気候では，湖水の冷却が進み，結氷が起こる．しかし，そのような湖でも，暖かい冬には，湖水の冷却が進まず結氷日時は遅れる．また，暖い冬には，湖氷が融ける解氷の日時は早まる．つまり，結氷期間が短くなる．そして，ついには，全面結氷しないうちに春を迎えてしまうことも起こる．Magnusonら（2000）[12)]は，ロシアやフィンランド，カナダ，米国の湖について，結氷日時と解氷日時の調査データを整理した．その結果によると，過去150年以上にわたって，結氷の時期は次第に遅れ，解氷の時期は次第に早まって来ている．つまり，結氷している期間が，次第に短くなってきていることを報告している．

日本の湖沼は，凍結湖と不凍湖の境界線上にあるものも多いが，これらの湖が全面結氷するか，しないかは，気候変化に左右される．我が国の東北端に位置し，透明度世界一の記録を持つ摩周湖は，全面結氷する年と，しない年とを，不規則に繰り返している．これは，湖水の氷結が，鋭敏な気候変化のセンサーとしての役割を果たしているものと考えることができる．

〔東海林明雄〕

8.13 地吹雪と雪崩

●地吹雪

地表に積もった雪（積雪）が強い風で舞い上がるか，降雪が風を伴っているために見通しが悪くなる現象を一般に吹雪といい，このうち降雪がなく，単に降り積もった雪が風のために地上から舞い上げられるものは地吹雪と呼ばれる．吹雪は，視程障害や吹きだまりによる交通障害をもたらすほか，山岳地では雪庇形成による雪崩発生の原因に，また南極やシベリアなどの寒冷圏では，吹雪による積雪再配分が広域にわたる質量収支や熱収支，さらには水循環システムに大きな影響を与えることが知られている．

雪面上を吹送する風が，ある臨界値以上になると，粒子は空中に取り込まれた後，下流側に伸張した放物線状の軌跡を描いて移動し再び雪面に衝突する．これが跳躍運動である．風速の増加とともに，粒子は乱流渦の作用を受けてより上方かつ遠方へと輸送される．この過程が浮遊である．これに雪粒が雪面を離れずに移動する現象（転動）を加えた3種のモード（図1）の明確な区別は困難であるが，粒子の到達する高さは，跳躍が数mm～10cm程度，浮遊は数百mに達するといわれている．動画1に南極みずほ基地で観測された地吹雪の状況の一例を紹介する．

地吹雪が発生するための臨界風速は，雪粒子間の付着力と結合の発達に強く依存するため，温度が高く，雪面形成後の時間が経過するとともに大きくなる．一般には臨界風速は5m/s程度であるが，温度が−10℃より高くなると次第に増加する．

吹雪の質量フラックス（主風向に垂直な単位面を単位時間に通過する雪粒子の質量）を雪面から上限高度

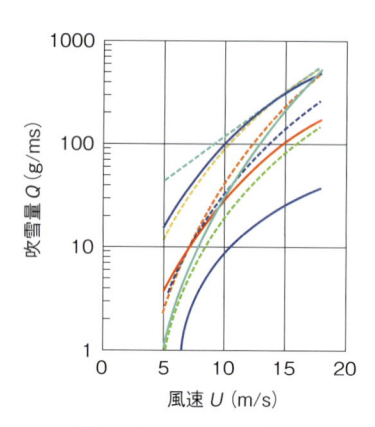

図2 風速と吹雪量の関係．

まで積分した量，すなわち主風向に直角な単位幅の垂直面を単位時間に通過する雪粒子の質量を吹雪量と呼ぶ．吹雪量Qと風速Uの関係については，図2に示すように多くの測定報告があるが，気温や測定方法の違いなどに起因して，観測結果には大きな幅がある．両者の関係は，一般に$Q = aU^n$で表され，nは3～5の値をとることが知られている．

雪粒子の空間濃度は雪面で最大となり上方ほど小さい．このため雪面近傍の跳躍運動を最も重要なメカニズムと考える場合もある．また，南極やシベリアなどでの積雪再配分や交通障害をもたらす視程低下などには浮遊状態の雪粒子が大きく関与しており，跳躍から浮遊への遷移過程も含めた両運動形態の厳密な理解が重要となる．こうした背景のもと，近年になって，風速の乱流項と粒子運動の慣性効果を考慮した吹雪のランダムフライトモデルが開発されたほか[1]，地吹雪現象の高い時空間変動の再現を目的にLES (Large-Eddy Simulation) の適用も試みられている（動画2）[2]．

●雪崩

雪崩は，一般に斜面上の積雪が重力の作用により肉眼で識別し得る速さで位置エネルギーを変化させる自然現象として定義される．図3にオスロから約400km北西の山間部にあるリグフォーンにおいて人工爆破により発生した雪崩の連続写真を示す．海抜1530mの地点で発生した雪崩は，平均斜度28°，標

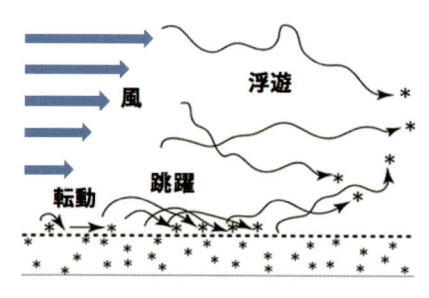

図1 吹雪粒子の運動形態の模式図．

図3 人工爆破により発生した雪崩．ノルウェー，1993年3月．

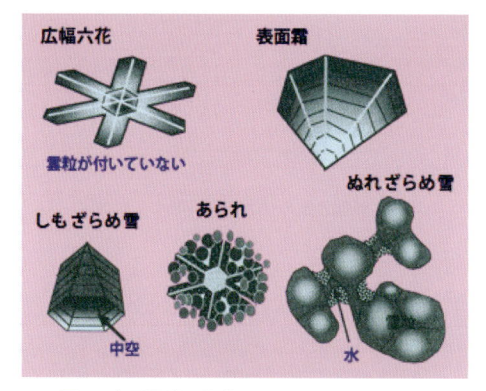

図4 表層雪崩の発生原因となる弱層の種類．

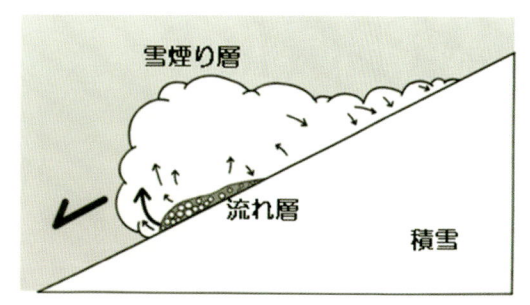

図5 煙り型雪崩の内部構造の模式図．

高差910mを70m/s（時速約250km）以上の速度で駆け下り，高さ40m，幅250mに至るまで成長した（動画3）．日本国内の山岳地でも雪崩は毎年数多く発生しており，過去100年間の犠牲者は5000人を超える．

日本雪氷学会の雪崩分類には，3つの分類要素（雪崩発生の形，雪崩層（始動積雪）の乾湿，雪崩層（始動積雪）のすべり面の位置）の組合せによって8種類が定められている[3]が，確認できない要素がある場合には省略して，乾雪表層雪崩，面発生表層雪崩，表層雪崩，全層雪崩などと呼ぶ．図3は乾雪表層雪崩の典型的な例である．

表層雪崩は，積雪内部の相対的に強度が弱い層（部分）が，上部の積雪を支えきれなくなって滑り落ちる雪崩である．積雪層内にある厚さ数mm～数cm程度の強度の小さい「弱層」のせん断破壊によって引き起こされる場合が多い．すべり面となる弱層としては，図4に示す①雲粒のない大きな平板状の降雪結晶（広幅六花），②表面霜，③しもざらめ雪，④あられ，⑤ぬれざらめ雪が知られているが，降雪強度が大きい場合には，圧縮に伴う新雪のせん断強度の増加に比べてせん断応力の増分が大きくなり表層雪崩の発生に至る場合がある．全層雪崩は積雪表面から地面に至る積雪全体が崩落する雪崩で，一般に気温の上昇，融雪水や雨水の浸透により積雪の強度が減少して，グライドが活発になることにより発生する．

一方，運動形態からは「流れ型」と「煙り型」に大別される．後者は発生上の分類からは「面発生乾雪表層雪崩」に対応する場合が多い．春先に多く発生する全層雪崩は，一般に10～30m/sと比較的低速であるが，煙り型に発達した表層雪崩は80m/sに達することもある．図3のような大規模に発達し雪面を高速で滑走する煙り型雪崩の多くは，雪煙り層と流れ層という2層構造を持つことが知られている（図5）．流れ層は流動化した雪と多数の雪塊から構成され，厚さは1～5m程度で平均密度は50～300kg/m^{3}と推定されている．流れ層の速度が地形の凹凸や斜度の変化に敏感なのに対して，雪煙り層のふるまいは，より流体的で，高速で長距離を流れ下ることが知られている．森林や家屋，橋などの構造物が，雪崩そのものではなく前面に発生する強風によって破壊もしくは損傷を受けたという報告もある．雪煙り層の密度（雪粒子の寄与分）は空気と同程度かその10倍程度の範囲にある．

近年の山岳地域での人間活動の活発化，森林伐採，さらには地球温暖化とそれに伴う降雨・降雪分布や量の変化により，雪崩発生域の変化や全層雪崩の発生増加などが報告されているほか，より大規模で破壊力の大きい雪崩発生も一部では懸念されている．

〔西村浩一〕

9.1 地球温暖化のメカニズム

●日射と熱放射の大気中での伝達

地球大気は，温室効果を持っている．地球を暖める太陽からの放射（＝日射）に対して大気はほとんど透明で，日射は地面・海面を直接加熱する．一方太陽が沈むと地面が冷えることからわかるように，地面からは放射により常に熱が失われている．熱放射に関するプランクの法則によれば，常温15℃程度の物体からの熱放射は波長が 4〜100μm といった遠赤外線であり眼には見えない．一方，太陽からの光は波長が 0.1〜4μm で，紫外線，可視光，近赤外線と呼ばれる範囲にある．両者の波長によるエネルギーの強さの分布（スペクトル）を図1上に示す．

これらの2つの波長域の電磁波に対する大気の透過率は図1下に示すように大きく異なっている．日射は近赤外部で吸収を受けるが全体としてはよく透過するのに対し，地表面から放射される遠赤外線は 10μm 辺りを除き大気中の水蒸気（H_2O），二酸化炭素（CO_2），メタン（CH_4），オゾン（O_3），一酸化二窒素（N_2O）などの分子によってほとんどの波長で吸収される（主成分である窒素（N_2），酸素（O_2）は赤外吸収をしない）．このような性質を持つ大気層は次に説明するように温室効果を持ち，その原因となるガスを温室効果ガスと呼ぶ．

●ガラス・モデルによる温室効果のメカニズム

図1に示される太陽光と地球からの熱放射に対す

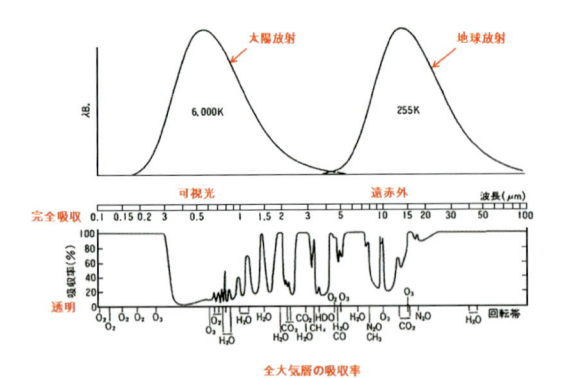

図1 太陽放射および地球放射のスペクトル（上）と各波長における大気層の吸収率（下）[1]．

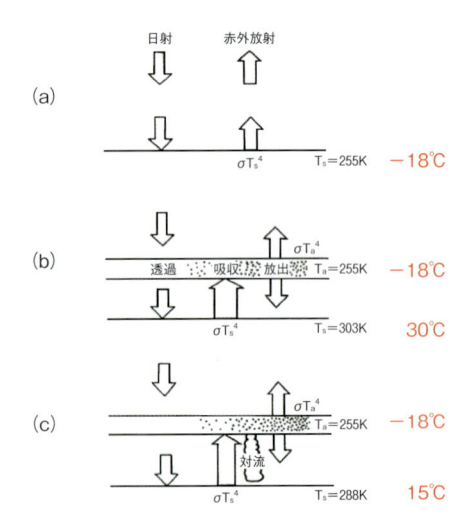

図2 温室効果のメカニズムを示す模式図．

る大気層の透明の度合いは，大まかに見れば前者に対して完全に透明，後者に対して完全吸収，と見なしてよい．これは温室におけるガラスの役割と同じでそれ故に温室効果と呼ばれている．

図2に示すような単純化した場合について温室効果を調べてみよう．もし温室効果ガスを含む大気（ガラス）がなければ，地表面から放出される熱放射はそのまま宇宙空間に流出する．この場合地表面でのエネルギーバランスを考えると，図2a に示すように地表に吸収される日射量と等しい熱放射を放出する黒体温度で平衡となり，その温度は絶対温度で 255K（−18℃）と計算される．なお，地表面を構成する土，岩，樹木，海水などは 4μm 以上の波長の遠赤外線に関してほとんど黒体と見なしてよい．次に図2b に示すようにガラス板（大気層）が地表を覆っている場合を考えよう．仮定によりガラス板は日射を透過させるが地表面からの遠赤外線熱放射は完全に吸収する．一方キルヒホッフの法則により，完全吸収体のガラス板はその温度に応じた黒体放射を射出する．この場合のガラス板（大気層）および地表面のエネルギーバランスを考えると図2b のようになり，ガラス板は入射する日射と同量の放射を宇宙空間に放出し，同時に地表面に向けても放出する．この結果地表面は日射の2倍の熱放射をする温度（303K）にまで高くなって平衡に達する．これが最も単純化した温室効果のメカニズムである．実際の大気では，地表面と大気とのエネルギー交換は熱放射ばかりでなく対流も重要な役割を果たしている．地表面が大気に比べて高温になり，ある

限界を超すと不安定となり対流を起こす．対流によって熱が下から上に効率的に運ばれるため図2bに示すより地表面の温度は低くなってエネルギーバランスが成り立つ．その状況を図2cに模式的に示してある．

●鉛直1次元放射対流平衡モデルによる温暖化理論

地球表面の平均気温は15℃とされるが，この値を含め大気温度の鉛直構造を温室効果を取り入れて定量的に扱い理論的に説明することは気象学の古典的問題であった．この問題に答えるためには，図2でガラスで置き換えて扱っていた赤外線の吸収・放射を温室効果ガスによるものとして放射伝達方程式に従って計算し，その際各分子の吸収帯に応じた波長別の吸収係数を用いねばならない．この基本的問題に初めて解答を与えたのはManabe and Strickler (1964) による放射対流平衡理論である[2]．この理論では，平均的大気を想定して鉛直1次元大気を扱い，H_2O，CO_2，O_3の濃度の鉛直分布を観測に基づいて与え，各ガスの吸収帯毎の放射伝達を実験室データをもとに計算して平衡状態となる温度分布を求めた．その際，放射のみで気温の鉛直分布が不安定になれば対流が起こるとして，その効果を巧みな方法で取り入れた．こうして求めた結果は実際の大気の平均的分布に非常に近いものとなり，古典的問題に決着がついた．

この理論を拡張してManabe and Wetherald (1967) は，CO_2濃度が現状（300ppm）の場合と2倍および1/2の大気の鉛直構造を計算した[3]．その結果，CO_2の濃度が2倍の大気の地表温度は1.33K高いことが示された．実際に温度が高くなると飽和水蒸気圧が上がるので，現状の大気より水蒸気濃度（絶対湿度）は大きくなると思われる．水蒸気は最大の温室効果ガスなので温度はさらに高くなる．そこで相対湿度が変わらないとして計算してみると地表温度は2.36K高温となり，昇温量は1.8倍に拡大した．この効果は水蒸気による正のフィードバック効果として重要である．この場合の気温の鉛直分布を図3に示す．ほかにも，温暖化に伴い大気と地表面の状態が変わり，それが温暖化を強めたり，弱めたりする種々のフィードバックが考えられている．

●他の温室効果ガスとエーロゾルの効果

地球温暖化は，地球科学の問題としてCO_2の増加に関して論じられてきたが，近年現実の問題になってきた理由は，CO_2のみでなく他の温室効果ガスも人間活動によって増加し，その全体の効果はCO_2のみに比べ1.6倍ほどにもなることが明らかになったからである．CH_4，N_2Oは，自然にも存在するが，農業などにより増加している．ハロカーボンはすでにオゾン層破壊物質として製造は中止され減少に転じたが，自然にはない物質で強力な温室効果を持つ．大気汚染物質であるオキシダントの重要成分である対流圏オゾンは，人間活動起源はいうまでもないが寿命が短く発生源からあまり広がらない．

石油・石炭を燃やすと中に含まれる硫黄分が亜硫酸ガス（SO_2）となって放出されるが，それが酸化されて硫酸（H_2SO_4）になったうえ，微小液滴エーロゾルとなる．エーロゾルは「スモッグ」として知られ，視界を悪くすることからわかるように日射を散乱するので，地球全体で見ると日射の反射を増やし冷却効果を持つ．さらにエーロゾルは雲粒をつくる核の作用があるので，その増加により（小さい粒を増やす）雲の反射率を大きくする（雲の）間接効果もあり，大きな負の効果になるとされるが不確定である．これらの人為起源物質によってもたらされる地球の放射エネルギー収支の差（放射強制力）の大きさは図1に示してある．

〔松野太郎〕

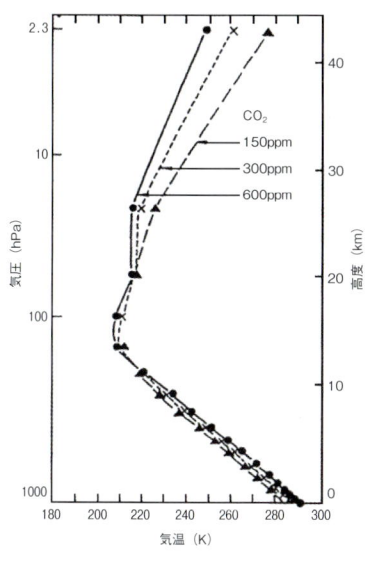

図3 Manabe and Wetherald (1967) の放射対流平衡モデルにより計算されたCO_2濃度が現状（300ppm），2倍，半分の場合の大気温度の鉛直分布[3]．

9.2 地球温暖化の予測手段（モデル）

● 地球の気候システム

地球温暖化が今後どうなるかを予測するには，自然科学的な法則と，観測や実験などによるデータに基づくモデルを用いるが，気候システムは複雑であり，対象が何であるかが重要になってくる．図1に地球の気候システムを構成する大気，海洋，陸域，雪氷圏，生物圏とそこで考慮すべき相互作用の概略を示す．

● どのようなシステムか

最初に行うことは，いかなる原理に従ったシステムを対象とするかを決めることである．特に，時・空間スケールに配慮する必要がある．たとえば，明日の天気予報の場合には，大気の運動のみを考えれば十分であり，海面水温や地表面状態などは，現在の状態を仮定すれば十分である．一方，100～300年後の地球が温暖化したときの状態を予測しようとすれば，大気中の二酸化炭素分圧などが重要になり，地球上の炭素循環を考えなければならなくなる．その時には，人間活動に伴う二酸化炭素の排出と同時に自然界の炭素の循環を考えることが不可欠になる．

ここで，大気や海洋の全地球的な循環を単独で考えるモデルを，大気大循環モデル，海洋大循環モデルと呼ぶ．気候システムを大気と海洋の結合系と考えるときには，大気海洋結合モデルと呼ぶ．しかしながら，大気中の温室効果気体の組成の変化や，エーロゾルの分布などを組み込む必要があるときには，生物地球化

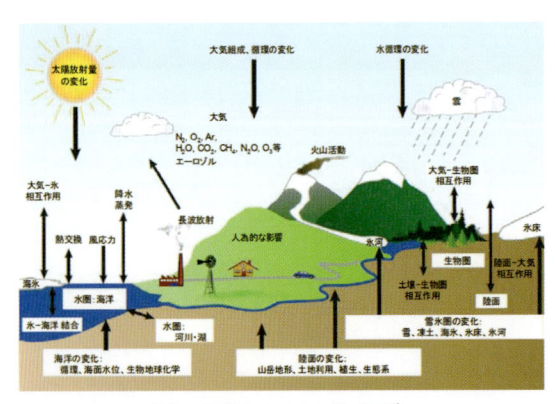

図1 気候システムの模式図[1]．

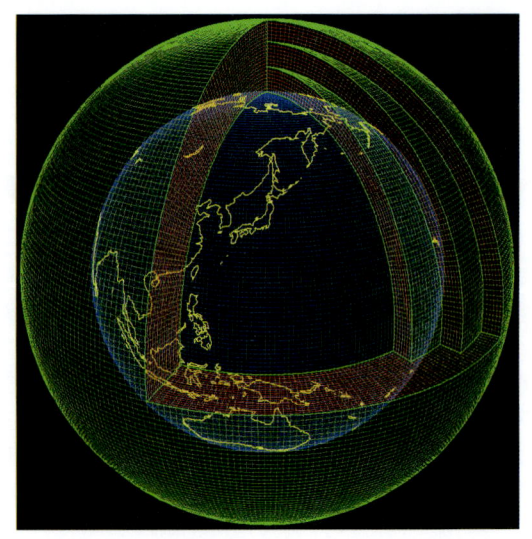

図2 3次元気候モデルで用いられる格子点の例．

学過程を組み込んだ地球システムモデルと呼ばれる．

● どのように近似するか

使うべき方程式系が決まったら，次に，どのような近似で解を求めるかを考える．モデルを用いることは，あくまでも近似解を求めることであり，解き方は得られる解の性質に依存して，いろいろなモデルが存在する．

気候を理論的に扱ったり，模式的に表現しようとするときには，全球平均した気温のみを用いた0次元モデルや，高度分布のみ，あるいは，南北の温度分布のみを考えたような簡単なモデルも可能であるが，地球温暖化の予測に使うモデルでは，東西，南北，上下の3つの座標を持つ3次元モデルが使われるのが普通である．具体的な課題に答えるには，より詳細な情報が求められるからであり，できる限り近似の精度が高いことが必要となる（図2）．

このようなモデルの次元が決まれば，基本方程式の近似式を定式化する必要がある．これには，さまざまな計算スキームが提案されており，それらを参考にするか，自分なりの計算スキームを考えることになる．スキームの妥当性は，近似を強めていけば近似解が真の解に近づくなどのさまざまな条件で吟味する．解析的な解が存在する問題に対して，近似的に解を解き，その精度を確認することもよく行われている．

次に，対象に含まれるさまざまな物理過程，あるいは，生物地球化学過程について，どれを，どのようにして入れるかを決める．いうまでもなく，自然界は無数と思われるプロセスが複雑にかかわっているシステ

ムであるのに対し，モデルは有限の自由度を持つ近似システムである．したがって，全ての自然のプロセスを組み込むことは原理的に不可能である．そこで先に述べた，対象の性質，問題の時・空間スケール，必要とされる答えの精度などが重要な決定要因になる．同時に，計算機資源のことも考えなければならない．研究目標を達成するには，さらに，慎重なプロセスの選択が求められる．

●地球温暖化に用いられた気候モデル

ここで，具体的な例を挙げてみることにしよう．

1次元モデルの代表例は，1次元放射対流平衡モデルである[2],[3]（図3）．このモデルでは，大気の組成を与えて，大気上端での太陽放射と地球からの赤外放射のつりあい，地表での両放射と潜熱・顕熱のつりあいから，基本的な惑星大気の温度構造を再現できることが示された．しかしながら，大気にとっては，対流は本質的なのであるが，1次元で対流を表現することは不可能であり，対流の効果を取り込むスキーム（対流圏での気温減率を6.5℃/kmなどに調整）を導入せざるを得なかった．

もう1つの例は，地球温暖化予測に使われている3次元気候モデルである．これに基づく結果は，IPCCの報告書に多く掲載されているが，その一例を図4に

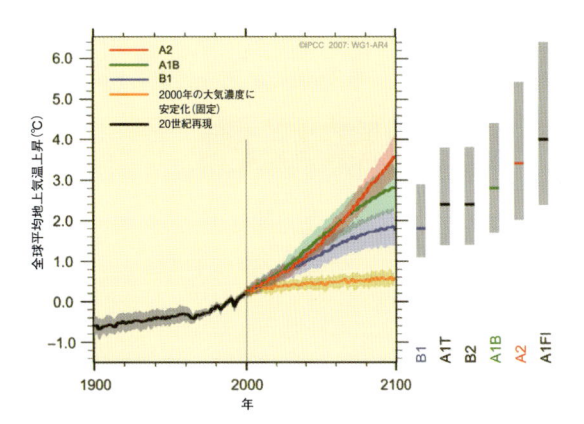

図4 気候モデルによる20世紀気候再現と21世紀シナリオ実験で計算された全球平均気温と不確実性[1]．IPCCの「排出シナリオに関する特別報告書（SRES）」では将来の人口，社会，経済，エネルギー，技術見通しとして，A1, A2, B1, B2の4つのシナリオが設定されている．A, Bは経済重視か環境重視か，1, 2は世界志向か地域志向かを表し，A1はさらにエネルギー源を考慮して3つのグループ（A1FI, A1T, A1B）に分けられている．これらのシナリオに基づき想定された主要な温室効果ガスやエーロゾルの排出量に基づいて，シナリオ実験が行われた．9.6 ●図1～3参照．

示す．モデルの結果には不確実性があり，モデルの結果には信頼度の幅がある．そこで，信頼度を考慮したモデルの結果の使い方が重要になる．

簡単なモデルは，計算は容易であるが，結果の精度に問題がある場合が多い．少なくとも，将来を予測するモデルというよりは，理論的にプロセスを理解するモデルということができる．一方，複雑なモデルは，プロセスをできる限り多く含んでおり，システムの近似の精度は高く，社会に必要な情報をより多く含んでいると考えられる．現実の地球温暖化予測では，できる限り自然のプロセスを詳細に表現する，信頼度の高いモデルを作成することが求められる．そのために，不断のモデル開発研究が行われている．そこでは，格子間隔を狭めることによる近似の高度化と，多くのプロセスを組み込むシステムの高度化が追求されている（●図1）．そして，このような気候モデルの発展は，計算機の高度化に伴い多くの成果を上げている．しかしながら，このことが自動的に結果の精度の高さを保証するものではなく，また，計算時間が必要になるなど，長期の気候変動の研究には不向きな点も多い．そこで，このギャップを埋めるべく，EMIC (Earth System Model with Intermediate Complexity) と呼ばれる中間的なモデルなども開発されている． 〔住 明正〕

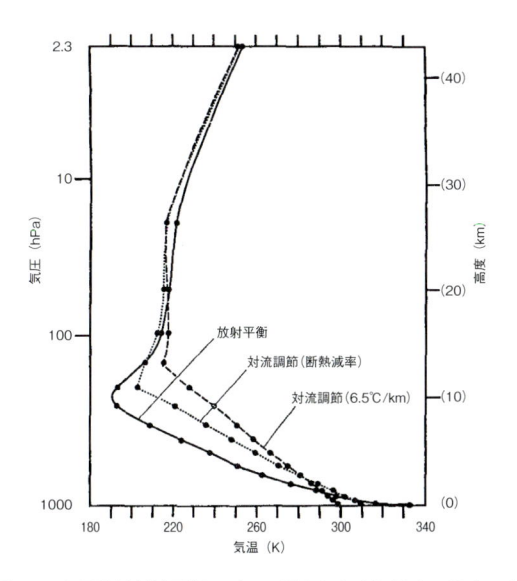

図3 1次元放射対流平衡モデルで得られた大気温度の鉛直1次元分布[2]．対流圏の対流の効果なし，および，対流により気温減率が乾燥気温減率9.8℃/km，観測値6.5℃/kmに調整される場合．

9.3 観測された気候変化（1）地球規模

●全球平均地表面温度

地球表面上では，150年ほど前から近代的な観測測器による気温・水温観測データが蓄積されている．大陸や島嶼における地上気温観測は，地形の影響を受けるため，定点において長期的に継続して観測されたデータを用いて，歴史的な気温変動を評価する必要がある[1]．これに対して海洋では，航行しながら移動する船舶において観測された気温および水温データを用いる[2]．海洋での観測は，地形がないことや熱的に安定な場所であることから，地上での観測に比べてデータへのノイズの混入は小さいことが期待される[3]．

上述の観測データを用いて，1850年から月単位に，海面水温，地上気温，海上夜間気温の全球平均の温度を求めたのが図1である．いずれの要素にも，20世紀に入って1910年ごろと1970年代から数十年にわたる温度上昇が確認できる．1970年代以降は，海上よりも陸上での昇温が大きい．全球地上気温を計算する際には都市化の顕著な地点のデータは除外されているが，一般に観測データから都市化と温暖化の影響を分離するのは難しい．期間を通して海上夜間気温は海面水温と同程度である．

観測データが比較的潤沢に存在する1979年以降のデータを用いて作成された地表面温度と対流圏気温のトレンドを図2に示す．対流圏の気温はゾンデ観測とマイクロ波による衛星観測をもとに計算されている．図2で見たように，地表面では陸上での昇温が大き

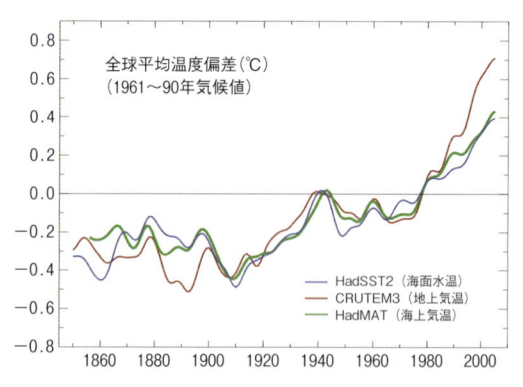

図1 歴史的全球平均海面水温（青），地上気温（赤），海上気温（緑）の時系列[4]．

く明瞭な海陸コントラストが現れている．対流圏全体では空間的に比較的一様なトレンドである．

●海洋表層水温の歴史的変化

海上での観測が150年ほど過去に遡れるのに対し，海洋内部の水温観測データでは，せいぜい60年程度である．海洋観測は特殊な設備を備えた船舶で専門的技術者が観測を行うのが常であったが，1960年代半ば以降はXBT (eXpendable BathyThermograph)と呼ばれる操作の簡便な測器が登場し，また2003年以降は，Argoと呼ばれるロボット観測システムが稼動し，観測頻度は向上してきた．

海洋内部の水温観測データから，全球の海面から700m深まで積算した海洋貯熱量 (ocean heat content : OHC) を図3に示した．日米の3つの機関で推定された全球平均OHCは互いに整合的で，1950年代の半ば以降，OHCは増加しているのがわかる．1970年代にはOHCの値が大きくなっている

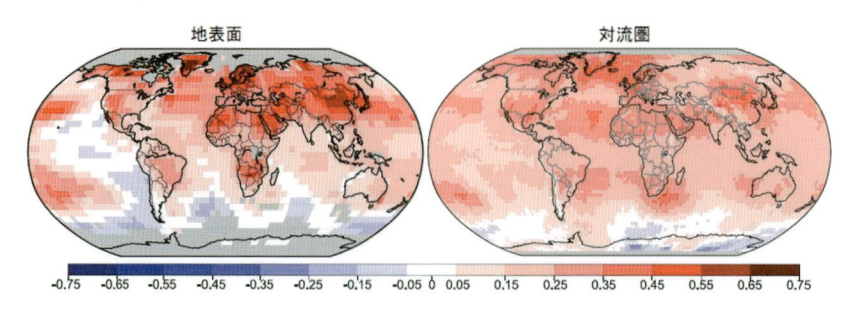

図2 地表面温度（左）と対流圏気温（右）の1979～2005年までの線型トレンド（℃/27年）の空間パターン[4]．灰色は観測データが不十分で評価できなかった領域を表す．

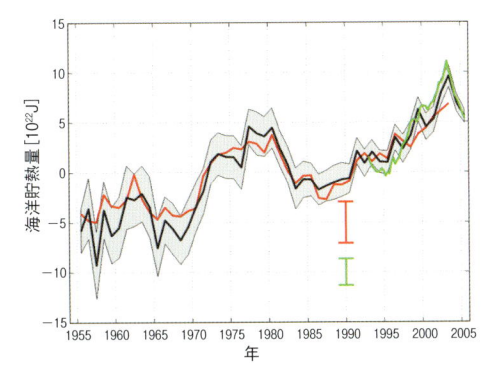

図3 海面から700m深まで積算した全球年平均海洋貯熱量（10^{22}J）の時系列．3機関が求めた解析結果をそれぞれ黒[5]，赤[6]，緑[7]の線で示した．灰色の陰影は95％の信頼区間を意味する．黒と赤線の値は1961～90年までの平均からの偏差で，緑線のものは1993～2003年の平均からの偏差となっている[4]．

が，これはXBT観測に含まれる系統的な誤差によるものとする説が有力である．図の黒や緑の線に示された2003年以降の低温化現象も含めて，これまでのOHCの見積もりは再検討されている．図1，2で，最新の解析に基づく全球平均OHCとトレンドの空間分布を紹介する．

● **降水量**

降水の物理プロセスは複雑でその観測も容易ではないことから，幾分ノイズの大きな観測に基づいて，過去の降水量の変動を理解することになる．長期にわたる観測は陸上に限られている．さまざまな制約はあるが，限られたデータから降水量の長期的変化の地域的な特徴を得ることができる．図4に降水量のトレンドを示した．米国海洋大気庁がまとめたデータセット（Global Historical Climatology Network：GHCN）をもとにしている．ユーラシア，オセアニア，南北アメリカの広範な地域で年平均降水量が100年間で増加している．一方で，ナイル川流域，アフリカ西部，インド，南米のチリでは減少している．世界19の地域での降水量の時系列を図3に示した．

● **海洋熱吸収**

以上見てきたとおり，地球上の気温や海水温は数十～100年の時間をかけて徐々に上昇してきている．このメカニズムを理解するために，観測データに基づく地球上の陸，海洋，大気，雪氷圏で見積もったエネルギー収支の時間変化量を比較する（図5）．図中，1961～2003年（青）と近年の1993～2003年（紫）

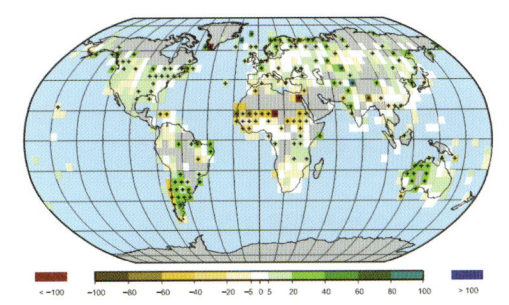

図4 1901～2005年までの年平均降水量のトレンドの分布[4]．1961～90年の平均を基準として100年あたりの増加量（％）を図示している．灰色の領域では観測データが十分でない．「+」は統計的に有意であることを示す．

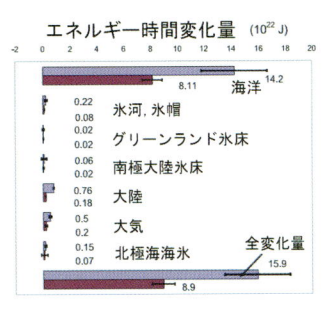

図5 各気候サブシステムにおける過去43年間（1961～2003年：青）および過去11年間（1993～2003年：紫）におけるエネルギーの時間変化量[4]．各サブシステムでの推定誤差は90％の信頼区間で表されている．

の2つの期間内での時間変化量が示されている．海洋に蓄積された貯熱量が，いずれの期間についても，地球全体のエネルギー増加の90％以上を説明する．これに比べて，氷河，氷帽，大陸氷床，海氷の融解のエネルギーや，大気および地殻に蓄えられたエネルギーの変化量ははるかに小さい．温暖化気体の増加によって気候システムに取り込まれたエネルギーの大半が海洋に吸収（海洋熱吸収）されてきたのがわかる．

● **海面水位変動**

海面水位は社会的関心が極めて高い気候現象で，地球温暖化現象を監視するうえでも重要な変数である．海面水位は，海水の熱的な膨張と収縮，ならびに陸からの淡水の流入と海面からの蒸発による水の移動によって決まる．図4に過去の水位変動へ各要因別の寄与を示した．前項で氷河や氷床の融解は熱的な重要性は低いと述べたが，海面水位変動に対しては主要な要因であり，過去の水位変動への寄与も小さくはないと考えられている[8]．　　　　　　　　〔石井正好〕

9.4 観測された気候変化 (2) 日本

● 気候データとその留意点

日本では，1870年代に国による組織的な気象観測が始まった後，19世紀末までに80余地点，すなわち各県に1～2地点程度の観測所が設けられ，その多くが現在に至っている．今日得られる気候変動についての情報[1]-[3]は，主としてこれらの官署のデータから得られたものである．

ただし，気候変動の解析にあたっては，データの均質性に注意する必要がある．均質性に影響する要因は，観測所の移転や移設，環境条件の変化，測器の変更，観測方法の変遷など多岐にわたる．たとえば，日最低気温は現在では00時～24時の最低値を使っているが，過去の一時期には前日09時～当日09時の最低値が使われ，これによって地点や季節によっては0.5℃以上の偏差が生ずることが知られている．また，環境条件の変化の中でとりわけ重要なのは，観測所の周囲の都市化である．これらの問題を見落とすと，時として不正確な結論に導かれる可能性がある（この種の問題は近藤純正・東北大学名誉教授のホームページ[4]に詳しい）．

近年は，観測状況に関連する情報（メタデータ）の重要性が認識されるようになってきたが，今後，より精度の高い気候変動解析に向け，観測データやメタデータの整備を進め，各方面との共有を図っていくことが望まれる．なお，この種の問題は各国に共通しており，日本は世界的に見れば観測データが良質で，メタデータも充実していることを付記しておく．

● 気温の長期変動

日本の気温は1901年以降2011年までに，100年あたり約1.2℃の率で上昇した[1]（図1）．より詳しく見ると，気温は1950年代まで上昇した後，1970年代にかけてやや低下し，その後大きく上昇しており，全球平均気温と似た傾向がある．平均気温の上昇に伴い，真夏日（日最高気温≧30℃）や熱帯夜（日最低気温≧25℃）は増加し，真冬日（日最高気温＜0℃）や冬日（日最低気温＜0℃）は減少している．

● 降水量の長期変動

日本の年降水量は，1901年以降，100年あたり約5％の率で減少している[1]（図2a）．ただし年々の変動が大きく，上記の変化率は統計的に有意ではない．ここ20～30年は年々変動がさらに増大する傾向が

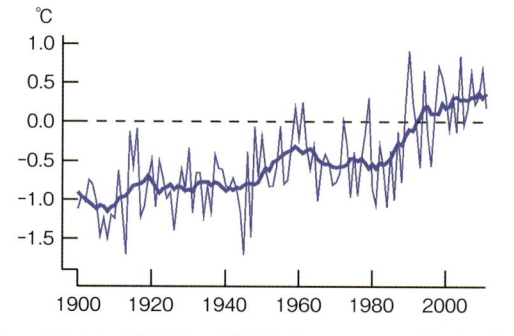

図1 日本の年平均気温の長期変動（1901～2011年）．都市化の影響が小さいと考えられる17地点のデータによるもので，1981～2010年の平均値からの偏差．細線は年々の値，太線はその11年移動平均値．

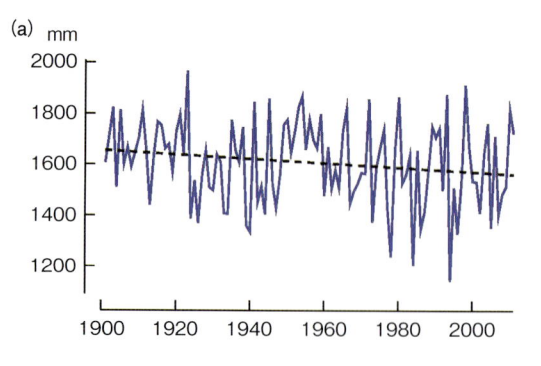

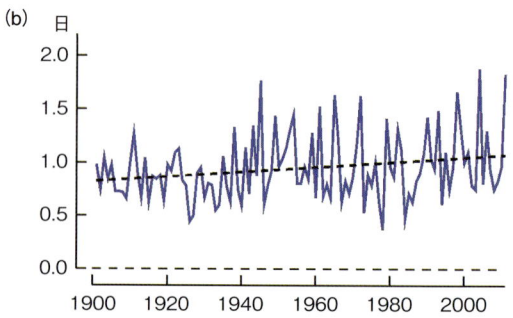

図2 (a) 日本の年降水量，(b) 降水量100mm以上の日数の長期変動（1901～2011年）．51地点の平均値を表し，実線は年々の値，破線は1次回帰直線．

あり，著しい少雨の年が現れている．

詳細に見ると，降水量100mm以上の日数や，日降水量の年最大値など，大雨に関する指標には有意な増加傾向がある[1,5]（図2b）．その一方，降水量1mm以上の日数は減少し，無降水日数（日降水量＜1mm）が増えている[5]．強い降水の相対的な増加傾向は，世界的な傾向と一致する．

● その他の気象要素の変動

気温の上昇は，水蒸気量の増加と相対湿度の低下との，少なくとも一方を伴う．これは，気温が高いほど飽和水蒸気量が増える（気温1℃毎に約6％）ためである．1961年以降のデータによると，日本では水蒸気量はやや増加し，相対湿度は低下する傾向がある[6]．ただし，相対湿度の低下には後述の都市化がかかわっている可能性もある[4]．また，上記の期間に雲量の増加傾向（10年あたり0.6～0.8％）が報告されている[6]．

1962～2004年のデータによると，東・西日本の日本海側では，年最深積雪が10年あたりそれぞれ12.9％と18.3％減少した[2]．これは，気温の上昇によるところが大きいと考えられる．北日本の日本海側でも10年あたり4.7％の減少が見られる[2]．

近年，竜巻などの突風現象に対する関心が高まってきた．しかし，竜巻の長期変動はその調査体制に大きく依存し，既往のデータからそのシグナルを見つけるのは容易でない．今のところ，日本の竜巻の長期変動に関する確実な知見は得られていない．

● 都市の気候変動

以上の気候変動は全国規模のものであるが，大都市では気温上昇率がさらに大きく（表1），東京の1901年以降の気温上昇率は100年あたり3℃に達する．これは，都市ヒートアイランド（高温域）の進展によるものであり，その原因としてはエネルギー消費による熱排出，植生の減少に伴う蒸発散の減少，建物の増加による熱収支の変化などの複合が考えられる．なお，温室効果ガスの増加はヒートアイランドの形成にはあまり寄与しないと考えられており，この点で，地球温暖化と都市ヒートアイランドとは形成メカニズムが全く異なる．

ヒートアイランドは中小都市でも弱いながら現れ，気温の上昇率を増大させる要因になる[7]．図1の解析には，都市化の影響が少ない17地点のデータが使われているが，それでも都市化の影響は完全には除去できていない[1,2,4]．都市化の影響がない農村地帯や

表1 大都市および中小都市における気温の上昇率（℃/100年）．統計期間は1931～2010年[1]．

	平均気温			日最高気温	日最低気温
	年	1月	8月		
札幌	2.7	3.9	1.2	0.9	4.5
仙台	2.3	3.3	0.6	0.9	3.2
東京	3.3	4.8	1.7	1.5	4.6
新潟※	2.1	2.8	1.4	1.9	2.4
名古屋	2.9	3.4	2.4	1.1	4.1
大阪※	2.9	2.9	2.5	2.3	3.9
広島※	2.1	2.1	1.6	1.1	3.2
福岡	3.2	3.3	2.4	1.6	5.2
鹿児島※	3.0	3.4	2.7	1.4	4.3
中小都市＊	1.5	1.9	0.9	1.0	1.9

※庁舎の移転に伴う影響を補正している．補正値はデータの見直しにより変更する場合がある．
＊都市化などによる環境の変化が比較的少ない17地点の平均．

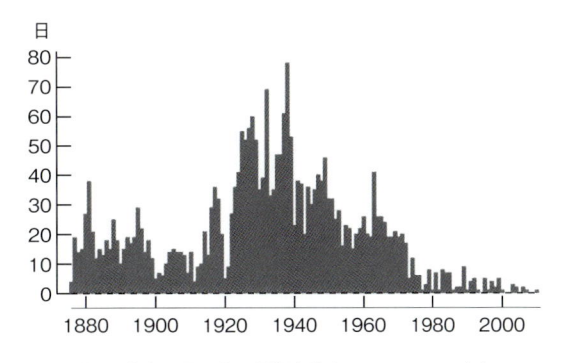

図3 東京の霧日数の長期変動（1876～2011年）．

山野の気温上昇率の算定については，さらなるデータ整備と解析が必要である．

大都市では気温が上がる一方で，水蒸気量はどちらかといえば減る傾向がある．この結果，相対湿度は大幅に（100年あたり10％以上）下がり，霧日数も減っている（図3）．

首都圏では夏の日中，市街化が進んだ鉄道沿線やニュータウンで積雲が発生しやすい傾向が見出されている[8]．これは市街地の加熱により，混合層がより高く発達することによると考えられる．また，ヒートアイランドが作り出す局地循環の上昇流が都市上空に水蒸気を汲み上げ，積雲を発達させて対流性降水を起こしやすくする可能性もあり，実際に東京では，暖候期の午後に短時間降水の増加する傾向が報告されている[9]．しかし，雲や降水に対する都市の効果については，まだ検証を進めていくべき余地が残っている．

〔藤部文昭〕

9.5 地球温暖化の検出と原因特定

●気候変化の検出

　ある定義された統計的有意水準において，気候が変化していることを立証することを気候変化の検出という[1]．具体的には，観測データに見られる変化が，気候の揺らぎ（大気や海洋，雪氷など気候システムの構成要素間の相互作用に起因する内部変動）と同等なのか，それとも，温室効果ガス（GHG）の増加や太陽放射の変化など気候システムの外部からの変動要因によりもたらされた変化なのか，を究明しようとすることをさす．図1に全球年平均気温を用いた温暖化の検出例を示す．気候変動要因を一切与えない場合の1000年以上にも及ぶ気候モデル実験（以下，コントロール実験と呼ぶ）では，観測されたような著しい温暖化はほとんど見られない．コントロール実験に基づく統計的検定によれば，20世紀後半の50年間に観測されたような著しい温暖化が気候の揺らぎのみで出現する可能性は，わずか5％未満にすぎない．なお，統計的検定を行う際の気候の揺らぎとして，観測データではなくコントロール実験を用いるのは，①測器記録が短い観測データからは検定に必要十分な気候の揺らぎの情報が得られないこと，②観測データからは気候変動要因による影響を除去できないこと，による．

●気候変化の原因特定

　ある定義された統計的信頼度のもとで，検出された気候変化を引き起こす，最もありそうな原因を特定することを気候変化の原因特定という[1]．具体的には，

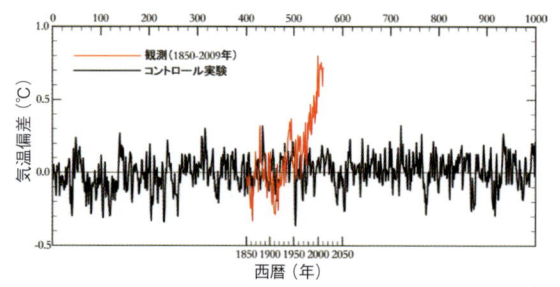

図1　気候モデルMIROC3.2中解像度版によるコントロール実験[2]の一部（1000年分：黒線）および観測データ[3]（1850〜2009年：赤線）における全球年平均地上気温の経年変化．観測は1861〜90年の平均からの偏差で示している．

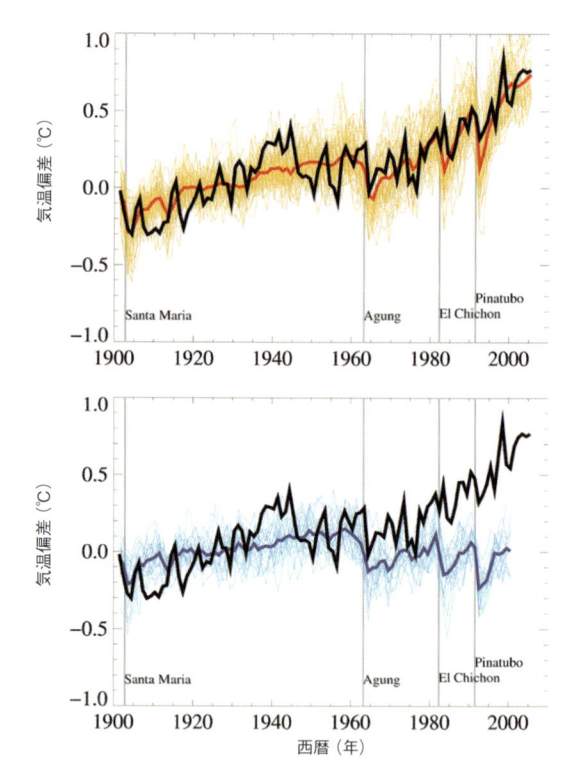

図2　全球年平均地上気温（1901〜50年の平均からの偏差）の経年変化[1]．太黒線は観測データ[3]を，上の赤線は人為要因と自然要因の両方を考慮した場合の気候モデル実験を，下の青線は自然要因のみを考慮した場合の気候モデル実験を，それぞれ示す．太赤線および太青線は多数の気候モデル結果のアンサンブル平均である．灰色の縦線およびそれに付している英字は大規模火山噴火の時期とその火山名を示す．

検出可能な気候変化をもたらし得る気候変動要因（人間活動に伴うGHGの増加やエーロゾルの排出変化，対流圏・成層圏オゾンの変化，土地利用変化などの人為要因と，太陽放射の変化や火山噴火に伴う成層圏エーロゾルの変化などの自然要因）のうち，どの要因が気候に重大な影響を及ぼしているのかを究明しようとすることをさす．図2に20世紀における全球年平均気温の経年変化を示す．人為要因と自然要因の両方を考慮した場合には，多数の気候モデルによる20世紀気候再現実験結果は観測データと整合的であるが，自然要因のみを考慮した場合には，どの気候モデルによる結果も観測データと整合していない．

●最適指紋法

　気候変化の原因特定を定量的に行う主要な方法として，最適指紋法[4]と呼ばれる統計手法が用いられている．数学的には，多変量の線形重回帰分析と見なすこ

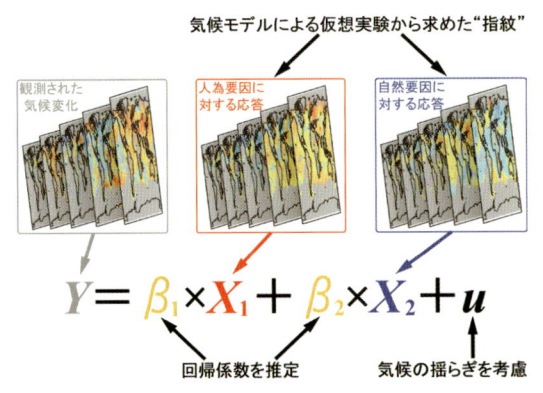

図3 最適指紋法の概念図. 観測された気候変化 Y を, 何らかの変動要因 i に対する気候応答 X_i の線形結合で説明できると仮定し, 観測された気候変化 Y を説明するのに最適な回帰係数 β_i を推定する.

とができ, 観測された気候変化 Y を, 何かしらの変動要因 i に対する気候応答 X_i の線形結合で説明できると仮定し, 最適な係数 (回帰係数) β_i を推定する (図3). 個別の要因 i に対する応答 X_i (=指紋) は観測などから求めることができないため, 気候モデルを用いた仮想実験 (GHG の増加のみ考慮した実験など) から求める. 推定された係数 β_i が 0 よりも大きければ, 観測された気候変化 Y には, 変動要因 i に対する気候応答 X_i が有意に検出され, 観測された気候変化 Y を説明するためには, ある要因 i に対する応答 X_i が不可欠であるといえる[*]. また, ある要因 i に対する応答 X_i と推定された係数 β_i から, 観測された気候変化 Y に対して要因 i がどの程度の割合で影響を及ぼしていたか, を推定することができる.

● 20世紀に観測された温暖化の検出と原因特定

図4 は, 20世紀に観測された地上気温の時空間変化を, GHG 濃度の増加に対する応答, GHG を除く人為要因 (主に人間活動に伴うエーロゾルの増加) に対する応答, 自然要因に対する応答, の 3 要素の線形結合で説明できると仮定した場合の回帰係数を示す. 回帰係数はいずれも 5〜95% の信頼区間で正の値を示しており, 20世紀に観測された地上気温の時空間変化には, これら 3 種類すべての応答 (=指紋) が有意に検出されることがわかる. この回帰係数 β_i と解析に用いた気候応答 X_i から求めた, それぞれの変動要因によりもたらされた地上気温の経年変化を図5 に示す. この図から, たとえば, 20世紀後半では, GHG 濃度の増加による気温上昇 (およそ 1.1℃/50 年) が人為起源エーロゾルの増加による気温低下 (お

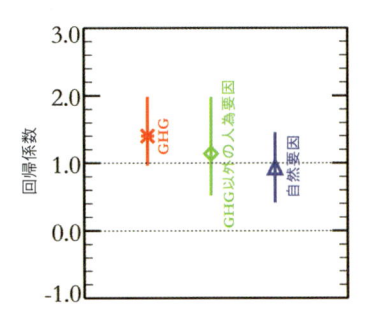

図4 20世紀に観測された地上気温の時空間変化を, GHG 濃度の増加に対する応答 (＊), GHG を除く人為要因に対する応答 (◇), 自然要因に対する応答 (△) の 3 要素の線形結合で説明できると仮定した場合の回帰係数. 縦線は推定された回帰係数の 5〜95% の信頼区間を示す.

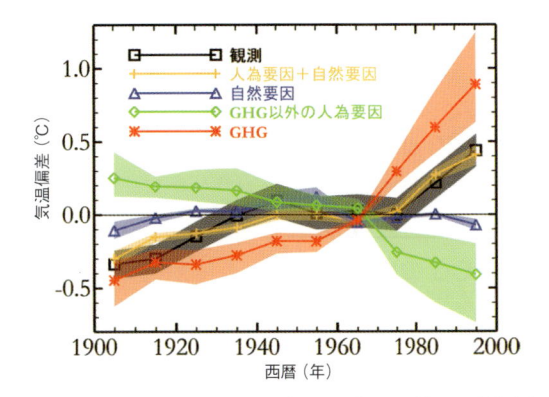

図5 推定された回帰係数とさまざまな変動要因に対する応答 (時空間変動パターン) から求めた気温変化. 陰影部分は 5〜95% の信頼区間を示す.

よそ −0.55℃/50 年) および自然要因による気温変化 (およそ −0.20℃/50 年) を大きく上回っているため, 著しい温暖化が観測されたことがわかる. なお, ここでは日本の気候モデル MIROC3.2 中解像度版によるシミュレーション結果[2] を用いたが, 世界の他の気候モデルでもほぼ同等の結果が得られている[1].

〔野沢 徹〕

[*] 通常の重回帰分析であれば, 重相関係数 β_i は一般に正負どちらの符号も取り得る. しかし, 気候変化の検出および原因特定を行う最適指紋法においては, 重相関係数が負であることは観測結果を非物理的な過程で説明しようとすることを意味する (大規模火山噴火が温暖化を招く, など). このような場合, 通常は最初に仮定した回帰式に何らかの問題がある (本来取り込むべき気候変動要因が含まれていない, 回帰しようとする要素数が多すぎる, など) ことがほとんどである.

9.6 IPCCおよび国際機関の活動

●第1回世界気候会議と世界気候研究計画

1970年代，数値予報モデルを発展させた大気大循環モデル（AGCM）により，大気の平衡状態について研究が進んだ．さらに，単純化した海洋モデルを結合させた気候モデルが開発され温暖化を予測する成果を出した．気候変動に対する関心は次第に世界的に高まり，1979年には世界気象機関（WMO）が呼びかけた第1回世界気候会議（FWCC）が開かれ，気候に関する国際プロジェクトとして世界気候計画（WCP：World Climate Programme）が策定された．特に研究面では，1980年に世界気候研究計画（WCRP）が，WMOと当時の国際学術連合会議（後に，国際科学会議と改称，いずれもICSU）により，組織された．後に政府間海洋委員会（IOC）も母体に加わった．

●IPCCの成立

WCRPのもとでの研究活動は進展し，1980年代には温暖化に対する懸念と対応の必要性が科学者の会合から発信され始めた．1988年，WMOと国連開発計画（UNEP）の協力のもとに気候変動に関する政府間パネル（IPCC）が結成された．議長のもとに3つの作業部会が組織され，第1作業部会（WGI）は科学的知見を，第2作業部会は影響を，第3作業部会は対応戦略をそれぞれ扱うこととした．各作業部会は基本的にそれらの役割をほぼ継続してきている（図1）．IPCC WGIは1990年にそれまでの知見をまとめた第1次評価報告書（FAR）[2]を公表し，人為起源の温室効果ガス増加により，重大な影響を及ぼす温暖化が「生じるおそれがある」と述べた．

●第2回世界気候会議とUNFCCC

FARの結果を受け，1990年にWMOなどによって開かれた第2回世界気候会議（SWCC）では，閣僚宣言で，地球温暖化防止に取り組む国際的枠組みの必要性が指摘された．また気候変動のモニタリングに必要な長期継続的な全球的観測体制を目指す枠組みとして，全球気候観測システム（GCOS）も組織された．国連では，国連気候変動枠組条約（UNFCCC）が1992年に採択され，その直後の国連環境開発会議（UNCED）で署名が進み，その後各国の批准を経て1994年に発効した．

●締約国会合（COP）の活動

UNFCCCは発効後，締約国会合（COP）で議論を継続しているが，補助機関として，「科学上および技術上の助言に関する補助機関（SBSTA）」と「実施のための補助機関（SBI）」を分科会的に設置し，必要な情報提供と助言を受けている．SBSTAでは，UNFCCCで扱われている「研究と組織的観測」の議論を継続的に行うとともに，必要な科学・技術的な情報をIPCCに要請し，自らの活動に活用している．IPCC自身は独自に評価報告書を作成するとともに，必要に応じ，あるいはSBSTAなどの要請に基づいて，特定のテーマに関し，特別報告書や技術報告書を作成している（図2）．

●第2次評価報告書と京都議定書

IPCC WGIは，1995年に第2次評価報告書（SAR）[3]を公表し，特に「識別可能な人為的影響が全球の気候に現れている」というFARよりも進んだメッセージを示したほか，温室効果ガスの増加傾向をCO_2の濃

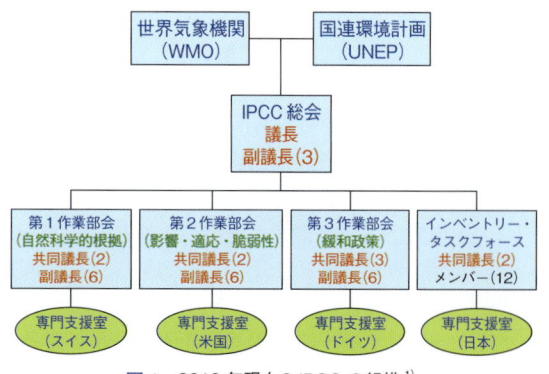

図2 IPCCとSBSTAとの関係[1]．
*注 SBI＝実施に関する補助機関
**注 CMP＝京都議定書に関する締約国会議

図1 2010年現在のIPCCの組織[1]．

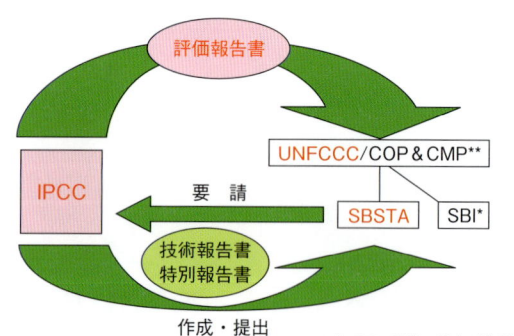

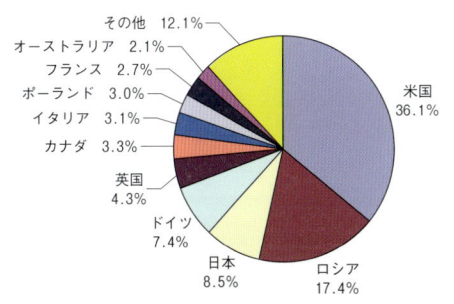

図3　1990年での附属書Ⅰ国のCO₂排出量の割合（環境省）.

度増加の効果に換算し，年率1％増とした実験（漸増実験）の結果を示した．これらは，WCRPの結合モデル作業部会（WGCM）のもとで，同じ条件で実験して研究する比較実験の成果である．1997年京都で開催されたCOP3（京都会議）では，京都議定書が採択された．主として1990年を基準として，先進国・経済移行国（旧ソ連圏の国）の具体的な数値による達成目標や，それを補足する排出権取引の規定などが決められた．京都会議での議論においては，SARによる科学的知見が反映された．図3は，CO₂の年間排出量に関し，基準年である1990年における附属書Ⅰ国（UNFCCCで示されている先進国・経済移行国）の各比率を示している．

● 第3次評価報告書

IPCC WGⅠは，2001年に第3次評価報告書（TAR）[4]を公表した．各作業部会の横断的な事項に関してはこの時初めて統合報告書としてまとめられた．TARでは，SARからさらに進んで，温暖化の原因特定として，「過去50年間に観測された温暖化の大部分は，温室効果ガス濃度の増加によるものであった可能性が高い」と述べている．TARでは知見の評価に関し定量的な定義が導入された．たとえば，上記の「可能性が高い」は66～90％の確からしさである．また，気候変化の予測に関しては，2000年にIPCCでまとめられた，排出シナリオに関する特別報告書（SRES）[5]の代表的なシナリオに基づく予測が行われた（詳しくは●補足説明）．京都議定書は，1990年時点で米国に次ぐ排出国ロシアの批准により2005年2月ついに発効したが，米国は依然批准していない．急速な経済成長を続ける中国は2006年にCO₂排出量が米国を抜き最大の排出国となった．

● 第4次評価報告書とノーベル平和賞

京都議定書の実施期間は2008～12年であり，そ

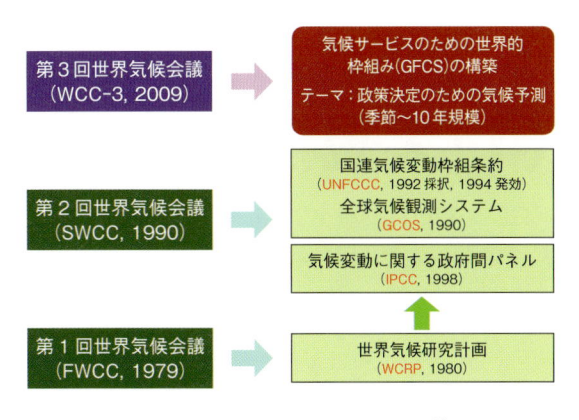

図4　世界気候会議のこれまでの成果[7].

の後に関する枠組み（ポスト京都）に関しては，米国など先進国の削減だけでなく中国・インドなど途上国も少なくともベースライン（対策なしの場合の排出レベル）からの削減が求められている．

IPCCは2007年に第4次評価報告書（AR4）[6]を発表した．現在の気候の実態について「温暖化は疑う余地がない」，また温暖化の原因特定に関して「非常に可能性が高い」など，知見における不確実性が一段と低減した．予測に関してはIPCCとWGCMとの連携のもとで，第3期結合モデル比較実験プロジェクト（CMIP3）が行われ，いくつかの排出シナリオ（●補足説明）での将来予測の成果がAR4に反映された．これまでのIPCCの活動は国際的に評価され，2007年のノーベル平和賞を受賞した．

● 第5次評価報告書に向けた課題

AR4では，新知見が示されるとともに，課題も明らかになった．2013年に完成を目指す第5次評価報告書（AR5）の章立ては，上記を反映し，「エーロゾルと雲」「海面水位の変化」「近未来気候変動」が独立の章として焦点が当てられることになった．また，2009年には第3回世界気候会議（WCC-3）がWMOの提唱で開かれ，「気候サービスのための世界的枠組み（GFCS）」の構築が決まった（これまでの世界気候会議の成果は図4参照）．一方，COP15（2009年12月）では，ポスト京都の枠組みなどは決着しなかった．このような背景からも，AR5に向けては，気候サービスのための地域的に詳細な知見や，削減交渉の基礎となるより定量的な知見を，科学的に適切な情報として示すことが一段と緊急性を帯びてきている．

〔近藤洋輝〕

9.7 予測される気候変化 (1) 大規模場

気候システムには様々なフィードバック効果が働いているので，二酸化炭素が増加したときにどのような変化が生じるかを正確に計算するには，気候モデルを用いる必要がある．以下の「予測される気候変化」の項目では，IPCC AR4 に向けて世界の主要な研究機関で行われた気候モデルによるシナリオ実験の結果を紹介する．

AR4 では，観測された温室効果気体，エーロゾルの排出，太陽放射の変化などを与えた 20 世紀再現実験，その後は，SRES 排出シナリオを与えたシナリオ実験が行われた．図 1 に全球平均気温の変化を示す．2100 年以降大気中の温室効果気体の濃度を急に安定化させても，海洋表層（海洋混合層）の熱的な慣性のために，温度が安定化するには 100 年スケールの時間がかかることが示されている．また，海面水位の安定化には，海洋全層の熱慣性が問題となるので，1000 年スケールの時間を要することがわかる．

●温暖化パターンの空間分布とシナリオ依存性

図 2 に，SRES A1B シナリオについて行われた多数のモデルによるシナリオ実験の結果を平均した温暖化パターンの地理分布と東西平均した子午面分布を示した．

これまでの気候モデルによる温暖化予測の計算結果

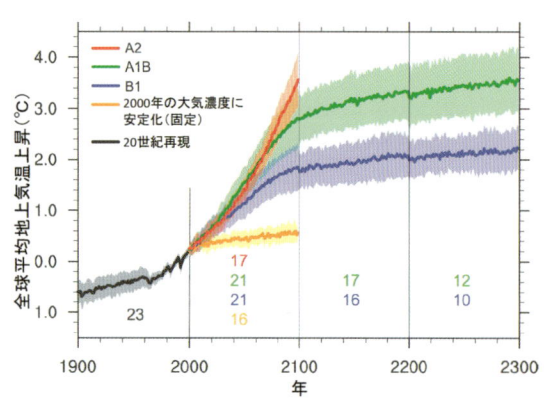

図1 多数のモデルによる 20 世紀再現（黒）に継続した B1＋2100 年安定化（青），A1B＋2100 年安定化（緑），A2（赤），2000 年安定化（橙）シナリオに基づく（1980～99 年と比較した）全球年平均地上気温の変化[1]．陰影部分はモデルの標準偏差の範囲．

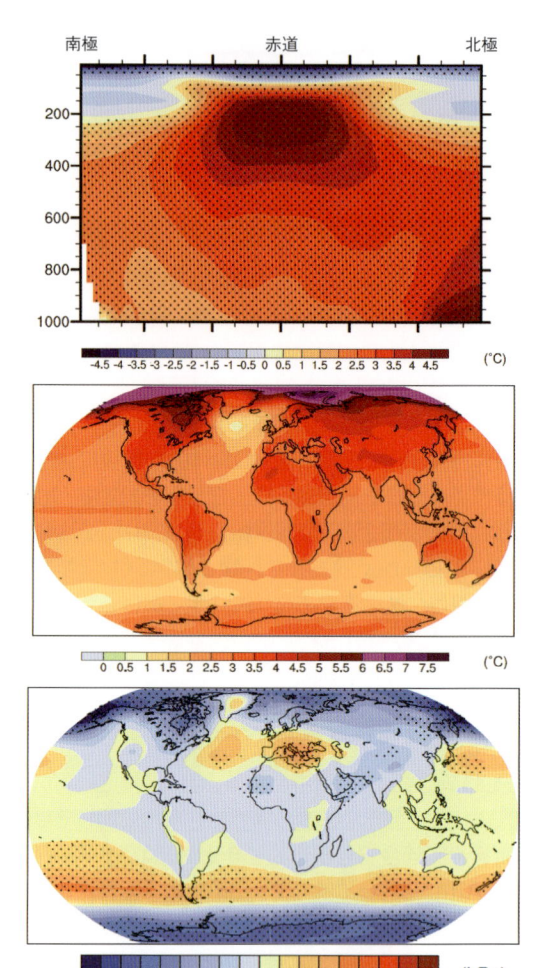

図2 SRES A1B に対する 1980～99 年と 2080～99 年の多数のモデル平均の変化[1]．（上）年平均東西平均気温の緯度・高度分布，（中）年平均地上気温の地理分布，（下）12, 1, 2月平均海面気圧．

を見ると，シナリオによる全球平均地上気温の上昇幅に大きな違いがあるが，大陸規模以上の大きなスケールの温暖化パターンはよく似ている．対流圏エーロゾルのように，大気中の寿命が 1 週間程度と短いために，空間的に非一様な放射強制に対しても，全球平均の温度を下げる効果が卓越して，空間パターン自体には大きな影響を及ぼさない．図 3 から，温暖化の大きさの大きく異なるシナリオの場合にも，全球平均気温で規格化すると，温度の緯度分布の形が非常に似ること

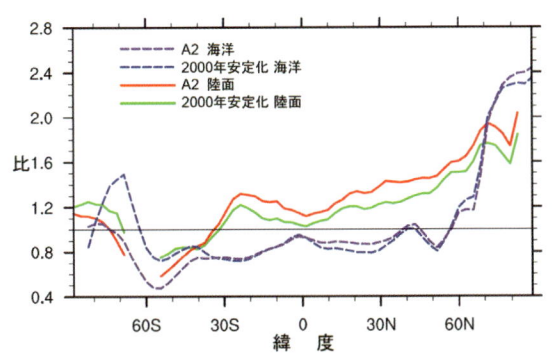

図3 全球平均地上気温の上昇値で規格化した東西年平均地上気温変化の緯度分布（多数のモデル平均）[1]．実線：陸地平均，破線：海洋平均．

がわかる．

● 温暖化パターン形成の基本的メカニズム

図2から明らかなように，温暖化とその影響は地球で一様に現れるのではなく，空間的に特徴的な構造を持っている．

● 局所的熱バランスから生じる構造

◎成層圏の寒冷化と対流圏の温暖化

一次元放射対流平衡モデルによるCO_2増加実験の結果が3次元気候モデルでも再現されている．

◎低緯度対流圏上層での大きな昇温

低緯度帯では，積雲対流活動が盛んなため，鉛直方向の気温分布は湿潤断熱減率に近い．湿潤断熱減率は温度が高いほど，小さくなる．その結果，上層ほど温暖化が大きくなる．

◎北半球高緯度での大きな昇温

温暖化で雪，氷床，海氷が減少すると，太陽放射に対するアルベドフィードバック効果で温暖化が加速される．また，大気・海洋間の熱交換を妨げる断熱材の役割を持つ海氷が減少すると，海洋から大気への熱輸送が増大し，下層大気の昇温が増大する（図4）．極域の大気は安定なため，大きな昇温は下層に限られる．

◎北大西洋，南大洋（南極海）での小さな昇温

北大西洋と南大洋のように海水が深層に潜り込む海域では，海面での加熱に対して海水の実効熱容量が非常に大きくなり温暖化は非常に小さくなる（図4）．

● 海洋，大気の広域大循環の関与から生じる構造

◎低緯度のエルニーニョ類似の変化（表1，図1〜4）

図2の地上気温の変化を見ると，赤道に沿って，東太平洋で昇温の大きな領域が見られる．また，これに対応して，赤道に沿って，地上気圧が東太平洋で減少，西太平洋で増加（赤道のウォーカー循環の弱まりを意味）している．このような偏差は，自然変動として観測されるエルニーニョ発生時と類似している．

◎中高緯度の環状モード類似の変化（図5〜7）

図2下の海面気圧の変化では，中高緯度帯において，極域で環状に負，低緯度側で正の偏差が特徴的に見られる．図2上では，亜熱帯ジェットが極側にシフトしている．これらの特徴は，自然変動として観測される環状モード（北極振動 AO，南極振動 AAO．2.20参照）の正偏差の時期に見られる偏差と類似している．

◎類似を生じる基本的メカニズムの関係（図5）

赤道上層の大きな温暖化は，対流圏の温度成層の安定化，また，赤道と極間の温度傾度の増大を及ぼす．前者は低緯度循環を弱める[3,4]（成層圏では温度成層が不安定化することと整合的に，ブリューワー・ドブソン循環が強まる[5]）．一方後者は，亜熱帯ジェットの蛇行の弱まり，ジェット軸の極側へのシフトと関連している．高緯度北太平洋では，エルニーニョとAOの偏差が逆になることから，両者に類似した変化は競合する．このことは，北太平洋高緯度のモデル予測のばらつきの大きな要因となっている． 〔野田 彰〕

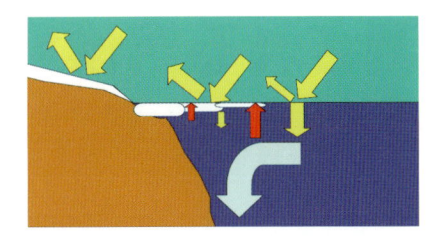

図4 高緯度雪氷圏に働く主要なフィードバック効果．

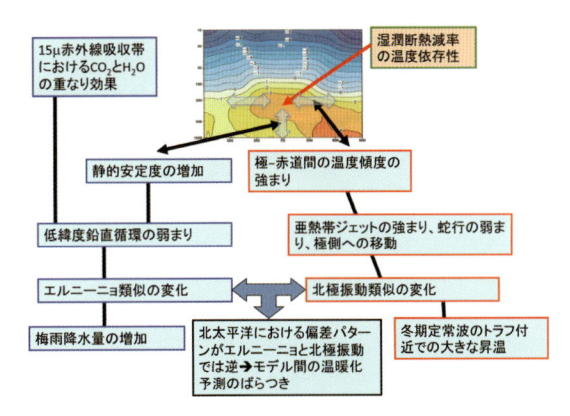

図5 エルニーニョ類似とAO類似をもたらす基本的メカニズムと両者の競合[2]．

9.8 予測される気候変化 (2) 水循環

●降水量・蒸発量・土壌水分・流出量の将来変化

IPCC AR4[1]では，多数の気候モデルによる予測実験結果をもとに 21 世紀末には高緯度と熱帯（たとえばモンスーン地域や熱帯太平洋）では降水量は増加し，亜熱帯（たとえば北アフリカの大部分やサハラ北部）では減少する可能性が高いと評価した（図 1a）．緯度 50 度より極側では，大気中の水蒸気の増加とそれに伴う低緯度からの水蒸気輸送の増加によって平均降水量が増加する．亜熱帯域では，域外への水蒸気輸送の増加と亜熱帯高気圧系の極方向への拡大によって，乾燥化傾向が高緯度端において特に顕著である．その他の地域では変化の符号や大きさがモデル間で異なり，降水量変化予測の不確実性が大きい．したがって地域によって予測の信頼度が異なっている．また予測する空間スケールが小さくなればなるほどモデル間の一致はより少なくなる．気温は一年のどの季節でも上昇するが，降水量は増加する季節もあれば減少する季節もある．また降水量の変動性が将来大きくなることはほぼ確実である．

陸上の降水は，一部は蒸発に，一部は河川流出に回る．河川へ流れる流出水は降水量と蒸発量の差で決まるが，蒸発量は気温上昇を反映してほとんどの地域で増加するため（図 1d），降水量が減少している地域はもちろん，降水量の増加している地域でも，蒸発量の増加を反映して，土壌水分が減少し流出が減少するところがある（図 1b, c）．また，降水量・蒸発量・流出量それぞれの変化パターンは大体同じであるが，降水量変化は場所による変動が大きいのに対して，蒸発量の変化は絶対値が相対的に小さくかつ空間分布はより滑らかである．中東・西アジアでは年平均蒸発量が減少しているが，これは特に春季の減少が占める割合が大きい．21 世紀末に世界平均降水量は 4.1% 増，陸上のみの平均では 5.0% 増との見積もりがある[2]．流出量の増加率は 8.9% と降水量の増加率よりも大きい．

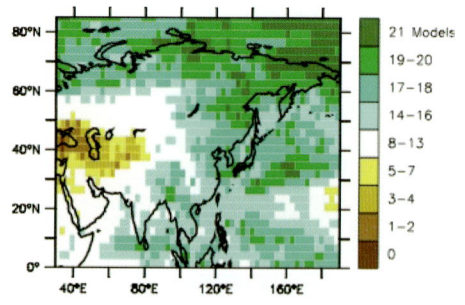

図 2 SRES A1B シナリオでの 20 世紀末と 21 世紀末の北半球夏季（6～8 月）平均降水量変化について，21 の気候モデルのうち降水量が増加すると予測するモデルの数[1]．

●モンスーンの変化

モンスーンは大陸規模での海陸間の夏冬の温度差に起因して卓越風が夏冬間で逆向きとなる現象であるが，

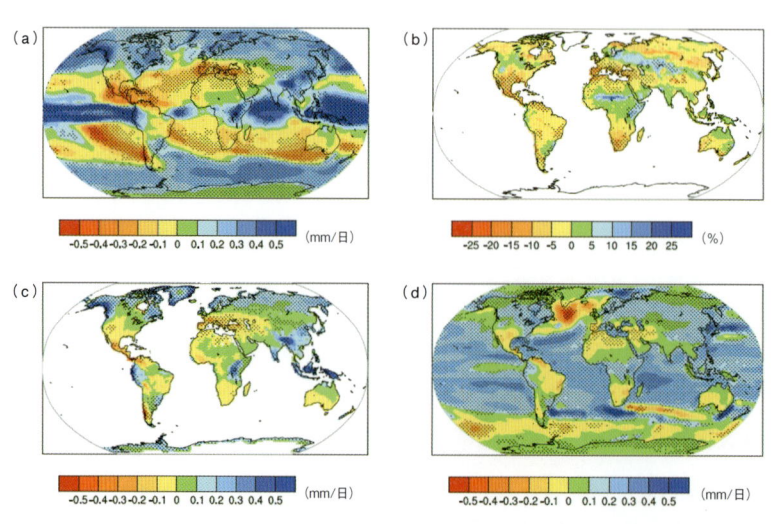

図 1 SRES A1B に対する 20 世紀末に対する 21 世紀末の多数のモデル平均の変化[1]．（a）降水量，（b）土壌水分，（c）流出量，（d）蒸発量．点描した地域が，変化傾向のモデル間の一致度が高く信頼度が高い地域．

それに伴う降水量の季節変化をさすことも多い．地球温暖化による昇温は海よりも陸で大きくなるため，夏の海陸の温度差はさらに大きくなり，冬には小さくなる．このことから類推するとモンスーンは夏に強く冬に弱くなることになるが，多数の気候モデルによる21世紀末気候予測実験では，20世紀末に比べて熱帯の循環は弱くなることが示されている．また，世界各地のモンスーン循環の変化は，将来の海面水温がどう変化するかにより深くかかわっている．温暖化により海面水温は上昇するが，それは季節的・空間的に一様ではない．海面水温の空間分布の変化は大気循環場を変え，モンスーン循環ひいては降水量の変化にも地域的に異なる様相を与える．海面水温や循環場の変化は気候モデル間の一致度が高くないため，世界各地のモンスーンの変化予測の信頼性も高くない．

図2は多数の気候モデルによる21世紀末気候予測実験結果から北半球夏季（6〜8月）平均降水量が増加すると予測するモデルの割合を示している．南アジアと東アジアの夏季モンスーン降水量は概ね増加すると予測されているが，地域的な降水量変化に対するモデル間の一致度は高くない．大気循環場のわずかな変化が地域的な降水量変化に大きく影響するからである．たとえば東アジア夏季モンスーン域では，太平洋亜熱帯高気圧と関連する水蒸気輸送の変調が梅雨前線域の降水量変動を規定している．また，台湾，琉球諸島から日本の南方にかけての地域では初夏の雨季の明けが遅れるとの調査結果がある．

熱帯では，温暖化して熱帯大気の安定度が増すことと降水量の増加との兼ねあいにより，大気循環が弱まる．しかしながら気温上昇による大気中の水蒸気の増加のため，風は弱まっても水蒸気輸送量は増加し，その収束によってモンスーン域の降水量は全般的に増加する．南アジア夏季モンスーンの降水量変化は，東アジアとは異なり，主に熱力学的効果で説明され，力学的効果は小さい．多くの気候モデルは月平均降水量の年々変動がより増大することを予測しており，極端に雨の多い年と極端に雨の少ない年が出現しやすくなることを示唆している．また降水強度は増加するとも予測されており，大雨現象（たとえば日降水量50mm以上）の発生頻度は増加するであろう．温暖化に伴う降水量増加割合は約1〜2％/K（1度の気温上昇により降水量が1〜2％増加）であるが，極端に強い降水の変化は，飽和水蒸気圧が気温上昇とともに急激に増大するクラウジウス・クラペイロンの関係に従い約

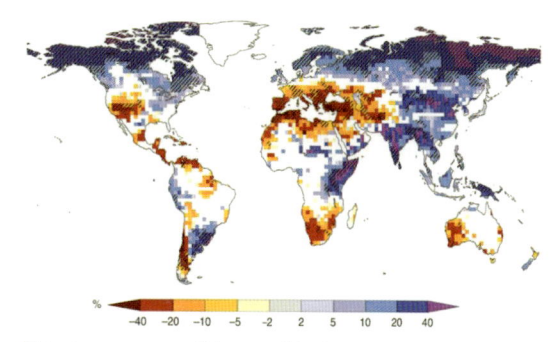

図3 SRES A1Bに対する20世紀末と21世紀末の多数のモデル平均の河川流量変化比[3]．

7％/Kになるといわれており，平均降水量の増加以上に極端な降水量の頻度は増加するものと見られている．

●河川流量

年平均河川流量は高緯度と一部の湿潤熱帯地域で増加，中緯度の一部の乾燥域と熱帯乾燥地域で減少すると予測される．図3に21世紀末と20世紀末との年平均河川流量の増減比を示す．図1には影響評価の例も示した．乾燥域では，河川流量の絶対値そのものが小さいため，増減比では大きな値となる場合がある．河川流量偏差のパターンは降水量偏差とほぼ一致するが，上流の流量偏差が下流に影響を及ぼす地域もある．代表的な24河川（図2）の季節別流量とその将来変化について表1，図3, 4に示した．ユーフラテス川やドナウ川の流域では，乾燥化が進むため降水量の減少以上に河川流量が減少する．一方で，もともと降水量の多い東南アジアでは，土壌が湿っているため雨はそのまま河川に流入しやすくなり流量は増加する．アジアの河川流量の季節変化を見てみると，河川流量が増加するチャオプラヤ川・ガンジス川・メコン川では，6〜11月の増水期に河川流量がさらに増加することが予測されており，洪水頻度が増えることを示唆している．河川によっては（たとえばオビ川・エニセイ川），温暖化に伴う上流域の積雪量の減少や融雪時期の早まりによって，増水時の流量の減少や流量のピークの早まりが見られる．また，増水期の河川流量の減少は，灌漑などの河川水の利用可能量の減少も示唆している．北極海へ流れる河川の流量は増加し，海洋表層部の塩分ひいては密度の変化を通して，海洋循環にも影響を与える可能性がある．　　〔鬼頭昭雄〕

9.9 予測される気候変化 (3) 海面水位・海洋深層循環

●海面水位の予測

地球温暖化に伴う海水の膨張や大陸氷河，グリーンランド・南極氷床の融解などが海面の上昇を引き起こし，今後の生活や経済活動に影響を及ぼすことが懸念されている．IPCC AR4[1]によれば，現在 (1980～99) から21世紀末 (2090～99) の間に予想される海面水位上昇として，SRESシナリオのうち，B1シナリオでは 0.18～0.38 m，A1Bシナリオでは 0.21～0.48 m，A2シナリオでは 0.23～0.51 m となっている．これらのシナリオは温室効果ガスの排出量がそれぞれ低水準，中水準，高水準に相当しており，誤差幅はモデル結果の違いの5～95%の範囲を示す．なお，IPCC が提示した6個の SRES シナリオ全てを含んだ上昇予測は 0.18～0.59 m となっている．

図1には各 SRES シナリオについて，要因の寄与が示されている．これによれば，予測される海面水位上昇の最も大きな要因は，海水の熱膨張で全体の70～75%を占めている．氷河と氷帽（周囲に向かって流れ出すドーム状の氷），グリーンランドの氷床の融解も寄与している．南極の氷床については降雪が増加するため，海面水位を下げる方向に作用する．この予測には近年問題となっているグリーンランドの氷床の

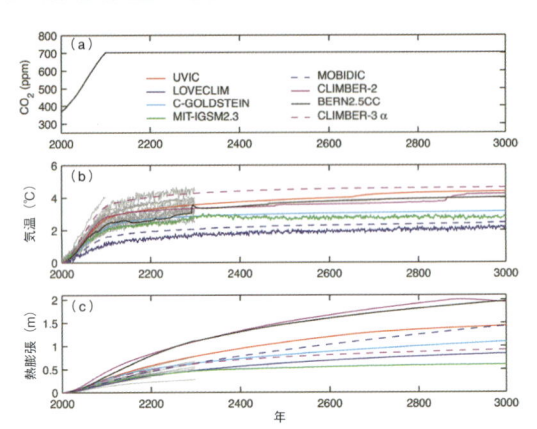

図2 3000年までの (a) CO_2 濃度変化，(b) 全球平均地上気温変化，(c) 熱膨張に基づく海面水位上昇の変化[1]，2100年で A1B シナリオの排出濃度を固定した結果．

流出などの効果は含まれていない．これらについては現在の技術ではその精度がないとして AR4 では推定値を示していない．

図2は簡略化された気候モデルによって，A1B シナリオによる温室効果ガスの排出濃度を2100年で固定してその後の熱膨張による海面水位上昇を算定したものである．この図から21世紀初頭にはモデル毎に海面水位上昇に大きな変化はないこと，濃度を一定にした2200年以降も海面水位は長期にわたって上昇し続けることがわかる．2200年以降について気温は早く平衡状態に到達するが海面水位は何世紀にもわたって上昇が続いている．これは海洋の熱的な慣性が大きいために，過去の履歴を引きずるからである．21世紀初頭の2000～20年について，シナリオ A1B のもとでの AOGCM のアンサンブルは熱膨張による海面水位上昇として 1.3±0.7 mm/年を示しており，他のシナリオの A2 や B1 でもあまり違わない．この率は1961～2003年の観測された値，0.42±12 mm/年よりも倍以上大きい値となっている．

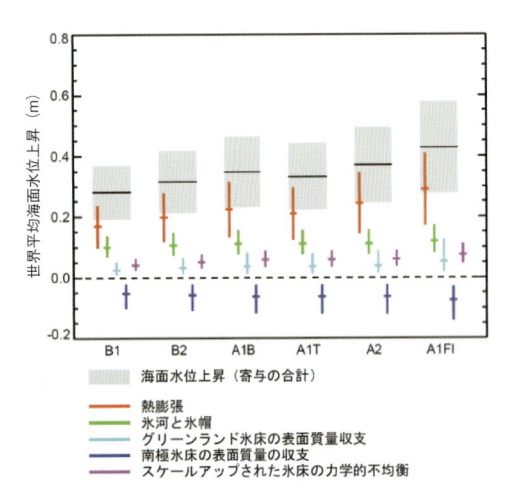

図1 シナリオ毎の世界平均海面水位上昇の予測とその内訳の予測[1),2)]．1980～99年を基準とした2090～99年の予測値．不確実性は5～95%を表す．

●海面水位の海域毎の予測

気候モデルを使って地球温暖化に伴う密度や海洋循環の変化による海面水位の地域変化が予測されている (図3)．海面水位の変化は南大洋で平均の海面水位上昇より小さく，北極で大きくなっている．前者は風の

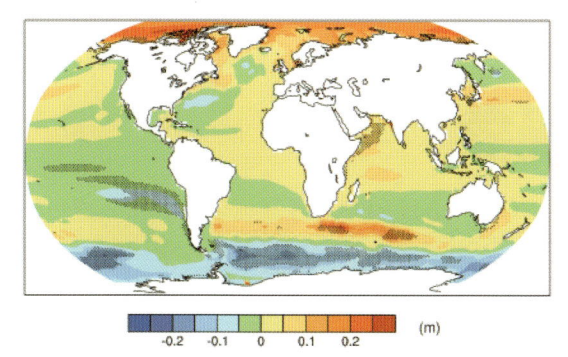

図3 世界各地の海面水位の予測上昇量（20世紀末に対する21世紀末の上昇量）の世界平均予測上昇量からの差の分布[1]．2080～99年と1980～99年の20年平均値の差．16種類の気候予測モデルによるA1Bシナリオの予測結果．世界各地の海面水位上昇量から世界平均の上昇量を差し引いて，地域毎の海面水位上昇の違いを示したもの（正の値は世界平均の海面水位上昇量より大きな上昇を示す）．

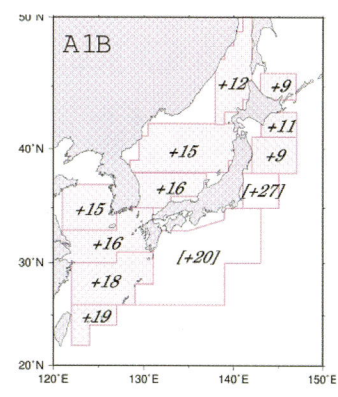

図4 日本近海の海域別海面水位（年平均）の長期変化傾向の将来予測（cm/100年）1981～2100年の予測をもとにした一次回帰値[3]．数値を大括弧[ ]で囲んだ海域は不確実性が大きいと考えられる海域．

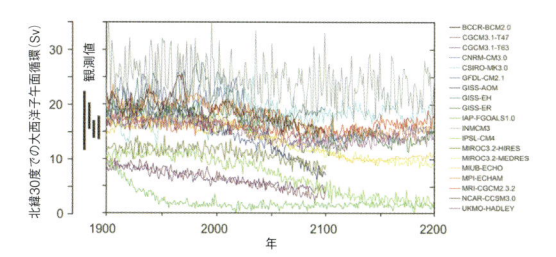

図5 大西洋子午面循環の気候モデルによる評価[1]．1999～2100年はA1Bシナリオによっている．幾つかのモデルでは，2100年以降放射強制力を一定として2200年まで積分を行った結果を示している．

応力変化または小さな熱膨張によっており後者は淡水の影響とされている．別の特徴として，南大西洋からインド洋に延びて，南太平洋でも認められる顕著な海面水位上昇の帯がある．これは周極前線の南側への移動もしくはサブ南極モード水の生成領域での暖水の沈み込みによる影響が考えられている．緯度帯平均をとると南緯30～45度と北緯30～45度に海面水位上昇の極大がある．同様な傾向は，1993～2003年の衛星アルチメータ（海面高度計）や海洋観測に基づく熱膨張パターンにも現れている．

日本周辺の各海域毎の海面水位上昇については，気象庁が熱膨張分の寄与について算定している[3]．図4にA1Bシナリオ分を示す．これによれば日本付近の海面水位は100年あたり0.09～0.19m程度上昇する．海域別に見ると，南西諸島では他の領域と比較して海面水位の上昇量がやや大きくなっている．なお，日本南岸ではモデルによる黒潮流路の再現性の問題から，モデル結果の予測精度は十分ではないとしている．

● AR4に含まれない効果

近年の観測結果から，グリーンランドや南極において氷河が海洋へ分離流出するなどの効果で，さらに海面水位上昇が起こるのではないかと懸念されている．AR4では，これらについてはその規模について一致した見解は得られていないとして，その見積もりから除外された．近年，運動学的な方法によりその効果の見積もりが行われ，全ての効果を含んだ全球平均の海面水位について低位の見積もりで2100年までに0.79m上昇するという値が得られた[4]．この値はAR4のモデルによる全てのシナリオの結果を含んだ上昇予測，0.18～0.59mを超えている．このようにいまだ研究途上の課題も残っており，今後の結果に十分注意を払う必要がある．

● 海洋深層循環について

大西洋で海洋深層循環が停止し地球の寒冷化を引き起こすことが懸念されているが，AR4では，大西洋子午面循環流量が現在の観測結果にほぼ一致するモデルについて，2100年までの結果に基づき，地球温暖化の進行に伴いその強さが平均で25％程度減少するものの停止することはない，また大西洋北部への熱輸送が減少しても温室効果による気温上昇の効果が大きく低温化することはないと評価している（図5）．2100年以降については，数世紀以内にその強さが回復するものと減少を続ける結果を示すものがあり，統一した見解にはなっていない．　〔小西達男〕

9.10 予測される気候変化 (4) 異常気象・極端現象

● 極端な気温現象

図1は，寒い日の指標である冬日と猛暑の指標である熱波の変化を示している．地球が温暖化すると大気が暖まるので寒い日が当然少なくなり，図1aのように冬日が将来減少している．21世紀末には，温室効果ガスの排出量が多いA2排出シナリオのほうが温暖化の程度が大きいので，排出量が少ないB1シナリオより冬日の減少が大きい．しかし，21世紀中ごろでは，A1Bシナリオの場合が最も冬日の減少が大きい．地理的には，北米，ユーラシア大陸で冬日の減少が著しい（図1b）．地球が温暖化すると熱波は当然増える．21世紀の熱波の変化傾向のシナリオ依存性は，変化傾向は逆だが冬日に似ている（図1c）．地理的には陸上のすべての地点で熱波が増加する（図1d）．2003年の夏に欧州で起こった熱波が，欧州以外の地域でも発生する可能性がある．日本を対象に同様な解析を行うと，真夏日，猛暑日，熱帯夜が増え，冬日が減少する（図1）．

● 極端な降水現象

図2は，降水強度と乾燥日の変化を示している．21世紀の降水強度変化を見ると，どのシナリオも増加している（図2a）．しかし，21世紀末以外は，温暖化の程度が中程度のA1Bシナリオのほうが，昇温の大きいA2シナリオより降水強度の変化が大きい．地理的には，南米のチリ付近を除き，降水強度が増加する（図2b）．乾燥日の21世紀の変化を見ると，B1シナリオでは，ほとんど変化がないが，A2とA1Bシナリオでは増加している（図2c）．乾燥日の増加のシナリオ依存性は，降水強度に比べ複雑である．地理的には，米国，メキシコ，アマゾン，地中海，アフリカ南部，豪州で乾燥化が進み，これらの地域では干ばつの可能性が増える（図2d）．特にアマゾンでは，強

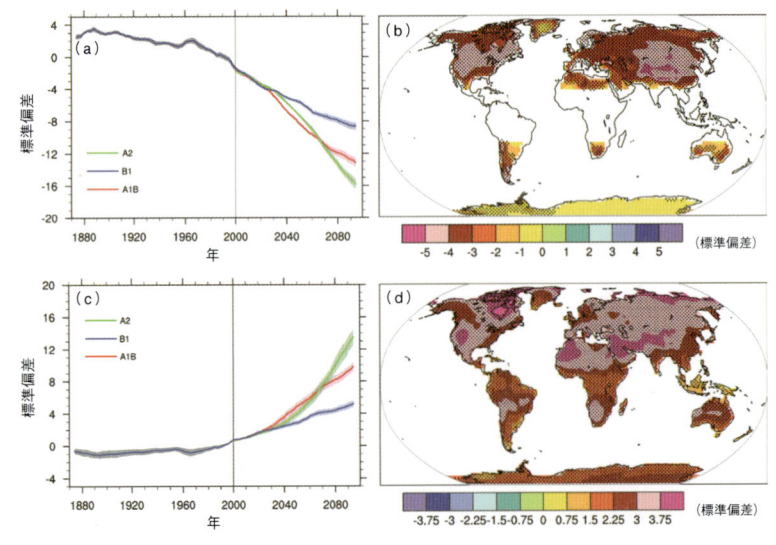

図1 多数の大気海洋結合モデルによる極端な気温現象の変化[1]．(a) 冬日（日最低気温が0℃未満の年間日数）の時間変化．各地点の1980〜99年平均からの差を，線形トレンドを除いた1960〜99年の標準偏差で割って規格化した後，世界の陸上の全地点で平均した．2000年までの灰色の線は，20世紀再現実験．緑はA2，青はB1，赤はA1B排出シナリオ実験．年毎の時系列を10年移動平均で平滑化．陰影部分はモデルの標準偏差の範囲．(b) 冬日の変化の空間分布．各地点の1980〜99年平均から2080〜99年平均の変化を，1980〜99年の標準偏差で割って規格化．統計的に有意な変化が過半数以上のモデルに見られる場所に点を描いた．(c) 熱波（最高気温がその日の最高気温の気候値より5℃以上高い日が，少なくとも5日連続した年間の最大日数）の時間変化．計算方法は，冬日と同じ．(d) 熱波の変化の空間分布．計算方法は，冬日と同じ．

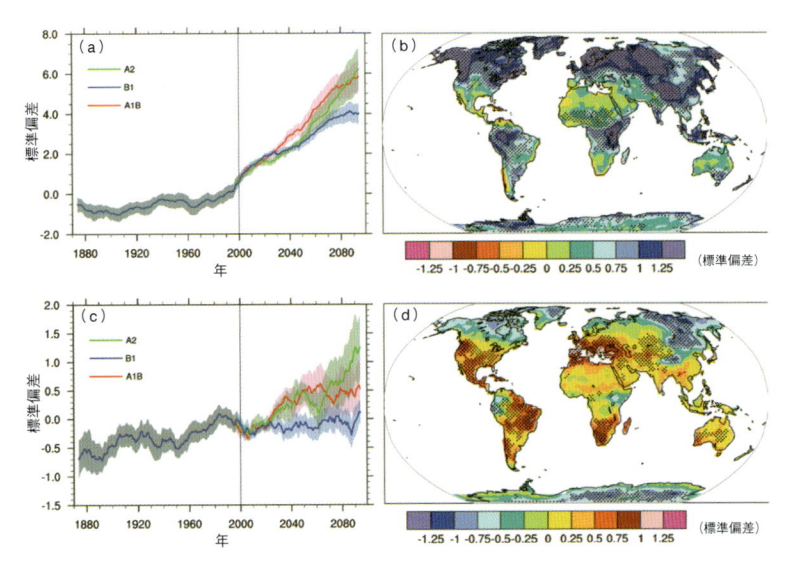

図2 多数の大気海洋結合モデルによる極端な降水現象の変化[1]．（a）降水強度（年間降水量を日降水量1mm以上の日数で割った値）の時間変化．計算方法は，図1aと同じ．（b）降水強度の変化の空間分布．計算方法は，図1bと同じ．（c）乾燥日（日降水量1mm未満の年間最大連続日数）の時間変化．計算方法は，降水強度と同じ．（d）乾燥日の変化の空間分布．計算方法は，降水強度と同じ．

い雨が増え（図2b），かつ乾燥化が進むことから（図2d），雨が短い期間に集中して降るようになる．

　日別降水量データの利用可能な14の気候モデルデータを用いて，地域別の日降水量の年最大値の再現期間が将来どう変わるかを見積もった結果[2]によると，現在は20年に1度起こるとされている年最大日降水量が，2081〜2100年にはB1，A1B，A2シナリオでそれぞれ11.8年（9.7〜12.4年），9.0年（7.1〜10.3年），7.2年（5.8〜8.9年）と発現頻度が短くなる．括弧内の数字はモデル間のばらつきを四分位値で示したものであり，全世界の陸上平均であっても不確実性は大きい．シナリオ間の違いでも見られるように，より温暖な気候において，より極端な降水現象が起こる可能性が非常に高い．

　低緯度地域および中緯度内陸地域の夏季における干ばつの増加は可能性が高い．また極端な干ばつ下にある陸面の割合が増える．夏季の降水量の減少は気温上昇を伴い，このことが蒸発要求量を増加させ，必然的に夏季における土壌水分の減少と，より頻繁でかつより強い干ばつを招くことになる．

　気温が上昇するにつれて，特に秋季と春季における気温が0℃に近い地域において，降水が雪ではなく雨として降る可能性が高まる．融雪の時期は早まり，融雪期の融雪量は少なくなることが予測されており，融雪水に涵養される流域において，水需要が最大となる夏季と秋季の干ばつリスクが増大する．乾季の主要な水供給源を氷河の融水に大きく頼る地域では，干ばつの問題が予測される．氷河の急速な融解は河川の洪水や氷河融水湖の形成を招き得るが，後者は突発的な洪水の脅威をもたらす．

熱帯低気圧と梅雨

　熱帯低気圧と梅雨には，細かい水平構造があり，その再現には高い水平分解能を持った気候モデルが必要である．ここでは，地球シミュレーターを用いた高解像度大気モデルによる温暖化実験の結果を示す．地球が温暖化すると強い熱帯低気圧の数が増える（図2）．しかし，地球全体の熱帯低気圧の数は減る（表1）．北西太平洋に発生する熱帯低気圧である台風の数については，実験によって変化傾向が異なり予測の不確実性が大きい（表1）．日本の梅雨期には，梅雨前線に伴い集中豪雨が起こりやすい．地球が温暖化すると，日本付近では梅雨期に強い雨が増える（図3）．熱帯低気圧が強くなり，梅雨期に強い雨が増えることから，日本では自然災害の可能性が増加する．全球大気モデルおよび領域モデルによる台風を動画1，2に示す．

〔楠　昌司〕

9.11 予測される気候変化 (5) 不確実性の評価

● IPCC 報告書における不確実性の表現

地球環境の予測には常に不確実性が付随する（図1）．IPCC の報告書では，不確実性についての記述に齟齬が生じないよう表現に厳密な定義を設けている．具体的には，「可能性が高い (likely)」と表現した場合には 66〜90％ までの確率を表し，「可能性が非常に高い (very likely)」では 90〜95％ までといった具合である（表1）．たとえば，IPCC の AR4 では近年の温暖化が人為起源のものであることがほぼ断定され話題になったが，これも原文では「20 世紀半ば以降に観測された世界平均気温の上昇のほとんどは，人為起源の温室効果ガス濃度の観測された増加によってもたらされた可能性が非常に高い」[1]（気象庁訳，傍点筆者）と表1に依拠した確率的な表現を用いている．確率の導出については，定量的な評価が存在する場合にはそれに基づき，そうでない場合には専門家の見解に基づく．

また使用するモデルや解析手法の正しさなどについての確信度は客観的な数値化が困難であるが，これに関しても専門家の判断を表現するための基準（表1）が設定されるなど，細心の注意が払われている．ここでいう専門家の判断とは，専門知識を持つものが恣意的に判断するという意味ではなく，判断に用いた資料やデータ，論理などを追跡可能な形で不確実性の評価を行うことを意味する．

また IPCC AR4 では，上記のような基準で不確実性を表現するとともに，可能な限り予測の幅が定量的に示されている．図1に，さまざまなシナリオのも

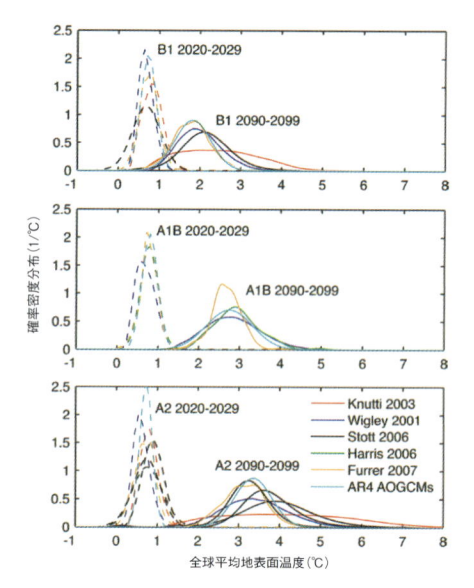

図1 3つの将来シナリオ (SRES B1, A1B, A2) のもとでの気温上昇の確率密度分布．2020〜29 年，2090〜99 年の両期間について，複数の研究結果を示す[2]-[6]．IPCC AR4 に対して正規分布曲線を当てはめたもの (AR4 AOGCMs) も比較のため示した[1]．

と行った 2100 年時点での気温上昇について，複数の研究結果に基づいた予測の幅を示す．

● 不確実性の原因と類型

地球環境を診断し予測する際の不確実性は，その原因によって「予測不可能性」「構造的不確実性」「値の不確実性」に分類することができる（表2）．

予測不可能性による不確実性とは，人間社会の予測など正確な予測が著しく困難な要因や，気候系のカオス的なふるまいなど本質的に予測が不可能であることが確認されている要因によるものなどをさす．前者については広い範囲をカバーする複数の将来シナリオを用意すること，後者についてはアンサンブル実験を行

表1 IPCC AR4 で用いられた不確実性を表すための表現[1]．日本語訳は気象庁による翻訳で採用された訳語．

用語		発生する可能性	TAR 日本語訳での用語
ほぼ確実	virtually certain	99％を超える確率	ほぼ確実
可能性が極めて高い	extremely likely	95％を超える確率	可能性がかなり高い
可能性が非常に高い	very likely	90％を超える確率	
可能性が高い	likely	66％を超える確率	可能性が高い
どちらかといえば	more likely than not	50％を超える確率	どちらともいえない
どちらも同程度	about as likely as not	33〜66％の確率	
可能性が低い	unlikely	33％未満の確率	可能性が低い
可能性が非常に低い	very unlikely	10％未満の確率	可能性がかなり低い
可能性が極めて低い	extremely unlikely	5％未満の確率	
ほぼあり得ない	exceptionally unlikely	1％未満の確率	可能性が極めて低い

うことなどで対処がなされる．

また構造的不確実性は，主としてモデルが自然を十分に表現しきれていないことから生じる．モデル格子より小さいスケールの現象を記述するための経験則（パラメタリゼーション）が完全でないことや，自然に存在するプロセスがモデルで考慮されていないことなどによる不確実性などがこれにあたる．先に述べた予測不可能性や次に述べる値の不確実性については対処法が確立しつつあるのに比べ，構造的不確実性については客観的評価法が定型化されているとはいえない状況にあり，過小評価される傾向にあるといわれる[7]．

最後に挙げる値の不確実性は，観測の時間・空間分解能が不十分なことや，モデルのパラメータの値がよくわかっていないことに起因する不確実性である．前者は地球環境の予測よりは診断にかかわりが深いが，観測との比較によるモデル再現性の検証や，後述の近未来予測を行う際に用いるデータ同化と呼ばれる手法の精度などを通じ，予測にも不確実性をもたらす．またパラメータの値の不確実性はパラメタリゼーションの導入と表裏一体の関係にあり，上述の構造的不確実性とも関連が深い．

●不確実性評価手法

不確実性のうち，モデルのカオス的ふるまいに起因するものや不完全なパラメタリゼーション，パラメータ値の誤差に起因するものについては，アンサンブル実験と呼ばれる手法で評価が行われることが多い．これは，異なる初期条件やパラメタリゼーション，パラメータ値を用いながら同じ仕様で複数の実験を行い，結果の平均値や標準誤差などの統計情報に基づいて誤差の評価を行うものである．この時の個々の実験結果をメンバーと呼ぶ．

理想的には，多様な初期条件やパラメタリゼーションを用い，100以上のメンバーを持つアンサンブル実験を行うことが望ましい．しかし，パラメタリゼーションを変更するアンサンブル実験はモデルが再現する気候値を大きく変えるため多大な計算機資源を必要とする．大気海洋大循環モデルによる温暖化予測においては，初期条件のみを変えたアンサンブル実験を数個のメンバー数で行うことが多い．

●近未来予測と長期予測それぞれにおける不確実性

IPCC AR4以降の地球温暖化予測の枠組みとして，100年程度あるいはそれ以上先についての長期予測と，30年程度先の近未来予測とに分けて予測を行う体制の構築が進んでいる[8]．以下で説明するとおり，不確実性をもたらす要因は図2のように予測の時間スケールによって変化する．

前者の長期予測は従来から行われている温暖化予測実験に近く，モデルに対する初期値の詳細は予測結果に大きな影響を与えない．予測の不確実性をもたらす大きな要因としては，雲の応答と海洋による熱吸収のモデル化が不完全であることが指摘されており，この点は後述の近未来予測と共通である．さらに，人間活動による将来の温室効果ガス排出量のシナリオ間の違いが大きいことも不確実性の要因として挙げられる．また長期予測の時間スケールでは炭素循環と気候変動の相互作用など生物地球化学的な過程も考慮する必要性が示唆されている．生物地球化学的過程をモデル化する場合，流体などと異なり客観的に導かれる支配方程式系が存在しないため，前述の構造的不確実性やパラメータの値に起因する不確実性の寄与が大きくなることが想定される．

一方，近未来予測に関しては，将来の温室効果ガス排出量はシナリオ間で大きな違いはない．しかし，時間スケールが短く温暖化のシグナルも大きくはないため，予測結果が初期条件に有意に依存する．そのため，用いる初期条件を可能な限り現実の場に近づける必要がある．観測データに基づいて現実的な初期条件を作成するための技法（データ同化）を用いることになるが，それでも現実と完全に一致する初期条件を作成することは不可能である．初期条件についてのアンサンブル実験を行い，初期条件の違いがもたらす不確実性を評価することになる．　　　　　　　〔河宮未知生〕

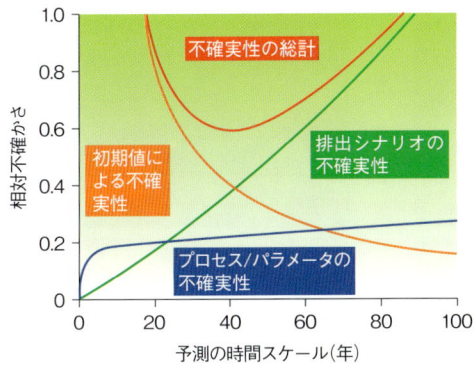

図2　予測された昇温の不確実性の主要因が，予測の時間スケールによって変化する様子．ここで相対不確かさは，予測誤差を中央推定値で割ったものとして定義されている．30～50年程度の時間スケールに着目した予測において，相対不確かさが最小となることがわかる．この図は簡略モデルの結果に基づいている[9]．

9.12 予測される気候変化 (6) 日本への影響

● 温暖化による地域気候の評価

　地球温暖化により身近な環境にどのような変化があるのか，適応策を講じるうえでも極めて重要な問題であるが，地域の気候変化に関する信頼性の高い情報は少ない．温暖化による日本への影響評価の現状と問題点ついて，IPCC AR4 WG I をもとに整理する．

　AR4 WG I では，各地域の温暖化予測について複数の温暖化予測モデル（全球大気海洋結合モデル，以下全球モデル）の結果を用いた評価を行っている．図1はアジア地域の約100年後の年平均，冬季，夏季の気温変化，降水量増加率および降水量が増加する全球モデルの数の空間分布である．変化の大きさに差があるものの全域で気温の上昇が見られる．降水量増加となる全球モデルは夏季の日本域で多いが，地点によっては減少を示すモデルも少なくない．多くのモデルにより変化傾向が認められる場合であっても，各モデルによる予測値に違いが見られる．東アジア領域（EAS）の年平均気温変化量では 2.3～4.9℃の予測の幅があり，年降水量増加率についても 2～20％の大きな違いが見られる（図1）．AR4 では，このような将来気候予測値のばらつきを全球モデルの不完全な部分に起因する「不確実性」として指摘している．AR4 で多く引用されている全球モデルでは，日本の気候に大きな影響を与える梅雨や台風の再現が悪く，観測との違い（モデルバイアス）が大きい．モデルバイアスの原因の1つは解像度である．たとえば，解像度250kmではそれ以下のスケールの降水過程が定式化される（パラメタリゼーション）．パラメタリゼーションは実際の自然現象に近い効果を得られるように決められるが，複雑に組織化された積雲対流や詳細な地形に強く依存した降水はパラメタリゼーションで対処できないことが多く，不確実性を大きくする1つの要因であると考えられている．パラメタリゼーションに依存しない高解像度で温暖化予測ができれば不確実性の低減に大きく貢献すると推測されるが，実際に

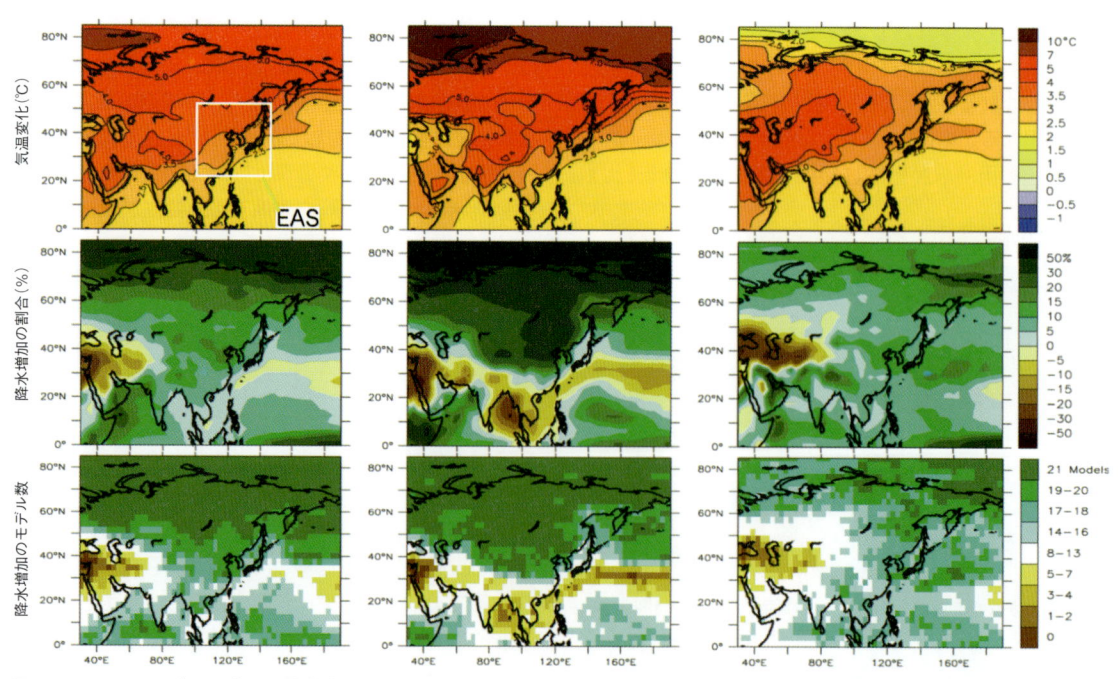

図1　A1Bシナリオ（2100年の二酸化炭素濃度が720ppm）でのアジアにおける21モデル平均による1980～99年に対する2080～99年の気温変化（上），降水増加の割合（中），21のモデルで降水増加となるモデル数（下）[1]．左は年平均値，中央は冬季平均（12～2月），右は夏季平均（6～8月）．

は計算機資源の制約もあり極めて困難である．現時点においては，モデルの問題点を認識しつつ，複数の全球モデルによる予測のばらつきの範囲（不確実性の幅）を考慮して評価を行うことが適切であろう[2]．

●ダウンスケーリング

日本における冬季の積雪や夏季の豪雨・高温などの地域の気候は，複雑な地形の影響を強く受けている[3]．一方で，解像度250kmの全球モデルでは詳細な地形の効果がほとんど含まれていない．そのため地域の温暖化影響評価を行う場合には，ダウンスケーリングという方法を用いて全球モデルの情報を細かな地域規模の情報に変換する．ダウンスケーリングには，対象領域で全球モデルの情報を領域（数値）モデルに与えて高解像度シミュレーションを行う力学的ダウンスケーリングと，観測と全球モデルによる計算結果の統計関係を用いる統計的ダウンスケーリングがある．ここでは主に力学的ダウンスケーリングについて述べる．図2に全球モデル（解像度250km）から領域モデル（解像度20km）を用いて実施した力学的ダウンスケーリングの例を示す．全球モデルでは再現できない地形に対応した詳細な降水分布を領域モデル（解像度20km）では

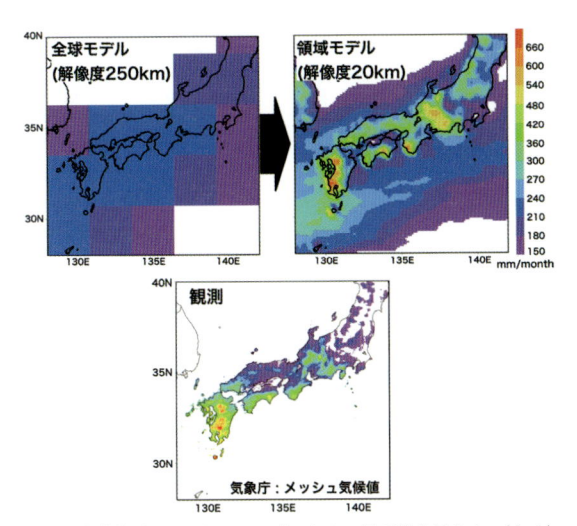

図2 力学的ダウンスケーリングによる6月の降水量分布．（左上）全球モデルによる現在気候計算結果，（右上）領域モデルによるダウンスケーリング結果，（下）気象庁による観測結果．モデル結果は1970～99年の30年間積算値．観測結果は1971～2000年の30年間積算値．ダウンスケーリングの結果は計算領域の一部．全球モデルのデータは国立環境研究所提供．

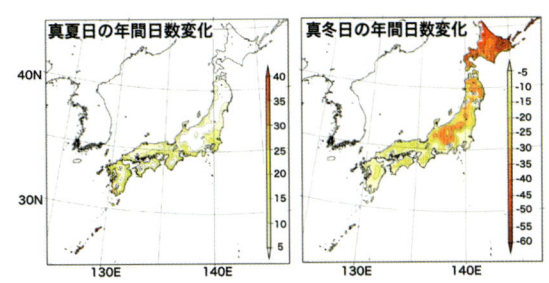

図3 SRES A2シナリオ（2100年の二酸化炭素濃度が830ppm）での全球モデル気候予測実験からのダウンスケーリングによる真夏日と真冬日の年間日数の変化[4]．（2081～2100年平均値）と（1981～2000年平均値）の差．

再現している．ただし，このケースのようにダウンスケーリングにより常に再現性がよくなるわけではなく，全球モデルのモデルバイアスが大きいと，ダウンスケーリングでもその影響を受けて再現精度が悪くなる．

図3はダウンスケーリングによる真夏日と真冬日の年間日数の変化である．1つの全球モデルからのダウンスケーリングであるため不確実性に注意する必要があるが，細かい地形などを反映した地域による特徴の違いが確認できる．西日本や東日本の都市部で真夏日の大きな増加が見られ，北日本や山間部では真冬日の顕著な減少となっており，熱中症の危険性増大や積雪水資源量の減少などが懸念される．

●新しいダウンスケーリングの試み

不確実性の問題に対処するために「擬似温暖化手法」[5]というダウンスケーリングの方法が試みられている．これは，全球モデルが最も得意とする全球～モンスーン規模の長期気候の変化のみを適用してダウンスケーリングを実施するものである．適用が難しいケースもあるが，モデルバイアスを飛躍的に小さくし不確実性を低減する特徴がある．（図2～5）

●今後の課題

温暖化予測は全球モデルに対する信頼を前提としている．現時点において，全球モデルによる地域気候の再現が困難であることに加え，不確実性の評価が不十分であることなどから，日本への影響など地域の温暖化予測には問題点が多い．身近な環境についてのより信頼性の高い温暖化予測情報を得るには，全球モデルのさらなる高精度化が不可欠となるだろう．

〔吉兼隆生〕

9.13 生態系・人間社会への影響
(1) 農業への影響

●地球規模で見た農業への影響

地球温暖化による世界規模で見た研究については，主に麦類を対象にして行われている．IPCC AR4 によると，1～3℃程度の気温上昇であれば，主に大気中の二酸化炭素濃度上昇の効果で収量が増加するためプラス効果となる[1]．しかしこの効果は低緯度地帯には当てはまらず，特に乾期のある熱帯では1～2℃の気温上昇であっても収量が減少してしまうマイナス効果が現れる．これ以上に気温が上昇すると，どの地域でもマイナスの影響が強く現れる．

影響を受ける側の作物の光合成特性によっても，二酸化炭素濃度上昇の好的な効果の程度は異なる．水稲や小麦などのC3植物では二酸化炭素濃度が550ppmの条件では10～20%増収となる．また，トウモロコシなどのC4植物では0～10%増収となることが示されている[2]．二酸化炭素濃度の上昇は，光合成を促進して農作物の成長と収量を増加させると同時に気孔を閉じて水利用効率を高める作用を引き起こす．水利用効率が高まれば，より乾燥した気候条件でも生育することが可能になる．このように，作物成長に対して地球温暖化はプラスの効果とマイナスの効果がある．

温暖化に対する適応策の効果は多様で，負の影響をほんのわずかだけ軽減する程度から好適影響へ変えてしまうほどさまざまである．穀物栽培の場合は，適品種の選択や栽培時期を変えるなどの適応策により，10～15%程度の減収を回避することが可能である[1]．こうした対策の効果を気温に換算すると1～2℃の低下に相当すると考えられる．

●日本の農業に及ぶ影響

温暖化によって日本の食料生産分野にどのような影響が及ぶだろうか．影響のプロセスの概要を図1に示す．影響要因は自然的な条件だけではない．食料自給率の低下や生産コストの増大などは社会的要因として作用し，地球温暖化による影響に相乗してマイナスの影響として働くことが考えられる．さらに，国外における影響が間接的に日本の農業に大きな影響を及ぼすことも考えられる．すなわち，輸入相手国が大規模な被害

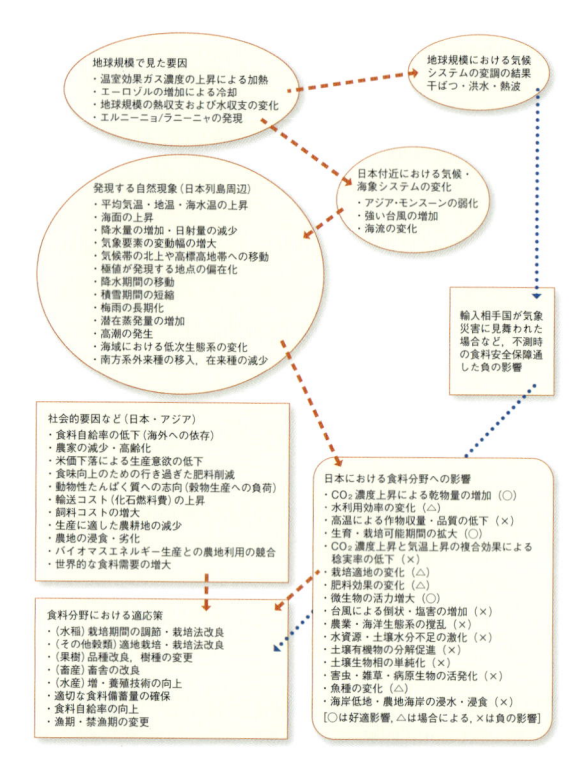

図1 地球温暖化の要因および食料分野への影響・適応策に関する全体像[3]．

を受けると日本の食料の確保が不安定になり，本来の食料分野における適応策に影響が及ぶ懸念がある．非常に多様なプロセスがかかわりあい，最終的な影響が現れると考えられる．

環境省は，農業のほか自然生態系，水資源，健康などの分野別に，現在日本列島でどのような影響が現れているかを集約し「気候変動への賢い適応」として公表している[3]．

●水稲栽培への影響

出穂後20日間の日平均気温が22～23℃の場合に登熟が最も良好であるが，26～27℃を超えると急激に白未熟粒が増加する[4]．現在品質低下が起こっている西日本を対象として，将来の気候変化の条件を与えて一等米比率の変化の予測を行った結果によると，どの気候シナリオの場合でも今世紀末には現在の一等米比率が大きく低下することが推定されている[5]．

全国各地で現在と同じ品種を栽培すること，また収量が最も高くなる栽培期間を選んで栽培することを条件に付け加え，今世紀中ごろにあたる2060年代の収量変化を予測した結果によると，増収傾向となるのは，北海道，東北地方北部の一部で，これに対して関東地方や日本海側の一帯では減収となることが示されている．ただし，これには二酸化炭素濃度の上昇のプラス効果は考慮されていない[6]．

地球温暖化の影響は，収量よりも田植え日や収穫日の変化に大きく現れると考えられる．最適な田植え日の分布を図2に示す．年代とともに，関東地方や関西地方以西では最適な田植え日が遅くなる一方，東北地方や北海道地方では早まることが示されている．こうして，水田栽培にかかわる季節感に大きな変化が及ぶと考えられる．

高温条件に適応した品種の改良が進むとともに，そうした品種を導入した場合の将来予測も行われている．各地域の気候に適合した品種を用いることで，約10～20%の増収となることが示されている[7]．

● 水稲以外の穀類への影響

麦の場合は，冬季の高温化により幼穂の形成や茎立ちが早まり，寒さに弱い幼穂が凍霜害を被るリスクが高まるという問題が発生している．同時に，生育ステージの早進化が起こり，早く発芽した状態で凍霜害を受けやすくなることが考えられる．このほか，西日本の麦では，登熟期の高温による粒重減少による減収が起こる頻度が増す可能性がある．

大豆の場合は関東以南で開花期の高温による花数の減少，サヤが形成される率の低下により減収が起こる可能性がある．また，病害虫の発生の増加あるいは長期化が指摘されている[8]．このほか，花芽分化期から開花期の期間は，特に高温や水ストレスなどに対して弱いため，温暖化で少雨傾向になると被害を受けやすくなることが予想される．

● 果樹栽培への影響

果樹は一度植えると簡単に移植できず，数十年間はその場所の気候条件のもとで生産を続けなければ経営的に不利になる．この点で，温暖化の影響は水稲などと比べて深刻である．

リンゴとウンシュウミカンについて，現在と今世紀中ごろの栽培適地の比較を行った研究によると，栽培に適した年平年気温は，リンゴの場合に6～14℃，ウンシュウミカンの場合に15～18℃である．このためリンゴは北海道の道東および西南暖地の平野部を除く広い地域で，ウンシュウミカンは主に西南暖地の沿岸域でそれぞれ栽培されている．地球温暖化が進み，現在より約3℃気温が上昇すると考えられる2060年代には，リンゴは北海道全域が栽培適地になる一方で，関東以南は高温のためにほぼ栽培適地から外れることが予測されている．同様にウンシュウミカンは，南東北の沿岸部まで適地が北上することが予測されている[9]．

また，果樹には夏の後半から秋にかけ発芽が抑制される自発休眠という現象があり，休眠状態に入った後には，一定の低温に遭遇しないと自発休眠が解除されず，発芽ができない．したがって，秋から冬にかけて気温が高い条件が続くと発芽が遅れ，品質や収量に影響が出ることが指摘されている．

● 茶栽培への影響

秋～冬の気温が2℃以上高くなると休眠期が短くなり，一番茶の生育と収量が悪化することが知られている．この傾向は，特に関東以西で顕著に現れている．地球温暖化が進むと，生育が前倒しになり，病害虫の多発や発生パターンに変化が生じ防除が難しくなっていることが指摘されている[8]．

気温上昇とともに萌芽が早まり，一番茶の摘み取り初日が，移動性高気圧が日本列島を周期的に通過する季節（3月中旬～4月中旬）に前進する生産地が増えている．3～4月にかけては，日々の気温変化が大きく変動するため，一番茶の摘み取り日がこの時期に重なると霜害や冷害の被害を受けやすくなる．こうした影響は地球温暖化が進むからこそ発生する問題であり，温暖化時にあって低温に対処する必要が生じる．

〔林　陽生〕

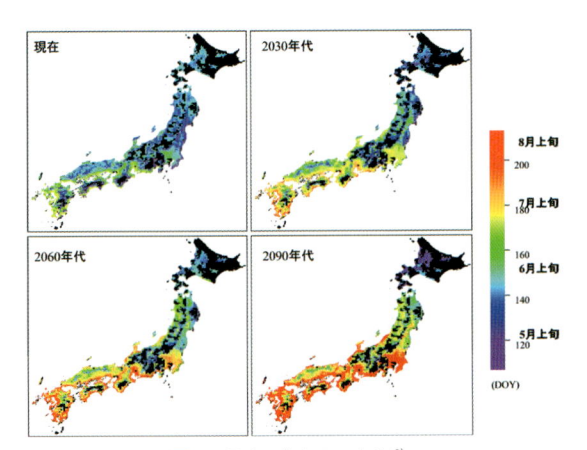

図2　最適田植え日の変化[6]．

9.14 生態系・人間社会への影響 (2) 水資源・国土保全

●気候変動と社会変化

人口増加や増加した人口の都市への集中，経済発展に伴う都市用水使用量の増加，水をより多く必要とする食料消費への転換など，社会変化に伴う水需要の増大により，人為起源の気候変動がなくとも，今後ますます世界各地で水需給が逼迫することが懸念されている．IPCC AR4 WGⅡ第3章「淡水資源とそのマネジメント」[1]では，人為起源の気候変動，いわゆる地球温暖化は淡水システムへのさまざまな圧力の1つに過ぎないが，気候の変動に対する水資源供給の脆弱性をさらに悪化させる要因となる，として，図1のような模式図を示している．

すなわち，気候変動の影響評価には，気候の将来像だけではなく，人口や経済的豊かさ，国や地方政府のガバナンス，経済や技術の水準といった水需要や水災害に対する脆弱性にかかわる人間社会側の要素がどのように変化するかについても想定する必要がある．たとえ豪雨が多発し，洪水頻度が増しても人が住まないような地域であれば被害は増えないだろうし，たとえ気候変動によって利用可能な水資源量が増大するとしてもそれを上回る勢いで水需要が増大すれば水需給は逼迫することになる．

このように，影響評価では，気候変動の不確実性に加えて，社会変動の不確実性も考慮せねばならない点に留意する必要がある．

●世界の水供給展望

図2はA1Bシナリオに沿って推計された21世紀終わりの年河川流量の，20世紀終わりに対する変化を平均値の比で示した背景[2]に，持続可能な開発に影響のおそれがある地域における淡水の将来の気候変動影響を例示したものである[1]．

赤で示されている地域では乾燥化が懸念され，いずれも穀倉地域であることから，日本の食料安全保障にも悪影響がもたらされる可能性がある．一方で，青で示される地域では利用可能な年水資源賦存量（年河川流量あるいは年降水量と年蒸発散量との差で定義される）の増大が見込まれている．しかし，降水量の増加に伴って河川流量が増えるのは現在でも水が豊富な雨季である．増分を貯留し，乾季に利用できるような社会基盤施設が整っていればその増分を有効に利用することも可能であるが，そうでなければ有効利用されることなく海に流れていってしまうだけで，むしろ洪水のリスクがより増大する恐れもある．なお，現状に対する変化の比で示しているため，乾燥地域の変化が目立っている．

●世界の水需給展望

図3は人口増加[3]と経済発展に伴う水消費の増大[4]，そして温暖化に伴う気候条件の変化を考慮して推計された今世紀の水需給の展望を高い水ストレス下にある人口，という指標で示したものである[5]．左は年間1人あたり使用可能な水資源量，右は年間利用可能な水資源量に対する実際の水使用量の比，という指標に基づいて算定された高い水ストレス下にある世界人口（10億人単位）である．それぞれ3本ある線は，SRESシナリオの違いに対応しており，地域主義経済発展重視シナリオであるA2シナリオの結果では左右いずれも高い水ストレス人口は増大するが，グロー

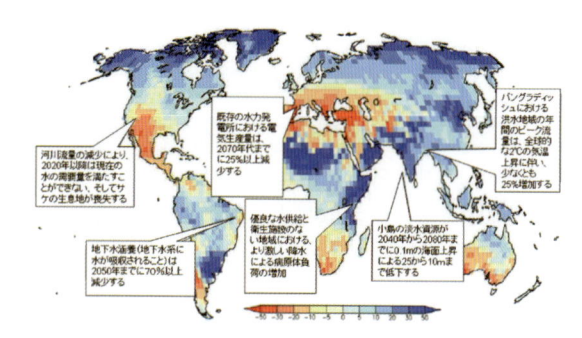

図2 気候変動に伴う水資源賦存量の変化と持続可能な開発への影響の例[1],[2]．

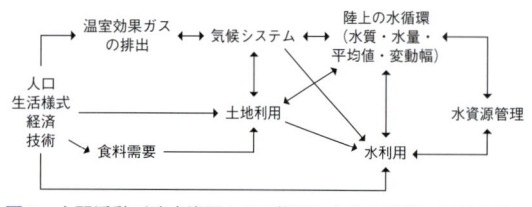

図1 人間活動が淡水資源とその管理に与える影響．気候変動は多数のストレスのうちの1つに過ぎない．

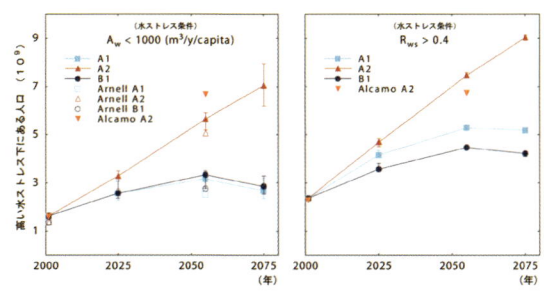

図3 SRESに対応して推定された現在から将来に至る高い水ストレス下にある人の数[5]. 高い水ストレスかどうかの閾値は（左）水混雑度指標 $A_w=Q/C<1000m^3/$年$/$人,（右）渇水指数 $R_{ws}=(W-S)/Q>0.4$ であり，ここに，Q, C, W, S はそれぞれ，再生可能水資源量，人口，取水量，海水淡水化による水資源量である．エラーバーは6つの気候モデルによる再生可能水資源量の推計に対応した高い水ストレス下にある推定人口の最小値と最大値である．

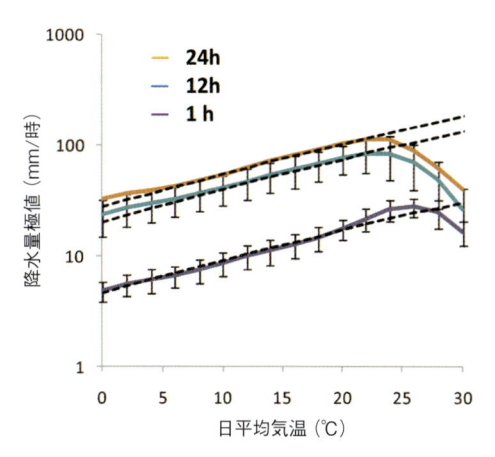

図4 アメダスデータに基づいた日平均気温毎の99%降水量極値[6]. 日本全国の平均．

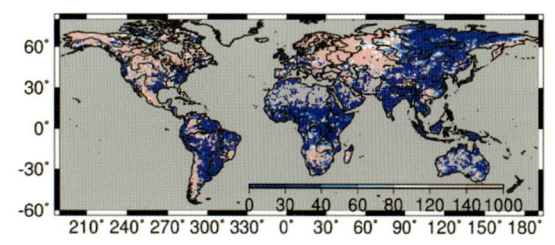

図5 20世紀に100年に1度の日流量が21世紀終盤には何年に1度の頻度で生ずるかの推計結果[7].

バル主義経済発展重視シナリオA1や，グローバル主義環境重視シナリオB1では世界人口も2050年をピークとして頭打ちになり，地球温暖化により利用可能な水資源量は全体としては増えることなどから，高い水ストレス下に置かれる人口も頭打ちになると推計されていることがわかるだろう．

こうした将来の水資源アセスメントの趣旨は，より正確な将来予想を打ち出すためではなく，むしろ，いくつかのシナリオに沿って社会が進んだらどのような状況が想定されるかを示し，国民社会としてどういう選択肢を選ぶべきかの指針を示すことにある[5].

将来的に水ストレスが増大する懸念があるのは基本的には現状でも水ストレスが高い地域が多く，中国北部から西部にかけて，インドとパキスタン国境付近のインダス川流域から西アジア，中近東，地中海沿岸の特に北アフリカ，そしてアメリカ合衆国西部からメキシコに至る地域で今後水需給が逼迫すると懸念されている．西アジアから中近東にかけては人口増加の影響が大きく，また，北アフリカの地中海沿岸などは気候変動の影響もかなり大きい．一方，変化を比で表すと，アフリカを中心とする地域で水ストレスの変化が大きくなっている．これは，これらの地域で現在天水（雨水）に頼った水利用が多いのに対し，人口が増大し，生活用水需要や灌漑用水需要が増大するため水利用が増えると想定されるからで，水供給施設の確保のみならず，適切に利用する社会システムも含めた構築が必要となるものと考えられる．

今後の水マネジメントと水防災

日本では，中長期的に人口の減少が見込まれ，水需要が低減すると想定されるので，水需給が今後ますます逼迫するとは考えにくい．むしろ水資源を確保し安定して供給する社会基盤施設を減り続ける人口でいかに維持していくのかが問題になるだろう．

これに対し，過去の観測から日平均気温が高いほど極値降水量の強度が増大していることが図4のように示されており[6], 原因が地球温暖化かヒートアイランドかは問わず，日平均気温が23℃程度までは気温上昇に伴い豪雨が増大することが懸念される．

世界的にも図5に示すようにユーラシア大陸東部を中心として洪水頻度が増加することが見込まれている[7]. 貯留施設の設置や堤防強化など従来の構造物による治水対策に加えて，土地利用規制や早期警戒システムによる被害削減など，構造物によらない対策が求められている．

〔沖　大幹〕

9.15 生態系・人間社会への影響 (3) 人の健康・社会生活

● 温暖化の健康影響

温暖化は人の健康や生活・活動に直接，あるいは間接的に影響を与える（表1）．

直接的な影響としては，熱波の発生により熱中症患者が増加し，光化学スモッグなどの大気汚染が増加するなどの健康影響が発生する．特に大都市で夏に暑い日が続くと，ヒートアイランド現象も加わり，たとえば東京の場合，一日の最高気温が30℃を超えると熱中症患者が発生し始め，救急車による搬送数が増加し，35℃を超えると急激に増加するという傾向がある．特に高齢者や幼児など気温変化に対して脆弱な年齢層が影響を受けやすい．

間接的な影響としては，マラリアやデング熱などの蚊などによる生物媒介性感染症が日本でも起きる可能性があることが指摘されている[2),3)]．1999年に米国ニューヨークで発生した西ナイルウイルス感染症は，2002年には米国全域に拡大し死者も多く出た．こうした感染症の拡大は温暖化のみが原因ではないが，突然発生する可能性がある．マラリアやデング熱などの感染症は，マラリア原虫などの病原体，それを媒介する蚊と人間が適度な密度になって初めて感染症が発生するが，海外旅行者が外国でマラリアにかかったり，航空機で蚊が運ばれたりすることにより日本で発生する可能性も無視できない．

その他，人間の生活が多様化するとともに，生活や活動への気象影響も複雑化，深刻化しつつある．洪水，長雨・多雨，干ばつ・少雨，熱波・暑夏および寒波・寒冬などの異常気象による市民生活への主な影響としては，負傷，疾病，感染症，熱中症，低体温症，精神的ストレス，アレルギー疾患および死亡などが挙げられる（表1）．これらの共通点は，貧困者，高齢者，子どもおよび免疫不全者が最も被害を受けやすいことである．洪水後の公衆衛生の悪化への対策として，地域毎に感染症予防衛生隊などが組織されて活動している[3)]．

● 健康影響の事例

◎欧州熱波の影響

大都市では温暖化とヒートアイランド現象により，異常高温や猛暑が発生して，人間の健康や行動に大きな影響を与えている．2003年欧州では6月から高温が続き，8月に入って異常高温となり，ロンドンでは10日に37.9℃，パリで12日に40℃を記録した．それぞれ，平年よりそれぞれ約17℃，16℃高かったために，従来夏でも過ごしやすい欧州では，この異常高温によって，たとえばフランスでは，熱波が原因で14800人が亡くなったと報告されている[4)]．

この異常高温による被害の後に，世界保健機関（WHO）は欧州各国に対して，表2のような温暖化影響の対策，適応策を講じるよう要請している．また，異常高温の発生に関する科学的究明も進められ，温暖化によってこうした異常高温のリスクは高くなることが予測されている[5)]．

日本でも，温暖化のもたらす熱中症などの熱ストレスの将来推定も研究が行われている（図1）．

表1 温暖化のもたらす健康影響[1)].

温暖化による環境変化	人の健康への影響
●直接影響	
暑熱，熱波	熱中症，死亡率の変化（循環器系，呼吸器系疾患）
異常気象の頻度・強度の変化	障害，死亡の増加
●間接影響	
媒介生物などの生息域，活動の拡大	生物媒介性感染症（マラリア，デング熱など）の増加
水，食物を介する伝染性媒体の拡大	下痢やその他の感染症の増加
海面上昇による人口移動や社会インフラ被害	障害や各種感染症リスクの増加
大気汚染との複合影響	喘息，アレルギー疾患の増加

表2 熱波影響への適応策.

適応策の類型	事例
行政面の適応策	建物基準の変更，環境教育，天気予報/警報システム
技術・工学面の適応策	建物の気密性強化（断熱），緑化・水辺創出 土地利用や都市計画（ヒートアイランドの緩和），空調設備
文化や行動面の適応策	水分の補給，ピーク気温時の仕事・運動を避ける 衣服の工夫，昼寝，昼休み，空調設備 暑熱に関する情報提供

◎**感染症**への影響

温暖化や異常気象は感染症に大きな影響を及ぼすことがわかっている．ダニ，ハエや蚊など感染症を媒介する生物（媒介生物）は，体温調節を行う機能を持っていないことから，生存や生殖には気温の変化が大きく影響する．感染症と気温との関係については，媒介生物を通じて影響するが，加えて媒介生物の生存や生殖，さらに感染を受ける人の健康状態などにも影響されることから，温暖化による感染症への影響を評価や予測する際には，これらの要因を考慮することが必要である．

日本においては温暖化に伴い，感染症を媒介する能力を持つ蚊の北上が観察されている．具体的には，ヒトスジシマカの分布域が東北・北海道へ北上しており，ネッタイシマカの日本への侵入により日本全域がデング熱，チクングニヤ熱の流行リスクを有する地域となると予想される[3]．

◎**大気汚染**の悪化の影響

地域レベルにおける温暖化と大気汚染との関係の研究も進んでいる．今後50年間温暖化が進行することによって，たとえば，米国東部の大気汚染が悪化することが，地域気候モデルの研究によってわかってきた．温室効果ガスの排出量が多いIPCCのA2シナリオを用いた計算から，米国東部全域で通常のオゾン濃度レベルが，3.7 ppb 増加し，現在オゾン濃度が高い都市では，気温上昇が原因でオゾンによる大気汚染が深刻になると予測されている．米国東部の15都市では，2050年代までに8時間以上オゾンに曝露される日数が60%増加して，ひと夏あたり12日から約20日になると予測されている[6]．

● **社会生活への影響**

温暖化は我々の生活や活動に直接，あるいは間接的に影響を与える．生活や活動は気象以外にもいろいろな要因に関係しているので，温暖化の影響のみを検出することはなかなか難しいが，温暖化は確実に進んでおり，社会生活に与える影響は深刻化すると予想される．

◎**産業**への影響

気温の変化は衣料や清涼飲料水などの産業に直接影響を与えることが知られている．企業は気温の変化を予測して，生産量を調整することで，影響を低減してきた．表3は産業などへの影響を列挙したものである[1,2]．1〜2℃の気温変化によって企業収益やエネルギー関連施設に影響が現れることがわかる．

◎**身近な環境**への影響

温暖化とヒートアイランド現象により，局所的に，

表3 温暖化の産業への影響．

気候の要因	影響
6〜8月平均気温が1℃上昇	夏物商品の消費が約5%増加
高温期が延長	エアコン，ビール，清涼飲料水，冷菓などの消費が増加
積雲（雷雲）が形成されやすくなる	情報機器や自然エネルギー施設に影響．耐雷製品の開発が必要
夏季の気温が1℃上昇	電力需要が約500万kW増加，都市部で冷房需要が増加．一方夏物商品増産による工場稼働率の上昇により，夏季の電力需要が増加
平均気温が上昇	家庭用エネルギー消費が南部で増加．北部では冷房・暖房・動力のエネルギー消費総量が低下する場合もある
冬季の降雪量が減少	スキー産業などに影響．融雪にかかわる経費は減少
降水パターン・量が変化	水力発電量，ダム施設の管理・運用，冷却水の確保に影響
冷却水温が1℃上昇	火力0.2〜0.4%，原子力で1〜2%，発電出力が低下

記録的な豪雨による浸水被害も最近多発している．水害による浸水面積（水害面積）は減少傾向だが，浸水面積あたりの一般資産被害額（水害密度）は増加する傾向にある．また，都市部では，熱帯夜が増加したため，温暖化にかかわる意識調査結果からは，熱帯夜による睡眠障害などの弊害も現れている[7]．

気温上昇すると身近な水環境も悪化する．河川，湖沼の水温が上昇すると，たとえば，琵琶湖では湖底の溶存酸素濃度が低下傾向となり，水質悪化の傾向が確認されている．霞ヶ浦では1℃水温が上昇するとCOD（化学的酸素要求量）が1 ppm上昇するなど，温暖化によって富栄養化などにより水質も悪化することが報告されている[2]．

◎**海面水位上昇**の影響

温暖化が進むと，海水温が上昇し海水が膨張し，また山岳や極域の氷河や氷床が解け，淡水が海に流入するため海面水位が上昇する．IPCC AR4 によると，この20世紀の100年間に0.17 m海面水位が上昇したことが観測されており，特に小さな島国やアジア地域の沿岸低地では，土地が減少するなどの影響が現れている[1]．2100年には1990年に比べて0.18〜0.59 m海面が上昇すると予測されている．

海面上昇の日本への影響については，いろいろな研究がなされている．たとえば，1 mの海面水位上昇では自然の砂浜が約90%消失したり，東京の0 m地帯（土地が平均満潮位以下にあり，堤防で守られている）が拡大したりすると予測されている[2]．〔原澤英夫〕

9.16 抑制・適応政策

● 地球温暖化対策の基本構造

地球温暖化を招いた原因の根源には人間の欲求がある．我々が電力やガス，石油などのエネルギーを使用するのは，それ自体が目的ではない．電気を使ってテレビを見たり，車に乗って遊びに行きたいからエネルギーを使う．また，車やテレビをつくるため，さらにはその材料である鉄をつくるためにも大量のエネルギーを使う．つまり，我々の欲望がまず存在し，それを満たすために，直接間接にエネルギーが使われている．

人間の欲求から気候変動の被害までを，エネルギー利用に伴う二酸化炭素（CO_2）排出に注目して，人間の欲求→物・サービス生産などの人間の行動→エネルギー需要→ CO_2 排出→大気中 CO_2 濃度上昇→気候インパクト→気候変動による損害，という各フェーズに分解し，それぞれのフェーズにおける対策のタイプを整理する．図1に示すように，各フェーズに対応した対策は，①社会構造・ライフスタイルの変革，②エネルギー効率改善，③エネルギーの低炭素化，④ CO_2 回収・貯留・吸収，⑤気候制御，⑥気候変動への適応に分類される．このうち，①，②，③と④の一部（回収・貯留）は温室効果ガスの大気中排出を抑制するため抑制対策と呼ばれ，⑥は地球温暖化を前提としての対策であるので適応対策と呼ばれる．④と⑥の一部と⑤には地球規模の物質・エネルギー循環や地形を人工的に改変するものが含まれるのでジオエンジニアリングと呼ばれている．

● 抑制対策

抑制対策の中心となるのは，省エネルギーと低炭素化である．省エネルギーは，ライフスタイル変化など活動量削減を含む広い視点から進めるべきであるが，エネルギー利用効率改善だけに着目しても，個別機器の効率改善から交通システムや都市構造の工夫まで，多種多様な技術的可能性がある．しかし，家庭など多くの主体が参加しなければ実効性を持たないので，技術によって開かれた可能性を現実の効果に実らせるためには，社会的対応と組み合わせることが重要である．

エネルギーの脱炭素化については，天然ガスへの燃料転換はすでに世界的規模で急速に進展しており，原子力や再生可能エネルギーなど非化石エネルギー利用の推進は，地球環境時代のエネルギーの長期的基本戦略として進められている．また，燃料からの炭素分の除去や燃焼後の排ガスから CO_2 を除去して隔離する技術（CO_2 回収・貯留（CCS）技術）も開発中である（図2）．バイオマスのエネルギー利用と CCS を組み合わせれば，エネルギー生産と同時に大気から CO_2 を吸収する，つまり，計算上は CO_2 排出をマイナスにすることすら可能になる．

IPCC AR4 の各分野の抑制対策の効果とコスト評価をまとめた結果を示しておく（図3）．この図は 2030 年における世界の温室効果ガスの削減可能量を，排出分野毎に削減費用の水準（US\$/CO_2-eq 単位で示す）で区分して示したものである．なお，ここで CO_2-eq とは，CO_2 以外の温室効果ガスを含めて CO_2 に換算したものである．図3において，家庭・業務部門での削減可能量が特に大きいことがわかる．この中には全く費用がかからないと評価されるにもか

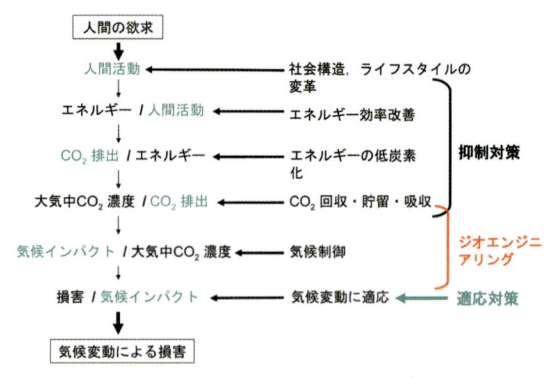

図1 地球温暖化対策の基本構造[1]．

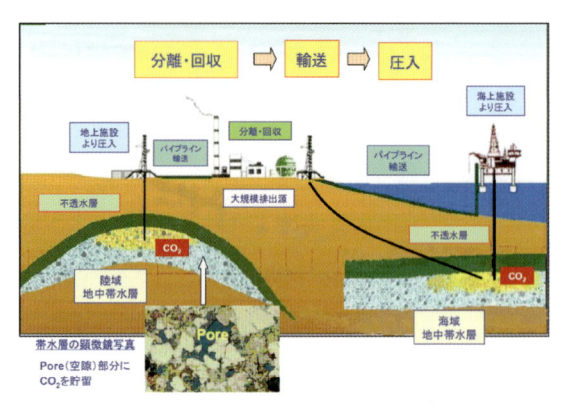

図2 CO_2 回収・貯留（CCS）技術[2]．

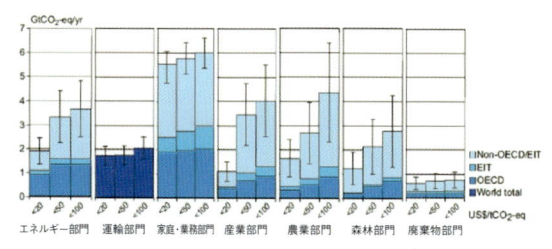

図3 2030年の世界の温室効果ガス削減可能量[3]. EIT：旧ソ連・東欧圏, Non-OECD/EIT：途上国.

図4 重点的に取り組むべきエネルギー革新技術[4].

表1 適応対策の類型と事例[5].

システム	予見的・計画的適応	事後的・対症療法的適応
自然システム	・自然自体に予見的な適応はない ・人間社会の側は，保護区・保全区域の拡大，動植物の移動経路の確保，人工繁殖，土地利用・水管理といった適応的な統合的生態系管理手法を実施する	・成長期間の変化 ・生態系構成要素の変化 ・湿地の移動 ・動植物の移動（高緯度・高高度）
人間システム：民間，個人	・保険の購入 ・高床式建物の建築 ・油井掘削装置の設計変更	・農耕法の変更 ・保険掛金の変更 ・空調設備の設置
人間システム：公共	・早期警戒システム（洪水，熱波） ・建築基準や設計基準の変更 ・再配置の促進策	・補償金，補助金 ・建築基準の施行 ・養浜

かわらず現在実行されていない対策も含まれている．これは，経済的には合理的であっても情報不足などのために技術的可能性が実現していないことを示している．また，全ての分野において発展途上国で大きな削減余地があることもわかる．これは途上国への技術移転や資金援助の重要性を意味している．

また，我が国でも2008年に「Cool Earth エネルギー革新技術計画」[4] を策定し，2050年の世界における大幅な CO_2 削減に寄与することを目指して，図4に示す21の重点的に取り組むべきエネルギー革新技術を選定している．

ジオエンジニアリング

地球温暖化対策には，温室効果による気温上昇に対し，人工的な地球冷却によって温暖化を相殺するという気候制御技術も考えられる．たとえば，ジェット機の排気ガスを利用して大気の上層部にエーロゾルを散布して太陽光の反射率（アルベド）を増し地球を冷却するアイデアなどが提案されている．大気中の CO_2 を吸収・固定する技術についても，海洋に大規模に栄養素を投入して植物性プランクトンを増殖させる海洋施肥や土地利用を変化させて CO_2 を固定するなどの提案がある．海洋中に CO_2 を固定した場合には，食物連鎖を考慮して大気から吸収した炭素分が海底に沈降する量を確認する必要がある．また，地上のバイオマスに固定した場合には，CO_2 の除去はバイオマスの成長期間に限られる点に注意するとともに，固定したバイオマスストックの維持や，施肥やバイオマスの腐敗に伴うメタンや亜酸化窒素など CO_2 以外の温室効果ガスの排出についても慎重な配慮が必要となる．

アルベド制御や海洋施肥のように地球の物質・エネルギー循環を変える大規模技術はジオエンジニアリングと呼ばれている．実行には十分すぎるほどの慎重な対応を要するものの，長期的な温暖化対策技術のメニューの中には残しておくべきであろう．

適応対策

地球温暖化の損害を緩和する，いわゆる適応対策がある．温暖化対応の農林産物の品種改良，植物工場など農業の気候依存性の低減，洪水などに対する早期警戒システムの構築，オランダで現実に行われたような大規模堤防工事による海面水位上昇への対応などが含まれる．適応対策の類型と事例を表1に示す．

地球温暖化現象の非可逆性を考慮すれば，このような適応技術の可能性を検討しておくことも重要課題である．地球温暖化の被害は特に途上国において著しいと予想される．途上国の国土を洪水などに対して抵抗力のある強靭なものにし，農業生産を近代化して気候変動による影響を弱めることは地球温暖化対策としてだけでなく，途上国の発展のために基本的に必要なことである．つまり，適応技術の多くは途上国にとっては地球温暖化問題の不確実性を考慮しても取られるべきノーリグレット対策（たとえ深刻な温暖化が生じない場合でも他のメリットがあるため後悔しないで済む対策）である．

〔山地憲治〕

A.1
大気放射

1. 放射の基本量

a. 放射の名称

本節では，大気中での放射過程を理解するうえで基礎となる事項を概説する．放射過程は気候系におけるエネルギー輸送の重要な担い手であるとともに，気候系の監視・観測の有力な手段であるリモートセンシングの基盤をなす．放射とは電磁波の総称であり，輻射と表記されることもある．電磁波は図 A.1 のように，波長によって領域別の名称で呼ばれる．このうち，地球大気での放射過程に関して重要な領域は，紫外線から，可視光線，赤外線，およびマイクロ波にかけての領域である．

電磁波の識別には，真空中における波長 λ，振動数（周波数）$\tilde{\nu}$，または波数 ν が用いられる．三者の間には，次式の関係がある．

$$\lambda = \frac{c}{\tilde{\nu}}, \quad \nu = \frac{\tilde{\nu}}{c} = \frac{1}{\lambda} \tag{A.1}$$

ここで，c は真空中の光速度であり，$c = 2.9979246 \times 10^8$ m/s である．大気放射の分野では，放射は一般に波長で記述される．波長の単位として，可視光では nm（ナノメートル：$1\,\mathrm{nm} = 10^{-9}$ m）や μm（マイクロメートル：$1\,\mu\mathrm{m} = 10^{-6}$ m）が常用される．また，紫外線域では Å（オングストローム：$1\,\mathrm{Å} = 10^{-10}$ m）が用いられることもある．一方，赤外分光学では，波数（単位は $\mathrm{cm}^{-1} = 1/\mathrm{cm}$）が多用される．マイクロ波領域では周波数（振動数）で表すことが一般的であり，

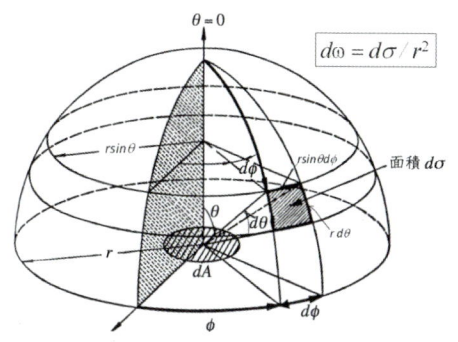

図 A.2　極座標系における微小立体角 $d\omega$ の定義[1]．

GHz（ギガヘルツ：$1\,\mathrm{GHz} = 10^9$ Hz）の単位が用いられる．地球環境の分野で主に対象にする放射は，太陽からやってくる放射と大気・地表面系が出す放射である．前者を太陽放射，後者を地球放射と呼ぶ．これは，放射源で分類した呼称である．他方，気象レーダーやライダーなどを利用する能動型リモートセンシングでは，人工光源が発する放射が用いられる．

b. 立体角

放射の強さは，単位の立体角に含まれる放射エネルギーの大きさを用いて表されるので，まず立体角を導入する．立体角 ω は，半径 r の球面上に錐体で張られる面積 σ を半径の 2 乗で割った値，$\omega = \sigma/r^2$ として定義され，ステラジアン sr の単位で表される．したがって，図 A.2 のように，極座標系で表される半径 r の球面上の天頂角 θ と方位角 ϕ で規定される方向において，微小な角度差 $d\theta$ および $d\phi$ で張られる錐体の微小面積 $d\sigma$ を見る場合の微小立体角 $d\omega$ は，次式で与えられる．

$$d\omega = \frac{d\sigma}{r^2} = \sin\theta\, d\theta\, d\phi \tag{A.2}$$

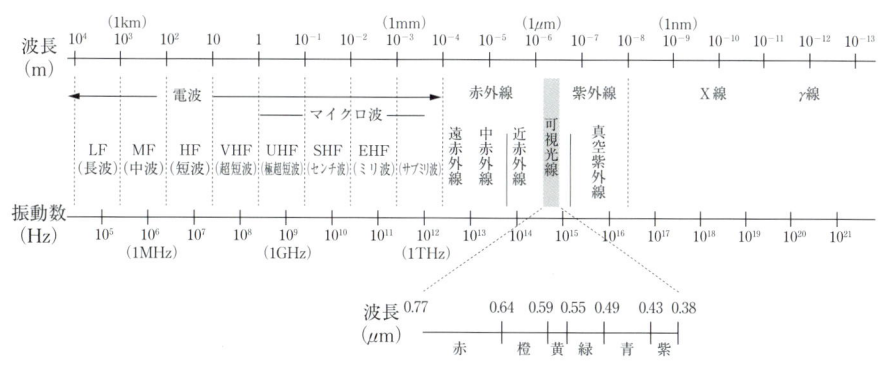

図 A.1　放射（電磁波）の呼称と波長および振動数[1]．

この定義によると，地上に設置した全天日射計（受光面が図 A.2 の面積 dA に対応）が天空を見る立体角は，半球全体に対する立体角に相当し，2π sr となる．

c. 放射輝度・放射強度

ある面 dA を通して，その法線方向と角 θ をなす方向の微小立体角 $d\omega$ の錐体内を進む放射を考える（図 A.2 を参照）．波長が λ と $\lambda+d\lambda$ との間にある放射が dt 時間あたりに面 dA を通過する場合の放射が運ぶエネルギー dE_λ は，$dE_\lambda = I_\lambda (\cos\theta\, dA)\, d\omega\, d\lambda\, dt$ で与えられる．ここで，I_λ は波長 λ の放射の強さを表す比例定数であり，放射輝度または放射強度と呼ばれる．これにより，ある単一波長 λ の放射（これを単色光と呼ぶ）の強度は，

$$I_\lambda = \frac{dE_\lambda}{\cos\theta\, dA\, d\omega\, d\lambda\, dt} \qquad (A.3)$$

として定義される．したがって，その物理次元は，[エネルギー/時間/面積/立体角/波長]であり，[W/m²/sr/μm]などの単位で表される．ここで，W はワットであり，[エネルギー/時間]の次元を持つ．上式に角度 θ が含まれていることからわかるように，放射輝度は，場所のみの関数ではなく，進行方向にも依存する．特に，放射輝度が方向によらず一定の強さの場合には，放射場は等方的であるという．なお，放射が平行光線の場合には $d\omega \to 0$ であるので，式 (A.3) で定義される放射輝度の概念は成り立たなくなる．この場合には，光線に垂直な単位面積を通る放射エネルギーの大きさ（次項の放射束密度）で光線の強さを記述する．

d. 放射束密度・放射フラックス

面 dA を通して半球側へ流れる放射エネルギーの大きさを放射束密度，放射フラックス密度，または単に放射フラックスと呼ぶ．波長 λ の放射束密度 F_λ は，面 dA を通過（あるいは照射）する放射輝度 I_λ のその面に垂直な成分を半球の全立体角について積分したものとして定義される．その物理次元は，[エネルギー/時間/面積/波長]となり，[W/m²/μm]などの単位で表される．図 A.2 を参照すると，極座標表示では，

$$F_\lambda = \int_0^{2\pi}\int_0^{\pi/2} I_\lambda(\theta,\phi)\cos\theta\sin\theta\, d\theta\, d\phi \qquad (A.4)$$

と書き表せる．特に，等方的な放射場 I_λ の場合には，$F_\lambda = \pi I_\lambda$ となる．全波長にわたって積算した放射束密度は，単色光の放射束密度 F_λ を波長について積分して得られる．水平面を上向き（天空方向）および下向き（地表面方向）に通過する放射束密度を，それぞれ上向き放射フラックスおよび下向き放射フラックスと呼んでいる．

2. 黒体放射の法則

a. プランクの法則

本項では，物質と放射の相互作用を理解するうえで有用な黒体放射の概念とそれに関連する放射の基本則を復習する．黒体とは，入射する全ての波長の放射を完全に吸収する理想的な物体をいう．また黒体は，同じ温度では他のどんな物体よりも多くの放射を出すことができる．黒体から射出される放射を黒体放射と呼ぶ．黒体は現実には存在しない理想的なものであるが，黒体放射は等温の不透明な壁面で囲まれた空洞内の放射として実現される．黒体放射の場は等方的である．プランクの法則によると，絶対温度 T の黒体放射輝度の波長 λ で表したスペクトル分布は，プランク関数と呼ばれる次式の関数形で表現できる．

$$B_\lambda(T) = \frac{2hc^2}{\lambda^5\{\exp(hc/\kappa_B\lambda T)-1\}} \qquad (A.5)$$

ここで，$h = 6.62607\times 10^{-34}$ J·s はプランク定数，$\kappa_B = 1.38065\times 10^{-23}$ J/K はボルツマン定数である（J はエネルギーの単位のジュールである）．すなわち，黒体の放射輝度は，絶対温度と波長（または，振動数，波数）の関数である．図 A.3 に，さまざまな絶対温度 T に対するプランク関数を波長の関数として示す．太陽放射のスペクトルは，厳密には黒体放射のスペクトルに一致しないが，可視光から近赤外線の領域にかけての波長分布は約 $T = 5780$ K の黒体放射スペクトルでほぼ近似できる．一方，宇宙空間へ放出される地球放射のスペクトルは，$T = 255$ K の黒体放射のそれに相当する．

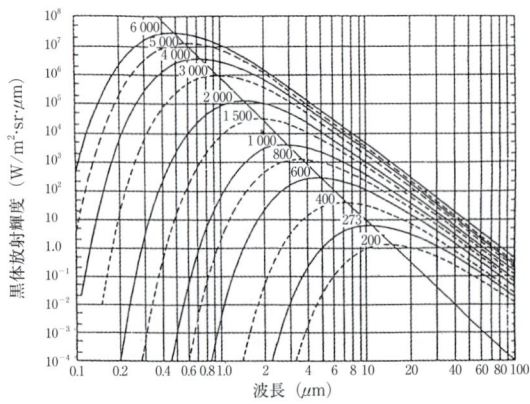

図 A.3 いろいろな温度のプランク関数の波長分布．極大点を結ぶ直線は，ヴィーンの変位則に対応する[1]．

b. ステファン・ボルツマンの法則

絶対温度 T の黒体面から射出される放射輝度を全波長にわたって積算した値 $B(T)$ は，プランク関数 $B_\lambda(T)$ を波長範囲 $0 \sim \infty$ にわたって積分することにより得られる．この積分は，$B(T)$ が T^4 に比例する結果を導く．また，黒体放射は等方的であるから，全波長で積分した放射フラックス F_{BB} は，$F_{BB}=\pi B(T)=\sigma T^4$ で与えられる．ここで，σ は ステファン・ボルツマン定数 と呼ばれる変換定数であり，その値は $\sigma = 5.6696 \times 10^{-8}$ W/m^2/K^4 である．すなわち，黒体面から射出される放射フラックスの全波長にわたる積分値は絶対温度の 4 乗に比例する．これは，ステファン・ボルツマンの放射則 と呼ばれ，黒体放射エネルギーの温度依存性を表す重要な基本則である．

c. キルヒホッフの法則

熱平衡の状態にある物質が放射を授受する際の基本的関係を表す法則に キルヒホッフの法則 がある．これは，物質が射出する放射エネルギーと吸収能との比は，物質の種類や性質に関係なく温度と波長のみに依存しており，プランク関数で与えられることを教える．ここで，吸収能とは，物質を照射する放射エネルギーに対する吸収された放射エネルギーの比である．今，温度 T の熱力学的平衡状態にある物質の波長 λ の放射に対する 吸収率 a_λ を，プランク関数 $B_\lambda(T)$ に対する吸収された放射輝度の比として定義する．また，射出率 ε_λ を $B_\lambda(T)$ に対する射出された放射強度の比として定義すると，上述の関係は，吸収率と射出率とが等しくなること，すなわち $a_\lambda = \varepsilon_\lambda$ であることを意味する．全ての波長で $a_\lambda = \varepsilon_\lambda = 1$ であるような理想的物体を 黒体 という．一方，全ての波長で $0 < a_\lambda = \varepsilon_\lambda =$ 一定値 < 1 であるような物体を 灰色体 と呼んでいる．地表面（地面や海面など）は，赤外放射に対してほぼ黒体あるいは灰色体として近似できる．

上記のことから，熱力学的平衡状態にある物質は，放射を吸収する（$a_\lambda > 0$）性質を持つならば，吸収率と同じ値の射出率で同じ波長の放射を射出することがわかる．射出される放射輝度は，その絶対温度と波長でのプランク関数と射出率との積として与えられる．地球大気は，鉛直方向の温度勾配を持つので，厳密には熱力学的平衡の状態にないが，多くの吸収帯においては，約 70 km より低い高度ではその場その場でほぼ熱力学的平衡の状態にあると見なせる．これを 局所熱力学的平衡の近似 という．この場合，赤外放射の局所的な授受に対して，キルヒホッフの法則を適用することができる．

3. 太陽放射と地球放射

a. 太陽放射

太陽放射は，気象の分野では，しばしば 日射 や 短波（長）放射 とも呼ばれる．地球大気の上端における太陽放射のスペクトルが，2.7 の 図 3 に示されている．太陽放射エネルギーの波長分布は，波長 0.47 μm 付近に最大値を持つ連続的なスペクトルであり，紫外域を除いて，約 5780 K の黒体放射スペクトルでほぼ近似できる．地球に入射する太陽放射エネルギーの 99% が 0.25 $\sim$ 4 μm の波長域に含まれる．全太陽放射エネルギーの約半分（46.6 %）が可視光線域（0.39 $\sim$ 0.77 μm）に含まれており，残りの大部分（46.6 %）は赤外線域（波長 > 0.77 μm）にある．紫外線域（< 0.39 μm）に含まれるエネルギーは 7 % 弱にすぎない．

地球が受ける太陽放射エネルギーは，地球と太陽との間の距離の 2 乗に反比例して変わる．地球は太陽の周りの楕円軌道上を約 365 日の周期で公転している．地球が太陽に最も近い 近日点（1.471×10^8 km）を通過するのは北半球が冬の 1 月 3 日ごろであり，最も遠い 遠日点（1.521×10^8 km）に達するのは夏の 7 月 4 日ごろである．したがって，地球が受ける太陽放射エネルギーは，北半球が冬の時期のほうが夏の時期より多く，その差は最大で約 7 % に達する．地球と太陽が平均距離にあるときに，大気上端において太陽光線に垂直な単位面積が単位時間に受ける全太陽放射エネルギーを 太陽定数 と呼ぶ．太陽定数の現在最も信頼されている値は 1366 $\pm$ 1 W/m^2 であり，近年の人工衛星による観測値である．

太陽放射は，太陽活動（黒点や白斑などの光球面の変化）に関連したさまざまな時間スケールで変動しており，特に紫外線域で変動が大きい．太陽定数も決して不変の定数ではなく，黒点数 の増減などの太陽活動に対応した約 11 年周期の変動が検出されている．その変動幅は約 1 W/m^2 と見積られているが，経年変化などの確実な値を得るにはなお長期の観測が必要とされる．

b. 地球放射

地球放射 とは，地表面および大気が射出する 地表面放射 および 大気放射 を含めた放射のことであるが，時に狭い意味で前者に限って使われることもある．他方，"大気放射" の用語は，本項目のように大気中における放射全般を意味するものとして，太陽放射と地球放射の両方を含めて用いられることもある．地球の温度環境では地球放射のエネルギーのほとんどは 3 $\sim$ 100 μm の赤外線領域にある．このことから赤外（線）放射とも呼ばれる．また，太陽放射に対する短波（長）放射との対比で，長波（長）放射とも称される．

大気からの放射（狭義の大気放射）は，水蒸気（H_2O），オゾン（O_3），二酸化炭素（CO_2），メタン（CH_4）などの気体成分，およびエーロゾルや雲粒子などの内部エネルギーが転化して電磁波として射出された熱放射である．このうち，気体成分による射出は，後述のように吸収帯と呼ばれる各気体成分に固有の波長帯で起こる．他方，地表面や雲は，ほぼ黒体あるいは灰色体と見なすことができ，その放射の波長分布はプランク関数で表される連続スペクトルに近いものとなる．晴天時に大気上端から宇宙に出ていく地球放射スペクトルの一例が 2.7 の図 4 に示されている．

4. 放射の素過程

a. 吸収

放射は大気中を伝播する間に，吸収や散乱を受け減衰する．吸収と散乱の過程は，放射伝達のもととなる重要な素過程であるのでその概念を簡潔に述べる．なお，吸収と散乱の両方の効果を合わせて，消散と称する．放射の吸収にあずかる主な気体成分は，H_2O，O_3，CO_2，CH_4 などの空気の微量成分である．気体分子による吸収は，吸収帯と呼ばれる各気体に固有の波長帯で起こる．これは，分子の電子，振動，回転の内部エネルギーの準位が飛び飛びの値に量子化されていることに起因する．気体分子による放射の吸収とは，入射する放射（光子）を吸収することにより，これらの内部エネルギーがより高い準位に励起されることである．逆に，放射の射出は高い準位にあった内部エネルギーが光子を放出して低い準位に落ちることを意味する．

これら 3 つの内部エネルギーのモードでは，エネルギー準位に大きな差違がある．エネルギー準位差の最も大きな電子エネルギーの遷移は，紫外線や可視光線の波長領域に相当し，次に大きな振動エネルギーの遷移は近赤外線や中赤外線の波長域に，そして最も小さな回転エネルギーの遷移は遠赤外線やマイクロ波の波長域に相当する．1 つのエネルギー遷移に対応して 1 本の吸収線が生じる．入射光が連続スペクトルを持つ場合，多数のエネルギー準位間の遷移が同時に起こり得る．多原子分子では通常 1 つの振動状態の遷移に付随して多数の異なる回転状態の遷移が同時に起こる．これがもとで，近赤外から中赤外の波長域にたくさんの吸収線が群れ集まった振動-回転帯と呼ばれる吸収帯が形成される．図 A.4 に主な吸収気体の 1 分子あた

りの吸収能力を表す吸収断面積の波長分布を示す．微細な縦線が吸収線を表し，それらが集合して山をなしている部分が吸収帯である．

ところで，気体分子が放射を吸収あるいは射出するには，その分子は電気的極性（モーメント）を持たなければならない．図 A.4 の気体成分は，その分子構造によって電気モーメントを有しているか，あるいは分子が振動や回転をする際の変形に伴い電荷分布に偏りが生じて電気モーメントを帯びる性質を持つので，放射を吸収・射出することができる．他方，たとえば空気の主成分である窒素分子 N_2 は，等核 2 原子分子であるために電気モーメントを持たない．したがって，N_2 は放射を吸収しない．

さて，上述のような量子化されたエネルギー準位間の遷移に伴う吸収線は本来単色（単一波長）である．しかし，実際の吸収線は，その中心波長で最大の強度を持ち，減衰しながら両側に裾が広がるような波長分布を持つ．吸収線の広がりは，分子間の衝突や分子の熱運動に伴うドップラー効果によって生じる．衝突による広がりの幅は，衝突の頻度すなわち気圧に比例するので，高度が低いほど大きい．他方，ドップラー効果による広がりは，空気密度が小さい上部成層圏より

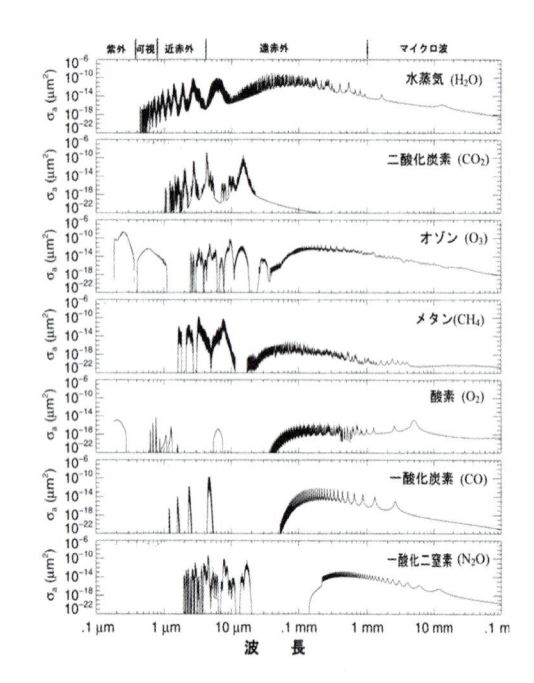

図 A.4 主な吸収気体の 1 分子あたりの吸収断面積 σ_a の波長分布[1),2)]．地表面条件（気圧 1013 hPa，温度 294 K）におけるライン・バイ・ライン計算により再現したスペクトル．

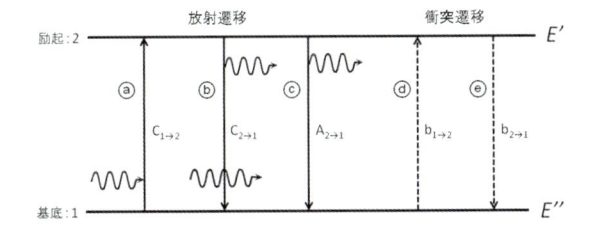

図 A.5 内部エネルギー準位 E'' の基底状態 (1) と準位 E' の励起状態 (2) との間の遷移ルートの模式図[1]。ルート ⓐ, ⓑ および ⓒ は, それぞれ放射吸収, 誘導放出および自発放出の放射遷移を表す。ルート ⓓ および ⓔ は分子間衝突による励起および下方遷移の衝突遷移を表す。係数 ($C_{1\to 2}$, $C_{2\to 1}$, $A_{2\to 1}$, $b_{1\to 2}$, $b_{2\to 1}$) は, それぞれのルートにおける遷移確率を与える。

上の高度で効いてくる。かくして個々の吸収線は広がりを持ち, 多数の吸収線が密集する吸収帯においては, 吸収線の重なりが起きる。

ところで, 気体分子の内部エネルギー準位の遷移は, 放射を吸収あるいは射出するときにのみ起きるわけではなく, 空気分子との頻繁な衝突が大きな役割を演じている (図 A.5)。仮に, 放射に活性な分子が入射する放射を吸収して, その内部エネルギーが高い準位に励起された状態にあるとする (図 A.5 のルート ⓐ)。この分子が, 吸収した放射と同じ波長の放射を射出してもとの基底準位に戻る (ルート ⓑ, ⓒ) よりも素早く他の空気分子と衝突することにより, 準位差に相当する内部エネルギーが衝突した分子の運動エネルギーとして奪われてしまうこともある (ⓐ→ⓔ)。この場合, 放射エネルギーが空気分子の運動エネルギー (熱エネルギー) に転化したことになる。逆に, 放射活性分子の内部エネルギーが他分子との衝突により励起され, 次いで放射を射出してもとの準位に戻る場合には, 空気分子の熱エネルギーが放射エネルギーに転化したことになる (ⓓ→ⓑ, ⓒ)。前者の過程のほうが確率的に多い場合が放射の吸収による大気の加熱に相当し, 逆の場合が放射の射出による大気の冷却に相当する。

高度約 70 km 以下の地球大気においては, 多くの吸収帯で空気分子の頻繁な衝突により気体分子の運動エネルギー, 内部エネルギーおよび放射エネルギーの交換が速やかに行われており, その場その場で熱力学的平衡の状態にあると見なせる。これが局所熱力学的平衡近似の意味である。

b. 散乱

放射の散乱とは, 入射した放射エネルギーが散乱粒子を中心として四方八方に再分配される過程をいい, 散乱粒子と周囲の媒質との間に屈折率の不連続がある場合に起きる。再分配された放射は, それぞれの方向にそれぞれの強さ (エネルギー) を持って, 球面波として広がって行く。したがって, もともとの入射方向について見ると, 散乱の結果, その方向への到達エネルギーが減ることになる。純粋な散乱では, 入射した放射は四方に散るだけであるから, 熱への転化は起こらない。しかし, 粒子が放射を吸収する性質を有する物質を含む場合には, 散乱の過程で粒子の内部に入った放射の一部は粒子によって吸収され, 熱に転化される。

純粋な散乱のみでなく, 同時に吸収を伴う散乱過程も広義の散乱という。粒子による放射の散乱は, 気体成分による吸収と異なり, 全ての波長で連続的に起こる。ただし, 散乱の強さ (効果) と様相は, 粒子の光学的性質 (波長の関数であり, 複素屈折率として表される。実数部がいわゆる屈折率を, 虚数部が吸収性を表す) と形状に加えて, 放射の波長に対する散乱粒子の相対的大きさ (サイズパラメータと呼ぶ) によって大きく異なる。太陽光の波長に比べて十分に小さい空気分子による散乱は, レイリー散乱と呼ばれる。レイリー散乱には強い波長依存性があり, 散乱の強さは波長の 4 乗に逆比例する。したがって, 短い波長の可視光ほど強く散乱され, 空の青色もこれにより生じる。また, 気象レーダー電波の雨滴による散乱もレイリー散乱で近似できる。他方, 任意の大きさの球形粒子による散乱は, ミー散乱と (時には, ローレンス・ミー散乱とも) 呼ばれる。エーロゾルや微小水滴による太陽放射の散乱は, ミー散乱理論で記述できる。それによると, 一般に粒子のサイズパラメータが大きくなるにつれて前方方向 (入射光の進行方向) への散乱が強くなるとともに, その角度分布は複雑さを増す。

エーロゾルや雲を含む大気中での放射の伝播には, 散乱過程が重要な役割を果たす。散乱粒子を含む気層の反射率・透過率などの放射特性は, 気層の光学的厚さ, 単散乱アルベド, および散乱光の角分布を表す散乱位相関数の 3 つの一次散乱量に強く依存する。これらの量の定義はこの節の 5.a. で後述する。特に光学的厚さが重要である。

エーロゾルや雲は, 大きさの異なる多数の粒子の集合体 (これを多分散系と呼ぶ) である。そのような粒子の数密度を粒径の関数として表したものを粒径分布という。多分散系の一次散乱特性は, 個々の粒子による散乱は独立事象であるとして, 個々の粒子の一次散乱特性を粒径分布について積分することにより得られる。また, エーロゾルや雲の分布と性質は, 空間的・

時間的に極めて変動が大きい．全球平均の対流圏エーロゾルの光学的厚さは，0.1 のオーダーであり，雲の光学的厚さ（10 のオーダー）に比べて，1/100 の大きさである．したがって，対流圏エーロゾルの直接的な放射効果は，主として晴天域で有効である．

図 A.6 は，エーロゾルおよび水雲の光学的厚さに比例する量である体積消散係数（相対値）と単散乱アルベドの波長分布を示す．対流圏エーロゾルの消散係数の波長依存性は，太陽放射の波長域では波長にほぼ逆比例する特性を有する．火山性硫酸粒子の成層圏エーロゾルの場合には，可視から近赤外域にかけて値が大きい．対流圏エーロゾルおよび成層圏エーロゾルともに地球放射の波長域では，可視域の 1/10 以下の大きさである．したがって，エーロゾルの散乱効果は特に太陽放射に対して有効であるが，太陽放射を吸収する効果は物質（化学組成）により異なる．他方，雲粒子の消散係数の太陽放射に対する波長依存性はほとんどなく，地球放射に対してもエーロゾルに比較すると弱い．また，雲粒子の単散乱アルベドは可視域でほぼ 1 であり，雲は可視光をほとんど吸収しない．しかし，赤外波長域ではその値が小さくなっており，赤外線を強く吸収する性質を有する．したがって，雲は太陽放射と地球放射の双方に対して異なった大きな放射効果を持つ．

図 A.7 に，波長 0.5 μm の自然光（偏光していない光）が入射する場合のエーロゾルおよび積雲モデルに対するミー散乱位相関数を空気分子によるレイリー散乱の位相関数と比較して示す．前述のように，粒子サイズが大きいほど位相関数は前方散乱が卓越した非等方性の強い分布になっている．ここで，横軸の散乱角は入射光の進行方向（前方方向）から測った散乱方向との間の角度を表す．

5. 放射伝達過程の定式化

a. 放射伝達方程式

大気中における放射の伝播過程を記述するのが放射伝達理論である．地球大気は，水平方向の広がりに比べて鉛直方向の厚さは薄いので，局所的には平行平板状の気層と見なすことができる．これを平行平板大気近似と呼んでおり，実用上多くの放射伝達計算で使われている．ただし，この近似は，雲などの水平方向にも不均質な媒質中での放射伝達を問題にする場合には，そのまま適用することはできない．3 次元的に不均質な媒質における放射伝達については，5.13 を参照されたい．

さて，水平方向に均質な平行平板大気における放射伝達を考える場合には，大気層に垂直な天頂方向を基準にして，極座標を用いて放射の進行方向を表すと便利である（図 A.2 参照）．今，大気中の高さ z の点において天頂角 θ および方位角 ϕ の方向に進む波長 λ の放射輝度を $I_\lambda = I_\lambda(z; \theta, \phi)$ と表し，その方向に微小距離 $ds = dz/\cos\theta$ だけ隔たった点における放射輝度を $I_\lambda + dI_\lambda$ とする．放射輝度の変化量 dI_λ は，光路上の微小体積によって消散（吸収＋散乱）された減衰量 $k_\lambda^e I_\lambda \rho ds$ と，その体積から射出された分に他の方向

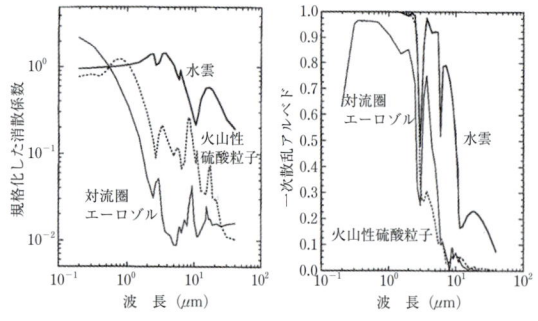

図 A.6 水雲，対流圏エーロゾルおよび火山性エーロゾルのモデルについて計算した（左）消散係数および（右）単散乱アルベドの波長分布[1]．消散係数は波長 0.55 μm の値で規格化した相対値．

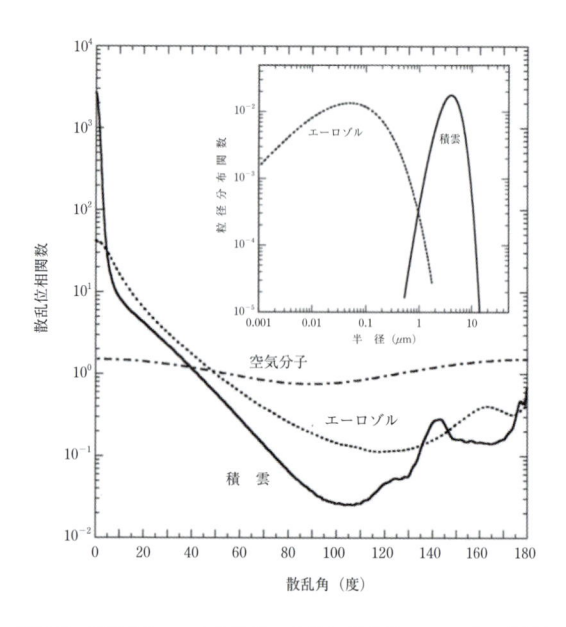

図 A.7 波長 0.5 μm の自然光の入射に対するエーロゾル（屈折率 1.45）および積雲（屈折率 1.33）のミー散乱位相関数[1]．図に挿入されたそれぞれの粒径分布について積分した値．比較のために空気分子のレイリー散乱位相関数も示す．

から入射した放射が考慮している方向へ散乱された分が加わり増強された量 $j_\lambda \rho ds$ との差である．すなわち，放射輝度の変化量は，$dI_\lambda = -k_\lambda^e I_\lambda \rho ds + j_\lambda \rho ds$ と書き表せる．ここで，ρ は微小体積の密度を表す．また，j_λ および k_λ^e は，それぞれ単位質量あたりの射出係数および消散係数である．ここで，消散に対する射出の効果の大きさを表す放射源関数 J_λ を

$$J_\lambda(z;\theta,\phi) \equiv \frac{j_\lambda(z;\theta,\phi)}{k_\lambda^e(z)} \quad (A.6)$$

として定義する．さらに，$\mu \equiv \cos\theta$ および $d\tau_\lambda \equiv -k_\lambda^e \rho dz$ なる関係式で定義される方向余弦 μ および微小光学的厚さ $d\tau_\lambda$ を導入して変数を変換すると，放射輝度の変化の式は次のように書き直せる．

$$\mu \frac{dI_\lambda(\tau;\mu,\phi)}{d\tau_\lambda} = I_\lambda(\tau;\mu,\phi) - J_\lambda(\tau;\mu,\phi) \quad (A.7)$$

これを平行平板大気の放射伝達方程式と呼ぶ．この方程式は，大気中を伝播する間に吸収，射出，散乱を受けて変化する放射エネルギーの保存則を表し，放射伝達過程を計算する際の基本となる．なお，光学的厚さの定義式で負の符号がついているのは，光学的厚さ τ_λ の増加方向を鉛直座標 z とは逆方向に，つまり，大気層の上端から下向きにとる慣例によったものである（図 A.8 参照）．したがって，高度 z における光学的厚さは，$\tau_\lambda(z) = \int_z^\infty k_\lambda^e(z')\rho(z')dz'$ として与えられる．同様に慣用として，下向き方向（$\pi/2 < \theta \leq \pi$）に対しても，方向余弦 μ の値を $0 < \mu \leq 1$ の正値に限定し，負号を付けて $-\mu$ として表す．そして，下向き方向の放射輝度を $I_\lambda(\tau;-\mu,\phi)$ と表記する．

放射伝達方程式の右辺に現れる放射源関数は，晴天大気における地球放射の伝播のように散乱を無視できる場合には，キルヒホッフの法則により $J_\lambda(\tau) = J_\lambda^{(a)}(\tau) \equiv B_\lambda(T(\tau))$ となり，プランク関数で与えられる．

ここで，$J_\lambda^{(a)}$ は，吸収大気の放射源関数であることを表す．他方，吸収のない散乱大気の場合の放射源関数 $J_\lambda^{(s)}$ は，

$$J_\lambda^{(s)}(\tau;\theta,\phi) = \frac{1}{4\pi}\int_0^{2\pi}\int_0^\pi P(\tau;\theta,\phi;\theta',\phi')$$
$$\times I_\lambda(\tau;\theta',\phi')\sin\theta' d\theta' d\phi' \quad (A.8)$$

で与えられる．ここで，$P(\tau;\theta,\phi;\theta',\phi')$ は微小体積に (θ',ϕ') 方向から入射する放射が (θ,ϕ) 方向へ散乱される割合を表す散乱位相関数である（図 A.7 参照）．吸収と散乱の過程が共存する大気の場合には，放射源関数はそれぞれの効果の和として，

$$J_\lambda = (1-\tilde{\omega})J_\lambda^{(a)} + \tilde{\omega}J_\lambda^{(s)} = (1-\tilde{\omega})B_\lambda(T(\tau)) + \tilde{\omega}J_\lambda^{(s)} \quad (A.9)$$

で与えられる．すなわち，単散乱アルベドと呼ばれるパラメータ $\tilde{\omega}$ の値により，吸収大気の放射源関数 $J_\lambda^{(a)}$ と散乱大気の放射源関数 $J_\lambda^{(s)}$ の寄与の割合が決まる．ここで，単散乱アルベドは，消散（散乱＋吸収）効果の大きさ（たとえば，消散係数）に対する純散乱効果の大きさ（たとえば，散乱係数）の比として定義される．

b．形式解

平行平板大気の放射伝達方程式 (A.7) の一般解を求めよう．まず，図 A.8 に示された大気層内の光学的厚さ τ（高度 z）における上向き放射輝度を求める．放射伝達方程式の両辺に $e^{-\tau/\mu}$ を掛けて，大気層の下端（$\tau = \tau^*$）から考慮している高度（$\tau = \tau$）まで光学的厚さについて積分することにより，次式の解を得る．

$$I_\lambda(\tau;+\mu,\phi) = I_\lambda(\tau^*;+\mu,\phi)\exp\left[\frac{-(\tau^*-\tau)}{\mu}\right]$$
$$+ \int_\tau^{\tau^*} J_\lambda(t;+\mu,\phi)\exp\left[\frac{-(t-\tau)}{\mu}\right]\frac{dt}{\mu},$$
$$(0 < \mu \leq 1) \quad (A.10)$$

ここで，$I_\lambda(\tau^*;+\mu,\phi)$ は大気層の下端に上向きの (μ,ϕ) 方向に入射する放射輝度であり，境界条件により与えられる．右辺の第一項は，入射光 $I_\lambda(\tau^*;+\mu,\phi)$ が考慮している高度まで減衰しながら到達した分を表し，第二項は，途中の気層の各高度で (μ,ϕ) 方向に放出された放射が距離に応じた減衰を受けながら $\tau = \tau$ まで達した分の総和を表す．特に大気上端（$\tau = 0$）での上向き放射輝度 $I_\lambda(0;+\mu,\phi)$ は，人工衛星などから観測される放射輝度に相当する（2.7 の図 4 参照）．

同様にして，下向き放射輝度に対する解は，次式のように求まる．

$$I_\lambda(\tau;-\mu,\phi) = I_\lambda(0;-\mu,\phi)\exp\left[\frac{-\tau}{\mu}\right]$$

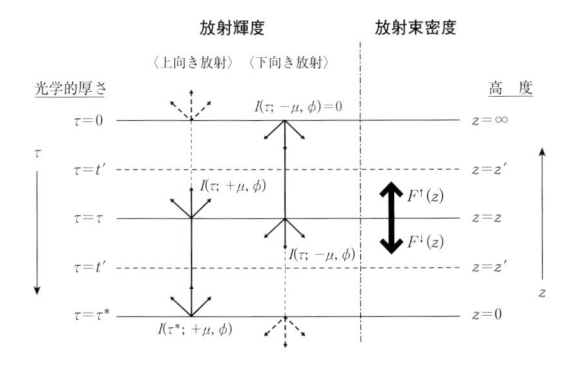

図 A.8 平行平板大気における放射伝達の概念図[1]．

$$+ \int_0^\tau J_\lambda(t; -\mu, \phi) \exp\left[\frac{-(\tau-t)}{\mu}\right] \frac{dt}{\mu},$$
$$(0 < \mu \leq 1) \quad (\mathrm{A}.11)$$

ここで，$I_\lambda(0; -\mu, \phi)$ は，大気層の上端に下向きの $(-\mu, \phi)$ 方向に入射する放射の強度を表し，境界条件によって与えられる．$\tau = 0$ の高度として実際の大気上端をとる場合には，（直射太陽光を除いて）そこへの入射光はないので，$I_\lambda(0; -\mu, \phi) = 0$ としてよい．右辺の意味は，式 (A.10) において積分する気層を $\tau = \tau$ の高度より上の層とし，方向を下向きに置き換えたものに対応する．大気下端（$\tau = \tau^*$）における放射輝度 $I_\lambda(\tau^*; -\mu, \phi)$ は，地表面において観測する天空からの放射輝度に相当する．

現実の大気の問題では，形式解の右辺の放射源関数を含む積分は，特殊な場合を除いて，一般には解析的に解けない．特に散乱過程が含まれる場合の放射源関数 $J_\lambda^{(s)}$ はその中に放射輝度を含んでいるので（式 (A.8) 参照），原理的には全ての高度・方向における放射輝度の分布が得られた後でなければ，その値を知ることができない形になっている．つまり，散乱過程が含まれる場合には，任意の高度・方向の放射輝度に対して大気全層が影響を及ぼしている．一方，単色光に対する解を気体吸収帯について波長積分する場合にも，別種の困難さが伴う．このような問題の計算には数値計算の手法が必要となり，さまざまな計算スキームが開発されている[1]．

c. 放射による気層の加熱・冷却

平行平板大気内の任意の高度（$z = z(\tau)$）における上向きおよび下向きの放射輝度が求まったとすると，その高度における上向き放射フラックスおよび下向き放射フラックスは，これらの放射輝度の鉛直成分を積分することにより得られる（式 (A.4) 参照）．今，上向き放射フラックス $F_\lambda^\uparrow$ と下向き放射フラックス $F_\lambda^\downarrow$ の差として 正味放射フラックス F_λ^{net} を定義すると，$F_\lambda^{net} > 0$ の場合は高度 z の面を通した正味の上向き放射エネルギーの流量があることを意味する．高度 z（光学的厚さ τ_λ）と $z + \Delta z$（$\tau_\lambda - \Delta \tau_\lambda$）との間の厚さ Δz の気層をとり，この気層における放射エネルギーの出入りを考える．気層の上面および下面を通した放射エネルギーの出入りの収支 $\Delta F_\lambda^{net}(z)$ は，

$$\begin{aligned}\Delta F_\lambda^{net}(z) &= [F_\lambda^\uparrow(z+\Delta z) - F_\lambda^\downarrow(z+\Delta z)] \\ &\quad - [F_\lambda^\uparrow(z) - F_\lambda^\downarrow(z)] \\ &= F_\lambda^{net}(z + \Delta z) - F_\lambda^{net}(z)\end{aligned} \quad (\mathrm{A}.12)$$

で与えられる．$\Delta F_\lambda^{net}(z)$ の値が正（負）の場合は，この気層内において正味として上向き放射エネルギーの流出（流入）があることに対応する．放射エネルギーの流出（すなわち発散）は，気層から熱エネルギーの一部が放射となって失われたことに相当し，これにより気層は冷却する．他方，流入すなわち収束した放射エネルギーは，熱エネルギーに変換されて気層を加熱する．波長範囲 $\lambda \sim \lambda + \Delta \lambda$ の放射の収束（発散）に伴う気層の温度変化率 $\partial T/\partial t$ は，次式で与えられる．

$$\left.\frac{\partial T}{\partial t}\right|_{\Delta\lambda} = -\frac{1}{C_p \rho}\left[\frac{\Delta F_\lambda^{net}(z)}{\Delta z}\right]\Delta \lambda \quad (\mathrm{A}.13)$$

ここで，C_p は気層の定圧比熱であり，ρ は密度である．上式の右辺が正値の場合が加熱，負値の場合が冷却を意味する．放射の収支による気温の変化率は，放射加熱率（または放射冷却率）と呼ばれる．この関係式は，温室効果ガスなどの変動による気温変化を算出する際の基礎になる．また，太陽放射あるいは地球放射の全波長域にわたって積分した放射加熱・冷却率は，大気の運動方程式の非断熱加熱項となり，大気運動に影響を及ぼす．

〔浅野正二〕

A.2 大気力学の基礎

1. ニュートンの法則（質点の力学）

a. ニュートンの法則

ここでは質点の運動を記述するニュートンの法則から始める．またこれから出てくる流体の運動や状態を表現するには微分などの数学的な知識が必要となるので，簡単な記述を行うだけとして，詳しい説明は専門書に譲ることにする．

ニュートンの法則は，①力が働かない限り，物体は静止あるいは等速直線運動をする（慣性の法則），②力が物体に働く場合，物体は力に比例した加速度を生ずる（運動の法則），③複数の物体が相互に作用を及ぼし合いバランスする場合，各々に働く力は大きさが等しく方向は反対向きである（作用・反作用の法則），の3つからなる．

ニュートンの法則のうち，法則①と法則②においては，時間をt，質量mの物体の加速度を$\vec{a}$および速度を$\vec{v}$とすると，力$\vec{F}$との関係は，

$$m\frac{d\vec{v}}{dt} = m\vec{a} = \vec{F} \quad (A.14)$$

の微分形で書ける．ここで，v, a, Fの上につく矢印は大きさと方向を持つベクトルを意味する．たとえば，風成分を西風u，南風v，鉛直流wの直交成分とすると，$\vec{v} = (u, v, w)$のことである．$\vec{v}$の時間tにおける時間変化は

$$\frac{d\vec{v}}{dt} \equiv \lim_{\Delta t \to 0} \frac{\vec{v}(t+\Delta t) - \vec{v}(t)}{(t+\Delta t) - t} = \lim_{\Delta t \to 0} \frac{\vec{v}(t+\Delta t) - \vec{v}(t)}{\Delta t} \quad (A.15)$$

と表せる．$\lim$は微小時間Δtを極限まで小さくする数学記号である．図A.9に微分と差分の違いを表す．

式（A.14）により，$\vec{F}=0$ならば$\vec{v}=$一定であり，これは①の慣性の法則にあたる．またこの後の運動を予測するためには，$\vec{v}$の初期値と$\vec{F}$がわかればよいことになる．

2. 流体粒子の概念

a. 大気の状態を表す量

大気の状態を表す物理量として，温度T，気圧（＝大気の圧力）p，密度ρ，体積Vがある．Tは℃（あるいはケルビン$K = 273.15 + ℃$）の単位で観測される熱

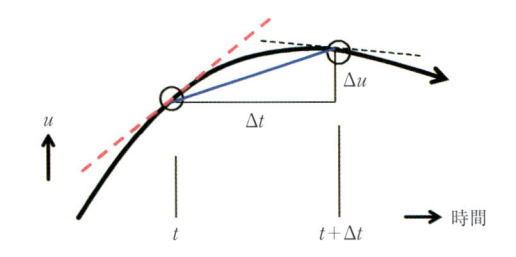

図A.9 uの時間変化．時間tと$t+\Delta t$の間にΔuだけ変わるとすると，差分$\Delta u/\Delta t$は青線，Δtを0に持っていった微分du/dtは赤線の傾きを表す．

に関する物理量で，日常使われるのでなじみがある量である．またTと同様にρ（＝大気の質量を体積で割った量）やVもなじみのある量である．それに対して，pも気象観測では通報されていてなじみがあるはずだが，実際はつかみどころがない印象である．そこでpについて詳しく述べることにする．

この単位はhPaであり，地上付近の平均値は1013hPaである．ここで，Paはパスカルという気圧の単位（＝単位面積あたりの力：$N/m^2 = kg/m/s^2$）であり，その前にあるhはヘクトと呼び100倍を意味する．Paは，大気が質量を持ち地上気圧が自分の上空にある大気の総量であることを発見したフランスの科学者パスカル（Pascal）にちなんでつけられた．

気圧は，大気が流体である故に，流体特有の近接力として表れる．図A.10aのように，流体は沢山の小さな流体粒子の集合体と考えることができ，流体粒子はお互い密接に隣り合って力を及ぼし合っていて，人工衛星の運動を記述するときに地球など孤立した質量に働く遠隔力とは異なっている．個々の流体粒子は，たとえば，人間社会に当てはめると，ラッシュ時の電車の中の個々の人間に相当する．そこではひどい混雑のために体は自由にならず，隣り合う人から常に力を受けてまた逆に自分自身も押し返している状態である．もし両者の力が同じ強さで逆向きに押し合っていれば，バランスして体を動かす力は働かず，宙に浮いた状態でも動かない．この状態は図A.10bに当てはまる．ところが，電車が駅に到着して乗降する人の流れによってバランスが壊れ一方向に押す力が強くなると，その方向に力を受け，体は動かされてしまう．この状態が図A.10cである．流体粒子に働く圧力の大きさも同様で，空間的に同じであれば力は受けず，大小ができると力を受けることになる（その力を大気では気圧傾度力という）．

299

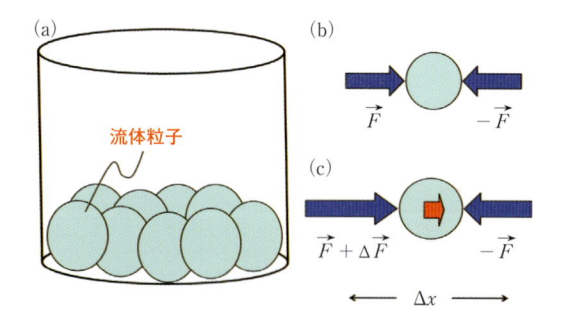

図 A.10 （a）流体粒子で満たされたコップの中の流体の模式図．（b）両方から同じ F の力を逆向きに受けて，流体粒子がバランスした状態．（c）左側の力が大きいため，流体粒子が右側に力を受けた状態．

$$\Delta F \propto -\frac{\Delta p}{\Delta x} \tag{A.16}$$

式（A.16）でマイナスをつけるのは，力が大きな気圧から小さな気圧の方向に働くからである．ここでは x 方向の近接力だけを述べたが，同様に y 方向にも z 方向にも成り立つ．

3. 流体の運動に則した記述：オイラー的見方および偏微分の導入

a. オイラー的見方・ラグランジュ的見方

流体を記述する特徴として運動の表記の仕方がある．孤立した物体の運動では，その座標 (x, y, z) は時間 t だけの関数としてその位置（座標）を追いかければよい（ラグランジュ的見方）．この場合，位置は t の関数として $(x(t), y(t), z(t))$ であり，独立パラメータは t だけである．それに対して流体の場合には，連続量であるから，座標はむしろ固定したまま流体の運動を見るほうが都合がよい（オイラー的見方）．この見方では，時間と位置は独立のパラメータとなり，3次元の流体の運動を表すのに (t, x, y, z) の多パラメータとなる．

b. 偏微分の導入

流体を固定した場所で見る場合，運動の記述のために多パラメータに関する微分を表す必要がある．ここで簡単のために，2パラメータ (x, t) 空間における物理量 A から，Δ を微小量として $(\Delta x, \Delta t)$ だけ離れた A' への傾きを表す場合を示す（図 A.11）．

$$A'(x+\Delta x, t+\Delta t) \approx A(x, t) + \left.\frac{\partial A}{\partial x}\right|_{t=fixed} \Delta x$$
$$+ \left.\frac{\partial A}{\partial t}\right|_{x=fixed} \Delta t + \cdots \tag{A.17}$$

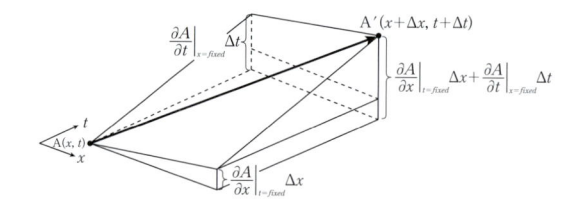

図 A.11 (x, t) 平面の A のデータから A' を評価する方法．

ここで，A' は A の周りで Δx や Δt でテイラー展開することにして，1次の項まで表すことにする．この場合，たとえば，Δx につく係数 $\partial A/\partial x |_{t=fixed}$ は x 方向の傾きを意味する．この計算では t 方向を固定して行うが，固定するパラメータは習慣により書かないことにする．多パラメータの微分を偏微分といい，∂ で表す．それに対して，1パラメータの微分を全微分といい，通常の d で表す．

偏微分の定義を導入したことにより，あらためて流体の運動に関して，ラグランジュ的見方の物理量 $B(t)$ の時間変化を眺めてみる．(x, t) の2パラメータとすると，$B(t)$ はオイラー的見方では $B(t, x(t))$ であるから，

$$\frac{dB}{dt} \equiv \frac{\partial B}{\partial t} + \frac{dx}{dt}\frac{\partial B}{\partial x} \tag{A.18}$$

と変形される．式（A.18）の左辺の微分をラグランジアン微分と呼び，右辺をオイラリアン微分と呼ぶ．ここで，$dx/dt = u$ であるので，

$$\frac{dB}{dt} \equiv \frac{\partial B}{\partial t} + u\frac{\partial B}{\partial x} \tag{A.19}$$

と書くことができる．オイラー的見方によれば，時間変化項と x 方向の空間変化に関する項からなる．

c. 移流項

オイラリアン微分を使って，ある固定した場所における C という物理量の時間変化 $(\partial C/\partial t)$ は，

$$\frac{\partial C}{\partial t} = -u\frac{\partial C}{\partial x} + F_C \tag{A.20}$$

と書ける．式（A.20）の右辺第一項は移流項と呼ばれ，F_C は C の生成項である．移流項の物理的意味を考えてみる．C を温度として，その西では暖かい領域があり，自分のいるところは今冷たいものとし，西風が全体で吹いている（$u>0$）状況を考える（図 A.12）．$C_2 - C_1 < 0$ および $u > 0$ から $-u(\partial C/\partial x) > 0$ となり，いずれ自分のところも暖かい空気に覆われるということになる．

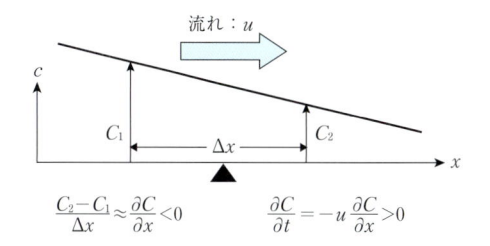

図A.12 x方向の流れuが正で物理量Cがx方向に小さくなっている場合のCの時間変化.

これまで時間tと空間は1次元のxだけに限ったが,3次元への拡張もそのまま(t, x, y, z)とすることで簡単に行うことができる.

4. 大気の特性

a. 乾燥大気の状態方程式

まず,これから水蒸気を含まない地球大気（＝乾燥大気）を考え,乾燥大気のpやTの状態を表す状態方程式を取り上げる.

閉じた体積Vの中の状態を想定すると,pやTは独立に観測されるが,お互い独立な量ではない.ここで「同じ数の分子を含む気体は,同圧・同温のもとでは同じ容積を占める」というアボガドロの仮説を用いることにより,気体の状態方程式は,

$$pV = R^*T \tag{A.21}$$

と表される.ここで,1kmolの中の分子数は6.022×10^{26}であり,気体定数$R^* = 8314.3$J/K/kmolである.このアボガドロの仮説が便利な点は,水素であっても二酸化炭素であっても気体分子でありさえすれば,式(A.21)は普遍的に成り立つことである.地球大気の大部分は窒素,酸素,アルゴンなどの乾燥大気からなるので,それぞれの気体に関してアボガドロの仮説を使うことによって,質量M_dとする混合気体の地球大気に関する状態方程式は,

$$p = \rho R_d T \tag{A.22}$$

となる.ここでρ(kg/m^3)は乾燥大気の密度であり,乾燥大気の気体定数$R_d (= R^*/M_d)$は287J/K/kgである.

b. エネルギー保存式（熱力学第一法則）

図A.13aのような質量も摩擦もない自由に動き得るピストンでふたをされた仮想的な容器内の気体を考える.まず加熱する前の容器では外側と内側からは同じ圧力が働いていて動かないとする.次に,この閉じた系をΔQだけ加熱する（図A.13b）.ここでΔは微小を意味する差分量である.その熱は温度を増加させる（ΔT）分と体積（$\Delta V = S\Delta x$）を増加させる仕事として使われる（熱力学第一法則と呼ばれる）.ここで,

$$\Delta Q = p\Delta V + C_v \Delta T \tag{A.23}$$

と書くことができる.C_vは定積比熱と呼ばれる定数である.さらに,乾燥大気の状態方程式を用いることによって,

$$\Delta Q = -V\Delta p + C_p \Delta T \tag{A.24}$$

と書き換えられる.ここで,C_pは定圧比熱と呼ばれる定数であり,$C_p = C_v + R_d$である.

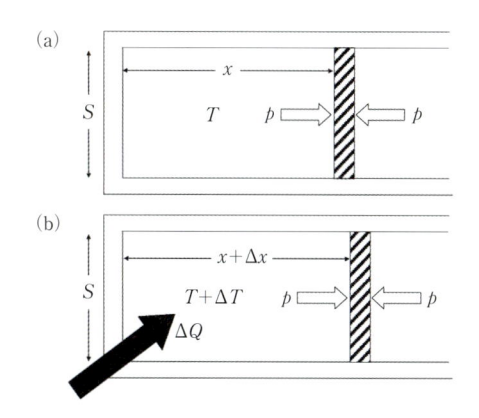

図A.13 (a) 加熱する前の容器の気体と(b) 微小な熱ΔQを入れた場合の温度と体積の変化[1].Sは断面積,xは長さ,pはシリンダーに働く気圧である.ピストンには質量と摩擦はなく自由に動くという仮想的なものを考える.

乾燥大気の状態の変化を考える場合,ΔQを与えない過程（断熱過程という）のもとで大気の塊（空気塊）の状態の変化を見ることが多い.断熱過程（$\Delta Q = 0$）において,気圧が一定の条件では,式(A.23)から気体が膨張する（$\Delta V > 0$）と温度が下がり（$\Delta T < 0$）,同様に体積が一定の条件では,式(A.24)から気圧が下がる（$\Delta p < 0$）と温度が下がる（$\Delta T < 0$）ことになる.

実際の乾燥大気では,空気塊を断熱的に高い高度に持ち上げると,気圧は下がりあるいは体積が膨張するために,温度は下がることになる.大気は圧縮性を持つために温度変化するのであり,これは地球大気の大きな1つの特性である.

c. 静水圧の式

質量を持つ地球大気には地球の引力が働く.大気も質量を持つので,やはり地球の引力が下向きに働いている.ところが,鉛直方向にはいつもバランスしているように見える.引力にカウンターする力を探ると,鉛直方向の気圧分布が上層ほど小さくなっているのに

301

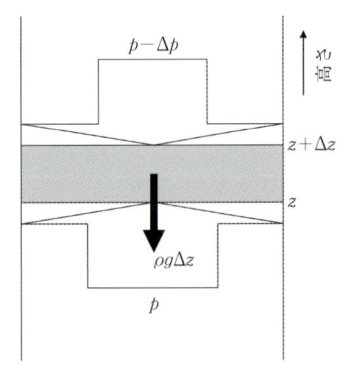

図 A.14　鉛直方向の Δz の厚さの空気塊（薄い影のついた部分）に働く重力 $\rho g \Delta z$ と気圧傾度力 $-\Delta p$[1].

気づく．図 A.10 で見たように，この場合鉛直方向の気圧傾度力は下から上に向けて働いていて，この力が引力に対するカウンターとなる．ここでは，図 A.14 のように，高さ z とそれより少し高い $z + \Delta z$ に挟まれる密度 ρ を持つ静止する空気塊を考える．重力加速度を g とすると，その空気塊に働く単位面積あたりの重力は $\rho g \Delta z$ となる．空気塊の底面には p，上面には $p - \Delta p$ の気圧がかかるとすると，

$$-\Delta p = \rho g \Delta z \;\Rightarrow\; \frac{dp}{dz} = -\rho g \quad (A.25)$$

と書ける．この式を，**静水圧平衡の式**と呼ぶ．

なお，式（A.25）の右式は，差分量 Δ を微分量 d で表現したものである．密度の鉛直分布がわかると，式（A.25）を用いて地上からある高度まで積分することによりその高度における気圧がわかる．

d. 乾燥断熱減率

乾燥大気の空気塊を上空に持ち上げる場合，温度はどのような割合で下がるのかを考える．断熱を仮定して，式（A.24）と式（A.25）を用いると，

$$g\Delta z + C_p \Delta T = 0 \;\Rightarrow\; -\frac{\Delta T}{\Delta z} = \frac{g}{C_p} \equiv \Gamma_d \quad (A.26)$$

という関係が成り立つ．ここで定義された Γ_d は**乾燥断熱減率**と呼ばれる定数で，その値は約 $0.01\,\mathrm{K/m}$ である．つまり，$\Delta Q = 0$ とした断熱の乾燥大気を $1\,\mathrm{km}$ 上昇させると，その空気塊の温度は約 $10\,\mathrm{K}$ 下がることになる．

e. 温位

断熱で式（A.24）に式（A.22）を代入すると

$$-\frac{R_d T}{p} dp + C_p dT = 0 \quad (A.27)$$

という関係式が得られる．この式を積分すると，

$$\theta \equiv T\left(\frac{p_0}{p}\right)^{\frac{R_d}{C_p}} \quad (A.28)$$

が得られる．ここで，p_0 は基準気圧（通常 $1000\,\mathrm{hPa}$ である）であり，θ は**温位**と呼ばれる温度と同じ次元を持つ物理量である．温度とは異なり，θ は**断熱保存量**であり，その物理的意味は，断熱のもとで，ある高度における気圧 p と温度 T を持つ空気塊を基準気圧面まで持ってきたときの温度に相当する．

f. 浮力

同高度で 2 つの異なる空気塊がある場合，どちらが重いかどうかは，空気塊の重さ，つまり，その密度 ρ がわかればよい．この場合，小さい密度（高温）の空気塊のほうが大きい密度（低温）の空気塊より上向きの力を得る．この力を浮力という．式（A.22）から同圧では $\rho \propto 1/T$ であるから，ρ と T の大きさは逆センスであるが，浮力は T を比べることでチェックすることができる．

次に異なる高度にある空気塊の間で浮力はどうだろう．その 2 つの空気塊を断熱的に基準気圧まで持っていき同圧にして，密度（あるいはその時の温度）を比較すればよい．したがって，温位で考えるのが簡単である．この概念は大気の安定性を調べるうえで重要である．2 つの高度 $z_i\,(i=1,2)$ における温位を $\theta_i\,(i=1,2)$ とし，ここで $z_2 > z_1$ であれば $\theta_2 > \theta_1$ であるとする．z_1 の空気塊を z_2 まで仮想的に動かすことを考え，z_1 からの z_2 までの変位を Δz とすると，z_2 まで動かしたときに受ける力は持ち上げた空気塊（θ_1）と周辺の空気塊（θ_2）との差に相当する力である．これから，

$$\begin{aligned}
\frac{d^2 \Delta z}{dt^2} &\approx \frac{\theta_1 - \theta_2}{\theta_1} g \\
&\approx \frac{\theta_1 - (\theta_1 + d\theta/dz|_{z=z_1}\Delta z + \cdots)}{\theta_1} g \\
&\approx -\frac{g}{\theta_1}\frac{d\theta}{dz}\Delta z
\end{aligned} \quad (A.29)$$

となる．ここで，$d\theta/dz|_{z=z_1}\Delta z$ は高さ z_1 で評価した θ_2 の Δz に関するテイラー展開した 1 次項である．これから，$(g/\theta_1)(d\theta/dz) \equiv N^2$ に比例する力が働くことになる．この場合 N^2 は正であり，その大きさは対流圏ではおおよそ $10^{-4}/\mathrm{s}^2$ である．N^2 が正定数の場合，式（A.29）の解 Δz は時間に関して N の振動数を持つ sin あるいは cos の形となり，時間的に振動する解となる．これは空気塊が上下にずれたとしてももとの位置に戻ることになり，この大気の成層は重力による**復

元力により安定な成層ということになる．$N^2 > 0$ の場合は安定成層した構造であり，このような分布は対流圏や成層圏など地球全層で普遍的に見られる．

逆に，N^2 が負になれば，変位は時間とともに大きくなり，その成層は不安定成層である．その場合，温位の鉛直成層が上で冷たく下で暖かいという状態であり，上下の大気の転倒が生じる．この時起こる運動が対流である．乾燥大気における対流の現れとして大気下層に見られる大気混合層があるが，地球大気には相変化する水蒸気が存在するので，その凝結・蒸発のプロセスが効く湿潤大気の対流が重要となる．

g．観測例

実際の成層として，夏の観測例を挙げる（図 A.15）．横軸は温度（単位は K），縦軸は気圧（単位は hPa）であり下向きに大きくなっている．式 (A.25) から p と高度 z は（逆向きで）1 対 1 対応することから，z は上向きである．温度の鉛直分布から，130 hPa より高い高度には成層圏があり，その下の高度の領域は対流圏にあたる．対流圏では温度の鉛直分布が高さとともに小さくなっているのが特徴である．図 A.15 には，温位とその気圧に関するファクターの鉛直分布もプロットしてある．気圧に関するファクターの鉛直分布は温度とは傾向が逆でしかも絶対値が大きいために，それと温度の積である温位は高さとともに大きい鉛直分布を持つ．

上空を飛ぶ航空機では低圧・低温の外気を取り込んでいるが，機内で地上付近の空気にするために加圧して空調をかけている．その際空調は冷房にする必要がある．しかし，冷たい空気を取り込んでなぜ冷房をかける必要があるのか不思議に思うかも知れない．図 A.15 をもとにして，航空機が 200 hPa の高度を航行している状況を考えると，この場合外気の温度は 220 K（−70 ℃）であり，確かに低温である．しかし，それは 200 hPa の場合である．外気の温位は 350 K であるので，機内では気圧を 1000 hPa とすると，その温度は 350 K（= 77 ℃）となる．よって機内では冷房が必要となる．このように，日常使い慣れた温度で大気の熱現象を解釈しようとすると不思議に思うことがある．この間違いの原因は，大気が圧縮性気体であり温度は保存量でないためである．大気の運動や成層の安定性の議論にとっても，温位のほうが基本的な物理量なのである．

h．湿潤大気の特性

地球大気は常温常圧で相変化する水蒸気を含み（湿潤大気），この相変化により雲や降水を伴う現象が現れ，乾燥大気とは異なる様相を示す．

水蒸気量を表す物理量として，相対湿度（%；大気が持つ水蒸気量とその大気の温度で含み得る最大の飽和水蒸気量との比）や混合比 q_v（kg/kg；水蒸気の質量と乾燥大気の質量との比）があるが，凝結が起こらない限り混合比は保存するので，混合比について詳述する．

混合比は，

$$q_v = \frac{m_v}{m_d} = \varepsilon \frac{e}{p-e} \tag{A.30}$$

と定義される．ここで，m_v は水蒸気の質量，m_d は乾燥大気の質量，e は水蒸気の分圧，p は乾燥大気と水蒸気の気圧の和，ε は 0.622 を表す．

密閉した容器の中で，2 つの異なる相，ここでは水蒸気と水（液相）の場合を考えると，両者が平衡状態にあるとき，水蒸気は飽和していることになる．水の飽和水蒸気圧を e_s で表すと，e_s は温度 T の関数として書くことができ（クラウジウス・クラペイロンの式），e_s の温度依存性は図 A.16 に示す．

水の飽和水蒸気圧の経験式として，テテンの式がよく用いられる．

$$e_s(T) = e_{s0}\exp\left(\frac{17.27(T-T_0)}{T-35.86}\right) \tag{A.31}$$

ここで，T_0 は 273.15 K，e_{s0} は 6.11 hPa である．

湿潤過程における湿潤断熱減率 Γ_m は，凝結後の水が系外に放出されるという仮定を考えて，

$$\Gamma_m \approx \Gamma_d \frac{1+L_v q_{vs}/R_d T}{1+\varepsilon L_v^2 q_{vs}/C_{pd} R_d T^2} < L_d \tag{A.32}$$

と近似される．ここで L_v は水から水蒸気への蒸発熱

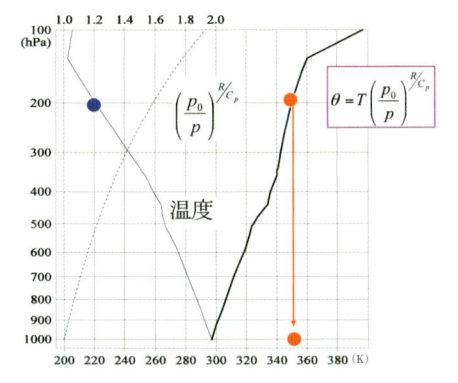

図 A.15 2004 年 7 月 13 日 9 時の石川県・輪島での高層観測による温度（細い実線），温位（太い実線）の鉛直分布[1]．破線は温位の気圧に関するファクターであり，そのスケールは上にある．青点の温度に相当する温位は赤点である．

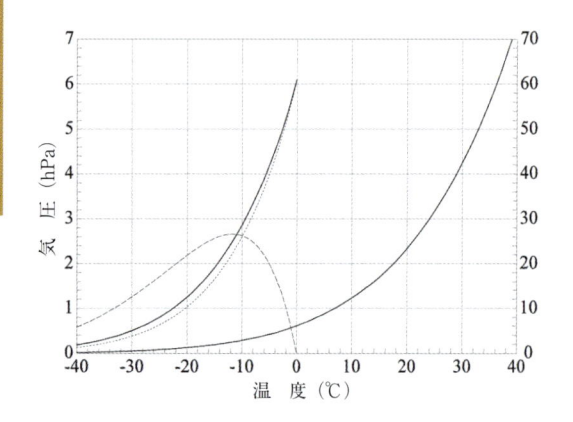

図 A.16 水の飽和水蒸気圧 e_s（実線）と氷の飽和水蒸気圧 e_i（点線），および2つの差 $(e_s - e_i) \times 10$（破線）の温度依存性（0 ℃以下，左縦軸）[1]．e_s については縦軸のスケールを 1/10（右縦軸）にして，0℃以上も含めて別途表示してある．

（＝凝結熱），q_{vs} は水蒸気の飽和混合比，C_{pd} は乾燥大気における定圧比熱を表す．湿潤断熱減率の値が乾燥断熱減率より小さいのは，凝結熱が付加するために温度減率が小さくなるからである．

飽和状態にない大気について，断熱的に上昇して（乾燥断熱線に沿って）凝結する高度まで θ_d および q_v は保存される．ここで θ_d は乾燥大気の温位である．これにより，飽和状態にない大気についても，相当温位

$$\theta_e = \theta_d \exp\left(\frac{L_v q_v}{C_{pd} T_{LCL}}\right)$$
$$= T\left(\frac{p_0}{p - e_{sLCL}}\right)^{\frac{R_d}{C_{pd}}} \exp\left(\frac{L_v(T_{LCL}) q_v}{C_{pd} T_{LCL}}\right) \quad (A.33)$$

は，乾燥断熱過程の温位と同様に，乾燥断熱過程でも湿潤断熱過程でも保存される．ここで，T_{LCL} と e_{sLCL} は空気塊の持ち上げ凝結高度における気温と水の飽和蒸気圧，$L_v(T_{LCL})$ は温度 T_{LCL} における L_v である．

5. 連続の式

大気の運動を記述するのにまず連続の式が必要である．x, y の2次元平面として，ある微小な長方形（各辺は $\Delta x, \Delta y$）を考え，それぞれの面に直交する流れを u, v とする．ここでは簡単のため流れの正負を図 A.17 のように与える．たとえば，$u_2 < 0$, $u_1 > 0$ であるので，$u_2 - u_1 < 0$ となり，結局 x 方向の流れはその領域に集まる（収束）ことになる．また y 方向は，$v_2 > 0$, $v_1 > 0$ であるが $v_2 - v_1 > 0$ であるので，発散ということになる．$(u_2 - u_1)/\Delta x \approx \partial u/\partial x < 0$, $(v_2 - v_1)/\Delta y \approx \partial v/\partial y > 0$ と与えられるので，そのトータル $\partial u/\partial x + \partial v/\partial y \equiv D$ は，正であれば発散であり，負であれば収束ということになる．

領域内で流れの収束・発散があると，大気の質量は変わらないから，その中の密度は時間変化しなければならない．つまり

$$\frac{\partial u}{\partial x} + \frac{\partial v}{\partial y} \equiv D = -\frac{1}{\rho}\frac{d\rho}{dt} \quad (A.34)$$

となる．これが連続の式である．

大気や海洋の運動は (x, y, z) の3次元であり，特に大規模な運動の場合は密度の時間変化は小さいことが多いので，連続の式は

$$D + \frac{\partial w}{\partial z} = 0 \quad (A.35)$$

と表される．大気の連続の式を考えると，地表では w は 0 であるので，水平収束がある場合 $(D < 0)$，大気下層付近では $w > 0$ となる．こうした状況では雲が発生することが多く，下層の水平風の収束・発散の分布を見るだけでその場の天気がわかることになる．

6. コリオリ力

a. 回転する物体に対する2つの見方

地球の大気や海洋の力学では，特に大規模運動では，コリオリ力は運動をコントロールする重要な要因である．たとえば，北半球に発生する台風が反時計回りに渦を巻くのは，風が中心に向かって進むときにコリオリ力の影響を受けるからである．ところが，コリオリ力は見かけの力であり，この力は回転系で物体が動くときに表れる．1835年に初めてこれを導出したフランスの科学者コリオリ（Coriolis）にちなんで，コリオリ力という．

ここでは，剛体回転，慣性系，回転系を理解しながらコリオリ力が発現する物理を考える．地球は1日1回の割合で自転しているから，宇宙から見ると，地球の中心から半径約 6500 km 離れた赤道付近では約

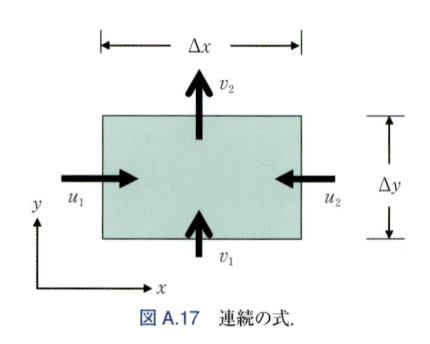

図 A.17 連続の式．

460 m/s で回っている．しかし，音速に近いスピードで回っているとは地球上の誰も気づかない．それは，地球上の観測者も地球と一緒に回転しているからである．

ここで，ある軸の周りを一定の速度で回転する（角速度 Ω（地球の自転の場合は $2\pi/1$ 日 $\approx 7.27 \times 10^{-5}$ rad/s）が一定）物体の運動を記述する．その場合 2 つの見方がある．1 つは，宇宙など遠くから眺める立場であり，これを慣性系という．もう 1 つは，回転する上に乗って運動を記述する立場であり，これを回転系という．我々は自転する地球の上でさまざまな運動を観測するので，その運動は回転系で記述するのが便利である．回転系で静止している状態は，慣性系からは Ω で回転している状態であり，これを剛体回転しているという．地球の大気の風や海洋の流れの運動は，回転系の静止状態からのずれの運動であり，慣性系では剛体回転からのずれとなる．通常そうしたずれの大きさは，剛体回転に比べて非常に小さい．

b. 剛体回転

北半球を想定して反時計回りに回転する円盤を考え，回転系で静止している状況を詳しく見てみる．2 人の観測者 A と B がいて，A は回転の中心にいて，B は中心から r 離れているとする．お互い向かい合っているとして，静止状態であるから時間が経ってもお互いの向かい合う関係は変わらない．時間 t_1（図 A.18a）から時間 t_2（図 A.18b）までに動いたとき，B の自転成分は，慣性系から見ると，図 A.18c のように A と同じとなる．つまり，剛体回転をする物体は場所によらず全て同じ角速度で回転（スピン）することがわかる．また逆に，B の位置を原点 (0, 0) とすると，その y 軸は常に回転の中心を向き，x 軸はそれに直交する向きになるような位置となる（図 A.18d）．

c. コリオリ力は見かけの力

時間 t にボールが回転の中心を通り一定の速度で動く場合を考える．慣性系では力は働かないことになる．それを回転系で見るとどうなるか．Δt は短い時間として，その前の時間 $t-\Delta t$ とその後の時間 $t+\Delta t$ における観測者 B から見たボールの位置を，図 A.19 に示す．赤い線のベクトルは，B から見たボールの位置を示す．

同様に，図 A.20 は回転系におけるボールの位置 (x, y) を計算したものである．B から回転の中心を向く方向をいつも y 軸としているので，たとえば，時間 $t-\Delta t$ におけるボールの位置 (x, y) は，$(a\sin(\Omega\Delta t), r-a\cos(\Omega\Delta t))$ となる．ここで，$a = V\Delta t$ である．同様に，時間 t におけるボールの位置は $(0, r)$ であり，時間 $t+\Delta t$ においては $(a\sin(\Omega\Delta t), r+a\cos(\Omega\Delta t))$ である．

この位置の情報から，時間 $t-\Delta t/2$ と時間 $t+\Delta t/2$ におけるボールの平均速度（2 つの時間差における位置の差）は，それぞれ $(-a\sin(\Omega\Delta t)/\Delta t, a\cos(\Omega\Delta t)/\Delta t)$ と $(a\sin(\Omega\Delta t)/\Delta t, a\cos(\Omega\Delta t)/\Delta t)$ となる．さらに，時間 t におけるこのボールの加速度は 2 つの時間差の平均速度差であるので，$(2a\sin(\Omega\Delta t)/(\Delta t)^2, 0)$ となる．ここで，$(\Delta t)^2$ 以上の項は無視すると，$(2\Omega V, 0)$ となる．このように，回転系では，回転の中心を通る等速度 V のボールに x 方向に $2\Omega V$ の加速度が見られる（つまり，有限の力が働いた）こ

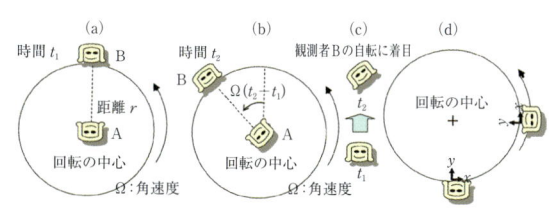

図 A.18　一定の角速度 Ω で回転する円盤に乗った 2 人の観測者を慣性系から見た様子．回転系では 2 人は向かい合って静止しているとする．

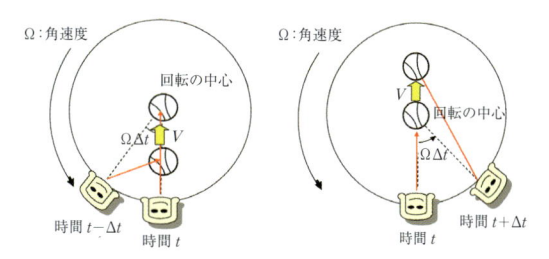

図 A.19　（左）時間 $t-\Delta t$ と時間 t における観測者 B から見たボールの位置と，（右）時間 t と時間 $t+\Delta t$ におけるボールの位置．

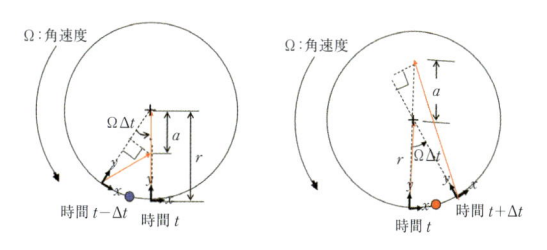

図 A.20　（左）時間 $t-\Delta t$ と時間 t における観測者 B から見たそれぞれのボールの位置（赤い線のベクトル）と（右）時間 t と時間 $t+\Delta t$ におけるボールの位置（赤い線のベクトル）．a は $V\Delta t$ を表す．

とになる．同様に，x方向に等速度Uで動くボールの場合も計算できて，x方向に0，y方向に$-2\Omega U$の加速度となる．こうした見かけの力がコリオリ力であり，角速度Ωの2倍の係数を持ち，北半球では物体の速度ベクトルの右向きに働く．

7. 乾燥大気の運動や状態を支配する方程式

全球スケールの乾燥大気の運動を対象とすると，運動方程式は球座標で記述すべきである．しかし，ここでは，球面上のある緯度ϕを決めて図A.21のような平面を置き，そこにおける重力方向を$-z$とすることにより，簡単な(x, y, z)のデカルト系を用いて書くことにする．地球では基本的に重力効果が強く，地球は球体であるにもかかわらず，我々が地面に真っ直ぐに立っていられるのも空気が宇宙に逃げないのもすべて重力のおかげである．そのために，大気の運動はすべて地球の重力方向（と反対方向）をzとし，z軸に直交する(x, y)は水平面となる．地球はΩの角速度で自転しているが，緯度ϕではzに平行な成分$\Omega \sin \phi (= f/2)$だけの角速度を持つことになる．自転の水平成分もあるが，その効果は一般に小さいので無視される．したがって，赤道ではϕは0であるので，そこでは地球の自転の効果がないことになる．

これまで乾燥空気の運動や状態を表す変数として，東西風u，南北風v，鉛直流w，気圧p，温度T，密度ρ，温位θの7つがでてきた．これらを記述する7つの式は以下のようにまとめられる．

x, y, z方向の運動方程式は，

$$\frac{\partial u}{\partial t} = -u\frac{\partial u}{\partial x} - v\frac{\partial u}{\partial y} - w\frac{\partial u}{\partial z} - \frac{1}{\rho}\frac{\partial p}{\partial x} + fv + f_x \tag{A.36}$$

$$\frac{\partial v}{\partial t} = -u\frac{\partial v}{\partial x} - v\frac{\partial v}{\partial y} - w\frac{\partial v}{\partial z} - \frac{1}{\rho}\frac{\partial p}{\partial y} - fu + f_y \tag{A.37}$$

$$\frac{\partial w}{\partial t} = -u\frac{\partial w}{\partial x} - v\frac{\partial w}{\partial y} - w\frac{\partial w}{\partial z} - \frac{1}{\rho}\frac{\partial p}{\partial z} - g + f_z \tag{A.38}$$

で表される．それぞれ速度成分の時間変化にかかわる項として，右辺の第一項から第三項までは移流項，第四項は気圧傾度力，第五項の水平成分はコリオリ力，第五項の鉛直成分は重力，第六項は他の力（摩擦力など）である．

連続の式は，式（A.34）と同様で，

$$\frac{\partial \rho}{\partial t} + \vec{\nabla} \cdot (\rho \vec{v}) = 0 \tag{A.39}$$

で表される．$\vec{\nabla}$は(x, y, z)方向の微分を表す．

温位の式は，

$$\frac{d\theta}{dt} = \frac{\theta}{C_p T} Q \tag{A.40}$$

であり，右辺には非断熱項Qがついている．もし断熱であれば，右辺は0となり温位は保存することになる．

気体の状態方程式は，式（A.22）と同様に，

$$p = \rho R_d T \tag{A.41}$$

と表され，p，ρ，Tの相互関係を示す．

温位は，式（A.28）と同様に，

$$\theta = T\left(\frac{p_0}{p}\right)^{\frac{R_d}{C_p}} \tag{A.42}$$

と定義される．式（A.36）～（A.42）は7つの独立な式からなり，乾燥大気の状態と運動を記述することが可能となる．

運動方程式を見ると，水平方向には移流項，気圧傾度力，コリオリ力などがあり，鉛直方向には移流項，気圧傾度力，浮力項（重力に関する項）などがあり，卓越する項の組合せはさまざまである．発現する大気や海洋の現象の時空間スケールに応じて，たとえば，大規模場の水平運動ではコリオリ力と気圧傾度力，鉛直方向には気圧傾度力と重力がバランスするなど，さまざまな近似が行われる．また実際の地球大気の物理過程はもっと複雑であり，水蒸気，雲，雨などの湿潤大気に関する力学（雲物理過程），放射過程，乱流過程など多くの過程がまだある．地球大気の運動はそれらが連動・複合して発現することになる．

8. 対流現象：重力不安定による成層の転倒現象

a. 対流とは

ポットややかんの中に冷たい水を入れて下から温めていくと，最初静かだった水がフツフツと動き出し沸

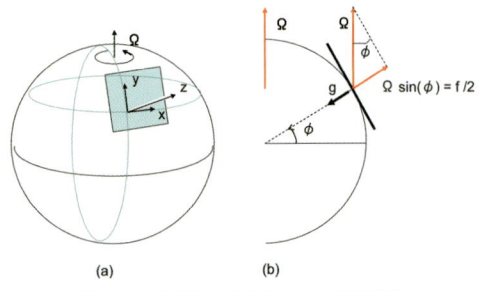

図A.21 球座標から見たデカルト座標系．

騰していくのが見られる．このように鉛直方向に密度（＝温度）差ができて重力的に不安定となって起こる運動を対流という．

平底のフライパンなどの容器に入れた流体を下から温める場合にも対流は起こるが，その場合きれいな六角形の形をした対流パターンが見られる（図 A.22）．これがあたかも細胞（セル）のように見えることから，対流セルと呼ばれる．対流セル内部の運動を見ると，上昇して流体の天井部に来ると水平に広がりそれから下降して底部に達して一回りという運動が見られる．こうした運動は水平方向に繰り返し起こる．またセルの水平の大きさを見ると，大体流体層の厚さぐらいであり，セルの縦横比はオーダー 1 となる．こうした対流により，不安定であった成層は中立に近い成層になろうとする．

実験設定が最も簡単なものは，水平方向に一様に広がる上下の境界面の間（厚さ h）に，物質定数（体膨張率 α，熱伝導率 κ，動粘性係数 ν）が一定である流体を満たし，上からは一様に冷却，下からは一様に加熱して温度差 ΔT を時間的に一定に保つ場合である（図 A.23 左）．これは，流体内で起こる対流の本質を知るには便利な設定である．対流が発生しない場合は，熱伝導解として流体の運動は起こらず，鉛直方向に直線的な温度成層となる（図 A.23 右）．

b. 対流を表す無次元パラメータ

図 A.23 左の実験設定における対流を表す方程式系は，代表的な時空間スケールを使って無次元化される．これによって導出される無次元パラメータのレイリー数

$$Ra = \frac{g\alpha h^3 \Delta T}{\kappa \nu} \tag{A.43}$$

は対流現象を表現する普遍的なパラメータである．ここで，g は重力加速度である．もし図 A.23 のような

図 A.22 下から加熱した場合の対流パターン[2]．

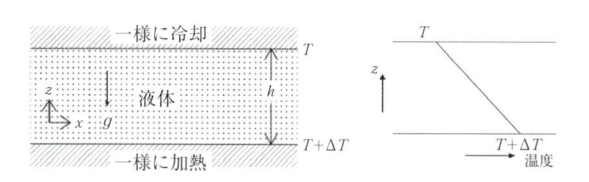

図 A.23 （左）不安定成層における室内実験の設定．流体層を横から眺めた図．（右）熱伝導による温度成層．

実験設定で Ra が同じであれば，流体の温度が超高温あるいは超低温であったとしても，またどのような物質定数を持つ流体を使ったとしても，同じ現象を表すことになる．ΔT は Ra と比例しているので，Ra が大きいほど不安定となる．

Ra に関して流体の対流パターンを横から見ると（図 A.24），Ra が小さい場合にはある臨界値（$Ra_c \approx 1700$）まで運動のない状態（熱伝導解）が実現する．Ra が Ra_c 以上になると，水平スケールと鉛直スケールが同じオーダーで定常的な上昇流域と下降流域を交互に持つ対流パターンが発生する．理論計算からも，セルの縦横比はオーダー 1 である．Ra をさらに大きくすると，発生する対流は時間変動し乱流へと変わっていく．

c. 自然界の対流現象

対流現象は大気や海洋でも数多く見られる．大気では，雲を除くと大気組成（N_2 や O_2）の大部分が太陽放射に対して透明であるために，全球平均で地球にやってくる太陽エネルギーのほぼ半分が地表面で吸収される．そのため，大気では常に地表面から暖められて上下不安定な成層となる．そのために，雲を発生させるか，雲ができない場合は大気混合層をつくるなどして，不安定な成層を解消しようとする．

海洋では，寒冷なグリーンランド沖や南極周極流海域などで放射冷却により海面付近が冷やされ氷がつくられることにより，低温・高塩分の水塊が海面付近につくられる．これにより，海洋内部で鉛直方向に重力不安定な成層となり，沈み込みなどの対流が起こる．これは地球環境に大きな影響を及ぼす深層循環を形成する．

自然界に見られる対流は，レイリー数のようなただ 1 つの無次元数で表せなくてもっと複雑である．たとえば，積乱雲は湿潤大気の典型的な対流現象であるが，内部では水物質が水蒸気→雲粒→雨粒・霰・雪と成長することから積乱雲の寿命は 1 時間ぐらいになるなど，図 A.23 の設定の実験から得られる結果とはかなり異なる．しかし，対流の本来の役割である重力的に不安

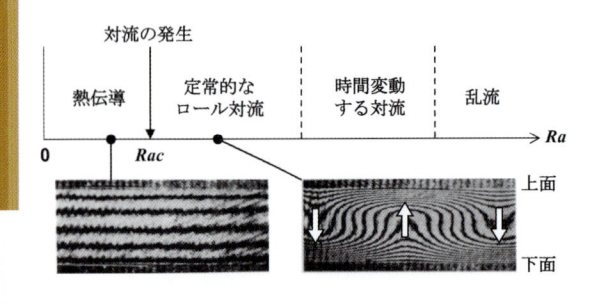

図 A.24 対流の形態の移り変わりの Ra 依存性および横から見た温度分布[3]．光干渉法で温度分布を縞模様として可視化した．等温線は，熱伝導状態では水平であるのに対して，対流が起こると鉛直流によって波打つようになる．矢印で最大の上昇流・下降流を示す．

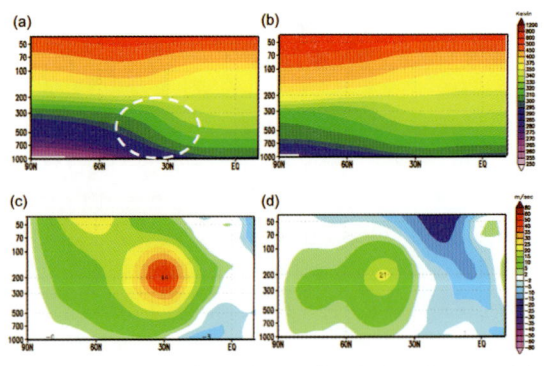

図 A.25 1月と7月の東西平均した温位と東西風の南北-気圧分布（JRA-25，気象庁・電力中央研究所）．(a) と (b) は温位，(c) と (d) は東西風．(a) と (c) は1月，(b) と (d) は7月．白丸は北半球の対流圏中緯度帯を示す．

定な成層状態を解消することは共通に見られる．

9. 地衡風・温度風の関係と傾圧不安定波

a. 地衡風

水平スケール 1000 km 以上の大規模な大気現象では，摩擦のある地上付近を除くと，等圧線の方向と風の吹く方向はほぼ平行な関係にある．運動方程式を見ると，気圧傾度力とコリオリ力がほぼバランスしている状態であり，等圧線の間隔が混んでくると，風は強くなる．このような風を地衡風と呼ぶ．

b. 温度風

図 A.25 に，1月と7月の東西平均した東西風と温位の南北−気圧の分布を示す．気圧は静水圧の式により高度と読み換えてもよい．ここでは北半球の対流圏中緯度帯（白丸の領域）だけに注目する．熱的分布を見るのにここでは温度場でなく温位場を取り上げた．それは，大気の場合，温位は保存量であり取り扱いやすいからである (A.2 の 4 参照)．図 A.25a と図 A.25b から，温位分布は，水平方向には（極域を除いて）南（北）ほど大きく（小さく），鉛直方向には上層ほど大きな値を持ち，南北に傾く安定成層をする構造であることがわかる．一方，東西風の南北−高度の構造を見ると（図 A.25c と図 A.25d），高さ方向に白丸の領域では西風が強くなっている．高さ方向に風が強くなることを鉛直シアがあるという．

東西風の鉛直シアの強さと温位の南北傾度の強さの両者をよく眺めると，この両者はほぼ比例していることに気づく．つまり，冬（夏）になると南北温位傾度が強（弱）まると同時に西風の鉛直シアも強（弱）まっている．この理由を考えてみる．図 A.26 のように，(x, y, z) を（東西，南北，鉛直）の方向にとり，x 軸の周

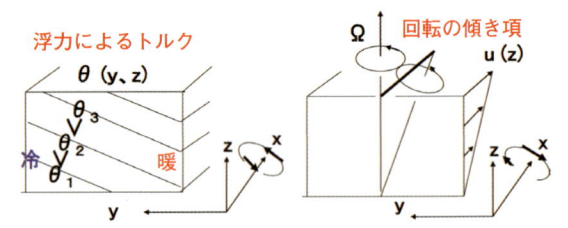

図 A.26 (y, z) 面の平均構造に関する x 方向の回転成分を考える．（左）熱帯域は暖かく極域は冷たい熱的アンバランスにより，浮力による反時計回りのトルクが働く．（右）鉛直方向を向いた地球自転が西風の鉛直シアで傾くことにより時計回りのトルクが働く．このために，x 方向のトルクはバランスした状態が得られる．

りに回転させようとする力（トルクという）を考える．北半球で東西平均した温位場は南側で暖かく北側で冷たい水平分布であるので，この水平温位差により反時計回りに回転しようとするトルクが働く（図 A.26 左）．これは，太陽が赤道域を暖め極域を放射で冷やすという熱的なアンバランスな放射分布のせいである．地球の自転がない場合，このアンバランスは直ちに崩れ，最終的には水平に温位差のない状態に落ち着くはずである．ところが，大規模な地球大気では一方向だけに運動する様子は見られず，カウンターする逆向きのトルクがあることが予想される．中緯度帯の大規模な地球大気では地球自転がきいている．時計回りで逆向きのトルクは，地球の自転 f を傾けるような東西風の鉛直シアによってつくられる（図 A.26 右）．このため西風は高さとともに強くなる構造であり，冬季対流圏上層では強さ約 100 m/s に及ぶジェット気流が見られることになる．この南北方向に温位分布が傾き東西風

の高度分布に西風の鉛直シアがつくられるようなバランスを温度風という．

運動方程式から温度風の関係は簡単に求まる．

$$-\frac{1}{\rho_0}\frac{\partial \overline{p}}{\partial y} - f\overline{u} = 0 \quad (A.44)$$

$$-\frac{1}{\rho_0}\frac{\partial \overline{p}}{\partial z} + g\frac{\overline{\theta}}{\theta_0} = 0 \quad (A.45)$$

式 (A.44) は南北方向の運動方程式であり，南北方向の気圧傾度力とコリオリ力がバランスしている（＝地衡風）．一方，式 (A.45) は鉛直方向の運動方程式であり，鉛直方向の気圧傾度力と重力がバランスしている（＝静水圧平衡）．0 が下に付いた物理量は定数，バーの付いた物理量は y と z の関数である．x 軸方向のトルクを求めると，

$$\frac{\partial (A.44)}{\partial z} - \frac{\partial (A.45)}{\partial y} \Rightarrow -f\frac{\partial \overline{u}}{\partial z} - \frac{g}{\theta_0}\frac{\partial \overline{\theta}}{\partial y} = 0 \quad (A.46)$$

となる．これから，西風の鉛直シアが大きいほど南北温位傾度が大きくなることは明らかである．

c. 温度風を示す室内実験

簡単な室内実験で，温度風の関係を示すことができる[4]（図 A.27）．その実験では，半径方向を南北（極は回転中心とする），円周方向を東西方向と見なす．円筒容器の中を破線で示した半径 a_0 の鉛直壁により分け，深さ H の容器の内側には塩水（密度 ρ_1），外側には水（密度 ρ_2）を満たし（$\rho_1 > \rho_2$），全体を角速度 Ω で剛体回転させる．ここで，この実験で与える物理量を使って，固有のロスビー変形半径 λ（定義は図 A.27 右：重力（安定成層）に関係する量と回転に関係する量の比からなる）という空間スケールが表れる．十分時間が経ち剛体回転になったところで鉛直壁を取り除くと，重い塩水は軽い水の下に潜ろうとして，上層では内側へ，下層では外に広がろうとする．回転がない場合は，塩水は水の下に完全に潜っていずれ 2 つの流体の境界は水平となり安定な成層状態となる．ところが，回転があると，半径が大きく（小さく）なると角速度が小さく（大きく）なる性質（角運動量保存則）から，半径が小さくなる上層の水は遠心力が大きくなり，半径が大きくなる下層の塩水は遠心力が小さくなる．こうして塩水は水の下に潜るのが妨げられ，塩水と水は斜めの境界の状態で落ち着くと考えられる．

このバランスした状態は，円周方向に軸を持つトルクに注目する見方で言い換えることができる．水平の密度差によって水（塩水）は上昇流（下降流）をつくろうとする浮力による一方向のトルクが働くが，回転系

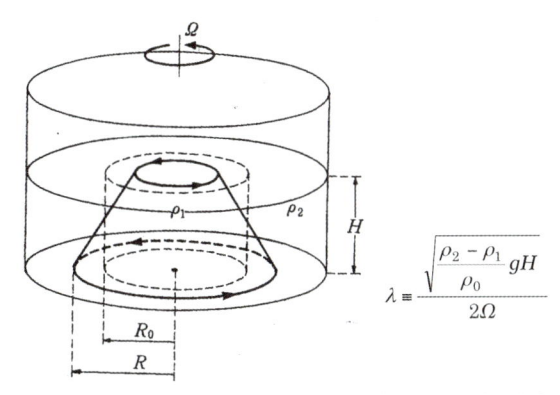

図 A.27 塩水と水を使った室内実験で，破線の鉛直壁で仕切りを入れそれぞれの流体を満たし，剛体回転をした後に鉛直壁をはずしたときの状態[4]．

では回転 Ω による剛体回転からのずれの流れの鉛直シアによって逆向きのトルクができてバランスすると考えるのである．このバランスはまさに温度風の関係を表す．

ロスビーの変形半径 λ の大きさを中緯度帯対流圏の大気の場合で評価してみる．対流圏の厚さは約 $10\mathrm{km} = 10^4$ m，重力加速度は約 $10\mathrm{m/s}$，$f = 10^{-4}/\mathrm{s}$，$(\rho_1 - \rho_2)/\rho_0 \approx \Delta\theta/\theta_0 \approx 30/300$（$\Delta\theta$ は対流圏上層から対流圏下層の温位差，θ_0 は対流圏全層の温位平均）とすると，$\lambda = 10^6 \mathrm{m} = 1000\mathrm{km}$ となる．つまり，この簡単な室内実験は，大気では総観スケールの現象を表すことになる．

d. 中・高緯度の大気における大規模な不安定波動

日々のテレビや新聞の天気予報などから，特に秋から春にかけて，九州地方で降っていた雨が 1～2 日遅れて関東地方にやってくることを体験する．図 A.28 に 2009 年 1 月の 4 日間の衛星画像と地上天気図を表す．衛星画像からは，水平 1000 km スケールの雲域が西から東に向かって流れるのが見られ，天気図からはその雲域では低気圧があり晴れた領域では高気圧があることに気づく．つまり，中緯度帯では東西に交互にスケール数千 km（総観スケールという）の高・低気圧が並んでいて，特に寒候期には日本上空はこれらの通り道になっている．こうした擾乱は一種の不安定現象である．

これまで温度風バランスを述べたが，図 A.28 からは，東西方向に波動を持つことから，温度風バランスは必ずしも満たされていないことがわかる．そこで，図 A.27 の室内実験では塩水の半径 R_0 が自由に変えられるので，R_0 を変えた実験から λ/R_0 依存性を調べてみる．図 A.29 は実験装置を上から見た場合で，塩水

309

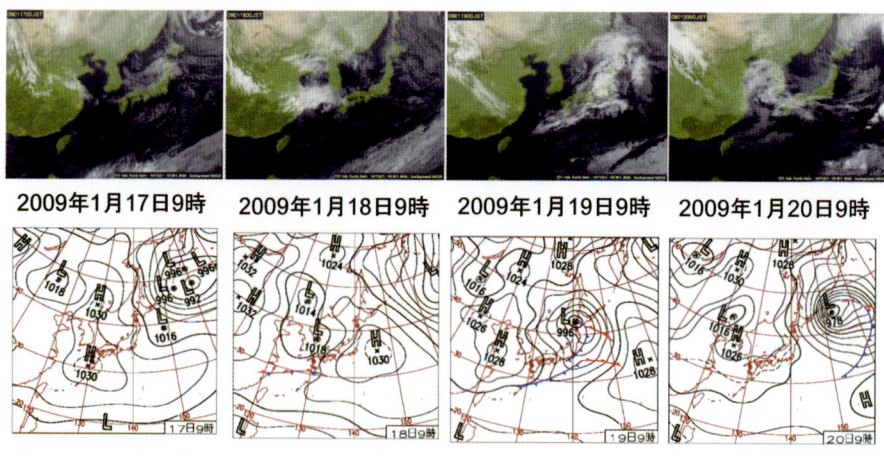

図 A.28 2009 年 1 月 17 ～ 20 日までの 1 日毎の衛星写真（高知大学）と地上天気図（気象庁）．1000 km スケールの高・低気圧の擾乱が西から移動するのが見られる．

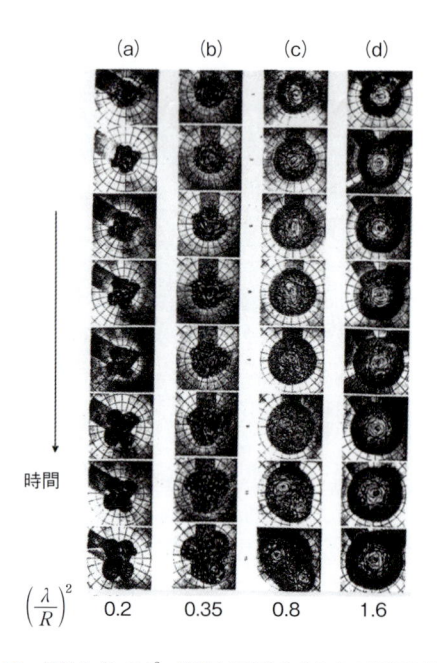

図 A.29 横軸を $(\lambda/R_0)^2$, 縦軸を時間としたときの実験結果[4]．

は色をつけて水と区別できるようにしてある．λ/R_0 が $O(1)$ より大きい場合は，時間が経っても軸対称のままであり，温度風バランスが成り立っていることがわかる（図 A.29 d）．ここで，$O(1)$ とは 1 の近傍の値をとることを意味する．λ/R_0 が $O(1)$ より小さくなると，軸対称はくずれ，$O(1)$ のスケールの渦が回転軸の接線方向に波打つのがわかる．図 A.29 c では波数 2，図 A.29 b では波数 3，図 A.29 a では波数 4 が見られる．これから，R_0 が λ より大きいと，λ の水平スケールを持つ波動が引き起こされることがいえる．このような波動を持つ不安定波動を傾圧不安定波と呼ぶ．

この室内実験を地球大気に当てはめると，λ は 1000 km のオーダーであったので，地球大気の南北幅が λ より大きい場合に 1000 km スケールの東西方向に波打つ不安定波動ができ，そうして形成される渦も 1000 km スケールとなることが予想される．この水平スケールがまさに図 A.28 で見た総観スケールの高・低気圧である．これから中緯度帯対流圏で見られるのは傾圧不安定による波動であることがわかる．図 A.27 の室内実験は塩水と水の 2 つの流体を使った簡単なものであるが，安定成層をした回転流体における温度風と傾圧不安定波の本質を見事に突いている．

e. 海洋の中規模渦

海洋における大規模な力学も安定成層をした回転流体としてまとめられる．海洋における代表的なロスビーの変形半径 λ を評価してみると，$H = 1$ km，$(\rho_1 - \rho_2)/\rho_0 \approx 0.01$ とすると，$\lambda = 100$ km となる．海洋ではしばしば数百 km サイズの中規模渦と呼ばれる渦が見られ，これらは傾圧不安定によってつくられるといわれている．

〔吉﨑正憲〕

A.3
大気波動・中立波動

ここでは大気中に存在するさまざまな中立波動について説明する．中立波とは波の振幅が時間とともに変わらず，波が減衰したり増幅されたりしない波のことをいう．波動には媒質の変位方向と波の進行方向が垂直である横波（例：水面波，光，地震波のS波）と，媒質の変位方向と波の進行方向が同じ縦波（例：音波，地震波のP波）がある．

1. 音波

まず音波について考える．図A.30に左側に弾力のある振動板を取りつけたチューブの概略図を示す．振動板が時刻 $t = t_1$ で右側に変位し，1/4周期後の $t = t_2$ で中央に戻った状態を考える．振動板が左右に動く場合，近隣の空気も同時に左右に振動する．それに伴い空気圧の高い部分と低い部分が生じる．個々の空気は前後に振動するだけだが，高・低の圧力のパターンが右側へ伝播していく．図に示されるように，音波は空気の振動方向と波の伝播方向が同じ方向の縦波である．音波は空気が圧縮することによって生成・伝播する．

次に図A.30で示された音波について，数式を用いて説明する．横軸を x 軸とし，x 軸の正方向に伝播していく1次元音波について考える．東西風 u は x と t の関数，すなわち $u = u(x, t)$ とし，断熱過程を考える．この場合の運動方程式，連続の式，熱力学の式は，それぞれ式(A.47)〜(A.49)のように表せる．

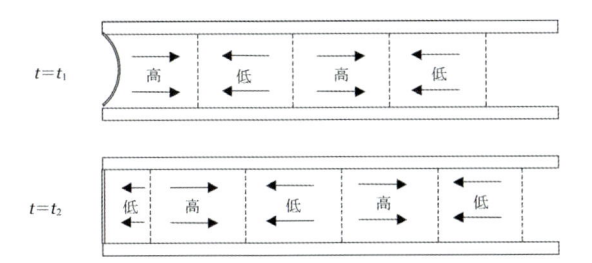

図A.30 チューブの中を伝播する音波の概略図．左側に弾力のある振動板を取りつけ，（上）時刻 $t = t_1$ で右側に変位し，（下）1/4周期後の $t = t_2$ で中央に戻る．高，低は擾乱が高圧，低圧であることを示し，矢印は擾乱の速度を示す．$t = t_1$ から $t = t_2$ にかけて高・低の塊が右側へ伝播していることに注目．

$$\frac{Du}{Dt} + \frac{1}{\rho}\frac{\partial p}{\partial x} = 0 \quad (A.47)$$

$$\frac{D\rho}{Dt} + \rho\frac{\partial u}{\partial x} = 0 \quad (A.48)$$

$$\frac{D\ln\theta}{Dt} = 0 \quad (A.49)$$

ここで，ρ, p, θ はそれぞれ密度，圧力，温位を表し，$D/Dt = \partial/\partial t + u\partial/\partial x$ である．温位 θ は以下の式で表せる．

$$\theta = T\left(\frac{p_s}{p}\right)^{\frac{R}{C_p}} = \frac{p}{\rho R}\left(\frac{p_s}{p}\right)^{1-1/\gamma} \quad (A.50)$$

p_s, C_p, C_v, R は地表気圧，空気の定圧比熱，定容比熱，気体定数であり，$\gamma = C_p/C_v$ である．式(A.48)〜(A.50)を用いて密度の項を消去すると，

$$\frac{1}{\gamma}\frac{D\ln p}{Dt} + \frac{\partial u}{\partial x} = 0 \quad (A.51)$$

となる．ここで変数を基本場と擾乱に分離して考える．つまり任意の変数 A に対して

$$A(x, t) = \overline{A} + A'(x, t) \quad (A.52)$$

に分ける．u, p, ρ に式(A.52)を適用したものを式(A.47)および式(A.51)に代入し，$|\rho'/\rho| \ll 1$ を用いて近似する．また，擾乱同士を掛け合わせた項は2次の微小量として無視して（線形化と呼ばれる）整理すると，最終的に以下の波動方程式が導かれる．

$$\left(\frac{\partial}{\partial t} + \overline{u}\frac{\partial}{\partial x}\right)^2 p' - \frac{\gamma \overline{p}}{\overline{\rho}}\frac{\partial^2 p'}{\partial x^2} = 0 \quad (A.53)$$

波動解として東西波数 k，振動数 ω を持ち，x 方向に伝播する平面波，

$$p' = \hat{p}\exp[i(kx - \omega t)] \quad (A.54)$$

を考え，式(A.54)を式(A.53)に代入すると，音波の位相速度 $c = \omega/k$ は結局

$$c = \overline{u} \pm \sqrt{\gamma R \overline{T}} \quad (A.55)$$

のようになる．式(A.55)を振動数 ω を用いて表すと

$$\omega = k(\overline{u} \pm \sqrt{\gamma R \overline{T}}) \quad (A.56)$$

となる．式(A.56)から，観測者が音源の下流側にいる場合は振動数が大きく，上流側にいる場合は振動数が小さくなることがわかる．これはドップラー効果と呼ばれ，身近な現象として，救急車が近づいてくる際にはサイレンの音が高く聞こえ，逆に遠ざかるときには低く聞こえることが挙げられる．

2. 重力波

重力を復元力とする波を重力波という．池の水に石を投げ込んでみると，石が落ちた場所から波形が同心円状に広がっていく様子を実際に見たことがある人は

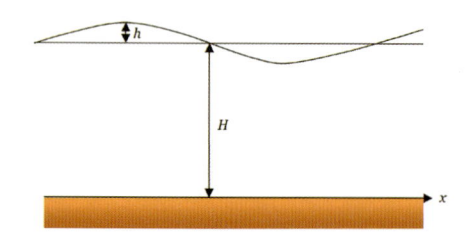

図 A.31　平均の深さ H の水に，微小な水面変位 h がある場合の模式図．

多いだろう．重力は縦方向に働く力であるが，波は横方向に伝播していく．つまり重力波は横波である．このことを式を用いて考えてみる．この節以降，非圧縮流体方程式系で考えることにする（故に音波は除外される）．

x 方向に一様な水の深さを持った波の様子を図 A.31 に示す．H は平均的な深さで，h は平均水面からの変位を表す．平均状態として流れのない場 ($\bar{u} = \bar{v} = 0$) を考える．この場合，重力加速度を g とすると，gh が水面の変位によって生じた圧力になり，重力の作用により変位 h を 0 に戻そうとするので，この場合の運動方程式は

$$\frac{\partial u}{\partial t} + \frac{\partial gh}{\partial x} = 0 \tag{A.57}$$

と書ける．また，$H \gg |h|$ とし，質量保存の式から

$$\frac{\partial h}{\partial t} + H\frac{\partial u}{\partial x} = 0 \tag{A.58}$$

になる．したがって式 (A.57) と式 (A.58) から以下の波動方程式が導かれる．

$$\frac{\partial^2 h}{\partial t^2} - gH\frac{\partial^2 h}{\partial x^2} = 0 \tag{A.59}$$

式 (A.54) と同様に，波動解として東西波数 k，振動数 ω を持ち，x 方向に伝播する平面波

$$h = \hat{h}\exp[i(kx-\omega t)] \tag{A.60}$$

を考え，式 (A.59) に代入すると，分散関係式

$$\omega^2 = gHk^2 \tag{A.61}$$

が導き出せる．ここで $c = \omega/k$ であることを思い出すと，この波動の位相速度は

$$c = \pm\sqrt{gH} \tag{A.62}$$

となる．この波動は外部重力波と呼ばれる．ちなみに津波は外部重力波であり，式 (A.62) から海の深さが深いほど，速く伝播することがわかる．

実際の大気では，図 A.31 に示した 2 層構造ではなく，大気密度は高さの関数で連続した密度成層構造を持っている．大気が安定に成層している（温位が上空ほど高い）場合に，空気塊が Δz だけ上空へ上がった場合を考えてみる．その場合，空気塊は断熱冷却により密度が $\Delta\rho$ だけ増えて，周りの空気より相対的に重くなる．逆に Δz だけ下がった場合，空気塊は断熱加熱により密度が $\Delta\rho$ だけ減って，周りの空気より相対的に軽くなる．空気塊の変位に対して，空気塊をもとの位置に戻そうとする力（重力による復元力）が働き振動を引き起こす．その振動が波の形として伝播していく．このような波動は内部重力波と呼ばれ，例として山岳重力波などが挙げられる．内部重力波を式を用いて説明すると少々複雑になるため，興味のある読者は他の専門書を参照してほしい．

3. 慣性振動

地球の自転の効果に伴うコリオリ力も復元力として働く．気圧傾度力がなく，平均状態として風のない場で ($\bar{u} = \bar{v} = 0$)，コリオリ力が一定 $f = f_0$ である f 面の運動方程式で考えると，

$$\frac{\partial u}{\partial t} - f_0 v = 0 \tag{A.63}$$

$$\frac{\partial v}{\partial t} + f_0 u = 0 \tag{A.64}$$

となる．式 (A.63) + 式 (A.64) × i ($i = \sqrt{-1}$) より

$$\frac{\partial(u+iv)}{\partial t} + if_0(u+iv) = 0 \tag{A.65}$$

今，初期条件として $u = u_0, v = v_0$ を考えた場合，$(u, v) = (u_0, v_0)\exp(-if_0 t)$ と書ける．また $\exp(-if_0 t) = \cos f_0 t - i\sin f_0 t$ であることから，式 (A.65) の解は結局

$$u = u_0\cos f_0 t + v_0\sin f_0 t \tag{A.66}$$
$$v = -u_0\sin f_0 t + v_0\cos f_0 t \tag{A.67}$$

となる．この振動は周期 $2\pi/f_0$ の円運動を描く．ある水面上において圧力傾度力がない場合，空気塊はコリオリ力の影響を受けて北半球では時計回りに，南半球では反時計回りに回転する．このように流体粒子がコリオリ力の影響のみで運動する場合を慣性振動と呼ぶ．海洋に浮かべたブイの軌跡が慣性振動とよく対応した運動を示すことが知られている．

4. 慣性重力波

復元力として重力とコリオリ力の両方が働く波動は慣性重力波と呼ばれる．式 (A.57) に式 (A.63) で扱ったコリオリ力を導入し，南北方向の運動も考慮した運動方程式，および質量保存の式を考えると，以下のようになる．

$$\frac{\partial u}{\partial t} - fv + g\frac{\partial h}{\partial x} = 0 \quad (A.68)$$

$$\frac{\partial v}{\partial t} + fu + g\frac{\partial h}{\partial y} = 0 \quad (A.69)$$

$$\frac{\partial h}{\partial t} + H\left(\frac{\partial u}{\partial x} + \frac{\partial v}{\partial y}\right) = 0 \quad (A.70)$$

ここで波動解 $(u, v, h) = (\hat{u}, \hat{v}, \hat{h}) \exp[i(kx + ly - \omega t)]$ を考え，式 (A.68)〜(A.70) に代入して整理し，$\omega \neq 0$ であることを考慮すると，以下の分散関係式が導き出される．ここで l は南北波数である．

$$\omega^2 = f^2 + gH(k^2 + l^2) \quad (A.71)$$

復元力として重力だけを考えた式 (A.61) と異なり，波動の振動数がコリオリ（慣性）と重力の両方に依存している．このような波を慣性重力波と呼ぶ．内部重力波が慣性の影響を受ける場合は 慣性内部重力波 と呼ばれ，成層圏から中間圏にかけての大循環場の形成に大きな役割を果たしていることが知られている．

5. ロスビー波

波動の規模が大きくなると，コリオリ力の緯度変化 ($df/dy = \beta$: β効果) が無視できなくなる．ここでは中緯度帯 ($f = f_0 + \beta y$) におけるコリオリ力の緯度変化が引き起こす波動について考える．平均状態として風のない場で ($\bar{u} = \bar{v} = 0$)，密度 ρ を一定とした場合の運動方程式は，気圧傾度力とコリオリ力を用いて以下のように示される．

$$\frac{\partial u}{\partial t} - fv + \frac{1}{\rho}\frac{\partial p}{\partial x} = 0 \quad (A.72)$$

$$\frac{\partial v}{\partial t} + fu + \frac{1}{\rho}\frac{\partial p}{\partial y} = 0 \quad (A.73)$$

気圧傾度力を消去するため，∂ 式 (A.73)$/\partial x - \partial$ 式 (A.72)$/\partial y$ を計算し，運動に伴う発散がないとすると，

$$\frac{\partial}{\partial t}\left(\frac{\partial v}{\partial x} - \frac{\partial u}{\partial y}\right) + \beta v = 0 \quad (A.74)$$

となる．ここで u, v を流線関数 ψ を用いて $u = -\partial\psi/\partial y$, $v = \partial\psi/\partial x$ と表すと

$$\frac{\partial}{\partial t}\left(\frac{\partial^2\psi}{\partial x^2} + \frac{\partial^2\psi}{\partial y^2}\right) + \beta\frac{\partial\psi}{\partial x} = 0 \quad (A.75)$$

となる．ここで波動解 $\psi = \hat{\psi}\exp[i(kx + ly - \omega t)]$ を考え，式 (A.75) に代入して整理すると，以下の分散関係式が導かれる．

$$\omega = -\frac{\beta k}{k^2 + l^2} \quad (A.76)$$

これを位相速度 $c = \omega/k$ で表すと

$$c = -\frac{\beta}{k^2 + l^2} \quad (A.77)$$

となる．式 (A.77) の分母は正，β も正であるから，この波動は西向き ($c < 0$) に伝播し，コリオリの緯度変化 β を起源とすることがわかる．これを ロスビー波 という．$l = 0$ の場合，式 (A.77) で見られるように，ロスビー波は東西波数が小さい（東西波長が大きい）ほど位相速度が大きい．東西波数が 1 から 3 のロスビー波は，規模が惑星（プラネタリー）スケールであるので，プラネタリー波 とも呼ばれる．

6. 赤道波

赤道波とは赤道域にトラップされた波動のことをいう．次に赤道波について考えてみる．平均状態として風のない場を考え ($\bar{u} = \bar{v} = 0$)，流体の平均的な厚さを $H = h_e$，変動部分を h，$f = \beta y$，$\phi = gh$ とした運動方程式は

$$\frac{\partial u}{\partial t} - \beta y v + \frac{\partial \phi}{\partial x} = 0 \quad (A.78)$$

$$\frac{\partial v}{\partial t} + \beta y u + \frac{\partial \phi}{\partial y} = 0 \quad (A.79)$$

$$\frac{\partial \phi}{\partial t} + gh_e\left(\frac{\partial u}{\partial x} + \frac{\partial v}{\partial y}\right) = 0 \quad (A.80)$$

となる．式 (A.78)〜(A.80) に波動解 $(u, v, \phi) = [\hat{u}(y), \hat{v}(y), \hat{\phi}(y)]\exp[i(kx - \omega t)]$ を代入すると，

$$-i\omega\hat{u} - \beta y\hat{v} + ik\hat{\phi} = 0 \quad (A.81)$$

$$-i\omega\hat{v} + \beta y\hat{u} + \frac{\partial\hat{\phi}}{\partial y} = 0 \quad (A.82)$$

$$-i\omega\hat{\phi} + gh_e\left(ik\hat{u} + \frac{\partial\hat{v}}{\partial y}\right) = 0 \quad (A.83)$$

式 (A.81)〜(A.83) から $\hat{u}, \hat{\phi}$ を消去し，$\hat{v}$ だけの式にすると

$$\frac{\partial^2\hat{v}}{\partial y^2} + \left(\frac{\omega^2}{gh_e} - k^2 - \frac{\beta k}{\omega} - \frac{\beta^2}{gh_e}y^2\right)\hat{v} = 0 \quad (A.84)$$

となる．式 (A.84) が $y \to \pm\infty$ で $\hat{v} \to 0$ を満足するためには

$$\frac{\sqrt{gh_e}}{\beta}\left(-\frac{\beta k}{\omega} - k^2 + \frac{\omega^2}{gh_e}\right) = 2n+1,$$
$$n = 0, 1, 2, \cdots \quad (A.85)$$

になる必要があり，その時の解はエルミート多項式を用いて

$$\hat{v}(\xi) = H_n(\xi)\exp\left(\frac{-\xi^2}{2}\right),$$
$$H_0 = 1, \quad H_1 = 2\xi, \quad H_2 = 4\xi^2 - 2, \cdots \quad (A.86)$$

$$\xi = \beta^{1/2}(gh)^{-1/4}y \quad (A.87)$$

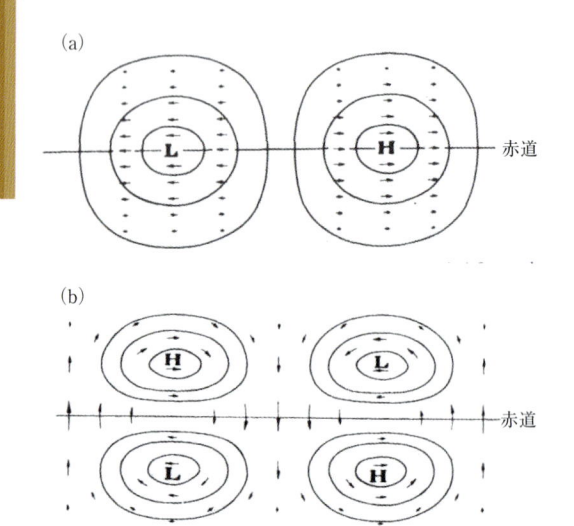

図 A.32　(a) ケルビン波と (b) 混合ロスビー重力波の水平構造[1]．実線が高度場で矢印が水平風を示す．横軸は赤道に相当し，赤道に平行なベクトルは東西風，垂直なベクトルは南北風に相当する．H と L はそれぞれ高圧部と低圧部を示す．

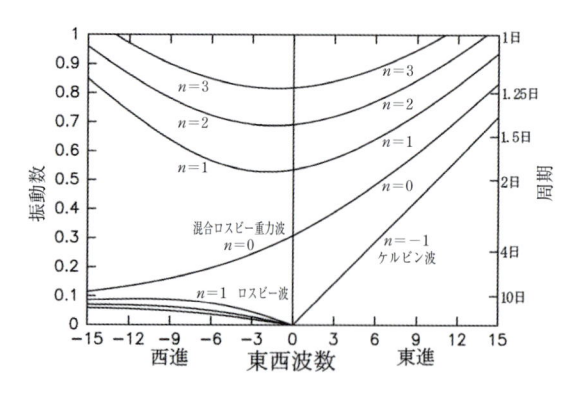

図 A.33　東西波数 k と振動数 ω を用いた赤道波の分散関係 (h_e = 50 m の場合)．横軸が東西波数で正と負の東西波数は，それぞれ東進と西進に対応する．縦軸左が振動数 (1 日あたりに存在する波動)，縦軸右が周期．

となる．n は南北方向の節の数に関連したパラメータである．式 (A.87) から，振幅は赤道から離れる (y が大きくなる) ほど小さくなる．言い換えれば，この波動は赤道近くに限られることがわかり，故に赤道波と呼ばれている．式 (A.85) は一般的に東進する重力波モード，西進する重力波モード，および西進するロスビー波の解を持つ．

式 (A.85) で表現される波は $\hat{v} = 0$ の波を含んでいないが，赤道波の中には，南北風を伴わない波動が存在する．式 (A.81)〜(A.83) に $\hat{v} = 0$ を入れると

$$c = \sqrt{gh_e},\ \hat{\phi},\ \hat{u} \propto \exp\left(\frac{-\xi^2}{2}\right) \quad (A.88)$$

の特徴を持つ波動であることがわかる．この波はケルビン波と呼ばれ，式 (A.85) で $n = -1$ とおいた場合に相当するため，$n = -1$ の波として分類される．式 (A.88) を式 (A.62) と比べてわかるように，ケルビン波の分散関係式は，重力波と同一である．ケルビン波の水平構造を図 A.32 a に示す．ケルビン波は赤道付近に関して，高度場・東西風ともに南北対称な構造を持ち，南北風成分を持たない．

$n = -1, 0, 1, 2, 3$ に対応する振動数 ω と東西波数 k との関係を図 A.33 に示す．$n = -1$ のケルビン波は $n \geq 0$ の東進重力波モードより振動数および東西位相速度が小さい領域に存在する．振動数が大きい (周期が短い) ところは東進および西進の重力波モード ($n = 1, 2, 3$) が卓越する．一方，振動数が小さい (周期が長い) 領域には，西進する赤道ロスビー波モードが存在する．$n = 0$ の西進モードは，東西波数が大きい場合はロスビー波の分散曲線に，東西波数が小さい場合は重力波の分散曲線に近づく．$n = 0$ の西進モードはロスビー波と重力波の中間的性質を示すため，混合ロスビー重力波と呼ばれている．混合ロスビー重力波の水平構造を図 A.32 b に示す．高度場と東西風は赤道に対して反対称，南北風は対称な構造を持つ．

7. 大気潮汐

海岸の潮の満ち引きが月の引力によって引き起こされていることはよく知られているが，地球の大気にも同様に潮汐がつくられており，大気潮汐と呼ばれる．大気潮汐の場合には，太陽放射が大気中の水蒸気による赤外吸収やオゾンの紫外線吸収によって引き起こされる，熱潮汐が重要である．熱潮汐は加熱によって励起された惑星規模の重力波である．

ここで赤道波，重力波，プラネタリー波を包括するラプラスの潮汐方程式について触れておく．単位質量を平均海面高度から幾何学的高度 z^* まで持ち上げるのに必要な仕事をジオポテンシャルと呼び Φ と表す ($\Phi \equiv \int_0^{z^*} g dz^*$)．$\Phi$ に関して，水平方向と鉛直方向に変数分離した波動解 $\Phi(\lambda, \mu, z, t) = e^{z/2H} \phi(z) \Psi(\mu) \exp[i(s\lambda - 2\Omega\sigma t)]$ を仮定し (z は対数圧力座標での高さ．高度約 80 km までは z^* と z はほぼ等しい．s, Ω はそれぞれ惑星波数 (緯度円に沿った波数) と地球の回転角速度)，線形化した方程式系に入れ込むと，

水平方向に関してはラプラスの潮汐方程式,鉛直方向には鉛直構造方程式が得られる.ラプラスの潮汐方程式と鉛直構造方程式はそれぞれ

$$\frac{d}{d\mu}\left(\frac{(1-\mu^2)}{(\sigma^2-\mu^2)}\frac{d\Psi}{d\mu}\right)$$
$$-\frac{1}{\sigma^2-\mu^2}\left(\frac{-s(\sigma^2+\mu^2)}{\sigma(\sigma^2-\mu^2)}+\frac{s^2}{1-\mu^2}\right)\Psi+\gamma\Psi=0 \quad (A.89)$$

$$\frac{d^2\phi}{dz^2}+\left(\frac{N^2}{gh_e}-\frac{1}{4H^2}\right)\phi=0 \quad (A.90)$$

である.ここで μ は緯度の関数で,$\mu\equiv\sin\phi$ ($-1\leq\mu\leq 1$),s は東西波数,σ は無次元化された振動数 $\sigma\equiv\omega/2\Omega$,$\gamma\equiv 4a^2\Omega^2/gh_e$ (a は地球半径) はラムのパラメータ,N はブラントバイサラ振動数,H はスケールハイトである.式 (A.89) は東西波数,振動数,境界条件を与えることにより,固有値問題として数値的に解くことが可能になる[2].詳細を記述することは本書のレベルを超えるので,興味のある読者は文献 1〜8 の専門書を参照してほしい.

〔河谷芳雄〕

B 海洋物理

1. 基礎方程式

海水の運動の基礎方程式を簡単に表すと

$$u_x + v_y + w_z = 0 \tag{B.1}$$
$$\rho_0(u_t - fv) = -p_x \tag{B.2}$$
$$\rho_0(v_t + fu) = -p_y \tag{B.3}$$
$$\underline{\rho_0 w_t} = -p_z - g\rho \tag{B.4}$$
$$T_t + (uT)_x + (vT)_y + (wT)_z = 0 \tag{B.5}$$
$$S_t + (uS)_x + (vS)_y + (wS)_z = 0 \tag{B.6}$$
$$\rho[T, S, p] \approx 999.8 - 0.0752T + 0.8244S \tag{B.7}$$

となる．ここで u, v, w と x, y, z は東向き，北向き，上向きの流速 [m/s] と空間座標 [m]，t は時間 [s] で，p は圧力 [kg/(m·s²)] である．ρ_0 は海水の標準密度 (1027.0 kg/m³ と固定)，f は地球の回転による**コリオリパラメータ** [/s] (北極で正の最大値，南極で負の最大値をとり赤道で符号が変わる)，$g = 9.8$ m/s² は重力加速度，T は海水の温度 [℃]，S は塩分 [g/kg] (海水 1kg 中に含まれる塩分のグラム数) である．a を時間あるいは空間座標とすると $(\ )_a$ は $\partial/\partial a$ を意味する．[ ] は物理次元量を表す．

式 (B.1) は連続の式で，海水がほとんど圧縮しないことを表す．式 (B.2)〜(B.4) は東西，南北，鉛直方向の運動量の式である．式 (B.4) の左辺を考慮する場合を非静力学，考慮しない場合を**静力学**という．式 (B.5)，(B.6) は海水温度 T と塩分 S の保存式である．式 (B.7) は海水の密度 ρ の**状態方程式**と呼ばれ，$\rho[S, T, p]$ は ρ が S, T, p の関数であることを表す．一般に海水は冷たく塩辛く水圧が高く (すなわち深海に) なるほど高密度 (重く) になる．ここでは式 (B.7) の右辺のような近似式を使う．

2. 内部重力波の伝搬

海面から海底まで密度成層が一様，すなわち**浮力振動数** $N = \sqrt{-g\rho_z/\rho_0}$ が一定 [/s] な場合の微小擾乱について考える．海水の密度を $\rho = \overline{\rho}[z] + \rho'[x, y, z, t]$ のように背景場成分と擾乱場成分に分離して，プライム (′) のついた量は小さいと仮定して式 (B.4)〜(B.6) を線形化すると次のようになる．

$$\underline{\rho_0 w_t} = -p_z - g(\overline{\rho} + \rho') \tag{B.8}$$

$$\rho'_t + w\overline{\rho}_z = 0 \tag{B.9}$$

さらに u, v, w, ρ' をフーリエ分解して式 (B.1)〜(B.3)，(B.8)，(B.9) に代入すると，非静力学の**内部重力波の分散関係式**が得られる．

$$\omega^2 = \frac{f^2 m^2 + N^2(k^2 + l^2)}{k^2 + l^2 + m^2} \tag{B.10}$$

ここで k, l, m は東西，南北，鉛直方向の波数，ω は時間振動数である．式 (B.10) の分母の水平波数に関する項は式 (B.8) の下線付の項から導かれる．この項を無視した場合には静力学の分散関係式が得られる．

$$\omega^2 = \frac{f^2 m^2 + N^2(k^2 + l^2)}{m^2} \tag{B.11}$$

以下，東西一様 (すなわち $k = 0$) を仮定して南北方向に伝搬する波について考える．

非静力学と静力学の分散曲線の違いは $l > m$ の場合に現れる (図 B.1a)．m を海面から海底までの距離 (約 5km) の逆数程度と仮定すると，非静力学の分散関係式 (B.10) に従う波は水平波長が 5km より細かいと南北伝搬しにくいことがわかる．たとえば，波数の混ざった波の集合が南北に伝搬する場合，位相速度

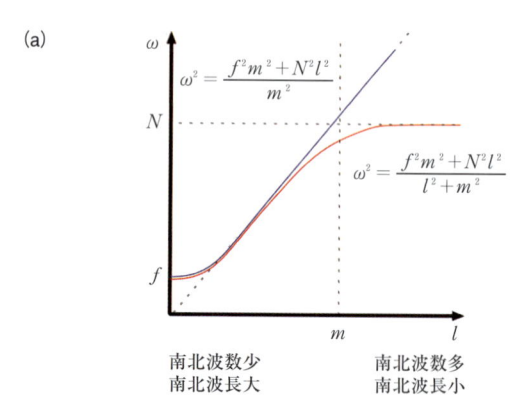

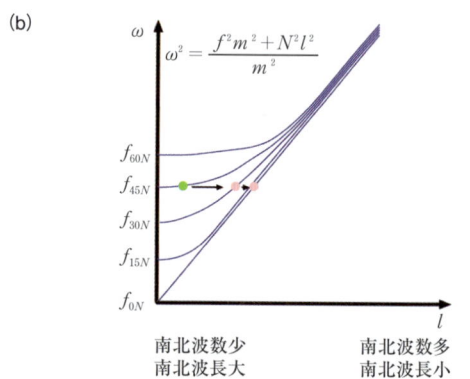

図 B.1 (a) 非静力学 (赤線) と静力学 (青線) の内部重力波の分散曲線．(b) 各緯度における静力学の内部重力波の分散曲線．

部重力波が遠くに伝搬するにしたがってばらけることで，縞模様になるのである．

南北波長$2\pi/l$が大きい場合（$l<m$）は非静力学と静力学の内部重力波の分散曲線は等しくなる（図B.1a）．波長が十分に大きく（$l\approx 0$）なると「慣性振動」（$\omega\approx f$）になる．各緯度のfを用いて分散曲線を描くと図B.1bのようになる．これに起因する面白い現象として中緯度の（低気圧と高気圧の交互通過に伴う）風擾乱によってつくられた海洋の内部重力波が赤道に向かって伝搬する現象がある．いま北緯45度で慣性振動に近い内部重力波がつくられた場合（$\omega\approx f_{45N}$；図B.1bの緑点），どの方向に伝搬するか考えよう．この波は北向きには伝搬しにくい．なぜならばたとえば北緯60度の内部重力波の振動数の最小値はf_{60N}なので，振動数f_{45N}は存在し得ないからである．その代わり振動数f_{45N}の波は低緯度では存在することが可能である（図B.1bの桃色点）．したがって波は赤道に向かって伝搬する．数値実験の結果（図B.2b，動画2）ではハワイ諸島の南側に島影があることから波が南に伝搬していることがわかる[1]．

以上の説明では直線直交座標系x, yにおけるフーリエ分解（sin, cos関数による分解）を使用した．このために1つだけ説明できなかったことがある．それは図B.1bを使って振動数を一定に保ちながら赤道に向かって伝搬する波を考えると，次第に南北波数が多く（南北波長が小さく）なっていくと想像してしまうが，数値実験の結果（図B.2b）ではそうなっていないことである．これを正しく説明するためには球面座標系上の特殊関数を用いて波数展開をする必要がある．

3. 地球規模の海洋循環とエクマン流の役割

数百〜数千km規模の海洋循環を理解するには，式（B.2），（B.3）の右辺に外力項を付け加える必要がある．外力項は風ベクトル$\langle F^u, F^v\rangle$と沿岸や海底における摩擦ベクトル$\langle D^u, D^v\rangle$の2つの効果によって構成される．ここで$\langle a, b\rangle$は水平方向のベクトルを表し，aとbはその東向き成分と北向き成分である．そして水平流速$\langle u, v\rangle$を次の3成分の和として考えるとわかりやすい．第一成分は地衡流で

$$\rho_0 f\langle -v^{geo}, u^{geo}\rangle \equiv -\langle p_x, p_y\rangle \quad (B.12)$$

のように定義される．ここでp_xは圧力の東西微分，p_yは圧力の南北微分であることに気をつけよう．北半球では，地衡流は進行方向右手がp大，左手がp小になるように流れる．南半球ではfが負なので地衡流は進行方向右手がp小，左手がp大になるように流れる．

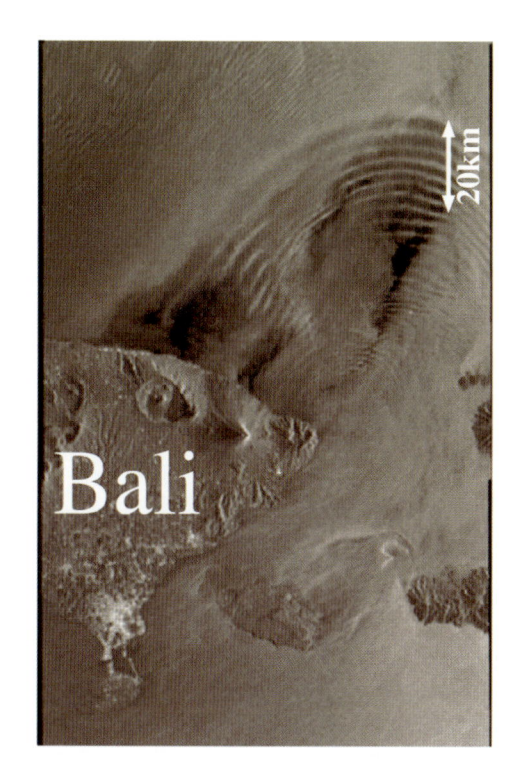

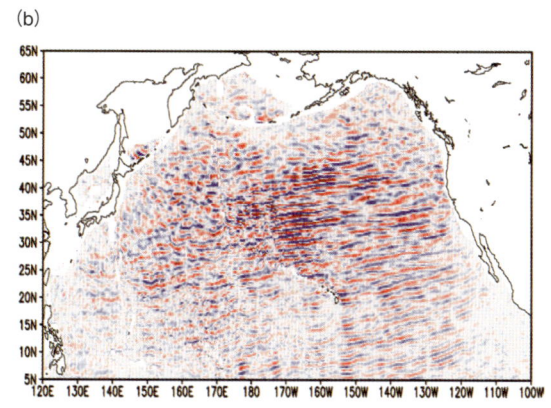

図B.2 （a）インドネシアのロンボク海峡（バリ島の右）の潮汐流によってつくられた非静力学内部重力波の衛星画像（Envisat/European Space Agency）．動画1も参照．（b）太平洋の中緯度域の風擾乱によってつくられた静力学内部重力波の数値実験結果[1]．動画2も参照．

（$c=\omega/l$）の違いから時間が経つにつれて個々の波の位置がずれてばらけていく．この現象は波の「非静力学分散」と呼ばれ，水平波長3〜6kmの縞模様としてしばしば観測される．図B.2a（動画1）の衛星画像はインドネシアの海峡を北向きに通過する潮汐流が海底斜面にのりあげることによって，まず密度躍層の急激なうねり（図B.3）がつくられる．次にその内

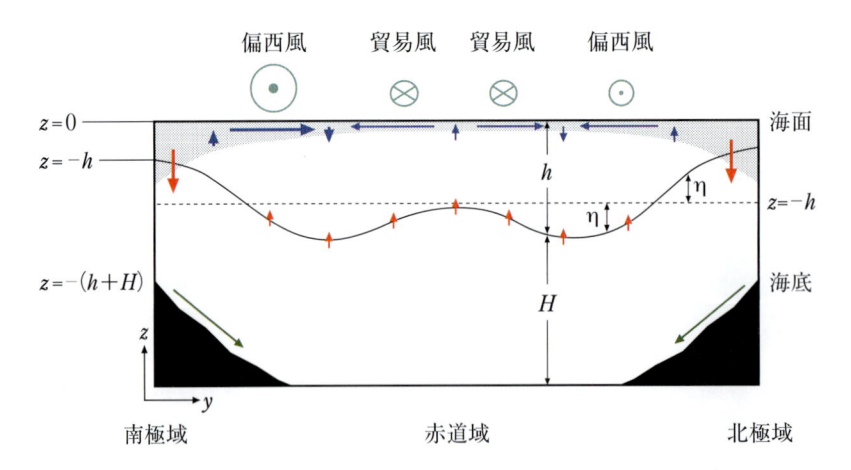

図 B.3 海洋の南北鉛直断面の模式図．上層の青色矢印が風成エクマン流，下層の緑色矢印が海底斜面を下る摩擦エクマン流，上層と下層の境界面（密度躍層）をまたぐ赤色下向き矢印が大気冷却によって重い水が増える効果，赤色上向きの矢印が下層から上層への水の浸透を表す．海面近くの影領域は海面混合層を表す．

第二成分は海面近くの風成エクマン流

$$\rho_0 f \langle -v^{wind}, u^{wind}\rangle \equiv \langle F^u, F^v\rangle \quad (B.13)$$

で，$\langle u^{wind}, v^{wind}\rangle$ は風が向かう方向を見て，北半球では右向き，南半球では左向きに流れると覚えておくと便利である（図 B.3）．第三成分は沿岸や海底における摩擦エクマン流で

$$\rho_0 f \langle -v^{fric}, u^{fric}\rangle \equiv \langle D^u, D^v\rangle \quad (B.14)$$

のように定義される．$\langle D^u, D^v\rangle$ は地衡流にブレーキをかける効果があるので，$\langle u^{geo}, v^{geo}\rangle$ と反対向きのベクトルである．したがって摩擦エクマン流 $\langle u^{fric}, v^{fric}\rangle$ は地衡流が向かう方向を見て，北半球では左向き，南半球では右向きに流れると覚えておくと便利である．

以下では海面から海底までの深さを，密度躍層を境に 2 層に区切り，それぞれの層の定常流を維持する力学を考察する．上層の密度を $1025\,\mathrm{kg/m^3}$，下層の密度を $1027\,\mathrm{kg/m^3}$ で一定とし，その密度差を $\delta\rho$（$=2\,\mathrm{kg/m^3}$）で表す．

a. 上層（風成）循環

黒潮，メキシコ湾流，南極周極流（南極環海流）のような世界各地の主要な海流の流速は上層で $1\,\mathrm{m/s}$ 程度，下層では非常に弱い．このことから，上層の圧力勾配は，浮力係数 $g^* \equiv g\delta\rho$ を用いて $p_x = g^* h_x$ と $p_y = g^* h_y$ のように近似することができる．$h(>0)$ は上層の厚さ [m] で現実には 500 ～ 1000m 程度である（図 B.3）．北半球では，地衡流は進行方向右手が h 大，左手が h 小になるように流れる．南半球ではその逆で

ある．したがって，風成エクマン流は（風の向きと地衡流の向きはほぼ同じなので）h が大きくなる方向に向かって流れる．これは北半球でも南半球でも同じである．一方，摩擦エクマン流は h が小さくなる方向に流れる．これは北半球でも南半球でも同じである．

さらに数十年という風成循環の時間スケールの範囲内では，上層の体積は保存すると見なすことができるので，

$$(hu)_x + (hv)_y = 0 \quad (B.15)$$

となる．この式は式 (B.1) を $z = -h$（密度躍層）から $z = 0$（海面）まで鉛直積分することによって導かれる．

まず，黒潮やメキシコ湾流の東側に広がる太平洋や大西洋の大部分の海域，および南極周極流が流れる南大洋について考えよう．これらの海域では地衡流と風成エクマン流が卓越するので，運動量バランスは，

$$\rho_0 f \langle -v, u\rangle = \langle -g^* h_x + F^u, -g^* h_y + F^v\rangle \quad (B.16)$$

となる．これを式 (B.15) に代入して変形すると位置エネルギーの収支が得られる．

$$g^*[(h^2 u)_x + (h^2 v)_y] = g^* h(u^{wind} h_x + v^{wind} h_y) \quad (B.17)$$

風成エクマン流は h が大きくなる方向に向かって流れるので，式 (B.17) の右辺は必ず正になる．これは，風成エクマン流は位置エネルギーを増やす，すなわち密度躍層（上層と下層の境界面）の凹凸を増やす作用があることを意味する．

式 (B.15) と式 (B.16) を使って式 (B.17) とは全く

別の式を導くこともできる．

$$\rho_0 \frac{df}{dy} hv = (hF^v)_x - (hF^u)_y \tag{B.18}$$

右辺（風による回転トルク）が得られれば南北流量 hv を簡単に見積もることができる．南北流量 hv が得られれば，式 (B.15) を用いて東西流量 hu も見積もることができる．このようにして推定される水平循環の流量はスベルドラップ流量[2]と呼ばれる．

次に，太平洋や大西洋の西岸海域を考えよう．黒潮やメキシコ湾流のような海流（すなわち西岸境界流）の流速は地衡流と（大陸棚に触れて生じる）摩擦エクマン流の和として表すことができる．その運動量バランスは，

$$\rho_0 f \langle -v, u \rangle = \langle -g^* h_x + D^u, -g^* h_y + D^v \rangle \tag{B.19}$$

となる．これを式 (B.15) に代入して変形すると位置エネルギーの収支が得られる．

$$g^*[(h^2 u)_x + (h^2 v)_y] = g^* h(u^{fric} h_x + v^{fric} h_y) \tag{B.20}$$

上層の摩擦エクマン流は h が小さくなる方向に流れるので，式 (B.20) の右辺は必ず負になる．これは摩擦エクマン流は位置エネルギーを開放する，すなわち密度躍層（上層と下層の境界面）の凹凸を減らす作用があることを意味する．逆にいえば，位置エネルギーを開放する（減らす）ためには，摩擦エクマン流が存在する必要がある．

b. 下層（深層）循環

大西洋の北極や南極域では，大気によって冷やされた重い水が下層まで沈み込み，海底に沿って太平洋やインド洋まで移動した後，上層にゆっくりと浸透していく（図 B.3）．この循環は深層循環，グレートコンベヤーベルトなどと呼ばれ，世界の海を一巡するのに千年単位の時間がかかるといわれている．下層の流れは上層に比べてかなりゆっくりとしているので，両者を切り離して考えると，下層の圧力勾配は $p_x = g^*\eta_x = -g^* h_x$ と $p_y = g^*\eta_y = -g^* h_y$ のように近似することができる．$\eta \equiv \bar{h} - h$ は上層と下層の境界面の高さ（$\bar{h}$ は h の全球平均値）である．北半球では，下層の地衡流は進行方向右手が η 大，左手が η 小になるように流れる．南半球ではその逆である．したがって，下層の摩擦エクマン流は η が小さくなる（すなわち h が大きくなる）方向に流れる．これは北半球でも南半球でも同じである．

極域では，大気によって冷やされた重い水が対流を起こすので混合層が厚くなり，下層に水が入る．これを下層の体積収支で表すと，

$$(Hu)_x + (Hv)_y = -w^{down} \tag{B.21}$$

となる．この式は式 (B.1) を $z = -(h+H)$（海底）から $z = -h$（密度躍層）まで鉛直積分することによって導かれる．$H(>0)$ は下層の厚さ [m]，$w^{down}(<0)$ は上層と下層の境界面を通り越して下層に入る水の鉛直流速 [m/s] である．

対流によって下層までたどりついた重い水は，さらに海底斜面を下り落ちる[3]．その際に摩擦が発生するので，運動量バランスは

$$\rho_0 f \langle -v, u \rangle = \langle -g^* \eta_x + D^u, -g^* \eta_y + D^v \rangle \tag{B.22}$$

となる．これを式 (B.21) に代入すると位置エネルギーの収支が得られる．

$$g^*[(\eta Hu)_x + (\eta Hv)_y] = -g^* \eta w^{down} + g^* H(u^{fric}\eta_x + v^{fric}\eta_y) \tag{B.23}$$

沈み込み域では $\eta > 0$ なので右辺の第一項は正となり，これは重い水の総量が増えることによって位置エネルギーが増加することを意味する．下層の摩擦エクマン流は η が小さくなる（すなわち h が大きくなる）方向に流れるので式 (B.23) の右辺第二項は必ず負になる．これは，摩擦エクマン流は位置エネルギーを消散する作用があることを意味する．

太平洋やインド洋で深層水が上層に浸透するのに伴う下層の体積収支は，

$$(Hu)_x + (Hv)_y = -w^{up} \tag{B.24}$$

となる．この式は式 (B.1) を $z = -(h+H)$（海底）から $z = -h$（密度躍層）まで鉛直積分することによって得られる．$w^{up}(>0)$ は密度躍層を通り越して下層から上層に浸透する鉛直流速である．深層水の浸透域では地衡流が卓越するので

$$\rho_0 f \langle -v, u \rangle = \langle -g^*\eta_x, -g^*\eta_y \rangle \tag{B.25}$$

を式 (B.24) に代入すると

$$g^*[(\eta Hu)_x + (\eta Hv)_y] = -g^*\eta w^{up} \tag{B.26}$$

が位置エネルギーの収支となる．浸透域では $\eta < 0$ なので右辺は正となる．すなわち位置エネルギーが増加する．この w^{up} に関するエネルギーは，海洋の内部重力波が微細スケール（数 cm 〜 数 m）で砕波することによって供給されると考えられている[4]．この内部重力波は，大陸棚や海嶺にぶつかる潮汐流や風の短周期振動（図 B.2）によって励起されると考えられている．

4. 熱塩循環の多重平衡解

上記の説明では簡単のために温度と塩分の性質の違いについては考慮していないが，実は海水の塩分は（温

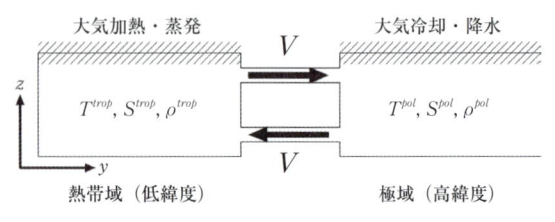

図 B.4 熱塩循環のボックスモデル．

度に比べて）混ざりにくい．この違いを考慮すると「深層循環の平衡状態は多重に存在し得る」という興味深い理論が導かれる[5]．すなわち，大気の二酸化炭素濃度や風の強度などの（海洋にとっての）外部条件が同じでも，何かのはずみで現在の地球の海洋の平衡状態が別の平衡状態に遷移してしまう可能性がある．

図 B.4 のようにパイプによってつながれた2つのボックスを用いて，熱帯域と極域の海の間の海水の交換を考える．熱帯域の海では温度 T^{trop} と塩分 S^{trop} が一様であるとする．熱帯域では大気加熱と蒸発によって海水が温かく塩辛くなると仮定して，$T^{trop} \to 30$ [℃] と $S^{trop} \to 37$ [g/kg] となるように外力を与える．式 (B.7) からわかるとおり，高温化は海水を軽く，高塩化は海水を重くする効果がある．

同様に極域の海では温度 T^{pol} と塩分 S^{pol} が一様であるとする．極域では大気冷却と降水によって海水が冷たく低塩分になると仮定して，$T^{pol} \to 0$ [℃] と $S^{pol} \to 30$ [g/kg] となるように外力を与える．式 (B.7) からわかるとおり，低温化は海水を重く，低塩化は海水を軽くする効果がある．

T^{trop}，T^{pol}，S^{trop}，S^{pol} の時間発展をまとめると

$$\frac{dT^{trop}}{dt} = -a(T^{trop} - 30[℃]) - |V|(T^{trop} - T^{pol}) \tag{B.27}$$

$$\frac{dT^{pol}}{dt} = -a(T^{pol} - 0[℃]) - |V|(T^{pol} - T^{trop}) \tag{B.28}$$

$$\frac{dS^{trop}}{dt} = -b(S^{trop} - 37[\text{g/kg}]) - |V|(S^{trop} - S^{pol}) \tag{B.29}$$

$$\frac{dS^{pol}}{dt} = -b(S^{pol} - 30[\text{g/kg}]) - |V|(S^{pol} - S^{trop}) \tag{B.30}$$

となる．a と b はそれぞれ温度と塩分の混ざりやすさを表す係数である．海水は温度が混ざりやすく塩分が混ざりにくいので $a > b$ である．| | は絶対値記号で，V は熱帯域と極域のボックスの間の海水交換の流量を表す（図 B.4）．この交換流量 V が2つのボックスの密度差 $\rho^{pol} - \rho^{trop}$ に比例すると考えると，式 (B.7) を用いて

$$V = c(\rho^{pol} - \rho^{trop})$$
$$= -0.0752c(T^{pol} - T^{trop}) + 0.8244c(S^{pol} - S^{trop}) \tag{B.31}$$

が導かれる．c は適当な係数である．

式 (B.27)〜(B.30) の平衡状態（左辺が0）を考えて，整理すると次のようになる．

$$0 = -a\{(T^{pol} - T^{trop}) + 30[℃]\} - 2|V|(T^{pol} - T^{trop}) \tag{B.32}$$

$$0 = -b\{(S^{pol} - S^{trop}) + 7[\text{g/kg}]\} - 2|V|(S^{pol} - S^{trop}) \tag{B.33}$$

これを式 (B.31) に代入すると

$$\rho^{pol} - \rho^{trop} \approx \left(\frac{2.256}{1 + 2\frac{c}{a}|\rho^{pol} - \rho^{trop}|} - \frac{5.77}{1 + 2\frac{c}{b}|\rho^{pol} - \rho^{trop}|} \right) \tag{B.34}$$

が導かれる．たとえば $c/a = 0.1$ および $c/b = 3.0$ という条件を課してこの式を解くと，$\rho^{pol} - \rho^{trop} = 1.1$，$0.4$，$-0.2$ kg/m³ という3つの解が得られる．ここでは割愛するが，より詳しい解析により，3つの解のうち2つが安定解で残りの1つが不安定解であることが知られている．いずれにせよ外部条件が同じでも熱塩循環が取り得る解が二重に存在するのは興味深い．

〔相木秀則〕

C.1 海洋化学の基礎論

1. 海洋化学と化学海洋学

海水の化学を扱う分野は，海洋化学または化学海洋学と呼ばれている．英語では，前者は marine chemistry と呼ばれ，後者は chemical oceanography と呼ばれている．両者に厳密な区別はないと思われるが，前者では主に海水の化学的性質を明らかにすることを目的とし，後者では化学を利用して海洋の循環や環境を明らかにすることを目的としている．別の言い方をすると，「海水」という物質の性質を明らかにしようとするのか，「海洋」という地球上の自然の特徴を明らかにしようとするのか，の違いといえるかもしれない．現在では，地球温暖化が社会問題化していることもあり，後者の立場の研究が盛んとなっている感があるが，前者の研究は海水の基本的な化学的性質を明らかにするもので，その情報は，地球温暖化のようなグローバルな課題にこそ不可欠なものである．たとえば，人間活動によって大気中に放出された二酸化炭素（CO_2）を海がどれほど吸収しているかを定量的に評価するときには，海水の溶解度を知る必要がある．また，CO_2 が海水に溶けることによって pH が低下するが（これを海洋酸性化という），この pH の変化によって微量成分の溶存種が異なり，この違いが生物の活動に影響を与え，最終的に生態系を変化させる可能性もある．CO_2 の海水に対する溶解度や溶存種の pH への依存性を決定することは，まさしく海洋化学の分野である．

海洋化学の立場であれ，化学海洋学の立場であれ，地球環境問題の解決には化学の情報が不可欠である．以下，本節では海洋化学の立場から溶液としての海水の特徴を紹介し，化学海洋学の立場からは，海洋内部での溶存物質の移動を記述する際に基本となる保存方程式について紹介する．

2. 溶液としての海水

『岩波理化学事典（第 5 版）』[1] によると，海水とは「海に貯えられた水」とあり，体積は約 $1350 \times 10^6 km^2$ で，地球上の水の 94 % にあたると記されている．すなわち，地球上の水のほとんどが海に存在することになる．雨水や河川水といった自然に存在する他の水と海水が大きく異なる点は，海水にはさまざまな塩類が含まれていることである．海水に塩類が多く存在するようになったのは，46 億年といわれる地球の歴史の中で，さまざまな物質を溶かした水が溜まって海ができたという結果である．この多種類の塩類を含んでいる水であるという特徴が，海水に固有の化学的性質を与えている．

化学では，固体や液体，気体を溶かす液体を溶媒という．溶媒に溶けている物質は溶質と呼ばれ，溶媒と溶質を合わせて溶液と呼ぶ．この考えでいくと，海水は溶媒としての水（H_2O）に，溶質である海塩（海水中に含まれる塩類を海塩と呼ぶ）を足し合わせた溶液と見ることができる．海洋学の分野では，海水 1 kg 中に溶解している固形物質の全量 (g) に相当するものとして[2]，「塩分」を測定している．この定義からすると，用いられる単位は g/kg となり，実際，初期のころは水を蒸発させて固形物の測定を行っていた．このような直接的な測定方法は定義からすると正しいが，精度のよい測定を行おうとするとかなりの時間を必要とし，実用的ではない．現在では「海水の組成はほぼ一定である」という観測事実を利用し，電気伝導度比の測定から塩分を求めることが行われている．電気伝導度比による塩分の決定法が国際的にも合意を得ており，この方法で求められた塩分は実用塩分と呼ばれている．しかし，定義に基づいた塩分（絶対塩分）とは差があることも知られている．最近，海水の基礎方程式の 1 つである状態方程式が改訂され，そこでは絶対塩分が採用されている[3]．塩分は，水温とともに海水の状態を示す最も基本的なパラメータであり，海洋観測では必須の測定項目となっている．

表 C.1 に海水中に存在する主要なイオンを示す．主要イオン（Na^+，Cl^-，Ca^{2+}，K^+，Mg^{2+}，SO_4^{2-}）だけで，溶存物質の 99 % 以上を占めていることがわかる．イオン強度は約 0.7 重量モル濃度であり，海水はかなり濃厚な電解質溶液であること示している．先に述べた「海水の組成はほぼ一定である」ということは，具体的には，場所が異なっても各主要イオンの総量の比は一定であることを表している．これは，主要イオンの増減を決める化学過程よりも，海洋循環による海水の移動が速いことを意味している．海水の移動により，各所で海水の混合が起こるが，変わるのはイオンの総量，すなわち塩分で，各主要イオンの総量の比は変化しない．

「海水の組成はほぼ一定である」という知見は，厳密な正確性を持ったものではないが，海水をこのよう

表 C.1　海水（塩分 35）の標準平均化学組成[4].

溶存種	mol/kg -soln	g/kg -soln	mol/kg -H$_2$O	g/kg-H$_2$O
Cl$^-$	0.54586	19.3524	0.56576	20.0579
SO$_4^{2-}$	0.02824	2.7123	0.02927	2.8117
Br$^-$	0.00084	0.0673	0.00087	0.0695
F$^-$	0.00007	0.0013	0.00007	0.0013
Na$^+$	0.46906	10.7837	0.48616	11.1768
Mg^{2+}	0.05282	1.2837	0.05475	1.3307
Ca^{2+}	0.01028	0.4121	0.01065	0.4268
K$^+$	0.01021	0.3991	0.01058	0.4137
Sr^{2+}	0.00009	0.0079	0.00009	0.0079
B(OH)$_3$	0.00032	0.0198	0.00033	0.0204
B(OH)$_4^-$	0.00010	0.0079	0.00010	0.0079
CO$_2$*	0.00001	0.0004	0.00001	0.0004
HCO$_3^-$	0.00177	0.1080	0.00183	0.1117
CO$_3^{2-}$	0.00026	0.0156	0.00027	0.0162
OH$^-$	0.00001	0.0002	0.00001	0.0002
計	1.11994	35.1717	1.16075	36.4531
イオン強度	0.69734		0.72275	

soln は solution の略で，ここでは海水を表す．

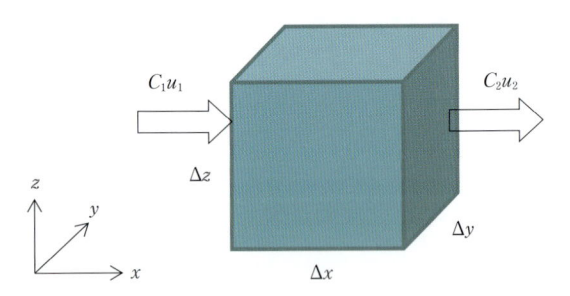

図 C.1　海洋内部に置かれた立方体．この立方体内部での溶存物質 C の収支を考えることで，定式化を行う．

に取り扱うことで，海水の物理化学的な性質（たとえば，密度，平衡定数など）が決定されている．

3. 溶存物質の保存方程式による記述

ここでは，溶存物質の時間的・空間的な変化を記述するための考え方とそれに基づいた保存方程式のエッセンスを紹介する．なお，さらに詳しく知りたい読者は，節末に挙げた文献を参考にされたい．

a. 移流拡散方程式

まず，海洋が数多くの等しい体積を持った小さな立方体で分割されているとする．溶存物質は，ある立方体から隣の立方体へと連続して移動するので，その移動を定式化するために，まず，海洋内部の任意の 1 つの立方体での溶存物質の収支を考える（図 C.1）．地理的な位置は考えなくともよいが，南北方向，東西方向，上下（鉛直）方向を，それぞれ x 方向，y 方向，z 方向とする．

質量保存測に従えば，ある時間内で起こる立方体内で溶存物質 C の蓄積量の変化は，その立方体の各面を通して，立方体内に流入した溶存物質 C の量と立方体内から流出した溶存物質 C の量の差に等しい．立方体の各面での溶存物質の出入りは，水の動き（流れ）に乗って起こるものと，溶存物質の濃度差によって起こるものとがある．前者は 移流，後者は 拡散 と呼ばれている．

移流による立方体内の溶存物質 C の蓄積量の変化は，x 方向では，

$$V\frac{\partial C}{\partial t} = C_1 u_1 \Delta y \Delta z - C_2 u_2 \Delta y \Delta z \quad (C.1)$$

となる．ここで，溶存物質 C は濃度（mmol/m^3）の単位を持ち，V は立方体の体積（m^3），u は流速（m/s）を表している．下付きの数字は，立方体の x 方向で対となっている面を示している（図 C.1）．また，体積 V は一定であるとしている．溶存物質 C の濃度と流速 u が連続的に変化するとすれば，

$$C_2 = C_1 + \frac{\partial C}{\partial x}\Delta x \quad (C.2)$$

$$u_2 = u_1 + \frac{\partial u}{\partial x}\Delta x \quad (C.3)$$

とすることができる．式 (C.2) と式 (C.3) を式 (C.1) に代入し，$V = \Delta x \Delta y \Delta z$ であることを用いて整理すると，

$$V\frac{\partial C}{\partial t} = -V\left(C_1\frac{\partial u}{\partial x} + u_1\frac{\partial C}{\partial x} + \Delta x\frac{\partial C}{\partial x}\frac{\partial u}{\partial x}\right) \quad (C.4)$$

右辺の Δx 項は他の項と比べて小さいことから省略し，右辺の前 2 項をまとめると，

$$\frac{\partial C}{\partial t} = -\frac{\partial (Cu)}{\partial x} \quad (C.5)$$

となる．y 方向，z 方向でも同様の式が得られるので，最終的に，移流にかかわる保存式は以下のようになる．

$$\frac{\partial C}{\partial t} = -\frac{\partial (Cu)}{\partial x} - \frac{\partial (Cv)}{\partial y} - \frac{\partial (Cw)}{\partial z} \quad (C.6)$$

次に，拡散による立方体内の溶存物質 C の蓄積量の変化について考察する．まず，立方体の各面を通して x 方向に拡散によって移動する量 F_x（mmol/m^2·s）を求める．フィックの第一法則に従えば，

$$F_x = -D_x\frac{\partial C}{\partial x} \quad (C.7)$$

となる．ここで D_x は x 方向の分子拡散係数（m^2/s）である．また，フィックの第二法則に基づいて蓄積量の変化について求めると，

$$V\frac{\partial C}{\partial t} = F_{x1}\Delta y\Delta z - F_{x2}\Delta y\Delta z \quad (C.8)$$

となる．また，式 (C.2) と同様に，

$$F_{x2} = F_{x1} + \frac{\partial F_x}{\partial x}\Delta x \quad (C.9)$$

となる．式 (C.9) を式 (C.8) に代入し整理すると，

$$\frac{\partial C}{\partial t} = -\frac{\partial F_x}{\partial x} \quad (C.10)$$

となり，y 方向，z 方向でも同様であるため，

$$\frac{\partial C}{\partial t} = -\frac{\partial F_x}{\partial x} - \frac{\partial F_y}{\partial y} - \frac{\partial F_z}{\partial z} \quad (C.11)$$

となる．さらに，式 (C.7) とそれを y 方向 (F_y) と z 方向 (F_z) に適用した式を式 (C.11) に代入し整理すると，

$$\frac{\partial C}{\partial t} = \frac{\partial}{\partial x}\left(D_x\frac{\partial C}{\partial x}\right) + \frac{\partial}{\partial y}\left(D_y\frac{\partial C}{\partial y}\right) + \frac{\partial}{\partial z}\left(D_z\frac{\partial C}{\partial z}\right) \quad (C.12)$$

となる．

最終的に，溶存物質の濃度の時間変化は，移流の式 (C.6) と拡散の式 (C.12) の合計である式 (C.13) となる．

$$\frac{\partial C}{\partial t} = \left.\frac{\partial C}{\partial t}\right|_{adv} + \left.\frac{\partial C}{\partial t}\right|_{dif}$$

$$= -\frac{\partial(Cu)}{\partial x} - \frac{\partial(Cv)}{\partial y} - \frac{\partial(Cw)}{\partial z}$$

$$+ \frac{\partial}{\partial x}\left(D\frac{\partial C}{\partial x}\right) + \frac{\partial}{\partial y}\left(D\frac{\partial C}{\partial y}\right) + \frac{\partial}{\partial z}\left(D\frac{\partial C}{\partial z}\right) \quad (C.13)$$

ここで，adv は移流，dif は拡散を表す．

式 (C.13) が溶存物質の移動を記述する式となる．しかし，この式によって分布が記述できる溶存物質は，保存成分に限られる．すなわち，対象としている溶存物質の発生源や吸収源がないことが前提となっている．塩分やフロンは保存成分であるが，溶存酸素，栄養塩，全炭酸は非保存成分である．後者の移動を取り扱う場合は，式 (C.13) に発生源と吸収源の項を加える必要がある．

b. ボックスモデル

地球化学者は，物質の収支を議論するとき，取り扱いが面倒な移流拡散方程式に基づいた記述よりも，より簡略化したボックスモデルを用いることが多い．ここでは，ある海域を1つのボックスとした場合の溶存物質の濃度変化について，簡単な例を紹介する．さらに，化学海洋学では古典的ともいえる2ボックスモデルについても紹介する．

図 C.2 1 ボックスモデルの概念図．ある海域を1つのボックスと見なしている．このボックス内に入る溶存物質 C はボックス内でよく混合されており，化学反応もないものとしている．

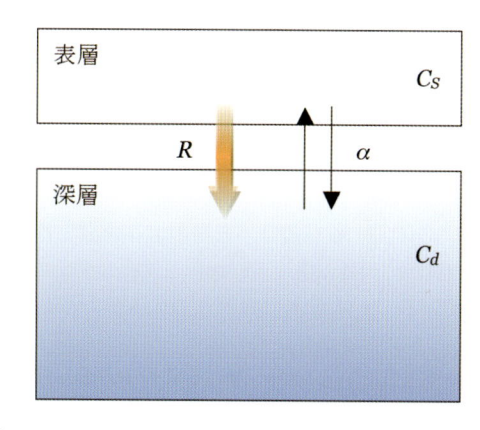

図 C.3 2 ボックスモデルの概念図．海洋を表層と深層の2つのボックスと見なしている．溶存物質 C は，表層と深層の間を海水の混合で移動するが，粒子による移動は，表層から深層への移動のみである．

ある海域を1つのボックスと見なし（図 C.2），その容量 (m^3) を V で一定とする．そのボックスに1年間あたり $W m^3$ の海水が流入し，同量の海水が流出するとする．この海水には溶存物質 C（濃度で mol/m^3 の単位を持つとする）が溶け込んでおり，ボックス内では十分に混合されるため濃度の濃淡はなく，化学反応もないものとする．この場合，溶存物質の収支は以下のようになる．

$$\frac{d}{dt}VC_{box} = WC_{in} - WC_{out} \quad (C.14)$$

C_{in} と C_{out} はそれぞれ流入時と流出時の溶存物質の濃度，C_{box} はボックス内の溶存物質の濃度を示す．ここで，$C_{box} = C_{out}$ であることを考慮すると，

$$\frac{V}{W}\frac{dC_{box}}{dt} + C_{box} = C_{in} \quad (C.15)$$

となる．さらに，簡単のために $t = 0$ のとき $C_{in} = 0$ であったとすると，式 (C.15) は変数分離によって容易に解け，

$$C_{box}(t) = C_{box}(0)\exp\left(-\frac{t}{V/W}\right) \quad (C.16)$$

となる．このように容易に解けるのは，ボックス内で溶存物質が一様に混ざっていると仮定しているからである．非常に簡略化したモデルであるが，溶存物質のおおよそのふるまいを知るためには，十分に有用である．

次に紹介するのは2ボックスモデルである．これは，図C.3のように，海洋を表層と深層の2層に分けるものである．表層での溶存物質を C_s（濃度で mmol/m³ の単位），深層での溶存物質を C_d（濃度で mmol/m³ の単位）とすると，深層での溶存物質の収支は，

$$V_d \frac{dC_d}{dt} = \alpha(C_s - C_d) \quad (C.17)$$

とすることができる．V_d は深層の体積（m³）で不変とする．式（C.17）の右辺は，表層の溶存物質と深層の溶存物質が，両者の濃度差に比例して混合することを表している．α は海水の交換率（m³/s）に相当する．さて，この式では溶存物質の移動，すなわち海水の移動しか考慮していないが，溶存酸素や栄養塩，全炭酸など生物の活動に関係する溶存物質の場合，海水の動きに乗って移動するだけでなく，粒子としても移動する．すなわち，溶存物質を取り込んだ生物がその排出物や死骸として表層から深層へ粒子として運ばれ，深層で再び分解され溶存物質となるものである．海洋の生物化学循環では，常に考慮しなければいけない過程である．この過程を R（mmol/s）として，式（C.17）に導入すると，

$$V_d \frac{dC_d}{dt} = \alpha(C_s - C_d) + R \quad (C.18)$$

となる．深層では C_d が時間によって変化しない定常状態であるとすると，式（C.18）は容易に解け，

$$R = \alpha(C_d - C_s) \quad (C.19)$$

となる．これは，粒子による深層への輸送と，深層から表層への海水の移動による溶存物質の移動がつり合っていることを示している．非常に単純化したモデルであるが，意味することは重要であり，海洋の物質循環は物理過程と生物化学過程の相互作用で決まっていることを示している．

さらに勉強する読者には文献5～7を勧める．

〔村田昌彦〕

C.2 二酸化炭素の溶液化学

1. 二酸化炭素は，空気と水の間を行き来する

二酸化炭素は常温・常圧では気体で，水に溶ける．二酸化炭素（CO_2）が水に溶けると，その一部は水と化学反応して炭酸（H_2CO_3）になる．これを化学平衡式で書くと式（C.20）と式（C.21）になる．

$$CO_2(g) \rightleftarrows CO_2(aq) \quad (C.20)$$
$$CO_2(aq) + H_2O \rightleftarrows H_2CO_3(aq) \quad (C.21)$$

化学記号の後に（ ）で示された記号のうち，(g) は気体の状態を表し，(aq) は水に溶けた状態を表している．

式（C.21）の化学平衡は左辺に大きく偏っていて，$CO_2(aq)$ と $H_2CO_3(aq)$ はおよそ 1000 : 1 の割合で $CO_2(aq)$ が多い．しかし，以下の説明では，$CO_2(aq)$ と $H_2CO_3(aq)$ を分けて考える必要がないので，$CO_2(aq)$ と $H_2CO_3(aq)$ をあわせて $CO_2^*(aq)$ と記し，式（C.20）と式（C.21）をまとめて式（C.22）で表す．

$$CO_2(g) \rightleftarrows CO_2^*(aq) \quad (C.22)$$

CO_2 を含む空気と水溶液をよく混ぜると，やがて $CO_2(g)$ が水溶液に溶ける速さと，$CO_2^*(aq)$ が空気中に戻る速さがつり合って，CO_2 が空気中と水溶液中の間を行き来していないように見える状態になる．これが式（C.23）で表される気液平衡の状態である．

$$K_0 = \frac{[CO_2^*(aq)]}{pCO_2} \quad (C.23)$$

[ ] は水溶液中の濃度を，pCO_2 は空気中の CO_2 分圧を表す．海水も水溶液なので，この式は大気と海水の間でも成り立つ．

分圧とは，混合気体についてのドルトンの法則で定義される量である．ドルトンの法則は，「混合気体の全圧は各気体成分の分圧の和に等しい」ことを示す法則で，

（ある気体成分の分圧）
　　＝全圧×（その気体成分の濃度比率）

となる．窒素，酸素，水蒸気，アルゴン，二酸化炭素などからなる大気の全圧は約1気圧だが，この全圧はそれぞれの気体成分の構成比率（モル分率または濃度）に応じた分圧の和になっているのである．空気中の CO_2 分圧 pCO_2 は式（C.24）で表すことができる．

$$pCO_2 = xCO_2 \cdot (P - p_w) \quad (C.24)$$

式 (C.24) の中で，$x\mathrm{CO_2}$ は乾燥した空気の $\mathrm{CO_2}$ 濃度（モル分率）($\mathrm{CO_2}$ の濃度は乾燥した空気中の $\mathrm{CO_2}$ の存在比で表している）を，P は大気圧を，p_W は水蒸気圧を表す．大気圧 P が 1 気圧，水蒸気圧 p_W が 0.02 気圧，乾燥空気中の $\mathrm{CO_2}$ 濃度が 390 ppm（1 ppm は 100 万分の 1）なら，$\mathrm{CO_2}$ 分圧は $390 \times 10^{-6} \times (1\,\mathrm{atm} - 0.02\,\mathrm{atm}) = 382.2 \times 10^{-6}\,\mathrm{atm} = 382.2\,\mu\mathrm{atm}$（$\mu$ は 100 万分の 1 を表すマイクロ）となる．

K_0 は気液平衡の平衡定数である．式 (C.23) は二酸化炭素の溶解についてのヘンリーの法則を表しており，水溶液（海水）中の $\mathrm{CO_2}^*$ の濃度が，空気の $\mathrm{CO_2}$ 分圧に比例することを示している．平衡定数 K_0 は，式 (C.25) で経験的に表される[1]．

$$\ln K_0 = 93.4517\left(\frac{100}{T}\right) - 60.2409 + 23.3585 \ln\left(\frac{T}{100}\right)$$
$$+ S\left\{0.023517 - 0.023656\left(\frac{T}{100}\right)\right.$$
$$\left. + 0.0047036\left(\frac{T}{100}\right)^2\right\} \quad (\text{C.25})$$

ln は自然対数，T は絶対温度（摂氏で表した温度に 273.15 を足した値で単位はケルビン K），S は海水の塩分を表す．

K_0 は水温が上がるほど小さくなる．つまり大気の $\mathrm{CO_2}$ 分圧が同じ時，平衡状態では水温が上がるほど海水中の $\mathrm{CO_2}^*$ の濃度は低くなる．反対に，水温が下がるほど K_0 は大きくなり，海水中の $\mathrm{CO_2}^*$ の濃度は高くなる．

海水と少量の空気をよく混ぜて式 (C.23) の平衡状態にし，その空気の $\mathrm{CO_2}$ 分圧（これを略して海水の $\mathrm{CO_2}$ 分圧と呼ぶ）を測定すれば，海が大気から $\mathrm{CO_2}$ を吸収しているか，それとも大気に $\mathrm{CO_2}$ を放出しているかを推定できる．海水の $\mathrm{CO_2}$ 分圧がそれと接する大気の $\mathrm{CO_2}$ 分圧より低ければ，海水は $\mathrm{CO_2}$ 未飽和の状態にあるといえるので，平衡状態に向かって大気の $\mathrm{CO_2}$ を吸収する．反対に海水の $\mathrm{CO_2}$ 分圧が大気の $\mathrm{CO_2}$ 分圧より高ければ，海水は $\mathrm{CO_2}$ 過飽和の状態なので，大気に $\mathrm{CO_2}$ を放出する．

《問題 1》 水蒸気が飽和した空気の $\mathrm{CO_2}$ 分圧が 280 μatm（産業革命前の分圧にほぼ相当）から 600 μatm に増加していったとき，水温 25℃（298.15 K），塩分 35 の海水中の $\mathrm{CO_2}^*(\mathrm{aq})$ の濃度がどう変化するか計算してみよう．水温が 5℃ だったらどうか，同じように計算してみよう．

《答え》 式 (C.23) と式 (C.25) から，さまざまな水温における $p\mathrm{CO_2}$ と $[\mathrm{CO_2}^*(\mathrm{aq})]$ の関係を求めると，

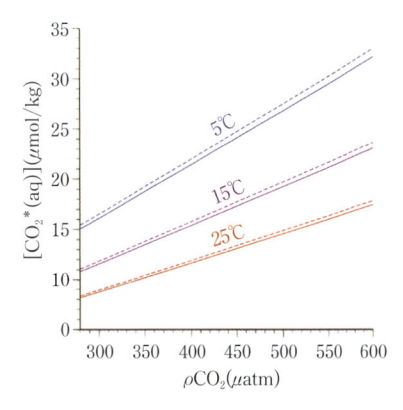

図 C.4 空気の $\mathrm{CO_2}$ 分圧と気液平衡状態にある海水の $\mathrm{CO_2}^*$ 濃度の関係．実線は塩分 35，破線は塩分 30 における関係を示す．$\mathrm{CO_2}$ 分圧と $\mathrm{CO_2}^*$ 濃度は比例するが，その関係は水温によって大きく異なる．

図 C.4 となる．

2. 水に溶けた炭酸はイオンに解離する

水溶液（海水）に溶けた $\mathrm{CO_2}^*$ は，さらにイオンに解離する．炭酸から水素イオン $\mathrm{H}^+(\mathrm{aq})$ が 1 つ解離すると炭酸水素イオン $\mathrm{HCO_3}^-(\mathrm{aq})$ になり，2 つ解離すると炭酸イオン $\mathrm{CO_3}^{2-}(\mathrm{aq})$ になる．

$$\mathrm{CO_2}^*(\mathrm{aq}) \rightleftarrows \mathrm{H}^+(\mathrm{aq}) + \mathrm{HCO_3}^-(\mathrm{aq}) \quad (\text{C.26})$$
$$\rightleftarrows 2\mathrm{H}^+(\mathrm{aq}) + \mathrm{CO_3}^{2-}(\mathrm{aq}) \quad (\text{C.27})$$

海水に溶けている $\mathrm{CO_2}^*(\mathrm{aq})$ と，これが解離してできた炭酸水素イオンや炭酸イオンの濃度の総和を全炭酸濃度と呼び，式 (C.28) のように C_T と表記する．

$$C_T = [\mathrm{CO_2}^*(\mathrm{aq})] + [\mathrm{HCO_3}^-(\mathrm{aq})] + [\mathrm{CO_3}^{2-}(\mathrm{aq})] \quad (\text{C.28})$$

海水中の全炭酸濃度は，亜熱帯域の海洋表面付近ではおよそ 1900 μmol/kg（海水 1 kg あたりのマイクロモル濃度），南極海のような高緯度海域の表面付近ではおよそ 2200 μmol/kg，深層では最も濃度の高い北太平洋東部の水深 1500 m 付近ではおよそ 2400 μmol/kg である（7.20 を参照）．少し大げさだが，海水はしょっぱい炭酸水といえるかもしれない．

しかし，これらの全炭酸濃度は大気中の $\mathrm{CO_2}$ と気液平衡状態にあるときの $\mathrm{CO_2}^*(\mathrm{aq})$ の濃度（およそ 10 〜 20 μmol/kg；図 C.4）をはるかに超えている．それなのに海水からサイダーのように $\mathrm{CO_2}$ の泡が出てこないのはなぜだろうか．

式 (C.26) を見てみよう．式 (C.26) の炭酸の解離平衡には，水素イオンの濃度が関係している．ルシャトリエの原理によると，海水が酸性になって水素イオン

濃度が高くなるほど $CO_2^*(aq)$ の濃度も高くなる．反対に，海水が塩基性になって水素イオンの濃度が低くなると，水素イオン濃度の変化に応じて，炭酸水素イオンや炭酸イオンの濃度が高くなる．実は，海水は弱塩基性で pH（$=-\log_{10}[H^+(aq)]$）はおよそ 8 になっている．このとき，炭酸物質の大半は炭酸水素イオン $HCO_3^-(aq)$ になっている．そのため海水には多くの CO_2 が溶けることができ，ほとんどがイオンになっているため泡となって空気に出ることはないのである．海水はしょっぱい炭酸水というより，しょっぱい重曹（炭酸水素ナトリウム）水といえるだろう．

《問題 2》 水温 25℃（298.15 K），塩分 35 の海水中で，pH が変化すると，CO_2^*，HCO_3^-，CO_3^{2-} の濃度はそれぞれどう変化するか描いてみよう．

《答え》 式（C.26）と式（C.27）の平衡定数は，それぞれ次のように表される（以下，水溶液に溶けていることを示す（aq）は省略する）．

$$K_1 = \frac{[H^+][HCO_3^-]}{[CO_2^*]} \quad (C.29)$$

$$K_2 = \frac{[H^+][CO_3^{2-}]}{[HCO_3^-]} \quad (C.30)$$

式（C.29）と式（C.30）からわかるように，K_1 は CO_2^* の濃度と HCO_3^- の濃度が等しい時の水素イオン濃度，K_2 は HCO_3^- の濃度と CO_3^{2-} の濃度が等しいときの水素イオン濃度に相当する．

K_1 や K_2 は，水温，塩分，圧力によって変化する．これまでの多くの科学者が実験によって K_1 や K_2 を求めてきた．ここでは 1 気圧下の実験式[2]を示す（$pK_n = -\log_{10}K_n$）．

$$\begin{aligned}pK_1 = &\frac{3633.86}{T} - 61.2172 + 9.67770 \ln T \\ &- 0.011555 S + 0.0001152 S^2 \end{aligned} \quad (C.31)$$

$$\begin{aligned}pK_2 = &\frac{471.78}{T} + 25.9290 - 3.16967 \ln T \\ &- 0.01781 S + 0.0001122 S^2 \end{aligned} \quad (C.32)$$

さて，式（C.29）と式（C.30）を使って式（C.28）を変形してみよう．すると式（C.33）〜（C.35）を導くことができる．

$$[CO_2^*] = \frac{C_T}{1 + K_1/[H^+] + K_1K_2/[H^+]^2} \quad (C.33)$$

$$[HCO_3^-] = \frac{C_T}{[H^+]/K_1 + 1 + K_2/[H^+]} \quad (C.34)$$

$$[CO_3^{2-}] = \frac{C_T}{[H^+]^2/K_1K_2 + [H^+]/K_2 + 1} \quad (C.35)$$

水溶液（海水）に溶けている CO_2^*，HCO_3^-，CO_3^{2-} の

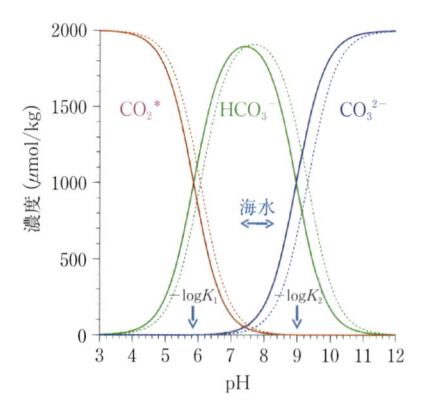

図 C.5 炭酸 CO_2^*，炭酸水素イオン HCO_3^-，炭酸イオン CO_3^{2-} の濃度の分布曲線．実線は水温 25℃，塩分 35，点線は水温 5℃，塩分 35 における分布曲線．

濃度比は，K_1 や K_2 と水素イオン濃度（pH）によって決まり，全炭酸濃度 C_T にはよらない．

水温 25℃（$T = 298.15$ K），$S = 35$ の数値を式（C.31）と式（C.32）に代入して K_1 と K_2 を計算し，たとえば全炭酸濃度が 2000 μmol/kg だったとして，pH の変化とともに CO_2^*，HCO_3^-，CO_3^{2-} それぞれの濃度がどう変化するか計算してみよう．

海水の pH 付近では，二酸化炭素が溶けてできる炭酸物質のおよそ 90% は炭酸水素イオンで，10% は炭酸イオンになっている（図 C.5）．式（C.23）に登場し，海水中で CO_2 が飽和しているかどうかにかかわる CO_2^* の濃度は，わずか 1% ほどに過ぎない．しかし，pH が下がるにつれて，その濃度は著しく増加する．

3. 塩 35 g と二酸化炭素 2000 μmol を含む水溶液 1 kg の pH は

海水が弱塩基性の性質を持つとはどういうことだろうか．次の問題を考えてみよう．

《問題 3》 塩化ナトリウム（NaCl）を 35 g 含む海水に似た水溶液に，二酸化炭素を 2000 μmol 溶かして全体を 1 kg にしたとき，溶液の pH はいくつになるだろうか．

《答え》 まず式（C.29）と式（C.30）を式（C.28）に代入すると式（C.36）が得られる（この式から式（C.34）が得られる）．

$$C_T = [HCO_3^-] \cdot \left(\frac{[H^+]}{K_1} + 1 + \frac{K_2}{[H^+]} \right) \quad (C.36)$$

また，二酸化炭素を水溶液に溶かした後も，水溶液に溶けている陽イオンの電荷の総和と陰イオンの電荷の総和は等しいので，式（C.37）が成り立つ．

$$[Na^+]+[H^+]=[Cl^-]+[HCO_3^-]+2[CO_3^{2-}]+[OH^-] \quad (C.37)$$

さらに，ナトリウムイオン（Na^+）と塩化物イオン（Cl^-）は，もともと塩に含まれていたので，$[Na^+]=[Cl^-]$ が成り立つはずである．したがって，式 (C.37) は式 (C.38) に簡略化できる．

$$[H^+]=[HCO_3^-]+2[CO_3^{2-}]+[OH^-] \quad (C.38)$$

ところで，水素イオン（H^+）と水酸化物イオン（OH^-）は，水分子（H_2O）が解離して生成するイオンで，それらの濃度の間には式 (C.39) が成り立つ．

$$[H^+] \cdot [OH^-]=K_W \quad (C.39)$$

K_W を水の**イオン積**と呼ぶ．K_1 や K_2 と同じように，水温，塩分，圧力が変わらなければ，イオン積も変わらない．式 (C.39) を変形して式 (C.38) に代入すると，式 (C.40) になる．

$$[H^+]=[HCO_3^-]+2[CO_3^{2-}]+\frac{K_W}{[H^+]} \quad (C.40)$$

さらに式 (C.30) を変形して式 (C.40) に代入することで $[CO_3^{2-}]$ の項を消去すると，式 (C.41) が得られる．

$$[H^+]=[HCO_3^-]+\frac{2K_2[HCO_3^-]}{[H^+]}+\frac{K_W}{[H^+]} \quad (C.41)$$

式 (C.41) を $[HCO_3^-]$ について整理すると式 (C.42) が得られるが，今度は式 (C.42) を式 (C.36) に代入して式 (C.43) を導き，C_T，K_1，K_2 の値をそれぞれ代入すれば，$[H^+]$ の解を求めることができる．

$$[HCO_3^-]=\frac{[H^+]-K_W/[H^+]}{1+2K_2/[H^+]} \quad (C.42)$$

$$C_T=([H^+]-K_W/[H^+]) \cdot \frac{[H^+]/K_1+1+K_2/[H^+]}{1+2K_2/[H^+]} \quad (C.43)$$

式 (C.43) は $[H^+]$ の 4 次関数なので，式 (C.43) を満たす $[H^+]$ の解は二分法と呼ばれる方法でコンピューターを使って計算する．

近似式を立てて式 (C.43) をもっと簡潔に表すこともできる．水溶液に CO_2 を溶かせば，その溶液はどちらかというと酸性になると想像できる．いくらか酸性であれば，図 C.5 から

$$[HCO_3^-] \gg [CO_3^{2-}] \quad (C.44)$$

が成り立つだろう．その時，式 (C.36) と式 (C.38) はそれぞれ近似的に式 (C.45) と式 (C.46) で表すことができる．

$$C_T=[HCO_3^-] \cdot \left(\frac{[H^+]}{K_1}+1\right) \quad (C.45)$$

$$[H^+]=[HCO_3^-]+[OH^-] \quad (C.46)$$

式 (C.46) から式 (C.47) が得られるので，これを式 (C.45) に代入して式 (C.48) を導けば，やはり二分法などを使って $[H^+]$ の解を求めることができる．

$$[HCO_3^-]=[H^+]-[OH^-] \quad (C.47)$$

$$C_T=\left([H^+]-\frac{K_W}{[H^+]}\right) \cdot \left(\frac{[H^+]}{K_1}+1\right) \quad (C.48)$$

全炭酸濃度 C_T を変化させて逐次求めた $[H^+]$ の解を pH で表して，図 C.6 に示す．

CO_2 を多く溶かすほど pH は低くなり，$C_T = 2000 \mu mol/kg$ では pH = 4.3（水温 25℃）になっている．この時溶けた CO_2 の 97 % は CO_2^* のままだが，3 % は HCO_3^- になっている．

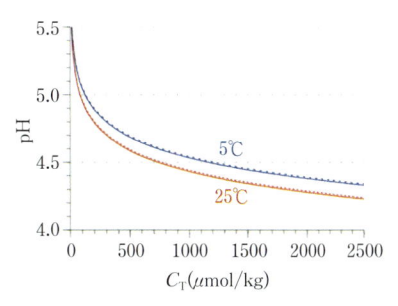

図 C.6 炭酸溶液の濃度と pH の関係．実線は塩分 35, 破線は塩分 30 における関係を示す．

4. 海水には塩基性成分がどれほど溶けているか

図 C.6 に示したように，塩水に CO_2 を吹き込んでできた炭酸溶液は弱酸性を示す．しかし，本当の海水は弱塩基性（pH ≈ 8）である．理由は定かではないが，海の長い歴史の中で，海水と鉱物（ミネラル分）との相互作用などによって，塩基性物質が海水に添加されたためと考えられている．

海水に添加された塩基性物質の濃度はどれほどだろうか．CO_2 を吹き込んで全炭酸濃度を $2000 \mu mol/kg$ にした溶液に，水酸化ナトリウムのような強塩基を滴下していったときの滴定曲線を描いて，どれほどの量の強塩基を添加したら pH が 8 になるのか計算してみよう．

まず，炭酸溶液に水酸化ナトリウム（NaOH）を加えたときの，イオンの電荷バランスを考える．正の電荷を持つ陽イオンの濃度×電荷の総和と，負の電荷を持つ陰イオンの濃度×電荷の総和は等しいはずだから，ここでも式 (C.37) が成り立つはずである．

また，加えた水酸化ナトリウムの量を濃度に換算して C_B で表すと，溶液中のナトリウムイオン Na^+ の濃度は，NaOH によって添加されたものと，もともと塩

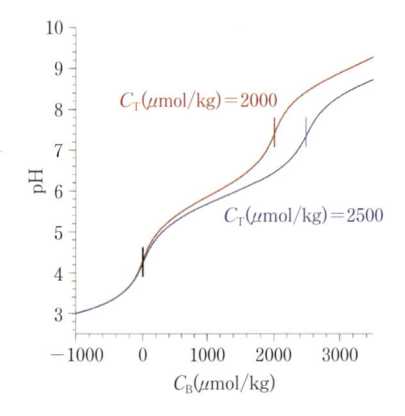

図 C.7 炭酸溶液の酸塩基滴定曲線．

$$A_T = [HCO_3^-] + 2[CO_3^{2-}] + [B(OH)_4^-] + [OH^-] \\ - [H^+] + [HPO_4^{2-}] + 2[PO_4^{3-}] + [SiO(OH)_3^-] \\ + [NH_3] + [HS^-] - [HSO_4^-] - [HF] - [H_3PO_4] \quad (C.52)$$

図 C.7 からわかるように，全炭酸濃度が一定でも全アルカリ度が変化すれば，海水の pH は変化する．海水の pH が変化すれば，式 (C.33) や図 C.5 が示すように CO_2^* の濃度が変化し，さらに，式 (C.23) が示すように海水と平衡にある空気の pCO_2 が変化する．その pCO_2 が大気中の pCO_2 より高くなれば海水から大気へと CO_2 が放出され，低くなれば大気から海水に CO_2 が吸収される．

海には，サンゴ，貝類，有孔虫，ごく小さな植物プランクトンの円石藻類など，炭酸カルシウムの殻をつくるさまざまな生物が棲んでいる．炭酸カルシウムの殻ができたり溶けたりすると，炭酸イオン CO_3^{2-} の除去や添加によって，全アルカリ度が変化する．そのため，海水の全アルカリ度も海域や深さによって変化している．変化の大きさは全炭酸濃度の変化に比べて小さく，塩分の変化にも表れる降雨や蒸発などによる海水の希釈や濃縮の影響が見かけ上は大きいが，塩分が 35 のとき，亜熱帯域の表面付近ではおよそ 2300 μmol/kg，南極海のような高緯度海域の表面付近ではおよそ 2370 μmol/kg，深層では北太平洋東部で 2470 μmol/kg に達する．

5. 炭素循環と炭酸系平衡

図 C.7 に，もう 1 つ注目したい点がある．海水の pH 領域では，全アルカリ度が一定の時，全炭酸濃度が変化すると pH も変化することである．これは，海水中の全炭酸濃度と全アルカリ度がおよそ等しい（炭酸が強塩基でほぼ中和された状態にある）ことから目立って生じる現象である．

このことは，植物プランクトンが光合成で CO_2 を消費したり呼吸で CO_2 を放出したりして全炭酸濃度が変化すると，pH も変化することを示している（この時海水中の硝酸も，CO_2/HNO_3 比がおよそ 7 の割合で消費されたり放出されたりするので，全アルカリ度もわずかに変わる）．その結果，全炭酸濃度の変化率以上に CO_2^* の濃度が（全炭酸濃度に占める割合は小さいが）変化し，海水の pCO_2 も大きく変化する．海の生物たちの営みは，光合成・呼吸や炭酸カルシウムの殻の形成・溶解を通じて，海水中の全炭酸濃度や全アルカリ度を変化させ，pH と pCO_2 を大きく変化させるのである（図 C.8）．そして，海水の CO_2 の飽

(NaCl) に入っていたものの和のはずなので，C_B は式 (C.49) で表される．そして式 (C.37) と式 (C.49) から式 (C.50) が得られる．

$$C_B = [Na^+] - [Cl^-] \quad (C.49)$$
$$= [HCO_3^-] + 2[CO_3^{2-}] + [OH^-] - [H^+] \quad (C.50)$$

式 (C.50) の $[HCO_3^-]$, $[CO_3^{2-}]$, $[OH^-]$ の各項に，それぞれ式 (C.34), (C.35), (C.39) を代入して整理すると，式 (C.50) はさらに式 (C.51) に変形できる．

$$C_T \left(\frac{1}{[H^+]/K_1 + 1 + K_2/[H^+]} \right. \\ \left. + \frac{2}{[H^+]^2/K_1 K_2 + [H^+]/K_2 + 1} \right) \\ - \left([H^+] - \frac{K_w}{[H^+]} \right) - C_B = 0 \quad (C.51)$$

実際に C_T の値を代入して，強塩基の添加濃度 C_B が変わると pH がどう変わるか，二分法を使って解を求めてみよう．

図 C.7 は，炭酸溶液を強塩基で滴定したときの滴定曲線ということができる．海水中の全炭酸濃度 C_T が 2000 μmol/kg で，その pH が 8 のとき，海水にはおよそ 2200 μmol/kg 相当の強塩基が添加されていることが図 C.7 からわかる．海水中には，CO_2 より多くの強塩基性物質が添加されているのである．

式 (C.50) で表される C_B をアルカリ度と呼ぶ．ここでは炭酸だけの滴定を考えているので，正確には「炭酸アルカリ度」である．実際の海水中には，強塩基で滴定される物質として，炭酸のほかにホウ酸なども含まれている．それらの酸・塩基反応にかかわる溶質を全て考慮したアルカリ度が，式 (C.52) で表される全アルカリ度 A_T である．

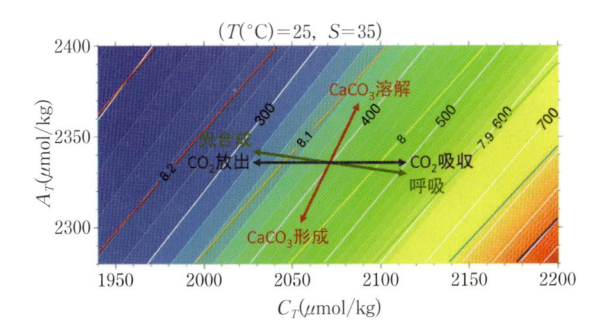

図C.8 さまざまな生物過程や大気・海洋間のCO₂交換が，炭酸平衡系に及ぼす影響．等値線はpCO₂やpHの変化を表す．

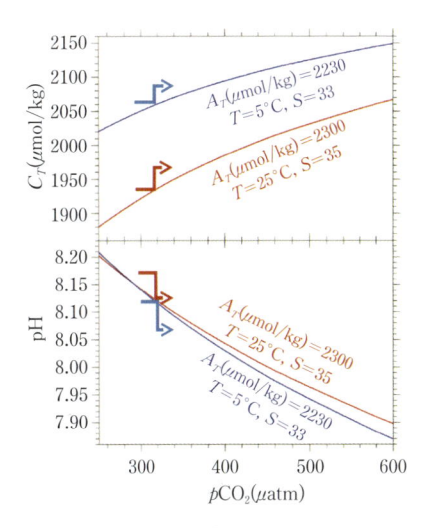

図C.9 大気のpCO₂の増加と気液平衡状態にある海水の全炭酸濃度増加とpH低下（酸性化）．赤線と青線はそれぞれ亜熱帯域と亜寒帯域の表面水の動向を示す．

和状態を変化させて，大気・海洋間のCO₂交換を変化させる原動力にもなっている．

大気と海の間でCO₂が行き来しても，やはりpHとpCO₂は変化する．化石燃料の消費や森林破壊によって大気中のCO₂濃度が増え，これを海水が吸収すると，全炭酸濃度が高くなり，海水のpCO₂は大気のpCO₂の増加を追って増加する．同時にpHは低下する．pHの低下は，さまざまな生物の活動に影響を及ぼす恐れがある．特に炭酸イオンCO_3^{2-}の濃度を下げることから，炭酸カルシウムの殻を溶けやすくして，その殻を持つ生物たちの生存を脅かしている．これが海洋酸性化（海水は弱塩基性なので正確には海洋の酸性方向への変化）の問題である．

《問題4》大気中のCO₂濃度が増加し続けたら，大気中のCO₂と平衡状態にある海水の全炭酸濃度やpHはどう変化するだろうか．水温25℃，塩分35，全アルカリ度2300μmol/kg（亜熱帯域の表面海水に相当する条件）や，水温5℃，塩分33，全アルカリ度2230μmol/kg（亜寒帯域の表面海水に相当する条件）の時，大気のpCO₂の増加とともに，それと平衡状態を保ちながら表面海水のpCO₂が増加すると仮定し，全炭酸濃度やpHがどう変化するか計算してみよう．

《答え》まず，全アルカリ度を定義した式（C.52）に式（C.34），（C.35），（C.39）を代入する．ホウ酸イオンの項$[B(OH)_4^-]$については，

$$B_T = [B(OH)_3] + [B(OH)_4^-] \quad (B_T はホウ酸の総濃度) \tag{C.53}$$

$$K_B = \frac{[H^+][B(OH)_4^-]}{[B(OH)_3]} \tag{C.54}$$

であり，これらの式から式（C.55）が導かれる．

$$[B(OH)_4^-] = \frac{B_T}{1+[H^+]/K_B} \tag{C.55}$$

ホウ酸の総濃度B_Tは，塩分Sにほぼ比例し，

$$B_T = 11.9S \, \mu\text{mol/kg} \tag{C.56}$$

で表される．K_Bは以下の経験式で示される[3]．

$$K_B = \exp\Big\{(-8966.90 - 2890.53 S^{1/2} - 77.942 S$$
$$+ 1.728 S^{3/2} - 0.0996 S^2)\frac{1}{T}$$
$$+ (148.0248 + 137.1942 S^{1/2} + 1.62142 S)$$
$$+ (-24.4344 - 25.085 S^{1/2} - 0.2474 S)\ln T$$
$$+ 0.053105 S^{1/2} T \Big\}$$

（Sは塩分，Tは絶対温度）　（C.57）

式（C.55）を式（C.52）に代入すると，式（C.58）が得られる（式（C.52）の2行目の$[HPO_4^{2-}]$以下の各項は，寄与が小さいのでここでは考慮しない．それらが無視できない条件でも，各項について式（C.54）〜（C.56）のように考えて代入すればよい）．

$$A_T = C_T\Big(\frac{1}{[H^+]/K_1 + 1 + K_2/[H^+]}$$
$$+ \frac{2}{[H^+]^2/K_1K_2 + [H^+]/K_2 + 1}\Big)$$
$$+ \frac{B_T}{1+[H^+]/K_B} - [H^+] - \frac{K_W}{[H^+]} \tag{C.58}$$

また，式（C.23）と式（C.33）から

$$[CO_2^*] = K_0 \cdot p\text{CO}_2 = \frac{C_T}{1 + K_1/[H^+] + K_1K_2/[H^+]^2} \tag{C.59}$$

なので，

$$C_T = K_0 \cdot pCO_2 \cdot \left(1 + \frac{K_1}{[H^+]} + \frac{K_1 K_2}{[H^+]^2}\right) \quad (C.60)$$

となり，式（C.60）を式（C.58）に代入すれば式（C.61）が導かれる．

$$K_0 \cdot pCO_2 \cdot \left(1 + \frac{K_1}{[H^+]} + \frac{K_1 K_2}{[H^+]^2}\right)$$
$$\cdot \left(\frac{1}{[H^+]/K_1 + 1 + K_2/[H^+]}\right.$$
$$\left. + \frac{2}{[H^+]^2/K_1 K_2 + [H^+]/K_2 + 1}\right)$$
$$+ \frac{B_T}{1 + [H^+]/K_B} - [H^+]$$
$$- \frac{K_W}{[H^+]} - A_T = 0 \quad (C.61)$$

水温と塩分から K_0，K_1，K_2，K_B を計算し，A_T，B_T，pCO_2 を代入して式（C.61）の [H^+] の解を求める（図 C.9）．

全アルカリ度の変化がなく CO_2 の出入りだけで起きる pCO_2 の増加と全炭酸濃度増加の関係を，式（C.62）で表すことがある．

$$\beta = \frac{(\delta pCO_2/pCO_2)}{(\delta C_T/C_T)} \quad (\delta \text{は変化量を表す}) \quad (C.62)$$

式（C.62）の左辺 β をバッファーファクターまたはこの分野の研究に大きな業績を残したルヴェル（Revelle）にちなんでルヴェルファクターと呼ぶ．

全アルカリ度一定の条件では，pCO_2 が高いほど，C_T の増加は鈍くなる（図 C.8 では等値線の間隔が狭まっている）．実際の海の表面水では，β は亜熱帯域でおよそ 9 に，北太平洋の亜寒帯域などではおよそ 15 になっている．つまり，大気と海が CO_2 の平衡状態にあった場合，大気の CO_2 分圧が 2μatm 増加すると，海水の全炭酸濃度は，亜熱帯域などでは 1.1μmol/kg 増加するが，亜寒帯域などでは 0.7μmol/kg しか増加しない．亜寒帯域の表面海水は亜熱帯域の表面海水に比べて，CO_2 を吸収しにくい性質を持っているのである．図 C.8 からわかるように，海水の C_T/A_T 比が大きいほどこうした傾向は強まる．

海が大気から CO_2 を吸収すると，同じ理由で β は大きくなっていく．化石燃料の消費や森林破壊によって大気中の CO_2 が増加し続け，海水が CO_2 を吸収し続けるほど，海水は CO_2 を吸収しにくくなるのである．

〔石井雅男〕

D 植物・植生に関する生態学の基礎

1. 植物群落の一次生産とバイオマス

生態系においては，生物は生産者，消費者，分解者の3つに分けることができる．生産者とは光合成を行う植物のことであり，消費者とはその植物を食べる動物あるいは植食動物を食べる動物のことである．また，それら植物と動物の死骸を分解するのが分解者の微生物である．光合成とは，エネルギー源に光（自然生態系では太陽エネルギー）を用い，炭素源として無機物である二酸化炭素からブドウ糖やデンプンなどの有機物を生産する，植物の葉の中の葉緑体で起こっている反応である．このような植物の活動を一次生産といい，生産された有機物量のことを一次生産量という．植物の一次生産により生産された有機物は，人間をはじめ全ての生物の生活のためのエネルギー源となっている．したがって，植物の一次生産は生態系における物質の循環とエネルギーの流れの原動力である．

一次生産量には総一次生産量（gross primary production：GPP）と純一次生産量（net primary production：NPP）がある（図 D.1）．植物が一定の時間内に光合成により生産した有機物の総量を総一次生産量という．また，この時間内に呼吸によって二酸化炭素や水といった無機物に分解された有機物の量を呼吸量という．総一次生産量から呼吸量を引いた値を純一次生産量という．純一次生産量のうち，多くは植物の生長に回されるが，一部は消費者である動物により摂食されたり枯死・脱落したりする．したがって，純一次生産量から被食量と枯死・脱落量を差し引いたものが植物群落の生長量となる．以上で述べた総一次生産量と純一次生産量は，通常，ある地域（地球全体の場合もある）の単位時間あたりの有機物乾燥重量，炭素量（2倍すると有機物乾燥重量になる）あるいはエネルギー量で表される．

これに対し，単位土地面積あたり単位時間あたりの量は，総一次生産力（gross primary productivity：GPP），純一次生産力（net primary productivity：NPP）と呼ばれる．しかしながら，上記の「〜生産量」は単に「〜生産」と呼ばれることもあり，また「〜生産力」を「〜生産量」と呼ぶこともあるので，それぞれの場合に使われている単位に注意しなければならない（特に，略号ではともにGPPとNPPになるので注意が必要である）．以上に対し，ある時点に存在する単位土地面積あたりの有機物量はバイオマス（現存量，あるいは生物体量）と呼ばれる．つまり，植物群落の生長量を時間積分したものがバイオマスである．

ある期間内に植物群落に注がれた太陽放射のエネルギー量とその期間内に植物群落が一次生産として固定したエネルギー量の比を一次生産のエネルギー効率という．樹木がよく茂っている森林の生育期間における総一次生産のエネルギー効率は，森林タイプや生育期間の長さにかかわらず，ほぼ2.0〜3.5％の範囲であり，純一次生産のエネルギー効率は0.5〜1.5％の範囲である[1]．また，草原の総一次生産のエネルギー効率はほぼ1〜2％の範囲であり，純一次生産のエネルギー効率は0.5〜1.0％の範囲である[1]．したがって，純一次生産のエネルギー効率は，草原と森林ではほぼ同程度であるといえる．

一次生産力の測定・推定方法でこれまで最も歴史が長く多くの森林などの植物群落で用いられてきた方法は「つみあげ法」である．この方法では，単位期間内の森林バイオマスの増分（二時点でのバイオマスの差）にその期間内の枯死・脱落量と被食量を加えてまず純一次生産力を求め，さらにそれに呼吸量を加えて総一次生産力を求める．一時点での森林バイオマスを求めるには，①一定の大きさの調査区（「プロット」や「コドラート」と呼ばれる場合もある）を設定し（近年の研究では1〜数ha規模），②調査区内の全ての樹木について幹の直径や樹高を測定し（毎木調査），③さまざまな大きさの試料木を選び切り倒し，各部分

総一次生産量 GPP = ある地域の植物群落が単位時間あたりに光合成により生産した有機物の総量
純一次生産量 NPP = 総一次生産量 GPP − 葉呼吸 R_{leaf} − 茎呼吸 R_{stem} − 根呼吸 R_{root}
純生態系生産量 NEP = 純一次生産量 NPP − 土壌呼吸 R_{soil}

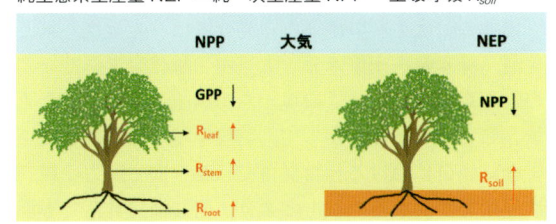

図 D.1 総一次生産量，純一次生産量，純生態系生産量の関係．この図に示されている量は全て，ある地域の単位時間あたりの重量（あるいはエネルギー量）で表される．矢印は，物質の流れの方向を示す．「ある地域」が「単位土地面積あたり」になると，それぞれ総一次生産力，純一次生産力，純生態系生産力と呼ばれる．

の重量や幹の直径，樹高を測定し，④それらの直径や樹高と重量との関係を表す実験式（多くの場合，べき乗式で表されるアロメトリー関係）を導き，⑤それらの実験式に基づき，毎木調査で得られた測定値から各樹木の重量を統計的に推定し，⑥それらを合計して単位土地面積あたりの森林バイオマスを推定する．単位土地面積あたりの枯死・脱落量や被食量は，調査区内に設けたリッター・トラップ（1 m² 程度の円形の枠に網を取り付け四隅をポールで固定したもので，100m² に1個程度設置する）から定期的に回収したサンプルの重量測定によって推定する．また，葉，幹，根の呼吸量は試料木に対して生理学的な方法で測定する．

以上の「つみあげ法」に対し，葉の光-光合成曲線と林内の光強度の垂直分布などから数理モデルを用いて総一次生産力，純一次生産力を求める方法や，近年では，森林調査地に設置した観測タワーでフラックスを測定し二酸化炭素の収支から純生態系生産力（純一次生産力から土壌呼吸つまり植物の枯死，分解による炭素放出量を差し引いた量；net ecosystem productivity：NEP）（図 D.1）を求める方法，リモートセンシングにより森林のバイオマスや一次生産力を推定する方法などが行われている．

2. さまざまな陸域生態系（バイオーム）の一次生産力

1965～74年に行われた国際生物学事業計画（IBP）では，世界中の多くの研究者によりさまざまな生態系におけるバイオマスや一次生産力が測定された（主に「つみあげ法」による）．また，近年では，1990年より新たに地球圏-生物圏国際共同研究計画（IGBP）が開始され，温暖化を促進する空気中二酸化炭素の上昇に対し，光合成で二酸化炭素を吸収する森林などの植

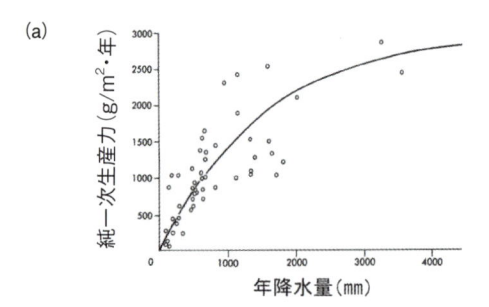

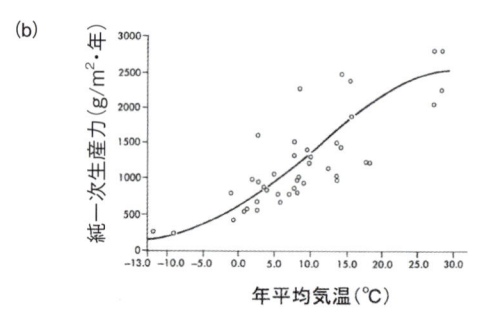

図 D.2 さまざまなバイオームの純一次生産力と (a) 年降水量および (b) 年平均気温の関係[4]．

物群落がどの程度の緩和要因となるのかを見極めるため，森林をはじめとするさまざまな生態系の一次生産力（総一次生産力，純一次生産力）や純生態系生産力の研究が世界各地で活発に行われている（つみあげ法，フラックス・タワー，リモートセンシング，群落光合成モデルなど）．

表 D.1 は世界の主要なバイオームにおける純一次生産力と地上部バイオマスの平均的な値（乾燥重量ベース）を示したものである．熱帯から温帯，そして亜寒帯の森林になるにしたがって，さらに，熱帯草原（サバナ），温帯イネ科草原，ツンドラとなるにしたがって，純一次生産力，地上部バイオマスともに減少していく．

植物の一次生産の源となる光合成は，光強度，気温，地温，降水量，土壌水分，大気中二酸化炭素濃度などの物理環境（あるいは環境からのストレス）に大きく依存している．したがって，物理環境が異なるさまざまな気候帯における植物群落では総一次生産力や純一次生産力が異なるのはもとより，同じ植物群落でも温暖化などの気候変動によりその一次生産力は変化する．さまざまな気候帯に存在する森林タイプにおいて，年降水量と純一次生産力の間には正の相関関係がある[4]（図 D.2 a）．年降水量が500mm以下の地域では，年降水量と純一次生産力の間にはほぼ直線的な正比例の

表 D.1 世界の主なバイオーム型（別項参照）の純一次生産力と地上部バイオマスの平均的な値（乾燥重量ベース）[2),3)]．

バイオーム	純一次生産力 (g/m²・年)	地上部バイオマス (g/m²)
熱帯多雨林	2200	45000
熱帯季節林	1600	35000
温帯常緑樹林	1300	35000
温帯落葉樹林	1200	30000
亜寒帯-亜高山帯針葉樹林	800	20000
疎林／低木林	700	6000
熱帯草原（サバナ）	900	4000
温帯イネ科草原	600	1600
ツンドラ	140	600
砂漠	90	700

関係がある．年降水量がそれ以上の地域では，この正比例の傾きが徐々に減少していき，年降水量が増加しても純一次生産力はほとんど増加せず一定の値に収束していく（乾燥重量でほぼ 3000g/m^2・年）．また，年平均気温と純一次生産力の間にも正の相関関係が見られる[4]（図 D.2 b）．また，落葉広葉樹林，常緑広葉樹林，針葉樹林のさまざまな森林において，総一次生産力と（葉面積指数）×（生育期間の長さ）には直線的な正比例の関係があることも知られている[1]．ここで，葉面積指数（leaf area index：LAI）とは単位土地面積あたりの葉の合計面積のことであり（無次元），生育期間の長さとは年あたりの月平均気温 5℃以上の月数のことである．これらの総一次生産力は，落葉広葉樹林で 2000〜3000g/m^2・年，常緑針葉樹林や常緑広葉樹林で 4000〜8000g/m^2・年の範囲であると推定されている（いずれも乾燥重量ベース）[1]．このように，さまざまな研究者たちによって一次生産力とさまざまな物理環境量との間の関係が調べられている．

3. 群落光合成モデル

以上に述べた植物群落の一次生産量（力）とバイオマスが生まれる過程は，葉 1 枚の光合成から始まる．このような過程に関する最も簡単なモデルについて以下に述べる．

まず，植物群落の垂直的構造を研究するための方法「層別刈り取り法」[5]を草本群落に適用した例を次に述べる．ある一定面積（通常 1 m × 1 m，または 50cm × 50cm など）の四隅に群落の頂上より少し高いほどのポールを立て，一定の間隔（通常 10cm や 20cm など）で上から刈り取っていく．それぞれの層で刈り取った部分は光合成器官（葉），非光合成器官（茎，葉柄など），繁殖器官（花など）に分けてそれぞれの乾燥重量，葉面積を測定する．これらのデータにより単位土地面積あたりでのそれぞれの器官の垂直分布構造（分布の密度関数），いわゆる生産構造図（図 D.3）が得られる．原点を地面にとり，垂直上向きに z 軸を設定する．地面からの高さ z における葉面積の分布密度関数を $L(z)$ とすると，群落の頂上から高さ z までの積算の葉面積 $F(z)$ は，

$$F(z) = \int_z^{+\infty} L(z')dz' \quad (D.1)$$

となる（ここで z' は単に積分するための変数である）．高さ z での光強度を $I(z)$，群落の頂上での光強度（入射光強度）を I_0 とすると

$$I(z) = I_0 \exp[-kF(z)] \quad (D.2)$$

が経験的に成立することが，実測データより見出された[5]．ここで k は植物種や植物群落に固有の正のパラメータで，ヒマワリなどの広葉型植物では 1 に近く，イネ科などの直立葉型の植物では 0.5 に近い値をとることもわかった．全天空から差し込む散乱光と，ある一定の角度を持った一定の大きさの葉が，空間内にランダムに分布しているということを仮定して，式（D.2）が近似的に成立することも理論的に示されている[5]．また葉の傾きの角度と k の値が上述のように対応していることも理論的に示されている．式（D.2）は物理学におけるランベルト・ベールの法則に対応している．つまり一定の厚さの葉層で減衰する光の割合は一定（k）であることを表している．

式（D.2）を用いて単位土地面積あたりの植物群落が単位時間あたりに行う総光合成速度 P_g，つまり総一次生産力 GPP は次のように計算される[5]．まず，単位葉面積あたりの光合成速度 P は吸収された光強度 i の直角双曲線として経験的に表される．

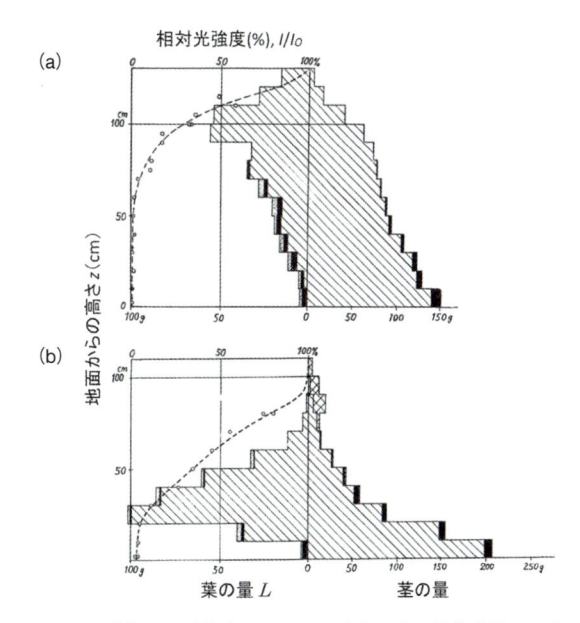

図 D.3 単位土地面積（50cm × 50cm）あたりの植物群落における厚さ 10cm の層ごとの（左）葉と（右）茎の量（g/10cm/50cm × 50cm）の垂直分布（生産構造図）[5]．(a) シロザ（広葉型草本）と (b) チカラシバ（イネ科型草本）．植物群落上の光強度 I_0 を 100% とした各層での光強度 I の相対値（相対光強度）I/I_0 の垂直変化も同時に示されている（○：実測値，点線：式(D.2)）．図中，優占種であるシロザ(a)とチカラシバ(b)はそれぞれ斜線の部分で示してある．「葉の量」（図の左側）で一番外側の点々の部分は，全種の枯れた葉の合計量である．上記以外の部分は，優占種以外の少数種を表す．

$$P = \frac{bi}{1+ai} \quad (D.3)$$

ここで a, b はパラメータであり，$i \to \infty$ の時の飽和光合成速度は b/a で与えられる．また b は光-光合成曲線 (D.3) の原点近くでの立ち上がりの傾きである．単位葉面積あたり吸収される光強度，つまり F による I の減衰量（絶対値）は式 (D.2) より

$$\left|\frac{dI}{dF}\right| = -\frac{dI}{dF} = kI_0 \exp[-kF] \quad (D.4)$$

で与えられる．これが式 (D.3) における i に相当する．したがって，葉面積指数が F_{max} ($=F(0)$, 式 (D.1)) である植物群落の単位時間あたり単位土地面積あたり総光合成速度 P_g，すなわち総一次生産力 GPP（図 D.1）は

$$\begin{aligned}\text{GPP} = P_g &= \int_0^{F_{max}} \frac{bkI_0 \exp[-kF]}{1+akI_0 \exp[-kF]} dF \\ &= \frac{b}{ka} \ln \frac{1+kaI_0}{1+kaI_0 \exp[-kF_{max}]}\end{aligned} \quad (D.5)$$

で与えられる．単位葉面積あたりの呼吸速度を r_{leaf} とすると，純光合成速度 P_n は

$$P_n = P_g - F_{max} r_{leaf} = \text{GPP} - R_{leaf} \quad (D.6)$$

で与えられる．ここで，R_{leaf} は単位土地面積あたりの葉の呼吸速度である．茎と根の単位土地面積あたりの重量を W_{stem}, W_{root} としそれらの単位重量あたりの呼吸速度を r_{stem}, r_{root} とすると，純一次生産力 NPP は，

$$\begin{aligned}\text{NPP} &= P_n - W_{stem} r_{stem} - W_{root} r_{root} \\ &= P_n - R_{stem} - R_{root}\end{aligned} \quad (D.7)$$

で与えられる（図 D.1）．ここで，R_{stem} と R_{root} は，それぞれ単位土地面積あたりの幹と根の呼吸速度である．

式 (D.3) を高度化し，光合成の生化学反応過程を取り入れたファーカー・モデル[6),7)] も開発されており，最近の大気-植生相互作用モデルでは，植生の光合成過程にこのモデル式が用いられることが多い．

以上のような理論モデルを用いてさまざまな植物群落の一次生産と環境変動との関係が研究されている．

4. 植物の生長モデル

以上のように植物群落のバイオマスや一次生産量（力）の時間的な変化は，基本的には葉1枚の光合成から始まる複雑な過程であるが，それらを植物個体の平均的サイズ（平均個体重など）を用いて簡単，近似的に記述するモデルについて以下に述べる．「平均個体重×密度」がバイオマスとなる．ここで密度とは単位土地面積あたりの植物個体数のことである．

a. 指数生長

x を植物のサイズ（サイズとしては，個体の乾燥重量，茎（幹）の直径，植物の高さなどが用いられる），t を時間とする．生長速度は dx/dt で，また相対生長速度は $(1/x)(dx/dt)$ で定義される．植物の生長を表す最も基本的なモデルは指数生長曲線であり，相対生長速度が時間 t とサイズ x に依存しない定数 r として次式で与えられる．

$$\frac{1}{x}\frac{dx}{dt} = r \quad \text{あるいは} \quad \frac{dx}{dt} = rx \quad (D.8)$$

この微分方程式は簡単に解けて，次のようになる．

$$x(t) = x_0 \exp[rt] \quad (D.9)$$

ここで，x_0 は積分定数であり $t=0$ の時の x の値（初期値，$x_0 = x(0)$) である．この生長曲線モデルでは時間 t が増加するにつれてサイズ x も増加し，$t \to \infty$ で $x \to \infty$ となり，時間が十分に経過したところでは現実的なモデルとはならない．そこで考えられたのが次のロジスティック生長曲線モデルである．

b. ロジスティック生長

生長によりサイズ x が大きくなるにつれて相対生長速度が減少することは，現実のさまざまなデータが示している．その最も簡単な場合として減少が x の線形であるとすると，

$$\frac{dx}{dt} = r_0\left(1 - \frac{x}{K}\right)x \quad (D.10)$$

となる．これは式 (D.8) の r の代わりに $r_0(1-x/K)$ とおいたものであり，サイズ x が増加するにつれ，相対生長速度が x の一次式で減少する．r_0 と K は方程式に含まれるパラメータ（この場合，正）である．これらが時間に非依存である場合，式 (D.10) の微分方程式は解けて

$$x(t) = \frac{K}{1+(K/x_0 - 1)\exp[-r_0 t]} \quad (D.11)$$

となる．ここで x_0 は $t=0$ の時の x の値であり（初期値，$x_0 = x(0)$)，また $t \to \infty$ で $x \to K$ となるので指数生長モデルとは異なり x は発散せずに有限の値 K に収束する．K が無限大になると式 (D.11) は式 (D.9) と一致する．植物や動物などさまざまな生物の生長に式 (D.11) は適用されている．

c. その他の生長曲線モデル

ロジスティック生長モデルでは相対生長速度が単純に x の一次式で減少すると仮定したが，もう少し複雑にして m をパラメータとし次のように仮定することも可能である．

$$\frac{dx}{dt} = r_0\left\{1 - \left(\frac{x}{K}\right)^m\right\}x \quad (D.12)$$

つまり，相対生長速度が x の m 次式で減少するとする．式 (D.12) の積分形は

$$x(t) = \{K^{-m} - (K^{-m} - x_0^{-m})\exp[-r_0 mt]\}^{-1/m} \quad (D.13)$$

で与えられる．ここで，$x_0 = x(0)$（初期値）である．

また，相対生長速度が $\ln x$ の一次式で減少すると仮定して

$$\frac{dx}{dt} = s(\ln K - \ln x)x \quad (D.14)$$

とおくこともできる．ここで s と K はモデルに含まれるパラメータである．特に式 (D.14) は ゴンペルツ曲線 と呼ばれており，その積分形は

$$\ln x(t) = \left\{1 - \left(1 - \frac{\ln x_0}{\ln K}\right)\exp[-st]\right\}\ln K \quad (D.15)$$

で与えられる．ここで $x_0 = x(0)$（初期値）であり，また $t \to \infty$ で $x \to K$ である．

5. 植物群落の生長と制御機構

a. 密度効果とロジスティック理論

密度（単位土地面積あたりの植物個体数）を変えて植物を生育させると，それぞれの密度での平均個体重が異なってくる．1950年代から1960年代にかけて Kira らの研究グループはさまざまな植物を 実験圃場 で生育させ，この現象を定量的に解析した[8]．発芽直後の段階では平均個体重はどの密度区でも同じであったが，生長が進むにつれて高密度区の平均個体重は低密度区の平均個体重よりも小さくなった（図 D.4）．この現象は 密度効果 と呼ばれている．そして，生育の最終段階では単位土地面積あたりのバイオマス（現存量，生物体量，あるいは収量）は，密度にかかわらず一定になった．つまり，w を平均個体重，ρ を密度，y をバイオマスとすると，生育の最終段階では $y = \rho w$ が ρ によらずに一定になった（図 D.4）．この現象は 最終収量一定の法則 と名づけられた．また，時間 t における w と ρ との関係は経験的に

$$\frac{1}{w(t)} = A(t)\rho + B(t) \quad (D.16)$$

で与えられた．ここで，$A(t)$ と $B(t)$ は時間 t に依存するパラメータであり，$A(0) = 0$（発芽直後は密度によらず平均個体重は一定），$B(\infty) = 0$（「最終収量一定の法則」）である．ロジスティック生長方程式（式 (D.10), (D.11)）と最終収量一定の法則を仮定すれば，式 (D.16) は理論的に導かれる[8]．最も簡単な場合を次に示す．最終収量一定の法則より $\rho w(\infty) = y(\infty) = Y$（一定）である．つまり，$w(\infty) = Y/\rho$．これを x を w と書き換えた式 (D.11) に代入すると，

$$w(t) = \frac{Y/\rho}{1 + (Y/w_0\rho - 1)\exp[-r_0 t]} \quad (D.17)$$

となる．ただし，式 (D.11) の K はこの場合 $w(\infty)$ $(= Y/\rho)$ である．また，式 (D.11) の x_0 を w_0 $(= w(0)$，$t = 0$ の時の w の値，初期値）と書き換えてある．したがって，式 (D.16) が導ける．ただし，

$$A(t) = \frac{1 - \exp[-r_0 t]}{Y}, \quad B(t) = \frac{\exp[-r_0 t]}{w_0}$$

$$(D.18)$$

である．式 (D.11) の r_0 と K が時間に依存する一般ロジスティック式の場合にも同様に式 (D.16) が導ける[8]．なお，1960年代に入り，オランダの研究者たち[9]も独立に式 (D.16) を導いている．式 (D.16) は非常に多くの植物群落で成立することがさまざまな研究例により明らかとなっている．

b. 自己間引き

以上の議論では，発芽から枯死直前まで1個体も枯死しない，つまり最初に設定した密度 ρ が時間に依存せず一定である場合を考察した．しかしながら，自然生態系において，非常に高い密度から生育を始めた植物群落では，時間とともにその個体数は減少してい

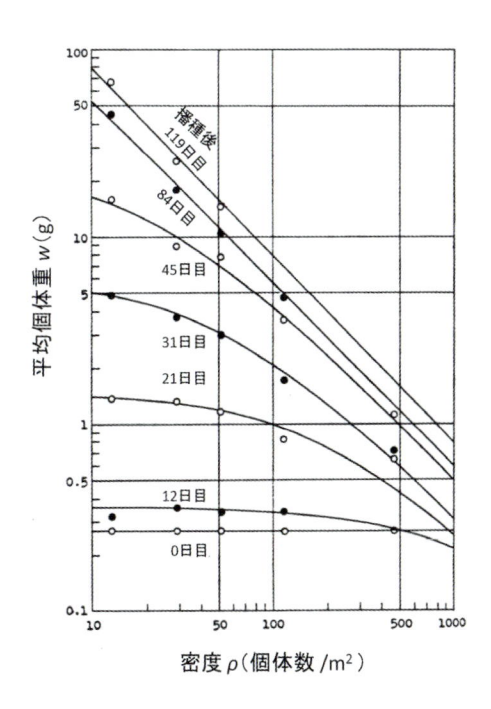

図 D.4 発芽後，枯死する個体がなく密度が一定の場合のダイズの密度-平均個体重関係[8]．発芽後の各生育段階での関係は，式 (D.16) で記述できる（図中の曲線）．

く．これは個体間の強い競争により被圧された弱小の個体が枯死していくためである．なお，密度効果の式 (D.16) で扱った現象は個体数密度が減少しない程度の比較的低い初期密度からの生育に関するものである（図 D.4）．さて，時刻 t における植物群落の平均個体重を $w(t)$，密度を $\rho(t)$ とすると，

$$w(t)\rho(t)^\alpha = K \quad (\text{一定}) \quad (\text{D.19})$$

または

$$\ln w(t) = \ln K - \alpha \ln \rho(t) \quad (\text{D.20})$$

という関係が成立することが経験的に広く知られている（図 D.5）．ここで K はそれぞれの植物種に固有の定数である．さらに，多くの種で α の値が 3/2 に近くなることが見出され，自己間引きに関する 3/2 乗則と名づけられた[10]．また，$\ln K$ の値は 3.5 から 4.3 の間に収まることも見出された[11]．しかしながら，多くの種で α=3/2 と結論づけるのは誤りであると主張している研究者もいる[12]．それは以下の理由によるものである．

- 式 (D.20) に基づき平均個体重 w（= バイオマス y/密度 ρ）を変数として用いて回帰分析を行った場合，残差が独立になっているかの保証はない（密度 ρ が式 (D.20) の両辺に含まれているので）．したがって，バイオマス y と密度 ρ を用いて次のモデルで統計解析をするべきである．

$$\ln y(t) = \ln K - \beta \ln \rho(t) \quad (\text{D.21})$$

ただし，$\beta=\alpha-1$ の関係がある．

- 本来，y と ρ どちらを独立変数にどちらを従属変数にするかは決められないので，回帰分析でなく主成分分析 (PCA) を行うべきである．

以上の方法により，それまでに解析されてきた多くのデータセットを解析し直した結果，統計的に有意に α=3/2 となるのは全体の約半数であることが見出されている[12]．しかしながら，α が 3/2 以外の値をとる場合が残りの約半数であるにせよ，式 (D.19) で表される自己間引きに関するべき乗則はほとんどの場合に成立している[12]．

6．人間活動と森林の一次生産

近年，世界の森林面積の減少は顕著である．1990～2000 年の 10 年間の平均で見ると，年あたり天然林は 12.5 万 km²/年の減少，逆に人工林は 3.1 万 km²/年の増加，故に世界の森林全体では 9.4 万 km²/年の減少となっている[13]．以上の天然林の減少は，農地など他の土地利用への転換と人工林への転換によるものである．以上に加えて，人間活動の活発化に起因する近年の森林火災の頻発も森林の消失に拍車をかけている．年平均で 6 万～14 万 km²/年の森林が焼失しているともいわれている[14]．特に，1997～98 年には世界の広範囲な森林において火災が発生した．この森林火災により焼失した森林面積は，インドネシア 9.7 万 km²，ロシア連邦 4.3 万～7.1 万 km²，モンゴル 2.7 万 km²，ブラジル 4 万 km² などである[13]．このような近年の人間活動の影響は，世界全体の森林の一次生産を低下させる．特に亜寒帯針葉樹林においては，春先に幼木が受ける強い乾燥ストレス，低温ストレスや光ストレスのため，森林火災後の森林の天然更新に非常に長い時間がかかる[15]．このため，亜寒帯針葉樹林ではひとたび森林火災が発生すると一次生産も著しく低下したままの状態が長く続くと考えられる．

さらに，大気中二酸化炭素濃度の増加（「気候変動に関する政府間パネル」(IPCC) の第 4 次評価報告書では，その大部分が人間活動によると指摘されている）による気候変化も森林の一次生産に大きな影響を

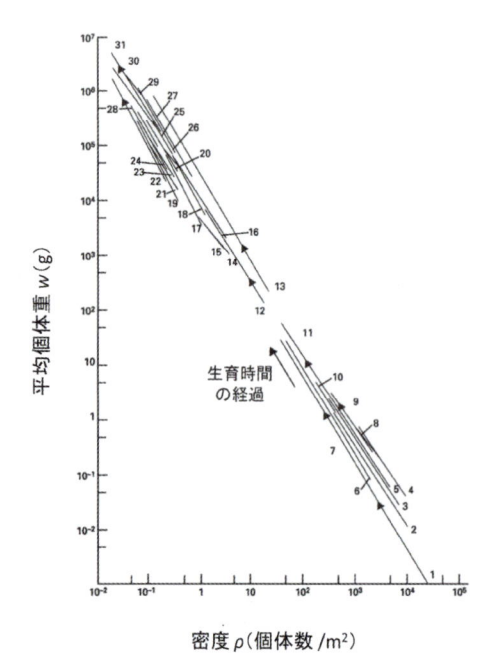

図 D.5 個体間競争が非常に激しく，生育時間とともに密度が減少する場合（自己間引き）の密度-平均個体重関係[10, 11]．式 (D.20) で記述される．図中の矢印は，生育時間の経過とともに密度と平均個体重が変化する方向を示している．さまざまな植物群落の統計解析の結果の回帰式を 1 つの図にまとめたものであり，番号はそれぞれ異なる植物群落を表す．1～11 は草本種，12～31 は木本種である．それぞれの種名については文献 11 参照．

及ぼす．2100年までに大気中二酸化炭素濃度が徐々に増加し現在の濃度の2倍になるというシナリオに基づき，6つの気候-植生モデルのシミュレーション結果の比較研究が行われた[16]．①6つの全てのモデルで，世界の陸域植生全体（その大部分は森林）の純生態系生産量は2030年ごろまでは増加するが，その後頭打ちになること，②4つのモデルでは，2050年ごろから純生態系生産量は0に向かって減少し始めること，がモデルのシミュレーションで示されている．現在の地球全体の陸域植生による純生態系生産量は年あたり炭素ベースで 1.4×10^{15} gC/年（gC/年のCは炭素ベースであることを表す）と推定されている[17]．上記の6つのモデル間で予測値のばらつきは非常に大きいが，2100年の時点では，地球全体の陸域植生による純生態系生産量は $0.3 \sim 6.6 \times 10^{15}$ gC/年の範囲と予測されている．これらの結果には，熱帯林での一次生産の低下が大きく寄与している．森林の純生態系生産量が負に転ずると，森林生態系は大気中二酸化炭素の発生源（ソース）となり，気候変化に対して正のフィードバックが生じる．これらのモデルには，この節の最初で述べたような森林から他の土地利用への転換率や森林火災の頻度・規模などの将来的な変化予測は含まれていない．したがって，将来これらが拡大するとすれば，森林生態系が大気中二酸化炭素の発生源となる時期はさらに早まる可能性もある． 〔原 登志彦〕

E 海洋生態系の基礎

1. 海洋生態系の構造：陸上生態系との比較

　海洋生態系の基本構造は，食段階を通じたエネルギー転換の視点から見れば，陸上のそれと同じである．太陽光のエネルギーを出発点として，基礎生産者が光合成により無機物から有機物を生産し，その有機物をエネルギー源に，二次生産者や高次生産者がバイオマス的にはピラミッド型の食段階構造を形成する．全ての生物の排泄物や死骸は細菌など微生物の働きによって二酸化炭素，アンモニア，リン酸といった無機物に分解され，植物プランクトンの生育に必要な無機栄養塩が供給される．

　しかし海洋生態系と陸上生態系は各食段階におけるコンポーネントの面からは大きく異なる．陸上で大型の植物からなる森林が基礎生産の主役であるのに対し，海洋では，大型海藻類が育つことのできるごく狭い沿岸域を除き，広大な外洋域でその役を担うのはピコ（$1pm = 10^{-12}m$）サイズからマイクロ（$1\mu m = 10^{-6}m$）サイズの植物プランクトンであり，二次生産者もまた数μm～数十mmサイズの動物プランクトンである．そのような違いをもたらしているのは，後者における水の物性がもたらす環境要因である．水の物性の1つである高い吸光度のため，光合成に必要な光は，季節や海域によって異なるが，表層下100mほどで1%程度に減衰してしまう．植物プランクトンの呼吸速度と光合成速度が等しくなる深度を補償深度と呼び，水中全体の呼吸量と光合成量が等しくなる深度を臨界深度という（図E.1）．植物プランクトンが成長・増殖するためには，臨界深度より表層に浮遊している必要があり，そのためには微小であること，つまり体積に対する表面積の割合（SV比）が大きく，周囲の海水との摩擦抵抗が大きいことが有意に働く．またSV比が大きければ，周囲の環境から栄養塩を効率的に取り込むことが可能となる．加えて，海中では生物は乾燥から細胞内部を守るための構造は必要なく，単細胞，微小サイズであることは植物プランクトンの環境への適応である．

　基礎生産者が微小であることから，それを食する二次生産者である植物食性の動物プランクトンもまた小型となる．一般的に海洋の食物連鎖においては食段階

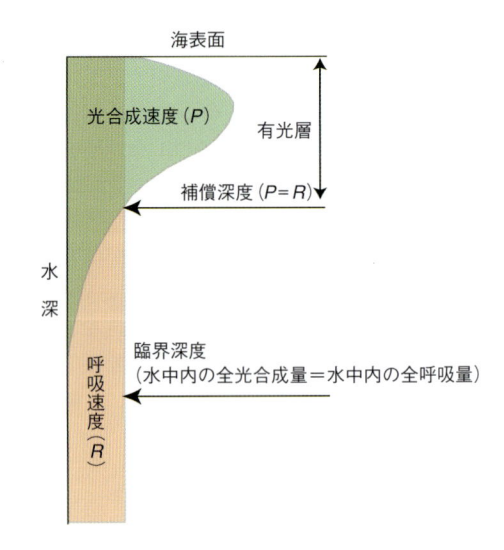

図E.1 植物プランクトンの光合成量と呼吸量の鉛直分布．

が上位の生物ほど体サイズが大きくなる（近年従属栄養原生動物の中には，自らより数倍大きいケイ藻などを食する種があることが報告されている）．基礎生産者とは異なり，上位の食段階の生物に関しては，水の物理的特性の1つである密度の高さにより自身の重量に耐えて体を支える強靭な構造も不要なので，むしろ陸上の生物と比較して大型化が可能となる．また，水流を利用することにより，あるいは自ら水流を作り出すことにより，多くの動物が水中に浮遊する粒子を濾し採る方法，つまりフィルターフィーディングにより食物を得ている．全長10m以上になる脊椎動物中最大級のサイズを持つ魚類である大型サメ類の一部，哺乳類のヒゲクジラ類がいずれもフィルターフィーディングにより，プランクトンおよびマイクロネクトンを主食としているのは，収斂進化の例である．

　植物プランクトンの多くが単細胞生物であることは陸上の植物と比較して生活史が短く，生産速度が高いことを意味する．基礎生産量を炭素の現存量で比較すると陸上が約500～600 GtC（$Gt = 10^9 t$，Cは炭素量）なのに対し，海洋が約3 GtCと200倍の差がある一方で，年間の生産量は陸が約120 GtCに対し海洋が約50 GtCと2倍程度にしかならないのは，その高い生産速度のためである[1]．また，海洋生態系の特徴の1つとして，二次生産者による摂食が，基礎生産の現存量を時には日レベルといった短い時間スケールで左右する，ということがある．よって基礎生産の変化を見積もるにはこの摂食効果を考慮することが必須であり，基本的な海洋生態系モデル（NPZDモデル）の構造に

おいては"N"（栄養塩），"P"（基礎生産者），"D"（分解者）の項目に加え，動物プランクトンの動態を表す項目"Z"が重要になる[2]．

2. 海洋生物の生活型

生活型により海洋生物を分類すると，遊泳力が小さく海水の流動とともに移動するプランクトン，海洋表面を漂うニューストン，遊泳力が大きく海流に逆らって広範囲を移動することができるネクトン，海底上に生息するベントスとなる．プランクトンとネクトンの中間にあたるオキアミ類などは一般にマイクロネクトンと呼ばれる．甲殻類，貝類，棘皮動物などの多くが幼生時にプランクトニックな生活型を持った後にベントスとなり，逆に鉢クラゲ類が幼生時には海底などに固着してベンチックな生活型を持った後にプランクトンとなるように，多くの生物がその生活史において複数の生活型を得て成体になる．ネクトンの代表である魚類も稚魚の時代はプランクトンである．

3. グレージングチェーンとマイクロビアルループ

海洋生態系において，基礎生産者＝植物プランクトン，二次生産者＝動物プランクトン，高次生物へと繋がる食物連鎖は，グレージング（捕食）チェーンあるいはクラシカル（古典的）フードチェーンと呼ばれる（図E.2）．一方，1980年代以降重要性が検証されたのは，NPZDモデルではD（分解者）にあたる微生物を中心とした食物連鎖経路，マイクロビアル（微生物）ループである（図E.2）．そこでは，他生物の死骸，排泄分などをエネルギー源として生存する細菌などの原核生物群集と，それを食するナノサイズ（1 nm＝10^{-9} m），マイクロサイズの原生動物（微小動物プランクトン）が有機物の再生産の担い手となる．海域によっては植物プランクトンにより生産された有機物の半分に相当する有機物が，細菌の増殖に利用されており，グレージングチェーンに対するマイクロビアルループの寄与が非常に大きいことを示している．

植物食性と分類される動物プランクトンの多くは，微小動物プランクトンも食することが知られており，ケイ藻など大型の植物プランクトンが乏しい餌環境においてはそれらが重要なエネルギー源となる．このように微小動物プランクトンを動物プランクトンが食することにより，マイクロビアルループはグレージングチェーンへとつながっていく．また，微小動物プランクトンは，カイアシ類などの動物プランクトンが小さすぎて利用することのできない，ナノサイズの植物プランクトンを食することにより，基礎生産の消費者としても重要な役割を果たしている．つまり，微生物は分解者として基礎生産者に栄養塩などを提供するのみならず，マイクロビアルループにおいては生産者としての役割も担っているのである．

4. 生態系の鉛直分布

世界の海洋の平均水深はおよそ3800mであるが，海洋生物は表層から海底まで鉛直方向数千mにわたり生息している．陸上の生物がほぼ地表近辺に限定して生息しているのに対し，海洋生物の分布は三次元の広がりを持つ．しかしながら，前述したように光合成による有機物生産が可能なのは，表層の数十mに限られる．表層以深にいる動物は，表層から沈降する死骸や糞粒などの有機物を利用して生存し，肉食動物はそれらの動物を捕食したり，鉛直方向に移動することにより自分より上層の生物を捕食して生存している．よって，表面から水深数千mの海底に至るまで，海洋生物は基本的に太陽光を出発点とし，光合成によって生成された有機物に支えられて生きているといえる．また，有人／無人の潜水調査機器を用いた現場観測技術の発展により，中深層においてはクシクラゲ類，クラゲ類などゼラチン質プランクトンの生物量・多様性が極めて高いことがわかった．この鉛直方向の生態系構造は，沿岸域や陸棚域を除き，世界の海洋の90％を占める外洋域に共通して見られる．

例外的に，太陽光を必要としない生態系として，地殻活動により熱水や冷水が湧き出す海底や，鯨など大型生物の死骸（骨格）周辺に分布する化学合成細菌を基礎生産者とする深海生態系が存在し，地球の初期生命の誕生や進化の場として注目されている．熱水湧出域のような高温・高圧の極限的環境において有機物生産に重要な役割を果たすのは，細菌と同じく原核生物

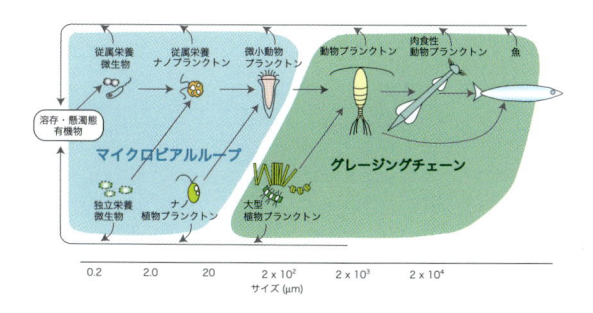

図E.2 海洋の食物網．グレージングチェーンとマイクロビアルループ．

だが分類系統的に異なる微小生物群であるアーキアである（6.8参照）．

5. 海洋低次生産の季節変化

植物が育つためには光のほかに，炭素，窒素，リン，硫黄といった生元素を取り込むことが必要である．炭素および硫黄の供給源である二酸化炭素と硫酸塩は，水中に豊富に溶存しており不足することはない．一方窒素およびリンの供給源である硝酸塩，亜硝酸塩，アンモニアやリン酸塩の供給量は時・空間的に大きく変動し，しばしば基礎生産を律速する．また，基礎生産者のうち中・高緯度海域の高生産時季に卓越する大型植物プランクトンであるケイ藻類はケイ酸質の殻を持っているため，それらの海域ではケイ酸塩の供給量も基礎生産の制限要因になる．上記栄養塩は多量栄養塩と呼ばれ，海中に μmol レベルの濃度で存在する．一方，鉄，銅，亜鉛などごく微量しか必要でないが，生体内の酵素活性に利用されるなど生物の生長に欠かせない元素を微量栄養塩と呼び，海中に nmol レベルの濃度で存在する．特に鉄は光合成系において必須の元素である．

栄養塩は表層で生物に取り込まれると，死骸や糞粒として沈降することにより表層から取り除かれ，主として中深層で分解される．よって海水の鉛直混合や水平方向からの移流により供給されることがない限り，栄養塩の濃度は表層で低く中深層で高い．一方，海表面に注ぐ太陽光は海中で急激に減衰し，先に述べたように光合成が可能なのは臨界深度より浅い層であるので，植物プランクトンが成長するためには，浅い層にとどまる必要がある．つまり植物プランクトンは，常に光と栄養塩の供給のジレンマに立たされているわけである．この状況が，中高緯度域の低次生物生産の季節変動パターンを決定している（図E.3）．冬季に表面が冷やされ海水の鉛直混合が促進されると栄養塩が表層に供給される．しかしこの時点では太陽光も弱く混合深度が臨界深度より深いために，光が制限要因となって植物プランクトンは増殖することができない．春季になり表層が暖められ臨界深度以浅に安定した層が形成されると，冬季に供給された栄養塩を利用して，スプリングブルームと呼ばれる植物プランクトンの増殖が始まる．同時に豊富な植物プランクトンを食することにより動物プランクトンの生物量も増加する．夏季になり成層化がさらに進むと表層の栄養塩は消費されて枯渇し中層からの供給もされないため，今度は栄養塩が制限要因となって植物プランクトンの生産は抑制される．同時に動物プランクトン群集においては肉食性種の生物量が相対的に増加する．

6. 海洋低次生産の海域による違い

衛星画像で世界の植物プランクトンの分布を見ると，海域による基礎生産量の差が一目瞭然である．浅い沿岸域では，栄養塩が河川より供給されるため生産が顕著に高くなる．外洋においては，光と栄養塩の供給のバランスとその季節変化パターンが緯度方向によって変化するため，それが低次生産量と食物網構造の海域による違いとして反映される（図E.4）．北極域では極端な光制限により，夏季の数ヵ月のみ顕著な低次生産のピークが見られる．亜寒帯においては前述したように冬季に鉛直混合により栄養塩が供給され，春季に成層化するとともに大規模なブルームが起こり，夏季になるにつれて終息する．大型の植物プランクトンが主として基礎生産を担うグレージングチェーンが卓越し，

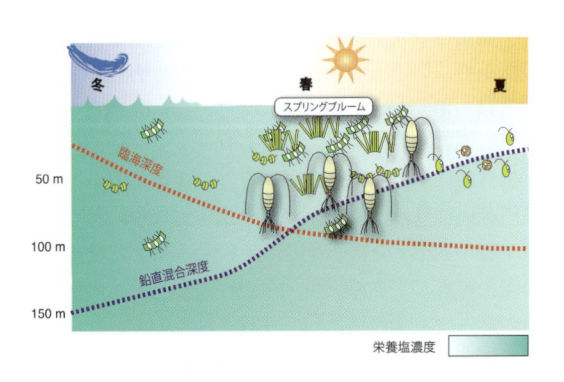

図 E.3　温帯〜亜寒帯域の海洋鉛直構造と低次生物生産の季節変動．

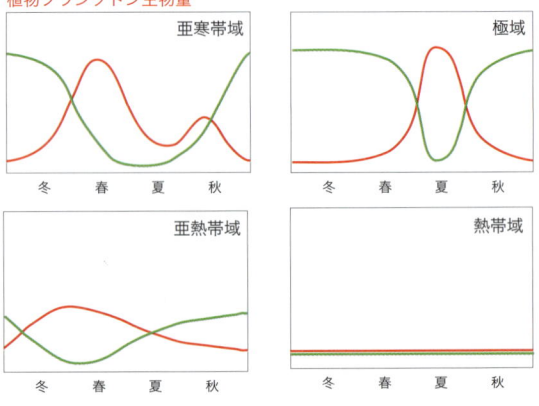

図 E.4　植物プランクトンの生物量と，混合層内の栄養塩濃度の季節変化と，その海域による違い．

基礎論　海洋生態系

年間の生物生産は大きい．亜熱帯の季節変化も同様だがブルームの規模は小さく，主要な植食性動物プランクトンのサイズも小型になる．また亜寒帯で冬季～春季の光制限がより強いのに対し，亜熱帯では栄養塩制限がより効く．よって，暖冬の年の場合，鉛直混合が緩和されることにより亜寒帯では光制限が緩み年間の基礎生産量が増加傾向になるのに対し，亜熱帯では逆に栄養塩供給が減り基礎生産は減少傾向になることが報告されている[3]．熱帯域では中・高緯度域の夏季と同様成層が強く，周年を通じて貧栄養な環境であることから，低次生産の季節変化はほとんどなく生産量も低い．基礎生産者はピコ，ナノサイズの種が主役となり，栄養塩の供給がある混合層直下で基礎生産量が最大となる（亜表層クロロフィル極大）．亜熱帯～熱帯の栄養塩制限が強い海域では，窒素固定細菌の基礎生産における役割が大きくなる．また，基礎生産者が小型化するため，マイクロバイアルループの相対的重要性が増す．陸上とは異なり，海洋生態系では種の多様性に関して，高緯度の生物量の大きい海域程，食物網の構造がシンプルで，出現種数，多様性ともに低くなり，低緯度の生物量の小さい海域で大きくなる傾向がある．ただし，低緯度域においても，ペルー沖やカリフォルニア沖など季節風や海流の影響で栄養塩豊富な中深層水が湧き上がる海域があり，湧昇域と呼ばれ高い生物生産で知られる．また，珊瑚礁のように，珊瑚が陸上の森のような役割を果たし，構造的に微細環境が提供される特殊な生態系では，生物量，生物多様性ともに増大する．

一方，硝酸塩などの多量栄養塩が豊富に存在し，枯渇するまで消費されていないにもかかわらず，基礎生産量が少ない海域があり，高栄養塩低クロロフィル（HNLC）海域と呼ばれ，太平洋の赤道域，東部太平洋亜寒帯域，南極周辺海域がそのような場所として知られている．この要因として，現在広く認められているのは，鉄供給量の不足である．近年，世界のHNLC海域で基礎生産の制限要因としての鉄の役割を検証するために，鉄散布実験が実施され，散布後の植物プランクトンの増殖が確認されている[4]．

7. ボトムアップ，トップダウン，ワスプウェスト

食物網を通じて，生物生産量をコントロールするメカニズムとして，ボトムアップ，トップダウン，ワスプウェスト（くびれた腰のような形をさす）の3つの型がある[5]（図 E.5）．ボトムアップコントロールが働く生態系では，栄養塩の供給量が植物プランクトンの

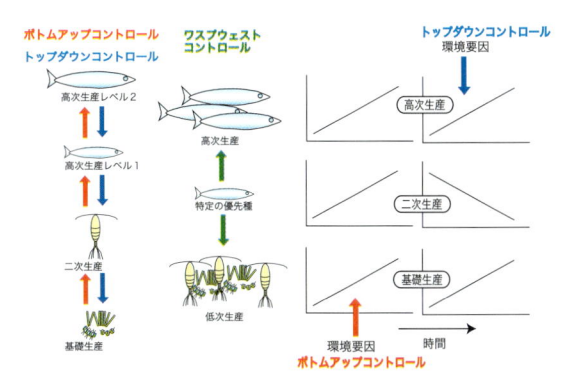

図 E.5　食物網における生物生産のコントロールのメカニズム．

生産量を決め，植物プランクトンの生産量が，動物プランクトンやさらに高次生物の生産量を左右するので，栄養塩供給が増加すれば低次から高次まで生物生産は増加し，逆に減少すれば生物生産も減少する．トップダウンコントロールでは，上位の食段階にある生物による捕食が下位の食段階にある生物量を制限する．たとえば，魚の捕食圧により植物食性動物プランクトン生物量が減少すれば，植物プランクトンに対する摂餌圧が弱まり，栄養塩制限がない限りは植物プランクトンの生産にはプラスに働く．ワスプウェストコントロールとは，ある食段階の優先種がそれより高次の生物群と低次の生物群の両方の生産に重大な影響を及ぼすような食物網構造をさす．たとえば，何らかの外敵要因である特定の小型浮魚（例：イワシ）の生物量が増減すると，それを餌とする大型魚類と小型魚類の餌である動物プランクトンの生物量の両方に大きな影響を与える場合などがある．

8. 物質循環との関係：地球環境とのかかわり

海で地球最初の生命が誕生して以来，海洋生態系は地球の物理・科学的環境と密接にかかわりながら進化してきた．原始地球の大気は二酸化炭素で満ち，酸素は存在しなかったが，30数億年前に進化した藻類の光合成により海洋に蓄積された酸素が地上に供給され，地球上の大気組成を変化させ，さらに紫外線を遮るオゾン層が形成されて，多細胞生物の陸上への進出が可能となった．また，過去数十万年の間に起こった氷期-間氷期のサイクルと，大気中の二酸化炭素濃度は同期して変化しており，それが海への鉄の供給量の変化による植物プランクトンの増減によるという説もある[6]．

a. 生物ポンプ

現在，産業革命以降200年という非常に短いスケー

基礎論 海洋生態系

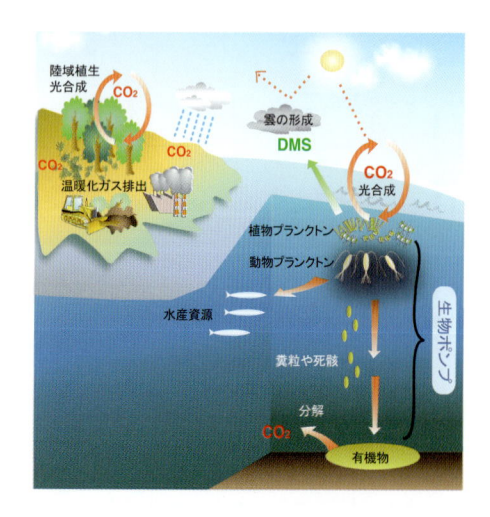

図E.6 海洋生態系と地球環境.

ルで大気中の二酸化炭素濃度上昇による温暖化が進行しつつあり，その生態系および人間社会への影響が懸念されている．海洋は大気中の50倍相当の二酸化炭素を貯蔵しており，地球環境の安定化に貢献しているが，海洋の二酸化炭素吸収に大きくかかわっているのが海洋の食物連鎖である（図E.6）．植物プランクトンが光合成より有機物生産に使用したぶんを補う形で海洋は大気から二酸化炭素を吸収する．植物プランクトンが表層で死に分解されると吸収した二酸化炭素は再び海中へ放出され大気へ戻ってしまうが，動物プランクトンに摂餌されれば，動物プランクトンの死骸や，糞粒といったより比重の高い粒子になり急速に沈降する．こうしていったん表層から取り除かれ深層へ輸送されれば固定された二酸化炭素は，数百〜数千年もの間深海へ貯蔵される．このような生物活動による二酸化炭素の鉛直輸送の作用を生物ポンプと呼ぶ（図E.6）．栄養塩が陸域から豊富に供給される沿岸域においては，基礎生産量は高いが，有機物は浅海底で分解され，短期間のサイクルで表層へ戻るため生物ポンプは機能しない．

外洋にあっても，生物ポンプの機能は海域により季節により一定ではなく，食物網の構造によって大きく変化する．一般的に大型の植物・動物プランクトンからなるグレージングチェーンが卓越し，大規模なスプリングブルームが見られる亜寒帯域のほうが，小型のプランクトン種が卓越し，マイクロビアルループの役割が大きい亜熱帯，熱帯域よりも生物ポンプの効率がよい．後者では，食物連鎖の過程を通じて粒子が比較的短時間で分解され，中心層に輸送される前に表層で再生産されるためである．しかし，気候変動に伴う海洋の水温変と成層度の変化により，光と栄養塩の供給条件が変われば，プランクトンの種組成や食物網構造も変化し，結果的に食物連鎖の過程で生じる沈降粒子のサイズや量，沈降速度，分解速度も変化するので，生物ポンプの効率に影響を与える．温室効果ガスの増加に伴う温暖化の影響予測のためには，海洋の二酸化炭素吸収量の変化を正しく見積もることが重要だが，それには生物ポンプの役割とその変動メカニズム，つまり食物網構造と有機物の沈降量の関係を理解しなければならない．現時点で不明点が多く課題となっているのは，有機物の生成，分解，沈降と，それに伴う炭素循環における，マイクロビアルループの役割解明とその定量化である．微生物は窒素循環過程においても重要な役割を果たす．細菌やアーキアによる窒素固定やアンモニア酸化作用による窒素化合物の変換過程は，表層の低次生産による栄養塩取込の過程を左右する．特に近年明らかになったこととして，外洋において細胞数あたりで微生物の約20%を占めると報告されているアーキアの寄与の大きさが挙げられる[7]．

b. 温暖化に影響を及ぼすガスの生成

海洋生態系は生物ポンプを通じて海洋の二酸化炭素吸収に貢献するが，同時に気候変動に影響を及ぼす気体の生成にも関与している．植物プランクトンが増殖すると大気中のジメチルサルファイド（DMS）増加を招く．DMSは植物プランクトンにより生成される硫化化合物であり，動物プランクトンによる摂餌に伴い放出が促進され，それが大気中で酸化されることにより硫酸エーロゾルとなる（図E.6）．この硫酸エーロゾル粒子が核となり雲が形成されるため，植物プランクトンの増殖は日射量を減少させる方向に働く．高緯度域では，日射量の減少は，ネガティブフィードバックとなって基礎生産量に負の影響を与えると考えられる一方で，気候を寒冷化させる方向に働くと考えられるが，地球規模でその影響をDMSの放出量と結び付けて定量化することは容易ではない． 〔千葉早苗〕

文 献
— REFERENCES —

第 1 章

1.1
1) Abe, Y., 1993：Physical state of the very early earth. *Lithos*, **30**, 223-235.
2) Matsui, T. and Y. Abe, 1986：Evolution of an impact-induced atmosphere and magma ocean on the accreting Earth. *Nature*, **319**, 303-305.

1.2
1) Abe, Y., 1993：Physical state of the very early earth. *Lithos*, **30**, 223-235.

1.3
1) Walker, J. C. G. et al., 1981：A negative feedback mechanism for the long-term stabilization of Earth's surface temperature. *J. Geophys. Res.*, **86**, 9776-9782.
2) Kasting, J. F., 1993：Earth's early atmosphere. *Science*, **259**, 920-926.
3) Kirschvink, J. L., 1992：Late Proterozoic low-latitude global glaciation：the Snowball Earth. In：The Proterozoic Biosphere (Schopf, J. W. and C. Klein, eds.). Cambridge University. Press, pp. 51-52.

1.4
1) Coffin, M. F. et al., 2006：Large igneous province and scientific ocean drilling. *Oceanography*, **19**, 159-160.
2) Bice, K. L. and R. D. Norris, 2002：Possible atmospheric CO_2 extremes of the middle Cretaceous (late Albian-Turonian). *Paleoceanography*, **17**, doi：1029/2002PA000778.
3) Irving, E. et al., 1974：Oil, climate and tectonics. *Can. J. Earth Sci.*, **11**, 1-17.
4) Yamamura, M. et al., 2007：Paleoceanography of the northwestern Pacific during the Albian. *Palaeogeogr. Palaeoclim. Palaeoecol.*, **254**, 477-491.
5) Kennett, J. P., 1977：Cenozoic evolution of Antarctic glaciation the Circum-Antarctic Ocean and their impact on global paleoceanography. *J. Geophys. Res.*, **82**, 3843-3860.
6) Spicer, R. A. et al., 2003：Constant elevation of southern Tibet over the past 15 million years. *Nature*, **421**, 622-624.
7) 日本古生物学会編, 2010：古生物学事典　第2版. 朝倉書店, 537-541.

1.5
1) Alvarez, L. W. et al., 1980：Extraterrestrial cause for the Cretaceous-Tertiary Extinction. *Science*, **208**, 1095-1108.
2) Kump, L. R., 1991：Interpreting carbon-isotope excursions：Strangelove oceans. *Geology*, **19**, 299-302.
3) Hidebrand, A. R. et al., 1991：Chicxulub crater：A possible Cretaceous/Tertiary boundary impact crater on the Yucatán Peninsula, Mexico. *Geology*, **19**, 867-871.

1.6
1) Shackleton, N. J. et al., 1974：Attainment of isotopic equilibrium between ocean water and the benthic foraminifera genus Uvigerina：isotopic changes in the ocean during the last galacial. *Colloques Internationaux du Centre National de la Recherche Scientifique*, **219**, 203-209.
2) Zachos, J. et al., 2001：Trends, Rhythms, and Aberrations in Global Climate 65 Ma to Present. *Science*, **292** (27), 686-693.
3) Kennett, J. P. and L. D. Stott, 1991：Abrupt deep-sea warming, palaeoceanographic changes and benthic extinctions at the end of the Palaeocene. *Nature*, **353**, 225-229.
4) Zachos, J. C. et al., 1994：Evolution of Early Cenozoic marine temperatures. *Paleoceanography*, **9**, 353-387.
5) Moran, K. et al., 2006：The Cenozoic palaeoenvironment of the Arctic Ocean. *Nature*, **441**, 601-605, doi：10.1038/nature04800.
6) Dingle, R. V. et al., 1998：High latitude Eocene climate deterioration：Evidence from the northern Antarctic Peninsula. *J. S. Am. Earth Sci.*, **11**, 571-579.
7) Hambrey, M. J. et al., 1991：Cenozoic glacial record of the Prydz Bay continental shelf, East Antarctica. *Proc. Ocean Drill. Program Sci. Results*, **119**, 77-132.
8) Zachos, J. C. et al., 1993：Abrupt climate change and transient climates during the Paleogene：A marine perspective. *J. Geol.*, **101**, 191-213.
9) Wright, J. D. et al., 1992, Early and Middle Miocene stable isotopes：Implications for Deepwater circulation and climate. *Paleoceanography*, **7**, (3), 357-389.
10) Miller, K. G. et al., 1991, Unlocking the Ice House：Oligocene-Miocene oxygen isotopes, eustasy, and margin erosion. *J. Geophys. Res.*, **96**, 6829-6848.
11) Wright, J. D. and K. G. Miller, 1993, Southern Ocean influences on late Eocene to Miocene deepwater circulation. *Antarctic Res. Ser.*, **60**, 1-25.
12) Vincent, E. et al., 1985, Miocene oxygen and carbon isotope stratigraphy of the tropical Indian Ocean. In：The Miocene Ocean (Kennett, J. P. ed.). *Geol. Soc. Am. Mem.*, **163**, 103-130.
13) Flower, B. P. and J. P. Kennett, 1995, Middle Miocene deepwater paleoceanography in the southwest Pacific：Relations with East Antarctic Ice Sheet development. *Paleoceanography*, **10**(6), 1095-1112.
14) Kennett, J. P. and P. F. Barker, 1990, Latest Cretaceous to Cenozoic climate and oceanographic developments in the Weddell Sea, Antarctica：An ocean-drilling perspective. *Proc. Ocean Drill. Program Sci. Results*, **113**, 937-962.
15) Thiede, J. and T. O. Vorren, 1994, The Arctic Ocean and its geologic record：Research history and perspectives, *Mar. Geology*, **119**(3-4), 179-184.
16) Lisiecki, L. E. and M. E. Raymo, 2005：A Pliocene-Pleistocene stack of 57 globally distributed benthic $\delta^{18}O$ records. *Paleoceanography*, **20**, PA1003, doi：10.1029/2004PA001071.

1.7

1) 横山祐典，2002：最終氷期のグローバルな氷床量変動と人類の移動．地学雑誌，111, 883-899.
2) Yokoyama, Y. et al., 2000：Timing of the Last Glacial Maximum from observed sea-level minima. *Nature*, 406, 713-716.
3) Yokoyama, Y. et al., 2001：Sea-level at the last glacial maimum : evidence from northwestern Australia to constrain ice volumes for oxygen isotope stage 2. *Palaeogeogr. Palaeoclim. Palaeoecol.*, 165, 281-297.
4) Yokoyama, Y. et al., 2006：Sea-level during the early deglaciation period in the Great Barrier Reef, Australia. *Global and Planetary Change*, 53, 147-153.
5) Hanebuth, T. et al., 2000：Rapid flooding of the Sunda Shelf : A late glacial sea-level record. *Science*, 288, 1033-1035.
6) Hanebuth, T. J. J. et al., 2011：Formation and fate of sedimentary depocentres on Southeast Asia's Sunda Shelf over the past sea-level cycle and biogeographic implications. *Earth Sci. Rev.*, 104, 92-110.
7) Yokoyama, Y. et al., 1996：Holocene sea-level change and hydro-isostasy along the west coast of Kyushu, Japan. *Palaeogeogr. Palaeoclim. Palaeoecol.*, 123, 29-47.
8) Fairbanks, R. G., 1989：A 17,000-year glacio-eustatic sea level record : influence of glacial melting dates on Younger Dryas event and deep ocean circulation. *Nature*, 342, 637-642.
9) Yokoyama, Y. and T. M. Esat, 2004：Long term variations of uranium isotopes and radiocarbon in surface seawater as recorded in corals. *Global environmental change in the ocean and on land*, 1, 279-309.
10) Yokoyama, Y. et al., 2011：IODP Expedition 325 (GBREC) reveals past sea-level, climate and environmental changes in the Western Pacific during the last ice age and the deglaciation. *Scientific Drilling*, 12, 32-45.
11) Shackleton, N. J., 1987：Oxygen isoopes, ice volume and sea level. *Quat. Sci. Rev.*, 6, 183-190.
12) 横山祐典，2004：氷期-間氷期スケールおよびMillennialスケールの気候変動の研究—同位体地球化学的・地球物理学的手法によるアプローチ．地球化学，38, 127-150.
13) Schrag, D. P. et al., 2002：The oxygen isotopic composition of seawater during the last glacial maximum. *Quant. Sci. Rev.*, 21, 331-342.
14) Lisiecki, L. E. and M. E. Raymo, 2005：A Pliocene-Pleistocene stack of 57 globally distributed benthic δ^{18}O records. *Paleoceanography*, 20, PA1003.
15) Woelbrock, C. et al., 2002：Sea-level and deep water temperature changes derived from benthic foraminifera isotopic records. *Quat. Sci. Rev.*, 21, 295-305.
16) Yokoyama, Y. et al., 2007：Japan Sea oxygen isotope stratigraphy and global sea-level hanges for the last 50,000 years recorded in sediment cores from the Oki Ridge. *Palaeogeogr. Palaeoclim. Palaeoecol.*, 247, 5-17.
17) Siddall, M. et al., 2003：Sea-level fluctuations during the last glacial cycle. *Nature*, 423, 853-858.
18) 横山祐典，2010：ターミネーションの気候変動．第四紀研究，49, 337-356.
19) Thomas, A. L. et al., 2009：Penultimate deglacial sea level timing from uranium/thorium dating of Tahitian corals. *Science*, 324, 1186-1189.
20) Yokoyama, Y. and T. M. Esat, 2011：Global climate and sea level : Enduring variablitiy and rapid fluctuations over the past 150,000 years. *Oceanography*, 24, 651-655.
21) Yamane, M. et al., 2011：The last deglacial history of Lützow-Holm Bay, East Antarctica. *J. Quat. Sci.*, 26, 3-6.
22) Saito, F. and A. Abe-Ouchi, 2010：Modelled response of the volume and thickness of the Antarctic ice sheet to the advance of the grounded area. *Ann. Glaciol.*, 51, 41-48.
23) Nakada, M. et al., 2000：Late Pleistocene and Holocene melting history of the Antarctic ice sheet derived from sea level variations. *Mar. Geology*, 167, 85-103.

1.8

1) CLIMAP-Project Members, 1976：The surface of the ice age earth. *Science*, 191, 1131-1137.
2) Brassell, S. C. et al., 1986：Molocular stratigraphy : a new tool for climatic assessment. *Nature*, 320, 129-133.
3) Nürnberg, D. et al., 1996：Assessing the reliability of magnesium in foraminiferal calcite as a proxy for water mass temperatures. *Geochim. Cosmochim. Acta*, 60, 803-814.
4) Nürnberg, D., J. Bijma, and C. Hemleben, 1996b：*Erratum*. *Geochim. Cosmochim. Acta*, 60, 2483-2484.
5) Broecker, W. S. and T.-H. Peng, 1982：Tracers in the Sea. Lamont-Doherty Geological Observatory Columbia University, Palisades, New York, 690pp.
6) Adkins, J. F. and E. A. Boyle, 1997：Changing atmospheric Δ^{14}C and the record of deep water paleoventilation ages. *Paleoceanography*, 12, 337-344.
7) MARGO project member, 2009：Constraints on the magnitude and patterns of ocean cooling at the Last Glacial Maximum. *Nat. Geosci.*, 2, 127-132.
8) Okazaki, Y. et al., 2010：Deep water formation in the North Pacific durign the last glacial termination. *Science*, 329, 200-204.

1.9

1) 安田喜憲，1982：福井県三方湖の泥土の花粉分析的研究—最終氷期以降の日本海側の乾湿の変動を中心として．第四紀研究，21, 225-271. を元に改変．
2) Nakagawa, T., 2002：Quantitative pollen-based climate reconstruction in central Japan : Application to surface and Late Quaternary spectra. *Quat. Sci. Rev.*, 21, 2099-2113.

1.10

1) Suzuki, A. et al., 1999：Temperature-skeletal δ^{18}O relationship of *Porites australiensis* from Ishigaki Island, the Ryukyus, Japan. *Geochem. J.*, 33, 419-428.
2) Felis, T. et al., 2009：Subtropical coral reveals abrupt early 20th century freshening in the western North Pacific Ocean. *Geology*, 37, 527-530, doi : 10.1130/G25581A.1.
3) Suzuki, A. et al., 2001：Last Interglacial coral record of enhanced insolation seasonality and seawater ^{18}O enrichment in the Ryukyu Islands, northwest Pacific. *Geophys. Res. Lett.*, 28, 3685-3688.
4) De'ath, G. et al., 2009：Declining coral calcification on the Great Barrier Reef. *Science*, 323, 116-119.
5) Pelejero, C. et al., 2005：Preindustrial to modern

interdecadal variability in coral reef pH. *Science*, **309**, 2204-2207.

1.11

1) 阿部彩子, 増田耕一, 1993：氷床と気候感度―モデルによる研究のレビュー. 気象研究ノート, (177), 183-222.
2) 伊藤孝士, 2010：ミランコヴィッチ・サイクルと氷期サイクル. 遠藤邦彦ほか：極圏・雪氷圏と地球環境, 二宮書店, 27-35.
3) 中島映至, 1980：地球軌道要素の変動と気候. 気象研究ノート, (140), 81-114.
4) 増田耕一, 1993：氷期・間氷期サイクルと地球の軌道要素. 気象研究ノート, (177), 223-248.
5) 伊藤孝士, 阿部彩子, 2007：第四紀の氷期サイクルと日射量変動. 地学雑誌, **116** (6), 768-782.
6) ミランコヴィッチ著, 柏谷健二ほか訳, 1992：気候変動の天文学理論と氷河時代. 古今書院.
7) Berger, A. L., 1978：Long-term variations of daily insolation and Quaternary climatic changes. *J. Atmos. Sci.*, **35**, 2362-2367.

1.12

1) Broecker, W., 1982：Glacial to interglacial changes in ocean chemistry. *Progr. Oceanog.*, **11**, 151-197.
2) Broecker, W. S. and G. M. Henderson, 1998：The sequence of events surrounding Termination II and their Implications for the cause of glacial-interglacial CO_2 changes. *Paleoceanography*, **13** (4), 352-364.
3) Lisiecki, L. and M. E. Raymo, 2005：A Pliocene-Pleistocene stack of 57 globally distributed benthic $\delta^{18}O$ records. *Paleoceanography*, doi：1029/2004PA001071.
4) Martin, J. H., 1990：Glacial-interglacial CO_2 change：The iron hypothesis. *Paleoceanography*, **5** (1), 1-13.
5) Matsumoto, K., 2007：Biology-mediated temperature control on atmospheric pCO_2 and ocean biogeochemistry. *Geophys. Res. Lett.*, **34**, L20605, doi：10.1029/2007GL031301.
6) Matsumoto, K. et al., 2002：Silicic acid leakage from the Southern Ocean：A possible explanation for glacial atmospheric pCO_2. *Global Biogeochemical Cycles*, **16** (3), doi：10.1029/2001GB001442.
7) Nozaki, T. and T. Oba, 1995：Dissolution of calcareous tests in the ocean and atmospheric carbon dioxide. In：Biogeochemical Processes and Ocean Flux in the Western Pacific (Sakai, H. and Y. Nozaki, eds.). Terrapub, 83-92.
8) Petit, J. R. et al., 1997：Four climate cycles in Vostok ice core. *Nature*, **387**, 359.
9) Stephens, B. B. and R. F. Keeling, 2000：The influence of Antarctic sea ice on glacial-interglacial CO_2 variations. *Nature*, **404**, 171-174.
10) Toggweiler, J. R. et al., 2006：Midlatitude westerlies, atmospheric CO_2, and climate change during the ice ages. *Paleoceanography*, **21** (2), doi：10.1029/2005PA001154.

1.13

1) Joussaume, S. and K. Taylor, 1995：Proceedings of the First International AMIP Scientific Conference, WCRP-92. 425-430.
2) Otto-Bliesner, B. et al., 2009：Modeling and data syntheses of past climates. *Eos*, **90**, 93.
3) Braconnot, P. et al., 2007：Results of PMIP2 coupled simulations of the Mid-Holocene and Last Glacial Maximum-Part 1：Experiments and large-scale features. *Clim. Past*, **3**, 261-277.
4) IPCC, 2007：Climate Change 2007：The Physical Science Basis：Contribution of Working Group I to the Fourth Assessment Report of the Intergovernmental Panel on Climate Change (Solomon, S. et al. eds.). Cambridge University Press, 996pp.
5) de Noblet-Ducoudre, N. et al., 2000：Mid-Holocene greening of the Sahara：First results of the GAIM 6000 year BP experiment with two asynchronously coupled atmosphere/biome models. *Clim. Dyn.*, **16**, 643-659.
6) Zheng, W. et al., 2008：ENSO at 6ka and 21ka from ocean-atmosphere coupled model simulations. *Clim. Dyn.*, **30**, 745-762.

1.14

1) Nakatsuka, T. et al., 2004：Oxygen and carbon isotopic ratios of tree-ring cellulose in a conifer-hardwood mixed forest in northern Japan. *Geochem. J.*, **38**, 77-88.
2) Jansen, E. et al., 2007：Palaeoclimate. In：IPCC, 2007：Climate Change 2007：The Physical Science Basis：Contribution of Working Group I to the Fourth Assessment Report of the Intergovernmental Panel on Climate Change (Solomon, S. et al. eds.). Cambridge University Press, 433-498.

1.15

1) 吉森正和ほか, 2012a：気候感度 Part 1 ―気候フィードバックの概念と理解の現状. 天気, **59**, 5-22.
2) 吉森正和ほか, 2012b：気候感度 Part 2 ―不確実性の低減への努力. 天気, **59**, 91-109.
3) Charney, J. G. et al., 1979：Carbon Dioxide and Climate：A Scientific Assessment. National Academy of Sciences, 34pp.
4) IPCC, 2007：Climate Change 2007：The Physical Science Basis：Contribution of Working Group I to the Fourth Assessment Report of the Intergovernmental Panel on Climate Change (Solomon, S. et al, eds.). Cambridge University Press, 996pp.
5) Hansen, J. et al., 2008：Target atmospheric CO_2：Where should humanity aim? *Open Atmos. Sci.*, **2**, 217-231.
6) Knutti, R. and G. C. Hegerl, 2008：The equilibrium sensitivity of the Earth's temperature to radiation changes. *Nat. Geosci.*, **1**, 735-743.
7) Edwards, T. L. et al., 2007：Using the past to constrain the future：how the palaeorecord can improve estimates of global warming. *Prog. Phys. Geogr.*, **31**, 481-500.
8) 吉森正和ほか, 2012c：気候感度 Part 3 ―古環境からの検証. 天気, **59**, 143-150.
9) 吉森正和, 阿部彩子, 2009：気候感度の制約において第四紀研究の果たす役割と可能性について. 第四紀研究, **48**, 143-162.
10) 吉森正和, 阿部彩子, 2010：気候システムの統一的理解と将来予測へ向けた古気候モデリング. 月刊海洋, **42**, 142-151.
11) Köhler, P. et al., 2010：What caused Earth's temperature variations during the last 800,000 years? Data-based evidence on radiative forcing and constraints on climate sensitivity. *Quat. Sci. Rev.*, **29**, 129-145.
12) Braconnot, P. et al., 2012：Evaluation of climate models using paleoclimatic data. *Nat. Clim. Chan.*, **2**, 417-424.

13) Hegerl, G. C. and T. Russon, 2011：Using the past to predict the future? *Science*, **334**, 1360-1361.
14) Yoshimori, M. et al., 2009：A comparison of climate feedback strength between CO_2 doubling and LGM experiments. *J. Climate*, **22**, 3374-3395.
15) Yoshimori, M. et al., 2011：Dependency of feedbacks on forcing and climate state in physics parameter ensembles. *J. Climate*, **24**, 6440-6455.
16) O'ishi, R. et al., 2009：Vegetation dynamics and plant CO_2 responses as positive feedbacks in a greenhouse world. *Geophys. Res. Lett.*, **36**, L11706, doi：10.1029/2009GL038217.
17) O'ishi, R. and A. Abe-Ouchi, 2009：Influence of dynamic vegetation on climate change arising from increasing CO_2. *Clim. Dyn.*, **33**, 645-663.
18) Abe-Ouchi, A. et al., 2007：Climatic conditions for modelling the Northern Hemisphere ice sheets throughout the ice age cycle. *Clim. Past*, **3**, 423-438.

1.16

1) コパン, Y., 1994：イーストサイド物語—人類の故郷を求めて. 日経サイエンス, **24** (7), 92-100.
2) Carroll, S. B., 2003：Genetics and the making of Homo sapiens. *Nature*, **422**, 849-857.
3) White, T. D. et al., 2009：Ardipithecus ramidus and the paleobiology of early hominids. *Science*, **326**, 75-86.
4) Aiello, L. C. and P. Wheeler, 1995：The expensive-tissue hypothesis. *Curr. Anthropol.*, **36**, 199-221.
5) Behrensmeyer, A. K., 2006：Climate change and human evolution. *Science*, **311**, 476-478.

第2章

2.1

1) 小倉義光, 1999：一般気象学（第2版）. 東京大学出版会, 308pp.
2) NASA (2005). Thermohaline circulation. Map by Robert Simmon, adapted from the UNEP 2009 Report. http://earthobservatory.nasa.gov/
3) UNEP (2009) Climate Change Science Compendium. EarthPrint, 68pp.
4) 鹿園直建, 1992：地球システム科学入門. 東京大学出版会, 228pp.
5) Steffen, W. et al., 2004：Global Change and the Earth System：A Planet Under Pressure. Springer, 332pp.
6) IPCC, 2007：Climate Change 2007：The Physical Science Basis：Contribution of Working Group I to the Fourth Assessment Report of the Intergovernmental Panel on Climate Change (Solomon, S. et al. eds.). Cambridge University Press, 996pp.
7) 河宮未知生, 2007b：最新モデルの要点と温暖化予測の将来. 科学, **77** (7), 723-729.
8) Friedlingstein, P. et al., 2006：Climate-carbon cycle feedback analysis：Results from the C^{4}MIP model intercomparison. *J. Clim.*, **19**, 3337-3353.
9) 河宮未知生, 2007a：地球システムモデリング. 天気, **54** (4), 275-278.

2.2

1) Bjerknes, J., 1969：Atmospheric teleconnections from the equatorial Pacific. *Mon. Wea. Rev.*, **97** (3), 163-172.
2) Reynolds, R. W. et al., 2002：An improved in situ and satellite SST analysis for climate. *J. Clim.*, **15** (13), 1609-1625.
3) Kalnay, E. et al., 1996：The NCEP/NCAR 40-year reanalysis project. *Bull. Am. Meteor. Soc.*, **77** (3), 437-471.
4) Chang, S. W. and R. A. Anthes, 1979：The mutual response of the tropical cyclone and the ocean. *J. Phys. Oceanogr.*, **9** (1), 128-135.
5) Reynolds, R. W. et al., 2007：Daily high-resolution-blended analyses for sea surface temperature. *J. Clim.*, **20** (22), 5473-5496.
6) QuikScat data are produced by Remote Sensing Systems and sponsored by the NASA Ocean Vector Winds Science Team. Data are available at www.remss.com
7) Nonaka, M. and S. Xie, 2003：Covariations of sea surface temperature and wind over the Kuroshio and its extension：Evidence for ocean-to-atmosphere feedback. *J. Clim.*, **16** (9), 1404-1413.
8) Small, R. J. et al., 2008：Air-sea interaction over ocean fronts and eddies. *Dyn. Atmos. Oceans*, **45**, 274-319, doi：10.1016/j.dynatmoce.2008.01.001.
9) Nakamura, H. et al., 2008：On the importance of midlatitude oceanic frontal zones for the mean state and dominant variability in the tropospheric circulation. *Geophys. Res. Lett.*, **35** (15), L15709, doi：10.1029/2008gl034010.
10) Hirose, N. et al., 2009：Observational evidence of a warm ocean current preceding a winter teleconnection pattern in the northwestern Pacific. *Geophys. Res. Lett.*, **36**, L09705, doi：10.1029/2009gl037448.
11) Minobe, S. et al., 2008：Influence of the Gulf Stream on the troposphere. *Nature*, **452** (7184), 206-209, doi：10.1038/nature06690.

2.3

1) Randall, D. A. et al., 2007：Climate models and their evaluation. In：IPCC, 2007：Climate change 2007：The Physical Science Basis：Contribution of Working Group I to the Fourth Assessment Report of the Intergovernmental Panel on Climate Change (Solomon, S. et al. eds.). Cambridge University Press, 589-662.

2.4

1) Rossow, W. B. and R. A. Schiffer, 1999：Advances in understanding clouds from ISCCP. *Bull. Am. Met. Soc.*, **80**, 2261-2287.

2.5

1) Trenberth, K. et al., 2009：Earth's Global Energy Budget. *Bull. Am. Met. Soc.*, **90**, 311-323.
2) ERBE. http://www.cgd.ucar.edu/cas/catalog/satellite/erbe/meansjf.html (2010. 1. 4 閲覧).
3) Peixoto, J. P. and A. H. Oort, 1992：Physics of Climate. American Institute of Physics, 520pp.
4) Fasullo, J. T. and K. Trenberth, 2008：The annual cycle of energy budget. Part II：Meridional structures and poleward transports. *J. Clim.*, **21**, 2313-2325.

5）東京天文台，1973：理科年表．第46冊，丸善．
6）IPCC, 2007：Climate Change 2007：The Physical Science Basis：Contribution of Working Group I to the Fourth Assessment Report of the Intergovernmental Panel on Climate Change（Solomon, S. et al. eds.）. Cambridge University Press, 996pp.
7）武田喬男ほか，1992：水の気象学．気象の教室3，東京大学出版会．
8）JRA-25. http://www.jreap.org/（2010. 1. 4 閲覧）．

2.6
1）国立環境研究所，2013：地球温暖化の事典．丸善，2013年刊行予定．
2）Denman, K. L. et al., 2007：Couplings between changes in the climate system and biogeochemistry. In：IPCC, 2007：Climate Change 2007：The Physical Science Basis：Contribution of Working Group I to the Fourth Assessment Report of the Intergovernmental Panel on Climate Change（Solomon, S. et al. eds.）. Cambridge University Press, 499-588.
3）鳥海光弘ほか，1996：地球システム科学．岩波書店，220pp.
4）Tajika, E. and T. Matsui, 1992：Evolution of the terrestrial environment. In：Origin of the Earth（Newsom, H. E. and J. H. Jones eds.）. Oxford University Press, 347-370.
5）Berner, R. A. and Z. Kothavala, 2001：GEOCARB Ⅲ：A revised model of atmospheric CO_2 over phanerozoic time. *Am. J. Sci.*, **301**（2）, 182-204.
6）田近英一，2009：地球環境46億年の大変動史．化学同人，226pp.

2.7
1）American Meteorological Society, 2000：Glossary of Meteorology（2nd ed.）, American Meteorological Society, 21.
2）浅野正二，2010：大気放射学の基礎．朝倉書店，267pp.
3）Petty, G. W., 2004：A First Course in Atmospheric Radiation. Sundog Publishing.

2.8
1）Trenberth, K. et al., 2009：Earth's global energy budget. *Bull. Am. Met. Soc.*, **90**, 311-323.

2.10
1）Lau, N. C., 1979：The observed structure of tropospheric stationary waves and the local balances of vorticity and heat. *J. Atmos. Sci.*, **36**, 996-1016.
2）Kasahara, A. et al., 1973：Simulation experiments with a 12 layer stratospheric global circulation model. 1. Dynamical effect of the earth's orography and thermal influence of continentality. *J. Atmos. Sci.*, **30**, 1220-1251.
3）Manabe, S. and T. B. Terpstra, 1974：The effect of mountains on the general circulation of the atmosphere as identified by numerical experiments. *J. Atmos. Sci.*, **31**, 3-42.
4）Tokioka, T. and A. Noda, 1986：Effects of large-scale orography on January atmospheric circulation：a numerical experiment. *J. Met. Soc. Jpn.*, **64**, 819-840.
5）Hahn, D. and S. Manabe, 1975：The role of mountains in the south asian monsoon circulation. *J. Atmos. Sci.*, **32**, 1515-1541.
6）Kitoh, A., 1992：Effects of large-scale mountains on surface climate：A coupled ocean-atmosphere general circulation model study. *J. Met. Soc. Jpn.*, **80**, 1165-1181.

2.11
1）D'Andrea, F. et al., 1998：Northern hemisphere atmospheric general circulation models simulated by 15 atmospheric general circulation models in the period 1979-1988. *Clim. Dyn.*, **14**, 385-407.
2）Charney, J. and J. DeVore, 1979：Multiple flow equilibria in the atmosphere and blocking. *J. Atmos. Sci.*, **36**, 1205-1216.

2.12
1）Bjerknes, J. and J. Holmboe, 1944：On the theory of cyclones. *J. Meteor.*, **1**, 1-22.
2）Charney, J., 1947：The dynamics of long waves in a baroclinic westerly current. *J. Meteor.*, **4**, 135-162.
3）Eady, E. T., 1949：Long waves and cyclone waves. *Tellus*, **1**（3）, 33-52.
4）Hide, R., 1969：Some laboratory experiments on free thermal convection in a rotating fluid subject to a horizontal temperature gradient and their relation to the theory of the global atmospheric circulation. The Global Circulation of the Atmosphere（Corby, G. A. ed.）, *Roy. Meteor. Soc.*, 196-221.

2.13
1）Kawamura, R. et al., 1996：Tropical and mid-latitude 45-day perturbations over the western Pacific during the northern summer. *J. Met. Soc. Jpn.*, **74**, 867-890.
2）Charney, J. G. and P. G. Drazin, 1961：Propagation of planetary-scale disturbances from the lower into the upper atmosphere. *J. Geophys. Res.*, **66**, 83-109.
3）Tsuda, T. et al., 2000：A global morphology of gravity wave activity in the stratosphere revealed by the GPS occultation data（GPS/MET）. *J. Geophys. Res.*, **105**, 7257-7273.

2.14
1）Liou, K. N., 1992：Radiation and cloud processes in the atmosphere. Oxford Monographs on Geology and Geophys., **20**, 487pp.
2）藤吉康志編，2008：ラージ・エディ・シミュレーションの気象への応用と検証．気象研究ノート，（219），166pp.
3）Clarke, R. H. et al., 1971：The Wangara experiment：Boundary layer data. Technical Paper No.19, Division of Meteorological Physics, CSIRO, Australia, 358pp.
4）Bretherton, C. S. et al., 2004：The EPIC 2001 stratocumulus study. *Bull. Am. Met. Soc.*, **85**, 967-977.

2.15
1）JRA-25. http://www.jreap.org/（2010. 1. 4 閲覧）．
2）GPCP. http://www.gewex.org/gpcp.html（2010. 1. 4 閲覧）．
3）Trenberth, K. et al., 2009：Earth's Global Energy Budget. *Bull. Am. Met. Soc.*, **90**, 311-323.
4）Kottek, M. et al., 2006：World Map of the Köppen-Geiger climate classification updated. *Meteorol. Z.*, **15**, 259-263, doi：10.1127/0941-2948/2006/0130.
5）植生分布の例．http://www.minnanomori.com/japanese/j_info01/j_graph104/j_frame104.html（2010. 1. 4 閲覧）．

2.16
1）JRA-25. http://www.jreap.org/（2009. 1. 4 閲覧）．
2）GPCP. http://www.gewex.org/gpcp.html（2010. 1. 4 閲覧）．
3）村上多喜雄，1986：モンスーン．気象学のプロムナード3，東京堂出版，198pp.

2.17
1）Reynolds, R. W. et al., 2002：An improved in situ and satellite SST analysis for climate. *J. Clim.*, **15**（13）, 1609-1625.
2）Walker, G. and E. Bliss, 1932：World weather volume. *Mem.*

R. Meteorol. Soc., **4**, 53-84.
3) Bjerknes, J., 1969: Atmospheric teleconnections from the equatorial Pacific. *Mon. Wea. Rev.*, **97** (3), 163-172.
4) Kalnay, E. et al., 1996: The NCEP/NCAR 40-year reanalysis project. *Bull. Am. Met. Soc.*, **77** (3), 437-471.
5) http://www.cgd.ucar.edu/cas/catalog/climind/ (2013. 6. 25 閲覧).
6) http://www.elnino.noaa.gov/lanina_new_faq.html
7) http://www.data.jma.go.jp/gmd/cpd/data/elnino/learning/tenkou/sekai1.html (2013. 6. 25 閲覧).
8) Ashok, K. et al., 2007: El Niño Modoki and its possible teleconnection. *J. Geophys. Res.*, **112**, C11007, doi: 10.1029/2006jc003798.
9) Weng, H. et al., 2007: Impacts of recent El Niño Modoki on dry/wet conditions in the Pacific rim during boreal summer. *Clim. Dyn.*, **29** (2), 113-129.
10) Saji, N. H. et al., 1999: A dipole mode in the tropical Indian Ocean. *Nature*, **401** (6751), 360-363.
11) http://www.jamstec.go.jp/frcgc/research/d1/iod/ (2013. 6. 25 閲覧).
12) Saji, N. H. and T. Yamagata, 2003: Possible impacts of Indian Ocean Dipole mode events on global climate. *Clim. Res.*, **25** (2), 151-169.
13) Behera, S. K. et al., 2006: A CGCM study on the interaction between IOD and ENSO. *J. Clim.*, **19** (9), 1688-1705.
14) Luo, J. J. et al., 2008: Extended ENSO predictions using a fully coupled ocean-atmosphere model. *J. Clim.*, **21** (1), 84-93, doi: 10.1175/2007jcli1412.1.
15) Ashok, K., 2009: Climate change: The El Niño with a difference. *Nature*, **461** (7263), 481-484.
16) Cai, W. et al., 2009: Climate change contributes to more frequent consecutive positive Indian Ocean Dipole events. *Geophys. Res. Lett.*, L23704, doi: 10.1029/2009GL040163.
17) Nakamura, N. et al., 2009: Mode shift in the Indian Ocean climate under global warming stress. *Geophys. Res. Lett.*, **36**, L23708, doi: 10.1029/2009gl040590.
18) Yeh, S.-W. et al., 2009: El Niño in a changing climate. *Nature*, **461** (7263), 511-514, doi: 10.1038/nature08316.

2.18
1) Madden, R. A. and P. R. Julian, 1972: Description of global-scale circulation in the zonal wind in the tropical Pacific. *J. Atmos. Sci.*, **29**, 1109-1123.
2) Nakazawa, T., 1988: Tropical super clusters within intraseasonal variations over the western Pacific. *J. Met. Soc. Jpn.*, **66**, 823-839.
3) Ern, M. and P. Preusse, 2009: Quantification of the contribution of equatorial Kelvin waves to the QBO wind reversal in the stratosphere. *Geophys. Res. Lett.*, **36**, L21801, doi: 10.1029/2009GL040493.
4) Kawatani, Y. et al., 2010: The roles of equatorial trapped waves and internal inertia-gravity waves in driving the quasi-biennial oscillation. Part I: Zonal mean wave forcing. *J. Atmos. Sci.*, **67**, 963-980.
5) 廣田 勇, 1992: グローバル気象学. 気象の教室 1, 東京大学出版会, 148pp.
6) Hirota, I., 1978: Equatorial waves in the upper stratosphere and mesosphere in relation to the semiannual oscillation of the zonal wind. *J. Atmos. Sci.*, **35**, 714-722.

2.19
1) Labitzke, K. B., 1974: The temperature in the upper stratosphere: Differences between hemispheres. *J. Geophys. Res.*, **79**, 2171-2175.
2) Matsuno, T., 1971: A dynamical Model of the stratospheric sudden warming. *J. Atmos. Sci.*, **28**, 1479-1494.
3) Charney, J. G. and P. G. Drazin, 1961: Propagation of planetary-scale disturbances from the lower into the upper atmosphere. *J. Geophys. Res.*, **66**, 83-109.

2.20
1) Hurrel, J. W. et al. eds., 2003: The North Atlantic Oscillation: Climatic Significance and Environmental Impact, Geophysical Monograph 134, American Geophysical Union, 279pp.
2) Colling, A., 2001: Ocean Circulation (2nd ed.), Open University, Butterworth-Heinemann, 286pp.
3) 中村 尚, 2002: 北極振動. 天気, **49**, 687-689.
4) Thompson, D. W. J. and J. M. Wallace, 1998: The Arctic Oscillation signature in the wintertime geopotential height and temperature fields. *Geophys. Res. Lett.*, **25**, 1297-1300.
5) Thompson, D. W. J. and J. M. Wallace, 2000: Annular modes in the extratropical circulation. Part I: Month-to-month variability. *J. Climate*, **13**, 1000-1016.
6) Baldwin, M. P. and T. J. Dunkerton, 2001: Stratospheric harbingers of anomalous weather regimes. *Science*, **294**, 581-584.
7) Takaya, K. and H. Nakamura, 2008: Precursory changes in planetary wave activity for midwinter surface pressure anomalies over the Arctic. *J. Meteor. Soc. Japan*, **86**, 415-427.
8) Wallace, J. M. and D. S. Gutzler, 1981: Teleconnections in the geopotential height field during the northern hemisphere winter. *Mon. Wea. Rev*, **109**, 784-812.
9) 中村 尚ほか, 2002: アリューシャン・アイスランド両低気圧のシーソー現象. 天気, **49**, 701-709.
10) Honda, M. et al., 2005: Impacts of the Aleutian-Icelandic low seesaw on the surface climate during the twentieth century. *J. Climate*, **18**, 2793-2802.

2.21
1) Kwon, Y.-O. et al., 2010: Role of Gulf Stream and Kuroshio-Oyashio systems in large-scale atmosphere-ocean interaction: A review. *J. Climate*, **23**, 3249-3281.
2) Mantua, N. et al., 1997: A Pacific interdecadal climate oscillation with impacts on salmon production. *Bull. Am. Meteor. Soc.*, **78**, 1069-1079.
3) Nakamura, H. et al., 1997: Decadal climate variability in the North Pacific during the recent decades. *Bull. Am. Meteor. Soc.*, **78**, 2215-2225.
4) Nakamura, H. and A. S. Kazmin, 2003: Decadal changes in the North Pacific oceanic frontal zones as revealed in ship and satellite observations. *J. Geophys. Res.*, **108**, 3078, doi: 10.1029/1999JC000085.
5) Schneider, N., and B. D. Cornuelle, 2005: The forcing of the Pacific Decadal Oscillation. *J. Climate*, **18**, 4355-4373.
6) Schneider, N. et al., 2002: Anatomy of North Pacific decadal variability. *J. Climate*, **15**, 586-605.
7) Tanimoto, Y. et al., 2003: An active role of extratropical sea surface anomalies in determining turbulent heat fluxes.

J. Geophys. Res., **108**, 3304, doi：10.1029/2002JC00175.
8 ）Kushnir, Y., 1994：Interdecadal variations in North Atlantic sea surface temperature and associated atmospheric conditions. *J. Climate*, **7**, 141-157.
9 ）Dong, B. and R. T. Sutton, 2005：Mechanism of interdecadal thermohaline circulation variability in a coupled ocean-atmosphere GCM. *J. Climate*, **18**, 1117-1135.
10）Dickson, R. R. et al., 1988：The "Great Salinity Anomaly" in the northern North Atlantic 1968-1982. *Prog. Oceanogr.*, **20**, 103-151.

第3章

3.1
1 ）駒林　誠, 1973：気象の科学. NHK 出版.

3.3
1 ）Kato, T., 2006：Structure of the band-shaped precipitation system inducing the heavy rainfall observed over northern Kyushu, Japan on 29 1999. *J. Met. Soc. Jpn.*, **84**, 129-153.
2 ）吉崎正憲，加藤輝之，2007：豪雨・豪雪の気象学. 朝倉書店，187pp.

3.4
1 ）吉崎正憲，加藤輝之，2007：豪雨・豪雪の気象学. 朝倉書店，187pp.
2 ）Yoshizaki, M. et al., 2000：Analytical and numerical study of the 26 June 1998 orographic rainband observed in western Kyushu, Japan. *J. Met. Soc. Jpn.*, **78**, 835-856.
3 ）Kato, T. and H. Goda, 2001：Formation and maintenance processes of a stationary band-shaped heavy rainfall observed in Niigata on 4 August 1998. *J. Met. Soc. Jpn.*, **79**, 899-924.
4 ）瀬古　弘，2005：1996年7月7日に南九州で観測された降水系内の降水帯とその環境. 気象研究ノート，**208**, 187-200.

3.5
1 ）Yanai, M., 1961：A detailed analysis of typhoon formation. *J. Met. Soc. Jpn.*, **39**, 187-214.
2 ）Yamasaki, M., 1983：A further study of the tropical cyclone without parameterizing the effects of cumulus convection. *Pap. Met. Geophys.*, **34**, 221-260.
3 ）Ooyama, K., 1964：A dynamical model for the study of tropical cyclone development. *Geofisica Internacional* (*Mexico*), **4**, 187-198.
4 ）Satoh, M. et al., 2008：Nonhydrostatic Icosahedral Atmospheric Model (NICAM) for global cloud-resolving simulations. *J. Comput. Phys.*, **227**, 3486-3514.
5 ）Tomita, H. and Satoh, M., 2004：A new dynamical framework of nonhydrostatic global model using the icosahedral grid. *Fluid Dyn. Res.*, **34**, 357-400.
6 ）Miura, H. et al., 2007：A Madden-Julian Oscillation event realistically simulated using a global cloud-resolving model. *Science*, **318**, 1763-1765.
7 ）Ooouchi, K. et al., 2009：A simulated preconditioning of typhoon genesis controlled by a boreal summer Madden-Julian Oscillation event in a global cloud-system-resolving model. *Sci. Online Lett. Atmos.*, **5**, 65-68.
8 ）Hayashi, Y.-Y. and A. Sumi, 1986：The 20-40 day oscillations simulated in an "aqual-planet" model. *J. Met. Soc. Jpn.*, **64**, 451-467.
9 ）Nakazawa, T., 1988：Tropical super cluster within intraseasonal variations over the western Pacific. *J. Met. Soc. Jpn.*, **66**, 23-839.
10）Takayabu, Y. N. and M. Murakami, 1991：The composite structure of super cloud clusters observed over the Pacific Ocean in June 1-20, 1986 and their relationship with easterly waves. *J. Met. Soc. Jpn.*, **69**, 105-125.
11）Taniguchi, H. et al., 2010：Ensemble simulation of cyclone Nargis by a Global Cloud-system-resolving Model：Modulation of cyclogenesis by the Madden-Julian Oscillation. *J. Met. Soc. Jpn.*, **88**, 571-591.
12）Yanase, W. et al., 2010：Environmental modulation and numerical predictability associated with the genesis of tropical cyclone Nargis (2008). *J. Met. Soc. Jpn.*, **88**, 497-519.

3.6
1 ）Madden, R. A. and P. R. Julian, 1971：Detection of a 40-50 day oscillation in the zonal wind in the tropical Pacific. *J. Atmos. Sci.*, **28**, 702-708.
2 ）Madden, R. A. and P. R. Julian, 1972：Description of global-scale circulation cells in the Tropics with a 40-50 day period. *J. Atmos. Sci.*, **29**, 1109-1123.
3 ）Wang, B. and H. Rui, 1990：Synoptic climatology of transient tropical intraseasonal convection anomalies：1975-1985. *Meteorol. Atmos. Phys.*, **44**, 43-61.
4 ）Lau, K. M. and P. Chan, 1986：Aspects of the 40-50 day oscillation during the northern summer as inferred from outgoing longwave radiation. *Mon. Wea. Rev.*, **114**, 1354-1367.
5 ）Lau, W. K. M. and D. E. Waliser eds., 2012：Intraseasonal Variability in the Atmosphere-Ocean Climate System (2nd ed.). Springer, 614pp.
6 ）Madden, R. A. and P. R. Julian, 1994：Observations of the 40-50-day tropical oscillation-A review. *Mon. Wea. Rev.*, **122**, 814-837.
7 ）Zhang, C., 2005：Madden-Julian oscillation. *Rev. Geophysics*, **43**, RG2003, doi：10.1029/2004RG000158.
8 ）McPhaden, M. J., 1999：Genesis and evolution of the 1997-98 El Niño. *Science*, **283**, 950-954.
9 ）Maloney, E. D. and D. L. Hartmann, 2001：The Madden-Julian oscillation, barotropic dynamics, and north Pacific tropical cyclone formation. Part I：Observations. *J. Atmos. Sci.*, **58**, 2545-2558.
10）Hendon, H. H. and B. Liebmann, 1990：A composite study of onset of the australian summer monsoon. *J. Atmos. Sci.*, **47**, 2227-2240.
11）Bond, N. A. and G. A. Vecchi, 2003：The influence of the Madden-Julian oscillation on precipitation in Oregon and Washington. *Wea. Forecasting*, **18**, 600-613.
12）Madden, R., 1987：Relationship between changes in the length of day and the 40- to 50- day oscillation in the tropics. *J. Geophys. Res.*, **92**, 8391-8399.
13）Hsu, H.-H. et al., 1990：The 1985/86 intraseasonal oscillation and the role of the extratropics. *J. Atmos. Sci.*, **47**, 823-839.
14）Sperber, K. R., 2003：Propagation and the vertical structure of the Madden-Julian Oscillation. *Mon. Wea. Rev.*,

131, 3018-3037.
15) Hu, Q. and D. A. Randall, 1994：Low-frequency oscillations in radiative-convective systems. *J. Atmos. Sci.*, **51**, 1089-1099.
16) Nakazawa, T., 1986：Intraseasonal variations of OLR in the tropics during the FGGE year. *J. Met. Soc. Jpn.*, **64**, 17-34.
17) Pacific Disaster Center, 2009：Typhoons Morakot and Etau Prove Deadly in Asia and the Philippines. http://pdc.org/PDCNewsWebArticles/2009/Typhoons/morakot_etau.htm (2013. 2. 25 閲覧).
18) 気象庁, 2010：災害をもたらした気象事例. http://www.data.jma.go.jp/obd/stats/data/bosai/report/index.html (2013. 2. 25 閲覧).
19) Waliser, D. E. et al., 2003：AGCM simulations of intraseasonal variability associated with the Asian summer monsoon. *Clim. Dyn.*, **21**, 423-446.
20) Waliser, D. E. et al., 2003：Dynamic predictability of intraseasonal variability associated with the Asian summer monsoon. *Q. J. R. Meteorol. Soc.*, **129**, 2897-2925.
21) Oouchi, K. et al., 2009：Asian summer monsoon simulated by a global cloud-system-resolving model：Diurnal to intraseasonal variability. *Geophys. Res. Lett.*, **36**, L11815, doi：10.1029/2009GL038271.

3.7
1) 小林文明ほか, 2001：1999年7月21日東京都心周辺に豪雨をもたらした積乱雲. 天気, **48**, 3-4.
2) Kobayashi, F. et al., 1996：Life cycle of the Chitose tornado of September 22, 1988. *J. Met. Soc. Jpn.*, **74**, 125-140.
3) 小林文明ほか, 2008：降雪雲に伴う突風の統計的特徴 北陸沿岸における観測. 天気, **55**, 651-660.
4) 小林文明, 1996：ガストフロントに伴って形成されたアーク状の雲. 天気, **43**, 727-728.
5) Kobayashi, F. et al., 2007：Aircraft triggered lightning caused by winter thunderclouds in the Hokuriku coast, Japan-A case study of a lightning strike to aircraft below the cloud base-. *SOLA*, **3**, 109-112, doi：10.2151/sola.2007-028.（動画あり）

3.8
1) Liou, K. N., 1992：Radiation and Cloud Processes in the Atmosphere：Theory, Observation and Modeling. Oxford University Press, 504pp.
2) Bretherton, C. et al., 2004：The EPIC 2001 stratocumulus study, *Bull. Amer. Meteor. Soc.*, **85**, 967-977.
3) Stephens, G. L., 2005：Cloud Feedbacks in the Climate System：A Critical Review. *J. Clim.*, **18**, 237-273.

3.9
1) Fujibe, F. and T. Asai, 1984：A detailed analysis of the land and sea breeze in the Sagami Bay area in summer. *J. Met. Soc. Jpn.*, **62**, 534-551.

3.10
1) Stull, R. B., 1988：An Introduction to Boundary Layer Meteorology. Kluwer Academic Publishers, 666pp.
2) Clarke, R. H. et al., 1971：The Wangara experiment：Boundary layer data. Technical Paper No. 19, Division of Meteorological Physics, CSIRO, Australia, 358pp.
3) 藤吉康志編, 2008：ラージ・エディ・シミュレーションの気象への応用と検証. 気象研究ノート,（219）, 166pp.

4) Asai, T., 1970：Three-dimensional features of thermal convection in a plane Couette flow. *J. Met. Soc. Jpn.*, **48**, 18-29.

第4章

4.2
1) Seinfeld, J. H. and S. N. Pandis, 2006：Atmospheric Chemistry and Physics-From Air Pollution to Climate Change (2nd ed.). John Wiley & Sons, 13266pp.

4.3
1) Fahey, D. W. et al., 1989：Measurements of nitric oxide and total reactive nitrogen in the Antarctic stratosphere：Observations and chemical implications. *J. Geophys. Res.*, **94**, 16665-16681.

4.4
1) Holton, J. R. et al., 1995：Stratosphere-troposphere exchange. *Rev. Geophys.*, **33**, doi：10.1029/95RG02097.
2) Brewer, A. W., 1949：Evidence for a world circulation provided by the measurements of helium and water vapor distribution in the stratosphere. *Quart. J. Roy. Met. Soc.* **75**, 351-363.

4.5
1) Kanaya, Y. et al., 2007a：Chemistry of OH and HO_2 radicals observed at Rishiri Island, Japan, in September 2003：Missing daytime sink of HO_2 and positive nighttime correlations with monoterpenes. *J. Geophys. Res.*, **112**, D11308, doi：10.1029/2006JD007987.
2) Kanaya, Y. et al., 2007b：Urban photochemistry in central Tokyo：1. Observed and modeled OH and HO_2 radical concentrations during the winter and summer of 2004. *J. Geophys. Res.*, **112**, D21312, doi：10.1029/2007JD008670.

4.6
1) Parrish, D. et al., 2009：Increasing ozone in marine boundary layer inflow at the west coasts of North America and Europe. *Atmos. Chem. Phys.*, **9**, 1303-1323.
2) Tanimoto, H., et al., 2005：Significant latitudinal gradient in the surface ozone spring maximum over East Asia. *Geophys. Res. Lett.*, **32**, L21805, doi：10.1029/2005GL023514.
3) Ziemke, J. R. et al., 2006：Tropospheric ozone determined from Aura OMI and MLS：Evaluation of measurements and comparison with the Global Modeling Initiative's Chemical Transport Model. *J. Geophys. Res.*, **111**, D19303, doi：10.1029/2006JD007089.

4.7
1) United Nations, Department of Economics and Social Affairs, Population Division 2006：World Urbanization Prospects, the 2005 Revision.
2) Economic Commission for Europe, Hemispheric Transport of Air Pollution 2007, 2007：Air Pollution Studies No.16, United Nations.
3) Nagashima, T. et al., 2010：The relative importance of various source regions of ozone on East Asian surface ozone. *Atmos. Chem. Phys.*, **10**, 11305-11322.

4.8
1) 環境省, 2011：越境大気汚染・酸性雨モニタリング（平成20

〜 22 年度）中間報告書．
2 ）Network Center for EANET, 2011：Data Report 2009.
3 ）Rao, P. S. P., 2012：私信．
4 ）藤村佳史ほか，2011：東アジアにおける森林への硫黄酸化物の乾性沈着推計—沈着速度簡易推計法の検討．エアロゾル研究，**26**，286-295.

4.9

1 ）Neftel, A. et al., 1985：Evidence from polar ice cores for the increase in atmospheric CO_2 in the past two centuries. *Nature*, **315**, 45-47.
2 ）Friedli, H. et al., 1986：Ice core record of $^{13}C/^{12}C$ ratio of atmospheric CO_2 in the past two centuries. *Nature*, **324**, 237-238.
3 ）Etheridge, D. et al., 1998：Atmospheric methane between 1000 A.D. and present：Evidence of anthropogenic emissions and climatic variability. *J. Geophys. Res.*, **103**, 15979-15993.
4 ）Machida, T. et al., 1995：Increase in the atmospheric nitrous oxide concentration during the last 250 years. *Geophys. Res. Lett.*, **22**, 2921-2924.
5 ）NOAA/ESRL/GMD, National Oceanic and Atmospheric Administration/Earth System Research Laboratory/Global Monitoring Division．http://www.esrl.noaa.gov/gmd/
6 ）AGAGE, Advanced Global Atmospheric Gases Experiment. http://agage.eas.gatech.edu
7 ）Zhang, D. et al., 2008：Temporal and spatial variations of the atmospheric CO_2 concentration in China. *Geophys. Res. Lett.*, **35**, L03801, doi：10.1029/2007GL032531.
8 ）Patra, P. K. et al., 2009：Growth rate, seasonal, synoptic, diurnal variations and budget of methane in lower atmosphere. *J. Meteorol. Soc. Jpn.*, **87**（4），635-663.
9 ）Ishijima, K. et al., 2010：Stratospheric influence on the seasonal cycle of nitrous oxide in the troposphere deduced from aircraft observations and a model simulations. *J. Geophys. Res.*, **115**, D20308, doi：10.1029/2009JD013322.
10）Yokota, T. et al., 2009：Global Concentrations of CO_2 and CH_4 Retrieved from GOSAT：First Preliminary Results. *SOLA*, **5**, 160-163, doi：10.2151/sola.2009-041.

4.10

1 ）Martin, R. V. et al., 2003：Global inventory of nitrogen oxide emissions constrained by space-based observations of NO_2 columns. *J. Geophys. Res.*, **108**（D17），4537, doi：10.1029/2003JD003453.
2 ）Fu, T.-M. et al., 2007：Space-based formaldehyde measurements as constraints on volatile organic compound emissions in east and south Asia and implications for ozone. *J. Geophys. Res.*, **112**, D06312, doi：10.1029/2006JD007853.
3 ）Tanimoto, H. et al., 2009：Exploring CO pollution episodes observed at Rishiri Island by chemical weather simulations and AIRS satellite measurements：Long-range transport of burning plumes and implications for emissions inventories. *Tellus*, **61B**, 394-407, doi：10.1111/j.1600-0889.2008.00407.x.
4 ）Lee, C. et al., 2009：Retrieval of vertical columns of sulfur dioxide from SCIAMACHY and OMI：Air mass factor algorithm development, validation, and error analysis. *J. Geophys. Res.*, **114**, D22303, doi：10.1029/2009JD012123.

4.12

1 ）Myhre, G., 2009：Consistency between satellite-derived and modeled estimates of the direct aerosol effect. *Science*, **325**, 187-190.

4.13

1 ）Danman, K. L. et al., 2007：Couplings between changes in the climate system and biogeochemistry. In：IPCC, 2007：Climate Change 2007：The Physical Science Basis：Contribution of Working Group I to the Fourth Assessment Report of the Intergovernmental Panel on Climate Change（Solomon, S. et al. eds.）．Cambridge University Press, 499-587.
2 ）原由香里ほか，2004：領域ダスト輸送モデルを用いた黄砂現象の年々変動シミュレーション．天気，**51**（10），719-728.
3 ）Shimizu, A. et al., 2004：Continuous observations of Asian dust and other aerosols by polarization lidars in China and Japan during ACE-Asia. *J. Geophys. Res.*, **109**, doi：10.1029/2002JD003253.
4 ）Jaffe, D. et al., 2003：The 2001 Asian dust events：Transport and impact on surface aerosol concentrations in the U.S., EOS Trans. *AGU*, **84**, doi：10.1029/2003EO46001.
5 ）Uno, I. et al., 2009：Asian dust transported one full circuit around the globe. *Nat. Geosci.*, **2**（8），557-560, doi：10.1038/NGEO583.

4.14

1 ）温室効果ガス排出量・吸収量データベース．http://www-gio.nies.go.jp/aboutghg/nir/nir-j.html（2011.8.30 閲覧）．
2 ）PRTR データ集計・公表システム．http://www2.env.go.jp/chemi/prtr/prtrinfo/index.html（2011.8.30 閲覧）．
3 ）Olivier, J. G. J. et al., 2005：Recent trends in global greenhouse gas emissions：regional trends and spatial distribution of key sources. In：Non-CO_2 Greenhouse Gases（Amstel, A. van coord.）．Millpress, 325-330.
4 ）Ohara, T. et al., 2007：An Asian emission inventory of anthropogenic emission sources for the period 1980-2020. *Atmos. Chemi. Phys.*, **7**（16），4419-4444.

4.15

1 ）Kawamiya, M. et al., 2004：Development of an Integrated Earth System Model on the Earth simulator. *J. Earth Simulator*, **4**, 18-30.
2 ）IPCC, 2007：Climate Change 2007：The Physical Science Basis：Contribution of Working Group I to the Fourth Assessment Report of the Intergovernmental Panel on Climate Change（Solomon, S. et al. eds.）．Cambridge University Press, 996 pp.
3 ）Dentener, F. et al., 2006：The global atmospheric environment for the next generation. *Environ. Sci. Technol.*, **40**, 3586-3594.
4 ）Sudo, K. et al., 2006：Future changes in stratosphere-troposphere exchange and their impacts on future tropospheric ozone simulations. *Geophy. Res. Lett.*, **30**, 2256, doi：10.1029/2003GL018526.

4.16

1 ）Larsen, R. I., 1969：A new mathematical model model of air pollution concentration averaging time and frequency. *J. Air Poll. Control Assoc.*, **19**, 24-30.
2 ）光化学オキシダント関連情報提供ホームページ．http://

www.data.kishou.go.jp/obs-env/oxidant/index.html（2013.4.15 閲覧）．
3）Takigawa, M. et al., 2007：Development of a one-way nested global-regional air quality forecasting model. *SOLA*, **3**, 81-84.

4.18

1）Irie, H. et al., 2009：Characterization of OMI tropospheric NO$_2$ measurements in East Asia based on a robust validation comparison. *SOLA*, **5**, 117-120.
2）JAMSTEC, 2009：プレス発表．http://www.jamstec.go.jp/j/about/press_release/20090807/

第5章

5.1

1）Kutzbach, J. E. et al., 1993：Sensitivity of Eurasian climate to surface uplift of the Tibetan Plateau. *J. Geology*, **101**, 177-190.
2）Wu, G. X. et al., 2009：Multi-scale forcing and the formation of subtropical desert and monsoon. *Ann. Geophys.*, **27**（9），3634-3644, doi：10. 5194/angeo-27-3631-2009
3）Manabe, S. and T. B. Terpstra, 1974：The effects of mountains on the general circulation of the atmosphere as identified by numerical experiments. *J. Atmos. Sci.*, **31**（7），3-42.
4）Hahn, D. G. and S. Manabe, 1975：The role of mountainsin the southAsian monsoon circulation. *J. Atmos. Sci.*, **32**, 1515-1541.
5）Abe M. et al., 2003：An evolution of the Asian summer monsoon associated with mountain uplift：Simulation with the MRI atmosphere-ocean coupled GCM. *J. Meteor. Soc. Japan*, **81**（5），909-933.
6）Abe M. et al., 2004：Effects of large-scale orography on the coupled atmosphere-ocean system in the tropical Indian and Pacific Oceans in boreal summer. *J. Meteor. Soc. Japan*, **82**（2）745-759.
7）Abe M. et al.（2005）：Sensitivity of the central Asia climate to uplift of the Tibetan Plateau in the coupled climate model（MRI-CGCM1）. *Island Arc*, **14**（4），378-388.
8）Xie, S. -P. et al., 2006：Role of narrow mountains in large-scale organization of Asian monsoon convection. *J. Clim.*, **19**, 3420-3429.
9）Boos, W. R. and Z. Kuang, 2010：Dominant control of the South Asian monsoon by orographic insulation versus plateau heating. *Nature*, **463**, 218-222.

5.2

1）Ramage, C. S., 1971：Monsoon Meteorology. Academic Press, 296pp.
2）Wang, B., 1994：Climate regimes of tropical convection and rainfall. *J. Clim.*, **7**, 1109-1118.
3）Wang, B. and Q. Ding, 2008：Global monsoon：Dominant mode of annual variation in the tropics. *Dyn. Atmos. Oceans*, **44**, 165-183.
4）Murakami, T. and J. Matsumoto, 1994：Summer monsoon over the Asian Continent and western North Pacific. *J. Meteor. Soc. Japan*, **72**, 719-745.
5）Kiguchi, M. and J. Matsumoto, 2005：The rainfall phenomena during the pre-monsoon period over the Indochina Peninsula in the GAME-IOP year, 1998. *J. Meteor. Soc. Japan*, **83**, 89-106.
6）Tian, S. F. and T. Yasunari, 1998：Climatological aspects and mechanism of spring persistent rains over China. *J. Meteor. Soc. Japan*, **76**, 57-71.
7）田少奮，1998：菜種梅雨，走り梅雨と大気大循環の移り変わり．地理，**43**（6），38-45.
8）Matsumoto, J., 1997：Seasonal transition of summer rainy season over Indochina and adjacent monsoon region. *Adv. Atmos. Sci.*, **14**, 231-245.
9）Akasaka, I. et al., 2007：Seasonal march and its spatial difference of rainfall in the Philippines. *Int. J. Climatol.*, **27**, 715-725.
10）Murakami, T. et al., 1999：Similarities as well as differences between summer monsoons over Southeast Asia and the western North Pacific. *J. Meteorol. Soc. Japan*, **77**, 887-906.
11）Wang, B. and H. Lin, 2002：Rainy season of the Asian-Pacific summer monsoon. *J. Clim.*, **17**, 386-398.
12）Matsumoto, J., 1988：Large scale features associated with the frontal zone over East Asia in autumn. *J. Meteorol. Soc. Japan*, **66**, 565-579.
13）Yokoi, S. and J. Matsumoto, 2008：Collaborative effects of cold surge and tropical depression-type disturbance on heavy rainfall in central Vietnam. *Month. Weath. Rev.*, **136**, 3275-3288.

5.3

1）Tomita, T. and T. Yasunari, 1996：Role of the northeast winter monsoon on the biennial oscillation of the ENSO/monsoon system. *J. Meteor. Soc. Japan*, **74**, 1-14.
2）Tomita, T. et al., 2004：Biennial and lower-frequency variability observed in the early summer climate in the western North Pacific. *J. Clim.*, **17**, 4254-4266.
3）Tomita, T. et al., 2009：Interannual variability in the subseasonal northward excursion of the Baiu front. *Int. J. Climatol.*, doi：10.1002/joc.2040.
4）Yamaura, T. and T. Tomita, 2009：Spatiotemporal differences in the interannual variability of Baiu frontal activity in June. *Int. J. Climatol.*, doi：10.1002/joc.2058.
5）Tomita, T. et al., 2002：Estimates of surface and subsurface forcing for decadal sea surface temperature variability in the mid-latitude North Pacific. *J. Meteor. Soc. Japan*, **80**, 1289-1300.
6）Tomita, T. et al., 2007：Interdecadal variability of the early summer surface heat flux in the Kuroshio region and its impact on the Baiu frontal activity. *Geophys. Res. Lett.*, **34**, L10708, doi：10.1029/2007GL029676.

5.4

1）Ramankutty, N. and J. A. Foley, 1999：Estimating historical changes in global land cover：Croplands from 1700 to 1992. *Glob. Biogeochem. Cyc.*, **13**, 997-1027, doi：10.1029/1999GB900046.
2）Hirabayashi, Y. et al., 2005：A 100-year（1901-2000）global retrospective estimation of the terrestrial water cycle. *J. Geophys. Res.*, **110**, D19101, doi：10.1029/2004JD005492.
3）Hurtt, G. C. et al., 2006：The underpinnigs of land-use history：three centuries of global gridded land-use transitions, wood-

harvest activity, and resulting secondary lands. *Glob. Change Biol.*, **12**, 1208-1229, doi：10.1111/j.1365-2486.2006.01150.x.

4 ）近藤純正編著，1996：水環境の気象学．朝倉書店，350pp.

5 ）Takata, K. et al., 2009：Changes in the Asian monsoon climate during 1700-1850 induced by preindustrial cultivation. *Proc. Nat. Acad. Sci.*, **106**, 9586-9589, doi：10.1073/pnas.0807346106.

5.5

1 ）Kondo, J. and J. Xu, 1997：Seasonal variations in the heat and water balances for nonvegetated surfaces. *J. Appl. Meteor.*, **36**, 1676-1695.

2 ）Xu, J., et al., 2009：The Implication of Heat and Water Balance Changes in a Lake Basin on the Tibetan Plateau. *Hydrol. Res. Lett.*, **3**, 1-5.

5.6

1 ）Oki, T. et al., 1995：Global atmospheric water balance and runoff from large river basins. *Hydrol. Proc.*, **9**, 655-678.

2 ）Syed, T. H. et al., 2008：Analysis of terrestrial water storage changes from GRACE and GLDAS. *Water Resour. Res.*, **44**, W02433, doi：10.129/2006WR005779.

3 ）Fukutomi, Y. et al., 2003：Interannual variability of summer water balance components in three major river basins of northern Eurasia. *J. Hydrometeor.*, **4**, 283-296.

5.7

1 ）Trenberth, K. E. et al., 2009：Earth's global energy budget. *Bull. Am. Meteor. Soc.*, **90**, 311-323.

2 ）Trenberth, K. E. and J. T. Fasullo, 2010：Tracking Earth's Energy. *Science*, **328**, 316-317.

3 ）Trenberth, K. E., 2009：An imperative for climate change planning；tracking earth's global energy. *Curr. Opin. Env. Sust.*, **1**, 19-27.

4 ）Fröhlich, C., 2007：Solar irradiance variability since 1978. *Space Sci. Rev.*, **125**, 53-65.

5 ）Fasullo, J. T. and K. E. Trenberth, 2008：The annual cycle of the energy budget. Part 1：Global mean and land-ocean exchanges. *J. Clim.*, **21**, 2297-2312.

6 ）Lyman, J. M. et al., 2010：Robust warming of the global upper ocean. *Nature*, **465**, 334-336.

7 ）大村　纂，2010：観測時代の氷河・氷床の質量収支と気候変化について．地学雑誌，**119**, 466-481.

8 ）Meier, M. F. et al., 2007：Glaciers dominate eustatic sea-level rise in the 21st century. *Science*, **317**, 1064-1069.

9 ）谷口真人編，2010：アジアの地下環境―残された地球環境問題，学報社．

10）Beltrami, H. et al., 2002：Continental heat gain in the global climate system. *Geophys. Res. Lett.*, **29**, doi：10.1029/2001GL014310.

11）Levitus, S. et al., 2009：Global ocean heat content 1955-2008 in light of recently revealed instrumentation problems. *Geophys. Res. Lett.*, **36**, L07608.

12）Wong, T. et al., 2009：Earth radiation boudget at top-of-atmosphere. *Bull. Am. Meteor. Soc.*, **90**, S33-S34.

13）IPCC, 2007：Climate Change 2007：The Physical Science Basis：Contribution of Working Group I to the Fourth Assessment Report of the Intergovernmental Panel on Climate Change (Solomon, S. et al. eds). Cambridge University Press, 996pp.

14）Roads, J. et al., 2005：Acceleration of the global hydrological cycle. In：Encyclopedia of Hydrological Sciences (Anderson, M. G. ed.). Wiley, Volume 5, Chapter 195, 14pp.

15）Meehl, G. A. et al., 2007：The WCRP CMIP3 multimodel dataset：A new era of climate change research. *Bull. Am. Meteor. Soc.*, **88**, 1383-1394.

5.8

1 ）Santisuk, T., 1988：An account of the vegetation of northern Thailand. Geoecological Research 5, Franz Steiner Verlag Wiesbaden GMBH, 106pp.

2 ）Tanaka, K. et al., 2009：Water budget and the consequent duration of canopy carbon gain in a teak plantation in a dry tropical region：Analysis using a soil-plant-air continuum multilayer model. *Ecol. Model.*, **220**, 1534-1543.

3 ）Tanaka, K. et al., 2004：Impact of rooting depth and soil hydraulic properties on the transpiration peak of an evergreen forest in northern Thailand in the late dry season. *J. Geophys. Res.*, **109**, D23107, doi：10.1029/2004JD004865.

4 ）Tanaka, K. et al., 2003：Transpiration peak over a hill evergreen forest in northern Thailand in the late dry season：Assessing the seasonal changes in evapotranspiration using a multilayer model. *J. Geophys. Res.*, **108**, 4533, doi：10.1029/2002JD003028.

5.9

1 ）Wetherald, R. T. and S. Manabe, 2002：Simulation of hydrologic changes associated with global warming. *J. Geophys. Res.*, **107** (D19), doi：10.1029/2001JD001195.

2 ）Oki, T. et al., 1999：Assessment of annual runoff from land surface models using total runoff integrating pathways (TRIP). *J. Meteor. Soc. Japan*, **77** (1B), 235-255.

3 ）Kite, G. W. et al., 1994：Simulation of streamflow in a macroscale watershed using general circulation model data. *Water Resour. Res.*, **30** (5), 1547-1559.

4 ）Ma, X. and Y. Fukushima, 2002：A numerical model of the river freezing process and its application to the Lena River. *Hydrol. Proc.*, **16**, 2131-2140.

5 ）Ma, X. et al., 2005：The influence of river ice on spring runoff in the Lena River, Siberia. *Ann. Glaciol.*, **40**, 123-127.

6 ）Sato, Y. et al., 2009：An integrated hydrological model for the long-term water balance analysis of the Yellow River basin, China. In：From Headwater to Ocean：Hydrological Change and Watershed Management (Taniguchi, M. ed.). Taylor and Francis, 209-215.

7 ）Ma, X. et al., 2010：Examination of the water budget in upstream and midstream regions of the Yellow River, China. *Hydrol. Proc.*, **24**, 618-630.

8 ）Kite, G. W. and U. Haberlandt, 1999：Atmospheric model data for macroscale hydrology. *J. Hydrol.*, **217**, 303-313.

9 ）Ma, X. and H. Kawase, 2009：Effect of irrigation on runoff and local cloud system in the Yellow River basin. In：Arid Environments and Wind Erosion (Fernandez-Bernal, A. and M. A. De La Rosa eds.). Nova Science Publishers, 75-91.

10）Ma, X. et al., 2010：Hydrological response to future climate change in the Agano River basin, Japan. *Hydrol. Res. Lett.*, **4**, 25-29.

11) Ma, X. et al., 2012：Hydrological analysis of the Yellow River basin, China. In：Climatic Change and Global Warming of Inland Waters：Impacts and Mitigation for Ecosystems and Societies (C. R. Goldman et al. eds.). Wiley-Blackwell, 67-78.

5.10
1) 篠田雅人，2009：砂漠と気候 改訂版．成山堂書店，169pp.
2) Millennium Ecosystem Assessment, 2005：Ecosystems and Human Well-being：Current State and Trends. chapter 22 Dryland Sysytems. Islands Press, 623-662.
3) Millennium Ecosystem Assessment, 2005：Ecosystems and Human Well-being：Desertification Synthesis. World Reseources Institute, 26pp.
4) UNEP, 1992：World Atlas of Desertification. Arnold, 69pp.
5) UNEP, 1997：World Atlas of Desertification (2nd ed). Arnold, 182pp.

5.11
1) Serreze, M. C. et al., 2000：Observational evidence of recent changes in the Northern high-latitude environment. *Climatic Change*, **46**, 159-207.
2) Hinzman, L., 2005：Evidence and implications of recent climate change in northern Alaska and other arctic regions. *Climatic Change*, **72** (3), 251-298.
3) Groisman, P. Y. and T. D. Davies, 2001：Snow cover and the Climate System. In：Snow Ecology：An Interdisciplinary Examination of Snow-Covered Ecosystems (Jones, H. G. et al. eds.). Cambridge University Press, 1-44.
4) Blanford, H. F., 1884：On the connection of the Himalaya snowfall with dry winds and seasons of drought in India. *Proc. R. Soc. London*, **37**, 3-22.
5) Hahn, D. G. and J. Shukla, 1976：Apparent relationship between Eurasian snow cover and Indian summer monsoon rainfall. *J. Atmos. Sci.*, **33**, 2461-2462.
6) Gutzler, D. S. and R. D. Rosen, 1992：Interannual variability of wintertime snow cover across the Northern Hemisphere. *J. Clim.*, **5**, 1441-1447.
7) Watanabe, M. and T. Nitta, 1998：Relative impacts of snow and sea surface temperature anomalies on an extreme phase in the winter atmospheric circulation. *J. Clim.*, **11**, 2837-2857.
8) Cohen, J. and D. Entekhabi, 1999：Eurasian snow cover variability and Northern Hemisphere climate predictability. *Geophys. Res. Lett.*, **26**, 345-348.
9) Cohen, J. et al., 2007：Stratosphere-troposphere coupling and links with Eurasian Land surface variability. *J. Clim.*, **20**, 5335-5343.
10) Fletcher, G. F. et al., 2008：The dynamical response to snow cover perturbations in a large ensemble of atmospheric GCM integrations. *J. Clim.*, **22**, 1208-1222.
11) Euskirchen, E. S. et al., 2007：Energy feedbacks of northern high-latitude ecosystems to the climate system due to reduced snow cover during 20th century warming. *Global Change Biology*, **13**, 2425-2438.

5.12
1) Takahashi, H. et al., 2010：High-resolution modelling of the potential impact of land-surface conditions on regional climate over Indochina associated with the diurnal precipitation cycle. *Int. J. Climatol.*, doi：10.1002/joc.2119.
2) Emori, S., 1998：The interaction of cumulus convection with soil moisture distribution：An idealized simulation. *J. Geophys. Res.*, **103** (D8), 8873-8884.

5.13
1) Iwabuchi, H., 2006：Efficient Monte Carlo methods for radiative transfer modeling. *J. Atmos. Sci.*, **63** (9), 2324-2339.
2) 岩渕弘信，小林秀樹，2006：モンテカルロ法を用いた曇天大気および植生キャノピーの放射伝達のモデル化．*FRCGC Technical Report 7*, 235pp.

第6章

6.1
1) Whittaker, R. H., 1975：Communities and Ecosystems. The Macmillan Company, p.352.
2) Sato, H. et al., 2007：SEIB-DGVM：A new Dynamic Global Vegetation Model using a spatially explicit individual-based approach. *Ecol. Modell.*, **200**, 279-307.
3) Haxeltine, A. and I. C. Prentice, 1996：BIOME3：An equilibrium terrestrial biosphere model based on ecophysiological constrains, resource availability, and competition among plant functional types. *Global Biogeochem. Cycles*, **10**, 693-709.
4) 吉良竜夫，1971：生態学からみた自然．河出書房新社，295pp.
5) 酒井　昭，1995：植物の分布と環境適応―熱帯から極地・砂漠へ．朝倉書店，164pp.

6.2
1) 酒井秀孝ほか，2008：衛星データによる近年の東シベリアにおける植生変化のシグナル抽出．水文・水資源学会誌，**21**, 50-56.
2) Suzuki, R. et al., 2013：Sensitivity of the backscatter intensity of ALOS/PALSAR to the above-ground biomass and other biophysical parameters of boreal forest in Alaska. *Polar Science*. http://dx.doi.org/10.1016/j.polar.2013.03.001.

6.4
1) 佐藤　永，2008：生物地球化学モデルの現状と未来―静的モデルから動的モデルへの展開．日本生態学会誌，**58**, 11-21.
2) Foley, J. A. et al., 2003：Green surprise？ How terrestrial ecosystems could affect earth's climate. *Front. Ecol. Environ.*, **1**, 38-44.
3) Sato, H. et al., 2007：SEIB-DGVM, A new dynamic global vegetation model using a spatially explicit individual-based approach. *Ecol. Model.*, **200**, 279-307.

6.5
1) Millennium Ecosystem Assessment, 2005：Ecosystems and Human Well-being：Biodiversity Synthesis. World Resources Institute, Copyright：2005 World Resources Institute.
2) Secretariat of the Convention on Biological Diversity, 2006：Global Biodiversity Outlook 2．(日本語訳：環境省，生物多様性概況)．
3) Conservation International. The Biodiversity Hotspots. http://www.conservation.org/where/priority_areas/hotspots/Pages/hotspots_main.aspx (2013.5.31 閲覧).
4) 環境省，2007：第3次生物多様性国家戦略．

5) Nordic/Baltic Network on Invasive Alien Species. http://www.nobanis.org/default.asp (2013.5.31 閲覧).
6) Bekkens, M. et al., 2002：Assessing effects of forecasted climate change on the diversity and distribution of European higher plants for 2050. *Global Change Biology*, 8, 390-407.
7) 松井哲哉ほか，2009：温暖化にともなうブナ林の適域の変化予測と影響評価．地球環境，14, 165-174.
8) 田中信行ほか，2009：温暖化の日本産針葉樹10種の潜在生育域への影響予測．地球環境，14, 153-164.

6.6
1) Scheffer, M. et al., 2001：Catastrophic shifts in ecosystems. *Nature*, 413, 591-596.
2) Foley, J. A. et al., 2003：Regime Shifts in the Sahara and Sahel：Interactions between Ecological and Climatic Systems in Northern Africa. *Ecosystems*, 6, doi：10.1007/s10021-002-0227-0.
3) Claussen, M and V Gayler, 1997：The greening of Sahara during the mid-Holocene：Results of an interactive atmosphere-biome model. *Global Ecol. Biogeogr. Lett.*, 6, 369-377.
4) Millennium Ecosystem Assessment, 2005：Ecosystems and Human Well-being：Desertification Synthesis. Islands Press, 623-662.

6.7
1) Harrison, P. J. et al., 2004：Nutrient and Plankton Dynamics in the NE and NW Gyres of the Subarctic Pacific Ocean. *J. Oceanogr.*, 60, 93-117.
2) Barber, R. T. and F. P. Chavez, 1983：Biological Consequences of El Niño. *Science*, 222, 1203-1210.
3) Dessier, A. and J. R. Donguy, 1987：Response to El Niño signals of the epiplanktonic copepod populations in the eastern tropical Pacific. *J. Geophys. Res.*, 92, 14393-14403.
4) Brodeur, R. D. and D. M. Ware, 1992：Long-term variability in zooplankton biomass in the subarctic Pacific Ocean. *Fish. Oceanogr.*, 1, 32-38.
5) Tadokoro, K. et al., 2005：Interannual variation in *Neocalanus* biomass in the Oyashio waters of the western North Pacific. *Fish. Oceanogr.*, 14, 210-222.
6) Polovina, J. J. et al., 1995：Decadal and basin-scale variation in mixed layer depth and the impact on biological production in the central and North Pacific, 1960-88. *Deep-Sea Res.*, 42, 1701-1716.
7) Chiba, S. et al., 2006：Effects of decadal climate change on zooplankton over the last 50 years in the western subarctic North Pacific. *Global Change Biology*, 12 (5), 907-920.
8) Tadokoro, K. et al., 2009：Possible mechanisms of decadal-scale variation in PO_4 concentration in the western North Pacific. *Geophys. Res. Lett.*, 36, L08606, doi：10.1029/2009GL037327.
9) Chiba, S. et al., 2008：From climate regime shifts to lower-trophic level phenology：Synthesis of recent progress in retrospective studies of the western North Pacific. *Progr. Oceanogr.*, 77, 112-126.
10) Mackas, D. L. et al., 1998：Interdecadal variation in developmental timing of *Neocalanus plumchrus* populations at Ocean Station P in the subarctic North Pacific. *Can. J. Fish. Aquat. Sci.*, 55, 1878-1893.
11) Edwards, M. and A. J. Richardson, 2004：Impact of climate change on marine pelagic phenology and trophic mismatch. *Nature*, 430, 881-884.

6.8
1) Pawlowski, J. et al., 2007：Biopolar gene flow in deep-sea benthic foraminifera. *Molecul. Ecol.*, 16, 4089-4096.
2) Smith, K. L. et al., 2009：Climate, carbon cycling, and deep-ocean ecosystems. *PNAS*, 106, 19211-19218.
3) Smith, C. R. et al., 2008：Abyssal food limitation, ecosystem structure and climate change. *Trends Ecol. Evol.*, 23, 518-528.
4) Roberts, J. M. et al., 2006：Reefs of the deep：The biology and geology of cold-water coral ecosystems. *Science*, 312, 543-547.
5) Todo, Y. et al., 2005：Simple foraminifera flourish at the ocean's deepest point. *Science*, 307, 689.
6) Yokokawa, T. and T. Nagata, 2010：Linking bacterial community structure to carbon fluxes in marine environments. *J. Oceanogr.*, 66, 1-12.
7) Karner, M. B. et al., 2001：Archaeal dominance in the mesopelagic zone of the Pacific Ocean. *Nature*, 409, 507-510.
8) Danovaro, R. et al., 2008：Major viral impact on the functioning of benthic deep-sea ecosystems. *Nature*, 454, 1084-1088.
9) 藤倉克則ほか，2008：潜水調査船が観た深海生物―深海生物研究の現在．東海大学出版会，487pp.

6.9
1) Sasai, Y. et al., 2007：Seasonal and intra-seasonal variability of chlorophyll-a in the North Pacific：Model and Satellite data. *J. Earth Simulation*, 8, 3-11.

6.10
1) Kishi, M. J. et al., 2007：NEMURO：a lower trophic level model for the North Pacific marine ecosystem. *Ecological Modeling*, 202, 12-25.
2) Steele, J. H., 1962：Environmental control of photosynthesis in sea. *Limnol. Oceanogr.*, 7, 137-172.
3) Eppley, R. W., 1972：Temperature and phytoplankton growth in the sea. *Fish. Bull.*, 70, 1063-1085.
4) Hashioka, T. et al., 2009：Potential impact of global warming on North Pacific spring blooms projected by an eddy-permitting 3-D ocean ecosystem model. *Geophys. Res. Lett.*, 36, L20604, doi：10.1029/2009GL038912.

6.11
1) Kawamiya, M. et al., 2005：Development of an integrated earth system model on the earth simulator. *J. Earth Simulator*, 4, 18-30.
2) Kishi, M. J. et al., 2009：The effect of climate change on the growth of Japanese chum salmon (*Oncorhynchus keta*) using a bioenergetics model coupled with a three-dimensional lower trophic ecosystem model (NEMURO). *Deep-Sea Res. II*, 57, 1257-1265.
3) Kishi, M. J. et al., 2009：Environmental factors which affect growth of Japanese Common Squid, *Todarodes pacificus*, analyzed by a bioenergetics model coupled with a lower trophic ecosystem model. *J. Marine Systems*, 78, 278-287.

4）桜井泰憲ほか，2007：スケトウダラ，スルメイカ．月刊海洋，**39**，323-330．

6.12
1）大森　信，Boyce Thorne-Miller，2006：海の生物多様性．築地書館，230pp．
2）http://www.marinespecies.org/index.php（2010. 1. 5閲覧）．
3）http://www.iobis.org/，（2010. 1. 18閲覧）．
4）五箇公一，2009：外来生物の生物多様性影響．遺伝，**63**，93-100．
5）岩崎敬二，2009：海の外来生物Q＆A．日本プランクトン学会・日本ベントス学会編：海の外来生物—人間によって撹乱された地球の海．東海大学出版会，4-18．

6.13
1）The Royal Society，2005：Ocean acidification due to increasing atmospheric carbon dioxide. London, U. K., 60pp.
2）IPCC, 2007：Climate Change 2007：The Physical Science Basis：Contribution of Working Group I to the Fourth Assessment Report of the Intergovernmental Panel on Climate Change (Solomon, S. et al. eds.). Cambridge University Press, 996pp.
3）Yamamoto-Kawai, M. et al., 2009：Aragonite undersaturation in the Arctic Ocean：Effects of ocean acidification and sea ice melt. *Science*, **326**, 1098-1100, doi：10.1126/science.1174190.
4）海洋研究開発機構，2009：文部科学省21世紀気候変動予測革新プログラム「地球システム統合モデルによる長期気候変動予測実験」平成20年度研究成果報告書．http://www.jamstec.go.jp/kakushin21/jp/

6.14
1）IPCC, 2007：Climate Change 2007：The Physical Science Basis：Contribution of Working Group I to the Fourth Assessment Report of the Intergovernmental Panel on Climate Change (Solomon, S. et al. eds.). Cambridge University Press, 996pp.
2）北原正彦，2006：チョウの分布域北上現象と温暖化の関係．地球環境研究センターニュース，**17**，26-27．
3）Saigusa, N. et al., 2008：Temporal and spatial variations in the seasonal patterns of CO_2 flux in boreal, temperate, and tropical forests in East Asia. *Agric. Forest Meteor.*, **148**, 700-713.
4）Ito, A., 2008：The regional carbon budget of East Asia simulated with a terrestrial ecosystem model and validated using AsiaFlux data. *Agric. Forest Meteor.*, **148**, 738-747.

6.15
1）Nevison, C. D. et al., 2005：Southern Ocean ventilation inferred from seasonal cycles of atmospheric N_2O and O_2/N_2 at Cape Grim, Tasmania, *Tellus*, **57**, 218-229.
2）Kump, L. R., 2008：The rise of atmospheric oxygen. *Nature*, **451B**, 277-278.
3）Sarmiento, J. L. and N. Gruber, 2006：Ocean Biogeochemical Dynamics. Princeton University Press.

6.16
1）IPCC, 2007：Climate Change 2007：The Physical Science Basis：Contribution of Working Group I to the Fourth Assessment Report of the Intergovernmental Panel on Climate Change (Solomon, S. et al. eds.). Cambridge University Press, 996pp.
2）Steemann Nielsen, E., 1952：The use of radio-active carbon (C^{14}) for measuring organic production in the sea. *J. Cons. Int. Expor. Mer.*, **18**, 117-140.
3）Hama, T. et al., 1983：Measurement of photosynthetic production of a marine phytoplankton population using a stable ^{13}C isotope. *Mar. Biol.*, **73**, 31-36.
4）Behrenfeld, M. J. and P. G. Falkowski, 1997：Photosynthetic rates derived from satellite-based chlorophyll concentration. *Limnol. Oceanogr.*, **42**, 1-20.
5）才野敏郎，2005：衛星利用のための実時間海洋基礎生産計測システム．戦略的創造研究推進事業（CREST）平成11年度採択課題 研究終了報告書，135pp．

6.17
1）Imhoff, M. L. et al., 2004：Global patterns in human consumption of net primary production. *Nature*, **429**, 870-873.
2）井上民二，和田英太郎，1998：生物多様性—その意義と現状．地球環境学5，生物多様性とその保全．岩波書店，1-23．
3）水谷　広，1999：地球の限界．日科技連出版社，397pp．

第7章

7.1
1）Wijffels, S. E. et al., 1992：Tranport of freshwater by oceans. *J. Phys. Res.*, **22**, 155-162.

7.2
1）Kalnay, E. et al., 1996：The NCEP/NCAR 40-year reanalysis project. *Bull. Am. Meteorol. Soc.*, **77**, 437-471.
2）Kanamitsu, M. et al., 2002：NCEP-DOE AMIP-II reanalysis (R-2). *Bull. Am. Meteorol. Soc.*, **83**, 1631-1643.
3）Uppala, S. M. et al., 2005：The ERA-40 re-analysis. *Q. J. R. Meteorol. Soc.*, **131**, 2961-3012, doi：10.1256/qj.04.176.
4）近藤純正，2000：地表面に近い大気の科学．東京大学出版会，324pp．
5）Soloviev, A. and R. Lukas, 2006：The Near-Surface Layer of the Ocean：Structure, Dynamics and Application. Atmospheric and Oceanographic Sciences Library Vol.31. Springer, 572pp.
6）J-OFURO2. http://dtsv.scc.u-tokai.ac.jp/j-ofuro/（2013. 6. 24閲覧）．
7）Tomita, H. et al., 2010：An assessment of surface heat fluxes from J-OFURO2 at the KEO/JKEO sites. *J. Geophys. Res.*, **115**, C03018, doi：10.1029/2009JC005545.

7.4
1）Kalnay, E. et al., 1996：The NCEP/NCAR 40-year reanalysis project. *Bull. Am. Meteorol. Soc.*, **77** (3), 437-471.

7.5
1）Wunsch, C., 2002：What is the thermohaline circulation? *Science*, **298**, 1179-1181.
2）Lozier, M., 2010：Deconstructing the conveyor belt. *Science*, **328**, 1507-1511.
3）Johnson, G. C., 2008：Quantifying Antarctic bottom water and North Atlantic deep water volumes. *J. Geophys. Res.*, **113**, C05027, doi：10.1029/2007JC004477.
4）Ganachaud, A. and C. Wunsch, 2000：Improved estimates of global ocean circulation, heat transport and mixing from hydrographic data. *Nature*, **408**, 453-457.

5）Sloyan, B. M. and S. R. Rintoul, 2001：The southern ocean limb of the global deep overturning circulation. *J. Phys. Oceanogr.*, **31**, 143-173.
6）Broecker, W., 2006：GEOLOGY：Was the Younger Dryas Triggered by a Flood? *Science*, **312**, 1146-1148.
7）Cunningham, S. A. et al., 2007：Temporal variability of the Atlantic meridional overturning circulation at 26.5°N. *Science*, **317**, 935-938, doi：10.1126/science.1141304.
8）Dickson, B. et al., 2002：Rapid freshening of the deep North Atlantic Ocean over the past four decades. *Nature*, **416**, 832-837, doi：10.1038/416832.
9）Lynch-Stieglitz, J. et al., 2007：Atlantic meridional overturning circulation during the Last Glacial Maximum. *Science*, **316** (5821), 66-69.
10）Kawano, T. et al., 2010：Heat content change in the Pacific Ocean between the 1990s and 2000s. *Deep-Sea Res. II*, **57**, 1141-1151.
11）Purkey, S. G. and G. C. Johnson, 2010：Warming of global abyssal and deep southern ocean between the 1990s and the 2000s：Contributions to global heat and sea level rise budgets. *J. Clim.*, doi：10.1175/2010JCLI3682.1.

7.6
1）Ganachaud, A. and C. Wunsch, 2000：Improved estimates of global ocean circulation, heat transport and mixing from hydrographic data. *Nature*, **408** (6811), 453-457.
2）Douglass, D. H. and R. S. Knox, 2009：Ocean heat content and Earth's radiation imbalance. *Phys. Lett. A*, **373**, 3296-3300.
3）Levitus, S. et al., 2009：Global ocean heat content 1955-2007 in light of recently revealed instrumentation problems. *Geophys. Res. Lett.*, **491**, doi：10.1029/2008GL037155, 2009.
4）Bryden, H. L. et al., 2005：Slowing of the Atlantic meridional overturning circulation at 25°N. *Nature*, **438**, 635-657, doi：10.1038/nature04385.
5）Cunningham, S. A. et al., 2007：Temporal variability of the Atlantic meridional overturning circulation at 26.5°N. *Science*, 935-938, doi：10.1126/science.1141304.
6）Fukasawa, M. et al., 2004：Bottom water warming in the North Pacific Ocean. *Nature*, **427**, 825-827.
7）Kawano, T. et al., 2010：Heat Content Change in the Pacific Ocean between the 1990s and 2000s. *Deep-Sea Res. II*, **57**, 1141-1151.
8）Wijffels, S. E. et al., 1992：Transport of freshwater by the oceans. *J. Phys. Oceanogr.*, **22**, 155-162.
9）Sloyan, B. M. and S. R. Rintoul, 2001：The southern ocean limb of the global deep overturning circulation. *J. Phys. Oceanogr.*, **31**, 143-173.
10）Wong, A. P. S. et al., 1999：Large-scale freshening of intermediate waters in the Pacific and Indian Oceans. *Nature*, **400**, 440-443.
11）Boyer, T. P. et al., 2005：Linear trends in salinity for the World Ocean, 1955-1998. *Geophys. Res. Lett.*, **32**, L01604, doi：10.1029/2004GL021791.

7.7
1）Eckart, C., 1948：An analysis of the stirring and mixing processes in incompressible fluids. *J. Mar. Res.*, **7**, 265-275.
2）Lueck, R. G. et al., 2002：Oceanic velocity microstructure measurements in the 20th Century. *J. Oceanogr.*, **58**, 153-174.
3）Ledwell, J. R. et al., 1993：Evidence for slow mixing across the pycnocline from an open-ocean tracer-release experiment. *Nature*, **364**, 701-702.
4）Kunze, E. et al., 2006：Global abyssal mixing inferred from lowered ADCP shear and CTD strain profiles. *J. Phys. Oceanogr.*, **36**, 1553-1576.
5）Wunsch, C. and R. Ferrari, 2004：Vertical mixing, energy, and the general circulation of the oceans. *Ann. Rev. Earth Planet. Sci.*, **26**, 219-254.
6）Gill, A. E. et al., 1974：Energy partition in the large-scale ocean circulation and the production of mid-ocean eddies. *Deep-Sea Res.*, **21**, 499-528.
7）Hibiya, T. et al., 2006：Global mapping of diapycnal diffusivity in the deep ocean based on the results of expendable current profiler (XCP) surveys. *Geophys. Res. Lett.*, **33**, L03611, doi：10.1029/2005GL025218.
8）Paparella, F. and W. R. Young, 2002：Horizontal convection is non-turbulent. *J. Fluid. Mech.*, **446**, 205-214.
9）Coman, M. A. et al., 2006：Sandström's experiments revisited. *J. Mar. Res.*, **64**, 783-796.
10）Huang, R. X., 1998：Mixing and available potential energy in a Boussinesq ocean. *J. Phys. Oceanogr.*, **28**, 669-678.
11）Warren, B. A., 1983：Why is no deep water formed in the North Pacific? *J. Mar. Res.*, **41**, 327-347.
12）Munk, W. and C. Wunsch, 1998：Abyssal recipes II：energetics of tidal and wind mixing. *Deep-Sea Res.*, **45**, 1976-2009.
13）Polzin, K. L. et al., 1997：Spatial variability of turbulent mixing in the abyssal ocean. *Science*, **276**, 93-96.
14）Webb, D. J. and N. Suginohara, 2001：Vertical mixing in the ocean. *Nature*, **409**, 37.
15）Naveira Garabato, A. C. et al., 2007：Short-circuiting of the overturning circulation in the Antarctic Circumpolar Current. *Nature*, **447**, 194-197.
16）Dewar, W. K. et al., 2006：Does the marine biosphere mix the ocean? *J. Mar. Res.*, **64**, 541-561.

7.8
1）Jin, F. F., 1997：An equatorial recharge paradigm for ENSO. part I：Conceptual model. *J. Atmos. Sci.*, **54**, 811-829.
2）Meinen, C. S. and M. J. McPhaden, 2000：Observations of warm water volume changes in the equatorial Pacific and their relationship to El Niño and La Niña. *J. Clim.*, **13**, 3551-3559.
3）Saji, N. H. et al., 1999：A dipole mode in the tropical Indian Ocean. *Nature*, **401**, 360-363.
4）AMS statement-Seasonal to Interannual Climate Prediction, 2001. *Bull. Am. Meteorol. Soc.*, **82**, 701-710.
5）Clarke, A. J. and S. Van Gorder, 2003：Improving El Niño prediction using a space-time integration of Indo-Pacific winds and equatorial Pacific upper ocean heat content. *Geophys. Res. Lett.*, **30**, L399, doi：10.1029/2002GL016673.
6）Kirtman, B. P. et al., 1997：Multiseasonal predictions with a coupled tropical ocean-global atmosphere system. *Mon. Wea. Rev.*, **125**, 789-808.
7）Palmer, T. N. et al., 2005：Representing model uncertainty in weather and climate prediction. *Ann. Rev. Earth Planet. Sci.*, **33**, 163-193.
8）Jin, E. K. et al., 2008：Current status of ENSO prediction

skill in coupled ocean-atmosphere models. *Clim. Dyn.*, **31**, 647-664.
9) http://www.jamstec.go.jp/frcgc/research/d1/iod/seasonal/outlook.html（2013. 6. 25 閲覧）.

7.9

1) 茶圓正明，市川　洋，2001：黒潮．かごしま文庫 71，春苑堂出版，228pp.
2) 気象庁，2007：黒潮．海洋の健康診断表「総合診断表」2. 2. 2. http://www.data.kishou.go.jp/kaiyou/shindan/sougou/html/2.2.2.html（2010. 2. 26 閲覧）.
3) Nagano, A. et al., 2010：Stable volume and heat transports of the North Pacific subtropical gyre revealed by indentifying the Kuroshio in synoptic hydrography south of Japan. *J. Geophys. Res.*, **115**, doi：10.1029/2009JC005747.
4) 気象庁，2007：海洋内部の知識．http://www.data.kishou.go.jp/kaiyou/db/obs/knowledge/index.html（2010. 2. 26 閲覧）.

7.10

1) Isoguchi, O. et al., 1997：A study on wind-stress circulation in the subarctic North Pacific using TOPEX/POSEIDON altimeter data. *J. Geophys. Res.*, **102**, 12457-12478.
2) Bhaskaran, S. et al., 1993：Variability in the Gulf of Alaska From Geosat Altimetry Data. *J. Geophys. Res.*, **98**, 16311-16330.
3) Qiu, B., 2002：Large-scale variability in the midlatitude subtropical and subpolar North Pacific Ocean：observation and causes. *J. Phys. Oceanogr.*, **32**, 353-375.
4) Lagerloef, G. S. E., 1995：Interdecadal variations in the Alaska Gyre. *J. Phys. Oceanogr.*, **25**, 2242-2258.
5) Ueno, H. and I. Yasuda, 2000：Distribution and formation of the mesothermal structure (temperature inversions) in the North Pacific subarctic region. *J. Geophys. Res.*, **105**, 16885-16897.
6) Ueno, H. et al., 2009：Anticyclonic eddies in the Alaskan Stream. *J. Phys. Oceanogr.*, **39**, 934-951.

7.12

1) Rintoul, S., 2008：Antarctic Circumpolar Current. Encyclopedia of Ocean Sciences (2nd ed.). Elsevier, 178-190.
2) Nowlin, W. D. Jr. and J. M. Klinck, 1986：The physics of the Antarctic Circumpolar Current. *Rev. Geophys.*, **24**, 469-491.
3) Rintoul, S. and S. Sokolov, 2001：Baroclinic transport variability of the Antarctic Circumpolar Current south of Australia (WOCE repeat section SR3). *J. Geophys. Res.*, **106**, 2815-2832.
4) Orsi, A. H. et al., 1995：On the meridional extent and fronts of the Antarctic Circumpolar Current. *Deep-Sea Res. I*, **42**, 641-673.
5) Speer, K. et al., 2000：The diabatic Deacon cell. *J. Phys. Oceanogr.*, **30**, 3212-3222.
6) Jacobs, S. S., 2004：Bottom water production and its links with the thermohaline circulation. *Antarct. Sci.*, **16**, 427-437.
7) Talley, L. D., 1999：Some aspects of ocean heat transport by the shallow, intermediate and deep overturning circulations. *Geophys. Monog. -AGU.*, **112**, 1-22.
8) Johnson, G. C., 2008：Quantifying Antarctic Bottom Water and North Atlantic Deep Water volumes. *J. Geophys. Res.*, **113**, C05027, doi：10.1029/2007JC004477.
9) Schmitz, W. J. Jr.：On the world ocean circulation：Volume 1. Woods Hole Oceanographic Insitution, Tech. Rep. WHOI-96-03.
10) Sarmiento, J. L. et al., 2003：High-latitude controls of thermocline nutrients and low latitude biological productivity. *Nature*, **427**, 56-60.
11) Gille, S. T., 2002：Warming of the Southern Ocean since the 1950s. *Science*, **295**, 1275-1277.
12) Robertson, R. et al., 2002：Long-term temperature trends in the deep waters of the Weddell Sea. *Deep-Sea Res. II*, **49**, 4791-4806.
13) Ozaki, H. et al., 2009：Long-term bottom water warming in the North Ross Sea. *J. Oceanogr.*, **65**, 235-244.
14) Aoki, S. et al., 2005：Freshening of the Adélie Land Bottom Water near 140°E. *Geophys. Res. Lett.*, **32**, L23601, doi：10.1029/2005GL024246.
15) Rintoul, S. R., 2007：Rapid freshening of Antarctic Bottom Water formed in the Indian and Pacific oceans. *Geophys. Res. Lett.*, **34**, L06606, doi：10.1029/2006GL028550.
16) Le Quéré, C. et al., 2007：Saturation of the Southern Ocean CO_2 sink due to recent climate change. *Science*, **316**, 1735-1738.
17) Blunier, T. et al., 1998：Asynchrony of Antarctic and Greenland climate change during the last glacial period. *Nature*, **394**, 739-743.

7.13

1) Masuzawa, J., 1969：Subtropical mode water. *Deep-Sea Res.*, **16**, 463-472.
2) Suga, T. et al., 2008：Ventilation of the North Pacific subtropical pycnocline and mode water formation. *Prog. Oceanogr.*, **77**, 285-297.
3) Bingham, F. M. et al., 1992：Comparison of upper ocean thermal conditions in the western North Pacific between two pentads：1938-42 and 1978-82. *J. Oceanogr.*, **48**, 405-425.
4) Qiu, B. and S. Chen, 2006：Decadal variability in the formation of the North Pacific Subtropical Mode Water：Oceanic versus atmospheric control. *J. Phys. Oceanogr.*, **36**, 1365-1380.

7.14

1) Reid, J. L., 1965：Intermediate Waters of the Pacific Ocean, no.2. The Johns Hopkins Oceanographic Studies. The Johns Hopkins Press, 85pp.
2) Hasunuma, K., 1978：Formation of the intermediate salinity minimum in the northwestern Pacific Ocean. *Bull. Ocean Res. Inst. Univ. Tokyo*, **9**, 448-465.
3) Yasuda, I. et al., 1996：Distribution and modification of North Pacific Intermediate Water in the Kuroshio-Oyashio interfrontal zone. *J. Phys. Oceanogr.*, **26**, 448-465.
4) Inoue, R. et al., 2003：Modification of North Pacific Intermediate Water around Mixed Water Region. *J. Oceanogr.*, **59**, 211-224.
5) Tokieda, T. et al., 1996：Chlorofluorocarbons in the western North Pacific in 1993 and formation of North Pacific IntermediateWater. *J. Oceanogr.* **52** (4), 475-490.
6) Ishikawa, I. and H. Ishizaki, 2009：Importance of eddy representation for modeling the intermediate salinity minimum in the North Pacific：Comparison between eddy-resolving and eddy-permitting models. *J. Oceanogr.*, **65** (3), 407-426.
7) Watanabe, Y. W. et al., 1994：Chlorofluorocarbons in the central North Pacific and southward spreading time of North Pacific Intermediate Water. *J. Geophys. Res.*, **99**, 25195-25213.

8) Sarmiento, J. L. et al., 2004：High-latitude controls of thermocline nutrients and low latitude biological productivity. *Nature*, **427**, 56-60.
9) Nakanowatari, T. et al., 2007：Warming and oxygen decrease of intermediate water in the northwestern North Pacific, originating from the Sea of Okhotsk, 1955-2004. *Geophys. Res. Lett.*, **34**, L04602, doi：10.1029/2006GL028243.
10) Kouketsu, S. et al., 2007：Changes of North Pacific Intermediate Water properties in the subtropical gyre. *Geophys. Res. Lett.*, **34**, L02605, doi：10.1029/2006GL028499.

7.15
1) Worthington, L. V., 1981：The water masses of the World Ocean：some results of a fine-scale census. In：Evolution of Physical Oceanography (B. A. Warren and C. Wunsch eds.). The MIT Press, 42-69.
2) Stuiver, M. Z. et al., 1983：Abyssal water carbon-14 distribution and the age of the World Oceans. *Science*, **219**, 849-851.
3) England, M. H., 1995：The age of water and ventilation timescales in a global ocean model. *J. Phys. Oceanogr.*, **25**, 2756-2777.
4) Kawano, T. et al., ed., 2009：WHP P01, P14 Revisit data book. JAMSTEC.
5) Kouketsu, S. et al., 2009：Changes in water properties and transports along 24°N in the North Pacific between 1985 and 2005. *J. Geophys. Res.*, **114**, C01008, doi：10.1029/2008JC004778.
6) Macdonald, A. M. et al., 2009：The WOCE-era 3-D Pacific Ocean circulation and heat budget. *Prog. Oceanogr.*, **82**, 281-325.
7) Stommel, H. and A. B. Arons, 1960：On the abyssal circulation of the World Ocean-I. Stationary planetary flow on a sphere. *Deep-Sea Res.*, **6**, 140-154.
8) Thomas, D. J., 2004：Evidence for deep-water production in the North Pacific Ocean during the early Cenozoic warm interval. *Nature*, **430**, 65-68.

7.17
1) Kawano, T. and H. Uchida eds., 2007：WHP P10 REVISIT DATA BOOK. Ryoin, Yokohama, Japan.

7.18
1) Ittekkot, V. et al. eds., 1996：Particle Flux in the Ocean. SCOPE 57, John Wiley & Sons, 372pp.
2) 本多牧生, 2001：セジメントトラップ実験と炭素14による西部北太平洋における炭素循環の研究. 北海道大学学位論文. 193pp.
3) Honda, M. C. et al., 2002：The biological pump in the northwestern North pacific based on fluxes and major component of particulate matter obtained by sediment trap experiments (1997-2000). *Deep-Sea Res. II*, **49**, 5595-5625.
4) Honda, M. C. et al., 2003：Biological pump in northwestern North Pacific. *J. Oceanogr.*, **59** (5), 671-684.
5) Sarmiento, J. L. and N. Gruber, 2006：Ocean Biogeochemical Dynamics. Princeton University Press, 503pp.
6) Buesseler, K. O. et al., 2007：Revisiting carbon flux through the ocean's twilight zone. *Science*, **316**, 567-570.
7) Honda, M. and S. Watanabe, 2010：Importance of biological opal as ballast of particulate organic carbon (POC) transport and existence of mineral ballast-associated and residual POC in the Western Pacific Subarctic Gyre. *Geophys. Res. Let.*, **37**, L02605, doi：10.1029/2009GL041521.

7.19
1) Behrenfeld, M. J. et al., 2001：Biospheric primary production during an ENSO transition. *Science*, **291**, 2594-2597.

7.20
1) Takahashi, T. et al., 2009：Climatological mean and decadal change in surface ocean pCO$_2$, and net sea-air CO$_2$ flux over the global oceans. *Deep-Sea Res. II*, **56**, 554-577.
2) Peylin, P. et al., 2005：Multiple constraints on regional CO$_2$ flux variations over land and oceans. *Global Biogeochem. Cyc.*, **19**, GB1011, doi：10.1029/2003GB002214.
3) Ishii, M. et al., 2009：Spatial variability and decadal trend of the oceanic CO$_2$ in the western equatorial Pacific warm/freshwater. *Deep-Sea Res. II*, **56**, 591-606.
4) Wanninkhof, R. et al., 2013：Global ocean carbon uptake：Magnitude, variability and trends. *Biogeosciences*, **10**, 1983-2000, doi：10.5194/bg-10-1983-2013.
5) Le Quere, C. 2013：The global carbon budget 1959-2011. *Earth Syst. Sci. Data*, **5**, 165-185, doi：10.5194/essd-5-165-2013.

第8章

8.1
1) IPCC, 2007：Climate Change 2007：The Physical Science Basis：Contribution of Working Group I to the Fourth Assessment Report of the Intergovernmental Panel on Climate Change (Solomon, S. et al. eds.). Cambridge University Press, 996pp.
2) SEARCH SSC and SEARCH IWG, 2003：SEARCH：Study of Environmental Arctic Change, Implementation Strategy, Revision 1.0, Polar Science Center, Applied Physics Laboratory, University of Washington, 53pp.

8.2
1) 藤吉康志編, 2005：雪片の形成と融解—雪から雨へ. 気象研究ノート, (207), 127pp.
2) Matsuo, T. et al., 1981：Relationship between types of precipitation on the ground and surface meteorological elements. *J. Meteor. Soc. Japan.*, **59**, 462-476.
3) Tsuboki, K., 1997：A polar low in the Labrador Sea. In：Influence of the Arctic on mid-latitude weather and climate (Kimura, R. and K. Tsuboi eds.), 154-189.
4) 石坂雅昭, 2008：新メッシュ気候値に基づく雪質分布地図の作成と近年の日本の積雪地域の気候変化の解明. 平成18年度～平成19年度科学研究費補助金（基盤研究（C），研究代表者：石坂雅昭）研究成果報告書, 75pp（資料CD-ROM付き）.
5) Nakai, S. et al., 2005：A classification of snow clouds by Doppler radar observations at Nagaoka, Japan. *Sci. Online Lett. Atmos.*, **1**, 161-164.
6) 本田明治, 楠 昌司編, 2007：2005/06年 日本の寒冬・豪雪. 気象研究ノート, (216), 286pp.

8.3
1) 日本雪氷学会, 1998：日本雪氷学会積雪分類. 雪氷, **60**, 419-436.
2) 山崎 剛, 杉浦幸之助, 2006：積雪モデル. 雪氷, **68**, 607-

612.

3) JAXA/EORC, 2012：Descriptions of GCOM-W1 AMSR2 Level 1R and Level 2 Algorithms. Japan Aerospace Exploration Agency/Earth Observation Research Center. http://suzaku.eorc. jaxa. jp/GCOM_W/data/NDX-120015. pdf（2013. 6. 5 閲覧）.

4) Lemke, P. et al., 2007：Observations：Changes in snow, ice and frozen ground. In：IPCC, 2007：Climate Change 2007：The Physical Science Basis：Contribution of Working Group I to the Fourth Assessment Report of the Intergovernmental Panel on Climate Change (Solomon, S. et al. eds.). Cambridge University Press, 337-384.

5) 気象庁編集, 2002：20 世紀の日本の気候. 財務省印刷局, 116pp.

6) 気象庁監修, 2010：気象年鑑 2010 年版. 気象業務支援センター, 264pp.

8.4

1) 日本雪氷学会編, 1990, 雪氷辞典. 古今書院, 100.
2) 藤井理行, 小野有五編, 1997, 氷河. 基礎雪氷学講座 IV 巻, 古今書院, 2-9.
3) Meier, M. F. and D. B. Bahr, 1996：Counting glaciers：Use of scaling methods to estimate the number and size distribution of the glaciers of the world. In：Glaciers, ice sheets and volcanoes：A tribute to Mark F. Meier. (Colbeck, S. C. ed.). CRREL Special Report 96-27, U. S. Army Hannover, 89-94.
4) 藤井理行, 1993：氷河. 地球環境データブック編集委員会編：ひと目でわかる地球環境データブック, オーム社, 152-157
5) National Snow and Ice Data Center, 1999, updated 2009：World glacier inventory. World Glacier Monitoring Service and National Snow and Ice Data Center/World Data Center for Glaciology. Boulder, CO. Digital media. http：// nsidc.org/data/docs/noaa/g01130_glacier_inventory/（2013. 5. 27 閲覧）.
6) 矢吹裕伯, 2009：氷河インベントリの現状と問題点―グローバルインベントリとアジアインベントリ. 雪氷, 71, 471-483.
7) Yoshida, M. et al., 1990：First discovery of fossil ice of 1000-1700 year B. P. in Japan. *J. Glaciol.*, 36 (123), 258-259.
8) 藤井理行, 竹中修平, 1990：北アルプス, 内臓之助圏谷における越年性氷の長期変動. 文部省科学研究費報告書「日本最古の化石氷体の構造と形成に関する研究」, 134-143.
9) 福井幸太郎, 飯田 肇, 2012：飛騨山脈, 立山・剱山域の 3 つの多年性雪渓の氷厚と流動―日本に現存する氷河の可能性について. 雪氷, 74, 213-222.
10) World Glacier Monitoring Service. Glacier Mass Balance Bulletin and Fluctuations of Glaciers.http：//www.geo.unizh.ch/wgms/index.html
11) IPCC, 2007：Climate Change 2007：The Physical Science Basis：Contribution of Working Group I to the Fourth Assessment Report of the Intergovernmental Panel on Climate Change (Solomon, S. et al. eds.). Cambridge University Press, 996pp.

8.5

1) Abe-Ouchi, A. et al., 2007：Climatic conditions for modelling the Northern Hemisphere ice sheets throughout the ice age cycle. *Clim. Past*, 3, 423-438.
2) van den Broeke et al., 2009：Partitioning Recent Greenland Mass Loss. *Science*, 326, 984-986.
3) Alley, R. B. et al., 2010：History of the Greenland Ice Sheet：paleoclimatic insights. *Quatern. Sci. Rev.*, 29, 1728-1756.
4) Marshall, S. J., 2005：Recent advances in understanding ice sheet dynamics. *Earth Planet. Sci. Lett.*, 240 (2) 191-204.
5) Suzuki, T. et al., 2005：Projection of future sea level and its variability in a high-resolution climate model：Ocean processes and Greenland and Antarctic ice-melt contributions. *Geophys. Res. Lett.*, 32, L19706.
6) Yoshimori, M. and A. Abe-Ouchi, 2012：Sources of spread in multimodel projections of the Greenland ice sheet surface mass balance. *J. Clim.*, 25 (4), 1157-1175.
7) Greve, R. et al., 2011：Initial results of the SeaRISE numerical experiments with the models SICOPOLIS and IcIES for the Greenland ice sheet. *Ann. Glaciol.*, 52 (58), 23-30.
8) Saito, F. and A. Abe-Ouchi, 2004：Sensitivity of Greenland ice sheet simulation to the numerical procedure employed for ice sheet dynamics. *Ann. Glaciol.*, 42, 331-336.

8.6

1) Ishikawa, M. et al., 2002：Mountain permafrost in Japan：distribution, landforms and thermal regimes. *Zeitschrift für Geomorphologie*. N. F., Suppl.-Bd. 130, 99-116.
2) Osterkamp, T. E., 2007：Characteristics of the recent warming of permafrost in Alaska. *J. Geophy. Res.*, 112, F02S02, doi：10. 1029/2006 JF000578
3) Serreze, M. C. et al., 2003：Large hydro-climatology of the terrestrial Arctic drainage system. *J. Geophys. Res.*, 108, D2, 8160, doi：10.1029/2001JD000919.
4) Smith, L. C., 2005：Disappearing arctic lakes. *Science*, 308, 1429.
5) Lantz, T. C. and S. V. Kokelj, 2008：Increasing rates of retrogressive thaw slump activity in the Mackenzie Delta region, N.W.T., Canada. *Geophys. Res. Lett.*, doi：10.1029/ GL032433.
6) Jorgenson, M. T. et al., 2008：Abrupt increase in permafrost degradation in Arctic Alaska. *Geophy. Res. Lett.*, 33, L02503, doi：10.1029/ 2005GL024960.
7) Zimov, S. A. et al., 2006：Permafrost and the global carbon budget. *Science*, 312, 1612-1613.
8) Walter, K. M. et al., 2006：Methane bubbling from Siberian thaw lakes as a positive feedback to climate warming. *Nature*, 443, doi：10.1038/nature05040.

8.8

1) IPCC, 2007：Climate Change 2007：The Physical Science Basic：Contribution of Working Group I to the Fourth Assessment Report of the Intergovernmental Panel on Climate Change (Solomon, S. et al. eds.). Cambridge University Press, 996pp.
2) Steffen, K., 2004：The melt anomaly of 2002 on the Greenland Ice Sheet from active and passive microwave satellite observations. *Geophys. Res. Lett.*, 31 (20), L2040210.1029/2004GL020444.
3) Thompson, L. G. et al., 2009：Glacier loss on Kilimanjaro continues unabated. *Proc. Nat. Acad. Sci. USA*, doi：10.1073/ pnas.0906029106.
4) Jevrejeva, S. et al., 2010：How will sea level respond to

8.9

1) McGuire, A. D. et al., 2009：Sensitivity of the carbon cycle in the Arctic to climate change. *Ecological Monographs*, **79**, 523-555.
2) Zehnder, A. J. B. and W. Stumm, 1988：Geochemistry and Biogeochemistry of anaerobic habitat. In：Biology of Anaerobic Microorganisms (Zehnder, A. J. B. ed.). John Wiley & Sons, 1-38.
3) Schütz, H. et al., 1989：Processes involved in formation and emission of methane in rice paddies. *Biogeochem.*, **7**, 33-53.
4) Dlugokencky, E. J. et al., 2009：Observational constraints on recent increases in the atmospheric CH4 burden. *Geophy. Res. Lett.*, **36**, L18803, doi：10.1029/2009GL039780.
5) Zhuang, Q. et al., 2004：Methane fluxes between terrestrial ecosystems and the atmosphere at northern high latitudes during the past century：A retrospective analysis with a process-based biogeochemistry model. *Global Biogeochem. Cycl.*, **18**, GB3010, doi：10.1029/2004GB002239.

8.10

1) Shiklomanov, A., 2009：River discharge. Arctic Report Card. http://www.arctic.noaa.gov/report10/rivers.html（2013.6.19 閲覧）.
2) Walsh, J. E. et al., 2005：Cryosphere and hydrology. In：Arctic Climate Impact Assessment (Symon, C. et al. eds.). Cambridge University Press, 183-242.
3) Yang, D. et al., 2002：Siberian Lena River hydrologic regime and recent change. *J. Geophys. Res.*, **107**, D23, 4694, doi：10.1029/2002JD002542.
4) National Snow and Ice Data Center. http://nsidc.org/research/projects/Zhang_Hydrologic_Response_Russian_Arctic.html（2013.6.19 閲覧）.
5) Ye, B. et al., 2009：Variation of hydrological regime with permafrost coverage over Lena Basin in Siberia. *J. Geophys. Res.*, **114**, D07102, doi：10.1029/2008JD010537.
6) Serreze, M. et al., 2003：Large-scale hydro-climatology of the terrestrial Arctic drainage system. *J. Geophys. Res.*, **108**, D2, 8160, doi：10.1029/2001JD000919.

8.11

1) Narama, C. et al., 2010：The 24 July 2008 outburst flood at the western Zyndan glacier lake and recent regional changes in glacier lakes of the Teskey Ala-Too range, Tien Shan, Kyrgyzstan. *Nat. Hazards Earth Syst. Sci.*, **10**, 647-659.
2) Vincent, C. et al., 2010：Outburst flood hazard for glacier−dammed Lac de Rochemelon, France. *J. Glaciol.*, **56** (195), 91-100.
3) Komori, J., 2008：Recent expansions of glacial lakes in the Bhutan Himalayas. *Quatern. Int.*, **184**, 177-186.
4) Fujita, K. et al., 2009：Recent changes in Imja Glacial Lake and its damming moraine in the Nepal Himalaya revealed by in-situ surveys and multi-temporal ASTER imagery. *Environ. Res. Lett.*, **4**, 045205.
5) Sakai, A. et al., 2009：Onset of calving at supraglacial lakes on debris covered glaciers of the Nepal Himalayas. *J. Glaciol.*, **55** (193), 909-917.
6) Mool, P. K. et al., 2001：Inventory of glaciers, glacial lakes and glacial lake outburst floods：Monitoring and early warning systems in the Hindu Kush-Himalayan region, Bhutan. Kathmandu, International Centre for Integrated Mountain Development.
7) Mool, P. K. et al., 2001：Inventory of glaciers, glacial lakes and glacial lake outburst floods：monitoring and early warning systems in the Hindu Kush-Himalayan region, Nepal. Kathmandu, International Centre for Integrated Mountain Development.
8) Richardson, S. D. and J. M. Reynolds, 2000：An overview of glacial hazards in the Himalayas. *Quatern. Int.*, **65/66** (1), 31-47.
9) Bolch, T. et al., 2008：Identification of glacier motion and potentially dangerous Glacial Lakes in the Mt Everest region/Nepal using spaceborne imagery. *Nat. Hazards Earth Syst. Sci.*, **8**, 1329-1340.
10) Nayar, A., 2009：When the ice melts. *Nature*, **461**, 1042-1046.

8.12

1) 東海林明雄，1980：屈斜路湖のしぶきが生む造形．科学朝日，**40** (12)，7-13.
2) 東海林明雄，1975：春採湖の氷紋．サイエンス，**5** (2)，84-86.
3) Toukairin, A., 1985：Mecanism of formation of radially-grown meltpatterns on the surface of ice. *Ann. Glaciol.*, **6**, 314-315.
4) 東海林明雄，1980：日本最大の御神渡り．サイエンス，**10** (12)，46-48.
5) Toukairin, A. et al., 1993：Similarity between thermal ice ridge and plate tectonics. The Eight International Symposium on Okhotsk Sea & Sea Ice, 8, 481-492.
6) 東海林明雄，1977：湖面の氷に刻み込まれる模様．科学朝日，**37** (1)，99-104.
7) 東海林明雄，1977：湖氷—沈黙の氷原・ミクロとマクロの謎．講談社，103pp.
8) 寺田寅彦，1933：自然界の縞模様．科学，**5** (2)，77-81.
9) Knight, C. A., 1988：Formation of slush on floating ice. *Cold Regions Sci. Technol.*, **15**, 33-38.
10) Toukairin, A., 1994：Instantaneous movement speed and continuous movement speed in the formation of thermal ice ridges. Proceedings of the Ninth Symposium on Okhotsk Sea & Sea Ice, 9, 289-294.
11) 東海林明雄ほか，2003：列島探訪（屈斜路湖の御神渡りの音）．*NATIONAL GIOGRAFIC*, **9** (1), 20-23.
12) Magnuson, J. J. et al., 2000：Historical trends in lake and river cover in the Northern Hemisphere. *Science*, **289**, 1743-1746.

8.13

1) Nemoto, M. and K. Nishimura, 2004：Numerical simulation of drifting snow in turbulent boundary layer. *J. Geophys. Res.*, **109**, 18206-18219.
2) 根本征樹，西村浩一，2008：積雪面と LES．ラージ・エディ・シミュレーションの気象への応用と検証．気象研究ノート，(219)，日本気象学会，55-65.
3) 日本雪氷学会雪崩分類，1998：雪氷，**60** (5), 437-444.

第9章

"IPCC AR4 WG Ⅰ, 2007"は"IPCC, 2007：Climate Change 2007：The Physical Science Basis：Contribution of Working Group Ⅰ to the Fourth Assessment Report of the Intergovernmental Panel on Climate Change（Solomon, S. et al. eds.）. Cambridge University Press, 996pp"を示す.

"IPCC AR4 WG Ⅱ, 2007"は"IPCC, 2007：Climate Change 2007：Impacts, Adaptation and Vulnerability：Contribution of Working Group Ⅱ to the Fourth Assessment Report of the Intergovernmental Panel on Climate Change（Parry, M. L. et al. eds.）. Cambridge University Press, 976pp"を示す.

"IPCC AR4 WG Ⅲ, 2007"は"IPCC, 2007：Climate Change 2007：Mitigation of Climate Change：Contribution of Working Group Ⅲ to the Fourth Assessment Report of the Intergovernmental Panel on Climate Change（Metz, B. et al. eds.）. Cambridge University Press, 851pp"を示す.

9.1

1) Goody, R. M., 1964：Atmospheric Radiation. Oxford University Press, 519pp.
2) Manabe, S., and R. F. Strickler, 1964：On the thermal equilibrium of the atmosphere with a convective adjustment. *J. Atmos. Sci.*, **21**, 361-385.
3) Manabe, S., and R. T. Wetherald, 1967：Thermal Equilibrium of the Atmosphere with a Given Distribution of Relative Humidity. *J. Atmos. Sci.*, **24**：241-259.

9.2

1) IPCC AR4 WG Ⅰ, 2007.
2) Manabe, S., and R. F. Strickler, 1964：Thermal equilibrium in the atmosphere with a convective adjustment. *J. Atmos. Sci.*, **21**, 361-385.
3) Manabe, S., and R. T. Wetherald, 1967：Thermal equilibrium in the atmosphere with a convective adjustment. *J. Atmos. Sci.*, **24**, 241-259.

9.3

1) Jones, P. D. and A. Moberg, 2003：Hemispheric and large-scale surface air temperature variations：An extensive revision and update to 2001. *J. Climate*, **16**, 206-223.
2) Worley, S. J. et al., 2005：ICOADS release 2.1 data and products. *Int. J. Climatol.*, **25**, 823-842.
3) 山元龍三郎, 1999：歴史的海上気象資料と海洋・気候研究, ディジタル化された Kobe Collection. 月刊「海洋」1999年7月号, 396-400, 海洋出版.
4) IPCC AR4 WG Ⅰ, 2007.
5) Levitus, S. et al., 2005：Warming of the world ocean, 1955-2003. *Geophys. Res. Lett.*, **32**, L02604, doi：10.1029/2004GL021592.
6) Ishii, M. et al., 2006：Steric sea level changes estimated from historical subsurface temperature and salinity analyses. *J. Oceanogr.*, **61**, 155-170.
7) Willis, J. K. et al., 2004：Interannual variability in upper ocean heat content, temperature, and thermosteric expansion on global scales. *J. Geophys. Res.*, **109**, C12036, doi：10.1029/2003JC002260.
8) Cazenave, A. et al., 2008：Sea level budget over 2003-2008：A reevaluation from GRACE space gravimetry, satellite altimetry and Argo. *Glob. Planet. Change*, doi：10.1016/j.gloplacha.2008.10.004.

9.4

1) 気象庁：気候変動監視レポート（年1回発行）.
2) 気象庁：異常気象レポート（数年毎に発行. 最新のものは2005年）.
3) ヒートアイランド監視報告（年1回発行）.
4) 近藤純正：近藤純正ホームページ. http://www.asahi-net.or.jp/~rk7j-kndu/index.html（2010.9.21 閲覧）.
5) Fujibe, F. et al., 2006：Long-term changes of heavy precipitation and dry weather in Japan（1901-2004）. *J. Meteorol. Soc. Jpn.*, **84**, 1033-1046.
6) Fujibe, F. et al., 2005：Long-term trends in the diurnal cycles of precipitation frequency in Japan. *Pap. Meteorol. Geophys.*, **55**, 13-19.
7) Fujibe, F., 2009：Detection of urban warming in recent temperature trends in Japan. *Int. J. Climatol.*, **29**, 1811-1822.
8) Inoue, T. and F. Kimura, 2004：Urban effects on low-level clouds around the Tokyo metropolitan area on clear summer days. *Geophys. Res. Lett.*, **31**, L05103, doi：10.1029/2003GL018908.
9) Fujibe, F. et al., 2009：Long-term change and spatial anomaly of warm season afternoon precipitation in Tokyo. *SOLA*, **5**, 17-20.

9.5

1) Hegerl, G. C. et al., 2007：Understanding and attributing climate change. In：IPCC AR4 WG Ⅰ, 2007, 663-745.
2) Nozawa, T. et al., 2007：Climate change simulations with a coupled ocean-atmosphere GCM called the Model for Interdisciplinary Research on Climate：MIROC, CGER's Supercomputer Monograph Report, 12, CGER-REPORT, CGER/NIES, Tsukuba, pp. 80+.
3) Brohan, P. et al., 2006：Uncertainty estimates in regional and global observed temperature changes：a new dataset from 1850. *J. Geophys. Res.*, **111**, D12106, doi：10.1029/2005JD006548.
4) The International ad hoc Detection and Attribution Group, 2005：Detecting and Attributing External Influences on the Climate System：A Review of Recent Advances. *J. Clim.*, **18**, 1291-1314.

9.6

1) 近藤洋輝, 2009：地球温暖化予測の最前線. 成山堂, 258pp.
2) IPCC, 1990：Climate Change：The Scientific Assessment. Cambridge University Press, 200pp.
3) IPCC, 1996：Climate Change 1995：The Science of Climate Change. Cambridge University Press, 572pp.
4) IPCC, 2001：Climate Change 2001：The Scientific Basis, Contribution of Working Group Ⅰ to the Third Assessment Report of IPCC. Cambridge University Press, 881pp.
5) IPCC, 2000：Emission Scenarios. Cambridge University Press, 570pp.
6) IPCC AR4 WG Ⅰ, 2007.
7) 近藤洋輝, 2010：日本における地球温暖化研究の意義と課題. 天気, **58**, 101-116.

9.7

1) Meehl, G. A. et al., 2007：Global climate projections. In：IPCC AR4 WG Ⅰ, 2007, 747-845.

2）Yamaguchi, K., and A. Noda, 2006：Global warming patterns over the North Pacific：ENSO versus AO. *J. Meteor. Soc. Jpn.*, **84**, 221-241.
3）Tanaka, H. L. et al., 2005：Intercomparison of the intensities and trends of Hadley, Walker and monsoon circulations in the global warming projections. *SOLA*, **1**, 77-80.
4）Vecchi, G. A. and B. J. Soden, 2007：Global Warming and the Weakening of the Tropical Circulation. *J. Clim.*, **20**, 4316-4340.
5）Rind, D. et al., 2002：$2 \times CO_2$ and solar variability influences on the troposphere through wave-mean flow interaction. *J. Meteor. Soc. Japan.*, **80**, 863-876.

9.8
1）IPCC AR4 WG I, 2007.
2）Nohara, D., A. Kitoh, M. Hosaka and T. Oki, 2006：Impact of climate change on river discharge projected by multi-model ensemble. *J. Hydrometeor.*, **7**, 1076-1089.
3）IPCC AR4 WG II, 2007.

9.9
1）Meehl, G. A. et al., 2007：Global climate projections. In：IPCC AR4 WG I, 2007, 747-845.
2）文部科学省，気象庁，環境省，2009：温暖化の観測・予測及び影響評価統合レポート「日本の気候変動とその影響」．
3）気象庁，2008：地球温暖化予測情報，**7**, 25-26.
4）Pfeffer, W. T. et al., 2008：Kinematic Constraints on Glacier Contributions to 21st-Century Sea-Level Rise. *Science*, **321**, 1340-1343.

9.10
1）Meehl, G. A. et al., 2007：Global climate projections. In：IPCC AR4 WG I, 2007, 747-845.
2）Kharin, V. V. et al., 2007：Changes in temperature and precipitation extremes in the IPCC ensemble of global coupled model simulations. *J. Clim.*, **20**, 1419-1444.

9.11
1）IPCC AR4 WG I, 2007.（気象庁による一部の翻訳が http://www.data.kishou.go.jp/climate/cpdinfo/ipcc/ar4/index.html から入手可能）
2）Knutti, R. et al., 2003：Probabilistic climate change projections using neural networks. *Clim. Dyn.*, **21**, 257-272.
3）Wigley, T. M. L. and S. C. B. Raper, 2001：Interpretation of high projections for global-mean warming. *Science*, **293**, 451-454.
4）Stott, P. A. et al., 2006：Observational constraints on past attributable warming and predictions of future global warming. *J. Clim.*, **19**, 3055-3069.
5）Harris, G. et al., 2006：Frequency distributions of transient regional climate change from perturbed physics ensembles of general circulation model simulations. *Clim. Dyn.*, **27**, 357-375.
6）Furrer, R. et al., 2007：Multivariate Bayesian analysis of atmosphere-ocean general circulation models. *Environ. Ecol. Stat.*, **14**(3), 249-266.
7）オレル, D. 著，大田直子ほか訳，2010：明日をどこまで計算できるか？─「予測する科学」の歴史と可能性．早川書房，456 pp.
8）Hibbard, K. et al., 2007：A strategy for climate change stabilization experiments. *EOS*, **88**(20), 217, 219, 221.
9）Cox, P. and D. Stephenson, 2007：A changing climate for prediction. *Science*, **317**, 207-208.

9.12
1）IPCC AR4 WG I, 2007. http://www.ipcc.ch/publications_and_data/ar4/wg1/en/contents.html（2010.9.27 閲覧）．
2）国立環境研究所地球環境研究センター：ココが知りたい地球温暖化 http://www.cger.nies.go.jp/ja/library/qa/qa_index-j.html（2010.10.01 閲覧）．
3）浅井冨雄，1996：ローカル気象学．東京大学出版会．
4）気象庁地球温暖化予測情報第6巻．http://www.data.kishou.go.jp/climate/cpdinfo/GWP/Vol6/index.html（2010.9.27 閲覧）．
5）佐藤友徳，2010：擬似温暖化実験．天気，**57**，111-112.

9.13
1）IPCC, AR4 WG II, 2007.
2）長谷川利拡，2008：温暖化環境における作物生産のあり方と展望．農林水産技術研究ジャーナル，**31**, 5-8.
3）環境省編：地球温暖化影響・適応研究委員会報告書「気候変動への賢い適応」．http//www.env.go.jp/earth/ondanka/rc_eff-adp/index.html（2013.4.1 閲覧）．
4）森田　敏，2005：水稲の登熟期の高温によって発生する白未熟粒，充実不足および粒重低下．農業技術，**60**, 6-10.
5）Okada, M. et al., 2009：A climatological analysis on the recent declining trend of rice quality in Japan. *J. Agirc. Meteorol.*, **65**, 327-337.
6）林　陽生ほか，2001：温暖化が日本の水稲栽培の潜在的特性に及ぼすインパクト．地球環境，**6**, 141-148.
7）Nakagawa, H. et al., 2003：Effects of climate change on rice production and adaptive technologies. In：Rice Science：Innovation and Impact for Livelihood（Mew, T. W. et al. eds.）．IRRI, 635-658.
8）農林水産省，2007：地球温暖化が農林水産業に与える影響と対策．農林水産研究開発レポート，**23**.
9）杉浦俊彦，横沢正幸，2004：年平均気温の変動から推定したリンゴおよびウンシュウミカンの栽培環境に対する地球温暖化の影響．園芸学雑誌，**73**, 72-78.

9.14
1）Kundzewicz, Z. W. et al., 2007：Freshwater resources and their management. In：IPCC AR4 WG II, 2007, 173-210.
2）Nohara, D. et al., 2006：Impact of climate change on river discharge projected by multi-model ensemble. *J. Hydrometeor.*, **7**, 1076-1089.
3）Bengtsson, M. et al., 2006：A SRES-based gridded global population dataset for 1990-2100. *Popul. Environ.*, **28**, 113-131.
4）Shen, Y. J. et al., 2008：Projection of future world water resources under SRES scenarios：water withdrawal. *Hydrol. Sci. J.*, **53**, 11-33.
5）Oki, T. and S. Kanae, 2006：Global Hydrological Cycles and World Water Resources. *Science*, **313**, 1068-1072.
6）内海信幸ほか，2011：日本における1時間降水量の極値と地上観測気温の関係．水工学論文集，**55**, in revision.
7）Hirabayashi Y. et al., 2008：Global projections of changing risks of floods and droughts in a changing climate, *Hydro. Sci. J.*, **53**, 754-772.

9.15
1）IPCC AR4 WG II, 2007.
2）原沢英夫，西岡秀三編著，2004：地球温暖化と日本．古今書

院.
3) 環境省, 2006：地球温暖化と感染症.
4) WHO, 2004：Health and Global Environmental Change Heat-waves: risks and responses.
5) Schär, C. et al., 2004：The role of increasing temperature variability in European summer heatwaves. *Nature*, 427, 332-336.
6) Patz, J. A. et al., 2005：Impact of regional climate change on human health. *Nature*, 438, 310-317.
7) 兜　真徳ほか, 2006：夏季の暴露温度調節行動と暑熱ストレス関連症状の地域差——全国レベルのアンケート調査結果から, 環境科学, 19, 45-57.

9.16
1) 山地憲治, 2006：エネルギー・環境・経済システム論, 岩波書店.
2) 経済産業省, 2006：CCS2020
3) IPCC AR4 WG Ⅲ, 2007.
4) 経済産業省, 2008：「Cool Earth—エネルギー革新技術計画」. http://www.enecho.meti.go.jp/policy/coolearth_energy/coolearth-hontai.pdf
5) 地球温暖化問題に関わる知見と施策に関する分析委員会, 2009：「地球温暖化問題解決のために—知見と施策の分析, 我々の取るべき行動の選択肢」報告, 日本学術会議.

基礎論

A.1
1) 浅野正二, 2010：大気放射学の基礎. 朝倉書店, 267pp.
2) Bohren, C. F. and E. E. Clothiaux, 2006：Fundamentals of Atmospheric Radiation. Wiley-VCH, 93.

A.2
1) 吉﨑正憲, 加藤輝之, 2007：豪雨・豪雪の気象学. 朝倉書店, 187pp.
2) Chandrasekhar, S., 1961：Hydrodynamic and Hydromagnetic Stability. Oxford University Press, 651pp.
3) Farhadieh, R. and R. S. Tankin, 1974：Interferometric study of two-dimensional Bénard convection cells. *J. Fluid Mech.*, 66, 739-752.
4) Saunders, P., 1973：The instability of a baroclinic vortex. *J. Phys. Oceanogr.*, 3, 61-65.

A.3
1) Andrews, D. G. et al., 1987：Middle Atmosphere Dynamics. Academic Press, 489pp.
2) Longuet-Higgins, M. S., 1968：The eigenfunctions of Laplace's tidal equations over a sphere. *Philos. Trans. R. Soc. London, Ser.* A262, 511-607.
3) Holton, J. R., 1992：An Introduction to Dynamic Meteorology (3rd ed.). Academic press, 511pp.
4) 小倉義光, 1978：気象力学通論. 東京大学出版会, 249pp.
5) 新田　勲, 1982：熱帯の気象. 気象学のプロムナード7, 東京大学出版会, 215pp.
6) 廣田　勇, 1992：グローバル気象学. 気象の教室1, 東京大学出版会, 148pp.
7) 松野太郎, 島崎達夫, 1981：成層圏と中間圏の大気. 大気科学講座3, 東京大学出版会, 179pp.

8) 新田　尚ほか編, 2005：気象ハンドブック（第3版）, 朝倉書店, 1010pp.

B
1) Komori, N. et al., 2008：Deep ocean inertia-gravity waves simulated in a high-resolution global coupled atmosphere-ocean GCM. *Geophys. Res. Lett.*, 35, L04610.
2) Pedlosky, J., 1996：Ocean Circulation Theory. Springer-Verlag, 453pp.
3) 相木秀則, 2005：地中海水レンズ渦の連続形成に関する数値的研究. ながれ, 24, 255-261.
4) Wunsch, C. and R. Ferrari, 2004：Vertical mixing, energy, and the general circulation of the oceans. *Ann. Rev. Fluid Mech.*, 36, 281-314.
5) Stommel, H., 1961：Themohaline convection with two stable regimes of flow. *Tellus*, 13, 224-230.

C.1
1) 長倉三郎ほか編, 1998：岩波理化学辞典（第5版）, 岩波書店, 1854pp.
2) 和達清夫監修, 1987：海洋大辞典, 東京堂出版, 589pp.
3) 河野　健, 2010：新しい海水の状態方程式と新しい塩分. 海の研究, 19, 127-137.
4) Dickson, A. G. et al., eds., 2007：Guide to best practices for ocean CO_2 measurements. PICES Special Publication 3, 191pp.
5) 藤永太一郎ほか, 2005：海と湖の化学. 京都大学学術出版会, 560pp.
6) Gruber, N. and J. L. Sarmiento, 2002：Large-scale biogeochemical-physical interactions in elemental cycles. In: The Sea Volume 12: Biological-Physical Interactions in the Sea (Robinson, A. R. et al. eds.). John Wiley & Sons, 337-399.
7) Sarmiento, J. L. and N. Gruber, 2006：Ocean Biogeochemical Dynamics. Princeton University Press, 503pp.

C.2
1) Weiss, R. F., 1974：Carbon dioxide in water and seawater: The solubility of a non-ideal gas. *Mar. Chem.*, 2, 203-215.
2) Lueker, T. J. et al., 2000：Ocean pCO_2 calculated from dissolved inorganic carbon, alkalinity, and equations for K_1 and K_2: Validation based on laboratory measurements of CO_2 in gas and seawater at equilibrium. *Mar. Chem.*, 70, 105-119.
3) Dickson, A. G., 1990：Thermodynamics of the dissociation of boric acid in synthetic seawater from 273.15 to 318.15 K. *Deep-Sea Res.*, 37, 755-766.

D
1) 吉良　竜, 1970：森林の一次生産と生産のエネルギー効率. *JIBP-PT-F*, 44, 85-92.
2) Archibold, O. W., 1995：Ecology of World Vegetation. Chapman & Hall, 510pp.
3) Whittaker, R. H., 1975：Communities and Ecosystems. Macmillan, 352pp.
4) Lieth, H., 1973：Primary production: Terrestrial ecosystems. *Human Ecology*, 1, 303-332.
5) Monsi, M. and T. Saeki, 1953：Über den Lichtfactor in den Pflanzengesellschaften und seine Bedeutung für die Stoffproduktion. *Jpn. J. Bot.*, 14, 22-52.
6) Farquhar, G. D. et al., 1980：A biochemical model of photosynthetic CO_2 assimilation in leaves of C_3 species.

Planta, **149**, 78-90.
7) 彦坂幸毅, 2004：光合成過程の生態学. 甲山隆司ほか著：植物生態学, 朝倉書店, 42-80.
8) Shinozaki, K. and T. Kira, 1956：Intraspecific competition among higher plants Ⅶ：Logistic theory of the C-D effect. *Journal of the Institute of Polytechnics*, Osaka City University D7, 35-72.
9) de Wit, C. T., 1960：On competition. *Verslagen van landbouwkundige onderzoekingen*, **66**, 1-82.
10) Yoda, K. et al., 1963：Self-thinnning in overcrowded pure stands under cultivated and natural conditions (Intraspecific competition among higher plants Ⅺ). *J. Biol.*, Osaka City University, **14**, 107-129.
11) White, J., 1980：Demographic factors in populations of plants. In：Demography and Evolution in Plant Populations (Solbrig, O. T. ed.). Blackwell scientific Publications, 21-48.
12) Weller, D. E., 1987：A reevaluation of the -3/2 power rule of plant self-thinning. *Ecol. Monogr.*, **57**, 23-43.
13) FAO（国連食糧農業機関）, 2002：世界森林白書（2001年報告）. 農山漁村文化協会.
14) WWF, 2003：WWF Annual Review 2003. http://www.wwf.or.jp/aboutwwf/japan/report/（2010.9.15閲覧）.
15) 原登志彦, 2009：地球温暖化の進行にともなう森林生態系への影響—北方林に注目して. 吉田文和・池田元美編著, 持続可能な低炭素社会, 北海道大学出版会, 35-49.
16) Cramer, W. et al., 2001：Global response of terrestrial ecosystem structure and function to CO_2 and climate change：results from six dynamic global vegetation models. *Global Change Biology*, **7**, 357-373.
17) IPCC, 2007：Climate Change, 2007：The Physical Science Basis：Contribution of Working Group Ⅰ to the Fourth Assessment Report of the Intergovernmental Panel on Climate Change (Solomon, S. D. et al. eds.). Cambridge University Press, 966pp.

E

1) IPCC, 2007：Climate Change, 2007：Impacts, Adaptation and Vulnerability：Contribution of Working Group Ⅱ to the Fourth Assessment Report of the Intergovernmental Panel on Climate Change (Parry, M. L. et al. eds.). Cambridge University Press, 976pp.
2) Saito, H. et al., 2006：Role of heterotrophic dinoflagellate *Gyrodinium* sp. in the fate of an iron-enrichment induced diatom bloom. *Geophys. Res. Let.*, **33**, L09602, doi：10.1029/2005GL025366.
3) Behrenfeld, M. J. et al., 2006：Climate-driven trends in contemporary ocean productivity. *Nature*, **444**, 752-755.
4) Boyd, P. W. et al., 2000：A mesoscale phytoplankton bloom in the polar Southern Ocean stimulated by iron fertilization. *Nature*, **407**, 695-702.
5) Bakun, A., 2006：Wasp-waist populations and marine ecosystem dynamics：Navigating the 'predator pit' topographies. *Prog. Oceanogr.*, **68**, 271-288.
6) Martin, J. H., 1990：Glacial-interglacial CO_2 Change：The iron hypothesis. *Paleoceanography*, **5**, 1-13.
7) DeLong, E. F. and N. R. Pace, 2001：Environmental diversity of bacteria and archaea. *System. Biol.*, **50** (4), 470-478.

索 引
―INDEX―

あ

アイス(氷)アルベドフィードバック
　　　39, 240
アイスコア　45
アイスジャム　149
アイスランド低気圧　72
アイスレンズ　242
アイソスタシー　14
アウストラロピテクス　32
アガラス海流　198
亜寒帯　332
亜寒帯-亜高山帯針葉樹林　158
亜寒帯循環　198
亜寒帯針葉樹林　336
アーキア　173, 340
秋雨　135
アーククラウド　89
亜酸化窒素　163
アジア　111
アジアモンスーン　9, 65, 87, 106, 139
アジアモンスーン循環　133
アジアンダスト　120
アゾレス高気圧　72
暖かさの指数(WI)　184
圧力傾度力　198
亜南極モード水　215
亜熱帯高圧帯　90
亜熱帯高気圧　60
亜熱帯循環　197, 198, 216
亜熱帯前線　136
亜熱帯モード水　216
アノマリー　185
亜表層クロロフィル極大　341
アボガドロの仮説　301
雨雲　76
雨粒　78, 81
雨　110
アラゴナイト　183
アラスカ循環　210
アラスカンストリーム　210
アラスカンストリーム渦　211
霰　78, 234
霰石　183
亜硫酸ガス　259
アリューシャン低気圧　73, 74
アルカリ度　328
アルカリポンプ　112
アルゴ　215
アルディピテクス　32
アルベド　4, 30, 39, 60, 124, 164, 236, 244,
　　　289
アルベド制御　289
アルベドフィードバック効果　271
アロメトリー　332
アンサンブル予測　207
アンサンブル実験　278, 279
安定境界層　94
安定性　303
アンモニア塩　163

い

イオン積　327
イソプレン　114
1次元放射対流平衡モデル　261
一次散乱量　295
一次生産　10, 188, 331
一次生産者　230
一次遷移　168
一次大気　2
一次物質　96
1年氷　244
一酸化炭素(CO)　96, 114, 124
一酸化二窒素(N_2O)　112, 258
一等米比率　282
溢流氷河　238
遺伝的多様性　180
移動性高気圧　283
移動性高低気圧　143
移動性低気圧　82
いぶき　130
移流　224, 322
移流項　300
隕石衝突　10
インド亜大陸　9
インドネシア海洋大陸　86
インドネシア通過流　214
インドモンスーン　136
インド洋　214
インド洋ダイポール(モード)現象(IOD)
　　　67, 206
インバース法　220

う

ウィンドシア　89
ウェットマイクロバースト　89
上向き放射輝度　297
上向き放射フラックス　292, 298
ウォーカー循環　36, 40, 65, 271
渦　214

渦位　216
渦相関法　185
雨雪判別　234
海の砂漠　228
雲海　76
雲核　78, 124
雲頂　40
運動の法則　299
運動方程式　308
雲粒　78, 81
雲粒径　124
雲粒捕捉成長　78
雲量　40, 91, 124

え

永久凍土　158, 242, 248, 250
衛星搭載ライダー　121
永年密度躍層　197, 216
栄養塩　174, 176, 212, 216, 228, 230
エクマン層　198, 204
エクマンパンピング　216
エクマン輸送　197, 198, 205, 214, 216
エクマン流　318
エコロジカル・デット　190
エコロジカル・フットプリント(EF)　190
越境(大気)汚染　107, 109, 131
エドマ層　248
エネルギー　288
　　――の収支　42, 48, 60
　　――の脱炭素化　288
エネルギー革新技術計画　289
エネルギー効率　331
エミッション　125
エミッション・インベントリ　114, 122
エルニーニョ(現象)　37, 53, 66, 74, 86,
　　　137, 170, 206, 231, 271
エルニーニョ・南方振動(ENSO)　27, 65,
　　　66, 73, 74
エルニーニョもどき　66
エーロゾル　11, 46, 78, 91, 108, 116, 118,
　　　124, 126, 128, 130, 259, 260, 295
エーロゾル質量分析計(AMS)　118
エーロゾル光学的厚さ(AOD)　130
エーロゾル粒子　97, 105, 116
遠隔力　299
沿岸湧昇　60, 174, 189
塩基　110
塩基性鉱物粒子　120
遠日点　293
遠心力　84, 309

円石藻　183
鉛直混合　221
鉛直シア　82, 95, 308
鉛直対流　196, 209
鉛直変化率　227
エントレインメント　60, 91, 94
塩分　209, 212, 321
　　海面の――　193
塩分躍層　210, 212
塩類化　151
塩類集積　169

お

オイラー的見方　300
オイラリアン微分　300
欧州熱波　286
黄土　151
オキシダント　259
オーストラリアモンスーン　65
遅いプロセス　45
オゾン(O_3)　49, 70, 124, 128, 130, 258
オゾン前駆物質　107
オゾン層　46, 112
オゾン層破壊物質　225
オゾン分解サイクル　99
オゾンホール　71, 100, 128, 232
オホーツク海　218, 244
オホーツク海高気圧　137
御神渡り現象　254
親潮　37, 174, 198, 210, 218
親潮系水　209
おろし　93
温位　59, 61, 94, 102, 302, 311
温位鉛直輸送量　61
温室効果　4, 11, 46, 48, 61, 258, 265
温室効果ガス(GHGs)　29, 46, 48, 90, 112, 124, 233, 258, 276
温帯　332
温帯イネ科草原　332
温帯常緑樹林　159
温帯疎低木林　158
温帯多雨林　159
温帯低気圧　84, 90
温帯落葉樹林　159
温暖核　84
温暖前線　90
温度減率　38, 81
温度減率フィードバック　38
温度風　58, 309
温度風平衡(バランス)　50, 56
音波　311

か

カイアシ類　177
回帰線水　209

海丘　172
海溝　172, 173
海山　172
海上夜間気温　262
海色　174
灰色体　47, 293
海水　43
　　――のCO_2分圧　325
　　――の酸性化　231
　　――の膨張　274
　　――の密度　193, 204
海水準　239, 240
海水準変化　144
回転系　304
海氷　212, 214, 232, 246
海氷面積　212
海風　92
外部境界層　94
外部重力波　59, 312
海面　194
　　――の塩分　193
海面気圧分布　54
海面混合層　210
海面(水位)上昇　233, 274, 287
海面水位　263, 274
海面水温　62, 262
海綿動物　173
海面フラックス　87
回遊　179
海洋　222
　　――のエネルギー貯蔵量　144
海洋鉛直構造　193
海洋化学　222, 321
海洋形成条件　5
海洋圏　34
海洋酸性化　182, 329
海洋子午面循環(MOC)　75, 200, 202, 214
海洋循環　202
海洋深層循環　275
海洋深層水　210
海洋性氷河　238
海洋生物地理情報システム(OBIS)　181
海洋生物のセンサス(CoML)　181
海洋施肥　289
海洋前線　37
海洋前線帯　74
海洋大循環　220
海洋大循環モデル　177, 260
海洋貯熱量(OHC)　262
海洋底プレート　173
海洋熱塩大循環　213
海洋熱吸収　263
海洋表層水　186
海洋モデル　36
外来種　181
海陸風　92
海流　204

海嶺　172
カオス　278
カオス理論　207
化学・エーロゾル気候モデル　124
化学海洋学　222, 321
化学気候モデル　101
化学合成　173
科学上および技術上の助言に関する補助機関(SBSTA)　268
化学天気予報　126
化学トレーサー　225
化学風化　9
化学輸送モデル　114, 126
化学量　174
角運動量保存則　309
拡散　224, 322
角速度　305
攪乱　164
可降水量　62, 142
　　――の分布　62
傘雲　77
風下波　77
過酸化ラジカル　104
火山噴火　29
可視光　160
可視光線　291
ガストフロント　89
風　221
　　――の道　92
火星　4
化石花粉　18
化石燃料　114, 186
河川水　212
河川氷　246
河川網　148
河川流域　148
河川流出量　148
河川流量　142, 273, 284
下層雲　40, 76
下層雲量　91
加速器質量分析装置　15
活動層　242, 243
活動層増加　233
活動量削減　288
かなとこ雲　88
可能蒸発散量　150
下部周極深層水　221
花粉ダイヤグラム　18
花粉分析　18
カラム濃度　130
カルサイト　183
ガルフストリーム(湾流)　198
灌漑　149
寒気　234
寒気吹き出し　234
環境汚染物質排出移動登録(PRTR)　122
環境基準　107

索引

環境収容力　169
環形動物　173
緩衝効果　98
環状モード　72, 271
完新世中期　27
慣性系　304
慣性周期　59, 204
慣性重力波　59, 204, 312
慣性振動　312
乾性沈着　110, 118
慣性内部重力波　69, 313
慣性の法則　299
岩石氷河　242
間接効果　124, 259
間接循環　51
乾雪表層雪崩　257
感染症　287
乾燥空気　46
乾燥重量　331
乾燥ストレス　336
乾燥大気　94, 301
乾燥対流　81
乾燥断熱減率　81, 302
乾燥地　150
乾燥度指数　150
観測センサー　119
寒帯前線　136
涵養　240
寒流　60
寒冷化　105
寒冷前線　80
寒冷半砂漠　158

き

気圧傾度力　84, 299, 308
気液平衡の状態　324
気温　251
　——の鉛直分布　49
気温上昇　251
気候　76
　——のジャンプ　170
　——の揺らぎ　266
気候-炭素循環フィードバック　39
気候感度　30
気候区分　63
気候サービスのための世界的枠組み
　（GFCS）　269
気候システム　84, 260
気候シナリオ　282
気候ドリフト　36
気候フィードバック　30
気候フィードバック過程　38
気候変化　108
気候変動　104, 116, 142, 215, 264
　——の予測　207
気候変動に関する国際連合枠組条約

　（UNFCCC）　122
気候変動に関する政府間パネル（IPCC）
　167, 223, 268, 272, 282, 336
気候変動要因　266
気候モデル　19, 41
気候予測モデル　91
擬似温暖化手法　281
技術移転　289
気象観測　264
希少種　166, 178
季節水温躍層　209, 228
季節積雪　152, 232, 236
季節凍土　242
季節内変動　86
季節風　132, 134
季節変化　106
季節予測　36
基礎生産　228
気体　324
気体定数　311
北赤道海流　208
北大西洋深層水（NADW）　197, 200, 221
北大西洋振動（NAO）　58, 72, 75, 137
北太平洋亜寒帯循環　210
北太平洋亜熱帯循環　208
北太平洋亜熱帯モード水　209
北太平洋海洋科学機構（PICES）　177
北太平洋深層水（NPDW）　209, 220
北太平洋中層水（NPIW）　209, 211, 218
北半球氷河化　13
気団変質　234
揮発性有機化合物（VOC）　106, 109, 114, 124
逆転層　60, 94
キャベリング　204
吸収　294
吸収線　46, 294
吸収線の広がり　294
　衝突による——　294
　ドップラー効果による——　294
吸収帯　46, 294
吸収大気の放射源関数　297
吸収断面積　294
吸収日射量　233
吸収率　293
境界層　109
境界層雲　60
狭義の大気放射　294
凝結　78, 81, 84
凝結核　77
凝結成長　78
凝結熱　81
暁新世末期超温暖イベント　13
共生関係　168
共生パートナー　167
京都会議　269
京都議定書　112, 184, 269

極域成層圏雲（PSC）　71, 100, 101, 128
極渦　70, 73, 100
極座標系　291
局所熱力学的平衡近似　293, 295
極成層雲　76
極相　168
極相林　165
極端な降水量　273
極値降水量　285
局地循環　92, 154, 265
局地的大雨　82
棘皮動物　173
巨大火成岩区　8
吉良竜夫　184
霧　265
キルヒホッフの法則　258, 293
近日点　293
金星　4
近赤外　160
近接力　299
近未来予測　279

く

空気塊　301
屈折率　295
雲　76, 295
雲解像数値モデル　80, 82
雲フィードバック　39, 41
雲物理過程　76
雲放射強制力　41
暗い太陽のパラドックス　6
クラウジウス・クラペイロンの式　303
クラウドクラスター　69, 85
クラスト化　151
グリースアイス　244
グリーンランド氷床　240, 246, 274
クールアイランド　93
グレージング（捕食）チェーン　339
黒潮　37, 137, 174, 193, 198, 208, 216, 318
黒潮強流帯　208
黒潮系水　209
黒潮再循環　216
黒潮前線　208
黒潮続流　208, 216, 218
黒潮続流域　174
グローバル・ヘクタール　190
グローバル大気汚染　108
クロマニョン人　33
クロロフルオロカーボン類（CFCs）　99, 112
群速度　58
群落光合成モデル　332

け

傾圧不安定　40, 51, 56

368

索　引

傾圧不安定波　310
計算スキーム　260
形質　168
形状抵抗　214
ケイ藻化石　19
ケイ(珪)藻類　177, 228
傾度風平衡　84
経年変動　66
係留系　172
係留ブイ観測網　206
決壊洪水　252
ケルビン波　69, 314
原因特定　269
巻雲　77
圏界面　82
嫌気的メタン酸化反応(AMO)　173
原始海洋　3
原始水蒸気大気　3
原始太陽系星雲　2
原生生物　172
巻積雲　77
巻層雲　77
現存量　331
懸濁粒子　226
顕熱　36, 42, 60, 80, 94, 194

こ

広域海風　92
広域大気汚染　108
高緯度生態系　248
豪雨　80
高栄養塩低クロロフィル(HNLC)海域　341
光化学オキシダント　126
光化学オゾン　124
光化学スモッグ　105, 106, 114, 116
光学的厚さ　295, 297
高茎プレーリー　158
光合成　10, 112, 162, 172, 230, 282, 331
光合成器官　333
光合成生物　172
考古学　19
黄砂　109, 120
　　──の発生地域　120
　　──の飛来量　120
黄砂エーロゾル　120
黄砂バイオエーロゾル　120
高山草原　158
高山低木林　158
光子　294
高次栄養段階　170
高次生物　178
高次捕食者　177
降水　43, 76, 142
洪水　149, 284, 285
降水雲　76

降水帯　143
降水量　263
　　──の分布　62
　　極端な──　273
高積雲　77
豪雪　235
降雪粒子　234
降雪量　237
高層雲　77
高層気象観測　142
構造土　242
剛体回転　304
黄土地帯　120
鉱物組成　19
硬葉樹林　159
氷(アイス)アルベドフィードバック　39, 240
古気候モデリング相互比較実験(PMIP)　26
呼吸　331
国際衛星雲気候計画　90
国際科学会議　268
国際学術連合会議　268
国際生物学事業計画(IBP)　332
黒色頁岩　8
黒色炭素　124
黒体　47, 292, 293
黒体温度　258
黒体放射　47, 258, 292
黒点数　293
国連環境開発会議(UNCED)　268
国連気候変動枠組条約(UNFCCC)　268
古細菌　248
固定　331
固定・半固定砂丘　151
コドラート　331
ゴビ砂漠　120
湖氷　246
固有種　166
コリオリパラメータ(因子)　59, 199, 316
コリオリ力　58, 84, 198, 304, 308, 312
コールドサージ　135
コールドプール　84
混合層　196, 265, 319
混合層前線　217
混合比　46, 303
混合ロスビー重力波　69, 314
混濁大気　47
ゴンペルツ曲線　335
根粒菌　163

さ

サイクロン　84
歳差運動　22
最終間氷期　21
最終収量一定の法則　335

最終氷期　248
最終氷期最盛期(極大期)　16, 19, 26, 30, 240
最深積雪　237
サイズパラメータ　295
再生産　178
最適指紋法　266
サイドバックビルディング　83
砕波　102
栽培植物　19
細氷　235
サステイナビリティー　191
砂地　151
里山　169
里雪　235
砂漠　150, 158
砂漠化　150, 169, 232
砂漠化対処条約　150
サバナ　158, 332
サービス　166
サブシステム　34
サブダクション　197
サブダクション率　216
寒さの指数(CI)　184
サーモカルスト　243
作用・反作用の法則　299
酸　110
散逸項　61
酸化還元電位　248
山岳波　77
酸化反応　115
産業革命　106, 182, 184, 187
サンゴ　183
残差子午面循環　103
3次元気候モデル　261
酸性雨　104, 110, 114
酸性化　231
酸素　231
酸素同位体　12
酸素同位体比　12, 20
酸素法　189
サンダーストーム　88
山腹氷河　238
散乱　294, 295
散乱位相関数　295, 297
散乱角　296
散乱大気の放射源関数　297
散乱粒子　295
残留層　94

し

シア生成項　61
シアノバクテリア　229
ジェット気流　308
ジオエンジニアリング　288, 289
紫外線　70, 291

369

索引

　　　——による光分解　113
自己組織化　168
自己間引き　335
　　　——に関する3/2乗則　336
　　　——に関するべき乗則　336
子午面循環
　　海洋の——（MOC）　75, 200, 202, 214
　　成層圏の——　102
　　大気の——　51
指数生長曲線　334
システム　34
沈み込み　307
自然起源　96, 114
下向き放射輝度　297
下向き放射フラックス　292, 298
実験圃場　335
十種雲形（級）　76, 90
湿潤対流　81, 90
湿潤断熱減率　81, 271, 303
湿性沈着　110, 118
湿地　249
実用塩分　321
質量収支　238, 240
質量保存　312
シナリオ　278
自発休眠　283
シビアウェザー　81
指標水温　209
しぶき氷　253
地吹雪　256
刺胞動物　173
縞状鉄鉱床　7
ジメチルサルファイド（DMS）　342
ジャイア　221
射出係数　297
射出率　293
種　166
周極深層水（CDW）　197, 201, 215
収束帯　234
自由大気　60, 77, 94
自由対流圏　109
集中豪雨　82, 88
集中豪雨雪　80
周波数　291
重力観測衛星　143
重力波　59, 94, 204, 311
秋霖　135
主水温躍層　209
種多様性　180
樹木限界　158
純一次生産量／生産力（NPP）　162, 331
春季ブルーム　189, 228
純酸素機構　98
純生態系生産量／生産力（NEP）　162, 185, 332
省エネルギー　288
硝化　163

昇華凝結成長　234
昇華成長　78
条件付不安定　81
　　　——な成層　81
硝酸　110, 114
消散　294, 296
蒸散　142
硝酸塩（NO_3^-）　117, 124, 163
消散係数　297
上昇流　76
上層雲　40, 76
状態方程式　301, 316
衝突による吸収線の広がり　294
衝突併合過程　78, 81
蒸発　43, 78, 142
蒸発散　142, 146, 250
蒸発量の分布　63
消費者　331
晶氷　244
小氷期　29
上部混合層　170
障壁効果　133
正味雲放射強制力　41
正味放射フラックス　298
消耗　240
照葉樹林　159
将来気候予測　41
常緑広葉樹　19
常緑広葉樹林　333
常緑性　146
初期始新世気候温暖期　13
初期中新世氷河化　13
植食動物　331
植生　18, 168
　　　——の劣化　169
植生指数（NDVI）　160, 184
植生分布　63
植生モデル　147
植物機能型（PFT）　165
植物生産力　184
植物プランクトン　172, 176, 228, 230
食物連鎖　172
食料自給率　282
シリカ　220
試料木　332
シルト　18
シロザケ　178
人為起源　114
深海　172
シンク　185, 186
真空の泡　253
人工衛星　194
人工衛星観測　142
針広混交林　159
人工林　336
真珠（母）雲　76
針状結晶　244

新生代　12
深層循環　200, 231, 307, 319
深層水　196, 200, 214
深層西岸境界流　200
親鉄性元素　10
振動-回転帯　294
振動数　291
針葉樹　19
針葉樹林　333
森林火災　115, 336
森林吸収源　163
森林限界　168
森林伐採　154
　　　——の空間スケール　155

す

水温　209
水温塩分図　197
水温逆転構造　210
水温極小　211
水温極小水　211
水温極大　211
水温極大水　211
水塊　193, 196, 214, 216, 220
水産資源　172
水蒸気　46, 112, 129, 258
　　　——の凝結　81
　　　——の脱水　102
　　　——の平均滞在時間　145
水蒸気フィードバック　38
水蒸気フラックス　142
水蒸気量（可降水量）の分布　62
水食　151
水素イオン　325
水平混合　221
水文環境　149
水文気象学的推定方法　143
数十年規模変動　137
数値天気予報　142
数値モデル　84, 241
数密度　97
数理モデル　332
スケールハイト　315
筋雲　234
ステップ　158
ステファン・ボルツマンの法（射）則　47, 293
ステファン・ボルツマン定数　47, 293
スノーバースト　89
スノーボールアース（全球凍結）イベント　7
スノーボールアース（全球凍結）仮説　7
スーパークラウドクラスター（SCC）　85
スーパークラスター　68
スーパーセル　88
スーパープルーム　8

索　引

スプリングブルーム　340
スペクトル　47
スベルドラップ平衡(バランス)　133, 199, 217
スベルドラップ輸送　199, 206
スベルドラップ流量　319
スポロポレニン　18
スルメイカ　178

せ

生育期間　184, 333
西岸　204
西岸境界流　195, 198, 208
正極性落雷　89
生産者　331
静止軌道　131
静水圧平衡の式　302
成層圏　49, 70, 109, 128, 271, 303
　——の子午面循環　102
　——の年代スペクトル　103
成層圏エーロゾル　296
成層圏オゾン　128
成層圏界面　49, 60, 69
成層圏光化学　102
成層圏・対流圏(間)交換　102, 125
成層圏突然昇温　51, 55, 58, 70, 73
成層構造　212
生息域　178
生態系　166, 233, 331
　——の機能　166
生態系サービス　189
生態系借金　190
生長量　331
静的エネルギー　81
晴天積雲　76
西部亜寒帯循環　210
西風バースト　86
政府間海洋委員会(IOC)　268
西部北太平洋(夏季)モンスーン(WNPM)　135, 136
生物季節　184
生物群系　158
生物圏　35, 172, 180
生物種絶滅　232
生物相　167
生物体量　331
生物大量絶滅　10
生物多様性　166, 180
　——の地理情報　167
生物多様性条約(CBD)　181
生物地球化学過程　260
生物の分布変化予測モデル　167
生物ポンプ　10, 34, 44, 172, 226, 342
静力学　316
生理・生態特性　185
世界気候会議

第1回——(FWCC)　268
第2回——(SWCC)　268
第3回——(WCC-3)　269
世界気候研究計画(WCRP)　268
世界気象機関(WMO)　268
積雲　60, 76, 265
積雲対流　60, 95
赤外線　291
赤外線領域　47
赤外(線)放射　38, 39, 40, 42, 91, 294
脊索動物門　180
積雪　142, 232, 236, 246
積雪-アルベドフィードバック　152
積雪深　237
積雪水量　237
積雪分布　236
積雪面積　237
赤道準2年振動(QBO)　51, 59, 69
赤道・熱帯循環　198
赤道波　69, 103, 314
赤道湧昇域　174
石油　8, 10
積乱雲　36, 76, 80, 82, 84, 88, 90, 95, 307
積乱雲群　81
セジメントトラップ　226
雪線　239
節足動物門　180
絶対塩分　321
接地逆転層　94
接地層　94
雪氷　43, 142
雪氷圏　35, 232
雪氷災害　235, 236
雪片　78, 234
絶滅危惧種　166
絶滅速度　166
絶滅の要因　166
施肥効果　163
全アルカリ度　328
遷移　168
全球気候観測システム(GCOS)　268
全球凍結(スノーボールアース)イベント　7
全球凍結(スノーボールアース)仮説　7
全球平均の水循環(降水量・蒸発量)　145
潜在不安定　84
線状降水系　80
線状降水帯　82
鮮新世気候温暖期　13
漸新世氷河化　13
漸新世末温暖化　13
前線　204, 214
前線渦　208
前線活動　143
前線波動　208
全層雪崩　257
全炭酸　230

全炭酸濃度　325
潜熱　36, 42, 60, 78, 80, 94, 194, 196

そ

双安定　168
総一次生産量/生産力(GPP)　331
層雲　76
霜害　283
相観　158
総観スケール　82
草原　158
層重構造　208
層状雲　76, 90
総生産量　184
層積雲　60, 76
相対生長速度　334
相当温位　304
層別刈り取り法　333
相変化　81
ソース　337
外向き長波放射(OLR)　59
疎林　158
ソルトフィンガー　217

た

タイガ　158
大気・海洋相互作用　66
大気汚染　104, 287
　——の悪化の影響　287
大気汚染物質　259
大気海洋結合モデル　36, 67, 207
大気海洋相互作用　193
大気境界層　60, 90, 94
大気圏　34
大気混合層　307
大気質予測　126
大気寿命　112
大気組成　46
大気大循環　84, 125, 132
大気大循環モデル(AGCM)　142, 260, 268
大気中寿命　97, 106, 108
大気中での化学反応　96
大気中での滞留時間　97, 108
大気中のエネルギー収支　48
大気潮汐　314
大気動態　120
大気二酸化炭素　162
大気の架け橋　74
大気の酸化能力　125
大気のテープレコーダー　103
大気の窓　46
大気放射　47, 293
　狭義の——　294
大気水収支　138
大気モデル　36

索引

大気輸送モデル 113
大酸化イベント 6
第3期結合モデル比較実験プロジェクト
　　（CMIP3）269
大西洋 212, 214
大西洋子午面循環 275
大西洋水 212
大西洋数十年規模振動（AMO）75
体積混合比 97
体積消散係数 296
堆積物 18
代替指標 16, 31
代替フロン（類）105, 115
大蛇行流路 208
第2種条件付不安定（CISK）84
台風 84, 86, 195, 304
台風予報 85
太平洋 212, 214
太平洋夏季水 212
太平洋高気圧 136
太平洋10年規模変動（PDO）74, 170
太平洋冬季水 212
太平洋・北米（PNA）パターン 58, 73, 74
ダイヤモンドダスト 235
太陽活動 29, 293
太陽紫外線 105
太陽定数 42, 47, 144, 293
太陽（短波）放射 29, 39, 40, 42, 46, 60, 80,
　　94, 124, 156, 194, 212, 291, 293
太陽放射スペクトル 47
大陸河川 148
大陸間輸送 108
大陸性氷河 238
大陸棚 214
大陸氷床 26
対流 81, 82, 91, 94, 258, 303, 307
　——の階層構造 84
対流雲 90
対流圏 49, 76, 124, 129, 142, 271, 303
対流圏エーロゾル 296
対流圏オゾン 106, 108, 112
対流圏界面 49, 60, 80
　——の貫入 102
対流圏化学衛星 114, 130
対流圏光化学 102
対流混合 216
対流混合層 77, 94, 234
滞留時間 97, 108
対流性降水 265
対流セル 307
ダウンスケーリング 281
ダウンバースト 88, 89
タクラマカン砂漠 120
ダスト 130
脱窒 163
竜巻 88, 265
縦波 311

棚氷 240, 241
谷風 92
谷氷河 238
多年氷 244
多分散系 295
炭酸 324
炭酸イオン 325
炭酸塩 10
炭酸塩岩 11
炭酸塩鉱物 120
炭酸カルシウム 12, 230
炭酸水素イオン 325
炭酸ポンプ 25
単散乱アルベド 295, 297
短寿命大気汚染ガス 114
単色光 292
淡水 43, 213
暖水域 62
淡水循環 203
炭素収支 162
炭素循環 6, 162, 230, 233, 279
炭素循環モデル 162
炭素蓄積量 248
炭素貯留量 44
炭素同位体比 10
炭素のシンク 185
暖冬 235
断熱 81, 301
断熱保存量 302
短波雲放射強制力 41
短波長放射 293
短波（太陽）放射 29, 39, 40, 42, 46, 60, 80,
　　94, 124, 156, 194, 212, 291, 293

ち

地下水 142
地球温暖化 18, 67, 105, 106, 108, 112, 124,
　　232, 272, 288
　——の健康影響 286
地球温暖化予測 36
地球回転 221
地球化学過程 176
地球規模生物多様性情報機構（GBIF）167
地球規模炭素循環 44
地球圏-生物圏国際共同研究計画（IGBP）
　　332
地球システム科学 34
地球システム（気候）感度 30
地球システムモデル（ESM）163, 260, 35
地球大気環境問題 104
地球（長波）放射 40, 42, 46, 47, 61, 80, 94,
　　124, 156, 194, 291, 293, 294
地球放射収支 144
地球放射スペクトル 47
地形性上昇流 235
地衡風 308

地衡風バランス 50, 55
地衡流 198, 204, 214, 221, 317
地上気温 262
地上気温分布 54
地中水 142
窒素固定 163, 229
窒素酸化物（NO$_x$）96, 106, 109, 110, 114,
　　124
窒素循環 162
窒素循環モデル 163
地表・海表面からの放出 96
地表・海表面への沈着・吸収・分解 96
地表水 142
地表面改変 154
地表面の熱収支 138, 140
地表面の水収支 140
地表面放射 47, 293
チャップマン機構 98
チャーニー（の気候）感度 30
チャレンジャー号 222
長霖 135, 136
中央海嶺 173
中央水 197
中央モード水 217
中間圏 49
中間圏界面 49, 69
中期更新世遷移 13
中期中新世後期気候最適期 13
中規模渦 208, 211
中規模細胞状対流 95
中規模擾乱 216
中世温暖期 29
中層雲 40, 76
中層水 215, 221
中層大気 49
中層フロート 215
中暖構造 210
中暖水 211
中立波 311
中立密度 221
中立面 204
中冷構造 210
中冷水 211
中和 110
長期変動 142
長期予測 279
長距離越境大気汚染条約（CLRTAP）122
長寿命温室効果ガス 112
潮汐 204, 221
超積雲集団 85
潮汐強度 171
長波雲放射強制力 41
長波長放射 294
長波（地球）放射 40, 42, 46, 47, 61, 80, 94,
　　124, 156, 194, 291, 293, 294
直接効果 124
直接循環 51, 84

372

索　引

直達太陽光　47
直下視観測　130
沈降フラックス　172
沈降粒子　226
沈着　163

つ

通気温度躍層理論　217
つみあげ法　331
梅雨　135, 136
つるし雲　77
ツンドラ　158, 249, 332

て

定圧比熱　311
低温ストレス　336
低次生態系モデル　176
定常ロスビー波　58
底生　179
底層水　196, 200
停滞ロスビー波　52
泥炭　18
低木林　158
締約国会合（COP）　268
定容比熱　311
適応（対）策　286, 288, 289
データ同化　126, 279
データの均質性　264
テテンの式　303
デトライタス　177
テルペン類　114
テレコネクション　55
テレコネクションパターン　58
デング熱　286
電磁波　291
天然更新　336
天然林　336

と

統計的予測　207
凍結　78
凍結湖　254
凍結水滴　78
東西風　50
登熟期　283
凍上　242
同心円氷紋　254
動的全球植生モデル（DGVM）　164
凍土　232, 242, 246, 250
東部亜熱帯モード水　217
動物プランクトン　176
等方的放射場　292
等密度面　224
等密度面輸送　224

都市化　265
土壌　168
土壌系ダスト　120
土壌呼吸量　185
土壌水　142
土壌水分　250
土壌有機物　164, 248
土壌劣化　150
土地の劣化　150
土地利用変化　138
トップダウンコントロール　341
ドップラー効果　311
　　――による吸収線の広がり　294
ドップラーレーダー　89
ドライマイクロバースト　89
トルク　308
トルネード　88
ドレーク海峡　214
トレーサー法　189
曇天大気　47

な

内部エネルギー　61
内部重力波　59, 77, 204, 312, 316
　　――の分散関係式　316
内部潮汐　204
内部領域　209
菜種梅雨　135
雪崩　236, 256
南下流　209
南極海　40
南極環海　214
南極環海流　205, 214, 318
南極周極海流系　198
南極周極流　214, 318
南極振動（AAO）　72, 271
南極中層水（AAIW）　197, 215
南極底層水（AABW）　197, 215, 201, 221
南極のオゾンホール　128
南極氷床　232, 240, 246, 274
軟体動物門　180
南方振動　66
南方振動指数　66
南北循環　204, 205, 220

に

二酸化硫黄（SO$_2$）　108, 110, 114, 124
二酸化炭素（CO$_2$）　96, 108, 112, 124, 215, 230, 324
二酸化窒素（NO$_2$）　108, 130
二次生成物　96
二次遷移　168
21世紀気候変動予測革新プログラム　183
二重拡散　204

二重拡散対流　217, 219
ニスキンボトル　222
日射　42, 91, 293
ニューストン　339
ニラス　244
人間活動　96, 233
人間活動圏　35
人間の健康影響　108

ね

ネアンデルタール人　33
ネクトン　339
熱塩循環　75, 193, 200, 320
熱圏　49
熱水活動域　173
熱帯　332
熱帯季節林　159
熱帯広葉疎林　158
熱帯収束帯（ITCZ）　40, 90, 62
熱帯水　209
熱帯草原　332
熱帯対流圏界面遷移層（TTL）　103
熱帯多雨林　159
熱帯低気圧　86
熱帯夜　264
熱潮汐　314
熱的局地循環　92
熱フラックス　194
熱放射　258, 294
熱雷　82
年代の決定　29
年々変動　264
年水資源賦存量　284

の

濃度　324
能動型リモートセンシング　291
ノーリグレット対策　289

は

梅雨　135, 136, 272
梅雨前線　135, 136
バイオキャパシティ　190
バイオマーカー　19
バイオマス　114, 162, 331
バイオマス燃焼　117, 122, 124
バイオーム　168
バイオーム型　158
背弧海盆　172, 173
排出係数（EF）　123
排出シナリオ　276
　　――に関する特別報告書（SRES）　182, 269, 270, 274
ハイドロクロロフルオロカーボン類

373

索　引

（HCFCs）　112
ハイドロフルオロカーボン類（HFCs）　112
パーオキシアセチルナイトレート　114
白亜紀　8
バクテリア　173
波数　291
はす葉氷　244
バタフライ効果　207
波長　291
波長分布　47
白金族元素　10
バックビルディング　83
発生源　337
バッファーファクター　330
波動　205
波動方程式　312
ハドレー循環　51, 64, 90, 133
ハビタブルゾーン　5
パーフルオロカーボン類（PFCs）　112
速いプロセス　44
バラスト　227
パラメタリゼーション　279
ハリケーン　84
ハロカーボン（類）　112, 259
ハロゲン原子　105
半球大気汚染　108
板状軟氷　244
繁殖器官　333
半年周期変動　51
半年振動（SAO）　59, 69

ひ

被圧　336
日傘効果　61
東アジア　191
東アジア酸性雨モニタリングネットワーク（EANET）　111
東オーストラリア海流　198
東カムチャツカ海流　210
東シベリア　249
微化石　18
光ストレス　336
微気象　185
非光合成器官　333
非降水雲　76
比湿　60, 94, 195
被食量　331
微生物コンソーシアム　173
微生物（マイクロビアル）ループ　172, 339
非静力学分散　317
非線形相互作用　205
非大蛇行流路　208
非断熱加熱項　298
ヒートアイランド　265
ヒートアイランド循環　93

人新世　35
ヒトスジシマカ　287
非保存成分　225, 323
ヒマラヤ山脈　9
ひまわり　131
ビヤルクネスフィードバック　36, 66
雹　78
氷河　142, 232, 238, 240, 246, 252
氷河湖　252
氷期-間氷期　14
氷期-間氷期サイクル　240
氷期サイクル　22, 30
氷山　241
氷山分離　240
氷晶　78, 234
氷床　215, 232, 240, 246
　　──の非可逆性　241
　　──の水収支　240
　　南極の──　274
氷晶核　78
氷床・氷河の質量収支　145
氷床流動モデル　241
表層花粉　19
表層混合層　209, 228
表層循環系　193
表層水　209
表層雪崩　257
氷盤　244
氷紋　253
微量気体　46
広戸風　93

ふ

フィードバック　245
　　正の──　37, 38
　　負の──　37, 38
フィードバック機構　38
フィードバック効果　259
フィラメント構造　174
フィルターフィーディング　338
風応力　198, 204
風食　151
風成循環　75, 198, 202, 318
風成循環理論　204
フェノロジー　184
フェレル循環　51, 57
フェーン　93
フォーシング　28
不確実性　278, 280
　　──の幅　281
付加体　172
負極性落雷　89
復元力　59, 59, 302
輻射　291
複素屈折率　295
フジタ（F）スケール　89

腐植　162
附属書Ⅰ国　269
物質循環　220
物理的予測　207
物理ポンプ　44
不凍湖　254
フードマイレージ　191
吹雪　236, 256
吹雪量　256
冬日　264
ブラインリジェクション（排出）　196, 200
ブラジル海流　198
フラックス　185, 332
フラックス・タワー　332
プラネタリー波　58, 69, 71, 313
フラム海峡　212
プランク関数　292
プランク定数　292
プランクトン　170, 228, 339
プランクの法則　258, 292
プランテーション開発　169
ブラントバイサラ振動数　59, 315
ブリューワー・ドブソン循環　102, 271
浮力振動数　316
浮力生成項　60
フルード数　93
プルーム　95
ブルーム　174
プレートテクトニクス　8, 172, 173
プロキシー　15, 16, 28
ブロッキング（現象）　55, 71
ブロッキング高気圧　72
プロット　331
フロン（CFCs）　112, 225
分化　2
分解者　331
分解速度　162
分散関係式　312, 316
分子拡散率　204
分子大気の透過率　46
分類群　18

へ

平均滞在時間　145
平行光線　292
平衡線高度　239
平行平板大気近似　296
米国標準大気モデル　46
平面波　311
ベーリング海峡　212
偏西風　21, 132, 193, 198, 214
偏西風帯　143
偏東風　51
ベントス　339
ヘンリーの法則　325

ほ

貿易風　36, 87, 90, 170, 193, 198
方解石　183
方向余弦　297
飽差　146
放散虫　10
放射　36, 46, 102, 291
　　——の吸収　294
　　——の射出　294
放射加熱率　298
放射輝度　292
放射強制力　30, 124
放射強度　292
放射源関数　297
放射収支　78, 91, 105, 156
放射状氷紋　254
放射束密度　292
放射対流平衡理論　259
放射伝達　156
放射伝達方程式　259, 297
放射伝達理論　296
放射フィードバック　30
放射フラックス　91, 156, 292
放射フラックス密度　292
放射平衡　47
放射平衡温度　47
放射冷却　61, 94, 307
放射冷却率　298
暴走温室　5
飽和光合成速度　334
ボーエン比　164
北西季節風　216
補償深度　172, 338
捕食　176
捕食（グレージング）チェーン　339
捕食量　177
保存成分　225, 323
北極域　231
北極海　212, 232
　　——の淡水収支　213
北極振動（AO）　72, 271
ボックスモデル　323
ホットスポット　166
ポテンシャル温度　220
ポテンシャル密度　209, 220
ポテンシャル水温　209
ボトムアップコントロール　341
ホモ属　33
ボラ　93
ポーラーロウ　234
ポリニア　244
ボルツマン定数　292
ホルムアルデヒド　114

ま

マイクロネクトン　339
マイクロ波　291
マイクロバースト　89
マイクロ波レーダー　161
マイクロビアル（微生物）ループ　339
毎木調査　331
マグマオーシャン　3
摩擦収束　84
マダラ　178
マッデン・ジュリアン振動（MJO）　68, 73, 85, 86
真夏日　264
真冬日　264
マラリア　286
マリンスノー　172
マルチセル　88

み

見かけの力　304
ミー散乱　295
ミー散乱位相関数　296
水環境への影響　287
水資源　152, 284
水資源アセスメント　285
水資源供給の脆弱性　284
水収支　43, 142
水収支要素の経年変動　143
水循環　148, 154
　　陸域の——　142
水ストレス　283, 284
水フットプリント　190
水利用効率　282
雲　234
密度　209, 334
密度効果　335
密度成層　196
密度躍層　318
南太平洋収束帯　40
南半球　71
ミランコビッチ・サイクル　22
ミレニアム生態系評価　150

め

梅雨　135, 136
メガシティ　108
メキシコ湾流　193, 208, 318
メソサイクロン　88
メソ（スケール）対流系　82, 84, 88
メタデータ　264
メタン（CH_4）　96, 108, 112, 124, 163, 258
メタン酸化アーキア　173
メタン産生アーキア　173
メタン生成菌　248
メタンハイドレート　173, 248
メタンフットプリント　190
メタン放出　233
メタン湧水域　173
メルトポンド　244
メンバー　279
面発生表層雪崩　257

も

モダンアナログ法　19
モデルバイアス　280
モード水　216
モレーン　253
モンスーン　27, 63, 65, 132, 134, 272
モンスーントラフ　87
モントリオール議定書　112

や

夜間境界層　94
夜光雲　76
山風　92
山越え気流　92, 93
やまじ　93
山谷風　92
山雪　235
ヤンガードリアス期　201

ゆ

融解　78
融解深　251
有機エーロゾル　117
有機炭素　124
有機炭素ポンプ　25
有孔虫　10, 12, 172, 183
湧昇　36, 174, 228
湧昇域　341
融雪水　149
優占種　168
雄大積雲　76
雪　236
雪雲　76
雪結晶　78
雪質　236
輸出生産率　227
輸出生産力　227
輸送高度　120

よ

溶解度積　182
溶解ポンプ　25
葉群層　164
溶存酸素　174, 220, 224
溶存物質　224

索引

溶存無機炭素　44
幼木　336
葉面積指数(LAI)　333
抑制対策　288
翼足類　183
横波　311
4次元データ同化　142

ら

ライダー　120
落葉広葉樹　19
落葉広葉樹林　333
落葉性　146
落雷　89
ラグランジアン微分　300
ラグランジュ的見方　300
ラージ・エディ・シミュレーション(LES)　60, 94
ラニーニャ　66, 74, 206
乱層雲　77
乱流　60, 204, 221
乱流・圧力輸送項　61
乱流運動エネルギー　60

り

陸域の水循環　142
陸上生態系　248
陸水　142
陸風　92
陸面　34
陸面水文過程　148
リター　162
リチャージ・ディスチャージモデル　206
律速段階　99
律速反応　117
硫酸塩(SO_4^{2-})　117, 124
硫酸　110, 259
硫酸還元バクテリア　173
流軸　208
粒子状物質　108
流出量　148
流体粒子　299
流氷　149
流路　148, 208
　──の多重性　208
緑色植物　189
臨界温度減率　81
臨界深度　338

る

ルシャトリエの原理　325
ルヴェルファクター　330

れ

冷害　283
冷気外出流　83
冷水性サンゴ　173
レイリー散乱　46, 47, 295
　──の位相関数　296
レイリー数　307
レインバンド　84
レジームシフト　168, 170
レーダー観測　84
レンズ雲　77
連続の式　304, 311
漏斗雲　88

ろ

六フッ化硫黄(SF_6)　112
ロジスチック生長曲線　334
ロスビーのβ効果　57, 58, 71, 313
ロスビー波　58, 71, 73, 86, 102, 132, 199, 313
ロスビー変形半径　309
ロモノソフ海嶺　212
ローレンス・ミー散乱　295

わ

惑星アルベド　47, 48
惑星渦度　199, 216
惑星集積　2
ワスプウェストコントロール　341
湾流(ガルフストリーム)　198

欧文

β効果　57, 58, 71, 313

A1Bシナリオ　270
AABW：Antarctic bottom water　197, 201
AAIW：Antarctic intermediate water　197
AAO：Antarctic Oscillation　271
ADCP：Acoustic Doppler Current Profiler　204
AGCM：Atmospheric General Circulation Model　268
age spectrum　103
AMO：anoxic methaneoxidation　173
AMO：Atlantic Multi-decadal Oscillation　75
AMS：Aerosol Mass Spectrometer　118
AO：Arctic Oscillation　72, 271
AOD：aerosol optical depth　130
AR4：IPCC Fourth Assessment Report　112, 269, 272, 282
AR5：IPCC Fifth Assessment Report　269

C3植物　282
C4植物　282
CBD：Convention on Biological Diversity　181
CCS：carbon (dioxide) capture and storage　288
CDW：circumpolar deep water　197, 201
CFC(s)：chlorofluorocarbon(s)　99, 112
CH_4　112, 124, 249
CH_4濃度　249
CI：coldness index　184
CISK：conditional instability of the second kind　84
ClO_xサイクル　100
CLRTAP：Convention on Long-Range Transboundary Air Pollution　122
CMIP3：Phase 3 of the Coupled Model Inter-comparison Project　269
CO　124
CO_2　112, 124, 230
CO_2回収・貯留(CCS)　288
CO_2分圧　324
　海水の──　325
CoML：Census of Marine Life　181
COP：Conference of the Parties　268
COP3　269
CTD：Conductivity Temperature Depth profiler　204

dehydration　102
DGVM：Dynamic Global Vegetation Model　164
DMS：dimethyl sulfide　342

EANET：Acid Deposition Monitoring Network in East Asia　111
EDGAR：Emission Database for Global Atmospheric Research　122
EF：emission factor　123
EF：ecological footprint　190
EMIC：Earth System Model of Intermediate Complexity　261

索　引

emission inventory　122
ENSO：El Niño-Southern Oscillation　27, 65, 66, 73, 74
ESM：Earth System Model　35

F（フジタ）スケール　89
FAR：IPCC First Assessment Report　268
FWCC：First World Climate Conference　268

GBIF：Global Biodiversity Information Facility　167
gC/年　337
GCOS：Global Climate Observing System　268
GEOSECS：Geochemical Ocean Section Study　223
GFCS：Global Framework for Climate Services　269
GHGs：Greenhouse Gases　124
GOME：Global Ozone Monitoring Experiment　114
GPP：gross primary production/productivity　331
Great Salinity Anomaly　75
GWP：global warming potential　112

HCFCs：hydrochlorofluorocarbons　112
HFCs：hydrofluorocarbons　112
HNLC（High Nutrient Low Chlorophyll）海域　341

IBP：International Biological Program　332
ICSU：International Council of Scientific Unions　268
IGBP：International Geosphere-Biosphere Programme　332
IOC：Inter governmental Oceanographic Commission　268
IOD：Indian Ocean Dipole　67, 206
IPCC：Intergovernmental Panel on Climate Change　167, 223, 268, 272, 282, 336
IPCC 評価報告書
　第1次——（FAR）　268
　第2次——（SAR）　269
　第3次——（TAR）　269
　第4次——（AR4）　112, 269, 272, 282
　第5次——（AR5）　269
ITCZ：Intertropical Convergence Zone　62

JGOFS：Joint Global Ocean Flux Study　223

K/Pg 絶滅事件　10

LAI：leaf area index　333
LES：Large Eddy Simulation　60, 94
L モード　235

MJO：Madden-Julian Oscillation　68, 73, 86
MOC：meridional overturning circulation　75, 200, 202, 214

N_2O　112
NADW：North Atlantic deep water　197, 200
NAO：North Atlantic Oscillation　58, 72, 75
NDVI：Normalized Difference Vegetation Index　184
NEMURO：North Pacific Ecosystem Model for Understanding Regional Oceanography　177
NEP：net ecosystem production/productivity　162, 185, 332
NICAM：Nonhydrostatic ICosahedral Atmosphere Model　85
NO_2　130
NO_3 ラジカル　105
NO_3^-　117, 124
NO_x　96, 124
NO_x サイクル　99
NPDW：North Pacific deep water　209, 220
NPIW：North Pacific intermediate water　218
NPP：net primary production/productivity　162, 331
NPZD（Nutrients, Phytoplankton, Zooplankton and Detritus）モデル　177, 338

O_3　124
OBIS：Ocean Biogeographic Information System　181
OH ラジカル　96, 104, 125
OHC：ocean heat content　262
OLR：outgoing longwave radiation　59

pAi：potential Acid input　111
PDO：Pacific Decadal Oscillation　74, 170
PFCs：perfluorochemicals　112
PFT：plant functional type　165
pH　110, 182
PICES：North Pacific Marine Science Organization　177
PJ（Pacific-Japan）パターン　58

PM_{10}：Particulate Matter 10　121
PMIP：Paleoclimate Modelling Intercomparison Project　26
PNA：Pacific/North American　58, 73, 74
Polygon　19
ppbv　97
ppmv　97
pptv　97
PRTR：Pollutant Release and Transfer Register　122
PSC：polar stratospheric cloud　71, 101

QBO：Quasi-Biennial Oscillation　51, 59, 69

REAS：Regional Emission Inventory in Asia　122

SAO：Semi-Annual Oscillation　59, 69
SAR：IPCC Second Assessment Report　269
SBSTA：Subsidiary Body for Scientific and Technological Advice　268
SCC：Super Cloud Cluster　85
SeaWiFS：Sea-viewing Wide Field-of-view Sensor　119
SF_6　112
SO_2　124
SO_4^{2-}　117, 124
SRES：Special Report on Emissions Scenarios　182, 269, 270, 274
stratosphere-troposphere exchange　102
SWCC：Second World Climate Conference　268

TAR：IPCC Third Assessment Report　269
tropopause folding　102
TS ダイアグラム　197, 209, 193
TTL：tropical tropopause layer　103
T モード　235

UNCED：United Nations Conference on Environment and Development　268
UNFCCC：United Nations Framework Convention on Climate Change　122, 268
UV-B　105

VOC：volatile organic compounds　124

377

WCC-3 : Third World Climate Conference 269
WCRP : World Climate Research Programme 268
WGI : World Glacier Inventory 239

WI : warmth index 184
WMO : World Meteorological Organization 268
WNPM : western North Pacific (summer) monsoon 135, 136

WoRMS : World Register of Marine Species 180

XBT : Expendable Bathythermograph 262

図説 地球環境の事典　　　　　定価はカバーに表示

2013 年 9 月 25 日　初版第 1 刷
2014 年 3 月 20 日　　　第 2 刷

編集者　吉　野　正　敏
　　　　﨑　田　彰　彦
　　　　　　　　　　（訂正：原文参照）

編集者
　憲　彰　肇
　正
　﨑　田　元
　吉　野　秋
　阿　部　彩　子
　大　畑　哲　夫
　金　谷　有　剛
　才　野　敏　郎
　佐　久　間　弘　文
　鈴　木　力　英
　時　岡　達　志
　深　澤　理　郎
　村　田　昌　彦
　安　成　哲　三
　渡　邉　修　一

発行者　朝　倉　邦　造

発行所　株式会社　朝倉書店
　　　　東京都新宿区新小川町 6-29
　　　　郵便番号　162-8707
　　　　電話　03（3260）0141
　　　　FAX　03（3260）0180
　　　　http://www.asakura.co.jp

〈検印省略〉

Ⓒ 2013〈無断複写・転載を禁ず〉　　シナノ印刷・渡辺製本

ISBN 978-4-254-16059-8　C 3544　　Printed in Japan

JCOPY　〈(社)出版者著作権管理機構　委託出版物〉

本書の無断複写は著作権法上での例外を除き禁じられています．複写される場合は，そのつど事前に，(社) 出版者著作権管理機構（電話 03-3513-6969, FAX 03-3513-6979, e-mail: info@jcopy.or.jp）の許諾を得てください．

日本地球化学会編

地球と宇宙の化学事典

16057-4　C3544　　A5判　500頁　本体12000円

地球および宇宙のさまざまな事象を化学的観点から解明しようとする地球惑星化学は，地球環境の未来を予測するために不可欠であり，近年その重要性はますます高まっている。最新の情報を網羅する約300のキーワードを厳選し，基礎からわかりやすく理解できるよう解説した。各項目1～4ページ読み切りの中項目事典。〔内容〕地球史／古環境／海洋／海洋以外の水／地表・大気／地殻／マントル・コア／資源・エネルギー／地球外物質／環境（人間活動）

東大 本多　了訳者代表

地球の物理学事典

16058-1　C3544　　B5判　536頁　本体14000円

Stacey and Davis著"Physics of the Earth 4th"を翻訳。物理学の観点から地球科学を理解する視点で体系的に記述。地球科学分野だけでなく地質学，物理学，化学，海洋学の研究者や学生に有用な1冊。〔内容〕太陽系の起源とその歴史／地球の組成／放射能・同位体・年代測定／地球の回転・形状および重力／地殻の変形／テクトニクス／地震の運動学／地震の動力学／地球構造の地震学的決定／有限歪みと高圧状態方程式／熱特性／地球の熱収支／対流の熱力学／地磁気／他

前気象庁 新田　尚・東大住　明正・前気象庁 伊藤朋之・前気象庁 野瀬純一編

気象ハンドブック（第3版）

16116-8　C3044　　B5判　1032頁　本体38000円

現代気象問題を取り入れ，環境問題と絡めたよりモダンな気象関係の総合情報源・データブック。[気象学]地球／大気構造／大気放射過程／大気熱力学／大気大循環[気象現象]地球規模／総観規模／局地気象[気象技術]地表からの観測／宇宙からの気象観測[応用気象]農業生産／林業／水産／大気汚染／防災／病気[気象・気候情報]観測値情報／予測情報[現代気象問題]地球温暖化／オゾン層破壊／汚染物質長距離輸送／炭素循環／防災／宇宙からの地球観測／気候変動／経済[気象資料]

日本雪氷学会監修

雪と氷の事典

16117-5　C3544　　A5判　784頁　本体25000円

日本人の日常生活になじみ深い「雪」「氷」を科学・技術・生活・文化の多方面から解明し，あらゆる知見を集大成した本邦初の事典。身近な疑問に答え，ためになるコラムも多数掲載。〔内容〕雪氷圏／降雪／積雪／融雪／吹雪／雪崩／氷／氷河／極地氷床／海氷／凍上・凍土／雪氷と地球環境変動／宇宙雪氷／雪氷災害と対策／雪氷と生活／雪氷リモートセンシング／雪氷観測／付録（雪氷研究年表／関連機関リスト／関連データ）／コラム（雪はなぜ白いか？／シャボン玉も凍る？他）

産業環境管理協会 指宿堯嗣・農環研 上路雅子・前製品評価技術基盤機構 御園生誠編

環境化学の事典

18024-4　C3540　　A5判　468頁　本体9800円

化学の立場を通して環境問題をとらえ，これを理解し，解決する，との観点から発想し，約280のキーワードについて環境全般を概観しつつ理解できるよう解説。研究者・技術者・学生さらに一般読者にとって役立つ必携書。〔内容〕地球のシステムと環境問題／資源・エネルギーと環境／大気環境と化学／水・土壌環境と化学／生物環境と化学／生活環境と化学／化学物質の安全性・リスクと化学／環境保全への取組みと化学／グリーンケミストリー／廃棄物とリサイクル

環境影響研 牧野国義・昭和女大 佐野武仁・清泉女大 篠原厚子・横浜国大 中井里史・内閣府 原沢英夫著

環境と健康の事典

18030-5　C3540　　A5判　576頁　本体14000円

環境悪化が人類の健康に及ぼす影響は世界的規模なものから，日常生活に密着したものまで多岐にわたっており，本書は原因等の背景から健康影響，対策まで平易に解説〔内容〕〔地球環境〕地球温暖化／オゾン層破壊／酸性雨／気象，異常気象〔国内環境〕大気環境／水環境，水資源／音と振動／廃棄物／ダイオキシン，内分泌撹乱化学物質／環境アセスメント／リスクコミュニケーション〔室内環境〕化学物質／アスベスト／微生物／電磁波／住まいの暖かさ，涼しさ／住まいと採光，照明，色彩

上記価格（税別）は2014年2月現在